U0219644

白酒酿造培训教程

（白酒酿造工、酿酒师、品酒师）

李大和　主　编

刘　念　赖登燡　副主编

中国轻工业出版社

图书在版编目（CIP）数据

白酒酿造培训教程/李大和主编 . —北京：中国轻工业出版
社，2023.6
ISBN 978-7-5019-9170-9

Ⅰ.①白… Ⅱ.①李… Ⅲ.①白酒—酿酒—岗位培训—教材
Ⅳ.①TS262.3

中国版本图书馆 CIP 数据核字（2013）第 113121 号

责任编辑：江 娟
策划编辑：江 娟 责任终审：唐是雯 封面设计：锋尚设计
版式设计：宋振全 责任校对：李 靖 责任监印：张 可

出版发行：中国轻工业出版社（北京东长安街 6 号，邮编：100740）
印 刷：三河市万龙印装有限公司
经 销：各地新华书店
版 次：2023 年 6 月第 1 版第 6 次印刷
开 本：787×1092 1/16 印张：56
字 数：1394 千字
书 号：ISBN 978-7-5019-9170-9 定价：120.00 元
邮购电话：010－65241695
发行电话：010－85119835 传真：85113293
网 址：http：//www.chlip.com.cn
Email：club@ chlip.com.cn
如发现图书残缺请与我社邮购联系调换
230748J4C106ZBW

本书编委会

主　编　李大和

副主编　刘　念　赖登焊

编　委　李大和　刘　念　赖登焊　李天道　李国红　潘建军
　　　　王久明　杨红咏　李国林　彭　奎　许绿英　刘　萍
　　　　苏莉莎　蔡海燕　刘　绪　张　磊　王超凯　郭　杰

序

　　白酒是我国劳动人民的特殊创造，其历史悠久，源远流长，酿造工艺独特、精湛，是中华民族的重要宝贵遗产。白酒工业是我国食品工业的重要组成部分，是我国重要的税收来源，为人们提供了丰富的物质和文化享受。近年来我国白酒工业快速发展，酿造技艺在继承传统技术的基础上不断发展和创新，这离不开广大的白酒生产劳动者，而他们素质的提高又能更好地促进白酒工业的创新和发展。现代科技日新月异，白酒生产也不断融入新的科学技术，因此需要不断提高管理者和劳动者的素质以适应白酒行业的发展。

　　《白酒酿造培训教程》收集资料全面，论述通俗，具有较强的科学性、系统性、实用性；适用于酿酒行业技能培训，可作为白酒行业国家职业标准《白酒酿造工》、《品酒师》、《酿酒师》的培训和鉴定教材，也可作为白酒企业科技人员、生产一线工人及管理者、相关专业的大专院校师生的重要参考资料。

　　《白酒酿造培训教程》由中国著名白酒专家、教授级高级工程师李大和主编；中国首届酿酒大师、中国著名白酒专家、教授级高级工程师赖登燡和四川省食品发酵工业研究设计院教授级高级工程师刘念为副主编；四川省仙潭酒业集团教授级高级工程师李天道、四川宜府春酒厂总工程师、国家级特邀白酒评酒委员王久明及四川省食品发酵工业研究设计院酿酒所李国红、潘建军、李国林等人员分别参加各章节的资料收集和整理编写工作。李大和从事酿酒研究 50 年，具有丰富的理论和实践经验，先后主编和出版了多部白酒专著，为指导白酒技术进步和白酒事业的发展起到了积极作用。

　　相信该教材的出版能满足白酒行业的培训需要，为推动白酒人才素质的提高，促进我国白酒工业更好更快地发展起到积极作用。

沈怡方

二0一二年四月六日

前　言

中国白酒是世界六大蒸馏酒之一，酿造历史源远流长。中国白酒的酿造技艺和蒸馏技术都是中华民族的伟大发明，其对于微生物的利用世界上没有一个酒种可比拟。可以说中国白酒生产技术是生物工程研究领域中最复杂的课题，诸如白酒中众多风味物质的形成，微生物在酿造过程中的盛衰交替相互作用，甑桶蒸馏中物质的变化等，许多原理尚未破解。中国传统白酒制造业是世界非物质文化遗产的重要组成部分；是中华民族珍贵遗产，也是中华民族的国粹。

为使中国白酒这份特有的民族遗产得以传承、发展、创新，使白酒酿造工的技术水平与工业发展相适应，原国家轻工业部于 1992 年制定并颁发了《中华人民共和国工人技术（白酒行业）等级标准》。原中国轻工总会白酒行业中西部培训基地、国家职业技能（白酒、食品发酵）鉴定所（川—131）、四川省食品发酵工业研究设计院等部门和单位，专门组织了一批富有实践经验，又有较高理论水平的专家和科技人员，按照《中华人民共和国工人技术（白酒行业）等级标准》编写了《白酒工人培训教程》，由中国轻工业出版社于 1999 年 6 月出版发行。此书发行后受到同行的欢迎和重视。

2003 年 1 月，中华人民共和国劳动和社会保障部制定并颁发了"白酒酿造工"国家职业标准。"白酒酿造工"共设五个等级，分别为初级、中级、高级、技师、高级技师。按照行业的发展对白酒企业职工新的技能要求，广泛征求了白酒企业科技人员、生产第一线工人及管理干部的意见之后，我们再次组织力量编写新的培训教材，以《白酒酿造工教程》为基础，严格按照"白酒酿造工"国家标准的知识和技能要求，增补了近年最新的技术成果和相关资料，使其更全面、实用。《白酒酿造工教程》分上、中、下三册，上册为基础知识，中册适于白酒初、中、高级工学习使用，下册适于白酒各工种技师和高级技师学习使用。该书由中国轻工业出版社于 2006 年 5 月出版，深受读者喜爱，不少单位或部门作为职工培训教材，多次重印，满足需求。

2008 年 2 月，国家劳动和社会保障部又制定和颁布了白酒行业的两个职业标准，即《品酒师》和《白酒酿酒师》。《品酒师》共设三个等级，分别为三级品酒师、二级品酒师、一级品酒师。《白酒酿酒师》亦设三个等级，分别为助理酿酒师、酿酒师和高级酿酒师。从三个"师"的国家职业标准的知识和技能要求来看，"技师"和"高级技师"要求更加全面，"品酒师"和"酿酒师"则各有侧重。

四川省食品发酵研究设计院从 20 世纪 80 年代初始，每年都举办全国白酒酿造技术（制曲、酿酒、窖泥培养、勾调、分析检验等）培训班，至今已 30 年，来自全国的上万名学员，反映良好，认为学有所得，实用性强，许多已成为行业知名人士或企业骨干。为了培训教学的需要，我们结合国家劳动和社会保障部有关白酒行业的三个国家职业标准（《白酒酿造工》、《品酒师》、《白酒酿酒师》），以《白酒酿造工教程（上、中、下）》为基础，收集名优白酒企业的生产实践资料和行业新的技术成果，对培训教材进行重新编写。此新教材分上、下两篇，上篇重点介绍制曲与酿酒工艺；下篇重点介绍尝评与勾调相关技术及安全、管理知识。

本书可作为中华人民共和国劳动和社会保障部制定和颁布的三个白酒行业国家职业标准：白酒酿造工、品酒师、白酒酿酒师的培训和鉴定的教材。根据三个标准的不同要求，建议品酒师培训重点学习上篇的第一、四、五、八章；下篇的第十、十一、十二、十三、十四、十七、十九、二十章及附录。酿酒师培训重点学习上篇的第一至九章；下篇的第十、十一、十二章及附录。白酒酿造工（包括 2～5 级）重点学习上篇的第一至九章；下篇的第十、十一、十二章及附录。制曲工（包括 2～5 级）重点学习上篇的第一至五、九章及下篇的第十八、十九、二十章。贮存勾兑工（包括 2～5 级）重点学习下篇。包装工（包括 2～5 级）重点学习上篇的第一、四、五、六、七、八章及下篇的第十五、十六、十七章。高级技师要通学上、下两篇的全部章节。具体学习内容可根据附录"三个国家职业标准鉴定考核比重表"自行选择重点。

本教程收集资料全面，从理论到实践进行了通俗的全面论述，具有较强的科学性、系统性、实用性。本书适用于酿酒行业技能培训，也可作为白酒企业科技人员、生产一线职工及管理者、相关专业的大专院校师生的重要参考资料。

本教材由我国著名酿酒专家李大和教授级高级工程师任主编，策划各章节并统稿。四川省食品发酵工业研究设计院酿酒所所长、教授级高级工程师刘念和中国酿酒大师、教授级高级工程师、四川省水井坊股份有限公司总工赖登燡任副主编，四川省仙潭酒业集团董事长、教授级高级工程师李天道，四川省宜府春酒厂总工程师、国家级特邀白酒评委王久明，四川省食品发酵工业研究设计院、酿酒生物技术及应用四川省重点实验室、国家固态酿造工程技术研究中心、国家职业技能鉴定所（川—131）等工程技术人员分别参加各章节的资料收集和整理编写工作。

本书的编写出版，承蒙四川省食品发酵工业研究设计院、酿酒生物技术及应用四川省重点实验室、国家固态酿造工程技术研究中心、国家职业技能鉴定所（川—131）等单位的支持和帮助，在此一并致谢！

由于我们的水平和时间所限，书中错误和不足之处在所难免，恳请专家和读者指正。

编委会
2012 年 4 月 20 日于温江

目　　录

上　篇　制曲·酿酒

下　篇　尝评·勾兑·管理

上　篇　制曲·酿酒

第一章　概　　论

第一节　白酒概述

一、饮料酒的分类

按国家饮料酒分类标准（GB/T 17204—2008），我国饮料酒分为发酵酒、蒸馏酒、配制酒三大类。

1. 发酵酒

以粮谷、水果、乳类等为主要原料，经发酵或部分发酵酿制而成的饮料酒。

2. 蒸馏酒

以粮谷、薯类、水果、乳类等为主要原料，经发酵、蒸馏、勾兑而成的饮料酒。

3. 配制酒（露酒）

以发酵酒、蒸馏酒或食用酒精为酒基，加入可食用或药食两用的辅料或食品添加剂，进行调配、混合或再加工制成的，已改变了其原酒基风格的饮料酒。

二、白酒的分类

（一）按糖化发酵剂分类

1. 大曲酒

以大曲为糖化发酵剂酿制而成的白酒。

2. 小曲酒

以小曲为糖化发酵剂酿制而成的白酒。

3. 麸曲酒

以麸曲为糖化剂，加酒母发酵酿制而成的白酒。

4. 混合曲酒

以大曲、小曲或麸曲等为糖化剂酿制而成的白酒，或以糖化酶为糖化剂，加酿酒酵母等发酵酿制而成的白酒。

（二）按生产工艺分类

1. 固态法白酒

以粮谷为原料，采用固态（或半固态）糖化、发酵、蒸馏，经陈酿、勾兑而成，未添加食用酒精及非白酒发酵产生的呈香呈味物质，具有本品固有风格特征的白酒。

2. 液态法白酒

以含淀粉、糖类物质为原料，采用液态糖化、发酵、蒸馏所得的基酒（或食用酒精），可调香或串香，勾调而成的白酒。

3. 固液法白酒

以固态法白酒（不低于30%）、液态法白酒、食品添加剂勾调而成的白酒。

（三）按香型分类

1. 浓香型白酒

以粮谷为原料，经传统固态法发酵、蒸馏、陈酿、勾兑而成，未添加食用酒精及非白酒发酵产生的呈香呈味物质，具有以己酸乙酯为主体复合香的白酒。

2. 清香型白酒

以粮谷为原料，经传统固态法发酵、蒸馏、陈酿、勾兑而成，未添加食用酒精及非白酒发酵产生的呈香呈味物质，具有以乙酸乙酯为主体复合香的白酒。

3. 米香型白酒

以大米为原料，经传统半固态法发酵、蒸馏、陈酿、勾兑而成，未添加食用酒精及非白酒发酵产生的呈香呈味物质，具有以乳酸乙酯、β-苯乙醇为主体复合香的白酒。

4. 凤香型白酒

以粮谷为原料，经传统固态法发酵、蒸馏、酒海陈酿、勾兑而成，未添加食用酒精及非白酒发酵产生的呈香呈味物质，具有以乙酸乙酯和己酸乙酯为主的复合香气的白酒。

5. 豉香型白酒

以大米为原料，经蒸煮，用大酒饼作为主要糖化发酵剂，采用边糖化边发酵的工艺，釜式蒸馏，陈肉酝浸勾兑而成，未添加食用酒精及非白酒发酵产生的呈香呈味物质，具有豉香特点的白酒。

6. 芝麻香型白酒

以高粱、小麦（麸皮）等为原料，经传统固态法发酵、蒸馏、陈酿、勾兑而成，未添加食用酒精及非白酒发酵产生的呈香呈味物质，具有芝麻香型风格的白酒。

7. 特香型白酒

以大米为主要原料，经传统固态法发酵、蒸馏、陈酿、勾兑而成，未添加食用酒精及非白酒发酵产生的呈香呈味物质，具有特香型风格的白酒。

8. 浓酱兼香型白酒

以粮谷为原料，经传统固态法发酵、蒸馏、陈酿、勾兑而成，未添加食用酒精及非白酒发酵产生的呈香呈味物质，具有浓酱兼香独特风格的白酒。

9. 老白干香型白酒

以粮谷为原料，经传统固态法发酵、蒸馏、陈酿、勾兑而成，未添加食用酒精及非白酒发酵产生的呈香呈味物质，具有以乳酸乙酯和乙酸乙酯为主体复合香的白酒。

10. 酱香型白酒

以粮谷为原料，经传统固态法发酵、蒸馏，陈酿、勾兑而成，未添加食用酒精及非白酒发酵产生的呈香呈味物质，具有其特征风格的白酒。

11. 其他香型

除上述以外的白酒。

第二节　世界蒸馏酒

一、世界蒸馏酒的分类

蒸馏酒在世界分布很广，虽然六大洲都有生产，却因各地资源、民族和风俗习惯而不同。我国用曲酿酒的技术有六、七千年的悠久历史，这种边糖化边发酵的"双边发酵"技艺，直到19世纪末方传入欧洲，称为淀粉酶法。在此之前，西方自古都是用麦芽作糖化剂，再用酵母菌使糖转化为酒的单边发酵技术。关于世界蒸馏酒的分类，有两种方法：一种是以原料为主，兼顾生产工艺；另一种则按糖化发酵剂来分类。

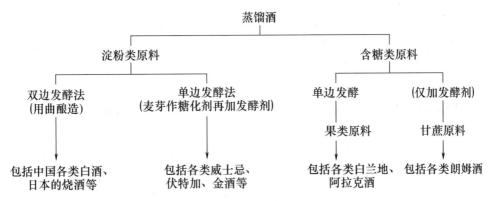

世界的蒸馏酒如按原料来分，可分为两大类。应该说，这种划分方法比较科学，系统性也强，并且能概括工艺的特点。现在，不少人把世界蒸馏酒分成六类，就是把代表性的产品单独列出：中国白酒、威士忌、伏特加、金酒、白兰地、朗姆酒，称世界六大蒸馏酒。

1. 原料、工艺、设备等差异

世界六大蒸馏酒的酿造特点见表1-1。

表 1-1　　　　　　　　世界六大蒸馏酒的酿造特点

酒　名	中国白酒	威士忌	伏特加	金　酒	白兰地	朗姆酒
糖化发酵剂	大曲、小曲	大麦芽、酵母	大麦芽、酵母	麦芽、酵母	酵母	酿酒酵母、生香酵母
原料	高粱、大米、玉米、小麦等	大麦、玉米	黑麦、大麦	杜松子、麦芽、玉米	葡萄糖或水果	甘蔗汁或糖蜜
原料处理	整粒或破碎	粉碎	粉碎	粉碎	破碎、渣汁分离或不分离	灭菌
发酵容器	泥窖、石窖或陶缸	木桶	大罐	大罐	大罐	大罐

续表

酒 名	中国白酒	威士忌	伏特加	金 酒	白兰地	朗姆酒
发酵方式	固态或半固态	液态	液态	液态	液态	液态
酿造工艺	清蒸清烧或混蒸混烧，续糟发酵等	先制成糖化液再加酵母发酵	制成食用酒精桦木炭处理，降度	食用酒精稀释后用杜松子浸泡，再蒸馏，稀释	皮渣分开，发酵，汁中不加SO₂，低温发酵	调整糖度，液态发酵
蒸馏设备	甑桶或釜式	壶式蒸馏锅	蒸馏塔	蒸馏塔	壶式蒸馏锅	壶式蒸锅，回锅，不回锅或连续蒸馏
贮存容器	陶坛或酒海等	橡木桶	—	—	橡木桶	橡木桶
勾兑方式	组合、降度、调味	调度、调香	调度	调度、调香、调色	按酒度、橡桶材质、酒龄组合、调色	调度、调色、调香

2. 微量香味成分

中国蒸馏酒（白酒）和世界其他蒸馏酒相比，一般地说，除白酒的酒精含量高外，在香气成分中，白酒的酸高、酯高、醛酮高及高级醇低。其中脂肪酸乙酯含量占首位，其绝对含量超过其他蒸馏酒几十倍甚至百倍以上，其次是酸或高级醇互有上下，第三是总醛多。而在威士忌、白兰地、朗姆酒等蒸馏酒的香气成分中，含量最多的是高级醇，其次是酸或酯，依不同酒类互有交替，总醛最少。

（1）酸类　蒸馏酒中的酸类，绝大部分都是挥发酸。由于中国蒸馏酒独特的工艺及蒸馏设备，总酸绝对量要比其他蒸馏酒高。从酸的组成成分看，主要是乙酸和乳酸。在酱香型及浓香型白酒中，还含有较多量的己酸和丁酸。也就是说，中国蒸馏酒除乳酸高这一特点外，以含六个碳原子以下的低级脂肪酸为主。而其他蒸馏酒主要含乙酸，此外，以含7个碳以上的辛酸、癸酸、月桂酸为多。在朗姆酒中，更有大量的丙酸及一定量的丁酸。蒸馏酒中酸的种类数量与工艺及参与发酵的微生物菌群密切相关。

（2）酯类　酸和醇在发酵工艺过程中，经生物化学反应形成各种酯类。乙醇是发酵酒糟（醪）中的主要成分，故乙酯是酒中酯类的主体部分。在发酵过程中产生各种酸，实践证明，有什么样的酸就存在有与其相对应的乙酯。

酯在中国蒸馏酒中香气形成中具有特别重要的作用。乳酸乙酯、乙酸乙酯、己酸乙酯是白酒中的三大主要酯类，其含量占总酯的90%以上。由于这三大酯类组成不同，在一定程度上可以区分白酒所属的香型。乳酸乙酯和乙酸乙酯存在于所有中国白酒之中，含量众多。在其他蒸馏酒中，除乙酸乙酯外，含量较多的是辛酸乙酯、癸酸乙酯、月桂酸乙酯及乙酸异戊酯（与酸相对应）。这些乙酯在白酒中却仅有极少量存在，它们在总酯中所占的比例都在1%以下，这是酯类组成成分上的主要差异点。

（3）高级醇类　在酒类中凡比乙醇含碳原子多的醇类统称为高级醇。在所有蒸馏酒的香气成分中，尤其像白兰地、威士忌之类的蒸馏酒，其高级醇含量占有极重要的地位，这是因为它们的含量在香味成分中最多。

各类蒸馏酒高级醇的含量随原料、工艺和产地等条件而不同。大体上其含量为：固体发酵法白酒 50 ~ 180（mg/100mL，下同）；小曲液态发酵法白酒 60 ~ 250；白兰地 100 ~ 200；威士忌 50 ~ 150；朗姆酒 60 ~ 240；日本烧酒 30 ~ 170。

中国蒸馏酒，特别是三大基本香型名白酒的香味以酯为主，其他蒸馏酒都以高级醇为主，这又是一主要差异点。

（4）羰基化合物　存在于蒸馏酒中的羰基化合物主要是醛，其次是酮。白酒中的醛含量比其他蒸馏酒显著地多。其中乙缩醛和乙醛占总醛量的 90% 以上。乙缩醛和乙醛是中国蒸馏酒中的芳香成分之一，它们的恰当含量和比例，有助于放香。另外，2，3 - 丁二醇、丁二酮和 3 - 羟基丁酮等是白酒的绵柔、醇甜类物质。

（5）高级脂肪酸乙酯　中国蒸馏酒中富含六个碳以上的乙酯类，如庚酸、辛酸、壬酸、癸酸、十二酸、十四酸、十六酸、十八酸、油酸、亚油酸、棕榈酸等高级脂肪酸乙酯，它们与白酒中其他微量成分配合，形成中国白酒特有的风味，这是中国蒸馏酒在香味成分上与其他蒸馏酒的又一差异。

二、中国蒸馏酒传统酿造技艺特色

（一）自然制曲

中国蒸馏酒传统使用的糖化发酵剂是大曲和小曲，均采用自然接种，使用的原料是小麦、大麦、豌豆、大米（米饭）、黄豆等，有的还添加中草药，尽管使用的原料不尽相同，但都是网罗空气、工具、场地、水中的微生物在不同的培养基上富集，盛衰交替，优胜劣汰，最终保留特有的微生物群体，包括霉菌、细菌和酵母菌等，在淀粉质原料的糖化发酵和香味成分的形成中，起着十分关键的作用。由于制作工艺，特别是培菌温度的差异，对曲中微生物的种类、数量及比例关系，起着决定性的作用，造成各种香型白酒微量成分的不同和风格的差异，使中国蒸馏酒具有丰富多彩又独具特色的风味。

大曲培菌中，又分高温曲、偏高中温曲、中温曲、低温曲等，造就了白酒三大基本香型及以其为基础演变的多种香型，曲起着重要的作用。

（二）采用间歇式、开放式生产，并用多菌种混合发酵

中国蒸馏酒主要采用传统的固态发酵法生产，主要是手工操作，生产的主要环节除原料蒸煮起到灭菌作用外，其他过程都是开放式的操作，种类和数量繁多的微生物，通过空气、水、工具、场地等渠道，进入酒醅，与曲中的微生物一同参与发酵，产生出丰富的芳香成分。

（三）采用配糟、双边发酵

中国蒸馏酒生产大多采用配糟来调节酒醅的淀粉浓度、酸度，浓香型白酒使用"万年糟"，更有利于芳香物质的积累和形成。固态法酿酒，采用低温蒸煮、低温糖化发酵，而且糖化与发酵同时进行（即双边发酵），有利于多种微生物共酵和酶的共同作用，使微量成分更加丰富。

（四）独特的发酵设备

中国蒸馏酒的发酵设备与其他蒸馏酒比较，差异甚大，十分独特。发酵设备对白酒香型的形成做出重要贡献。酱香型白酒发酵窖池是条石砌壁、黄泥作底，有利于酱香和窖底香物质的形成；清香型白酒采用地缸发酵，减少杂菌污染，利于"一清到底"；浓香型白酒是泥窖发酵，利于己酸菌等窖泥功能菌的栖息和繁衍，对"窖香"的形成十分关键，为

中国白酒三大基本香型风格的形成提供了基础条件。

（五）绝无仅有的酿造工艺

中国蒸馏酒以茅台、泸州老窖、汾酒等为代表，都是珍贵的民族遗产，千百年来，世代相传，积累了丰富的经验，因地制宜采用了不同的酿造工艺，创造了多种香型的白酒。酱香型白酒以高粱为原料，采用高温制曲、高温堆积、高温发酵、高温馏酒、发酵周期长、贮存期长的"四高二长"工艺；清香型白酒采用清蒸二次清、高温润糁、低温发酵的"一清到底"工艺；浓香型白酒则是以单粮或多粮为原料，采用混蒸混烧、百年老窖、万年糟、发酵期长的工艺。这些独特的工艺酿造出丰富多彩的中国蒸馏酒。

（六）固态甑桶蒸馏

中国白酒传统采用固态发酵、固态蒸馏，采用独创的甑桶蒸馏设备。白酒蒸馏甑桶呈花盆状，虽然它的形状结构极其简单，但其机理至今尚未解决清楚。有人认为，甑桶是一个多层的填料塔（可能是从酒精蒸馏的角度考虑）。在蒸馏过程中，甑桶内的糟醅发生着一系列极其复杂的理化变化，酒、汽进行激烈的热交换，起着蒸发、浓缩、分离的作用。固态发酵酒醅中成分相当复杂，除含水和酒精外，酸、酯、醇、醛、酮等芳香成分众多，沸点相差悬殊。通过独特的甑桶蒸馏，使酒精成分得到浓缩，并馏出微量芳香组分，使中国蒸馏酒具有独特的香和味。

由于中国蒸馏酒沿用千百年来的传统工艺、操作、设备，使中国白酒在世界酒林中独树一帜，充分显示了中国酿酒技艺源远流长，是中华民族珍贵的遗产。

第三节　白酒生产方法

一、固态发酵法

（一）大曲酒生产方法

1. 续糟法

续糟法是生产大曲酒应用最为广泛的酿造方法之一。它是将粉碎的原料，配入出窖（池）的酒醅，经蒸酒和蒸料，扬晾后，加入大曲（糖化发酵剂）进行糖化发酵的生产过程。由于这一操作法是在发酵成熟的酒醅中继续补充新原料（又称糟子），既蒸酒又蒸料，扬晾后，加入大曲糖化发酵再蒸馏，故称续糟法。在续糟法中，又分为混烧法和清蒸混入法两种。

（1）续糟混烧法　这是将酒醅和新原料混匀后，蒸酒和蒸料（糊化）同时进行，然后扬晾，加入大曲和水，继续糖化发酵，再蒸馏的制酒操作法。这种操作法有如下优点。

①有利于增香：制酒的粮食原料本身含特有的香味物质，在蒸馏糊化时，随上升的气流带入酒中，对酒起到增香作用。这种香气，有人称其为粮香。

②有利于原料的糊化：原料与酒醅混合，能吸收酒醅中的酸和水分，促进原料吸水膨胀和糊化。而且由于蒸料又蒸酒，可节约能源。

③可减少辅料（疏松剂）的用量，有利于改善酒质。

（2）续糟清蒸混入法　此法是将原料加入辅料后进行单独蒸料糊化（清蒸），再与蒸酒后的母糟混合，加入大曲和水，入窖糖化发酵，单独蒸馏出酒。这种操作法与混烧法的共同点是配醅发酵。但是，由于蒸料和蒸酒分别进行，故能耗较高。其优点是有利于排除原料中夹带的异杂味，以提高白酒质量。

2. 清糙法

清糙法是生产大曲酒的又一种传统酿造方法。它是将粉碎的原料拌入辅料后，经蒸料糊化，扬晾后加入大曲和水，进行糖化发酵和出窖蒸馏的生产过程。由于这一操作法不需配醅，原料经 1 次蒸煮糊化、2 次加大曲糖化发酵和蒸馏后直接丢糟，故称清糙法，又称清蒸二次清法。它是清香型大曲酒的典型生产方法。国家名酒之一的汾酒就是代表。其所用的高粱原料粉碎后拌入辅料，经清蒸糊化，扬晾后加曲，放入埋于地下的陶瓷缸中（地缸），发酵 28d，蒸馏取酒（头糙酒）；蒸馏后的糟醅不补充新原料，而是只加大曲进行第 2 次为期 28d 的发酵，再蒸馏取酒（二糙酒）后直接丢糟。最后，将头糙酒和二糙酒经贮存勾兑，即为成品酒。

采用清糙法，原料只进行 1 次清蒸、2 次发酵，因此，操作简便，易于掌握和控制，而且有利于以乙酸乙酯为主的复合香味的生成。由于此法在工艺上贯彻以清为主，一清到底的原则，故可实现文明生产，保持设备和场地清洁干净，尤其是采用地缸发酵，可大大减少杂菌污染，从而确保了清香型大曲酒的典型风格。

（二）小曲酒生产方法

小曲酒是我国传统民族白酒中独具特色的酒种。它是以小曲为糖化发酵剂生产的白酒。小曲酒生产所使用的原料有大米、高粱、玉米、稻谷、小麦等。由于采用的原料不同，制曲和糖化发酵工艺也有差异，因而小曲酒的生产方法不尽相同。按糖化发酵工艺可分为如下三类：先固态培菌糖化、后发酵法；边糖化、边发酵法；配醅固态发酵法。

（三）麸曲酒生产方法

麸曲酒是以高粱、玉米、薯干及高粱糠等为原料，采用纯种培养的麸曲为糖化剂和酒母（酵母菌的扩大培养液）为发酵剂生产的白酒。由于麸曲酒具有生产周期短、出酒率高、物美价廉的特点，所以它是一种深受广大消费者，特别是广大农民和工薪阶层欢迎的酒种。

麸曲酒又分为普通麸曲酒（大众白酒）和优质麸曲酒。在同一原料和同一生产工艺的条件下，通常麸曲酒的质量与大曲酒相比略逊一筹。在现有的 17 种国家名酒中，尚未见到有麸曲酒列入。然而，在国家优质酒中，麸曲酒已有多见。麸曲酒的生产方法，按采用的生产工艺又分为以下几种：续糙法、清蒸混入四大甑法、清蒸清烧一排清法。

（四）大曲与麸曲结合法

大曲、麸曲相结合生产的白酒，是采用先大曲后麸曲的两种工艺相结合生产的优质酱香型白酒。这是黑龙江省 13 个酒厂、科研所，经过 3 年的试验，总结出来的新工艺和新技术成果。应用该新成果，可提高麸曲酒优级品率 23%，降低粮耗 30%，缩短产品的生产周期 35%。此项新技术不仅适用于酱香型白酒的生产，其他香型酒也可效仿，具有普遍的应用意义。

二、半固态发酵法

（一）先培菌糖化、后发酵法

先培菌糖化、后发酵法是生产米香型白酒的典型生产工艺。它是以大米为原料，采用药小曲半固态发酵法，前期是固态，主要进行培菌和糖化过程，培菌期为 20 ~ 24h，后期为半液态发酵，发酵期约 7d，再经蒸馏而制成的米香型白酒。其产品具有米香纯正、清雅、入口绵甜、爽冽，回味怡畅的典型风格。广西桂林三花酒和全州湘山酒是米香型白酒的典型代表。这两种产品自 1963 年第二届全国评酒会被评为国家优质酒以来，于 1979 年、1984 年和 1988 年蝉联四次国家优质酒的光荣称号。

（二）边糖化、边发酵法

边糖化、边发酵的半固态发酵法，是以大米为原料、酒曲饼（小曲的扩大培养）为糖化发酵剂，在半固态状态下，经边糖化、边发酵后，蒸馏而成的小曲米酒的酿制方法。它是我国南方各省酿制米酒和豉味玉冰烧酒的传统工艺。豉味玉冰烧酒是豉香型白酒的典型代表，为广东地方的特产。其历史悠久，深受广大群众和华侨以及港澳同胞的欢迎；生产量大，出口量也相当可观，是一种地方性和习惯性的酒种。

该酒种要求新蒸出的斋酒，放入贮酒池中静置后，分离表面油质及酒脚，再继续贮存，使酒体基本澄清，然后放入肉埕中酝浸。

肥肉酝浸是玉冰烧生产工艺中重要的环节。经过肥肉酝浸的米酒，入口柔和醇滑，而且在酝浸过程中产生的香味物质与米酒本身的香气成分互相衬托，形成了突出的豉香。因此，这种陈酿工艺是独树一帜的。

三、液态发酵法

液态发酵法是采用酒精生产方法的液态法白酒生产工艺。它具有机械化程度高、劳动生产率高、淀粉出酒率高、原料适应性强、改善劳动环境、辅料用量少等优点。因此，它是白酒生产的发展方向。采用液态发酵法代替传统的固态发酵法，是一项重大的技术改革，曾被列为国家重点科研项目。在 20 世纪 50 年代就做过酒精加香料人工调制白酒的尝试。由于当时技术条件所限，产品缺乏白酒应有的风味质量而未获得成功。直到 20 世纪 60 年代中期，在总结我国某些名白酒的生产经验之后，将酒精生产的优点和白酒传统发酵的特点有机地结合起来，才使液态发酵法白酒的风味质量与固态发酵法白酒逐渐接近。目前，液态发酵法生产的白酒质量不断改进和提高，产量不断增大。据不完全统计，采用液态发酵法生产的白酒约占全国白酒总产量的 60% 以上。

（一）液态发酵法的类型

1. 全液态发酵法

全液态发酵法俗称"一步法"。本法从原料蒸煮、糖化、发酵直到蒸馏，基本上采用酒精生产的设备，在工艺上注意吸取白酒的传统操作特点，完全摆脱了固态发酵法生产方式，使生产过程达到机械化水平。这种方法大致有以下 4 种形式。

（1）直接投入产香微生物参与发酵。在酒精发酵醪中投入产香微生物，如大曲、产酯酵母、复合菌类等，发酵成熟后蒸馏。

（2）加入己酸菌发酵液参与发酵。在酒精发酵初期加入己酸菌发酵液，再经 2 ~ 3d 共同发酵后蒸馏。

（3）己酸菌发酵液经化学法或生物学法酯化后与酒精发酵醪一起蒸馏。

（4）酒精醪液与香味醪液分别发酵，按比例混合后蒸馏成酒。

2. 固液结合法

　　固液结合法是综合固态和液态生产方法的优点，以液态法生产的优级食用酒精为酒基，经脱臭除杂，利用固态法的酒糟、酒头、酒尾或固态法白酒增香来提高液态法白酒的质量。故又称为液态除杂、固液结合增香法。

　　3. 复蒸增香法

　　（1）串香法　这是贵州省遵义董酒厂生产董酒的经验在液态法白酒生产中的应用。串香法的具体做法很多。有的与麸曲固态法白酒相结合，即先将酒精放入底锅再将酒醅装甑，而后蒸馏，使酒精蒸气通过酒醅而将酒醅中的香味成分带入酒中，以增加白酒的香味，有的在固态法白酒中加入产酯酵母培养液，培养香糟后，再装甑串香。还有的用酒醅加曲再发酵做成香醅后，进行串香等，各有特色。

　　（2）浸蒸法　将香醅与酒精混合、浸渍，然后复蒸取酒。一般香醅用量为酒基的10%～15%，浸渍时间在 4h 以上。

　　4. 调香法

　　以脱臭的食用酒精为酒基，配入具有白酒香气的香味液或食用香精香料，经勾兑而成液态法白酒，这一工艺又称为调香勾兑法。它与串香法或浸蒸法相比，省略了酒精复蒸操作，从而避免了酒精的损耗，节约了蒸汽与劳动力，生产效率高。虽然这一方法最简单，而且设想不同风格香型的白酒都可以人为地予以控制，因此，也是众所期望的一种好方法，但在实际工作中发现，由于白酒的香味成分复杂，含量少而种类多，不可能以少数几种化学香料调制出合乎要求的白酒来。又由于白酒的香味成分剖析工作尚不够完善，对它们之间的量比关系和平衡关系还未完全了解清楚，这就造成了调香勾兑技术的复杂性。到目前为止，除了浓香型白酒用调香法勾兑稍见成效以外，其他的香型白酒则有待于继续摸索研究。

　　（二）几种液态发酵法的优缺点

　　1. 串香法和浸蒸法

　　产品虽有明显的固态法白酒的风味，也适用于一般酒厂的生产条件，但此法仍不能摆脱繁重的体力劳动，而且串香法的酒精损耗较大，一般为 2%～10%。

　　2. 固液结合法

　　生产操作简单，酒精等物料损耗少，是目前较好的生产方法，但仍保留固态法生产方式。

　　3. 调香法

　　生产操作简便，物料损耗少，但由于调香技术要求高而难以达到，故产品风味较差，缺乏协调和自然感。

　　4. 全液态发酵法

　　可完全摆脱固态法生产方式，但产品质量尚不够完善，在增香与蒸馏等方面还需进一步改进提高。

第四节　白酒与生态

　　我国白酒生产呈东南高、西北低的态势，集中在秦岭—淮河交界带及长江中下游地区。资料表明，85% 的生产能力、82% 的产量、96% 以上的出口分布在东、中地区，地理因素对白酒生产有较大影响。

中国白酒以固态法发酵为主，操作工艺独特，受自然环境（如空气、水、温度、微生物等）影响较大，而地理因素对自然环境有着直接影响。现就影响白酒生产的有关地理因素分析如下。

（一）水系、土壤

白酒生产对水质颇有讲究，几乎每一种名酒都有一段美丽的传说，都与水有关。所谓"名泉出好酒"，正是这个道理。水的软硬度、矿物质、电解质含量等都直接影响到酒的风味、风格。

土壤对白酒生产亦有直接影响，土壤的酸碱度、无机盐含量、微生物、有机质含量等对白酒生产有较大影响。土质的好坏直接影响窖泥的质量，所以酿酒厂在选址时都比较注意厂址的水土情况。

我国主要有八大水系，它们及其支流纵横交错，形成水系网，各大水系及其支流携带大量的有机质及矿物质元素，在河道两侧尤其是中下游地区形成冲积带，沉积优质的土壤，蓄含水分、微生物，形成酿酒工业发展得天独厚的地理条件。一般来说，江、河、湖等的周边地区都是酿酒业发展的好地方，尤其是三角洲及黄河故道更是良好地域，如长江水系及其支流乌江、金沙江、岷江、汉江、湘江、洞庭湖、赣江等，黄河流域的渭河、汾河、黄河故道等，松辽水系、珠江水系、淮河流域等都富集了大量的名优酒厂。

（二）盆地效应

在低纬度、低海拔地区，山系的分布影响着酒厂的分布，呈现出"盆地效应"。盆地分为大盆地和小盆地，大盆地以四川盆地为代表，小盆地以多山地区的山间平地为代表。由于四周是山，受雨水的影响，盆地的土壤比较肥沃，水源丰富，其独特的环境与周围山系不同，温差较小，形成小气候，微生物分布较多，形成理想的酿酒场所。如渭河平原、汾河平原等都具有盆地特征，这些地区往往能产出名酒，这与其独特的地理环境是分不开的。

（三）纬度带

我国幅员辽阔，南北距离大，纬度跨度也大，气候条件复杂。而白酒生产对环境温度要求也较高，一般要求夏季气温不高于40℃，冬季不低于 – 15℃，且要求无霜期较长为好，这样有利于多产酒，产好酒。所以，在我国南北交界线即沿秦岭—淮河一线南北各10°左右纬度线范围内，是酿酒生产的最佳纬度。这一纬度范围内的温差较小，雨水分布均匀，无霜期在210d 以上，微生物种类多，有利于白酒生产。实际上，北纬27° ~ 37°正是我国白酒生产的黄金地段，这一地段集中了我国 2/3 的白酒厂家和产量。从北纬28°起，每隔3°便出现可称作名酒"黄金线"的地带。

分布在北纬28°线上的名优酒厂自西向东依次有四川古蔺郎酒、宜宾五粮液、泸州老窖、贵州仁怀茅台、习水大曲、遵义董酒、珍酒、湄潭湄窖、鸭溪窖酒、湖南常德武陵酒、江西清江四特酒等。

北纬34°线上的名优酒厂自西向东依次有徽县陇南春、陕西眉县太白酒、凤翔县西凤酒、河南汝阳和伊川杜康酒、宝丰酒、宁陵张弓酒、鹿邑宋河酒、安徽亳州古井贡酒、淮北口子酒、江苏泗阳洋河大曲、泗洪双沟酒等。

（四）农作物分布影响

白酒生产亦受农作物分布影响。在交通不发达的年月里，建立酒厂除要考虑其他地理、人为因素外，必须考虑原料来源问题。因此，农业较发达的东北、华东、华中、四川盆地等地的酿酒业也率先发展起来。即使现在，白酒厂分布也基本上与农业发展分布态势相符合。

从上述影响白酒生产地理因素分析，可拟出我国白酒生产的最佳地理位置。

1. 四川盆地

四川盆地由于受盆地、水系、纬度、农作物等诸多因素影响，具有白酒生产得天独厚的优势，是我国白酒生产的最佳位置，拥有五粮液、泸州老窖、剑南春、郎酒、全兴大曲、沱牌曲酒等国家名酒，可谓"群星璀璨"，"百花争艳"。

2. 黄河故道（包括胶东地区）

该地区由于土地肥沃，气候优越，农作物丰富，形成酿酒业必需的天然环境，是酿酒业的黄金地带，形成豫西、苏北、皖北、鲁西南等酿酒密集区，白酒产量占全国 1/4 强，拥有宝丰、杜康、古井、洋河、口子、宋河等国家名优酒。

3. 贵州高原

该地区受水系、纬度、小盆地效应的影响，形成独特的自然环境，微生物丰富，适合白酒生产，产生了茅台、董酒、珍酒、鸭溪窖等一批国家名优酒。

4. 渭河、汾河平原

这一地区受黄河水系、小盆地影响，水质好，土地肥，农作物多，具备酿好酒的条件，产生了西凤酒、汾酒等名优酒。

5. 东北松辽平原

该地区虽处高纬度地区，温差大，但其发达的水系，肥沃的土地及丰盛的作物，同样具备酿酒的条件，该地区酒产量占全国 10% 以上。

第五节　白酒生产技术的发展

新中国成立以来白酒行业以科学发展观，运用现代技术和先进的检测手段，开拓进取，传承创新，取得了令人瞩目的成就。

一、广辟原料，节约粮食

（1）以薯类原料为中心的"烟台试点"　在总结烟（台）威（海卫）经验基础上，通过 13 个省、市技术人员的辛勤工作，整理出一套完整资料——"烟台白酒操作法"。烟台白酒操作法是当时酿造白酒水平的代表，不但是薯干原料操作的准绳，也是其他原料操作的法典。更重要的是培训了一大批骨干力量，创造了以点带面的工作经验，为后来白酒工业的发展留下了宝贵财富。

（2）金陵酒厂白酒质量试点　继烟台试点之后，原食品工业部就提高薯干酒质量在南京金陵酒厂进行总结提高。提出薯干酒用高锰酸钾与活性炭处理，可改善酒味。若与优质曲酒相结合，通过串蒸或勾调，可使酒质进一步提高。

（3）以橡子原料为中心的"周口试点"　周口橡子原料操作法，对其他含单宁多的原料亦有很大的参考价值。推广黑曲淘汰黄曲、改进制曲配料和选育酵母等对全国白酒提高出酒率起到推动作用。

（4）菝葜根（金刚刺）为中心的常德试点　1962年湖南常德试点，金刚刺粉用硫酸1%、曲10%、酒母5%～6%，发酵4d，一排清，原料出酒率27.41%。酒糟可作电木填料及纤维板，亦可加酸水解再次发酵，再作肥料或燃料。

（5）木薯酿酒　原广西轻工所对木薯去除氢氰酸取得满意的成果。原南宁红星酒厂采用该项成果，将木薯粉进行固态发酵清蒸时排出氢氰酸，成品酒中氢氰酸含量达到国家标准。现在，在食用酒精生产中，已广泛用薯干和木薯作原料，有成熟的生产工艺，质量可达国家食用酒精标准，且吨酒粮耗下降到相当高的水平。

（6）无药糠曲及糟曲　传统小曲是用米粉加数十种中药。1957年四川永川试点，在继承发扬传统操作基础上，总结出一套"两准、一匀、三不可"无药糠曲操作法，打破了无药不成曲的传统观念。无药糠曲应用于高粱、玉米小曲酒生产，提高了出酒率，生产周期由6d缩短为4d，降低成本50%。1952年中科院微生物所在北京酿酒厂用部分酒糟代替麸皮制曲；1962年贵州省轻工业科学研究所将根霉人工接种于麸皮上培养，称为"62"曲，作小曲种出售。

野生代用原料酿酒现已难觅踪影，但从技术上来说，20世纪50年代的研究和生产，也是白酒技术发展的见证。

二、继承传统，科学总结

新中国成立以来，各级政府对珍贵的民族遗产、传统食品酿造的科学研究十分重视。1956年国家科委制订的12年长远科学技术发展规划中，即列有总结提高民族传统特产食品等内容，其中包括贵州茅台酒和四川泸州老窖大曲酒等研究项目。随着国民经济的不断发展，又提出了一些有关白酒行业的重大科研课题，如全国小曲酒的永川试点、山西杏花村汾酒试点、全国新工艺（液态法）白酒试点，其中包括串香白酒的临沂试点和调香白酒的青岛试点以及大容器贮酒容器的研究等，通过试点的总结查定，继承传统，科学分析，去粗取精，普通白酒总结出《烟台酿酒操作法》和《四川糯高粱小曲酒操作法》，对南北酿酒生产技术具有指导意义；对驰名的贵州茅台酒、泸州老窖大曲酒和山西杏花村汾酒等，整理总结出一套较为完整的技术资料，使不同的传统制曲酿酒工艺逐步建立在科学的基础上。这些宝贵的技术资料，至今仍具有十分重要的指导作用。随着酿酒技艺的发展，人民生活水平的提高，佳酿不断涌现。20世纪70年代以后又对西凤、董酒、白云边、玉冰烧、四特酒、景芝白干等不同香型的白酒进行了系统的科学总结，促进生产技艺的不断发展。

（一）烟台白酒酿造操作法

采用麸皮制曲，20世纪50年代多使用米曲霉和黄曲霉菌株，中科院微生物所的米曲霉 $As3384$，黄曲霉 $As3800$ 以及邬氏曲霉菌 $As3758$ 和甘薯曲霉 $As3324$ 等。20世纪70年代多使用耐酸和耐高温的曲霉，并诱变得东酒1号、白曲、B曲（郑州 $As3.2923$）等菌株。20世纪80年代初推广应用 $As3.4309$ 黑曲霉，及其诱变株UV-11、UV-48等，制曲工艺与 $As3.4309$ 大同小异。糖化力逐步提高，效果越来越好。烟台操作法曲盒制麸曲，强调曲料水分、酒糟与麸皮的配比、装盒料量、培菌温度、倒盒扣盒时间等，并制定了成品曲感官、化验三结合的验收指标。

烟台酿酒操作法的酿酒工艺，其主要特点是"麸曲酒母、合理配料、低温入窖、定温蒸烧"。抓住了白酒酿造的精髓。涿县在学习烟台经验的基础上有新的发展，制定出稳、准、细、净操作法，防止夏季掉排。烟台操作法结束了我国白酒历代全凭脚踢手摸鼻子闻的时代，采用温度计测定入窖发酵温度，常规化验对中间品进行控制（如水分、酸度、淀粉、还原糖、含酒量等）。

（二）四川糯高粱小曲酒操作法

为总结、提高、推广四川省糯高粱小曲酒操作法，以提高全国小曲酒生产技术水平，原食品工业部和中国专卖事业公司于 1957 年 3 月召集 12 个省的工人、技术人员 158 名，在全国小曲酒操作法总结、推广、试点委员会领导下，在四川永川酒厂进行四川省糯高粱小曲酒先进操作经验的总结，将李友澄小组的"匀、透、适操作法"和冉启才小组的"闷水操作法"认真查定总结，写出了《四川糯高粱小曲酒操作法》一书，出版发行全国。这对提高全国小曲酒生产技术水平、节约粮食、降低成本，起了重要作用。

1964 年 3 月在唐山召开的全国酿酒会议，要求对四川糯高粱小曲酒操作规程做一次系统的修订，将新的技术改进加以总结。为此，四川又专门组织力量，多处考察，然后在永川柏林酒厂组织了两次高粱小曲酒试点，在绵竹酒厂组织了一次玉米小曲酒试点，将经验总结整理成册，再次推广。

20 世纪 80 年代初，四川省的小曲酒厂试行"四合一"生产工艺，即泡蒸合一、糟箱合一、甑桶合一、发酵与蒸馏合一。并将冷凝器安装在云盘上，用行车吊运，减轻了劳动强度，提高了出酒率。

（三）泸州老窖大曲酒查定总结

1957 年 10 月，为总结和继承泸州老窖大曲酒这份珍贵的民族遗产，原食品工业部制酒工业管理局特嘱原四川省糖酒研究室（四川省食品发酵工业研究设计院）及原四川省商业厅油盐糖酒贸易局（专卖局）、原省轻工厅食品日用品工业局与泸州有关部门及宜宾、成都、绵竹、万县等 15 个单位配合协作，共同组成"泸州老窖大曲酒总结委员会"，对泸州老窖大曲酒的传统工艺进行较全面的查定和总结。

查定是在"温永盛"车间（四百年老窖、国窖所在地）进行。通过这次查定和总结，使人们对泸州老窖大曲酒从历史到发展，从原料到成品，在制曲和酿酒工艺等方面，有了一个较系统的概念。关于酿造泸州老窖的传统工艺操作，如老窖、万年糟、回酒发酵、低温发酵、发酵周期、熟糠拌料及滴窖勤舀等均做了初步的总结和阐述。肯定了"续糟发酵"、"熟糠拌料"、"滴窖勤舀"、"截头去尾"、"高温量水"、"踩窖"、"窖帽高低"等行之有效的工艺和操作，这些传统操作，至今仍在许多酒厂普遍采用。

（四）贵州茅台酒的查定总结

原轻工业部于 1959—1960 年组织现场总结，整理出茅台酒的传统酿酒工艺，完成了一套比较完整的技术资料。对制曲工艺、大曲常见病害、曲的感官标准进行了细致的总结。酿酒工艺总结了"高温制曲，高温堆积，轻水入窖，两次投料，8 次加曲发酵，9 次蒸酒，以酒养窖，7 次摘酒，长期陈酿，精心勾兑"一整套工艺。比较了不同成品曲与酿酒质量的关系、"四高一长"对酒质的影响等。试点对传统工艺科学的总结和阐述，很多行之有效的操作仍在全国同香型中广泛应用，并在其余香型酒中亦极具参考价值。

（五）汾酒试点的查定总结

1964 年原轻工业部与原山西轻化工厅组成汾酒试点组，曾在汾酒厂进行系统的查定总结和试验，共研究了 200 多个项目，进行了 2000 多次试验，取得了 15000 多个科学数据，对汾酒厂代代相传，口倒口，手传手的操作经验，进行了较系统的整理，初步揭示了汾酒的一些生产规律。汾酒用曲是低温曲的典型代表，采用大麦、豌豆制成，对清茬曲、后火曲、红心曲分别进行阐述，还对低温大曲常见病害如不生霉、受风、受火、生心、皮厚与白砂眼及反火生曲等均做了详细介绍。汾酒的酿造传统工艺采用清蒸二次清、地缸、固态分离发酵法。狠抓原料粉碎度，高温润糁条件，蒸糁要求，入缸条件，地缸发酵，回糁发酵，回醅发酵，回糟发酵等传统工艺操作，总结出"前缓、中挺、后缓落"的发酵规律。

上述浓香、酱香、清香型三个试点工作，为全国技艺的普及和发展提供了极其宝贵的资料，发挥了巨大的社会效益。

（六）其他香型白酒的总结

20 世纪 80 年代以后对其他香型的白酒，如西凤、董酒、白云边、玉冰烧、四特酒和景芝白干的传统工艺、微生物特征及酒中微量成分分别进行了不同程度的总结。

（1）西凤酒独特工艺是采用续糁老六甑发酵方法，坚持开水施量，偏高温入池；土窖发酵，每年更换一次窖底和窖皮泥；发酵只有 11 ~ 14d；中高温制曲，制曲最高品温为 58 ~ 60℃；酒海贮存等。

（2）董酒是采用独特的大、小曲工艺；制曲时添加中药；窖泥用白泥、石灰、洋桃藤汁配制而成，呈碱性；独创的串香工艺。

（3）白云边酒是兼香型的代表，在生产技术上是以浓香型及酱香型的某些典型工艺混用为其特点：以高粱为原料，小麦制高温曲；从投料开始至第七轮次大多采用酱香型酒操作法，到第八轮次时，改用仿浓香型大曲酒工艺；还对酿酒微生物及香味成分特征进行了研究。

（4）四特酒从工艺、微生物、微量香味成分都进行了较系统的总结，酿酒以整粒大米为原料；大曲由面粉、麦麸、酒糟混合制成，使曲中微生物别具特点；成品酒中乳酸乙酯高，其量高于乙酸乙酯、己酸乙酯，正丙醇含量高达 100 ~ 250mg/100mL，乳酸高达 100 ~ 170mg/100mL，形成"三型俱备犹不靠"。

（5）景芝白干，1965 年原轻工业部组织临沂试点时，提出了景芝白干酒赶超目标，并对芝麻香的香气成分进行了初步研究；1980 年以"芝麻香型景芝白干酒的研究"为题，原山东省第一轻工业厅、山东大学生物系协作进行研究，景芝酒厂负责微生物方面工作，通过"产、学、研"三结合，对景芝白干酒上述三个方面进行了较深入的研究，为景芝白干酒确定为"芝麻香型"提供了科学依据。

（6）豉香型玉冰烧酒是广东珠江三角洲地方性传统产品，为当地居民和南洋侨胞所嗜好。该酒酿造以大米为原料，酒饼（小曲）浓醪发酵，液态釜式蒸馏至含酒精 30% ~ 32%vol，再以肥猪肉酝浸贮存而成；自 20 世纪 80 年代开始，由传统手工操作，逐步改用连续蒸饭机、晾饭机、大罐糖化发酵及大罐浸肉陈酿、勾调。玉冰烧酒香味成分中壬二酸二乙酯、辛二酸二乙酯及 α－蒎烯是其特征成分。

三、改进工艺，不断探索

1964 年原轻工业部专列十年规划项目，对我国白酒的几个典型代表：茅台、汾酒、泸州特曲进行深入的专题研究。

（一）泸州老窖酒厂

1964 年四川省食品研究所承担了轻工业部重大项目"泸州大曲酒酿造过程中微生物性状、有效菌株生化活动及原有生产工艺的总结与提高"，并与中科院西南生物所和泸州曲酒厂共同协作，组织了宜宾、成都、绵竹、万县、邛崃等省内名酒厂的技术人员，对泸州大曲酒开展了科学研究，对"入窖发酵条件与生产质量的关系"、"减曲、减粮发酵"、"合理润料、蒸粮"等工艺进行了深入探讨，对入窖条件中水分、淀粉、酸度、温度、用糠量等都有明确的数据；证实了热季生产减粮、减曲的作用；润料时间应为 40～50min、上甑时间不少于 40min，蒸粮时间为 60～70min。这些传统工艺的精髓至今仍为许多酒厂遵循。

（二）酱香型大曲酒

对"高温堆积"进行深入研究，证明若物料不予堆积，则入窖发酵时酸度上升快，出酒率低，蒸出的酒杂味重；若物料经堆积后再入窖发酵，则酒醅升温慢，出酒率高，蒸出的酒具有酱香和醇甜味，堆积时注意物料含氧量及水分；掌握收堆温度及时上堆，堆积最高品温控制在 45～50℃。研究了酱香型大曲酒酿造，窖内不同层次的酒醅所产的酒风格差异甚大，各轮次的酒分酱香、醇甜、窖底香 3 种原型酒，并分别贮存。

（三）山西汾酒厂

汾酒新产原酒有大、二楂之分，红糁经蒸、晾、拌曲、入缸发酵，出醅蒸馏即为大楂酒；所得醅糟经冷散、拌曲，再入缸发酵，蒸馏取得为二楂酒。成品酒质量的好坏取决于大、二楂酒。生产班组要在操作工艺、管理上采取措施，控制大楂产量在 270～300kg、二楂在 180～200kg（以投料 1100kg 计），质量才比较稳定。

四、选育菌种，广泛应用

自 20 世纪 60 年代起我国就对酿酒微生物进行了研究和应用工作，特别是 20 世纪 80 年代成绩尤为突出，大力促进了酿酒业的发展。中国微生物学会等于 1981 年和 1988 年分别在江苏双沟和山东泰安召开了全国酒曲微生物学术讨论会，对推动我国酿酒微生物研究和发展起了重要作用。

（一）大曲微生物研究与应用

对大曲微生物分离、选育和应用，全国各名优酒厂如茅台、泸州老窖、汾酒、西凤、洋河、双沟、沱牌、白云边、景芝、四特等及大专院校、科研单位都做了大量工作。

1957—1960 年对茅台酒曲、酒醅进行微生物分离鉴定，确认茅台酒曲中芽孢杆菌最多，鉴定的 17 株枯草芽孢杆菌中有 5 株产生黑色素，用此菌制曲也生成茅台酒曲的香味。茅台试点还对堆积糟醅中的微生物进行了检验，证实高温堆积是相当于二次制曲，堆积糟中的微生物主要是来自麦曲、晾堂、空气等，其微生物绝大多数是酵母。

20 世纪 80 年代初贵州省轻工业科学研究所从茅台曲中分离出菌株 95 株，其中细菌 47 株、霉菌 29 株、酵母 19 株，认为嗜热芽孢杆菌是茅台酒生产有益菌类，它与其他菌起着重要而复杂的作用。利用茅台酒酿造过程中分离出的芽孢杆菌，再混入河内白曲、拟内孢霉、红曲霉、根霉、异常汉逊酵母、球拟酵母、假丝酵母等制曲，生产麸曲酱香型白酒，如迎春酒、黔春酒等被评为国家优质酒，这是微生物研究的重要成果。

20 世纪 60 年代汾酒试点对汾酒大曲的微生物进行了检测，发现汾酒曲中曲块表面根霉居多，梨头霉在大曲中含量最多，少许黄曲霉、黑曲霉和毛霉；红曲霉在清茬曲中较多；曲中乳酸菌较多，醋酸菌较少。将选育出的有效微生物 11 种制成麸曲，生产出六曲香酒，被评为国家优质酒。

1964 年中科院西南生物研究所与四川省食品研究所和泸州曲酒厂合作，从泸曲中分离出酵母和霉菌 253 株，选取其中 32 株菌分别制成麸曲和液体曲（酵母），投入生产，减少大曲用量，试验窖的酒保持了泸州大曲酒特有的风味。

1983 年中科院成都生物研究所在四川汉源酒厂，采用"强化菌优质曲"、"人工厌氧菌强化窖"两项微生物技术，收到明显效果。1985 年，四川省食品发酵工业研究设计院与仙潭酒厂合作再次对浓香型大曲制曲过程中的微生物进行研究，发现微生物的主要来源及曲坯培养过程中的变化规律。1986 年该院与沱牌曲酒厂等合作，对浓香型曲酒酿造过程中产酯酵母的生态分布进行了系统研究，并选育出产酯量达 $700mg/100mL$ 以上的产酯酵母，并在清香、浓香型酒生产中推广应用，效果显著。

（二）酿造发酵过程中微生物的研究

茅台试点曾对茅台酒窖内发酵糟的微生物进行了研究，发现窖内发酵糟微生物的变化相当复杂，开始酵母很多，以后慢慢减少，但发酵糟在堆积期间若感染大量细菌，则下窖后细菌显著增加。1965 年泸州试点项目中，对泸州大曲酒发酵过程中的微生物进行连续三排检测，了解粮糟在发酵过程微生物类群的变化规律，入窖后第三天酵母达到最高峰，以后逐渐下降，霉菌封窖后数量急剧下降，到发酵中期数量回升，出窖前数量又减少，而细菌则在整个发酵过程中变化幅度较小。汾酒、洋河、双沟、宝丰等对酿酒发酵过程中微生物的变化也都做过实地查定。微生物的变化与香型、地区、季节、工艺、发酵温度等关系很大。

（三）酿酒功能菌的选育应用

1. 根霉的选育及应用

从事工业微生物研究的前辈方心芳与乐华爱于 1959 年提出："小曲的根霉是八百年来培养的良种，可分四川型与上海型，糖化力都很强，即 3.852、3.868 从四川小曲样中获得，3.866、3.867 从上海小曲样中获得。"这两类根霉都有很强的糖化力，都具有糖化和酒精发酵的功能。上海型根霉在发酵过程中产酸能力强，适于酿造薯类原料；川黔型根霉产酸很少，适于高粱原料发酵。这些优良菌种数十年来都在全国推广应用。

近年，江苏洋河酒厂与江南大学生物工程学院合作，从洋河大曲中分离到一株华根霉（R92），可发酵产酯化酶，经选育后，己酸乙酯合成酶的活力高，同时具有高酸、高酒精度下高产己酸乙酯的能力，对稳定和提高新型白酒口感十分有效。应用 R92 华根霉 6%，己酸 8%，黄水 35%，曲粉 6%，食用酒精 20% 以下，酒尾 10%，人工窖泥 10%，酒糟 5%，发酵酯化 60d，经特殊工艺脱水浓缩而成的特殊调味酒，微量成分十分丰富，是很好的调味酒。

2. 利用微生物自动鉴定系统分析酿酒功能菌

近年来一些名酒企业和科研机构，购置了微生物自动分析系统，对酿酒功能菌进行鉴定，该系统到现在已经能鉴定包括细菌、酵母、丝状真菌在内的近 2000 种微生物。内蒙古农业大学生物工程学院、中国食品发酵工业研究院、新疆大学生命科学与技术学院从牛栏山酒厂红曲中分离到一株细菌，采用 Biolog 微生物自动分析系统鉴定为地衣芽孢杆菌。地衣芽孢杆菌在白酒发酵过程中具有较高的分解蛋白质能力，产生浓郁酱香物质 5 - 羟基麦芽酚，是白酒发酵中一种较重要的菌种。微生物自动分析系统在酿酒工业中应用，将为研究中国白酒发酵机理、风味物质的形成，增加了新的手段。

3. 太空酒曲功能菌的研究

利用返回式空间飞行器，将微生物送入太空，在地面难以模拟的空间环境下，促使菌种的基因发生变异，取得地面上无法获得的诱变效果，并且在返回地面后进行培育、筛选得到生产性能优良的微生物菌种，应用于生产。陕西喜登科技股份有限公司白水杜康生产基地的酿酒曲药搭载神舟 4 号飞船（简称太空酒曲），于 2003 年 1 月 5 日返地，中科院成都生物所对其中功能菌进行了分离、选育及生物学特征方面的研究，并与原生产中使用的曲药进行对比。发现曲药经太空诱变育种后，其功能菌的活性发生了很大改变，根霉和黑曲霉的糖化酶、液化酶活性均比未上太空对照菌株高出 2～3 倍，黑曲霉的蛋白酶活性也提高了 1～2 倍。但该研究未见在白酒生产中实际应用的效果报道。

4. 酯化酶的进一步研究

20 世纪 90 年代，许多单位对红曲酯化酶进行了大量的研究，并应用于生产。此后，酿酒工作者对其他具有酯化能力的菌种从多方面进行了探讨，江南大学研究了华根霉对己酸的酯化，四川理工学院研究了黄曲霉对己酸的酯化。他们从泸州老窖"久香"牌大曲中分离得到 1 株产己酸乙酯酯化霉的黄曲霉。在液体发酵培养基中，36℃、150r/min 恒温振荡培养 72h，发酵液酶活力可达 6.75u/mL。对该菌株产酯化酶的培养条件进行研究，以黄豆粉为氮源，淀粉为碳源，初始 pH6.0，36℃培养 72h，酶活可达 9.16u/mL。该项菌株应用于生产，未见进一步报道。

5. 芝麻香型白酒和浓香型白酒微生物的研究

芝麻香型白酒是传统酱香型白酒基础上的创新与发展，由于用曲和工艺的独特，酒醅中微生物菌群亦独具特点。江南大学生物工程学院教育部工业生物技术重点实验室等对浓香型白酒窖池发酵的全过程跟踪取样，借助于 PCR - 变性梯度凝胶电泳（DGGE）和 16S rRNA 基因文库两种方法，对比研究了江苏地区浓香型和芝麻香型白酒酒醅在发酵过程中的微生物菌群结构。研究发现，白酒的品质不仅与生产工艺相关，还与地理环境、水质、气候和粮食等因素密不可分。不同地域、不同的生产工艺都会导致发酵过程中微生物菌群结构的演变产生差异，利用基于 16S rRNA 基因的 PCR - DGGE 和构建克隆库技术分析了江苏北部某酒厂浓香型和芝麻香型白酒窖池酒醅在发酵过程中原核生物的菌群结构和变化规律，与四川某浓香型白酒发酵窖池中糟醅样品的 DGGE 分析结果比较，发现四川浓香型白酒酿造，入窖发酵一周后，酒醅中微生物多样性就已急剧减少，仅观察到一条明显的电泳条带，这种现象一直到发酵结束。而江苏窖池酒醅发酵近 1 个月后细菌群落才出现这种情况。这可能与入池发酵温度有关，四川 18℃入窖，微生物繁殖速度较快，氧气被迅速消耗，致好氧细菌逐渐消亡；而苏北入窖温度仅 12℃，氧气消耗、微生物繁殖和消亡都较慢，到发酵后期才出现相类似的现象。同时，通过 16S rRNA 基因克隆文库的测序和比对，不仅鉴定出在白酒曲药和酒醅的研究中尚未报道的细菌属，而且显示出不同地区同一种香型白酒中微生物区系存在巨大差异。同一地区不同香型酒醅中微生物的群落亦有很大不同。运用 PCR – DGGE 基因指纹图谱技术分析白酒曲药和酒醅中的微生物群落结构，研究传统食品发酵功能微生物的生态特征与规律，将其与传统的菌种分离鉴定和白酒固态发酵检测等手段相结合，对判断和鉴定白酒生产中与特征风味物质相关的关键微生物，指导生产工艺改进，具有重要的理论和实践意义。

四川大学食品工程系与生物工程系合作，利用基于 16S rDNA 的克隆分析技术，对发酵 60d 的浓香型白酒窖池糟醅中原核微生物多样性的分析发现，糟醅中分布的原核微生物既有细菌又有古菌，其在系统发育树图上分成 7 个分枝：低（G + C）mol% 革兰阳性菌、高（G + C）mol% 革兰阳性放线菌、革兰阴性拟杆菌群、革兰阴性变形杆菌群、革兰阳性纤毛菌群、TM7 门和产甲烷古细菌群。这些菌群数量多、分类上分布广，具有复杂的代谢多样性，能生成多种活性物质及降解复杂有机物，其代谢产物在窖池特定的环境下通过复杂的生理生化反应能形成浓香型白酒的特征风味因子。

综合利用分子生物学分析方法以及常规菌类分离鉴定方法，加强对固态法发酵白酒酒醅微生物菌系分析，特别是对一些尚未报道的酿酒微生物菌株的系统发育和生理特性认识，对深入研究酿酒微生物的分布特征和形成规律，以及在白酒风味形成上的作用具有重要的理论指导意义。

6. 白酒微生物资源的发掘与应用

中科院成都生物研究所多年来开展了白酒工业微生物资源的发掘与应用。

（1）利用甲醇的生丝微菌的发现与分离，可降低白酒中甲醇含量。

（2）分离了高乙醇浓度特殊环境中甲烷氧化菌。

（3）从浓香型老窖中分离出一株产甲烷杆菌，开发出甲烷细菌与己酸菌共酵的二元发酵技术。

（4）从泸州老窖泥中分离出产己酸的细菌，应用于人工培窖。

（5）杂醇油利用菌的发现与分离，为酒精工业降低杂醇油提供了新途径。

（6）从郎酒高温曲中分离得到一株嗜热芽孢杆菌（地衣芽孢杆菌），该菌在 90℃ 高温时具有强的活性，糊精化淀粉作用温度高达 100℃，产酶条件 pH4.5 ~ 10.0。

（7）从泸酒麦曲中分离出一株红曲霉，用于制强化曲。

五、大曲性能、质量鉴别、贮存变化及曲虫治理

（一）大曲理化指标与微生物检测

茅台试点对五粮液曲、古井曲、全兴曲、茅台曲、汾酒曲、董酒酒饼等进行了测定，对成曲成分做了常规测定，包括水分、酸度、糖化力、液化力、酸性蛋白酶、发酵力、酯化酶、酯分解率，并用纸上层析法测定了氨基酸。20 世纪 90 年代初商业部酿造所也对名优酒厂使用的大曲粉做了系统测定，除理化项目外，还测定了其中的酵母、霉菌和细菌数量。20 世纪 90 年代初辽宁食品研究所研究了大曲中游离氨基酸含量与白酒质量的关系，发现大曲中游离氨基酸含量以茅台曲最高，浓香型酒曲其次，汾酒曲含量最低。

（二）大曲质量鉴别方法创新

1. 大曲质量标准体系设置的研究

大曲是中国白酒使用的糖化发酵剂，是一种以生料小麦（或配伍大麦、豌豆）为原料，自然网罗制曲环境中的微生物接种发酵，微生物在曲坯中彼消此长，自然积温转化并风干而成的一种多酶多菌多物质的微生物生态制品，具有糖化发酵增香的作用。传统大曲质量判定标准指标中，主要指标是糖化力、液化力、发酵力和感官鉴定等。这些标准指标中，存在一些缺陷。

（1）指标之间设置有交叉重叠，如发酵力与糖化力、液化力三者，都试图反应大曲在固态白酒发酵体系内"淀粉→乙醇"的生化作用。

（2）单纯一个指标作用不明，它是将大曲假设为单一微生物菌体或单一酶制剂，忽视了"混种"、"多酶"和曲药入窖后复活、繁殖和进一步酶代谢过程。

（3）感官判定，因人而异，差别很大，而且权重高达60%。

泸州老窖沈才洪等，从泸州老窖曲酒生产实际，研究了大曲质量标准体系设置，提出以曲药酯化力反映曲药的酯化能力，以产酒量反映曲药的酒化力，以氨态氮和淀粉消耗率为大曲生香力的特征指标，以曲块容重作为大曲的理化特征指标。通过研究，拟用运动的观点、量化的指标来重新确立大曲质量判定标准体系。指标设置为。①生化指标，酒化力、酯化力、生香力分别占30%、20%、15%，共计65%；②理化指标，曲块容重、水分、酸度分别占15%、5%、5%共计25%；③感官指标，香味、外观、断面、皮张分别占4%、2%、2%、2%，共计10%。这项研究成果，为我国大曲质量标准指标的制定，提供了有价值的依据。

2. 代谢指纹技术在曲药分析中的应用

我国传统大曲的制曲是生料培养，自然接种，其菌种来自原料、水、制曲环境，经培养，微生物盛衰交替，优胜劣汰。成曲中微生物群系复杂，而具体某一菌群究竟包括哪些种、属，它们在酿酒中的作用如何等，尚知之甚少。曲药微生物群系构成的复杂性给传统白酒酿造的研究带来了极大的困难。剑南春集团徐占成等，使用 BioLog Microplate 对大曲进行微生物群系分析。研究发现，代谢指纹技术运用于曲药的分析研究，不仅可以较为准确地刻画曲药的性质，对不同种类、来源、性质的曲药进行较为有效地区分与归类，而且还可以分析出某种具体因素对曲药微生物群系造成的具体影响。代谢指纹技术为我们更多地了解曲药性质，进行曲药检验、曲药研究、工艺控制及改革等提供了一种新的有效手段。

3. 对传统大曲功用的新认识

泸州老窖沈才洪等对传统大曲的功用，如曲定酒型、投粮作用、曲块皮张厚薄、曲块断面杂菌与有害菌、曲药的贮存、曲药用量、产酒能力及出酒率等固态发酵白酒生产中对大曲质量存在的传统认识，结合相关实验，进行了新的解释。

（1）曲定酒型　业界存在一种观点：高温曲酿造酱香型白酒、中温曲酿造浓香型白酒、低温曲酿造清香型白酒。事实上，先有曲，后有大曲酒，并且由于水土、气候、土壤、空气、生物链等自然环境条件以及酿酒原料、工艺等因素的差异，酿造出不同风味的白酒。现代科学证明，白酒香型并不取决于制曲工艺，更与制曲品温的高低没有必然的正相关性，只与酿造工艺密切相关，大曲只是酿造工艺的一个重要元素。事实上，现在不少各香型的白酒，都使用"混曲"，使酒体更加丰满、幽雅。

（2）大曲是否起投粮作用　许多教科书或技术文献在介绍白酒酿造中大曲的作用时，

基本上都认为大曲除产酒、生香外，还起到投粮作用。实验室研究表明，将大曲直接加水发湿后密封发酵，相当于大曲以生淀粉形式进入糟醅体系的当排发酵，最终结果是只能产酸而不产酒，说明大曲生淀粉不能被酵母菌利用生成乙醇；而将大曲加水发湿后蒸熟、晾冷、再加入大曲密封发酵，类似上排残留下来的大曲淀粉进入第二排糟醅体系发酵，最终结果是生成的乙醇含量也处于较低水平。说明大曲淀粉在制曲过程中产生了变性，可糊化性能大大减弱，淀粉不能正常糊化，也就不能进一步正常降解为乙醇，况且在上排就以生淀粉形式消耗掉一部分，残留到第二排的淀粉数量就少之又少了。从这个意义上来说，在酿酒生产上，要合理应用大曲，发挥其主体功能及控制生产成本。

（3）对曲块皮张厚薄与曲表毛霉的认识　大曲的皮张是指曲块表面菌丝不密集的部分，一般把曲块断面水圈（风火圈）以外部分都形象地称为曲药的皮张。水圈的形成是因为曲坯表层水分散发较快，霉菌菌丝生长不密集，没有形成正常的菌丝通道，曲心部分的水分以水蒸气形式由内层向曲表排泄过程中，高温蒸汽在曲表内层骤冷形成的炭化作用。通常情况下，人工踩曲，能把浆提到表层，赋予曲坯表层较丰富的营养，并增强了保湿功能，霉菌菌丝生长较好，曲坯里面水分能正常通过菌丝通道向外排出，因而皮张较薄；而机械压曲，谈不上提浆，曲表缺乏营养优势，保湿性能也较差，如果后期工艺管理未能跟上，皮张就相对较厚。为解决机械曲块皮张问题，曲坯就要控制在低温、潮湿的条件下培养发酵，这样"水毛"就自然率先滋生，表现出较好的穿衣状态，增加了表层保湿性能，促进了霉菌菌丝在表层较好生长，并形成正常排气散温通道，使曲心发酵均匀。毛霉具有较强的蛋白质降解能力，对形成曲香有好处。泸州老窖将曲皮与曲心进行剥离并单独用于酿酒，曲皮酿造的原酒仅理化指标与曲心酿造的原酒无明显差异，而口感上还略优于曲心酿造的原酒。

（4）曲块断面杂菌与有害菌　传统意义上的曲块断面杂菌及有害菌主要表现为：青霉菌斑、红曲霉菌斑、黄曲霉菌斑、黑曲霉菌斑等，往往都是在曲坯温度降到室温后，曲坯内的水分仍然较高，此时为杂菌形成优势菌落提供了较适宜的条件。业内人士认为，青霉菌是造成酒中带霉、苦味的重要原因。沈才洪等认为曲块的青霉菌斑一般仅占曲块总质量的1%左右，而大曲在酿酒生产中用量为20%左右，粮糟比为1∶5左右，因此，即使每块大曲都长有这样的青霉菌斑，在糟醅体系中的比例也只能达到0.03%，是无法与其他有益大曲微生物比拟的，况且长青霉菌斑的曲块还只是少数。在酿酒发酵体系中绝对形不成主流。曲块中的杂菌也是如此，除非曲药质量出现重大质量问题，才能导致酿造出现质量事故。这是对青霉菌的一个新认识。该厂曾用传统感官优级曲与普通级曲（皮张厚或断面有异杂菌等现象的曲块）单独酿酒，其原酒口感趋于一致。

通过对大曲功用的再认识，要树立对大曲的认识观念，并进行深入研究；大曲的研究离不开酿造这一大发酵环境；传统固态法白酒要保持典型风格，大曲是无可替代的，但大曲制造工艺、大曲的功能、功用则要不断地创新和发掘。

（三）大曲贮存过程中的变化及曲虫的治理

20世纪80年代以来，国内很多名优酒厂都开展了大曲贮存过程中质量变化的研究，发现曲块在贮存中，随着贮存期的延长，其微生物数量及酶活力均有下降趋势，特别是酵母数量及发酵力下降明显，用于酿酒，其酒的总酸、总酯及乙酸乙酯含量亦随贮存期的延长而有所下降，但贮存期在1年以上的陈曲，则严重影响出酒率。故认为曲块贮存以3~6

个月为宜。

大曲生虫已成为酒厂头痛的问题，生虫多的曲子不但曲损耗大，生化指标下降，且曲虫到处飞，扰乱工人生产和生活。经酿酒企业与相关院所研究发现曲虫多达 10 余种，以土耳其扁盗谷，咖啡豆象，药材甲和黄斑露尾甲为主。采取曲库改造、计划用曲、曲库管理、杀虫剂触杀、吸虫器捕杀、厌氧闷杀等措施进行治理。

六、百年老窖，奥秘初揭

20 世纪 60 年代茅台试点采用纸上层析发现茅台窖底香的主体是己酸乙酯，同时它又是浓香型酒的主体香气。20 世纪 60 年代开始，中科院西南生物研究所、四川省食品研究所、四川大学、山东大学、天津科技大学、江南大学、内蒙古轻工所、广西轻工所、黑龙江轻工所以及许多名优酒厂都先后对浓香型酒酿造的窖池、窖泥、窖内外微生物做了不同深度的研究，取得了可喜的成果。

（一）窖泥微生物的研究逐步深入

1. 老窖菌群结构与生态分布及功能菌的选育

中科院成都生物所与泸州曲酒厂、五粮液酒厂自 20 世纪 60 年代起对浓香型名酒发酵微生物、发酵机理进行了长期的研究。在老窖的菌群结构与生态分布、泸型酒生香功能菌的发酵、老窖的己酸与甲烷菌的相互关系等方面，取得了许多宝贵的资料，找出了新、老窖泥的差异及酒质不同的原因，并将许多重要成果应用于生产。20 世纪 70 年代内蒙古轻工所曾搜集了国内一些名优白酒厂的窖泥，从中分离出己酸菌（内蒙古 30#），应用于液态白酒及浓香型酒生产，取得了明显效果。辽宁大学生物系分离的梭状芽孢杆菌（己酸菌）应用于生产。1979 年从沈阳老龙口酒厂窖泥中筛选出己酸菌 L－Ⅱ号菌种，产己酸稳定在 120 ~ 150mg/100mL。

在窖泥功能菌与产酯菌共酵生产应用方面，1986 年四川省食品发酵工业研究设计院与泸州曲酒厂合作，通过半年连续三排试验，酒质可提高 1 ~ 2 个等级。

2. 窖泥微生物群落的研究及其应用

四川大学、泸州老窖胡承、应鸿等在 2004 年的研究中认为，窖泥微生态系统是由厌氧异养菌、甲烷菌、己酸菌、乳酸菌、硫酸盐还原菌和硝酸盐还原菌等多种微生物组成的微生物共生群落系统。在该微生物群落中随窖池层次分布顺序的不同和窖泥化学生态的不同，菌类菌种呈现明显区别。浓香型白酒的固态发酵过程就是一个典型的微生物群落的演替过程和各菌种间的共生、共酵、代谢调控过程。该项过程不但对微生态群落中的菌种演替具有反馈抑制作用，而且直接影响白酒的产量和质量。研究和应用微生物生态学理论，对人工窖泥培养和提高酒质具有指导意义。

3. 利用乳球菌延缓窖池老化

由于受气候、环境及生产原料、生产工艺的制约，人工老窖在应用一段时间后，窖泥中微生物失活、老化、死亡现象严重，同时由于酒醅在发酵过程中产生大量乳酸及其酯类，经长时间聚集，容易生成乳酸钙，使窖泥中功能菌减少，造成窖泥板结、老化，有白色乳酸钙析出，并且造成有益功能菌难以进入酒醅。为延缓窖泥老化及减轻老化程度，许多厂应用添加活性窖泥功能菌液、强化窖池保养等措施，以延缓窖池老化，但在北方不少厂成效并不理想。江苏洋河酒厂陈翔、王亚庆从窖泥中分离出 1 株最新菌株 L－乳球菌，经近 5 年的潜心试验，证明 L－乳球菌能利用酒醅中的乳酸，抑制乳酸乙酯的生成，同时提高其他酸与乙醇的酯化作用，促进其他酯类的生成。另外，将 L－乳球菌加到人工老窖泥中，使酒醅发酵产生的乳酸不致渗入窖壁，抑制乳酸钙的生成，使窖池老化程度延缓 5 年以上。L－乳球菌属细菌类，为混合菌株，来自窖泥，无芽孢，适宜在厌氧环境中生长，最适生长温度为 30～32℃，pH 为 4.5～5.0，其代谢产物为琥珀酸和丙酸。将培养好的 L－乳酸菌液与己酸菌液按相应比例加入人工老窖池中，可减少乳酸和乳酸钙的生成，从而延缓窖泥老化时间。使用 L－乳球菌液养窖的窖池，优质酒率可增加 4%～19%，己酸乙酯高 100mg/100mL，乳酸乙酯下降 40～80mg/100mL。

4. 窖泥中乳酸菌的分离鉴定

浓香型白酒生产的原酒中，普遍存在乳酸乙酯偏高的现象。乳酸及其酯类偏高，原因较多，但曲药和窖泥是其关键。以前，对窖泥中的乳酸菌研究较少。2005 年黑龙江大学生命科学院王葳、赵辉等对浓香型白酒窖泥中的乳酸菌进行了分离和鉴定，得到 3 株不同的乳酸菌，分别是玉米乳酸菌、戊糖乳酸菌、乳酸片球菌，并对这 3 株乳酸菌的产酸特性进行了分析，得到最佳产酸条件：最适温度 37℃，最适时间为 72h，最适 pH5.0。窖泥中乳酸菌的研究，为人工培窖如何减少和抑制乳酸菌的数量并控制其生长繁殖提供了参考依据。

（二）人工培窖配方的研究

自 20 世纪 60 年代百年老窖成分的揭秘和窖泥微生物研究的不断深入，人工培窖配方全国各地进行了广泛的研究，百花齐放，各有高招。培养窖泥原料的选择总的原则是根据窖泥微生物生长发育所需进行配伍，要因地制宜合理选择和搭配。

（三）窖泥成分和窖泥老化的研究

20 世纪 80 年代中科院成都生物所对窖泥中的氨基酸、无机物及微量元素和白色团块及白色结晶物等进行了系统的研究，发现百年老窖泥中氨基酸含量比土壤中高数倍至数十倍，其氨基酸含量随窖池上、中、下层的次序增加。百年老窖比一般曲酒窖和人工老窖无机及微量元素要高，特别是锌、锰、钙、镁、钼、钛等；一般人工培窖中有效磷偏高，为百年老窖的 2.7～9.8 倍，值得注意。窖泥中白色团块和白色晶体会使己酸菌和窖泥混合菌产酸下降，会使己酸和丁酸比例失调。

20 世纪 80 年代以来，许多酒厂为防止窖泥老化与科研单位、大专院校共同研究，在理论上和实践上都取得了丰硕成果，主张采用黄浆水、液体窖泥并适当补加 N、P、K 等微量元素来养护窖泥，可有效防治窖泥老化。

七、提高质量，技术创新

（一）三大香型传承创新发展

20 世纪 80 年代以来，白酒行业在继承传统工艺的基础上，运用现代科技，对工艺进行了不少改革，在提高质量方面取得了许多重要成果。下面分香型做简要介绍。

1. 浓香型

1985 年四川省食品发酵工业研究设计院在进行"提高泸型酒名优酒比率的研究"项目中，对不同窖龄、不同等级、不同窖容、不同工艺条件、不同发酵周期的 20 多个窖泥进行了广泛细致的查定，了解酿造过程中己酸乙酯的生成条件，为提高酒质，制定措施，提供了科学依据。泸州曲酒厂在"原窖法"基础上，吸取了"跑窖法"和"老五甑法"的精华，创造出原窖分层酿制工艺"六分法"，取得良好的经济效益。20世纪60年代五粮液酒厂创造了"双轮底"发酵和醇酸酯化技术，采用窖内、外酯化技术，大大提高浓香型酒质量。此外，夹泥发酵、加泥发酵；酯化酶的应用；黄水酯化等提高酒质的技术，都取得良好的效果。在防止夏季降质减产（掉排）、"增己降乳"等方面亦取得很好的成效。

2. 酱香型

20世纪90年代初，古蔺郎酒厂在长期生产实践中，发现酱香型曲酒的质量与用曲量、酸度、水分、温度、粮食糊化、辅料用量等入窖条件与产量、质量有密切关系，总结出"四高一长"是提高酱香型曲酒质量的技术关键。

3. 清香型

20世纪80年代始，相关酒厂和单位总结出"适温制曲、细致操作、严格管理，提高曲药质量；严格工艺、低温发酵；采用产酯菌和降乳菌解决'增乙降乳'；延长发酵期等"都是提高清香型曲酒质量的有效措施。

此外，在提高其他香型白酒质量方面，如董酒、白云边、西凤酒、四特酒、景芝白干等亦有不少新技术措施。

（二）改进设备提高效率

我国传统的白酒生产设备十分简陋，从原料的粉碎、制曲、酵母、酿酒、贮存到灌装几乎都是手工操作。新中国成立后，由于国家的重视多次组织机械化试点。至20世纪80年代，白酒生产普遍从直火蒸馏改为蒸汽蒸馏；人工打、提、排水改为自来水；粉碎用电动机械；出入窖用行车；摊晾用晾糟机；甑桶用不锈钢活动甑；冷凝用不锈钢冷凝器；勾兑用大型不锈钢罐；计量用仪表；输酒用酒泵；全自动洗瓶包装；空气搅拌；不锈钢大罐（池）贮存等，大大降低了劳动强度，使白酒生产向现代化企业迈进。

（三）对蒸馏甑桶的研究和改革

1. 对甑桶支撑板（甑箅）结构的改进

甑桶蒸馏设备从天锅演变为今天的不锈钢甑桶，蒸汽供热，管式冷凝接酒设备，活动甑底半自动卸料，已越来越多地采用现代化的技术装置，大大减轻了劳动强度，提高了效率，而甑箅也从竹箅改为不锈钢多孔筛板。但从目前的使用操作情况来看，多孔筛板的这种结构存在着一定缺陷，不同程度地影响着甑桶蒸馏操作，它存在漏料、沟流、死角等缺陷。贵州大学工学院何峥等认为，可对多孔甑桶支撑板的开孔率、锥形侧吹型支撑板、开孔的分布等参数进行科学分析和改造设计，减少酒损，降低成本，提高蒸馏效率和出酒率。

2. 甑盖形状对蒸馏效果的影响

中国固态法白酒蒸馏采用二元冷却方式，进行固液分离。所谓二元冷却，是指汽上升到甑盖后，不能直接完成冷凝相变，而另需一冷却器加以完成的蒸馏过程。在二元冷却系统中，酒汽完成冷凝相变需要经过一个较长的汽流输送路径和汽流分割过程，酒汽脱离糟面后，在一定容积热强度的空间内汇聚流动，会对蒸馏质量产生消极影响，改变酒液汽化后的空腔容积，饱和酒汽在空腔内的运动状态随之发生变化，而甑盖形状又是影响空腔容积的关键因素。因此，甑盖形状不可避免地对蒸馏质量产生影响。

甑桶蒸馏主要有锥形盖和平盖。锥形盖的外观是一个圆锥体，锥顶开的出汽口和输汽管相连接。盖的材质为木和不锈钢等。锥高50cm左右，保温效果较差，当上升的饱和酒汽到达甑盖后，便会部分冷凝回流，回流液一部分落入糟面，一部分沿甑盖下滑进入水封槽（或围边）和甑周边区域。平形盖（近似平形）是锥形盖在锥高趋于零时的极限情况，采用厚柏木或外衬不锈钢木板制成，保温效果好，但仍会有部分酒汽冷凝回流，与锥形盖所不同的是，回流液在重力作用下绝大部分垂直落入糟面，极少进入水封槽和甑的周边区域。将两种不同形状的甑盖加以比较，有相同点也有不同点：相同点是，两者都有边界效应，都部分冷凝回流。不同点是，锥形盖有倾角作用平顶盖没有；由于倾角作用，锥形盖的回流液绝大多数进入水封槽和甑的周边区域，平顶盖无倾角，回流液在重力作用下垂直落入糟面；酒汽到达锥形盖后，运动方向变化小，平形盖改变酒汽运动方向变化大；锥形盖的空腔内涡旋现象小，有序流动快，酒汽滞留时间短，平形盖的空腔内涡旋现象强烈，有序流动慢，酒汽滞留时间长；锥形盖对分子网络的破坏作用小，平形盖对分子网络的破坏作用大。

江苏新沂酒厂张雷、高传强曾用两种盖进行生产试验，结果是平形盖蒸馏所得的酒中，己酸乙酯多乳酸乙酯少，说明采用平形盖甑优于锥形盖甑。为了减少酒汽回流液在锥形盖中沿甑盖滑入水封槽，许多厂已在锥形盖中采取有效措施，即在甑盖距水封槽适当位置加一防酒液下滑的装置，便可大量减少酒汽进入水封槽或围边。

3. 顶冷式蒸馏甑

现在通用的甑桶结构是在以前的"天锅"甑基础上改变过来的。"天锅"甑最大的优点是酒及香味成分随蒸汽流上升脱离母糟后，只需很短的行程便得到冷凝收集，分离空间很小，雾沫夹带成分（尤其是高沸点成分）能充分进入酒中。外置列管式（或薄板式）冷凝器蒸馏甑，冷凝效果好，流酒温度易控制，减少了酒精、醛类等物质的损耗，但由于必须采用过汽管弯筒连接甑桶与冷却器，使酒路增长，蒸汽行进途径长而曲折，高沸点香味成分被雾沫夹带进入酒中变得十分困难，加上高出甑盖面的导汽管与弯筒不能有效地保持温度，离开醅面的高沸点香味物质在被蒸汽艰难地拖带上升时很快又被冷凝而回落，由液相转为气相回复为液相。由于高沸点物质的缺少，故原酒后味较短、陈味差，缺乏醇厚的绵长。四川陈昌贵、陈咏欣吸收天锅甑与外置冷凝蒸馏的优点，取长补短，研究出一种新型顶冷式蒸馏甑，甑盖与冷凝器合为一体，没有了导汽管和弯筒，蒸汽在上升很短距离后即被迅速冷凝，增强了雾沫夹带作用。高沸点香味物质很快冷凝进入酒体中。同时，冷却效果好，流酒温度可控制，低沸点物质损失少。生产实践证明，顶冷式蒸馏提馏效果优于外置列管式甑，酸、酯类物质提取明显增多，新酒味减少。顶冷式蒸馏甑采用杠杆式移动甑盖装置，操作轻便灵活。蒸粮时可控制甑内蒸汽汽压，增压、减压均可调控。这是传统蒸馏设备的重大改革。

（四）香型融合与新香型的确认

中国传统固态法白酒分为酱香、清香、浓香三大基本香型，米香型和与此相关的豉香型酒不在此列。兼香型、凤型、特型、馥郁型、老白干型、芝麻香型都是以三大基本香型为母体，以一种、两种或两种以上的香型，将制曲、酿酒工艺加以融合，结合当地地域、环境加以创新，形成自己独特的工艺，衍生出多种香型。以三大基本香型为基础，各香型之间相互学习、借鉴已普遍进行，有的是用多种香型酒组合、勾调，如清香、浓香、酱香组合；清香型酒可用大曲清香、麸曲清香或小曲清香组合；凤型、特型、芝麻香型、董型、米香型等与浓香型组合，都有产品问世。

1. 香型融合的典型范例

（1）芝麻香型　此香型于1995年制定了行业标准，2007年成为国家标准（GB/T 20824—2007）。芝麻香型白酒采用高、中温曲混合使用；纯种曲与大曲并用；原料配比独特（以高粱为主，配以麸皮、小麦或玉米等）；酿酒工艺是高温润料或高温隔夜蒸料、高温堆积、高温发酵、高淀粉浓度；窖池以水泥、砖或条石砌成、全泥底；长期发酵，二次蒸馏；分糟摘酒；长期贮存等，许多工艺融合了酱、浓、清的典型工艺，使芝麻香型酒风格独特，别具一格。

（2）馥郁型（酒鬼酒）　此酒香型暂未有国标，但其香型已在鉴定会上被专家认可。酒鬼酒酿造工艺集清香型小曲酒和浓香型大曲酒工艺为一体，多粮颗粒原料、小曲培菌糖化、大曲配醅发酵、泥窖提质增香、粮醅清蒸清烧、洞穴贮存陈酿而成。生产酒鬼酒，在完成小曲培菌糖化工序后，转入大曲浓香型酿造发酵工艺，在入窖糟的排列上，沿用了小曲酒的方法，即窖面和窖底均为不投粮的糟醅，中间为三个大糟，底醅采用双轮底发酵增香蒸取调味酒，这部分的酒醅组成成分和浓香型不一样，所产的酒可能是产生酱（陈）香味的又一来源。大糟酒醅所投的粮食配料都经过了蒸熟及二次制曲的培菌工序，因此入窖时微生物数量及种类，理化分析结果都和浓香型大曲酒完全不同，估计酵母菌中产膜酵母较多，使发酵后产品中乙酸乙酯含量高。采用人工培窖技术，必然使酒中有相当的己酸乙酯、形成酒中己酸乙酯与乙酸乙酯含量近乎平行的独特量比关系。酒鬼酒是融合清香、浓香和部分酱香工艺的产品，以致酒质优美，芳香馥郁，独具一格。

（3）凤兼浓酒　为了适应市场的变化，西凤酒厂和太白酒厂在凤型酒土暗窖固态发酵、混蒸混烧老五甑工艺的基础上，通过技术创新，融合了浓香型酒部分生产工艺特点，生产出凤兼浓酒。该酒采用多粮制曲、多粮酿酒、中高温制曲、人工培窖、延长发酵周期、连续生产、酒海陶坛交替贮存等，融合了浓香型和凤型酒的典型工艺，使该酒香气馥郁，凤浓协调，绵甜柔和，余味悠长。

此外，兼香型酒中的浓兼酱、酱兼浓、清兼酱和市场上许多未标香型（企业标准）的畅销产品，都是香型融合的好产品。

2. 香型融合在浓香型酒中的应用

（1）"一香为主，多香并举"　从生产规模和市场影响力来看，"浓、清、酱"三大基本香型仍是主体，但在产品、工艺、风格、口感等方面，都不同程度上与时俱进。大型名酒企业，以传统优势香型为主，开发其他香型，如泸州老窖兼并酱香型酒厂，茅台、汾酒、郎酒建浓香型酒车间，沱牌建酱香型酒车间等，许多大、中型酒厂都是"一香为主，多香并举"，产品你中有我，我中有你，优势互补，形成独特的风格。

（2）高温堆积　高温堆积，二次制曲是酱香型酒典型工艺，现在许多浓香型酒都在应用。如宜宾叙府酒业，在多粮浓香型工艺中进行高温堆积，堆积时严格注意堆积高度、堆积时间，尽可能地增加糟醅与空气接触面积，同时注意糟醅堆积的疏松度。并且在堆积过程中注意翻拌，尽量为微生物的二次自然接种创造条件。从高温堆积发酵和未堆积发酵的原酒的香味物质对比来看，前者的乙醛含量要高0.6833g/L，乙缩醛含量高0.888g/L，乙酸乙酯高4.616g/L，醋酸含量高0.6833g/L，乳酸乙酯高1.433g/L，总酸高1.894g/L，异戊醇也比对照高；而对照窖己酸乙酯、己酸比试验窖显著要高。口感比较差异更明显，堆积后生产的原酒口感更加细腻、丰满、幽雅，后味酱香非常突出，有明显芝麻香，原酒风格得到明显改善。

（3）循环下沙　为避免热季高温，影响主体精华发酵，泸州老窖采用循环下沙工艺，在热季让其在窖内发酵期达三个月以上，酒体香味成分更加丰富。使用循环下沙工艺与传统浓香型酒酿造工艺比较，以第4轮为例，其出窖糟醅升酸幅度提高66%。原酒口感酱香细腻、酒质香浓、口味醇厚、酒体丰满，质量明显优于对照样。

香型融合是提高产品质量、档次和开发新产品的有效技术措施。

八、成分剖析，贮存勾兑

（一）白酒的人工陈酿

如何采用人工陈酿、缩短白酒贮存期，以节省投资、减少酒损、加快资金周转和提高经济效益，各白酒企业、科研单位及大专院校数十年来都进行了科研和生产实践，采用高频电场法、磁处理法、超声波法、臭氧法、微波法、机械振荡法、冷冻法、温差处理法、激光照射法、红外线照射法、紫外线照射法、等离子处理法、钴－60辐照法、高压处理法、太阳能法、膜过滤法、树脂吸附法、非生物催化法、酶添加法、微生物菌体处理法等多种方法处理白酒，意图缩短贮存期，但取得的实用效果者均未见后续报道。

（二）白酒成分剖析

中国传统固态发酵法白酒，香味成分十分复杂，数十年来（20世纪60年代始）历经纸层析、柱层析、气相色谱、气质联用等手段，至20世纪80年代末已检测出白酒中香味成分300余种，为白酒香型的确定、国标的制定、提高酒质、改进工艺、固液结合质量的提高等提供了较充分的科学依据，推动了生产发展。

（三）白酒香型风格的确定

从1979年第二届全国评酒会开始，白酒评比按香型、生产工艺和糖化发酵剂分别编组，进行评比。由于各试点工艺的查定总结、白酒香味成分的剖析，从感官品评到理化成分确定了白酒的五大香型，即酱香型、浓香型、清香型、米香型及其他香型。20世纪80年代以来，其他香型中又分为凤型、药香型、兼香型、特型、豉香型和芝麻香型6种。在第三届评酒会上统一了几种香型描述的述语。在此基础上，国家于1989年在广泛征求意见的基础上先后制定了浓香型、清香型、米香型白酒的国家标准，使白酒质量标准化。1994—1996年又分别制定了凤香型、豉香型白酒的国家标准和芝麻香型、特香型及液态法白酒的行业标准。

（四）白酒特性的研究

近年来，利用现代设备和技术，对中国白酒的特性和风味物质的构成进行了卓有成效的研究。

1. 白酒胶体特性的研究

多年来，研究中国白酒的特性，往往是从微量成分以分子、离子或它们由聚合体分散于乙醇－水体系出发的，忽视了它是具有胶体溶液的特性。四川理工学院、泸州老窖公司将白酒通过滤纸与半透膜对比实验、电泳现象、浊度测定、电导率测定、电子探针扫描等试验，证实白酒酒体具有较高的电离度（电导率），表明尚有真溶液的物理特性，但实验已证明它具有布朗运动、丁达尔现象、电泳现象中的电泳与聚结不稳定性现象等溶胶一般特性，以及在微观形态下酒体颗粒的尺寸在胶体状态范围内，故认为中国白酒属于一种胶体溶液状。他们还研究了白酒中胶粒的形成及白酒中的金属离子对白酒质量的影响。研究结果表明，在不同贮存期内白酒中的金属离子的变化存在明显的差异；基酒不同，金属离子的变化也不同，对白酒质量的影响也不同；铜、铁离子有去除新酒味的作用，可增加酒的老熟感。

2. 白酒风味物质的研究

白酒微量成分的检测，经历纸层析、柱层析、气相色谱、液相色谱、气质联用、气液联用等手段，已发现白酒中微量成分 1400 余种，包括醇类、酸类、酯类、氨基酸类、羟基化合物、缩醛、含氮化合物、含硫化合物、呋喃类化合物、酚类等。近年来，真空浓缩技术、液相萃取、正相色谱分离技术、固相微萃取、DC/O 和 AEDA 技术已经开始用于白酒香味成分的研究。应用 GC/O 和固相微萃取技术，在中国白酒中已发现了近 90 种的香味化合物。2006 年，范文来等人应用液相萃取从浓香型白酒中将风味物质萃取出来，然后，应用正相色谱分离技术，将香味化合物按极性分离，再运用 GC－MS 结合 GC/O 的方法，采用双柱定性，分析中国白酒中的呈香物质。应用该法一次性可以分析白酒中呈香化合物 92 个，一次性可检测出白酒中微量成分达 200 种以上。应用现代检测设备和技术，剖析中国白酒中的风味物质，弄清它们对白酒的作用，对推动中国白酒的发展具有重大意义。

3. 白酒指纹图谱

白酒指纹图谱技术，就是将白酒气相色谱分析图谱作为白酒的一个质量指标进行定义和研究，以达到白酒勾兑工艺更有依据，更高效；白酒标准更科学、更能表征白酒个性化的目的。刘炯光等认为要建立白酒指纹图谱至少需满足四个条件。

（1）色谱分析柱能分离出足够多的微量组分。

（2）分析稳定性好。

（3）分析时间不能太长。

（4）指纹图谱相似度的比对技术。在白酒勾兑中使用白酒指纹图谱有两方面的作用：一是建立原酒及调味酒指纹图谱；二是建立目标酒样指纹图谱。根据图谱，按缺啥补啥的原则选取原酒和调味酒，对其进行多次组合，形成多个小样，对小样色谱图谱与标样图谱对照，再组合、再比对，直到满意为止，图谱比对时要与评酒员品评相结合，以相互验证，若验证失败，则说明指纹图谱未能全面反映出白酒的各种组分，还需进一步改进色谱分析技术。应用指纹图谱作白酒质量标准，可使产品质量更稳定，还可进行产品真伪鉴别。

4. 白酒微观形态探讨

利用扫描探针显微镜的 AEM 功能，对几种优质浓香型成品白酒的微观形态做了探讨。从 AEM 扫描图可以看到浓香型成品白酒中的呈香呈味物质成分呈近似圆球状的颗粒形态，并且大小分布错落有致。吴士业选取 52% vol 泸州特曲，39% vol 五粮液，52% vol 剑南春（均为市售）及 50% vol 无水乙醇溶液，利用扫描探针显微镜 AEM 功能进行扫描，发现这些浓香型酒中有大分子聚集体，即溶胶，这就是扫描图中的颗粒形态。同时发现，不同优质白酒所含有的呈香呈味化学成分不同，特别是呈现主体香型化学成分有较大差别，所以优质成品白酒微观形态在颗粒大小、分布状态等方面呈现各自的特征。

汤秀华等提出一种基于微观形态的白酒鉴定方法，以白酒显微形态图像信息为桥梁，将白酒内在的、微观的变化规律和特点同白酒宏观的酒质级别关联起来，利用白酒显微形态信息从微观上把握白酒的分级。

（五）各级评酒，推动技术进步

新中国成立以来，从1952—1989年进行了五次全国性的评酒会。每次评酒活动不仅推动了生产和技术的发展，也起到了指导消费的作用，因此每届评酒的结果都显示了不同历史时期酒类生产的发展趋势和质量水平。至第五届全国评酒会，共评出全国名酒17种，其中浓香型占9个，酱香型占3个，清香型占3个，其他香型占2个；评出优质酒54种，涵盖各个香型。此外，各省、市、自治区也分别进行几届评酒，评选出地方名优白酒。白酒的评比促进了生产和地方经济的发展。

（六）勾调技艺的发展

白酒的勾兑调味本来在生产实践中早已应用，最原始的勾兑是茅台酒厂，酱香型酒的8次发酵、7次蒸馏；浓香型酒不同窖池、不同季节、不同糟别产酒；清香型的大糙、二糙酒，要统一成品酒质量都必须进行组合，这就是初始的勾兑。至20世纪80年代，原轻工业部在成都举办首届浓香型白酒勾兑技术培训班，对全国白酒行业开展尝评勾兑工作，提高产品质量起到很大的推动作用。勾兑技艺从传统的用酒勾酒，到加入香料、调味液勾兑，发展到固液结合，充分利用固态法发酵产白酒的副产物，技艺更精，勾兑的产品也越来越好。勾兑技术还应用到饮料、果露酒等生产中。

（七）白酒贮存中变化的研究

1. 浓香型原酒贮存期的变化

泸州老窖张宿义、张良等以泸州老窖不同贮存时间的原酒为酒样，对不同档次贮存半年、1年、2年、3年、5年的原酒进行检测。发现原酒贮存半年至1年后羟基化合物（醛、酮类）呈下降趋势，之后随贮存时间的延长，又逐渐增加。醛类物质在半年至1年内，含量减少，随后醛含量呈上升趋势；醇类在贮存中有的下降有的上升，但趋势都不明显；有机酸在贮存1~2年内呈下降趋势，后开始上升，5年后总酸大体趋于平衡；酯类在贮存期均呈下降趋势，有的减幅较大，有的减幅较小，3年后基酒的酯类变化不大，酸酯逐渐趋于平衡，原酒贮存期变化的研究，为原酒较适贮存期的制定提供了依据。

2. 低度白酒贮存中的变化

20世纪90年代中期四川省食品发酵工业研究设计院与宜宾五粮液酒厂、古蔺郎酒厂和射洪沱牌酒厂合作，开展对低度曲酒贮存期变化的研究，共定量出酯类30种、酸类11种、醇类24种、醛酮类5种，取得19800多个数据。每隔三个月分析一次，同时结合感官尝评，从中发现了一些规律性的东西，初步掌握了降度酒和低度曲酒在贮存中微量成分的变化，了解到口感变化的原因。发现曲酒（包括浓香、酱香型）在贮存1年后，酒精含量略有降低，但变化不明显；低度酒的总酸量比降度酒总酸量增幅较大，且随时间的延长而增加；酯类在贮存中普遍降低，变化最大的是低沸点酯类（以己酸乙酯为最），高沸点酯类变化微小；醇类普遍呈上升趋势，但总的变化不大；乙醛含量降低，乙缩醛含量增加。说明低度白酒贮存中酯类水解是必然反应。

20世纪90年代初五粮液酒厂唐万裕等运用毛细管，辅以填充柱，分析了1972—1992年出厂的五粮液、老陈调味酒、合格酒、尖庄酒等共60个样，发现新、老酒微量成分差异大。老酒色谱图中多一个二乙氧基甲烷峰，而新酒色谱图在该处是平滑直线，一般5年内的酒无此峰，随着酒龄的增加，二乙氧基甲烷的含量逐渐增加。

近年沱牌曲酒厂、泸州老窖等研究都证明白酒贮存中酯类减少、酸类增加的规律，特点是低度酒和降度酒变化更明显。

3. 不同容器贮酒效果

研究结果表明，不锈钢罐老熟比陶坛慢；贮存中总酸在1年内，随贮存时间的延长而下降，而总酯的含量则随之上升，后又发生水解反应，直到平衡；电导率随贮存期的延长下降，3个月后趋于稳定，之后变化不明显；1，1-二乙氧基异戊烷和1，2-丙二醇随贮存期的延长而增加，有人认为这两项指标可作为新酒老熟的重要指标。陶坛与不锈钢罐贮存同一个酒、同一贮存期，陶坛效果好于不锈钢。

（八）饮酒与健康的探讨

进入21世纪，随着人们生活质量的提高，饮酒与健康，成为热门话题，颇受关注。最近几年有关中国白酒的功能性成分及其对人体的生理功能，许多酿酒工作者和医学专家进行了初步的研究。据许多资料报道，中国白酒的醇类、低分子有机酸及其酯类、高级脂肪酸及其酯类、酚类化合物、吡嗪类化合物、多元醇、微量元素、氨基酸、内酯类化合物等功能性成分，对人体健康有好处，只要科学饮酒，适量饮酒，合理饮酒，是会起到舒筋活血、增进食欲的作用。

中国名优白酒中微量香气、风味物质的生成与酿酒原料、制曲酿酒工艺、发酵设备、贮酒容器、酿造加浆用水等密切相关。过去许多书籍和文献中对白酒中酸、酯、醇、醛、酮等物质来源的认识，仅是从单一微生物的角度来研究，虽然对微量成分的种类和作用认识不断加深，检测的成分也从几十种发展到1000余种，发现对人体健康有益的成分由10余种增加到100余种，但仅是初步认识。实际上中国传统固态法白酒是混种发酵，参与发酵的微生物种类、数量、盛衰交替、相互作用远远没有搞清楚；微量成分之间的相互配伍、相互影响，进入人体后的代谢途径，与单一物质有何不同等更是空白。随着研究的逐步深入，对白酒香气、风味物质和对人体健康有益的成分会不断发现。

（九）固液结合，节粮增效

固液结合白酒在市场上占的比重越来越大，各厂利用酒厂副产物，酒醅、黄水、酒头、酒尾、窖泥、香醅等及技术上的优势，加之食用酒精、酒用香料质量和人工调配技艺的不断提高，固液结合白酒已占主导地位。据资料，1987年时全国白酒产量中固液各半，20世纪90年代后期已达70%以上。通过多年实践人们已认识到固液结合生产白酒有许多好处：①液态白酒出酒率高，节粮降耗；②有效解决固态法白酒中的"杂味"；③可根据市场需要灵活调整口味，不受香型束缚；④降低成本，增加效益；⑤产量、规模随意调整；⑥减少资金积压，缩短资金周转期。

九、倡导低度，利国利民

国家从既有利于人民健康又能降低单位产品的耗粮出发，早在20世纪70年代中期就提出要积极发展40%vol以下的低度白酒。为鼓励企业生产，引导消费，于1979年第三届全国评酒会上，在首次参评的4个低度酒样中，评选出一个低度的国家优质酒。几年后，低度白酒发展缓慢，产量很小，品种单调。1987年国家一委三部在贵阳会议上，进一步明确我国酿酒工业必须坚持"优质、低度、多品种、低消耗"的发展方向，逐步实现"四个转变"。此后，低度白酒迅速发展，品种增多，香型齐全。1989 年全国第五届评酒会，规定参评酒样必须在 55% vol 以下，参评低度白酒样品达 128 个，14 个被命名为国家名酒，26 种低度白酒被命名为国家优质酒。低度白酒在销售中所占比重越来越大，低度白酒出现的"浑浊、味淡"通过同行共同努力，已圆满解决。

20 世纪 90 年代中期，白酒产量一度达到 800 多万 kL，其中白酒低度化是不可忽视的因素，一是低度白酒生产技术相对成熟，质量不再是难题，在不增加生产班次的情况下，1kL 60% vol 的白酒可以生产 38% vol 的白酒 1.58kL，同时，随着市场需求的变化，原来认为不能搞或者不宜搞的香型、品牌也相继开发推广低度白酒，香型的融合更为低度白酒增添了后劲。随着国家宏观调控政策的出台，竞争加剧，一些企业把低度白酒开发，适应市场需求，作为寻求突破的主要手段之一。据统计，白酒总产量中 40% vol 以下占总量的 36%，40.1% ~ 50% vol 占 50%，50.1% vol 以上的高度酒只占 14%，60% vol 以上的高度酒甚少，产品结构趋向合理。可见，低度、中度白酒已成为市场的主流。白酒的降度，低度化已为我国广大消费者接受、习惯并喜爱。

低度白酒由于乙醇含量的减少，水的增加，许多化学反应要产生新的平衡，有合成与水解、氧化与还原、缔合与离解、凝胶与溶胶等各类反应。为了延缓低度白酒水解，酿酒工作者进行了大量的研究，使用高质量的原酒作基酒、高酸高酯基酒、添加阿拉伯胶、酒体稳定加速器和自然澄清等技术，取得了一定的效果。

十、国家标准的制定和修订

（一）白酒国家标准制定的历程

20 世纪 80 年代初，全国食品发酵标准化中心负责组织制定了当时已确认的 3 个香型的部颁标准，即浓香型白酒及其试验方法（QB 850—1983）、清香型白酒及其试验方法（QB 941—1984）、米香型白酒及其试验方法（QB 942—1984）。在此标准中除规定了感官、理化和卫生要求外，还规定了浓香型白酒中己酸乙酯的含量，清香型白酒中乙酸乙酯的含量，并且分别建立了己酸乙酯和乙酸乙酯的气相色谱分析方法。标准颁布实施后，推动了浓、清、米香型白酒技术进步和发展，由于在标准中规定了气相色谱分析法，于是，气相色谱在白酒分析中的应用得到迅速的推广，为白酒香味成分的发现和定性定量起到重要的推动作用。20 世纪 80 年代末，根据白酒行业的发展和需要，标准中心负责组织分别制定了白酒产品、分析方法、检验规则、食用酒精和饮料酒标签等 17 项国家标准，即 GB/T 10781.1 ~ 3—1989、GB 10343—1989、GB 10344—1989、GB/T 10345.1—1989、GB/T 10346—1989。上述国标发布实施后，企业采用先进的分析手段除对最终产品进行检验外，还扩大应用到生产过程控制、制曲控制、贮存勾兑等诸多领域，保证和稳定了产品质量。随后除气相色谱仪外，质谱仪、液相色谱仪等先进检测设备亦逐步在白酒生产中应用。

20 世纪 90 年代，随着白酒工业不断发展，根据确立白酒新香型的原则，由酿酒协会组织论证后又确定了凤香型、豉香型、芝麻香型、特香型、浓酱兼香型、老白干香型等 6 个香型白酒。随后，由标准中心申报立项，负责先后组织制定了凤香型、豉香型、芝麻香型、特香型、浓酱兼香型、老白干香型白酒的国家标准或行业标准，各香型白酒的特征成分含量有了规定的指标，并建立了相应的气相色谱分析方法。另外，还制定了液态白酒行业标准。

进入 21 世纪，我国白酒工业发生了巨大变化，无论是高、低度酒结构的调整、产品质量的提高，还是包装装潢、技术装备和分析水平，都取得明显的进步。然而，随着生产和消费的发展与变化，有些国标（或行标）标龄太长，某些指标滞后，内容需要修改和调整。因此，由标准中心组织对浓香型白酒、低度浓香型白酒、清香型白酒、低度清香型白酒、米香型白酒、低度米香型白酒、饮料酒标签标准、白酒分析方法、白酒检验规则、食用酒精等国家标准进行了修订。GB/T 10781.1～3—2006；GB/T 10346—2006 已于 2006 年 7 月 18 日发布，由于企业准备不及，上述标准延至 2008 年 1 月 1 日实施。凤香型白酒新国标（GB/T 14867—2007）、豉香型白酒新国标（GB/T 16289—2007）、液态法白酒国标（GB/T 20821—2007）、固液法白酒国标（GB/T 20822—2007）、特香型白酒国标（GB/T 20823—2007）、芝麻香型白酒国标（GB/T 20824—2007）、老白干香型白酒国标（GB/T 20825—2007）也已于 2007 年 1 月 19 日发布，于 2007 年 7 月 1 日起实施；此外，食用酒精新国标（GB 10343—2008）已于 2009 年 10 月 1 日起实施；白酒分析方法新国标（GB/T 10345—2007）也已于 2007 年 1 月 2 日发布，2007 年 10 月 1 日起实施。浓酱兼香型白酒国标、饮料酒分类国标、白酒工业术语国标、酿酒大曲行标、白酒企业良好操作规范国标等正在修订或制定中。

（二）新国家标准与原国家标准的差异

1. 范围

新国家标准规定了××香型白酒的术语和定义、产品分类、要求、分析方法、检验规则和标志、包装、运输、贮存。新标准适用于××检验与销售。原国标的范围只规定了香型的技术要求，未含新标准的上述内容。

2. 引用标准

原国家标准只引用了 GB 10345、GB 2757 两个标准；新国家标准在规范性引用文件中，共引用了 7 个相关标准的规定，并构成该产品标准的一部分内容，引用的标准均未注明标准的年代号，使用标准的各方应以标准的最新版本为准。

3. 术语和定义

新国家标准对各香型白酒的术语和定义更详细、准确。如对浓香型白酒、清香型白酒、米香型白酒，新国家标准旨在保护民族传统产品的质量特色和信誉，保护好民族瑰宝，故此 3 个标准只针对按传统固态（或半固态）发酵工艺酿制的白酒产品，并规定不得添加食用酒精和非白酒发酵产生的呈香呈味物质，而固液法、液态法白酒不在此列。

4. 产品分类

原标准将高度酒和低度酒分开，一个香型两个标准；新标准则按产品的酒精度分为高度酒（41%～68% vol）和低度酒（25%～40% vol），一个香型只有一个标准。

5. 要求

（1）感官要求中加上一条：当酒温低于 10℃ 以下时，允许出现白色絮状沉淀物质或失光，10℃ 以上应逐渐恢复正常。这个规定是结合中国传统固态（或半固态）发酵白酒的特色而制定，更切合生产实际。

（2）理化要求，酒精度以"% vol"表示，符合国际标准；总酸只规定了下限，总酯下限做了适当调整；特征指标（己酸乙酯、乙酸乙酯、乳酸乙酯、β-苯乙醇等）根据市场变化，对下限做适当调整。

（3）卫生要求，2006 年标准修改中将"杂醇油"指标取消。

（4）净含量，原标准中没有。第 75 号令规定，采用体积表示的包装商品，净含量为 300～500mL 的允许短缺量为 3%，净含量为 500～1000mL 的允许短缺量为 15mL。

6. 分析方法、感官要求、理化要求检验按 GB/T 10345 执行

原标准检验方法采用 GB 10345.1～8；新标准 GB/T 10345—2007 代替 GB 10345.1～8；由强制性标准改为推荐性标准。

"白酒分析方法"系列国家标准，在内容上做了不少修改。其余净含量的检验、检验规则和标志、包装、运输、贮存、标签要求等也有新的规定。

十一、发展循环经济，促进行业持续发展

发展循环经济是落实科学发展观，实现经济增长方式根本性转变的一项重大战略决策。2006 年 6 月 25 日原中国酿酒协会组织的"全国白酒产业循环经济经验交流会"在宜宾五粮液集团公司召开，来自国家发改委、中国酿酒协会以及茅台、汾酒、郎酒、宋河、洋河、古井贡等全国白酒 50 强企业参加了会议，交流了发展循环经济的经验。会议指出了酿酒行业发展循环经济的特点与优势，讨论了酿酒行业发展循环经济的必要性和可行性。

酿酒行业通过 10 余年的努力，在副产物综合利用、发展循环经济方面做出了显著成绩。主要措施是：采用先进工艺和现代技术降低粮耗，提高出酒率；将丢糟二次发酵，利用其残余淀粉；利用超临界 CO_2 从黄水、底锅水中萃取酒用呈香呈味物质；利用黄水提取乳酸、养窖、制窖泥；蒸馏冷却水和洗瓶水循环综合利用；丢糟燃烧后制成白炭黑；底锅水、污水沼气发酵，并用沼气燃烧锅炉；应用 PET 包装技术与设备，降低资源消耗；创新"生态工业产业园区"等。取得良好的经济效益、社会效益和环保效益，逐步实现人与自然、人与社会的和谐发展。

清洁生产是我国工业可持续发展的一项重要战略，也是实现我国污染控制重点由末端治理向生产全过程控制转变的重大措施。2007 年国家环境保护局制定了白酒制造业清洁生产的行业标准考虑到白酒制造业产品香型多、工艺复杂的特点，此标准根据不同香型分别给出相应的清洁生产技术标准数据。白酒的清洁生产指标分为六类：即资源能源利用指标、产品指标、污染物产生指标（末端处理前），生产工艺与装备要求、废物回收利用指标和环境管理要求，白酒制造业清洁生产标准的制定，促使企业从源头削减污染，提高资源利用率，减少或者避免生产、服务和产品使用过程中污染物的产生和排放，以减轻或者消除对人类健康和环境的污染。

十二、重视科研，培养人才

为配合酿酒事业发展，我国不少大专院校、中专、技校陆续设立了相关专业，如江南大学、北京工商大学、西北农林科技大学、天津科技大学等专门设置了发酵工程专业，一些综合性大学也设立了生物工程系，使我国酿酒技术队伍逐年扩大。原轻工业部、中国食品协会及省、市、自治区均举办多种形式的技术培训班，为酿酒技艺的传承、发展与职工

队伍素质的提高，发挥了巨大的作用。

数十年来，从中央到地方都先后设立了有关酿酒、发酵工程的研究（院）所，许多酒厂也建立了自己的科研机构，取得了许多有实用价值的研究成果，如糖化酶、活性干酵母、人工培窖、微机架式制曲、醇酸酯化、微机勾兑、低度白酒生产、固液结合等，不胜枚举，这些成果应用到生产中，对整个酿酒事业的发展、增加财政收入都发挥了重要的作用。一些地方还建立了国家职业技能鉴定所，专门对酿酒企业的职工进行培训和技能考核鉴定，更加重视职工队伍的培养。

近10年来，虽然国家对白酒科研经费投入较少，但名酒大型企业、科研院所、大专院校利用自筹资金或各种渠道争取的支持，从未间断白酒行业的科学研究和技改工作，并取得了如上所述的许多重大成果。2007年3月，原中国酿酒协会提出了"中国白酒169计划"。该计划是由中国酿酒协会牵头，院校为攻关主体，相关企业共同参与的一个联合体，是国家提倡的产、学、研合作的新模式。"中国白酒169计划"是新中国成立以来中国白酒行业规模最大的科研项目，研究范围广、技术构成复杂的项目。该项目着重在中国白酒健康成分、白酒特征香味物质、贮存对白酒品质的影响、重要呈香呈味物质形成机理、白酒香味物质阈值测定及白酒年份酒等六个方面重点进行研究。此计划的实施，将推动白酒科研向深度发展。

白酒业人才培训逐年增加，除专业院校培养本科生、研究生外，近年来更加重视对生产第一线工人的培训，各地成立了国家职业技能鉴定所（站），培训和审定了一大批高级工、技师和高级技师。白酒工业这一民族传统产业将后继有人。

第二章　白酒酿造微生物知识

第一节　微生物的基础知识

微生物是指个体微小、构造简单的微小生物。大多数微生物都是单细胞（例如细菌和酵母），部分是多细胞（霉菌）。一般来说，微生物主要是指细菌、放线菌、酵母菌、霉菌和病毒五大类。与酿酒有关的主要微生物有细菌及真菌中的霉菌及酵母菌。

微生物个体微小，其中有的肉眼可见，如毛霉、青霉、曲霉、假丝酵母等，也有的肉眼看不见，必须借助显微镜才能看见，例如酵母菌、细菌和放线菌。但是，当这些微生物的群体，集成几亿或者更多时，也就是成堆了，就能看见了，例如产膜酵母在酱油面上形成的白醭，又如许多红茶菌体结成一个块膜状半透明体（又称海宝），这些我们都是直接看得见的。在我们的日常生活中，由微生物所引起的许多现象是经常可以遇到的，例如热天牛奶容易变酸凝固，剩饭菜容易变馊腐败发臭；雨天东西容易长霉（例如放到床下面的皮鞋经常长霉），人喝了脏水容易闹病等，这些都是有害微生物生命活动引起的。而很多微生物可为人类造福，为人类利用，如在酿酒工业中，根霉、曲霉等霉菌在培养中生成淀粉酶，能将淀粉变成可发酵性糖；酵母菌在酿酒过程中能将糖类发酵生成酒精：乳酸菌能生成乳酸及乳酸酯；一些产酯酵母可产生乙酸乙酯和其他酯类等。但是，这并不等于所有的曲霉、根霉都有很大的糖化力，所有的酵母都有很大的发酵力，相反有的菌种也是有害的，如黑根霉、灰绿曲霉、烟曲霉和野生酵母。在酿酒工业上，要选择酶活力强、适合生产的优良菌种，要研究它们的繁殖、生长条件，如营养、温度，水分，空气等，使这些微生物更好地为酿酒工业服务。

一、微生物的特点

微生物体积小、种类多、繁殖快、分布广、容易培养、容易发生变异、代谢能力强等特点，能很方便地被应用于工、农、医等方面，能解决许多疑难的问题。

（一）体积小

前已述及，微生物个体微小，必须借助显微镜才能观察清楚。测量微生物的大小以微米（μm）、纳米（nm）或埃（Å）表示（$1mm = 10^3\mu m = 10^6 nm = 10^7 Å$）。一般酵母和霉菌的直径约为$20\mu m$，杆菌长度约为$2\mu m$，而病毒的长度仅约为$0.02\mu m$。

（二）种类多

据有关资料介绍，在自然界，目前已发现的微生物有十万种以上，我们已研究过的微生物，仅占自然界的10%左右。由于土壤中具备了微生物生活所需的各种物质、水分和温度，所以微生物在土壤中数量最大、类型最多。由于不同种类的微生物具有不同的代谢方式，能够分解各种各样的有机质，因此，在自然界中虽然存在着千万种分解程度难易不同的物质，但亿万年来在地球上并没有堆积起任何一种物质，这就是因为不同种类的微生物能分解不同的物质所致。当前，国内外都喜爱利用微生物来防治公害，就是利用不同种类微生物的不同代谢方式，作用于不同结构物质的结果，也就是利用微生物各尽所能，各取所需，协同作战于三废物质中。另一方面，不同种类的微生物能积累的代谢产物也不同，所以发酵工业上常利用各种微生物来生产各种发酵产品，如酒类、酒精、丙酮－丁醇、抗生素、酶制剂、有机酸、氨基酸、核酸、医药和化工产品等。

（三）繁殖快

在适宜的条件下，生产丙酮－丁醇的梭状芽孢杆菌等能在 $20 \sim 30min$ 繁殖一代，一昼夜就能繁殖 72 代，若照此繁殖速度一昼夜可达 47×10^{22} 个，但是，随着菌体数目的增加，营养物质迅速消耗，代谢产物逐渐积累，pH、温度、溶解氧浓度均随之而改变，适宜环境是很难持久的，所以微生物的繁殖速度，永远也达不到上述水平。但毕竟比高等动植物的生长速度还是快千万倍。例如，培养酵母生产蛋白质，每 8h 就可收获一次，若种大豆生产蛋白质，最短也要 100d。可见，利用微生物生产发酵产品，其生产速度虽然赶不上化学合成，但比利用高等动植物要快得多，而且有许多生理活性物质，如蛋白质（酶），绝大部分的抗生素等用化学合成尚不能生产。

菌体的繁殖速度决定于繁殖一代所需要的时间，而繁殖一代所需要的时间，是以不同的微生物或相同种类的微生物在不同条件下培养而各不相同的。一般在糖质培养基中，大肠杆菌繁殖一代的时间为 $13 \sim 17min$，枯草杆菌约为 $30min$，酵母为 $1 \sim 2h$。微生物的这一特点，为工业生产提供了有利条件。

（四）分布广

在自然界中，上至天空，下至深海，到处都有微生物存在。特别是土壤，更是各种微生物的大本营。据估计，一亩（1 亩 $= 666.6m^2$）肥沃的土地，在 150cm 深的表土内就有 300kg 以上的真菌和裂殖菌。浓香型曲酒的生产，传统使用特定的土壤窖池，就是利用土壤微生物协同作战而生成的发酵产品。我们很多工业上利用的菌种，不少来源于土壤。但也要考虑微生物的生态特征，如分离酒类发酵的酵母，一般是从水果表皮或果园土壤中分离的。

（五）容易培养

大多数微生物都能在常温常压下，利用简单的营养物质生长，并在生长过程中积累代谢产物。因此，利用微生物发酵生产食品、药品、化工原料都比合成法具有更多优点：

（1）不需要高温高压设备，如发酵生产酒、醋、酱油等。

（2）利用原料比较粗放，如利用甘薯制酒精、酒、柠檬酸等。

（3）不用特殊催化剂，一般产品是无毒的。

（六）易变异

由于微生物的个体小，对环境变化的抵抗性差，因此当环境发生剧烈变化时，大多数个体容易死亡而被淘汰，个别的个体则发生了变异而适应于新的环境。又因为大多数微生物都进行了无性繁殖，容易发生变异，而且这种变异也具有相对的稳定性。因此，在生产上就利用这一特性，通过生产菌种的选育，配合发酵条件的改革，可以使产量大幅度提高。酿酒工业上采用的"东酒一号"、"UV－11"等菌种都是通过诱变育种得到的糖化力很高的新菌株。

微生物在自然条件下，经长期累代培养后，有时也会发生变异。如被用来制造甜酒曲的根霉菌在接种数代后，其糖化力往往下降。一般在酒厂里，酵母菌不容易变异。曲霉由于能起吻合作用，比酵母易变异。但也常只是个体，很少影响到群体。酒厂所用的菌种并不是那么容易发生变异的，不要遇到生产力下降，就怀疑菌种发生了变异，不去注意生产中的各个环节，而盲目地更换菌种。

（七）代谢力强

由于微生物的个体小，具有极大的表面积和容积的比值。因此，它们能够在有机体与外界环境之间迅速交换营养物质与废物。从单位质量看，微生物代谢强度比高等动物的代谢强度大几千倍至几万倍。例如酒精酵母，1kg菌体一天内可发酵几千千克糖，生成酒精。从发酵工业的角度来看，代谢能力强，在短时间内，能把大量基质转化为有用产品，这是极其有利的。

二、微生物与环境

（一）微生物对营养的要求

微生物虽然是低级生物，但是它和一般生物一样，具有新陈代谢、生长发育、遗传变异等生命活动规律，需要从外界吸收营养物质，通过新陈代谢作用，从中吸取能量，并合成新的细胞物质，同时把体内废物排出体外。因此，营养物质是微生物生命活动的物质基础。

所谓营养物质，就是指环境中可被微生物利用（通过分解代谢和合成代谢）的物质称为营养物质。微生物对营养物质的要求是多种多样的，有些微生物能够利用的物质十分广泛，有的却十分狭窄。尽管微生物对营养的要求是各式各样的，但从微生物细胞的化学组成、微生物所需的基本营养及其主要功能等方面，都具有共同的规律。

微生物细胞的化学组成：在人工培养、利用、控制微生物的时候，首先必须根据它们的营养特点来确定供给它们的营养物质。而营养物质的确定，主要是依据组成细胞的化学成分，及我们所需要的代谢产物的化学组成。因此，分析微生物的细胞化学组成，是了解微生物营养的基础。

微生物细胞的化学组成见表2－1。

表2－1　　　　　　　　　　微生物细胞的化学组成

组成成分	微生物	细菌/%	酵母菌/%	霉菌/%
水分		75～80	70～80	85～90
固形物（各种成分占固形物总质量的百分数）	蛋白质	50～80	32～75	14～15
	碳水化合物	12～28	27～63	7～40
	脂肪	5～20	2～15	4～40
	核酸	10～20	6～8	1
	无机元素	2～30	7～38	6～12

可见，微生物细胞的化学组成，主要是碳、氢、氧、氮，占全部干重的90%～97%。

此外，还有一部分微量元素，例如钾、镁、钙、硫、钠、铁等，还有含量很少、但缺少它们就不能生长的一些物质，称为生长素。微生物中各种化学成分的含量因微生物的种类、菌龄、培养基的组成、培养条件而异。

（二）影响微生物繁殖的化学因素

1. 水分

微生物细胞中含水量很大，一般细胞含水70%～90%。细菌的芽孢和霉菌的孢子含水量较少。水的一部分以游离状态存在，另一部分以结合状态出现。水是微生物细胞的主要组分，微生物生长必须有水，一切营养物质要先溶解于水，才能扩散到细胞内被吸收利用；细胞内的各种生理生化反应也必须在水溶液中进行。由此可见，微生物没有水就不能进行生命活动。

2. 碳源

碳素化合物是构成微生物细胞成分的主要元素，也是产生各种代谢产物和细胞内贮藏物质的主要原料。凡是能够供给微生物碳素营养的物质称为碳源，一般来说糖类物质是最好的碳源，其他如淀粉、有机酸、醇类等，也常作为微生物的碳源。

3. 氮源

氮是构成微生物细胞蛋白质和核酸的主要元素，而蛋白质和核酸是微生物原生质的主要组分，也可为微生物有机体提供能量。所以，氮是微生物的一种不可缺少的营养要素。氮的来源可分为无机氮（指分子氮、硝酸盐、铵盐等）和有机氮（指蛋白质、蛋白胨、各种氨基酸、尿素、豆饼粉、花生饼、鱼粉等）。微生物种类不同，对氮源的要求也不同。在酒精发酵工业中，用来糖化淀粉的黑曲霉能利用硝酸盐和铵盐作为氮源，而产生酒精的酵母菌却只能用铵盐作为氮源，不能利用硝酸盐作为氮源。

4. 无机盐类

无机盐类是微生物生命活动不可缺少的物质。它的主要功能是：构成菌体的成分；作为酶的组成部分；调节培养基的渗透压、酸碱度、氧化还原电位和酶的作用等。一般微生物所需的无机盐类包括磷酸盐、硫酸盐、氯化物和含钠、钾、镁、钙、铁等元素的化合物，尤其是磷酸盐对菌种代谢遗传有密切关系。微生物对无机盐的需要量是极少的，但是缺了它就不行，常常在其他营养成分中夹杂一点就能满足需要。例如，在井水中含有钙盐和镁盐就能满足微生物对钙、镁的要求。曲霉孢子放在水中不能发芽，因为孢子发芽时需要有外界营养，蛋白胨及氨基酸可以提高发芽率。有人对曲霉孢子发芽所需营养做过试验，说明缺乏碳源、氮源、磷盐、镁盐时会严重影响发芽。

5. 生长素

生长素是指维持生命的要素，狭义来说，是指维生素。它是维持微生物正常生活必不可少，但需要量又极少的特殊营养物质。例如，有些微生物在具有适宜的水分、无机盐、碳源和氮源的条件下，仍不能生长或生长不好。如果加入少量酵母浸出液或麦芽汁生长就好了，这是因为浸出液中含有某些微生物所不能合成的生长素，如多种氨基酸、维生素、组成核酸辅酶的嘌呤、嘧啶碱等。

（三）物理因素对微生物生长发育的影响

1. 温度

温度对微生物的影响很大，因为微生物的生长发育是一个极其复杂的生物化学反应，这种反应需要在一定的温度范围内进行，所以温度对微生物的整个生命过程都有着极其重要的影响。

从微生物的总体来看，生长温度范围很广，可在 $0 \sim 80℃$，各种微生物按其生长速度可分为三个温度界限，即最低生长温度、最适生长温度、最高生长温度。超过最低和最高生长温度的范围，生命活动就要中断。因此，我们在生产中，可以通过对温度的控制来促进有益微生物的生长，抑制或消灭有害微生物的发育。

那么，什么是最低生长温度呢？它是指微生物生长与繁殖的最低温度，在这个温度时，微生物生长最慢，低于这个温度，微生物就不能生长。最适生长温度是指微生物生长最适宜的温度，在这个温度时，如果其他条件适当，则微生物生长最快。而最高生长温度就是在其他环境因素保持不变前提下，微生物能够生长繁殖的最高温度。高于这个温度，微生物的生命活动就要停止，甚至死亡。

在物理因素中，温度对微生物的影响最为重要。微生物在生长繁殖过程中吸热反应和放热反应是共同进行的。在发酵前期要给予适当温度，以后要适当控制温度，防止升温过猛。"低温入窖、缓慢发酵"的精神实质就在于此。

微生物的生长繁殖，不但受到外界温度的影响，更重要的是外界温度与菌体内部保持热平衡。也就是说，外界环境的温度影响到微生物的生长繁殖，反过来，微生物在大量的生长繁殖过程中也影响外界环境温度的改变。如酒精厂在固体制造麸曲过程中的中期和后期，由于微生物的代谢作用，品温逐渐上升，向着微生物生长繁殖的不利方向发展。为了控制微生物生长的最适温度，保证曲子质量，根据品温上升情况，采取通风方法来降低品温. 国内酒精厂生产麸曲时，品温要求保持在 $37℃$ 左右。初期菌体刚刚开始生长，发热量不大，这时采用间歇通风方式，到后期，菌体生长旺盛；伴随产生大量的热，因此采用连续通风来降低品温。

高温对微生物影响较大，微生物在超过最高生长温度以上的环境中生活，就会引起死亡，温度越高，死亡越快。但是，微生物对高温的抵抗力依菌的种类、发育时间、有无芽孢而异。例如，无芽孢的细菌在液体中，$55 \sim 60℃$ 经 $30min$ 即可死亡；$70℃$ 时仅 $10 \sim 15min$ 死亡；$100℃$ 仅几分钟就可死亡。酵母营养细胞及霉菌菌丝体，在 $50 \sim 60℃$ 时 $10min$ 左右即可杀死；而它们的孢子在同样时间内却要 $70 \sim 80℃$ 才能杀死。芽孢杆菌中的芽孢对热的抵抗力很强，如枯草杆菌芽孢在沸水中煮沸 $1h$ 也不死，这是因为芽孢内所含水分较少，菌体蛋白不易凝固。

微生物在高温下死亡的原因，是由于菌体中的酶遇热后失去活性，使代谢发生障碍而引起菌体死亡。

2. 氢离子浓度（pH）

氢离子浓度对微生物生命活动的影响，是由于氢离子浓度影响细胞原生质膜的电荷，原生质膜具有胶体性质，在一定 pH 内，原生质带正电荷，而在另一种 pH 内，则带负电荷，这种正负电荷的改变，同时又会引起原生质膜对个别离子渗透性的变化，从而影响微生物对营养物质的吸收。例如，黑曲霉在 pH $2 \sim 3$ 时，生成柠檬酸，pH 近中性时却生成草酸；酵母在 pH 为 5 左右时，其产物是乙醇，而 pH 8 时则产生甘油。

表 2-2 为各种微生物生长最适 pH 和 pH 范围。

表 2 - 2　　　　　　　　　　　各种微生物生长最适 pH 和 pH 范围

微生物种类	最低 pH	最适 pH	最高 pH
细菌和放线菌	5.0	7.0 ~ 8.0	10.0
酵母菌	2.5	3.8 ~ 6.0	8.0
霉　菌	1.5	3.0 ~ 6.0	10.0

　　各种不同的微生物要求的 pH 不同，大多数细菌，最适 pH 接近中性或微碱性；酵母和霉菌的最适 pH 趋向酸性。

　　在酿酒工业中，广泛利用 pH 抑制杂菌的生长。酒精厂循环酒母添加硫酸；白酒厂入窖酒醅有一定的酸度，就是利用 pH 的适宜范围来抑制不适宜该范围的杂菌。

　　现在各厂一般利用酸度（1g 曲或糟消耗 0.1mol/L NaOH 液的毫升数）来指导生产，已经取得了很成熟的经验。

　　3. 空气

　　大多数微生物在生命活动过程中都需要空气，按照各种微生物对氧的要求不同，可将它们分成如下三类。

　　（1）好气性微生物　也称为好氧性微生物，这类微生物在生活中需要氧，只有在氧分子存在的条件下，它们才能正常生活。大多数微生物都属于这一类型，如根霉、曲霉等。在制造压榨酵母时通风可以增加酵母的产量。微生物深层培养时，通入空气不但影响微生物的生长，还影响微生物的代谢产物，如在抗生素、液体曲、有机酸的生产过程中通风量对产品的产量有很大的影响。

　　（2）厌氧微生物　也称专性嫌气微生物。这类微生物不需要分子态氧，分子态氧对它们有毒害作用。如丙酮 - 丁醇菌及其他梭状芽孢杆菌（如窖泥中能产生己酸的细菌），只能在无氧或缺少氧的状态下生活。

　　（3）兼性嫌气性微生物　有相当多的微生物既能在有氧条件下生长，又能在无氧条件下生活。如酵母在有氧条件下迅速生长繁殖，产生大量菌体，在无氧条件下，则进行发酵，产生大量的酒精。

　　在实验室培养好气性或兼性嫌气性微生物，若用固体培养基，则通过棉塞的少量空气即可满足；若用液体培养基，就需在摇床上培养。而对厌氧性微生物的培养，可以用抽真空、焦性没食子酸吸收、覆盖无菌石蜡等方法。

　　4. 界面

　　界面与微生物生长有很大关系，特别是对固态法白酒生产来说，界面尤为重要。

　　我们知道自然界里栖息着大量的微生物，它们生活在不同的状态之中。有的在气相中生长，有的在均一的液相中生长，有的却生长在各式各样的固相上。但是为数极多的微生物却居住在两个不同的接触面上，这种接触面称作界面。居住在界面的微生物群，其生长与代谢产物都与居住在均一相内的有明显不同，这就是界面对微生物的影响关系。

　　在不同培养基中（例如米曲汁、米曲汁加乙酸、米曲汁加乳酸）。添加经酸碱处理过的玻璃丝作界面，分别培养三种酵母（南阳、汉逊、1312）发酵试验，不论米曲汁或添加乙酸、乳酸的培养基中，乙酸乙酯的生成量都大幅度增加。证明了液体中有固体界面物质对酵母的代谢有明显的影响。

辽宁金县酒厂实验证明，固态法白酒与液态法白酒质量不同的关键在于前体物质、蒸馏操作，特别是由颗粒组成的复杂的界面，是使两者不同的重要原因之一。例如，以糖蜜原料液态发酵的酒，完全是液态酒的风味，而同样原料，添加稻壳固体发酵，就会有固态法白酒的风味。所以说，白酒固态发酵，界面极为复杂。原料、酒醅、填料对发酵微生物的吸着状态及其对酶活力与代谢的影响；原料粉碎细度，即颗粒大小对发酵微生物的影响；加水量的多少，改变了固-液的比例关系对发酵微生物的影响。浓香型酒生产中，鼓槌状菌为什么接种于酒醅中的效果远不及接种于泥土中效果显著，及黏土界面与梭状菌的关系等，都是研究白酒发酵中，界面关系的重要课题。

以上介绍的与微生物有关的物理、化学因素对微生物生长繁殖的影响，是相互交织在一起的，以致构成复杂的发酵过程。

三、微生物实验室

（一）基础设施要求

进行菌种培养的厂家，应设置符合微生物操作相关要求的显微镜检查室、微生物培养室、培养基制备室、菌种保藏室、无菌室及保温室等，一般酒厂可一室多用。

1. 无菌室

无菌室一般是在微生物实验室内专辟一个小房间。可以用板材和玻璃建造。面积不宜过大，4~5m^{2}即可，高2.5m左右。无菌室外要设一个缓冲间，缓冲间的门和无菌室的门不要朝向同一方向，以免气流带进杂菌。无菌室和缓冲间都必须密闭。室内装备的换气设备必须有空气过滤装置。无菌室内的地面、墙壁必须平整，不易藏污纳垢，便于清洗。工作台的台面应该处于水平状态。无菌室和缓冲间都装有紫外线灯，无菌室和紫外线灯距离工作台面1m。工作人员进入无菌室应穿灭过菌的服装，戴帽子。

无菌室的具体要求如下：

（1）无菌室应设有无菌操作间和缓冲间，无菌操作间洁净度应达到10000级，室内温度保持在20~24℃，湿度保持在45%~60%。超净台洁净度应达到100级。

（2）无菌室应保持清洁，严禁堆放杂物，以防污染。

（3）严防一切灭菌器材和培养基污染，已污染者应停止使用。

（4）无菌室应备有工作浓度的消毒液，如5%的甲醛溶液，70%的酒精溶液，0.1%的新洁尔灭溶液等。

（5）无菌室应定期用适宜的消毒液灭菌清洁，以保证无菌室的洁净度符合要求。

（6）需要带入无菌室使用的仪器、器械、平皿等一切物品，均应包扎严密，并应经过适宜的方法灭菌。

（7）工作人员进入无菌室前，必须用肥皂或消毒液洗手消毒，然后在缓冲间更换专用的工作服、鞋、帽子、口罩和手套（或用70%的酒精再次擦拭双手），方可进入无菌室进行操作。

（8）无菌室使用前必须打开无菌室的紫外灯辐照灭菌30min以上，并且同时打开超净台进行吹风。操作完毕，应及时清理无菌室，再用紫外灯辐照灭菌20min。

（9）供试品在检查前，应保持外包装完整，不得开启，以防污染。检查前，用70%的酒精棉球消毒外表面。

（10）每次操作过程中，均应做阴性对照，以检查无菌操作的可靠性。

（11）吸取菌液时，必须用洗耳球吸取，切勿直接用口接触吸管。

（12）接种针每次使用前后，必须通过火焰灼烧灭菌，待冷却后，方可接种培养物。

（13）带有菌液的吸管、试管、培养皿等器皿应浸泡在盛有 5% 来苏尔溶液的消毒桶内消毒，24h 后取出冲洗。

（14）如有菌液洒在桌上或地上，应立即用 5% 石炭酸溶液或 3% 的来苏尔倾覆在被污染处至少 30min，再做处理。工作衣帽等受到菌液污染时，应立即脱去，高压蒸汽灭菌后洗涤。

（15）凡带有活菌的物品，必须经消毒后，才能在水龙头下冲洗，严禁污染下水道。

（16）无菌室应每月检查菌落数。在超净工作台开启的状态下，取内径 90mm 的无菌培养皿若干，无菌操作分别注入融化并冷却至约 45℃ 的营养琼脂培养基约 15mL，放至凝固后，倒置于 30～35℃ 培养箱培养 48h，证明无菌后，取平板 3～5 个，分别放置工作位置的左中右等处，开盖暴露 30min 后，倒置于 30～35℃ 培养箱培养 48h，取出检查。100级洁净区平板杂菌数平均不得超过 1 个菌落，10000 级洁净室平均不得超过 3 个菌落。如超过限度，应对无菌室进行彻底消毒，直至重复检查合乎要求为止。

2. 培养基制备室

培养基制备一般在化验室中进行，主要是对培养基和玻璃仪器进行灭菌，主要设备为高压灭菌锅及干热灭菌箱，对无菌操作要求不高。

灭菌方法主要有干热、湿热灭菌等。

（1）干热灭菌　直接利用火焰将微生物烧死（如烧接种环、载玻片和试管口等）。不能用火焰灭菌的物品则利用热空气灭菌，将物品放在烘箱中加热。为了保证灭菌效果，一般规定：135～140℃ 灭菌 3～5h；160～170℃ 灭菌 2～4h；180～200℃ 灭菌 0.5～1h。此法适用于玻璃、金属和木质的器皿。在灭菌过程中或灭菌后未降温时，不宜打开箱门，否则纸与棉塞会燃烧，玻璃仪器也易破裂。

（2）湿热灭菌　在各类湿热灭菌法中，经高压蒸汽灭菌效果最好，其蒸汽温度可达 121℃，能将耐热的芽孢在 30min 内全部杀死。但对某些易破坏的物质，如某些糖或有机含氮化合物，宜在 0.06MPa 下（110℃）灭菌 15～30min。使用高压灭菌锅时，尽量将锅内的冷空气排尽，以免压力表的指示压力已到规定值而锅内温度达不到要求温度。另外，灭菌结束后，要缓慢放汽，以免降压太快使液体培养基喷染棉塞。

3. 保温室

恒温箱的容量有限，因此利用大三角瓶及卡氏罐等容器培养微生物，应放在保温室中进行。保温室不宜过大，通常面积为 $2m^2$，高 2m 左右。墙壁用保温材料，室顶在适当位置设置换气筒。室内使用暖气或电热器配合自动控温调节设备进行控温，应注意安全。

（二）微生物实验室用具

1. 无菌箱或超净台

（1）无菌箱　若无菌操作的工作量不大，可不利用无菌室杀菌后操作，而使用无菌箱。无菌箱置于洁净的房间内，也可放在无菌室。无菌箱由专业厂生产，其材质为有机玻璃。正面有 2 个手孔，上面装有袖套；左面有物料进出的孔，以转动孔门的螺纹而开闭；箱顶装有照明灯、紫外灯，并设装有过滤介质的通气柱。

（2）超净台　设有一套空气层流装置。屋内的空气经预过滤器，由风机送入加压箱，再通过超细玻璃纤维后，进入均压层，以水平层流恒速流至操作区。

超净台由专业厂生产，有单人或双人操作 2 种，可按需选购。其气流速度为 0.3～0.5m/s，空气净化率能达 99.95% 以上，可放置于洁净的室内，使用时台上尽可能少放物品，以免干扰空气层流；也需定期检查无菌效果。超净台适用于酿酒酵母及细菌的操作，对于带孢子的霉菌则未必适用，因孢子经空气吹动会飞扬。

2. 接种用具

接种用具为若干接种针及 1 盏酒精灯。

接种针由针部和杆部组成。针部可为 23 号铂丝，但其质地较软；也可用粗细适当的电炉丝代替，但在操作时应注意其散热较慢的特点。杆部可采用市售的金属接种棒，可将针部插入，用螺帽夹紧，也可随时取下针部；或以长 20cm 左右、粗细合适的铜棒为杆部，用小钻子在其一端中央钻 1 个小孔后，再将电炉丝插入孔内，然后用小锤砸牢；也有用玻璃作杆部的，将长约 7cm 的电炉丝的一端用镊子夹住，把另一端插入在酒精灯上加热而融软的玻璃棒内。以金属为杆部时，应在手握到的部位包以绝热材料。

针部的一端可做成直径约 2mm 的圆环，称为环状，常用于液态种子的微量移植；针端呈针状，常用于平板菌体与固态试管培养基或固态试管培养基与试管固态原菌之间的转接；针端呈钩状，一般用于转接固态的霉菌等菌丝体。使用后的接种针，可放入盛有酒精的量筒内。

若移植较多的液态菌体，则需无菌吸管。吸管的玻璃部分可预先用牛皮纸包好后进行干热灭菌；橡皮吸头部分，可泡于酒精内，待使用时取出。

3. 高压灭菌锅

（1）小容量高压灭菌锅　可以煤气或电等为热源。

（2）容量较大的高压灭菌锅　可用蒸汽为热源。可对在高压下不会有大变化的培养基及玻璃仪器进行灭菌。有芽孢的细菌，以 70kPa 的蒸汽灭菌 20min，或 98kPa 的蒸汽灭菌 15min，即可完全杀灭。

灭菌锅必须安装压力表和安全阀，安全阀要经常检查，以免生锈失效。在使用高压锅灭菌时，一定要将锅内的冷空气排尽，以免造成压力表的指示压力已到规定值而锅内温度较低的假象；灭菌结束后，要缓慢地或间歇式进行排气，以免降压太快而使液态培养基喷染棉塞。

通常每个厂应置备上述 2 种容量不同的高压灭菌锅，可根据平时的实际需要轮换使用。

若无高压灭菌锅，可用 100℃ 的常压蒸汽灭菌 3 次，即 1 天 1 次。其原理是对于普通不形成芽孢的细菌，经 100℃ 蒸汽灭菌 30min 即可全部杀灭；但芽孢杆菌则难以杀灭，然而第 1 次未杀死的芽孢杆菌，在 30～37℃ 下，第 2 次即能变为营养体，可被第 2 次的常压蒸汽杀灭。如此 3 次常压灭菌，即可保证杀菌安全，称为间歇式灭菌法。

4. 干热灭菌箱

干热灭菌箱设有双层门；有 2 组电热丝，分别用以升温和恒温；箱顶有气孔，若用于干燥，则应配有小的风机。使用时，应经常注意该设备的恒温装置是否失灵，以免升温过高而引起火灾。

将需灭菌的已塞棉塞的试管、三角瓶，或用牛皮纸包好的培养皿等玻璃用具，放入干热灭菌箱内，注意不要使棉塞或纸接触箱壁。以免棉塞和报纸发黄、燃烧或纸变脆而破裂。在灭菌过程或灭菌结束未降温时，不宜打开箱门，以免引起纸、棉塞燃烧和玻璃仪器破裂。

5. 培养箱

培养箱又称恒温箱或保温箱，使用时也应经常注意温度控制系统是否失灵。

6. 冰箱

冰箱用于存放菌种及无菌培养基，注意不要放液态而敞口的物品，以免液体蒸发，使菌种的棉塞受潮而容易污染杂菌。

7. 显微镜

白酒厂所用的显微镜为光学显微镜，使用时应严格按说明书的内容操作。

上述设备及仪器的说明书，应由专人保管，别人借阅后须及时交还；或将说明书用粗线绳串起来，挂于安置设备或仪器的墙上，便于查阅。

8. 玻璃器皿

（1）试管　不要使用翻口的试管。试管的长度通常为其直径的 10 倍。如 18mm × 180mm 的试管，通常用于液态培养或盛倒平板用的固态培养基；15mm × 150mm 的试管，可装酵母和细菌培养用的斜面培养基；10mm × 100mm 者，用于生理试验或保存原菌。

（2）培养皿　培养皿以其直径分为 6cm、9cm、12cm、15cm、18cm、21cm 等多种。一般分离酵母或细菌时多使用直径为 9cm 培养皿，因其操作方便且不易污染杂菌；分离霉菌等产生大量菌丝及孢子的微生物时，可采用较大的培养皿。

（3）三角瓶　又名锥形瓶。它以其容量定规格，应选用带有刻度的三角瓶。

（4）其他　常用的载玻片，其大小为 7.5cm × 2.5cm × （0.1 ~ 0.13）cm；盖玻片为 1.8cm × 1.8cm，盖玻片有厚薄之分，薄片用于镜检，厚片用于血球计数计测细胞数。

涂布器：用于菌种分离及平板活菌计数时涂布平板培养基，可用直径为 3 ~ 4mm、长 25cm 的玻璃棒，在酒精喷灯上将其一端弯成每边长为 3cm 的等边三角形，再把该三角形平面与柄弯成 140° 的角即可。

四、消毒与灭菌

在生产实践中，对微生物都要求用纯种培养，不应存在任何杂菌，所以要对原料和环境进行消毒和灭菌。消毒一般是指用化学方法消灭或减少有害微生物。灭菌是指用化学或物理方法杀死微生物。

（一）消毒

制曲生产常用的消毒剂有以下 4 种。

甲醛溶液：每立方米空间用 5 ~ 8mL 熏蒸房间。熏蒸时，房间关闭紧密，房间可预先喷湿以加强效果。

硫磺：每立方米空间用 15g。

75% 酒精溶液：75% 酒精溶液常用于皮肤或器皿的消毒。

新洁尔灭溶液：原浓度为 5%，稀释成 0.25%，用于皮肤或器皿消毒，但它只能杀死菌体，不能杀死孢子。

（二）灭菌

1. 干热灭菌

适用于三角瓶、试管、培养皿、吸管等，在 $160 \sim 180℃$ 维持 $1 \sim 2h$ 便可达灭菌目的。如灭菌时间长，可采用间歇式，效果更好。

2. 湿热灭菌

在同样温度下，有水分存在时比干燥状态易于灭菌。主要方法有：

（1）煮沸灭菌法　直接将要灭菌的物件放在水中煮沸 $5min$ 以上，即可杀灭细菌的全部营养细胞和一部分芽孢。

（2）蒸汽加压灭菌法　一般在 $0.1MPa$ 蒸汽压力下 $20 \sim 30min$ 即可杀灭各种微生物及其芽孢。

（3）间歇灭菌法　将需灭菌的物品，在常压下以蒸汽加热 $1h$，杀灭其中微生物细胞。冷却后，放于 $30 \sim 37℃$ 恒温箱中培养 $1d$，使残存的微生物芽孢萌发为营养细胞，再以同法加热，如此反复 3 次，一般可达到彻底灭菌的要求。

（4）低温消毒法（巴氏灭菌法）　是利用微生物的营养细胞在 $60℃$ 加热 $30min$ 后即被杀灭的原理。

湿热灭菌主要用于培养基的灭菌，也用于器皿、工具、材料的灭菌。

3. 紫外线灭菌

紫外线灭菌能力很强，但必须有一定的强度，作为室内灭菌很方便。但不能达到完全灭菌的目的。在具体的使用过程中，应注意定期更换紫外灯，注意调节紫外灯的距离等。

五、接　种

（一）接种工具

常用的接种工具有接种针、接种钩和接种环。对针、钩和环的要求是能在火焰上烧灼时很易烧红，而离开火焰后又能很快地冷却。最好用白金丝，但价格昂贵，现在都用电炉丝代替。接种环的内径约 $2mm$，环面应平坦。

（二）接种准备工作

如果在接种室操作，接种室应经常打扫，用煤酚皂液擦洗桌面及墙壁，用甲醛熏蒸。接种前应打开无菌室紫外灯灭菌半小时。接种操作人员进入接种室前，应先做好个人卫生工作，换工作鞋，穿无菌工作衣，戴口罩（工作衣、口罩、工作鞋只准在接种室内使用，不准穿着到其他地方去，并定期换洗和消毒灭菌）；在超净工作台上进行（一般适用于斜面试管、三角瓶种子的接种），先用 75% 的酒精溶液擦净工作台面，开启超净工作台 $10min$ 后即可接种。对接种的试管、三角瓶等应做好标记，注明菌种名称，接种日期或培养基名称等。

（三）试管菌种的接种操作

试管菌种的接种是将试管原菌在无菌的条件下移接至另一试管培养基上。试管接种中原菌的纯粹与否，是生产实践中的一个极重要的关键，因此必须掌握好试管菌种的接种技术。进行接种时，手用肥皂洗净，再用 75% 酒精擦手，或新洁尔灭溶液消毒。接种操作如图 2-1 所示。

扩大移接三角瓶固体培养基、三角瓶液体培养基或试管液体培养基等，接种原理相

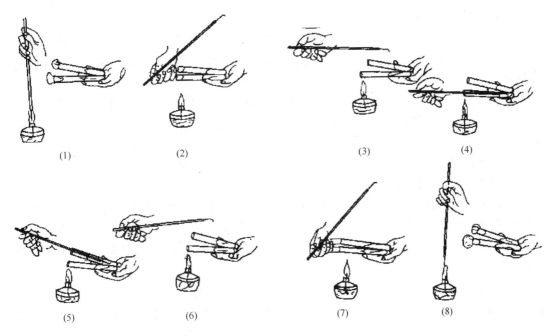

图 2-1 斜面接种时的无菌操作

同，操作方法也基本一致。接种操作简单，多练习几遍即能掌握。接种工作非常关键，因为污染杂菌，多发生在这个过程。

六、菌种的保藏

（1）斜面菌种保藏法 将已长好的斜面菌种，置于4℃左右的冰箱中保藏。一般可保存2~3个月，长则半年。每隔一定时间进行移接培养菌种。

（2）矿油保藏法 适用于嫌气性细菌，不适宜于酵母菌，更不适宜霉菌。将已灭菌的液体石蜡，在无菌操作下，注入已长好的斜面菌种试管里，油层高于菌种斜面1cm。最后密封管口，置于室温或冰箱内保藏，保藏时间为1~2年。

（3）沙土管保藏法 将沙子用水洗净，烘干，过60目筛。另外采净土（距地面33cm以下），晒干，磨细，用120目筛子过筛。以60%沙与40%土相混，每小试管装上述混合土1g。充分灭菌后，每管加孢子悬浮液几滴。封口前放于干燥器内真空干燥。

（4）冷冻保藏法 在这类保藏中，几乎利用了一切有利于保藏的因素，故是目前最好的一类综合性保藏方法。保藏时间为5~15年，适合于各大类菌种保藏。

第二节 菌种的分离与复壮

一、培养基的制备

（一）培养基的类型

培养基的种类很多，为了研究方便，通常根据培养基的一些性质把它们分为不同的类型。

1. 根据营养物质的来源不同来区分

（1）合成培养基　由已知化学成分及数量的化学药品配制而成。它适合于某些定量工作的研究，以减少不能控制的因素。此外，培养自养菌也是用成分简单的无机盐类配制的培养基。

（2）天然培养基　用天然物质或其浸出汁配制而成。肉汁、酵母浸出汁、麦芽汁、米曲汁、豆芽汁、马铃薯汁、麸皮等都是常用的天然营养原料，适合于培养许多异养型微生物。

（3）半合成培养基　由部分天然物质和一些成分已知的化学药品配制而成。

2. 根据培养基的用途区分

（1）基础培养基　其组成物质能基本上满足一般微生物生长繁殖的需要。它的主要作用是促使微生物良好地生长。例如牛肉膏蛋白胨培养基，是适合于细菌培养的一种基础培养基；马铃薯葡萄糖培养基是适合于霉菌培养的基础培养基；麦芽汁培养基适合于酵母菌及霉菌培养；高氏一号培养基适合于放线菌的培养。

（2）富集培养基　由基础培养基加入某些特殊的营养物质，如血液、血清、酵母膏或其他生长因子而成，用以培养某些对营养要求较特殊的微生物。例如有些霉菌缺乏一种或数种氨基酸合成的能力，则培养时在马铃薯葡萄糖培养基中加入相应的氨基酸或适量的蛋白胨，就可使这些霉菌正常生长。

（3）选择培养基　它是根据微生物对某一化学物质的不同抗性或对某种营养物质的特殊需求而设计的培养基，常被用来分离某一种或某一类特定的微生物。例如含有青霉素或链霉素等抗生素的培养基，可以从混杂的微生物群体中，分离出霉菌或酵母菌；用纤维素为唯一碳源的培养基，可分离得到分解纤维素的微生物。

（4）鉴别培养基　主要用于菌种的鉴定。这种培养基中含有某些化学药品或指示剂，当某种微生物在该培养基中生长时，可表现出一种特殊的特征，使不同种类的微生物被区分开。

3. 根据培养基的状态区分

根据培养基制成后的状态，可将培养基分为固体培养基、液体培养基和半固体培养基。它们之间的区别在于是否加有凝固剂以及凝固程度。可作为培养基凝固剂的物质主要有琼脂、明胶、硅胶等。琼脂是目前比较理想的凝固剂，它是从海藻中提取的一种多糖，不被绝大多数微生物所分解利用，具有较高的熔点（96℃以上），较低的凝固点（40℃），且对微生物没有毒性。固体培养基一般加琼脂 1.5% ~ 2.0%，半固体培养基一般加琼脂 0.2% ~ 0.7%，液体培养基中则不加凝固剂。用一些天然固形物作培养基时，也称为固体培养基。各种状态培养基的用途如下：

（1）固体培养基可以使所培养的微生物形成肉眼可见的菌落。在微生物分离、鉴定、计数和保藏等方面都采用这种培养基。

（2）半固体培养基在实验室中主要用来培养细菌，观察细菌的运动特性等。

（3）液体培养基容易使培养体系内的营养物质保持均匀状态，有利于微生物充分利用营养物质，积累代谢产物，所以在实验室和发酵工业生产中被广泛采用。

（二）制备培养基的一般原则

（1）所有微生物的培养基都应包含有碳源、氮源（有机氮、无机氮）、水及无机盐类，有些微生物生长还需要某种特殊的生长素。

（2）根据培养微生物的目的来选择合适的营养物。例如能利用纤维素的微生物在以葡萄糖为碳源的培养基中能正常生长；但如果是为了获得纤维素酶，则培养基中的碳源应该选用纤维素，以利于诱导细胞合成纤维素酶。

（3）在不影响培养效果的前提下，还应从经济、易得、配制方便等方面加以考虑选择培养基的营养物质。这方面，在配制工业发酵培养基时尤为重要。

（4）各种营养物质必须适量添加，合理配比。培养基中碳源和氮源的含量及比例对微生物的生长、代谢都有很大的影响。过高或过低的碳源和氮源含量都会抑制微生物的生长。在配制培养基时考虑更多的是碳源和氮源含量的比值，即 C/N 的问题。就一般菌体培养而言，细菌、酵母菌需要较多的氮素营养物，培养基的 C/N 在 5:1 左右；霉菌则需要较多的碳素营养物，培养基的 C/N 在 10:1 左右。对于工业发酵生产，则要通过调节培养基的 C/N 来控制微生物的代谢。各种矿质元素的含量，也要严格控制和均衡，某种单一元素含量过高，可影响其他矿质元素的吸收，甚至对细胞产生毒害作用。配制培养基时，通常选用一些多功能的无机盐提供矿质元素。例如将适量 KH_2PO_4 和 Na_2HPO_4 添加到培养基中不仅可作为微生物 K、Na、P 这三种矿质元素的来源，而且这两种盐还可作为缓冲剂，稳定培养基的酸碱度。

（5）各种微生物都有一定的生长 pH 范围和最适的生长 pH。因此必须把培养基的 pH 调到微生物适宜生长范围。一般来说，细菌适宜于中性至偏碱性的环境，其生长的 pH 范围多在 4~10，最适生长 pH 通常为 7.0~7.5；酵母菌和霉菌适宜生长在偏酸性的环境中，其生长 pH 范围多在 1~8，最适生长 pH 多为 4.5~6。

（6）培养基的渗透压是由各种营养物质的浓度决定的。大多数微生物在正常营养物质浓度的渗透压下就能良好生长；但有的微生物的生长需要有较高的渗透压。为此，可额外加入一些糖或无机盐来调节渗透压。发酵工业上高浓度的营养基质有利于增加产量和提高设备的利用率，但过高的渗透压会抑制菌体生长，所以要根据生产菌的渗透压特性，来配制适当的营养物浓度的基质。

（三）培养基的制备方法

培养基种类很多，酿酒工业上培养霉菌及酵母菌一般均采用自然培养基。下面是几种酿酒常用培养基的配制方法。

1. 米曲汁培养基的制备

将洗净的大米，常温下浸泡，将水滤去后，蒸米 40min，取出加一定量的冷水，并将米粒搓散，再蒸，散冷后接种黄曲霉或米曲霉的三角瓶原菌，在保温箱中培养，待米粒变黄未生出孢子时，取出干燥备用；取米曲于 4 倍水中，于 60℃糖化 3~4h。用碘液试之不呈蓝色反应后，继续加热到 90℃，过滤得米曲汁，备用；米曲汁加琼脂 1.8%~2%，加热溶解后，分装于试管中，加棉塞，高压灭菌 30min 后放置成斜面，待其凝固后，在 32℃保温箱中培养干燥 5~7d，等试管壁上无凝结水，培养基上无杂菌后即可使用。在无菌条件下，向试管斜面培养基上接曲霉菌孢子少许，在 32℃保温箱中培养 6d，等孢子成熟后，检查有无杂菌，取出放在冰箱中备用。

2. 葡萄糖豆芽汁培养基的制备

将黄豆用水冲洗干净，浸泡 12~15h（夏季应注意换水 1~2 次），使黄豆吸水膨胀。

然后倒去余水，放于瓷盘等容器内，上盖湿布，20～25℃保温，每天用温水冲洗1～2次，至芽长5cm左右时即可使用。黄豆发芽的另一个方法是将浸泡过的黄豆放在用水拌湿的锯木屑内，黄豆即可发芽生长。该法优点是生长过程中不需要管理，而且生长迅速。也可买市售的黄豆芽。洗净的黄豆芽100g，加水1000mL，煮沸40min，用纱布过滤，滤液用水补充至原来的体积（1000mL），即为10%的豆芽汁。如加入适量的葡萄糖，则为葡萄糖豆芽汁培养基。

3. 麦芽汁培养基的制备

普通大麦浸泡1d，置于木制或草制筐内，面上盖1层湿布，保温20℃左右，每天冲水1～2次，至芽长为大麦本身的1倍时，即可风干，捣碎，制成大麦芽粉。也可买现成的麦芽。1kg大麦芽粉，加55～60℃温水4kg左右，在55～60℃水浴锅中保温糖化3～4h，至液体中加碘无淀粉反应为止（检查方法同米曲汁制备）。再用纱布过滤，装瓶加棉塞，并包扎油纸，0.1MPa蒸汽高压灭菌25～30min，杀菌后杂质沉淀，贮存备用。

麦芽汁制备的另一个方法是称取大米0.5kg，加水3～3.5kg，煮成稀饭，凉至60℃，加麦芽粉0.5kg，搅拌均匀，55～60℃保温，水浴锅糖化4～6h，过滤，所得滤液即为麦芽汁。其浓度约为13°Bx。这种方法一般在麦芽供应不足时采用。

4. 葡萄糖马铃薯培养基制备

将马铃薯去皮切成薄片，切片后立即浸于水中，以免氧化变黑。每200g马铃薯加自来水1000mL，加热至80℃，热浸1h。用纱布过滤，滤液用水补足至1000mL，加入5%葡萄糖，搅拌溶解，即为葡萄糖马铃薯培养基。若马铃薯煮得过烂，则对菌生长不利。本培养基适用于根霉及产酯酵母的培养。如能以30%～40%的比例与麦芽汁或米曲汁混合使用则更好。

5. 甜酒水培养基

将糯米淘洗干净，浸泡后蒸煮成饭，冷凉至30℃左右拌入根霉甜酒曲（不含酵母），装入清洁容器内，保温30℃培养1～2d后即成甜酒酿，煮沸后过滤，滤液即为甜酒水培养基。该培养基含葡萄糖较多，若制成固体培养基累代培养，将使霉菌糖化力和酵母发酵力下降，故多用于生产上作扩大培养时的三角瓶种子液用。

6. 麸皮固体培养基

将较粗的麸皮加水70%～80%，充分拌匀，装入试管或三角瓶，装入量不宜过多或过少。然后用试管刷将附于试管壁上的麸皮刷干净，塞上棉塞，0.1MPa灭菌40min，即为麸皮固体培养基。该培养基应随做随用。

在上述培养液中，米曲汁、麦芽汁、甜酒水等浓度超过要求时，可加水稀释，加水量可按下列公式计算：

$$应加水量 = \frac{米曲汁数量 \times 米曲汁浓度}{要求浓度} - 米曲汁数量$$

若需将上述培养液制成试管斜面固体培养基，应先将琼脂称好洗净，煮沸培养液，在沸腾状态下加入琼脂（琼脂用量一般为1.5%～2%），并不断搅拌直至完全融化为止；溶解加热时要注意火候，避免过热糊底烧焦及防止溢出。当琼脂溶化后，再加入热水补足所蒸发的水分（可事先做好标记），然后用两层纱布中间夹脱脂棉趁热过滤。若冬天气温低容易凝固，可用热滤漏斗过滤，过滤完毕，趁热进行分装，取大号玻璃漏斗，装在铁架上，漏斗下端连接一段橡皮管，管端与玻璃管嘴相接。橡皮管中间装一个弹簧止水夹，将整个装置安装在铁架上。分装时用左手夹住空试管的中部，将试管伸入漏斗下的试管内，以右手拇指及食指开放弹簧止水夹，使培养液流入试管内（图2-2）。注意不使培养基沾污试管上段管壁，以免沾污棉塞，引起杂菌污染。装入试管的培养基量视试管大小及需要而定。如用做保存菌种用的斜面，则装5mL左右（15mm×150mm试管），为试管长的1/5～1/4。如用做平板用的大试管（20mm×200mm规格试管），则装12～15mL。分装完毕，塞上棉塞。棉塞能过滤空气，避免污染。做棉塞要松紧合适，紧贴管壁不留缝隙，以防空气中杂菌沿缝隙侵入试管内。棉塞不宜过小，以免脱落，其2/3的长度应在试管内部，上部露出少许棉花，便于拔放（图2-3）。做棉塞用普通棉花即可。可在棉塞外加两层纱布包住，这样可延长使用时间。

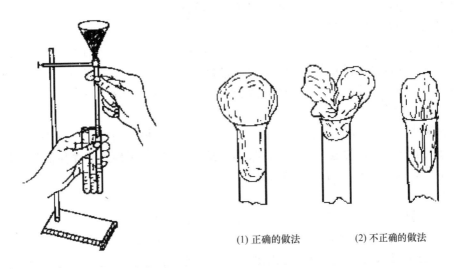

（1）正确的做法　　　　（2）不正确的做法

图2-2　培养基分装　　　　　　　　图2-3　棉塞的做法

做好棉塞，包扎好管口（图2-4），即可进行高压灭菌。然后趁热置于木棒上摆放适当的斜度，待冷却凝固后即成斜面培养基（图2-5）。

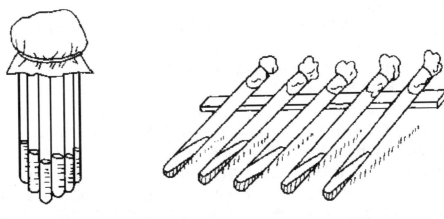

图2-4　培养基的包扎　　　　　　图2-5　固体斜面的摆放

二、酿酒功能菌的分离

(一) 酵母菌的分离

1. 分离原理

在液体中,酵母菌的生长比霉菌快;酵母菌比细菌喜酸,适于酸性培养基;细菌对抗生素敏感,而酵母菌对抗生素不敏感。利用上述特性,可先降低大曲中的霉菌和细菌数量,使酵母菌占优势,再从中分离出酵母菌。

2. 实验材料

固体曲,含0.5%乳酸的酸性麦芽汁培养基试管,固体链霉素麦芽汁琼脂培养基。

3. 操作

可采用平板划线分离,也可采用稀释平板法分离。

(二) 根霉的分离

大曲中的根霉一般呈菌丝和孢子状态,蔓延繁殖在曲块中,而曲块本身结合得较紧密,所以由大曲直接稀释分离往往得不到理想的结果。为了保证分离到根霉,一般先选择一种培养基进行预培养,待长出菌丝和孢子囊后,再进行稀释分离和纯化。

1. 根霉的分离

用酒精消毒研钵,放入大曲研磨至细。取少许大曲粉撒在馒头上,在28℃下培养1~2d,待馒头上长出菌丝和孢子囊后,挑取有代表性的根霉,接种到豆芽汁葡萄糖斜面培养基上,28℃培养2~3d,长成孢子囊后进行纯化。

2. 根霉的纯化

上述分离得到的根霉一般不是纯种,需要进一步纯化。

用接种针挑取一小丛带几个孢子囊的菌丝,放入装有10mL无菌水的第1试管中,打匀。再用接种环取1环至装有10mL无菌水的第2试管中,摇匀。由第2试管取1mL加入至第3试管(装有10mL无菌水)中。分别由第1试管、第2试管和第3试管中取0.5mL,接种到豆芽汁葡萄糖琼脂平板上。用玻璃刮刀刮平,28℃培养17~18h。最后,接出单菌落于豆芽汁葡萄糖斜面上。若不纯,则再进行纯化。

若有条件,应进行根霉鉴定。一般根霉只要从培养特征和形态观察即可确定到属。

(三) 曲霉菌的分离培养

曲霉菌的分离,不必像根霉那样需进行预培养,可直接用稀释法进行分离;黄曲霉可用察氏培养基分离培养;黑曲霉可用马丁培养基分离培养。

在培养基中加入0.1%链霉素或结晶紫,可抑制细菌的生长。

(四) 窖泥微生物的分离

1. 窖泥中己酸菌的分离

己酸菌为嫌气芽孢杆菌,分离前应先把样品进行热处理,杀死其营养体和非芽孢杆菌,再采用厌氧培养,反复纯化,即可获得纯菌种。

富集培养基:乙醇25mL,乙酸钠8g,$MgCl_2$ 0.2g,NH_4Cl 0.5g,$MnSO_4$ 0.0025g,$CaSO_4$ 0.01g,$FeSO_4$ 0.005g,Na_2MoO_4 0.0025g,生物素5μg,对氨基苯甲酸100μg,pH7.0的1mol磷酸二氢钾-磷酸氢二钠25mL,含1%的硫化钠和0.05%碳酸钠溶液20mL。加蒸馏水到975mL。除乙醇外的其他成分混合后灭菌,乙醇在使用前单独加入。

分离用培养基：KH_2PO_4 0.04%，$MgSO_4 \cdot 7H_2O$ 0.02%，$CaCO_3$ 1%，乙酸钠 0.5%，硫酸铵 0.05%，酵母膏 0.1%，乙醇 2%，pH7.0。除乙醇外的其他成分混合后灭菌，乙醇在使用前单独加入。

操作方法：取样品窖泥 5g 置于装有 45mL 无菌水和玻璃珠的三角瓶中，振荡 20min。静置 5min 后，逐级稀释成 10^{-2}、10^{-3}、10^{-4}、10^{-5} 不同浓度的菌悬液。取 $10^{-4} \sim 10^{-5}$ 浓度的菌悬液进行热处理（10min，80℃）。处理后的菌悬液用上述富集培养基培养 7～8d 至产气。然后挑取产气正常的试管转入新鲜富集培养液中培养 7～10d。根据镜检及己酸显色反应结果，选取产己酸的富集培养试样。将试样富集液 80℃ 热处理 5min 后，再用无菌水稀释至 $10^{-4} \sim 10^{-5}$，吸取不同浓度的稀释液进行平板分离，置于真空干燥器内（真空度 80kPa），35℃ 培养 5d。挑取分离良好的单菌落，转移到试管富集培养基中，在真空条件下培养 7d，选取产气试管，测定产己酸的量，将产己酸高者进行镜检，观察菌体形态一致者，可作为初筛菌。在初筛菌株中，选取产己酸量较高的菌株编号，并反复进行纯化，在确认为纯种后，再进行鉴定、保存。

己酸菌的形态特征是：长杆菌，单个存在，菌体大小为 $(0.8 \sim 1.0)$ $\mu m \times (3.0 \sim 5.0)$ μm；在固体培养基上，30℃ 培养 48h 后，芽孢端生（芽孢发育开始为近端生），芽孢呈圆形、椭圆形或膨大为梭状，周生鞭毛，兼性厌气，革兰阴性，固体深层菌落灰白色，边缘整齐。

2. 窖泥中丁酸菌的分离

丁酸菌的分离原理与己酸菌基本相同，但丁酸菌的分离、富集培养基与己酸菌不同。所用培养基如下：

富集培养基：牛肉膏 15g，蛋白胨 20g，葡萄糖 30g，碳酸钙 20g，蒸馏水 1000mL，pH7.0。

分离培养基：牛肉膏 10g，葡萄糖 50g，琼脂 20g，蒸馏水 1000mL，pH7.0。

操作方法：分离时采用平板划线分离，平板置于真空干燥器内（真空度为 80kPa），33～35℃ 培养 3d 后，单菌落接种于富集培养基中，培养到产气为止。

丁酸菌在显微镜下为鼓槌状芽孢杆菌，长 3.0μm，宽 0.8μm。用碘液染色呈蓝色，而己酸菌不呈色，可据此特性区分丁酸菌和己酸菌。

三、微生物的镜检、计数

（一）显微镜的使用

1. 显微镜的构造

显微镜的构造见图 2－6。

2. 显微镜的使用方法

（1）观察前的准备

显微镜的放置：将镜箱打开，左手托住镜座，右手握住镜臂拿出显微镜，放于平稳的实验台上，镜座离实验台边 3～4cm。镜检者姿态要端正，一般用左眼观察，右眼便于绘图或记录，两眼必须同时睁开，以减少疲劳，也可练习左右眼均能观察。

调节光线：对光时应避免直接光源，若光线太强，反而看不清，强光还会损坏光源装置和镜头。如天气阴暗，可用日光灯或显微镜灯照明。调节光源时，首先将接物镜旋至镜筒下，旋转粗调节器，使镜头和载物台的距离为 5mm 左右，然后旋转聚光器螺旋，使它

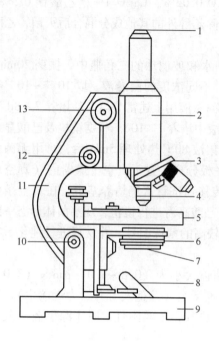

图2-6 显微镜的构造

1—接目镜 2—镜筒 3—回转板 4—接物镜
5—载物台 6—光圈 7—聚光镜 8—反光镜
9—镜座 10—倾斜关节 11—镜臂
12—细调节器 13—粗调节器

与载物台接近。再调节反光镜，在较强光下观察时，用平面的反光镜；光弱时用凹面镜。调整光圈，调节光线强度，直至照明效果最佳为止。电子显微镜以灯泡为光源，不用调节光线。可省去此环节。

（2）低倍镜观察 转动粗调节器，使接物镜向下移动，直至接近标本盖玻片的表面。用左眼看接目镜，慢慢旋转粗调节器。将镜筒上升至发现视野中的检查物后，改用细调节器，向上移动，尽量少向下移动。配合调节光线，能清楚地看到检查标本。移动载玻片标本，将所要观察的部位放在视野中心，进行观察计数或绘图。如果低倍镜看不清需放大，就转动转换器，用高倍物镜或换接目镜。

（3）高倍镜观察 转动转换器使高倍镜至标本盖玻片上，以细调节器校正焦点，再校正观察部位，并调节光圈，使检查物清晰可见。如果观察需要，也可换用油镜头。

最简捷的方法是 先用双眼从侧面注视物镜（高倍镜）和标本，直接用粗调节器将高倍接物镜调至非常接近标本盖玻片，再双眼注视目镜，用细调节器将物镜镜头慢慢上升直到标本图像清晰为止，移动载玻片，将所要观察的部位放在视野中心，进行观察记录。这种方法既快捷又不会损坏镜头。

（4）油镜观察 先滴一滴香柏油于盖玻片上，将油镜放正，缓缓调节调节器，将物镜镜筒下降。同时从侧面观察，使油镜头浸入油滴中，几乎与标本相接触。但切不可压及标本，以免有损于镜头。用左眼观察接目镜，向上微微调节粗调节器，当视野中出现有模糊被检物时，改用细调节器进行调节，直至清晰为止。同时调节光圈加强光线。油镜使用后，必须用擦镜纸擦去残留在镜头上的镜油，用擦镜纸沾少许二甲苯揩拭，然后再用擦镜纸擦干。

（5）显微镜使用完毕 用绸布擦净显微镜的金属部件，将各部分复原。反光镜垂直于镜座，将接物镜转成八字形，再向下旋。同时把聚光镜下降，以免接物镜与聚光镜发生碰接危险。

（二）镜检、计数

1. 镜检

（1）斜面 先将载玻片和盖玻片从75％的酒精瓶中取出（平常不使用时，均将其保存在75％的酒精中），用滤纸及干净的纯棉（棉纱很细）手帕（专用手帕）擦干净，备用。

在超净工作台上，先在载玻片上滴一滴无菌水，再在无菌条件下用接种针勾很小一环菌落，均匀地涂在无菌水中，轻轻盖上盖玻片，置于显微镜下观察。

（2）液体 将载玻片和盖玻片从75%的酒精瓶中取出，用滤纸及干净的纯棉布擦干净，直接用毛细管取一滴菌液滴在载玻片上，轻轻盖下盖玻片，置于显微镜下观察。

2. 显微镜直接计数法

（1）基本原理 利用血球计数板在显微镜下直接计数，是一种常用的微生物计数方法。此法的优点是直观、快速。将经过适当稀释的菌悬液（或孢子悬液）放在血球计数板载玻片与盖玻片之间的计数室中，在显微镜下进行计数。由于计数室的容积是一定的（0.1mm^3），所以可以根据在显微镜下观察到的微生物数目来换算成单位体积中的微生物总数目。由于此法计得的是活菌体和死菌体的总和，故又称为总菌计数法。

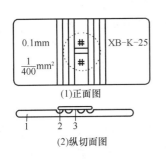

图 2 - 7 血球计数板构造
1—血球计数板 2—盖玻片 3—计数室

（2）血球计数板 通常是一块特制的载玻片，其上由四条槽构成三个平台。中间的平台又被一短横槽隔成两半，每一边的平台上刻有一个方格，每个方格网共分九个大方格，中间的大方格为计数室，微生物的计数就在计数室中进行。血球计数板构造如图2-7所示。

计数室的刻度一般有两种规格：一种是一个大方格分成16个中方格，而每个中方格又分成25个小方格（图2-7）；另一种是一个大方格分成25个中方格，而每个中方格又分成16个小方格（图2-8）。但无论是哪种规格的计数板，每一个大方格中的小方格数都是相同的，即16×25=400小方格。每一个大方格边长为1mm，则每一大方格的面积为1mm^2。

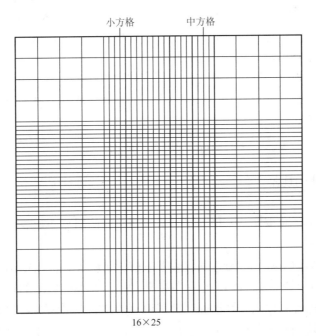

16×25

图2-8 血球计数板计数室放大后的方格网（方格网的中央为计数室）

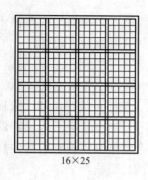

16×25

图 2 - 9 计数室

加上盖玻片后，载玻片与盖玻片之间的高度为 0.1mm，所以计数室的容积为 0.1mm³。计数时，通常数五个中方格的总菌数，然后求得每个中方格的平均值，再乘上 16 或 25，就得出一个大方格中的总菌数，然后再换算成 1mL 菌液中的总菌数。

计数室如图 2 - 9 所示。

（3）计算实例 以一个大方格有 25 个中方格的计数板为例进行计算。

设：五个中方格中总菌数为 144，菌液稀释倍数为 6，那么，一个大方格中的总菌数（即 0.1mm³ 中的总菌数）为（144÷5）×25，因 1mL = 1cm³ = 1000mm³，故 1mL 菌液中的总菌数 =（144÷5）×25×10×1000×6 = 42750000 个/mL，同理，如果是 16 个中方格的计数板，设五个中方格的总菌数为 144，则 1mL 菌液中总菌数 =（144÷5）×16×10×1000×6 = 23760000 个/mL

（4）操作步骤 将酿酒酵母菌悬液进行适当稀释，菌液如不浓，可不必稀释。在加样前，先对计数板的计数室进行镜检。若有污物，则需清洗后才能进行计数。将清洁干燥的血球计数板盖上盖玻片，再用无菌的细口滴管（或毛细管）将稀释的酿酒酵母菌液由盖玻片边缘滴一小滴（不宜过多），让菌液沿缝隙靠毛细渗透作用自行进入计数室，一般计数室均能充满菌液。注意不可有气泡产生。

静置 5min 后，将血球计数板置于显微镜载物台上，先用低倍镜找到计数室所在位置，然后换成高倍镜进行计数。在计数前若发现菌液太浓或太稀，需重新调节稀释度后再计数。一般样品稀释度要求每小格内有 5～10 个菌体为宜。每个计数室选 5 个中格（可选 4 个角和中央的中格）中的菌体进行计数。位于格线上的菌体一般只数上方和右边线上的。如遇酵母出芽，芽体大小达到母细胞的一半时，即作两个菌体计数。计数一个样品要从两个计数室中计得的平均值来计算样品的含菌量。

使用完毕后，将血球计数板在水龙头上用水柱冲洗，切勿用硬物洗刷，洗完后自行晾干或用吹风机吹干。镜检，观察每小格内是否有残留菌体或其他沉淀物。若不干净，则必须重复洗涤至干净为止。

四、菌种复壮

（一）菌种退化的现象

1. 在形态上

例如霉菌发生孢子减少甚至不生孢子，或霉丛色泽的明显变化等。

2. 生理上

如霉菌淀粉酶活力下降，酵母生长缓慢及发酵力下降等．应该指出，若由于培养基的改变或因工艺条件的不当，以及污染杂菌等使菌种显示其性能低下的现象，则不能视为退化，因为这些暂时的外界原因一经消除，菌种原有的性能即可恢复。因此，必须识别所谓退化的假象，正确地判断菌种是否退化，以便采用适当的措施，加以防治。

（二）菌种退化的原因

菌种退化的主要原因是其基因的负突变，若控制生产性状的有关基因发生负突变，则可使菌种的生产性状严重劣化。例如控制产品产量的基因发生负突变，则会使产量下降；若控制霉菌孢子生成的基因发生负突变，则会使菌种产孢子的能力下降。

1. 移殖代数的增加

一个经常处于旺盛生长状态的菌体细胞，发生基因负突变的几率，要比处于休眠状态的细胞大得多，而且在实际生产中，菌种的培养基及培养和发酵的条件是因批而异的，如果环境有利于负突变细胞增殖，则菌种的群体细胞经多次移植后，退化的细胞会很快占优势，使退化的性状明显起来。

2. 菌种筛选方法不当

在菌种筛选中，往往在初筛时产量较高，但随着复筛的进行，则因产量逐步下降而被淘汰，这在霉菌筛选中更为多见。因为菌落若由一个以上的孢子或细胞繁殖而成，而其中只有一个高产的正突变孢子或细胞，则传代的结果必然是高产的菌体数量逐渐减少而使产量下降；若菌落确由一个孢子或细胞组成，但此菌为多核细胞，则在一次突变中几个核的变异状况各异，随着代数的增加，因核的分离会使菌体性状呈现多元化，产量也随之而变，即使为单核孢子，若在双链的 DNA 上只有一条链上的某个部位发生突变，则在不断的移殖过程中，也会产生性状分离而形成群体不纯，为尽可能地降低上述现象产生的几率，应采取得当的菌种选育手段。

3. 培养及保存条件的影响

这种影响可由自发突变率来反映，也可在基因不变的情况下显示。在自发突变方面，例如培养或保存时间长，则对菌种的有毒害作用的成分积累较多而引起的突变率也较高。温度升高也会使菌株和突变率增加。培养基中某些成分的缺乏，也可促进野生型回复突变株的生长占据优势。

4. 基因不产生突变而菌种退化的原因

例如某种曲霉若以分生孢子传代，则所产子囊孢子的数量逐渐减少。最终呈现不产子囊孢子的"突变"；但若用子囊孢子传代，则生成分子孢子的数量逐渐减少。这种状况下可用形成异核体的事实加以说明。若将黄色分生孢子的突变株，用子囊孢子多次传代，则可得到很少产分生孢子的黄色菌株；而将另一产生绿色分生孢子的野生株，多次以分生孢子传代，则可得到不产子囊孢子的绿色菌株，若将上述二株退化菌株装接于一起培养，则可得到 1 株既能产子囊孢子，又能产很多分生孢子的菌株，即表明形成了新的异核体。考察该异核体的分生孢子或子囊孢子重新分离的性状，若上述退化现象是由基因突变而造成的，则重新分离所得的黄色菌株，应产分生孢子很少，绿色菌株应不形成子囊孢子。但事实上分离的结果是这两个菌株均能产子囊孢子，且生成大量分生孢子，这表明上述退化性状并非由基因突变所致。这类退化现象的原因尚未十分明了。

（三）菌种退化的防治

（1）菌种选育要得法　例如加强分离纯化；使用单核菌株进行诱变；提高诱变剂量，使单核细胞 DNA 双链中的一条链有某一点位产生突变，而另一条则完全丧失作为模板复制的能力，以减少回复。

（2）防止基因自发突变　从菌种的培养基和培养条件方面加以注意。例如产麦芽糖酶能力强的酵母，用于白酒生产时出酒率较高；但若将其长期培养于葡萄糖培养基时，则产麦芽糖的能力会下降。若将其在液态麦芽汁中培养 1~2 代后，再接回到米曲汁试管斜面培养基上培养，则可有效地增强原有的能力。又如 UV-11 黑曲霉或 UV-48 黑曲霉菌株，采用察氏培养基培养时，开始几代长势良好，色泽正常，糖化力也可保持在 5000~8000U；但继续传代后，相继呈现菌膜增厚，褶皱增大，孢子稀疏，色泽变淡及糖化力下降等现象。即使对其进行诱变和筛选，也无明显效果。但若采用下述固态试管斜面培养基，则可有效地防止这 2 种菌株的退化。即蔗糖 3.0%，氯化钾 0.05%，硝酸钠 0.3%，磷酸氢二钾 0.1%，硫酸镁 0.05%，硫酸亚铁 0.0001%，琼脂 2%，蒸馏水 85%~90%，麸皮浸出液 10%~15%。不难理解，如果产生糖化酶能力强的曲霉等，长期生长于葡萄糖培养基上，则生成糖化酶的能力必然退化，因其可不必分泌糖化酶而可直接利用葡萄糖了。

（3）尽可能地减少传代次数　在每次转接生产用的菌种时，应保证满足一定生长期内的数量，以减少传代次数。霉菌不要用菌丝传代，而采用孢子传代，或交替使用分生孢子和子囊孢子传代，也可防止菌种退化。在一般条件下，斜面每移殖一代，酵母可保存三个月，霉菌、芽孢杆菌在低温下可保藏半年左右，无芽孢杆菌可保藏一个月左右。

（4）分离纯化　在生产过程中，菌种的许多细胞或孢子的变化趋势及程度是不可能相同的，大部分菌体可能随着时间的推移而某些性能发生相对的退化。但有些菌体的某些主要特性可能会增加，故应经常将后一部分菌体分离出来；或在试管原菌中，将优良的细胞菌体分离出来。由于菌落及试管原菌的不纯，有时还会污染杂菌，故定期进行单细胞分离纯化是完全必要的。

（5）消除退化的假象　例如在利用 UV-11 菌株制麸曲时，有的厂在工艺上忽视了它要求培养温度较低，不应超过 32℃ 的特点，品温高达 37~38℃，致使杂菌大量繁殖，但因曲表面有黄色掩盖而误为菌种退化。也有的厂片面地防止"水毛"，而忽视了 UV-11 要求水分偏高的特点，致使成曲孢子瘦小而色泽浅，萌发率低下，还有的不重视卫生和灭菌工作，在制曲过程中招致所谓白蚧子的腐败菌的侵染，使成曲的糖化力很低，若缺乏理论知识和实际生产经验，而将诸如上述的种种假象视为菌种退化，则必然贻误生产的正常进行。

（四）菌种的复壮

菌种的优良性状的稳定是相对的，而变异是绝对的，生产上应用的菌种，在使用和保藏过程中，因外界条件和菌种内在因素的矛盾引起菌体的变异，可能发展到菌种的退化，发生某些形态和生理性能方面变化。如在斜面上发现黑曲霉孢子越传代越少和菌种残缺不齐等现象。酵母则发生细胞变形，生长缓慢或生产性能降低等，菌种的这种退化是由量变到质变的过程，当个体变异的数量达到一定程度时，菌种才能表现出退化现象。实践证明，传代次数越多，越易退化，因此在保藏菌种时尽量采取一些能够较长时间保藏的方法，避免经常转接，在退化现象出现后，要加以复壮，以恢复正常的生产性能。

既然菌种退化是在菌体退化细胞占相当数量后，所显示的生产性能下降的现象，则完全有可能采取相应的措施予以复壮。

1. 分离纯化

将已退化的菌株用无菌生理盐水制成悬浊液，并放入装有无菌玻璃球的三角瓶中，放在摇床上振荡 20~30min，利用玻璃球的滚动，使菌体细胞均匀分散。再按通常的稀释操作将菌液稀释至 10^{-4}~10^{-6}，分别做平板培养。然后挑取若干典型菌落，接到试管斜面培养基上培养，并分别做发酵试验，从中选出优良菌株供生产用。因为自发突变使菌体退化是负突变，有时也会发生正突变，产生个别高产细胞，在复壮工作中获取好菌株的可能性是存在的。

2. 用高剂量的 U. V. 和低剂量 MNNG 联合对退化菌株进行处理

以期得到发生正突变的优良菌株，或使负突变细胞回复。

（五）菌种的诱变

菌种的诱变是通过诱变剂处理提高菌种的突变几率，扩大变异幅度，从中选出具有优良特性的变异菌株。诱变育种和其他育种方法比较，具有速度快、收效大、方法简便等优点，是当前菌种选育的一种重要方法。在生产中应用得十分普遍。但是诱发突变缺乏定向性，因此诱变突变必须与大规模的筛选工作相配合才能收到良好的效果。以下分别叙述诱变育种工作流程和诱变育种工作中的三个重要环节：突变的诱发、突变株的筛选、突变基因的表达。

1. 诱变菌种的流程

出发菌种（沙土管或冷冻管）→斜面（或肉汤培养 24h）→单孢子悬液（或细菌悬液）→诱变处理（处理前后的孢子液或细菌悬液活菌计数）→涂布平板→挑取单菌落传种斜面→摇瓶初筛→挑出高产斜面→留种保藏菌种→传种斜面→摇瓶复筛→挑出高产菌株做稳定性试验和菌种特性考察→放大试验罐中试验→大型投产试验。整个流程按诱变过程和筛选过程两部分说明如下：

（1）诱变过程 由出发菌种开始，制出新鲜孢子悬浮液（或细菌悬浮液）做诱变处理，然后以一定稀释度涂布平板，至平板上长出单菌落为止的各步骤为诱变过程。简述如下：

①菌种的斜面：出发菌种的斜面非常重要，其培养工艺最好是经过试验已知的最佳培养基和培养条件，要选取对诱变剂最敏感的斜面种龄，要求孢子数量适中。

②单孢子悬浮液制备。

③孢子计数：诱变处理前后的孢子悬液要孢子计数，以控制孢子悬液的孢子数和统计诱变致死率。常用于诱变处理的孢子悬液浓度为 10^5~10^8 个孢子/mL。孢子计数采用血球计数法在显微镜下直接计数。诱变致死率采用平板活菌计数来测定。

④单菌落分离：平皿内倾入 20mL 左右的培养基，凝固后，加入一定量经诱变处理的孢子液（以控制每一平皿生长 10~50 个菌落为合适的量），用刮棒涂布均匀后进行培养。

（2）筛选过程 诱变处理的孢子，经单菌落分离长出单菌落后，随机挑选单菌落进行生产能力测定，每一被挑选的单菌落传种斜面后，在模拟发酵工艺的摇瓶中培养，然后测定其生产能力，筛选过程主要包括传种斜面、菌株保藏和筛选高产菌株这三项工作。

诱变形成的高产菌株的数量往往小于筛选的实验误差，这是筛选工业生产菌株时常见的情况。因为真正的高产菌株，往往需要经过产量提高的逐步累积过程，才能变得越来越明显。所以有必要多挑选一些出发菌株进行多步育种，以确保挑选出高产菌株。反复诱变和筛选，将会提高筛选效率，可参考如下速度快、效果好的筛选步骤：①将出发菌株诱变处理；②平板分离 200 株单孢子菌株；③摇瓶初筛挑 50 株高产菌株；④摇瓶复筛挑 5 株高产菌株为下一轮的出发菌株；⑤将 5 株出发菌株诱变处理；⑥平板分离各出发菌株，各挑 40 菌株（共 200 株）；⑦再次采用初筛挑 50 株，复筛挑 5 株的同样方式进行诱变和筛选。

2. 突变的诱发

突变的诱发受到菌种的遗传特性、诱变剂、菌种的生理状态以及诱变处理时环境条件的影响。

（1）出发菌株　出发菌株就是用来进行诱变试验的菌株。出发菌株的选择是诱变育种工作成败的关键。出发菌株的性能，如菌种的纯一性、菌种系谱、菌种的形态、生理、保存等特性，对诱变效果影响很大。挑选出发菌株有如下几点经验。①选择纯种作为出发菌株；②选择遗传特性好的菌株作为出发菌株；③选择对诱变剂敏感的菌株作为出发菌株。

（2）诱变剂的选择　选择诱变剂主要是根据已经成功的经验。诱变作用不但决定于诱变剂，还与出发菌株的遗传背景有关。一般对于遗传上不稳定的菌株，可采用温和的诱变剂。或采用已见效果的诱变剂；对于遗传上较稳定的菌株则采用强烈的、不常用的、诱变谱广的诱变剂。要重视出发菌株的诱变系谱。不要经常采用同一种诱变剂反复处理，以防止诱变效应饱和；但也不要频频变换诱变剂，以避免造成菌种的遗传背景复杂，不利于高产菌株的稳定。

选择诱变剂时，还应该考虑诱变剂本身的特点。例如紫外线主要作用于 DNA 分子的嘧啶碱基。而亚硝酸则主要作用于 DNA 分子嘌呤碱基。紫外线和亚硝酸复合使用，突变谱宽、诱变效果好。

关于诱变剂的最适剂量，有人主张采用致死率较高的剂量，例如采用 90% ~ 99.9% 致死率的剂量，认为高剂量虽然负变株多，但变异幅度大；也有人主张采用中等剂量，例如致死率 75% ~ 80% 或更低的剂量，认为这种剂量不会导致太多的负变株和形态突变株，因而高产菌株出现率较高。更为重要的是，采用低剂量诱变剂可能更有利于高产菌株的稳定。

（3）影响诱变效果的因素　除了出发菌株的遗传特性和诱变剂会影响诱变效果之外，菌种的生理状态、被处理菌株诱变前的预培养和诱变后的培养条件以及诱变处理时的外界条件等都会影响诱变效果。

菌种的生理状态与诱变效果有密切关系，例如碱基类似物、亚硝基胍（NTG）等只对分裂中的 DNA 有效，对静止的或休眠的孢子或细胞无效；而另外一些诱变剂，如紫外线、亚硝酸、烷化剂、电离辐射等能直接与 DNA 起反应，因此对静止的细胞也有诱变效应，但是对分裂中的细胞更有效。因此，放线菌、真菌的孢子在诱变前稍加萌发可以提高诱变率。

诱变处理前后的培养条件对诱变效果有明显的影响。可有意地于培养基中添加某些物质（如核酸碱基、咖啡因、氨基酸、氯化锂、重金属离子等）来影响细胞对 DNA 损伤的修复作用，使之出现更多的差错，而达到提高诱变率的目的。例如菌种在紫外线前，在富有核酸碱基的培养基中培养，能增加其对紫外线的敏感。相反，如果菌种在进行紫外线处理以前，培养于含有氯霉素（或缺乏色氨酸）的培养基中，则会降低突变率。紫外线诱变处理后，将孢子液分离于富有氨基酸的培养基中，则有利于菌种发生突变。

诱变率还受到其他外界条件，例如温度、氧气、pH、可见光等的影响。

3. 突变株的筛选

菌体细胞经诱变剂处理后，要从大量的变异菌株中，把一些具有优良性状的突变株挑选出来，这需要有明确的筛选目标和筛选方法，需要进行认真细致的筛选工作，育种工作中常采用随机筛选和理性化筛选这两种筛选方法。

（1）随机筛选　随机筛选即菌种经诱变处理后，进行平板分离，随机挑选单菌落，从中筛选高产菌株。为了提高筛选效率，常采用下列方法：

①摇瓶筛选法：摇瓶筛选的优点是培养条件与生产培养条件相接近，但工作量大、时间长、操作复杂。

②琼脂块筛选法：这是一种简便、迅速的初筛方法。将单菌落连同其生长培养基（琼脂块）用打孔器取出，培养一段时间后，置于鉴定平板以测定其发酵产量。琼脂块筛选法的优点是操作简便、速度快。但是，固体培养条件和液体培养条件之间是有差异的，利用此法所取得的初筛结果，必须经摇瓶复筛验证。

③筛选自动化和筛选工具微型化：近年来，在研究筛选自动化方面有很大进展，筛选实验室实现了自动化和半自动化，大大提高了筛选效率。筛选工具的微型化也是很有意义的，例如将一些小瓶子取代现有的发酵摇瓶，在固定框架中振荡培养，可使操作简便，又可加大筛选量。但筛选工具微型化实验结果的准确性还有待提高。

（2）理性化筛选　理性化筛选是运用遗传学、生物化学的原理，根据产物已知的或可能的生物合成途径、代谢调控机制和产物分子结构来进行设计和采用一些筛选方法，以打破微生物原有的代谢调控机制，获得能大量形成发酵产物的高产突变株。

要使微生物大量地积累初级代谢产物，最重要的是需打破反馈抑制调节。降低终产物浓度和抗反馈突变的育种是打破反馈抵制调节的重要措施。

①降低终产物浓度：降低终产物浓度有两种方法可以达到此目的：A. 选育终产物的营养缺陷型菌株，在培养基中供给限量的终产物使该菌株能生长，但不致造成反馈调节，因而积累大量中间代谢产物。B. 筛选细胞膜透性改变的突变株，使之大量分泌终产物，以降低细胞内终产物浓度，从而避免终产物反馈调节。

②筛选抗反馈突变菌株

A. 筛选结构类似物（抗代谢物）抗性突变株：分离抗反馈突变菌株最常用的方法是用与代谢产物结构类似的化合物（结构类似物）处理微生物细胞群体，杀死或抑制绝大多数菌体细胞，选出能大量产生该代谢物的抗反馈突变株。结构类似物一方面具有和代谢物相似的结构，因而具有和代谢物相似的反馈调节作用，阻碍该代谢物的生成；另一方面它不同于代谢物，不具有正常的生理功能，对菌体细胞的正常代谢有阻碍作用，会抑制菌的生长或导致菌的死亡。

B. 利用回复突变筛选抗反馈突变菌株：经诱变处理出发菌株，先选出对产物敏感的营养缺陷型，再将营养缺陷型进行第二次诱变处理得到回复突变株。筛选的目的不是要获得完全回复原状的回复突变株，而是希望经过两次诱发突变，所得的回复突变株有可能改变了产物合成酶调节位点的氨基酸的顺序，使之不能和产物结合，因而不受产物的反馈抑制。

4. 突变基因的表达

菌种的发酵产量决定于菌种的遗传特性和菌种的培养条件。突变株的遗传特性改变了，其培养条件也应该做出相应的改变。在菌种选育过程的每个阶段，都需不断改进培养基和培养条件。以鉴别带有新特点的突变株，寻找符合生产上某些特殊要求的菌株。高产菌株被筛选出来以后，要进行最佳发酵条件的研究，使高产基因能在生产规模条件下得以表现。

5. 诱变育种实例

在白酒工业中广为应用的黑曲霉 UV – 11 菌株及其进一步变异株，就是将野生菌株 202 经紫外线、钴 60 和亚硝基胍以及高能电子进行反复交替诱变而得到的。有人将台湾根霉 R13 – 5 连续地用紫外线及 MNNG 进行处理，得到了一株温度敏感型变异株，用麸皮为原料进行固态培养，其产糖化酶活力比亲株高 5 ~ 7 倍，若采用深层液态培养法，则酶活力比亲株高 15 倍。若以紫外线等因子处理白酒生产用的糖化菌，其变异可提高耐单宁及分解单宁的能力。

现以酵母菌株为例。

（1）平板分离培养基　酵母膏 1%，蛋白胨 2%，葡萄糖 2%，玫瑰红 0.003%，丙酸 0.19%，琼脂 2%。

（2）原菌诱变　将原菌稀释培养于培养皿中，置于 20W 紫外灯下 30cm 处照射 25s，能引起原菌较好的变异，挑取典型菌落进行发酵实验，最后选得 2 株菌种。

（3）驯化

①直接驯化：将上述 2 株菌种分别接入酒精度为 6% ~ 9% 的麦芽汁培养基中，于 30℃培养 48h，比较酵母的存活率，反复转接至存活率相近。再经 YPDI 培养基平板分离，选出较理想的菌株。

②将浓醪发酵菌株继续驯化：将诱变所得 2 株菌种进行浓醪发酵，酒精浓度为 13%，取该发酵醪少许，接入酒精浓度 8% 的麦芽汁中培养 24h，经 YPDI 培养基分离，挑选若干典型菌落，进行 3 次发酵对比试验，最后得到 2 株较理想的菌株。

第三节　大曲中的微生物及酶类

一、大曲中微生物的来源

从大曲的制作到成曲的贮存管理，都是一个敞口开放作业的过程，所以微生物不难进入到大曲生产的全过程。归纳起来，大曲微生物的来源主要有空气、水、原料、器具和房屋环境等方面，而且一般规律为空气细菌多，原料霉菌多，场地酵母菌多。

1. 空气

空气素有微生物的天然运输者之称。无论是土壤、水域、动植物之中的微生物，只要被卷入空气中就会被带到远离原地而落入其他诸如制曲场地的地方。所以可以看出，空气中的微生物在数量、品种上都较之任何一方多。但由于空气是流动性的，故而无法固定某种微生物长期在某个地方或空气中存留，同时又由于空气中缺乏营养物质和足够的水分，所以微生物在空气中不会有大量繁殖，特别是光照直射也不利于微生物的发育。显然空气仅作载体将微生物迎来送走，充当帮忙角色。

由于空气的流动受季节的影响，故空气中的微生物在数量和种类上也受季节的影响。

如细菌冬天多于夏天，霉菌和酵母菌夏天多于冬天等。正因为有这一现象，才出现了大曲制"伏曲"、南方曲优于北方曲等制作的自然现象。

2. 水

微生物在水中的数量取决于水质，因水源不同，其微生物的种类各不相同。天然水中的微生物以杆菌居多；土地水中所含微生物的品种和数量都较多，但仍以芽孢杆菌为主；地下水道的污水废物所含微生物以寄生菌和腐生菌为主。微生物之所以能在水中大量存在和生长繁殖，是因为水中有机物可作为其营养。

制曲时所使用的是自来水，即饮用水。据测定，1mL 自来水平均含微生物 96.3 个，其中细菌就有 95 个，而霉菌只有 1.3 个。细菌中一般以大肠杆菌居多。由此可知，制曲用水的微生物含量和种类是有限的，在参与制大曲发酵过程中也以细菌行列加入，其作用是十分明显的。

3. 原料

大曲所需的原料如大麦、小麦、豌豆、高粱等都是未经过任何化学的、物理的（高温、高压）处理而直接进入大曲制作现场的，可见其微生物含量之丰富。以小麦为例，每 1g 小麦含霉菌 7.3×10^3 个，酵母菌 4.39×10^4 个，细菌 2.85×10^5 个，其间包括空间网罗一些其他菌种。准确地说，原料是大曲微生物的主要来源，较之其他环节占优势。原料从在土壤中生长成熟，经晒去水分，到贮藏、运输等过程，都是在敞开的自然环境中进行的。原料上的微生物主要在其表面，个别的微生物可以侵入到原料内部，因而原料（粮食）上有"外部菌"、"内部菌"之分。就霉菌而言，对粮食是有害的，但对大曲发酵则有些是有益的。原料上霉菌的数量依次为曲霉、青霉、根霉、毛霉、镰刀菌等。酵母菌在原料上无多大危害，只有当原料霉变时，酵母菌才起进一步的危害作用，但带入大曲生产却是有益无害的。

4. 器具

大曲的制作是敞口的，不但原料可以网罗空间微生物，而且用于大曲生产的器具也都可以网罗微生物，器具还另有储备"残留"微生物的特点。无论是机制还是人工踩制大曲，其所用器具或多或少地残留有曲料，这曲料好比菌种，会带入下次的制曲操作中，尽管可能带入下次的菌种是有害的，但都无可奈何地自然重复地交替作业。

器具微生物中不可忽视的是曲室和有些大曲生产所使用的糠壳、草帘或谷草物品。这两个环节的微生物不但品种数量多，且是经老熟驯化后的"精品"，也即优良菌。特别是使用糠壳、谷草物的大曲生产，如控制管理好的话，这些谷草物可以说是微生物菌种的"千年老窖万年糟"了。因栖息在其上的微生物或孢子不可能在每次更换谷草物中全部地换完，因而在发酵时将其覆盖在曲上时，完全起到了菌源无偿提供的作用，从而促进发酵向有益方向进行。

很难说明哪个微生物在大曲生产中起到"老大"的作用。实际情况是：发酵前期即低温培菌期时，细菌占绝对优势，其次为酵母菌，最后为霉菌。当发酵进入高温转化期时，细菌大量死亡，霉菌中的耐热菌种取而代之，又占强大的优势。所以，大曲的发酵过程是彼此交融的过程，兼容"互生、共生、抗生"的特色。事实上影响微生物生长的因素较多，除温度外，还有湿度、水分、pH、养料、氧等。因此，一般来讲，大曲生产过程中微生物的消长都包括"适应期、增殖期（繁殖期）、平衡期、衰老期"的"四期运动"。

适应期：低温培菌时微生物富集于曲坯，以逐渐适应其培养环境。由于水分和低温的因素，使得细胞体积增大，原生质均匀，贮藏物消耗，代谢开始，放出热量，即曲坯开始发酵。

增殖期：微生物代谢繁殖的强盛阶段。积累物质开始，产生的热量致使曲坯转入高温阶段。

平衡期：微生物耗尽营养，代谢产物积累达到顶点。此时，大曲水分挥发得太多而迫使微生物无条件生长和代谢。由于微生物不活动，故而大曲品温（曲坯温）开始下降，此时微生物细胞的原生质内开始积累贮备物质，绝大多数微生物在经过高温、耗尽养料后都以孢子的形式保存下来，当环境条件适应时重新生长繁殖。

衰老期：当耗尽养料后的微生物，其死亡的速度或数量远比新生的多时，就进入了衰老期。表现为活菌数少，代谢无力，放不出热量，曲坯品温再度降低，大曲进入老熟阶段。

二、大曲中微生物的分布

大曲的曲块一般分为两个层面，即表面层和曲心。从发酵阶段来看，由于好氧的关系，曲皮的菌高于里层和曲心。后期曲块水分挥发完全，曲心的菌类便开始生长了。发酵阶段大曲中的微生物分布情况见表 2－3。

表 2－3　　　　　　　　发酵阶段微生物在大曲中的分布

部　位	低温期在麦汁琼脂上各类微生物总数/（10^6 个/g 干曲）		
	细　菌	酵母菌	霉　菌
曲　皮	100.68	23.71	2.12
曲　心	81.19	4.228	1.11

我们又从另一方面以微生物总数来观察其结果，见表 2－4。

表 2－4　　　　　　　　大曲培养各阶段微生物的总数

阶　段　部　位	在麦汁琼脂上生长微生物总数/（10^6 个/g 干曲）		
	低温期	高温期	出房期
曲　皮	126.52	2.81	1.04
曲　心	86.59	0.04	0.76
	在麦汁琼脂上生长微生物总数/（10^6 个/g 干曲）		
	103.73	2.80	1.00
曲　皮			
曲　心	4.01	0.05	0.06

表 2－3 和表 2－4 都表明了两个现象：一是细菌数以及低温期的微生物总数始终占绝对优势；二是曲皮无论在哪个阶段其微生物总数多于曲心。这里对曲皮、曲心及大曲培养的定义是：曲皮为曲表面向内深度 1cm 的范围，其余为曲心。在低温期，曲坯的品温在40℃以内；在高温期，曲坯的品温在 55～60℃。

成曲贮存期内微生物的变化见表 2－5。

表2-5		成曲贮存期内微生物的变化		单位：个/g 干曲
贮存时间/月	总　　数	细　菌	酵母菌	霉　菌
新　曲	1.10×10^5	1.00×10^5	9.00×10^4	2.00×10^4
3	1.21×10^5	3.49×10^5	4.45×10^5	4.01×10^5
6	7.36×10^5	7.82×10^4	7.55×10^5	3.03×10^5
9	5.31×10^5	4.45×10^4	8.94×10^4	3.97×10^5
12	3.32×10^5	3.75×10^4	4.29×10^4	2.52×10^5
24	1.07×10^5	5.20×10^4	1.73×10^4	3.72×10^4

从表2-5可以看出，成曲贮存时间越长，细菌总数、酵母总菌数越少；反之霉菌增加。通过对大曲部位和贮存中微生物状况的了解，可知一般大曲贮存期以6个月为好，除微生物变化趋于稳定外，感官判别大曲的质量也最佳（生化性能另述）。

三、大曲中的酶系

酶是由微生物细胞产生的，具有蛋白质的有机催化剂。微生物的一切生命活动都离不开酶。在酿酒生产中大量培养各种微生物，主要就是利用它们能分泌所需的酶。酶是在生物体内产生的，所以，也称为生物催化剂。

微生物体外大分子营养物质需由胞外酶分解成小分子化合物后，才能被微生物吸收。小分子化合物进入细胞后也要由酶来合成，从而释放能量，并获得中间产物，微生物利用这些中间产物和能量组成细胞内各成分，同时排出废物。这种新陈代谢是无数个复杂化学反应的过程，完全是在酶的催化下有条不紊地按顺序进行着，因此，也可以说，没有酶就没有生命。

1. 酶的特性

（1）酶的催化效率高　酶的催化效率要比无机催化剂的催化效率高10万倍到1亿倍，它在细胞内温和的条件下，就能顺利地进行催化反应。例如固氮菌在常温、常压和近中性的条件下通过酶的催化作用就能固定大气中的分子氮，合成氨；而在工业上以化学方法合成氨时，虽然加有金属催化剂，也需要在20~30MPa压力和500℃的高温条件下才能进行。又如1g纯的结晶α-淀粉酶，在65℃下作用15min，可使2t淀粉转化为糊精。

（2）酶具有高度专一性　一种酶只能催化特定的一种或一类物质进行反应，并生成一定的物质。糖苷键、酯键、肽键的化合物都能用酸或碱来催化而水解，但酶的催化却各自需要一定专一酶才能水解。例如，淀粉酶只能催化淀粉的水解反应生成糊精；蛋白酶只能催化蛋白质的水解反应生成氨基酸；脂肪酶只能催化脂肪水解成脂肪酸和甘油。各种酶不能相互替代。由于酶催化的专一性，所以在酶的催化反应中没有副产品产生。酶的高度专一性还赋予细胞的生命活动能有条不紊地进行的能力。

（3）酶反应的条件极为缓和　利用化学催化剂时，往往要求高温，高压等条件，因而需要有高质量和较复杂的成套设备。酶在生物体内催化各种化学反应是在常温、常压和酸碱值差异不太大的条件下进行的。酶制剂具有反应条件缓和的特点，用于工业生产就可以甩掉高温、高压、强酸及强碱等特殊设备。如过去以酸水解淀粉生产葡萄糖，需要0.3MPa压力及144℃高温，必须采用耐酸耐压设备。现在改为酶法水解淀粉，只需常温、常压，采用普通设备即可。

（4）酶本身无毒，反应过程也不会产生有毒物质　酶是无毒、无味、无色的物质，在生产使用过程中也不产生腐蚀性物质和毒物，使医药、食品及发酵工业在生产过程中的劳动保护得到了改善，产品也符合卫生要求。

2. 影响酶作用的因素

外界条件对微生物生命活动的影响，在很大程度上是通过影响酶的作用来实现的。酶催化化学反应的能力，称为酶活力。实践证明，酶活力受温度、pH、抑制剂、激活剂，酶浓度和其他因素的影响，因此我们在培养微生物，利用它所产生的酶，及生产酶制剂或使用酶制剂时，就必须找出适当的条件，充分地发挥酶的催化能力。

（1）温度对酶作用的影响　温度对酶催化的反应有显著的影响：一方面酶的催化能力要在一定温度条件下才能表现出来，并且酶反应的速度也像其他化学反应一样，随温度的升高而加速；另一方面由于酶是一种蛋白质，所以它的作用又随着温度的升高容易变性失去活力。即在最适温度下，一般温度每升高10℃，酶的反应速度会相应地增加1~2倍。超过最适温度时，若温度再升高，酶活力开始丧失，反应速度随温度升高而迅速下降。因此，选择酶作用的最适温度很重要。各种酶都有它作用的最适温度，但它的范围不是固定的，而是取决于整个酶反应时间的长短。

不同类型酶的最适反应温度见表2-6。

表2-6　　　　　　　　　　　　　不同类型酶的最适反应温度

菌　种	酶种类	最适温度/℃
BF7685枯草芽孢杆菌	α-淀粉酶	50~55
淀粉液化芽孢杆菌	α-淀粉酶	50~60
嗜热糖化芽孢杆菌	α-淀粉酶	70~80
As1.398枯草芽孢杆菌	蛋白酶	35~40
短小芽孢杆菌	蛋白酶	60
栖土曲霉	蛋白酶	45~50

可见，多数酶最适反应温度在40~60℃，在60~70℃的溶液中即受到很大的破坏。

（2）pH对酶作用的影响　pH对酶的活力影响也很大，这是由于酶是由氨基酸组成的蛋白质所构成的。蛋白质是两性物质，所以酶在pH改变时，有的能成为阳离子，也有的能成为阴离子。但在一定范围内，即酶在活性最适pH范围内，酶分子既不向阳极移动，也不向阴极移动，这时酶活力最高。

各种酶都有它作用的最适pH，在这个pH条件下，酶活力最高，pH过高或过低都会影响酶活力与稳定性。几种酶的最适pH如表2-7所示。

可见，酶的来源和种类不同，它的最适pH范围也不同。例如胃蛋白酶最适pH为1.5，而碱性蛋白酶最适pH为11。

表 2-7   几种酶的最适 pH

酶	来源	底物	最适 pH
麦芽糖酶	酵母	麦芽糖	6.6
蔗糖酶	酵母	蔗糖	4.5~5.0
淀粉酶	麦芽	淀粉	5.2
木瓜蛋白酶	木瓜	白明胶	5.0
糖化酶	根霉	糊精液	4.8~5.0
液化淀粉酶	枯草杆菌	淀粉	6.0
蛋白酶	3.942 栖土曲霉	酪蛋白	7.5~10
碱性蛋白酶	枯草芽孢杆菌	酪蛋白	10~11
胃蛋白酶	胃	不同蛋白质	1.2~2.5

同一种微生物所产生的酶由于作用底物不同，酶的最适 pH 也不同。有时即使同一种酶作用于一底物，但由于浓度不同或温度不同，对酶的最适 pH 也有影响。

（3）酶浓度对反应速度的影响 在适宜条件下，酶反应的速度与酶的浓度成正比，酶浓度越高，反应速度越快。

在酿造工业上，为了获得较高的原料分解率或出酒率。首先必须在制曲过程中培养需要的微生物，并给予微生物必要的条件使之产生尽可能多的酶，从而为发酵过程中提高酶的浓度创造条件。

（4）基质浓度对酶反应速度的影响 在酶反应体系中，酶浓度为定值时，基质浓度不同，反应速度也不同。当基质浓度较低时，反应速度随基质浓度的增加而增大；基质浓度逐渐增加时，反应速度虽然增加，但程度不如浓度低时明显；当基质浓度相当大时，反应速度不会再增加。

在曲酒生产中，入窖淀粉浓度不宜过大。基质浓度超过一定值时，则不能充分糖化发酵，这就是增粮不增酒的根源所在。糖化时，多用曲也并不一定加速糖化和多生成糖，因为基质的吸附作用是有限度的。由此可见，"合理配料"的重要性。

（5）酶的激活剂和抑制剂 凡能促进酶的作用及提高酶的活力的物质称为酶的激活剂，如 Na^+、K^+、Mg^{2+}、Ca^{2+}、Zn^{2+}、Mn^{2+}、Fe^{2+}、Cl^- 等离子对酶有激活作用。

凡使酶的催化作用减弱或受到抑制，甚至破坏的物质，称为酶的抑制剂。如 Ag^+、Hg^+、Cu^+、硫化物、生物碱及酶催化反应的产物本身都可引起抑制作用。

选择合适的激活剂参加酶反应，可以大大提高酶的催化效率。

20 世纪 80 年代以前，人们仅仅局限于对大曲的糖化力、发酵力进行研究，为提高原料利用率做出了极大的贡献。目前的研究集中在大曲酒的质量与曲质密不可分的关系方面。随着酶工程研究进展，人们广泛开展了大曲中各种酶类的研究，深化了对大曲糖化力、发酵力和风味生成相关酶系的认识，更使广大酿酒工作者充分认识了大曲质量与酒质的内在机理和规律。

3. 大曲中的糖化酶类

大曲中的糖化酶类表现为曲的糖化力和液化力。

（1）液化型淀粉酶　液化型淀粉酶又称为 α - 淀粉酶，淀粉 1，4 - 糊精酶。大曲中液化酶的主要作用是将酒醅中淀粉水解为小分子的糊精。

大曲中 α - 淀粉酶的活性受酒醅酸度的影响较大。实验表明，酒醅中添加乳酸后，大曲液化力随 pH 的下降而降低。液化力的降低，必然影响淀粉的液化，削弱糖化酶的效力。大曲中的 α - 淀粉酶可被糊化后的淀粉吸附，但该吸附作用可被酸性蛋白酶解脱。

液化力的测定方法是用大曲水解可溶性淀粉，用碘作指示剂，测定颜色变化的时间。通常测定单位是 g 淀粉/g 曲。

大曲液化力的高低与培曲温度有关。酱香型曲因培曲温度高液化力最低，清香型曲因培曲温度低而液化力最高。大曲在曲房发酵过程中，液化力是逐渐上升的。在贮存过程中，贮存时间延长，液化力逐渐下降。

（2）糖化型淀粉酶　糖化型淀粉酶俗称糖化酶，淀粉 1，4 - 葡萄糖苷酶和淀粉 1，6 - 葡萄糖苷酶。该酶从淀粉的非还原性末端开始作用。顺次水解 α - D - 1，4 - 葡萄糖苷键，将葡萄糖一个一个地水解下来。遇到支点时，先将 α - D - 1，6 - 葡萄糖苷键断开，再继续水解。该酶不能水解异麦芽糖，但能水解 β - 界限糊精。

大曲糖化力的测定是利用大曲将可溶性淀粉水解，然后测定葡萄糖的量。因此，该法测定的是包含 α - 淀粉酶活力的糖化力。研究发现，在大曲淀粉酶活力测定方法中用滤纸过滤对测定值无干扰。

金属离子对大曲中的糖化酶有抑制作用。研究发现，铁离子、锰离子、铅离子对大曲糖化酶几乎没有抑制作用。锌离子有轻微的抑制作用。汞离子、银离子在极低浓度下有极强的抑制作用。铜离子的抑制作用属竞争性抑制，可被增多的底物解除。氯、汞、苯甲酸抑制 α - 淀粉酶的活力，不影响葡萄糖淀粉酶的活力。

有研究认为，大曲中的淀粉酶类主要是 β - 淀粉酶和葡萄糖淀粉酶。β - 淀粉酶在大曲中的含量是否占有很重要的地位，尚有待于进一步的研究。

糖化酶的产生菌主要是根霉、黑曲霉、米曲霉及红曲霉等。大曲糖化力主要来源于根霉。

大曲糖化力的高低与培曲温度密切相关。培曲温度高的酱香型曲糖化力低，培曲温度低的清香型曲糖化力最高。兼香型的中、高温曲的糖化力也证明了这一结论。

糖化力在大曲培养的前 3 天最高，后下降，最后又上升。在贮存过程中，曲的糖化力呈下降趋势。

对四季曲糖化力的化验也说明大曲的糖化力与温度的上升成反比。

4. 大曲中的酒化酶类

（1）酒化酶是大曲在酒醅发酵过程中表现出的产酒的酶类的总称。该类酶能将可发酵性糖转化为酒精。这类酶用测定大曲发酵力的方法来衡量。大曲中主要的发酵菌种是酵母。

（2）大曲发酵力的常用测定方法是失重法。但现行测定方法实际上是测量了细菌、酵母、霉菌三种菌有氧呼吸和无氧代谢产生的二氧化碳总量，不能真实反映出大曲发酵能力的大小。因此采用测定发酵终了的酒精含量来衡量发酵力较为合理。前法测定的单位为

mLCO$_2$／（g曲·72h），后者测定的单位是：酒精质量分数%。

有研究认为，用失重法测定时使用的培养基种类、体积、糖度、曲药接种量、发酵温度、时间等均影响到发酵力的测定。认为失重法的最佳条件为：用高粱粉作糖化液，糖度7°Bé，体积50mL，曲药接种量0.8%。培养温度30℃，时间72h。

（3）大曲发酵力的高低与培曲温度成反比。高温酱香型曲的发酵力最低，培曲温度偏低的凤香型曲的发酵力最高。在大曲培养过程中，前十五天发酵力是上升的，至十五天后发酵力开始下降。贮存过程中，发酵力随贮存时间的延长而降低。

（4）大曲的曲外层和曲心的酶系也有差异，曲外层的糖化力、液化力、发酵力分别比曲心高79.22%、146.67%、67.56%。曲心的出酒率比外层高，曲心酿出的酒的己酸乙酯、乙酸乙酯、丁酸乙酯均比曲外层要高。

5. 大曲中的酯酶

（1）酯酶亦称羧基酯酶，它是催化合成低级脂肪酸酯的酶类的总称。该酶既能催化酯的合成，也能催化酯的分解。因此，白酒业习惯分别称为酯化酶和酯分解酶。酵母、霉菌、细菌中均含有酯酶。目前已经发现，红曲霉、根霉中许多菌株有较强的己酸乙酯合成能力。

（2）酯酶不同于脂肪酶。脂肪酶的正式名称是甘油酯水解酶。它既能将脂肪水解为脂肪酸和甘油，又能催化脂肪的合成。

按诺维信公司的定义，脂肪酶是可以水解一类特殊的酯类——三羧酸甘油酯的酶，而酯酶则是可以水解羧酯键的酶。

（3）浓香型、清香型、凤香型等香型酒的香味成分与酒中的己酸乙酯、乙酸乙酯、乳酸乙酯等酯类的含量有关。这些酯的产生与酯酶密不可分。特别是对浓香型大曲酒的主体香己酸乙酯的研究表明，在大曲中添加酯化酶菌株或人工制造的酯化酶用于发酵，可极大地提高酒中己酸乙酯的含量。

脂肪酶对脂肪的分解，为白酒中香味物质（如油酸乙酯、亚油酸乙酯、棕榈酸乙酯等）的形成提供了前驱物质。

（4）大曲中酯化酶的测定主要是酯化力和酯分解率。酯化力是用曲粉去合成一定量的己酸和乙醇，最终测量己酸乙酯的生成量。酯分解率是用大曲分解己酸乙酯，测己酸乙酯的分解量。

由于测定方法上的差异，如用单一酸或混合酸，用离心法还是蒸馏法，对测定出的酯化酶活力影响较大。

（5）大曲酯化力的高低，与大曲发酵温度成反比，即发酵温度越高，曲的酯化力越低。兼香型中的中、高温曲的对比明显地证明了这一点。

酯分解率的高低与培菌温度相关，较低的温度有利于酯分解率的降低。事实上对浓香型酒而言，酯分解率越低越好，而酯化力则是越高越好。

大曲培养过程中，酯化率是先升高，至第5天时达最大值，后开始下降。培养至20d时，又达最大值，后再下降。变化比较复杂。而酯分解率的变化不大，基本上是逐渐上升的。

在大曲贮存期，曲的酯化力是随贮存时间的延长，前六个月处于上升阶段；六个月以后，逐渐下降。而酯分解率是随曲块贮存时间的延长而不断降低。因此，若仅考虑曲的酯化力和酯分解率，对浓香型曲酒而言，大曲贮存六个月使用最好。

6. 大曲中的纤维素酶

纤维素酶是水解纤维素的一类酶的总称。它包括三种类型；即破坏天然纤维素晶状结构的 C_1 酶，水解游离（直链）纤维素分子的 C_X 酶和水解纤维素二糖的 β - 葡萄糖苷酶。作用顺序如下：

天然纤维素 $\xrightarrow{C_1\text{酶}}$ 直链纤维素（游离）$\xrightarrow{C_X\text{酶}}$ 纤维二糖 $\xrightarrow{\beta-\text{葡萄糖苷酶}}$ 葡萄糖。纤维素酶的主要产生菌是里氏木霉菌、尖孢镰刀菌、粗糙脉胞霉等霉菌。

有研究认为，纤维素酶是广义 β - 葡聚糖酶的一种。

编号为 EC.3.2.1.4 的纤维素酶，其系统名是 1，4 -（1，3；1，4）- β - D - 葡聚糖 - 4 - 葡萄糖水解酶。它内切纤维素或由 1，3 和 1，4 键组成的多聚糖中的 1，4 键，将纤维素降解。

纤维素酶应用于白酒生产中，可提高白酒的出酒率，最高可提高 9.05%。

目前为止，未见曲中纤维素酶的检测数据报道。白酒生产的酒醅中含有大量的纤维素和半纤维素。若提高曲中纤维素酶的含量，可大幅度提高出酒率。

纤维素酶的活力测定采用 DINS 法。分为滤纸酶活力（FPIA）和羧甲基纤维素酶活力（CMC）。FPIA 为每克酶每分钟水解反应产生葡萄糖的微摩尔数。CMC 法为每克酶每小时水解反应产生葡萄糖的质量（mg）。

第四节　霉菌的特性

霉菌是我们日常在阴暗潮湿的角落里或衣物、食品上，用肉眼能见到的，有各种颜色，呈绒毛状、棉絮状或网状的东西，俗称发霉。由于它们在微生物中是比较大的，所以用放大镜及低倍显微镜一般可以分辨清楚。它们的种类极多，形态又很特殊，我们可以从以下两方面来加以认识。

（1）霉菌菌落的特征　严格地讲，要由霉菌的一个分生孢子或一个孢子囊孢子在固体培养基上发芽、生长及繁殖后，形成一定的菌丛，称为霉菌的菌落。但习惯上通常把固体培养基上，接种某一种菌（有无数孢子），经过培养，它们向四周蔓延繁殖后所生成的群体也称为菌落。当霉菌在培养基上或自然基质上开始生长时，先有一个肉眼看不出的时期，接着逐渐见到白斑点，用低倍显微镜观察，此时可以见到丝状的物体，微生物学上把每一个单一的细丝称为菌丝，而把混在一起的许多菌丝称为菌丝体。霉菌分营养菌丝和气生菌丝，气生菌丝较松散地裸露于空气中。如果由营养菌丝直接生出分生孢子梗，肉眼就见到绒毛状。如果由营养菌丝先生出气生菌丝，再由它生出分生孢子梗时，往往乱作一团，这样菌落就呈疏松的棉絮状或网状。霉菌最初生长时往往是白色或浅色的，这就是生长菌丝的颜色。随后由于各种霉菌的分生孢子等子实体都有一定的形状和颜色，所以在菌丝体上最后形成黄、绿、青、橙、褐、黑等各种不同色泽孢子的菌落。一些生长较快的霉菌，越接近菌落中央处的菌丝，它的生理年龄越大，常会较早形成子实体，呈色较深，而边缘处则最年轻，使菌落的周围有淡色圈的形成，有时随着菌落的不断扩大而形成一系列的同心圈。有些霉菌只在菌落中间部分产生分生孢子头，它的边缘菌丝发育不完全，颜色逐渐变浅或逐渐消失，形成了显著的边缘区。有的霉菌的菌丝生长时扩展极快，在合适的条件下能迅速地布满全部培养基表面，这样就无法分辨出菌落。

霉菌的菌落甚大，各种霉菌在一定的培养基上又都能形成特殊的菌落，肉眼容易分辨，它不但是鉴别霉菌时的重要依据之一，而且在生产实践中可以通过对霉菌群体的形态观察来控制它们的生长发育，同时防止杂菌的污染。

（2）霉菌的个体形态　霉菌是多细胞真菌的代表，因为菌体由多细胞组成，所以较为复杂，它的个体形态、大小及作用也各不相同。

霉菌的孢子在适宜的条件下，首先吸水膨大，再开始萌发，即由孢子表面露出一个或多个芽管，俗称发芽；然后芽管迅速增长，并长出分枝，分枝上再生分枝，使培养基或基质表面上布满结成网状的菌丝体，形成的各个步骤，可以通过显微镜进行观察（图2-10），在显微镜下可看到一个菌丝的分枝和另一个菌丝相结合，而使菌丝体产生梯形或网状的联结现象。一般当菌体的增长已达到一定的大小时，才开始生出孢子囊梗或分子孢子梗等特化的菌丝，最后由它们生出孢子，即形成子实体。肉眼就可以观察到各种不同的霉菌所生成的菌丛。所谓菌丛就是霉菌菌丝体和子实体的综合外观（图2-11）。菌丝有两种类型，一种是生长在培养基或自然基质内部或贴附在表面上向四周蔓延的菌丝，称为营养菌丝，也称基内菌丝或基质菌丝；另一种是向空间生长的，称为气生菌丝。霉菌的菌丝还有两种不同的结构：一为不生横隔膜的，即整个菌丝及其分枝连成长管状，因而只能算是单细胞的，如根霉和毛霉等。一为菌丝中各细胞由隔膜分开，即形成了简单的多细胞，如曲霉、青霉等大多数霉菌都是属于这一种。

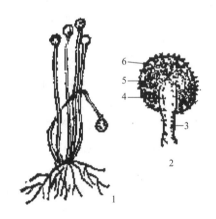

图2-10　孢子发芽及生菌丝

1—孢子　2—膨胀萌发　3—生出芽管
4—芽管伸长　5—长出分枝　6—菌丝体

图2-11　高大毛霉的菌丛及孢子囊

1—菌丛　2—孢子囊　3—孢子囊柄
4—囊轴　5—孢子　6—膜

霉菌的种类繁多，个体形态也各不相同，为了进一步认识这一类微生物，下面再将与酿酒生产关系密切的几种主要霉菌分别进行介绍。

（一）曲霉

曲霉菌丝具有横隔，所以它是多细胞菌丝。当生长到一定阶段后，部分菌丝细胞的壁变厚，成为足细胞，并由此向上生出直立的分生孢子梗，它的顶端膨大，称为顶囊。顶囊一般呈球状。在顶囊表面以辐射方式生出一列或两列小梗，在小梗上着生一串串的分生孢子。曲霉的菌丝形状若与高粱相比，就更清楚了。高粱下部的根、根毛就等于曲霉的菌丝体，高粱秆就是曲霉的孢子柄，穗和高粱粒便可看成是曲霉孢子囊和孢子了（图2-12）。曲霉分生孢子穗的形状和分生孢子的颜色、大小、滑面或带刺，都是鉴定的依据。

曲霉是酿酒工业所用的糖化菌种，是与酿酒关系最密切的一类菌。菌种好坏与提高出酒率、提高产品质量关系密切。

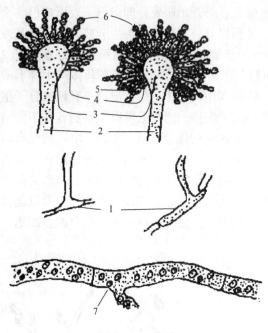

图2-12　曲霉
1—足细胞　2—分生孢子梗　3—顶囊　4——列小梗
5—二列小梗　6—分生孢子　7—有隔菌丝

现在各白酒厂广泛应用的优良曲霉菌种中，黑曲霉（邬氏曲霉、泡盛曲霉、甘薯曲霉）都是糖化力较强的菌种。白曲霉（肉桂色的河内白曲、B_{11}号曲霉以及东酒2号曲霉等）都已普遍使用，效果良好。黄曲霉（黄曲霉、米曲霉）现在应用于白酒生产的不多，因其糖化力远不及黑曲霉强，也不耐酸，所以出酒率不高，但由于其蛋白酶活力强，广泛地应用于酱油及制酱工业中。

大曲中常见的曲霉有如下几种。

（1）黑曲霉　自然界分布极广，在各种基质上普遍存在。能引起水分较高的粮食霉变。黑曲霉菌丛呈黑褐色，顶囊成大球形，小梗有多层，自顶囊全面着生，分生孢子球形。

黑曲霉具有多种活性强大的酶系，广泛应用于工业生产。如淀粉酶用于淀粉的液化、糖化，以生产酒精、白酒或制造葡萄糖等。耐酸性蛋白酶用于蛋白质分解或食品消化剂的制造、毛皮软化。果胶酶用于水解聚半乳糖醛酸、果汁澄清和植物纤维精炼。柚苷酶和陈皮苷酶用于柑橘罐头去苦或防止白浊。黑曲霉还能产生多种有机酸，如抗坏血酸、柠檬酸、葡萄糖酸等。

制曲时如果曲的水分过多，未及时蒸发，温度高时，黑曲霉生长较多。

（2）黄曲霉　黄曲霉菌落生长较快，最初带黄色，后变成黄绿色，老熟后变成褐绿色。产生的液化型淀粉酶（α-淀粉酶）较黑曲霉强，蛋白质分解力次于米曲霉。某些菌系能产生黄曲霉毒素，如花生上生长的黄曲霉就能产生黄曲霉毒素。黄曲霉是大曲中的主要曲霉。

（3）米曲霉　菌丛一般为黄绿色，后变成黄褐色，分生孢子头放射形，顶囊球形或瓶形，色与黄曲霉相似，含有多种酶类，糖化型淀粉酶（β-淀粉酶）和蛋白质分解酶都较强。主要用作酿酒的糖化曲和用于酱油生产中。

（4）栖土曲霉　菌丛棕褐色或棕色，含有丰富的蛋白酶。

（5）红曲霉　菌落初期为白色，老熟后变成粉红色、紫红色或灰黑色，有些种能产生鲜艳的红曲霉红素和红曲霉黄素。我国早在宋朝就利用它培制红曲，用于酿酒、制醋、做豆腐乳的着色剂、食品染色剂等。某些黄酒就是利用红曲霉制造的，福建古田是著名的红曲产地。

红曲霉能产生淀粉酶、麦芽糖酶、蛋白酶、酯化酶，还能产生柠檬酸、琥珀酸、乙醇等。红曲霉在大曲中常可发现。现在已有人将红曲霉用于大曲生产中，以提高浓香型酒中酯的含量。

米曲霉、黄曲霉、黑曲霉一般形态特征见表2-8。

表2-8　　　　　　　　　　　　米曲霉、黄曲霉、黑曲霉一般形态特征

菌别 项目	米 曲 霉	黄 曲 霉	黑 曲 霉
菌落	培养10d后，菌落直径为5~6cm，变为疏松、突起。初呈白色，逐渐变为黄色、带黄褐色至淡绿褐色	生长较快，培养10~14d后，直径为6~7cm。由带黄色变为带黄绿色，最后色泽发暗。菌落平坦且呈放射状皱纹，背面无色或略带褐色	菌落较小，培养10~14d后直径为2.5~3cm。菌丝开始为白色，常呈现鲜黄色域，厚绒状黑色，背面无色或中部略带黄褐色
分生孢子头	呈放射状，直径150~300μm，少见疏松柱状	呈疏松放射状，后变为疏松柱状	幼时呈球形，逐渐变为放射形或分裂成若干放射的柱状，为褐黑色
分生孢子梗	长约2mm，壁粗糙且较薄	大多直接自基质长出，直径为10~20μm，长度通常不足1mm，较粗糙	自基质直接长出，长短不一，为1~3mm，直径为15~30μm
分生孢子囊	顶囊似球形或烧瓶形，直径为40~50μm。小梗为单层，偶有双层，也有单、双层小梗并存于一个顶囊的状况	硬囊呈球形或烧瓶形，直径为25~45μm。小梗单层、双层或单双层并存于一个顶囊。在小型顶囊上仅有一层小梗	顶囊球形，直径为46~76μm。小梗双层，全面着生于顶囊，呈褐色

（二）根霉

根霉在自然界分布很广，它们常生长在淀粉基质上，如馒头、面包、甘薯等，空气中也有大量的根霉孢子。根霉是小曲酒的糖化菌，根霉也可制造豆腐乳及生产糖化酶等产品。

根霉的菌丝较粗，无隔膜，一般认为是单细胞的，但在生长之处菌丛好似蜘蛛网状。菌丝会在培养基表面迅速蔓延，称为匍匐菌丝。在匍匐菌丝上有节，向下伸入培养基中，成为分枝如根状的菌丝，称为假根。从假根部向空气中丛生出直立的孢子囊梗，它的顶端膨大，成圆形的囊状物，称为孢子囊。孢子囊一般为黑色，底部有囊轴。孢子囊里形成大量的孢子囊孢子。孢子成熟后，囊壁破裂，散布各处进行繁殖。

根霉具有无性和有性繁殖，所以它们的生活史中有两类循环（图2-13）。

根霉因其生着孢子囊柄的营养菌丝像根一样而得名。每根上一般长有3~4根孢子囊柄，在孢子囊柄上部长出球形的孢子囊，内含许多孢子囊孢子。这是一种无性繁殖孢子，也是生产过程中遇到的主要繁殖形式。当具有性亲和的菌丝经过质配和核配时，就形成一

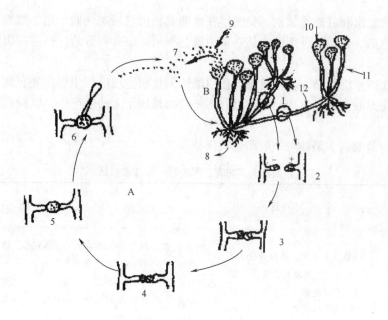

图 2 – 13　根霉的形态及其生活史

A—有性循环　　B—无性循环

1—不同配偶型的性细胞　2—发育中的性细胞　3—配子囊　4—质配　5—成熟的接合孢子
6—接合孢子发育　7—孢子囊孢子　8—假根　9—孢子囊孢子　10—孢子囊　11、12—假根

种有性孢子（称作接合孢子）。它遇合适条件也会发芽，其结果是在形成的孢子囊内含有两种以上类型的孢子囊孢子。成熟的孢子囊很易破裂，将孢子囊孢子释放出来。孢子囊释放出孢子后会露出囊轴，这也是藻状菌的特殊结构之一。在显微镜下观察成熟的根霉，一般看不到完整的根霉形态，但可以观察到它的每一个部分以及有性繁殖和无性繁殖的各个环节。

　　我国历史悠久的民间酿造甜酒用的小曲（药曲），主要是根霉菌种及少量酵母。根霉在繁殖时，分泌大量的淀粉酶，将淀粉糖化，所以根霉是小曲的重要糖化菌种。有名的四川邛崃米曲用 72 种中草药。厦门白曲则采用纯种培养。中国科学院微生物研究所分离出适宜于大米原料和薯干原料的优良菌种。根霉也是制酒精的主要糖化菌。

　　根霉依种类的不同，其淀粉糖化力、酒精发酵力和蛋白质分解力也各异。有些根霉能分解果胶质，生成甲醇，有些根霉能产生有机酸，如米根霉能产生乳酸，黑根霉能产生延胡索酸和琥珀酸。大曲中的根霉以米根霉为主，制曲时如果水分过大，温度过高，往往也会出现米根霉。米根霉的菌落特征是：匍匐菌丝无色，爬行，假根褐色，较发达，呈指状分枝或根状。菌落疏松，最初白色，后逐渐变成灰褐色，最后变成黑褐色。米根霉有淀粉糖化性能，蔗糖转化性能，能产生乳酸、反丁烯二酸及微量的乙醇。发育温度为 30 ~ 50℃，最适温度为 37℃，41℃也能生长。根霉在生产传代过程中容易衰退，使用一段时间要筛选、复壮。

（三）毛霉

　　毛霉与根霉相近似，是一种低等真菌，在阴暗潮湿低温处常可遇到，它对环境的适应性很强，生长迅速，是制大曲和麸曲时常遇到的污染杂菌。所谓水毛，常常是指毛霉。毛霉在形态上与根霉相似，菌丝无隔膜，在培养基或基质上能广泛蔓延，但无假根和匍匐菌丝。形象地说，根霉是呈蜘蛛网状，而毛霉则是头发状。

毛霉是制豆腐乳及豆豉的主要菌种，有的菌种含油量较高。

毛霉能糖化淀粉及生成少量乙醇，且蛋白质分解能力强，其中许多毛霉能产生草酸、琥珀酸、甘油等。有的毛霉能产生3-羟基丁酮、脂肪酶、果胶酶等。

发酵工业上常用的毛霉有以下几种。

（1）高大毛霉　这种菌分布很广，多出现在牲畜粪便上。在培养基上的菌落，初期为白色，老后变为淡黄色，有光泽，菌丛高达3~12cm。

（2）鲁氏毛霉　此菌种最初是从我国小曲中分离出来的，是毛霉中最早被用于淀粉法制酒精的一种。它能产生蛋白酶，有分解大豆蛋白质的能力。我国多用它来做豆腐乳。

（3）总状毛霉　是毛霉中分布最广的一种，几乎在各地的土壤中、生霉材料上、空气和各种粪便上都能找到。菌丛灰白色，菌丛直立而稍短，孢子囊柄总状分枝。四川豆豉即用此菌制成。

（四）木霉

木霉（图2-14）在土壤中分布极广，在木材及其他物品上容易发现它的踪迹。有些菌株能强烈地分解纤维素和木质素等复杂物质，以代替淀粉质原料，对国民经济有十分重要的意义。但某些木霉又是木材腐朽的有害菌。木霉菌丛有横隔，蔓延生长，形成平的菌落，菌丛无色或浅色。菌丛向空气中伸出直立的分生孢子梗，孢子梗再分枝成两相对的侧枝，最后形成小梗，小梗的顶端有成簇的分生孢子，孢子成绿色或铜绿色。

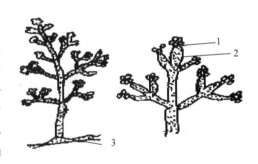

图2-14　木霉
1—孢子　2—小梗　3—菌丝

木霉的利用范围很广泛，并日益引起重视。木霉含有多种酶系，尤其是纤维素酶，是生产纤维素酶的重要菌种。它能利用农副产品，如麦秆、木材、木屑等纤维质原料，使之转变成糖质原料。黑龙江省将木霉与B₁₁号曲霉混合制曲（木霉：B₁₁号曲霉＝20：80），对提高淀粉出酒率有一定的效果。

（五）青霉

青霉在自然界分布很广，空气、土壤及各类物品上都能找到。目前除应用于制造青霉素外，还应用于制造有机酸及纤维素酶等酶制剂和磷酸二酯酶等。青霉的菌丝与曲霉相似。营养菌丝有隔膜，因而也是多细胞的。但青霉孢子穗的结构与曲霉不同，分生孢子梗由营养菌丝或气生菌丝生出，大多无足细胞，单独直立成一定程度的集合体或成为菌丝束。分生孢子梗具有横隔，光滑或粗糙。它的上端生有扫帚状的分枝轮，称为帚状枝（图2-15）。青霉

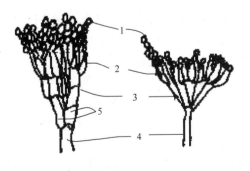

图2-15　青霉
1—分生孢子　2—小梗　3—梗基
4—分生孢子梗　5—副枝

的分生孢子一般是蓝绿色或灰绿色、青绿色，少数有灰白色、黄褐色。不同生长时期的分生孢子颜色差异很大。

青霉菌的孢子耐热性强，它的繁殖温度较低，是制麸曲和大曲时常见的杂菌。曲块在贮存中受潮，表面就会生长青霉。车间和工具清洁卫生搞不好，也会长青霉，它会使成品酒带来霉味和苦味。青霉菌对曲房、车间建筑物及用具等腐蚀也相当厉害，因此是酿酒中的大敌。

（六）其他霉菌

（1）念珠菌 是踩大曲"穿衣"的主要菌种，也是小曲挂白粉的主要菌种。它的淀粉酶类型主要是 α - 淀粉酶和糖化酶。作用于淀粉的最终产物是纯度较高的葡萄糖。有人试验，此菌还可生成较多的多元醇，如阿拉伯糖醇等，使生产的白酒有甜味感，并能改进后味。它在白酒中的功用尚不甚清楚。

（2）犁头霉 有些类似根霉，也有匍匐枝和假根，但孢子囊散生在匍匐枝中间不与假根对生。孢子囊顶生，多呈洋梨形。犁头霉在酿酒上是有利还是有害，尚无定论。踩制大曲时犁头霉较多，其糖化力一般较低。

（3）链孢霉 它的孢子呈鲜艳的橘红色，是制造胡萝卜素的重要菌种。它是顽强的野生菌，常生长于鲜玉米芯和酒糟上，一旦侵入曲房，不但造成危害，并很难彻底清除。

第五节 酵母的特性

酵母是单细胞微生物，属真菌类。在自然界中，酵母主要分布在含糖量较高的偏酸性环境中，例如蜜饯、花蜜、水果和蔬菜的表面上。果园的土壤中，也有大量酵母存在。酵母菌是具有极大经济价值的菌类。它在发酵工业中有着重要的作用，广泛地应用于面包、酒类、调味品等发酵。由于酵母细胞内含有丰富的蛋白质、维生素和多种酶类，所以又是医药、化工和食品工业的重要原料，如酶制剂、维生素及从酵母菌体中提取核苷酸、辅酶A等。近年来，还应用于石油脱蜡及发酵生产有机酸等新型发酵工业中。酵母的种类很多，形态各异，为了使大家容易识别，有必要介绍一下它的形态、繁殖方法和生长过程。

（一）酵母菌的形态

1. 酵母菌的菌落特征

上面介绍过，酵母的菌体是单细胞的，肉眼看不到，但在固体培养基上，很多菌体长成一堆，肉眼就可以看到了，这种由单一细胞在固体培养基表面繁殖出来的细胞群体就是酵母的菌落。酵母菌的菌落表面一般是光滑、湿润及黏稠的，也有粗糙带粉粒的，或有褶皱的，边缘整齐或带丝状。菌落与某些细菌的菌落相类似，但较大，较厚，大多数不透明，呈油脂状或蜡脂状，白色、奶油色，也有少数呈红色。在固体培养基上生长时间较久后，外形逐渐生皱变干，颜色也会变暗，酵母的菌落特征是鉴别酵母的主要依据之一。

2. 酵母菌的个体形态

酵母菌细胞大多以单个存在，它的基本形态有圆形、椭圆形、卵形、柠檬形、腊肠形及藕节状的假菌丝等。酵母菌细胞比细菌大得多，其大小为 $(5 \sim 30)$ $\mu m \times (1 \sim 5)$ μm，在显微镜下可以清楚看到。由于受培养基种类、培养时间、温度和营养状况等外界环境条件的影响，个体形态容易发生变化。但在一定培养条件下，各类菌种都有它固有的形态，所以还是容易识辨和区别的。

3. 酵母菌的繁殖方法

酵母菌的繁殖，一般有芽殖、裂殖和孢子生殖等三种形式。酿酒工业上常用的酵母，一般是出芽生殖。当酵母细胞长到一定大小后，先由细胞表面产生一个小突起（小芽），此时母细胞中细胞核伸长，并分裂成两个核，其中一个留在母细胞内，而另一个流入小芽中。小芽渐渐长大到还比母细胞稍小时，由于细胞壁紧缩，基部与母细胞隔离而成为新的酵母细胞，也称为子细胞。子细胞即刻脱离母细胞或与母细胞暂时连在一起，但子细胞已是独立状态下生活，于是继续生长又达到一定大小后，再以同一方法发芽生殖。酵母细胞芽殖的方式主要有四种：一端芽殖、两端芽殖、三边芽殖及多边芽殖。当酵母繁殖旺盛时，往往子细胞未离开母细胞前就产生小芽，形成一串细胞，如果在一串细胞中任何一个酵母细胞产生一个以上小芽，结果就有了分枝，这样在显微镜下就会形成不同形状的菌集。

那么，酵母菌生长繁殖一代需要多少时间呢？由于酵母的种类、培养液成分、培养温度、pH、代谢产物浓度、有否氧气供给及培养液振荡等条件的不同，它的繁殖速度就各异。也就是说，培养温度越高，酵母繁殖越快，但死亡也加速。酿酒工业上常用的酵母，生长繁殖最适温度为 28 ~ 32℃。

4. 酵母菌的生长过程

大致可以划分为七个阶段。

（1）生长呆滞阶段　也称初期静止阶段，这段时期，酵母细胞并不增加，是酵母菌适应新环境的时期。

（2）生长加速阶段　也称开始发育期，酵母在新的环境中，经过一段时期的适应开始发育繁殖，这一阶段酵母有生无死。

（3）生长等速阶段　这是酵母生长最旺盛、每一世代所需的时间最短、菌数的对数呈直线上升的阶段；这时间的长短视培养基的组成及物理情况而定。

（4）生长减速阶段　酵母细胞仍然生长繁殖，但增长速度减慢。这个阶段酵母有生有死，两者平衡。

（5）生长停顿阶段　酵母细胞已不再增加，呈现停顿阶段，这一阶段是新陈代谢机能衰退与营养不足而造成衰老死亡的时期。

（6）死亡加速阶段　酵母细胞已开始衰老死亡；而且死亡的速度随时间的延长而加快，这阶段酵母菌有死无生。

（7）死亡等速阶段　酵母细胞死亡速度已成一定值。

（二）白酒酿造过程中的几种主要酵母菌

在白酒酿造过程中，参与发酵的酵母菌主要有酒精酵母、产酯酵母。下面分别予以介绍。

1. 酒精酵母

产酒能力强的酒精酵母，其细胞形态以椭圆形、卵圆形、球形为最多。特殊的有腊肠形、胡瓜形、柠檬形、锥柱形及丝状，细胞大小平均为 （7 ~ 8） $\mu m \times$ （5 ~ 6）μm，大的有 $10 \mu m \times 8 \mu m$，小的只有 $2.2 \mu m \times 3.0 \mu m$。但是，尽管是同一种酵母，随着培养基、培养时间及酵母世代不同，其大小也有差别。酒精酵母一般是以出芽方式进行繁殖的。

常用的酒精酵母有南阳酵母、拉斯12号、拉斯M、拉斯K、德国204号、拉斯R、古巴2号等。在酿酒工业中，要根据不同的原料选用不同的酵母菌种，不能一概而论。例如，南阳酵母适用于淀粉质原料，而德国204号酵母则适用于糖质原料，古巴2号酵母适用于椰枣原料，但有时可以混合使用。

2. 产酯酵母

从广义上来讲，产酯酵母是指有产酯能力的酵母，它能使酒醅中含酯量增加，并呈独特的香气，故也称生香酵母。这些酵母大部分是属于产膜酵母、假丝酵母，主要是汉逊酵母属及少数小圆形酵母属等。在液体培养时呈卵形、圆形、腊肠形。当接触空气时，表面形成有皱纹的皮膜或形成环，菌体形状与液体内相比有些改变。这些酵母是啤酒、葡萄酒或酱油生产中的大敌，它能使产品产生恶臭味，但很多都是白酒生香的主要菌种。下面将白酒生产中常用的产酯酵母做简要的介绍：

（1）异常汉逊酵母异常变种　它是汉逊酵母属中的一个种。汉逊酵母常在低度饮料酒表面长成干而皱的菌醭，它们大部分的种能利用酒精作碳源，因而是酒精和一些饮料酒的有害菌。而异常汉逊酵母异常变种能产生乙酸乙酯，广泛地应用于白酒生产上。

异常汉逊酵母异常变种的菌落特征：生长在麦芽汁琼脂斜面上的菌落平坦、乳白色、无光泽、边缘丝状。在麦芽汁中培养后，液面有白色菌醭，培养液变浑浊，管底有菌体沉淀。

异常汉逊酵母异常变种的个体形态：麦芽汁25℃培养3d，细胞圆形，直径4~7μm。也有椭圆形及腊肠形，（2.5~6）μm×（4.5~20）μm，多边芽殖。

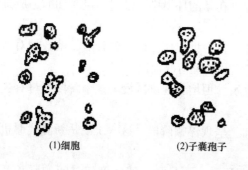

(1)细胞　　　　(2)子囊孢子

图2-16　异常汉逊酵母

异常汉逊酵母异常变种能由细胞直接变成子囊，每囊内有1~4个子囊孢子，但大多数为2个。子囊孢子礼帽形，由子囊内放出后常不散开（图2-16）。

异常汉逊酵母异常变种的生理特性是能发酵葡萄糖、蔗糖、麦芽糖、半乳糖和棉籽糖，不能发酵乳糖和蜜二糖。氮源中硫酸铵及硝酸钾都能利用。

（2）假丝酵母　假丝酵母和拟内孢霉是大曲中种类最多的酵母，曲皮多于曲心。大曲表面的黄色小斑点就是假丝酵母，而白色小斑点，有时甚至是一大片，则是拟内孢霉。拟内孢霉在成品曲中较多，而假丝酵母主要出现在培菌前期，进入大火后有一部分被淘汰。

假丝酵母细胞圆形、卵形或长形。多边芽殖，形成假菌丝，可生成厚垣孢子（图2-17）。很多种有酒精发酵能力，有的种能利用农副产品或碳氢化合物生成蛋白质，也有的种能产脂肪酶，用于绢纺脱脂。

3. 球拟酵母属

细胞球形、卵形或略长形。多边芽殖，在液体培养基内有沉渣及环，有时生菌醭。这个属中有两种有发酵性，有的无发酵性。某些种能产生不同比例的甘油、赤藓醇、D-阿

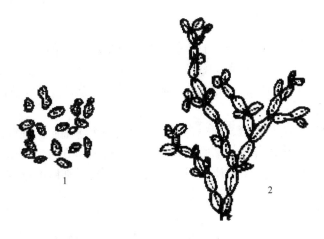

图 2 – 17　假丝酵母
1—营养细胞　2—假菌丝

拉伯糖醇，有时还有甘露醇，在适宜条件下，还会将葡萄糖转化成多元醇，这可能也是大曲酒中醇甜物质的来源之一。

第六节　细菌的特性

在自然界中，细菌是分布最广、数量最多的一类微生物；细菌在工农业方面的利用范围不断扩大，如乳酸、醋酸、丙酮 – 丁醇、氨基酸、核苷酸、维生素、酶制剂等的生产。在农业上固氮菌、根瘤菌、杀螟杆菌、青虫菌等已广泛利用。但从白酒生产来看，是开放式生产，在酿制过程中不可避免要侵入各种细菌。

1. 细菌的形态

（1）细菌的菌落特征　细菌的菌体是单细胞的，它比酵母小得多，因而必须由单一细胞在固体培养基表面增殖细胞群体，形成细菌的菌落后，肉眼才能看得到。我们日常接触细菌时，最常见的就是这种菌落。细菌的菌落比酵母小而薄，一般直径为 1～2mm。

各种细菌在一定的固体培养基上形成一定特征的菌落。包括菌落的大小；凸起或平坦；表面光滑或粗糙；透明或不透明；边缘形状及菌落颜色等。这些特征是鉴定细菌中的一个重要项目。例如多黏芽孢杆菌，菌落表面有光泽、半透明、灰白色；而枯草芽孢杆菌的菌落是干燥的、不透明、乳白色。

（2）细菌的个体形态　细菌的种类很多，形态多样，在显微镜下观察，可以分为三种形态：球形、杆形、螺旋形。

球菌：是球状细菌的总称，由于在繁殖过程中分裂方法不同，就有单球菌、双球菌、链球菌、四联球菌、八叠球菌和葡萄球菌之分。

杆菌：是杆状细菌的总称，菌体呈椭圆形、圆筒形或纺锤形，有长、有短、有粗、有细，有直的，也有弯曲的。工业上应用的细菌大部分是杆菌。例如生产食醋的醋酸杆菌，生产谷氨酸的棒状杆菌等。

螺旋菌：是螺旋状细菌的总称，按细胞弯曲程度可分为弧菌、螺菌和螺旋体三类。这类菌大多数是致病菌。

2. 细菌的大小

细菌的体形极其微小，一千个细胞连接起来才达到一粒米的长度。在通常情况下，一般球菌的直径为 $0.5 \sim 2\mu m$，杆菌为 $(0.5 \sim 1)\ \mu m \times (1 \sim 5)\ \mu m$；螺旋菌为 $(0.3 \sim 1)\ \mu m \times (1 \sim 5)\ \mu m$。细菌细胞的大小，随种类、生长条件、不同阶段而异。

3. 细菌的繁殖

细菌以裂殖的方式进行繁殖，即一个细胞分裂成两个子细胞。细菌的繁殖过程包括三个连续步骤：首先是细胞核分裂，细胞膜在菌体的中央横切方向形成横隔膜，使细胞质分开，其后是细胞壁向内生长把细胞质隔膜分为两层，形成子细胞的细胞壁，最后子细胞分离形成两个独立菌体。

4. 酿酒常见的细菌

（1）乳酸菌　乳酸菌是自然界数量最多的菌类之一。它包括球菌和杆菌，大多数不运动，无芽孢，通常排列成链，需要有碳水化合物存在才能生长良好；它能发酵糖类产生乳酸。凡发酵产物中有乳酸者，称为同型发酵，凡发酵产物中除乳酸外，还有乙酸和 CO_2 者称为异型发酵。

正乳酸菌多是嫌气性杆菌，生成乳酸能力强。白酒醅和曲块中多是异乳酸菌（乳球菌），是偏嫌气或好气性。异乳酸菌有产乳酸酯的能力，并能将己糖同化成乳酸、酒精和 CO_2，有的乳酸菌能将果糖发酵生成甘露醇。乳酸如果分解为丁酸，会使酒呈臭味，这是导致新酒臭味的原因之一。还有的乳酸菌将甘油变成丙烯醛而呈刺眼的辣味。

乳酸菌在酒醅内产生大量的乳酸及乳酸乙酯，乳酸乙酯被蒸入酒中，使白酒具有独特的香味。乳酸菌的侵入与白酒开放式的生产方式是分不开的；白酒生产需要适量的乳酸菌，否则无乳酸及其酯类，就不成白酒风味了。但乳酸过量，会使酒醅酸度过大，影响出酒率和酒质。乳酸过量还会使酒带馊酸味；当前白酒生产中不是乳酸不足，而是过剩，特别是浓香型曲酒，提出"增己降乳"的课题，这是提高浓香型曲酒的技术关键。为了"增己降乳"，除了要搞好环境卫生和生产卫生，防止大量乳酸菌入侵外，还应在微生物方面进行研究。

大曲中的乳酸菌有三个特点：一是既有纯型的（同型的），又有异型的；二是球菌居多，占70%；三是所需温度偏低，为 $28 \sim 32\text{℃}$，并具有厌气和好气双重性。大曲中乳酸含量不可过多，主要生成区域是在高温转化时由乳酸菌作用于己糖同化成乳酸，其量的大小往往取决于大曲中乳酸菌的数量和大曲生产发酵时对品温的控制，特别是顶点品温不足，热曲时间短时，更会使乳酸大量生成。

（2）醋酸菌　它在自然界中分布很广，而且种类繁多，是氧化细菌的重要菌种，也是白酒生产中不可避免的菌类。醋酸菌在显微镜下呈球形、链球菌、长杆、短杆或像蛔虫一样的条形，在温度、时间和培养条件不同时，形状差别很大，因此，单纯从形态上很难鉴别。有的醋酸菌能使液体浑浊，有的附着在器壁上成环状，有的不成环状，也有的生成皱纹和皮膜，但它们都是好气性的。固态法生产白酒，是开放式的，在操作时势必感染一些醋酸菌，成为酒中醋酸的主要来源。醋酸是白酒的主要香味成分，同时也是酯的承受体，是丁酸、己酸及其酯类的前体物质。但醋酸含量过多，会使白酒呈刺激性酸味，醋酸对酵母的杀伤力也极大。当前白酒生产中，是醋酸过剩，应在工艺上采取措施。

醋酸菌主要是在大曲发酵前期、中期生长繁殖，尤其是在新曲中含量最多。醋酸菌有一个致命的弱点是干燥低温的环境下芽孢会失去发芽能力。所以，在使用大曲时，要求新曲必须贮存 3 个月或半年以上，这就是为了使醋酸菌以最少数量进入窖内发酵。

（3）己酸菌　在浓香型大曲酒生产中，发酵窖越老，产酒的质量越好，这是传统工艺的经验总结。为了解释百年老窖出佳品的奥秘，自 20 世纪 60 年代起，我国开展了浓香型白酒与窖泥微生物研究，发现老窖泥中富集多种厌氧功能菌，主要为嫌气性梭状芽孢杆菌，它们参与浓香型白酒发酵的生香作用。参照当时茅台试点的研究成果，发现己酸乙酯是浓香型白酒的主体香成分，无疑，其中的己酸菌就是老窖发酵生香的一种功能菌。20世纪 70 年代中期以后，白酒技术工作者在己酸菌的分离、培育和应用方面，做了不少报道。但绝大部分侧重于生产性的实用技术，而有关微生物学方面的研究，尤其是菌种的鉴定和生理学的研究内容，则报道甚少。

（4）丁酸菌　在朗姆酒酿造过程中有丁酸发酵。在浓香型酒的老窖泥中也存在丁酸菌，在酒醅发酵过程中有微量的丁酸发酵。1974 年，内蒙古轻工科学研究所在分离己酸菌的同时，从泸州曲酒厂和宜宾五粮液酒厂的老窖泥中曾分离到丁酸菌。

该所在未分离得到己酸菌时，曾以丁酸菌种进行人工窖泥培养。将丁酸发酵液加到入池的麸曲酒母的优质白酒生产中，以及将丁酸发酵液加到入池的液态发酵醪中进行了各种试验，以期得到浓香型麸曲优质白酒。试验结果，在当时的条件下，人工培养窖泥最为满意。即用纯丁酸为菌种培养得到的窖泥，筑窖后进行麸曲优质白酒发酵 28d，蒸馏得之，白酒感官品尝为浓香型，经色谱分析，成品酒中己酸乙酯含量大于丁酸乙酯，显示了在此种环境条件下，其代谢产物有向己酸发酵转化的倾向。巴克在 1930 年发现己酸菌时，并未称之为己酸菌，而是称之为不定型的丁酸菌。但当丁酸发酵液直接加至入池酒醅时，不论是固态或液态发酵，结果均不产生丁酸或己酸乙酯，而是产乙酸乙酯。因此，发酵条件直接影响到其代谢的产物。

（5）甲烷菌　可将甲烷菌与强化大曲、己酸菌及人工窖泥一起进行综合利用。也可将甲烷菌与己酸菌共酵培制"香泥"。例如中国科学院成都生物研究所从泸州酒厂及五粮液酒厂的老窖泥中分离、纯化得到泸型梭状芽孢杆菌系列 W1 及 CSr1～10 菌株；从泸州老窖泥中分离而得布氏甲烷杆菌 CS 菌株。以黏性红土、熟土为主，添加氮源、磷盐、酒尾、丢糟、曲粉等配料为培养基。踩泥接入上述甲烷菌及己酸菌共酵液，收堆、密封，经培养40～60d 成熟后的"香泥"，进行筑窖。窖底搭"香泥"厚度为 20cm；窖壁挂"香泥"厚度为 10cm。

关于甲烷菌在窖泥中的作用机理，还须加以探明。

（6）丙酸菌　丙酸菌主要来自窖泥，分布在上层为 19.98%，中层为 26.67%，下层为 53.35%。

四川省食品发酵工业研究设计院酿酒工业研究所，选育到具有较强降解乳酸能力的丙酸菌，乳酸降解率达 90% 以上。

丙酸菌对浓香型大曲酒芳香成分的形成起着重要作用。该菌的培养基以葡萄糖、乳酸钠或高粱糖化液为碳源，液态深层培养期为 7～14d，培养温度为 30～32℃，在 pH4.5～7.0 范围内能生长良好和发酵。由于该菌株对培养条件要求不严，故便于在生产中应用，能较大幅度地降低酒中的乳酸及其酯的含量，使己酸乙酯与乳酸乙酯的比例适当，因而有利于酒质的提高。但在生产中应用时，必须与窖泥的其他功能菌、产酯酵母以及相应的工艺配套，方能全面地提高浓香型大曲酒的质量和名优酒比率。

此外，一些厂从窖泥中分离到放线菌菌株。在培养己酸菌及窖泥时，添加放线菌培养液，能促进己酸菌的生长及己酸和己酸乙酯的生成，并有明显脱臭效果，还能增加一种特殊的芳香。关于放线菌在窖泥中的作用需加以探明，应有具体反应机理、成分变化及其数据作佐证。

第三章　酿酒的原辅材料

第一节　制曲原辅材料

一、制曲和制酒母原料基本要求

根据白酒曲作用和制作工艺特点，其原料应符合如下要求。

1. 要适于有用菌的生长和繁殖

大曲中的有用微生物为霉菌、细菌及酵母菌，麸曲中有霉菌等，小曲中有根霉及酵母菌等。这些菌类的生长和繁殖，必须有碳源、氮源、生长素、无机盐、水五大类营养并要求有适宜的 pH、湿度、温度及必要的氧气等条件。故制曲原料应满足有用微生物生长的上述两方面的要求。例如制大曲和小曲的大麦及大米等原料，除富含淀粉、维生素及无机元素外，还应含有足以使微生物生长的蛋白质。制麸曲的原料麸皮，既是碳源，又是氮源。又如为了使曲坯具有一定的外形，并适应培曲过程中品温升降、散热、水分挥发、供氧的规律，则需考虑曲料的粘附性能及疏松度，并注意原料的合理配比。此外，对于多种菌的共生，应兼顾各自的生理特性。凡含有抑制有用菌生长成分的原料，不宜使用。

广义的酒母，包括由酿酒酵母、产酯酵母以及细菌或霉菌等酿酒有益微生物培养而成的液态、半固态或固态发酵剂。不同的菌应在碳源及氮源等成分上予以区别对待。

2. 适于产酶

白酒曲是糖化剂或糖化发酵剂，故除了要求成曲含有一定数量的酿酒有用微生物外，还须积累多种并大量的胞内酶和胞外酶，其中最主要的是淀粉酶。而此类酶多为诱导酶，故要求制曲原料含有较多量的淀粉，以及促进淀粉酶类形成的无机盐。蛋白质也是产酶的必要成分，故制曲原料应含有适宜的蛋白质。

酒母中酵母菌所产的酶多为胞内酶，故菌体的数量和质量可反映酶的状况。但在制取其他菌的培养物时，应结合所产酶种的状况，考虑原料的成分。

3. 有利于酒质

大曲及麸曲用量很大，实际上制曲原料和成品曲也是酿酒原料的一部分。大曲原料的成分及制曲过程中生成的许多成分，都间接或直接与酒质有关。另外，制曲原料不宜含有较多的脂肪，这也是与酿酒原料的相同之处。

通常，酒母培养基的成分基本上与发酵基质相同，只是前者为了培养较多的菌体和产较多的酶而营养更丰富些。酒母成熟时的成分，有很多是接近于发酵醪（醅）在主发酵期的成分。因此，广义地说，酒母也是发酵醪（醅）的一个组成部分。

二、制曲原料的种类及性质

1. 大曲原料的种类及性质

白酒大曲的原料，南方以小麦为主，用以生产酱香型及浓香型白酒；北方传统是生产清香型白酒，多以大麦和豌豆为原料。

大曲主要原料的成分比较如表3－1所示。

表3－1　　　　　　　　　　　大曲主要原料的成分比例　　　　　　　　　　单位:%

名　称	水　分	粗淀粉	粗蛋白	粗纤维	粗脂肪	灰　分
小　麦	12.8	61.0～65.0	7.2～9.8	2.5～2.9	1.2～1.6	1.7～2.9
大　麦	11.5～12.0	61.0～62.5	11.2～12.5	1.9～2.8	7.2～7.9	3.4～4.2
豌　豆	10.0～12.0	45.2～51.5	25.5～27.5	3.9～4.0	1.3～1.6	3.0～3.1

（1）小麦　含淀粉量最高，富含面筋等营养成分，含氨基酸20多种，维生素含量也很丰富，粘着力也较强，是各类微生物繁殖、产酶的优良天然物料。若粉碎适度、加水适中，则制成的曲坯不易失水和松散，也不至于因粘着力过大而存水过多。小麦中的碳水化合物，除淀粉外，还有少量的蔗糖、葡萄糖、果糖等（其含量为2%～4%），以及2%～3%的糊精。小麦蛋白质的组分以麦胶蛋白和麦谷蛋白为主，麦胶蛋白中以氨基酸为多。这些蛋白质可在发酵过程中形成香味成分。故五粮液、剑南春酒等，均使用一定量的小麦。但小麦的用量要得当，以免发酵时产生过多的热量。

（2）大麦　粘结性能较差，皮壳较多。若用以单独制曲，则品温速升骤降。与豌豆共用，可使成曲具有良好的曲香味和清香味。青稞又名稞大麦，是大麦品种的变种。其耐寒性强，生长期短，可种植于海拔3000m以上的地区。大麦和青稞有4棱、6棱之分。青稞与大麦不同处是籽粒与颖壳能脱离，即不带谷壳。青稞的色泽和形状也多种多样，有黄、褐、紫蓝、黑色和椭圆、卵形、长形之分，青稞多为硬质，籽粒的透明玻璃质在70%以上，蛋白质含量在14%以上，淀粉含量为60%左右，纤维素含量约2%。

（3）豌豆　黏性大，淀粉含量较大。若用以单独制曲，则升温慢，降温也慢。故一般与大麦混合使用，以弥补大麦的不足，但用量不宜过多。大麦与豌豆的比例，通常以3:2为宜。也不宜使用质地坚硬的小粒豌豆。若以绿豆、赤豆代替豌豆，则能产生特异的清香。但因其成本较高，故很少使用。其他含脂肪量较高的豆类，会给白酒带来邪味，不宜选用。

2. 麸曲原料的种类及性质

麸皮是制麸曲的主要原料，其在成分及性能上具有营养源种类全面、吸水性强、表面积及疏松度大等优点，它本身也具有一定的糖化能力，而且还是各种酶的良好载体。故质量较好的麸皮，其碳氮比适中，能充分满足曲霉等生长繁殖和产酶的需要。但因小麦加工时出粉率的不同，麸皮的质量也有很大的差异。对于质量较差的红麸皮，以及含氮量低、而出粉率高达95%以上的"全麦面麸皮"之类，在用以制麸曲时，应添加适量的硫酸铵等无机氮源或豆饼粉等有机氮源。但在白麸皮的淀粉含量已较高，而氮含量不足的情况下，采用添加玉米粉的方法则不可取，这会使碳源过剩而升温迅猛，导致烧曲现象的发生。

一般麸皮的成分及其含量见表 3 - 2。

表 3 - 2 一般麸皮的成分及其含量 单位:%

水　分	碳水化合物	淀　粉	粗蛋白	粗脂肪	粗纤维	灰　分	钙	磷
10 ~ 14	48 ~ 57	19 ~ 22	2 ~ 14	3 ~ 4	9 ~ 11	4 ~ 6	0.095	0.24

红、白麸皮的成分及其含量比较见表 3 - 3。

表 3 - 3 红、白麸皮的成分及其含量比较 单位:%

名　称	水　分	淀　粉	总　氮	灰　分
白麸皮	8.98	20	13.39	5.35
红麸皮	9.13	20	2.20	5.02

3. 小曲原料的种类及性质

小曲的原料通常为精白度不高的籼米或米糠。因为大米的糊粉层中蛋白质及灰分含量较高,糠层中的灰分更高,有利于酿酒有用菌的生长和产酶。有的小曲还使用一些中草药,其中含有丰富的生长素,可以补充原料中生长素的不足,促进根霉和酵母菌的生长,还能起疏松和抑制杂菌繁殖的作用。小曲原料的成分及其含量如表 3 - 4 所示。

表 3 - 4 小曲原料的成分及其含量 单位:%

种　类	水　分	粗蛋白	粗脂肪	淀　粉	纤　维	灰　分
脱脂糠	11.0	19.0	7.9	37.5	16.5	16.5
米　栖	11.8	8.9	1.0	77.0	0.7	0.7

4. 制酒母的原料

以培养酵母菌为主要微生物的酒母的原料,以玉米粉为好。霉烂的及含单宁或生物碱较多的高粱糠或橡子粉等,不宜用作酒母的原料。若用薯干粉作原料,最好补加少量的硫酸铵或尿素等无机或有机氮源。

第二节　制酒原料

制白酒的原料有粮谷、以甘薯干为主的薯类以及代用原料三大类,目前后一类用者很少。

一、制白酒原料的基本要求

白酒界有“高粱产酒香、玉米产酒甜、大麦产酒冲、大米产酒净、小麦产酒糙”的说法,概括了几种原料与酒质的关系。对制白酒原料总的基本要求,可归纳为以下 3 项。

(1) 名优大曲酒原料　一般列为国家名优酒的大曲酒,必须以高粱为主要原料,或搭配适量的玉米、大米、糯米、小麦等。

(2) 粮谷原料　粮谷原料以糯者为好,要求籽粒饱满,有较高的千粒重,原粮水分在

14%以下。

（3）对制白酒原料的一般要求　优质的白酒原料，要求其新鲜，无霉变和杂质，淀粉或糖分含量较高，含蛋白质适量，脂肪含量极少，单宁含量适当，并含有多种维生素及无机元素。果胶质含量越少越好。不得含有过多的含氰化合物、番薯酮、龙葵苷及黄曲霉毒素等有害成分。

二、白酒主要原料的成分及特性

制白酒的原料，按主要成分含量可分为淀粉质原料和糖质原料两大类，本书仅介绍淀粉质原料的状况。生产白酒的原料其成分大致如表3-5所示。

表3-5　　　　　　　　　白酒主要原料成分含量总的比较　　　　　　　单位:%

名　称	水　分	淀　粉	粗脂肪	粗纤维	粗蛋白	灰　分
高　粱	11～13	56～64	1.6～4.3	1.6～2.8	7～12	1.4～1.8
小　麦	9～14	60～74	1.7～4.0	1.2～2.7	8～12	0.4～2.6
大　麦	11～12	61～62	1.9～2.8	6.0～7.0	11～12	3.4～4.2
玉　米	11～17	62～70	2.7～5.3	1.5～3.5	10～12	1.5～2.6
大　米	12～13	72～74	0.1～0.3	1.5～1.8	7～9	0.4～1.2
薯　干	10～11	68～70	0.6～3.2	—	2.3～6	—

（1）高粱　又称红粮等。高粱按黏度分为粳、糯两类，北方多产粳高粱，南方多产糯高粱。糯高粱几乎全含支链淀粉，结构较疏松，能适于根霉生长，以小曲制高粱酒时，淀粉出酒率较高。粳高粱含有一定量的直链淀粉，结构较紧密，蛋白质含量高于糯高粱。高粱按色泽可分为白、青、黄、红、黑几种，颜色的深浅，反映其单宁及色素成分含量的高低。不同品种的高粱其成分含量上有一定差别。

高粱的内容物多为淀粉颗粒，外包1层由蛋白质及脂肪等组成的胶粒层，易受热而分解。高粱的半纤维素含量约为2.8%。高粱壳中的单宁含量在2%以上，但籽粒仅含0.2%～0.3%。微量的单宁及花青素等色素成分，经蒸煮和发酵后，其衍生物为香兰酸等酚元化合物，能赋予白酒特殊的芳香；但若单宁过多，则能抑制酵母发酵，并在开大汽蒸馏时会被带入酒中，使酒带苦涩味。高粱蒸煮后一般疏松适度，黏而不糊。

（2）玉米　玉米也称玉蜀黍、苞谷、苞米等。玉米有黄玉米和白玉米、糯玉米和粳玉米之分。

通常黄玉米的淀粉含量高于白玉米。玉米的胚芽中含有大量的脂肪，若利用带胚芽的玉米制白酒，则酒醅发酵时生酸快、升酸幅度大，且脂肪氧化而形成的异味成分带入酒中会影响酒质。故用以生产白酒的玉米必须脱去胚芽。玉米中含有较多的植酸，可发酵为环己六醇及磷酸，磷酸也能促进甘油（丙三醇）的生成。多元醇具有明显的甜味，故玉米酒较为醇甜。不同地区玉米的主要成分含量略有不同。玉米的半纤维素含量高于高粱，因而常规分析时淀粉含量与高粱相当，但出酒率不及高粱。玉米组织在结构上因淀粉颗粒形状不规则，呈玻璃质的组织状态，结构紧密，质地坚硬，故难以蒸煮。但一般粳玉米蒸煮后不黏不糊。

（3）大米 大米的淀粉含量较高，蛋白质及脂肪含量较少，故有利于低温缓慢发酵，成品酒也较纯净。

大米是稻谷的籽实。大米有粳米和糯米之分。一般粳米的蛋白质、纤维素及灰分含量较高，而糯米的淀粉和脂肪含量较高。各种大米又均有早熟和晚熟之分，一般晚熟稻谷的大米蒸煮后较软、较黏。粳米淀粉结构疏松，利于糊化。但如果蒸煮不当而太黏，则发酵温度难以控制。大米在混蒸混烧的白酒蒸馏中，可将饭的香味成分带至酒中，使酒质爽净。故五粮液、剑南春酒等名酒均配用一定量的粳米；三花酒、玉冰烧、长乐烧等小曲酒均以粳米为原料。糯米质软，蒸煮后黏度大，故须与其他原料配合使用，使酿成的酒具有甘甜味。如五粮液及剑南春酒等均使用一定量的糯米。

（4）甘薯 甘薯又名山芋、白薯、地瓜、红苕、红薯等，按肉色分为红、黄、紫、灰4种。按成熟期分为早、中、晚熟3种。鲜甘薯及白薯干（简称薯干）分别含有2%及7%的可溶性糖，有利于酵母的利用。薯干的淀粉纯度高，含脂肪及蛋白质较少，发酵过程中升酸幅度较小，因而淀粉出酒率高于其他原料。但薯中含有以绝干计为0.35%～0.4%的甘薯树脂，对发酵稍有影响；薯干的果胶质含量也较多，使成品酒中甲醇含量较高；染有黑斑病的薯干，将番薯酮带入酒中，会使成品酒呈"瓜干苦"味。若酒内含有番薯酮100mg/L，则呈严重的苦味和邪杂味。黑斑病严重的薯干制酒所得的酒糟，对家畜也有毒害作用。

甘薯的病毒有黑斑病、烂心的软腐病、内腐病、经冻伤的坏死病，以及受水浸泡后的水腐病等，尤以黑斑病危害最大。黑斑病薯蒸煮时有霉坏味及有毒的苦味，这种苦味质能抑制黑曲霉、米曲霉、毛霉、根霉的生长，影响酵母的繁殖与发酵，但对醋酸菌、乳酸菌等抑制作用则很弱。其成分是番薯酮，分子式为 $C_{15}H_{22}O_3$，是由黑斑病菌作用于甘薯树脂而产生的油状苦味物质。

如果在甘薯种植时用55℃温水将薯种浸泡1h，则可以预防黑斑病。对于病薯原料，应采用清蒸配醅的工艺，尽可能将怪味挥发掉。但对黑斑病及霉烂严重的薯干，清蒸也难以解决问题，最好不使用。若为液态发酵法制白酒，可采用精馏或复馏方法提高成品酒的质量。甘薯的软腐病和内腐病是感染细菌及霉菌造成的，这些菌具有很强的淀粉酶及果胶酶活力，致使甘薯改变形状。使用这种薯并不影响出酒率，但在蒸煮时应适当多加填充料及配醅，采用大火清蒸，并缩短蒸煮时间，以免糖分流失和生成大量焦糖而降低出酒率。用这种原料制成的白酒风味很差。

三、注 意 事 项

1. 注意原料的成分

对酿酒原料的成分应加以认真分析，弄清原料中的有用及有害成分的含量，并注意有用成分之间的比例。对有害成分，应在原料预处理、浸泡、蒸煮、蒸馏等工序设法除去。要求原料无虫蛀，无霉变，颗粒饱满，淀粉含量高，水分少；同时要尽量保持原料的相对稳定，应根据不同原料的特性，采用相应的菌种和工艺条件，例如在由单粮（一般是高粱）原料改用多粮时，因原料淀粉含量有变化，因此入窖品温、水分应相应调整。原料要分品种、数量、产地、等级分别贮存，注意防雨、防潮、防鼠耗；注意通风；防霉变、防虫蛀，禁止与有害物质同贮存，防止高温烂粮，有问题的原料要及时处理。

2. 注意原料的外观质量

（1）对含土及杂物多的原料，应进行筛选，以免成品酒带有明显的辅料味及土腥味。

（2）原料的入库水分应在 14% 以下，以免发热霉变，使成品酒带霉、苦味及其他邪杂味。对于产生部分霉变和结块的原料，要加强清蒸，蒸酒时注意合理地掐头去尾，摘取酒度较高的原酒，并适当地延长贮存期等。对于霉腐严重的原料，其成品酒的邪杂味难以根除，可采用复馏的办法使酒质得以改善。切勿使用不良原料生产名优白酒。

霉变的原料中含有霉菌毒素，已知的霉菌毒素有 100 多种，其中致癌最强的是黄曲霉毒素。联合国世界卫生组织和粮农组织建议在饲料中的黄曲霉毒素含量不得超过 $30\mu g/L$，日本规定其在食品中的限量为 $10\mu g/L$。如果使用含有黄曲霉毒素的原料酿制白酒，可能一部分在蒸馏时由水蒸气带入酒中，而大部分则残留在酒糟中，用它作为饲料后，会造成循环污染。

3. 注意原料的农药残存问题

尽量不使用残留有六六六、滴滴涕等农药的原料，如果原料中含有则可采取蒸煮前浸泡等措施，尽量减少其转入酒和酒糟中。农药残存问题越来越受消费者重视。

第三节 酿 酒 辅 料

一、辅料的作用与要求

辅料在酿酒中起调整酒醅的淀粉浓度、冲淡酸度、吸收酒精、保持浆水的作用；使酒醅有一定的疏松度和含氧量，并增加界面作用，使蒸煮、糖化发酵和蒸馏能顺利进行；辅料还有利于酒醅的升温。生产中要求辅料杂质较少，新鲜，无霉变，并具有一定的疏松度及吸水能力。含果胶、多缩戊糖等成分少。

二、辅料的种类

辅料又称为填充料，常用辅料的成分及特性如表 3-6 所示。

表 3-6　　　　　　　　　　　常用辅料的理化性质

名称	水分/%	淀粉含量/%		果胶含量/%	多缩戊糖含量/%	松紧度/(g/100mL)	吸水量/(g/100g)
		粗淀粉	纯淀粉				
高粱壳	12.7	29.8	1.3	—	15.8	13.8	135
玉米芯	12.4	31.4	2.3	1.68	23.5	16.7	360
谷糠	10.3	38.5	3.8	1.07	12.3	14.8	230
稻壳	12.7	—	—	0.46	16.9	12.9	120
花生皮	11.9	—	—	2.10	17.0	14.5	250
麸皮	12.8	44~54	20	—	—	—	—
鲜酒糟	63.0	8~10	0.2~1.5	1.83	6.0	—	—
玉米皮	12.2	40~48	8~28	—	—	15.6	—
高粱糠	12.4	38~62	20~35	—	—	13.2	320
甘薯蔓	12.7	—	—	5.81	11.9	25.7	335

1. 稻壳

稻壳又名稻皮、砻糠、谷壳，是稻米颗粒的外壳。一般使用 2~4 瓣的粗壳；不用细壳，因细壳中含大米的皮较多，故脂肪含量高，疏松度也较低。稻壳因质地坚硬、吸水性差，故使用效果及酒糟质量不及谷糠。但经粉碎适度的稻壳的吸水能力增强，可避免淋浆现象。又因价廉易得，故被广泛用作酒醅发酵和蒸馏的填充料。但稻壳含有大量的多缩戊糖及果胶质，在生产过程中会生成糠醛和甲醇，故需在使用前清蒸 30min。

2. 谷糠

谷糠是小米或黍米的外壳，不是稻壳碾米后的细糠。酿制白酒所用的是粗谷糠。其用量较少而使发酵界面较大。故在小米产区多以它为优质白酒的辅料；也可与稻壳混用。使用经清蒸的粗谷糠制大曲酒，可赋予成品酒特有的醇香和糟香，若用作麸曲白酒的辅料，则也是辅料之上乘，成品酒较纯净。细谷糠为小米的糠皮，因其脂肪含量较高，疏松度也较低，故不宜用作辅料。

3. 高粱壳

高粱壳是指高粱籽粒的外壳，其吸水性能较差。故使用高粱壳或稻壳作辅料时，醅的入窖水分稍低于使用其他辅料的酒醅。高粱壳虽含单宁量较高，但对酒质无明显的不良影响。故西凤酒及六曲香酒等均以新鲜的高粱壳为辅料。

4. 玉米芯

玉米芯是指玉米穗轴的粉碎物，粉碎度越大，吸水量越大。但多缩戊糖含量较多，故对酒质不利。

5. 其他辅料

高粱糠及玉米皮，既可制曲，又可作为酿酒的辅料。花生壳、禾谷类秸秆的粉碎物、干酒糟等，在用作酿酒辅料时，须进行清蒸排杂处理。使用甘薯蔓作辅料的成品酒质量较差，麦秆能导致酒醅发酵升温猛、升酸高；以花生壳作辅料，成品酒甲醇含量较高。

三、注 意 事 项

1. 辅料的使用原则

辅料的用量与出酒率及成品酒的质量密切相关，因季节、原辅料的粉碎度和淀粉含量、酒醅酸度和黏度等不同而异。通常，优质粮谷及薯干原料的辅料用量为 20%~28%。在一定的范围内，辅料用量大，加水量也相应增加，产酒较多；但若辅料用量过多，则相对地降低了设备利用率，还会增加成品酒的辅料味，故辅料用量须严格控制。通常以辅料对投粮的比表示辅料用量，习惯上称为粮糠比，实际应为糠粮比。辅料的用量范围：优质大曲酒一般为 25% 以下，酱香型的茅台酒生产时辅料用量极少，清香型及浓香型大曲酒辅料用量分别为 22.5% 以下和 25% 以下；一般手工操作的麸曲白酒的辅料用量为 25%~30%，发酵期较短的麸曲白酒，辅料用量为 25% 以下，优质麸曲白酒的辅料用量不超过 20%。合理调整辅料用量的原则如下：

（1）按季节调整辅料用量 随气温变化酌情增减，冬季应适当多用些，以利于酒醅升温而提高出酒率。有的厂在夏季为降低酒醅的入池酸度，不加控制地加大辅料用量，其结果使酒醅升温迅猛，品温顶点很高，这种方式不可取。

（2）按底醅升温情况调整辅料用量 因辅料有助于酒醅的升温，故发酵升温快、顶火温度高的底醅可适当少用辅料。每次增减辅料用量时，应相应地补足或减少量水，以保持原来的入池水分标准。增减辅料时忌讳大起大落。

（3）按上排的底醅酸度及淀粉浓度调整辅料用量　只有在上排底醅升温慢而酸度低且淀粉含量高的情况下，才可适当加大辅料用量。当上排底醅酸度高及淀粉浓度大时，应适量减少底醅，并坚持低温入池的原则，待再下一排时补足原有的底醅量，仍以低温入池。当出池底醅酸度较低、淀粉浓度也较低时，也应适量退出底醅，或适当提高入池温度。

（4）尽可能地少用辅料　在出酒率正常时，不允许擅自增加辅料用量。作为酿酒技师，应真正懂得调整底醅用量的理由和具体方法。例如在班组加大投粮量时，可相应地扩大底醅用量，以保持原来的粮糟比；在班组减少投料量时，应缩减底醅量，或稍扩大粮糟比；在压排或相应延长发酵时，也不要增加辅料用量，而应相应地增加底醅用量，扩大粮糟比，或采取降低入窖品温的措施。

2. 相应的工艺

为了防止辅料的邪杂味带入酒内，一般多在使用之前，清蒸 30min，以减少辅料中的多缩戊糖并排除异杂味。辅料应随蒸随用。这在白酒生产中十分重要，尤其在清香型白酒的生产中。对混蒸续糟的出池酒醅，应先拌入辅料，不能将粮粉和辅料同时拌入，或把粮粉和辅料先行拌和。清蒸清糟或清蒸续糟的出池酒醅，可直接与辅料拌和。

为使辅料纯净、无杂物，常用竹筛、竹耙等除去辅料中的泥土、石块、长草残秆、铁钉、虫类、鼠粪等。辅料应干燥、新鲜、无霉、无虫蛀、无异味。辅料的选择，在非水稻产区生产白酒，使用大量稻壳有困难，且成本较高，一些厂家使用少量玉米芯、麦秸、豆秸等代用品，但使用这些辅料因本身含有大量的戊糖（五碳糖），可能会在发酵等过程中形成较多的甲醇，应引起足够重视。

第四节　原辅材料的准备

一、原辅材料的选购与贮存

（一）原辅材料的选购

白酒的酒质与原辅材料的成分和质量密切相关，原辅材料选择应遵循的一般原则如下。

（1）原料资源丰富，能够大批量地收集，贮藏不易霉烂，有足够的贮存量保证白酒生产之用。且应就地取材，原料价格低廉，便于运输。

（2）原料淀粉和糖分含量较高，蛋白质含量适中，脂肪含量极少，单宁含量适当，并含有多种维生素及无机元素，果胶质含量越少越好，以适于白酒生产过程中微生物新陈代谢的需要。

（3）原料中不含土及其他杂质，含水量低，无霉变和结块现象，否则大量杂菌污染酒醅后使酒呈严重的邪杂味。若不慎购进不合格原料必须进行筛选和处理，并注意酒醅的低温入池，以控制杂菌生酸过多。

（4）原料中无对人体有毒，对微生物生长繁殖不利的成分，如氰化合物、番薯酮、龙葵苷及黄曲霉毒素等。另外农药残留不得超标。

（二）原辅材料的贮存

白酒制曲、制酒的多品种原料，应分别入贮库。入库前，要求含水分在14%以下，已晒干或风干的粮谷入库前应降温、清杂。粮粒要无虫蛀及霉变。高粱等粒状原料，一般采用散粒入仓；稻谷、小米、黍米等带壳贮存，临用前再脱壳；麦粉、麸皮等粉状物料，以麻包贮放为好。原料的贮存应符合一般原则如下。

（1）分别贮存：即分品种、产地、等级分别贮存。

（2）注意防雨、防潮、防抛撒、防鼠耗。

（3）注意通风防霉变、防虫蛀；加强检查，防止高温烂粮，随时注意品温的变化，对有问题的原料要及时处理。

（4）出库原料"四先用"，即水分含量高的先用，先入库的先用，已有霉变现象的先用，发现虫蛀现象的先用。

（三）原辅材料贮存设备

若贮粮期较长，多采用房仓及囤。若贮粮期较短，则采用立式筒仓。

1. 粮食贮量的计算

设粮食的贮备容量可供3个月生产使用，贮粮、除杂物、粉碎的总损失为3%，月工作日为22.5d。可根据日耗定额，算出贮粮所需的筒仓的容积。

2. 每个筒仓的容积计算

筒仓多呈圆形或正方形，一般圆仓的外径为6m、8m、10m，方仓的轴线边长为3m。筒身高度需考虑地面的承重压力，钢筋混凝土结构的筒仓高度不低于21m，通常为23m、27m、30m；壁厚不小于15cm，若直径为6m，则壁厚为16cm。砖砌的筒仓高度为12m或15m，壁厚不小于24cm。

仓底呈漏斗形，仓下为通道式，卸料口和孔径为筒仓直径的1/10，一般为30~60cm。两行主筒仓间的空隙可设星仓。

（1）主仓的容积

$$V_{主}(m^3) = Ah_1 - V_1 + V_2$$

式中　A——筒仓的横截面积，m^2

　　　h_1——筒身高度，m

　　　V_1——筒底无粮部分的体积，m^3

　　　V_2——漏斗状仓底的体积，m^3

（2）星仓的容积

$$V_{星}(m^3) = \left(\frac{\pi d^2}{4}\right) \times \left(h_1 + \frac{h_2}{3}\right)$$

式中　d——筒仓的横截面直径，m

　　　h_1——筒身高度，m

　　　h_2——星仓仓底漏斗部分高度，m

二、原料的输送

白酒厂原辅材料的出入仓及粉碎、供料过程，均需进行物料输送，通常采用机械输送或气流输送。

（一）气流输送

1. 气流输送原理和方式

气流输送简称风送，其输送的原理是采用气体流动的动能来输送物料，物料在密闭的管道中呈悬浮状态，可进行水平或垂直方向的物料输送。气流输送早在 19 世纪初就已应用于工业上，只是由于当时相应的控制设备和风机尚未发展，因而限制了它的规模和应用。随着科学技术的发展，气流输送在轻工、化工等行业得到了越来越广泛的应用。在白酒生产中，薯干与玉米粉碎的气流输送（也称风选风送）取得了很好的效果。实践证明它既能代替结构复杂的机械提升和输送，又能有效地将混在原料中的铁、石分离出来，而且还特别适合于白酒生产中散粒状或块状物的输送。最重要的是能对原料进行风选，除去杂物，同时在整个原料输送过程中处于负压状态，有利于实现粉碎工序的无尘操作。

气流输送其占地面积小，输送能力高，投资费用少，使用时比较灵活，便于实施连续化、自动化操作。对输送量大且间歇运行的作业，则不宜使用。为使物料在风管中靠高速气流面悬浮，在输送系统中应避免使用 90° 或稍小于 90° 的角弯头。

气流输送可分为真空（负压）输送、压力输送及压力输送与真空输送相结合的压力真空输送 3 种形式，如图 3-1、图 3-2、图 3-3 所示。

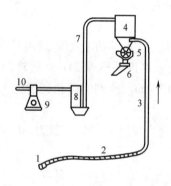

图 3-1　真空输送

1—吸嘴　2—软管　3—固定管　4—分离器
5—旋转加料器　6—排料斗　7—吸出排风管
8—空气过滤器　9—真空泵　10—排风管

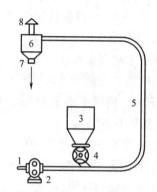

图 3-2　压力输送

1—空气入口　2—鼓风机　3—加料斗
4—旋转加料器　5—输料管　6—分离器
7—排料斗　8—空气出口

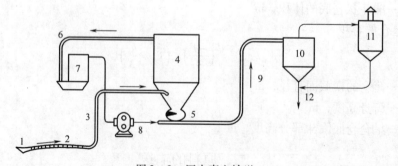

图 3-3　压力真空输送

1—吸嘴　2—软管　3—吸入侧固定管　4—分离器　5—旋转卸（加）料器　6—吸出排风管
7—过滤器　8—鼓风机　9—压出侧固定管　10—压出侧分离器　11—二次分离器　12—排料口

通常，真空输送适用于由若干加料点向同一点输送物料，吸料位置可灵变，无需严密的吸料装置。但排料口要求封闭严密，以防物料反吹，一般多采用斗轮关闭器等封闭良好的排料器。

压力输送适用于由1个加料点向不同地点输送物料。为使加料口保持封闭以免物料反吹，须用封闭性能良好的加料器，通常也采用斗轮关闭器，但排料口则无须排料器。

将真空输送和压力输送结合起来，就组成压力真空系统，它集中了两者的优点。

气流输送方式的确定，应结合具体条件，将计算和实际经验结合起来，进行综合考虑。例如对距离较长的输送，可采用压力输送，并避免使用弯管。

2. 气流输送装置

气流输送的组成主要有以下几个部分。

（1）进料装置

①吸嘴：有单管开吸嘴、带二次空气进的吸嘴、喇叭形双筒吸嘴及固定式吸嘴等。

②旋转加料器：在压力输送系统中为加料器，而在真空输送系统中则用作卸料器。如图3-4所示，在机壳内装有可旋转的、上有6~8片叶片的转子，当旋转加料器上部料斗中的物料落入转子叶片间的格子中，随同转子旋转至下部时，则可落入输料管或料箱中。它是一种容积加料器，其加料量与叶片转速有关，如图3-5所示。

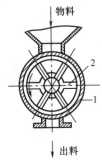

图3-4　旋转加料器

1—外壳　2—叶片

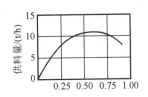

图3-5　圆周速度与供料量的关系

（2）卸料装置

①离心式卸料器：实际为旋风分离器。它可利用气流使物料做旋转运动而产生的离心力，将气流中呈悬浮状态的颗粒分离出。对于小麦及大麦等颗粒物料，其分离效率为100%。对于粒度小于$5\mu m$的粉末状物料，则分离效果很差；对于潮湿黏结的物料，也不适用。

②沉降式卸料器：实际为重力式分离器。它适用于粒状及粉状物料输送系统的卸料。如图3-6所示，气流进入1个较大的圆筒形空间，由于气流速度骤然大降，故物料借自身重力沉降，而气体则从上部排出。为提高物料沉降效率，应控制进口的气流速度，

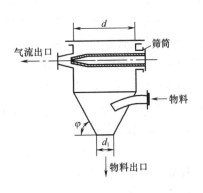

图3-6　沉降式卸料器

并从切线方向进料。对于物料直径大于 3mm 的颗粒, 圆筒高度可取为 $1.0 \sim 1.5d$; 中等颗粒时, 圆筒高度为 $1.3 \sim 1.8d$; 粉末物料时, 圆筒高度取 $1.5 \sim 2.0d$。圆锥部分的外锥角应大于物料的摩擦角。

③离心卸料器和旋转加料器配合使用: 即于离心器底部或风管上接旋转加料器, 起闭风作用。

(3) 除尘装置 自卸料器排出的空气中, 含有大量灰尘, 可经除尘装置除去, 以免污染环境。除尘装置还可用于原粮清杂时的除尘及物料粉碎时粉尘回收。除尘器有多种, 常用的为袋滤器及湿式过滤器, 如图 3-7 及图 3-8 所示。

①离心式除尘器: 其构造和原理同离心式卸料器。

②湿式过滤器: 含粉尘的空气经滤水板洗涤鼓泡后排出。

③振摇式袋滤器: 通常在回收粉尘时, 空气先经离心除尘器除尘, 再通过振摇式袋滤器除尘。该袋滤器在外壳内装有多条直径为 100mm 或 300mm 的筒状涤纶滤袋, 袋内被截住的粉尘靠振动器的间歇式振动而落入灰口。通常配用空气压缩机及电磁气动薄膜阀, 隔一定时间就自动振摇出灰。

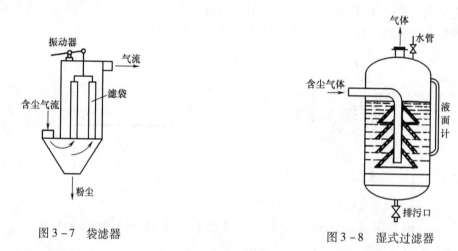

图 3-7 袋滤器   图 3-8 湿式过滤器

我国标准的振摇式袋滤器有 LD8 型、LD14 型及 LD18 型等多种型号。可处理的空气含尘量为 $200mg/m^3$ 以上, 若初始含尘量为 $5000 \sim 10000mg/m^3$, 则应先经离心除尘器除尘, 最终除尘率可达 98% 以上。使用 J (QD) 和 DMC2-1 型等袋滤器, 除尘率可达 99% 以上。例如 J (QD) 型控制脉冲袋式除尘器, 其袋数为 24 条, 过滤面积为 $19.9m^2$, 喷吹压力为 $500 \sim 700kPa$, 脉冲周期为 60s, 处理风量为 $2358m^3/h$, 允许吸入空气的含尘量为 $1.5g/m^3$。

(4) 真空泵 使用往复式真空泵, 可造成气流负压真空输送系统的真空度。例 W_3、W_4、W_5 型真空泵的抽气速率为 $200 \sim 700m^3/h$, 极限真空度为 1.333kPa, 所用的电动机功率为 $5.5 \sim 22kW$。

(5) 风机 气流输送分低真空和高真空输送、低压及高压输送。一般低真空输送的负压为 50kPa 以上, 高真空输送的负压为 $30 \sim 50kPa$; 低压输送压力为 $50 \sim 60kPa$, 高压输送压力为 $100 \sim 600kPa$。可根据不同输送方式选用相应的风机。离心式鼓风机风量大, 但风压低, 一般用于原粮及其粉碎作业的真空输送; 罗茨鼓风机风压高、风量稳定, 可用于真空输送或压力输送；若需要高风压。则可采用往复式压缩机。

①离心式鼓风机：可由叶轮的转动产生负压，将空气吸入，空气从叶轮外壳排出时，部分动压变为静压，具有一定的动压头和静压头。国产离心式鼓风机的特征参数有转速（r/min）、流量（m³/h）、全风压（Pa）、轴功率（kW）、全压效率（%）等，可按离心式鼓风机的特性分辨其种类。例如以安装位置和接电线的情况，可分为右转和左转两种形式，从电动机一端正视，若叶轮顺时针旋转为右转，逆时针旋转为左转；按空气的出口位置又可分为可调和不可调两种，可调范围为 0 ～ 225°，其间隔为 45°；按风动机转动的传动方式可分为 A、C、D 3 种，A 为与电动机直接连接转动，C 为皮带转动，D 为由悬臂支承、联轴器转动。此外，"B" 表示防爆风机；风机的每个型号又有多个机号，可查有关的产品目录得知各个机号的风压和风量。

②罗茨鼓风机：其风压为 19.6 ～ 49kPa，风量为 0.25 ～ 630m³/min，它兼具往复式空气压缩机和离心式风机的优点，在风压变化时，能保持风量不变，但若装配不精确，则容易磨损。若排出空气受阻，则风压增高，易有损于风机及风管，或使电机超载而受损，故应在风管中安装安全阀。

（6）气流输送系统的主要计算

①气流速度：通常由实验或经验来确定。若物料不超过 0.88kg/m³ 和颗粒不大于 2cm，则气流速度通常取 25m/s。但因气流速度还与输送距离有关，例如输送距离在 60m 之内，则气流速度可取 20m/s；若输送距离为 150m 和 360m 时，则气流速度可分别取为 25m/s 和 30m/s。

②混合比 μ：即单位时间输送的物料量 ω_s（kg/h）与所需空气量 ω_a（kg/h）的比值。凡松散的颗粒物料，可选用较大的混合比；潮湿易结块或呈粉状的物料，可选用较小的混合比，以免管路堵塞。采用真空气流输送时，混合比可选小些；而用压力气流输送时，混合比可选大些。原料输送的混合比通常为 7 ～ 14。

③空气输送量：设所需空气量为 ω_a（kg/h），空气密度为 γ（kg/m³），则所需空气的体积 V_a 可用下式计算。

$$V_a = \frac{\omega_a}{\gamma} = \frac{\omega_s}{\mu\gamma}$$

④输送管路计算：设气流速度为 u_a（m/s），输送管内径为 d（m）。则 d 可用下式计算。

$$d = \sqrt{\frac{4V_a}{3600\pi u_a}} = 0.0188\sqrt{\frac{\omega_s}{\mu\gamma u_a}}$$

按上式计算的管径，再根据国家管材规格选择标准的管径，但要为空气留有 10% ～ 20% 的余量。

⑤压力损失计算：气流输送系统的压力总损失 $\triangle p_总$，在理论上等于风机的风压，但在实际选定风机时，一般均留有 10% ～ 20% 的裕量。

$$\triangle p_总 = \triangle p_1 + \triangle p_2 + \triangle p_3 + \triangle p_4 + \triangle p_5$$

式中　　$\triangle p_1$——加速段的压力损失，Pa

　　　　$\triangle p_2$——水平料管中压力损失，Pa

　　　　$\triangle p_3$——垂直料管中的压力损失，Pa

　　　　$\triangle p_4$——各种设备中的压力损失，Pa

　　　　$\triangle p_5$——空气管的压力损失，Pa

各管路中压力损失的具体计算方法，可参阅有关气流输送的专著；各种设备压力的计算方法，在设备产品样本中有标注。

（二）机械输送

机械输送有平运、斜运及升运3种形式，可按实际需要选用相应的输送机械。例如平运可采用平运皮带输送机、埋刮板输送机和螺旋输送机；斜运可采用斜运带式输送机、倾斜式斗式提升机及螺旋输送机；升运采用斗式提升机。

1. 带式输送机

（1）平运皮带输送机　主要用于普通仓房及筒仓原粮的出仓。通用型皮带输送机如图3-9所示，分头、中、尾三段，由改向滚筒、传动滚筒、弹簧清扫器、头架及头罩等组成；中段由清扫器、下托辊、上托辊、中间架等组成；尾段有改向滚筒、螺旋拉紧装置、进料斗、缓冲托辊等组成。全机由各段机架、托辊及皮带相连。托辊起支撑皮带和物料的作用，上托辊为运载托辊，下托辊为空载托辊。因皮带有一定的延伸率，故应设拉紧装置，以免皮带打滑。输送带的驱动装置由电机、减速器、驱动滚筒组成。

该类输送机的皮带宽度为300、400、500、650、800、1000、1200、1600mm，输送带的线速度一般为0.7m/s，总长度可在300m之内，可按实际需要选用。常用的型号有2P60型、TD75型等。其生产能力Q（t/h）可用下式计算。

$$Q = 3600 \times L \times \rho \times 0.75 \times H \times u$$

式中　L——带宽，m

　　　ρ——物料密度，t/m³

　0.75——为一般取用的填充系数

　　　H——物料堆放于带上的平均高度，m

　　　u——皮带运行速度，m/s

若皮带呈0~22°微倾斜角度，则将上述计算得的生产能力除以1.00~1.15即可。

（2）斜运带式输送机　在位差不大时，与风机风车联用，可去除原粮中较轻的杂物，将原粮初步清选并入平房仓库，堆至一定高度。

TD45型斜运带式输送机如图3-10所示。其胶带宽度为500mm，运行速度为1.6m/s，输送长度为10m或15m，输送高度为3.52m或5.38m，运输能力为107.5m³/h。

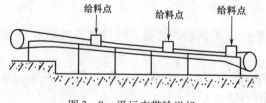

图3-9　平运皮带输送机

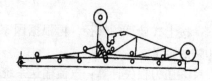

图3-10　斜运带式输送机

2. 螺旋输送机

用于30m之内的平送和小于20°角的斜送，如输送原粮、粉碎原粮、酒糟等，可在密闭的机壳内利用螺旋将其推移向前。

螺旋输送机由螺旋、机槽、吊架等部件组成。对于干燥的粒状或粉状物料的输送，可采用全叶式螺旋；对黏性的酒糟等物料的输送，可采用带式螺旋。螺旋焊接于轴上，与机槽之间的空隙为 5～15mm，若间隙过大会影响输送效率。机槽由数节连接，每节长约 4.8m，两节连接处用角钢边加固，机槽两端的槽端板用铸铁制成，作用轴承支座。机长每隔 3m 以上补装一个吊装轴承，又名吊架。

GX 型螺旋输送机为定型产品。其螺旋直径为 150～160mm，有 7 种规格，输送长度为 3～70m，输送能力为 Q（t/h），可由下式计算。

$$Q = 60 \times \frac{\pi}{4}d^2 \times 螺距(m) \times 转速(r/min) \times 物料密度(t/m^3) \times 填充系数 \times 倾斜系数$$

式中：d 为螺旋直径（m）；螺距通常为（0.5～1.0）$\times d$；填充系数通常为 0.125～0.400；倾斜系数在水平时为 1.0，5°时取 0.9，10°时取 0.8，15°时取 0.77，20°时取 0.650。

3. 埋刮板输送机

主要用于筒仓物料的入库，由一处进料，将物料输送至各个筒仓，故有一定的运输长度。例如 MS 型刮板输送机，如图 3-11 所示。它主要由驱动装置、驱动装置架、柱销联轴器、联轴器护罩、大链轮、小链轮、刮板链条、进料及出料装置所组成，驱动装置由电机、减速器与联轴器相连。

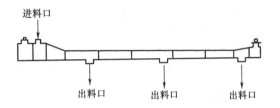

图 3-11　埋刮板输送机

4. 斗式提升机

斗式提升机又称皮带斗式升运机，用于原料及粉碎物料的垂直向上升运。

（1）构造　斗式提升机由料斗、料斗带、转鼓及机壳等部件构成。料斗分浅斗和深斗两种。料斗带一般为胶带，其宽度比料斗宽度大 10～20mm，料斗用螺钉固定于胶带上，料斗的间距为料斗高度的 1 倍以上。螺钉必须埋在胶带内部，以免运转中与转鼓碰击。提升机顶部的转鼓为主动轮，与减速器及电机相连，下部转鼓为从动轮，其轴承可移动，装有螺旋或重锤张紧装置。上下转鼓的直径相同，通常为 300～500mm，其宽度比料斗大 25mm 左右。除电机及减速器等以外，其余部件均装在木制或铁制的机壳内。皮带斗式提升机如图 3-12 所示。

（2）工作原理　物料从提升机下部加入斗内，升运到机顶部时，由于斗的运行方向改变，物料从斗中甩出，称为离心卸料法。承接物料的槽应设于距转

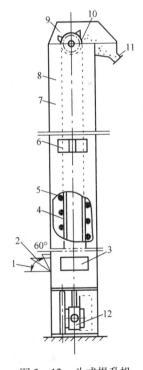

图 3-12　斗式提升机

1—低位装载套管　2—高位装载套管　3—孔口
4—皮带　5—料斗　6—子民口　7—外壳　8—皮带
9—上鼓轮外廓　10—鼓轮　11—下料口　12—张紧装置

鼓稍远的位置，以免阻碍鼓运转。若输送密度较大或黏性的物料，则可在转鼓下装2个导向轮，使胶带弯曲，料斗运行至此时能完全翻转，物料借自重从斗中甩出，称为重力卸料法。料斗的运行速度与输送量及物料有关，低速为0.5~0.8m/s，高速可达1.6m/s，轻粉状物料取1.25m/s，各种原粮取1.5~2.5m/s。

输送量及功率消耗计算：输送量即运输能力 Q（kg/h），可用下式计算。

$$Q = 3600 \frac{V}{l} \rho u \varphi$$

式中　V——料斗的容积，m^3

　　　l——料斗间距，m

　　　ρ——物料密度，kg/m^3

　　　u——运行速度，m/s

　　　φ——填充系数，粉状物料取0.75~0.95，原粮取0.7~0.9

三、原料的除杂与粉碎

（一）除杂设备

原料中含有铁屑、沙石、土粒等杂质，对酿酒的质量有影响，因此必须将杂质清理出来。一般采用的清理工具是除杂机，除杂机可分为：风筛清洗机、重力分选机、光电分选机以及振动除杂机。

1. 风筛清选机

风筛清选机由鼓风系统和一系列筛网组成，利用种子的浮力和宽度或厚度来进行清理。

优点：分离出来的种子大小均匀。

缺点：筛选次数多，能量消耗大，成本偏高。

2. 重力分选机

重力分选机是由一个有一定倾斜度，可以左右摆动的平台组成。平台的材料是有孔隙的帆布或者筛网，平台下方有鼓风系统。种子通过进料口落到平台上，在振动和风力的作用下，相对密度较大的就沿平台向上移动，相对密度小的就向下移动。

优点：分离出来的种子，大小、饱满程度接近。

缺点：种子与杂质分离不完全。

3. 光电分选机

光电分选机是按种子光反射特性的差异通过光电转换装置进行精选作业的。

优点：可靠性高，分选精度高，可分离出不够饱满、老化、病毒侵染的种子。

缺点：成本高，不适合大规模生产。

4. 振动除杂机

振动除杂机是最常用的清理机械，其主要工作部件是一个不断振动或滚动的筛网，可以过滤体积较小的沙石、土粒，体积较大的种子则无法通过。

优点：安装比较容易、结构简单、除杂效果好、调换筛面十分方便、适用于多种物料的分级。

缺点：动力平衡较差、运行时连杆机构易损坏、噪声较大。

（二）除杂工艺

除杂的主要任务是：以最经济最合理的工艺流程，清除原料中各种杂质，以达到粉碎前原粮质量的要求。同时，被清除的各种杂质中，含原粮不允许超过有关的规定指标。除杂工艺一般包括初清、除稗、去石、磁选等工序，其工艺流程如下所示：

原粮→ 初清 → 除稗 → 去石 → 磁选 →净谷

1. 初清

初清的目的是清除原粮中易于清理的大、小、轻杂，并加强风选以清除大部分灰尘。初清不仅有利于充分发挥以后各道工序的工艺效果，而且有利于改善卫生条件。初清使用的设备常为振动筛、圆筒初清筛等。

2. 除稗

除稗的目的是清除原粮中所含的稗籽。高速振动筛是除稗的高效设备。

3. 去石

去石的目的是清除原粮中所含的砂石。去石工序一般设在清理流程的后路，这样可通过前面几个工序将原粮中所含的小杂、稗籽清除，避免去石工作面的鱼鳞孔堵塞，保证良好的工艺效果。去石设备常采用吸式比重去石机及吹式比重去石机。使用吸式比重去石机时，去石工序也可设在初清工序之后、除稗工序之前。好处是可以借助吸风等作用清除部分张壳的稗籽及轻杂，既不会影响去石效果，又对后道除稗工序有利。

4. 磁选

磁选的目的是清除原粮中的磁性杂质。磁选安排在初清之后，摩擦或打击作用较强的设备之前。一方面，可使比原粮大的或小的磁性杂质先通过筛选除去，以减轻磁选设备的负担；另一方面，可避免损坏摩擦作用较强的设备，也可避免因打击起火而引起火灾。磁选设备主要是永磁滚筒，此外也可使用磁筒、永久磁铁等。

（三）粉碎

（1）薯干及野生植物的粉碎　用于酿制普通麸曲固态发酵法白酒及液态发酵法白酒的这类原料，要求粉碎度较高，因此采用锤式粉碎机较适宜。若使用辊式粉碎机粉碎，则需经多次粉碎和筛理，才能到预定的细度，因而消耗的总功率相应较大。采用锤式粉碎机进行湿法粉碎的工艺流程如图3-13所示。

（2）高粱、大曲料、大曲的粉碎　通常采用辊式粉碎机粉碎，根据不同的粗细要求，调整磨辊间速差和磨牙尺寸。例如使用四辊粉碎机，原料经第一对辊粉碎后再进入第二对辊粉碎即可。对于大麦等曲料的粉碎，必要时还可采用诸如润湿粉碎、脱壳粉碎，再将皮壳混入粉碎料中等措施。如果采用锤式粉碎机则很难达到曲料的粉碎要求，因为它将麦皮及麦粉一起打得粉碎。辊式粉碎机利用对辊反向相对旋转产生的挤压和剪力将物料粉碎，即用磨辊的斜向齿产生的撕力进行刮粉，经一次磨粉可得不同细度的粉粒，而谷皮的韧性较大，从辊间挤压出来，成为较粗的物料部分，以符合大曲酒制曲及制酒用物料的特殊要求。例如高粱需粉碎成四、六、八瓣，粗碎可用4牙/cm的磨辊，细碎则用6.3～7.1牙/cm的磨辊即可达到预定要求。豌豆与大麦混合粉碎时，由于物料颗粒较大易损伤磨辊，可先经锥形钢磨粗碎成瓣，再以6.3牙/cm和拉丝斜度为8%的7.1牙/cm磨辊粉碎即可。小麦曲的原料小麦，可经润潮粉碎，依靠挤压、剪力、撕力和刮取的粉碎作用，使其达到

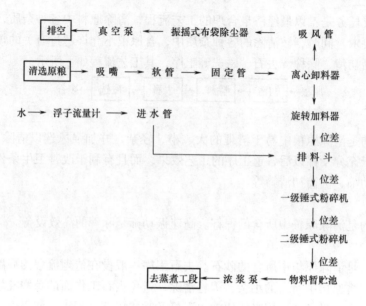

图 3 - 13 锤式粉碎机湿法粉碎流程图

烂心而不烂皮的特殊要求。有许多白酒厂制不好清香型白酒的大麦、豌豆大曲,而使成品酒带有邪杂味,其主要原因就在于没有掌握好曲料的粉碎度。如果曲料粉碎度不合格,即使严格采用典型的制曲工艺操作,也是不可能制出质量优良的大曲的。

高粱采用辊式粉碎机粉碎的工艺流程,如图 3 - 14 所示。

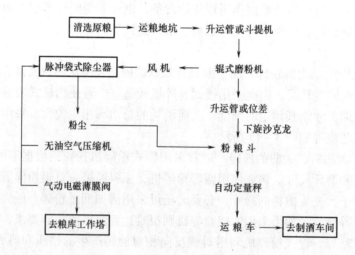

图 3 - 14 辊式粉碎机粉碎高粱流程

粉碎机的选择是根据物料性质来决定的;正确选择合适的型号并合理维护保养是延长粉碎机使用寿命的关键。

第五节 白酒生产用水

一、酿造用水

酿造用水包括生产过程用水、加浆降度用水、包装洗涤用水等。水质的要求，起码要达到国家规定的饮用水标准，而降度用水则要求更高。水质达不到要求，将影响成品酒的风味或产生浑浊、沉淀。

降度用水除了要求其无色透明外，嗅感及味感均应良好，清爽可口，对无机成分的含量要求也很高，应使用软水。白酒酿造用水的硬度一般在硬水以下都可以。但降度用水最好用天然软水。因为水中钙、镁盐较多时，不但会引起沉淀，而且产生苦味。铁离子浓度0.5~20mg/L、铜离子和锌离子的含量分别为5~10mg/L及20mg/L时，具有苦味。产生苦味的还有硫酸铝等。过多的铁盐会呈涩味甚至铁腥味。氯离子浓度在400~1400mg/L，呈咸味。含氯量较多的自来水有漂白粉味，不宜直接用于降度。

酿造用水应符合我国生活饮用水的卫生标准 GB 5749—2006。水质指标如表3-7所示。

表3-7　　　　　　　　　　　　　生活用水水质标准

指　标	限　值
1. 微生物指标[a]	
总大肠菌群/（MPN/100mL）	不得检出
耐热大肠菌群/（MPN/100mL）	不得检出
大肠埃希菌/（MPN/100mL）	不得检出
菌落总数/（CPU/100mL）	100
2. 毒理指标	
砷/（mg/L）	0.01
镉/（mg/L）	0.005
铬（6价）/（mg/L）	0.05
铅/（mg/L）	0.01
汞/（mg/L）	0.001
硒/（mg/L）	0.01
氰化物/（mg/L）	0.05
氟化物/（mg/L）	1.0
硝酸盐（以N计）/（mg/L）	10（地下水源限制时为20）
三氯甲烷/（mg/L）	0.06
四氯甲烷/（mg/L）	0.002
溴酸盐（使用臭氧时）/（mg/L）	0.01
甲醛（使用臭氧时）/（mg/L）	0.9

续表

指　标	限　值
亚氯酸盐（使用二氧化氯消毒时）/（mg/L）	0.7
氯酸盐（使用复合二氧化氯消毒时）/（mg/L）	0.7
3. 感官性状和一般化学指标	
色度（铂钴色度单位）	15
浑浊度（散射浑浊度单位）/NTU	1（水源与净水技术条件限制时为3）
臭和味	无异臭、异味
肉眼可见物	无
pH	不小于6.5且不大于8.5
铝/（mg/L）	0.2
铁/（mg/L）	0.3
锰/（mg/L）	0.1
铜/（mg/L）	1.0
锌/（mg/L）	1.0
氯化物/（mg/L）	250
硫酸盐/（mg/L）	250
溶解性总固体/（mg/L）	1000
总硬度（以 $CaCO_3$ 计）/（mg/L）	450
耗氧量（COD_{Mn}法，以 O_2 计）/（mg/L）	水源限制，原水耗氧量 >6 mg/L 时为5
挥发酚类（以苯酚计）/（mg/L）	0.002
阴离子合成洗涤剂（mg/L）	0.3
4. 放射性指标[b]	**指导值**
总 α 放射性/（Bq/L）	0.5
总 β 放射性/（Bq/L）	1

注：a MPN 表示最可能数；CFU 表示菌落形成单位。当水样检出总大肠菌群时，应进一步检验大肠埃希菌或耐热大肠菌群；水样未检出总大肠菌群，不必检验大肠埃希菌或耐热大肠菌群。

b 放射性指标超过指导值，应进行核素分析和评价，判定能否饮用。

1. 酿造用水要求

白酒酿造用水（加浆水除外）应符合一般生活用水的标准，并在以下几个方面高于生活用水水质标准。

（1）pH6.8～7.2。

（2）总硬度2.50～4.28mmol/L（7～12°d）。

（3）硝酸态氮0.2～0.5mg/L。

（4）无细菌及大肠杆菌。

（5）游离余氯量在0.1mg/L以下。

2. 水中离子对白酒酿造的影响

（1）硬度　水的硬度是指溶解在水中的碱金属盐的总和，而其中钙盐和镁盐是硬度指标的基础。我国水的硬度曾采用德国硬度（°d）表示，即 1L 水中含有相当于 10mg 氧化钙的钙、镁离子称为 1°d。现使用的硬度单位为 mmol/L，1mmol/L = 2.840°d。一般分为 6 个等级：硬度 0 ~ 1.427mmol/L（0 ~ 4°d）的水为最软水；硬度 1.462 ~ 2.853mmol/L（4.1 ~ 8.0°d）的水为软水；硬度 2.889 ~ 4.280mmol/L（8.1 ~ 12°d）的水为中等硬水；硬度 4.315 ~ 6.420mmol/L（12.1 ~ 18°d）的水为较硬水；硬度 6.455 ~ 10.699mmol/L（18.1 ~ 30°d）的水为硬水；硬度 10.699 mmol/L（30°d）以上的水为很硬水。白酒酿造用水以中等硬水较为适宜。

（2）无机成分　水中的无机成分有几十种，它们在白酒的整个生产过程中起着各种不同的作用。

有益作用：磷、钾等无机有效成分是微生物生长的养分及发酵的促进剂。在霉菌及酵母菌的灰分中，以磷和钾含量为最多，其次为镁，还有少量的钙和钠。当磷和钾不足时，则曲霉生长迟缓，曲温上升慢；酵母菌生长不良；醅（醪）发酵迟钝。这说明磷和钾是酿造水中最重要的两种成分。钙、镁等无机有效成分是酶生成的刺激剂和酶溶出的缓冲剂。

有害作用：亚硝酸盐、硫化物、氟化物、氰化物、砷、硒、汞、镉、铬、锰、铅等，即使含量极微，也会对有益菌的生长，或酶的形成和作用，以及发酵和成品酒的质量，产生不良的影响。

应当指出，上述各种成分的有益和有害作用是辩证的。如某些有毒金属元素，曲霉及酵母对此有极微量的要求；而有益成分也应以适量为度，如钙、镁等过量存在，会与酸生成不溶于水和乙醇的成分而使物料的 pH 高，影响曲霉和酵母菌的生长以及酶的活力和发酵；镁量进入成品太多，将会减弱酒味。如 $MgSO_4$ 是苦的，若拖带到成品酒中，会使酒产生苦味，影响口感。某种无机成分也往往有多种功能，如锰能促进着色，却又是乳酸菌生长所必需的元素。无机成分本身也会在白酒生产过程中与其他物质进行离子交换而发生各种变化。

3. 白酒酿造用水实例

许多名酒厂多选用井水、泉水或河水酿酒。如泸州南城有"龙泉井"，300 余年前泸州老窖大曲酒第一家作坊即建于此；剑南春酒采用城西"诸葛井"水酿制；汾酒、古井贡酒、西凤酒等也均选用井水；川南的郎酒采用"郎泉"水酿制；洋河大曲酒选用当地的"美人泉"水；茅台酒选用赤水河上游河水酿制。

二、白酒降度用水

1. 降度用水的要求

水是酒中的主要成分，水质的好坏直接影响到酒的质量，没有符合要求的降度用水，是难以勾兑出质量优良的白酒的，特别是低度白酒尤为重要。故历代酿酒业对水的质量是十分重视的，称"水是酒的血"，"水是酒的灵魂"，"好酒必有佳泉"，所以要重视降度用水的质量。优质自来水可直接使用，但要做水质分析，需特别注意余氯、硬度、锰、铁、细菌等指标。白酒降度用水具体要求如下。

（1）外观　无色透明，无悬浮物及沉淀物。降度水必须是无色透明，如呈微黄，则可能含有有机物或铁离子太多；如呈浑浊，则可能含有氢氧化铁、氢氧化铝和悬浮的杂物；

静置 24h 后有矿物质沉淀的便是硬水，这些水应处理后再用。

（2）口味　把水加热到 20～30℃，用口尝应有清爽的感觉。如有咸味、苦味不宜使用；如有泥臭味、铁腥味、硫化氢味等也不能使用；取加热至 40～50℃的挥发气体用鼻嗅之，如有腐败味、氨味、沥青和煤气等臭味的，均为不好的水，优良的水应无任何气味。

（3）pH　pH 为 7、呈中性的水最好，一般微酸性或微碱性的水也可使用。

（4）氯含量　靠近油田、盐碱地、火山、食盐场地等处的水，常含有大量的氯，自来水中往往也含有活性氯，极易给酒带来不舒适的异味。按规定，1L 水里的氯含量应在 30mg 以下，超过此限量，必须用活性炭处理。

（5）硝酸盐　如果水中含有硝酸盐及亚硝酸盐，说明水源不清洁，附近有污染源。硝酸盐在水中的含量不得超过 3mg/L，亚硝酸盐的含量应低于 0.5mg/L。

（6）腐殖质含量　水中不应有腐殖质的分解物质。由于这些腐殖质能使高锰酸钾脱色，所以鉴定标准是以 10mg 高锰酸钾溶解在 1L 水里，若 20min 内完全褪色，则此水不能用于降度。

（7）重金属　重金属在水中的含量不得超过 0.1mg/L；砷不得超过 0.1mg/L；铜不得超过 2mg/L；汞不得超过 0.05mg/L；锰在水中的含量应低于 0.2mg/L。

（8）总固形物　总固形物包括矿物质和有机物。每升水中总固形物含量应在 0.5g 以下。凡钙、镁的氯化物或硫酸盐都能使水味恶劣，碳酸盐或其他金属盐类，不管含量多少，都会使水的味道变坏。比较好的水，其固形物含量只有 100～200mg/L。

（9）水的硬度　水的硬度越大说明水质越差。白酒降度用水要求总硬度在 4.5°d 以下（软水）。硬度高或较高的水需经处理后才能使用。用硬度大的水降度，酒中的有机酸与水中的钙、镁盐缓慢反应，将逐渐生成沉淀，影响酒质。

2. 降度用水处理方法

（1）降度用水处理的理由　根据上述关于降度用水的要求及各种水源水质的情况，很多原水应经处理后才能用于白酒降度。包括自来水在内的有些水似乎清澈透明，但实际上含有这样或那样不符合降度用水要求的杂质。

①不良杂质的类型

A. 生物：微生物、藻类、原生动物等。

B. 非生物：有机物及无机成分，有的原水还带有泥沙等杂质。

②杂质存在的状态

A. 悬浮状态：如藻类、碎树叶、泥沙等悬浮在水中，使水带不同的颜色，通常呈黄色或棕黄色，或使水浑浊。用这种水稀释白酒，必然使酒色泽不正，并带有泥腥臭等气味。如果水有腐败臭，则成品酒不堪入口。

B. 呈胶体状态：以较小的微粒存在。

C. 呈溶解状态：如氨、硫化氢、酚等挥发性成分溶解在水中，呈其特有的臭味；有些无机成分及其盐类在水中含量较高时，也影响低度白酒的香气和口味。例如铁臭味等，很多无机物本身就有呈味作用。水中的钙、镁等离子可呈晶状沉淀或悬于酒中。有的厂不具备水处理的条件，在用硬度较高的水稀释白酒后，应保证有充分澄清的时间，一般在 30d 以上。待贮酒容器底部析出白色沉淀物后，再进行过滤、装瓶。或在高度原酒入库后立即加水，以避免瓶装低度白酒出现白色沉淀现象。硬度过高的水一定要经软化后才能作降度用水。

（2）原水处理方法

①砂滤、炭滤、曝气法：适用于处理浑浊及有机物含量较高的原水，作为进一步处理水的前处理。

这是一种传统的简单方法，采用容量为400~1000L瘦高形的沙缸、木桶等，在桶底出水口上方装有假底，上垫竹席并铺1层棕垫。再顺次放上小石、细沙、棕垫、木炭、粗沙、棕垫及小石。其中细沙及木炭层宜厚一些。小石、粗沙及细沙的主要作用是除去水中的混杂物，使水变清。木炭具有脱色、脱臭的吸附功能，但时间长了会达饱和状态，小石及沙粒间的脏物积聚多了会使过滤速度下降。因此，使用10~14d后，要将桶内物料取出冲洗一下再用。一般应准备几个桶轮换使用。正常使用时，原水通过桶上方的布水器将水喷成细雾，使水缓慢地通过过滤层。由于水接触大量空气，使水溶性的2价铁氧化成难溶性的3价铁。现在基本上已经采用过滤机械了。少数小酒厂还采用此法。

②凝集法：往原水中加入氯化铝或硫酸铝，使水中的胶质及细微物质被吸着成凝集体。该法一般与过滤器联用。

③煮沸法：在任何容器中，将暂时硬度较高的原水常压煮沸几十分钟后，形成碳酸钙自然沉淀。再采用倾析法得处理水。如果在煮沸过程中能不断搅拌或通入压缩空气进行搅拌，则效果更好。若原水中含重碳酸镁较多，则由于煮沸时生成的碳酸镁沉淀速度很慢，且溶解度随水温下降而增高。因此必须在煮沸后立即过滤，或加凝聚剂一并过滤。

④砂滤棒过滤：原水用泵压入过滤器，使水中的有机物及微生物或酒中的析出物等被砂滤棒的微孔截留在砂滤棒表面，水进入棒芯内由出口排出。硅藻土砂滤棒使用一定时间后，应进行清洗。先取出棒芯用水砂纸擦去表面污垢层，擦至砂芯恢复原色后，再安装好并用纯水压滤干净，即可再用。若污垢较重，可用硫酸5%、硝酸钠2%、蒸馏水93%配成的洗液处理。即将棒芯在洗液中浸泡12~14h后，再用清水洗净，安装好并用清水或蒸馏水压滤至水洁净、无酸根，即可再用。

玻璃砂芯可在清水中洗净内外壁，安装后再用纯水压滤干净，即可再用。

⑤活性炭吸附处理：吸附原理及操作：活性炭表面及内部布满平均孔径为2~5nm的微孔，能将水或酒中的细微胶体粒子等杂质吸附。再采用过滤的方法将活性炭与水或酒分离。活性炭的用量通常为0.1~1g/L。现市场上也有酒类专用活性炭出售。

⑥离子交换法处理：采用离子交换树脂与水中的阴阳离子进行交换反应。再用酸、碱液冲洗等再生法将离子交换树脂上的钙镁等离子除去后，即可继续运转。

阳离子交换树脂分为强酸型和弱酸型两类；阴离子交换树脂分为强碱型、弱碱型及中碱型等种类。若只需除去水中的钙、镁等离子时，可选用弱酸型阳离子交换树脂；若还需除去水中的氢氰酸、硫化氢、硅酸、次氯酸等，则可选用弱酸型阳离子交换树脂及强碱型阴离子交换树脂联用，或强酸型和弱碱型联用。

通常含氯量高的自来水应先经活性炭吸附，再从柱的顶部通入，每1h的出水量为树脂体积的10~20倍。

树脂的再生方法为，先用相当于树脂体积1.5~1.7倍的纯水进行反洗，时间为10~15min。然后用再生剂冲洗，阳离子交换树脂一般用盐酸或硫酸作再生剂，阴离子交换树脂通常用氢氧化钠为再生剂。再生剂的具体浓度、温度以及冲洗时的流速、流量、时间等条件，以再生后达到的处理水的水质要求而定。最后，再用纯水正洗，纯水用量为树脂体积的 3~12 倍。

上述 6 种方法，无一是完美的。如煮沸法能耗较高，效果也不甚理想；单用铝盐净水法，处理后的水涩味较重，不宜降度；有些方法只能作为其他方法的预处理等。

⑦反渗透装置：反渗透装置是脱除水中盐分和各种杂质及膜分离进行水处理的设备。它可以有效地除去原水中溶解的离子，除去有机物大分子以及病毒、细菌等有害污染物。其特点是：操作自动化程度高；低压水自动停机；高压满水自动停机；自动控制器定时冲洗前置滤料；自动水质检测。占地面积少，能耗低，无污染；工艺简单，水质高，易操作维护。去除率高，溶解性盐类 97% 以上，有机物 98% 以上，胶体、细菌、热源 98% 以上。

⑧全自动软水机：该机主要应用于去除水中的钙、镁、铁等金属离子，降低水的硬度。处理后的水可用于低压锅炉用水、食品厂及饮料厂配用水、酒厂洗瓶用水、酒厂勾兑用水等。该机采用卫生、无毒的优质玻璃钢制作，主机部分配有自动装置，能够自动反冲、清洗、再生，大大降低了操作劳动强度。本机使用高分子材料，通过树脂的选择交换吸附性能，达到离子交换目的，降低水的硬度。

目前，酒厂加浆用水的处理方法大多采用反渗透法和全自动软水机。

三、水质对酒质风味的影响

在白酒生产过程中，不论是酿造用水，还是加浆用水，其水质的优劣直接影响到酒体风味特征的形成和产品质量的稳定提高。因此使用优质的水来生产优质白酒，是酿酒企业在整个工艺过程中质量保证体系的重要环节。

1. 水质对发酵的影响

构成白酒特殊风味的微量香味物质是由微生物代谢产生的。水质通过影响微生物代谢而影响香味物质的形成和积累，最终对酒体风味产生影响。水是微生物生长所必须的重要物质，它虽然不是微生物的营养物质，但它在微生物的生长中起着重要作用。水在微生物机体中的主要作用有：

（1）水是微生物细胞的重要组成成分，占生活细胞总量的 90% 左右。

（2）机体内的一系列生理生化反应都离不开水。

（3）营养物质的吸收与代谢产物的分泌都是通过水来完成的。

（4）由于水的比热高，又是热的良好导体，因而能有效地吸收代谢过程中放出的热并将吸收的热迅速地散发出去，避免导致细胞内温度陡然升高，故能有效地控制细胞内温度的变化。在制曲酿酒过程中，水起到溶解淀粉、糖、蛋白质及其他物质的作用，以供给微生物生长繁殖，新陈代谢之用，在发酵和蒸馏过程中又能进行传质传热作用。优良的水质，能促进微生物正常的生长繁殖和代谢活动，促进发酵的顺利进行和风味物质的形成，对酒体风味特征的形成产生积极的影响。如水质受到污染或硬度过大，碱性过重，带有水藻，直接用于生产，会抑制酶的作用，影响微生物的代谢，使发酵产生异常。而且常常将不正常的气味带入酒中，对白酒风味产生不利影响。

2. 水中无机离子对酒体风味的影响

水中含有的无机离子约有二十几种，如 Fe^{2+}、Mn^{2+}、HCO_3^-、OH^-、SO_4^{2-}、Ca^{2+}、Mg^{2+} 等，这些离子均会影响酒中电解质平衡，从而影响酒体的风味。尤其是所含有的金属元素，对白酒的老熟和酒体风味特征的形成起着较重要的作用。因此，在对水源的选择和对水的处理方法上，要加以考察研究，要根据白酒对水质量的要求做到有的放矢，否则，不但加大了处理水的成本费用，白酒中的有用物质也被除掉，弄得得不偿失。

水中的无机离子是微生物生长的营养成分，适量的无机离子保证了有益微生物的繁殖，促进了发酵。然而，选择水源或对水的处理不当，也能对白酒起反面作用。如水中含钙、镁盐过多，会引起酒沉淀并产生苦味，会造成白酒口味粗糙，给白酒带来刺激味；水中含铁离子过多，在氧化后形成 Fe（HCO_3）$_2$ 絮状沉淀，并使酒变成暗褐色，品尝有明显的"铁腥味"；铜离子过多时可使酒液氧化浑浊；氯离子浓度过高呈碱味，便酒质变得粗糙；铜离子、锌离子过量时，具有收敛性苦味；水中钠离子、钾离子含量过高，使酒呈咸味，酒体缺乏柔和感；锰离子是许多酶的辅基，能促进蛋白质的活性，过多会影响酒的正常发酵；铅离子、砷离子、汞离子、锌离子都是酵母的毒素，过量，使酶失活，酵母不能正常的生长、繁殖；氯离子具有强烈的咸味，适量能使酒丰满、爽口、柔和，过量能引起酵母早衰，使发酵不完全，酒味粗糙；亚硝酸根离子、氟离子是酵母的强烈毒素，使酵母改变遗传，发酵性能降低，影响正常发酵，从而影响酒体风味的形成。

3. 水的硬度对酒体风味的影响

如果水的硬度过大，那么加浆后，白酒会产生浑浊和沉淀，而且酒味变得涩口、单调，酒体变得不谐调，所以加浆用水以低矿化度的矿泉水为佳。由于矿泉水味道甘美，用之加浆会使酒味醇厚甘甜，尾味爽净，饮后会使人心旷神怡。

4. 水质对酒体稳定性的影响

水中含有的各类物质对酒体的稳定性产生较大的影响。常见的无机物，如钙盐、镁盐、铁盐、铜盐、锌盐、游离氯等，有机物有细菌、藻类、腐殖质、酚类等。

白酒是胶体溶液。溶胶是动力学上的稳定体系，由于它的颗粒较小，布朗运动及胶团相互排斥，可使胶粒不下沉，同时多碳的脂肪酸具有增溶作用，所以溶胶在相当长的时间内是稳定的。但加入带电荷的电解质中和了胶团外层的电荷，使胶团间斥力减小，而使胶团聚集而沉淀。这种聚沉现象对白酒外观质量和酒体风味产生影响。

白酒加浆时，若使用含钙、镁离子（尤其是钙离子）浓度高时，白酒体系中发生一系列变化，首先是钙与羧酸根生成难溶的盐，开始是胶体状态，经贮存一段时间后，转变成沉淀。

$$2RCOO^- + Ca^{2+} \rightarrow (RCOO)_2Ca$$

伴随而来的是，白酒体系中的有机酸电离：

$$RCOOH \rightarrow RCOO^- + H^+$$

有机酸电离后，有机酸的浓度下降，打破了酯化反应的平衡：

$$RCOOR' + H_2O \rightarrow RCOOH + R'OH$$

反应向右移动，酯的含量降低，酒的风味，口感便会发生变化，同时 $RCOO^-$ 与一些金属离子结合，降低了浓度，白酒溶胶的稳定剂减少了，溶胶的稳定性便会下降。

水中的有机物、藻类、细菌、酚类也会破坏白酒的稳定性，影响白酒风味，使白酒品质降低。

第四章　白酒酿造基本理论

第一节　原料浸润与蒸煮

一、原料浸润中的物质变化

1. 固态发酵法白酒原料的润水

在蒸料前对原料进行润水，俗称润料。在这一操作中，淀粉颗粒吸取水分，稍有膨胀，为蒸煮糊化创造条件。但润水的程度即加水比及润料时间的长短，由原料特性、水温、润料方法、蒸料方式及发酵工艺而定。如汾酒虽以水温90℃的高温润料，但因采用清蒸二次清工艺，故润料时间为18～20h；浓香型大曲酒的生产，以酸性的酒醅拌和润料，因淀粉颗粒在酸性条件下较易润水及糊化，又为多次发酵，故润料只需几小时。

2. 小曲酒生产中大米浸洗时的物质变化

（1）洗米中的成分变化　主要流失淀粉、钾、磷酸及维生素。若间歇式水洗4次，则白米减重约2.3%，粗脂肪约65%、灰分约49%流失。洗米过程中，还除去附于白米上的糠、尘土及杂物。

（2）浸米过程中米的成分的变化　浸米时，米中的钾和磷酸最易溶出，洗米和浸米共溶出钾约50%。边浸边流1h，钾流失60%～70%，磷酸流失20%。浸米时，钠、镁、糖分、淀粉、蛋白质、脂质及维生素等，均有不同程度的溶出。相反，水中的钙及铁却被米粒吸着。

二、原料蒸煮中的物质变化

原料蒸煮的目的主要是使淀粉颗粒进一步吸水、膨胀、破裂、糊化，以利于淀粉酶的作用；同时，在高温下，原辅材料也得以灭菌，并排除一些挥发性的不良成分。但实际上，在原料蒸煮中，还会发生其他许多物质变化；对于续糟混蒸而言，酒醅中的成分也会对原料中的成分作用。因此，原料蒸煮中的物质变化也是很复杂的。

（一）碳水化合物的变化

1. 淀粉的特性及其在蒸煮中的变化

（1）淀粉的特性　含于原料细胞中的淀粉颗粒，受到细胞壁的保护。在原料粉碎时，部分植物细胞已经破裂，但大部分仍需经蒸煮才能破裂。淀粉颗粒实际上是与纤维素、半纤维素、蛋白质、脂肪、无机盐等成分交织在一起的。即使是淀粉颗粒本身，也具有抵抗外力作用的外膜。其化学组成相同于内层淀粉，但因其水分较少而密度较大，故强度也较大。

淀粉颗粒是由许多呈针状的小晶体聚集而成的，用X射线透视，生淀粉分子呈有规则的结晶构造。小晶体由一束淀粉分子链组成，而淀粉分子链之间，则由氢键联结成束。

$$淀粉分子链 \xrightarrow{氢键} 针状晶体 \xrightarrow{凝聚} 淀粉颗粒$$

在显微镜下观察，淀粉颗粒呈透明，具有一定的形状和大小。大体上可分为圆形、椭圆形和多角形三类。通常含水量高、蛋白质含量低的植物果实，其淀粉颗粒较大，形状也较整齐，多呈圆形或卵形。如白薯淀粉颗粒为圆形，结构较疏松，大小为 $15 \sim 25\mu m$；玉米淀粉颗粒呈卵形，近似球形，也有呈多角形的，结构紧密坚实，其大小为 $5 \sim 26\mu m$；高粱的淀粉颗粒呈多角形，大小为 $6 \sim 29\mu m$。据测试，1kg 玉米淀粉约含 1700 亿个淀粉颗粒，而每个颗粒又由很多淀粉分子组成。

淀粉颗粒的大小与其糊化的难易程度有关。通常颗粒较大的薯类淀粉较易糊化；颗粒较小的谷物淀粉较难糊化。

（2）淀粉在蒸煮中的变化

①物理化学变化

A. 淀粉的膨胀：淀粉是亲水胶体，遇水时，水分子因渗透压的作用而渗入淀粉颗粒内部，使淀粉颗粒的体积和质量增加，这种现象称为淀粉的膨胀。

在淀粉颗粒的膨胀过程中，淀粉颗粒犹如一个渗透系统，其中支链淀粉起着半渗透膜的功能。渗透压的大小及淀粉颗粒的膨胀程度，则随水分的增加和温度的升高而增加。在 $40℃$ 以下，淀粉分子与水发生水化作用，吸收 $20\% \sim 25\%$ 的水分，1g 干淀粉可放出 104.5J 热量；自 $40℃$ 起，淀粉颗粒的膨胀速度就明显加快。

B. 淀粉的糊化：当温度达到 $70℃$ 左右、淀粉颗粒已膨胀到原体积的 $50 \sim 100$ 倍时，分子间的联系已被削弱而引起淀粉颗粒之间的解体，形成均一的黏稠体。这时的温度称为糊化温度。这种淀粉颗粒无限膨胀的现象，称为糊化，或称为淀粉的 α-化或凝胶化，使淀粉具有黏性及弹性。

经糊化的淀粉颗粒的结构，由原来有规则的结晶层状构造，变为网状的非结晶构造。支链淀粉的大分子组成立体式网状，网眼中是直链淀粉溶液及短小的支链淀粉分子。

据有关学者发现，淀粉的糊化过程与初始的膨胀不同，它是个吸热过程，糊化1g 淀粉需吸热 6.28kJ。

由于淀粉结构、颗粒大小、疏松程度及水中盐分种类和含量的不同，加之任何一种原料的淀粉颗粒大小都不均一，故不宜采用某一个糊化温度，而应自糊化起始至终了，确定一个糊化温度范围。例如玉米淀粉为 $65 \sim 75℃$，高粱为 $68 \sim 75℃$，大米为 $65 \sim 73℃$。对粉碎原料而言，其糊化温度应比整粒者高些。因粉碎原料中的糖类、含氮物及电解质等成分会降低水对淀粉颗粒的渗透作用，故使膨胀作用变慢。植物组织内部的糖和蛋白质等对淀粉有保护作用，故欲使糊化完全，则需更高的温度。

实际上，原料在常压下蒸煮时，只能使植物组织和淀粉颗粒的外壳破裂。但一大部分细胞仍保持原有状态；而在生产液态发酵法白酒时，当蒸煮醪液吹出锅时，由于压差而致使细胞内的水变为蒸汽才使细胞破裂，这种醪液称为糊化醪或蒸煮醪。

c. 液化：这里的"液化"概念，与由 α-淀粉酶作用于淀粉而使黏度骤然降低的"液化"含义不同。当淀粉糊化后，若品温继续升至 $130℃$ 左右时，由于支链淀粉已几乎全部溶解，网状结构完全被破坏，故淀粉溶液成为黏度较低的易流动的醪液，这种现象称为液化或溶解。溶解的具体温度因原料而异，例如玉米淀粉为 $146 \sim 151℃$。

淀粉糊化和液化过程中，最明显的物理性状的不同是醪液黏度的变化，但糊化以前的黏度稍变不足为据。即在品温升至 35～45℃ 时，因淀粉受热吸水膨胀而醪液黏度略有下降；继续升温时，黏度缓慢上升；当温度升至 60℃ 以上时，部分淀粉已开始糊化，随着直链淀粉不断地溶解于热水中，致使黏度逐渐增加；待品温升至 100℃ 左右时，支链淀粉已开始溶解于水；温度继续上升至 120℃ 时，淀粉颗粒已几乎全部溶解；温度超过 120℃ 时，由于淀粉分子间的运动能增高，网状结构间的联系被削弱而破坏，断裂成更小的片段，醪液黏度则迅速下降。

上述的糊化和液化现象，也可以氢键理论予以解释：氢键随温度升高而减少，故升温使淀粉颗粒中淀粉大分子之间的氢键削弱，淀粉颗粒部分解体，形成网状组织，黏度上升，发生糊化现象；温度升至 120℃ 以上时，水分子与淀粉之间的氢键开始被破坏，故醪液黏度下降，发生液化现象。

淀粉在膨胀、糊化、液化后，尚有 10% 左右的淀粉未能溶解，须在糖化、发酵过程中继续溶解。

D. 熟淀粉的返生：经糊化或液化后的淀粉醪液，绝不同于用酸水解所得的可溶性淀粉溶液。当其冷却至 60℃ 时，会变得很黏稠；温度低于 55℃ 时，则变为胶凝体，不能与糖化剂混合。若再进行长时间的自然缓慢冷却，则会重新形成结晶体。若原料经固态蒸煮后，将其长时间放置、自然冷却而失水，则原来已经被 α 化的 α - 淀粉，又会回到原来的 β - 淀粉状。

上述两种现象，均称为熟淀粉的"返生"或"老化"或 β 化。据试验，糖化酶对熟淀粉及 β 化淀粉作用的难易程度，相差约 5000 倍。

老化现象的原理是淀粉分子间的重新联结，或者说是分子间氢键的重新建立。因此，为了避免老化现象，若为液态蒸煮醪，则应设法尽快冷却至 65～60℃，并立即与糖化剂混合后进行糖化；若为固态物料，也应从速冷却，在不使其缓慢冷却且失水的情况下，加曲、加量水入池发酵。如果条件允许，则可将刚蒸好的米饭迅速脱水至白米的含水量，可防止老化。这种干燥后的米饭，称为 α - 米，即通常所说的方便米饭。在使用时加入适量的水，即可复呈原来的米饭状态。α - 米的制作，按脱水方法不同可分为 3 种：高温通风干燥法；酒精脱水法；限定吸水的高压蒸饭通风干燥法。其中酒精脱水法较易于工业化，该法还能使米饭的粗脂肪及灰分降低。

②生化变化：白酒的制曲及制酒原料中，也大多含有淀粉酶系。当原料蒸煮的温度升到 50～60℃ 时，这些酶被活化将淀粉分解为糊精和糖，这种现象称之为"自糖化"。例如甘薯主要含有 β - 淀粉酶，故在蒸煮的升温过程中会将淀粉变为部分麦芽糖及葡萄糖。整粒原料蒸煮时，因糖化作用而生成的糖量很有限；但使用粉碎原料蒸煮时，能生成较多量的糖，尤其是在缓慢升温的情况下。

以续糟混蒸的方式蒸料时，因酸性条件而使淀粉水解的程度并不明显。

2. 糖的变化

白酒生产中的谷物原料的含糖量最高可达 4% 左右；在蒸煮时的升温过程中，由于原料本身含有的淀粉酶对淀粉的水解作用，也产生一部分糖。这些糖在蒸煮过程中会发生各种变化，尤其是在高压蒸煮的情况下。

（1）己糖的变化　多为有机化学反应。

①部分葡萄糖等醛糖会变成果糖等酮糖。

②葡萄糖和果糖等己糖，在高压蒸煮过程中可脱水生成的 5 - 羟甲基糠醛很不稳定，会进一步分解成 2 - 羰基戊酸及甲酸。

（2）美拉德反应　又称氨基糖反应，即己糖或戊糖在高温下可与氨基酸等低分子含氮物反应生成氨基糖，或称类黑精、类黑素，这是一种呈棕褐色的无定形物质。它不溶于水或中性溶剂，但能部分地溶于碱液。因其化学组成类似于天然腐殖质，故也被称为人工腐殖质。

	C	H	N	O
氨基糖	58.85%	4.82%	4.35%	31.88%
天然腐殖质	56.10%	4.40%	4.90%	34.60%

氨基糖的生成，不是一个简单的凝聚反应，其反应过程很复杂。己糖经一系列反应生成羟甲基糠醛等中间产物，戊糖则生成糠醛等中间产物。这些中间产物再继续与氨基酸等作用，进行一系列的聚合和缩合反应，最终生成氨基糖：

$$\begin{matrix} 己糖 \\ 戊糖 \end{matrix} \xrightarrow[\text{其他醛、酮等中间物}]{\text{糠醛}} 羟甲基糠醛 \xrightarrow{+ RNH_2 聚合、缩合} 氨基糖$$

生成氨基糖的速度，因还原糖的种类、浓度及反应的温度、pH 而异。通常五碳糖与氨基的反应速度高于六碳糖；在一定的范围内，若反应温度越高、基质浓度越大，则反应速度越快。据报道，美拉德反应的最适温度为 100 ~ 110℃，pH 为 5。但也有学者认为在碱性条件下更有利于类黑精的生成。

若酒醅经水蒸气蒸馏将微量的氨基糖带入酒中，可能会起到恰到好处的呈香呈味作用；但生成氨基糖要消耗可发酵性糖及氨基酸，且氨基糖的存在，对淀粉酶和酵母的活力均有抑制作用。据报道，若发酵醪中的氨基糖含量自 0.25% 增至 1%，则淀粉酶的糖化力下降 25.2%。

（3）焦糖的生成　当原料的蒸煮温度接近糖的熔化温度时，糖会失水而成黑色的无定形产物，称为焦糖。糖类中，果糖较易焦化，因其熔化温度为 95 ~ 105℃；葡萄糖的熔化温度为 144 ~ 146℃。焦糖的生成，不但使糖分损失，且焦糖也影响糖化酶及酵母的活力。蒸煮温度越高、醪的糖度越大，则焦糖生成量越多。焦糖化往往发生于蒸煮锅的死角及锅壁的局部过热处。在生产中，为了降低类黑精及焦糖的生成量，应掌握好原料加水比、蒸煮温度及 pH 等各项蒸煮条件。

3. 纤维素变化

纤维素是细胞壁的主要成分。蒸煮温度在 160℃ 以下，pH 为 5.8 ~ 6.3 范围内，其化学结构不发生变化，而只是吸水膨胀。

4. 半纤维素的变化

半纤维素的成分大多为聚戊糖及少量多聚己糖。当原料与酸性酒醅混蒸时，在高温条件下，聚戊糖会部分地分解为木糖和阿拉伯糖，并均能继续分解为糠醛。这些产物都不能被酵母所利用。多聚己糖则部分地分解为糊精和葡萄糖。半纤维素也存在于粮谷的细胞壁中，故半纤维素的部分水解，也可使细胞壁部分损伤。

（二）含氮物、脂肪及果胶的变化

1. 含氮物的变化

原料蒸煮时，品温在 140℃ 以前，因蛋白质发生凝固及部分变性，故可溶性含氮量有所下降；当温度升至 140~158℃时，则可溶性含氮量会增加，因为那时发生了胶溶作用。

整粒原料的常压蒸煮，实际分为两个阶段。前期是蒸汽通过原料层，在颗粒表面结露成凝缩水；后期是凝缩水向米粒内部渗透，主要作用是使淀粉糊化及蛋白质变性。只有在以液态发酵法生产白酒的原料高压蒸煮时，才有可能产生蛋白质的部分胶溶作用。在高压蒸煮整粒谷物时，有 20%~50% 的谷蛋白进入溶液；若为粉碎的原料，则比例会更大些。

2. 脂肪的变化

脂肪在原料蒸煮中的变化很小，即使是 140~158℃ 的高温，也不能使甘油酯充分分解。据研究，在液态发酵法的原料高压蒸煮中，也只有 5%~10% 的脂类物质发生变化。

3. 果胶的变化

果胶由多聚半乳糖醛酸或半乳糖醛酸的甲酯化合物所组成。果胶质是原料细胞壁的组成部分，也是细胞间的填充剂。

果胶质中含有许多甲氧剂（R·COOCH$_3$），在蒸煮时果胶质水解，甲氧基会从果胶质中分离出来，生成甲醇和果胶酸，其反应式如下：

果胶质　　　　　　　　　　　　　　果胶酸　　　　甲醇

原料中果胶质的含量，因其品种而异。通常薯类中的果胶质含量高于谷物原料。温度越高，时间越长，由果胶质生成甲醇的量越多。

甲醇的沸点为 64.7℃，故在将原料进行固态常压清蒸时，可采取从容器顶部放汽的办法排除甲醇。若为液态蒸煮，则甲醇在蒸煮锅内呈气态，集结于锅的上方空间，故在间歇法蒸煮的过程中，应每间隔一定时间从锅顶放一次废汽，使甲醇也随之排走。若为连续法蒸煮，则可将从汽液分离器排出的二次蒸汽经列管式加热器对冷水进行间壁热交换；在最后的后熟锅顶部排出的废汽，也应通过间壁加热法以提高料浆的预热温度。如此，可避免甲醇蒸气直接溶于水或料浆。

（三）其他物质变化

蒸料过程中，还有很多微量成分会分解、生成或挥发。例如由于含磷化合物分解出磷酸，以及水解等作用生成一些有机酸，故使酸度增高。若大米的蒸饭时间较长，则不饱和脂肪酸减少得多；而乙酸异戊酯等酯类成分却增加。据分析，饭香中有 114 种成分，其中 38 种是挥发性的。饭香中还检出 α-吡咯烷酮。米粒的外层成分对饭香的生成具有重要的作用。

通常使淀粉 α-化的最短时间为 15min，因此无论是使用蒸桶或蒸饭机蒸饭，自蒸汽接触米粒算起，均需至少蒸 20min；但要获得饭香，则需蒸 40min 以上。

物料在蒸煮过程中的含水量也是增加的。例如饭粒吸水率指自浸渍前的白米至饭粒的总吸水率，通常为 35%~40%，比蒸饭前浸过的米多 10%。

第二节　制曲及制酒母过程中的物质变化

一、制曲过程中的物质变化

若制取非纯培养的大曲或小曲，则通常认为其主要目的是繁殖一定量的有利于糖化和发酵的微生物，并积累大量的酶源。因此，过去着重注意为达到这两个目的而所需的条件及其结果，同时也注意曲的色、香、味等感官指标。但对制曲过程中，尤其是制大曲过程中的各种物质变化，研究得很不够。而事实上在制曲过程中，生料本身带来的酶及制曲时新生的酶，每时每刻都在起各种作用；各种微生物，特别是某些特种微生物，在特定的高温等条件下，进行着特殊的新陈代谢活动，产生着特殊的成分。这些尚未被人们所认识的极为微量的成分，可能具有举足轻重的作用。或这些成分本身单独起作用；或作为前体再继续进行一步或多步反应而生成特殊成分；或与别的一些成分形成恰到好处的量比关系……使成品酒构成特有的风格。

因此，不应将天然大曲和小曲看成单纯的糖化剂，只着重考察其淀粉酶及菌数等内容；而同时应将其看作一种进行糖化发酵的极为重要的特种原料，由微生物和酶类等在特殊条件下进行生理生化反应，将初始原料中的成分转变成许多新的成分，其中也包括有特殊的成分，而且这些成分之间也在进行着错综复杂的种种反应。大曲酒的用曲量如此之大，制曲操作复杂，制曲周期长，很有必要探究其间形成的一些成分。只有将制曲条件、菌的消长、酶的形成、制曲过程中的成分变化、糖化发酵，以及酒的色、香、味等六个方面联系起来，找出关键所在，才能掌握并主动地运用白酒酿造的客观规律。

对于纯种培养的曲，则往往着眼于其对糖化是否有利。但白酒曲与酒精生产用曲不同，如六曲香的曲，其成分也较复杂。这些曲中的成分也与发酵及酒质密切相关，其中某些成分起到微妙的作用。因此，即使是纯培养曲，我们对其的认识也应进入更深的层次。

二、制酒母时的成分变化

在利用酵母等微生物制取酒母时，除了微生物的生长、呼吸等生理现象外，也有许多物质变化。这些物质变化，很多与发酵时的物质变化相同，但也有区别。因此，对酒母培养过程中的成分变化的分析，也不能仅停留在糖、酒、酸及菌数等项目上，应注意与发酵及成品酒的风味相关的某些成分的分析。

总之，对制作糖化发酵剂过程中的成分变化，目前的认识显然已经远远不够。

已故的我国著名微生物学家方心芳先生曾在《谈高温曲》一文中提到茅台酒曲的高温培养及晾堂堆积（有人将此称为二次制曲）。那么，在高温制曲及高温堆积中，究竟除了有关的微生物之外，其成分变化又是怎样呢？固态培养曲与液态培养曲的成分变化有何不同？其原因何在？高温曲与中温曲的成分，主要区别又是什么呢？所有这些，都是值得我们探究的内容。

第三节　糖化发酵过程中的物质变化

一、糖化过程中的物质变化

将淀粉经酶的作用生成糖及其中间产物的过程，称为糖化。在白酒生产中，除了液态发酵法白酒是先糖化、后发酵外，固态或半固态发酵的白酒，均是糖化和发酵同时进行的。糖化过程中的物质变化，以淀粉酶解为主，同是也有其他一系列的生物化学反应。

（一）淀粉糖化过程中的物质变化

1. 淀粉的酶解及其产物

淀粉酶解成糖的总的反应式如下：

$$(C_6H_{10}O_5)_n + nH_2O \xrightarrow{\text{淀粉酶}} nC_6H_{12}O_6$$

$$\text{淀粉} \qquad \text{水} \qquad\qquad \text{葡萄糖}$$

由上式中各成分的相对分子质量不难算出，在理论上100kg淀粉可生成111.12kg葡萄糖。

淀粉酶包括α–淀粉酶、糖化酶、异淀粉酶、β–淀粉酶、麦芽糖酶、转移葡萄糖苷酶等多种酶。这些酶都同时在起作用，故产物除可发酵性糖以外，还有糊精及低聚糖等成分。其中转移葡萄糖苷酶还能将麦芽糖等低聚糖变为α–1，6键、α–1，2键及α–1，3键结合的低聚糖，它们不能被糖化酶分解，是非发酵性糖类；转移葡萄糖苷酶还能将葡萄糖与酒精结合，生成醚–乙基葡萄糖苷。

另外，酸性蛋白酶与α–淀粉酶等协同作用，进行淀粉的糖化，这说明淀粉酶的作用也不是孤立进行的。

2. 淀粉及其酶解产物的分子组成及其特性

（1）淀粉的结构及其特性　淀粉的分子式为$(C_6H_{10}O_5)_n$，是由许多葡萄糖苷（1个葡萄糖分子脱去1分子水）为基本单位连接起来的。可分为直链淀粉和支链淀粉两大类。凡是糯性的高粱、大米、玉米等的淀粉，几乎全是支链淀粉；而呈粳性的粮谷中，大约有80%是支链淀粉，20%左右是直链淀粉。

①直链淀粉：由大量葡萄糖分子以α–1，4键脱水缩合，组成不分支的链状结构。其相对分子质量为几万至几十万；易溶于水，溶液黏度不大，容易老化，酶解较完全。

②支链淀粉：呈分支的链状结构，且在分支点的2个葡萄糖残基以α–1，6键结合，每隔8~9个葡萄糖苷单位即有1个分支。其相对分子质量为几十万至几百万；热水中难溶解，溶液黏度较高，不容易老化，糖化速度较慢。

（2）淀粉酶解产物的特性　糖化作用一开始，就生成中间产物及最终产物，但以中间产物为主。随着糖化作用的不断进行，碳水化合物的平均相对分子质量、物料黏度及比旋度等会逐渐降低；但还原性逐渐增强，对碘的呈色反应渐趋消失。通常，可溶性淀粉遇碘呈蓝色→蓝紫色→樱桃红色；淀粉糊精及赤色糊精遇碘也呈樱桃红色；变为无色糊精后的产物，遇碘时不再变色，即为黄的碘液色泽。淀粉糖化产物的若干特性，如表4–1所示。实际上，除液态发酵法白酒外，醅和醪中始终含有较多的淀粉。淀粉浓度的下降速度和幅度受曲的质量、发酵温度和升酸状况等因素的制约。若酒醅的糖化力高且持久、酵母发酵力强且有后劲，则酒醅升温及生酸速度较稳，淀粉浓度下降快，出酒率也高。通常在发酵的前期和中期，淀粉浓度下降较快；发酵后期，由于酒精含量及酸度较高、淀粉酶和酵母活力减弱，故淀粉浓度变化不大。在扔糟中，仍含有相当浓度的残余淀粉。淀粉糊精可沉淀于40%的酒精中，赤色糊精可用65%的酒精沉淀，无色糊精和寡糖则需96%的酒精才能沉淀。

表4-1　　　　　　　　　　　　　　淀粉酶解产物的若干特性

名　称	相对分子质量	聚合度	比旋光度 $[\alpha]_D^{20}$	还原糖含量/%
可溶性淀粉	208000	1300	199.7	0.073
淀粉糊精	10000	61	196	0.5
赤色糊精	6000	38	194	2.6
无色糊精	3200	20	192	5.0
四　糖	661	4	168	25
三　糖	504	3	164	33
双糖（麦芽糖）	342	2	136	60
葡萄糖	180	1	52.5	100

①糊精：糊精是介于淀粉和低聚糖之间的酶解产物。无一定的分子式，呈白色或黄色无定形，能溶于水成胶状溶液，不溶于乙醚。淀粉酶解时，能产生如上所述的不同糊精，通常遇碘呈红棕色（或称樱桃红色），生成的无色糊精遇碘后不变色。

通常认为，糊精的分子组成是10～20个以上的葡萄糖残基单位；按其相对分子质量的大小，又有俗称为大糊精和小糊精之分，凡具有分支结构的小糊精，又称为 α - 界限糊精或 β - 界限糊精。

②低聚糖：人们对低聚糖定义说法不一。有说其分子组成为2～6个葡萄糖苷单位的，或说2～10个、2～20个葡萄糖苷单位的；也有人认为它是二、三、四糖的总称；还有称其为寡糖的。但一般认为的寡糖是非发酵性的三糖或四糖。在转移葡萄糖苷酶的作用下，使1个葡萄糖苷结合到麦芽糖分子上形成1，6键结合，成为具有3个葡萄糖苷单位的糖，称之为潘糖。因其是我国学者潘尚贞在1951年首次发现的，故名。但该糖不能与异麦芽糖混为一谈，因后者是具有 α - 1，6葡萄糖苷键结合的二糖，它也是淀粉的酶解产物。低聚糖以二糖和三糖为主。

凡是直链淀粉酶解至分子组成少于6个葡萄糖苷单位的低聚糖，都不与碘液起呈色反应。因每6个葡萄糖残基的链形成一圈螺旋，可以束缚1个碘分子。

③二糖：又称双糖，是相对分子质量最小的低聚糖，由2分子单糖结合成。重要的二糖有蔗糖、麦芽糖和乳糖。1分子麦芽糖经麦芽糖酶水解时，生成2分子葡萄糖；1分子蔗糖经蔗糖酶水解时，生成1分子葡萄糖、1分子果糖；1分子乳糖经乳糖酶作用，生成1分子葡萄糖及1分子半乳糖。麦芽糖的甜度为蔗糖的40%；乳糖的甜度为蔗糖的70%。

④单糖：是不能再继续被淀粉酶类水解的最简单的糖类。它是多羟醇的醛或酮的衍生物，如葡萄糖、果糖等。单糖按其所含碳原子的数目又可分为丙糖、丁糖、戊糖和己糖。

每种单糖都有醛糖和酮糖。如葡萄糖，也称右旋糖，是最为常见的六碳醛糖。其甜度为蔗糖的70%，相对密度为1.544（25℃），熔点146℃（分解），溶于水，微溶于乙醇，不溶于乙醚及芳香烃，具有还原性和右旋光性。在淀粉分子中，葡萄糖单位呈 α - 构型存在；酶解时，生成的葡萄糖为 β - 构型，但在水溶液中，可向 α - 构型转变，最后两种异构体达到动态平衡。果糖也称左旋糖，是一种六碳酮糖，是普通糖类中最甜的糖。其甜度高于蔗糖，水溶解度较高，熔点为103~105℃，能溶于乙醇和乙醚，具有左旋光性。葡萄糖经异构酶的作用，可变为果糖。通常，单糖及双糖能被一般酵母所利用，是最为基本的可发酵性糖类。

白酒醅中还原糖的变化，微妙地反映了糖化与发酵速度的平衡程度。通常在发酵前期，尤其是开头几天，由于发酵菌数量有限，而糖化作用迅速，故还原糖含量很快增长至最高值；随着发酵时间的延续，因酵母等微生物数量已相对稳定，发酵力增强，故还原糖含量急剧下降；到发酵后期时，还原糖含量基本不变。发酵期间还原糖含量的变化，主要受曲的质量及酒醅酸度的制约。发酵后期醅中残糖的含量多少，表明发酵的程度和酒醅的质量，不同大曲酒醅的残糖也有差异。例如，清蒸清糟的大糟酒醅的淀粉浓度很大，发酵后酒醅中的残糖为0.8%左右；混蒸续糟发酵后的酒醅残糖可低至0.2%~0.5%。

（二）蛋白质、脂肪、果胶、单宁等成分的酶解

1. 蛋白质的酶解

蛋白质在蛋白酶类的作用下，水解为胨、䏡、多肽及氨基酸等中、低分子含氮物，为酵母菌等及时地提供了营养。

2. 脂肪的酶解

脂肪由脂肪酶水解为甘油和脂肪酸。一部分甘油是微生物的营养源；一部分受曲霉及细菌的 β - 氧化作用，除去2个碳原子而生成种种低级脂肪酸。

3. 果胶的酶解

果胶在果胶酶的作用下，水解成果胶酸和甲醇。

4. 单宁的酶解

单宁在单宁酶的作用下生成丁香酸。

5. 有机磷酸化合物的酶解

在磷酸酯酶的作用下，磷酸自有机磷酸化合物中释放出来，为酵母等微生物的生长和发酵提供了磷源。

6. 纤维素、半纤维素的酶解

部分纤维素、半纤维素在纤维素酶及半纤维素酶的催化下，水解为少量葡萄糖、纤维二糖及木糖等糖类。

7. 木质素的酶解

木质素在白酒原料中也存在，它是一种含苯丙烷、邻甲氧基苯酚等以不规则方式结合的高分子芳香族化合物。在木质素酶的作用下，可生成酚类化合物，如香草醛、香草酸、阿魏酸及4-乙基阿魏酸等。若粮糟在加曲后、入窖之前采用堆积升温的方法，则可增加阿魏酸等的生成量。

此外，在糖化过程中，氧化还原酶等酶类也在起作用；加之发酵过程也在同时进行，故物质变化是错综复杂的，很难说得非常清楚。

二、白酒发酵类型

通常的发酵类型有常压或带压、间歇或半连续及连续、敞口或半密闭及密闭发酵之分；但从原料及发酵进程中的生物化学变化来分，则有单式及复式发酵两大类，复式发酵又有单行及并行之分。而白酒发酵包括了上述所有的发酵类型，故其复杂性是其他任何酒类所无可比拟的。

1. 单式发酵

单式发酵是指使用糖质原料，无需糖化过程的一类发酵。例如以各种果类及制糖副产物等为原料制取烧酒等。

2. 复式发酵

复式发酵是指使用含淀粉的原料（淀粉质原料），需经淀粉酶进行糖化的一类发酵。

（1）单行复式发酵 指以淀粉质原料经蒸煮后，先由曲类等糖化剂将淀粉糖化为可发酵性糖，再添加发酵剂进行发酵的一类发酵。例如以高粱、玉米、薯类等为原料，采用液态发酵法生产白酒，即属于这种发酵类型。

（2）并行复式发酵 指使用淀粉质原料，糖化和发酵同时进行的一类发酵。例如大曲及麸曲固态发酵法制白酒，以及小曲酒的生产，均属这种发酵类型。在小曲白酒生产中，如三花酒的发酵前期，物料呈固态，以糖化作用为主，故人们习惯上称其为先糖化；然后再加水继续进行糖化发酵。但实际上由于小曲本身既是糖化剂，又是发酵剂，且物料呈固态状的发酵前期的温度等条件，也适于发酵菌的发酵，故总的说来，其整个发酵过程仍应称为并行复式发酵，因为它与上述的液态发酵法制白酒的单行复式发酵有实质性的区别。

三、发酵过程阶段的划分

1. 发酵过程中发酵阶段的划分

浓香型大曲酒生产从酿酒原料淀粉等物质到乙醇等成分的生成，均是在多种微生物的共同参与、作用下，经过极其复杂的糖化、发酵过程而完成的。依据淀粉成糖，糖成酒的基本原理，以及固态法酿造特点可把整个糖化发酵过程划分为三个阶段。

（1）主发酵期 当摊晾下曲的糟醅进入窖池密封后，直到乙醇生成的过程，这一阶段为主发酵期。它包括糖化与酒精发酵两个过程。

密封的窖池，尽管隔绝了空气，但霉菌可利用糟醅颗粒间形成的缝隙所蕴藏的稀薄空气进行有氧呼吸，而淀粉酶将可溶性淀粉转化生成葡萄糖。这一阶段是糖化阶段。而在有氧的条件下，大量的酵母菌进行菌体繁殖，当霉菌等把窖内氧气消耗完了以后，整个窖池呈无氧状态，此时酵母菌进行酒精发酵。酵母菌分泌出的酒化酶对糖进行酒精发酵。

固态法白酒生产，糖化、发酵不是截然分开的，而是边糖化边发酵。因此，边糖化、边发酵是主发酵期的基本特征。

在封窖后的几天内，由于好气性微生物的有氧呼吸，产生大量的二氧化碳，同时糟醅逐渐升温，温度应缓慢上升，当窖内氧气完全耗尽时，窖内糟醅在无氧条件下进行酒精发酵，窖内温度逐渐升至最高，而且能稳定一段时间后，再开始缓慢下降。

（2）生酸期 在这阶段内，窖内糟醅经过复杂的生物化学等变化，除酒精、糖的大量生成外，还会产生大量的有机酸，主要是乙酸和乳酸，也有己酸、丁酸等其他有机酸。

在窖内除了霉菌、酵母菌外，还有细菌，细菌代谢活动是窖内酸类物质生成的主要途径。由醋酸菌作用将葡萄糖生成乙酸，也可以由酵母酒精发酵支路生成乙酸。乳酸菌可将葡萄糖发酵生成乳酸。糖源是窖内生酸的主要基质。酒精经醋酸菌氧化也能生成乙酸。糟醅在发酵过程中，酸的种类与酸的生成途径也是较多的。

总之，固态法白酒生产属开放式，在生产中自然接种大量的微生物，它们在糖化发酵过程中自然会生成大量的酸类物质。酸类物质在白酒中既是呈香呈味物质，又是酯类物质生成的前体物质，即"无酸不成酯"，一定含量的酸类物质是体现酒质优劣的标志。

（3）产香味期　经过20多天，酒精发酵基本完成，同时产生有机酸，酸含量随着发酵时间的延长而增加。从这一时间算起直到开窖止，这一段时间内是发酵过程中的产酯期，也是香味物质逐渐生成的时期。

糟醅中所含的香味成分是极多的，浓香型大曲酒的呈香呈味物质是酯类物质，酯类物质生成的多少，对产品质量有极大影响。在酯化期，酯类物质的生成主要是生化反应。在这个阶段，由微生物细胞中所含酯酶的催化作用而使酯类物质生成，化学反应的酸、醇作用生成酯，速度是非常缓慢的。在酯化期，都要消耗大量的醇和酸。

在酯化期除了大量生成己酸乙酯、乙酸乙酯、乳酸乙酯、丁酸乙酯等酯类外，同时伴随生成另一些香味物质，但酯的生成是其主要特征。

2. 浓香型白酒香味成分的形成

浓香型白酒具有窖香浓郁，饮后尤香，清冽甘爽，回味悠长的独特风格，这些特点都与浓香型白酒中具有众多的香味成分和特定的比例分不开的。据目前的分析所知，香味成分达1000多种，但含量都很微少，只占酒的 1% ~ 2%。在酿酒中，这些香味成分除原料直接带来外，其大部分是伴随着酒精发酵的同时，在众多微生物的协同作用下，经复杂转化的结果，如窖泥、曲药、母糟的微生物在窖内经复杂的生物转化，才得到了浓香型白酒中的有机酸、酯、醇、醛、酮、芳香族化合物，以及少量的含氮化合物、硫化合物等。

第四节　发酵理论

一、酒精发酵机理

淀粉糊化后，再经糖化生成葡萄糖，葡萄糖经发酵作用生成酒精。这一系列的生化反应中，糖变为酒的反应，主要是靠酵母菌细胞中的酒化酶系的作用。酒精发酵属厌氧发酵，要求发酵在密闭条件下进行。如果有空气存在，酵母菌就不能完全进行酒精发酵，而部分进行呼吸作用，使酒精产量减少。这就是窖池要密封的原因。

在酒精发酵过程中，主要经过下述 4 个阶段、12 步反应。其中由葡萄糖生成丙酮酸的反应称为 EMP 途径。由葡萄糖发酵生成酒精的总反应式为：

$$C_6H_{12}O_6 + 2ADP + 2H_3PO_4 \longrightarrow 2\,CH_3CH_2OH + 2CO_2 + 2ATP$$

（1）第一阶段　葡萄糖磷酸化，生成活泼的 1，6 - 二磷酸果糖。这个阶段主要是磷酸化及异构化，是糖的活化过程。

（2）第二阶段　1，6 - 二磷酸果糖分裂为 2 分子磷酸丙糖。

（3）第三阶段　3 - 磷酸甘油醛经氧化（脱氢），并磷酸化，生成 1，3 - 二磷酸甘油酸。然后将高能磷酸键转移给 ADP，以产生 ATP。再经磷酸基变位和分子内重排，又给出一个高能磷酸键，而后变成丙酮酸。

（4）第四个阶段　酵母菌在无氧条件下，将丙酮酸继续降解，生成酒精。上述反应可归纳为图 4-1 所示。

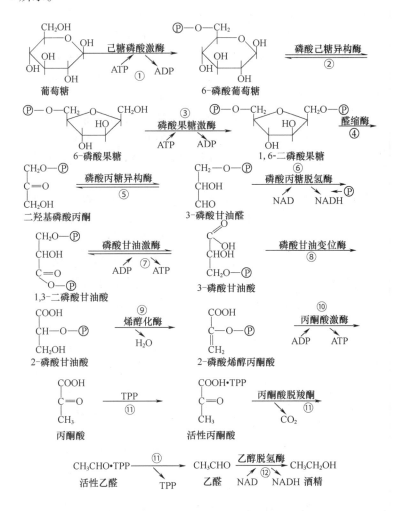

图 4-1　酒精发酵生化反应

P—磷酸　ATP—三磷酸腺苷　ADP—二磷酸腺苷　NAD—辅酶 I　TPP—焦磷酸硫胺素

二、白酒中微量香味成分的形成

1. 白酒中主要有机酸的生成

白酒中的各种有机酸，在发酵过程中虽是糖的不完全氧化物，但糖并不是形成有机酸的唯一原始物质，因为其他非糖化合物也能形成有机酸。值得引起注意的是许多微生物可以利用有机酸作为碳源而消耗。所以发酵中有机酸既要产生又要消耗。特别是不同种类有机酸之间可不断转化。现将白酒中一些主要有机酸形成途径分述如下：

（1）甲酸　甲酸主要由发酵中间产物丙酮酸加 1 个水分子与乙酸共生。

$$CH_3COCOOH + H_2O \longrightarrow CH_3COOH + HCOOH$$

（2）乙酸　又名醋酸，是酒精发酵中不可避免的产物，在各种白酒中都有乙酸存在，是酒中挥发酸的组成，也是丁酸、己酸及其酯类的主要前体物质。乙酸的生成主要有下述几个途径：

①在醋酸菌代谢中，由酒精氧化产生乙酸。

$$CH_3CH_2OH + O_2 \longrightarrow CH_3COOH + H_2O$$

醋酸菌是氧化细菌的重要组成部分，是白酒工业的大敌。有些酵母也有产酸能力，凡产酯能力强的酵母菌，对酒精的氧化能力大于酒精发酵力的酵母菌都有产酸能力，但远不及醋酸菌。

②发酵过程中，在酒精生成的同时，也伴随着有乙酸和甘油生成。

$$2C_6H_{12}O_6 + H_2O \longrightarrow CH_3CH_2OH + CH_3COOH + 2C_3H_5(OH)_3 + 2CO_2$$

③糖经过发酵变成乙醛，乙醛经歧化作用，离子重新安排，就会变成乙酸。

$$2CH_3CHO + H_2O \longrightarrow CH_3COOH + CH_3CH_2OH$$

酒精和乙酸同时出现时，即一开始有酒精，马上就会有乙酸出现。当糖分发酵一半时，乙酸的含量最高；在发酵后期，酒精较多时，乙酸含量较少。一般来说，对酵母提供的条件越差，则产生的乙酸越多。如果在发酵过程中带进了枯草芽孢杆菌，乙酸会大量增加。

（3）乳酸　进行乳酸发酵的主要微生物是细菌。其发酵类型有两种，即发酵产物中只有乳酸的同型乳酸发酵以及发酵产物中除乳酸外同时还有乙酸、酒精、CO_2、H_2的异型乳酸发酵。这些乳酸菌利用糖经糖酵解途径生成丙酮酸，丙酮酸在乳酸脱氢酶催化下还原而生成乳酸。

白酒生产是开放式的，酿造过程将不可避免地感染大量乳酸菌，并进入窖内发酵，赋予白酒独特的风味，其发酵属于混合型（异）乳酸发酵。目前，白酒中普遍存在乳酸及其酯类过剩，而影响酒的质量。

（4）丁酸　又称酪酸，是由丁酸菌或异型乳酸菌发酵作用生成的。

①丁酸菌将葡萄糖或含氮物质发酵变成丁酸：

$$C_6H_{12}O_6 \longrightarrow CH_3CH_2CH_2COOH + 2CO_2 + 2H_2$$

②由乙酸及乙醇经丁酸菌作用，脱1分子水而成：

$$CH_3COOH + CH_3CH_2OH \longrightarrow CH_3CH_2CH_2COOH + H_2O$$

③由乳酸发酵生成丁酸时，也必须有乙酸，但有的菌不需要乙酸而直接从乳酸发酵生成乙酸，再由乙酸加氢而成为丁酸：

$$CH_3CHOHCOOH + CH_3COOH \longrightarrow CH_3CH_2CH_2COOH + H_2O + CO_2$$

$$CH_3CHOHCOOH + H_2O \xrightarrow{-4H} CH_3COOH + CO_2$$

$$2CH_3COO \xrightarrow{+4H} CH_3CH_2CH_2COOH + 2H_2O$$

（5）己酸　己酸菌使酒精和醋酸生成丁酸，丁酸再与酒精结合生成己酸：

$$CH_3CH_2OH + CH_3COOH \longrightarrow CH_3CH_2CH_2COOH + H_2O$$

$$CH_3(CH_2)_2COOH + CH_3CH_2OH \longrightarrow CH_3(CH_2)_4COOH + H_2O$$

这是一个极其复杂的过程。在生物合成过程中，在无细胞酶存在下，酒精与磷酸在乙酰与乙酰磷酸存在下，与乙酸结合生成丁酸。当丁酸与磷酸共同存在时，受到氧化，反过来又变成乙酰磷酸。发酵一般是从高分子向低分子分解，而己酸发酵是以具有2个碳的酒精为基质制造具有 6 个碳的己酸，它是发酵中罕见的例子。

在大曲酒发酵过程中，以淀粉质为原料，在淀粉酶的作用下，先将淀粉转化成葡萄糖，再由葡萄糖发酵生成己酸、乙酸、二氧化碳和放出氢：

$$2C_6H_{12}O_6 \longrightarrow CH_3(CH_2)_4COOH + CH_3COOH + 4CO_2 + 4H_2$$

（6）戊酸　丙酸细菌可利用丙酮酸羧化形成草酰乙酸，后者还原成苹果酸，再脱水还原成琥珀酸，再脱羧产生丙酸。接着再由梭状芽孢杆菌通过类似于丁酸、己酸的合成途径，由丙酸合成戊酸，进而还可合成庚酸等。

（7）琥珀酸　琥珀酸学名叫丁二酸，它是在酒精发酵过程中，由氨基酸去氨基作用而生成：

$$C_6H_{12}O_6 + COOHCH_2CH_2CHNH_2COOH + 2H_2O \longrightarrow COOHCH_2CHCOOH + 2C_3H_8O_3 + NH_3 + CO_2$$

（8）由低分子酸合成高级酸

$$CH_3CH_2OH + CH_3COOH \longrightarrow CH_3CH_2CH_2COOH + H_2O$$

$$CH_3CH_2CH_2COOH + CH_3CH_2OH \longrightarrow CH_3(CH_2)_4COOH + H_2O$$

（9）由脂肪生成脂肪酸

$$C_3H_5(C_{15}H_{31}COOH)_3 + 3H_2O \longrightarrow C_3H_5(OH)_3 + 3C_{15}H_{31}COOH + 3H$$

（10）由蛋白质变成氨基酸　发酵后残留于酒醅中的微生物尸体和原料中带来的蛋白质，通过微生物的作用，分解成氨基酸。

2. 白酒中酯类物质的生成

白酒中的酯类主要是由发酵过程中的生化反应产生的，此外也能通过化学反应合成，即有机酸与醇相接触进行酯化作用，生成酯。酯化反应速度非常缓慢，并且反应到一定程度时，即行停止。

酯在酒精发酵过程中，以副产物的形式出现。它是在酯化酶的作用下合成的。酯化酶为胞内酶，它催化酵母细胞内的活性酸－酰基辅酶 A 与醇结合形成酯。酵母菌、霉菌、细菌中都含有酯化酶。据研究，酯的合成是一个需能代谢过程，例如乙酸乙酯的合成反应如下：

$$CH_3COSCoA + C_2H_5OH \longrightarrow CH_3COOC_2H_5 + HSCoA$$

酵母体内的乙酰辅酶 A 主要来自丙酮酸的氧化脱羧作用。

Nordstrom 在培养基中添加丁酸、己酸，并接种啤酒酵母进行发酵，用气相色谱分析发酵液，发现有丁酸乙酯、己酸乙酯生成。故提出了由脂肪酸和醇生物合成脂肪酸酯的通式为：

$$RCOOH + ATP + HSCoA \longrightarrow RCO \sim SCoA + AMP + PPi$$

$$RCO \sim SCoA + R'OH \longrightarrow RCOOR' + HSCoA$$

据此理论，丁酸乙酯、己酸乙酯的合成途径可表示为：

$$C_3H_7COOH \xrightarrow[\text{转酰基酶}]{HSCoA, ATP} C_3H_7CO \sim SCoA \xrightarrow[\text{酯化酶}]{C_2H_5OH} C_3H_7COOC_2H_5$$

$$C_5H_{11}COOH \xrightarrow[\text{转酰基酶}]{HSCoA, ATP} C_5H_{11}CO \sim SCoA \xrightarrow[\text{酯化酶}]{C_2H_5OH} C_5H_{11}COOC_2H_5$$

乳酸乙酯的生物合成途径与其他脂肪酸乙酯的合成类似，即乳酸在转酰基酶作用下生成乳酰辅酶 A，再在酯化酶催化下与乙醇合成乳酸乙酯：

$$CH_3CHOHCOOH \xrightarrow{HSCoA, ATP} CH_3CHOHCO \sim SCoA \xrightarrow{C_2H_5OH} CH_3CHOHCOOC_2H_5$$

3. 白酒中醇类物质的生成

任何种类的酒，在发酵过程中，除生成较大量的乙醇外，还同时生成其他醇类。醇类主要由微生物作用于糖、果胶质、氨基酸等而产生。

（1）甲醇　甲醇的前体物质为果胶，果胶是半乳糖醛酸的缩合物。其羧基上经常与甲基或钙相结合而形成酯。该酯在果胶酯酶的参与下，经加水分解作用而生成甲醇和果胶酸。

（2）乙醇　淀粉经糖化后，由于酵母的作用，经 EMP 途径，生成酒精。

（3）高级醇　高级醇是一类高沸点物质，是白酒和其他饮料酒的重要香味来源。高级醇是指除乙醇以外的，具有 3 个碳以上的一价醇类。这些醇类包括正丙醇、仲丁醇、戊醇、异戊醇、异丁醇等。我们平时说的杂醇油，就是这些高级醇组成的混合体。白酒中的杂醇油就其含量而言，以异丁醇、异戊醇为主。在酒精发酵过程中，由于原料中蛋白质分解或微生物菌体蛋白水解，而生成氨基酸，氨基酸进一步水解放出氨，脱羧基，生成相应的醇。不同种类的酵母，产高级醇量也各不相同。

（4）多元醇　微生物在好气条件下发酵可生成多元醇。白酒中多元醇的含量较多，这些物质是白酒甜味和醇厚感的主要成因。多元醇的甜味常随着醇基的增加而增加。丙三醇、丁四醇（赤藓醇）、戊五醇（阿拉伯醇）、己六醇（甘露醇）都是甜味黏稠液，己六醇是白酒多元醇中含量最多者。

①丙三醇（甘油）：甘油是酵母在酒精发酵过程中的产物。发酵液中加入亚硫酸或碳酸钠，或添加食盐以增加渗透压，可促进酵母产生大量甘油。白酒生产中，经长期酒精发酵，积累的甘油量较多。有关单位对窖内发酵时甘油的变化进行了测定，发现甘油的消长极不稳定，甘油主要是发酵后期产生的。

发酵过程中，中间产物为甘油：

$$C_6H_{12}O_6 \longrightarrow CH_2OHCHOHCH_2OH + CH_3CHO + CO_2$$

另外，产 2，3 - 丁二醇的细菌在好气情况下，除产 2，3 - 丁二醇外，也产甘油：

$$3C_6H_{12}O_6 \longrightarrow 2CH_3CHOHCHOHCH_3 + 2CH_2OHCHOHCH_2OH + 4CO_2$$

②甘露醇：许多霉菌能产甘露醇，所以大曲中含量较多，一般发酵食品都程度不同地含有此物。细菌中如混合型乳酸菌可使己糖产生乳酸，同时产生甘露醇。

$$3C_6H_{12}O_6 + H_2O \longrightarrow 2C_6H_{14}O_6 + CH_3CHOHCOOH + CH_3COOH + CO_2$$

4. 白酒中醛酮类物质的生成

（1）乙醛　酒精发酵过程中，酵母菌将葡萄糖转变为丙酮酸，放出二氧化碳而生成乙醛，乙醛被迅速还原而成酒精。在此期间生成的乙醛，只是中间产物，极少残存于酒醅中。当酒醅中已生成大量酒精后，乙醇被氧化而生成乙醛。这是成品酒中乙醛的主要生成途径。乙醛的沸点较低，故白酒中的乙醛含量，与流酒温度有关。在贮存过程中，乙醛大量挥发，使酒中乙醛的含量降低。

（2）糠醛　稻壳辅料及原料皮壳中均含有多缩戊糖，在微生物的作用下生成糠醛：

$$(C_5H_8O_4)_n \longrightarrow n\begin{matrix} & \text{CHO} \\ \text{CH}=\text{C} & \\ & \text{O} \\ \text{CH}=\text{CH} & \end{matrix} + 2nH_2O$$

白酒中的呋喃成分系统主要是糠醛，此外，还有醇基糠醛（糠醇）和甲基糠醛等呋喃衍生物。在名白酒中可能存在着以呋喃为基础的分子结构更大更复杂的物质，但现在还是一个谜，可能是"糟香"或"焦香"的重要组成部分，这些问题还有待深入研究。

（3）缩醛　白酒中的缩醛以乙缩醛为主，其含量几乎与乙醛相等。按酒厂中现行测定总醛的方法测出的主要物质是乙醛和部分高级醛，尚有部分没有测出。缩醛是由醇和醛缩合而成的：

$$RCHO + 2R'OH \rightleftharpoons RCH(OR')_2 + H_2O$$

（4）丙烯醛（甘油醛）　白酒无论是固态或液态发酵，在发酵不正常时，常在蒸馏操作中有刺鼻的辣味，蒸出来的新酒燥辣，这是酒中有丙烯醛的缘故，但经贮存后，辣味大为减少。因为丙烯醛的沸点只有50℃，容易挥发，致使酒在老熟过程中辣味减轻。

酒醅中含有甘油，如感染大量杂菌，尤其当酵母与乳酸菌共栖时，就会产生丙烯醛：

$$CH_2OHCHOHCH_2OH \xrightarrow{-H_2O} CH_2OHCH_2CHO \xrightarrow{-H_2O} H_2C{=}CHCHO$$

（5）高级醛酮　白酒中的醛酮类，即羰基化合物（$\diagdown C{=}O$）是重要的香味成分。但含量过多，会给白酒带来异杂味。酒中高级醛酮是由氨基酸分解而成的，但其变化途径迄今尚未搞清楚。

（6）α - 联酮　双乙酰、3 - 羟基丁酮、2，3 - 丁二醇等一般习惯上统称为 α - 联酮。但并不十分确切，因2，3 - 丁二醇系属醇类。白酒中双乙酰、2，3 - 丁二醇是呈甜味物质，赋予白酒以醇厚感。从白酒的成分剖析可知，名优酒双乙酰和2，3 - 丁二醇的含量多，次酒含量少；3 - 羟基丁酮尚无规律可循。

白酒生产中，大多数根霉、曲霉、酵母都能产生 α - 联酮。白酒中 α - 联酮含量如表4 - 2所示。

表4 - 2	白酒中 α - 联酮含量		单位：mg/100mL
酒　名	双乙酰	3 - 羟基丁酮	2，3 - 丁二醇
五粮液	7.0	5.13	2.05
全兴大曲酒	2.72	4.10	3.24
古井贡酒	3.10	1.64	2.36
泸州特曲酒	3.80	4.17	4.58
泸州二曲酒	2.08	1.77	2.38
西凤酒	2.20	—	1.78

3 - 羟基丁酮主要由酮酸及乙醛而来：

$$2CH_3COCOOH \longrightarrow CH_3COCHOHCH_3 + 2CO_2$$
$$2CH_3CHO \longrightarrow CH_3COCHOHCH_3$$

双乙酰是由乙醛及乙酸生成的：

$$CH_3CHO + CH_3COOH \longrightarrow CH_3COCOCH_3 + H_2O$$

双乙酰生成3 - 羟基丁酮时还产生乙酸。

2，3 - 丁二醇属二元醇，它的产生因菌种不同而有下面两种途径：

$$C_6H_{12}O_6 \longrightarrow CH_3CHOHCHOHCH_3 + 2CO_2 + H_2$$
$$C_6H_{12}O_6 \longrightarrow CH_3CHOHCHOHCH_3 + CO_2 + HCOOH$$
$$3C_6H_{12}O_6 \longrightarrow 2CH_3CHOHCHOHCH_3 + 2CH_2OHCHOHCH_2OH + 4CO_2$$

双乙酰、3-羟基丁酮、2,3-丁二醇三者之间是经氧化还原而相互转化的:

$$CH_3CHOHCHOHCH_3 \underset{+2H}{\overset{-2H}{\rightleftharpoons}} CH_3COCHOHCH_3 \underset{+2H}{\overset{-2H}{\rightleftharpoons}} CH_3COCOCH_3$$

2,3-丁二醇　　　　　　　3-羟基丁酮　　　　双乙酰

白酒酿造中微生物种类繁多,共同起着极其复杂的氧化还原作用。发酵过程中,一般先产生3-羟基丁酮,随后向2,3-丁二醇和双乙酰转化,这三种物质在窖内极不稳定,但酒醅中三者始终存在,只是在不同时期的量比关系不同而已。

5. 白酒中芳香族化合物的生成

芳香族化合物是一种碳环化合物,是苯及其衍生物的总称(包括稠环烃及其衍生物)。酒中芳香族化合物主要来源于蛋白质。例如酪醇是酵母将酪氨酸加水脱氨而生成的。

酪氨酸　　　　　　　　　　　　　酪醇

小麦中含有大量的阿魏酸、香草酸和香草醛。用小麦制曲时,经微生物作用而生成大量的香草酸及小量香草醛。小麦经酵母发酵,香草酸大量增加;但曲子经酵母发酵后,香草酸有部分变成4-乙基愈创木酚。阿魏酸经酵母菌及细菌发酵后,生成4-乙基愈创木酚和少量香草醛。香草醛经酵母发酵和细菌作用也能生成4-乙基愈创木酚。

阿魏酸　　　　　　　4-乙烯基愈创木酚　　　　4-乙基愈创木酚

据文献记载,香草醛、香草酸、阿魏酸等来源于木质素,丁香酸来自单宁。若将高粱用60%酒精浸泡,抽提液中含有大量酚类物质,其中有较多的阿魏酸和丁香酸。经酵母发酵后,主要生成丁香酸、丁醛和一些成分不明的芳香族化合物,这从一个方面说明了"好吃不过高粱酒"的道理。下面顺便提一下酒中的硫化物,白酒中检出的硫化物主要有硫化氢、硫醇、二乙基硫等,特别是新酒中这些物质含量较多,它们是新酒味的主要成分,通过贮存后,这些物质可挥发除去。硫化氢主要是由胱氨酸、半胱氨酸和它的前体物质——含硫蛋白质而来的。原料中含硫蛋白质含量不同,经发酵后生成硫化氢的量也有差异。实验表明,酵母、细菌的硫化氢产量较霉菌大得多。球拟酵母及汉逊酵母将胱氨酸生成硫化氢的能力更强。

酒醅内存在胱氨酸时,在有较多糠醛和乙醛存在的情况下,高温蒸馏时也能生成硫化氢。

第五节 糖化发酵控制

一、开窖鉴定

在滴窖期间，车间主任、班组长召集全组人员，对该窖的黄浆水、母糟，结合理化检验结果，进行技术鉴定。通过开窖鉴定，总结上排配料和入窖条件的优缺点，根据母糟（酒醅）发酵情况，确定下排配料和入窖条件。这是四川省泸州曲酒厂传统采用的方法，对保证酒的产量和质量有十分重要的作用。

开窖鉴定主要是用感官方法对母糟和黄浆水进行鉴定。

1. 母糟的鉴定

（1）母糟疏松泡气，肉实有骨力，颗头大，红烧（即呈深猪肝色）。鼻嗅有酒香和酯香。黄浆水透亮，悬丝长，口尝酸味小，涩味大。

这种情况，本排母糟产量、质量都较正常。这是因为上排配料恰当，而且入窖条件也较适宜，窖池管理也搞得较好，母糟做到"柔熟不腻，疏松不糙"，发酵良好。下排应稳定配料，细致操作，才能保证酒的产量和质量。

（2）母糟发酵基本正常，疏松泡气，有骨力，呈猪肝色，鼻嗅有酒香。黄浆水透明清亮，悬丝长，呈金黄色，口尝有酸、涩味。这种情况母糟产的酒，香气较弱，有回味，酒质比前一种情况略差，但出酒率较高。

从母糟和黄浆水情况来看，上排配料和入窖条件基本恰当，但量水用量偏大，黄浆水增多。下排应在稳定其他配料的基础上，适当减少量水用量，以提高酒的香浓味。

（3）母糟显粑（软），没有骨力，酒香也差。黄浆水黏性大，呈白色（黄中带白），有甜味，酸、涩味少。这种黄浆水不易滴出。此种母糟因发酵不正常，故酒的产量低，质量也差。

这种情况一般发生在冬、春季，有时夏季也会发生。这是由于连续几排的配料中，稻壳用量少，量水多，造成母糟显粑，没有骨力。粮糟入窖后不能正常糖化发酵，造成出窖糟残余淀粉高。尤其是黄浆水中含糊精、淀粉、果胶等物质，使黄浆水白黏酽浓，不易滴出。解决的办法是，下排加糠（稻壳）减水，使母糟疏松，并注意入窖温度。要通过连续几排的努力，才能使母糟逐渐达到正常。

（4）母糟显腻，没有骨力，颗头小。黄浆水浑浊不清黏性也大。但比第3种情况稍好。这是因为连续几排配料不当，糠少水大，造成母糟显腻，残余淀粉高。下排配料时，可考虑加糠减水，以恢复母糟骨力，使发酵达到正常。

2. 从黄浆水的味道判断母糟的发酵情况

（1）黄浆水现酸味 如果黄浆水现酸味，涩味少，说明上排粮糟入窖温度过高，并受醋酸菌、乳酸菌等产酸菌的感染，抑制了酵母的繁殖活动，因而发酵糟残余淀粉较高，有的还原糖还未被利用。这种情况，一般出酒率较低，质量也较差。

（2）黄浆水现甜味 黄浆水较酽，黏性大，以甜味为主，酸涩味不足，这是入窖粮糟淀粉糖化发酵不完全，使一部分可发酵性糖残留在母糟和黄浆水中所致。此外，若粮食糊化不彻底，造成糖化发酵不良，也会使黄浆水带甜味。这种情况一般出酒率都较低。

（3）黄浆水现苦味　如果黄浆水明显带苦味，说明用曲量太大，而且量水用量不足，造成粮糟入窖后因水分不足而"干烧"，就会使黄浆水带苦味。另外，若窖池管理不善，窖皮裂口，粮糟霉烂，杂菌大量繁殖，也会给黄浆水带来苦味。这种情况，母糟产酒质量低劣，出酒率也低。

（4）黄浆水现馊味　如果黄浆水带酸馊味，说明酿酒车间清洁卫生太差，连续把晾堂上残余的粮糟扫入窖内。有的车间用冷水冲洗晾堂后，把残留的粮糟也扫入窖内，造成杂菌大量感染，也会引起馊味。此外，若量水温度过低（冷水尤甚），水分不能被淀粉颗粒充分吸收，引起发酵不良，也是一个重要的原因。这种母糟产的酒，质量甚差。

（5）黄浆水现涩味　母糟发酵正常的黄浆水，应该有明显的涩味，酸味适中，不带甜味。这是上排粮糟配料比例适宜，操作细致，糖化发酵好的标志。这种母糟产酒质量好，出酒率高。

在开窖鉴定中，用嗅觉和味觉器官来分辨母糟和黄浆水的气味，从而分析判断发酵优劣，用以指导生产，是一个快速、简便而有效的方法，在生产实践中起着重要的作用。

二、应用化验数据指导生产

（一）找准、选定生产中的标准数值

在认真总结各名白酒的工艺操作的基础上，各自应找出生产中的各项标准数值。现在各名白酒厂的各项标准数值已经找出，如某厂老窖大曲酒生产中的各项标准数值如下。

1. 入窖粮糟的标准数值

（1）粮、糟比　旺季是 1:（5～4.5），淡季是 1:（5～5.5）。

（2）粮、糠比　旺季为 22%～26%，淡季为 18%～20%。

（3）粮、水比　旺季为 60%～80%，淡季为 80%～100%。

（4）粮、曲比　旺季为 20%～24%，淡季为 18%～20%。

（5）入窖温度　旺季为 13～20℃，淡季 25℃左右。

（6）入窖粮糟各项化验数据的标准　淀粉含量旺季为 18%～22%，淡季为 15%～16%；水分旺季为 53%～54%，淡季为 55%～56%；酸度旺季为 1.5～1.8，淡季为 1.6～2。

2. 出窖母糟（发酵糟）的正常标准数值

酸度旺季为 2.5～3.1，淡季为 3.0～3.5；淀粉含量 8%～10%；水分 60%（滴窖后，出窖前应为 64% 左右）；酒精含量旺季为 5%～7%，淡季为 3%～5%。

（二）运用化验数据指导配料和操作

其基本原理是化验分析出窖糟（发酵糟）的淀粉含量、水含量、酸度，从而确定入窖粮糟的配料数（比例），使入窖粮糟达到各项标准正常数值，以利于正常发酵。怎样根据出窖糟的化验结果来确定配料，使之达到入窖粮糟的各项标准正常数值呢？现分别叙述如下。

1. 根据出窖糟的淀粉含量确定入窖粮糟的糠壳配料用量

出窖糟淀粉含量在 8% 时，其糠壳用量采用标准数值。若出窖糟淀粉含量低于 8% 时，则应减少糠壳用量；出窖糟淀粉含量高于 10% 时，则应增加糠壳用量或减少投粮数。这是

基本方法，用投粮量和投糠壳量来调节入窖粮糟的淀粉含量。

（1）准确计算出窖糟的淀粉含量　出窖糟淀粉含量以出窖糟含水分60%为基础计算，也就是说出窖糟淀粉含量要计算成出窖糟含水分为60%标准时的淀粉含量。例如，出窖糟的淀粉含量为9.2%，水分为61%，则换算成标准淀粉含量为：

$$\frac{61\% \times 9.2\%}{60\%} = 9.35\%$$

（2）出窖糟的加糠量　一般窖下层的粮糟用糠比例大（用最高数），窖上面的粮糟用糠比例小（用最小数）。也就是说在这个范围内从窖下到窖上逐渐减少投糠量。根据母糟淀粉含量确定投糠量范围的参考数据如表4－3所示。

表4－3　　　　　　　　　　　根据母糟淀粉含量确定投糠量　　　　　　　　　单位：kg

用量＼窖别 出窖淀粉含量/%	深窖（2m左右）	
	旺　季	淡　季
7	40～45	38～40
7.5	42～46	40～42
8	44～47	42～44
8.5	46～48	44～46
9	48～50	46～48
9.5	50～53	47～50
10	55～58	52～54

注：① 旺季指1、2、3、4、5、10、11、12月，其余为淡季。② 本表数据供参考，各厂应根据实际情况灵活掌握。

用加糠或减糠的方法使入窖粮糟始终保持一定标准的淀粉含量，以保证入窖粮糟不腻不糙，提供微生物良好适宜的环境，使之发酵正常。如果不用糠壳用量来调节入窖粮糟的淀粉含量，则当出窖残余淀粉高时，母糟会越做越腻；当出窖淀粉含量低时，母糟会越做越糙，均会影响发酵的顺利进行。

用加糠或减糠来调节入窖粮糟淀粉含量有以下优点：操作方便简单，易于掌握；能降低入窖粮糟酸度（与减粮措施比较）；效果也比较明显。

但是它也有以下缺点：①不能挽回损失。上排残存在母糟中的过剩淀粉（因上排发酵不良而造成的）不能利用，而被糠壳稀释后，转入红糟，增大了红糟的比例，红糟的甑口增加，因此下排丢掉的丢糟甑口也随之而增加，这不但会使丢糟的淀粉含量增高（由于红糟中的淀粉不易被发酵而造成），而且由于丢掉的甑口多，丢掉的淀粉总量也会更多。所以，用加糠的办法解决入窖粮糟淀粉高时，只考虑了本排加入的淀粉的利用而没有考虑上排残存的多余淀粉的利用问题，这样就使上排没有发酵的残余淀粉大部分被丢掉。②不利于提高劳动生产率。由于增加了糠壳，使红糟、丢糟比例增大，丢红糟的甑口增加，这样就要多蒸甑口，从而降低了劳动生产率。

（3）用加粮或减粮的办法来调节入窖粮糟淀粉含量，以利于正常发酵。根据实际经验总结和初步计算得出，每增加或减少入窖粮糟1%淀粉含量，每甑需增加或减少投粮15kg（与甑容有关），从而使入窖粮糟的淀粉含量在标准范围内。用加粮或减粮的办法来调节入窖粮糟的淀粉含量有以下的优缺点：

优点：能将上排因发酵不良而残剩下来的淀粉进行再发酵，以节约粮食，降低消耗；不增加丢红糟甑口，不影响劳动生产率；节约糠壳用量，有利于减少辅助料的消耗，降低成本。

缺点：做法比较麻烦，每个窖、每个甑投粮不一致，工人不易记清楚，保管人员核算困难，容易搞错；不利于降低入窖酸度。

用加粮调节入窖淀粉含量时应注意以下问题：不管是加粮或减粮，糠壳用量应按正常发酵窖的标准。用大曲量也应按正常发酵窖的用量。用水量应根据化验数据来确定。

用减粮的措施来调节入窖粮糟的淀粉含量，对挽回上排因发酵不良而造成的损失，效果是很显著的。如1961年泸州曲酒厂发生"倒窖"事故后，用减粮措施挽回了大部分损失。由原来正常每甑投粮140kg减到每甑投粮75kg左右（出窖糟残存淀粉在12%左右，最高的达14%）。若只按当排投粮（75kg左右）计算，出酒率可高达80%，大大超过了理论数据。1978年3月泸州曲酒厂3车间12组生产不正常，出窖糟残存淀粉在11%左右，他们对一部分窖采取加糠措施，一部分窖采取减粮措施（每层减少投粮20kg），4月底，5月初开窖，所有窖池都有了好转，粮耗比原来降低27%左右。尤其是减粮的窖效果更为显著，每甑单位产酒量比没有减粮的要多，或者与没有减粮的窖每甑单位产量一样，粮耗在85kg左右，不但没有降低劳动生产率，而且为国家节约了大量的粮食。所以遇到很不正常的窖池，采取减粮措施是完全必要的。

（4）加投粮投糠综合使用法　在正常生产中，一般应采取调节投粮量和投糠壳量两者综合的办法。当出窖残余淀粉含量在10%以下（不含10%）时，可用加糠或减糠的办法来调节入窖粮糟的淀粉含量。当出窖糟残余淀粉含量在10%以上时，就应用减粮的办法来调节入窖粮糟的淀粉含量（这应根据各厂的具体情况而定）。这样大多数窖用加糠或减糠的办法调节入窖粮糟的淀粉含量，而只有个别发酵很不正常的窖池或班组，才用减粮的办法来调节入窖粮糟的淀粉含量。从而不经常变动投粮数，相互吸取优点而克服各自的缺点。

当出窖糟残余淀粉高时，可根据酸度的大小来确定加粮还是减粮。酸度高应采取加糠措施；酸度小则应采取减粮措施。

（5）用糠量中应注意一个问题，即目前糠壳粗细很不统一，细糠的密度大，粗糠的密度相对小，因此单按质量分数来计量就会造成很大的差异。例如同样是用20%的糠壳，但糠壳粗的体积大，糠壳细的体积小，粗糠与细糠的体积差异高的可达1/3。近年来由于糠壳的来源紧张，细糠也必须用于生产。因此，在计算时，应先计算出粗糠的标准用糠量的体积，然后得出同一体积的不同细度糠壳的不同质量分数。如某名酒厂以粗糠28.5kg的体积为标准，经计算粗糠28.5kg的体积为0.25m³，与每甑母糟的体积比为1:（4~5），甑子的体积约为1.4m³。也可以增大红糟的比率来观察用糠壳量是否适合，正常的红糟增长率为旺季30%，淡季20%（与粮糟甑口的比例，也就是说在旺季每10甑粮糟的发酵糟，下排除了再蒸10甑粮糟外，还要蒸3甑红糟；在淡季每10甑粮糟的发酵糟，下排除了蒸10甑粮糟外，还要蒸2甑红糟）。在当前糠壳来源紧张，细度很不一致的情况下，换算成标准糠壳的体积来计算加糠量，这一点是很重要的。另外，在用糠时，下层的粮糟多用些糠壳，而上层的逐渐少用些糠壳。其理由：一是窖下层的粮糟受力大，所以需要稍为疏松点，以抵抗上层的压力。二是窖下层的粮糟疏松点，以利于滴窖，而窖上层的粮糟略为紧实点，以利于保住水分，使上层的粮糟有一定的含水量，不致干烧或倒烧。

1964 年曾采用过按出窖残余淀粉含量下粮的措施，收到了很好的效果，全年平均粮耗有显著下降，提高了出酒率。

2. 根据出窖的含水量确定滴窖时应舀黄浆水数量和入窖粮糟的量水用量

（1）根据窖内母糟含水量确定滴窖时应舀黄浆水数量　窖内发酵良好的母糟含水量一般在 64% 左右（取窖内母糟上、中、下的混合样分析）。根据每个窖的粮糟甑口计算，每甑粮糟应舀黄浆水 40kg 左右。窖内母糟含水量若是 63%，则每甑粮糟应舀黄浆水 30kg。若窖内母糟含水量是 65%，则每甑粮糟应舀黄浆水 50kg。其全窖应舀黄浆水的量的计算公式为：

$$m = （\omega_1 - \omega_2） \times 900n$$

式中　m——全窖应舀黄浆水质量，kg

　　　ω_1——窖内母糟含水量，%

　　　ω_2——理想母糟含水量，%

　　　n——本窖粮糟甑口数，甑

例如，窖内母糟含水量为 63.5%，所要求的母糟含水量（理想水分）为 60%；本窖粮糟甑口是 15 甑，每甑装母糟的量为 900kg，在滴窖中应舀多少黄浆水为正常？

$$m = （63.5\% - 60\%） \times 900 \times 15 = 472.5kg$$

（2）根据堆糟坝母糟含水量确定每甑应打量水数量

① 根据粮、糠、糟比例，计算出拌料后的粮糟含水量：

$$\omega = \frac{\omega_1 m_1 + \omega_2 m_2 + \omega_3 m_3}{m} \times 100$$

式中　ω——拌糟后的粮糟含水量，%

　　　ω_1——堆糟坝母糟含水量，%

　　　ω_2——高粱含水量，%

　　　ω_3——糠壳含水量，%

　　　m_1——每甑粮糟用堆糟坝母糟质量，kg

　　　m_2——每甑粮糟用粮量，kg

　　　m_3——每甑粮糟用糠壳量，kg

　　　m——每甑粮糟在蒸馏前的总质量（包括母糟、粮食、糠壳，不包括量水和大曲），kg

例如，堆糟坝母糟含水量为 60%，每甑粮糟用母糟 650kg，高粱含水量为 12%，每甑粮糟用高粱 130kg，糠壳含水量为 13%，每甑粮糟用糠壳为 35kg，则拌料后的粮糟含水分应为：

$$\omega = \frac{650 \times 60\% + 130 \times 12\% + 35 \times 13\%}{815} \times 100\% = 50.32\%$$

从计算结果和无数次的实验，得出了这样的一个规律，即，拌料后的粮糟含水量等于堆糟坝母糟含水量减去 10%。若堆糟坝母糟含水量是 60%，则拌料后粮糟的含水量为 50%；若堆糟坝母糟含水量为 61.5%，则拌料后粮糟的含水量为 51.5%；若堆糟坝母糟含水量为 58%，则拌料后的粮糟含水量是 48%；其差值均在 10% 左右。

为了便于计算每甑粮糟的量水数量，必须进一步弄清拌料后的粮糟水分与蒸粮后出甑时的粮糟水分的关系。通过无数次化验分析，得出的规律是：拌料后的粮糟水分和蒸馏出甑时的粮糟水分是基本一致的。即拌料后的粮糟水分是多少，蒸馏后出甑时的粮糟水分也是多少。从总量来说，蒸馏后出甑的粮糟略比拌料后的粮糟重 25kg 左右，其增重的主要原因是水蒸气代替了母糟中的酒精。

②根据堆糟坝母糟的含水量，确定应打量水的量：先计算出 1kg 粮食用 1kg 量水，能增加入窖粮糟多少含水量。其计算公式如下：

$$\omega = \frac{\omega_1 m + m_1}{m + m_1} \times 100\%$$

式中　ω——打量水后入窖粮糟含水量，%

m——拌料后粮糟质量，kg

ω_1——拌料后粮糟含水量，%

m_1——加入量水质量，kg

例如，每甑下粮 130kg，拌料后的粮糟含水量为 50%（即堆糟坝母糟含水量为 60%），现按投粮量打 100% 的量水（即打量水 130kg），其入窖粮糟的含水量为：

$$\omega = \frac{815 \times 50\% + 130}{815 + 130} \times 100\% = 56.88\%$$

实际化验结果为 56%，其 0.8% 则是在冷却过程中挥发损失。因无数次的化验分析结果和实际相吻合，故可按投粮比计算每增加 10% 的量水数就增加入窖粮糟水分 0.6%。其计算结果和实际水分如表 4-4 所示。

表 4-4　　　　　　　　　　　　　计算结果和实际水分

用量水比/%	每甑投粮量/kg	实际用量水量/kg	计算粮糟含水量/%	挥发损失系数	入窖粮糟实际含水量/%
110	260	286	57.4	0.8	56.6
100	260	260	56.8	0.8	56.0
90	260	234	56.2	0.8	55.4
80	260	208	55.6	0.8	54.8
70	260	182	55.0	0.8	54.2
60	260	156	54.4	0.8	53.6

注：母糟含水量为 50%。

从表 4-4 的结果可以清楚地看出，每打 10% 的量水，刚好增加入窖粮糟含水量 0.6%。假如拌料后的粮糟含水量是 50%，打 60% 的量水，就等于增加水分 $60 \times 0.6\% = 3.6\%$。如果列成公式，即用打入量水的百分比（对粮食而言）$\times 0.6$ 就是入窖粮糟增加的水分。若换算成增加入窖粮糟 1% 的含水量需打多少量水，则为：

$$\frac{13}{0.6} = 21.67\text{kg}$$

这就是说打量水 13kg 增加入窖粮糟水分 0.6%，打量水 21.67kg，就可以增加入窖粮糟 1% 的水分。

另外又做了其他条件不变而投粮量增加时对入窖粮糟含水量的影响。从计算结果可见，影响也不大。例如，每甑投粮数140kg时，若打100%量水，则增加粮糟水分6.1%，如果每甑投粮量变为120kg，量水仍打100%，则增加入窖粮糟水分为5.7%。

从实际化验的分析结果看，投粮量对入窖粮糟含水量的影响更小，基本上仍符合"加10%的量水，增加粮糟含水量0.6%"的规律。其原因是当粮食增加后，糠量也会随之增加，相反，母糟数量则会有一定数量的减少，这样实际的含水量则比计算含水量偏低。同理，当投粮减少时，投糠壳量也随之减少，而母糟用量则稍有增加。所以，粮糟实际的含水量就会比计算结果略高。因此投粮数的增减，对"加10%的量水，增加粮糟含水量0.6%"的规律无影响，只是母糟含水量变化，对入窖粮糟水分有影响。其计算结果如表4-5所示。

表4-5　　　　　　　　　　　母糟含水量变化对入窖粮糟水分的影响

拌料后的粮糟含水量/%	每甑投粮量/kg	实际用量水量/kg	计算粮糟含水量/%	挥发损失系数	入窖粮糟实际含水量/%	实际增加水分/%
51	130	130	57.7	0.8	56.9	5.9
50	130	130	56.8	0.8	56	6
49	130	130	56.0	0.8	55.2	6.2
48	130	130	55.7	0.8	54.3	6.3
47	130	130	54.2	0.8	53.4	6.4

从表4-5可以看出，当母糟含水量逐渐减少时，实际用水量逐渐加大，这与化验结果也是吻合的。在大生产中，拌料后的粮糟含水量一般均在48%～51%，超出这个范围者很少，尤其是在48%以下的情况更少，所以都很少考虑这个因素。当拌料后的粮糟含水量在48%以下（不包括48%），即堆糟坝母糟的含水量在58%以下时，粮糟中的粮粉就吸不足水分（从感官上看拌料后的粮糟不转色，现灰白色），则将严重影响糊化。所以在这种情况下，应于加粮粉前在母糟中添加适当的冷酒尾，以提高母糟的含水量达到60%左右为宜。从生产实际和计算结果，都证实了每添加19kg冷酒尾，可以提高拌料粮糟1%的含水量。例如，堆糟坝母糟含水量57.5%，拌料粮糟的水分为47%，若在加粮粉前，往一甑量的母糟中撒入19kg冷酒尾，再倒入粮粉和糠壳，则拌料后的粮糟水分可提高1%，而实际含水量为48.5%。以此类推，即可算出各种不同母糟含水量应加入的冷酒尾数量。

为什么当母糟含水量不够时，宜加冷酒尾，而不加生水或加黄浆水呢？加冷酒尾是传统工艺，从理论上讲，因为冷酒尾中无杂菌（没有微生物或微生物很少）且含有部分有益物质，如酸、酯和高级醇等，酸度也不高，故有利于提高酒质或至少不影响酒质（因为酒尾按工艺操作规定，也回到底锅中重蒸回收），有利于粮粉糊化。若加生水，则容易导致母糟倒烧（或产生不利于质量的因素）。因生水中有较多的杂菌，所以一般都不主张加生水。若加黄浆水，则因黄浆水酸度大，虽有利于糊化，可以增加部分有益物质，但同时会增大入窖粮糟酸度而不利于发酵，所以一般也不主张加黄浆水。若采用新窖，母糟酸度又偏低，则加老窖黄浆水代替冷酒尾更为有利。因此，是加冷酒尾还是加老窖黄浆水，应根据母糟酸度的具体情况而定。

（3）在用量水中，应注意以下几个问题

①量水温度宜高，一般都应严格要求在95℃以上。

②目前采用打梯梯水的办法，即窖下层的粮糟少打量水，而窖上层的粮糟多打量水。

其具体做法是将全窖总的量水用量分成三个不同的数值来分配，称为三截打水。例如一个窖粮糟甑口是26甑，计划打量水80%，前10甑按80%计算后，每甑少打15～30kg量水，第11甑到16甑（即中间部分），可按80%计算打入量水；第17甑到26甑，按80%计算外，每甑还增加5～30kg量水（一般是窖最下面的两甑少用30kg量水，窖最上面的4～6甑多用30kg量水），但全窖平均量水用量仍为80%。为何采取这种分配法？这是传统工艺，目前认识也不尽一致。采用这样分配法有以下三点理由。

A. 堆糟坝母糟的含水量由于逐渐挥发和流失而减少，所以刚开始蒸粮时，母糟含水量要大些，出甑粮糟的含水量就会大些。但由于母糟含水量逐渐减少，因此，出甑粮糟的含水量也逐渐减小，这就需要在分配量水时予以调整。

B. 从窖内粮糟发酵产热情况来分析，热气往上走，因此越是上面的糟子受热越大，所以需要的水分要多些，才能适应。在传统工艺中打梯梯水（尤其是窖最下层的一二甑粮糟打量水最少），控制"宝塔式温度"（窖下层高，尤其是刚入窖的一二甑粮糟的温度要比窖最上面的粮糟温度高4～5℃，以后逐甑降低，即下高上低），可能也是这个原因。

C. 窖下面的粮糟水分的挥发损失较小，而窖上层的物料，尤其是平窖口后的入窖粮糟，其水分挥发损失较大，所以应在量水分配上进行适当的调整。

③梯梯水的各甑粮糟化验数据：小窖（14甑以下）1甑，大窖2甑底糟粮糟的含水量，比计划应打量水的含水量低1.0%～1.5%。第1、2甑以后的1/3的粮糟水分比标准水分低0.5%；1/3的粮糟为标准水分；上层1/3的粮糟水分比标准水分高0.52%，最后两甑可高1.5%。堆糟坝母糟含水量的损失，没有规律性，出入很大。如果有条件，最好是每8h左右分析化验1次，以便调整量水用量。若每窖只开头分析化验1次，就只能凭经验来调整，一般也较好掌握。

④水分挥发损失系数为0.8%左右；因季节和气候条件不同而略有变化，在实践中可进一步的探索。

⑤以上数据不是绝对统一的，各个酒厂应根据自己生产的工艺特点、设备条件等找出各自的适宜数据，以指导生产，不能完全照搬。

⑥为了正确地控制入窖粮糟含水量，起窖倒在堆糟坝的母糟必须干湿均匀，即须认真严格地做好分层堆糟工作，否则将影响入窖粮糟水分的准确性或给化验分析工作带来不必要的困难。

3. 酸度的控制

酸度分出窖母糟酸度、入窖粮糟酸度以及发酵生酸等几种。

（1）出窖母糟酸度　在正常情况下，出窖母糟酸度旺季是2.5～3，淡季是2.8～3.5。若出窖母糟酸度的化验分析结果接近或者超过了不同季节的最高正常值时（即旺季2.8，淡季3.5），就应采取加强滴窖勤舀的措施来降低母糟酸度。经计算和实践证明，每降低母糟1%的含水量，即每甑多舀10kg黄浆水，就可以降低入窖粮糟酸度0.1；黄浆水的酸度比母糟的酸度几乎大1倍，因为母糟中的酸是溶解在黄浆水之中的。再加上降低母糟1%的含水量，就可以增加入窖粮糟21.5kg左右的量水，用量水代替了黄浆水，可以达到明显降低酸度的目的。因此，当出窖母糟酸度超过正常值时，应尽量设法降低母糟含水量，从而降低入窖粮糟酸度。目前有效的措施是提前打洞滴或打黄浆水坑勤舀黄浆水等。有人提出用洒冷酒尾以挤出黄浆水（当窖不易滴时）的办法，滴出更多的黄浆水，以更有效地降低酸度。加入酒尾后，可以把黄浆水挤出来，而酒精以及溶解在酒精中的香味成分不受影响。

　　加粮加糠拌料后，可以降低酸度 0.2 左右。如出窖糟酸度是 3.0，则可降低酸度 0.6 左右。在蒸馏过程中，每流 5kg 65% 酒精度的酒可降低母糟酸度 0.1 左右。若流 40kg 酒可降低酸度 0.8 左右，通过加粮、加糠，蒸馏后可降酸 1.4 左右，使入窖酸度控制在理想的标准范围内。

　　（2）入窖粮糟酸度　　正常入窖粮糟酸度是：旺季 1.0～1.6，淡季 1.5～1.7。如入窖粮糟酸度超过各季不同的正常值时，则应采取如下措施：① 大火冲酸；② 进一步提高量水温度，有条件的可以用 100℃ 的开水；③以加糠来适应酸度较大的特点，每超过酸度 0.1 可加 2% 的糠壳，加 5% 的量水。例如入窖粮糟酸度 1.9，则可在标准用糠量上加 4% 的糠，在标准用水量上加 10% 的水。这个方法在入窖糟酸度 2.0 以内都可采用；④入窖粮糟酸度在 2.2 以上，应采用以石灰水中和的措施来降酸（有人提出用 NaOH 代替石灰水效果更好）。入窖粮糟酸度超过正常值时，可以用增加酒精酵母的办法来提高出酒率（用干酵母更好）。

　　（3）发酵生酸（也称升酸幅度）　　正常的发酵生酸一般是 1.0～1.2。如没有达到 1.0，则为发酵和微生物生长不良。若超过了 1.5，则为有杂菌感染，这是因窖池管理不善或因发酵周期延长等原因所致，会给下排降低酸度带来困难。如果是因为发酵周期延长而增大了酸度，则在加糠壳时，可在标准用量的基础上增加 5%～10% 的糠，以扭转被动局面，水一般不添加，可适当沿边踩窖。

　　4. 温度的控制

　　温度分入窖温度和发酵升温两种。

　　（1）入窖温度　　入窖温度是指入窖粮糟在入窖时的温度。近年来都一致强调低温入窖，低温入窖的标准是当地温在 13℃ 以下时，入窖温度控制在 13～15℃；若地温上升到 15℃ 以上后，则尽量做到平地温或降地温入窖，这就要根据设备条件而定，能降地温就尽量降地温。原则是入窖粮糟入窖后不返烧，不能因降温而侵入杂菌，不能降地温的就平地温入窖或高于地温 1℃ 入窖。按上述温度入窖的就称为低温入窖。因为入窖温度受到气温等因素的影响，故各酒厂还不可能做到一致。例如泸州大曲酒目前的低温极限是 13℃，这是根据四川的气候和大曲酒发酵周期长的特点，经过长期的实践而摸索到的。各种酒应根据当地的气候特点和工艺条件正确地决定低温极限和低温入窖的温度范围，不能简单搬用。另外，在收温时每个窖的最下两甑窖底粮糟要比一般粮糟高 1～2℃，其他粮糟的温度应尽量做到一致，尤其是在窖上面的粮糟温度不宜高。

　　（2）发酵升温　　发酵升温是封窖后，粮糟在发酵时放出的热量使窖内母糟温度逐渐升高所致。因此可从发酵升温情况初步判断粮糟的发酵好坏。正常发酵升温是：淡季每天上升 1～2℃，升温幅度为 10℃ 左右，直至发酵期 7d 左右。旺季每天上升 0.5～1℃，升温幅度 12℃ 左右，主发酵期 10～15d。如果升温速度快，升温幅度大，主发酵期短，则证明入窖粮糟糙了，一般是糠多，或是杂菌侵入感染等原因所致。若升温速度慢，升温幅度不大，主发酵期不明显（倒吹快或没有吹），则是入窖粮糟淀粉含量高，糠壳少，母糟做腻了，或是大曲质量不好等原因所致。若发酵后期或发酵中期升温，则是因窖池管理不好，窖皮有裂口而漏气，浸水或入窖温度低，母糟腻等原因所致。

5. 根据母糟（发酵糟）酒精含量计算蒸馏效果、挥发损失

（1）根据出窖母糟酒精含量计算蒸馏效率 正常出窖母糟的酒精含量淡季为4.5%～5%；旺季为5.5%～6%，用化验分析数据，结合甑子的容量就可以算出蒸馏效率。例如，出窖母糟的酒精含量是5.2%，而每甑装母糟650kg，拌料粮糟所产酒平均为51.5kg（以酒精含量60%计），则蒸馏效率为：

$$\eta = \frac{51.5}{\frac{5.2}{60} \times 650} \times 100\% = 91.4\%$$

列公式为：

$$\eta = \frac{m}{\frac{\varphi}{60} \times m_1} \times 100\%$$

式中 η——蒸馏效率，%

m——每甑实际产酒量（酒精含量以60%计），kg

φ——母糟酒精含量，%

60——换算成酒精含量，%

m_1——每甑装母糟的量，kg

（2）挥发损失的计算 用出窖时母糟酒精含量减去拌料时母糟酒精含量或拌料后粮糟的酒精含量，以得出挥发损失，从而计算出经过各个工序后母糟酒精含量的损失。

①起窖过程中，母糟酒精含量损失的计算：

例如，起窖前窖内母糟的酒精含量为5.2%，含水量是65%；经过滴窖，堆糟坝时的母糟酒精含量是5%，含水量为59.5%。经过起窖、滴窖，在起窖过程中母糟挥发损失了多少酒精含量（黄浆水酒精含量是4%）？

$$\rho = \left[\frac{65 \times 5.2 - (65 - 59.5) \times 4}{59.5} - 5\right] \times 100\% = 0.31\%$$

列公式为：

$$\rho = \left[\frac{\omega \times \varphi - (\omega - \omega_1) \varphi_2}{\omega_1} - \varphi_1\right] \times 100\%$$

式中 ρ——母糟酒精含量的挥发损失，%

ω——起窖前窖内母糟含水量，%

φ——起窖前窖内母糟的酒精含量，%

ω_1——起到堆糟坝时的母糟含水量，%

φ_1——起到堆糟坝后母糟的酒精含量，%

φ_2——滴出来的黄浆水中的酒精含量，%

②母糟酒精含量在堆糟坝上的损失的计算：

例如，母糟起到堆糟坝时的酒精含量是5%，每隔8h或24h再分析化验1次堆糟坝母糟的酒精含量：8h是4.95%，24h是4.85%等，然后用前者减去后者就可以计算出酒精的损失，根据各种不同的要求和目的，可以计算出各个时间的损失量。

③拌料时母糟酒精含量的挥发损失计算：

例如，拌料前，母糟的酒精含量为 4.85%；质量是 650kg，加高粱粉 130kg，糠壳 30kg，拌料后的粮糟酒精含量是 3.7%，问拌料过程中酒精挥发损失是多少？

$$\rho = \frac{650 \times 4.85\% - （650 + 130 + 30）\times 3.7\%}{650} \times 100\% = 0.24\%$$

列公式为：

$$\rho = \frac{m\varphi - （m + m_1 + m_2）\varphi_1}{m} \times 100\%$$

式中　ρ——母糟拌料后酒精含量的损失，%

　　　　m——每甑拌粮糟用母糟量，kg

　　　　m_1——每甑拌粮糟用高粱粉量，kg

　　　　m_2——每甑拌粮糟用糠壳量，kg

　　　　φ——拌料前母糟的酒精含量，%

　　　　φ_1——拌料后粮糟的酒精含量，%

前述蒸馏效率实际上包括了挥发损失在内，为了避免数据复杂，减少分析化验项目，以利于迅速得出结果，及时指导生产，故将全部挥发损失和蒸馏损失统一列为蒸馏效率来计算。因此要提高蒸馏效率，不但要注意上甑工序，而且还必须注意减少开窖后母糟酒精含量的损失。但是确切的蒸馏效率应是上甑时拌料粮糟的酒精含量的理论产酒数除以实际产酒数。例如，拌料粮糟的酒精含量是 3.7%，每甑产 60% 酒精的酒 45.5kg，每甑母糟 650kg，投粮 130kg，下糠 30kg，则蒸馏效率为：

$$\eta = \frac{45.5}{\frac{3.7}{60} \times （650 + 130 + 30）} \times 100\% = 91.1\%$$

（三）关于化验分析问题

为了用化验指导生产，逐步走向科学酿酒，化验分析工作必须做到：取样要具有代表性，分析结果准确、及时。这样才能起到指导生产的作用，并不断总结经验，推动生产向前发展，从而实现酿酒科学化的目标。根据化验分析应准确、及时、有代表性的原则，目前的具体做法如下。

1. 窖内发酵粮糟（即母糟）的取样和分析

（1）取样　取样采用竹片取样法，在本窖入窖装粮糟时，就将预先准备好的竹片放入窖内，让粮糟逐层均匀地装入竹片内，装完粮糟后，使竹片上端刚露出粮糟表面，并做一记号（以便开窖时好找）。再装入红糟，然后让竹片封入窖内发酵。待开窖前的 1 ~ 2d，从窖内抽出竹片，窖内上、中、下层发酵粮糟由竹片带出，然后混合均匀，取样进行化验分析。

（2）化验分析项目和作用

①化验分析窖内发酵粮糟的含水量，以确定该窖应舀多少斤黄浆水，并将化验结果通知单提前告诉班组。

②化验分析窖内发酵粮糟酸度，以确定滴窖方法和采取的降酸措施等，使班组在开窖前就知道本窖粮糟的酸度情况，以便提前做好必要的准备工作。

③化验分析窖内发酵粮糟的淀粉含量，并折算成在 60% 的含水量时的淀粉含量，使班

组提前知道本窖的发酵情况，残余淀粉的情况，初步决定本排的投糖量。

④化验分析窖内发酵粮糟的酒精含量，通过计算，可以初步了解本窖的原料出酒率和粮耗，以便分析研究发酵好坏的原因。

⑤必要时可化验分析窖内发酵粮糟的总糖含量或微生物数量、活动情况等，以了解窖内发酵状况。

取样分析的主要目的是解决窖内发酵粮糟的水分和酸度问题，其次是初步了解本窖本排的发酵情况，预计粮耗和原料出酒率，研究确定配料等。

2. 堆糟坝母糟的取样和分析

（1）取样　当窖内发酵粮糟起到堆糟坝后，在踩拍整理堆糟坝母糟时，要在堆糟的上、中、下三层母糟均匀取样，尽量使样品具有代表性。取样完后，要立即进行化验分析，因为母糟起到堆糟坝后，很快就要配料蒸馏入窖，所以化验分析结果应在配料前通知班组。一般可在取样后 2h 内得出化验分析结果，用以指导生产。

（2）化验分析项目和作用

①堆糟坝母糟含水量的化验分析：根据化验分析结果，确定本窖全窖用量水的比例（与投粮量的比）和每甑应打量水的量。使入窖粮糟达到理想的标准含水量。

②化验分析堆糟坝母糟的残余淀粉含量，并与窖内发酵粮糟的淀粉含量比较，是否一致。然后较正确地得出母糟的残余淀粉含量，结合母糟酸度的大小和水分的多少，确定本排本窖的用糠比例，和每甑粮糟用糠壳的量，使入窖粮糟达到柔熟不黏、疏松不糙的标准，使淀粉含量达到合理的标准。

③化验分析堆糟坝母糟的酸度，并与窖内发酵粮糟的酸度比较，了解滴窖降酸情况，确定冲酸时间以及是否采用提高量水温度等降酸措施；同时提供确定用糠壳量和用量水量的参考依据。

④化验分析堆糟坝母糟酒精含量，并与窖内发酵粮糟的酒精含量相比较，了解起窖和滴窖时的挥发损失程度，进一步确定本窖、本排粮耗和原料出酒率；还可确定每甑粮糟或高粱应产酒的数量，计算其蒸馏效率，了解蒸馏过程中的损失情况。

⑤堆糟坝母糟的化验分析结果应与窖内发酵粮糟的各项化验分析数据相符合，出入不能过大，否则应重新取样，以确保结果的准确。

3. 入窖粮糟的取样和分析

（1）取样　入窖粮糟应按每甑入窖粮糟，即不同甑次的粮糟进行化验分析。这种粮糟应在入窖时均匀取样，尽量做到具有代表性，并应记下该甑粮糟的量水用量和该甑拌料粮糟是否刚好装完。如果有余或不足，以及前一甑遗留有尚未装完的拌料粮、料等，均会影响分析结果的准确性。

若为全窖粮糟，应在开始装粮糟时就放入事先准备好的竹片，等该窖粮糟装完后准备装红糟时，把竹片抽出，取出粮糟，拌匀后取样化验分析，或用特制取样器取样分析。

（2）化验分析项目和作用

① 不同甑次入窖粮糟（每甑入窖粮糟）应化验分析水分、酸度、淀粉含量等是否符合理想的标准含量，如果不符合，在下一甑就要进行调整。若水分不适合，就应根据计算结果增加或减少量水数量，使之达到入窖水分的标准含量。又如酸度大了，冲酸和提高量水温度后仍没有达到理想的入窖酸度，就应采取相应措施，使入窖酸度达到标准。化验分

析不同甑次的入窖粮糟，主要是检验各项指标是否符合标准，不适宜就要再进行调整。必要时可测定糊精含量，以了解糊化程度是否完全，以指导蒸馏工艺，同时也可供下排分析研究生产参考。

②化验分析全窖入窖粮糟的水分、酸度、淀粉含量等，也可以化验分析含糖分和糊精，以供下排分析研究发酵情况作参考。

4. 化验分析结果要与生产结合，并能及时指导生产

现举一个简单的实例：某年4月某车间某组某号窖，每甑投粮130kg，全窖共装粮糟25甑，窖池深度为2.7m。

（1）开窖前2天，在打有记号处将塑料薄膜揭开，或将窖泥扒开，抽出事先放入的竹片后，再将窖泥封好窖池。然后将竹片内的发酵粮糟取出，拌和均匀后取样化验分析，分析结果为：水分65.4%，酸度3.2，残余淀粉8.3%，酒精含量5.4%。根据窖内发酵粮糟的上述化验分析结果，应提出以下指导生产的初步意见：

①含水分较大，全窖应舀黄浆水1350kg，其计算公式为：

$$(65.4\% - 60\%) \times 1000 \times 25 = 1350kg$$

②窖内发酵粮糟酸度偏高，应加强滴窖勤舀工作，尽量降低母糟含水量，从而降低酸度。经过滴窖措施舀出1350kg黄浆水后，母糟含水量降到60%，酸度可以下降0.54。经过加粮加糠拌料后，酸度还可下降1.0左右。再加强冲酸，入窖酸度可望降到1.4左右。

③根据母糟残余淀粉含量和酒精含量分析，本窖发酵正常，原料出酒率达52.3% ~ 58.1%，其计算方法为：

$$\frac{\frac{5.4}{60} \times 845}{130} \times 100\% = 58.5\% \cdots\cdots 理论数$$

$$\frac{\frac{5.4}{60} \times 845}{130} \times 90\% \times 100\% = 52.65\% \cdots\cdots 实际数$$

如果有上一排的入窖粮糟的化验分析数做比较，就可以计算出：在发酵过程中消耗用了多少淀粉，增加了多少酸度和增加了多少水分等。例如上一排入窖粮糟水分是55.5%，淀粉是17.5%，酸度是1.5。那么，发酵过程中耗用淀粉为17.5% – 8.3% = 9.2%，增加的酸度为3.2 – 1.5 = 1.7，增加的水分为65.4% – 55.5% – 5.4% = 4.5%。由此可以确定发酵是比较正常的。

（2）母糟起到堆糟坝后，立即按化验分析结果，提出指导生产的初步意见。堆糟坝母糟的水分是60.8%，酸度2.53，残余淀粉含量8.5%，酒精含量5.4%。

①根据堆糟坝母糟的含水量和理想标准水分56%，可确定本窖应打量水的比例为85%，其计算依据为：

$$\frac{56 - (60.8 - 10)}{6} \times 100\% = 86.67\%$$

平均每甑粮糟实际应打量水110kg。第1、2甑每甑打量水82.5kg；第3 ~ 6甑每甑打量水90 ~ 105kg；第10 ~ 16甑每甑打量水112kg；第17 ~ 23甑每甑打量水119 ~ 134kg；最后两甑粮糟每甑打量水142.5kg。

全窖量水总量为   112 × 25 = 2800（kg）

各班组可根据上述原则，结合母糟具体状况分配量水的量，但全窖用量水应在2800kg

左右，即 85% 左右。

②根据堆糟坝母糟的残余淀粉含量，用糠的标准范围，并参考堆糟坝母糟的酸度和水分，确定投糠数量。例如残余淀粉是 8.5% 时，用糠量为 30.25～33kg，由于母糟酸度过大，含水分偏高，糠壳用量应略偏大一点，可确定全窖平均每甑用糠为 32.5kg（即为 25% 糠量）。又依据深窖窖下面多用，窖上面少用的原则，确定前 12 甑粮糟，每甑用糠 34kg（或相当 34kg 粗糠的体积数），后面 13 甑每甑用糠 31kg（或相当于粗糠 31kg 的体积数）。

③根据堆糟坝母糟酸度为 2.53，确认滴窖状况不太理想，酸度和水分均未降到理想标准，即酸度仍偏高，水分略高。为确保入窖酸度达到理想标准，应采取大火冲酸，提高量水温度等降酸措施，继续解决酸度问题。否则将不利于生产，影响发酵的正常进行。

④根据堆糟坝母糟酒精含量，计算每甑粮糟应产 60% vol 酒精度的酒的质量，并进一步核实窖内发酵粮糟酒精含量是否正确，所算结果有无差异等。堆糟坝母糟的酒精含量为 5.4%，每甑粮糟应产 60% vol 的酒 58.5kg。其计算方法为：

$$\frac{5.4}{60} \times 650 = 58.5 \ (\text{kg})$$

然后根据班组每甑粮糟的实际产酒数量，就可以计算出蒸馏中的损失量和蒸馏效率等情况，从而促进班组提高蒸馏效率，减少蒸馏中的损失，总结蒸馏过程中的操作经验等，以利于提高操作技术水平。

（四）注意事项

（1）为了使化验分析结果能正确地指导生产，实现稳产高产、优质低耗的目的，除了化验分析结果必须准确、及时、无误外，在生产操作上应严格做好以下几点：

①堆糟坝的母糟必须认真地做到分层堆糟，使每甑母糟干湿基本均匀一致。

②拌和粮糟时，挖糟必须稳定，所拌和的粮糟每甑要达到规定的粮糟比。只有这样，才能保证配料稳准，入窖粮糟淀粉、酸度、水分达到标准。否则甑与甑间就会有较大差异，影响发酵正常和一致。

③每甑粮糟的大曲一定要加够，并拌和均匀；要做到低温入窖，使每甑入窖粮糟的温度都能达到标准。

（2）化验分析方法要统一，标准溶液须严格校正，尽量克服分析误差。

（3）生产设备力求做到标准化，尤其是每甑的体积要一致。只有这样，才能统一计算方法，克服计算上的误差。

化验指导生产的前提是首先找准入窖糟各项配料的指标和各项化验项目的标准以及达到这些标准的措施。由于各厂的工艺操作和设备条件、气候等的差异，各项标准和各种计算中的常数都是不相同的。

三、影响酒产量、质量的因素

（一）入窖发酵条件与酒产量、质量的关系

入窖条件包括：水分、酸度、淀粉、温度等。

1. 入窖水分

水是窖内一切生化反应的媒介，但过多或过少均不适宜。生产实践和我们在名酒厂试验的结果表明，入窖水分少，酒体浓厚，己酸乙酯生成量多；入窖发酵水分多，己酸乙酯生成量少，酒味淡薄。根据四川浓香型名酒厂的经验，入窖水分一般为53%～55%。但省内外不少酒厂为了追求出酒率，将入窖水分加大，所谓"糠大水大，产酒不怕"，有的将入窖水分增至57%～60%，谓之"保产量"。据我们查定，入窖发酵水分增大到56%以上的，酒味较淡，香味物质含量少，己酸乙酯生成亦受影响。若入窖水分过低，酒醅发干或起疙瘩，窖内黄浆水少，亦不能正常发酵。

2. 入窖发酵酸度

白酒在固态发酵过程中，除生成酒精外，也产生许多物质，有机酸是其中之一，它是淀粉变糖、由糖变酒的中间产物。浓香型白酒中的有机酸主要是乳酸、乙酸、己酸和丁酸等，乳酸菌消耗糖经糖酵解途径生成丙酮酸，丙酮酸经乳酸脱氢酶催化还原生成乳酸。醋酸菌消耗酒将其氧化变成乙酸。丁酸菌将葡萄糖或含氮物质发酵变成丁酸，也可由乙酸及乙醇经丁酸菌作用脱水生成丁酸，还有的菌可将乳酸变成丁酸。己酸菌可从葡萄糖发酵生成己酸、乙酸、CO_2和放出氢，也可将酒精和乙酸结合生成丁酸，丁酸再与酒精结合生成己酸。从有机酸生成的机理来看，是葡萄糖作底物，所以，有机酸的生成必然要消耗淀粉。据计算，在发酵过程中，发酵糟增加酸度1度，每100kg高粱粉因生酸分解淀粉4.5kg，相当于降低原料出酒率3.68%（以酒精含量60% vol计）。

入窖酸度高低，直接影响糖化、发酵的速度和酶活力。在适宜的入窖酸度范围内，酸度大的酒质好，己酸乙酯生成也多。可有的厂为了提高出酒率，千方百计降低入窖酸度，将入窖酸度降到1.0以下，试问酒质如何提高？据四川名酒厂的经验，浓香型曲酒的适宜入窖酸度为1.7～2.2。入窖酸度过高，会影响正常发酵，发酵不正常，己酸乙酯的生成量也会减少。入窖酸度在1.8左右比入窖酸度在1.0左右增加己酸乙酯30～50mg/100mL，酒的口感也更丰富。适当的入窖酸度既保证出酒率，又能出好酒，见表4-6。

表4-6	入窖温度、酸度与出窖酸度和粮耗的关系			
入窖温度/℃	入窖酸度	出窖酸度	粮耗/kg	原料出酒率/%
13～14.5	1.7	2.7	188.8	52.97
16.5～17.5	1.8	3.1	200.3	49.93
22.5～23.5	2.2	3.3	216.3	46.23
27	2.3	3.5	221.9	45.07

入窖酸度高，粮耗升高，出酒率下降，这是正常现象，但酒质提高。入窖发酵酸度适当升高，与出酒率并无矛盾，入窖酸度1.7～2.2，只要母糟正常，操作细致，出酒率仍可在45%以上，这是浓香型曲酒生产正常的出酒率范围。有的厂，习惯控制入窖酸度在1.0左右，稍一升高出酒率就下降，应从母糟情况、其他入窖条件（如水分、糠壳用量、温度、淀粉等）、操作等多方面找原因，解决酸度与出酒率之矛盾。

3. 入窖淀粉

淀粉在发酵过程中，除主要产物为酒精外，还产生CO_2和酒中的香味成分。此外，还供给微生物生长的需要，适当控制淀粉含量，与产量、质量的提高有密切关系，见表4-7。

表 4 – 7 入窖淀粉含量与粮耗的关系

	每甑投粮/kg	入窖温度/℃	入窖淀粉/kg	用曲量/%	发酵最高温度/℃	升温幅度/℃	入窖淀粉量/%	粮耗/(kg/100kg)
1	120	22.5	16.32	19.23	35	12.5	8.06	216.30
	130	22	17.26	20	38	16	8.70	226.11
2	110	23	15.29	19.13	35.5	12.5	8.07	238.88
	120	23	16.46	19.58	38	15.5	9.86	244.89

注：本表是 20 世纪 60 年代在泸州曲酒厂查定时的生产数据。

据四川名酒厂的经验，入窖淀粉含量高，生成的己酸乙酯也多，即要"高进高出"，使糟醅"肉头"更好。入窖淀粉 18% 比 15% 左右的己酸乙酯可增加 10~30mg/100mL，酒更厚实、丰满。

入窖淀粉含量应随季节不同而增减。冬季气温低，入窖温度低，淀粉含量可高达18%~20%；夏季气温高，淀粉含量宜降低到 13%~15%。

4. 糠壳用量

酿造中加入糠壳（稻壳），是为了增加酒醅的疏松度，以利发酵和蒸馏。但糠壳用量过多（不少厂没有具体规定）有以下弊病：①发酵时糟醅内含空气过多，窖内升温猛而高，生酸也多；②糟醅太糙，保不住黄浆水，黄浆水过早下沉，上部糟醅显干，发酵不正常，己酸乙酯等香味物质生成少，酒质差；③蒸馏时带来更多异杂味。因此，应严格控制糠壳用量。据经验，一般单用高粱酿酒的，糠壳用量为 20%~22%；采用多粮酿酒，因大米、糯米等黏性强，糟醅易起疙瘩，糠壳用量可增至 23%~25%。若糟醅酸度较低，出窖糟酸度在 2.5 以下，可采用"加回减糠"的办法，即加大回醅量以减少糠壳用量，这样既能提高入窖酸度，又能减少用糠量，一举两得。

5. 入窖发酵温度

参与浓香型曲酒发酵的微生物，其生长繁殖最适温度因微生物种类而异，例如酵母生长最适温度为 28~30℃，而己酸菌、丁酸菌等窖泥功能菌的最适温度为 32~34℃。若入窖温度高，淀粉液化和糖化加速，酵母过早钝化和衰老，造成有糖不能变酒，而醋酸菌、乳酸菌等细菌在此情况下迅速繁殖，将糖和酒变酸，以致降质减产。泸州传统入窖温度是"热平地温冷 13℃"。但 20 世纪 80 年代后有人认为"热平地温"可以，"冷 13℃"太低，建议将入窖温度适当提高，冬季入窖温度以 16~18℃ 最为适宜，这样既能使发酵缓慢进行，窖内升温幅度最高为 32~35℃，有利于正常发酵，也有利于生香产酯，酒质优良，杂味减少，但出酒率比"冷 13℃"略低。夏季入窖温度一般在 25℃ 以上，出酒率低，浓香味杂，即己酸乙酯生成量虽然增加，但醛类、高级醇类等杂味也随之增加，酒质变差。

（二）工艺操作条件与产量、质量的关系

浓香型大曲酒的酿造，千百年来世代相传，积累了丰富的经验，生产技术不断发展。如熟糠拌料、轻撒上甑、量质摘酒、低温流酒、大火蒸粮、滴窖减糠、回酒回醅等，这些工艺操作都有着深刻的理论依据。但综观不少酒厂的操作人员，在具体操作时与传统工艺的要求相距较大，应该说这不是技术进步，而是认识不足或"偷工减料"。为了企业的生存发展，"以质量求生存"是人所共识。浓香型曲酒是我国民族传统食品，生产过程多数为手工操作，尽管在技术上、工艺上、设备上已有不少改进，但最基础的东西还是要把"母糟"搞好，发酵控制好了，还要把"香"提出来。因此，工艺操作与产量、质量的关系，就显得更加重要。

1. 合理润料与熟糠拌料

浓香型大曲酒系采用混蒸续糟法酿制。在蒸酒蒸粮前都先经润料，即母糟（酒醅）与粮粉（单粮或多粮）混合均匀后堆积一段时间，使粮粉从母糟中吸取一些水分和有机酸，以利于糊化。笔者在20世纪60年代就曾在某名酒厂做过试验，润料方式、润料时间与粮食糊化程度关系密切，润料时间以 40 ~ 50min 为宜。

笔者发现，在"润料"操作中存在以下问题：

（1）润料时，将母糟、粮粉、糠壳一起拌和，有些粮粉装入糠壳的"窝窝"中，不能直接从母糟中吸取水分和酸，这些干粉不易糊化好。

（2）润料时间过长，有些一上班就起糟拌粮上甑，头一甑没有润料，影响糊化，常发现"生心"；而另外几甑亦开始润料，润料时间常达到 5 ~ 6h，粮粉吸足水分和酸，并变软，蒸酒蒸粮后，增加黏性，采用多粮尤甚，只好加大稻壳用量。热天润料时间过长，还会发"倒烧"。

（3）加水润粮，有些厂沿用生产大路白酒操作方法，加水润粮，每天下班时将第二天要用的粮粉加水（有的还用温水）润粮。加水润粮对酒质影响更大，其一，加水润粮后再与酒醅、稻壳拌和上甑蒸馏，降低了酒醅中酒精含量，不利于己酸乙酯及其他香味成分的提取；其二，加水润粮，时间长达 10 多个小时，粮粉吸足水分，变软，酒醅黏度增加（或称发腻），势必增加辅料（填充料）用量，酒质下降，发酵升温猛，又影响下排酒质，造成"恶性循环"；其三，遇上天气炎热，润料过夜，粮粉带馊味、酸味，全部带入酒中，酒的味道可想而知。

拌料用熟糠，没有很高的技术要求，但有的酒厂确实太马虎：①只蒸十多分钟甚至只有几分钟即出甑，糠腥味、异杂味未去除。有的酒厂糠壳保管不善，日晒雨淋，鸟粪鼠屎狼藉，清蒸又不彻底，将异杂味带入酒中；②下班前将糠壳倒入甑内，蒸汽不关尽，让其蒸一夜，稻壳上水，变软，如何起"疏松"之作用？③稻壳不是现蒸现用，蒸一次用数日。④稻壳清蒸后，不摊晾吹干就堆在一起。

2. 蒸馏操作

"生香靠发酵，提香靠蒸馏"，因此，认真细致的蒸馏操作是丰产又丰收的关键。蒸馏操作要求：拌料均匀，轻撒匀铺，探汽上甑，边高中低。蒸馏操作好的，可将酒醅中80%的香味物质转移到酒中；若蒸馏操作粗糙，酒和芳香成分的提取损失就大，严重时损失近一半。

（1）蒸馏时糟醅的含水量　若出窖糟醅的水分为61%，通过加粮润料，糟醅、粮粉、糠壳混合后，水分若减少10%，即上甑糟醅之水分只有51%左右，这种情况有利于酒精、己酸乙酯和其他香味成分的提取；若滴窖不净，上甑糟醅水分超过51%，己酸乙酯的提取量减少10% ~ 20%，酒精的提取亦受影响，这种情况不但造成酒中己酸乙酯含量下降，而且乳酸乙酯含量增加，从而造成己、乳比例失调，影响酒质。

（2）上甑技巧　上甑技巧非常重要，凡严格按工艺操作上甑的，可以多出酒，降低粮耗，而且酒质好。实践证明，上甑技术好的，可使酒提高近一个等级，酒中己酸乙酯可增加 5% ~10%，蒸馏效率也提高 10% ~20%。可是，两三个人用铲子一起上甑，轻一铲重一铲，糟子在甑内呈"鸡屎堆"，一些地方已经穿汽，另一些地方还是冷的，穿汽不匀，造成"夹花流酒"，接出来的酒高达 70 度，酒中仍带"尾子味"，对酒质造成严重影响。

（3）上甑时间　上甑时间与上甑时火力或蒸汽大小密切相关。曲酒中的芳香成分十分复杂，有数百种之多，其沸点相差极为悬殊，低的只有几十摄氏度，高的近 300℃。在甑桶中各种物质相互混溶在一起，沸点也发生变化，形成特有的蒸发系数，各种香味成分相伴馏出。如果缓慢蒸馏，酒精在甑桶内最大限度地浓缩，并有较长的保留时间，其中溶解的香味成分就增多。反之，大汽快蒸，上甑时间短，酒精快速流出，酒醅中即使高产己酸乙酯及其他香味物质也难丰收于酒中。实践证明：上甑时间（甑容为 1.8m³ 左右）40 ~45min 的比上甑时间 20min 或 50min 以上的己酸乙酯高 10% 左右。而且，大火快蒸，因酒精浓度迅速下降，乳酸乙酯却大量馏出，使香味成分失调，酒质下降。

3. 打量水

若出窖母糟水分为 60%，经加粮、加糠拌和后，水分降为 50% 左右，蒸酒蒸粮后出甑，粮糟水分仍为 50% 左右，为了补充发酵必要的水分，就有"打量水"的操作。这个操作，本来并不复杂，只在出甑粮糟堆上均匀泼入 95℃ 的热水便可。

（1）量水温度不够或使用冷水　有的厂对量水温度要求不严格，只要是热水，哪怕只有 40 ~50℃，就往粮糟里泼。量水温度越高，淀粉颗粒越容易吸收，利于糊化糖化，有利于发酵正常进行；量水用高温还可使水中的杂菌钝化。出甑粮糟温度甚高，若即泼入冷水，膨胀的淀粉颗粒迅速收缩，水分附至表面成"水沽沽"的，发酵期间这些水很快下沉，造成上、中层酒醅缺水发酵，酒醅发干，发酵不正常。

（2）在甑内打量水　为了减少工作量，很多酒厂如此。直接在甑内打量水，除不够均匀外，更重要的是增加淀粉的流失。现在许多酒厂使用金属甑篦，上面布满圆孔，粮糟易往底锅里掉，要出甑的粮糟经水一泼，增加了粮糟中淀粉的流失。若每甑由甑篦掉下损失的粮糟 10kg（实际上有些还超过此数），设粮糟中含淀粉 20%，每窖以 10 甑粮糟计，则损失淀粉 20kg，折合成原料约为 30.77kg（原料淀粉以 65% 计），若一个窖每年周转 6 次（发酵期以 60d 计，很多厂发酵期只有 40 多天，此数就更大），则每个窖由此造成的原料损失为 184.62kg，若全厂 1000 个窖池，则损失原粮 184.62t，这个数目相当惊人，若原粮以每吨 3000 元计（若用多粮工艺，还要高），则损失 55.4 万元。

（3）量水用量　量水用量视季节、窖池、糟醅情况而不同。一般出甑粮糟的含水量为 50% 左右，打量水后，入窖粮糟的含水量（摊晾蒸发损失应考虑在内）应符合入窖条件，一般为 53% ~55%。老师傅的经验是夏季多点，冬季少点；老窖少点，新窖多点。一般每100kg 粮粉，打入量水 80 ~90kg，便可达到粮糟入窖水分的要求。量水用量应灵活掌握，但要记住："用量不足，发酵不良；用量过大，酒味淡薄"。

四、酿酒安全度夏措施

（一）酿酒夏季掉排减产的原因

夏季掉排减产是大曲酒生产中一直没有解决的老大难问题。进入夏季后，入池温度随气温上升，糖化发酵旺盛，窖内升温猛，杂菌繁殖迅速，糟醅酸度大幅度上升，有益菌生长异常，致使出酒率及酒质下降，有时甚至不出酒。实践证明：入池温度每上升 1℃，原料出酒率下降1%。如果入池温度在30℃以上，出酒率便在24%左右徘徊。此外，由于温度高，在起窖、堆糟、拌和、蒸馏、勾兑、包装等工序中，酒精大量挥发，也造成了相当大的损失。因此，如何采取有效措施防止夏季掉排，将损失减少到最低限度，对稳定出酒率，降低粮耗，增加企业经济效益和社会效益，具有重要意义。为了攻克"夏季掉排"这个难关，我国大曲酒生产第一线的工人和工程技术人员，在长期的生产实践中不断摸索，积累了丰富的经验；特别是随着对酿酒机理研究的逐步深入，又产生了许多较之传统方法更为有效的新措施。现根据有关资料综合介绍一下我国白酒行业缓解"夏季掉排"的一些方法和经验，这些方法基本上反映了我国大曲酒"夏季掉排"防治的现状和动态。

夏季入窖温度高，升温猛，为什么会造成降质减产呢，可以从下面几个方面分析。

（1）入窖温度高，升温猛，酸度大，使糖化发酵很快进行，酶活力受到抑制。经化验证明，由于升温快，发酵糟含酒精量一般到5~6d即可达到高点。到出窖时含酒精量反而下降。

（2）入窖温度高、发酵升温快，给杂菌繁殖造成适宜的条件，使糖或酒精变成酸，造成发酵糟的酸度增加，影响发酵正常进行，从而降低出酒率。例如，醋酸杆菌在代谢中，将乙醇氧化产生醋酸。又如，乳酸菌在发酵过程中能把葡萄糖变成乳酸。

在发酵过程中，发酵糟增加酸度1度，每100kg糟子损失淀粉量（酸度以乳酸计），可按下述方法计算：

酸度一般以滴定1g糟子中的酸，消耗0.1mol/L NaOH溶液的体积（mL）表示。又因1分子葡萄糖在乳酸菌作用下，可发酵生成2分子乳酸。所以：

$$100 \times \frac{0.1}{1000} \times 90 \times 0.9 = 0.81 \text{（kg）}$$

式中　0.1——滴定用的氢氧化钠溶液浓度，mol/L

　　　90——乳酸摩尔质量，g/mol

　　0.9——换算系数，162/（2×90）=0.9，162为淀粉摩尔质量

设该窖投入高粱粉1690kg（13甑），粮糟比为1:4.6，则全窖损失淀粉为：

$$1690 \times （1+4.6）\times 0.81\% = 76.66 \text{（kg）}$$

故每100kg高粱粉因生酸损失淀粉量为：

$$\frac{100 \times 76.66}{1690} = 4.5 \text{（kg）}$$

设高粱淀粉出酒率为75%，则每100kg粮粉因生酸损失淀粉相当于降低原料出酒率（以酒精体积分数60%计）为：

$$4.5 \times 75\% \times \frac{1.0908}{100} \times 100 = 3.68 \text{（kg）}$$

式中　1.0908——换算系数，即56.82/52.09 = 1.0908

　　　56.82——淀粉理论产酒率，%

　　　52.09——60% vol酒精度的酒的质量分数，%

（3）入窖温度高，发酵温度很快超过酵母最适温度范围（28~32℃），造成高沸点副产物增多，而影响粮耗和酒质。例如，杂醇油是在酵母的蛋白代谢中，经过氨基酸的脱羧及脱氨，从氨基酸的分解而产生的。

（4）夏季气温高，空气中的杂菌也多，由于摊晾时间的延长，带入窖内的杂菌也增

多，从而升酸快，酸度高，影响发酵正常进行。

（5）由于气温高，在生产过程中，如起窖、堆糟、拌和等工序中，酒精大量挥发而损失。

（二）酿酒安全度夏措施

为了防止或缓和上述各种反常现象的产生，可以采取以下措施。

1. 调整配料

曲酒生产的配料包括：粮粉、填充料、母糟、曲药、水等，调整的主要对象是入窖淀粉浓度、曲药和用水量。

（1）适当降低入窖淀粉浓度　淀粉在糖化发酵过程中，有一定的热量产生：

$$C_6H_{12}O_6 \longrightarrow C_2H_5OH + 2CO_2 + 226kJ$$
$$180 \qquad 2 \times 46 \quad 2 \times 44$$

所产生的226kJ热量中有2×48.1kJ热量贮存在2个ATP（三磷酸腺苷）中，多余热量（即129.8kJ）散失在周围。即1mol葡萄糖（180g）产生约129.8kJ热量于周围，1g葡萄糖产生0.72kJ（129.8/180）热量，也即可以大致认为1g淀粉进行酒精发酵时产生0.72kJ左右热量于周围。

设发酵酒醅为100g，当酒醅中淀粉含量降低1%，即1g时：发热0.72kJ，酒醅的比热容c_p为：

$$c_p = (\omega_水 \times c_水 + \omega_干 \times c_干) \times 4.1868$$
$$= (60\% \times 1 + 40\% \times 0.3) \times 4.1868 = 3.01 \ [J/(g \cdot ℃)]$$

若1g酒醅温度升高1℃，需要3.01J热，则使100g酒醅升高1℃，需301J热，现在产生720J热，可使100g酒醅升温720/301 = 2.4（℃）。

考虑到热损失及发酵产生其他成分的影响，实际产生热量小于720J/g淀粉。因此，品温升高实际上小于2.4℃，与实际测定的，当淀粉消耗1%时，在固态发酵中一般品温升高2℃的结果相近。

根据经验，窖内最高温度（窖心）以35℃较为适宜，一般窖边温度与窖心温度相差2~4℃。

夏季入窖温度一般为26~28℃，则窖内应升温35 − 27℃ = 8℃，即消耗4%淀粉。

设出窖糟残余淀粉含量为9%，则入窖淀粉应为9% + 4% = 13%。

由此可见，夏季减粮，使淀粉含量为13%~14%为宜。

（2）掌握适当的入窖水分　若水分过大，糖化发酵快，升温猛，发酵糟酸度大，酒质差。水分过低，糟子发干，窖内黄浆水少，糟子起疙瘩，也不能正常发酵。因此，夏季入窖糟水分可适当高些，一般为54%~56%。

（3）适当减少用曲量　夏季糟醅入池温度较高，如果仍保持冬季较高的用曲比例，则会导致糖化发酵速度过快，升温过猛，特别是杂菌生长繁殖更快，造成温高酸大、发酵不良。减少用曲量，既可控制缓慢发酵，又可减少杂菌数量，同时减轻了曲房负荷，有助于保证曲子质量。夏季减曲比例需视曲质优劣而定，一般用曲比例应减少3%以上。

（4）酌情增减用浆水比例　减少用浆水比例可控制杂菌生长繁殖速度，使糟醅缓慢糖化发酵。一般情况，夏季用浆水比例比冬季减少5%~10%。但如果水分过低，糟子发干起疙瘩，也不能正常发酵，这时又要增加浆水用量。因此，需视粮醅具体湿度来确定用浆水比例。

（5）减少热浆水、增加凉浆水　夏秋季泼热浆水会延长糟醅降温时间，不利于降低糟醅入池温度。因此，配料时须减少热浆水，增加20℃左右的深井地下水的使用。如果入窖操作迅速干净，一般可使醅子温度低于气温5℃以上。

（6）添加弱碱性物质　在糟醅中加入适量的碳酸氢铵（NH_4HCO_3）水溶液共醅。碳酸氢铵水溶液呈碱性（pH8.2～8.4），可中和过量的酸，补充碳、氮源，有利于发酵产酒，减轻酒的苦味。有时也可添加少量石灰水来中和酒醅中过多的酸。上述物质具体用量均须根据入池酸度确定。

2. 调整工作时间，加强通风降温

夏季气温高，给通风晾糟散热造成了困难。因此，夏季将工艺操作安排在1d中气温较低的午夜12点到第2天早上10点这段时间里，可使糟醅入窖温度比白天降低3～5℃，以尽量接近工艺要求的温度。另外，采用通风晾糟机、晾糟床、通风箱等，可缩短摊晾时间，降低入窖温度2～3℃。

3. 选用合适的制酒原料

夏季因杂菌较多，生产上使用的制酒原料极易感染杂菌。因此，必须使用质量好的原料，防止霉变、腐烂原料混入。此外，还可以把淀粉含量较低的原料及代用料安排到用于夏季生产。

4. 踩好曲、管好曲、用好曲、把好制曲关

夏季生产中使用质量低劣的曲酿酒，因杂菌过多，酵母菌数量偏少，加快了酒醅升温升酸速度，致使酒醅酸败，严重影响出酒率。因此，必须做到：①避免用生芽、霉烂变质的原料制曲，防止有害杂菌繁殖；②严格制曲工艺管理，采取适当降低淀粉浓度，减少接种量，缩短制曲时间，加强灭菌等措施，防止曲坯出现卧曲、干皮、裂缝、黑圈、生杂菌等现象，提高成品曲质量；③将成品曲贮存在干燥、通风的环境中，防止因潮湿、通风条件差而感染较多杂菌。

5. 入池糟醅做到甑甑踩窖

糟醅内因含有大量的糠壳，比较疏松，醅中含有空气，加上温高，给杂菌创造了一个有利的生活繁殖条件，造成糟醅发酵猛，升温快，淀粉酸败严重，不利于产酒。所以，糟醅每入池1甑，要摊平踩1遍，踩到不陷脚边为止。这样可减少空气含量，限制好气性杂菌繁殖，防止淋浆过快，对缓慢发酵有一定作用。

6. 杜绝地上窖

当投料多或回醅量大时，会出现入窖糟醅超出地面的情况，超出地面的这部分糟醅受环境温度影响很大，不利于正常发酵。冬天温度低会造成塌顶，温度上不来，发酵不彻底；夏季气温高，发酵加快，升温过猛，有益菌早衰，杂菌侵入，淀粉被破坏，酒醅酸败，造成烧窖顶现象，严重影响出酒率。

7. 加强池头管理，严防杂菌感染

盖糟易接触空气，同时由于气温高，水分易挥发，且易感染杂菌，糟醅易霉烂。因此，夏季对池头的管理应比冬季更严格，最好采取泥塑结合的方法覆盖池头，窖池封顶泥厚度不低于20cm，经常换新土，经常适当喷洒开水，踩池边沿，防止干裂，杜绝翻边透气现象，让糟醅隔绝空气，严防感染杂菌及霉烂。

8. 搞好环境卫生，减少杂菌侵入

夏季气温高，湿度大，给一些细菌和青霉菌的大量繁殖提供了有利条件，这些杂菌通过工具和周围环境传染给酒醅，引起母糟酸败发臭。所以，每天生产结束后，都应把抛散在配料场地、晾糟机及运输、蒸馏等各种生产设备和工具上的原料、曲面、糟子清扫干净；扔糟和窖皮子彻底排出车间远放；工具、晾场使用完毕后，用80℃以上浆水冲洗干净；班与班之间交接制度严明，做到班班清、班班净；定期用石灰水冲洗晾堂及工具，或将各种工具经常放在蒸料甑上杀菌；每月用石灰粉刷车间墙壁1次，以杜绝杂菌繁殖生息的机会。

9. 适当缩短发酵周期

浓香型大曲酒发酵周期一般为60d左右，对提高酒质有一定益处。但夏季气温高、淀粉浓度小，如果仍保持原发酵周期，则酒醅中升酸幅度大，损耗有效淀粉和生成的酒精流失，影响酒质和产量，给下排生产带来困难。实践表明，夏季宜缩短发酵周期至35～40d。

10. 适当提前抽黄浆水

黄浆水的酸度高达5以上，夏季生产中为降低糟醅酸度，减水，提高出酒率，必须适当提前抽黄浆水，但也不可过早，避免酒醅发干不利产酒。生产中，一般在发酵阶段不要抽黄浆水，开窖前1～2d抽取黄浆水，过早抽出会影响酒质。

11. 大汽冲酸、挖桶甩酸、鼓风排酸

粮糟蒸酒后，加大汽可将配糟中过多的有机酸蒸发出来，从而降低糟醅入池酸度；同样，上排部分红糟，不加新料，蒸酒后大汽冲酸，可降低盖糟酸度。挖桶甩酸主要指粮醅被木锨抛出的高度、距离以及挖桶耗时，应使糟醅中部分有机酸挥发。鼓风排酸，关键是掌握时间，过长会把底醅吹僵，不利于糖化发酵，同时又相当于在通风培菌，使入窖杂菌数目增大，导致将来生酸多。一般只要使酒醅达到适宜的入窖温度就够了。

12. 利用回糟降酸增产

（1）用回糟铺底盖顶　续糟混蒸浓香型老五甑操作法为提高优质品率，一般将大楂下在池底，回楂放在池顶，这样，回楂中的酸浆水大部分控入楂子糟内，增加了糟子的酸度，影响了糟醅正常发酵。因此，可把一半回糟铺底，一半回糟盖顶，使楂子糟酸度适当降低，这对秋季加料扩大生产，下排提高出酒率有利。

（2）适当加大回楂量，养楂挤回　在回楂中增加部分大曲和活性干酵母的量，以强化糖化发酵作用，提高回楂酒的产量，相应提高出酒率；同时，回楂厚度增大，保养了三楂，使其发酵正常。这种方法在夏季可提高出酒率3%左右。

13. 新方法及特殊措施

夏季掉排的主要原因在于：入窖温度高，淀粉液化、糖化加速，发酵升温快，使酵母早衰，造成有糖不产酒。而杂菌大量繁殖，增加了母糟酸度。因此，必须补充酵母，抢占生长优势。这就使将酒母、酒精活性干酵母、耐高温酵母等用于夏季生产成为很有发展前景的方法。此外，必须加强企业内部管理，调动职工生产积极性，在夏季生产中，多法并举，多管齐下，搞好安全度夏综合治理。

（1）采用制冷设备　在夏季生产中，使用冷冻设备，虽成本较高，但效果明显，一般可降低入窖温度5～7℃。山东兰陵美酒厂的粮食酒生产由于受气候影响，每年只有气温适宜的4个月能出好酒。针对这个老问题，该厂技术人员大胆创新，将冷冻技术用于酿酒生产中，使粮食酒暑期发酵不减料，不增酸，不掉排，为白酒行业稳定周期生产闯出了新路子。

（2）喷雾隔热降温法　该方法的原理是利用大量水雾吸热降温，是条件有限的中小型企业较为可行的度夏方法。贵州省习水县某酒厂所在地区，夏季月平均气温35℃，最高时达43℃，给生产带来极为不利的影响。为安全度夏，该厂除从配料、操作方面调整外，还在不改变原建筑的情况下，投资5000万元，建立了喷雾流水降温系统。该系统主要由水泵、喷嘴、连接管等组成，对酿酒车间实行以屋脊为喷射线的全房外层水雾笼罩；对勾兑、包装车间除实行房外层水雾覆盖外，还对门窗的局部通道进行喷雾全封闭。喷雾用水一部分用洗瓶废水，不足时用高位水池补充。该系统喷出的雾滴蒸发后，从周围空气中吸收热量；浮于空气中的雾滴能吸收太阳光的辐射热及车间屋面、地面的热量，并能湿润空气和降尘。于是，形成了在车间屋面周围的喷雾和流水的吸热、隔热、隔尘、隔虫的降温保护层，可使室温从36℃降至26℃，保证了发酵和操作的适宜温度，提高了出酒率，与无降温设施的同期相比，平均提高出酒率5%。

（3）减少糖化剂用量　目前，国内许多白酒生产厂家将糖化酶添加在曲子中，增强曲子的糖化能力，取得了显著成效。但夏季入窖温度高，如果糖化酶用量仍不变，在发酵过程中势必加速升温，酵母早衰快，窖内残糖过多，给杂菌迅速繁殖造成机会。因此，夏季在减曲的同时，少用或不用糖化酶，以减缓糖化速度，降低糖化酶作用淀粉时产生的热量，对缓温、阻酸有很好的作用，同时又能降低成本，减少浪费。黑龙江青冈制酒厂的实践表明，冬季糖化酶（5万单位）用量为0.4%～0.45%，春秋两季须减至0.35%～0.4%，夏季则应减至0.3%～0.35%。

（4）采用抗生素控酸　在酒精、氨基酸等发酵产品的生产中，早已用抗生素来解决杂菌污染问题，并取得了理想效果。近几年来，山东御思香酒厂的有关人员在固态白酒夏季生产中，采用青霉素控制窖内生酸。通过大量实验表明，青霉素用量为1u/g原料。与同期其他窖池相比，出池酒醅酸度降低0.4～0.8，出酒率提高2.5%以上。

（5）上丢改底丢　在大曲酒夏季生产中，将传统的上丢改底丢是控制窖内酸度的又一有效途径。安徽古井酒厂采用的是传统的老五甑操作法，过去是丢上入底，由于窖底厌氧度高，窖泥中富含己酸菌等产酸菌，因而底糟中厌氧产酸菌较多，加上淋浆作用，使底糟酸度较高，天长日久，造成窖泥酸度过高，抑制窖泥中生香菌的生长，使窖泥早衰。相比之下，上层糟酸度小，下层糟酸度大，乳酸及其酯含量高。针对这种情况，安徽古井酒厂大胆革新，由上丢改底丢，延缓或防止了窖泥早衰，并降低了酒醅酸度，对糖化发酵及己酸菌的作用，产生了有利的影响。

（6）洗糟降低累积酸　夏季生产中，酒醅生酸量大，增加了发酵阻力，使出酒率下降，由此而产生了简单易行的洗糟降酸法。河南省信阳市酿酒公司的做法是：在活底甑中浸洗蒸完酒的酒醅，根据酒醅入池酸度和酒醅用量来决定酒醅浸洗程度和数量。这样大大降低糟醅中的有机酸含量，有利于发酵，提高了酒质及出酒率，节约了糠壳和蒸汽，降低了生产成本。

（7）增加酵母用量　大曲质量低劣，再加上气温高，污染大，使得酒醅中杂菌多而酵母菌少，酵母菌生长繁殖处于劣势，发酵环境恶劣，造成糟醅发酵不彻底，严重影响出酒率。因此，必须增加酵母量，使其占优势。河南省信阳市酿酒公司的做法是：往部分窖池的盖糟和粮糟里加一定量的酒母或酒精活性干酵母及产酯酵母，抢占生长优势，使杂菌处于劣势，使发酵向着有利于生成酒精的方向发展。这项措施的实施使该厂1990年淀粉出酒率由8月份的35.68%上升到10月份的51.31%。

（8）生产夏季"专用曲"　夏季气温高，利于细菌和霉菌生长，不适宜酵母菌生长。因此，加大酵母接种量，减少细菌和霉菌的接种量，趁发酵温度未升高之前，让酵母菌占据生长优势，可有效防止夏季掉排。安徽古井酒厂生产的夏季专用曲，将原大曲配方中含淀粉多的原料比例提高，含蛋白质多的原料比例下降，以降低氮源，提高碳源，水分、小火和大火的控制也分别比原来有所降低，从而给酵母菌的生长创造了一个有利的环境，使专用曲感官"一块玉"。用曲量依据酒醅发酵至平衡期，由取样测定酵母菌数的多少来确定，控制酵母菌数不比其他季节少，同其他菌类的量比关系与其他季节接近为宜。

（9）筛选耐高温酵母。

（10）应用耐高温、耐酸、耐糖的酒精活性干酵母。

（11）酌情调整发酵周期　发酵周期四季不同，夏季与其他季节相比，发酵快、猛，从适应期至平衡期的时间缩短，酯化时间延长。酵母菌及某些细菌由于温度、酸度过高，缺氧及酒精度增高而很快衰退，而霉菌、乳酸菌等由于条件适宜，仍停留在衰退期，使酒醅酸度不断升高，乳酸及其乙酯含量上升，影响酒质及产量。安徽古井酒厂根据具体问题做具体分析的原则，在浓香型大曲酒生产中，对名优比率较低的泥窖，将发酵期由原来的40～70d调到30d，减少乳酸及其乙酯的生成量；对名优比率高的池子，则将发酵期延长到120d，提高己酸及乙酯的含量。大致立夏开始调整，至处暑结束。

（12）加强管理，调动职工生产积极性。

（13）多管齐下，安全度夏　大曲酒生产夏季掉排减产与温度、杂菌、操作等诸多因素有关，而每一种防止夏季掉排的措施都只能在一定程度上减缓某种不利因素的影响，这使得单一实施任何一种方法均不能达到理想的效果。因此，必须根据具体情况，同时运用多种方法，多管齐下，综合治理。

例如，河南汝阳杜康酒厂在夏季生产中改传统三班工作制为两班工作制，避开了中午的高温时间；其次采用"气温高时蒸丢糟，气温低时蒸粮糟，入池晾糟冷风吹，防止干燥用水浇"的方法，科学调整降温时间，做好机械降温工作，同时合理掌握发酵期，严格定温蒸烧。锦州凌河酒厂的主要度夏措施有：做到科学合理配料，入窖淀粉浓度控制在12.5%～14%；适当减少用曲量；加大回醅量（料醅比1:5），入窖酸度控制在0.8～1.0。降低入窖温度，多用冷浆水浇量；工艺操作安排在夜间或清晨；用制冷设备通冷风。保证原料、曲子、酒母质量，缩短发酵期，搞好卫生，减少杂菌感染，加强窖池管理。

五、白酒中的异杂味及解决措施

白酒中的臭、苦、酸、辣、涩、油味等与白酒众多微量成分如酸、酯、醛、醇、酚等类物质含量的多少，相互间的比例有着密切的关系；而其他怪、杂味物质则是由于白酒发酵管理不善，蒸馏不清洁，容器、设备、工具不干净，污染影响而造成的。酒是一种非常敏感的物质，稍微有一点杂质，就会影响到酒质的纯净，白酒中的异杂味较严重时，就会影响到产品质量。因此，应认真在白酒生产及管理中加以防止、解决。

在白酒众多的微量成分中，既有香味物质，又有一些异味物质，而且两者很难准确地区分开来，它们是相互掩盖、互相补充的。有的甚至是同一成分，因其浓度不同，加上人们的习惯和爱好不同，对香、异味的判断也不一样。

白酒中的异杂味如臭、苦、酸、辣、涩、油味等，主要是由于酸、酯、醇、酚等类物质在酒中含量失调之故，即失去了在白酒中的正常比例或某一种、几种物质含量偏多所致。

例如酸味是由乙酸、酒石酸、柠檬酸等形成的；涩味是由乳酸、芳香族（酚类）化合物形成的；辛辣味是由醛类形成的；苦味主要是由醇类形成的。在生产过程中用曲量过大，发酵温度过高，就会使酒发生苦味。因用曲量过大，酒醅中蛋白质过剩，在高温发酵作用下，必然会分解出大量的酪氨酸，酪氨酸经酵母脱氨而生成酪醇，遂造成苦味，其延续性也大。

丁酸及其酯含量过高，失去协调比例，酒就会发生臭味。由此可以看出，当酸、酯、醛、醇、酚等类物质在酒中含量适合、比例恰当时，就会产生独特的、愉快而优美的香味，形成白酒各自固有的风格；但当含量不适、比例失调时，则会发生异杂味，这就是物质的两重性。这些异杂味，可以用勾兑技术，调整它们之间的比例和含量，从而尽可能地使异杂味变成香味，使怪味变成好味，但重要的还是应该在生产中下功夫，多生产好的酒基，尽量减少和消灭异杂味酒，这才是提高产品质量、档次，增加经济效益的关键。

白酒中有些异味是来自生产、贮存、运输过程，某些是不容易转变和克服的。例如，窖池管理不善，密封不严，上层酒醅发倒烧，酒会发苦，若曲子受潮，大量长青霉，酒也会发苦。当糟子大量生长霉菌，酒会带霉味；底锅水不洁净或烧干，酒带煳味；辅料用量大或未经清蒸处理，酒带辅料腥臭味；使用劣质橡胶管流酒或输酒，酒带橡胶臭；滴窖不净，酒带黄浆水味；蒸馏时装甑不匀或摘酒不当，酒会带尾子味。此外，容器工具不清洁，则会发生各种各样的怪杂味，把本来的好酒也搞坏了。所以清洁卫生、窖池管理与酒质、酒味有密切的关系。

从理论上讲，酸、酯、醛、醇、酚等类物质，大部分对人的身体都有一定的妨碍，有的还比较严重。因此，从卫生角度来说，这些物质以适中为好，既保证了白酒的风味特征，对人体又无大的妨碍。我国对白酒（蒸馏酒）和配制酒的卫生标准有严格规定，理化指标中的各种物质，如超过规定含量，则将危害饮用者的健康，要坚决禁止出厂。白酒中的这些有害物质，许多也是异杂味的成分，有的是从原料中带入的。有的是在生产过程中产生的，有的是受设备的影响而带入酒中的，和上述异杂味物质的产生不无关系。因此，必须弄清楚其危害性和产生原因，找到切实可行的防止解决措施，降低其含量，使之符合国家标准，提高白酒质量。

（一）白酒中臭气成分的生成和防止、解决的措施

白酒中带有臭味（气），当然是不受欢迎的，但是白酒中都含有臭气成分，只是被香味物质及刺激性物质所掩盖而不突出罢了。不过有两种情况例外，一是质量次的酒及新酒有明显的臭味（气），二是当某种香味成分过浓和突出时，有时也呈臭味。一般说臭味有三个特点：

一是臭味是嗅觉的反应，和味觉关系极小，如臭豆腐，闻着臭，吃着香，就是这个道理。因此讲臭味，倒不如说是臭气更确切些。

二是臭气和香气都是通过鼻的嗅觉传到大脑的，一般很难区分。就是同一成分，浓度不同，呈味也不同。例如丁酸乙酯浓时是汗臭味，极稀薄时却是水果香；又如硫化氢，是以臭鸡蛋味闻名的，但是在极稀薄的情况下，却是米饭、酱油、松花蛋的重要香气；还有双乙酰，在啤酒和葡萄酒中是馊味，但在白酒中又成为重要的香气成分了。

三是臭气是很难除掉，因为人们的嗅觉很灵敏，即使是臭味物质基本上已除去，但在感觉上尚能闻出残留的气味。例如，窖泥臭，若臭窖泥沾在手上，虽经多次洗涤，仍然会留余臭，其原因即在于此。

1. 臭气成分的生成及其气味特征

（1）硫化氢　硫化氢呈臭鸡蛋、臭豆腐的臭味。刺激阈为 $0.18\mu g/L$ 空气，味阈值极低（味阈值愈低愈敏感）。不但发酵时生成硫化氢，在酒醅酸度大、特别是含有大量乙醛的情况下，蒸煮、蒸馏过程中也能产生硫化氢。另外，不同菌种产生硫化氢能力强弱有别，球拟酵母生成能力最强；汉逊酵母及31号、3号细菌的生成能力也强；南阳酒精酵母及乳酸菌属中等程度；曲霉的生成能力最差，根霉未检出。另外，硫化氢主要是由胱氨酸、半胱氨酸和它的前体物质——含硫蛋白质产生而来的。随着原料中含硫蛋白质含量不同，经发酵后生成硫化氢的量也有差异。

（2）硫醇　硫醇（一般指乙硫醇）是萝卜辣味成分。浓厚时，是吃萝卜的打嗝的臭味；稀薄时是水煮萝卜的香味。此外，它还有韭菜及卷心菜的腐败臭，但与其他物质的复合作用，又常是酿造食品及酱菜的主要香气。

（3）乙硫醚　乙硫醚呈焦臭，是化学酱油呈不快焦臭味的成分。

（4）丙烯醛　丙烯醛俗称甘油醛，具有催泪辣眼的气味，似蜡烛燃烧不完全时冒烟或烧电线时发出的刺激臭。白酒无论是固态或液态发酵，在发酵不正常时，常在蒸馏操作中有刺眼的辣味，蒸出来的新酒燥辣，这是酒中有丙烯醛的缘故，但经贮存后，辣味大为减少。因为丙烯醛的沸点只有50℃，容易挥发，致使酒在老熟过程中辣味减轻。白酒发酵过程中生成丙烯醛，是异乳酸菌作用甘油的结果，尤其是当它与酵母共栖时，就会产生丙烯醛。

$$CH_2OHCHOHCH_2OH \xrightarrow{H_2O} CH_2CHCH_2OH \xrightarrow{H_2O} CH_2CHCHO$$

甘油　　　　　　　丙烯醇　　　　　丙烯醛

实验证明，在葡萄糖液中添加甘油，用酵母和乳酸菌发酵，竟生成丙烯醛达 $50mg/L$。但菌种不同，丙烯醛生成能力差别很大。

（5）游离氨　游离氨呈氨臭、氨水臭气。

（6）丁酸、戊酸、己酸及其酯类　丁酸、戊酸、己酸及其酯类都属汗臭味，而丁酸尤为突出（正丁酸为奶酪的腐败臭，味阈值为 $0.09mg/mL$）。新蒸出来的白酒出现臭味，主要就是来自丁酸及其醇、酯、醛类。如丁酸乙酯，有甜菠萝香，微辣微酸，但多了不愉快的臭味，主要是失去谐调比例所致。

2. 白酒臭味（气）的防止方法及解决措施

（1）控制蛋白质　白酒酿造中，蛋白质不足时，发酵不旺盛，白酒香味淡薄。然而蛋白质过剩时，其危害性更大，它促使窖内酸度上升，在发酵过程中为产生大量的杂醇油及硫化物提供了原料。加之生酸大，在蒸馏过程中产生大量硫化氢。因此，白酒生产中，蛋白质过剩是有害而无利的。

（2）加强工艺卫生工作 搞好卫生，防止杂菌大量侵入，是减少白酒臭味的有效方法。如工艺卫生差，杂菌大量侵入，使酒醅生酸多。而有些杂菌，如嫌气硫化氢菌，生成硫化氢能力很强，使酒醅又黏又臭，给酒带入极重的邪臭味。

（3）掌握正确的蒸馏方法 除臭的有效措施是在蒸馏上做文章，即采取缓慢蒸馏。如蒸馏时大火大汽，使酒醅中的硫氨基酸在有机酸的影响下产生大量硫化氢，同时，一些高沸点的物质（如番薯酮）也被蒸入酒中，使臭味增加。

（4）合理贮存 合理贮存是排除白酒臭气行之有效的方法。新蒸出来的酒是暴辣、冲鼻、刺激性大等特点。这主要是由于新酒中有低沸点的醛类、硫化氢、丙烯醛、硫醇等挥发性物质，同时新酒的酒精活度大，对味觉的刺激大，给人以暴辣的感觉，这就是所谓的新酒臭。通过合理的贮存，由于白酒中氧化－还原、分子排列、适当的挥发（低沸点物质排出）等三大作用，有力地推动了白酒的老熟。

（二）白酒中苦味成分的生成和防止、解决的措施

1. 苦味成分的生成及味觉特征

苦味在白酒中同臭味一样，不受欢迎．但在某些食品中又必须具有一定的苦味，如烟、茶、啤酒、葡萄酒、黄酒、咖啡、巧克力等．如果没有苦味，这些食物就要偏格，影响它们特有的风味。一般地说，苦味有两个特点：一是苦味食品经长期食用，消费者久而习惯之，对苦味的感觉就会迟钝。如饮用啤酒，最初感到很苦，日久则苦味大减，甚至感觉不到苦。二是苦味反应慢，且有很强的持续性，不易消失，所以常常使人不快，如评酒时，都是说酒有后苦而不是前苦，就是这个原因，当其他味都消失时，苦味仍然存在，并感到比较突出。根据我们的体会，苦也有两种类型：一种是持续性的苦，苦的时间长，消失极慢，这是人们所不喜欢的；另一种，如高质量的啤酒和茶，开始时苦味重，但较快消失，即瞬间性的苦，使人有清爽之感，人们反而喜欢它（不少有名的酱香型白酒就是具有瞬间性味苦的特征）。

那么白酒的苦味，究竟是什么物质呢？据分析和品尝，主要有：

（1）糠醛 糠醛有严重的焦苦味，它是由稻壳辅料及原料皮壳中含有的多缩戊糖，在微生物的作用下生成的。它还可能是"糟香"或"焦香"的重要组成部分之一，这个问题还有待深入研究。

（2）杂醇油 由氨基酸分解脱氨而产生的杂醇油是苦的。其中正丁醇苦味小，正丙醇苦味较重，异丁醇苦味极重，异戊醇则微带甜苦。其反应通式为：

$$RCHCOOH + H_2O \longrightarrow RCH_2OH + NH_3 + CO_2$$
$$|$$
$$NH_2$$

（3）酪醇 由酪氨酸生成的酪醇，其香气虽很柔和，但苦味重而长（白酒中含有万分之0.5的酪醇时，尝评时就会有苦味）。

（4）丙烯醛 酵母菌和乳酸菌共同作用生成的丙烯醛，不但有辣的刺激臭，而且具有极大的持续性苦味。

（5）酚类化合物 由原料中的单宁等分解而来的某些酚类化合物，也常常带有苦涩味。

酒苦的因素很多，主要来自酵母，另外是原料，还有工艺上的问题。原料及辅料发霉，曲子或窖泥感染青霉，酒醅倒烧都是造成苦味的原因。含油量高的原料，脂肪被氧化或发霉，不但使酒有油的哈喇味，苦味也大。杂醇油多的酒苦，其中异丁醇最苦。糠醛、二乙基羟醛、丙（丁）烯醛的苦味极重。酒母用量过大，新踩大曲用量过大，填料多、窖内空隙大，酵母繁殖过量，大量酵母自溶后，生成酪醇，它不但苦味重，持续性也强，并影响酵母的发酵作用。"曲大酒苦"就是这个道理。相同的苦味物质，当酸度越大时，苦味感也越突出，这说明"降温控酸"对于白酒质量有着重大意义。蒸馏时，大火大汽会把邪杂味及苦味成分蒸入酒内。大多数呈苦味物质成分是高沸点的，居于酒尾部分较多，蒸馏时，温度高、压力大，把本来蒸不出来的苦味成分也蒸出来而混入酒中，致使酒味发苦，邪杂味也大，尤其是燥辣味重。有时苦味物质并不多，因其失去平衡而显得苦味突出。苦味物质因多是高沸点物质，故在贮存过程中不易消失，但在苦味较轻的情况下如能合理勾兑，苦味是可以减轻和消失的。但根本的是在生产工艺中，消除苦味物质的大量产生，这才是关键。

2. 白酒苦味的防止方法及解决措施

（1）加强辅料的清蒸处理　加强辅料清蒸借以排除其邪杂味。清蒸时火力要大，时间要够，清蒸完毕后，应及时出甑摊晾，收堆装袋后备用. 对于出现生霉现象的酿酒原料也要经过清蒸处理后使用。

（2）合理配料　为了保证糖化发酵正常进行，适宜的用曲量和酒母量是必要的。保持一定数量的蛋白质，对于发酵旺盛及白酒的风味是有好处的，但不能过量，如过量危害性很大。蛋白质含量高，必然产生酪醇多，造成酒苦，杂醇油超过标准，且出酒率也必然下降。

（3）控制杂菌　必须搞好车间环境卫生，减少杂菌污染. 低温发酵，降低酸度，这对产品质量是很重要的。

（4）掌握好蒸馏　采取合理上甑，缓慢蒸馏，才能丰产又丰收，同时避免了苦味物质及燥辣味大量进入酒中。另外，还要根据原料及酒质要求控制摘酒度数。

（5）加强勾兑　白酒中的多种苦味物质是客观存在的，只是量的多和少而已。故而除严格掌握工艺条件、减少苦味物质生成外，应用勾兑与调味技术来提高酒质量也是不容忽视的。勾兑酒主要是使香味保持一定的平衡性，在香味物质谐调的情况下，有适量的苦味物质，其苦味也就不突出了。

（三）白酒中酸味成分的生成和防止、解决的措施

1. 白酒酸味成分的生成及味觉特征

白酒必须有一定的酸味物质，并与其他香味物质共同组成白酒固有的芳香。但它与其他香味物质一样，含量要适宜，不能过量。如过量，则香味物质也就成了异味了，不仅酒味粗糙，不谐调，影响了风味，降低了质量，而且影响酒的"回甜"。反之，酸量过少，酒味寡淡，后味短。

白酒的有机酸主要有甲酸、乙酸、乳酸、丁酸、己酸、戊酸、琥珀酸等。有机酸是糖的不完全氧化物。但糖并不是形成有机酸的唯一原始物质，因为其他非糖化合物也能形成有机酸。另外，氨基酸也可生成有机酸，如霉菌培养在蛋白胨中可以形成大量的有机酸。酵母可使谷氨酸转化为琥珀酸，丙氨酸可转化为丙酮酸。此外，乳酸菌生成乳酸，醋酸菌将乙醇氧化成乙酸。挥发性脂肪酸，当前检出的有甲酸、乙酸、丙酸等。甲酸、乙酸是由醇氧化生成的，乙酸以上的酸是由某种菌作用，使乙酸与乙醇结合的产物。

酒在闻香上有刺激性酸气时，若饮时酸气突出，则是乙酸含量大，这是因为乙酸比乳酸味阈值低的缘故，同一浓度乙酸比乳酸影响较小。凡是酸味重者，其酒醅酸度必然大，不但酒的质量差，而且出酒率也低。主要是生产卫生差，或配料淀粉浓度高，蛋白质过多，下窖温度过高，曲子、酵母杂菌过多，使用出房不久的新曲、生料与熟料混杂，发酵期过长或糊化不彻底所致。

2. 白酒酸味的防止方法及解决措施

（1）蛋白质切勿过剩　选择原料时，注意原材料的蛋白质含量要适宜，切勿过剩，否则将分解成氨基酸脂肪酸。

（2）减少杂菌污染　白酒生产是开放式生产，尽管工艺上尽量控制，但仍然不可避免地侵入大量野生微生物。酸是微生物的代谢产物，因此，在各种微生物的共同作用下，使酒醅中存在大量各种有机酸。由于产酸量增加，不但造成糖分损失，而且还将酒精转化为醋酸，直接造成酒精损失。

（3）控制酸度的方法

①根据季节变化，严格入窖温度、酸度、淀粉浓度的管理，控制好发酵品温。特别是在盛夏季节，除做好卫生工作外，控制好发酵品温也很重要。温度对微生物活动影响很大，对酒醅酸度升高与否有极密切的关系。酒精酵母繁殖温度为 28～30℃，发酵品温 30～35℃，如果品温高于 40℃，则酵母发酵很难进行。产酸细菌繁殖温度为 37～50℃，因此，高温发酵易被细菌污染。

②辅料用量切勿过大，避免窖内酒醅疏松，空气含量较多，造成微生物繁殖迅速，而发酵升温快。这不仅会使酵母过早衰老，也利于杂菌繁殖生酸。

③摊晾时间不能过长，过长易感染空气和场地中的杂菌。

④滴窖时间要够，且滴窖勤舀，尽量滴尽酒醅中黄浆水，否则酒醅酸度必然增高。

⑤加强发酵时间内的窖内管理，严禁窖皮因裂口而造成杂菌大量侵入生酸。

⑥消毒法：用 1% 漂白粉漂洗消毒生产用具。也可按每立方米空间用福尔马林（市售甲醛溶液）8～10mL 和少量高锰酸钾消毒，或者用硫磺熏蒸。

⑦防腐剂使用：在发酵醅中加入 0.01% 防腐剂（氟化钠或氟硅酸钠），对抑制发酵过程中酸度上升有一定效果，但缺点是酒味略有苦涩之弊。

⑧抗生素：据有关资料介绍，青霉素 G 钾可抑制醋酸菌、乳酸菌的繁殖。用量为 1～2IU/mL（对醅液计）。它的作用机理是干扰细菌细胞壁的生物合成，对革兰阳性细菌特别敏感，并破坏其细胞膜和核蛋白体。乳酸菌就属革兰阳性菌。抗生素应用于白酒生产，不但能抑制醋酸菌、乳酸菌的繁殖，而且不会抑制酵母菌的生长，甚至对酵母菌还有促进生长的作用。

⑨保持一定的贮存期。白酒在贮存过程中，使酒味芳香而谐调柔和，有助于防止酸味突出。

（四）白酒中辣味成分的生成和防止、解决的措施

1. 辣味成分的生成

辣味不是味觉，而是在鼻腔黏膜产生的一种痛觉。白酒的辣味是不可避免的，适度的辣味可以增进食欲。有人说："喝白酒就应该有点辣才够味，如果没有辣味，而像白开水一样平淡，就没有意思了"。这说明辣味在白酒微量成分中，也是必不可少的，关键是不要太辣，白酒中辣味大了不好，令人生畏。另外，从卫生角度出发，辣味过重有损饮用者的健康。所以白酒中的辣味成分应在符合白酒卫生指标的前提下，含量适中，并与其他诸味谐调配合好。

白酒中辣味成分主要有糠醛、杂醇油、硫醇和乙硫醚，还有微量的乙醛，优质白酒中的阿魏酸也有极低的辣味。一般认为，有刺激性的辣味，是低级醛过多。乙醛有刺激性黄豆臭，过浓呈微黄绿色。酒精是甜的。但与乙醛相遇则呈辣味，辣味的大小与醛量成正比关系。当大量乳酸菌与酵母共栖时，产生的甘油变成丙烯醛、丁烯醛，有刺激眼睛流泪的辣气，其辣味特别大，可以称为辣味大王了。含杂醇油过多的酒辣而苦。低沸点醛含量高，多是流酒温度过低、贮存期过短、卫生管理不善、感染大量乳酸菌所造成的。原料含蛋白质过多，则生成大量杂醇油。酒精与乙醛相遇时发生加成反应而生成乙缩醛，呈辣味。刚蒸出来的酒中乙缩醛含量较高，经过一定时间的贮存，则乙缩醛分解一部分，酒的辛辣味减少。

2. 白酒辣味的防止及解决措施

（1）正确使用辅料　白酒酿造用辅料，又称填充料，常用的有稻壳、谷壳（小米或黍米的外壳）、玉米芯、高粱壳等，它们的使用可以调整入窖淀粉浓度、冲淡酸度、吸收水分，在蒸馏时可以减少原料相互粘结，避免塌气，在酒醅中起疏松作用，保持粮糟柔熟不腻。所以要求它的质量，应该新鲜、干燥、无霉烂。使用时必须经过清蒸预处理，避免在酿酒过程中生成糠醛和甲醇而影响质量。

（2）严格卫生管理　如操作现场卫生差，酒醅易被大量杂菌感染，发酵温度高，尤其是异乳酸菌作用于甘油后，产生刺激性极强的丙烯醛，同时酒的酸味也必然增大。

（3）保证发酵正常进行　如果工艺条件掌握不当，酒醅入池后，升温猛，落火快，发酵周期不适当地延长，使酵母早衰，酵母在衰老时能生成较多的乙醛，致使酒的辣味增强。

（4）掌握正确的流酒温度　根据不同香型酒生产工艺的要求，掌握适当的流酒温度。流酒温度过高，不利于酒精在甑内最大限度地浓缩，影响了出酒率和酒质。温度过低，影响低沸点辣味物质的逸散，未经贮存的新酒辣味也大。当然摘酒时还应注意摘头去尾及摘酒的度数。

（5）合理贮存　酒库要保持一定室温，促进酯化作用。乙醇分子和水分子缔合成大分子，并有效地排出低沸点的辣味和其他异味物质，使酒变得更加绵软。

（五）白酒中涩味成分的生成和防止、解决的措施

1. 涩味成分的生成

涩味是因麻痹神经而产生的，它可凝固神经蛋白质，给味觉以涩味，使口腔里、舌面上和上腭有不润滑感。有人认为它不能成为一种味而单独存在，其理由是，涩味是由于不谐调的苦辣酸味共同组成的，并常常伴随着苦、酸味共存。但是不管怎么说，白酒中都有涩味，不过好的白酒，一般涩味不露头，否则会使饮者不快。据测定，白酒中呈涩味的物质主要有：乳酸及其酯——乳酸乙酯（它是白酒涩味之王）、单宁、糠醛、杂醇油（尤以异丁醇和异戊醇的涩味重）。实践证明，凡是用曲及酒母量大的，也都容易使酒中出现涩味和苦味。现将主要涩味成分介绍如下。

（1）乳酸和乳酸乙酯　进行乳酸发酵的主要微生物是细菌，这些乳酸菌利用糖经糖酵解途径生成丙酮酸，丙酮酸在乳酸脱氢酶催化下还原而生成乳酸。乳酸乙酯的生物合成途径与其他脂肪酸乙酯合成类似，即乳酸在转酰基酶作用下生成乳酰辅酶 A，再在酯酶催化下与乙醇合成乳酸乙酯。

白酒是开放式生产，在酿造过程中将不可避免地感染乳酸菌，并进入窖内发酵，乳酸及其酯也是白酒的重要香味成分，含量适中，能赋予白酒独特风味，其发酵是属于混合型（异）乳酸发酵。目前，白酒中较普遍地有乳酸及其酯类过剩，从而影响酒的质量。

（2）单宁　酿酒主要原料高粱中的单宁属邻位苯酚单宁，在高粱皮壳中含量较多。单宁遇铁生成黑色沉淀，含有单宁的发酵糟，颜色带黑（还有其他原因）。单宁有收敛性，能凝固蛋白质，对微生物细胞、酶都有不同程度的钝化作用，所以要严格控制单宁的含量，否则会影响白酒发酵，使酒体发涩。当然，在微量单宁存在时，单宁经发酵后也能赋予白酒特有的香气。原因是单宁经发酵转化为丁香酸。

（3）糠醛和杂醇油　糠醛和杂醇油含量高后不仅使酒产生刺激性的辣味，也伴随着涩味。

2. 白酒涩味的防止及解决措施

（1）降低白酒乳酸及其酯，使之含量适中，与白酒诸味谐调.

① 适当控制入池淀粉的含量（旺季 18%～20%，淡季 16%～18%），尽量降低入池温度，控制用曲量，防止升温猛升酸大，防止糖化与发酵不协调，造成残糖偏高，形成大量乳酸。

② 严格使用 90℃ 以上的热水打量水，保持酒醅发酵一致，不淋浆，达到缓慢糖化、发酵。

③ 坚持缓慢装甑，缓火蒸馏。一般情况下，在 20min 内保持甑内升温不高于最高点100℃。糟醅内共沸物的沸点降低，可使各微量成分缓慢流出。试验证明，发酵良好的酒醅，在正常蒸馏 20min 时，酒中乳酸乙酯的含量为 150mg/100mL，而大汽蒸馏 10min 时，乳酸乙酯的含量升至 300mg/100mL。由此可见缓火蒸馏不仅可以提酯增香，尤为重要的是起到了"增香控乳"的作用。根据实践经验，可将缓火蒸馏的压力规定为正常流酒时不超过 60kPa，大汽追尾时可提高蒸汽压力至 80kPa，蒸煮糊化时可达 100kPa。

④ 量质摘酒，截头去尾，防止低酒精度酒中乳酸乙酯进入半成品酒中。

⑤ 重视窖泥的养护工作，用新的优质人工老窖泥及时更换老化板结的窖泥。

⑥ 提高大曲质量，严格控制杂菌侵入糟醅。另外，提倡使用陈曲，理由是大曲经一定时间贮存后，一些产酸菌（乳酸菌等）在长期干燥条件下，失去生存能力而死掉，投入发酵时便会减少酒醅杂菌和产酸，并减少乳酸乙酯的生成。

⑦ 切实搞好环境卫生，做到文明生产，随时清扫车间内的残余糟子，尤其是在夏季，以防止霉菌、细菌等杂菌的污染。

⑧ 利用抑制剂控制乳酸乙酯的生成。使用抑制剂（富马酸，又名延胡索酸，反丁烯二酸，无臭、无毒）抑制乳酸菌生成，从而达到"控乳"的目的。试验证明，入池糟醅内加入 0.03%～0.05% 的富马酸，降乳效果较明显。

（2）降低酒醅内单宁的含量　高粱壳含单宁 1.2%～2.8%。使用前加强高粱除杂工作，除去多余的高粱外壳。采用耐单宁的酵母及能分解单宁的黑曲霉 AS 3.758，酒母和曲子的用量可略多些。另外，延长蒸煮时间及采用混合原料，均可降低酒醅中单宁的含量。

（3）严格工艺操作，减少糠醛和杂醇油的生成。

（六）白酒中油味成分的生成和防止、解决的措施

1. 油味成分的生成

白酒风味与油味是不相容的，酒内如果含有微量的油味，特别是腐败的"哈喇味"，会严重地损害白酒质量。一般地说，含脂肪较高的原料，如没有脱胚的玉米，发酵后特别容易产生高级脂肪酸及其酯，使酒出现油味，同时也是冬季造成白酒浑浊的原因之一。

2. 白酒油味的防止及解决措施

（1）避免使用含脂肪高的原料和辅料。如使用未脱胚的玉米、小黄米糠等，加之保管不善，在温度高、湿度大的情况下腐烂变质，脂肪分解而产生讨厌的油腥气味。

（2）正确地截头去尾，量质摘酒。如果截尾方法不当，也可致使酒尾中含量较多的高级脂肪酸、酯进入半成品酒，产生油味。

（3）避免使用涂油或涂蜡的容器贮存酒。

（七）白酒中辅料味和其他异杂味的生成和防止、解决的措施

关于白酒辅料味，还有其他异杂味、霉味等，只要在生产上坚持不用霉烂变质的原料，辅料严格清蒸除杂后使用是可以解决的。在生产、加浆、贮存或运输过程中，有时也出现不正常现象，产生异杂味，常发生的有如下几种。

（1）加浆用水的影响　加浆用水不洁时产生污水的腥味；加浆用水含有大量漂白粉或过硬水，钙被析出而出现亮晶晶的颗粒状钙盐。

（2）贮存容器、管道的影响　如酒篓血料中的色素及油质，血色素中的铁质被溶出，会使酒发黄，并有血腥味。使用铁器盛酒，铁锈也能使酒发生黄色沉淀及铁腥味。

（3）蒸馏设备材质的影响　如冷凝器的材料不纯，含铅或其他杂质较多，与酒中的酸作用产生醋酸盐，出现异味，另外，如果冷凝器不洁，残存有含酸量高的酒及酒泥，与冷凝器产生了作用，使冷凝器中的部分其他金属被溶解，酒泥及金属氧化物则随之脱落而进入酒中，产生沉淀和异杂味。

（4）酒库卫生管理的影响　酒库卫生差，由绿色木霉等杂菌产生的绿色色素，使酒带绿色和霉味。

（八）白酒异杂味成分中有害物质的生成和防止、解决的措施

在白酒异杂味成分中，有一些是有害物质，这些有害物质，有的是从原料带入的，有的是在生产过程中产生的，有的是受设备的影响而带到酒中的。对于这些有害物质，我们必须给以足够的重视，弄清楚其危害性和产生原因，相应地采取措施，降低它们在白酒中的含量，使之符合国家规定的标准，以确保消费者的健康不受损害。

1. 国家对白酒卫生标准的规定

（1）感官指标　应符合相应产品标准的有关规定。

（2）理化指标　见表 4－8。

表 4 - 8　　　　　　　　　　　　　　　　　　　　　理化指标

项　目		指　标		检验方法
		粮谷类	其他	
甲醇[a]／（g/L）	≤	0.6	2.0	GB/T 5009.48
氰化物[a]（以 HCN 计）／（mg/L）	≤	8.0		GB/T 5009.48

注：a 甲醇、氰化物指标均按 100% 酒精度折算。

2. 白酒有害成分的性能、毒性及防止、解决措施

（1）甲醇　甲醇是一种麻醉性较强的无色液体，密度为 0.791g/cm³，沸点 64℃，它能无限地溶于酒精和水中。甲醇有酒精一样的外观，气味也和酒精差不多。甲醇对人体的危害性较大，对神经系统和血管的毒害作用十分严重，对视神经危害尤甚。甲醇可经消化道、呼吸道以及黏膜渗透浸入人体而导致中毒。若饮入甲醇 5～10mL，可致严重中毒，10mL 以上即有失明的危险，30mL 即可引起死亡。甲醇进入人体内后，在一定的程度上进行缓慢的积累，不易排出体外，在血液中循环。另一方面，据研究证实，甲醇在体内的代谢产物是甲酸和甲醛，两者毒性大于甲醇。甲酸的毒性比甲醇大 6 倍，而甲醛的毒性比甲醇大 30 倍，所形成的甲醛会危害人的视网膜，严重时可导致失明。所以，国内外对食用和药用酒精饮料中的甲醇含量均严加控制，并尽可能在生产中降低和排出。

为了保证成品酒中甲醇不超过卫生标准的规定，可采取以下一些措施：

①选择质量高的原料，避免使用腐败的薯干及野生植物，它们的果胶含量高，而果胶是产生甲醇的物质基础。

②控制蒸煮压力不要过高。如果是采用间歇蒸煮，则可以考虑放乏汽的操作方式，以排出醪液中的甲醇。固态法以薯干为原料时，同样也可以采用在蒸粮时敞盖排汽的方法降低甲醇含量。

③在酒精－水溶液中，甲醇的精馏系数随酒精含量的增高而增大。所以甲醇在酒精浓度高时，有易于分离的特点，可以通过增加塔板数或提高回流比的方法，提高酒精浓度，把甲醇从酒精中分离出来。在固态法酿酒蒸馏过程中，甲醇既可以是头级杂质，也可以是尾级杂质，所以采取截头去尾的方法，可以略微降低其含量。

④当成品酒中甲醇含量超标时，可选用吸附甲醇的天然沸石或人造分子筛［上海试剂厂生产的 A 型（4A 型）分子筛（条状 Φ3～4mm），吸附甲醇量每次可达 140mg 以上］进行处理，甲醇的排除率可达 35.7%～81.6%。

（2）杂醇油　杂醇油是一类高沸点的混合物，是淡黄色至棕褐色的透明液体，具有特殊的强烈的刺激性臭味。白酒中含量过高，对人体有毒害作用。它的中毒和麻醉作用比乙醇强，能使神经系统充血，使人头痛。其毒性随分子质量增大而加剧，杂醇油在体内的氧化速度比乙醇慢，在机体内停留时间长。杂醇油的主要成分是异戊醇、戊醇、异丁醇、丙醇等。其中以异丁醇、异戊醇毒性较大。杂醇油含量过高，不仅对人体有害，而且给酒带来邪杂味。

（3）氰化物　氰化物有剧毒，中毒时轻者流涎、呕吐、腹泻、气促，严重时则呼吸困难，全身抽搐、昏迷，在数分钟至 2h 内死亡。白酒中的氰化物主要来自原料，以木薯、野生植物酿制的酒，氰化物含量较高，而一般谷物原料酿制的酒，氰化物含量都极微。

使用木薯为酒精原料时，蒸煮时尽量多排汽，使木薯块根外表含的氢氰酸随汽排出，也可用水充分浸泡原料，使氰化物大部分溶出，还有预先在原料中加入 2% 左右的黑曲，保持 10% 左右的水分，在 50℃ 左右搅拌均匀，保温堆积 12 h 后，清蒸 45min，排除氢氰酸。

（4）铅　铅是一种毒性很强的金属，含量 0.04g 即能引起急性中毒，20g 可以致死。在人们吃的水果、蔬菜、粮食以及各种动物性食品中，都可能含有一定的铅，因此在制定白酒的卫生标准时，考虑了铅通过各种途径进入人体的因素。白酒中的铅主要是由蒸馏器、冷凝器、导管和贮酒容器中的铅经溶蚀而来的。这些设备的铅含量越高，酒的酒精含量越高，则设备的铅溶蚀越大。

预防酒中含铅超标的措施：

①改进生产设备：冷凝器、蒸馏器、导管、贮运酒容器等采用食品级不锈钢制品。

②生产技术方面：采取低温入池发酵，定温蒸馏，保持适宜冷凝温度，定期刷洗蒸馏冷却器，保持各个环节的清洁卫生，尽量减少产酸细菌的滋长。因为酒中酸度越高，越有利于产生铅蚀作用。

（5）锰　锰是人体正常代谢必需的微量元素，但过量的锰进入机体可引起中毒，特点是中枢神经系统功能紊乱，表现出头晕，记忆力减退、嗜睡和精神萎靡等症状，有的是头痛、头晕和口内有金属味。白酒中的锰，主要来源是用高锰酸钾处理酒而带入的，所以高锰酸钾用量应限制。另外，可采用活性炭等处理方法提高酒质，尽量避免使用高锰酸钾。

第六节　白酒蒸馏技术

蒸馏是利用组分挥发性的不同，以分离液态混合物的单元操作。把液态混合物或固态发酵酒醅加热使液体沸腾，在生成的蒸汽中比原来混合物中含有较多的易挥发组分，在剩余混合物中含有较多的难挥发组分，因而可使原来混合物的组分得到部分或完全分离。生成的蒸汽经冷凝而成液体。蒸馏方法较多，主要有简单蒸馏和精馏等。在白酒生产中，将乙醇和其伴生的香味成分从固态发酵酒醅或液态发酵醪中分离浓缩，得到白酒所需要的含众多微量香味成分及酒精的单元操作称为蒸馏，它属于简单蒸馏。白酒蒸馏方法分固态发酵法、液态发酵法及固液结合串香蒸馏法多种。

一、甑桶蒸馏的作用、原理和特点

在传统的固态发酵法白酒生产中，发酵成熟的酒醅采用甑桶蒸馏而得白酒。甑桶是一个上口直径约 2m，底口直径为 1.8m，高 0.8～1m 的圆锥形蒸馏器。用多孔算子相隔下部加热器，上部活动盖和冷却器相接。甑桶是一种不同于世界上其他蒸馏器的独特蒸馏设备，是根据固态发酵酒醅这一特性而设计发明的。自白酒问世以来，千百年来一直沿用了甑桶这一蒸馏设备。

（一）甑桶蒸馏的基本原理

在白酒的成熟酒醅中，其各种香味组分可分为醇水互溶、醇溶水不（难）溶和醇不溶而水溶三类物质，前两类不同的香味组分在蒸馏过程中表现一定的规律，后者则多数残留于酒醅中。

1. 醇水互溶的物质

这类物质基本上符合拉乌尔定律，与拉乌尔定律的计算产生正或负偏差，并可通过计算得知相应的挥发度和相对挥发度。这些组分在低酒精度的酒精——水混合液中蒸馏时，各组分在气相中浓度的大小，主要受分子吸引力大小的影响。倾向于醇溶性的物质，根据氢键作用的原理，除甲醇和有机酸外，多数低碳链的高级醇（丙醇、异丙醇）、乙醛和其他醛等，在甑桶蒸馏时各馏分的变化规律为酒头＞酒身＞酒尾。而倾向于水溶性的乳酸等有机酸、高级脂肪酸，由于其酸根与水中氢键具有十分紧密的缔合力，难以挥发，因此，在甑桶蒸馏时，各馏分的变化规律为酒尾＞酒身＞酒头。

2. 醇溶水不（难）溶的物质

这类香味物质如酯类、高级醇类等倾向于醇溶性的物质，按照恒沸精馏的原理（特殊蒸馏），低酒精浓度时的乙醇，也可视为恒沸精馏中的"第三组分"。所谓"第三组分"是指混合液中加入某种组分后，该组分能与被分离的组分形成恒沸物，不过在甑桶蒸馏时这一"第三组分"不是人为加入的，而是恒沸混合液中固有的。作为第三组分的乙醇，使被分离的组分沸点降低和蒸汽压升高，对这些组分的蒸馏，除一般蒸馏原理外，可认为是恒沸蒸馏（或特殊蒸馏）。如高级醇（异戊醇等）、乙酸乙酯、己酸乙酯、丁酸乙酯、亚油酸乙酯、油酸乙酯等，这些馏分的变化规律为酒头＞酒身＞酒尾。而其中例外的是乳酸乙酯，从实测可知，它更集中于酒精含量为50% vol以下的尾酒中。

3. 醇不溶而水溶的物质

这类物质如各种矿质元素及其盐类，在水中呈阴阳离子状态，多数醇难溶而倾向于水溶。它们的蒸馏既不符合理想溶液的蒸馏，也不符合恒沸蒸馏的原理。而根据氢键作用的原理，这类香味组分在低酒精浓度下蒸馏，低浓度酒精的影响又可忽略不计，则这些高沸点的、难挥发的、水不溶的（包括水溶性的乳酸等有机酸）物质与混合液和自身的沸点均无关，例如乳酸的沸点为122℃（1.867kPa），其他许多高级脂肪酸等的沸点也都在100℃以上，由于多组分的混合，使沸点降低，因此，可以在100℃以下进行水蒸气蒸馏。加之，甑桶蒸馏设备的特点，由于导汽管、冷却器和甑盖空间在冷却过程中产生一定的相对压力降，从而产生一定的抽吸作用，产生了"水蒸气拖带"或"雾沫夹带"，特别在大汽追尾时，其部分组分被蒸入酒中。因此，多数有机酸和糠醛等高沸点物质，在甑桶蒸馏时，各组分的变化规律为酒尾＞酒身＞酒头。而水蒸气蒸馏的原理，除适合于醇不溶而水溶的矿质盐类外，尚适合于醇水互溶的有机酸和高级脂肪酸等。

4. 高级醇和甲醇的特殊规律

从上述蒸馏原理和规律可知，甲醇与高级醇均属醇水互溶的物质，其中甲醇可以任何比例与乙醇和水互溶，而高级醇可与乙醇互溶，在水中则溶解度较小。当有少量的高级醇存在时，可以认为是醇水互溶；当大量高级醇存在时，也可忽略为水不溶。设：异戊醇－乙醇－水为一个三元混合液，异戊醇和乙醇都含有—OH，都存在氢键作用力，由于白酒蒸馏是在低酒精浓度下的多组分蒸馏，混合液中的水含量在90%以上，水分子中有较强的氢键作用力，同时对乙醇和异戊醇都产生较强的氢键吸引力，但异戊醇的相对分子质量比乙醇大，妨碍了水与异戊醇氢键作用的缔合强度，而乙醇相对分子质量小，水分子和乙醇分子的缔合强度比异戊醇大，因此异戊醇比乙醇容易挥发。相反，在酒精含量很高时，或没有水存在时，乙醇与异戊醇的挥发性质又取决于它们的相对分子质量的大小，即乙醇比异戊醇容易挥发，而后者的情况在白酒蒸馏时不可能出现。各种高级醇的含量在甑桶蒸馏时的变化规律为酒头＞酒身＞酒尾。又设：甲醇－乙醇－水为一个二元混合液，同理，白酒蒸馏是低酒精浓度的蒸馏，混合液中有大量的水存在时，甲醇的相对分子质量小于乙醇，甲醇与水的氢键作用力大于乙醇，因此，在甑桶蒸馏时，甲醇比乙醇难以挥发。所以，甲醇的沸点虽低，但它们的挥发度始终小于10，在实际测定中，甲醇在各馏分中的变化为酒尾＞酒身＞酒头。

综上所述，白酒在甑桶中蒸馏应为特殊的蒸馏方式，其蒸馏原理除包括一般的蒸馏原理外，尚有恒沸蒸馏和水蒸气蒸馏的原理。有关白酒甑桶蒸馏的原理，尚有不同看法，有待于今后探索。

（二）甑桶蒸馏的特点

甑桶为圆台形（或称花盆状）桶身，下部为甑箅，被蒸馏的物料为固态发酵的酒醅，其蒸馏方式属于简单的间歇蒸馏。但蒸馏原理极为复杂，不同于一般的酒精蒸馏。其蒸馏特点可概括如下。

1. 蒸馏界面大，没有稳定的回流比

如果说甑桶是一个填料塔，酒醅则是其中的填料层，作为填料层的酒醅，自身又含有水分，酒精及其他多种微量组分的混合液，呈疏散细小颗粒状。因此，这种填料层又不同于一般的填料层，甑桶也不是一般的填料塔。如果将甑桶作为填料塔来看，那么这种填料塔没有连续进料和出料的装置，也没有专门的回流装置，所以甑桶是一个特殊的填料塔，醅料既是填料，也是被蒸馏的物料，醅料层有较大的蒸馏界面，能减少混合液汽化后的蒸馏阻力，使之容易汽化。由于醅料层自身的阻力和通过底锅蒸汽的加热，使醅料层进行冷热交换，而产生的混合液汽化、冷凝和回流的过程，称为传热和传质。在醅料层汽化的冷凝液，受到底锅蒸汽的连续加热，进行反复的部分汽化、冷凝和回流。由于蒸馏过程中的各种变化因素极为复杂，并随时发生变化，因此，甑桶蒸馏没有稳定的回流比。

2. 传热速度快，传质效率高，达到多组分浓缩和分离的目的

一般液态法蒸馏是以水或其他液态物料组成多组分的混合液进行蒸馏，而甑桶蒸馏的醅料层是以固态颗粒吸附混合液的方式进行蒸馏。酒精蒸馏时，为提高液体的蒸馏分离和提纯效率，采用多层塔板，将每层塔板的混合液反复汽化、冷凝和回流，其蒸馏特点为单组分的分离和提纯，又称精馏。甑桶蒸馏以固态酒醅为蒸馏对象，每个细小的物料颗粒相当于无数个细小塔板，这些含有混合液的细小颗粒，受到来自底锅蒸汽的加热，由于蒸馏界面大，而被迅速加热和微小汽化，汽化后的酒气通过醅料层的微小空隙，加之毛细管作用，使上层较冷的醅料颗粒，又迅速加热并部分汽化、冷凝和回流，被冷凝的回流液，刚好回流至邻近下层的醅料中。但这个回流液又很快地被不断上升的水蒸气或酒汽部分加热、汽化、冷凝、回流，如此反复不断，加之上升水蒸气的夹带作用，使下层醅料可挥发的组分逐层变稀，上层醅料可挥发的组分逐层增浓。而这种可挥发性组分增浓的特点和目的均不同于塔板精馏，塔板精馏的可挥发性组分增浓的目的，在于将不同塔板中可分离的不同组分，进行分离和提纯，以达到单组分分离和浓缩的目的。甑桶蒸馏是由醅料层组成的"颗粒塔板"，为"颗粒蒸馏"或"微孔蒸馏"，通过汽带作用和毛细管上升，使被蒸馏的物料中可挥发性的组分尽可能被蒸馏出来，在醅料层中可挥发性组分的增浓，使混合液中多种可挥发性组分同时得到浓缩和分离，而不需要某种单组分的分离和提纯。因此，

甑桶蒸馏具有传热快、传质效率高、多组分的分离和浓缩效果好的特点，但比塔板单组分分离提纯的效果差。所以，甑桶蒸馏不同于精馏，白酒中的微量组分的量比关系也较复杂。

3. 进料和蒸馏操作同步，酒精和香味成分提取同步

甑桶蒸馏为间歇蒸馏，无连续进料和出料装置，进料和蒸馏操作同步进行，提取酒精和多种微量香味成分也同步进行。蒸酒前，先在甑算上撒少许稻壳，随后逐层撒入酒醅，底层的醅料经上升蒸汽的传热和传质，待醅料将要开始汽化时（即探汽上甑），再铺撒一层新的醅料，上层新的醅料又经下层醅料汽化后的酒汽冷热交换，待刚要进行部分汽化、冷凝时，又被新的醅料层覆盖，如此反复操作直至满甑为止。从整个装甑操作来看，甑桶蒸馏的特点为装甑操作和冷热交换同步，汽化和冷凝、回流同步，即边进料、边冷热交换，边汽化、边冷凝回流，直至满甑。满甑后的蒸馏操作，除装甑操作已完成外，其余的传热和传质过程均为同步进行，与酒精蒸馏的区别，在于没有专门的冷热交换塔板和回流装置。

4. 蒸馏时醅料层的酒精浓度和各种微量组分的组成比例多变

酒精蒸馏时，各塔板的酒精浓度相对稳定，因此杂质分离较好。但在甑桶蒸馏时，不同醅料层的酒精浓度和微量组分的组成比例是在随时变化的。从蒸馏原理可知，设底醅层所吸附的混合液中酒精浓度为10%，该酒精浓度下的酒精挥发系数为5.1，则酒精在醅料中一次汽化时，酒精的蒸汽浓度为51%，如此逐层汽化，下层醅料的酒精浓度则由高至低，而上层醅料的酒精浓度则由低到高。设面层醅料经冷热交换，至开始汽化时，被醅料冷凝所吸附的混合液酒精浓度为60%，在该酒精浓度下混合液中酒精的挥发系数为1.3，则一次汽化后酒汽中的酒精浓度为78%，恰好与酒头馏分的酒精浓度较接近。根据以上两个计算举例可知，甑桶内醅料层的酒精浓度变化规律为，底层醅料酒浓度由高至低，面层醅料的酒精浓度由低到高，中层醅料层的酒精浓度变化较为复杂，大体上经过低、高、低的变化过程。在整个蒸馏过程中，各层醅料的酒精浓度，自下而上地增浓，但随着蒸馏过程的继续，各层醅料的酒精浓度又总呈由高至低的变化趋势，直至醅料中的残余酒精不能用常法蒸出为止。由于各层醅料酒精浓度的增浓或减少，在不同酒精浓度下的混合液，与之相混合的其他微量组分的挥发系数和精馏系数也在随时发生相应的变化。例如，当面层醅料的酒精浓度为60%时，乙酸乙酯的精馏系数为3.3，如果面层醅料混合液的酒精浓度降至10%，则乙酸乙酯的精馏系数为5.67。同理，在蒸馏过程中，其他香味物质和杂质的挥发系数和精馏系数，也会因混合液中酒精浓度的变化而随时发生相应的变化。因此，在甑桶蒸馏时，不同蒸馏时间所取的馏分，其酒精含量和微量香味成分的量比关系，都有较大的变化。

5. 甑盖（云盘）与甑桶空间的相对压力降和水蒸气拖带蒸馏

从上述白酒蒸馏的基本原理可知，白酒醅料的混合液中的香味物质，包括醇水互溶、醇溶水不溶、醇不溶水溶三类物质，这些物质的蒸馏原理各有差别。根据不同组分的特性，其蒸馏原理包括接近理想溶液的蒸馏、恒沸蒸馏和水蒸气蒸馏等蒸馏方式，其中许多高沸点的组分，如高级脂肪酸等，在酒精蒸馏时绝大部分从塔釜排出，而在白酒蒸馏时常可依赖水蒸气蒸馏的雾沫夹带而被蒸出。由于甑桶排出的酒气，经导汽管（过汽筒）和冷却器冷却后产生相应的压力降，这种压力降又导致甑面和甑盖空间的相对压力降，形成了

抽吸作用，加之酒醅的蒸馏界面大，恒沸蒸馏时少量的乙醇可作为"第三组分"，降低混合液的恒沸点和提高了蒸汽压，从而增强了水蒸气蒸馏的雾沫夹带作用，使一些难挥发的组分被蒸馏到白酒中，这是酒精蒸馏方式不可能办到。

由于目前对甑桶蒸馏的原理研究还很不够，因此对甑桶蒸馏的原理和特点，很难做出较为理想的和完整的说明，许多问题至今还只知其然，而不知其所以然，尚待今后进一步探讨。

（三）甑桶的设计依据

根据甑桶蒸馏的原理和特点可知，蒸酒过程中，酒、汽进行激烈的热交换，所以接触面积是衡量甑桶蒸馏效果的重要参数，这就是说要提高它的比表面积，这样酒汽才能均匀上升。

据生产实践，认为花盆状甑桶较好。这种甑上口直径比下口直径大 15% ~ 20%，同时，为了提高蒸馏效率，将直接蒸汽变为二次间接蒸汽，即将甑底蒸汽盘管（花管）下放到底锅水液面以下，从而可提高蒸馏效率 1% 以上。这种甑，若上甑技术较好，蒸馏效率可达 95%，最低也可达 80% 以上。而且甑内蒸汽浓集较好，初馏分酒精含量在 80% 左右。但这种甑四周蒸汽沿边现象较为严重，特别是遇到冷材料、湿度大、稻壳又细的时候，钻边更为严重。这样，四周必须要多装酒醅，而且要压紧，而中心则装松些、少些，一般装成平心或凹心甑，往往造成酒汽上升不匀，酒梢不利索，影响最终蒸馏效果。

为了克服上述甑桶的缺点，有人根据本厂的实际情况，设计出一种新型甑桶，其出发点有三：①吸取上述甑桶的优点，增大酒汽容积系数；②增大比表面积；③使蒸汽缓升，减少钻边现象。几种甑桶的主要技术参数，如表 4 – 9 所示。

表 4 – 9　　　　　　　　　　　　几种甑桶的主要技术参数

项目 甑桶	上口 直径/mm	下口 直径/mm	上、下口 直径之比	甑身高/mm	断面积/m²	体积/m³	甑内材料 高度/mm
1100kg 甑	2040	1780	1. 15:1	900	1. 72	2. 58	700
900kg 甑	2020	1670	1. 21:1	800	1. 48	2. 17	650
设计新甑	2460	1780	1. 38:1	800	1. 80	3. 02	600

新设计的甑桶有下述优点：

（1）断面面积达到最大值，比表面积增大，蒸馏效果提高。

（2）酒汽容积系数增大，存留时间较长，甑内蒸汽压降低、温度降低。

（3）陡度变大，酒醅与甑桶壁间的附着力增大，蒸汽上升缓慢，钻边现象减缓。

（4）设有压力表、温度计，便于测温控压。

一般浓香型酒厂的甑桶体积为 $1.8 ~ 2.0 m^3$。以上介绍的甑桶容积稍大些，不过在设计新甑时可以参考上述参数。

（四）甑边效应及减少酒损的措施

固态发酵酒醅在装甑过程中，可以发现酒汽经常由甑边率先穿出醅料层，然后再向甑中心区扩展。见汽撒料的结果是甑边料层高于中心区，形成凹状的表面料层，有人将此现象称之为甑边效应或边界效应。这一物理现象不仅发生于白酒蒸馏的甑边固 – 固界面上，而且发生在固、液界面上。如液态发酵罐内产生的CO_2气体，沿罐壁或冷却管壁上升较从醅液中溢出更为容易。固态发酵法白酒的甑边效应，意味着在甑内醅料层上汽的不均匀性。尤其当蒸馏甑的结构、连接不合理或设备不保温等原因存在时，更会影响蒸馏效率。某厂蒸馏设备为金属甑体、过汽筒及甑盖，可移动的甑体与甑盖，甑盖与冷凝器的连接均采用水封式。经测定，在甑体与甑盖的水封槽中的水液，蒸酒后含酒精最高可达2%，平均为0.5%；每蒸一甑，过汽筒酒损0.68kg，甑盖酒损2.08kg。为了减少这部分的酒损，采取下列技术措施，获得了较好的成效。

（1）甑箅汽孔采用不同的孔密度。将承托固态发酵酒醅和通蒸汽的钢板汽孔，孔距由边缘区域向中心递减密度，以促使甑桶平面上各区域酒醅加热上汽趋向一致。如图4-2所示，将甑箅划分为4个区域。R为甑箅半径，设$AC = CD = DO = R/3$，$AB = BC/4 = R/15$。各区截面积比例为Ⅰ：Ⅱ：Ⅲ：Ⅳ=1：3：4：1.2，取甑箅钻孔率为总面积的59%，孔径$d8 \sim 10mm$，则各区域钻孔密度如下：Ⅰ区900～1200个/m^2；Ⅱ区650～800个/m^2；Ⅲ区450～600个/m^2；Ⅳ区为不钻孔。各区钻孔密度比为Ⅰ：Ⅱ：Ⅲ：Ⅳ=2：1.5：1：0.5。这样可保持甑箅孔上汽比较均匀，从而削弱甑边效应的不良影响。

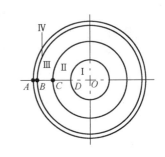

图4-2　甑箅汽孔的不同孔密度

（2）对金属材料的甑体和甑盖采取保温措施。

（3）过汽筒连接甑口端应高于冷却器端，向冷却器方向倾斜，防止冷凝酒液倒流入甑内。

（4）曾经试验用双层甑桶，其间距有5～10cm空隙。使一甑的料层厚度分为2层，减轻酒醅自身压力，有利于上汽均匀畅流，减少窝汽短路现象，以提高蒸馏效率。

此外，还可设计加大甑边倾斜度；甑内壁改成波纹状或锯齿状；凸形甑箅以及大直径矮甑桶等，以减轻甑边效应。

二、甑桶蒸馏操作

（一）设备及准备工作

1. 冷凝器

如果俗称锡锅的冷凝器的锡质不纯而含铅，则铅与酒中的乙酸等有机酸会生成可溶性的盐类进入酒中，危害人体健康；铅还能与酒醅在高温下产生硫化氢，生成黑色的硫化铅沉淀，导致人体慢性中毒。因此，蒸馏及贮酒等容器，不要采用含铅的金属。冷凝器、导管可使用食品级不锈钢为材料。

2. 装甑前的准备

（1）底锅　底锅水要每天清换，底锅水温度高，可用虹吸管或手摇泵吸出。如果底锅水中有悬浮物，或溶解较多的蛋白质等成分，蒸馏时就会产生大量泡沫，串入酒醅内造成"淤锅"而影响出酒率及酒质。

底锅水位应与帘子保持50～60cm的距离，若距离太近，也易产生"淤锅"现象。

（2）冷凝器　冷凝器要定期刷洗，以防止杂菌滋长和提高冷却效率。

（3）拌料　酒醅要与辅料及新原料充分搅拌均匀，应松散而无结块。

物料要注意"两干一湿"，即甑底帘子上的物料要多含辅料，这样可减少酒损；待物料上汽均匀后，甑中部的物料含辅料量可相对少些；接近甑面的物料又要多用辅料，以减少跑酒。通常还可在甑的最底部帘子上，以及甑上层物料表面撒一薄层清蒸过的谷壳。

在冬季，由于物料不易保温，往往使品温偏低甚至物料发黏，加上水分较大时，更难装好甑。因此，要尽可能地将出池的酒醅一次完成拌料操作。

（4）其他　铺好底锅帘子后，撒上一薄层谷壳，再接上流酒管，放置接酒容器，并将冷却水调整到一定温度。

（二）装甑

1. 装甑工具

装甑用木锨或簸箕均可，关键是操作人员要责任心强、操作细致、技术过硬。

2. 装甑原则

要求以"松、轻、准、薄、匀、平"六字为原则。即物料要疏松，装甑动作要轻巧，盖料要准确，物料不宜一下铺太厚，撒料及上汽要均匀，物料从底至上要求平整。如果在装甑过程中偶尔造成物料不平而上汽不匀时，可在不上汽的部位扒成一个坑，待上汽后，再用辅料填平。装甑不应过满，以装平甑口为宜。

3. 装甑方法

有两种盖料法。一种是"见湿盖料"，即蒸汽上升，使上层物料表面发湿时盖上一薄层物料，以免跑汽而损失有效成分。采用该法时如果技术不熟练，会造成压汽现象；另一种方法是"见汽盖料"，即待物料表面呈现很少白色雾状酒气时，迅速而准确地盖上一薄层物料，采用该法不易压汽，但若掌握不好容易跑汽。上述两法各有利弊，可根据操作者的实际情况择一而用。

（三）蒸馏

蒸馏过程中，操作者要注意以下几个问题。

1. 汽量的掌握

（1）原则　蒸馏时开汽的原则为"缓汽蒸馏，大汽追尾"。即馏酒过程中用汽要缓，不宜开大汽；待馏出的酒液酒度较低时，可开大汽门，以追尽酒尾。待酒尾流尽后，可敞盖用大汽将醅中的不良气味驱散。当然，在装甑过程的中间阶段，开汽量也应较大，否则会造成压汽而无谓地延长装甑时间，但两头的开汽量宜小，最好在甑上安装水压柱，以观察蒸馏是否平稳。

（2）实例两则

例1：以高粱为原料，蒸馏时料醅比为1:4.5，快火蒸馏及慢火蒸馏比较的条件及结果如表4-10、表4-11、表4-12所示。

例2：将大楂酒醅进行快火与慢火蒸馏比较，快火蒸馏25min，得酒精为65% vol的白酒155kg。慢火蒸馏45min，得酒精为65% vol的白酒169kg。慢火蒸馏的酒，正品率高，总酯比快火蒸馏高7.7%，高级醇两者接近，醛含量取决于冷却器的冷却效果。原酒品尝结果，小火蒸的酒香气浓、较绵柔，大火蒸的酒味冲烈。

表 4 – 10 　　　　　　　　　　　　　快火蒸馏及慢火蒸馏的条件

项　目	快　火	慢　火
装甑及流酒时进汽管压力/kPa	196	98
装甑时间/min	20	30
流酒时间/min	10	20
流酒温度/℃	30 ~ 40	10 ~ 20
流酒速度/（kg/min）	5	2.5

表 4 – 11 　　　　　　　　快火、慢火蒸馏原酒成分比较　　　　　　　单位：g/100mL

条件	总酸	总酯	总醛	高级醇	糠醛
快火	0.0719	0.451	0.0216	0.078	0.0082
慢火	0.0732	0.543	0.038	0.0918	0.0146

表 4 – 12 　　　　　　　　　　　快火、慢火蒸馏原酒品尝比较

条　件	外　观	香　气	口　味
快　火	无色透明	酯香欠浓	涩，余香味短
慢　火	无色透明	酯香较浓	余香味较长

2. 接酒温度

接酒温度不宜太高或太低，以30℃左右为宜。因为接酒温度较高时，虽然可挥发掉硫化氢及乙醛等杂质，但同时也会散失所需的香味成分。

在装甑过程中，下层酒醅中的酒精不断蒸发，同时又不断被新装入的酒醅冷凝，这样循环不息，当物料快满甑时，下层酒醅中的酒精已很少了，酒精集积于上层酒醅中。因此，上盖后，酒气会很快冲出，如果冷凝器的效能不足，会产生憋气现象。因此，应保证足够的冷却面积，并合理控制冷却的温度。

3. 看花取酒

馏出酒液的酒度，主要以经验观察，即所谓看花取酒。让馏出的酒流入一个小的盛器内，激起的泡沫称为酒花，历史上沿袭"看花量度"或"断花截酒"，都是根据酒花的变化情况来接酒。

"看花量度"是基于各种浓度的酒精和水混合溶液，在一定的压力和温度下，其表面张力不同的原理。因此在摇动酒瓶或冲击酒液时在溶液表面形成的泡沫大小、持留时间也不同，据此便可近似地估计出酒液的酒精含量。在大部分酒厂蒸馏时看花可分为下列5种，经实际测定其相应的酒精浓度及酒气冷却前的温度如下：

（1）大清花　花大如黄豆，整齐一致，清亮透明，消失极快。酒精含量在65% ~ 82%vol 范围内，以76.5% ~ 82%vol 最明显。酒气相温度 80 ~ 83℃。

（2）小清花　酒花大如绿豆，清亮透明，消失速度慢于大清花。酒精在58% ~ 63% vol，以58% ~ 59%vol 最为明显。酒气相温度 90℃。小清花之后馏分是酒尾部分。至小清花为止的摘酒方法称为过花摘酒。

（3）云花　花大如米粒，互相重叠（可重叠二三层，厚近1cm），布满液面，存留时间较久，约2s，酒精含量在46% vol时最明显。酒气相温度约为93℃。

（4）二花　又称小花，形似云花，大小不一，大者如米粒，小者如小米，存留液面时间与云花相似，酒精为10% ~20% vol。

（5）油花　花大如1/4小米粒，布满液面，纯系油珠，酒精含量为4% ~5% vol时最为明显。

酒花的变化也可反映装甑技术的优劣。装甑好则流酒时酒花利落，大清花较大，大小一致，与小清花区别明显，过花后酒度降低快酒尾短。反之装甑技术差，便会出现大清花与小清花相混不清，花大小不一，酒尾拖得很长。

4. 蒸馏事故

淤锅即底锅水冲入甑内。若发生这种现象，就得停止蒸馏，将酒醅挖出，拌上辅料，再行装甑蒸酒。发生这事故损失很大。发生原因在于底锅水不净，未及时处理，漏入锅内糟醅，使水黏稠，产生泡沫上溢。

三、蒸馏中物质的变化

自20世纪60年代始至90年代曾先后在麸曲及大曲酒厂多次对甑桶蒸馏进行了查定，其酒精及香气成分的行径是完全一致的。常规分析见图4-3及图4-4。香气成分色谱分析的结果见表4-13、图4-14、图4-15。查定的某浓香型优质酒的结果见图4-3至图4-7。

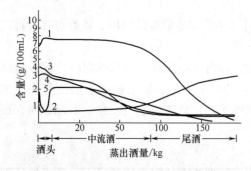

图4-3　麸曲固态发酵大楂酒蒸馏测定

1—酒精×10　2—总酸×10⁻¹　3—总酯×10⁻¹

4—总醛×10⁻²　5—甲醇×10⁻²

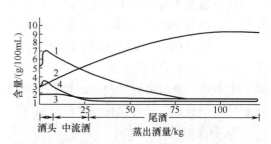

图4-4　麸曲固态发酵糟酒蒸馏测定

1—酒精×10　2—总酸×10⁻¹　3—总酯×10⁻¹

4—总醛×10⁻²

表4-13			馏分中酸的分析结果									单位：mg/100mL	
馏分\\成分	沸点/℃	与水、醇溶解情况	1	2	3	4	5	6	7	8	9	10	11	12
酒精			74.3	77.1	75.1	74.0	70.0	65.0	57.9	48.9	30.8	15.5	8.7	6.8
甲酸	100.5	溶于水、醇	2.61	1.18	3.15	0.43	0.33	1.17	0.71	1.18	1.32	1.92	2.35	4.55
乙酸	118.1	溶于水、醇	71.2	55.5	71.4	55.7	65.9	82.8	99.4	124.7	137.2	179.2	129.2	223.3
丙酸	141.0	溶于水、醇	1.22	0.80	0.79	0.86	1.09	1.26	1.96	0.94	2.89	3.67	4.12	8.18

续表

馏分 成分	沸点/ ℃	与水、醇 溶解情况	1	2	3	4	5	6	7	8	9	10	11	12
丁酸	163.0	溶于水、醇	3.36	2.16	2.58	2.36	3.23	4.32	2.78	8.73	9.61	12.1	13.2	20.2
戊酸	187.0	溶于30份水，易溶于醇	1.01	0.90	0.57	1.00	0.80	1.06	1.07	1.99	1.17	2.51	2.95	2.76
己酸	205.0	溶于醇，几乎不溶于水	1.63	0.95	0.67	0.81	1.09	1.79	2.96	4.08	5.19	6.07	6.80	7.99
庚酸	223.0	溶于醇，微溶于水	—	—	—	—	—	—	0.16	0.12	0.28	—	—	0.61
乳酸	122.0	溶于水，醇	9.82	6.19	9.24	9.38	15.9	24.4	44.0	189.9	138.3	188.3	172.6	163.1

表4-14　　　　　　　　　馏分中酯、醇、醛各成分的分析结果　　　　　　单位：mg/100mL

馏分 成分	沸点/ ℃	与醇、水 溶解情况	1	2	3	4	5	6	7	8	9	10	11	12
酒精	78		74.3	77.1	75.1	74.0	70.0	65.0	57.9	48.9	30.8	15.5	8.7	6.8
乙酸乙酯	77	溶于醇、水	472.0	192.0	208.0	175.0	129.0	149.0	64.0	45.0	10.5	<10	<10	<10
丁酸乙酯	121	溶于醇，微溶于水	60.5	43.9	27.4	19.0	14.6	10.4	8.7	7.4	3.8	2.2	1.6	1.9
己酸乙酯	167	溶于醇，微溶于水	33.4	44.7	32.5	34.1	18.6	19.3	6.4	13.3	6.8	<1	<1	<1
乳酸乙酯	154	溶于醇、水	9.3	22.8	26.6	30.5	44.6	84.8	121.8	163.9	188.3	206.3	171.9	142.3
甲醇	64	溶于醇、水	21.0	23.0	26.7	26.2	35.0	35.0	35.7	32.5	21.5	14.5	9.5	7.5
正丙醇	97	溶于醇、水	34.6	55.1	45.9	40.5	36.8	45.2	27.1	24.0	17.7	9.0	5.7	5.1
仲丁醇	99	溶于醇，微溶于水	13.1	19.2	14.0	11.1	9.1	13.7	7.5	7.5	6.7	3.9	2.9	4.2
异丁醇	108	溶于醇、水	24.2	42.0	30.4	24.4	21.1	15.5	13.8	13.2	8.7	1.3	1.0	0.9
正丁醇	117	溶于醇、水	10.4	14.9	12.3	11.9	10.9	9.0	8.8	7.8	5.1	3.6	2.5	2.1
异戊醇	132	微溶于水、醇	46.6	46.2	56.0	49.6	43.7	39.2	32.9	28.1	17.4	9.4	6.4	4.3
乙醛	21	溶于醇、水	42.5	29.5	18.0	13.0	10.5	9.5	9.8	9.5	7.7	6.5	4.5	4.5
乙缩醛	102	溶于醇	117.0	87.6	71.9	50.4	40.9	34.8	20.5	18.4	9.9	<5	<5	<5
糠醛	160	溶于醇、水	<1	<1	<1	<1	4.5	19.4	21.9	28.7	33.2	40.4	42.3	39.5

表4-15　　　　　　　　　　馏分中高沸点酯的分析结果　　　　　　　单位：mg/100mL

馏分 成分	沸点/ ℃	与醇、水 溶解情况	1	2	3	4	5	6	7	8	9	10	11	12
辛酸乙酯	206	溶于醇，微溶于水	1.01	0.90	0.64	0.78	0.80	1.01	0.94	0.81	0.15	0.075	0.045	0.043
癸酸乙酯	244	溶于醇，不溶于水	0.19	0.14	0.10	0.12	0.09	0.09	0.08	0.06	0.35	0.45	0.04	0.043
月桂酸乙酯	269	溶于醇，不溶于水	0.16	0.10	0.08	0.12	0.15	0.31	0.15	0.32	0.23	0.18	0.12	0.12
肉豆蔻酸乙酯	295	溶于醇，不溶于水	0.27	0.04	0.03	0.06	0.07	0.17	0.38	0.50	0.67	1.08	1.15	1.34
棕榈酸乙酯	185.5	溶于醇，不溶于水	8.01	2.26	1.52	2.33	2.20	2.74	4.14	2.16	0.19	3.77	1.03	1.56
油酸乙酯	205~208	溶于醇，不溶于水	4.23	0.87	0.64	0.93	0.90	1.16	2.19	0.89	0.08	1.32	0.07	0.25
亚油酸乙酯	—	溶于醇，不溶于水	7.30	1.70	1.13	1.68	1.65	2.15	3.59	1.94	0.14	1.81	0.15	0.41

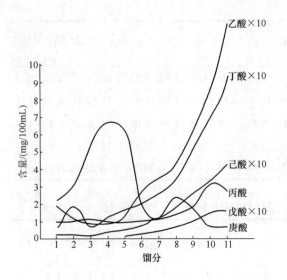

图 4-5 酸类蒸馏曲线

注：图 4-5～图 4-7 的馏分 1～2 为酒头，每一馏分自蒸馏开始计截取 2L；3～7 馏分为中流酒，每一馏分截取 5L；第 8 馏分起为酒尾，本馏分截取 4.6L；9～11 馏分各截取 10L；各馏分混匀后取样分析。

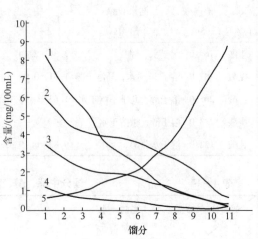

图 4-6 乙酯类蒸馏曲线

1—乙酸乙酯 $\times 10^2$　2—己酸乙酯 $\times 10^2$
3—戊酸乙酯 $\times 10^2$　4—丁酸乙酯 $\times 10^2$
5—乳酸乙酯 $\times 10^2$

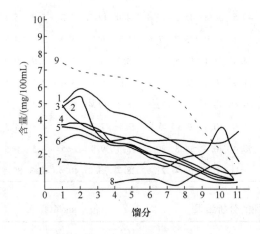

图 4-7 高级醇蒸馏曲线

1—正丁醇 $\times 10$　2—异丁醇 $\times 10$　3—正丙醇 $\times 10$
4—异戊醇 $\times 10$　5—仲丁醇 $\times 10$　6—正己醇 $\times 10$
7—正庚醇　8—正辛醇　9—酒精

固体发酵酒醅装甑蒸馏和液体发酵釜式蒸馏过程中各种香味成分的行径相同。用常规分析查定，在蒸馏初期集积的主要成分是酯、醛和杂醇油；随着蒸馏时间的延长，它们的含量也随之下降，唯独总酸适得其反，先低后高。甲醇则在初馏酒及后馏酒部分低，中馏酒部分高。据内蒙古轻工业研究所分析室应用气相色谱分析查定某优质白酒的主要香气成分蒸馏时的行径结果是：甲酸、乙酸、丙酸、丁酸、戊酸、己酸、庚酸、乳酸总的趋势是由少到多。若以流酒断花后的馏出量占总量百分含量计算，分别为：乙酸 81.24%，己酸 89.04%，丁酸 90.11%，乳酸 94.20%。可见，绝大部分的酸组成分都在酒尾中，其中乙酸、丁酸、己酸及乳酸在中馏酒以后呈直线上升。

乙酸乙酯、丁酸乙酯、己酸乙酯由高到低，主要集中在成品酒中。其中乙酸乙酯更富集于酒头部分，它们在酒中含量占总馏出量分别为：乙酸乙酯 89%，己酸乙酯 84%，丁酸乙酯 81%，乳酸乙酯 15%。乳酸乙酯则大量地存在于酒精含量为 50% vol 以后的酒尾中。

高沸点乙酯中含量最多的棕榈酸乙酯、油酸乙酯及亚油酸乙酯 3 种成分主要富集于酒头部，随着蒸馏的进行，呈马鞍形的起伏。

异戊醇、异丁醇、正丙醇、正丁醇和仲丁醇在蒸馏过程中呈较为平稳而缓慢的下降趋势；在断花之后下降幅度较大；它们在酒中的含量占总馏出量的百分率依次分别为：82.73%、87.23%、82.23%、78.75% 及 77.68%。

乙醛与乙缩醛随蒸馏进程而逐步下降，较多地集中于前馏分中，总馏出量的 80.24% 乙醛及 90.72% 乙缩醛存在于成品酒中。糠醛则仅在中馏酒的后半部分才开始馏出，并呈逐步上升趋势，主要存在于酒尾中，约占总馏出量的 80%。

蒸馏查定不仅显示了香气成分在蒸馏过程中的行径，而且是科学而有效地掌握掐头去尾蒸馏操作的依据。在天锅改为直管式冷凝器后，20 世纪 60 年代酒厂均采用锡制冷凝器，冷凝后的酒液虽在底部出口处，但往往并不是紧贴冷凝器的底口，而且冷凝器的底部势必残留有上一甑的酒尾。酒尾水分大、酸度高，导致与锡料中的铅产生含铅化合物，使下甑最初的馏液有一短暂的低酒高酸及铅含量超国家标准的现象出现。曾采用冷水冲洗冷凝器内部，再连接蒸酒的方法，但仍无效。初馏液是香气成分最富集的区域，因此当时提出了合理的截头量应在 1.5kg 以内。近年来锡制冷凝器早已为不锈钢所替代。有的厂冷凝器底部也做成有斜度，不至于残留酒尾。据此是否还须截头，值得商榷。一些酒厂截头量过大显然是有损于香气成分的收集。

至于去尾问题，不同香型酒应有不同的要求。酱香型及芝麻香型酒一般交库酒的酒精含量在 57% vol 左右，而浓香型酒需要在酒精含量 65% vol 时交库为宜。曾经查定的一个浓香型大曲酒结果表明，己酸乙酯与乳酸乙酯的比例由蒸馏初流液（2kg，酒精含量为 75% vol）的 7.74 下降至第 8 馏分（断花前馏分，4.6kg，酒精含量为 53.5% vol）的 0.71，再次说明浓香型在蒸馏过程中截取高度酒对增己降乳的必要性。

蒸馏查定还显示了合理而有效的利用酒尾的重要性。酒尾中除含有 20%～30% vol 酒精外，尚残存有各种香气成分，特别是各种酸类含量很高。通常将酒尾回底锅复蒸，回收率是较低的。利用酒尾作为固、液结合法的白酒香源和食用酒精勾兑成普通白酒是较为合理的。近年来，将其和黄浆水混合加酯化曲发酵成白酒香味液，经蒸馏用于勾兑也是可行的。但各厂发酵酒醅质量不同，因此要做到合理利用，还必须首先分析这些"原料"的酸组成分，否则"原料"质量不好，反而事倍功半。

从蒸馏过程香气成分变化测定结果，同样说明了为什么低度白酒应采用高度酒加水稀释的生产工艺，而不能直接蒸馏至含酒精 40% vol 以下的缘由。主要并不是浑浊不清的外观现象，而是香味组成分的平衡破坏失调，从而使口味质量下降，甚至失去本品的风格特征。

四、蒸馏中酒精及主要香气成分的提取率

在甑桶蒸馏白酒时，人们普遍关心的一个问题就是酒醅中酒精及香气成分的提取率。也就是通常说的丰产能否丰收。关于酒精的回收率，1965 年，内蒙古包头酒厂试点组曾对麸曲白酒二锅头大生产进行过三次查定，结果分别为 101.5%、100.73%，92.93%。应该说，在细料短期发酵、用糠量较大、疏松度较好的麸曲酒中，蒸馏提取率还是较高的。至于香气成分的提取率，因为当时色谱分析方法尚处于起始研究阶段，为了探讨存在于白酒

中的一些主要酸、酯的提取率，采用添加已知标准酸、酯的方法，进行小型提香试验，结果如下。

1. 香醅添加标准酸蒸馏提取回收率

取大生产出池的发酵香醅350g，准确地分别添加经测定已知浓度1mol/L左右的各种标准酸20mL，为使拌和均匀及避免香醅过潮而影响蒸馏，先将20mL标准酸和20g谷糠拌和，再与香醅拌匀。对照者不加标准酸，加20mL水代之，以求条件一致。底锅酒精按4:1（醅与酒精比）量添加，并将酒精冲稀至60% vol，进行串蒸。

标准酸加入底锅者，操作手续与对照完全一致，只是将酸直接加入底锅中。

标准酸的回收率计算，以对照样品所得之酒及酒尾中含有的酸作为基准，再以加入的酸量计算各该酸的回收率，结果如表4-16所示。

表4-16　　　　　　　　　　某些主要酸类在串蒸中的回收率

项目类型	总酸量/%（以HAc计）		总酯量/%		各种酸回收率/%（以对照样品为基准）			备注
	酒	酒尾	酒	酒尾	酒	酒尾	总计	
对照	0.0670	0.1527	0.0333	0.0313				
底锅加乙酸	0.0683	0.1826	0.0451	0.0196		2.66	2.66	本试验所加标准酸的浓度为：
香醅加乙酸	0.1648	0.4355	0.0431	0.0255	16.49	22.45	38.94	乙酸6.31%
底锅加乳酸	0.0630	0.1849	0.0392	0.0236				乳酸6.48%
香醅加乳酸	0.0683	0.1340	0.0372	0.1215				己酸10.54%
底锅加己酸	0.1326	0.4583	0.0392	0.0256	12.02	27.90	39.92	
香醅加己酸	0.2492	0.4995	0.0353	0.0235	37.60	31.80	69.40	

2. 香醅添加标准酯蒸馏提取回收率

试验及计算方法均同标准酸添加试验一致，只是标准酯的浓度不同，结果如表4-17所示。

表4-17　　　　　　　　　　某些主要酯类在串蒸中的回收率

项目类型	总酸量/%（以HAc计）		总酯量/%（乙酸乙酯计）		各种酯回收率/%（以对照样品为基准）			备注
	酒	酒尾	酒	酒尾	酒	酒尾	总计	
对照	0.0670	0.1527	0.0333	0.0313				本试验添加标准酯浓度为：
底锅加乙酸乙酯	0.0603	0.1595	0.2760	0.0255	89.7		89.7	
香醅加乙酸乙酯	0.0643	0.1662	0.2313	0.0255	73.3		73.3	乙酸乙酯2.7%
底锅加己酸乙酯	0.0629	0.1742	0.1254	0.0216	66.4		66.4	己酸乙酯1.64%
香醅加己酸乙酯	0.0656	0.1836	0.1215	0.0274	53.9		53.9	用量20mL

从以上试验结果可知，酸的提取率均低于酯类，在酒尾中大于成品酒中。相对分子质量较高、溶于水能力小的己酸比乙酸高，这与以后用色谱分析查定提取率的结果完全一

致，与道尔顿定律相符。乳酸属不挥发性酸，在小型试验中体现不出其拖带作用。同时还显示了酒尾回底锅复蒸时，大部分酸将不被蒸出。在两种乙酯类中，乙酸乙酯的提取率高于己酸乙酯，在相当于甑桶蒸馏时，两者在酒中的提取率分别为73.3%和53.9%。这一趋势与以后的色谱分析查定基本上是一致的。

1994年在某浓香型大曲优质酒厂，采用酒精萃取、结合毛细管色谱的酒醅分析方法，并与大生产工艺查定组密切配合，对发酵60余天后的酒醅准确计量并翻拌均匀后装甑蒸馏，取样分析计量后进行计算。其主要酸、酯的提取率如表4-18所示。

表4-18　　　　　　　　　　　　　　　某些主要酸、酯的提取率

	己酸乙酯	乳酸乙酯	乙　酸	己　酸
总提取率/%	84.03	26.08	12.90	28.94
酒中提取率/%	63.04	6.44	2.77	5.50
酒尾中提取率/%	21.03	19.64	10.13	23.44

山东景芝酒厂沈尧绅、于振法等发表的《甑桶蒸馏时酒醅中各种微量香味组分蒸出率的初步查定报告》中提出的各种香气成分的提取率，结果如表4-19所示。

表4-19　　　　　　　　　　　酒醅与酒的分析结果及蒸出率　　　　　　　　　单位：mg/kg

组分 \ 含量 \ 样品	双轮浓香型酒				试验班大糙				试验班面糟			
	蒸前	蒸后	混合酒	提取率/%	蒸前	蒸后	混合酒	蒸出率/%	蒸前	蒸后	酒	蒸出率/%
乙酸乙酸	162	9	2088	>95	156	—	3177	>95	67	—	2626	>96
丁酸乙酯	19	—	361	>95			74	>95		—	44	>96
正丙醇	14	—	226	>95	7	—	117	>95		—	96	>95
异丁醇	8	—	129	>95	22	—	265	>96	7	—	196	>9S
戊酸乙酯	10	—	194	>95		—	16	>95		—	14	>95
异戊醇	23	—	413	>95	73	—	364	>90	25	—	694	>96
庚酸乙酯	—	25	89	15			5.0			—		
己酸乙酯	354	129	3579	64	22	14	460	71	—	14	298	40
辛酸乙酯	15	12	62	19			13			—	17	
乳酸乙酯	1914	2154	3837	8	2792	2024	7885	23	951	1385	3814	8.6
醋醅	174	147	92	3	58	48	69	10	51	56	55	3.2
乙　酸	2088	2031	611	1.2	2234	2478	821	3	1820	1974	596	1.0
2,3-丁二醇(左旋)	832	805	46	0.2	684	759	60	0.6	730	—	63	0.3
2,3-丁二醇(内消旋)	407	391	13	0.1	253	308	14	0.3	272	—	13	0.2
丁　酸	301	359	167	2.3	29	123	42	2.6	33	64	63	3.2
戊　酸	57	55	27	2.5	—	—	3.4		—		6	
己　酸	534	884	419	2.3	24	45.9	7.6	3.5	—	84	114	1.3
β-苯乙醇	7	12	6	2.5	—	68	42	4.5	65	46	45	3.2
糠　醛	—	—	—		53.4	155	18		—	66	158	7.6

根据以上对浓香型大曲酒的生产查定结果，在成品酒中，主体香气己酸乙酯的提取率为63%～64%；乳酸乙酯则较低，酸的提取率更低，一般在5.5%以下。

高级脂肪酸乙酯的蒸馏回收率测定结果如表4－20所示。

表4－20 蒸馏前后高级脂肪酸乙酯的对比

	蒸馏前酒醅中的含量/（mg/kg）	蒸馏后酒醅中的含量/（mg/kg）	蒸馏收得率/%
棕榈酸乙酯	1318	1068	18
油酸乙酯	1518	1374	9
亚油酸乙酯	2466	2362	4

3种高级脂肪酸乙酯的沸点高，均为醇溶性，在甑桶蒸馏时蒸出量仅4%～18%，大部分残留在酒糟中。日本烧酒液态釜式蒸馏时，蒸馏回收率为15%左右。

五、蒸 煮 糊 化

（一）蒸煮的作用

蒸煮的作用是利用高温使淀粉颗粒吸收水分、膨胀、破裂，并使淀粉成为溶解状态，给曲的糖化发酵作用创造条件。蒸煮还能把原料上附着的野生菌杀死，并驱除不良气味。浓香型曲酒系用混蒸法，即蒸酒蒸粮同时进行，因此，蒸煮（馏）除起到上述作用外，还可使熟粮中的"饭香"带入酒中，形成特有的风格。

淀粉是一种亲水胶体，吸收水分后能发生膨化现象，这是由于水分渗入淀粉颗粒内部，使淀粉的巨大分子链扩张，因而体积膨大，质量增加，随着温度的升高而继续膨化。在一定范围内，当淀粉颗粒的体积已增加到50～100倍时，各巨大分子间的联系削弱，从而导致淀粉颗粒的解体，此现象称为淀粉糊化。

在糊化时，淀粉结晶体的构造仅部分破坏，本来排列整齐的淀粉层变化成错综复杂的网状结构，这种网状结构是由巨大分子的胶淀粉的支链相互联系的。随着温度的继续升高，此种网状结构又可断裂成更小的片段。

蒸馏（煮）的温度变化，如表4－21所示。

表4－21 蒸馏（煮）温度的变化

时间/min	甑内温度/℃ 次数			说　明
	1	2	3	
盖盘	42	82	83	
1	—	85	93	第1甑测定的甑内温度为甑内粮糟表面的蒸汽温度，最高只达95%
2	—	85	100	
3	79	85	100.5	第2甑测定时，于盖盘后即将温度计插入甑内粮糟34cm处，其读数（最高温度）为100℃
6	86	90.5	100.5	
	91	96	101	
12	93	99	101	
15	93	99.5	101	

续表

项目 时间/min　　次数	甑内温度/℃			说　明
	1	2	3	
18	94	100	101	
21	94	100.5	101	
24	95	100.5	102	第 3 甑测定时，于盖盘后即将温度计插
27	95	100.5	102	入甑内粮糟 34cm 处，9min 时温度可达
30	95	100.5	102	101℃，直到 24min 时再深入到 46.5cm
35	95	100.5	102	处，温度便可达 102℃
40	95	100.5	102	
45	95	100.5	102	

（二）影响糊化的因素

原料糊化的好坏与产品质量和出酒率有密切的关系。影响糊化的因素很多，现分述如下。

1. 原料粉碎度

酿造大曲酒的原料都先经过粉碎，粉碎度过粗或过细都不利于糊化和发酵，但曲酒的酒醅都经过多次发酵（续糟发酵），原料并不需要过细。

2. 出窖酒醅的水分和酸度

粮粉在蒸煮前先经过润料，出窖酒醅中水分越大，酸度越高，粮粉吸收更加容易；母糟干燥则粮粉吸水困难。

3. 润料时间的长短

淀粉在润料时吸取了酒醅中的水分，颗粒略有膨胀，为其糊化提供良好条件，同时淀粉在酸性介质中比中性或碱性介质中容易糊化。润料时间越长，粮粉吸水越多，对糊化越有利。

4. 粮粉、酒醅（母糟）、稻壳比例

三者适当地混合，可为蒸煮糊化创造有利条件。粮粉与酒醅配比大，吸水和酸的机会增多，适当地配以稻壳，可使穿汽均匀。

5. 上甑速度和疏松程度

上甑太快，来汽不均，粮粉预煮时间减少，影响糊化；太慢又会跑汽，影响产酒。

6. 底锅水量和火力大小

底锅水量的多少，直接影响蒸汽上升量，火力大小（或蒸汽压力高低）也影响蒸汽的上升速度。蒸汽的上升速度及数量都是影响糊化的重要因素。

7. 蒸煮时间的长短

在蒸煮（馏）过程中，前期（初馏阶段）甑内酒精浓度高，而甑内温度较低，一般只有 95～100℃。到后来，随着流酒时间的增长，酒精浓度逐渐降低，这时甑内温度可达 102℃（吊尾阶段），可使糊化作用加剧，并将部分杂质排出。有的厂不规定具体的蒸煮时间，只是吊尾完毕即中止。蒸煮时间短，起不到应有的作用，造成出酒率低，尤其对发酵期短的影响更大。但蒸煮过度，酒醅发黏、显腻，给操作和糖化

171

发酵带来恶果。

总之，影响糊化的因素很多。直到现在，对蒸煮糊化质量的检验尚无一套合理、准确的方法。一般只在外观上要求蒸透，即所谓"熟而不黏，内无生心"就可以了。

从表4-22可以看出，同样的润料时间，蒸煮时间越长，糊化率越高。蒸煮60min比50min的糊化率高1%左右；蒸粮70min又比蒸粮60min的糊化率高1%~2%。对固态续糟发酵法，糊化率多少为佳，尚无指标可循。从生产实践来看，若每甑投粮120~130kg，蒸煮60min是比较合理的。

表4-22　　　　　　　　　　　　　　　不同蒸煮时间的试验

试验次数	序号	粮粉：母糟：稻壳	润料时间/min	上甑时间/min	蒸煮时间/min	母槽			出甑粮糟			糊化率/%
						酸度	水分/%	酸度	水分/%	总糖含量/%	可溶性碳水化合物含量/%	
1	01	1:6.75:0.2	40	33	50	3.3	60.5	2.6	52.9	15.68	5.50	35.08
	02	1:6.75:0.2	40	41	60	3.3	60.5	2.5	53.5	16.29	6.00	36.83
	03	1:6.75:0.2	40	38	70	3.3	60.5	2.6	54.0	16.19	6.00	37.06
2	04	1:6.75:0.2	40	37	50	3.6	50.8	2.6	50.8	17.01	4.88	28.66
	05	1:6.75:0.2	40	36	60	3.6	51.5	2.6	51.5	16.62	5.63	33.84
	06	1:6.75:0.2	40	36	70	3.6	51.5	2.6	51.1	16.19	5.63	34.74
3	07	1:8:0.2	40	41	50	3.3	60.5	2.4	55.1	14.70	5.19	35.29
	08	1:8:0.2	40	36	60	3.3	60.5	2.3	54.5	15.70	5.75	36.12
	09	1:8:0.2	40	42	70	3.3	60.5	2.3	56.5	14.01	5.31	37.68

六、白酒蒸馏设备及工艺的改进

（一）改进蒸馏设备

目前所使用的白酒甑桶蒸馏设备存在着许多不尽合理的地方，其突出问题是热力结构的畸形分布与过小的容积热强度等。这不仅极大地妨碍酒醅中醇、酸、酯、醛等有益物质的提取，在很大程度上影响酒质的提高，而且还在一定程度上影响出酒率。根据这一情况，江苏省众兴酒厂采用正交试验法，对白酒甑桶蒸馏设备的关键技术参数进行优选，收到了较为显著的效果，措施如下。

（1）将甑桶下部起承托和通汽作用的箅子板下的环形蒸汽释放管的直径适当缩小，并将原来的单排孔眼改为孔距内密外疏且与竖直方向成45°分布的双排双眼，这样减少了蒸汽流动阻力，促使蒸汽向甑桶中心区域集中排放，以提高甑桶中心区域酒醅温度。

（2）将原来承托酒醅的长条形孔眼铸铁甑算改为圆孔不锈钢板甑算，而且采用孔距由边缘区域向中心区域递减的不等距孔眼。其目的在于减少中心区域的通汽阻力，适当增加边缘区域的通汽阻力，克服老甑桶边区过热而中间偏冷的热力结构畸形分布的弊病，从而促成整个甑桶平面上各点酒醅受热后温度趋于一致，上汽均匀，有利于形成甑桶内各处酒醅同步蒸馏，以避免各点因受热不均，馏酒有先有后，造成优质酒与酒头、酒尾混在一起而影响酒质。

（3）将甑盖圆锥台部分的高度由原来的600mm降至300mm，使甑盖内容积缩小一半，这样就大大提高了甑盖内的容积热强度值。同时将原来单层不锈钢甑盖改为填充硅酸铝保温的双层甑盖，这些都促使甑盖内形成有利于酒醅中有益组分馏出的小环境。此外，还在甑盖内贴近甑桶口水封槽处加一圈窄窄的挡酒圈，有效地防止了冷凝在甑盖内壁上的液态酒落入封口水槽中或封口酒槽中，从而减少了酒损。

（4）将原来配套使用的老式敞口列管式冷凝器改为新型密封式高效冷凝器，既提高了冷凝效果，又增加了排杂功能，有利于酒质和出酒率的提高。

蒸馏设备通过上述改进后，取得如下效果。

（1）有效地改进了甑桶内的热力结构，使之分布趋于合理，并提高了甑盖内容积热强度值。比如，改进后在甑盖盖紧之前瞬间测得甑桶口平面以下25cm处中心区至边区各点酒醅温度为（92±1）℃，各点温度相差不大；而改进前一般中心区温度为85℃，边区为93.5℃，温差较大，不利于各处酒醅同步馏出。

（2）己酸乙酯含量大幅度提高。改进后蒸馏摘取的优质大曲酒（45d发酵期）综合样的己酸乙酯含量较改进前平均提高25.45%。

（3）总酸总酯增幅较高。总酸总酯含量高低也是影响大曲酒质量的重要指标之一。改进后摘取的优质大曲酒综合样的总酸总酯含量较改进前平均提高16.95%，而且几大酯比例也较谐调。

（4）改进后出酒率平均提高2.2%。

（5）改进后酒质提高了一个档次。

（二）改进蒸馏工艺技术，提高主体香成分的蒸馏得率

实践经验告诉我们，一窖发酵良好的酒醅不一定能满意地将其香味物质蒸馏于酒中。这就是说，蒸馏环节有可能不能真实地反映发酵结果。四川省全兴酒厂和四川省酒类科研所采用电脑温度巡检仪测定，画出了甑内温度场模型图。通过分析研究，发现目前这种结构形式的桶形甑具备最佳提酯条件的区域较少，从而找到了"发酵虽然丰产，但蒸馏并不丰收"的主要原因。

以酒精为主体的溶液中，在饱和状态下，其饱和温度与气相酒精浓度有着固定的对应关系，如果测出甑内各点的酒气饱和温度，就能查出它所对应的气相酒精浓度。通过电脑温度巡检仪测出了甑子内部在上甑和馏酒两种情况下的酒精浓度变化，综合考查全甑在某一时刻的酒精分布情况，即酒度场。酒度场的图像可以反映各处甑位上的提香能力。当然，不同的甑桶尺寸、糟醅情况与上甑技巧，其蒸馏特点是不同的。

（1）在高度50cm甑位以下的区域，盖盘时糟子中还含有10%~18%的酒精，这部分酒精不可能在短短的流酒时间内馏出进入酒中，从而造成蒸馏损失，所以本例操作技术不应属于好的范围。

（2）盖盘时能聚起气相60%的酒精（约相当于液相15%）的甑区范围大约占20cm，约1/4甑位高度。根据提香原则可以认为，只有这一区域才具备必要与充分的提香条件，其余甑区不完全具备这一最佳的提香条件，这是甑桶存在的一个严重问题。不满足充分提香条件的甑区是如此之多，如将发酵良好的优质母糟放置于这些地方，其有效的香酯成分除少数进入酒中外，其余的大部分将随水蒸气进入尾酒以及继后的水蒸气中，白白地流失了。

（3）流酒开始后，50cm 以上甑区的糟醅所含酒精开始减少，尤以糟面下一薄层减少较快。在断花时，这一层有效提香区平均还含有 35% 左右的酒精，其所含的有益成分只能进入尾酒之中。

（4）桶形甑的蒸馏特性只有到上甑完毕时才最后确定下来，而且不能再更改。为此，可以更明确地把"提香靠蒸馏"深化为"提香靠装甑"来理解，这样，似乎对生产更具有指导意义。蒸馏操作如忽视了上甑，盖盘后无论怎样改变操作条件都不能与缓火蒸馏相提并论。

根据桶形甑的蒸馏特征来选择糟醅品质，并把它放在恰当的甑区才是一个较为合理的上甑方案。全兴酒厂采取发酵期长、短相结合的配糟生产方式，将发酵与蒸馏有机地组合起来，取得了良好的效果和经济效益。

采用发酵－蒸馏有机组合，应注意以下几个问题：

（1）当增大提酯量后，对下一排母糟的发酵能力、生香能力有良好的影响。试验窖池出酒率高于车间平均出酒率 1.7%，优质品率高出车间平均优质率 11%。

（2）特殊的降酸调酸作用。全兴酒厂采用"一带一"的配套蒸馏方案，即一个长期发酵的优质窖带动一个短期发酵窖，这样，蒸馏后高酸和低酸综合，可有效调节入窖糟的酸度，对夏季生产特别有利。

（3）全兴酒厂在生产过程中贯彻"以糟养糟，以窖养糟，以糟养窖"的方针。一段时间以来，质量较差的母糟只进行本窖循环，结果无多大作用，实行组合工艺后，优质良好的母糟起到"扶贫"作用。通过配套蒸馏后，它们所具有的丰富的生香前体物质都扩散到相应的窖池中，因此有效地促进了下一排产香率的提高。

七、液态发酵蒸馏法

在我国南方广西、广东、湖南等省的传统白酒中，有一种以小曲为糖化发酵剂进行液体发酵与蒸馏的产品。其中以广西三花酒、广东米酒和玉冰烧酒为典型，风格质量独具一格。新中国成立初期产量小，一般都将发酵醪盛于锅中用直火蒸馏，掌握不当就会产生焦煳气味带入酒中。随着产量提高，生产技术的发展，至今已全部改用蒸汽加热。其蒸馏方法颇与日本产的烧酒相似。

（一）蒸馏操作

以三花酒为例，将发酵成熟醪用气液输送方式压入待蒸的醪液池中，再用泵打入釜式蒸馏锅内，使用间接蒸汽加热，常压蒸馏。釜的大小可根据生产规模设置，材质以不锈钢为好。成熟发酵醪的要求为：酒精含量 10% ~12% vol（20℃ 计），总酸 0.6 ~1.0g/100g，还原糖 0.12g/100g 左右，总糖 0.8g/100g 左右。设备示意图见 4－8。

蒸馏操作要点如下。

（1）进醪前先检查蒸汽管路、水泵、阀门等是否正常。关闭排糟阀门，开启进醪阀门。

（2）用泵打入蒸馏锅中的成熟酒醪占锅体容积的 70% 左右，以便于加热蒸馏时醪液

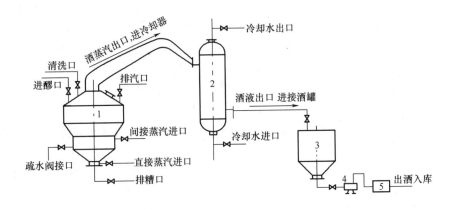

图 4 - 8　三花酒蒸馏釜示意图

1—蒸酒锅　2—冷却器　3—接酒罐　4—酒泵　5—计量仪

蒸酒锅　　材质：不锈钢　　全容积：8m³　　有效容积：5m³

冷却器　　材质：不锈钢　　冷却面积：42m²

接酒罐　　材质：不锈钢

对流，避免溢醅。

（3）开蒸汽进行蒸馏，初蒸时蒸汽压不得超过0.4MPa，流酒时保持0.10~0.15MPa。在流酒期间，不能开直接蒸汽，只能开间接蒸汽加热蒸馏。

（4）初馏酒酒精浓度较高，香气大，摘酒头5~7kg，单独入库贮存作勾兑调香酒。之后一直蒸馏至所需酒精浓度，在所需酒精浓度之后的酒尾，掺入下一锅发酵酒醅中再次蒸馏。

（5）蒸酒时汽压要保持均衡，切忌忽大忽小，流酒温度应在35℃以下。

（6）在酒尾接至含酒精2%后，即可出锅排糟。排糟前必须先开启锅上部的排汽阀门，然后缓慢地开启排糟阀，以避免急速排糟，使锅内外压力不平衡，导致锅内产生负压而吸扁过汽筒和冷却器的现象。

（7）根据水质硬度和使用情况，应定期对冷凝器进行酸洗，去除结垢，以提高冷凝效率和节约用水。

（二）蒸馏原理

1. 酒精水溶液的蒸馏

液体混合物的蒸馏过程，系根据混合物内所含的各种液体具有不同的挥发性，即处在同一的温度下具有不同的蒸汽压力的原理而进行的。例如酒精水溶液，在任何温度下，其酒精的蒸气压总是比水蒸气压要大得多。所以蒸汽中的酒精含量要比被蒸发的酒精水溶液中的含量为多。

酒精和水的混合物沸点取决于它们在混合物中的数量比。在标准压力下，水的沸点为100℃，纯无水酒精的沸点则为78.3℃。随着酒精含量的逐渐增高，被蒸馏液体的沸点可以接近于纯酒精的沸点，当酒精含量降低时，混合物的沸点可一直升高到完全除去酒精时的100℃。

酒精和水混合物的酒精含量、沸点以及沸腾时在蒸汽中的酒精含量之间的关系，对白

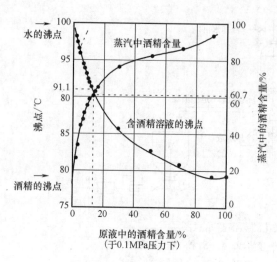

图 4-9　酒精水溶液的蒸馏

酒蒸馏具有现实意义。为了理解白酒发酵成熟醪的蒸馏原理，现以含水酒精溶液的间接加热法为例加以说明。当然在实际生产中，发酵醪内还存在有除酒精以外的挥发性成分和固体物质等不挥发性成分，同时在蒸汽直接加热时，水蒸气冷凝成水而使醪液稀释等，使情况较为复杂些。

加热各种含酒精的溶液所产生的蒸汽中的酒精含量如图 4-9 所示。含13% 酒精的醪液加热时，在 91.1℃ 沸腾，此时蒸汽中的酒精含量为 60.7%。蒸汽中的酒精含量随液体中酒精含量的增加而增加。但是这种增加不是成比例的，在曲线的中部，显得特别的弯曲。

不同浓度酒精水溶液蒸馏时在蒸汽中的酒精含量列于表 4-23 中。

表 4-23　　　　　　　　　　　　　液体及蒸汽中的无水酒精含量

液体中的酒精含量/%	蒸汽中的酒精含量/%	浓缩系数	液体中的酒精含量/%	蒸汽中的酒精含量/%	浓缩系数
1.0	10.5	10.5	20.0	65.5	3.27
2.0	18.5	9.25	30.0	71.2	2.37
3.0	26.3	8.76	40.0	74.0	1.85
4.0	31.2	7.80	50.0	76.7	1.53
5.0	36.0	7.20	60.0	78.9	1.37
6.0	39.8	6.63	70.0	81.7	1.16
7.0	43.3	6.18	80.0	85.5	1.01
8.0	46.3	5.78	90.0	91.2	1.01
9.0	40.2	5.46	96.57	95.57	1.0
10.0	51.6	5.16			

2. 分凝

分凝就是利用蒸汽的冷却和部分凝聚作用，将蒸汽分成浓度较低的液体部分（回流）和浓度较高的蒸汽部分。前者在操作过程中又回入蒸馏罐内，而后者则导入冷凝器中。冷凝器将所有进入的蒸汽全部冷凝，而分凝器根据温度的控制只冷凝进入其中的部分蒸汽，并将它作为回流而流回蒸馏罐。其余蒸汽则进入冷凝器，冷却成含酒精的液体。

图 4-10 为烧酒发酵醪液在间接加热时，蒸馏罐内发酵醪液的酒精含量和蒸馏液酒精

含量的关系。当醪液含酒精为 13% vol 时（相当于 10.5% 质量分数），蒸馏时产生的蒸汽实际酒精质量分数为 57.5%，即相当于酒精为 65.5% vol。这与图中所查得的 60.7% vol 相比较要高。这一现象是因为蒸汽的一部分在蒸馏罐的上部冷凝，沸点高的水比沸点低的酒精多所致。这就是分凝现象。

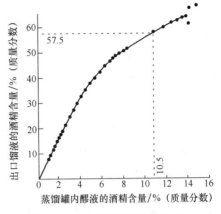

图 4 - 10　大米原料烧酒的蒸馏

采用罐式蒸馏，可以看到蒸馏开始时，由于发酵醪的酒精含量较高，因此蒸馏液的酒精含量也高。随着蒸馏时间的延长，蒸馏液的酒精含量也随着被蒸醪液的酒精含量降低而逐渐下降。为了要取得含酒精 60% ~ 65% vol 的混合馏液，从分凝器流回罐内的回流量也必然越来越多。这不仅使蒸汽耗量增大，蒸馏效率降低，而且也使一些水溶性大的如乳酸及乳酸乙酯等香味成分不能被蒸入酒中，这是罐式蒸馏的一大缺陷。采用单塔蒸馏时，回流液流入塔的上部浓缩段，上述现象要比罐式蒸馏改善得多，但仍不能提高乳酸及乳酸乙酯的提取效率。适宜的回流比与成品酒的风味质量和蒸馏效率都有关系。

3. 高级醇等成分的蒸馏

白酒蒸馏时，初馏分（俗称酒头）中比酒精沸点高的高级醇类、乙酯类等香味成分含量甚多。了解这些成分在酒精水溶液中的挥发性能，对于理解这一现象是必要的。

酒精的挥发系数和其共存的香味成分的挥发系数是不同的。所谓挥发系数就是在达到平衡时，蒸汽中酒精含量 Y_a（或香味成分 Y_n）与液体中酒精含量 X_a（或香味成分含量 X_n）之间的比例。

酒精的挥发系数：$K_a = Y_a : X_a$

香味成分的挥发系数：$K_n = Y_n : X_n$

挥发系数说明了在一次蒸馏（罐式蒸馏）时，酒精或香味成分的浓缩率，因而也称为浓缩系数。表 4 - 24 所列浓缩系数的数值随沸腾的液体中酒精含量的增加而不断降低。各种香味成分又有其不同的挥发系数，同时随着沸腾液体中酒精含量的变化而变化。在酒精浓度低时，它们的挥发系数都大于 1，也就是说它们在蒸汽中的含量比沸腾混合物的含量为多。

表 4 - 24　　　　　　　　　　　　　　酒精及其香味成分的挥发系数

酒精含量/%	酒精的挥发系数 K_a	香味成分的挥发系数 K_n								
		异戊醇	异戊酸异戊酯	乙酸戊酯	异戊酸乙酯	异丁酸乙酯	乙酸乙酯	乙醛	乙酸甲酯	甲酸甲酯
10	5.10	—	—	—	—	—	29.0	—	—	—
15	4.10	—	—	—	—	—	21.5	—	—	—
20	3.31	5.63	—	—	—	—	18.0	—	—	—
25	2.68	6.55	—	—	—	—	15.2	—	—	—

续表

酒精含量/%	酒精的挥发系数 K_a	香味成分的挥发系数 K_n								
		异戊醇	异戊酸异戊酯	乙酸戊酯	异戊酸乙酯	异丁酸乙酯	乙酸乙酯	乙醛	乙酸甲酯	甲酸甲酯
30	2.31	3.00	—	—	—	—	12.6	—	—	—
35	2.02	2.45	—	—	—	—	10.5	—	12.5	—
40	1.80	1.92	—	—	—	—	8.6	—	10.5	—
45	1.63	1.60	—	3.5	—	—	7.1	4.5	9.0	—
50	1.50	1.20	—	2.8	—	—	5.8	4.3	7.9	—
55	1.39	0.98	1.80	2.3	—	—	4.9	4.16	7.0	12.0
60	1.30	0.80	1.30	1.7	—	4.2	4.3	4.0	6.4	10.4
65	1.23	0.65	1.05	1.4	2.3	2.9	3.9	3.9	5.6	9.4
70	1.17	0.64	1.82	1.1	1.9	2.3	3.6	3.8	5.4	8.6
76	1.12	0.44	1.65	0.9	1.7	1.8	3.2	3.7	5.0	7.8
80	1.08	0.34	1.50	0.8	1.5	1.4	2.9	3.6	4.6	7.2
85	1.05	0.32	1.40	1.3	1.3	1.2	2.7	3.5	4.3	6.5
90	1.02	0.30	1.35	0.6	0.9	1.1	2.4	3.4	4.1	5.8
96	1.004	0.23	1.30	0.55	0.8	0.95	2.1	3.3	3.8	5.1

引用比挥发度，可更为明显地表明香味成分的动态。比挥发度 K'，就是香味成分的挥发系数与酒精挥发系数之比。

$$K' = \frac{K_n}{K_a} = \frac{\dfrac{Y_n}{X_n}}{\dfrac{Y_a}{X_a}} = \frac{Y_n X_a}{X_n Y_a}$$

当 $K' > 1$，则蒸汽中的香味成分便增多。因为在该情况下，香味成分比酒精更易挥发。

当 $K' = 1$，则蒸汽中的香味成分既不增多也不减少。

当 $K' < 1$，则香气成分在液体中积聚，蒸汽中香气成分的含量比液体中的含量为少。因为它们比酒精更难挥发。

某些高级醇成分的水溶液浓度和挥发性的关系见表 4-25，这些成分在稀浓度时比酒精容易挥发。在含高级醇 0.05% 及酯类 0.04% 这样稀浓度的日本米制烧酒发酵醪中，其高级醇和酒精相比，蒸汽中高级醇更易挥发。比酒精沸点高的酯类，在蒸馏时和高级醇具同一动向。因此，这些香味成分在初馏液中含量较多。

表 4-26 列出了白酒发酵醪液中的主要挥发性成分及其沸点。

表 4-25　　　　　　　　　不同加水量时高级醇对酒精的比挥发度

高级醇	加水量/%（摩尔分数）	对酒精的比挥发度
异丙醇	96.5	1.64~1.54
	83.8	1.42~1.39
	60.6	1.09~1.03

续表

高 级 醇	加水量/%（摩尔分数）	对酒精的比挥发度
正 丙 醇	95.2	1.31 ~ 1.22
	91.6	1.41 ~ 1.04
	77.0	0.83 ~ 0.68
异 戊 醇	95.6	2.17 ~ 1.89
	89.6	1.44 ~ 0.98
	75.6	0.78 ~ 0.60
正 丁 醇	96.2	1.64 ~ 1.37
	93.4	1.30 ~ 0.90
	86.2	0.75 ~ 0.57

表 4 - 26　　　　　　　　　　白酒发酵醪液中的主要挥发性成分

种 类	沸点/℃	种 类	沸点/℃	种 类	沸点/℃
乙 醛	21	异丁醇	107.9	乙缩醛	102
甲 醇	64.7	β - 苯乙醇	220	糠 醛	162
乙 醇	77.1	乙酸乙酯	77.1	乙 酸	118.1
正丙醇	37.2	乳酸乙酯	154	乳 酸	122
异戊醇	130	己酸乙酯	167	己 酸	20.2

4. 水不溶性高沸点成分的蒸馏

白酒发酵醪蒸馏时，后馏分中有 β - 苯乙醇、糠醛等高沸点成分，初馏分中有棕榈酸乙酯、油酸乙酯及亚油酸乙酯等高沸点成分被蒸出。这些高沸点香味成分和水为不互溶液体。不互溶液体混合物在蒸馏时与互溶液体混合物所表现的情形不同，不互溶液体互相间的影响很小。

由于上述理由，与水难溶的高沸点成分的沸点下降了。当发酵醪在直接或间接蒸汽加热的蒸馏情况下，它们能在比较低的温度下被蒸入酒中。在蒸馏罐间歇蒸馏时，蒸馏液的各成分变化如图 4 - 11 所示。

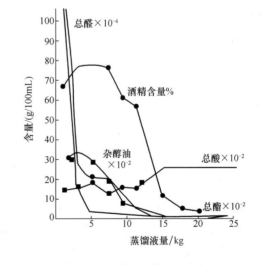

图 4 - 11　蒸馏液的成分变化

5. 不同蒸汽进入形式对蒸馏的影响

罐式蒸馏设备简单，加工方便．在蒸馏过程中可以截头去尾，及将部分香味成分蒸入酒中。但蒸馏效率低，蒸汽耗量大，某些香味成分损失较大。加热蒸汽吹入的不同形式，对蒸汽耗量、蒸馏时间、蒸馏出的酒精比率等都有影响。图 4 - 12 为 A、B、C 三种形式的示意图。A 的加热管沿蒸馏罐的边伸入，醪液能均匀地沸腾，不产生死角。B 为环状加热管，要注意管上的蒸汽孔开的方向，避免产生死角。孔的位置斜向下 45°角，孔的大小从蒸汽入口由小到大，否则到管的末端醪液沸腾就很差。C 的斜线部分容易产生对流传热的死角。

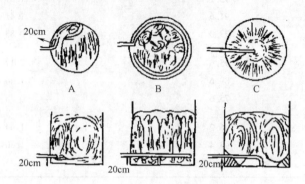

图 4 – 12　蒸汽吹入的各种形式

八、固态法与液态法蒸馏的差异

液态壶式蒸馏是传统的白兰地、威士忌蒸馏方法，一直沿用至今。甑桶固态蒸馏则是传统的白酒蒸馏方法之一。两种都是间歇式简单蒸馏，但是效果却完全不同，表现在酒精的浓缩效率及香气成分的提取率上差异较大。

固态发酵酒醅的颗粒形成了接触很大的填充塔，因此能够使仅含酒精 5% 左右的酒醅，经装甑于低矮的甑桶中，一次蒸得酒精含量 65% ~ 70% vol 的白酒。但在壶式蒸馏器中，用酒精含量为 10% 的醪液，液态蒸馏须经 3 次才能达到 70% vol 的浓度。酒精的浓缩效率甑桶比壶式更优，见表 4 – 27。

表 4 – 27　　　　　　　　　　　壶式蒸馏前后液体中的酒精含量变化

项　目 次　数	蒸馏溶液酒精含量/%	馏出酒精含量/%
1	10	28
2	28	50
3	50	70
4	70	80

4 种不同酒常规测定见表 4 – 28。

将薯干原料用黑曲为糖化剂，R_{12} 为酵母发酵剂，分别进行固态发酵 5d 和液态发酵 4d 的生产试验。固态酒醅装甑蒸馏得含酒精 59.4% 的馏液，为固态发酵的固态蒸馏法白酒；将液态发酵醪拌入一定量的稻壳（洗涤后清蒸晒干），再装甑蒸馏得 40% 酒精含量的馏液，为液态发酵的固态蒸馏法白酒。另将固体发酵酒醅加一定量的水，装入间歇式蒸馏塔中蒸馏，接取 51.5% 酒精含量的馏液，为固态发酵的液态蒸馏法白酒。液体发酵醪在泡罩式粗馏塔中蒸馏的馏出液含酒精 51.5%，为液态发酵的液态蒸馏法白酒。对上述 4 种酒分别进行常规的分析、色谱分析及品尝，结果见表 4 – 29、表 4 – 30。

表4-28　　　　　　　　　　　　　　　4 种不同酒常规测定　　　　　　　　　　　　单位：g/100mL

项目 \ 蒸馏方式 \ 类别	固态酒醅		液态醪液	
	固态蒸馏	液态蒸馏	固态蒸馏	液态蒸馏
酒精含量	59.4	51.5	40.0	51.5
总　酸	0.0940	0.0092	0.0368	0.0027
总　酯	0.0438	0.0482	0.0126	0.187
杂醇油	0.113	0.190	0.216	0.195

注：总酸、总酯、杂醇油统一按 60% vol 酒精折算。

表4-29　　　　　　　　　　　醅、醪不同蒸馏方式馏液品尝结果

类别 \ 项目	蒸馏方式	评语
固态酒醅	固　态	闻香及口味都具有传统白酒的典型性
	液　态	闻有固态发酵法白酒味，喝是极浓的液态发酵法白酒味
液态醪液	固　态	闻及喝都是液态发酵法酒味，但稍有传统酒味
	液　态	闻香及口味是典型的液态发酵法白酒味

表4-30　　　　　　　　　　　不同发酵液蒸馏方式气相色谱测定　　　　　　　　单位：mg/100mL

	固态酒醅		液态醪液	
	固态蒸馏	液态蒸馏	固态蒸馏	液态蒸馏
1. 酸总量	29.18	6.65	25.14	9.28
乙　酸	23.09	6.65	22.32	4.73
丙　酸	0.24	—	—	+
丁　酸	2.96	—	0.90	1.11
戊　酸	—	—	—	0.1
未知酸	2.89	—	—	—
己　酸	—	—	1.92	2.34
2. 酯总量	58.68	24.54	19.38	17.93
乙酸乙酯	50.26	19.20	13.82	14.93
乳酸乙酯	8.24	5.34	5.56	3.00
3. 醇总量	96.09	110.73	312.22	292.68
仲丁醇	0	0	+	2.16
正丙醇	36.82	32.17	35.15	33.15
异丁醇	26.73	42.48	80.60	77.37
异戊醇	32.54	35.72	196.47	180.0
4. 异戊醇/异丁醇值	1.22	0.83	2.40	2.30
5. 酯/醇值	0.610	0.220	0.062	0.061

注：+表示微量。

　　由表4-30异戊醇、异丁醇色谱分析结果可见，固态蒸馏法比液态蒸馏法酸、酯的提取率要高，其中尤以乙酸、乙酸乙酯及乳酸乙酯高，乳酸也是。异丁醇、正丙醇基本上差不多，结果使得酯醇比发生了变化。

　　对于罐式蒸馏的液态发酵白酒，过去有六低两高之说。即乙酸、乳酸低，乙酸乙酯、乳酸乙酯低，乙醛、乙缩醛低，异丁醇、异戊醇高。成品酒中这些成分含量的不同，主要是由于发酵方式不同所形成的，但液体发酵酸低酯低的现象与蒸馏方式有密切关系。而高级醇主要是发酵方式不同所致，与蒸馏关系较小。乙醛和乙缩醛也可能是发酵因素为主。

第五章　糖化发酵剂

第一节　酒曲分类

我国幅员辽阔，南北温差很大，酿酒原料各有不同，制曲操作、用曲方法、地区之间差异很大。根据目前酿酒工艺和方法来分，大致可分为五大类，即大曲、小曲（曲药）、曲饼（酒饼）、红曲、麸曲。

一、大　曲

在制曲工艺中利用自然野生微生物，在淀粉质原料中进行富集、扩大培养，并保藏了各种酿酒用的微生物。再经过风干贮藏，呈砖型，每块大曲的质量为 3~4kg。

二、小　曲

以根霉菌、酵母菌为主，经历代驯化，接近纯种。用以酿造白酒及米酒，主要在江南一带极为盛行。

三、曲　饼

居于大曲与小曲之间，主要用法如小曲者居多，亦有少数大曲用法。它是用大米和大豆为原料，添加中草药与酒饼泥，接种曲种培养而成。酒曲饼呈方块状，每块质量为0.5kg 左右。它主要含有根霉和酵母等微生物。

四、红　曲

在米上培养红曲霉，主要用于黄酒、腐乳及食品色素。

五、麸　曲

以麸皮为原料，蒸熟后接入纯种曲霉，人工培养的散曲。主要用以酿造普通及中高档白酒或酒精。它具有制曲期短，出酒率高，资金周转快，成本低的优点。

这些曲所用原料、制曲工艺、使用条件等，从微生物学的角度出发，具有很大差异。用这些曲所产出的酒风格各异，各有千秋。

第二节　大曲制作技术

一、大曲概述

大曲呈砖状，曲块较大，每块重 3~4kg，制成后需贮存至少三个月才能使用。因其块形较大，因而得名大曲。大曲也被称为砖曲。

大曲一般采用小麦、大麦和豌豆等为原料。经粉碎拌水后压制成砖块状的曲坯，人工控制一定的温度和湿度，让自然界中的各种微生物在上面生长而制成。大曲采用生料制曲，有利于保存原料本身含有的水解酶类。小麦及大麦中的淀粉酶类等较丰富。制曲过程中由原料中的各种组分生成的某些物质，是白酒中一些特殊香味成分的前体。例如，大麦与豌豆是香兰素及香兰酸的来源，能赋予成曲良好的清香味。

四川、贵州一带以小麦为原料。而北方大部分地区以大麦和豌豆混用为多。江淮一带则三者并用。例如茅台酒、五粮液采用纯小麦曲；泸州特曲酒及全兴大曲酒的制曲原料为小麦加 3% ~ 5% 的高粱粉；洋河大曲酒、双沟大曲酒、口子酒等使用小麦、大麦、豌豆曲。

由于大曲是自然培养而成的，所以含有霉菌、酵母、细菌等复杂的微生物群。因而，它既是酿制白酒的糖化剂，也是发酵剂，可协调地进行平行复式发酵。许多厂在制大曲时，接入少量的曲种进行培养。

制曲的温度至关重要，它不仅决定了曲的各种功能，而且是大曲分类的标准。通常按制曲的温度可分为三大类——高温曲、中温曲和低温曲，凡制曲的最高品温为 65 ~ 68℃，甚至更高者，称为高温曲，适于酿造酱香型酒；制曲的最高品温为 50 ~ 60℃者称为中温曲，60 ~ 62℃称为偏高中温曲，适用于酿造浓香型酒；制曲最高品温为 40 ~ 50℃为低温曲，适于清香型酒生产。

大曲的糖化力和发酵力均较低。一般情况下，中温大曲糖化力较高，霉菌数量较多。高温大曲蛋白酶活力较高，细菌占绝对优势，尤其以耐高温的芽孢杆菌居多，曲块呈褐色。具有较强的酱香气味，但其糖化力和发酵力都较低。

大曲酒的香味成分与制曲的原料量及原料成分密切相关，因此用曲量很大。例如茅台酒的用曲量约为原料重的 100%，泸州大曲酒的用曲量为 18% ~ 22%。

大曲中的微生物极为丰富，是多种微生物群的混合体系。在制曲和酿酒过程中，这些微生物的生长与繁殖，形成了种类繁多的代谢产物。进而赋予各种大曲酒独特的风格与特色，这是其他酒曲所不能相比的，也是我国名优白酒中大曲酒占绝大多数的原因所在。

（一）大曲的功能

1. 糖化发酵剂

大曲是大曲酒酿造中的糖化发酵剂，其中含有多种微生物菌系和各种酿酒酶系。大曲中与酿酒有关的酶系主要有淀粉酶（包括 α - 淀粉酶、β - 淀粉酶和糖化型淀粉酶）、蛋白酶、纤维素酶和酯化酶等，其中淀粉酶将淀粉分解成可发酵性糖；蛋白酶分解原料中的部分蛋白质，并对淀粉酶有协同作用；纤维素酶可水解原料中的少量纤维素为可发酵性糖，从而提高原料出酒率。酯化酶则催化酸醇结合成酯。大曲中的微生物包括细菌、霉菌、酵母菌和少量的放线菌，但在大曲酒发酵过程中起主要作用的是酵母菌和专性厌氧或兼性厌氧的细菌。

2. 生香剂

在大曲制造过程中，微生物的代谢产物和原料的分解产物，直接或间接地构成了酒的风味物质，使白酒具有各种不同的独特风味，因此，大曲还是生香剂。不同的大曲制作工艺所用的原料和所网罗的微生物群系有所不同，成品大曲中风味物质或风味前体物质的种类和含量也就不同，从而影响大曲白酒的香味成分和风格，所以各种名优白酒都有其各自的制曲工艺和特点。

3. 投粮作用

众所周知，大曲中的残余淀粉含量较高，大多在50%以上。这些淀粉在大曲酒的酿造过程中将被糖化发酵成酒。在大曲酒生产中，清香型酒的大曲用量为原粮的20%左右。浓香型酒为20%~25%，酱香型酒达100%以上，因此在计算大曲酒的淀粉出酒率时应把大曲中所含的淀粉列入其中。近年，泸州老窖沈才洪等认为大曲在培养过程淀粉已变性，实验表明大曲的淀粉经加曲发酵不产酒（或产酒甚少），故大曲的"投粮作用"应有新的认识。

（二）大曲培养的特点

1. 生料制曲

生料制曲是大曲特征之一。原料经适当粉碎、拌水后直接制曲，一方面可保存原料中所含有的水解酶类，如小麦中含有丰富的 β - 淀粉酶。可水解淀粉成可发酵性糖，有利于大曲培养前期微生物的生长；另一方面生料上的微生物菌群适合于大曲制作的需要，如生料上的某些菌可产生酸性蛋白酶，可以分解原料中的蛋白质为氨基酸，从而有利于大曲培养过程中微生物的生长和风味前体物质的形成。

2. 自然网罗微生物

大曲是靠网罗自然界的各种微生物在上面生长而制成的，大曲中的微生物来源于原料、水和周围环境。大曲制造是一个微生物选择培养的过程。首先，要求制作原料含有丰富的碳水化合物（主要是淀粉）、蛋白质及适量的无机盐等，能够提供酿酒有益微生物生长所需的营养成分；其次，在培养过程中要控制适宜的温度、湿度和通风等条件。使之有利于酿酒有益微生物的生长，从而形成各大曲所特有的微生物群系、酿酒酶系和香味前体物质。

3. 季节性强

大曲培养的另一个特点是季节性强。在不同的季节里，自然界中微生物菌群的分布存在着明显的差异，一般是春秋季酵母多、夏季霉菌多、冬季细菌多。在春末夏初至中秋节前后是制曲的合适时间，一方面，在这段时间内，环境中的微生物含量较多；另一方面，气温和湿度都比较高，易于控制大曲培养所需的高温高湿条件。自20世纪80年代以来，由于制曲技术的不断提高，在不同的季节同样可以制出质量优良的大曲，关键在于控制好不同菌群所要求的最适条件。

4. 堆积培养

堆积培养是大曲培养的共同特点。根据工艺和产品特点的需要，通过堆积培养和翻曲来调节和控制各阶段的品温，借以控制微生物的种类、代谢和生长繁殖。大曲的堆积形式通常有"井"形和"品"形两种。井形易排潮，品形易保温，在实际生产中应根据环境温度和湿度等具体情况选择合适的形式。

5. 培养周期长

从开始制作到成曲进库一般为40~60d。然后还需贮存3个月以上方可投入使用。整个制作周期长达5个月，这也是其功能独特的一个重要因素。

（三）大曲的产品特点

1. 菌酶的共生共效

大曲最突出的特点是菌酶的共生共效现象。由于菌种繁多，酶系复杂。故在大曲培养中产生了丰富的物质，大曲的这些优越性是其他曲种无法替代的。

2. "一高两低"

大曲虽然具有成分众多，并"菌酶共用"等优越性，但"一高两低"又是它明显的不足。"一高两低"为"残余淀粉高，酶活力低，出酒率低"。

二、制曲工艺基本知识

（一）曲坯制作

1. 制作前的准备

（1）将踩曲场、器具等清洗干净。

（2）将曲房打扫干净，关闭门窗，对曲房进行消毒灭菌。

（3）将车间、曲房外四周清洁干净，不得堆放生活、生产垃圾。

（4）曲房的灭菌　1m³ 曲房，用硫黄 5g 和 30%～35% 甲醛 5mL。将硫黄点燃并用酒精灯加热蒸发皿中的甲醛，关闭所有门、窗，使其慢慢全部挥发。密闭 12h 后，打开门窗，换入新鲜空气。如果只用硫黄杀菌，1m³ 用量约为 10g。

（5）清洁和灭菌工作要认真负责，不能有死角。

2. 曲坯制作

我国白酒种类很多，曲药的制作也有较大区别，现以浓香型制曲生产为例。

曲坯制作包括润麦、粉碎、加水拌和、压制成形、运曲五道工序。

（1）润麦　润麦时间 2～4h，润麦水量 3%～8%，润麦后小麦表面收汗，内心带硬，口咬不粘牙，尚有干脆响声。

（2）粉碎　麦粉碎后的感官标准是"烂心不烂皮"的梅花瓣。

（3）加水拌料　清洁拌料容器（绞笼），原料粉碎后迅速加水拌和，同时加入一定量的老曲粉（有些厂不加），控制水温，麦料吃水透而匀，手捏成团不粘，鲜曲含水 35%～38%（香型不同而不同）。

（4）压制成形　成形有人工和机制成形两种。人工踩曲是将醅料一次性装入曲模，首先用脚掌从中心踩一遍，再用脚跟沿边踩一遍。要求"紧、干、光"。上面完成后将曲箱翻转，再将下面踩一遍，完毕又翻转至原踩的面重复踩一遍，即完成一块曲坯。机制成形时间保持在 15s 以上。曲坯四角整齐，不缺边掉角，松紧一致。

（5）运曲　成形后曲坯晾置不超过 30min，转接轻放，适量运送。

小麦粉碎前用热水润料，使麦皮吸收一部分水，并具有一定的延展性，即粉碎后，麦皮呈片状，以保证曲坯一定的通透性；心部呈粉状，可增加微生物的利用面积。

在拌和前，所有踩曲场、拌料锅、曲箱等，均须打扫清洁，以防止或减少有害杂菌的污染。现在一般使用机械拌料（绞笼）。先清洁拌料容器，在加水拌和时，可以加入 3% 的老曲粉，并随时调整润麦水量及水温，最终鲜曲含水量适量。拌和时若加水过多，则曲坯升温快，容易生长絮状的毛霉和黑曲霉；而加水过少，则容易使曲坯过早干涸，微生物不能充分生长繁殖。

（二）培养大曲

大曲的培养是网罗自然环境微生物，在水分、温度、pH、氧分等不断变化的条件下，经几十天的富集培养形成多菌系和多酶系的复合发酵制品。在大曲培养过程中，生酸微生物不断进行有机酸代谢并积累有机酸，使大曲微生物始终处在一个不断变化的有机酸发酵环境中；同时培养温度从 25～30℃（曲坯入室时的初始温度）上升到顶温 60℃左右，而后又回落到 40℃左右，整个培曲过程遵循"前缓、中挺、后缓落"的发酵规律，即大曲的培菌、生香转化主要在 40℃～60℃～40℃ 这一温度变化区域内进行，因而大曲中富集很多耐高温微生物。

基本操作点：

（1）曲坯入房后，在曲坯上覆盖好谷草（帘），并按要求在谷草（帘）洒水，夏季洒凉水，冬季洒热水。安曲完毕后关好门窗。

（2）当曲坯品温达到一定温度时，取开谷草（帘），进行翻曲、排潮等工艺操作。完毕后又重新盖上谷草之类的覆盖物，关闭门窗，进入第二阶段的发酵。

（3）当曲坯进入高温阶段后，要求顶点温度要够，其间须注重排潮。一般在曲坯堆积后（5 层）3d，即可达到顶点温度。以开启门窗为手段排潮，必须排出水分和 CO_2，送进 O_2，每次排潮时间不能超过 40min。

（4）当曲坯培养进入后火排潮生香期（后缓落）时，品温仍在 40℃以上时，可按翻曲程序翻第 3 次曲而进入后火生香期。除垒堆曲块层数多 2 层（7～9 层）外，其余要求和操作同其他各次翻曲。

（5）打拢即将曲块翻转过来集中而不留距离，并保持常温，注意曲堆不要受外界气温干扰。其方法同前，但层数增加为 9～11 层。

（6）打拢收堆后，经 15～30d，曲即可入库贮存。

（三）大曲贮存

大曲通过贮存可以让大曲中的无芽孢的生酸细菌在干燥环境中优胜劣汰，从而使大曲的微生物得到纯化。通过贮存可以弱化大曲微生物及霉的生命代谢活动，同时促进大曲进一步"老熟"形成更丰富的特殊曲香味。

1. 成曲的贮存

（1）曲入室前，先将库房打扫干净，施药除虫。

（2）将曲坯楞放，层层堆砌十层左右。

（3）完毕将谷草或草席覆盖于上。

（4）在门牌上注明入库时间及曲坯数量。

2. 其他曲贮存

（1）曲入室前，先将库房打扫干净，施药除虫。

（2）将曲用麻袋（或其他袋子）装好，扎实，层层堆放整齐。

（3）库房要求清洁、干燥、通气，防止吸潮。

三、大曲制作的一般工艺

大曲制作工艺目前仍以"八大名酒"为前提来区分，如按形状区分则只有"平板曲"和"包包曲"；而原料却有 4 种，即小麦、大麦、豌豆、高粱。本节大曲生产工艺不以香型、曲状来介绍，只以"掌握原料标准、了解环节作用"为主要内容来介绍。

1. 制坯及入室工序

（1）润麦　润麦须掌握润麦的水量、水温和时间三项条件。一般应遵守"水少温高时间短，水大温低时间长"的原则。用水量视其所采用的原料而定。一般都按粮水比100∶（3~8）计；时间不超过4h为好。如果考虑原料的吸水性，则润麦的时间应适当缩短，并且应减少水量，提高水温，一般遇此情况，时间控制在2h即可。润麦的水温夏天保持在60℃左右（南方夏季用常温水），冬天以60~70℃为宜。

润麦时在操作上要翻拌堆积。翻拌旨在使每粒粮食都均匀地吸收水分，要求水洒匀，翻拌匀。

润麦后的标准是：表面收汗，内心带硬，口咬不粘牙，尚有干脆响声。如不收汗，说明水温低，如咬之无声，则说明用水过多或时间过长，即通常所说的"发粑了"。

（2）粉碎　为了破坏植物组织以及使淀粉释放而采用的机械加工的方法称为粉碎。因此粉碎的目的十分明确：释出淀粉，吸收水分，增大黏性。

粉碎的方式有最初的"石磨"改为现在的"电磨"，无论粉碎方式如何，其粉碎物料的粗细标准不会变。粉碎前应在磨机上端放上隔筛，以阻止硬、大杂物损伤磨辊。

由于原料的不同，各自的粉碎标准也不同，但主料小麦却是一致的。

事实上，仍以感官来判定小麦的粉碎度。小麦粉碎后的感官标准是："烂心不烂皮"、"梅花瓣"。小麦的粉碎度对大曲的发酵和大曲的质量有很大的影响。若粉碎过细，则曲粉吸水强，透气性差，由于曲粉粘着紧，发酵时水分不易挥发，顶点品温难以达到，曲坯生酸多。霉菌和酵母菌在透气（氧分）不足、水分大的环境中极不易代谢，因此让细菌占绝对优势，且在顶点品温达不到时水分挥发难，容易造成"窝水曲"。另一种情况是"粉细水大坯变形"。即曲坯变形后影响入房后的摆放和堆积，使曲坯倒伏，造成"水毛"（毛霉）大量滋生。此种曲质量不会高，一般都在二级曲以下。所以，粉碎不可太细。

粉碎粗时，曲料吸水差，粘着力不强，曲坯易掉边缺角，表面粗糙，表层裂缝较多，穿衣不好，发酵时水分挥发快，热曲时间短，中挺不足。后火无力。此种曲粗糙无衣，曲熟皮厚，香单、色黄，属二级曲以下。

无论是何种粉碎设备，都有粉碎度的调节方式。最初的石磨子是以石圆磨中的孔跟扦以竹扦的粗细来控制原料的流量，即在转速不变的前提下流量的多少来调节粉碎度；现在使用的钢磨是以标尺来调节粉碎度的。有经验的曲师一般用手接一些小麦即可判断出粉碎度。应该承认的是：石磨子的"梅花瓣"与钢磨子的"梅花瓣"在程度上有区别。石磨可以完全做到"烂心不烂皮"，而钢磨由于原料通过压碎的时间较短，则难以达到要求，麦皮上附着的粉子较多，或是"心皮同烂"。因此，采用钢磨时，润麦水分、温度、时间是关键的因素，务必掌握好。

（3）拌料　拌料主要包括配料和拌料方式两个环节。配料是指小麦、水、老曲和辅料的比例，拌料方式有手工拌料和机械拌料两种。不管采用哪种拌料方式，都是以曲坯的成形或含水量为其标准的。

手工拌料是两人对立，以每锅30kg麦粉加老曲、水均匀地拌和。一般时间在1.5min，曲料含水量在38%左右，标准是"手捏成团不粘手"。手工拌料的特点是操作复杂，体力劳动强，但易控制。

机械拌料时，要待曲料落入箱时才能判定拌料是否合适。其特点是操作简单，但控制难度较人工大些。拌料的标准与人工拌料相同，只是含水量一般在36%左右。

拌料用水的温度以"清明前后用冷水，霜降前后用热水"为原则。热水温度控制在60℃以内较好。如水温过高则会加速淀粉糊化或在拌料时淀粉糊化，发酵期过早地生成酸、糖被消耗掉，造成大曲发酵不良，并且大曲的成形也差，俗语叫"烫浆"。但如果水温太低（特别是冬天），则会给大曲的发酵造成困难。低温曲坯中的微生物不活跃，繁殖代谢缓慢，曲坯不升温，无法进行正常的物质交换。所以掌握好用水的温度是拌料中的一个重要因素。

拌料的目的就是使原料粉子均匀地吃足水分，含水量的多少取决于大曲原料自身。

由于制曲工艺的不同（如人工拌、踩和机械拌压），其曲坯含水量也不尽相同。很显然，人工拌、踩的曲坯含水量肯定大于机械操作。制曲并非不要求曲坯增大含水量，而实际情况是一旦增大拌料用水量压坯时几乎就溃不成形。

因香型的不同，对大曲制作的工艺要求也不同，特别是发酵周期不同和品温控制不同，其曲坯含水量也不同。

从大曲发酵规律及微生物对水分需要的角度来看水分与制曲的关系。

重水分曲（水分在40%以上）在发酵时排出的水分多，CO_2也多，这样就会终止曲中代谢或减少代谢的速度和产物积累的总量，特别是顶点温度来得快。由于水分大的关系，成品曲生酸量多，除有机酸和柠檬酸、草酸、乳酸等外，pH也随之增高。一般重水分曲的酸度都在1.5以上，而常规水量（38%左右）的酸度则不会超过1。重水分曲的特点是"外观雅，曲心正，糖化力不高，酸度大"，故有"曲好看力不佳"之说。

从微生物的需求水分来看，一般规律是细菌＞酵母菌＞霉菌。细菌喜欢在高温大水环境中生长，发酵阶段的大火期以细菌占绝对优势，而细菌在有足够水分的条件下，在发芽期和迟滞期明显增长，曲温超过40℃以上时基本上不再繁殖生长。培养基上的试验表明，霉菌的生长发育水分以35%左右最佳。酵母菌不喜大水，低温（32℃）期酵母菌需水量为30%～35%。

拌料中多数厂家在拌料时都加有曲种，即优选出的陈曲，以起到接种的作用。

（4）成形　成形有机制的压制成形，也有人工的踩制成形。机械成形有分一次成形和多次成形。另按曲坯成形的形式有"平板曲"和"包包曲"之分。现分别介绍如下。

机制成形也是一个发展过程。最初的机制曲是没有间断的连续长条曲坯，用人工将其切断。机械化制曲毫无疑问适合于大生产。速度快，成形好，产量高，不费力。但缺点也很明显，提浆不多就是突出的弱点。另一点是拌料时间短，麦粉吃水时间不长，曲料不滋润等，均有待完善。

成形的曲坯要求是一致的，"表面光滑，无生粉点现象，不掉边缺角，四周紧中心稍松，富有弹性，无明显裂痕"现象等。

"包包曲"是五粮液酒厂的传统曲。现在不少酒厂大曲也由"平板曲"改为"包包曲"。

（5）曲坯入室　曲坯入室（房）后。安放的形式有斗形、人字形、一字形三种。

斗形：是较为广泛采用的一种，也是最早使用的一种。即每4块为一个方向，曲端对准另一组的侧面，均匀地排列。4组16块为一斗。五粮液曲块入房是竖排挨放，间距以

"包包"处不接触另一块曲为限。

斗形和人字形较为费事，但可以使曲坯的温度和水分均匀。可任意安放，每斗大约 $0.6m^2$。三种形式的曲间、行间距离是相同的，不能相互倒靠（包包曲除外）。根据季节的不同，对曲间距离有不同要求，一般冬天为 $1.5～2cm$，夏天为 $2～3cm$，曲间距离有保温、保湿、挥发水分、热量散失等调节功能，需要时，将其收拢和拉开。

曲坯入房后。应在曲坯上面盖上草帘、谷草之类的覆盖物。为了增大环境湿度，根据季节情况可按每 100 块曲洒 $7～10kg$ 水的量洒水。并根据季节确定水的温度，原则上用什么水制曲就洒什么水，但冬天气温太低时，可以 $80℃$ 以上热水洒上，借以提高环境温度和增大湿度，夏天太热时，洒上清水可以降低或调节曲坯温度，当湿度大时，温度不至于直接将曲坯表面的水分吸干挥发，以水作为导体降温是可行的。洒水时应注意不能洒"竹筒水"，要均匀地铺洒于覆盖物上，如无覆盖物，可向地面和墙壁适当洒水。

曲坯入室要注意进门处少安 $2～3$ 排，以便人进室检查及翻曲，完毕后将门窗关闭。制曲有"四边操作法"，即边安边盖边洒边关，同时要做记录。此时曲坯进入发酵阶段。

2. 培菌管理

（1）低温培菌期（前缓）

目的：让霉菌、酵母菌等大量生长繁殖。

时间：$3～5d$。

品温：$30～40℃$，相对湿度 $>90\%$。

控制方法：关启门窗或取走遮盖物、翻曲。

由于低温高湿特别适宜微生物生长，所以入房后 24h 微生物便开始发育，$24～48h$ 是大曲"穿衣"的关键时刻。所谓穿衣（上霉）就是大曲表面生长针头大小的白色圆点的现象。穿衣的菌类对大曲并不十分重要，但它却是微生物生长繁殖旺盛与否的反映，且"穿衣"后这些菌的菌丝布满曲表，形成一张有力的保护网，充分保证了曲坯皮张的厚薄程度。若穿衣好，则皮张薄，反之则厚。这些菌在大曲质量的保证上起到了很好作用。

由于霉菌的生长温度较低，所以低温期间霉菌和酵母菌均大量生长，培菌就是培养以霉菌为主的有益菌，并生成大量的酶，最终给大曲的多种功能打下基础。

低温培菌要求曲坯品温的上升要缓慢，即"前缓"。在夏天最热阶段，品温难以控制。如气温在 $30℃$ 以上时，曲坯入房也就达到了培养的温度。此时要"缓"，要采取适当加大曲坯水分，或将水冷冻处理在 $10～15℃$ 降低室内温度，将曲坯上覆盖的谷草（帘）加厚，并加大洒水量等措施。以控制或延长"前缓"过程，不至于影响下一轮的培养。

在低温阶段翻曲有两种情形：一是按工艺规定时间，如 48h 原地翻一遍，或 72h 翻一次；二是以曲坯的培养过程为依据进行翻曲，这些依据是：①曲坯品温是否达标（含湿度）；②前缓时间是否够；③曲坯的干硬度；④取样分析数据。用一句话可概括翻曲的上述原则："定温定时看表里"。

一般来说，曲不宜勤翻，因每翻一次曲都是对曲坯（堆）的一次降温过程（俗称"闪火"）。有些厂家规定翻曲不开门窗，也就是为了保持现有的曲坯（堆）品温不变。但事实上做不到。曲坯培养讲究"多热少凉"和"不闪火"，因为如霉菌之类的微生物，当温度超过 $40℃$ 时则生长停止，降下温度则又可复活继续生长繁殖，但复活时间较长，在 10h 以上。因而一旦曲坯"闪火"，会直接影响主要菌的生长，其产品质量可想而知。

翻曲的方法是：取开谷草（帘），将曲垒堆，将底翻面，硬度大的放在下面，四周翻中间，每层之间楞放，上块曲对准下层空隙，形成"品"字形，视不同情况留出适宜的曲间距离。又重新盖上谷草之类的覆盖物，关闭门窗，进入第二阶段的发酵。

（2）高温转化期（中挺）

目的：让已大量生产的菌代谢，转化成香味物质。

品温：55~65℃，相对湿度>90%。

时间：5~7d。

操作方法：开门窗排潮。

经过低温阶段，以霉菌为主的微生物生长繁殖已达到了顶峰，各种功能已基本形成。特别是能够分解蛋白质之类的功能菌、酶在进入高温后，利用原料中的养料形成酒体香味的前驱物质的能力已经具备。前面讲到的大曲中氨基酸的形成就是借助高温，由菌、酶作用而生成的。因此，高温阶段要求顶点温度要够，且时间要长，特别是热曲时间绝不能闪失，其间须注重排潮。

由低温（40℃）进入高温时，曲堆温度每天以5~10℃的幅度上升，一般在曲坯堆积后（5层）3d，即可达到顶点温度。在这期间曲坯散发出大量水分和CO_2，绝大多数微生物停止生长，以孢子的形式休眠下来，在曲坯内部，进行着物质的交换过程。

实验表明：曲室中如CO_2含量超过1%时，除对菌的增殖有碍外，酶的活力也下降。为了保证菌、酶的功能不损失。必须排出水和CO_2，送氧气以供呼吸，故以开启门窗为手段的排潮可以达到此效果。由于各种菌对氧气的吸收程度不同，因而可根据工艺上实际所需来决定通风排潮的时间和次数。如曲霉在通风条件好时（吸氧量大）产生柠檬酸和草酸，厌氧时，则生成大量的乳酸，其中根霉产乳酸较多。所以，排潮送氧应作为大曲生产的必不可少的操作技术。排潮时间应在每24h之间隔4h一次，每次排潮时间不能超过40min。

随着水分的挥发，曲中物质的形成，此时曲堆品温开始下降，当曲块含水量在20%以内时，就开始进入后火生香期。

（3）后火排潮生香期（后缓落）

目的：以后火促进曲心少量多余的水分挥发和香味物质的呈现。

品温：不低于45℃开始，然后逐渐下降。相对湿度小于80%。

时间：9~12d。

操作方法：继续保温、垒堆。

后火生香也是根据不同香型大曲来管理的。但不管怎样，后火不可过小，不然，曲心水分挥发不出，会导致"软心"，严重的会成窝水曲，直接影响质量。

当高温转化后，品温仍在40℃以上时，可按翻曲程序翻第3次曲而进入后火生香期。除垒堆曲块层数多2层（7~9层外）。其余要求和操作同其他各次翻曲。视具体情况曲间距离稍拢一些，目的在于保温。因为此时曲块尚有5%~8%的水分需要排出，所以保温很重要。一般讲"后火不足，曲无香"。

所谓后火生香并非此时大曲才生成香味物质，而是高温转化以后的香味物质在此阶段呈现而已。这也要求保温得当与否，否则"煮熟的鸡都会飞"，反而会影响曲质。如果曲心少量的水分在无保温措施下挥发不出来，则细菌会借机繁殖，争夺已成熟的营养物质，引起曲质变差，呈现的大曲是："曲软霉酸，色黑起层，无香无力"。

若后火期间品温能保持5d不降，则可达到要求了，即使是降温，也要注意不可太快，控制缓慢下降，所以此阶段称为"后缓落"。当时间达到要求和品温降至常温（30℃左右）时，可进入下一轮的"收拢"养曲阶段，此时应进入第4次翻曲。

（4）收拢　收拢即将曲块翻转过来集中而不留距离，并保持常温，只需注意曲堆不要受外界气温干扰即可。其方法同前，但层数可增加为9～11层。经8～16d后，曲即可入库贮存。

3. 各种废料和残次品的处理

（1）制坯的废料　制坯中的废料主要是撒落在生产场地的各种物料，将其清扫干净，再用于生产，既减少原料的损耗，又减轻了废物的处理，节约生产成本。

（2）曲坯废料

①入曲室后的湿曲坯，由于操作不当等原因，导致曲坯变形、断裂等，将其收回到制坯成形工序重新成形，以减少损失。

②培养成熟后的较干曲坯（发酵正常的曲坯），发生曲坯形状损坏，如果只是缺边少角，仍旧按照好曲坯一样继续培养、使用。如果烂成小块状，可将其收在一边单独培养。收拢保存、使用。

③在培养过程中，如果发现发酵不正常的曲坯（病害曲坯）：曲表呈现较多的黑色或黄褐色斑点，甚至整个曲表均呈黄褐色，将其选出，单独培养。在生产上与其他好曲混用或加大用曲量。曲坯感染青霉，将感染曲块立即选出，不用于生产，但可用作饲料。其他病害曲，单独培养、保存，作生产上的次品用。

第三节　制曲的技术关键

一、制曲温度、湿度的控制

（一）大曲培菌温度、湿度的控制及要求

大曲的培养实质上就是通过控制温度、湿度、空气、微生物种类等因素来控制微生物在大曲上的生长。因此，必须采取翻曲和适时调节曲房内的温度、湿度以及更换房内空气等措施，以控制曲坯升温和水分的散失，使有益微生物得以良好生长。大曲的质量是由大曲的发酵情况决定的，而发酵情况的重要标志则是大曲发酵过程中品温的变化情况。经过千百年来的实践，总结出一条大曲发酵的温度变化准则，即，"前缓、中挺、后缓落"。

由于大曲中的微生物是自然接种，故形成了一个以霉菌、酵母菌、细菌为主体的混合体系。它们之间相互作用，此消彼长，并在不同培菌阶段占主导地位。最终大曲成为各种有益微生物的大本营，并在干燥条件下处于休眠状态，其活性得以保存。

大曲的培养过程中，初期的培养状况尤为重要。曲坯入房安置好后，曲坯升温的快慢，视季节及室温的高低而异。以浓香型酒曲（中温曲）为例，一般曲坯入房后，有益微生物不能充分生长（表5-1）。

表 5 - 1　　　　　　　　　某浓香型名酒厂大曲培菌过程原始记录

天数 类别	1	2	3	4	5	6	7	8	9	10	11	12	13	14	15
翻曲		1			2			3				4			
室温/℃	22	24.5	25.5	23.5	23	21.5	22	26.5	25.5	23.5	23	26.5	25	24	25
品温/℃	—	34	30	38	39	44.5	36	40	43.5	42	40	40	35	32.5	28
曲心温/℃	31.3	40.7	37.1	42	44	48	52.4	52.1	51	47.4	49.9	46	42.5	36.2	33
湿度/%	89	98	90	98	89	93	78	80	76	74	79	80	80	79	89
水分/%		40			30			28				20			
失重/%	—	4.9	—	—	11.8	—	—	11.8	—	—	—	6.4	—	—	—

天数 类别	16	17	18	19	20	21	22	23	24	25	26	27	28	29
翻曲		5				堆曲								入库
室温/℃	19	18	17	17	17	18.5	17.5	18	17	17	17.5	17	16.5	15.5
品温/℃	29	26	23.5	23	22.5	23.5	21.5	21	22.5	24.5	34.5	31	30	26
曲心温/℃	26.4	26	24.9	23.9	23.6	23.3	22.4	23.5	21.9	23.7	34.5	29.2	26.8	24.7
湿度/%	88	82	81	87	87	87	82	82	77	88	88	88	88	87
水分/%	—	17.8	—	—	—	15.4	—	—	—	—	—	—	—	4.23
失重/%	—	0.3	—	—	—	0.1	—	—	—	—	—	—	—	0

注：本表为 20 世纪 70 年代查定数据，供参考。

根据原始记录，绘制出制曲培菌过程温度、湿度变化曲线图见图 5 - 1，图 5 - 2。

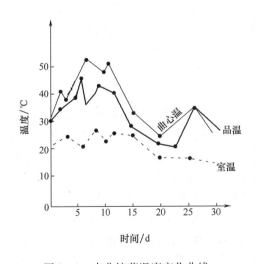

图 5 - 1　大曲培菌温度变化曲线

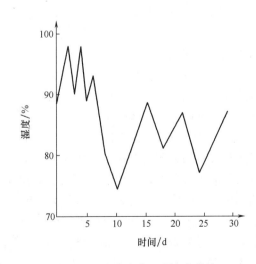

图 5 - 2　大曲培菌湿度变化曲线

大曲的制作、培菌条件的控制等因酒的香型不同差异较大。例如，酱香型酒制的是高温曲，培菌最高温度达 68℃以上；清香型酒制的是低温曲，培菌最高温度只有 45℃左右。

对不同大曲制作培菌条件的控制如下。

1. 酱香型酒曲（高温曲）的条件控制

曲坯入房培养 7d 左右，曲堆品温达 61～64℃，以后温度相对稳定。若下层曲块发热，即可进行翻曲。掌握第 1 次翻曲的时机及品温很重要，一般第 1 次翻曲的时间夏季为曲坯入室后的 5～7d，冬季为 8～10d，翻曲时品温 65～68℃。例如，曲块品温升至 63℃，室温为 33～35℃，再经 2～3d，霉衣即可长成，随即进行翻曲。若翻曲过早，则下层曲块有生麦气味；翻曲过迟，会使曲块变黑。第 1 次翻曲后，曲温骤然下降至 50℃ 以下，经 1～2d，品温又回升，通常 6～7d 可接近于第 1 次翻曲的温度。例如，室温 38～40℃，品温上升至 55～60℃ 时，即可进行第 2 次翻曲。这时曲块表面已较干燥，可将曲块间的稻草全部除去。为使曲块成熟并干燥，可增大行间距，并将曲块竖直堆积。第 2 次翻曲后，曲块品温一般下降 7～12℃。经 7～9d，曲块品温又逐渐回升至 55℃，同时曲心水分也慢慢挥发。以后品温渐降，约在第 2 次翻曲后 15d，可稍开门窗，以利曲块干燥。当曲块品温接近于室温时，曲块含水量可降至 15% 以下。自曲坯入室算起，夏天经 40～45d、冬季约 50d，即可揭去覆盖曲堆顶的稻草，进行拆曲。转入贮仓存放 3～4 个月即为成曲。如果在拆曲时发现底层曲块水分较高、曲块较重，应另行放置，促其干燥。

2. 清香型酒曲（低温曲）的条件控制

曲坯侧放成行，曲块的间距为 5cm，因季节而异，行距为 1～1.5cm，层与层之间放置苇秆或竹竿。共放 3 层，使成品字形。初入室的曲坯应排放，稍风干后盖上席子或麻袋，夏季可洒些凉水。曲坯入室完毕，应将门窗关闭。曲坯入室约 1d，即开始"生衣"，表面呈现白色的霉菌菌丝斑点。应控制品温缓升，夏季约培养 36h、冬季约 72h，品温可升至 38～39℃，这时曲块表面出现根霉菌丝和拟内孢霉的粉状霉点，以及比针头稍大些的乳白色或乳黄色的酵母菌落。若品温已升至预定要求，但曲块表面霉还未长好，则可揭开部分席片进行散热，并应注意保潮。可将上霉时间适当延长几小时，使霉菌长好。品温高达 38～39℃ 时，应打开曲室的门窗，并揭去覆盖物，进行第 1 次翻曲。即将曲块上下、内外调换位置，并增加曲层及曲块间距，以降低曲块的水分及温度，使表面菌丛不过厚，并得以干燥。上述操作后即为晾霉，晾霉期为 2～3d，每天翻曲 1 次，第 1 次翻曲由 3 层增至 4 层，第 2 次翻曲增至 5 层。晾霉期的起始品温为 28～32℃，终止时的品温为 22～27℃。晾霉阶段不应有较大的对流风，以免曲皮干裂。晾霉后，曲块表面已不粘手，即可封闭门窗进入潮火阶段。在曲坯入室后第 5～6d 起，曲块开始升温，待品温升至 36～38℃ 时，可进行翻曲，抽去苇秆，由 5 层增至 6 层，曲块的排列方式为人字形，曲块间距可增至 6cm。以后每天或隔天翻曲 1 次，第 2 次为 6 层翻成 7 层，再翻曲时层数不变。潮火期为 4～6d，每天放潮 2 次，昼夜窗户两封两启，品温两起两落，品温由 38℃ 渐升至 45～46℃。潮火期结束后，曲块断面有 2/3 的水分区已消除，曲室潮度下降。大火期为 7～8d，菌丝由曲块表面向里生长，水分及热量继续由里向外散发，以开闭门窗调节品温，最高品温为 44～46℃，最低为 28～30℃。最初 3d 每天最高品温达 44～46℃，每天翻曲 1 次，并晾曲降温至 32～34℃，热、晾时间基本相等，翻曲方法同潮火期，但中间留火道，即够 1 人侧行的空道，仅一端可通行。后 3～4d，因曲心水分已较少，可隔天翻曲 1 次，适当多热少晾，例如热曲 7h，晾曲 5h。大火期结束时，已有 50%～70% 的曲块成熟。大火期结束后，曲坯断面只有宽度约 1cm 的水分线，曲心尚有余热。后火期为 3～6d，品温由 44～46℃ 逐渐下降至 32~33℃，曲心尚有余热。后火期品温每天约下降 1℃，注意多热少晾，例如热曲 7~8h，晾曲 4~5h，每 2~3d 翻曲 1 次，不留火道。后火期结束时，还有 10%~20% 的曲块中心部分尚有余水，宜用温热驱散。注意多热少晾，保持热曲品温 32~34℃，晾曲品温 28~31℃。晾曲时开窗不宜过大，以利曲心余水挤出。养曲期为 3~4d。

同一香型不同企业都有自己独特的工艺。详细资料请参看《中国酒曲》（黄平主编，中国轻工业出版社 2000 年 7 月出版）、《白酒工人培训教程》（李大和主编，中国轻工业出版社 1999 年 6 月出版）。制曲培菌条件的控制，因地理位置、气候、季节、本厂的工艺等差异，变化甚大，应根据本厂实际，结合名优酒厂制曲经验制定自己的制曲工艺条件。

（二）麸曲培菌条件的控制

麸曲的制作原理与大曲、小曲等一样，根据所需培养菌的特性、成曲的要求以及成品酒的风格，在制曲原料和培养基的选择上，同样要考虑霉菌菌株生长所需的五大元素的含量及 pH；在培养条件上，也须注意温度、湿度及供氧 3 个方面。制曲工艺有曲盒法、帘子法及机械化通风法 3 种。现使用较多的是通风制曲法，故以此为主，重点进行阐述。

通风制曲是将原辅料灭菌（蒸料）、降温、接种后置通风培养箱（池）内进行间断或连续通风制成。蒸料完毕后出锅扬麸降温，当料温降至 36~38℃ 时接种，接种量为 0.2%~0.4%，翻拌均匀，入曲房装池。料层厚度为 18~20cm，然后进行通风培养。

前期：装池后 6~10h，品温一般在 30℃ 左右，室温 28~30℃，品温变化不大，当品温上升到 34~35℃ 时，可间断通风。

中期：培养 10~12h，品温开始逐渐上升，进入生长旺盛期，开始连续通风，品温在 34℃ 左右，最高不超过 35℃。

后期：培养 30h 左右，已长大量菌丝体，掌握品温 35~36℃，应及时通风，保证繁殖良好。

（1）通风培养条件的控制　从通风着手，以控制料层的品温、供氧量及湿度。

①控温、供氧：通过调整风温、风量及风压来达到控制品温及供氧量的目的。风温应先高后低，通常控制在 25~28℃，根据曲霉不同的生长期，调节风温高低及循环风与新鲜风的比例。有的厂怕烧曲而通入大量冷风，这样会导致品温过低而成曲质量低劣。

因培养前期为孢子萌发及菌丝开始生长阶段，需氧量不大，所产热量也较少，所以通风量应由小逐渐变大些，间隙时间由长变短。但前期的通风量也不宜过小，以免曲霉窒息。若前期品温偏低且不通风，则会使培养失败。在接种后约 14h，进入菌丝生长的旺盛期时，应连续通风，直至培养结束。

风压应先低后高，因前期菌丝尚未大量繁殖，所以料层疏松而通风时阻力小。随着菌丝的繁殖量增加，料层连结越来越紧密，同时产生较多的热量，菌体的需氧量也较大，所以应加大风量，风压也应逐渐增高。可从风压的增长情况判断麸曲培养的效果。若仅风量大而风压不足，则不可能驱除曲层中的热量及二氧化碳，使菌体因缺氧而处于半窒息状态，所以一般采用中压的鼓风机。

②湿度：为使曲霉生长及积累淀粉酶，除了保证相应的温度及供氧条件外，湿度也很重要。随着通风降温，曲层中的水分大量挥发，在无空调设施的情况下，目前只能使曲室的空气具有适宜的温、湿度。可采用以循环风为主的办法解决风的温湿度问题。

（2）通风制曲操作条件实例　见表 5-2。

表 5 – 2　　　　　　　　　　　　　　　　通风制曲操作条件实例

培养时间/h	品温/℃	室温/℃	室内湿球温度/℃	通 风 系 统				
				风温/℃	风相对湿度/%	风压/Pa	风 源	操作要点
0~8	30~31	28~30	26~28					堆积培养，中间倒堆1次
8~14	36~38	26~28	26~27.5	26~28	90以上	200~1000	循环风	间歇通风
14~25	37~38	25~26	24.5~25.5	25~26	90~95	1000~2000	循环风为主，加部分新鲜风	连续通风
24~30	37~38	26	24.5~25	25~26	90~95	1900~2400		

（三）小曲培养条件控制

小曲各地叫法不一，如称酒药、白药、酒饼、白曲和米曲等。应统一称小曲为标准名称，因白曲易与麸曲中白曲名称混淆，米曲与红曲名称混淆，有把红曲称米曲的。

小曲是用米粉或米粉、米糠为原料，添加中草药或辣蓼粉为辅料，有的加少量白土为填充料，接入一定量的优良小曲为母种，加入一定量水制成曲坯，在人工控制合适的品温、湿度条件下培养而成。因曲粒小，统称小曲。

目前小曲白酒生产用的米粉原料的小曲，已大部分被根霉麸皮曲所代替，因原料成本低，糖化发酵力高，出酒率高，用于固态和半固态小曲白酒生产。在黄酒生产中，普通黄酒也开始应用麸皮制的根霉曲。传统工艺绍兴酒生产仍采用米粉加辣蓼粉制成的酒药，宁波人称为宁波白药。甜酒曲有以米粉或麸皮为原料，以纯根霉为种子培养的甜酒曲，主要用于甜酒和甜酒酿生产，质量较好，是其他曲不可代替的。用曲量仅为 0.5%~1%，是小曲的特点。

1. 传统小曲的制作控制

（1）邛崃米曲　四川邛崃米曲的特征有三：第一，用生米粉作培养基。第二，加入多种中草药。第三，加入种曲。邛崃米曲的制作流程如下：

```
                种曲        中草药
                 │           │
                 ↓           ↓
大米 → 碾碎 → 拌料 → 制坯 → 进箱 → 培菌 → 出箱 → 烘干
```

（2）邛崃米曲培养条件控制

①保温：在热天曲坯入箱后，最初应该晾坯（即不加盖竹席、草帘），以免升温过猛。但在晾坯一定时间后，应根据箱温情况，采用加盖竹席、草帘的办法来保温（一般室温按照理想的速度上升）。冷天还应随箱温变化，生火来保持温度。一般生火的时间如下：

10~15℃，进箱完了就生火。

16~17℃，进箱后 1~2h 生火。

18~19℃，进箱后 3~4h 生火。

20~21℃，进箱后 5~6h 生火。

21~22℃，进箱后 6~8h 生火。

23~24℃，进箱后 10~12h 生火。

25～26℃，进箱后 14～16h 生火。

27～28℃，进箱后按品温上升情况，确定生火时间。

28℃以上可以不升火。

②品温检查：曲坯进箱后，每 4h 应检查温度一次。一般品温上升情况如表 5－3（室温 17～24℃）所示。

表 5－3　　　　　　　　　　　　　　　　品温上升情况

时间/h	品温/℃	备　注
0	22	进箱，加盖竹席、草席
8	26	
16	33	
20	35.5	
24	37.5	翻箱，翻箱后待品温降至 28℃盖席
28	30	
32	30.5	
36	33	
40	38	
44	30	揭烧，使温度降至 28℃左右又盖席
48～49	28～30	自揭烧以后，即用生气、压火、盖席、揭席等方法，控制品温在 28～30℃，一直升到曲坯心部菌丝布满，即可出箱

③生火方法：可在箱底下设置木炭保温炉，一般室温在 15℃以下，可以升炉一个，在保温炉上空应盖以铁皮或大的碎缸片，以防火力直接上升。

④软坯和生皮：一般曲坯进箱，温度控制得好，在 14h 左右，水分增大，曲坯发软发黏，这种曲坯称为"软坯"。在软坯后 3～4h，曲坯表面菌丝聚集成膜，称为"生皮"。

⑤翻箱：进箱后 24～26h，品温达 37～38℃，即可翻箱。先揭去箱上的草垫、竹席，取去木箱的框子，然后从一端将曲坯拣去 4～5 行。卷起这部分竹席，将原先放在竹席内的曲坯，移放到去席的草垫上。同时应调换位置，将原来在箱边的曲移至箱的中部，原在中部的曲移至箱边。待品温下降至 32℃左右时，加箱盖、草帘、竹席。必要时可以升火，务使品温不低于 30℃。

⑥发泡：翻箱后 14～16h，曲坯中的水分挥发，内部空隙增多，体积虽然不变，但质量减轻，这种现象称为"发泡"。

⑦揭烧：当曲坯全部发泡以后，品温已升高到 38℃，应该将箱上所盖草帘全部揭去，以使品温下降，这便称为"揭烧"。揭烧后待品温降到 28～30℃时，又可加盖草帘保持温度。以后仍采用盖、揭草帘的办法，控制适宜于霉菌培养的温度，一直等到霉菌菌丝繁殖过心，曲的绒毛全部为白色，表皮发皱，有一股清香气、甜味时，即可出箱。

（3）广东酒饼　酒饼的制造，用米、饼叶（大叶、小叶）或饼草（高脚、矮脚）、药材（君臣草）、饼种、饼泥（酸性白土）、黄豆和水等原料制成。其原料配比量，各地略有不同。

制造程序：将黄豆和米分别煮熟、混合、冷却后加入饼叶、饼种、饼泥等搓揉混匀，制成方形酒饼，移入饼房进行培养。入房后第1d，房温控制35～36℃，湿度为90%左右。第2天揭席，通风，饼温可逐渐升至48～52℃，室内湿度逐渐下降，培养7～8d，即可在36～37℃进行烘干。

2. 纯种麸皮根霉曲培菌控制

以麸皮为原料的纯种培养根霉曲，不仅节约了大量的上等大米和中药料，而且原料出酒率获得大幅度提高，为国家节约更多的粮食。根霉曲操作简单，容易掌握，质量较有保证。到目前为止，根霉曲的生产已有30多年的历史，纯种生产根霉曲技术及其产品已遍及全国各个省市，广泛应用于小曲酿酒和家庭酿制甜酒等方面，在生产与应用上已取得可喜成绩。

纯种麸皮根霉曲最先是用曲盘培养，操作麻烦，产量较小，劳动强度也较大。现在多数使用通风制曲。制曲程序如下：

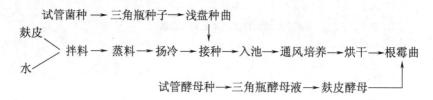

控制要点如下：

（1）麸皮蒸熟后，冷至38℃以下，接入投料量0.3%～0.5%的种曲，先用少量冷麸料与种曲混匀，再用扬麸机与料一起拌匀。

（2）接种拌匀后，疏松地装入灭过菌的通风培养池内，入池温度控制在28～32℃，装料厚度为25～30cm。

（3）接种装箱毕，静置培养，使孢子尽快发芽，品温控制在30～31℃。进房后4～6h，菌体开始生长，品温逐渐上升，待品温升至36℃左右，便开始自动间断通风，使曲料降温。

（4）培养约15h后，根霉开始旺盛生长，这时原料中的养分被大量消耗，由于根霉的呼吸作用而放出大量热量，使品温维持在30～37℃。

（5）一般入箱培养24h左右，曲内菌丝密布，连接成块，麸皮中养分逐渐被消耗，水分不断减少，这时菌丝生长缓慢或停止生长，即可进行烘干。

（6）固体酵母制造　固体酵母的原料处理与根霉生产相同，润料加水量稍可增加，因充足的水分更适宜于酵母的繁殖，同时，酵母在曲房管理时，翻拌次数较多，水分损失大，所以合理增加水分是必要的，一般比培养根霉增加5%～10%。

原料经常压蒸汽灭菌后，降温至30℃左右，接入2%的三角瓶酵母液及0.1%～0.2%的根霉浅盘曲，利用根霉糖化淀粉，给酵母的生长繁殖提供部分糖分。

接种后，将曲盘叠成柱形，入曲房28℃室温保温培养，至8～10h品温上升，需翻拌一次，叠成柱形继续保温培养，至12h进行第二次翻拌，至15h酵母细胞繁殖旺盛。品温变化较大，需视温度增加翻拌次数，至24～30h，固体酵母培养完毕，即可干燥。干燥条件与根霉曲同。

酵母的翻拌操作很重要，酵母繁殖生长需要大量空气，放出二氧化碳，翻拌操作能同时排除麸料内的二氧化碳，并补充氧气。同时，酵母在固体基质上生长繁殖，不像在液体里那样能自行繁殖布满整个液体，也不像根霉那样能匍匐蔓延，布满到整个麸料内，因此翻拌操作，使繁殖生长后的菌体细胞，不断分布到还没有酵母繁殖的养料内进行繁殖生长，使原料内的养分用来繁殖酵母菌体，以提高固体酵母的质量。

（7）根霉曲的配比　将根霉与酵母按一定比例配合成根霉曲，使根霉曲具有糖化和发酵双重作用。向纯根霉中配入的固体酵母用量，与固体酵母所含的细胞个数有关，酵母细胞数多，固体酵母用量少；酵母细胞数少，固体酵母用量就多。一般固体酵母中酵母细胞数在 4×10^8 个/g 左右，配入的固体酵母为 6%。

二、制曲原始记录

制曲原始记录见表 5 - 4。

表 5 - 4　　　　　　　　　　　　　制曲原始记录表

第　号房　　第　批　组　　入房时间　　年　月　日　　出房时间　　企业管理序号：

原料（kg）		润粮用水		粉碎粮粉情况	拌料用水		曲坯数量	培菌房用水				曲块形状
小麦	kg	水/粮	%		水/粮	%	块	地面洒水	kg	温度	℃	
母曲	kg	温度	℃		温度	℃		盖曲草洒水	kg	温度	℃	天气

三、曲的感官检查与质量标准

（一）大曲的感官鉴别及质量标准

大曲在曲酒酿造中作用十分重要，素有"曲为酒骨"之称。然而，大曲生产技术发展至今，对于大曲质量的判断、鉴评方法及术语没有较为统一的标准（规定），长久以来主要是靠实践经验，用习惯用语对曲质优劣进行评定，而各厂根据自身的实践所制定的判别曲质优劣的方法、参数也有差异，这就给同行业相比较带来诸多不便。众所周知，酿酒生产所涉及的微生物十分繁杂，目前的科技水平尚不能完全控制有关酿酒微生物对酿酒生产的作用，而且由于外界环境的差异（气候、地域等），生产工艺、香型等诸多因素的差异，使得对大曲质量的评判有一定的灵活性。这是目前大曲没有统一判别标准的重要原因之一。

下面介绍泸州老窖股份有限公司（原泸州曲酒厂）和沱牌曲酒厂对浓香型大曲的质量标准及鉴曲方法（适用于成品曲质量鉴评），供参考。

1. 质量标准

（1）泸州老窖酒厂大曲质量标准分为感官标准和理化指标，总分 100 分。其中感官标准占鉴评曲总分的 60%，理化指标占鉴评曲总分的 40%。各以 100 分计。

感官质量标准（100 分），其中风格 40 分；外观 20 分；断面 40 分。

风格即大曲风格：曲香扑鼻，味浓纯正，皮薄心熟，色正泡气。

外观即大曲外表：色泽灰白色，上霉均匀，无裂口。

断面即大曲折断面：泡气，香味正，色泽正，皮张薄。

具体打分标准：

①风格独特完整，40 分；风格独特欠完整，30 分；风格独特不完整，20 分。

②外观：灰白色，带微黄无异色，上霉均匀无裂口，20 分；灰白色带微黄，少许异色，上霉较好，少许裂口，10 分。

③断面：浓香泡气色正，皮张厚小于 0.1cm，40 分；浓香色正欠泡气，皮张厚小于 0.15cm，30 分；浓香有异色，味不正，皮张厚小于 0.2cm，20 分。

④不合格标准：生心皮厚，粗而无衣，色杂而味馊霉。其中生心指内心不熟或窝水等不正常状态；味指气味。

理化标准（100 分），大曲理化指标分为：水分，酸度，淀粉，酶活力，发酵力。其中以淀粉、发酵力占主要。其中酶活力又分为糖化力和液化力两个指标，各占 15 分。各指标具体分值如下：酸度 10 分；淀粉 30 分；水分 10 分；酶活力 30 分，发酵力 20 分。

各等级大曲的理化标准如表 5-5 所示。

（2）沱牌曲酒厂大曲质量标准　曲药使用前，随机抽样（每间房取 10 块）进行质量鉴定。感官鉴定实行 100 分制，理化指标按评分标准给分，评定时去掉最高分和最低分，综合平均分在 80 分以上者为一等曲；70~79 分为二等曲；60~69 分为三等曲；60 分以下为不合格产品；并将此作为制曲工人工资分配依据。三等品和等外品不能投入酿酒车间使用。

表 5 - 5   各等级大曲的理化标准

项目等级	酸度	淀粉含量/%	水分/%	酶活力/（u/g）		发酵力	积 分
				糖化力	液化力		
一级	≤1	≤67	≤13	300～600	≥1	≥1.0	90分以上
二级	≤1	≤57	≤13	500～800	≥0.8	≥0.68	80分以上
三级	≤1.5	≤57	≤13	<500 或 >800	≥0.6	≥0.38	60分以上
不合格	以感官作唯一标准，青霉菌斑大于10%，酸度大于1.5，60分以下						

注：酸度为1g曲耗用0.1mol/L NaOH的体积（mL），发酵力（以 CO_2 计）的单位是 g/（g 干曲·72h），糖化力单位为 mg 葡萄糖/（g 干曲·h），液化力单位为 g 淀粉/（g 干曲·h）。

该厂大曲的感官及理化评分标准如表5-6、表5-7所示。

表 5 - 6   沱牌大曲感官质量评分标准

项 目	等 级	指 标 要 求	额定分
外表面	1	灰白色斑点，菌丛均匀	10
	2	灰白色斑点，菌丛不均匀，无其他颜色	8
	3	未穿衣，有絮状灰黑色菌丝或少许其他颜色	5
1/2 断面处	1	整齐、泡气，呈灰白色，有黄红斑点，菌丝丰富	30
	2	大部分为灰白色，菌丝生长良好，泡气	20
	3	有黑圈、黑点、青霉等	10
皮 厚	1	≤0.15cm	20
	2	0.15～0.20（含0.20）cm	15
	3	>0.20cm	10
香 味	1	曲香味浓烈，带甜香（若带酸或霉味减5分）	40
	2	曲香味较浓烈，微带甜香（带酸或霉味减5分）	30
	3	曲香味较淡，不带甜香（带酸或霉味减5分）	20

表 5 - 7   沱牌大曲理化数据评分标准

项 目	单 位	评分标准		项 目	单 位	评分标准	
		数据范围	得 分			数据范围	得 分
发酵力	g/［（g 曲·72h）（以 CO_2 计）］	≥20	+5	液化力	g/（g 曲·h）	≥1.5	+5
		15～20	0			0.8～1.0	0
		<15	-5			<0.8	-5
糖化力	mg/（g 曲·h）	500～800	0	酸度	度	≤1.0	+5
		>800	+5			1.0～2.0	0
		<500	-5			>2.0	-5
水分	%	≤15	0				
		>15	-5				

注：本标准由沱牌曲酒厂生产技术科制定，1992年1月起实行。

（3）五粮液酒厂大曲质量标准　见表 5 - 8。

表 5 - 8　　　　　　　　　五粮液酒厂大曲质量标准

等级	质 量 标 准	
	感 官	理 化
优质曲	曲香纯正，气味浓郁，断面整齐，结构基本一致，皮薄心厚，一片猪油白色，间有浅黄色，兼有少量（<8%）黑色、异色	糖化力 700 以上 发酵力 200 以上 水分：热季 13% 以下 冬季 15% 以下
合格曲	曲香较纯正，气味较浓郁，无厚皮生心，猪油白色在 55% 以上，淡灰色、浅黄色、黑色和异色在 20% 以下	糖化力 600 以上 发酵力 150 以上 水分：热季 13% 以下 冬季 15% 以下
次　曲	有异香，异臭气味，皮厚生心，风火圈占断面 2/3 以上	糖化力 600 以上 发酵力 150 以上 水分：热季 13% 以下 冬季 15% 以下

注：糖化力单位为 mg/（g曲·h），发酵力单位为 mL/（g曲·72h）。

2. 大曲鉴评方法

大曲鉴评主要指入库、出库大曲的感官质量鉴评。

（1）人员组成　包括四部分：大曲生产车间质量负责人或工艺员；酒厂生产技术部门；酒厂质量检验部门；鉴曲人员 5～7 人。

（2）取样方法　大曲鉴评取样以曲块为单位，方法与入（出）库曲的取样方法相同。

（3）鉴评程序　将所取曲样密码编号依次鉴定，公开鉴评。

（4）鉴评存档　程序为：表格记录，标准打分，结果汇总，综合评定，统一存档。

（二）成熟麸曲的感官检查及质量要求

（1）感官检查　菌丝生长茂盛，结块较紧且内外一致，无夹心及干皮。稍有分生孢子柄，无穗；具有麸曲特有香味，不得有酸臭味；色泽越金黄越好。AS3.4304 麸曲的菌丝短，结块性能比其他菌种差，所以结块过紧常常是"水毛"的表象。即色泽虽金黄，但结块过紧的不一定是好曲，例如前期品温高达 38℃ 以上，则污染"水毛"，而糖化力很低。

（2）酶活力　以绝干黑曲计，糖化力为 700mg 葡萄糖/（g·h）以上。

（3）显微镜检查　菌丝健壮整齐，无异状菌丝，杂菌少。

（三）小曲的感官检查及质量要求

（1）根霉麸皮曲　根霉曲应为褐黄色，有正常的曲香，不应有霉味、酸味、馊味等异味。化验水分应小于 14%，镜检有根霉菌丝，酵母数达 2.4×10^6 个/g 以上。

（2）广西酒曲丸

①感官：带白色或淡黄色，无黑色，质地疏松，具有特殊芳香。

②化验：水分为 12%～14%；总酸为 0.6% 以下；发酵力为：每 100kg 大米产酒精度

为 58% vol 的白酒 60kg 以上。

发酵力的具体测定方法如下：取新鲜精白度较高的大米 50g，用水清洗 3 遍后沥干，置于 500mL 三角瓶中，加水 50mL，塞上棉塞并以牛皮纸包扎，常压蒸 30 ~ 40min。再用灭菌过的玻璃棒将饭团搅散，再塞上棉塞，待饭粒凉至 30℃ 左右，加入上述曲粉 0.5g 拌匀，在 30 ~ 31℃ 下培养 24h 后，视其有无菌丝生长。再加入冷水 100mL，继续保温培养至 96 ~ 100h，再加适量水，蒸馏至馏液 95mL，加水至 100mL 混匀，用酒精表测酒精分，即可换算出 1kg 曲能将 100kg 大米生产出酒精度为 58% vol 的白酒量（kg）。

四、曲的贮存及变化

1. 泸型陈曲贮存期微生物酶类的变化

泸型大曲贮存不到 3 个月的为生曲，3 个月以上的为陈曲。贮存期对生曲质量影响很大，时间短，曲香淡，生酸菌多，酿造效果差。陈曲香味好，酒质醇和。为探索合理的贮存期，四川泸州市酿酒研究所姚万春等对此做了研究。

不同贮存期陈曲中微生物种群变化见表 5 - 9。

表 5 - 9	不同贮存期陈曲中微生物种群			单位：个/g
贮存期/月	3	6	9	12
微生物总数	5.27×10^6	6.12×10^6	9.60×10^5	3.82×10^5
细菌数	3.49×10^5	4.95×10^4	5.45×10^4	4.72×10^4
芽孢菌数	5.52×10^4	4.73×10^4	5.17×10^4	4.15×10^4
霉菌数	4.01×10^5	3.03×10^5	3.92×10^5	2.52×10^5
酵母数	4.48×10^6	5.73×10^6	4.86×10^5	4.19×10^4

表 5 - 9 结果表明，泸型陈曲微生物群体随贮存期延长而减少。但贮存期 6 个月以内，酵母数量变化不明显，仍占曲中微生物群体的主导地位。6 个月以后酵母繁殖代谢受到抑制而大量死亡。醋酸菌和部分产酸菌在贮存过程中不断死亡，细菌数量也不断减少，6 个月以后，大曲中的细菌数量基本稳定，与同期芽孢菌数接近，说明贮存 6 个月的陈曲中细菌以芽孢菌为主。芽孢菌和霉菌能产生抗逆性强的休眠体，以适应不良环境，所以数量变化不大。

对曲在贮存过程中的水分、酸度、淀粉含量进行检测，结果见表 5 - 10。

表 5 - 10	曲的水分、酸度、淀粉指标变化		
贮存期/月	水分/%	酸　度	淀粉含量/%
3	14.22	0.90	68.00
6	12.89	0.76	67.34
9	12.09	0.71	67.47
12	12.09	0.74	64.29

表5-10表明，酸度在3~6个月之内减少，这正是生酸菌不断死亡结果，6个月以后趋于稳定，泸型陈曲要贮存半年才干燥完全。淀粉含量在3~9月变化不大，超过9个月损失明显。

贮存过程中糖化酶、液化酶、蛋白酶这3种酶活力随贮存期延长均有降低。发酵力在3~6个月明显降低，其余变化不明显，这正好与酵母数量测定结果相符合，说明曲药发酵主要靠酵母菌完成；糖化力3个月时最高，以后基本稳定。分析原因可能是3个月以前与小麦本身酶活力较强有关，以后逐渐失活，到6个月时酶活力基本丧失，这时曲药的糖化作用主要决定于霉菌和高温细菌分泌的糖化酶；液化酶变化不明显；蛋白酶是耐热芽孢杆菌产生的，其酶活力较稳定。

不同贮存期泸型陈曲酿酒的实验，结果见表5-11。泸型陈曲贮存一年，其出酒率接近，差异不大。从酒质看，总酸、总酯含量随贮存期延长而呈降低趋势。其中四大酯含量可能受窖泥影响，变化无规律。但贮存期长者，酒质口感更醇和。从以上试验结果看，建议泸型陈曲最好贮存3~6个月。

表5-11 　　　　　不同贮存期泸型陈曲酿酒理化指标　　　　　单位：g/L

贮存期/月	3	6	9	12
出酒率/%	33.45	33.75	32.22	32.46
总　酸	0.9460	0.9088	0.8632	0.6913
总　酯	4.092	3.869	3.772	3.764
己酸乙酯	1.4032	1.3024	1.3569	1.4542
乳酸乙酯	1.5941	1.4985	1.4028	1.2980
乙酸乙酯	1.0857	1.0067	1.0523	0.9872
丁酸乙酯	0.2614	0.2894	0.2179	0.2434

2.3 种北方大曲贮存期酶活力变化的研究

哈尔滨松花江酒厂对北方的3种大曲贮存期酶活力变化的研究结果见表5-12。认为大曲在培育中的干燥期，酵母菌和多数细菌都有一定的死亡，而大部分霉菌和汉逊酵母在出房时又有增殖现象。贮曲时间不超过3个月较好。3种大曲应混合使用，适当增加后火曲。

表5-12 　　　　清茬、红心、后火3种大曲贮存1个月的酶活力比较

酶活力		糖化酶活力/（u/g）	液化酶活力/（u/g）	蛋白酶活力/（u/g）	发酵率/%
清茬曲	一层	986	1.862	7.9	50
	二层	1220	2.15	17.60	72
	三层	1103	2.07	16.53	69
	平均	1103	2.02	14.03	62
红心曲	一层	979	1.08	9.3	70
	二层	1210	6.25	17.00	59
	三层	1110	1.81	17.90	66
	平均	1099	1.37	14.7	65.0

续表

酶活力		糖化酶活力/（u/g）	液化酶活力/（u/g）	蛋白酶活力/（u/g）	发酵率/%
后火曲	一层	891	1.01	8.6	77
	二层	1310	1.20	11.0	73
	三层	1010	1.23	21.0	91
	平均	1070	1.14	13.6	78

3. 清香型大曲贮存的变化

（1）宝丰大曲贮存测定报告　吴鸣等对宝丰大曲从刚出曲到贮存 1 年的曲块进行了生化性能、微生物菌系变化的跟踪测定。

宝丰大曲属低温曲，其原料配比为小麦 50%、大麦 30%、豌豆 20%。制曲加水量 45%，干火期曲温 39～45℃，机械制曲块（曲块长 24cm，宽 14.5 cm，高 6.5cm，约 2262cm³/块），培养 25～30d，出曲率 80%，曲块质量平均每块 1630g。

麦曲贮存过程中生化性能测定见表 5-13。

表 5-13　　　　　　麦曲在贮存过程中生化性能测定（3 次平均值）

项　　目	刚出曲	1 个月	3 个月	6 个月	9 个月	12 个月
水分/%	15	13	13	13	12.1	12
酸度	1.0	0.85	0.65	0.60	0.60	0.60
糖化酶活力/（u/g）	1020	1320	1680	1680	1080	950
液化酶活力/（u/g）	1.34	1.41	1.98	4.7	3.38	1.98
蛋白酶活力/（u/g）	560	360	184	57.98	47.78	28.61
升酸幅度	0.23	0.27	0.29	0.24	0.2	0.15
发酵力/%（酒精质量分数）	5.90	6.10	6.69	6.6	4.7	3.5
酯化酶活力/（u/g）	0.63	0.091	0.243	0.381	0.67	0.62
酯分解率/%	87.69	81.2	35	26.1	25.6	24.80

从表 5-13 可知，清香型大曲糖化力、液化力、发酵力自出曲后到贮存 3 个月都有明显增长，贮存 6 个月液化力仍继续上升，糖化力、液化力在 3～6 个月中基本持平，贮存 6 个月后，三者均逐步下降。酯化酶出曲后，直到贮存 9 个月都在继续上升，9 个月以后开始下降。蛋白酶 6 个月后缓慢下降。通过测定结果分析，认为贮存期以 3～6 个月最为适宜。

麦曲贮存过程中微生物变化见表 5-14。

表 5-14　　　　　麦曲贮存过程中微生物变化情况　　单位：×10⁴（3 次平均值）

项　　目	刚出曲	1 个月	3 个月	6 个月	9 个月	12 个月
细菌	420	880	291.95	165	156	144.5
霉菌	135	167	158.62	134	109.6	91.7
酵母菌	87	37	29.2	22.1	21.6	20.2

表 5-14 表明，出曲后 1 个月内细菌大幅度上升，酵母直线下降，以后下降速度减慢，霉菌基本持平，并微有下降。

（2）汾酒三种大曲的成分测定　见表 5-15 至表 5-18。

表 5-15　　　　　　　　　　　　汾酒大曲的化学成分　　　　　　　　　　单位:%

曲 别	水 分	总 酸*	还原糖	粗淀粉	总氮	蛋白态氮	氨基酸态氮	氨态氮
清茬曲	13.20	5.25	0.41	53.28	3.26	2.79	0.17	0.16
红心曲	13.45	5.52	0.40	53.10	3.22	2.64	0.15	0.11
后火曲	13.00	5.24	0.38	53.00	3.20	2.82	0.18	0.14

注：* 以 mg/100g 表示。

表 5-16　　　　　　　　　　　汾酒大曲主要微生物（干曲）　　　　　　　单位：个/g 曲

曲 别	酵母菌数/ $\times 10^2$	汉逊酵母菌数/ $\times 10^2$	拟内孢霉数/ $\times 10^2$	犁头霉数/ $\times 10^4$	曲霉数/ $\times 10^4$	根霉数/ $\times 10^4$
清茬曲	6.76	3.06	5387	583	262.73	17.36
红心曲	58.8	8.41	5190	684	165.36	12.75
后火曲	11.5	43.15	4330	970	61.47	8.63

表 5-17　　　　　　　　　　　　汾酒大曲酶活力

曲 别	糖化酶活力/（u/g）	液化酶活力/（u/g）	蛋白酶活力/（u/g）	发酵率/%
清茬曲	797.0	1.94	16.33	76.0
红心曲	974.5	1.34	16.60	84.3
后火曲	795.5	1.31	16.07	87.0

表 5-18　　　　　　　　　　　3 种曲贮存期的酶活力对比

项　目		出房大曲			贮　曲		
		曲皮	曲心	混合	1 个月	3 个月	6 个月
清茬曲	糖化酶活力/（u/g）	936.0	880.0	1107.7	1273.0	1510.0	1264.0
	液化酶活力/（u/g）	1.04	1.09	1.55	2.06	1.94	1.39
	蛋白酶活力/（u/g）	18.8	21.2	18.5	15.3	16.3	21.7
	发酵率/%	79.0	82.5	73.5	61.5	79.3	66.0
红心曲	糖化酶活力/（u/g）	7230	297.0	666.0	896.3	1211.3	1151.7
	糖化酶活力/（u/g）	1.32	0.52	1.24	1.38	1.29	1.38
	糖化酶活力/（u/g）	20.0	17.30	20.4	14.7	16.6	21.4
	发酵率/%	73.5	70.0	67.0	76.7	87.0	66.0
后火曲	糖化酶活力/（u/g）	849.5	432.0	673.7	867.0	1089.5	892.0
	液化酶活力/（u/g）	1.33	0.68	1.30	1.09	1.31	0.97
	蛋白酶活力/（u/g）	14.2	21.8	16.1	13.6	16.7	24.0
	发酵率/%	79.0	63.0	71.7	79.3	84.3	65.3

4. 小曲贮存期质量的变化　见表 5 – 19。

表 5 – 19　　　　　　　　　　　桂林三花酒曲贮存期理化指标测定

贮存时间/d	水分/%	总酸含量/(g/100mL)	还原糖含量/%	液化力	酒精体积分数/%	酵母细胞数/($\times 10^8$ 个/g)
出房当天	11.3	0.20	6.8	+	19.2	2.55
7	12.8	0.23	9.3	+ + +	20.0	2.58
15	13.13	0.235	10.1	+ + + +	20.2	2.58
25	13.17	0.232	10.35	+ + + +	20.2	2.57
35	13.19	0.233	19.39	+ + +	20.0	2.51
45	13.18	0.232	10.0	+ + +	19.7	2.49
60	13.28	0.235	9.67	+ +	19.4	2.23

从表 5 – 19 结果可知，在空气相对湿度 <69% 的条件下，酒曲水分 <12%，贮存期 60d 左右为最适保存期。水分 <11%，放入低温条件下可延长保存期。

第四节　质量控制

一、制曲重要的技术

1. 酱香型制曲工艺参数

（1）原料　纯小麦

（2）曲料粉碎　原料加 5% ~ 10% 水拌匀润料 3 ~ 4h，磨成半细粉占 50%，粗粉及麦皮占 50%。

（3）曲料配比

加水量：小麦粉碎后，加水 40%（原料较干或高温增加 1% ~ 3%；相反可酌减 1% ~ 3%）。

加曲母：为曲料的 4% ~ 8%，即夏季 4% ~ 5%，冬季 5% ~ 8%。

（4）制曲坯

曲模规格：长 36cm，宽 23cm，高 7cm。

晾曲坯：1 ~ 1.5h，每块曲坯重 7.6 ~ 7.9kg。

（5）曲的培养

①入室堆积：每间曲室面积 8.5m×3.5m。地面至梁底标高为 3.5m，地面以红土筑成或为水泥地面，门窗各一。曲坯入室前，铺稻草垫底，草厚南方 3 ~ 4cm，北方为 15 ~ 20cm，宽 40cm，曲坯侧立呈横 3 块，竖 3 块，依次交替排列，曲坯离墙 3 ~ 4cm，坯块间距为 1.5cm。放满一层后，在坯层上再铺一层稻草，南方约 2cm 厚，北方约 7cm 厚，然后安放第 2 层，上、下层曲坯排列要错开，如此操作堆放 4 ~ 5 层为止。再在顶层上松散盖上乱稻草，厚度南方夏季 4 ~ 5cm，冬季 7 ~ 8cm；北方夏季为 13 ~ 17cm，冬季为 20 ~ 25cm。

每个曲室可放 4 行曲坯。在堆坯的盖草上洒 70 ~ 100kg 水，关闭门窗，保温培养。

②曲香的形成：曲坯进曲房 2～3d 后，品温升至 50～55℃，曲块变软，颜色渐深，同时散发甜酒酿似的醇香气和甜酸味。此为升温升酸期，可防止某些腐败菌的繁殖，使曲块不馊、不臭。升温也有利于高温细菌的繁殖。在曲坯入室后的第 3～4d，即可闻到浓重的酱味。到第 1 次翻曲时，曲块色泽变深，酱味变得更浓些，在少数曲块黄白交界的接触部位，可闻到轻微的曲香。这段时间为酱味的形成阶段，细菌占优势，霉菌生长受抑制，酵母被淘汰。在第 2 次翻曲时，除部分曲块外，大部分曲块可闻到曲香，但香味不浓。在整个高温阶段，嗜热芽孢杆菌对原料中蛋白质的分解能力很强，为曲香的生成起到极重要的作用。在第 2 次翻曲后，虽然曲块逐渐进入干燥期，但仍在继续形成曲香。因此可以说，自第 1 次翻曲前夕至曲块干燥结束，都是曲香的生成期。

2. 浓香型制曲工艺参数

浓香型曲酒的大曲种类按制曲工艺可分为低温曲、中温曲和中偏高温曲。按原料不同可分为小麦曲及小麦、大麦、豌豆曲两大类。由于各厂大都有自己传统操作规程，所以具体配方及工艺有所不同，但基本上大同小异，表 5－20 列举数例。

表 5－20　　　　　　　　　　浓香型白酒大曲原料配比及最高品温

酒　名	大曲原料配比/%					制曲最高品温/℃
	小　麦	大　麦	豌　豆	高　粱	大曲粉	
五粮液	100	—	—	—	—	60～66
泸州大曲	90～97	—	—	3	—	53～62
全兴大曲	95	—	—	4	1	55～60
古井贡	70	20	10	—	—	50 以上
洋河大曲	50	40	10	—	—	56～60
剑南春	80～85	15～20	—	—	—	55～65
口子酒	60	30	10	—	—	56

制曲工艺参数以五粮液制曲为例：

（1）润料　小麦等原料粉碎前加 5% 左右 65～67℃ 的热水润料，边加水边翻拌，拌和均匀；收拢堆积润料 30min 以上，以小麦表面柔润收汗为宜。

（2）粉碎　要求麦粉烂心不烂皮，成梅花瓣，过 20 目筛，细粉占 30% 左右。可根据季节的不同适当调节。

（3）拌料　要求热季用冷水，冬季用 40～50℃ 热水拌料，拌和 3 次，拌匀，无灰色、疙瘩。曲坯入房水分控制为 38%～40%。

（4）成形

①人工曲：每人持曲盒 1 个，先打湿，将曲料装入盒内，压紧。再用脚掌从两头往中间踩，踩出包包（这是五粮液酒曲的显著特点）。然后用脚后跟沿四边踩 2 遍。要求踩紧、踩光，提出浆子，特别是四周要踩紧。包包不得有裂缝，曲坯表面要光滑，不得缺角缺边。曲坯控制为 5～6kg。

②机制曲：润料和拌料与人工曲要求相同。机制压曲上料要均匀，控制每块压曲时间不少于 12s，曲坯成形松紧一致，厚薄均匀，表面光滑整齐，不得缺边掉角。入房水分控制为 36%。

（5）入房置曲　机制曲不晾汗，曲块压好后即入房安放。踩好的曲坯排列于曲场一边晾汗，收汗时间最长不超过 3h，最短不低于 0.5h。为了不使曲坯表面干裂，影响穿衣，造成厚皮，应将已收汗的曲坯分几次迅速转入曲房安放。在安曲地面要先铺稻壳 3cm 左右厚。曲坯安放要求端正整齐，边安放边盖草帘，曲坯之间要有一指间距。靠墙处留出10cm 空隙。曲坯安满后插上温度计，以便检查品温。关闭好门窗，使曲房保持一定的温度和湿度。

（6）培菌管理　曲质好坏，决定于入室后的培菌管理，特别是翻第 1 次曲的前几天，如管理不当，发生病症，以后难以挽救。曲坯升温快慢视季节、室温而定，可根据发酵情况适当地调节温度、湿度，定时更换空气，控制曲坯升温，给有益微生物繁殖创造良好的条件。每天应做好定时记录和以下几方面的工作。

①保温控温：若曲坯入房温度为 10～20℃，则入房后的最初 7d 品温保持在 50℃ 以内；若入房温度在 20～30℃，则入房后的最初 5d 品温保持在 50℃ 以内；入房温度在 30℃以上的，最初 3d 品温保持在 50℃ 以内。

②放潮：曲坯入房后最初几天，品温上升快，水分排出多，曲房内充满潮气，应及时开门窗放潮，否则回滴在曲坯上即长杂菌。

③翻曲：曲块表面水分蒸发后，逐渐变硬，在进房后 3～7d，翻第 1 次曲（热季 3～4d，冬季 6～7d）。以后隔 3～4d 再行翻曲，要求每房曲翻 4～5 次。一般翻第 1 次曲后，进入高温期，控制温度在 60℃ 以内。

④堆烧：曲块翻 2 次后，堆至 4～5 层，围盖草帘保温，促使品温保持在 55～60℃ 以内，以免品温急剧下降，产生生心、窝水等弊病。

⑤收拢：曲块培养半个月左右后，大部分水已蒸发，品温逐渐下降，可进行最后 1 次翻曲，把曲块靠拢，不留间隙，堆至 5～6 层。目的是保持后火缓慢下降，促使曲块发酵成熟。控制温度在 50～40℃ 范围内逐渐下降。

（7）入库管理　曲块培养至 30d 左右，视其情况，可提前或推后出房、入库贮存。要求：贮存于通风干燥的曲库内；堆码整齐，层次较好，曲之间要有一定的通气空隙，有利于保证曲质。经常检查通风设备是否完好，曲块是否受潮，严防反潮发烧，生长杂菌，危害曲质。

3. 汾酒三种大曲的特点

酿酒时，将清茬、后火及红心三种曲按比例混合使用。上述操作为清茬曲的工艺过程，其他两种曲的制法与它基本相同，现比较如下：

（1）清茬曲　热曲最高品温为 44～46℃，晾曲降温极限为 28～30℃，属于大热小晾。

（2）后火曲　上霉与晾霉操作与清茬曲完全相同。潮火末期及大火期的最高品温比清茬曲高 1～2℃，最高可达 49℃，各阶段的晾曲品温也比清茬曲高 2～3℃，为大热中晾。

（3）红心曲　原料粉碎可粗些。上霉操作同清茬曲。晾霉至起潮火无明显界限，边控制窗户晾霉，边起潮火，升温采取爬坡和下坡法，当品温升至 45～47℃ 的潮火末期至大火前期，有一个 2～3d 的座火期，以后逐渐降温。也可采取门窗两封两启法，但都应有一定的温度起落。晾曲降温极限为 34～38℃。属于多热少晾。

4. 名优酒厂大曲的质量

名优酒厂大曲粉的测定结果如表 5-21 和表 5-22 所示。

表 5-21 名优酒厂大曲粉测定结果

编号	水分/%	酸度（以乳酸计）	糖化力	液化力	蛋白酶（pH3）	发酵力	升酸幅度	酯化酶	酯分解率/%	酵母菌数	霉菌数	细菌数
1	12	1.50	240	1.51	108.99	0.9	0.412	0.385	42.16	73.86	85.23	410.23
2	13.0	2.06	300	1.19	113.02	0.7	0.515	0.455	39.27	102.27	85.23	307.96
3	13.5	1.24	1620	11.7	56.51	2.5	0.258	0.645	21.16	164.77	96.59	495.46
4	12	1.24	780	5.46	76.69	2.5	0.299	0.669	27.31	170.46	107.95	822.73
5	13	0.75	520	5.8	67.71	1.6	0.4	0.48	35.91	245.6	99.1	437.6
6	13	0.6	1260	3.9	43.99	1.5	0.37	0.469	38.1	153.1	79.61	455.7
7	13.5	0.82	1500	11.43	22.83	4.2	0.618	0.645	32.41	221.59	193.18	553.41
8	13	0.60	1680	4.7	57.98	6.6	0.24	0.287	26.1	221	134	165
9	13	1.05	1260	8.82	35.42	3.76	0.43	0.61	35.4	116.9	147.7	491.1
10	12	0.72	1590	8.07	40.41	5.4	0.43	0.577	34	159.1	162.5	442.05
11 中温	12	0.7	760	5.05	69.42	2.23	0.325	0.42	20.1	103.4	157.4	567.7
12 高温	12	1.8	240	1.89	90.12	0.59	0.325	0.25	27.2	75.56	89.1	407.5
13 中温	16	0.95	980	5.65	53.57	1.89	0.4	0.55	35.1	124.6	187.3	514.5
14 高温	12	1.55	420	2.82	74.44	0.9	0.35	0.46	28.4	77.7	141.6	436.5

注：酸度指1g大曲耗用0.1mol/L NaOH 的体积（mL）；糖化力单位为 mg 葡萄糖/（g 干曲·h）；发酵力单位为 g/（g 干曲·72h）；液化力单位为 g 淀粉/（g 干曲·h）；酯化酶活力单位为力 u/g 干曲；酵母菌数、霉菌数、细菌数的单位为：（×10⁴个/g）。

表 5-22 名优酒厂生产用大曲粉测定结果

项 目	酱香型	浓香型	清香型	凤型	兼香型（中温）	兼香型（高温）
水分/%	12.5	18.88	13.17	12	14	12
酸度（以乳酸计）	1.83	0.96	0.82	0.72	0.83	1.68
糖化力	270	1045	1480	1590	870	330
液化力	1.35	6.75	8.32	8.07	5.35	2.26
蛋白酶 pH3	111.0	61.23	38.74	40.41	61.50	82.28
发酵力	0.8	2.03	4.85	5.4	2.06	0.75
升酸幅度	0.464	0.33	0.43	0.43	0.363	0.34
酯化酶	0.42	0.567	0.63	0.577	0.49	0.36
酯分解率/%	40.72	30.6	31.3	34	27.6	27.8
酵母数/（×10⁴个/g）	88.7	183.48	186.53	159.1	113.95	76.63
霉菌数/（×10⁴个/g）	85.23	95.81	158.29	162.5	172.35	115.35
细菌数/（×10⁴个/g）	359	550	403	442.05	541.6	422
样品数	2	4	3	1	2	2

注：糖化力单位为 mg 葡萄糖/（g 干典·h）；发酵力单位为 g（g 干曲·72h）；液化力单位为 g 淀粉/（g 干曲·h）；酯化酶酶活力单位为 u/g 干曲。

5. 制曲过程微生物消长情况

微生物在制曲培菌过程中的消长大致可分为 4 个阶段，培菌温度在各阶段也相应地变化。

（1）适应期　入房 1～3d，富集于曲块中的微生物菌株，其细胞内的各种酶系开始逐渐适应曲块的培养环境，此时的微生物数量增加不多，但其细胞体积增大，原生质变得更加均匀，贮藏物质逐渐被消耗，代谢机能非常活跃。此时，释放出大量热能，使曲块品温迅速上升，以致培菌前期升温很快。

（2）增殖期　在培菌 3～15d，曲块中的微生物经过第一阶段，已适应其环境，就以最快的速度进行繁殖。如大曲中的细菌，是单细胞生物，以分裂方式繁殖，群体细胞以几何倍数增长，酵母菌和霉菌其繁殖方式与细菌不同，繁殖速度不如细菌，增加的数目也没有细菌多。此过程微生物繁殖代谢十分旺盛，释放的热能使曲块品温进一步升高。

（3）平衡期　培曲 15d 左右，微生物总数达到最高，不再增加。这是因为微生物必需的营养物质逐渐耗尽，同时微生物新陈代谢产物的形成（如有机酸等）和积累（如酸度升高）及曲块品温升高，加上水分逐渐减少，大大地抑制了微生物的生长，繁殖率迅速降低，并与死亡率基本达到平衡。反过来，新陈代谢、繁殖率的降低，使释放热能大大减少，在曲块品温达到最高后，由于曲块得不到足够的热量，使品温开始下降。此时，微生物细胞的原生质内开始累积贮存物质，如糖原、异染颗粒和脂肪，大多数芽孢细菌在这个阶段形成芽孢。

（4）衰退期　15d 以后至出房，微生物死亡率渐高于繁殖率，死亡的细胞数较新生的多，活菌数逐渐减少，新陈代谢减弱，释放的热能进一步减少，使曲块品温进一步降低。在此期间，微生物细胞内颗粒更加明显，出现液泡，而且细胞呈多种形态，包括畸形和退化形，部分菌体本身被产生的酶和代谢产物的作用而自溶死亡。

表 5－23 为制曲培菌过程中微生物变化的情况。当然由于测定的方法、采集的时间等多种因素不同，所测出的微生物数量并非是绝对值，仅仅是相对比较值。但笔者认为，只有在数量上占有一定比例的微生物类型，在天然发酵中所起的作用才可能较为显著。

表 5－23　　　　　　　　　　　　制曲培菌过程中微生物的变化　　　　　　　　　单位：万个/g

样品名称 ＼ 微生物种类	细　菌	酵母菌	霉　菌	总菌数
入房当天	330	0.13	0.65	330.78
入房 1d	61.5	4.33	0.67	66.5
入房 2d	161.67	238.67	10.67	411.01
入房 3d	225	806.67	30	1061.67
入房 5d	3800	1566.7	110	5476.7
入房 7d	4100	1733.3	133.3	5966.6
入房 9d	3033.3	2166.7	1033.3	6233.3
入房 15d	9750	750	300	10800
入房 20d	4100	4050	200	8350
出房入库	1595	403.5	2015	4013.5

　　四川省食品发酵工业研究设计院曾对浓香型曲酒制曲过程中产酯酵母的分布情况进行了系统的研究，对"四季曲"和"伏曲"做了广泛的检测（表5－24、表5－25），认为制曲过程中酵母菌的主要来源是种曲、环境及覆盖材料，曲块中产酒酵母在夏季数量较少，而产酯酵母却较多，因此"伏曲"的香味在正常情况下比其他季节踩制的曲子要好一些。但夏季踩制的大曲，因产酒酵母数量相对较少，以致发酵力较低，若单独使用会使出酒率偏低。所以，应考虑各季节曲混合使用，这样对酒质和出酒率都有好处。

表5－24　　　　　　　　"四季曲"培菌过程中酵母消长情况　　　　　　　　单位：万个/g

数　量 \ 培菌天数	入房曲	1d	3d	5d	7d	9d	15d	20d	出房入库
总　数	25000	87000	76000	30000	23000	45000	40000	28000	20000
假丝酵母数	0.3	—	600	1500	1100	1500	530	300	190

表5－25　　　　　　　　"伏曲"培菌过程中酵母消长情况　　　　　　　　单位：万个/g

数　量 \ 培菌天数	入房曲	1d	3d	5d	7d	9d	15d	20d	40d
微生物总数	1288	8405	30380	11159	9005	1598	500	840	29800
酵母数	136	1200	3560	1100	700	250	120	440	350

　　通过对制曲过程中各种微生物消长情况的检定，找出改进工艺的科学依据，这是提高酒曲质量的重要措施。

二、提高制曲质量的技术措施

　　多年来，大曲的生产均沿用传统制曲工艺，即生料压块制曲，自然富集接种，曲房码堆培养。这种方法生产的大曲因受自然环境因素的制约，质量很难稳定，造成用曲量大、出酒率低、生产成本高等不利因素。近年来，随着对大曲微生物研究的深入，一些科研单位和名优酒厂，已从大曲中分离筛选出上百种微生物菌种，大曲中微生物群系逐渐被认识。一些单位在踩曲配料时，加入人工纯种培养的优良菌株，以便提高大曲的酶活力，进而减少用曲量，降低了成本，收到了一定的成效。这种方法称之为强化制曲。

（一）强化曲的生产与应用

　　将从酿造过程中选育出的优良霉菌（如，根霉、红曲霉、黄曲霉、白曲霉、米曲霉等）、酵母菌（如，球拟酵母、南阳酒精酵母、生香酵母、汉逊酵母、假丝酵母等）、细菌（如，芽孢杆菌、嗜热脂肪芽孢杆菌等）分别进行培养，由试管斜面培养扩大到三角瓶培养再扩大到曲盘培养，再按一定比例混合，便制成了种曲。按传统的大曲制作法外加一定量的种曲作种源进行培制，即可制得强化曲。强化曲与普通曲的区别就在于前者是人为地接入大量有益微生物，使之与优质大曲特定的微生物区系近似；后者则是依靠自然环境，网罗环境中的微生物，但不能保证有益菌类占优势。

1. 种曲的制作

　　霉菌和酵母均采用固体培养法，细菌采用液体培养法。菌株数目以多少合适，各厂应根据实际情况而定。

（1）斜面试管培养　霉菌和酵母以麦芽汁琼脂或麸皮汁琼脂为培养基，28～30℃培养3～4d。细菌以牛肉膏、蛋白胨等为培养基，50℃恒温培养4～5d。

（2）三角瓶扩大培养　霉菌和酵母以麸皮为培养基，加水占麸皮质量的50%～70%（视麸皮粗细及干湿度而定）。拌匀后分装500mL三角瓶各30～40g，0.1MPa压力灭菌1h，冷却后接入斜面菌种，28～30℃保温4～5d。在培养过程中注意菌丝生长情况，及时摇瓶、扣瓶，让底部空气充足，生长均匀。细菌培养基同斜面试管培养，不加琼脂，50℃恒温培养4～5d。

（3）三级培养　霉菌和酵母为浅盘培养，麸皮加水60%～80%，拌匀，若麸皮较细，拌和后发黏，可加10%左右稻壳作疏松剂。常压蒸1h，取出进曲房冷却至35℃左右，分别接入三角瓶种子0.3%～0.5%，混匀后先堆积于曲盘中，并将曲盘叠成柱形。28～30℃保温培养，同时应注意保湿。待品温开始上升时，将盘中小堆拉平，曲盘仍叠成柱形，继续培养。待品温上升到35～37℃时划盘，并将曲盘置放成品字形、X形等。以后随品温变化划盘、错盘、倒盘，培养品温始终控制在38℃（霉菌）或35℃（酵母）以下。约培养3d即成熟，烘干备用。细菌三级培养基的小麦粉、大曲粉、豆饼粉糖化液，其比例4:3:3，pH6.0，55℃恒温培养7d。

将培养好后的各种菌，按霉菌:酵母:细菌约为1:1:0.2比例混合，即制成强化大曲的种曲。

2. 强化大曲的制作

按常规制大曲方法将原料粉碎好，根据季节不同以0.5%～1%的接种量加强化曲的种曲于制大曲的原料中，混匀，加水拌和，按传统方法踩曲、培菌管理，培养1个月左右出曲存放。从成曲的感官来看，强化大曲香味比普通大曲浓，断面颜色好，皮薄，菌丝多，并有黄、红斑点，外观表面呈乳黄或白色，曲衣明显。

强化大曲与普通大曲的理化指标及微生物数比较如表5-26、表5-27所示。

表5-26　　　　　　　　　　　　强化大曲与普通大曲理化指标比较

曲别	编号	水分/%		酸度		糖化力*
		入房	出房	入房	出房	
强化大曲	01	36.2	13.89	0.24	1.35	887
	02	37.1	14.33	0.31	1.30	904
	03	37.3	14.31	0.23	1.36	815
普通曲	01	36	15.5	0.19	1.34	720
	02	36.8	15.1	0.22	1.32	680

注：*糖化力的计量单位，mg葡萄糖/（g干曲·h）。

表5-27　　　　　　　　　强化大曲与普通大曲微生物数比较　　　　　单位：×10⁴个/g曲

菌类	强化曲01	强化曲02	强化曲03	普通曲01	普通曲02
霉菌	342.3	213.6	160.2	167.1	152.9
酵母菌	101.44	129.80	132.17	92.73	37.24
细菌	741.42	802.9	887.4	632.7	566.5

氨基酸是多种呈香物质的前驱物质，因此，游离氨基酸的种类和数量，对曲酒的酒味及质量有一定影响。由表 5-28 可知，强化大曲的游离氨基酸比普通大曲高 54%，尤其是几种重要的氨基酸如谷氨酸、脯氨酸、丙氨酸等大大高于普通曲，为提高大曲的质量及曲酒的风格奠定了基础。

表 5-28　　　　　　　　强化大曲与普通大曲游离态氨基酸的对比　　　　　　　单位：mg/kg

名　称	普通大曲	强化大曲	名　称	普通大曲	强化大曲
天冬氨酸	38.065	36.227	甲硫氨酸	14.584	13.857
苏氨酸	39.49	43.988	异亮氨酸	33.899	38.038
丝氨酸	45.369	60.574	亮氨酸	46.891	46.254
谷氨酸	252.341	267.008	酪氨酸	26.452	29.32
脯氨酸	377.239	820.937	苯丙氨酸	19.758	18.868
甘氨酸	57.071	78.368	赖氨酸	37.529	38.109
丙氨酸	203.336	384.586	组氨酸	24.741	33.611
胱氨酸	8.821	3.729	精氨酸	20.552	24.586
缬氨酸	40.819	42.933	合　计	1286.957	1981.723

3. 强化大曲的应用

强化大曲用于生产的工艺条件及操作与普通大曲完全一致。用强化大曲部分或全部代替普通大曲酿酒，是应用方法之一。

1964—1967 年在泸州试点，将从泸州大曲和晾堂上分离的 32 株菌株（其中糖化菌 17 株，酵母 15 株）分别制成麸曲和液体酵母。麸曲与大曲混合使用，接种于粮糟中，液体酵母于撒曲后喷洒在粮糟上。

用曲量：糖化菌曲（麸曲）用量为 3.5%～3.8%，大曲用量为 11%，液体酵母用量为每甑 4000～4800mL［每毫升含细胞数（72～132）×10^6 个］。对照窖用曲量为 20%（生产规定）。对照结果如表 5-29 所示。

表 5-29　　　　　　　　　　使用强化大曲在生产中的效果

排　次	对比处理	用曲量/kg	投粮量/kg	粮耗/kg	曲耗/kg	原料出酒率/%	淀粉出酒率/%
第一排	试验	147.4	1200	218.87	26.89	45.69	72.15
	对照	262.5	1200	221.90	48.56	45.04	71.14
第二排	试验	126.0	1100	255.07	29.22	39.20	61.07
	对照	235.0	1100	278.04	59.30	35.79	56.01

由表 5-29 可知，将两个窖产的原度酒折合为酒精为 60%vol 的酒进行比较，试验窖产酒高于对照窖，粮耗和曲耗降低。

试验窖的酒，通过理化分析和尝评，质量没有下降，保持了泸州大曲酒的特有风味。这就说明使用大曲中选育的有效菌株，制成强化曲，减少原有大曲的用量是可行的。为什么减少近一半的大曲，而不影响产酒和质量呢？第一，使用的菌株，来源于本厂大曲，并经鉴定是酿酒中较优良的菌株，将其混合使用，能在发酵中起到以优良菌株代替不良菌种，以有效菌株压倒杂菌的作用。第二，由于曲酒的风格与大曲有关，实验中仍保留一部分大曲，因而仍不失大曲的作用。根据上述试验效果，若能更好地选用更多的有效菌株，并配合窖泥微生物，制定相应的发酵工艺，必然会获得更加良好的效果。

　　1992 年，宋河酒厂对强化大曲在酿酒中的应用做了一系列试验。酿酒试验共设立三个方案，各方案分别在淡、旺两季各做 7 排试验，取 4 排以后数据列表（表 5 - 30）。

表 5 - 30　　　　　　　　　　使用强化大曲在生产中的效果

| 减曲量 | 排次 | 淡　季 | | | | 旺　季 | | | |
		宋河酒产率%	大曲量/kg	优质率/%	出酒率/%	宋河酒产率%	大曲量/kg	优质率/%	出酒率/%
用强化曲减曲5%	四排	33	220	14.7	39.7	90	200	31.0	38.6
	五排	34	193	15.0	37.8	86	214	28.7	40.0
	六排	37	198	15.7	39.1	79	220	26.4	39.9
	七排	32	209	13.3	40.1	94	190	33.1	37.8
	平均	35.5	205	14.7	39.2	87.3	206	29.8	39.1
用强化曲减曲8%	四排	32	193	13.9	38.8	88	201	30.0	38.5
	五排	39	200	16.3	39.8	76	317	35.9	39.1
	六排	33	139	14.9	37.0	95	209	31.2	40.5
	七排	35	197	15.1	38.7	81	213	27.6	39.2
	平均	34.7	196	15.0	38.4	85	210	28.6	39.3
用强化曲减曲2%	四排	29	182	13.7	35.1	73	210	25.8	37.1
	五排	35	186	15.8	36.8	80	202	28.4	37.6
	六排	34	180	15.9	35.6	67	213	23.9	37.3
	七排	27	202	11.8	38.2	76	209	26.7	38.0
	平均	31.2	187.5	14.3	36.4	74	208.5	26.2	37.6
普通曲同期对照	四排	23	187	10.9	35.0	76	216	26.11	38.8
	五排	37	179	17.1	36.0	88	204	30.1	38.9
	六排	28	196	12.5	37.3	67	215	23.9	37.6
	七排	35	184	16.0	36.5	80	202	28.3	37.6
	平均	30.7	186.5	14.1	36.5	77.8	211.7	27.1	38.2

　　由以上分析可以看出，应用强化大曲代替普通大曲，不仅可以减少一定的用曲量，提高出酒率，而且可较大幅度地提高优质酒率，增加宋河酒产量，尤其在酿酒淡季，降低用曲量8%，优质酒率、出酒率变化较为明显，综合效益十分可观。旺季适当降低用曲量5%～8%，效果也较为理想。采用强化大曲生产出的半成品酒经专家品尝，具有窖香浓郁，入口甘爽，风格典雅，余香悠长等特点，一部分酒还可作为调味酒使用。

　　1984 年中国科学院成都生物所在四川汉源酒厂进行了强化曲与人工老窖、甲烷菌、己酸菌的综合应用试验，取得了较好效果（表 5 - 31）。

表 5 - 31   综合应用试验的效果

酒窖排列	项目	原料出酒率/%	优质酒率/%	总酸/（g/100mL）	总酯/（g/100mL）
对照窖	第6排	41.4	27.3	一段 0.071 二段 0.067	一段 0.378 二段 0.218
	第7排	38.7	31.7	0.087 0.061	0.466 0.246
	第8排	37.5	35.1	0.064 0.083	0.384 0.291
试验窖	第1排	42.8	36.5	0.083 0.075	0.391 0.254
	第2排	40.1	38.6	0.081 0.077	0.517 0.385
	第3排	39.3	40.3	0.072 0.079	0.476 0.376

初步试验结果表明，强化曲与窖泥功能菌结合，对提高浓香型曲酒的产量和质量，具有十分可观的潜力。

（二）架式曲与传统曲比较

长期以来，大曲生产一直很落后，曲房利用率低，占地面积大，劳动强度高，劳动条件极其恶劣，致使大曲远不能满足生产发展的需要。近年来，国内不少科研单位和酒厂对制曲条件进行了研究和改进，创造了架式曲新工艺。为了对架式大曲和传统卧曲做进一步了解，有关单位对两种方法培养过程中微生物的变化及酶的消长情况进行了比较。

1. 培曲方法

（1）曲室结构及设备　两种培养方式的曲室面积相同，为砖瓦结构，室内墙壁涂泥，砖地，上面用芦席作顶棚，便于保温保潮。架式曲所用曲架是长×宽×高为 2.0m × 2.0m × 1.8m 的角铁焊成的铁架。用细竹编成上下 7 层的曲坯培养床。采用自动循环吹风和排风，以控制品温、室温及通风供氧与排出二氧化碳。

（2）曲坯入房　原料全部为小麦，粉碎度为通过 20 目筛的为 70%，加水量 38% 左右，机械制曲，曲坯体积为 21cm × 13cm × 6cm = 1638cm³，每块曲坯的质量为 2.1kg。入室后码曲（安曲）。架式大曲按培养层数分为 7 层排列，每平方米约 147 块曲坯。传统卧曲法在地面培养，每平方米约 87 块曲坯，按常法码曲。

（3）培养　架式曲培养，按不同培养期进行温度自动控制；传统卧曲法培养，按常规传统方法进行，培养期 30d。

2. 结果比较

（1）两种制曲法制曲温度的比较　架式曲培养由微机自动控制曲室内的品温、室温，并自动记录。传统培曲法，人工每天测一次品温及室温。经过反复数次测定，发现两种制曲方法，品温和室温相差不大。室温传统法稍许偏高，品温架子曲稍高。架式曲的菌类是否呼吸更旺盛一些，有待进一步探索。

（2）两种制曲法酶活性的比较　入室培养期间，每5d在上中下及对角线取出有代表性曲坯16块，每块取1/16块曲坯，最后拼成一块曲坯（由16块曲坯各部位组成），粉碎至通过20目筛，按四分法缩分所测样品至500g（架式大曲与传统大曲两者同样取样），进行各酶系测定，其结果见表5-32。

表5-32　　　　　　　　　架式法与传统卧式法培养麦曲各酶系比较

项目＼天＼曲别	曲坯	5		10		15		20		25		30	
		架式	传统	架式	传统	架式	传统	架式	传统	架式	传统	架式	传统
水分/%	38	32	24.5	15	16	15.5	15.5	14	14	13.5	13	13.5	13.5
酸度	0.34	1.85	1.15	1.1	0.8	1.2	1.1	0.8	1.05	1.25	1.0	0.8	0.9
糖化力	7980	984	1038	1506	1360	1920	1764	2280	1938	2100	2160	2304	2070
液化力	180min不褪色	—	9.76	5.28	5.53	7.06	7.41	13.33	11.27	13.87	11.59	16.47	14.18
蛋白酶（pH3）	3.77	24.91	29.3	0.147	31.4	33.91	34.84	37.65	50.24	42.70	50.24	49.11	50.87
氨基氮含量/%	0.014	0.231	0.259	0.328	0.133	0.413	0.385	0.347	0.357	0.336	0.329	0.336	0.301
发酵力/%	—	4.4	4.6	5.6	5.3	5.0	5.2	4.5	4.6	4.4	4.4	4.7	4.25
升酸幅度	—	2.25	1.85	1.05	1.10	0.95	0.9	0.94	0.88	0.85	1.15	0.86	0.92
酯化酶	—	0.34	0.36	0.21	0.22	0.21	0.3	0.26	0.38	0.27	0.32	0.26	0.26
酯分解率/%	—	27	30	27.7	28	23.8	29.5	25.5	31.6	38.4	36.1	39.6	40

注：测定方法如下：

①水分：按快速烘干法测定（130℃，1h）。

②酸度：用中和法（乳酸）测定。

③糖化力：原轻工业部制定的固体曲检验法，其定义是1g绝干曲在35℃、pH4.6、60min，分解可溶性淀粉为葡萄糖的毫克数。

④液化力：碘褪色法，1g绝干曲在60℃、pH6.0、60min内液化可溶性淀粉的克数。

⑤蛋白酶活力：福林－酚法，1g绝干曲在40℃、pH3.0，每分钟水解酪蛋白为酪氨酸的质量（μg）。

⑥发酵力：酒精相对密度法，在100mL 12°Bx曲汁中添加相当于绝干曲1g，在28～30℃培养72h，将发酵液调为中性，立即蒸馏，取蒸馏液用密度瓶进行相对密度测定。

⑦升酸幅度：以前后培养产酸差，求1g曲24h升酸幅度。

⑧酯化酶：1g绝干曲在12°Bx糖液中，30℃、96h所生成的总酯量。

⑨酯分解率：1g绝干曲在12°Bx糖液中，30℃、96h所分解酯的百分率。

⑩氨基氮：甲醛法，每100g绝干曲中氨态氮的含量。

由表5-32分析可知：

①刚成形曲坯的糖化力较高，而液化力为零。但培养5d时，糖化力反而大幅度下降。这是由于小麦原料自身活性造成的假象。因为粮谷中存有大量β-淀粉酶，只能糖化直链淀粉，生成麦芽糖，由于它不能通过1，6结合点，所以剩下的支链淀粉和界限糊精，干扰了糖化力测定数据。在培菌期间，随着微生物的生长，葡萄糖淀粉酶比例不断加大，逐渐表现出糖化力测定的真实面貌。

②架式大曲在培养前5d，各种酶活力都低于传统培养大曲，可能是由于传统大曲前期保温保潮效果好。但随着培养天数的增加，10d后，各种酶活性都与传统法大曲持平。在

成品曲质量上，两者平分秋色，优劣难辨。

③从架式大曲与传统大曲的全过程及酶活性的分析上看，糖化力、液化力、酸性蛋白酶等都随着培养天数的增加而上升。发酵力在 10d 前后达到高峰，随之下降，但总的波动幅度不大。酯化酶一直比较平稳。可能是由于产酯酵母的影响，酯分解率一直呈上升趋势。温度的变化影响菌的活动，以致氨态氮有所波动，很不规律。

（3）两种制曲方法微生物的比较　在分析制曲过程中酶活性变化的同时，对细菌、酵母菌、霉菌、放线菌进行检测。细菌用牛肉汁培养基，霉菌用察氏培养基，酵母菌用米曲汁培养基，放线菌用高氏 5 号培养基，其结果见表 5-33（48h 后进行菌落计数）。

表 5-33　　　　　　　　　　两种制曲方法微生物数量变化　　　　　　　　　单位：10^4 个/g 曲

项目 \ 天 \ 曲别	曲坯	5 架式	5 传统	10 架式	10 传统	15 架式	15 传统	20 架式	20 传统	25 架式	25 传统	30 架式	30 传统
细菌	155.16	191.2	844.37	2023.1	2719.1	2849.7	3131.3	4857.5	4572.6	2826.3	2295.9	1841.1	1578.0
酵母菌	8.15	551.4	943	238.1	352.9	236.7	207.1	232.6	329	145.3	201	58.8	57.8
霉菌	68.55	22.1	132.5	764.5	297.6	621.3	414.2	289.1	289.2	180.23	173.5	145.34	91.95
放线菌	2.82	24.81	6.13	58.82	75.3	44.28	124.26	78.49	151.16	60.1	157.5	51.76	173.4

通过上表结果分析：各种菌数在 15d 以前，传统大曲菌数都超过架式大曲，特别是前期超出数倍。这可能是传统方法保潮条件好的原因，说明架式大曲前期保潮有进一步改进的必要。架式大曲通风供氧条件优越，所以霉菌数一直占了上风。15d 后，细菌与酵母数两者无明显差别。唯有放线菌，传统大曲比架式大曲一直领先，大 1 倍有余，其原因尚需进一步深入探讨。从两种大曲测定结果看，细菌在 20d 处于最高峰，霉菌在 15d 达最高峰，酵母菌自 5d 以后逐渐下降。

综合酶活性及菌类在制曲过程中测定结果来看，25d 曲已基本成熟。出曲时间可以安排在 25~30d 为宜。

在整个制曲过程中，可以说水分支配着温度、湿度的高低，温度、湿度支配着微生物的生长代谢。因此，整个制曲工艺主要掌握 4 条：

（1）温度（保温、降温）。

（2）湿度（保潮、放潮）。

（3）通风供氧。

（4）排出 CO_2。

架式大曲培养工艺采用了现代化技术，利用微机自动控制温度、湿度、通风与排风，大大降低了劳动强度，改善了劳动环境，提高了单位面积产量，有效地避免了季节及工人熟练程度的影响，是符合优质、高产、安全、低耗这一目标的。

三、曲的病害及曲虫的防治

（一）曲的病害及处理方法

曲中微生物来自原料、空气、器具、覆盖物及制曲用水等，故其种类复杂，优劣共存。虽然在工艺上严格控制温度、湿度、水分，使之达到适于有益微生物的繁殖，但有害菌的生长也属难免。所以，在制曲过程中，若控制不当，极易发生病害。下面介绍几种常见的病害与处理方法。

1. 不生霉

曲坯入房后 2 ~ 3d，仍未见表面生出白斑菌丛，即称为不生霉或不生衣。这是由于温度过低，曲表面水分蒸发过甚所造成的。这时应加盖草垫或麻袋，再喷 40℃ 的热水，至曲块表面润湿为止。然后关好门窗，使其发热上霉。

2. 受风

曲坯表面干燥，不长菌，内生红心。这是因为对着门窗的曲受风吹，失去表面水分，中心的曲为红曲霉繁殖所造成的。因此，应经常变换曲块位置来加以调节。同时于门窗的直对处，应挡以席子、草帘等物，以防风吹。此病害在春秋季节最易发生，因此，在该季节应当特别注意。

3. 受火

曲块入房后的干火阶段，是菌类繁殖最旺盛时期，曲体温度较高，若温度调节不当，或因管理疏忽，使品温过高，则曲的内部炭化，呈褐色，酶活力降低。此时应特别注意温度，将曲块的距离加宽，逐步降低曲的品温（温度不可大起大落），使曲逐渐成熟。

4. 生心

曲中微生物在发育后半期，由于温度降低，以致不能继续生长繁殖，造成生心，俗话说："前火不可过大，后火不可过小"，其原因就在这里。这是因为前期微生物繁殖旺盛，温度极易增高，有利于有害菌的繁殖。后期微生物繁殖力渐弱，水分也渐少，温度极易降低，有益微生物不能充分生长，曲中养分也未被充分利用，故出现局部为生曲的现象。因此，在制曲过程中，应经常检查。如果生心发现得早，可把曲块距离拉近一些，把生心较重的曲块放到上层，周围加盖草垫，并提高室温，促进微生物生长，或许可以挽救。如果发现太迟，内部已经干燥，则无法医治。

5. 皮厚及白砂眼

这是晾霉时间过长，曲体表面干燥，里面反起火来才关门窗所造成的。究其原因，是因为曲体太热，而又未随时放热，因此，曲块内部温度太高而形成暗灰色，并长黄、褐圈等病症。防止的方法是，晾霉时间不能过长，以曲体大部分发硬不粘手为原则，并保持曲块一定的水分和温度，以利微生物繁殖，逐渐由外往里生长，达到内外一致。

6. 反火生热

制成的曲不可放在潮湿或日光直射的地方，否则曲块容易反火生热，生长杂菌。因此，成曲应放在干燥通风的地方，并经常检查。

（二）曲虫的防治

曲虫是指危害酿酒用曲的害虫。"曲虫"这一称谓是酿酒行业特有的，但这一名称所涉及的害虫并非是酒厂独有的、仅仅是危害酿酒大曲的，而是普遍地存在于自然界中。从其分类来讲，绝大多数种类属于有害昆虫，少数种类属于有害螨类。

酿酒大曲的主要原料是小麦和豌豆，故大曲在培制和贮存过程中，毋庸置疑地会遭受害虫的危害。

1. 曲虫发生特点

（1）种类多　危害酿酒大曲的害虫究竟有多少种？至今尚未有权威性的研究报道，有关材料表明有 20 余种。

（2）繁殖快，发生量大　以常见的黄斑露尾甲为例，它在曲房条件下，从卵发育至成虫平均周期仅为 13.9d，在室内单雌产卵量 351～1244 粒，平均 753.5 粒。而土耳其扁谷盗发育周期平均为 33.1d。曲房和曲库丰富的食料，适宜而稳定的环境，加之曲虫生活周期短、繁殖力强，使酒厂曲虫发生量很大。据 1989 年陕西西凤酒厂系统调查，在曲虫发生高峰期，曲房内曲糠中黄斑露尾甲幼虫的数量达 183 头/10g；处于培曲阶段的曲房中，曲块表面平均有土耳其扁谷盗成虫 735 头/块，最多的达 5652 头/块，曲库贮藏曲块表面平均有土耳其扁谷盗成虫 124 头/块，最多的达 753 头/块。

（3）危害严重　曲虫危害大曲，不仅取食曲料，而且一些曲虫还可以取食大曲微生物，即取食大曲酵母和霉菌类，直接造成大曲重量减轻、质量下降。同时，曲虫也可危害大曲原料和其他酿酒原料，造成原料重量损失，发霉腐烂，品质变劣。其次，在曲虫发生盛期，由于成虫漫天飞舞，使曲房、曲房周围淹没在曲虫的海洋中，波及全厂，严重影响环境，成为酒厂一大公害。

2. 酒曲害虫发生的规律

曲虫种类繁多、分布广，形态及生活习性差异显著，不同曲虫世代数及世代时间又各不相同，因此，欲进行曲虫的防治，必须从曲虫的发生规律入手，才能在生产上采取安全、经济、有效的防治措施，达到控制曲虫的目的。

（1）曲虫的种类　曲虫的种类很多。其中，发生量最大、危害最严重的优势种群是土耳其扁谷盗、咖啡豆象、黄斑露尾甲、药材甲四种。土耳其扁谷盗、药材甲、咖啡豆象常在曲堆表面和缝隙、墙壁表面及墙角、窗台等处活动。黄斑露尾甲喜在阴暗潮湿处活动。

（2）主要曲虫年发量的变化　曲虫年发量的变化与曲虫世代有关。土耳其扁谷盗一年发生 3～4 代。咖啡豆象一年 3 代，药材甲一年 2～3 代。世代明显重叠，形成种群发生高峰。4 月底至 10 月初为成虫活动高峰期。曲虫不同，各自活动发生的高峰期也不同。4 月底至 5 月中旬为药材甲成虫大量形成时期，这是全年成虫活动的第一个高峰。曲虫年活动的第二个高峰为 6 月下旬至 9 月下旬。其中 6 月下旬至 7 月上旬为土耳其扁谷盗活动的高峰期，7 月下旬至 9 月下旬，为咖啡豆象活动的高峰期。曲虫，尤其是咖啡豆象，其高峰期的形成与温度、湿度有关。咖啡豆象多发生在多雨、高温季节，8 月中下旬达到高峰，若雨季提前或推迟，其高峰期随之发生变化。

（3）曲虫昼夜活动节律　曲虫的飞翔、取食、交配等活动均随昼夜变化有节律地变化。经过长期大量观察发现，大多数曲虫为日出性昆虫。上午 9 点曲库内曲虫开始飞舞，13～21 点为活动旺盛期，15～17 点为活动高峰期，21 点以后，活动减弱，至次日 8 点前为活动低潮期。

（4）群集性　群集性是曲虫个体高密度地聚集在一起的一种活动行为。土耳其扁谷盗、药材甲等曲虫在活动旺盛期，常聚集在曲堆表面或曲库内外墙壁上，飞行于曲库门前或窗台，数量很大。曲量越大，越容易群集。不同种之间也有群集性，土耳其扁谷盗、赤拟谷盗、药材甲等也常聚集在一起活动。

（5）食性和趋性　大多数曲虫以曲料淀粉质和曲霉菌丝为食物来源，对曲香、光、湿等有正趋性，大多数曲虫对热表现为负趋性。曲虫食性和趋性见表 5－34。

表 5－34 曲虫食性和趋性表

项 目 虫种	曲料	菌丝	曲香	趋光性	趋热性	趋湿性
土耳其扁谷盗	+	+	+	+	－	+
咖啡豆象	+	+	+	+	－	+
药材甲	+	+	+	+	－	+
黄斑露尾甲	+	+	+	+	－	+

（6）曲虫对曲块的危害 曲虫对曲块危害较为普遍。以宋河酒厂为例，虫蛀严重的曲块，千疮百孔，虫眼密布。糖化力仅有 500~600mg 葡萄糖/（g·h），霉菌、酵母、细菌总数下降 8%~10%，已很难闻到正常大曲的曲香。曲重平均损失率为 9%~12%，加之因曲虫危害造成曲质下降，经济损失就更为严重。

3. 酒曲虫害的综合治理

（1）综合防治技术流程图

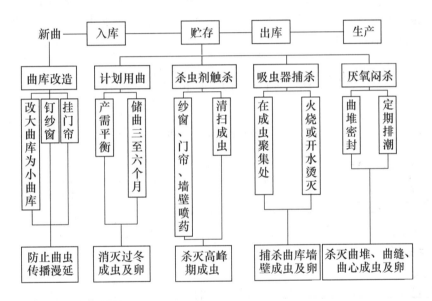

（2）综合防治技术措施

①曲库改造：改大曲库为小曲库，每库贮存量 120~150t 为宜。新曲库所有的窗做成双层纱窗，里层纱 40 目，外层为普通纱，窗外配上防雨窗檐，曲库挂麻袋门帘，曲房门窗也依此改造。

②计划用曲：每年的生产量不要超过实际用曲量太多，要保持生产量与用曲量适当比例。曲块入库后，贮存期一般为 3~6 个月。需贮存过冬的曲，应安排 9 月下旬以后生产的曲。过冬的曲最好在次年 4 月下旬前用完，如用不完，则应将每个曲堆表面 1~3 层曲先在 4 月下旬以前用完，这样就可大量消灭越冬曲虫及虫卵，减少当年危害。

③曲库管理：新曲入库当天即关闭门窗，防止曲虫飞入。通风或降温时，可于每天晚上曲虫活动低潮期（21 点）后打开门窗，并与次日上午 10 点前关闭。曲出完后应彻底清

扫，做到用完一间清扫一间。

④杀虫剂触杀：将数种药物按比例混合，配制成杀虫剂，再稀释 600 ~ 800 倍。从 4 月下旬开始到 9 月底，每天或隔天在曲库外或纱窗、门帘上喷药。将麻袋钉在墙壁窗台下喷药效果更好。喷药后的次日清扫。喷药时间为每天下午 15 ~ 17 点，清扫时间为次日上午 8 ~ 9 点。4 月下旬至 5 月中旬主要防治药材甲，6 月下旬至 7 月上旬主要防治土耳其扁谷盗，7 月下旬至 9 月下旬主要防治咖啡豆象。

⑤吸虫器捕杀：吸虫器是采用气流负压原理"吸虫"。由聚气吸嘴、导气筒、电机、收集器等部件组成。操作时，让聚气吸嘴在曲堆表面或曲库墙壁曲虫聚集处，往复移动，曲虫及虫卵便被吸入收集器内，打开收集器，将曲虫倒出，然后用火或开水烫灭。吸虫器对咖啡豆象等个体较大的成虫捕捉效果更好。

⑥厌氧闷杀：对大曲库虫的曲堆还可采用一定技术措施进行厌氧闷杀。即在曲块入库两个月后，待曲块水分降至13%以下时，用塑料布隔离法密封，然后，借助于大曲微生物的呼吸作用（或人工抽气方式），造成曲虫因缺氧而死亡。此法可消灭大量成虫及虫卵。同时，对曲库中常发生的鼠害也有一定的防治效果。

曲虫的完全控制需要一个过程。由于受技术条件等因素的限制，对曲虫的发生规律及防治的研究还不深入，如曲虫的生长发育条件及限制因子、曲虫的生物防治、贮曲新技术等，都有待于今后不断完善。

第五节　名优酒厂制曲工艺实例

一、泸州老窖制曲

（一）制曲工艺流程

小麦→ 润麦 → 磨碎 → 加辅料 → 加水 → 拌料 → 压坯 → 运曲 → 安曲 →

培菌发酵 → 发酵管理 → 翻曲 → 转化发酵 → 发酵管理 → 入库储存 → 粉碎 →曲粉

（二）制曲操作工序过程

1. 小麦进料

（1）计量小麦毛重　用地磅秤称量车和小麦的质量。

（2）合格小麦下车　原料检测后转移到指定堆放点。尽量避免小麦过多地撒落在地上。

（3）计量小麦皮重　用地磅秤称量空车与麻袋（编织袋）的重量，即小麦的皮重。

（4）计算小麦净重　小麦毛重减去小麦皮重。

（5）小麦包件开包　解开封装麻袋的绳子。

（6）倒小麦进震动除杂机　将开包的小麦送到震动除杂机处，倒进震动除杂机进料口。

（7）震动除杂　将小麦提升到震动除杂机的除杂装置上，进行震动除杂。

（8）净小麦流入提升机　除去杂质后的小麦送入提升机。

（9）提升小麦　提升机提升小麦并送入分流管道，到达润麦点。

（10）收集杂质 用编织袋收集分离出的杂质。

（11）计量杂质 用磅秤称量杂质。

（12）计算实收小麦净重 小麦净重量减去杂质的重量。

2. 曲坯制作

（1）润麦

①加热润麦水：泵抽水到润麦处的润麦热水罐内，将水加热到标准温度，待用。润麦水温夏季≥80℃，冬季水温≥85℃。润麦水没有达到规定温度会造成小麦吃水不好，影响润麦效果。

②测量水温：读取温度表数值，经常校正温度表，准确记录温度表读数。

③感官检测小麦：看色泽，闻气味，牙咬或手捏感觉小麦的干湿程度。正常的小麦色泽金黄，无异味，水分小于13.5%。必须杜绝带异味等不正常小麦作原料，否则将极大影响成品曲质量。

④调节润麦水流量：通过控制阀门的旋转度调节润麦水流量。润麦水流量不宜过大。

⑤润麦：开启润麦水开关，调节润麦水量大小。润麦水用量为原料量的1%~2%。小麦由管道输送到润麦点即开始喷水。尽量喷洒均匀，水分过大或过小都会影响磨碎的质量，进而影响曲坯的成形。小麦在输送过程中如流速不均，可敲击输送通道，使其畅通。

⑥铁锨翻造小麦：喷水同时，两人面对面用铁锨翻造已润湿的小麦，并把润湿的小麦从润麦点铲开堆积在旁边。a. 翻拌均匀，有利于小麦水分均匀吸收，使得磨碎时易达到"烂心不烂皮"的效果；b. 操作要领：两人以润麦点为中心相对而站，此操作是一个重复的动作，掌握要领可减轻劳动强度。

⑦小麦收堆：用铁锨将润湿后的小麦打散，收拢成堆。收堆时注意留出投料口的位置，便于物料投入，也要有利于润麦过程的进行，小麦收堆有利于小麦吃水均匀。

⑧小麦吃水（发麦）：水分自然渗透麦皮的过程。润麦时间8~24h；润麦后水分应达到（13±1）%。

⑨检验润麦质量：尽量保证润麦的均匀、防止过硬或过软的小麦，如上述情况大量出现，需及时处理：a. 过硬，磨碎时粉碎度过大，应重新进行润麦操作或延长润麦时间；b. 过软，磨碎时不易粉碎，应视情况舍弃不用。

（2）粉碎

①粉碎机开机检查：a. 检查电动机、地线、电器线路有无松动脱落；b. 检查防护罩、磨粉机内有无异物；c. 检查链轮、轴承、油盒润滑油油面；d. 手动三角带，检查飞轮与电动机连接情况是否灵活可靠；e. 关上隔粮板，将机内剩余粮食或异物排除，将磨辊离开；f. 合上电源，推上减压补偿启动器，按启动按钮，开启粉碎机，当空车运行2~3min后，听机械传动部分和机内声音是否正常。如有机械故障，应立即维修，确保一切正常后才能开机.

②调节粉碎机：用塞尺调整磨辊间隙。

③开启粉碎：起转双磨辊，观察小麦粉碎情况，然后，通过微调调整磨辊间隙。

④掀麦投料：润好的小麦用铁锨铲到投料口。掀麦投料人员根据粉碎操作人员反馈的信息调整掀麦速度。

⑤小麦粉碎：取隔粮板，开料粉碎。粉碎度适中有利于曲坯形成合适的微氧环境、促

进曲坯发酵；淀粉释出并吸收水分，黏性增大。

⑥麦粉检验：化验室检验麦粉是否达到规定粉碎度，同时将结果反馈到生产线。粉碎度以未通过 20 目孔筛 40% ~ 55% 为标准，不出现"跑子"现象。粉碎度过大或过小都将对以后曲坯的培菌造成影响。

⑦记录粉碎信息：记录小麦批次、粉碎日期、感官现象。

（3）加水拌料

①加热拌料水：冬季用 25 ~ 40℃ 的热水，夏季用常温自来水。根据环境温度调节拌料水温度。

②测量水温：读取温度计水温。经常对温度计进行校正。

③调节水温：用热水和冷水混合来调节水温。调高温度，多进热水，少进冷水；反之则相反。

④记录水温：对水温进行记录。

⑤检查开启搅拌设备：a. 搅拌设备即螺旋输送器，检查各紧固件、连接件是否完整、牢固，电器及安全防护设施是否安全，按标准加注润滑油，检查机内杂物是否已清除；b. 设备启动后，应空车运行 5 ~ 10min，待设备运行正常后，方可加料，并应保持送料均匀，不得超负荷运行。

设备运行过程中，操作人员应耳听、眼观、手摸，了解设备运行状况，如发现异常，立即停机，切断电源，通知维修人员排除故障；如遇满载紧急停机，再启动时，为避免损坏机件，应将机内物料清除，点动开机，确认无异常后方可正式开机；为保证曲块质量，压缩时间已调定，操作者不得任意调整时间继电器。

⑥检查开启加料设备：加料设备包括小麦加料设备和固化剂落料器，检查固化剂落料器的电动机是否转动以及是否漏料，并且在开启小麦加料设备以后观察小麦下料是否均匀，否则进行调节。下料不均影响到曲坯的成形，不利于曲块微氧环境的形成。

⑦检查开启延时设备：a. 延时设备即延时输送器，检查各紧固件、连接件是否完整、牢固，电器及安全防护设施是否安全，击碎叶片有无变形、弯折现象，按标准加注润滑油（脂），检查机内杂物是否已清除；b. 合闸后，缓慢调节控制器，观察转速表指针调至 1200 ~ 1300r/min 为宜，空车运行了 5 ~ 10min 后方可加料，并应保持送料均匀，不得超负荷运行。

设备运行中，操作人员应耳听、眼观、手摸，了解设备运行状况，重点观察击碎叶片有无形变，弯折，发现有形变应立即停机并切断电源，通知维修人员，并协助维修人员校正或更换，严禁带病运行；如遇满载紧急停机，再启动时，为避免损坏机件，应将机内物料清除，点动开机，确认无异常后即可正式开机。

⑧麦粉输送：小麦经粉碎后，由储料桶出料口流下，经过螺旋输送器和延时输送器运输。

⑨感官检测麦粉粗细度：观察小麦粗细度，过粗或过细都需及时反映给粉碎操作人员。

⑩调节麦粉流量：a. 流量的调节主要通过安装在出料口处的调节阀来实现；b. 当发现出口处麦粉流量不均匀时，用专用工具将出口处堵塞的麦粉疏通；c. 当储料桶发生堵塞时，用木槌敲击侧面，使小麦粉输送通畅，若还没有通畅则打开储料桶后面的观察孔，用

专用工具撬至通畅。

根据成形情况来调节麦粉流量，麦粉流量需均匀；流量过大，麦粉相对吃水就小，吃水不够，将影响霉菌的生长，进而影响到曲坯穿衣；流量过小，麦粉相对吃水就大，吃水大，曲坯易长"水毛"。"水毛"属毛霉菌，其滋生的孢子易造成曲表呈现黑色。

⑪开启搅拌水：开启两个阀门，均不为全开。一个阀门起到备用的作用。

⑫调节水量：通过手动调节阀门与水管之间的夹角来实现水量的调节。随时注意小麦粉吃水状态以及曲坯成形状态。

⑬向小麦粉加水：开启搅拌装置同时加水系统开始运行。机器运行过程中注意喷头的运行状态。

⑭螺旋搅拌小麦粉：由螺旋输送器上的螺旋搅拌小麦粉和水，使之融为一体。

⑮拌料检测：拌料过程中需经常对拌料状态进行检验。根据拌料结果进行调整。一般通过感官进行检测。鲜曲坯含水量应在36%~40%范围内，拌料好坏直接影响曲坯成形的好坏。拌料的一般标准是：水量适中，手捏成团而不粘手。

⑯调节小麦粉水分：根据小麦粉是否达到成团而不粘手来调节小麦粉水分。水分过大，关小拌料水；水分过小，一是增大螺旋输送器上的拌料水；二是通过附加水管在延时输送器上二次补水。

麦粉成团但粘手，说明水分过大。在高温多水条件下，有利于蛋白质分解和糖的裂解，这些蛋白质、糖分解后产生的加热香气物质如吡嗪类化合物，在高温条件下与小麦中的氨基酸和糖发生褐变反应——氨羰基反应。使得曲表呈现较多黑色或黄褐色斑点，且此种曲糖化力低。麦粉手捏不成团（散），说明水分过小。拌料过程加水过少。培菌前期升温过猛，水分蒸发很快，曲坯出现裂口。杂菌极易进入曲坯内部，在适宜条件下大量繁殖，影响曲质。

⑰小麦粉输送：通过螺旋输送器和延时输送器运输。发现有堵塞状态时，应用稻壳或长铁铲将其疏通。

⑱小麦粉吸水：经过一段时间的自然吸水过程，小麦粉进入液压压曲机。

⑲记录物料信息：记下搅拌小麦粉的量及在此过程中出现的问题。

（4）制坯

①检查开启制坯机：制坯机即液压压曲机，开机前应使机上及周围均无障碍物，各导轨及滑动表面清洁无污物，加好润滑油，然后接通调整回路，手动检查是否正常，最后接通自动循环；设备启动后，一切正常后方可开始压制曲块。

②小麦粉进模具：小麦粉堵塞，将堵塞的小麦粉铲到后面去，使其慢慢均匀；延时输送器前端的小麦粉不足，则将延时输送器后端的小麦粉铲到前端去，直到其均匀为止。进料要均匀；小麦粉进模具状态直接影响成形状态，进料不均匀会产生大量回沙，增加成本。

③压制曲坯：由液压压曲机将拌和好的小麦粉压制成规则形状，一般为立方体。不同的模型压制不同形状的曲坯。曲坯压制成四角整齐、松紧一致、表面光滑，易于微氧环境的形成，利于微生物生长和发酵。压紧时间为5~6s。浓香型大曲成形规格为长（34±1）cm，宽（24±1）cm，厚6.5~8.5cm。

④顶出曲坯：机械将曲坯从模具中顶出。在曲坯顶出过程中，模具内粘有的小麦粉需

立即清除，清除前先停机，再用铁筒撑住液压压曲机，用小铁铲将粘在模具上面的小麦粉除去；粘在模具上的小麦粉将影响曲坯的成形，而曲坯表面不光滑直接影响后期的发酵。

⑤推送曲坯：成形的曲坯被推送到送坯板上。机器在运行过程中出现问题，立即关机，组织维修。当送坯板上粘着过多的小麦粉，立即关机，清理掉粘着的小麦粉。

⑥记录不合格曲坯信息：对当天压制不合格曲坯（缺角掉边、松紧不一）进行记录。

⑦不合格曲坯及小麦粉反馈再制：将不合格曲坯以及收集的散落麦粉放入螺旋输送器进行二次拌料。不合格曲坯需掰成小块后再进入螺旋输送器。

⑧记录制坯信息：记录制坯数量、出现的问题及其解决办法。制坯状态及问题要明白，就数量而言可为产率的计算提供数据，就出现的问题来说，可为以后遇到类似的问题提供解决依据。

3. 曲坯转移

（1）接曲

①接曲坯：曲坯由机器压制成形后，由人工取下曲坯，并对曲坯进行感官检验，做出相应调整。曲坯成形后，操作人员双手将曲坯两侧面夹紧并向里拉，托起曲坯，双手夹住曲坯转身将其竖直轻放到平板车上；曲坯检验，随时注意曲坯的成形状态，特别是水分状态；回沙处理，不合格的曲坯回到搅拌器进行搅拌后二次压制；随时保持压曲机周围清洁（机械上散落的物料用刷子刷，地下附着的物料用专用小铲去除）。

开机后先压制的几块曲坯因为曲坯水分配料未稳定，不合格，做回沙处理；在接曲过程中，要轻接轻放，保持曲坯完好无损；回沙时注意每次投的量，防止溢出料斗；如下料量跟不上，应立即手动停止压曲机工作，待下料合适再开机，否则压制的曲坯不紧实；曲坯检验时随时对曲坯进行感官判定，见表5-35，以便适时做出调整。

表5-35 曲坯感官判定项目

现象\结论	成形曲坯感官现象	对曲坯的影响
水分过大	1. 轻按则出现很明显凹痕，且无明显弹性 2. 立置出现明显垮塌，有明显粘手感	1. 易于生长杂菌 2. 细菌大量繁殖，易引起酸败，曲坯升温快，造成原料损失，从而降低成品曲的质量
水分过小	1. 表面不光滑，手按无明显粘手感 2. 有物料脱落现象，曲坯易散	1. 曲坯粉合差，增加碎曲数量 2. 曲坯干得快，使有益菌无充分繁殖机会，影响成品曲质量
粉碎度过大	曲坯不饱满、成形不规则，不紧实	1. 曲坯过于黏稠，水分、热量不易散失 2. 微生物繁殖时通气不好，培养后易引起酸败及烧曲现象
粉碎度过小	曲坯表面粗糙，曲体粘连性较差	曲坯空隙大，水分易蒸发，热量散失快，使曲坯过早干涸和裂口，影响微生物繁殖

质量好的曲坯：表面光滑，结合紧密，呈浅黄白色。手按有一定弹性且有明显黏性，立置后不发生塌陷。如发现不合格曲坯应根据情况立即通知拌料或粉碎管理人员，及时对

粉碎度、加水量做出调整。收集不合格曲坯进行二次压制。

②堆码曲坯：接曲坯后，需整齐堆码在平板车上，一列堆码完后再堆码另一列，一车放置曲坯为 30~35 块，整齐堆码。

（2）曲坯运送

①覆盖曲坯（夏季）：用湿麻袋盖在平板车的曲坯上，保证每块曲坯都被罩住。覆盖曲坯，减少曲坯在运输过程中水分过多散失，有利于培菌发酵。

②运送曲坯：由操作人员手推平板车，一般一次推两车，底楼直接推到培菌房，二楼及以上楼层，用电梯运输，电梯装载 4~6 辆小平板车曲坯，运输过程中保证曲坯的完整性。

4. 入培菌房培菌

（1）安曲

①打扫培菌房：安曲前将要使用的培菌房进行打扫，将稻草（或草帘）、稻壳、草垫等用具进行清理，待用。确保培菌房内无霉烂异杂物。

②铺垫稻壳：在培菌房地面铺垫稻壳，使得曲坯与空气的接触面更大. 有利于曲坯微生物的生长，也不容易烧曲。

③曲坯运送：推车人员用平板车将堆码好的曲坯送入培菌房。在不影响安曲前提下尽量将平板车推到靠近安曲点的位置，以便安曲人员操作。

④曲坯下车：用平板车将曲坯运到培菌房后，将曲坯从车上取下准备安曲。安地面曲、架子曲时，通常一次下两块曲。曲坯下车时从上往下拿，轻拿轻放。

⑤安放曲坯：曲坯下车后。曲坯需按一定方法以及次序安放。以两块为单位安曲。抱起两块曲坯后，在手中调节好方向，轻放于稻草（或草帘）上。块与块间的间隔为一根手指的距离，只安一层。每房 26 排，每排 28 块（中间留出过道的位置），以过道为中心分为两个区域。曲间距以 2~3cm 为宜。每室安 24~26 排。每排平板曲安 22~30 块。包裹曲坯时稻草（或草帘）缺口处应朝下，防止稻草（或草帘）脱落。

⑥盖稻草（或草帘）：安曲完成后，盖上稻草（或草帘），一边安曲一边盖稻草（或草帘）。临门窗一块稻壳安曲后盖两层稻草（或草帘），其余盖一层。

⑦曲坯计数：用每排块数乘上排数就是该培菌房的总曲块数，一般地面曲每间培菌房为 730 块，架子曲为 2100 块，具体块数根据培菌房大小调节。

⑧插温度计：取两支温度计，一支插到曲心，另一支插到曲块之间缝隙处。

⑨关启门窗：各项工作完成后，方可关门窗。

⑩记录安曲信息：记录安曲的时间、曲块数、曲的类型、麦号，以及安曲责任人的姓名。

（2）培菌发酵　曲坯入培菌房安放完毕之后，关闭门窗后即进入培菌期，通过对培菌房门窗开闭以及曲坯覆盖物的揭盖进行调节。培菌发酵的好坏直接影响到后阶段的发酵状态，进而影响到成品曲的质量，其关键控制点是对温度的控制，培菌时间一般为 15d 左右。

①发酵温度测试：打开门直接读取温度计上的度数。

②发酵温度记录：将读取的温度记下。如实填写数据，并要求曲坯品温保持在 65℃以下。

③培菌检验：由专门的化验人员进行培菌检验。

④调节门窗：根据发酵曲坯的温度及湿度来调节门窗开闭。温度过高开启门窗，温度过低则关闭门窗。夏季可一直开启门窗，根据培菌温度控制开启门窗的幅度：冬季可间断

开启门窗，夜间必须关闭。调节门窗后应每隔一段时间读取温度，根据温度再调节。

（3）翻曲　在培菌发酵期后，需对曲坯进行翻曲处理。

①打扫培菌房：翻曲前将要使用的培菌房进行打扫。将稻草（或草帘）、稻壳、草垫等用具进行清理，待用。确保培菌房内无霉烂异杂物。

②安放稻壳：在培菌房地面安放稻壳，使得曲坯与空气的接触面更大，有利于曲坯微生物的生长，也不容易烧曲。

③开启门窗：打开需要翻曲的培菌房的门窗，使空气流通。

④揭开稻草（或草帘）：待空气流通后，揭开覆盖曲坯的稻草（或草帘）。

⑤发酵曲坯上车：在地面曲翻曲时，每次捡两块，分开后堆放在平板车上（架子曲与之相同）。轻拿轻放。

⑥发酵曲坯堆放：两人操作。将发酵曲坯堆放在平板车上，一次堆放两块；在平板车上放三排曲坯，其中有两排之间要有较大的距离间隔，并在有扶手的一侧倾斜着放置一排曲坯。在间隔空隙内竖直放上一排曲坯，在此排靠车前缘的地方横放两块曲坯；在第一排的基础上，放置第二排，依次类推，排与排之间要交叉排列。堆码时硬的发酵曲坯放在平板车边上整齐排好，软的放在中间。

⑦运送发酵曲坯：将平板车推出培菌房，经过道推送到目的培菌房。推出培菌房时，手不能放在车把手两侧，以免手被门框擦伤；在进入培菌房时，需一次用力将平板车推进去，防止小车在门口倾斜处倒退，造成翻车事故。

⑧发酵曲坯下车：戴上手套操作，一次捡两块曲，两个人操作。先捡上面，后捡下面，先捡中间，后捡四周。

⑨堆码曲坯：将平板车上的曲坯依次堆放起来。硬度大的翻下面、小的翻上面；底层垫稻壳，其余每层垫曲杆，培菌房内堆码的层数一般在8~11层，从窗户到门，堆码层数先由少到多，中间保持层数不变，最后由多变少。

⑩安放曲杆：每层垫2~3根曲杆。曲杆主要起到平衡曲块的作用，更有利于曲块的进一步排潮。

⑪盖草垫：翻曲时在堆砌的曲坯顶部及周围都盖上草垫，冬季在顶部的草垫上还要盖一层稻草（或草帘），靠近门窗的曲块需盖3~4层草垫。

⑫插温度计：温度计插到曲块之间的缝隙处。

⑬关闭门窗：检查一切工作都做好后即关闭门窗。

⑭记录翻曲信息：记录所翻曲块的数量、翻曲时间、大曲类型及翻曲责任人。

（4）转化发酵　翻曲后曲坯品温上升，曲坯逐渐干燥，直至进入曲块储存。

①发酵温度测试：打开培菌房门直接读取温度计上的读数，曲坯顶温在55~65℃。

②发酵温度记录：将读取的温度记下。

③转化发酵质量检验：由化验人员进行转化发酵质量检验。

④调节门窗开闭：根据温度变化情况开闭门窗进行调节，温度过高开启门窗，而温度过低则关闭门窗。创造良好的环境，有利于微生物的生长与曲坯的排潮。

⑤开启门窗排潮：如发现培菌房内的湿度过大，则开启门窗，使其通风，达到排潮的作用。

⑥加减覆盖物：培菌房温度达不到转化发酵所需的温度则加覆盖物，可加盖草垫。如

培菌房温度超过转化发酵所需的温度，就减些覆盖的草垫。注意温度变化，及时加减覆盖物。冬天靠门窗处盖 3~4 层草垫。曲室中间可盖 1 层，夏季靠门窗处盖 2 层草垫，曲室中间不盖。

5. 入库贮存

（1）清扫库房　翻曲前将要使用的培菌房进行打扫，将稻草（或草帘）、稻壳、草垫等用具进行清理，待用。确保房内无霉烂异杂物。

（2）垫稻壳　在打扫干净的地面上垫稻壳。

（3）成品曲块上车　曲块上车即刻堆码，两人操作，每人每次堆码两块。把完整的曲块放在平板车边上整齐排好，缺边掉角或者曲渣放在中间。

（4）成品曲块搬运　两个人同推一辆平板车，将装满曲坯的平板车推到库房。动作要稳，两人配合好，以免翻车，影响工作效率。

（5）成品曲块下车　戴上手套操作，一次从平板车上捡两块曲，两个人操作。先捡上面，后捡下面，先捡中间，后捡四周。

（6）成品曲块堆码　底层垫稻壳，层与层间垫两根或三根曲杆。

（7）成品曲块盖草垫　在堆砌的曲坯顶部及周围都盖上草垫。夏天靠近门窗处盖两层，中间一般不盖，如温度较低可以盖一层。

（8）关闭门窗　打扫门口，关闭门窗。

（9）成品曲块储存管理　观察成品曲块的温度、湿度，调节门窗的开闭。进入储存期曲坯含水量不超过 14%，储曲时间以不超过 3 个月为宜。

6. 成品曲粉碎

（1）粉碎机检查　揭开粉碎机机壳，搬动转子，检查锤刀、套管销钉、筛片、风机。一切正常后方可开启粉碎机。

（2）开启粉碎机　盖好机壳，旋紧螺栓，清扫场地，调好进料门，拴好接料袋揿起动按钮，待运转稳定，无异常响动后方可进料粉碎。手指不可接近更不能进入投料口，不能用金属件推料（可用木竹片），如防止物料中有铁屑、钉，可在投料槽内固定一块磁铁，避免对机械造成损坏。

（3）成品曲块上车　揭开库房中覆盖在曲坯上的草垫，抽出曲杆，将成品曲捡到斗车里，先将斗车口整齐堆码，再依次向里堆码，避免翻车影响生产效率。

（4）成品曲块运输　用斗车运输曲块，防止翻车或者损伤身体。

（5）成品曲块投料　将成品曲块投入粉碎机。

（6）成品曲块粉碎　通过粉碎机粉碎为曲粉。

（7）粉碎度感官检验　检验曲块粉碎度是否达到标准要求。未通过 20 目孔筛占 70% 左右。

（8）曲粉包装　操作者戴口罩，用编织袋罩住成品曲粉出料口，放于台秤上。打开阀门，流料。当曲粉要流到指定重量前关闭阀门，再慢慢开启阀门进行微调，达到标准重量后，关闭阀门。

（9）曲粉计量　根据实际需要调节每袋的重量，每袋重量误差不超过 0.5kg。

（10）曲粉打包　拧住编织袋口，用麻绳打活结，便于打开取曲粉。

（11）袋装曲粉上车　将袋装曲转移到出货车辆上，一般用传送带进行传送，两人操作。

（12）记录成品曲块粉碎信息　记录粉碎吨数、曲块库房号。

（13）记录成品曲块发放信息　记录成品曲块发放的吨数。

二、五粮液酒制曲工艺

（一）工艺流程

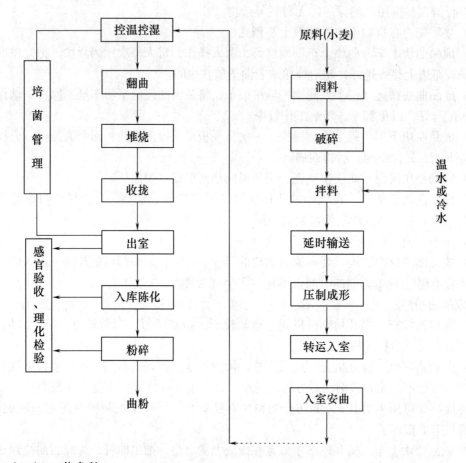

（二）工艺参数

1. 润料

收汗，口嚼不粘牙，润后小麦含水量为 14% ~ 16% 。

2. 破碎

小麦烂心不烂皮，成栀子花瓣，通过 20 孔筛细粉冷季（35 ± 3）%，热季（39 ± 3）% 。

3. 拌料

麦粉含水量 38% ~ 40% 。

4. 机制成形

用手指压表面富有弹性，曲坯质量 5 ~ 6kg/块，曲坯含水量 38% ~ 40% 。

5. 入室安曲

曲坯间留一指宽（1 ~ 2cm）间隙，曲坯与墙壁之间留不小于 10cm 的空隙。

6. 培菌

"中挺"时间：5～7d，品温（59±1）℃；最后一次翻曲品温 35～40℃。

7. 出房曲周期

冷季 32～35d：热季 30～32d；水分（14±1）%。

8. 入库陈化时间

3～6 个月。

9. 粉碎

使用曲粉水分≤12%。优级：糖化力≥600，发酵力≥200；合格：糖化力≥500，发酵力≥150。过 20 目孔筛细粉冷季≤35%，热季≤30%。

（三）原料检验

制曲小麦工艺标准见表 5-36。

表 5-36　　　　　　　　　　　　　制曲小麦工艺标准

品名	指　标　感　官		理　化　指　标				
	色泽气味	颗粒形状/%	不完整/g	体积质量/（g/L）	水分/%	淀粉/%	杂质/%
小麦	淡黄色、白色、褐色，具小麦固有的综合色泽，气味不能有异杂味（熏仓味、霉臭味等）	坚实、饱满、均匀、皮薄	≤6	≥790	≤12.5	≥65	≤0.3

（四）润料

技术指标：润料时间：30～60min；润料水温：65～75℃。润料水量：3%～6%（润后小麦含水量：14%～16%）。润料后表面收汗、口嚼不粘牙。

工艺要求：从工艺仓流入生产线的小麦必须符合工艺指标方可润料。润小麦以表面柔润、口嚼无清脆声响，不粘牙为度。

注意事项：根据小麦品种、含水量和当天气温的具体情况，在技术指标内合理调控润料时水量、水温；已堆润的小麦，当天必须破碎完。

（五）破碎

主要装备：破碎机，20 目筛。

技术指标：破碎小麦烂心不烂皮，成栀子花瓣。麦粉中不能有整粒或半粒小麦。过 20 目孔筛细粉，冷季（35±3）%；热季（39±3）%。

工艺要求：调整磨辊间距，直至麦粉符合烂心不烂皮，成栀子花瓣为止。修复磨棍齿面，使之达到破碎要求。

注意事项：麦粉必须符合工艺要求才能继续破碎，流入下道拌料工序。粗细度视当时气温、曲坯入室的楼层等具体情况，在技术指标内适当调整。

（六）拌料

技术指标：拌料均匀，无灰包、疙瘩，无干麦粉。用手捏成团而又不粘手。拌料水温：冬季温水，夏季冷水。麦粉含水量：38%～40%。

工艺要求：麦粉与水彻底拌和均匀。拌料水量依据当天环境温度情况在工艺范围内调节。

注意事项：用水量不宜太大，否则曲坯容易变形、倾斜；用水量太小，升温快，曲坯表面过早干燥，不"上衣"。地面清扫干净，不能有卫生死角、油污积水和异臭气味，冬季、夏季拌料水温以入室品温确定。

（七）压制成形

主要装备：压曲机。

技术指标：机制曲上料要均匀，曲坯成形松紧度基本一致．厚薄均匀，表面光滑，基本无裂纹（包包上无裂纹），富有弹性；不缺边掉角，表面无干粉。曲坯重量：5～6kg/块。曲坯含水量：38%～40%。

工艺要求：符合工艺要求的曲坯侧立放置推车上，不合格的曲坯必须及时返工处理；手推车上放置一层坯（四角除外），用湿麻袋反搭盖；被污染（油污、异臭味）的麦粉不准压制成曲坯；适度调整压曲机压力和时间，使之满足曲坯成形要求。

注意事项：压曲机的压制成形速度必须与输送带上麦粉堆润时间要求一致（同步）；曲坯表面有裂缝、干粉等现象，应立即停机，调整压曲机及增加水分含量。

（八）转动入室

技术指标：保持曲坯成形时的含水量（38%～40%），表面无干裂、干粉现象。

工艺要求：压制成形的曲坯装满一车后，立即转运入培菌室安放。用湿麻袋搭盖的曲坯，必须运送到培菌室内才可揭开。

注意事项：手推车和湿麻袋必须保持清洁，不能生长霉菌。

（九）入室安曲

主要装备：培菌室。

技术指标：培菌室门窗完好无损，既能够保温保湿，又能排出潮气。必须安放整齐，前后不能倒伏或紧靠，无干裂现象。入室曲坯间左右留一指宽（1～2cm）间隙，曲坯与墙壁之间留不小于10cm的空隙。

工艺要求：培菌室内地面糠壳厚度6～8cm，麻袋、草帘和糠壳，无结块、霉变、异味。边安曲坯边搭盖草帘。原始记录必须及时、准确、规范。

注意事项：培菌室门窗要求完好无损；否则不能安放曲坯。在培菌室门内靠左侧适当位置（开门时冷空气不直接影响）的曲坯上插入温度计，以利于检查品温。曲坯安放完毕，关闭门窗，保温保湿。

（十）培菌

依据曲坯发酵情况，通过适当地开（闭）门、窗的方式；调节温度、湿度，排出潮气，给有益微生物创造良好条件。

注意事项：培菌过程必须做到"前缓、中挺、后缓落"。按规定时间（早、中、晚）4～6次/d，检查各培菌室内发酵升温情况并真实记录。天气骤然变化时，采取有效措施加强控温控湿。曲坯入室温度30℃以上时，应该洒适量（不能形成珠往下滴）冷水于草帘和糠壳上，增加培菌室内的湿度。

控温技术指标：曲坯入室温度10～20℃，前7天曲坯品温≤50℃。曲坯入室温度20～30℃，前5天曲坯品温≤50℃。曲坯入室温度30℃以上时，前3天曲坯品温≤50℃。

注意事项：①曲坯入室后第1～2d内不得进行"排潮"；入室前几天（第2～3d以上），品温上升快，水分排出多，培菌室潮气大，必须开窗排潮。②开窗排潮时间不宜过长（特别在冬季），否则微生物生长繁殖受到影响。③每隔4h检查各培菌室内发酵升温情况，发现异常情况采取措施加以解决，并做好记录。不能解决的问题必须及时向车间和有关部门报告（电话或书面）。同时，做好协作准备工作。④如果夏季拌料水冷却后，可按技术指标第二点试行。

翻曲技术指标：第一次翻曲时间：3～7d（热季3～5d，冷季5～7d）。第一次翻曲品温：以40℃左右时为宜，堆码2～3层。

工艺要求：

（1）根据曲坯发酵情况，在技术指标内决定翻曲时间和堆码层次。

（2）翻曲时，先揭开草帘，然后底翻面，四周的翻到中间，硬度大的放在下层。

（3）视不同楼层、气温，留出适当的曲间距离，又重新盖上草帘（门窗及四周可部分搭盖麻袋），关闭门窗，进入"中挺期"的发酵。

（4）翻曲之日，只能检查品温，不能"排潮"。

注意事项：

（1）翻第一次曲后，要求品温缓慢上升（开闭门窗调节）；不得猛升猛降，防止产生风火圈或脱层曲。

（2）翻曲次数不得少于3次，五支温度计（四个角及中间）温差不得超过5℃。

（3）翻曲后，曲坯必须整齐，无倒伏。

（4）翻曲之日在记录上作"△"符号示意。

堆烧（中挺）技术指标：中挺品温（59±1）℃；中挺时间5～7d。

工艺要求：

（1）堆烧（中挺）时，曲坯之间留约3cm的间距，品温控制在58～60℃为宜。

（2）若堆烧过程超过59℃，必须开窗调节。

（3）适时开窗，更换空气，调节温度。

注意事项：

（1）堆烧后搭盖草帘（门窗及四周可部分搭盖麻袋）保温，避免品温急剧下降。

（2）当曲坯四周与中间温度相差≥5℃时，应采取"四周曲坯往中间提放"的措施，确保曲坯"中挺期"的品温和时间达到要求。

收拢（后期）技术指标：收拢品温35～40℃。

工艺要求：

（1）收拢即最后一次翻曲，把曲坯靠拢，不留间隙，堆至5～6层。

（2）收拢后必须搭盖草帘、麻袋保温。

注意事项：

（1）收拢前（最后一次翻曲）曲坯品温应控制在35～40℃；

（2）保持后火缓慢下降，防止产生黑心曲、窝水曲等。

（十一）验收

技术指标：出房曲周期：冷季32～35d；热季30～32d。

出房曲质量标准见表5-37。

表5-37　　　　　　　　　　　出房曲质量标准

质量等级	感官指标	理化指标		
		水分/%	糖化力/［mg 葡萄糖/（g·h）］	发酵力/［mLCO$_2$/（g·72h）］
一级曲	曲香纯正、气味浓郁；"穿衣"良好，断面整齐、菌丝粗壮紧密，以猪油白色或乳白色为主；兼有少量（≤8%）黄色、红色、黑色菌斑（直径≤10mm），其他异色<2%	14±1	热季≥600 冷季≥700	≥200
二级曲	曲香纯正、气味浓郁；断面整齐，曲皮厚度≤4mm，无生心，以猪油白色或乳白色为主；淡灰色、浅黄色、红色、黑色、异色等在20%以下		热季≥500 冷季≥600	≥150
三级曲	有异臭气味，皮厚>4mm，生心，窝水，脱层，风火圈占2/3以上		热季<600 冷季<700	<150

（十二）出室

工艺要求：成曲块出室后，培菌室内应保持空气流通；培菌室内明显破碎小曲块应清扫出室；草帘堆放整齐。

注意事项：验收后的成曲块必须在2日内出室入库陈化；成曲块出室过程中注意安全，严格按安全规程操作；手推车在楼层通道运行时，要注意防止损坏培菌室，若有损坏及时通知修复。

（十三）入库陈化

主要装备：曲库。

技术指标：曲库通风良好，防潮、防雨、避晒；三级曲（异常成曲）分库储存堆放。陈化时间3~6个月。

工艺要求：曲块堆码整齐，层次较好，曲块之间留有间隙，以利通风透气；破碎曲块堆放在曲库一角，不能混夹；加强对曲库温度（常温）、湿度（70%左右）的控制和曲虫的治理；库房标识内容包括：数量、质量（感官指标和理化指标），数据填写做到及时、真实、清楚。

注意事项：防止曲块陈化中受潮发烧，杜绝二次产菌，保证曲的质量；经常检查库曲陈化情况，发现异常立即采取措施解决。

（十四）粉碎

技术指标：细粉过20目孔筛：热季：25%~30%；冷季：30%~35%。

工艺要求：三级曲块（皮厚、生心、窝水、脱层、风火圈占2/3以上）单独粉碎，用于酿酒车间丢（红）糟生产。

注意事项：陈化曲储存期必须达三个月才可粉碎，最长不超过6个月；曲粉不宜过粗（也不宜过细）否则不利于糖化（发酵），可随季节变化调节；不准一次粉碎过多曲粉储存，粉碎后的曲粉应在24h内由酿酒车间使用。

（十五）使用曲粉检验

曲粉检验技术标准见表5-38。

表5-38 曲粉检验技术标准

项目 等级	感官指标 （色泽气味）	理化指标		
		水分	糖化力/ [mg 葡萄糖/（g·h）]	发酵力/ [mLCO₂/ （g·72h）]
优质 曲粉	浅黄色，兼有少量（≤8%） 淡灰色、黑色、异色	≤12	≥600	≥200
合格 曲粉	浅黄色，兼有少量（≤15%） 淡灰色、黑色异色		≥500	≥150

工艺要求：按要求填写曲粉质量检验单，及时报送有关部门；袋装曲粉必须符合保质、保量和无破裂、撒落的要求；有异味的曲粉，不得发往酿酒车间。

注意事项：生产过程必须贯彻落实"优质、高产、低耗、均衡、安全"的十字方针；曲粉检验执行公司分析方法标准。

三、汾酒制曲生产工艺

（一）汾酒大曲术语

1. 伏曲

伏曲是指夏秋接近伏天踩制的大曲，称为"伏曲"。汾酒大曲在历史上是利用夏秋季风温高，相对湿度较大，制曲温度、湿度容易控制，认为伏曲最好。

2. 清茬曲

清茬曲是汾酒大曲品种之一，外观光滑，断面呈青白且稍带黄色，气味清香无其他异味而得名。清茬曲在制造时的品温，常较其他两种大曲为低，因此糖化酶活力较高。

3. 后火曲

后火曲是 20 世纪 60 年代发展的大曲品种，在制造过程中较清茬曲的潮火和大火期温度掌握要高，最高为 46～48℃。后火期断面内外颜色一致，常为浅青黄色，少带火红心或二道眉。后火曲在生产上使用据经验认为此曲在前期发酵缓慢，主发酵后期容易保持温度为其优点。

4. 红心曲

红心曲是汾酒大曲品种之一。在制造时前期升温缓慢，后期温度达 45～47℃（在 16～17d），维持 2～4d，然后骤然下降温度，则成曲断面外观为青白色，中间呈红色，具有酱香和炒豌豆香味。

5. 上霉

上霉是制曲的第一阶段，让曲坯表面生长白色斑点，称为上霉，俗称"生衣"。此斑点主要为拟内孢霉，有利于保持曲坯的水分。

6. 晾霉

晾霉是制曲的第二阶段，因微生物生长繁殖，品温逐渐升高，为了降低温度而得名，晾霉降温可以减弱曲坯表面霉菌的继续生长，否则曲坯皮厚，内部水分不易排出，影响大曲的质量。

7. 潮火

潮火的"潮"是指湿度大，"火"即是温度。潮火期最高温度可达 48℃，潮火期是高温排水，可使曲坯酶活性增强而利用碳源，有利于通风。

8. 干火

干火又称"大火"，实际较潮火期略低，一般干火期温度为 44～45℃。这时对耐温较低的微生物遭到淘汰。

9. 后火

后火是制曲的最后一阶段，实际是"干火"期的延续，最高温度在 35～38℃。

10. 贮曲

踩制成的汾酒大曲，生产上要求存放一段时间才能使用，称为贮曲。贮曲可使出房成曲自然干燥，活菌株大量减少。

11. 晾红心

清茬曲在制曲过程中，因后火降温低（27～30℃），或低温时间延续较长，容易出现晾红心。即大曲断面中心出现粉红色。晾红心中的主要微生物是红曲霉菌分泌出色素，使曲块呈粉红色。

12. 火红心

大曲中火红心多数出现在红心曲，其他两种曲有时也出现，一般火红心是因制曲过程中温度较高（40～45℃），延续时间较长，升温幅度又过大时产生的。断面中心为棕黄色及火红色，以黄曲霉为主和少量的红曲霉结合。

13. 金黄一道线

这种大曲出现在红心曲中较多，其原因与火红心相似，在高温升降幅度较小而出现一道金黄色的直线称为金黄一道线。它主要是梨头霉、根霉和少许黄米曲霉等生长形成的。

14. 二道眉

汾酒大曲在制造过程中，若大火温度过高，排出水分又受外部曲层影响就产生二道棕黑色的线条，称为二道眉，多产生于高温曲和清茬曲中，带有酱味。二道眉的微生物以梨头霉为主，根霉和黄米曲霉次之，红曲霉较少。

15. 单耳、双耳

大曲在干火初期温度较高，延续时间较长，容易出现单耳或双耳。三种汾酒大曲中均能找到，即曲断面有棕黄色一个或两个圈或点。单耳双耳的微生物以耐高温的梨头霉为主，根霉及黄米霉等次之，不耐温的酵母及细菌较少。

16. 烧心

大曲在后火期温度过高，容易产生烧心，常出现于高温曲及清茬曲。烧心呈黑色，带酱味及辛辣味，有不愉快的臭气，烧心的微生物为芽孢杆菌、乳酸菌和酵母等，通常霉菌较少。

（二）汾酒大曲生产工艺规程和操作要领

大曲原料配比：大麦 60%，豌豆 40%，分别称重，按质量比例混合均匀。

配好的料粉碎后，用分样筛分级称重检测，要求每 500g 曲料过 80 目筛的细粉为 70～130g。

机械制曲块时曲料中加水量为 48%～50%，拌和到无生面，无疙瘩，松散，软硬均匀；拌好的曲料用制曲机压成厚薄一致，四面光滑，软硬一致（用手指捏成团为适宜），水分 37%～41%，平整均匀，四角饱满无缺的曲坯。每块曲坯湿重 3.25～3.5kg，规格为 270mm×170mm×（58±2）mm。

1. 清茬曲

（1）入房排列　曲块入房前，清扫干净曲房，地上铺满一层谷糠，备好苇席苇秆。压好的曲块入房排列成一层，上撒一层谷糠，衬上 8～10 根苇秆。曲块间距 [（3～5）±1] cm，行距（1.5±1）cm，一般排三层，每房 3200～4200 块曲，热季排少些，冷季排多些。铺曲完毕，开窗 6h 左右，将曲堆四周和上部用苇席盖好，保持室温 20～30℃，以利上霉。

（2）上霉　曲块入房后经 2～4d 表面生出白色小斑点，此时室温保持在 20～40℃，品温在 36～38℃。一般到曲块表面生长的菌落面积达 90% 左右，白色斑点成片时，上霉即告完成。

（3）晾霉　上霉后进行第一次翻曲后，加大曲块间距，水分逐渐挥发，不使曲块发黏，即为晾霉，要求曲块手摸不黏、利落。一般隔日翻曲一次，保持温度一致，即可关窗起火。

（4）潮火 潮火期内是各种微生物生长繁殖的最盛期，是培养大曲的关键时期，这时湿度大，品温高达45~48℃，要注意灵活开小窗放潮，隔日或每日翻曲，曲块由三层翻四层，四层翻五层，除掉苇秆曲块成人字形，并加大曲间距离。品温降至37~40℃关窗保温，品温回升至45~47℃适当开窗放潮。潮火后期保持品温40~44℃，每日放潮1~2次，窗户可开大些，品温降至34~37℃时，关窗保温。曲块可由四层渐加至七层，间距适当加大。当翻最后一次曲时将曲块分成两部分，中间留70cm宽的走道即火道，当曲心发透，酸味减少，嗅到干火味时进入大火期，潮火期一般4~5d。

（5）干火（大火） 曲块入房经10~12d的培养进入大火阶段，此时各种微生物的生长已逐渐伸至曲块内部，曲表干硬部分加厚，内部水分不易散发。要求品温和曲心温度不高于45℃左右，以防烧心。大火前期限品温43~44℃，以后逐渐降低，最低度在29~32℃以上，经7~8d，曲心湿的部分逐日缩小，出现曲香味，即进入后火期，后火期一般4~5d，进入养曲阶段，应保持品温平衡，养曲一般经过4~5d。

2. 红心曲

（1）入房排列 同清茬曲。

（2）上霉 与清茬曲基本相同。

（3）晾霉 上霉后放潮气，不大晾，没有明显的晾霉期，曲块很快就进入潮火期。

（4）潮火 起潮火1~2d，品温就达46~48℃，要每日或隔日翻曲一次。10~12d时，拉苇子后品温在40~43℃，培养15d左右时，品温高达47~48℃，应保持3~4d即出红心，随后品温逐渐下降，应保持在41~42℃。

（5）干火 干火期一般4~5d，品温由41~43℃可升至44~47℃。此阶段应注意天窗的关开。

（6）后火 后火时红心已大部分出现，品温由40℃左右逐渐降至37~38℃，养曲2~3d即为成曲。

3. 高温曲

（1）入房排列 同清茬曲。

（2）上霉 同清茬曲。

（3）晾霉 同清茬曲。

（4）潮火 保温起潮后品温升至45~47℃，开窗放潮到品温40℃左右，一般每日放潮1~2次，翻曲操作同清茬曲。4~5d潮火后，曲心温度升至46~48℃，进入大火。

（5）大火 大火起初始品温在40℃左右。大火期应隔日翻曲，品温保持略高于清茬曲，当品温上升缓慢时，转入后火。

（6）后火 后火阶段品温保持在33~34℃，高不超过37~38℃，低不降至30~31℃下，4~5d，品温降至30~31℃即为成曲。

4. 贮曲

曲出房后，送入贮曲房排成人字形交叉，垛高十三层，曲间留有适当空隙，以利通风，防止养曲中返潮、起火、生长黑霉。三种曲分别贮存，贮存3~6个月为陈曲。

贮存过程中，要经常检查贮存情况，防止返火、返潮、大曲变质等现象发生，一旦发现，应立即采取相应措施。

5. 感官鉴定

成曲出房后，由质量检验部门曲师等技术人员，按规定进行抽样评验。从曲中间打断，观察断面颜色，嗅曲气味，按感官指标，分级计算，确定优劣，并对照工艺规程执行情况，找出曲质差异原因。

（三）成曲质量标准

大曲的感官质量评定，主要是根据各厂对用曲提出的质量要求评定；同时也应当根据化验数据，糖化力、蛋白质分解力、发酵力等来检验，不能单纯以化验指标作为大曲质量优劣的依据。

1. 大曲的外观质量

外表颜色：一般低、中温曲的外表应有灰白色的斑点或菌丝，不应光滑无衣或成絮状的灰黑色菌。光滑无衣，是曲料搅和时加水不足或在踩曲场上放置过久、入房后水分散失太快，在未生衣前，坯表面已经干涸，微生物不能正常生长繁殖所致；絮状的灰黑色菌丝，是曲坯靠拢，水分不易蒸发和水分过重，翻曲又不及时造成的。

曲皮厚度：曲皮越薄越好。曲皮过厚是由于入室后升温过猛，水分蒸发太快。或踩好后的曲坯在室内搁置过久，使表面水分蒸发过多，或曲粉太粗，不能保持表面必需的水分，致使微生物不能正生长繁殖，因而皮张很厚。

大曲的香味：将曲块折断后用鼻嗅之，凡具有清香、曲香、炒豆香、酱香、豉香的，都属香味较正的大曲。不应有酸、馊、臭及其他异杂味。

2. 大曲的断面

因各厂的传统习惯，曲酒的质量风格不同，要求也不同。一般来说，曲的横断面都要有菌丝生长，且全为白色（或黄白、淡褐），不应有其他颜色掺杂在内。

反火曲：成曲贮存于室内，有时发生倒烧现象，曲心渐呈黄色，使曲变坏。

窝水曲：由于曲坯互相靠拢，以及后火太小，水分不易蒸发所致。

曲心长灰黑毛：由于在培菌过程中，后火小，因而不能及时追出过多的水分。在这种湿度大、温度较低的环境，有利于毛霉的生长。

在制造中火曲时，有些地方片面追求曲的茬口清亮，因而在培养工艺上不敢大胆用火。在中火曲中，茬口不清亮的曲，化验糖化力和发酵力未必不高。所以，外观检查曲的质量时，不要单纯追求茬口是否清亮。

3. 大曲的化学成分和生化性能

大曲是一种粗酶制剂，为复合酶体系。原料及生长于原料上的微生物是所有酶系的载体，有良好的酶活力。大曲中含有多种酶系，与酿酒生产有关的有糖化酶、液化酶、蛋白酶、酒化酶等，这四种酶是鉴定大曲质量优劣的重要理化指标。

（1）糖化酶活力　亦称糖化力，是鉴定大曲中糖化酶将可溶性淀粉转化为葡萄糖的能力的指标。通常情况下，它指1g绝干曲，在35℃、pH4.6的条件下，1h内分解可溶性淀粉为葡萄糖的毫克数。糖化力的表示单位为：mg葡萄糖/（g曲·h）。

（2）液化酶活力　亦称液化力或糊精分解力，是鉴定大曲中液化型淀粉酶分解可溶性淀粉为无色糊精的能力的指标。一般它指1g绝干曲，在60℃、pH6.0的条件下，1h分解可溶性淀粉的克数。液化力的表示单位为：g淀粉/（g曲·h）。

（3）蛋白酶活力　亦称蛋白质分解力。蛋白酶分解蛋白质为消化蛋白、氨基酸，经发酵后形成酒中的微量成分。蛋白酶活力是鉴定大曲中蛋白酶分解蛋白质能力的指标。一般蛋白酶活力指的是100g绝干曲，在40℃和pH一定的条件下，1h分解蛋白质（干酪素）的克数。蛋白质分解力表示单位为：g蛋白质／（100g曲·h）。

（4）酒化酶活力　亦称发酵力。是鉴定大曲中酒化酶发酵淀粉生成酒精和二氧化碳能力的指标。一般发酵力指的是1g绝干曲，在25℃的条件下，发酵一定量的糖液，经过48h，产生二氧化碳（发酵液失重）的克数。发酵力的表示单位为：g CO_2／（g曲、48h）。

鉴定大曲质量时，除测定上述四种酶活性外，一般还要测定大曲的水分、酸度、淀粉含量等，必要时还要测定大曲中的微生物种类和数量。

（四）汾酒大曲成曲评定办法及标准

汾酒大曲的成曲评定，经过多年的生产实践总结和完善，制定出了一套切合实际的评定办法，其主要内容如下。

1. 成立专业评曲小组

为了确保大曲生产的质量，提高操作人员的工艺技术水平，组建专业评曲小组（科），目的是对生产出的大曲进行外观质量评定。理化指标由检验科检验。

2. 评定方法

（1）感官评定采取出房前抽样评定。每房抽样50块，抽样点十个以上（抽样点的位置由评曲小组决定）。各大曲车间要在出房的前一天通知评曲组。

（2）理化评定　由评曲组取样密码编号送检验科化验，化验结果及时报评曲组。

（3）开房评定时，制曲班组人员不得在场，以免干扰评曲人员的工作。

（4）评曲人员评定时，执行的标准是：三种大曲的评定标准。

3. 三种大曲评定标准

（1）清茬曲

①优质曲：曲块表面为芝麻霉，并分布均匀占表面的60%～80%。不能有夹皮，断面茬口为青白色，一茬到底，无其他颜色掺杂，气味清香。凉红心面积应小于豌豆大小。

②合格曲：曲块表面为芝麻霉，并分布均匀，夹皮周边不得超过1cm。断面茬口为青白色或灰黄色，一茬到底。无其他颜色掺杂，气味清香，红心曲不超过总量的20%，每超三块，扣除其中优质曲一块。合格曲应占总量的96%。

③次曲：有生心、烧心、严重黑圈、异味、冲辣、辛酸味。夹皮每块曲断面周边超过1cm。

（2）红心曲

①优质曲：曲块表面为芝麻霉，并分布均匀，占表面的60%～80%，不能有夹皮，断面周边为青白色，中间呈一道红、点红的高粱糁红色。单耳红心不得小于豌豆大小；道红不得宽于1cm；具有典型的曲香味。不得出现鼓肚红心。

②合格曲：曲块表面为芝麻霉，并分布均匀，夹皮周边不超过1cm，断面周边灰黄色，中间呈一道红、点红或二道眉曲，具有曲香味，其他茬口的曲不能超过总量的20%。每超过三块，扣除其优质曲一块。优质曲合格曲占总量的96%。

③次曲：有生心、烧心、严重黑圈、异味、冲辣、辛酸味，夹皮每块曲断面周边超过1cm。

（3）高温曲

①优质曲：曲块表面为芝麻霉，并分布均匀，占表面的60%~80%，不能有夹皮，断面茬口为灰黄色和五花茬口，具有典型的曲香或炒豌豆香味。

②合格曲：曲块表面为芝麻霉，并分布均匀，夹皮周边不超过1cm，断面呈灰黄色或五花茬口，具有曲香或炒豌豆香味，红心曲可占总量35%。每超三块扣除优质曲一块，优质曲合格曲占总量的96%。

③次曲：有生心、烧心、严重黑圈，异味、冲辣、辛酸味，夹皮每块曲断面周边超过1cm。

注：每房曲的架外底曲不得超过45块，每超过三块扣除合格率1%。

4. 汾酒大曲成品曲理化指标

水分13%以下；糖化力（700±150）mg葡萄糖/（g曲·h）以上；液化力0.6g淀粉/（g曲·h）以上；发酵力在8g CO_2/（g曲·48h）以上。

四、酱香型酒制曲

（一）制曲工艺

用小麦制曲，称为麦曲，一般认为"伏曲"质量好。通过生产实践，只要生产设备和操作技术到位，其他季节同样可生产好曲。常说"看酒必先看曲"，即酒好必须曲好，这有一定的科学道理。

制曲工艺要点如下。

1. 原料

小麦原料质量好，要求颗粒饱满，干燥，无霉变和虫蛀。粉碎适当，粗粉为65%，细粉35%，感官检查无粗块，以手摸不糙手为宜。拌曲用水要清洁，其用水量为小麦粉量的37%~40%。

2. 踩制曲坯

踩制曲坯前，要加曲母粉，为3%~5%。有利于提高麦曲的质量。曲坯较大，中部凸起，称为包包曲。过去是人工踩曲，现多改为机械制成，要求曲坯平整光滑，四周紧中心较松为宜。

3. 入房培养

曲坯"收汗"后，入房培养，掌握好堆积品温。随着微生物的生长繁殖和代谢活动，产生大量热，培养至6~7d。品温上升至61~64℃，即进行第一次翻曲，可闻到轻微的曲香和酱香；再经8~10d，品温又复上升，则进行第二次翻曲，曲坯香气要比第一次翻曲浓些，并有酱香，大约经过40d出房。

4. 入库贮存

干曲坯放置8~10d，待水分降至15%以下，运至曲库储存3个月为成品曲。

经检测，好曲为黄褐色，具有浓厚的酱香和曲香；曲块干，表皮薄，无霉臭等气味；以细菌为主的传统大曲，制曲过程中芽孢杆菌最多，属高温酒曲，有氨态氮含量高和糖化力低等特点。

（二）茅台酒、郎酒制曲工艺要点

影响酱香型酒曲药质量的因素甚多，主要是制曲温度高低和培菌管理。制曲温度高低适当，曲药质量好；反之，曲药质量差。

由表 5 - 39、表 5 - 40 可见，重水分曲，第 1 次翻曲温度并不高，但第 2 次翻曲前温度升高很多，3 次翻曲后仍有 55℃左右。轻水分曲，整个培菌过程温度都不太高，且温度下降快，后火不好。对照曲升温较快，以后温度逐渐下降。

表 5 - 39　　　　　　茅台酒在不同制曲条件下成品曲外观和化学成分比较

曲样	外　观	香　味	水分/%	酸度	糖化力/［mg 葡萄糖/（g·h）］
重水分曲	黑色和深褐色曲较多、白曲较小	酱香好，带烟香	10.0	2.0	109.44
轻水分曲	白曲占一半，黑曲很少	曲香淡，曲色不匀，部分带霉味	10.0	2.0	300.00
只翻一次曲	黑曲比例较大，与重水分曲相似	酱香好，糊苦味较重	11.5	1.8	127.20

表 5 - 40　　　　　　郎酒在不同制曲条件下成品曲外观和化学成分比较

曲样	温度/℃	成曲外观	成曲香味	糖化力/［mg 葡萄糖/（g·h）］
重水分曲	第 1 次翻曲 52~55 第 2 次翻曲 65~70 第 3 次翻曲 55 左右	黑色和深褐色，几乎没有白色曲	酱香好，带焦烟香	159.44
轻水分曲	第 1 次翻曲 50~55 第 2 次翻曲 62~68 第 3 次翻曲 46 左右	白色较多，黑曲、黄曲很少	曲色不匀，曲香淡，大部分无酱香，部分带霉酸味	300 以上
对照曲	第 1 次翻曲 62~65 第 2 次翻曲 62~68 第 3 次翻曲 50 左右	黑色，黑褐色和黄曲较多，白曲很少	酱香、曲香味均好	230~280

从曲药质量来看，重水分曲尽管黑曲多、酱香好、带焦糊香，但糖化力低，在生产中必然加大用曲量。这种曲若少量使用可使酒产生愉快的焦香；若用量大，成品酒烟味重，并带橘苦味，影响酒的风格质量。

轻水分曲自始至终温度没有超过 60℃，实际是中温曲，没有酱香或酱香很弱，糖化力高。这种曲在生产中不易掌握工艺条件，若按常规加曲，则出窖糟残糖高，酸度高，产酒很少，甚至不产酒，产出的酒甜味、涩味大，酱香差。要使生产正常，就要减少曲药用量，减曲的结果是酒酱香不突出，带浓香味。所以，轻水分曲对酱香型曲酒风格质量影响很大。

对照曲与生产中用的曲几乎一样，此种曲不但酱香好，曲香也好。生产中用这种曲，酒酱香突出，风格典型，酒质好。

上述情况说明：

（1）酱香型酒曲药质量好坏取决于制曲温度。制曲温度高而适当，曲药质量好；反之曲药质量差。

（2）曲药升温幅度高低与制曲加水量有密切的关系。制曲水分重，升温幅度大（与气温、季节有关），反之升温幅度小。总之，要因时因地制宜，调节制曲水分和管理，有效地控制制曲升温幅度，确保曲药质量。

制曲温度达不到65℃以上，曲药酱香、曲香均差。曲药质量好，产酒酱香突出，风格典型，质量好。曲药质量差，产酒风格不典型，酒质也差。因此，高温制曲是提高酱香型酒风格质量的基础。

为什么制曲水分多少与温度高低有密切关系呢？这是因为：

（1）高温多水条件很适合耐高温细菌的生长繁殖，特别是耐高温的嗜热芽孢杆菌，它们自始至终存在于整个过程并占绝对优势，尤其是制曲的高温阶段，而这个阶段正是酱香形成期。这些细菌具有较强的蛋白质分解力和水解淀粉的能力，并能利用葡萄糖产酸和氧化酸。它们的代谢产物在高温下发生的热化学反应生成的香味物质，与酱香物质有密切关系。

（2）在高温多水条件下，有利于蛋白质的热分解和糖的裂解。这些蛋白质、糖分解后产生加热香气如吡嗪化合物（原轻工业部发酵研究所曾在茅台酒中检出加热香气物质四甲基吡嗪）。另外，在高温条件下，小麦中的氨基酸和糖分不可避免地发生褐变反应——羰氨基反应，这种反应也需要在较高温度下进行。温度越高，反应越强烈，颜色也越深。其反应的褐变物呋喃类化合物，程度不同地带有酱香味。

五、西凤酒制曲工艺

（一）制曲原料

西凤酒制曲生产原料为大麦、豌豆，原料配比是大麦：豌豆（质量比）60%∶40%。

近年来，凤型白酒企业为了改善品质，对制曲工艺进行了大胆创新，在原来配料基础上，降低了豌豆的用量，增加了小麦，有的企业的原料配比甚至成为大麦∶豌豆∶小麦＝60%∶15%∶25%，原料配比的改变，对大曲成形、曲房培养，酒的品质都会产生影响。

1. 大麦

大麦主要为大曲提供淀粉等营养物质，富含蛋白质、脂肪、纤维素等，其α-淀粉酶、β-淀粉酶丰富，可为微生物生长提供碳源，大麦经过微生物分解利用可以产生香兰素和香兰酸，使大曲赋有特殊香气。

大麦理化指标要求：水分≤13.5%；淀粉含量≥55%；蛋白质含量≥11%；杂质≤1.5%。

2. 豌豆

豌豆是蛋白质的很好载体，对凤型酒中高级醇含量具有很重要的贡献，豌豆制曲可以使酿造用大曲后劲十足，对白酒香气影响较大。豌豆分为三个品种，白色豌豆、绿色豌豆、杂色豌豆。

理化要求：水分≤13.5%；淀粉含量≥45%；蛋白质含量≥25%。

3. 小麦

小麦淀粉含量较高，又含有丰富的蛋白质，可以显著改善酒质，使新产酒香气浓郁。小麦还含有大量的氨基酸和维生素，粘着力较强，是微生物最好的营养物质之一，由于黏性大，保水性好，直链淀粉含量高，容易被微生物利用，可以促使曲坯中微生物的快速生长，小麦可以赋予新产酒一种特殊的香气。西凤酒大曲配料中，小麦配比原则上不大于25%，否则，曲坯刚性不够，微生物繁殖快，容易变形散架。小麦在使用中必须和其他原料一起润料。

理化要求：水分≤12.5%；淀粉含量≥60%；蛋白质含量≥7%；杂质≤1.5%。

4. 大麦、小麦、豌豆三种原料主要成分对比

大麦、小麦、豌豆三种原料主要成分对比表见表5-41。

表5-41　　　　　　　　　大麦、小麦、豌豆三种原料主要成分对比表

	水分/%	淀粉/%	蛋白质/%	脂肪/%	纤维/%	灰分/%
小麦	12.8~12.9	60.8~65.0	7.1~9.8	2.5~2.9	1.2~1.6	1.6~3.0
大麦	11.5~12.0	60.9~62.5	11.1~12.6	2.0~2.9	7.1~8.0	3.5~4.3
豌豆	10.0~12.5	45.0~51.8	25.3~27.6	3.8~4.0	1.3~1.7	2.9~3.1

5. 曲粮粉碎度要求

粉碎度：通过60目筛细粉量占25%~30%。

曲粮粉碎要根据季节不断调整，夏天天气比较炎热，曲粮粉碎宜粗不宜细，否则升温过猛，冬季制曲时，曲粮要细一些。

实践证明，凤香型大曲原料粉碎度偏细，不利于内部微生物的繁殖和生长，通过适当加粗原粮细度，可以使整块大曲的内部结构发生改变，非常有利于产酯微生物的生长，加粗后，糖化力能有一定提高。另外，加入小麦后，三种原料都要加水润料，只有这样，才能保证大曲培养过程的控制，生产出优质大曲。

（二）凤曲的种类和生产特点

1. 凤曲的种类

（1）槐瓤曲　指曲坯内部黄曲霉生长旺盛，色素分泌较强，曲心内呈金黄色，且分布较广。对槐瓤曲的认识，有人认为青茬曲经过一个多月的储存，就会变成槐瓤曲，缺乏研究数据。

（2）红心曲　指曲坯内部红曲霉生长旺盛，色素分泌较强，曲心内呈红色，且分布较广。

（3）青茬曲　曲粮粉碎度细，曲块内菌丝分布好，断面呈菌丝白色，茬口坚硬、皮薄色白。

（4）五花曲　指曲坯内部，几种微生物生长均匀，曲心内有桃红色、金黄色、浅棕色，加上菌丝白色、麦子青色，故称为五花曲。

2. 西凤酒大曲生产的特点

凤曲是酿造凤型白酒的传统发酵剂和生香剂，在制造过程中主要依靠网罗生产环境、场地和原料中的各种野生微生物，在以大麦为主的淀粉原料上进行富集生长，扩大培养，并保存了许多有益酿酒微生物和酿酒活性酶，再经风干、贮存即为生产用曲。其生产特点有以下几方面：

（1）制曲原料以大麦、豌豆为主，制曲原料要求含有丰富的碳水化合物（主要是淀

粉)、蛋白质和适量无机盐等,能够供给酿酒有益微生物生长代谢所需的营养物质。由于微生物对培养基有选择性,若以淀粉为培养基,则大曲中生长的微生物就以对淀粉分解能力强的菌种为主;若以富含蛋白质的原料如黄豆、豌豆作为培养基,大曲中必然是以对蛋白质分解能力强的微生物为主。为了使凤曲具有较强的淀粉水解能力和适量的蛋白分解能力,丰富酶系和提供香味前体物质,使成品曲具有良好的曲香味和清香味,凤曲采用大麦为主配以适量的豌豆作为制曲原料。有的也添加10%左右的小麦配合制曲。

(2)生料制曲,制曲用生原料,主要是有利于保存原料中所含有的丰富水解酶类如α-淀粉酶、β-淀粉酶等。这些酶的存在有利于微生物在曲坯上生长繁殖,也有利于大曲酿酒的过程中淀粉的糖化作用。

(3)自然接种,凤曲是一种古老的曲种,它巧妙地将生产环境、场地和原料中的野生微生物网罗到曲坯上,人为创造适宜的培养条件,即自然接种,人工培养、选育有益微生物菌种的生长与作用,最后在大曲内聚积许多优势菌种和丰富的活性酶系及发酵前体物质,并为发酵提供营养成分。

(4)中高温制曲,凤曲属于中高温制曲,制曲顶点温度大多控制在58~60℃,且要求维持3d以上。由于采用高温制曲工艺,细菌生长占绝对优势,许多耐高温细菌利用曲坯中的蛋白质分解产生大量的有机酸、氨基酸,这些成分进而被分解合成,形成呈香呈味物质和发酵前体物质,使凤酒别具一格。

凤曲生产的制曲原料、入房排列、翻曲方式以及利用曲房窗户开启程度来调节曲温渐升渐降的工艺特点与清香型大曲相同,但其培养控制工艺条件则不一样;采用酱香型大曲部分高温培曲和浓香型大曲拢火升温中高温制曲增加曲香的优点,但制曲原料与之不同。凤曲集清香型大曲和浓香型大曲的特点于一体,独创一派,具有清新、浓郁的曲香。凤曲一般分青茬曲、槐瓤曲和红心曲3种,各具特点,使用时按一定比例合理搭配应用。

(三)制曲工艺

大麦60%、豌豆40%(或加部分小麦)→ 配料混匀 → 除杂 → 粉碎 → 加水43%~56% →

拌料 → 踩制 → 成形 →曲坯→ 入房培养 → 曲房管理[上霉、揭房晾晒、潮火(清糠扫霉)、

大火、收火晾曲]→成曲→ 出房 → 贮存 → 备用

制曲工艺流程如下所示。

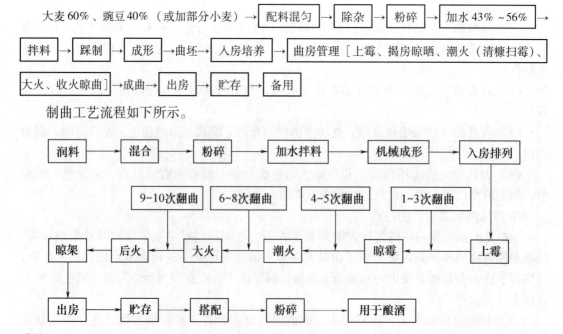

工艺要求如下。

1. 润料

加水量6%～10%，润料水温60～80℃，润料时间6～8h。润料时必须均匀翻倒，保证时间。润料的原则如下：

①合理掌握润料的基本条件，水温、时间、加水量。水少温高时间短，水多温低时间长。

②润料方式以喷洒为宜。

③中间要翻倒均匀，防止温度骤升。润料标准：粮食颗粒表面收汗，内心较硬，口咬不粘，仍有清脆响声为佳。

2. 混合配料

要求混合均匀，配比准确。

3. 粉碎

小麦应当心烂皮不烂，粉状物较少，大麦、豌豆混合均匀，粉碎度符合标准。

4. 加水搅拌

加水量不宜过大，要严格控制加水量，曲坯水分保持在38%～42%，冬季加水量宜小，夏季可适当多加。加水水温要合适，一般不超过28℃。

手握混合好的原料，应当成团，但不出水，要求混合搅拌均匀，无生心、无疙瘩。

5. 机制成形

制曲机原理相当于制砖机，采用液压传动，在压制部分，用弹簧调节压力大小，由此可以确定曲坯成形时的物料压力，使曲坯均匀一致。

曲坯成形的要求：①入模物料重量要相等，流量要均匀。②成形后，四角饱满，六面平整光滑，薄厚一致，水分适宜，软硬适中。③无生心，无疙瘩、无掉角、无裂纹。

西凤大曲规格为新制曲坯长245mm，宽155mm，高75mm，湿坯重3.5～4kg。

6. 入房排列

凤曲曲房面积一般较大，约为7m×9m，60m^{2}左右，每个曲房可放置曲块4300～5000块。

曲房结构比较特殊，地面用建筑砖块平铺，砖块之间用细土填充，曲房墙壁用泥巴糊抹，曲房净高约5m，用芦席简单吊顶，芦席上铺设30cm厚的谷糠或稻壳，以利于吸水，减缓快速排潮。曲房大门采用推拉门以保温，窗户为纵轴左右旋转，以利于通风而又不让空气直接对流。在转轴窗外，加设上连接（合页）木板，可在外窗台上支起木板，以利于小规模排潮需要。

在曲坯入房前，要打扫曲房卫生，保持好合适的温度、湿度，备好谷糠、竹竿、麻袋、芦席等物品。要在地面撒上一层谷糠，以防止曲坯与地面粘连。

曲坯排列：由一边开始，在地面上撒上谷糠，曲坯纵向侧立放置，排列方式如图5-3所示。

排列间距要求：冬密夏疏。

冬季：曲坯间距：1.5～2.0cm，行距：2.5～3.0cm。

夏季：曲坯间距：2.0～2.5cm，行距：3.0～3.5cm。

每房曲坯数量：冬季4300～4900块，夏季4200～4500块。

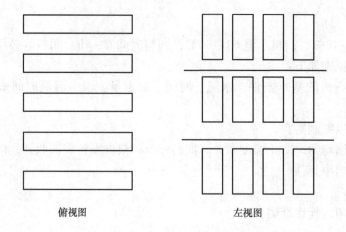

俯视图　　　　　　　　　　　左视图

图5－3　曲坯排列方式

操作要求：入房曲坯共垛三层，每层之间用细竹竿隔开。行距间距均匀，合理规划每行曲坯数量，曲坯要上下左右排放整齐，摆正，曲坯间要平行，不可以横七竖八。

曲坯入房排列完成后，可在表面喷洒强化大曲菌种培养液，约15min后给曲坯盖上湿润过的芦席，周围用湿润过的麻袋围严实，然后封房培养。

7. 上霉

凤曲讲究上霉，要求成品曲块表面"霉子"要好。在曲块表面布满酵母、霉菌菌落，大曲培养成熟后，曲皮表面呈白色。上霉是微生物初步生长过程，曲坯入房后，微生物开始在表面繁殖生长，然后随着水分的挥发和利用，逐步向曲坯内部蔓延，所谓上霉，就是指这一过程。

上霉时间：夏季24～36h，冬季60～72h。

要根据上霉状况决定第一次翻曲时间。上霉要求：曲坯表面菌落占总面积80%以上并均匀分布。

8. 晾霉

上霉完成后，要及时进行第一次翻曲，通过翻曲和通风控制曲坯表面水分，抑制微生物生长，所谓晾，就是指通风控水，一般在品温升到35～38℃时进行，可以连续晾三天，控制好排潮、通风量、通风时间，根据上霉状况控制翻曲次数，尽量减少翻曲次数，以免曲皮过干。

晾霉目的：控制曲坯表面水分并抑制微生物过快生长。

晾霉要求：晾霉时间，次数因上霉状况而定。晾霉要及时，掌握好时机和时间。严格控制通风量，上霉良好应当大开窗，加强通风。若上霉不好，应当小开窗，减少通风量。防止空气直接对流，不能产生干皮和裂纹。晾霉要及时，若时间太迟，则微生物菌丝生长太厚，使曲皮起皱，曲坯内水分挥发受影响。若晾霉过早，则菌丝稀少，影响升温。从晾霉开始连翻3次。

前三次翻曲要求：将曲坯本身翻转，上下层对调，冷热对调；软硬对调。

第一次翻曲：上下翻转，排列放置同入房时，层数不变（图5－4）。

第二次翻曲：上下翻转，冷热翻转，里外翻转，曲距2cm，适当靠近，曲块堆放呈品字形，码放层数增加为四层（图 5 - 5）。

图 5 - 4　码放三层　　　　　　　　　　　图 5 - 5　码放四层

第三次翻曲：上下翻转，冷热翻转，里外翻转，放净潮气，曲距相对缩小，码放四层。曲块堆放仍呈品字形。

9. 潮火

晾霉结束后，要保湿保温，促使微生物向曲坯内部蔓延。从这时开始，品温要持续上升，曲坯升温很快，水分大量蒸发，曲房内温湿度迅速提高，所以称为潮火阶段。潮火期 4 ~ 5d，曲心品温控制在 42 ~ 45℃，在此期间，每隔一日翻曲一次。

第四次翻曲：第三次翻曲后，经约 48h 后，品温达到 40 ~ 42℃ 时，即可进行。第四次翻曲方法、码放形式同第三次翻曲。

第五次翻曲：上次翻曲经过 48h 后，品温可以达到 48 ~ 50℃ 时，进行第五次翻曲。第五次翻曲同清糠扫霉同时进行。清糠扫霉就是用笤帚，将曲坯表面的谷糠和重霉扫掉，打扫地面谷糠，然后将曲坯码放成五层，码放方式为品字形。将曲间距调整为 6 ~ 7cm，行间距为 4 ~ 5cm。要注意关好门窗，防止冷风直吹。

清糠扫霉要求：扫净地面，竹竿铺底，刷净谷糠、重霉、浮霉，面面俱到。清糠扫霉的时间，一般都在曲坯入房后第 8 ~ 10d。

10. 大火

经过 8 ~ 10d 的培养和翻转、通风，曲坯表面的微生物生长和繁殖已经停止，微生物转向曲坯内部繁殖和生长，曲坯形状由小到大，开始转向由大到小。这个时候，关键是要给曲坯充足的氧气，促使内部微生物很快生长，在第 10d 以前，曲坯品温最高升到 50℃ 左右，而最关键的升温在此之后。第五次翻曲后，曲间距、行距加大。散热较好，曲坯水分要在大火期尽可能多排。第五次翻曲后每隔 48h 翻曲一次，共约 3 次翻曲的目的就是为了控制曲坯品温缓慢上升，保证形成酿酒生产需要的前期物质和必要的淀粉酶、蛋白酶等，这个粗糖化发酵剂才能发挥作用。通过第六、七、八次翻曲控制，品温逐渐升高，从 50℃ 升高至 58 ~ 60℃，并在这个温度上维持三天以上时间，这是制造凤曲的关键。

11. 后火

品温升到顶点后，维持三天以上的时间，品温开始缓慢下降，标志着进入后火期。后火期是大曲进一步成熟的时期，微生物生存条件恶化，有的微生物开始产生芽孢，霉菌开始产生孢子囊，微生物的菌体开始断裂、分解，酿酒生产前体物质开始积聚。这时候，曲坯自身的发热能力下降，需要缩小曲间距和行距，通过自身热量，使内部水分很快散发出来。紧缩曲距就是挤火或收火，需要进行第九次翻曲。

关于收火，有两种收法：

（1）分次收：当品温由 60℃ 降至 50℃ 时开始收火，进行第九次翻曲，缩小曲坯行间距，曲距调整为 2cm，行距为 3cm。当品温继续下降到 40℃，进行第十次翻曲，曲间距调整为 1cm，行距为 2cm，盖上干燥的芦席，周围用干燥的麻袋围严并关闭窗户、保温养曲。

（2）一次收：当品温下降到 35℃ 以下时，进行第九次翻曲，缩小曲行间距，行距、间距均调整为 1cm，然后盖上芦席，围上麻袋，关上门窗，保温养曲，此后不再进行翻曲、排潮。

12. 晾架

曲坯品温自然下降至室温，一般需要一周左右的时间，这时，开门开窗，除去覆盖物、保温材料，放净潮气，将曲块码放为 9～10 层进行通风晾曲，一周后出房。

曲坯入房管理有三个关键：上霉关、大火关、收火关。最关键的是大火关，这个时候，曲坯行间距不好掌握，曲坯容易出现发酵异常，要格外小心。曲坯升温要坚持前火稳、中火挺、后火紧的原则。

（四）凤曲曲质评定

凤香型大曲感官评价见表 5－42。

表 5－42　　　　　　　　　凤香型大曲感官评价表

鉴评项目	感官要求	权重	扣分项目	扣分标准
成形状态	曲块完整，大小薄厚一致，均匀，整齐	4	薄厚不一致，残损，扭曲变形，	2～3
上霉	上霉均匀，色正，菌落布满曲块表面，曲块表面呈白色	8	群落分布不均，无霉、无菌落，水毛，皮色不正	3～4
香气	曲香突出，典型性好，无异味	8	无香气，香气不正、有异味	3～4
曲皮	皮厚≤3mm	5	皮厚超过标准	3～5
断面	整齐坚硬，颜色清亮，呈菌丝白状，或曲心有金黄色，红色	15	水圈，溺心，生心，裂缝，空心，烧心，火圈，色泽暗，一致性差	6～10
成品率	≥90%	20	曲块一致性差，成品率底	5～15

六、白云边酒制曲生产工艺

白云边酒生产采取高温曲和中温曲分开制曲、混合使用的方式进行，形成了白云边酒特有的制曲工艺体系。

（一）高温制曲

白云边酒高温曲以纯小麦为原料，经高温培养而成，最高温度控制在 65℃。

在高温制曲过程中要使用大量的稻草，它的作用是保温和保潮，同时也是微生物的重要来源，因此对稻草有严格的要求。稻草的挑选要求新鲜，无霉烂，生长过程中无病虫害危害。

1. 工艺流程

小麦→ 润麦 → 磨碎 → 加母曲、水拌料 → 踩曲 → 晾曲 → 培菌 → 摘草 → 质量检验 → 入库贮存

2. 高温曲工艺操作要点

（1）润麦　小麦经除杂处理后，加3%～5%的热水拌匀，水温控制在60℃左右，让小麦均匀吸水。润麦时间保持在2～3h。润麦的主要目的是让小麦表皮吸收少量水分，使之在粉碎过程中被磨成片状。

（2）粉碎　将润好的小麦用辊式粉碎机进行粉碎，要严格控制粉碎度，麦皮要磨成"梅花瓣"状，通过20目筛的细粉控制在40%～45%。小麦磨碎的粗细与培菌效果和成曲质量关系密切。高温大曲在培菌过程中要保持足够的水分，让微生物旺盛繁殖，积累温度。如果粉碎过粗，制成的曲坯疏松，水分容易蒸发，热量散失快，微生物的生长繁殖受到影响，导致曲坯来火猛，后火不足，成品曲难以成熟。粉碎过细，曲坯容易粘结，不易透气，水分热量难以散失，使曲坯长时间处于高湿高温状态，不仅会使曲坯严重变形，而且容易导致曲坯酸败，成品曲中黑色曲比例过大，质量下降。

（3）拌料　将曲母、水和粉碎好的麦粉均匀混合。要求准确配料，充分搅拌，保证拌和好的曲料均匀、无干粉、无疙瘩，手握成团而不粘手。

母曲是从上一年度发酵正常的优质成品曲中挑选出来的，单独存放，严防虫蛀，单独粉碎备用。母曲有接种功能。用量一般在5%左右。根据季节适当调节。

加水控制在原料量的38%～42%。加水量是影响培菌发酵的重要因素，应严格加以控制。加水量过大，曲坯不易成形，或踩制过紧，使晾曲时间过长。入房后，升温猛，散热难，形成"窝水曲"。加水量过小，曲坯不易粘合，入房后，难以保持水分和温度，造成裂口和干皮，微生物不能正常生长和繁殖，成品曲酱味不足，质量差。

（4）踩曲　将拌和好的曲料定量加入曲盒中踩制。踩制时，先用脚跟从中心踩起，再用脚掌沿四边踩几遍。一面踩好后翻转过来踩另一面。要求曲坯四角饱满，棱角分明，表面平整光滑，厚薄均匀一致，无裂纹。拌和好的曲料要一次性踩完，不要留在场地上，以防酸败变质。

（5）晾曲　刚踩制成形的曲坯还不能达到搬运的强度，也不能承受较大的压力，需要在踩曲场地放置一段时间。具体操作是将曲坯踩制成形后平放在场地上，稍后侧立放置，以挥发掉部分水分，使曲坯表面收汗，强度增加。晾曲时间一定要恰当掌握。晾曲时间过长，使曲坯表面水分过度挥发，不利于微生物在表皮生长繁殖。

（6）入房堆曲　将曲坯运至曲房按一定的摆放要求堆码。先将曲房打扫干净，在地面铺上12cm左右厚的稻草（有些厂家铺稻壳，不利于保温），然后将曲坯侧立排列，曲坯间用稻草隔开，曲间距2～3cm，排满一层后，在上面铺上一层12cm厚的稻草，再排列第二层，依次排列到四层为止，成为一行，接着排第二、三等若干行，每房最后留二行位置，作为翻曲倒曲之用。

稻草的主要作用是保温，同时也是微生物的来源之一。曲坯的各个面均与稻草接触，完全处于稻草之中，这不能不说是高温大曲生产中的一大特点。

（7）培菌　每房堆曲结束后，在曲堆上面覆盖12cm厚的稻草，并在稻草上均匀洒水，关闭门窗，调节通气孔，保温保潮培菌。

①第一次翻曲：在适宜的温度、湿度条件下，曲坯上的微生物开始生长繁殖，产生热量，使曲坯品温逐渐上升，夏季经 6d 左右，冬季经 8d 左右，曲坯内部温度上升到 65℃，曲房内的湿度也会接近和达到饱和，此时，曲坯表面布满菌丝，这是霉菌和酵母大量繁殖的结果。应及时进行第一次翻曲。翻曲时应将上、下层，内、外行的曲坯位置对调，以均匀调节曲坯各部位的温度，使微生物在整个曲坯上均匀生长，成熟一致。翻曲过程中，对湿度太大的稻草应予以更换。第一次翻曲时的温度不宜超过 65℃，也不应低于 63℃。掌握好第一次翻曲的时机，非常重要。要根据季节和环境条件的变化综合判断和分析。一般应考虑季节、曲房多点温度、曲坯内部温度、培菌时间、曲坯表面菌丝生长情况、曲坯感官特征等因素。适时进行第一次翻曲。翻曲过早，曲坯温度偏低，制成的成品曲，白色曲多，酱味不足。翻曲过迟，曲坯温度过高，曲坯变形，黑曲多，有烟味，影响白酒发酵，影响产品质量。

②第二次翻曲：经第一次翻曲后，由于散发大量的水分和热量，曲坯品温降到 50℃ 以下。2d 后品温又开始回升。经 7~9d，曲坯品温又回升到 58~60℃，即可进行第二次翻曲。二次翻曲后，品温先下降，后又缓慢回升，但回升的幅度明显变小。主要是经过前期的高温堆积后，霉菌酵母大量死亡，曲坯水分减小，高温细菌的繁殖也受到抑制，无力再将温度升到前次的高度。以后品温开始平稳下降，直到与室温相同。

（8）摘草　从入房开始，经过 45d 左右的培养，品温逐渐降至室温，曲坯基本干燥，即可把稻草摘去。要求把粘附在曲坯表面的稻草清除干净，把曲块整齐地堆放在曲房，进一步排出水分，让品温完全降至室温，曲坯成熟。

（9）质量检验　成品质量检验分感官检验和理化检验两个方面。

①感官要求：有较浓郁的酱香味，无其他异杂味，曲块表面颜色，黄色占 60%，白色占 30%，黑色占 10%，断面要求皮薄，黄色无生心。

②理化指标：见表 5-43。

表 5-43　　　　　　　　　　高温曲理化指标

项　目		指　标	项　目	指　标
水分/%	≤	14	液化力/（u/g）	1.5~2.5
酸　度		1.2~2.0	发酵力/（g/100g）	1.5~2.0
糖化力/（u/g）		180~350		

（10）入库贮存　将成品曲运至贮曲库贮存 3~4 个月后，用于酿酒。曲库要求防潮、防虫、通风。并按先进先出的原则投入使用，避免贮存时间过长影响发酵效果。

（二）中温制曲

白云边酒中温曲以纯小麦为原料，经中温培养而成，最高培养温度为 55℃。

1. 工艺流程

小麦 → 润麦 → 磨碎 → 加水拌料 → 踩曲 → 晾曲 → 入房排列 → 挂衣 → 前火 → 中火 → 后火 →

拢火 → 质量检验 → 入库贮存

2. 中温曲工艺操作要点

润麦、磨碎、拌料、踩曲、晾曲等操作要点与高温大曲大体相同，只是在拌料时，只加水，不加母曲，加水量比高温曲略少。

（1）入房排列　把曲房打扫干净，在地面上撒一层新鲜稻壳。将曲坯顺序侧立，排满一行后，再排第二行至若干行，只排一层。曲间距、行距为 2～3cm。排满一房后，在曲坯上面盖上草帘，均匀洒上水，以保温保潮。要注意洒水不宜过多，防止水渗到曲坯上。操作完毕，关上门窗，保温培菌。

（2）挂衣　即指曲坯上长霉。在适宜的温度、湿度下，微生物迅速生长繁殖。第 1d，曲坯表面出现白色斑点和菌丝体。2～3d 后，曲心温度升到 40℃ 左右，曲坯表面 80%～90% 布满白色菌丝体，闻有甜香气，应揭开草帘，进行第一次翻曲。翻曲时，原来着地的一侧翻朝上，四周的转向中间，排列 2 层，硬度大的曲坯排在底层，每房翻完后继续保温保潮培菌。

（3）前火　第一次翻曲后，品温逐渐上升。要注意开关门窗以调节温度和湿度，避免大幅升温和降温。约经 2d，当曲心温度升至 50℃ 时，进行第二次翻曲。要求上下层对调，中间与周边对调，并根据曲坯软硬程度逐步加高层数。

（4）中火　第二次翻曲后，曲坯层数进一步加高，在保温保潮的条件下，品温又一路上升。经过前期的培养，微生物大量繁殖，处于生长的旺盛期，进入中期发酵，放出大量的热能，曲心温度升至最高控制温度 55℃，应及时开启门窗降温排潮，防止温度进一步升高，并及时进行第三次翻曲，开始并房，并加高层次，保持温度平稳变化。

（5）后火　经过中火以后，曲坯水分大部分散失，微生物生长繁殖受到抑制，品温缓慢下降，可视曲坯水分情况再进行 2～3 次翻曲。后火要保持一定的温度，让曲心水分继续排出，俗称"挤水分"。如果品温过低，曲心水分散发不出来，导致曲心有酸臭味，长黑毛，出现生心等异常发酵情况。因此，中温曲生产，在品温控制上要做到"前稳、中挺、后缓落"。

（6）拢火　后火期过后，品温逐渐下降，曲心水分降至 16% 左右，曲坯基本成熟，即进行拢火。将曲坯侧立靠拢排列，不留间隔，一般叠至 6～7 层。拢火后，利用曲坯的余温将曲心水分进一步排出，使最后含水量达到 13%，曲坯成熟，培菌结束。

从入房算起，约需一个月的时间，即可出房。

（7）质量检验

①感官要求：曲香纯正、气味浓郁，表面有均匀一致白色斑点或菌丝，断面整齐呈灰白色，有生长良好的白色菌丝，皮薄心厚，无异色。

②理化指标：见表 5-44。

表 5-44　　　　　　　　　　　　　　　中温曲理化指标

项　目		指　标	项　目		指　标
水分/%	≤	13	液化力/（u/g）	≥	5
酸度	≤	1.2	发酵力/（g/100g）		2.0～2.5
糖化力/（u/g）	≥	650			

（8）入库贮存　将质量检验后的成品曲运到干燥通风防虫的曲库贮存 3 个月左右，再

用于酿酒生产。

（三）制曲问题讨论

1. 高温曲并不是温度越高越好

从目前的生产实践看，浓香型、兼香型、酱香型白酒生产厂家，制曲温度都有提高的趋势，其目的是使酒味丰满，增加后味，完善酒体风格，作用是比较明显的。但高温大曲的特点是随着制曲品温升高，导致最终成曲糖化力、液化力低，酸度、酸性蛋白酶高，酵母菌严重不足，影响发酵，势必使出酒率降低。白酒生产出酒率与产品质量是平行关系，只有出酒率高，产品质量才有保证。因为白酒中许多香味成分是醇溶性的，如果酒醅中的酒精含量低，在蒸馏时必然有许多醇溶性的香味物质蒸不出来而残存于酒糟中，结果势必影响酒的质量。

制曲温度过高，除了发酵动力不足外，还容易使酒的糊苦味加重，酒色发黄。成品酒常带有的焦糊味主要来自高温大曲。因此，高温制曲，并不是温度越高越好。高温曲的最高温度不宜超过68℃，中温曲的最高温度不宜超过58℃。

2. 高温制曲与美拉德反应

美拉德反应是氨基化合物和还原糖化合物之间发生的反应，广泛存在于食品加工和食品长期贮存过程中，是形成食品香味的主要反应之一。该反应生成多种醛、酮、醇及呋喃、吡喃、吡啶、噻吩、吡咯、吡嗪等杂环化合物。白酒中特别是酱香型白酒和兼香型白酒中含有较多的杂环化合物，与美拉德反应有密切的关系。美拉德反应的底物是还原糖和氨基酸，其反应的影响因素包括温度、时间、湿度、pH、底物的浓度和性质等。高温制曲为美拉德反应提供了有利条件。

高温大曲的主要原料是小麦。小麦淀粉含量高，富含面筋等营养成分，含氨基酸20多种，维生素含量也很丰富，小麦蛋白质的组分以麦胶蛋白和麦谷蛋白为主。小麦中的碳水化合物，除淀粉外，还有少量的蔗糖、葡萄糖、果糖等，以及少量的糊精，非常适宜各类微生物生长繁殖，是美拉德反应的物质基础。

高温制曲的前发酵阶段，由于温度水分适宜，霉菌和酵母大量繁殖，各种酶的活力也较强，曲坯中的还原糖和氨基酸的含量不断上升，美拉德反应的底物浓度高，有利于反应的进行。随着发酵时间延长，曲坯品温逐渐上升到65℃，淀粉和蛋白质的分解进一步加剧，曲坯中的氨基酸、多肽、糖类大为增加。有资料介绍，美拉德反应的最佳条件为 pH 5.0～8.0，还原糖和氨基酸含量要在6%以下，维生素 B_1 0.5%以下，反应速度随温度升高而加快。高温制曲正好满足了这些条件，美拉德反应速度加快，并形成大量的香味物质。

高温制曲达到最高温度68℃以后，霉菌、酵母大量死亡。高温细菌，主要是芽孢杆菌则生长旺盛，产生较高的蛋白水解酶，并将小麦中的蛋白质分解为大量的游离氨基酸，为美拉德反应提供了足量的前驱物质。有试验表明，地衣芽孢杆菌对美拉德反应有催化作用。这说明美拉德反应与高温细菌的发酵及代谢的酶系有关。因此，我们认为高温制曲培养了高温细菌，高温细菌促进了美拉德反应。

高温制曲过程中，如果曲坯水分过大，踩制过紧，在培菌过程中翻曲不及时，曲坯长时间处于高温高湿状态，导致成曲变黑，有焦糊味。推测黑曲是美拉德反应过度的结果。在高温高湿条件下，淀粉与蛋白质过度分解，糖分过高，反应时间过长，出现焦糖化。黑曲过多，不仅成曲质量差，而且会给白酒带来焦苦味。高温大曲应该尽量控制黑曲的比例。一般要控制在10%以内。因此在高温制曲过程中，要通过合理调节温度和湿度，控制美拉德反应，以得到最理想的反应结果。

3. 高温制曲中的水分控制问题。

水是微生物生长所需要的重要物质。它虽然不是微生物的营养物质，但它在微生物的生长中起着重要的作用。水是微生物细胞的重要组成成分，占生活细胞总量的90%左右，机体内的一系列生理生化反应都离不开水，营养物质的吸收与代谢产物的分泌都是通过水来完成的，同时由于水的比热高，又是良好的导体，因此能有效地吸收代谢过程中放出的热，并将吸收的热迅速地散发出去，避免导致胞内温度陡然升高，故能有效控制胞内温度的变化。水是影响制曲的关键因素。

高温制曲，由于要在高温高湿的条件下培养微生物，因此需要比中温制曲和低温制曲更多的水分。水分控制要注意两个环节，一是要保证有足够的水添加到曲料中去，二是要掌握水分在曲坯中的保留时间和变化的幅度。

水是通过两次加到曲料中去的，一次是粉碎前的润麦，虽然增加量不大，但小麦表皮通过吸收水分而变软，有利于粉碎。第二次是在拌料时加水，加水量为原料的38%～42%，这是控制的重点。传统制曲是手工拌料，料和水分别用定量的容器计量，但很不准确，水分波动幅度大。现在采用机器拌料，加水量可以精确控制。季节不同，空气温度、湿度不同，吸收和挥发的速度不同，要注意调整。

七、四特酒制曲生产工艺

（一）四特酒制曲的原料及特点

四特酒大曲原料系面粉、麦麸、酒糟按一定比例混拌，是白酒生产中独一无二的，其质量的好坏直接影响大曲质量。

1. 面粉

面粉是四特大曲的主要原料之一，其质量标准是：色泽正常、无霉变、无结块、无杂质；淀粉≥62%；水分≤14%。

2. 麦麸

麦麸是四特大曲的主要原料之一，其质量标准是：色泽正常、无霉变、无结块、无杂质，粗灰分<6%，水分≤14%。

3. 酒糟

实际上是丢糟，要求香味纯正。大曲生产中用丢糟作原料的优点是：改善了大曲的酸碱度，酒糟呈酸性，能抑制一些有害杂菌的生长。改善了大曲的疏松状况，增加了大曲的透气性，有利于酿酒有益微生物的生长。再次堆积发酵酒糟的掺入，人为地接种了酿造四特酒特有的微生物，提高了四特酒大曲的质量。

（二）四特酒制曲工艺

1. 四特酒制曲工艺流程

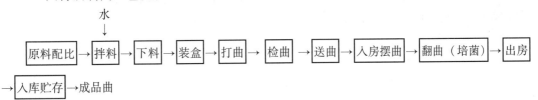

2. 操作流程

制曲工艺中原辅材料的配比：面粉：麦麸：丢糟，冬季 43∶46∶11；夏季 42∶47∶10。

拌料：冬春班产 5.5t，夏秋班产 5t，配料准确，翻拌均匀，无团块。

加水：加水要根据原料质量和气候情况控制在冬春 36%～38%，夏秋 38%～40%，达到成形好，手捏成团不散，不粘手，不干，不湿，适合发酵为度。

下料装盒：曲模内空 22cm×13cm×9cm，下料要求均匀，以保证装盒合格，曲规格 21cm×12cm×（7～8）cm。

打曲：经曲模打出的曲，应面光，棱条清晰，不崩边角，有一定硬度，不粘手，指压有弹性，无软陷现象。车间一般班产 16 车，3200 块左右。

送曲入房：要求曲坯上车整齐，不翻烂，对不合格曲应重新压制。

入房摆曲：摆曲前应在地面铺一层 1～2cm 厚的稻壳，使曲不接触地面，夏秋季节摆单坯，冬春摆双坯，曲与曲之间有一定的间隙，每平方米摆 40 块左右，双坯摆 80 块左右，入房后冬春盖干稻草保湿，夏秋盖稻草保潮。

翻曲：曲坯入房要保持发酵良好，按时做好曲坯的保潮、排潮、保温、散热工作，曲坯培养必须经过上霉、晾霉、潮火、大火、后火五个阶段，其发酵品温、室温及湿度要求按表 5－45 控制。

表 5－45	培菌品温、室温及湿度控制表			
培养阶段	翻房	室温/℃	品温/℃	湿度/%
长霉、晾霉		21～30	38～39	93～99
潮火	第一次（2～4）层	27～32	42～44	90～98
大火	第二次（3～5）层	29～32	45～52	85～90
后火	第三次（5～6）层	28～31	46～55	80～90
养曲	出房	32	28～30	75～80

出房：养曲完成，视曲质发酵好后（要求 20～28d 以上），打开曲块，要求内无积湿，长霉好，水分≤16.0%。

入库贮存：入库曲根据曲质分别堆放，留有间隙，防止受潮返火，长青霉菌，贮存三个月以上方能使用。

3. 新型糖化发酵剂的开发

（1）配料的变化　减少 20% 的面粉，增加 20% 经粉碎的豌豆。其他制曲工艺与四特大曲生产工艺一致。

新原料配比：豌豆：面粉：麦麸：丢糟，冬春季为 7∶36∶46∶11；夏秋季为 6∶36∶47∶10。

（2）架子曲　入房培养时，采用三层木架子摆放曲坯，由原来的摆放两层变为六层，无需翻房，其他制曲工艺与原大曲生产工艺一致。

八、九江双蒸酒制曲工艺

（一）饼丸制造工艺流程

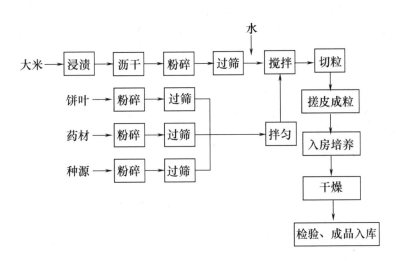

原料大米要浸过米面，浸泡时间冬季 3～4h，夏季 1～2h 左右，沥干，后用 0.5mm 规格筛网粉碎机打米粉。米粉与各种辅料要搅拌均匀。做好的饼丸放在疏筛上时，饼丸的密度以饼间稍有空隙为准。

入房培养后，保温保湿，控制前期相对湿度达 90% 以上，把房温控制在 31～34℃。经过 11～17h 培养，根据菌丝生产情况，及时揭盖。

揭盖要求：饼丸表面长满根霉气生菌丝；饼丸色泽乳黄；饼丸表皮有小"突起"，但不能过大，有眉心皱纹；饼心温度达 34～38℃；有饼丸的香味，无馊臭味，无酸味，无酒精味。

品温复升到 36～40℃时，培养时间达 18～21h 后，转房。培养到 23～27h 要翻筛，使根霉菌丝向饼丸生长。这个时期根霉、酵母生长旺盛，呼吸发热，品温上升，排出水分，这时要严格控制品温，最高不超过 42℃，并注意排湿不要长出黑毛或孢子。之后饼丸进行干燥处理，要求在房中 36～40℃，干燥 18～24h 后，冷晾。

完成一个周期的生产后，对培养房及附属设施用漂白粉和福尔马林进行彻底的清洁灭菌工作。

（二）酒饼的制造工艺流程

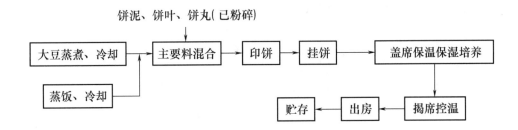

酒饼培养中，各类的微生物在原料中生长繁殖。如酒饼在培养的第二天，酒饼的"穿衣"，就是霉菌的繁殖的结果。由于霉菌能分泌细胞外的淀粉酶、蛋白酶等，所以在酒饼中最先生长繁殖，之后便是酵母、细菌类的生长。

微生物菌系的变化与种源及培养条件有密切的关系。不同的种源，其霉菌的种类、数量、活性不同。例如，有的种源青霉比较多，而根霉相对少一些。酵母、细菌也一样。如果种源中醋酸杆菌多，有可能造成酒饼中醋酸杆菌也多。所以，我们要根据发酵的情况来选择种源。

酒饼培养过程中，是菌系、酶系、物系的变化。微生物在原料中生长繁殖，分泌各种各样的酶，包括蛋白酶、糖化酶、淀粉酶、脂肪酶等。还引起培养原料的变化，合成了各种各样香味成分及其前驱物质，构成了曲特殊的香味。

（三）小曲大酒饼生产工艺流程

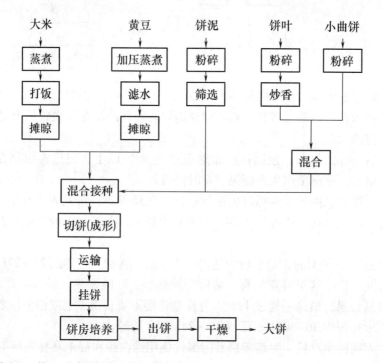

蒸熟的米饭、黄豆冷却到接种品温时，按配料比例依次加入饼种、饼叶、饼泥，将饭铲入接料斗（或起堆）。小曲饼种加种量为2%左右。搅拌均匀后送入压饼和切饼，切饼时要保持饼块厚薄匀，边脚整齐，长短统一（25～27cm）。

小饼粉接种温度视天气情况控制如下：

室温	接种品温
10℃以下	40～45℃
10～15℃	38～40℃
15～20℃	35～38℃
20℃以上	30～35℃

酒饼叶等辅料在粉碎前、大酒饼的配料在成形前须进行除铁处理，否则在后工序中打

坏酒饼粉碎机的刀片或弹出伤人。酒饼配料中大米、黄豆不用粉碎，酒饼叶粉碎成小片状，其他均碎成粉状。

酒饼坯入房后，按照先进先挂、间距冬近夏远的原则，保证饼坯垂直、不弯曲、不粘连，行距、层距整齐。经培养 6~7d 后，酒饼色白，表里色泽一致，菌丝生长粗壮，分布均匀，味清香略有甜味，饼无霉烂。酒饼出房后即进入干燥房在 50℃ 以下干燥 36h 左右即可入仓备用。

（四）菌种的分离与选育

对九江双蒸酒的大酒饼、小曲种所含有益酿酒微生物进行菌种分离分析，其步骤和结果参考如下。

（1）各取 10g 粉碎好的大酒饼、小曲种倒入装有 100mL 无菌水及小玻璃珠的三角瓶中打散、振荡摇匀，按 10 倍稀释法稀释至 10^{-7}。在超净工作台上取 10^{-5}、10^{-6}、10^{-7} 的稀释液各 0.1mL 均匀涂布于豆芽汁培养基平板和 pH 7.5 的营养琼脂平板，分别置于 30℃ 和 36℃ 恒温培养箱中培养，并对分离出的菌落进行显微镜检。取得了对酒饼中微生物的初步认识，确定了下一步分析的合理稀释梯度和涂布量。

（2）各取 10g 粉碎好的大酒饼、小曲种倒入装有 100mL 无菌水及小玻璃珠的三角瓶中打散、振荡摇匀，按 10 倍稀释法稀释至 10^{-6}。在超净工作台上取 10^{-4}、10^{-5}、10^{-6} 的稀释液各 1mL 均匀涂布于麦芽汁培养基平板和 pH 7.5 的营养琼脂平板，分别置于 30℃ 和 36℃ 恒温培养箱中培养，其统计的各菌种数量见表 5 - 46。

表 5 - 46　　　　　　　1mL 稀释菌液涂布培养结果　　　　　（单位：个/g 曲粉）

菌　　数	产酒酵母	假丝酵母	根　霉	黄曲霉
小曲种	1.5×10^7	1.3×10^7	1.5×10^5	2×10^6
大酒饼	5.5×10^6	9×10^6	2×10^6	3×10^6

（3）在超净工作台上取 10^{-4}、10^{-5}、10^{-6} 的稀释液各 0.5mL 与 46℃ 培养基、醋酸菌培养基、乳酸菌培养基在平板培养皿混合均匀，置于脱氧培养环境中恒温培养，分离出球状和短杆状产酸菌各 1 株，均为革兰阳性，数量约为 2×10^6 个/g。

九、川法小曲生产工艺

（一）小曲简介

小曲酿制在我国具有悠久的历史，由于配料与酿制工艺的不同，各具特色，品种多样。按添加中草药与否可分为药小曲与无药小曲；按用途可分为甜酒曲与白酒曲；按主要原料可分为粮曲（全部大米粉）与糠曲（全部米糠或大量米糠，少量米粉）；按地区可分为四川药曲、汕头糠曲、厦门白曲与绍兴酒药等；按形状可分为酒曲丸、酒曲饼及散曲等。

传统小曲是用米粉（米糠）为原料，添加少量中草药并接种曲母，人工控制培养温度制成。因为颗粒比大曲小，故称小曲。小曲的制造为我国劳动人民创造性地利用微生物独特发酵工艺的具体体现。小曲中所含的微生物，主要有根霉、毛霉和酵母等。就微生物的培养来说，是一种自然选育培养。在原料的处理和配用中草药料上，能给有效微生物提供有利繁殖条件，且一般采用经过长期自然培养的种曲进行接种。

用中药制曲是传统小曲的特色，据考证，我国早在晋朝就开始应用中药制曲了。据研究，酒曲中的大部分中草药有促进微生物繁殖生长及增加白酒香味的作用，但也有一些中药作用机理不明显，有的反而有害。近代的生产实践证明，少用药或不用药，也能制得质量较好的小曲，也可酿出好酒，如从四川邛崃的米曲到重庆永川的无药糠曲，由添加几十味中草药到不添加中草药，既节省药材，也节约了粮食，降低了成本。但在当时的小曲酒生产中，这两种传统的小曲制作方法曾经为小曲白酒的历史做出了重大贡献，这些方法代代相传，经过了长期人工的筛选，保存了我国小曲的优良菌种，为现代小曲纯种培养提供了分离优良菌种的材料和原料配方改革的基础。

（二）根霉曲

江津酒采用根霉曲，根霉曲是采用纯培养技术，将根霉与酵母在麸皮上分开培养后再混合汇兑而成的。

根霉曲与传统小曲相比具有如下优点：①以麸皮代替米粉，可节约大量粮食；②不用中草药材，降低了成本；③使用纯培养的优良根霉，采用科学灭菌技术，曲中有益微生物占绝对优势，杂菌难以入侵为害；④用浅盘制曲法生产工效高，操作技术容易统一；⑤曲料与空气接触良好，根霉生长繁殖迅速、均匀，制曲周期大大缩短，仅需 48h 左右；⑥产品曲质量比较稳定，出酒率高。

（三）工艺操作要点

纯种根霉

1. 试管菌种（一级种）的培养

试管菌种的培养极为重要，生产上习惯把它称为一级种。根霉同样具备微生物容易变异的特点，往往因频繁移接，培养基不适应而造成试管菌种变异。为解决这一问题，适应大生产的需要，用麸皮制成麸皮试管培养基，对稳定根霉曲质量起到良好的作用。但在分离选育菌种时还是离不开斜面试管培养基。

2. 三角瓶扩大培养（二级种）

（1）流程

麸皮加水 → 润料 → 装瓶 → 高压灭菌 → 降温 → 接种 → 培养 → 摇瓶 → 扣瓶 → 出瓶 → 干燥 →

三角瓶种子（二级种）

（2）润料与接种　称取麸皮，加水 60% ~70% 充分拌匀，装 500mL 或 1000mL 三角瓶中，装料厚度约 10mm，塞好棉塞，于 0.12MPa 蒸汽高压灭菌 40min，灭菌完毕，待冷至 30~35℃，以无菌操作，从根霉试管中接入菌种。

（3）培养与烘干　将已接种的三角瓶移入 28~30℃ 培养箱中保温培养。到达 36h 左右，菌种一般已菌丝生长穿透，进行扣瓶，继续培养 12h 出瓶、烘干，烘干温度 40~45℃。

3. 根霉曲的扩大生产

根霉曲推广后的一段时间内，生产根霉曲的厂家都采用木质曲盘制曲（浅盘制曲），后来又有厂家用帘子制曲和通风制曲。通风制曲应该说是根霉曲生产技术的进步，它的特点是产量大、劳动强度低，设备要求高，技术要求严格，适合于大厂。浅盘设备简单，投资少，技术要求不高，适用于小厂。论曲的质量，浅盘曲容易控制，发生污染时容易发现，且往往只限于局部。而通风制曲环境及设备不易消毒，发生污染时杂菌蔓延很快，往往连续多批报废，曲池四周温度也不易完全控制。所以为了保证质量，目前很多厂仍采用曲盘制曲，将浅盘种子作为大批产品。

（1）浅盘培养

①工艺流程

麸皮加水 → 润料 → 上甑 → 蒸料 → 出甑 → 降温 → 接种 → 装盒 → 培养 → 烘干 → 成品曲

②操作要点

润料：麸皮加水 55% ~60%，用扬麸机拌匀。润料用水多少，由气候、季节、原料及生产方式、设备条件而定。为保证孢子数量，切忌用水量少。

蒸料：蒸料的目的不仅是为了糊化麸皮内淀粉，更重要的是要杀死料内杂菌，蒸料时间穿汽后常压蒸 1.5 ~2.0h。

接种：将蒸好的麸皮，经扬麸机降温至冬季 35 ~37℃，夏季接近室温即可接种，接种量一般为 0.3% 左右，接种量大，培养时繁殖速度快，品温上升较猛；接种量小，则繁殖速度较慢，一般夏天接种偏少，冬季较多。拌和均匀后，装入曲盘进曲室培养。

培养：接种后曲盘叠成柱形，室温控制在 28 ~30℃进行培养，视根霉不同阶段的生长繁殖情况，调节温度，控制湿度，采用柱形、十字形、品字形或 X 形调节等各种不同的形状，使根霉在 30 ~37℃的温度范围内生长繁殖。培养 20h 左右，根霉菌丝已将麸皮连结成块状，即行扣盒，扣盒后继续培养至品温接近室温时出曲烘干。

烘干：根霉曲烘干一般分两个阶段进行，前期烘干时因曲子含水较多，微生物对热的抵抗力较差，温度不宜过高，前期温度为 35 ~40℃，随着水分蒸发，根霉对热的抵抗力逐渐增加，后期烘干温度可控制在 40 ~45℃。切忌温高，排湿过快。

粉碎：烘干的根霉经粉碎入库，粉碎能使根霉的孢子囊破碎，释放出孢子来，以提高根霉的使用效能。因为根霉的繁殖是依靠孢子来进行的。

（2）通风制曲大批生产　通风制曲是现代先进制曲方法，具有节省厂房面积，节约木材与劳动力，提高设备利用率等特点，但必须在不停电或少停电地方建曲药厂。

①润料蒸料接种：与浅盘制曲同。

②入池：将已拌菌种麸料，充分拌均匀后，用无菌撮箕撮入灭菌后的通风培菌池内，刮平曲料，装料厚度一般 22 ~26cm，搭一层白布保温，插上温度表，进行静置培养。

③通风培菌：培菌室温保持 30℃左右，品温保持 30 ~31℃为宜。培菌过程中，6 ~8h，菌丝开始发芽，品温有所上升，开始间接通风。待品温上升到 35℃时，便开始连续通风，使曲料品温保持 32 ~34℃。培菌 17 ~18h 后，菌丝开始大量繁殖，原料中的营养物质已大量消耗，根霉菌生长繁殖，使品温上升很快，注意连续通风培菌。由于麸皮料中加有稻壳，只有采取强行通风降温，品温才能控制在 35 ~36℃内。

培菌过程中，曲料中菌丝布满成熟结饼，培菌时间 38 ~40h，即可停止培菌。用消毒后的小锄头，将培菌池中曲料挖翻打散，用灭菌后撮箕端出，入扬麸机打散，运入烘干房烘干。

④烘干粉碎：与浅盘制曲同。

（3）帘子制曲大批生产　帘子制曲设备原由竹料编成床式，再固定 2 ~3 层竹篾垫，放上竹席培菌。现改为用钢管 5 根，放五角形焊接好，以白布做成 10 ~ 12 层作帘子，培菌料在帘子上培菌，这是一种旧式制曲方法，下部分受热温度高，上部分受热不够，温度低，整个培菌菌丝生长不均，所制出根霉酒曲质量较差。

帘子制曲润料、蒸料、接种、烘干、粉碎等工序与浅盘、通风制曲一样，只是培菌方法有所区别。

培菌：将接种后的麸料用无菌撮箕撮上钢架上帘子，把曲料铺平刮匀，厚度 3 ~ 4cm。曲料入帘完毕，用 2cm 厚的泡沫垫子围着帘子架，以保曲料湿度。在 8 ~ 15h 后，菌丝生长，这时揭去围的泡沫垫，室温控制到 30℃ 左右，保培菌温 30℃。培菌 18 ~ 20h，曲面菌丝布满，20 ~ 22h 后，成熟菌丝大部分菌丝已倒伏，开始将帘子上结饼曲料翻面。曲料升温到 35 ~ 36℃ 时，开门窗、天窗排潮，以排出二氧化碳，便于新鲜空气入培菌室，使菌丝生长老熟。排潮过程中，还将曲饼切成鸡蛋大，用竹块犁成行子，一般培菌 38 ~ 40h 后出曲。

固体酵母

1. 一级试管培养

酵母液体培养基通常采用麦芽汁糖液培养基，称大米（玉米粉）500g，加水 3000 ~ 3500mL，煮成糊状，凉至 60℃ 加麦芽 500g，搅匀保温 55 ~ 60℃，糖化 4 ~ 6h 过滤即成，其浓度 7 ~ 8°Bé。每只试管装 10mL 糖液，无菌条件下接入 1 ~ 2 环斜面试管原种，摇匀后置 28 ~ 30℃ 培养箱，培养 24h 左右，液面冒出大量 CO_2 即成。

2. 三角瓶菌种培养

每只 1000mL 的三角瓶，装糖液 700mL，0.12MPa 灭菌 30min，待冷至 30 ~ 35℃，接入一级试管酵母菌种，移入 28 ~ 30℃ 培养箱，培养 24h 即成。有的厂三角瓶菌种培养分两次扩大，将一级试管酵母菌种接到 150mL 三角瓶中培养 16h，再传入 1000mL 三角瓶培养 12h。

3. 卡氏罐培养

卡氏罐接种培养的方法与三角瓶基本相同，只是糖液糖度为 6°Bé。

酵母液体扩大培养的量，视投料量来定，控制在 5% ~ 10%，可用三角瓶，也可用卡氏罐扩大。

4. 酒精活性干酵母活化液

酒精活性干酵母，在根霉曲中应用效果也很好。但直接活化后加在纯根霉中，由于酵母在固体中不能蔓延，无法繁殖到整个培养箱中，达不到效果。最好的方法是将活性干酵母活化后，作为酵母菌种进行大批培养。方法是：配制含糖 4% 的糖液，在 38 ~ 40℃ 时加入原料量的万分之三的干酵母，糖液量为干酵母的 50 倍，在 30 ~ 35℃ 活化 4h，作为固体酵母培养的酵母菌种。

5. 固体酵母的生产——酵母的扩大生产

麸皮 80%，米糠 20%，加水量为总投料的 60%，用扬麸机拌匀，上甑蒸 1.5h 出甑摊晾，待曲料冷至 34 ~ 35℃，接入 5% ~ 10% 的卡氏罐（三角瓶）酵母菌种或活性干酵母活化液和 0.3% 的根霉种子（利用根霉糖化淀粉的作用，给酵母的生长繁殖提供糖分），拌匀装入曲盘，移入温室培养，室温控制在 28 ~ 30℃，视不同阶段的繁殖生长情况，调节品温和控制温度，采用柱状 X 形，品字形、大十字形进行培养。在培养到 18h 和 30h 左右要翻拌一次，对酵母的翻拌很重要，酵母繁殖生长需要大量氧气，放出 CO_2，翻拌操作能排

除曲料中的 CO_2，补充氧气，调节温度，使酵母能繁殖到整个曲料中去，以提高酵母质量。酵母培养成熟后进入烘干室进行烘干，烘干温度40℃左右，烘干后粉碎入库。

根霉曲系将固体酵母按一定比例配入纯根霉中而成根霉曲，使根霉曲具有糖化和发酵作用，根霉中配酵母的多少，视工艺、发酵周期、气温、季节变化、配糟质量、水分而定。通常成品根霉曲中配 $1.0 \sim 1.5$ 亿/g 曲，混匀即可。

（四）根霉曲生产中常见的污染菌及其防治

毛霉、犁头霉及根霉这三者是毛霉科中的三兄弟，外观相似，根霉似棉花，毛霉似猫毛，犁头霉近似于根霉。它们的菌丝都可无限地向四周蔓延。三者的主要区别为：①根霉有匍匐菌丝，由匍匐菌丝生出假根，与假根相对，向上生出一簇孢囊梗，顶端形成孢子囊；②毛霉无匍匐菌丝及假根；③犁头霉菌丝似根霉，但孢囊梗散生在匍匐菌丝中间，同时假根并不对生。毛霉、犁头霉污染的来源主要为空气，酒厂里的粮食、大曲及周围的环境有许多毛霉及犁头霉，其孢子随风飘扬，成为不速之客来到曲子上。主要的防止措施为选好曲房的位置，要远离酿酒车间、大曲房、粮库及其他污染源。

枯草杆菌属芽孢杆菌，在生产过程中，只要在曲房或烘房中闻到一股浓烈的馊臭味，就可以确定为大量枯草杆菌污染，枯草杆菌主要来源于原料，酒厂的空气中为数也不少，一方面要加强培养基原料的消毒，另一方面还要控制制曲条件。原料蒸透，可以杀死营养体及一部分芽孢。残留在麦麸培养基中的芽孢要千方百计地不使其繁殖，主要的措施是控制制曲条件。培养前期品温必须严格控制在30℃以下，有利于根霉生长而不利于枯草杆菌繁殖；同时根霉生长过程会产酸，破坏了枯草杆菌正常繁殖的 pH。根霉在培养基中大量繁殖后，枯草杆菌就难以繁殖了。在制曲过程中，一旦发现枯草杆菌大量污染，就要对曲房、烘房及曲盒进行严格的消毒。

在根霉曲中发现的念珠霉其特点为孢子呈瓜子形，菌丝常成束。念珠菌可以在曲房中出现，也可以在烘房中出现，如果在曲子上闻到一股带甜的花香味，曲子表面发白，手指一摸会粘上一层白粉，一定是念珠霉污染。

念珠霉污染的原因开始时可能是来自麦麸，润料时麦麸飞扬所致。一旦开始污染，由于念珠霉的孢子很轻，到处飞扬，从一个曲房到另一个曲房，从烘房到曲房，从曲房到烘房，形成恶性循环，致使有的厂经数月还不能消除念珠霉的污染。故一旦发生污染，就要全面停产，彻底消毒。少量念珠霉污染不影响出酒率，大量污染时会使出酒率有所降低。

曲霉在自然界分布极广，几乎在一切类型的基质上都能出现。在根霉曲上发现的曲霉主要有黑曲霉及黄曲霉，污染黑曲霉或黄曲霉时会在麦麸培养基表面看到分散的丝绒状深黑色或黄绿色菌落斑点，在培养基中的细丝较浓，颜色发白。

一般曲霉不会形成大面积的污染，对小曲白酒威胁不大。曲霉多来自麦麸、粮食或大曲，经空气飞扬而来。防止曲霉污染的方法是：除了改善环境条件外，一旦发现曲霉污染，立即进行清除，不使曲霉孢子到处飞扬。

（五）小曲白酒曲药新技术

1. "固–液–固"培养新工艺

扩大培养工艺流程为：

菌种→固体试管（一级种）→固体三角瓶（二级种）→液态种子罐（三级种）→固态浅盘或曲池（四级种）

此工艺采用液、固相结合的培养方法，一、二、三级种可做到纯粹培养，这样可保证种子不受杂菌污染，第四级种虽然不能做到完全的纯粹培养，但由于是营养菌丝体接种，没有固体种子接种时的孢子萌发期，因而适应期很短，接种后根霉迅速生长，抗杂菌能力增强，培养周期缩短，产品质量提高。用菌丝体培养的报道很多，关于酿酒根霉菌丝与孢子的关系可比喻为果树中枝条和果核的关系，用果树的枝条压条接枝，可以保持果子甘甜的特性，而用其果核繁殖果树，果子容易变酸，具有多变性。根霉是单细胞多核体，根霉孢子具有多个核，孢子的发芽，实际上是核发的芽，所以有时尽管分离培养是单个孢子，但长出来的却不完全一样，有甜型也有酸型，这就给菌种带来多变性和不稳定性。所以用菌丝分离移接根霉，就容易保持根霉原有的甜型特性，防止菌种变异。

2. 根霉曲配方改进

根据对成品曲的分析，麦麸的营养物质大大过剩，培养后的成品曲残余糖分过多，既浪费了原料，又影响曲药的保质期。将配料改为麸皮60%左右，谷壳粉40%左右，经大生产实验，成品曲色好，菌丝多而健壮，糖化率高，残淀粉少，节约成本23%以上。具有降低原料成本，增加曲料的疏松度，减少成品曲残淀粉含量，使新配方生产的曲药产品质量达到或超过传统配方曲药，而且能够延长根霉曲的保质期的优点。

3. 酒精活性干酵母通过复水活化

使用酒精活性干酵母通过复水活化后，直接扩大培养为配制根霉曲所需的固体干酵母，改进了传统三级扩大培养固体干酵母繁琐工艺操作，缩短了培养时间，减少了杂菌污染。

4. 在根霉酒曲中添加产酯酵母，提高小曲酒中酯的含量

添加产酯酵母必须注意以下几个问题：

（1）产酯酵母只有在氧气存在的条件下才能生物催化合成酯类，不是一般认为的醇与有机酸的化学反应（酯化反应），故用产酯酵母酿酒时，其产酯作用主要发生在培养菌箱中而不是在发酵窖池中。

（2）在酒曲中添加产酯酵母的量要控制好，不能过多；过多往往会使酒中酯类过多，香气不协调。同时，产酯酵母在箱中大量繁殖，消耗了粮食，影响出酒率。

（3）产酯酵母的菌种要选好，可采用单株，也可采用多株。如采用不当，反而画蛇添足，如过去有的酒厂采用某单一菌种，酿出的酒有一股浓烈的香蕉水味，难以入口。

（六）江津酒厂根霉曲企业标准

（1）感官指标

①外观：呈颗粒状或粉末状，颜色呈近似麦麸的浅褐色，色质均匀一致、无杂色，具有根霉曲特有的曲香、无霉杂味。

②试饭：饭面菌丝均匀、无杂霉斑点，饭粒松软绒透、汁液清亮、口感酸甜适宜、无异味，具有醪糟特有的香甜味。

（2）镜检指标

①根霉形态：菌丝多而粗壮、厚膜孢子收缩较好，呈褐色，色泽金黄或淡黄。

②酵母形态：菌体健壮均匀。

③酵母细胞数：$8 \times 10^7 \sim 1.2 \times 10^8$ 个/g。

（3）理化指标　见表5－47。

表5－47

项　目	指标
水分/%	≤11
试饭糖分 g/100g，以葡萄糖计	≥25
试饭酸度 mL/g，以消耗 0.1mol/L NaOH 计	≤0.40
糖化发酵率/%	≥70

第六节　制曲设备

一、制曲设备现状

小曲设备：除利用纯种根霉菌等制作浓缩酒药时采用发酵罐等设备外，传统小曲的制作基本上仍停留在手工操作阶段上。

麸曲设备：大多采用深层通风槽。

大曲设备：不少厂仍采用曲模盒进行手工制坯。一些大厂采用液压制曲机、弹簧冲压曲机及气动式压曲机等设备。有的厂采用曲架培制大曲，并配有相应的空调装置。制作大曲的原料运输、配料、成坯、运坯、入室放置、翻曲、温湿度控制、成曲运送及堆放等，目前大多仍靠手工操作。制坯机的构造和效率，需进一步改进和提高，应完善曲架的设计，逐步实现使用全自动制曲机的目标。

二、大曲生产设备

（一）制坯机

1. 人工踩曲坯的用具和设备

以某名酒厂为例，主要用具及设备如下。

（1）拌和锅　以铸铁制成，其直径为68cm、深20cm，置于一木架上。在锅内将曲料初步拌和。

（2）和面机　机内设有2个搅拌装置。第1个搅拌器的轴上装有3对带齿的叶片，将由人工初步拌和的物料搅拌后，物料落入和面机的圆筒内，筒中装有搅拌轴上带许多粗齿的第2个搅拌器，进行第2次搅拌。和面机由1台功率为4.5kW的电动机带动。

（3）曲模　用木材制成，曲模大小为28cm×18cm×5.5cm。

（4）踩曲用石板　为圆形的红砂石板，其直径58cm，厚5cm，共12块，排列呈弧形。

（5）运曲坯小车　为双轮手推车，以木料制成，每车可装曲坯30块。

2. 机械制曲的设备和装置

压曲机是机械制曲的主要设备，目前在全国应用的压曲机有如下3种类型。

（1）液压成坯机　如四川宜宾三江机械厂设计制造的 ZQB250 型液压成坯机，能利用液压系统和电气系统对各部动作进行程序控制，从曲料进机到曲块压成后的输出，可实现自动循环作业。其特点是 1 次可同时压制 2 块曲坯，产量为 250～400 块/h，所用电机功率为 3.3kW。

（2）气动式压坯机　该机具有结构简单、占地面积小、操作和维修方便等优点。其压曲方式是一次气动静压成型，产量为 350～500 块/h。可利用 1 台 0.6m³/min 的小气泵产生的压缩空气，通过 3 个手动换向阀驱动气缸，完成取料、压坯、顶出等作业。由于每块曲单独用 1 个气缸压实，故不会因加料不均匀而使曲坯松紧不一；在设计时也考虑到不会因设备磨损而产生模子对位不准的问题。

（3）弹簧冲压式成坯机　这是大多数白酒厂采用的压坯机。首先于山西杏花村汾酒厂及上海七宝酒厂等白酒厂使用成功，而后经上海饮料机械厂改进仿制，并以洋河酒厂为试点，再向全国推广应用。该机的生产能力为 700～800 块/h。曲坯大小和形状可按曲模而定。可改善卫生状况，并节省劳动力 75%。

（二）大曲培养室

1. 要求

大曲曲室的设计及设施应符合微生物生长、繁殖的要求；门窗结构等应便于室内温度、湿度的调节。具体要求如下：

（1）麦仓、粉碎室、润料场、踩曲场、大曲培养室、干曲房，应布置成流水作业线。

（2）曲房房顶呈人字形，设有能保温保潮的竹木结构的填草层，顶层有排气筒。

（3）曲房的前后门窗位置应相对而设，以利于温度、湿度的调节。

（4）用以观察曲室室温及曲温变化的测温器，应安装于室外，以免开门查温而影响室温。

（5）在曲房的出入口，要有防火的宣传字样及灭火设施。

2. 曲房实例

（1）某清香型大曲酒的曲房为砖木结构的平房，每间曲房长 9m、宽 6.5m、高 3.5m。曲房两面开窗，每房设 6 个窗房，每窗的采光面积为 3.12m²。房顶为人字形，设有通风气孔，每间曲房内有暖气设备，供冬季、春季制曲时保温用。每次每房可容曲坯 3000～4000 块。

也有的曲房长 10～11m、宽 5～6m、高 2.5～3m，四壁有易于开闭的门窗。其余情况同上。

（2）浓香型大曲酒的曲房　传统的曲室为砖木结构，夹层墙，黄泥地；高 6m、长 8m、宽 4m。双层墙壁中以稻壳及木屑填充；两侧墙壁有足够的玻璃及木板双层通气窗。屋顶设通气天窗。每房可放置曲坯 800～850 块。

（3）酱香型大曲酒的曲房　每间曲房的面积为（8.5×3.5）m²，自地面至梁底的标高为 3.5m。设门窗各一，地面以红土筑成或为水泥地面。

（4）其他香型大曲酒的曲房　曲房设于通风干燥处，朝南。为砖木结构。人字架尾顶。房高 5m，面积为 60m²。设双重门，其中第 2 道门为两扇可开闭的短门。每间曲房前后各开上下两层高为 1.1m 的窗，两侧的山墙各开 1 个天窗。

（5）某厂的新曲楼　培曲楼坐北朝南，每间长 12m、宽 7m、高 3m。北面开 2 扇钢窗，南面开 1 扇钢窗及 1 扇面积为（1.6×2.4）m² 的拉门，每扇钢窗面积为（1.2×1.7）m²，关闭时严密，又可调节开启度。工人操作时可打开门窗，操作结束后再关闭门窗。窗下装有暖气片。墙用石灰、沙子、水泥混合物抹面。天花板为22cm厚的空心预制板。底层的水泥地面上有夯实的10cm厚的土层，上面再铺席置草。楼上的地面也都有夯实的10cm厚的土层。

按生产流水线布置制曲车间的厂房，整体呈匚形，均为4层楼。两座培曲楼东西向平行；西端为原料暂贮、原料粉碎、加水，拌料，压坯的南北向制坯楼，与两座培曲楼相连，原料由电梯进入上4楼……制成的曲坯经电梯用推车运往培曲楼的各层，每间曲房2、3、4层楼四周均设有外走廊，其中南面为主走廊，宽为1.8m，以便推车运送物料，其他东、西、北三面的外走廊为0.75m，仅供工人在曲房外开关窗时使用。外走廊均伸向空间。

按年产量为10kt的大曲酒厂的用曲量计，若采用平房制曲，则占地面积为20000m²；而用4层楼房制曲，则占地面积可省75%。制曲楼虽增加了300m²的楼梯间及电梯间的建筑费用，但4层的培曲楼省了3座平房的房顶，而曲房房顶要求有良好的保温性能，其造价也是较高的，故平房与楼房的基建投资是相近的，楼房制曲，便于集中管理，且形成了生产流水线作业，故用于物料运输的劳动力可节约30%左右。

为便于推车的进出，楼房曲室采用较大的拉门，故在冬季制曲时应将门封闭严实，其余季节则无问题。

有的厂的制曲楼采用内走廊，则曲房的换气效果不良，温度和湿度难以调节；有的厂采用内、外走廊结合的方式，则楼房面积利用率低，且通风换气效果仍不够理想。所以有人主张制曲必须采用平房，但新建的曲房跨度达20m以上，曲房面积过大，且窗户面积较小，致使换气困难，曲块品温和湿度难以均匀，成曲质量不一致。

实践证明，只要按制曲工艺的温度、湿度的要求和微生物生长的规律建造曲室，无论是平房或楼房，都是能制成优质大曲的。

有的名酒厂的曲楼，采用天花板及双层屋顶，填充绝热的保温材料，既有利于保温，又防止了冬天屋顶产生冷凝水；并设有排气孔道及蒸汽保温装置，以便及时排潮降温和保温、保湿，还采取了增强地面及墙壁调节温度、湿度能力的措施，而且调整了工艺条件，故使用效果良好。

（6）架子曲的曲室　应设有空气调温、调湿装置，不断供给曲室所需的空气，而这些空气在曲室内均匀分布、无死角，使每块大曲的各面处于相同的环境中，故在培养过程中不必翻曲。

为了精确地控制架子曲的培养条件，有的厂已将制曲全过程的工艺参数编成程序，利用微机进行自动控制，使制曲实现了全年化、自控化。

（三）微机控制

在白酒生产中，曲房的劳动环境最为恶劣。在传统制曲中，一个生产周期需多次人工翻曲。由于曲房内温度高、湿度高、CO_2含量高，严重影响工人的身体健康。采用微机控制架式制曲系统后，不再需要在高温高湿环境下人工翻曲，彻底改善了制曲的劳动环境。

微机控制架式制曲系统是将成形后的鲜曲坯置于一个封闭或半封闭的环境中，用传感器采集曲房及曲坯的温度、湿度等数据，经模数转换器输入计算机，主牌机对采集的数据与预先给定的温度、湿度等控制曲线进行比较，并经优化处理后指挥排风、增湿喷头等系统调节曲室的温度和湿度，从而实现监控大曲培养的目的。

微机控制架式制曲系统是传统制曲技术与微生物发酵工程、电子计算机技术和自动化控制技术相结合的智能控制系统，能对曲房中的发酵过程进行实时监控，提供或模拟一个适合于曲坯各种微生物生长繁殖的生态环境，从而可保证大曲生产过程的顺利进行，达到稳定大曲质量和减轻劳动强度的目的。生产实践表明，采用微机控制架式制曲系统后，成曲产量比传统工艺高 3~4 倍，成曲质量稳定，糖化力和发酵力都优于传统工艺制曲。

微机控制架式制曲系统的主要设备一般包括计算机和自动控制柜，温度、湿度、CO_2 等传感器，以及自动喷头（用于增湿）、自动通风（排风）装置和自动加热装置等。

三、小曲制曲设备

传统小曲的制作设备很简单，无非是使用盆、筛、缸、箱之类，例如四川邛崃米曲饼的制作设备如下。

（1）拌和盆　拌和盆为木制，用于制曲前的原料加水拌和。其上口直径为 850mm，下口直径为 810mm，高为 280mm，能拌和 80kg 大米粉。

（2）保温箱　保温箱分上下两部分。下部为箱座，用火砖砌成。其长为 3170mm、宽为 1600mm、高为 630mm，四壁厚为 115mm，在接近地面位置逐渐增厚，使呈斜面状。箱座的前面开门；箱座的内部两头空位处，放置火盆，用木炭生火保温。在箱座上放置竹篾，再加草垫。上部称为木箱，置于草垫之上。木箱稍小于箱座，其长为 2960mm、宽为 1500mm、高为 185mm。箱内可放置间距为 10mm、直径为 90mm 的曲坯 410~420 个。

（3）烘烤灶　烘烤灶分为两部分，均用火砖砌成。上部长 560mm，宽 440mm，高 360mm。能放置直径 90mm、厚 30mm 的曲坯 210 个，即每个保温箱应设 2 个烘烤灶。烘烤灶的下部称为火膛。其长 5100mm，宽 400mm，高 600mm；前面开门，膛中置木炭生火加热。

四、麸曲制曲设备

（1）曲盒　传统法培养曲种使用曲盒，种曲质量较高。曲盒以红木或杉木制成，或用竹编成。其内长 52cm，内宽 31cm，内深（高）5cm，板厚 0.6cm。盒底部有 3 根长 32.2cm 的底桥，其宽 2cm，厚 0.5cm。曲盒长度方向两面的板长 60cm。每年生产 10kg 曲种，需用曲盒 70 余个。

（2）帘子　帘子也一般用于制曲种，通常用竹片编成，如日常使用的竹制窗帘。帘子铺于种曲室的曲架上。

例如，某厂以长 3.4m、宽 3.1m、高 2.2m 的密封小室为曲种室。该室靠冷墙的两面墙壁，砌成夹墙，以利保温；室内距地面 30cm 铺地板；曲种室门外设缓冲间；在曲种室两面的墙壁上下，留 2 个直径为 10cm 的圆孔，以利于通风换气，曲架以 25mm×25mm 角钢焊制，分 4 层。室内安装控温仪及 3 个电暖气装置，每个功率为 1kW。

也有的白酒厂采用容量为 5000mL 的大三角瓶作为培养曲种的容器。

（3）通风制曲设备

① 通风曲池（箱）：通风曲池呈长方形，砖砌，水泥抹面。通常为地上或半地下式，高出地面 45cm。池底又称导风板风道，其斜率为 8%~10%。在导风板高的一边的水平方向的池四壁，有宽为 10cm 左右的边，用以支撑可移动的竹帘或金属筛板，作为承堆曲料

的箅子。在距曲池上部边沿约 15cm 处的四壁，钉有胶皮布条，以免通风漏气并使曲产生干皮现象。

②曲池风机：离心式风机的总压头 $H < 980Pa$ 者称为低压风机；$H = 980 \sim 2942$ 者，称为中压风机；$H > 2942 \sim 9800Pa$ 者，称为高压风机。曲池通常配用 4 – 72 – 11No6D 或 No8D 中压风机，每号风机又分 8 个序号。D 式风机由电动机带动联轴器转动，因风机启动率较大，故多配有自耦式磁力启动器，以免损坏电动机。

一般按曲料厚度选择风机的风压。例如培养黑曲霉的料层阻力 $\triangle p$ 取 58.8 ~ 68.6Pa/cm 曲料厚；培养根霉时，$\triangle p$ 取 78.5 ~ 88.8Pa/cm 曲料厚，风机风量的选择，可按经验数据 1kg 干曲料曲霉生长旺盛期所需空气为 18 ~ 20m³ 计算。根据上述风压及风量的估计，再对照有关风机产品目录或样本，即可选择较为适宜的风机。

风机出口的风管与曲池相连，进曲池的风口呈偏喇叭口状，使空气能均匀地进入池底，经导风板转为垂直向上通过曲料层。

③通风晾曲池及配用风机：麸曲出池后含有 28% 左右的水分。小厂多在晾曲棚内摊晾、风干，由于曲层较厚会引起返火现象。大、中型厂多使用与通风曲池结构基本相同的通风晾曲池。曲层厚度可为 50 ~ 60cm，配用风机的风压较高，采用间歇通风进行降温、干燥，通风量不宜过大。

第六章　白酒酿造工艺

第一节　不同香型大曲酒生产工艺

一、白酒酿造的三个配料工艺

清蒸清糙、清蒸混糙、混蒸混糙是白酒酿造的 3 个重要的配料工艺。曲酒生产要根据产品的香型和质量风格特点，选择适合产品特点的配料操作方法。

1. 清蒸清糙

清蒸清糙的特点是突出"清"字，一清到底。在发酵操作上要注意糙子清、醅子清，醅子和糙子要严格分开，不能混杂。清糙配料法，是将粉碎的粮食加 85~90℃ 的热水，搅拌均匀，至粮食吸足水分，而不产生淋浆为好，粮水比约为 10:7。在甑内蒸熟，大汽蒸粮 80min，出甑后加冷水，加水量为粮水比 100:(26~28)，加曲，加酒母。第一次为纯粮发酵，蒸得的酒称为大糙酒；第二次为纯醅发酵，不配新粮，蒸得的酒称为二糙酒；第三次为纯糟发酵，不配新粮，蒸得的酒称为三糙酒；三糙发酵蒸酒后，即为扔糟。清糙配料操作，又称清蒸清糙，即采取原料清蒸、辅料清蒸、清糙发酵、清蒸流酒的工艺操作，要求清洁卫生严格，一清到底。清蒸清糙工艺，是清香型白酒的典型工艺，它的产品质量特点是，香气突出一个清字，口味突出一个正字，以清香纯正、落口爽净、回味悠长为其风格特点。

2. 清蒸混糙

混糙又称续糙，即粮食与酒醅混合配料。酒醅先蒸酒，后配粮，混合发酵称为清蒸混糙。清蒸混糙操作，也可应用于酿造清香型白酒，具体操作如下。

（1）原粮加水清蒸　将粉碎的原粮，按清糙配料操作加水，搅拌、蒸粮、出甑后加冷水，与蒸糙后的酒醅按比例混合，加曲，加酒母，混糙发酵，以达到驱除粮食中邪杂味的目的。

（2）原粮配醅清蒸　配醅清蒸，将粉碎很细的粮食，与蒸酒后的酒醅按比例混合，先闷堆，后蒸料，出甑后冷散，加曲，加酒母，混糟发酵。因酒醅中有一定的酸度，能促进糊化，可驱除粮食中的邪杂味。

清蒸混糙的回醅带连续性，其发酵产物可连续积累，回醅的淀粉可连续利用，回醅又可冲淡淀粉浓度，可获得较清糙配料法更高的出酒率。由于清蒸混糙配料操作，比较接近清蒸清糙配料操作，因此，它的产品质量特点比较接近于清蒸清糙配料的产品质量特点，既保持了清香型白酒清香纯正的质量特色，又保持了混糙发酵的清香浓郁、口味醇厚的特点，这是清蒸混糙的优点。但是，尚欠缺清蒸清糙的落口爽净、回味悠长的独特风格，这是清蒸混糙的不足之处。

3. 混蒸混糙

这是将发酵好的酒醅，与原粮按比例混合，一边蒸酒，一边蒸粮，出甑后，经冷却，加曲，加酒母，加冷水，混糙发酵。因为混蒸混糙是边蒸粮、边蒸酒，所以又称为混蒸混烧；而清蒸清糌和清蒸混糌是蒸粮、蒸酒分别进行，所以又称为清蒸清烧。混蒸混糌，操作简便，蒸出的酒醅疏散，更有利于提高出酒率，所以，采用混蒸混糌配料操作为多数白酒厂所采用。

续糌发酵：在浓香型曲酒酿造中，采用混蒸混糌续糌发酵工艺，即取发酵好的酒醅与粮粉按比例混合，一边蒸酒，一边蒸粮，出甑后，经摊晾、撒曲、入窖，混糌发酵。因为糌醅是连续使用，故称"续糌发酵"。这种操作工艺，酒醅（母糌）若干年都可连续循环，永远丢不完，故称"万年糌"。母糌时间越长，积累的发酵产香前体物质越多，对增进酒质浓香具有重要作用。

二、人工培窖和窖池建造

浓香型大曲酒的主体香成分自20世纪60年代中期开始，国内不少单位进行了深入的研究，通过纸层析和气相色谱的分析，一致确认己酸及其乙酯类是浓香型大曲酒的主体香；梭状芽孢杆菌类是产生这两种成分的主要菌类。"好窖出好酒，好酒的基础是优质窖泥、优良工艺和精心管理"，这是浓香型大曲酒生产必须遵循和认同的真理，而人工老窖泥的研究和应用就是利用各种科技手段、微生物、土壤等相关学科的成果，模拟老窖泥的老熟机理以及各种成分，尽量缩短自然老熟时间而达到优质窖泥的水平和实际效果。

（一）液体窖泥的制备

液体窖泥是指将窖泥进行人工液体培养，经反复连续淘汰纯化，得一较纯的复合菌株培养液。液体窖泥是维护和改造劣质窖池必备的手段和措施，同时也是提高酒质的一种方法。

1. 丁酸发酵液培养

培养基：牛肉膏1.5g，葡萄糖3g，蛋白胨2g，$CaCO_3$ 2g，老窖泥浸出液100mL（取老窖泥100g，加85℃以上热水150g，充分搅拌成泥浆水，自然澄清，取清液作培养基添加用水）。

培养方法：采用三级扩大培养。

将培养基约500mL，装入烧瓶内，塞上棉塞，灭菌，冷后接入老窖泥3%～5%，然后加热至刚沸腾即止，急冷，此时基本上所有的营养细胞都已被杀死，只留下具有芽孢的耐热细菌，水封，至34℃保温培养，16～18h后开始产气，液封鼓泡，镜检可发现大量杆状菌和少量的大型梭状菌。

培养液成熟后，颜色黄浊，略臭，似黄浆水味，pH变化不大，约为4.5。菌体染色为革兰阴性，发酵液中含丁酸和己酸。

2. 己酸菌发酵液培养

培养基：$CH_3COONa \cdot 3H_2O$ 0.5%，$(NH_4)_2SO_4$ 0.05%，$K_2HPO_4 \cdot 3H_2O$ 0.04%，$MgSO_4 \cdot 7H_2O$ 0.02%，酵母膏0.1%，自来水适量，杀菌后、接种前加入乙醇2%，$CaCO_3$ 1%，调pH6.8～7，培养温度32～34℃，培养基应尽量充满容器，造成厌氧条件，培养时间为7d。

菌种一般采用分离纯种或老窖泥液。

在培养期间，可用显微镜检查杂菌污染情况，同时用20%硫酸铜溶液检测己酸的生成量。通常在接种后1～3d基本上不产己酸，4～6d开始产酸，7d后己酸含量明显增加，己酸菌生长也很旺盛，10～12d己酸量达到高峰。在逐级扩大培养中，一般1、2级种子培养7d，大生产用己酸发酵液则适当延长到15d为好。

3. 混合培养液

制备混合培养液是大生产常用的一种方法，具有成本低廉、简单易行的特点。其培养液配方：老窖泥（接种泥）5% ~ 10%，底层母糟 15%，曲粉 2%，乙醇 2%（用酒头、酒尾、曲酒按比例折算），营养盐（按照老窖泥的结构和需要，调整 N、P、K 等营养成分，可采用 0.5% 的高效复合肥，或按己酸菌培养液配方添加一半）适量，黄浆水 10%，调 pH5 ~ 6，85℃ 以上热水调配。

工序：将酒醅、黄浆水装入麻坛内，倒入 90℃ 以上热水（或部分热底锅水），立即封坛，待冷至 50℃ 左右，加入曲粉、老窖泥、营养盐，调 pH，加入适量的乙醇，保持乙醇含量 2% ~ 5%，并且用乙醇封面，然后封坛。保温 32 ~ 34℃，培养 8 ~ 10d。正常培养液应为金黄色或淡黄色，气味与老窖泥相似，有悬丝，镜检杆菌多，健壮，有极少量酵母，基本无其他杂菌。

制备液体窖泥应注意以下几个问题：

（1）合成培养基中醋酸钠和乙醇是必不可少的物质，否则己酸就不能生成，用其他的醋酸盐代替醋酸钠也可以。酵母膏含有一定的生长素，能促进己酸的合成，酵母膏的量不足或质量低劣都会影响己酸合成，其他无机盐影响不大。用酒糟浸出液（或液态法酒厂的酒糟水）作配料用水，可以取代酵母膏和无机盐。

（2）己酸菌（或窖泥）培养液有时会变黑，有的有黑色沉淀，有的出现黑色膜状物。据分析可能是由强氧化作用、氨细菌感染引起的。

（3）培养基 pH 的影响　己酸菌属于变形杆菌，是梭状芽孢杆菌，它除了有己酸合成的一套酶系外，还有另一套酶系，在环境条件正常时它可以通过乙酰辅酶 A 的作用形成丁酰辅酶 A，进而再形成己酸。但在环境改变不适于己酸菌合成己酸时，即 pH 过高时就会使另一套酶系产生作用，在肽酶的作用下分解蛋白质，首先脱掉氨基酸分子上的氨基，进一步产生 H_2S，因而产生恶臭，并造成培养液变黑。当菌液变黑时，培养基的 pH 在 8 以上。

4. 酯化液的制作

酯化液的利用是微生物技术与传统工艺的结合，是提高酒质和培养窖泥所普遍采用的一种方法。其主要的依据是用醇、酸在酶系的作用下脱水生成酯类。目前的生产方式大致可分为两种：

自然状态的酯化（物理方法），添加催化剂酯化（生物方法）。采用最多最普遍的还是物理方法，因其简单，便于车间、班组自行调节掌握，而生物法所需用的菌种和大规模生产模式尚未取得突破性进展。

（1）物理方法　配方为：黄浆水 25%，调整酒度为酒精含量 5% ~ 20% vol（用较好的酒调配效果更佳），大曲粉 2%，己酸菌液 1.5%，香醅 1.5%，老窖泥 2%。

没有黄浆水时可用母糟浸提液代替，取 1 倍的底层糟，1.5 倍的 90℃ 以上热水浸泡，搅拌，30min 后过滤，取滤液备用，同时根据情况添加部分己酸等物质。

将上述原料按比例放入坛中，上面用高浓度酒封面，外用食品级塑料膜盖住，涂上封坛泥，pH 在 3.5 ~ 5.5，酯化温度保持在 30 ~ 34℃，酯化时间 1 ~ 3 个月。

（2）生物方法

①HUT 液：取 25% 赤霉酸（IS），35% 生物素，溶解时用食用酒精，取 40% 泛酸用蒸馏水溶解，将上述溶液混合，稀释至 3% ~ 7%，即得 HUT 液。按照黄浆水 35%、酒尾

（酒精含量 20%）55%、大曲粉 5%、酒醅 2.5%、老窖泥 2.5%，配好后，加黄浆水量 0.01%～0.05% 的 HUT 液，在 28～32℃ 下封闭发酵 30d。泛酸在生物体内是以 CoA 形式参与代谢的，而 CoA 是酰基的载体，在糖酯和蛋白质代谢中均起重要作用。生物素是多种羧化酶的辅酶，也是多种微生物生长所需的重要物质。

②由己酸菌三级菌种培养成菌液：取菌种 10%，己酸菌培养基 8kg，用黄浆水调 pH4.6，酒头（尾）调酒精含量 8%，温度 30℃，发酵 30d。考虑蒸馏时的提香效果，要有较高浓度的酒精存在；要保证一定的时间完成正反两方向的质量扩散（浸入、提出）。因此，利用其串香时，上甑时间应为 35～40min。用此方法时要注意：菌种的选择和加量，酒尾和黄浆水的比例，酸度的大小，酒精浓度的高低，酯化温度和时间。

现在用固定化技术生产己酸菌液已基本成熟。其基本原理就是用几组相连接的不锈钢发酵罐，将己酸菌等窖泥功能菌用海藻酸钠等物质固定在柱子里面，用微型泵或采用落差将黄浆水、酒和母糟浸提液等混合物以一定的速度和流量注入反应罐中，反应时间大约为 7d，通过柱子中固定菌的生长繁殖，培养成合格的己酸菌液。因其采用较纯的菌种和较严格的厌氧条件，有利于己酸菌的生长和繁殖。这是培养和增强窖泥中己酸菌含量的较佳方法，同时其产物用于养窖和改窖都有很好的效果。用固定化技术生产出来产品的特征为：呈金黄色或清油色，有浓郁的老窖泥气味，镜检有大量健壮的梭状芽孢杆菌，色谱分析有一定量的己酸乙酯存在。

③以酯化酶为主培养酯化液：以酯化酶培养酯化液的配方是尾酒：酯化酶 = 25:1，另加经高温煮沸速冷至 40℃ 的黄浆水和糟水，在 30～40℃ 下酯化 14～15d。

（二）窖泥的培养

窖泥的培养包括窖泥原料的选择、窖泥所需的营养物质、生产工序、检验标准等几个方面，各个方面是相互依存、相互谐调的，必须要有好的培养基质、生产工艺及精心管理才能培养出优质高效的人工老窖泥。

1. 窖泥原料的选择

原料选择的原则是：根据人工培泥的理论依据，结合各种原辅料的有效成分，尽量选用酿酒生产的下脚料，减少外添加物质，以较小的投入成本换取较大效益的产出，以最佳配合缩短培泥老熟时间。

（1）黄泥（优质泥） 黄泥要求黏性好，含杂质少，基本无沙石，pH 为中性偏酸，晾干后粉碎使用。优质泥又称肥田泥，为去掉上表含草 5cm 左右后的下面 15～20cm 的泥层，要求黏性好，肥效较高，含腐殖质、氮、微生物等较多。

（2）窖皮泥 它是制作人工老窖泥的主要基质。因其长期与母糟、面糟、曲药等接触，又从空气中富集了较多的有益微生物，有一定的腐殖质（5%～9%）和窖泥功能菌存在，同时也对环境有了一定的适应能力，故更能适应于窖泥培养。其要求为：有一定的窖皮泥香味，色泽泛黑，含糟量尽可能少，黏性较强。

如果培养人工窖泥需求量较大，窖皮泥不够时，不宜全部更换原窖皮泥，只能每轮换取 1/3～1/2，因全新的窖皮泥至少需半年的时间才能达到使用要求，否则跟鲜泥无甚区别。另外，也可采用单独培养窖皮泥的办法，其具体操作为：将鲜黄泥加丢糟粉 5% 或粮糟 10%，大曲粉 2%，老窖泥 2%～5%，黄浆水 5%，己酸菌培养液 15%，酒头、酒尾 5%，拌和均匀，控制水分在 32%～35%，堆积保温 32℃，发酵 1～2 个月，每隔 10～15d 翻动1次，目的是加快泥质的氧化速度和增加酵母菌数。在第1次翻动时，将发酵泥踩柔熟，然后收堆。每次翻时可添加0.5%～1%的曲粉。此方法同样可以作为培养优质窖泥的预备。

（3）老窖泥（接种泥） 它是制作混合菌液和提供菌源不可替代的物质，系发酵时间长且正常窖池底部泥和下半部窖壁泥。在酿酒生产中应注意这样一个细节：每次在出窖时都会有小泥块随糟一起取出，这些小泥块应及时拾取，放入一特定坛中积存起来，并在坛中加入己酸菌培养液，上面用高浓度酒封面，使己酸菌在里面生存，并大量繁殖梭状芽孢杆菌，这是获取接种泥较好的一种方法。

另外一种培养接种泥的方法是将优质窖皮泥（气味、色泽正常）加入2%大曲粉、2%乙醇、2%母糟、10%～20%己酸菌培养液（或5%培养基），以及乙酸钠等营养物质，拌和均匀踩至柔熟，水分控制在35%～38%，放入窖池底部，随糟发酵2～3轮，即可成为质量较高的接种泥。因其在窖池底部与窖底、壁、母糟等不断进行微生物渗透和交换，同时下沉的黄浆水也将大量菌种和营养成分带到泥中，与之进行能量和物质交换，故使接种泥的含菌数和营养成分达到老窖泥水平。在制作接种泥时，要求选择发酵正常、无渗漏、质好量大的窖池。

（4）黄浆水 黄浆水内含有机酸、乙醇、腐殖质前体物质、酵母自溶物以及一些经驯化的生香菌类。所用黄浆水要求色泽呈金黄色或清油色，悬丝较好，酸度不宜过大，富含大量梭状芽孢杆菌，这是制作酯化液、己酸菌液、发酵液的基础物质。注意，不宜只用黄浆水和酒尾培养窖泥。

（5）大曲粉 内含大量的酵母、霉菌、细菌以及淀粉。培养窖泥初期，它对泥土起接种与升温的作用，以后曲粉中的微生物大量死亡，形成菌体自溶物，供土壤微生物使用。所含淀粉可逐渐转化为腐殖质，也为细菌利用。同时增加窖泥中的曲香味。

（6）活性淤泥 最好为酿酒车间、制曲车间暗沟里的淤泥，它主要是车间清洗工用具时落下来的酒糟、窖泥、曲粉以及酒梢子、底锅水等物质的混合发酵产物，含有丰富的厌氧或嫌性厌氧微生物——甲烷菌等。取出后，在太阳下晒干，使还原性物质氧化，以利生产上使用。在选用淤泥时，不可泛取，要选择正常、无异臭、不带沙或含沙量少、细泥状的物质。

（7）水果发酵物 系水果经腐烂发酵后的产物。将所选用的苹果、烂梨等粉碎后，加入适量的大曲粉、黄浆水、活性淤泥、TH—AADY活化液等，放入池中或坛中发酵，使苹果、烂梨粉发酵彻底，形成有利于窖泥微生物利用的物质。这种原料可为窖泥提供部分碳源——乙醇，同时补充窖泥中植物性腐殖质以及微量元素、生长素等。但应注意采用这种原料培养成熟的窖泥使用后，有可能会增加酒中的乙酸乙酯含量，同时带来异香（指窖泥培养方法有异或不成熟）。因此，在制作窖泥时，水果发酵物应适量，宜少不宜多。

（8）肠衣发酵液 指将小肠的肠绒经长时间发酵成熟后的液体部分。其原料要求必须新鲜，将肠绒与肠衣分开，切成小段。配方为：黄浆水25kg，热底锅水或90℃以上热水50kg，肠绒25kg，酒尾（酒精25% vol）25kg，接种泥10kg，曲粉4kg，下层母糟2kg，活性淤泥5kg，磷酸氢二钾0.5kg，硫酸镁0.01kg，硫酸钠0.03kg，粮糟，乙醇适量。培养方法为：先将黄浆水与热水混合，调pH为4.5～5.5，待品温降至30～40℃将其余部分材料投入发酵坛中密封，在30～37℃的条件下培养3个月以上。也可以先将肠绒单独处理，按肠绒100kg、曲粉10kg、活性淤泥25kg、85℃以上热水200kg混合入坛发酵，使肠绒全部腐烂变成液体。用液体制作肠绒发酵液将缩短其成熟时间，效果更好。另外，在培养己酸菌液时加入 1% 的肠绒发酵液，将有助于己酸菌液的成熟，同时气味更浓。

肠衣发酵液成品要求为：无原料本味，无腐败臭味，有一定的老窖泥气味或酯香味，色泽淡黄。另外在接种时可添加 5%～10% 的己酸菌培养液。肠衣发酵液的作用为动物性腐殖质，增加窖泥中全氮的含量，以及其他有机营养成分。其弊端在于如果发酵液处理不当，易给酒中带来原料味或腐败味，影响酒糟的风格，甚至影响酒的质量。另外，因其蛋白质含量高，使用不当，会使酒中的杂醇油含量升高。因此，在考虑使用肠衣作营养物质时，要充分合理地设计发酵液配方和工艺，尽量延长成熟时间。在处理肠绒时可接种放线菌进行处理，其分解产物可为产品增加一种特殊的芳香。

（9）泥炭　泥炭含有丰富的腐殖质，含量一般在 30% 以上，可分为草原泥炭和高山泥炭两种。草原泥炭是以腐烂草根和草茎经长年在地下腐败厌氧演变而形成的黑色泥层，它是以枯草根茎为主，疏松、泡气，易粉碎和贮存。吸水和保水性能好，一般吸水在 900%～2500%。高山泥炭是由烂木、树叶等演变而成，以木质为主，干燥失水后如同煤一样坚硬，只能用机器粉碎，而且不易保存，吸水力不如草原泥炭。高山泥炭的缺点是在窖泥中使用几轮后，易发生板结现象，这需加强对窖池养护的责任心。因此，在窖泥中最好使用草原泥炭。

（10）糟　包括母糟、粮糟和丢糟粉，主要是为窖泥提供营养和疏松介质。

2. 窖泥所需的营养物质

人工培养的成熟窖泥和老窖泥一样，其最大的特点是梭状芽孢杆菌含量丰富。梭状芽孢杆菌等窖泥功能菌在窖泥中生长所需的营养物质一般认为有腐殖质、有效磷、氨态氮、乙酸、乙醇、生长素、水等。土壤肥力是通过土壤复合胶体表现其功能，土壤复合胶体是由微生物、有机胶体和无机胶体构成的，它有类似生物同化和异化作用的生理功能。在土壤复合胶体中，腐殖质起着重要的作用，土壤板结医治的方法一般为增加有机物特别是腐殖质的含量。因此，在窖泥配方设计时，要充分考虑土壤与窖泥之间的相通特性，老熟的窖泥在泥与微生物之间的水分和养分供给方面呈"稳、匀、足、适"的良好生态环境。

（1）腐殖质　窖泥腐殖质是在微生物酶的作用下形成的简单化合物和微生物代谢产物的合成物，以及有机残体或其他有机物腐殖化的过程中形成的一类特殊分子有机化合物。在其分子上含有若干羧基、酚羟基、羟基、甲氧基、甲基、醌基等能与外界进行反应的官能团。

腐殖质的形成基本上分为两个阶段：第一阶段是在有机残体分解中形成组成腐殖质分子的基本成分，如多元酚、含氧有机化合物（如肽等），一部分转化为矿化作用最终产物 CO_2、H_2S、NH_3 等，同时产生再合成产物和代谢产物。第二阶段是在各种微生物群分泌的酚氧化酶的作用下，把多元酚氧化成醌，即：

醌再进一步与含氧的有机化合物缩合形成腐殖质分子的基础，即：

酿酒原料高粱中含大量的单宁（多元酚）是否可变成腐殖质的前体，现未明确。但可以肯定的是二元酚可氧化成醌及腐殖质分子，木质素和碳水化合物在微生物作用下也可形成多元酚，蛋白质在蛋白酶的作用下可转化为氨基酸或肽链，缩合形成腐殖质分子，黄浆水中含大量腐殖质前体（AA）等，给窖泥腐殖质的形成提供良好的前体物质。出窖时的好气条件有利于有机物的分解，旺盛的微生物群为腐殖质分子的形成提供大量的酶，因而一般窖泥中腐殖质要比土壤中的高。

窖泥腐殖质的功能是：

①为微生物营养元素的来源：窖泥中除可吸收的游离 NH_4^+ 的氮素等外，很多氮素经过分解及合成作用转化为腐殖质，保存在窖泥中。许多腐殖质成分的分解又是缓慢的，能保证微生物对养分的"稳、匀、足、适"的需要。腐殖质胶体在氧化物表面形成保护膜衣，形成不易溶解的无效磷，减少磷酸盐与 Ca、Mg、Fe、Al 等元素结合，提高磷素的有效性。微生物所需要的 K、Ca、Mg、S、Fe 等元素，在腐殖质中也有不同程度的含量，还含有维生素 B_1、维生素 B_2 和维生素 B_6、烟酸、激素、生物素、吲哚乙酸等，它们有的是微生物的营养物质，有的对微生物生长有刺激作用。

②缓冲调节作用和离子代换作用：腐殖质分子的前体物质羟基、酚式羟基、烯醇式羟基、亚胺基等使有机体带负电荷，有较强吸收阳离子的能力，每 100g 腐殖质吸收量为150～400mmol，比黄泥高 4～5 倍，吸收的阳离子可由另一种代换能力强的阳离子代换出来，如：

$$土壤胶体 \cdot Ca^{2+} + 2H^+ \Longleftrightarrow 土壤胶体 \cdot 2H^+ + Ca^{2+}$$

这种代换作用可受离子浓度的影响，如 Ca^{2+} 浓度高时，反应会按上式逆向进行。腐殖质分子质量大，功能团多，解离后带电量大，有机胶体分散度高，具很大的表面吸收作用，阳离子代换量大，对窖泥营养的保持和酸度的调节有重要作用。

③保水作用：腐殖质是亲水胶体而又疏松多孔，有很强的保水作用，腐殖质含量高的窖泥吸水率可达 900%～2500%，一般土壤吸水只有 400%～600%。所以腐殖质对保持窖泥的滋润状态，发挥窖泥功能有重要作用。

（2）有效磷　磷是核酸与磷脂的成分，组成高能磷酸化合物及许多酶的活性基。一般磷的适合浓度为 0.005～0.01mol/L。微生物主要是从无机磷化合物中获得磷，磷进入细胞后即迅速同化为有机的磷酸化合物。磷酸根在能量代谢中起调节作用，在一定范围内，磷酸盐对培养基 pH 的变化有缓冲作用。磷是己酸菌大量繁殖的必需物质，磷又是参与乙醇、乙酸化合成己酸这一发酵过程的重要物质。例如，丁酸和磷酸相结合，加入乙醇，才能生成己酸。有效磷是指土壤中能被植物及时吸收利用的那一部分磷素。在人工培泥过程中，不宜加过磷酸钙和重过磷酸钙，因为它们含有游离的酸性强的 H_3PO_4、H_2SO_4，Ca^{2+} 又易与乳酸形成沉淀，造成窖泥老化。

（3）氮（氨态氮）　微生物细胞的干物质中氮的含量仅次于磷和氧，它是构成微生物细胞中核酸和蛋白质的重要元素。凡是构成微生物细胞物质或代谢产物中氮素来源的营养物质均称为氮源。含蛋白质的有机氮源称为迟效性氮源，而无机氮源或以蛋白质的各种降解产物形式存在的有机氮源则被称为速效氮源。

在人工培泥时添加 N、P 应以 $(NH_4)_3PO_4$ 等为主，不必加入价格很高的 KH_2PO_4。氮素的添加不应加硝氮，它在窖泥厌氧条件下发生反硝化脱氮，造成氮素损失。当 pH5～8，温度为 30～35℃时，最有利于反硝化作用。土壤中氮素转化是供给微生物以速效氮源的重要过程。控制土壤条件使有益微生物活跃，进行氮素转化中有益的过程，是控制土壤中氮素转化的基本依据。

土壤有机质为微生物提供能源，主要是碳水化合物和含氮有机物，当有机质的 C/N 等于 25:1 时，微生物繁殖快，材料易于分解，有机质氨化分解作用所产生的氨大部分或全部供给微生物利用。一般认为 C/N 在（8~12）:1 范围内（相当于腐殖质的 C/N）最为稳定，矿化速度极缓慢，碳源和氮源能有效长久地保持于土壤中。

土壤对尿素有一定吸附能力，尿素分子与粉粒矿物或腐殖质上的官能团以氢键的形式相结合。

尿素在土壤中可在脲酶作用下转变为 $(NH_4)_2CO_3$：

$$CO(NH_3)_2 + 2H_2O \xrightarrow{\text{脲酶}} (NH_4)_2CO_3 + H_2$$

在 30℃时，只需分解 2d 时间就会出现氨化高峰，而氨态氮在检测时对结果影响较大，使测定结果与实际含量有较大的差别。窖泥的培养温度又以 30~35℃ 最好，因此，在人工培泥时添加尿素要充分考虑这些因素。如需添加尿素或尿素型复合肥，最好是在培养时加一部分，在挂窖前再加一部分，以免氮素损失太大，或根据每轮检验结果，分批分期添加。

（4）生长素　酵母菌、细菌、霉菌等微生物，在死亡之后菌体自溶产生的一些物质，如核酸、维生素 B、生长素 H、核黄酸、乙酸等是微生物的生长素。维生素只是作为酶的活性基，需要量一般很少，其浓度范围为 1~50mg/L 甚至更低。

（5）酵母自溶物　它是酵母破败自溶后的产物，含有核糖核酸和维生素 B_1、H、B_2 和叶酸等，都是促进己酸菌繁殖的重要物质，所以己酸菌发酵时，必须有大量的酵母自溶物作营养基，才能促进发酵。当浓香型大曲酒酒厂培养窖泥需酵母自溶物时，一般自行制作，其方法为：将活性干酵母活化（2% 稀糖水，保温 30~35℃，活化 2h）繁殖后，加入已按比例配好的己酸菌培养液中，用高浓度酒（或酒精）封面，隔绝发酵容器中的氧气来源，使酵母充分利用培养液中的氧，当氧消耗到一定时间，酵母因缺氧而逐渐死亡，成为酵母自溶物。己酸菌生长需嫌性厌氧，酵母消耗部分氧，正好使己酸菌生长达到较好条件，逐渐成为生长优势，而最终大量繁殖至成熟。在窖泥培养中，同样可以添加 TH—AADY 活化液，一是补充酵母自溶物，二是使泥彻底发酵柔熟。

（6）乙醇　主要为己酸菌等细菌提供碳源。己酸菌在酒精浓度为 2%~5% 这个范围内都能正常生长，当酒精浓度达到 12% 时，维持不生长、不繁殖、不死亡的情况。人工培泥时所选用的酒头、酒尾、母糟浸出液，正是利用它们所含有的丰富酸类物质及乙醇，为菌类生长提供营养成分。

3. 窖泥生产的工序

人工老窖泥的培养主要依据是：按照嫌气芽孢杆菌（己酸菌等窖泥功能菌）的生存条件，用人工合成的方法使窖泥更能适应微生物的生存和繁殖；合理配搭 N、P、K、腐殖质、微量金属元素、水分等营养成分，严格控制培养温度等外界因素的影响。人工培泥的方法主要有两种，即纯种培养和混合培养。所谓纯种培养就是用己酸菌培养液、酯化液、乙醇、大曲等物质与所需原辅料拌匀至柔熟，然后入池发酵，保温 32~35℃，1~3 月成熟。混合培养就是用湿料经三级堆积培养，采用纯种菌液与混合菌液，逐步增加营养成分的方法。此工艺适应于规模较小的企业,其缺点是成熟期较长,一般需 3~4 月;其优点为可以全部采用本厂下脚料,成本较低。

(1) 工艺流程

①纯种法培养:各种按比例混合的原辅料(己酸菌液、酯化液、酒头、酒尾等)→拌匀、搅拌柔熟→入池封闭发酵 1~3 月,保温 32~35℃→途中抽检 2~3 次(补充所需营养成分)→检验合格→成品。

②混合法培养:见图 6-1。

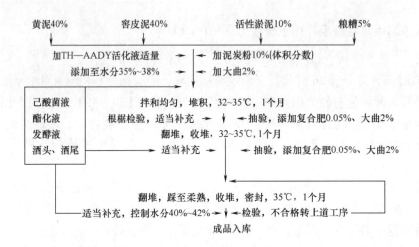

图 6-1　混合培养法工艺流程

(2) 操作步骤

①先将鲜黄泥(干细黄泥)或优质泥、窖皮泥、活性淤泥、粮糟(丢糟粉)、泥炭等物质按比例一层一层铺好,厚度控制在 30~50cm,然后加入由酯化液、己酸菌液、发酵液、酒头、酒尾等混合的液体,拌匀、收堆(堆高约 1m),再泼入部分混合液,控制水分在 35%~38%,皮面用锹拍光,并涂抹 1 层黄泥浆,外再用塑料薄膜盖住,边(接)头处用黄泥封好。插上温度计,以利观察发酵变化情况。如温度不够,用热丢糟进行覆盖升(保)温,使发酵温度在 32℃以上,发酵 1 个月,进行常规分析,感官鉴定。在拌泥前可以泼洒 2%~5% 的 TH—AADY 活化液,有利于泥的发酵柔熟和补充酵母自溶物。

②根据检测结果,对其进行感官综合鉴定。横截面层次清楚,各种原辅料发酵较好,有一定的气味,无霉变、酸败。补充大曲 2%、复合肥 0.05%、乙醇 1%~2%、混合液适量,进行翻拌,收堆,处理方法同前。控制水分在 36%~39%,32℃以上堆积发酵 1 个月。

③经过两轮的发酵,窖泥已基本成熟。感官上呈黑褐色,基本上无原料本色,有较明显的老窖泥气味;镜检中有较多的梭状芽孢杆菌;理化指标基本上能达到。再进行 1 次翻堆,其目的是将泥拌和柔熟,补充菌液及营养物质,然后收堆,表面泼 1 层高浓度酒,用薄膜密封。于 32~38℃发酵 1 个月。

④经过 3 个月的发酵,窖泥已经成熟。色泽乌黑(黑褐色),无原料本色,质地均匀,断面泡气,有明显的老窖泥气味和酯香、酒香,镜检含丰富、健壮的梭状芽孢杆菌。

用纯种培养的方法为:将鲜窖皮泥 50%、干黄泥粉 30%、大曲粉 5%~8%、粮糟

（丢糟粉）1%～1.5%、乙醇 2%（也可用次酒、酒头、酒尾，保证窖泥中酒精含量为2%）、己酸菌液、酯化液、发酵液、复合肥 0.05%～0.1% 等原辅料拌和均匀，水分控制在 35%～40%，用搅拌机或人工踩至柔熟，入池发酵 1～2 月成热，保温 32～35℃。

在进行人工培养窖泥时要注意：窖泥吸收水分后的膨胀力和微生物发酵的发酵力；在窖池中发酵窖泥时，注意不要将窖泥和得过稀或过干，过稀容易将窖壁挤垮或变形，过干则不利于微生物生长，同时还要考虑挂窖时的水分。另要注意窖泥培养过程的密闭性，一般发酵正常的窖泥池同酒糟池一样可产生燃烧的气体，并且产气旺盛。

4. 窖泥标准的制作和建立

鉴定判断人工老窖泥质量是窖泥生产的一个重要环节。随着近几十年来对窖泥研究的深入，逐步揭示了影响窖泥质量的几大要素，如 pH、腐殖质、氨态氮、水分、有效磷、微生物群体（主要为梭状芽孢杆菌）等。在窖泥标准的制作和建立时，要结合本厂的具体情况（与酒质、出酒率挂钩，参考人工操作素质等外部因素）进行综合判定，要充分体现标准的科学性和实用性。标准的建立必须要能实用，能达到和超过，并在最低投入的基础上，有较高的产出。

窖泥质量等级判定标准由两部分组成：一是感官鉴定；二是理化、微生物检测。以理化、微生物指标（表 6-1）为主，感官质量评定（表 6-2）作为基本要求，同时应用标准对全厂窖池进行普查，结合质量和产量，对窖池优劣进行评定，以便对症下药，采取措施（从生产工艺、窖池改造及维护等方面）。

表 6-1　　　　　　　　　　　窖泥理化、微生物指标评定表

项目	标准范围	项目	标准范围
水分/%	38～42	有效磷/（mg/100g 干土）	150～300
氨态氮含量/（mg/100g 干土）	110～250	细菌总数/（亿个/g）	≥2.0
腐殖质/%	11～18	芽孢杆菌数/（万个/g）	≥35

注：表 6-1、表 6-2 的数据和评定仅供参考。

表 6-2　　　　　　　　　　　窖泥感官质量评定

项目	等级	标准要求
色泽	一	灰褐色或黑褐色，无投入原料本色
	二	黄褐色，无投入原料本色
	三	黄色或主体泥色，无投入原料本色
气味	一	香气纯正，有浓郁的老窖泥气味，略有酯香、酒香，香味持久，无其他异杂味
	二	香气正，有老窖泥气味和酯香、酒香，香味较持久，无其他异杂味
	三	香气较正，无其他异杂味如酸败味、霉味、生味、腐烂味、腥臭味等
手感	一	柔熟细腻、无刺手感，断面泡气，质地均匀无杂质，明显有黏稠感
	二	较柔熟细腻、刺手感较明显，断面泡气，质地均匀无杂质，有一定的黏稠感
	三	柔熟感一般、刺手感明显，断面较死板，均匀，有少许杂质，微带黏稠感

综上所述，数 10 年来对窖泥老熟理论的科研成果，揭示了窖泥的生产关键是窖泥功能菌的来源和培养、配方的选择以及操作工序 3 个方面。从批量生产上来看，人工老窖泥

的培养应该选择混合法培养最佳，辅以纯菌种，因其菌种来源于窖池本身，经驯化、增殖后，返回于窖池中，可以缩短微生物对环境的适应时间，而且降低生产成本。无论采用什么办法培养窖泥，都需精心选料，严格把关，细心管理，才能达到培养优质窖泥的目的。

（三）窖池的建造

浓香型大曲酒生产与其他香型不同之处在于使用窖泥和万年糟，需要窖泥与粮糟的有机结合，才能产出高质量的酒。建窖时需考虑窖池形状、窖池大小、建窖材料、建窖环境等诸多因素，建窖完成的同时还要考虑挂窖和投粮的进度。

1. 窖池的形状、大小

窖池的形状和大小应根据生产需要和最大限度利用窖体表面积（尤其是底面积）来进行设计。

窖的容积大小是与甑桶容积相适应的，窖容又与投料量和工艺要求相关联。窖容越大，单位体积酒醅占有的窖体表面积就相对地减少。

$$A = S/V$$

式中　A——单位体积酒醅占有的窖体面积，m^2/m^3

　　　S——窖体表面积，m^2

　　　V——窖体总容积，m^3

现将三者关系列入表 6 – 3。

表 6 – 3　　　　　　　　　　　　　　窖容与窖表面积的关系

V/m^3	5	6	7	8	9	10	11	12	13
S/m^2	14.8	16.5	18.5	20.13	21.64	23.5	24.83	26	27.97
$A/(m^2/m^3)$	2.9	2.75	2.64	2.52	2.40	2.35	2.26	2.17	2.15

窖的表面积与窖的长和宽之比密切相关，当两者之比为 1:1 时，窖墙的表面积最小，两者之比越大，表面积越大。一般长宽比在 (1.6 ~ 2.0):1 为宜。设计窖池可选取长 3.5 ~ 4m，宽 1.5 ~ 2m 的比例。窖的高度直接影响窖底面积，窖池越深，底面积越小。窖深以 1.7 ~ 2m 比较合理。

在设计窖池形状、大小时应充分考虑这三者的关系和生产具体情况，即设计能力大小。目前各地的窖形及大小显著不一样，有窖深达 3m 的，也有 1.6m 深的；甑体容积也不一样，最大的有 2.5m³，最小的一般在 1.0m³，四川一般厂家的甑体容积在 1.8m³ 左右；甑数差别也较大，有的多达 14 ~ 15 甑（连面糟 2 甑），有的还是采用传统老五甑。

根据窖池的利用率考虑，窖形小的利用率低，老五甑一般投粮 900 ~ 1100kg，四川浓香型酒工艺投粮一般在 1500 ~ 3000kg，沱牌酒每窖投粮一般为 2000 ~ 2500kg。虽然发酵期四川为 60d 左右，北方为 45d 左右，两者利用率却差不多，每窖产酒数量当然以四川为多。

2. 建窖材料及其条件

窖池的使用效果和年限与建窖材料的选择、环境条件有十分密切的关系。有好的建窖材料和外部环境，所建窖池就能延长其使用寿命，反之则 1 年、半载就可能倒塌，同时将严重影响和制约质量和产量。

建窖时外部条件即环境条件的勘测尤为重要，包括当地的气候、地理、地势、水位等情况。建窖一般要求在地势较高、无渗透水和保水性能较强的地方进行。对于外部条件较差的地方就应该对其做预备处理，最主要的一点是防水处理。防水处理就是将地下水、地表水与窖池隔绝，使窖池形成一个小的环境状态。防水处理的方法一般为：用水泥、碎石、石灰、沙等材料建造 20～30cm 厚的地坪，同时在四周砌上与窖（水平线）等高的隔水层，这样就能保证窖池不再发生渗透现象。

建窖的材料包括两种：一种是以土、泥为主体，一种是以砖、石为主体。总的来说，浓香型大曲酒的典型特点是以泥窖（窖香）为主。

3. 建窖的方法

建窖的方法包括两种：第一种以泥为主体，层层垒上；第二种以砖、石为主体，砌成墙状，外面涂窖泥。

建窖包括窖埂和窖底两部分。现以四川某名酒厂的建窖方式为例做一介绍。

主要材料为：田泥（黄泥）、石灰、碎石。将几种材料按一定比例混合，加水使其达到一定的含水量，然后按照斜度 15° 的原则，用两板相夹，一层一层筑紧往上升；其间每隔 10～15cm 加 1 块用竹编制而成的板，俗称墙筋，以增加其粘合能力和抗膨胀力。每个交接处都应重叠，表面用石板或水泥板盖上。窖底用黄泥填紧至 30cm，再放窖泥。

4. 窖泥的涂抹

窖泥的涂抹包括窖壁和窖底两个部分。根据厌氧微生物的生长特性和近几十年来对窖内发酵机理的研究成果，一般窖内生香微生物主要集中在窖池的底部和底壁下半部，最适生长区域为离表层 2～5cm 的地方。泸州百年老窖就是在这个部位梭状芽孢杆菌数最丰富，其色泽呈黑色，在阳光下呈红绿色彩。因此窖泥涂抹厚度标准要求为：窖壁为 10～15cm，窖底为 20～30cm。

涂抹窖泥的具体方法为：

（1）先将筑好的窖壁按倾角 15° 打整干净，每相隔 5～10cm 用榔头打一个凹。

（2）将楠竹削成长 20～25cm、宽 3～5cm，一头尖、一头平的片状；准备直径 1cm 左右的绳（草绳适当粗一点，麻丝可用多股）。

（3）用竹片在距窖底 30cm 处，每隔 15～20cm 打一颗钉，竹头留在墙外 7～8cm，这样一排一排往上打，二排之间的三颗钉成正、反三角形状。在两壁交接处多打上一排钉。

（4）将准备好的绳从下往上绕。在绕的同时将绳拉紧，以增加对窖泥的抗压能力，四壁全部用 1 根绳绕为最佳。

有的厂家为了防止窖池倒塌，采用在防水层上用砖砌 1m 左右的墙体，这可采用砌花墙的方法，每隔一定距离留一定空隙，以便竹片能插进，或在砌墙的同时，将竹片预先埋留在其间，距离与要求大致相当。

（5）绳绕上以后，将混合好的泥倒入窖中，用手使劲把泥往壁上搭，一块紧挨一块，直至将壁全部搭满，然后用手心（手边缘）将泥抹平，不能有凸凹不平的地方，最后用抹子将池壁抹光滑。窖底倒入泥后，按要求厚度同样抹平收光。

（6）窖池收光后，在投粮前，撒部分曲粉在泥表面，形成一个保护层。

（7）完成上述工序后，用薄膜将窖池盖住，以防止水分挥发、窖泥受损伤和感染。

在窖池涂抹时要注意：夏季不能为降温而用排风扇吹；搭泥时动作要快、一致，不能轻一下、重一下的，这样会影响整个窖的均匀程度；挂窖时间选择在投粮前 3h 左右。

综上所述，建窖的关键在于材料的选择；窖池防水的处理，即窖池漏水、不保水和外部对窖池渗透水两个方面；要考虑黄浆水浸泡时对筑窖材料的腐蚀程度及浸泡时能维持多长时间；挂窖时应严格要求。

三、浓香型大曲酒生产工艺

（一）基本特点

浓香型大曲酒，是大曲酒中的一朵奇葩。自全国第一届评酒会后，把泸州老窖作为浓香型大曲酒的典型代表，因此，在酿酒界又称浓香型大曲酒为泸型酒。该酒窖香浓郁，绵软甘洌，香味谐调，尾净余长。这体现了整个浓香型大曲酒的酒体特征。

浓香型大曲酒酿造的基本特点，可归纳为几句话，即以高粱等为制酒原料，优质小麦、大麦、豌豆混合配料，培制中、高温曲，泥窖固态发酵，采用续糟（或糙）配料，混蒸混烧，量质摘酒，原度酒贮存，精心勾兑。最能体现浓香型大曲酒酿造工艺特点的，而有别于其他诸种香型白酒工艺特点的三句话则是"泥窖固态发酵，采用续糟（或糙）配料，混蒸混烧"。现做如下简要阐述。

泥窖，用泥料制作的窖池。窖池与缸、桶功能一样，是一种发酵设备，仅作为蓄积糟醅进行发酵的容器。但浓香型大曲酒的各种呈香呈味的香味成分多与泥窖有关。故泥窖固态发酵是其酿造工艺特点之一。

在各种类型、不同香型的大曲酒生产中，配料方法不尽相同，而浓香型大曲酒生产在工艺上，则采取续糟配料。所谓续糟配料，就是在原出窖糟醅中，按每一甑投入一定数量的酿酒原料高粱与一定数量的填充辅料糠壳，拌和均匀进行蒸煮。每轮发酵结束，均如此操作。这样，一个窖池的发酵糟醅，连续不断，周而复始，一边添入新料，同时排出部分旧料。如此循环不断使用的糟醅，在浓香型大曲酒生产中人们又称它为"万年糟"。这样的配料方法，又是其特点之二。

所谓混蒸混烧，是指在将要进行蒸馏取酒的糟醅中按比例加入原料、辅料，通过人工操作上甑将物料装入甑桶，调整好火力，做到首先缓火蒸馏取酒，然后加大火力进一步糊化高粱原料。在同一蒸馏甑桶内，采取先以取酒为主，后以蒸粮为主的工艺方法，这是浓香型大曲酒酿造的工艺特点之三。

浓香型大曲酒生产从酿酒原料淀粉等物质到乙醇等成分的生成，均是在多种微生物的共同参与、作用下，经过极其复杂的糖化、发酵过程而完成的。依据淀粉成糖，糖成酒的基本原理，以及固态法酿造特点可把整个糖化发酵过程划分为三个阶段。

用下列图示可表示浓香型大曲酒的三个不同发酵期：

主发酵期	→生酸期	→产香味期
淀粉 → 糖 → 酒精（边糖化、边发酵），温度缓慢上升，产生二氧化碳	乳酸、醋酸大量生成；温度稳定	酯类生成，尤其是己酸乙酯、乙酸乙酯、乳酸乙酯、丁酸乙酯的生成及芳香族化合物等的产生；温度下降，达到稳定

（二）生产工艺的基本类型

1. 工艺类型

以四川省为代表产的浓香型大曲酒是我国特有的传统产品之一，历史久远，风格独特，在国内外享有盛名。在工艺上，有其自己的特点，但在具体操作上，又大致可分为三大类：以四川酒为代表的原窖法工艺类型，跑窖法工艺类型，以苏、鲁、皖、豫一带为代表的老五甑法工艺类型。

（1）原窖法工艺　又称原窖分层堆糟法。采用该工艺类型生产浓香型大曲酒的厂家，著名的有泸州老窖、成都全兴大曲酒等。

所谓原窖分层堆糟，原窖就是指本窖的发酵糟醅经过加原料、辅料后，再经蒸煮糊化、打量水，摊晾下曲后仍然放回到原来的窖池内密封发酵。窖内糟醅发酵完毕，在出窖时，窖内糟醅必须分层次进行堆放，不能乱堆。一个窖内的糟醅分为上、中、下三个层次，实践证明下层糟醅最优，中层次之，上层较差。万年糟的使用应依照留优去劣的原则，如果不进行分层堆糟，就达不到这个原则要求。

具体做法是，开窖后首先去掉覆盖于窖面上的丢糟，依次将母糟运至堆糟坝，堆放面积一般为 $15 \sim 25m^2$，高1.5m左右。在全窖糟醅取出约3/5时，要滴黄浆水数小时，然后再取运，按层次堆放，最后将剩余部分全部取运完。这样按层次取运和堆放糟醅的操作，使堆糟坝堆放的糟醅与窖内原有的糟醅位置恰恰相反。

一个窖的糟取运完毕后，又开始该窖的又一轮生产。在配料使用糟醅时，则首先使用的是底部的下层糟醅，最后不加原料的红糟则使用的是上层糟醅。全窖糟醅依然放入原窖进行密封发酵。

以上所述的方法，就称为"原窖分层堆糟"法。其工艺特点为：糟醅分层堆放，除底糟、面糟外，各层糟混合使用、蒸馏。摊晾下曲后的糟醅仍然回入原窖进行发酵。

原窖分层堆法，其具体操作工艺流程如图6－2所示。

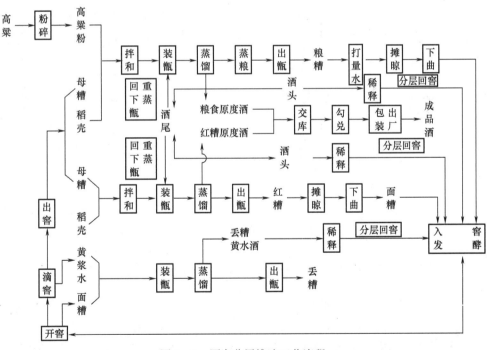

图6－2　原窖分层堆法工艺流程

（2）跑窖法工艺　跑窖法工艺又称跑窖分层蒸馏法工艺。使用该工艺类型生产的，以四川宜宾五粮液最为著名。

所谓"跑窖"，就是在生产时先有一个空着的窖池，然后把另一个窖内已经发酵完成后的糟醅取出，通过加原料、辅料、蒸馏取酒、糊化、打量水、摊晾冷却、下曲粉后装入预先准备好的空窖池中，而不再将发酵糟醅装回原窖。全部发酵糟蒸馏完毕后，这个窖池就成了一个空窖，而原来的空窖则盛满了入窖糟醅，再密封发酵。依此类推的方法称为跑窖法。跑窖不用堆糟坝，窖内的发酵糟醅可逐甑逐甑地取出进行蒸馏（而不是上、中、下三个层次的发酵糟醅混合蒸馏），故称之为分层蒸馏。在白酒界称这种工艺类型为"跑窖分层蒸馏"法。

由于跑窖没有堆糟坝，窖内的发酵糟是蒸一甑运一甑，这就自然形成了分层蒸馏，因此，跑窖法不失为一种特殊的工艺操作法，其流程如图6-3所示。

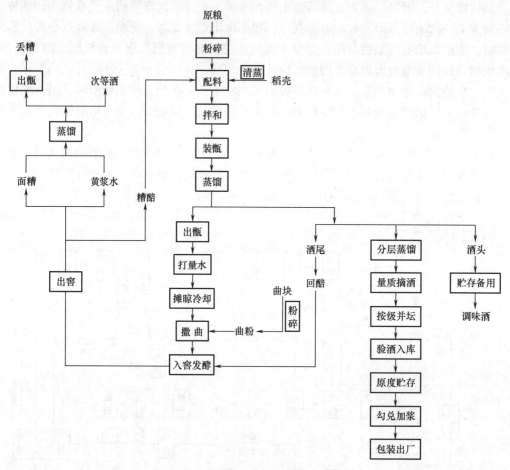

图6-3　跑窖分层蒸馏法工艺流程

（3）老五甑法工艺　所谓混烧老五甑法工艺，是原料与出窖的香醅在同一甑桶同时蒸馏和蒸煮糊化，在窖内有4甑发酵材料，即大糙、二糙、小糙和回糟。出窖加入新原料分成5甑进行蒸馏，其中4甑入窖发酵，另一甑为丢糟。该混烧老五甑法工艺，是传统形成而沿袭下来得名的。混烧老五甑法工艺流程如图6-4所示。

这是苏、皖、鲁、豫等省生产的名、优质浓香型大曲酒的典型生产工艺流程。原料经粉碎和辅料经清蒸处理后进行配料，将原料按比例分配于大糙、二糙和小糙中，回糟为上排的小糙经发酵、蒸馏后的酒醅，不加新原料。回糟经发酵、蒸馏后为丢糟。各甑发酵材

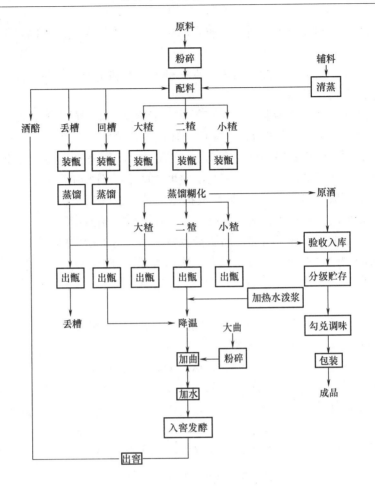

图 6 - 4　混烧老五甑法工艺流程

料，经蒸馏出原酒，再验收入库、贮存、勾兑和调味，达到产品标准，包装为成品。

2. 浓香型大曲酒三种不同工艺类型的差异

①原窖法工艺的优缺点

a. 入窖糟醅的质量基本一致，甑与甑之间产酒质量比较稳定。

b. 糠壳、水分等配料，甑与甑间的使用量有规律性，易于掌握入窖糟醅的酸度、淀粉含量，糟醅含水量基本一致。

c. 有利于微生物的驯养和发酵。因为微生物长期生活在一个基本相同的环境里。糟醅经过滴窖、分层堆糟后，能保持入窖糟醅的一致，并装入同一个窖池里，这样糟醅中和窖池中的微生物的营养成分、环境条件变化不大，使生长繁殖顺利地进行，从而提高其作用能力，克服了微生物不适应或重新适应新环境的困难。

d. 有利于"丢面留底"措施。即每一排均把窖上少许质量较差的粮食糟醅堆放在堆糟坝的一角，蒸成面糟（红糟），窖中、下层的糟醅继续蒸成粮糟入窖，这对提高糟醅质量、提高酒质均有积极作用。

e. 有利于总结经验与教训。开窖后与入窖前可以对糟醅、黄水等情况进行充分讨论与分析，找出上排配料、操作、入窖条件中影响产量质量的各种因素，再来确定本排操作应该采取的措施，摸索出每一个窖池的性质和规律。这样为扩大生产、搞好科学管理打下了良好的基础。

f. 操作上劳动强度大，糟醅酒精挥发损失量大，不利于分层蒸馏。

②跑窖法工艺的优缺点

a. 有利于调整酸度和提高酒质。跑窖操作一般都是窖上层的发酵糟醅通过蒸煮后，变成窖下层的粮糟或者红糟（回醅），这样可以降低入窖糟醅的酸度（因为窖下层的糟醅在发酵后酸度大，而窖上面的糟醅则酸度小）。在入窖时，原来窖上层酸度小的糟醅在蒸煮后成了粮食糟醅装在窖的底层，而原来底层酸度大的糟醅则放在窖的上层，甚至将原来底层酸度大的糟醅蒸成红糟（回醅），最后成扔糟丢掉。这样反复进行，可以调节和降低糟醅酸度，有利于酸的代谢作用，避免乳酸一类不挥发酸在糟醅中积存，同时给乙酸、丁酸等挥发酸的生成创造了条件，所以产品质量较好。因为窖上层发酵糟醅含水量小，酸度也小；而窖下层的糟醅含水量大，酸度也大，这两种糟醅在窖内每排（轮）交换一次位置，反复循环，有利于调节糟醅的水分与酸度，所以在稳定糟醅含水量与酸度上起到极大的作用。

b. 操作上，劳动强度较小，糟醅中酒精挥发损失小。跑窖操作是起一甑蒸一甑，从而减少在堆糟坝堆放时造成的酒精挥发。

c. 有利于分层蒸馏量质摘酒、分级并坛等提高酒质的措施。窖下层发酵糟醅所产酒质都优于上层发酵糟醅所产酒质，跑窖工艺是将窖内发酵糟醅一层一层（即"一甑一甑"）地分开进行蒸馏，所以这一操作方法称为"跑窖分层蒸馏法"，它给量质摘酒、分级并坛创造了良好条件。

分层蒸馏各层糟醅产酒的主要成分分析结果，见表6-4。

表6-4　　　　　　　　分层蒸馏各层糟醅产酒的主要成分分析结果

项目	酒精含量/%	总酸含量/(g/L)	总酯含量/(g/L)	总醛含量/(g/L)	备注
上层	68.1	0.432	2.430	0.326	五粮液
中层	74.5	0.432	3.440	0.337	酒厂
下层	70.0	1.010	5.630	0.355	分析

d. 该工艺配料、配糠、量水用量不稳定，也不一致，无规律。因为分层蒸馏每一甑酒醅的含水量、酸度也均不一致，故给操作配料带来了一定的困难。

e. 不利于培养糟醅。部分质量优的窖底醅料被挤掉了，故这种方法不适合发酵周期较短的窖池，而只适应发酵周期长的窖。

f. 要克服糟醅水分不均匀的缺点，解决的方法是加冷水润料拌料。若窖上层的糟醅含水量不足，则粮粉吃水不透会影响糊化效率。每甑糟醅加水多少，应根据该糟醅的水分含量而定，一般每差1%含水量的，应加18kg水（甑桶容积为1.3m³左右），也有加冷酒尾的。总之，以确保粮粉吃足水分为准。加水的方法，有直接加到粮粉上拌和均匀后再与糟醅拌和的，也有加水到糟醅再与粮粉共同拌和的。其目的均为使粮粉充分吸水，利于糊化。

③老五甑法工艺的优缺点

a. 窖池体积小，容糟醅量不多，糟醅接触窖泥面积大，有利于培养糟醅，提高酒的质量。

b. 劳动生产率高。因窖池小，甑桶大，投粮量多，粮醅比为1:（4～4.5），入窖淀粉含量高（17%～19%），所以产量大。如果每班4人，每班投粮700～750kg，蒸馏糟醅5甑，产酒250～350kg，生产时间7h左右。它比其他两法的劳动生产率高1/4左右。

　　c. 老五甑操作法，原料粉碎较粗，辅料糠壳用量小，按粮食比为12%～15%，比其他操作法的用量都小。

　　d. 此法操作上还有一个明显的特点，即不打黄浆水坑，不滴窖。

　　e. 糟醅含水量大，拌和前糟醅（大糁、二糁）含水量一般在62%左右，加料拌和后，水分为53%左右，不利于己酸乙酯等醇溶性香味成分的提取，而乳酸乙酯等水溶性香味成分易于馏出，这对浓香型白酒质量有一定影响，应注意这个问题的解决。

　　f. 老五甑操作法是一天起蒸一个窖，一班人完成，有利于班组管理，如果生产上出现了差错也容易查找原因。

　　通过对浓香型大曲酒生产三种不同工艺类型的初步分析，可知它们之间存在着差异，有各自的优缺点，应注意扬长避短。

　　三种操作法各自特点为：①、②法窖大甑小，淀粉含量低，发酵周期长；③法则窖小甑大，淀粉含量高，有利于养糟挤醅，发酵周期短，水分大，不滴窖。②法面糟（红糟）集中在一个窖内发酵，该窖称为回糟窖或挤醅窖，不像其他两法将面糟放在本窖的上面或底部。

　　3. 酿酒车间生产记录

　　酿酒车间生产原始记录见表6-5，表6-6。

表6-5　　　　　　　　　　　　酿酒车间生产原始记录（一）　　　　窖别：　排　号　开窖时间：

糟别／班别／甑次		1	2	3	4	5	6	7	8	9	10	开窖糟情况		上层	中层	下层
项目												黄浆水情况				
配料	高粱												天数	1	2	3	4
	糠壳											窖内逐日温度检查	温度				
蒸粮时间	抬盘												天数	5	6	7	8
	出甑												温度				
量水	数量												天数	9	10	11	12
	温度												温度				
曲药	数量												天数	13	14	15	16
	撒曲温度												温度				
地温													天数	17	18	19	20
上甑人													温度				
摘酒人																
产酒量/kg																

　　说明：配料若是多种粮食要分别填写，记录总数；抬盘指上甑毕，盖上云盖的时间；产酒量以工厂规定入库酒度计或实际酒度计；母糟情况根据开窖鉴定，将上、中、下层母糟情况分别填写。

表 6-6 　　　　　　　　　酿酒车间生产原始记录（二）

工序		每甑投粮		谷壳	装甑时间		蒸粮时间		量水		曲药		入窖温度	
		高粱	糯米		起	止	起	止	数量	温度	数量	撒曲温度	地温	品温
混蒸	1													
	2													
	3													
	4													
	5													
	6													
	7													
	8													
	9													
	10													
	11													
	12													
	13													
	合计													

理化指标	入窖糟　　淀粉含量　　酸度　　水分 出窖糟　　残余淀粉　　残余糖分　　酸度 水分

出窖糟鉴定	黄浆水：　　kg　　色：　　香：　　味： 悬头：

入窖条件控制方案	糠：　％　糟比：　％

工艺质量审核意见

升温系数图

理化指标要在开窖前填写

实绩　优级酒　　kg　　一级酒　　kg　　二级酒　　kg
调味酒　　kg　　出酒率　　％　　优质率　　％　　合计　　kg

说明：若是多种粮食要分别填写，记录总数；理化指标要在开窖前填写，以便应用化验数据指导生产；入窖条件控制方案：指本排入窖温度、水分、用糠、用曲等；实绩：各级酒分别记录酒精度和质量；合计按酒精度 60% vol 的标准计算；升温系数图每天按实测温度记录，最后连成曲线。

四、清香型大曲酒生产工艺

汾酒是清香型白酒的典型，它以产地山西省汾阳县而得名，距今已有1400余年历史。

1. 酒酿制的特点、流程及要诀

（1）酿制特点

①采用传统的"清蒸二次清"法：所谓清蒸即一次性投料的碎高粱单独进行蒸煮。二次清是指原料蒸煮、冷却后加曲2次，发酵2次，蒸馏2次即扔糟作饲料。也可将糟添加麸曲另行发酵，蒸馏得到质量优于普通白酒的成品作为一般白酒出售。

②采用地缸固态发酵：陶缸口与地平齐，用石板作盖。

③小米糠作辅料：经清蒸的小米糠加于第1次发酵好的酒醅中，进行蒸馏。

（2）工艺流程　见图6-5。

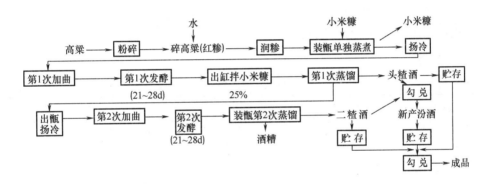

图6-5　清香型酒生产工艺流程

（3）技术要诀

①人必得其精：操作者不仅要有熟练的技能，而且要懂得为什么这样做。并能在保证和提高产品质量，提高经济效益的前提下通过必要的试验，合理地改进工艺和设备。

②水必得其甘：这里的"甘"字可作"甜水"解释，以区别于咸水。也可理解为"好水"，以区别于水质不良的水。

③曲必得其时：即使用"伏曲"，最宜于7~8月间制曲。

④粮必得其实：指采用粒大而坚实的"一把抓"高粱。

⑤器必得其洁：以免污染有害杂菌。

⑥缸必得其湿：即材料入缸时，上部水分可稍大些，温度可稍低些。因为发酵过程中水分会下沉，而热气则自下往上升，这样可使缸内酒醅发酵一致。酒醅中水分的多寡与品温升降及出酒率有关。也可理解为缸的湿度已饱和，不再吸收酒而使酒损失了。另外，缸湿也易于保温，并促进香味生成。因此，在汾酒发酵室内，每年夏季都要在缸旁的土地上扎孔灌水。

⑦火必得其缓：即蒸粮宜大火，蒸酒宜小火。这样可使原料充分糊化，以利于糖化和发酵。采用小火蒸出的酒质量较好，高沸点的杂质随酒精等带出的量相对少些。所得的酒温度也低些，减少了挥发损失。

"缓"字还可理解为发酵或蒸馏的温度波动不宜过急过大，要缓慢升降，这样对微生物生长、发酵及蒸馏均有利，可避免串甑、跑汽等现象发生。

⑧其他四诀：即工必得其细，拌必得其准，管必得其严，勾贮必得其适。

2. 高粱和曲的粉碎

（1）高粱粉碎　高粱要碾碎成 4～8 瓣，细粉不超过 20%。

（2）曲的粉碎　用于头糙的曲稍粗，要求粉碎至大者如豌豆，小者如绿豆。能通过 1.2mm 筛孔的细粉不超过 55%。二糙用曲稍细，要求大者如绿豆，小者如小米粒。能通过 1.2mm 筛孔的细粉为 70%～75%。

高粱与曲的粉碎度要按季节恰当地掌握好，夏季应稍粗，冬季可适当细些。

3. 润糁

（1）较低温的润糁（传统工艺）

①润糁过程：每班投红糁 1000～1100kg，堆成碗形，加水拌匀后堆积润料，用麻袋或芦席盖住。期间每隔 3～4h 翻拌 1 次，使原料润透，并可防止浆水流失。若第 1、2 次翻拌时发现糁皮干燥，可适当加点温水。

②润糁条件：见表 6-7。

表 6-7　　　　　　　　　　　　传统润糁条件

名称	春季	夏季	秋季	冬季
加水量/%	60～65	60～65	60～65	60～65
水温/℃	—	28～32	—	60～60
堆积温度/℃	20～30	25～28	25～30	27～32
润糁时间/h	14～18	14～18	14～18	14～18

（2）高温润糁

①高温润糁的好处：采用高温润糁时，吸水量大，吸水速度快，水分不仅附着于淀粉颗粒表面，且能渗入其内部；发酵材料入缸时不淋浆而发酵时升温较缓慢，因而成品酒较绵甜；高温润糁促使果胶分解成甲醇，以便在蒸煮时排除，相对降低了成品酒中的甲醇含量。因而高温润糁是提高产品质量的措施之一。

②高温润糁操作：润糁用水的温度，夏季为 75～80℃，冬季为 80～90℃。加水量为原料量的 55%～62%。原料加水拌匀后堆积润料，堆上应加覆盖物。堆积时间为 18～20h，在冬季品温能升至 42～45℃，夏季达 47～52℃。中间应翻动 2～3 次。若发现翻拌时糁皮干燥，可补加原料量 2%～3% 的水。

在堆积过程中，一些侵入原料中的野生菌进行繁殖和发酵，生成某些芳香和口味成分，对增进成品酒的回甜有一定的作用。

（3）润糁指标　润糁的好坏与糊化等有密切关系，如用拇指与食指能搓开成粉无硬心，说明已润透，否则还需适当延长堆积时间，直至完全润透。

4. 蒸糁（糊化）

原料与辅料清蒸可避免其不良气味进入成品酒中。

（1）蒸煮过程　上述润好的糁分 2 甑进行蒸煮。蒸煮容器为能移动的活甑桶。先将底锅水煮沸后，再用簸箕将糁撒入甑内，要求料层匀而平，冒汽均匀。约需 40min 装完料。

待蒸汽上匀（圆汽）后，再用 60℃ 以上热水 15kg 泼在料层表面，称为加焖头量。再在糁上面覆盖辅料一起清蒸。这时要保证火力旺盛，维持 5～10min，使原、辅料中的不良气味逸散出去。然后用芦席加盖，用大火蒸 60～80min。初蒸时的品温为 98～99℃，最终可达 105℃。清蒸的辅料用于蒸馏，要当天用完。

（2）蒸煮指标　糁要糊化透彻，熟而不黏，内无生心，有糁的香味，无异味。

5. 加水、扬冷

（1）加水　将糊化后的糁取出堆成长方形，立即泼入原料量 30%～40%、温度为 18～21℃ 的井水，也可用同量的开水代替冷水。加水量因季节而异，如表 6-8 所示。

表 6-8	糊化后的泼水量		单位:%
春季	夏季	秋季	冬季
35～38	35～40	30～35	30～35

（2）扬冷　加水后立即打碎团块，翻拌均匀，停放 5～10min，使水渗入。然后用人工翻拌高扬几遍，或用扬糁机通风扬晾，使糁吸收部分氧气。若在冬季，品温应降至 20～30℃，夏季应尽可能降至室温。

6. 下曲、入缸

（1）下曲　散冷后的糁立即堆成长方形。由入缸温度决定下曲温度，将一定量的曲粉撒于糁表面，翻匀。翻拌操作必须在品温降至入缸温度前完成。

（2）入缸

①缸的准备：缸的间距为 10～24cm，1100kg 原料占大缸 8 个或小缸 16 个。缸在使用前，应用清水洗净。对新的缸和盖，用清水洗净后，还需以 7.5kg 开水加 60g 花椒制成的、浓度为 0.4% 的花椒水洗净备用。

②入缸温度：与黄酒等其他酒类酿造一样，入缸品温是决定发酵成败、提高产品质量的关键之一。但入缸品温不能孤立地确定，应按季节、加水量、下曲温度、加曲量以及缸温等加以调节。若气温较高或加曲量较大，加水量较多，则不宜采用较高的入缸温度，反之亦然。入缸温度以 10～16℃ 为宜，但实际上由于气温的影响难以掌握得很准。通常要求夏季品温越低越好，应比气温低 1～2℃。加曲量及加水量也不宜变化太大。汾酒酒醅的含水量比一般白酒酒醅低，但若过低，则糖化和发酵不完全。水分过高，则成品酒口味寡淡。入缸条件见表 6-9。

表 6-9	入缸条件			
名称	春季	夏季	秋季	冬季
糁加水量/%	35～38	35～40	30～35	30～35
曲粮比例/%	9～11	9～11	9～11	9～11
下曲温度/℃	20～22	20～25	23～25	25～30
入缸温度/℃	13～17	17～26	17～20	13～17

在一般情况下，刚空出的缸，当天就进新料。若空缸放置几天，由于缸温下降，应根据实际情况，将入缸温度适当提高一些。

③盖料与加盖：入缸后，缸顶用石板盖严，再用清蒸后的小米糠封口，盖上还可用稻壳保温。

④头糟成分：新入缸的物料，称为头糟，其成分如表 6 – 10 所示。由表可见，汾酒头糟的成分不同于一般白酒，因为汾酒酿造没有采用"糠大、水大、短期发酵"的工艺。

表 6 – 10　　　　　　　　　　　　　头糟成分

成分	含量	成分	含量
水分/%	52.8 ~ 56.0	淀粉含量/%	31.58 ~ 37.06
酸度	0.13 ~ 0.2058	糖分/%	0.91 ~ 1.1

7. 发酵

传统工艺的发酵期为 21d，为增进成品酒的芳香醇和感，可延长到 28d。整个发酵过程分前期、中期和后期 3 个阶段。

（1）发酵温度及管理

①温度变化及异常发酵的处理：对酒醅的发酵温度，应掌握所谓"前缓升、中挺足、后缓落"的规律，即前期温度缓慢上升，中期保持相当天数的较高品温，后期品温则渐渐下降。

发酵前期：第 1 ~ 7d，品温平稳地升至 28℃ 左右。若入缸时品温高，曲子粉碎过细，用曲量过大，或不注意卫生，则品温会很快上升至 30℃ 左右，称为前火猛或早上火，会导致酵母过早衰老而发酵过早停止，产酒少，酒性烈。对这种情况，应压紧酒醅，严封缸口，以减缓发酵速度，并在下次操作中调整工艺条件。

发酵中期：即主发酵阶段，共 10d 左右，温度控制在 27 ~ 30℃ 内。通常最高品温为 29 ~ 32℃，有时最高达 35℃。即这阶段的品温升至最高点后，又慢慢下降 2 ~ 3℃。若发酵品温过早过快下降，则发酵不完全，出酒率低且酒质较差。有时品温稍降后又回升，形成"反火"，这是由于好气性细菌作用所致，应封严缸口予以挽救。

发酵后期：工人称此为副发酵期，为 11 ~ 12d。由于霉菌逐渐减少，酵母菌渐渐死亡，发酵几乎停止，因此，最后品温降至 24℃ 后基本上不再变化。若该阶段品温下降过快，酵母发酵过早停止，则不利于酯化反应；若品温不下降，说明细菌等仍在繁殖和生酸，并产生其他有害物质。另外，在出缸时品温偏高，也会增加酒精挥发量。造成上述现象的原因是封缸不严和忽视卫生工作。尤其在夏天，发酸现象更易发生，其补救措施是严封缸口，压紧酒醅。

②温度管理措施

测温：第 1 ~ 12d 内，每隔 1 天检查 1 次品温。根据这段时间的测温结果，基本上可判断发酵的正常与否。

保温：在夏季，对未入新料的空缸，在其周围地面上扎眼灌入凉水，而冬天则在投料后的缸盖上铺 25 ~ 27cm 厚的麦秸保温。

（2）发酵过程的成分变化

①水分：由于发酵过程中淀粉和蛋白质等被微生物分解成各种产物，所以酒醅的水分相对地平稳上升。由初期的 52% 可最高增至 70% 左右。

②淀粉：发酵初期，由于酒醅中酒精含量尚较低，霉菌的淀粉酶类的作用发挥较好。因此第 3~7d 内酒醅的淀粉含量下降最快，以后就平稳地减少。

③糖分：由于汾酒酒醅进行平行复式发酵，因此糖分的变化规律受糖化和发酵速度的双重制约，尤其在头 4d 内，主要是微生物繁殖而消耗部分糖，这是以糖化作用为主的初始发酵阶段。

④酸度：酸度在发酵前期增长速度较快，发酵中期则由于酵母菌的旺盛发酵而抑制了产酸菌的作用，因而酸度上升较慢。而至发酵后期，酸度增长速度又稍快起来，这与发酵作用的基本停滞有关。

⑤酒精含量：在入缸后的 2~10d 内，酒精含量迅速增加。在发酵期酒精含量最高可达12%以上。发酵后期基本上不生成酒精，而由于酯化作用等消耗部分酒精，但出缸时酒醅的酒精含量，很少比发酵中期的最高酒精含量低过 1% 的。

各酒醅的感官检查：

色泽：成熟的酒醅不应发暗，应呈紫红色。用手挤出的汁呈肉红色。

香气：未启缸盖，能闻到类似苹果的香气，表明发酵良好。

尝味：入缸后 3~4d 的酒醅有甜味，但若 7d 后仍有甜味，说明品温偏低，入缸前的操作有问题。酒醅应逐渐由甜变成微苦，最后变成苦涩味。

手感：用手握酒醅有不硬、不黏的疏松感。

8. 出缸，蒸馏

（1）出缸拌糠：将成熟醅取出，拌入原料量 22.5% 的小米糠，或拌入稻壳：小米 = 3:1 的混合辅料。若加糠量过大，成品酒呈糠味。而用糠量过小，装甑时易压汽，蒸酒时酒尾长。

（2）装甑、蒸馏

①操作过程：蒸馏的甑与蒸粮相同。装甑时要做到"轻、松、薄、匀、缓"，材料要"二干一湿"，蒸汽要"二小一大"，并以缓汽蒸酒、大汽追尾为原则。

先将锅底水烧开，再在甑底铺上帘子，并撒上一薄层糠。接着装入 3~6cm 加糠量较多而较干的酒醅，把上次的酒尾从甑边倒回锅中，这时蒸汽要小些。在打底的基础上，再装入加辅料较少而较湿的酒醅，这时蒸汽可大些。装至最上层时，材料要干些，蒸汽也要小些。装满 1 甑需 50~60min。装完甑后，盖上盖盘，接上含锡量为 96%~99% 的纯锡冷凝器，进行缓汽蒸馏，流酒速度控制为 3~4kg/min，流酒温度最好控制在 25~30℃。最后用大汽蒸出酒尾，直至蒸尽酒精。流酒结束后，去盖、敞口排酸 10min。

②三段取的酒及其用途

酒头：每甑截取酒精含量为 75% 以上的酒头 1~2.5kg，视成品酒的质量而定。截头过多，会使成品酒中芳香物质不足而酒味平淡，但若截头过少，则又会使醛类物质过多地混入成品酒中而使酒味暴辣。酒头可用于回缸发酵。

中段酒：称为头楂酒，即原酒部分，其酯含量高达 0.549g/100mL，总酸为 0.0413g/100mL，浓醛 0.00924g/100mL。

酒尾：酒尾中含有大量乳酸乙酯等香气成分，以及有机酸等呈味物质，所以酒尾不宜摘得过早。酒尾中含有高沸点的高级脂肪酸等成分。汾酒的质量与酒尾适当地截得高一些是分不开的。因此，酒尾的起点酒精含量至少不能低于 30%。

酒尾的量可摘得多一些，其中酒精含量较高的部分在下甑蒸酒时回锅再蒸，酒精含量很低的那部分可代替水用于润料。传统的蒸馏摘酒实例如表6-11所示。

表6-11　　　　　　　　　传统蒸馏摘酒实例

蒸馏时间/min	15℃下的酒精含量/%	流酒温度/℃	三段摘酒
0~5	80.5	23	截酒头2.5kg
5	80.5	27	头糟原酒
10	78.6	30	头糟原酒
15	77.0	32	头糟原酒
20	73.0	35	头糟原酒
25	62.9	38	头糟原酒
30	48.5	38	截酒尾
35	34.1	40	同上
40	16.6	40	同上
45	13.3	40	还可多接酒尾

9. 两种清蒸续糟法

有的清香型白酒的生产，采用如下的两种清蒸续糟法配料。一种是将清蒸后的熟粮与蒸酒后的醅，以1:（4.5~5.0）的比例混合。加曲量为投料量的15%~18%。若在夏季，可将曲粉以等量份别与熟粮及醅拌匀后再混合，入池作为粮糟发酵。剩余的醅加5%~10%曲粉作为回醅发酵。池的回醅与上层的粮糟用熟糠和隔算分开，也可将几个班组的回醅集中入池发酵。另一种是将未蒸的粮粉与蒸酒后的热醅混合，粮醅比为1:（4~4.5），闷堆2~3h后，蒸粮1h。然后将加曲后的粮糟及回醅进行发酵。回醅中也可不加大曲粉而添加麸曲、酒母。回醅的入池水分可高至60%~62%。发酵容器为瓷砖或内壁打蜡的水泥池或地缸。掌握"前缓升、中挺足、后缓落"的发酵温度管理原则。粮糟酒与回醅酒单独蒸馏、贮存，粮糟酒为高档清香型白酒，回醅酒为普通白酒。

五、酱香型大曲酒生产工艺

酱香型白酒的风味特殊，最大原因是酿制方法特殊，为我国奇特的酿酒法。按照传统习惯，每年5月端午开始踩曲，9月重阳投料（下沙）酿酒，结合了我国南方农业生产季节。此段时期小麦和高粱等新原料上市，更有适合制曲酿酒的气温，有利于微生物生长繁殖。所谓"重阳酿酒满缸香"是历史经验的总结。

酱香型白酒的生产工艺特点，除原料粉碎粗，用曲量大，酿酒温度高，1年1个生产周期外，最重要的特点：一是高温制曲，这是产生酱香的重要原因；二是采用堆积发酵法，以便网罗和培养微生物；第三是高温发酵、高温流酒和长期陈酿，这是形成酱香风格的关键。

1. 酿酒工艺流程

茅台酒的酿造工艺流程如图6-6所示。

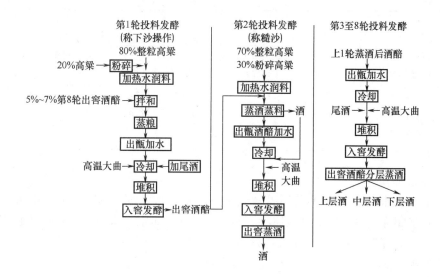

图 6 - 6　茅台酒的酿造工艺流程

2. 酿酒工艺操作

（1）原料、大曲及其粉碎

①原料粉碎：高粱在投料前处理备用。高粱经粉碎后称为"沙"，开始投料为"生沙"，其中碎粒占 20%，整粒占 80%，即粉碎度为二八成；第二次投料为"糙沙"，其粉碎度为三七成，即碎粒占 30%，整粒为 70%。但每粒高粱要经粉碎机压过较好，不让有"跑籽"，这样有利于蒸料糊化。不同季节的"生沙"和"糙沙"的粉碎度如表 6 - 12所示。

表 6 - 12　　　　　　　　　　　　　　高粱原料的粉碎度　　　　　　　　　　　　　　单位:%

类别 品名	生沙原料			糙沙原料		
	夏季	冬季	平均	夏季	冬季	平均
碎粒	20.40	16.20	18.30	34.90	32.88	33.89
整粒	75.40	75.40	75.40	59.12	61.12	60.12
种壳	3.40	8.00	5.70	5.38	5.52	5.44
杂粮	0.80	0.40	0.60	0.60	0.52	0.55

从表 6 - 12 可以看出，高粱的粉碎度符合酿酒工艺要求。茅台酒用带壳高粱为原料，其中种壳为 5% 左右，在操作中起到疏松作用。

②麦曲粉碎：麦曲先用木槌或排牙滚碎机打碎成颗粒状，然后用滚筒磨粉机磨细，连续进行 2 次，使成粉末。麦曲的细度是越细越好，这样熟沙容易被粘附，有利于糖化发酵作用。

表 6 - 13 是麦曲粉碎度的测定结果。从表 6 - 13 可以看出，麦曲的粉碎度，夏季应较细，冬季要粗些。

表 6 – 13			麦曲的粉碎度			单位:%
季节 铜筛规格	夏季	冬季	季节 铜筛规格	夏季	冬季	
未通过 20 目孔筛	3.20	18.20	未通过 100 目孔筛	6.25	4.50	
未通过 40 目孔筛	23.55	27.62	未通过 120 目孔筛	4.40	3.53	
未通过 60 目孔筛	17.85	12.55	通过 120 目孔筛	37.95	29.20	
未通过 80 目孔筛	6.80	4.40				

（2）生沙操作

①润粮（发水）：每甑称取粉碎高粱（生沙）后，放于甑边的晾堂上，用90℃以上热水润粮，此步骤称发水。发水量视原料干湿和季节气候而定，水温要高，淀粉粒吸收水分快，表皮易"收汗"。发水时用木锨边泼边糙，使其吸水均匀，堆积2～2.5h，再进行第2次发水，发水方法与第1次同，共计发水量占粮食质量的42%～48%，堆积7～9h。发水时应避免淋浆流失，要求均匀一致。每次生沙发水，开始润粮两甑，使用1甑。

②配料（糙母糟）：生沙上甑以前，必须添加母糟，又称"发酵糟"，即未经蒸酒的酒醅。每甑加母糟约为原粮质量的8%。母糟是第六、七轮的发酵糟，添加时用木锨翻糙2～3次，使拌和均匀，不结团块。

③蒸粮（蒸生沙）：每次上甑前，先在甑算上撒稻壳约1kg，待上汽后用簸箕装甑，见汽就装。将生沙轻匀地装入甑内，一定要保持疏松，使上汽均匀，并使甑内生沙四周高，中心低，呈锅底形，装甑约1h，圆汽后加盖以大火进行蒸粮。

蒸粮时间视高粱品种、干湿程度和火力大小而定，一般蒸2～3h约有七成熟，其余2～3成为硬心或白心，不宜过熟，即可出甑。出甑熟沙要带香气，"收汗"利落。

④泼量水：将蒸好的熟沙从甑内取出，堆于晾堂，用天锅或冷却器的热水（称为"量水"）泼入熟沙堆上，边泼边翻糙，翻糙共计3次，使其均匀。量水的功用是使熟沙保持一定的水分，促进糖化发酵的正常进行。量水用量为原粮的10%～12%，水质要清洁，水温要高，达90℃左右，以便钝化水中的杂菌，也有利于淀粉粒更快吸水，达到适当的含水量。

⑤摊晾：熟沙泼量水后，摊于晾堂上，翻铲成行，使其降低温度。必要时用电风扇吹凉，可缩短摊晾时间。但电风扇的位置应经常移动，不可直接吹摊晾的熟沙，避免降温不均匀。

⑥洒酒尾：当熟沙摊晾到适宜温度，收拢成堆，用喷壶洒入次品酒，主要是丢糟酒，又称酒尾（酒精含量30%vol），边洒酒尾边翻糙，使其拌和均匀。

洒酒尾的目的：由于熟沙撒曲后暴露在空气中进行堆积，洒酒尾可抑制有害微生物的繁殖，促进淀粉酶和酒化酶的活力，以利糖化发酵和产生香味物质。

⑦撒曲：熟沙品温降至30～35℃时，开始撒麦曲粉，占原粮的10%～12%。撒曲量要根据麦曲质量和季节气温而定，冬季多用，夏季少用。撒曲时不要高扬，以防麦曲粉飞扬损失，并翻拌均匀，使熟沙都粘有麦曲粉。

⑧堆积：堆积是酱香型特殊而重要的工艺步骤，主要以网罗筛选微生物，起到培菌增

香的作用。堆积前先测醅料的品温，然后收堆，收堆温度约 30℃。第 1 次收堆前，先在堆积地面上撒麦曲粉 2.5kg，以中心向外堆积。因堆积可使"熟沙"暴露在空气中，使麦曲中微生物繁殖，因此堆积起了培菌作用，有利于糖化发酵产生酱香味。堆积时间必须结合季节、气候和收堆温度来掌握。要求堆成圆形，冬季堆高，夏季堆矮，堆积时间为 2～4d。熟糟堆积时间要长，待顶部堆积品温达 45～50℃，用手插入堆积糟内感到热手，即可下窖发酵。堆积糟过嫩或过老都不好，如堆积糟过嫩，则产酒的香味不好；若堆积糟过老，则产酒风味不甜、糙辣、冲鼻或带酸苦等气味。

⑨烧窖：酱香型白酒的发酵窖称为酒窖，大小不一，老的酒窖长 2.7m，宽 2.0m，深 2.6m，容积为 14m^3。窖用方块石和黏土砌成，外面再涂以黏土，窖底有排水沟，上面以红土筑成，每窖可投高粱 850.0kg。新建大窖长 3.8m，宽 2.2m，深 3.0m，容积为 25.3m^3，用沙条石砌成，窖底同样有排水沟，以红土筑成，每窖可投高粱 11000～12000kg。

堆积糟下窖前要用木柴烧窖。烧窖目的是消灭窖内杂菌，提高窖内温度，并通过烧窖除去窖内在 1 年最后 1 轮发酵时产生的枯糟气味。烧窖木柴多少，应根据窖池大小、新旧程度、闲置时间和干湿情况等来决定，一般每个酒窖用木柴 50～100kg，烧窖时间为 1～2.5h。若系新建窖或长期停用窖可用木柴 1000kg 左右，烧窖在 24h 以上。烧完后的窖池待窖内温度稍降，就要扫净窖内灰烬，再用少量丢糟撒入窖底，随即扫除丢糟，将堆积糟下窖。

⑩下窖、发酵：堆积糟下窖前，用喷壶盛酒精含量为 30% vol 的酒尾 15kg，喷洒于窖底和窖壁四周，再撒麦曲粉 15～20kg（称为底曲）。下窖时将堆积糟从一头用扒锨拌和，使其上、中、下各部稍加混合，再用簸箕或手推车倒入窖内。每下 2～3 甑堆积糟后，用喷壶洒酒尾 1 次，边下边洒，窖底宜少，逐渐由下而上加大酒尾用量，一般生沙操作的酒尾用量占原粮 3% 左右。下窖操作时间宜短，防止杂菌感染，避免酒尾挥发，保持发酵温度正常。

堆积糟下窖完毕，将表面扒平，用木板轻轻压紧，撒薄薄的一层稻壳；再加两甑盖糟，用稀泥封窖，稀泥厚度在 4cm 以上。封窖用泥，每轮开始常需用新泥，整个大周期中途可加换 1 次。若原来的窖泥不臭，仍可继续使用或掺入新泥使用，要拌得柔和。泼盖糟和封泥的水，以清洁的冷水为佳。

堆积糟下窖后，在隔绝空气条件下进行厌氧性发酵。要有专人负责管理，每天用泥板抹光窖的封泥，不让开口裂缝，否则空气进入窖内，发酵糟易长霉结成团块，这种现象称为"烧包、烧籽"，这对产品质量有很大影响。

发酵时间最短为 30d，称为 1 个小生产周期，发酵温度在 35～43℃。

（3）糙沙操作

①润粮：待第 1 轮下窖发酵 1 个月后，立即进行第 2 次投料，称为"糙沙"。每甑称取粉碎度为三七成的高粱，按处理生沙的比例计算用水，进行润粮，其操作与生沙操作相同。糙沙与生沙操作相同。糙沙与生沙原料各占一半。

②开窖：将封窖泥挖除，运至泥坑池内，再挖盖糟，运往丢糟处。扫净发酵糟上面的盖糟和泥块，每次在窖内起半甑发酵糟，与润好的新料拌和，共翻拌 3 次，使其混合均匀，再上甑蒸酒、蒸粮。

③蒸酒、蒸粮：糙沙上甑与生沙方法相同，上甑时间为 55～62min，装满甑后盖甑盖，

接通冷却器蒸酒，开始火力不宜过大，蒸出的酒不多，有生涩味，称为"生沙酒"，可作次品酒回窖发酵用。蒸完酒后即进行蒸粮，蒸粮时间长达 4～5h，蒸过的粮食，其质量要求达到柔熟为好。

④堆积和发酵：蒸粮结束后，即可进行出甑、泼量水、摊晾、撒曲和堆积等工序。其工艺条件与生沙操作相同，然后下窖发酵。糙沙操作是将生沙的发酵糟，1 窖分成 2 窖蒸酒、蒸粮；下窖若下到原用酒窖，就不用再烧窖了。唯开窖起糟时，待起到窖底最末一甑发酵糟时，要同时准备好下窖的堆积糟，避免窖底暴露空气过久，影响产品质量。

（4）熟糟操作　茅台酒的生产，每年每窖只投 2 次新料，即生沙 1 次，糙沙 1 次。随后 6 个轮次不再投新料，只是将发酵糟（酒醅）反复蒸酒、出甑摊晾、撒曲堆积和下窖发酵，称为熟糟操作。其具体操作如下。

①开窖蒸酒：开窖起糟与糙沙操作相同，唯起糟不可过多。采取随起随蒸，1 窖多甑的方法蒸酒。待起至窖底时留下 1 甑，并准备好上轮的堆积糟，出糟后立即将堆积糟下窖。一般从第 4 轮开始，蒸酒要加入少许清蒸稻壳，称为熟稻壳，随后的轮次逐渐增加稻壳用量，但每甑不得超过粮质量的 1.5%～1.8%，即每甑用量为 7.5～9kg。流酒温度一般较高，量质摘酒，边摘边尝，凡带色，有生糠、酸涩、苦辣或其他不正常气味的酒，一律作酒尾回窖发酵用并截头去尾。蒸酒时间为 16～36min，追酒尾时间 8～16min，出甑糟尚含有酒精但其含量不足 2%。

②摊晾撒曲：蒸酒出甑后，迅速将酒糟摊晾。为避免杂菌污染，应尽量缩短摊晾时间，待品温降至 35℃，开始撒曲。根据不同轮次，每甑撒麦曲粉 45～25kg，翻拌均匀，收拢进行堆积。撒曲用量所占粮的质量比为：生沙 11%，糙沙 18%，3、4 轮 13%，5 轮 11%，6 轮 7%，7 轮 6%，8 轮 5%，总用曲量为粮质量的 84%～87%。根据各厂的具体情况，其用量稍有不同。

③堆积：起堆时，前两甑品温为 34～36℃，其余收堆温度 28～32℃。堆积操作与生沙、糙沙基本相同，但堆积时间较长，一般为 78～96h。堆积时必须注意堆积位置、高矮和温度等，要求堆积糟疏松而含有较多空气，均匀一致。待堆积糟品温达 40～50℃时，手摸表层已有热的感觉。堆积时要求品温不出面，面上有土层硬壳，可闻到带甜的酒香气味，此时即可下窖发酵。

④下窖发酵：发酵酒窖一般使用原窖，下窖前每次用酒尾泼窖。根据不同轮次，酒尾从 15kg 减少至 5kg。底曲用量约为 15kg。熟糟操作与前述相同。堆积糟下窖时洒酒尾的用量多少不一，视上轮产酒好坏、堆积糟干湿而定，常用酒尾调节。除最后一轮丢糟酒不洒或少洒酒尾外，其他轮次由多到少，从 205kg 减少至 15kg。下窖时用稀泥密封，严禁踩窖。防止封窖泥有裂缝现象，每轮发酵时间为 30～33d。

⑤上甑蒸酒：上甑操作与产酒质量关系相当密切。操作必须细致，做到疏松均匀，不压汽，不跑汽，缓慢蒸酒，流酒温度高，高时可达 40℃以上。摘酒是根据流酒的香味和酒精含量相结合，一般入库酒的酒精含量为 54%～57% vol。从蒸出酒的质量看，第 2 轮的糙沙酒稍带生涩味；第 3、4、5 轮酒称为"大回酒"，质量较好；第 6 轮酒又称"小回酒"；第 7、8 轮分别为"枯糟酒"和"丢糟酒"，稍带枯糟和焦苦味；丢糟酒也作酒尾回窖发酵用。

酒窖中发酵糟因所处部位不同，所产酒的质量和风味常有差异，可分酱香、醇甜和窖底香 3 种单型酒。酱香酒是决定香型的关键。酱香酒在窖池中部和窖顶发酵糟产生较多；窖底香酒由窖底靠近窖泥的发酵糟所产生；位于窖池中部的发酵糟，一般不产生酱香或窖底香的酒，就为醇甜型酒，此种单型酒产量较多。现将窖内不同层次发酵糟蒸馏酒的口感列于表 6 – 14。

表 6 – 14	不同层次发酵糟蒸馏酒的口感
酒样名称	酒质口感评语
上层糟的酒	酱香突出，微带曲香，稍杂，风格好
中层糟的酒	具有浓厚香气，略带酱香，入口绵甜
下层糟的酒	窖香浓郁，并带有明显的酱香

蒸酒时可根据窖内不同层次的发酵糟，分别进行上甑蒸酒，按质摘酒，分开装坛。经感官鉴定后，按香型入库，于传统陶坛中贮存，一般需要贮存 3 年以上，称为陈酿。

六、兼香型大曲酒生产工艺

兼香型大曲酒以湖北白云边酒、黑龙江玉泉大曲等为代表，具有浓香和酱香两种香型兼而有之的风味质量特征。该香型酒在生产工艺上，或在酿酒发酵工艺中，或在贮存勾兑中都揉合了浓香型及酱香型的生产技术。下面以白云边酒的生产为例。

白云边酒以高粱为原料，用小麦制高温曲。从投料开始至第 7 轮次大多采用大曲茅香型白酒的操作法，即投料分为第 1 次、第 2 次混蒸的 2 次投料法，进行高温堆积及高温多轮次发酵。到第 8 轮次时，改用仿泸香型大曲酒的工艺，即再将占总投料量 9% 的高粱粉与第 7 轮次的出窖酒醅混匀后混蒸，出甑后的酒醅加 15% 的水，20% 的中温大曲，再低温入窖发酵 1 个月。除第 1 轮次的酒全部回入酒醅进行再次发酵外，其余各轮次酒则分层、分型摘取、贮存，尾酒也单独贮存。具体工艺如下：

（1）制高温大曲过程

①原料预处理：小麦粉碎至能通过 20 目筛孔者占 27% ~ 30%，通过 40 目筛孔者为 15% ~ 20%，通过 60 目筛孔者为 10% ~ 15%。

②配料：每 100kg 小麦粉加 45 ~ 50kg 水，夏天加冷水，冬春两季加温水，并加 3% ~ 4% 的精选母曲拌匀。

③制坯：坯料装在曲盒内由人工踩制成坯，并在坯场放置 15 ~ 20min，使其表面水分挥发。

④坯块入曲室：先在曲室地面上垫 1 层 3 ~ 6cm 厚的稻壳。在第 1 层曲坯块之间塞进稻草。共叠 5 层，层与层之间放 1 层草，最上 1 层盖草袋，并泼 1 次清水后，关闭门窗。

⑤培曲过程：入室后 20 ~ 24h，品温升至 40 ~ 44℃，在 24 ~ 48h 之内，工艺上称为排汗萌发期。此后，霉菌菌丝大量繁殖，在曲块表面长成 1 层白色茸毛，称为上霉，约历时 3d，品温升为 58 ~ 65℃，待曲室内能闻到黄花、豆豉般的香味时，可进行第 1 次翻曲。第 1 次翻曲后，约历时 8d，品温又达到 60 ~ 62℃，能闻到如豆豉香味时，可进行第 2 次翻曲。第 2 次翻曲后，约历时 7d，品温控制在 36 ~ 46℃。在此中火阶段，原来被高温所抑制的霉菌则成为繁殖的优势菌，这是淀粉酶的积累阶段，也是决定曲子质量的关键阶段。

以后，品温控制在 34 ~ 36℃，历时 10d，再开启窗户，进行通风降温、排潮、驱除 CO_2。这时可揭去稻草，将曲块堆存 10d，待品温与室温持平时即可将曲块出室。培曲周期共 40d。

⑥贮存：成曲转入曲库贮存 2 ~ 6 个月后，方可使用。为了防止曲块受潮和虫害，曲库地面应铺 3 ~ 6cm 厚的稻壳，再在上面搁置竹板，并将门窗关闭。

（2）酿酒过程　每年 8 月底至 9 月上旬开始投料，分 3 次投料。前后共蒸馏 9 次、发酵 8 次、7 次摘取原酒。每次发酵 1 个月，整个大的生产周期约 9 个月。

按不同轮次，合理地规定其用曲量。1 ~ 3 轮次用曲量为 12%，4 ~ 7 轮次为 8% ~ 10%，第 8 轮次为 20%。

①第 1 次投料：将高粱粉碎至碎粮占 20%，取其占总投料量的 45.5% 用 90℃ 以上的热水焖粮，用水量为投料量的 45%。分 2 次加入，堆焖 7 ~ 8h 后，加 5% 的第 8 轮次发酵后再蒸馏的母糟，拌匀后即可进行第 1 次混蒸。

②第 1 次加曲发酵：物料出甑后，先加 90℃ 的量水 15% 并运至晾堂内，再加 2% 的尾酒，翻拌冷却至 38℃ 左右时，加入 12% 的曲料拌匀，然后堆积 4 ~ 5d。

发酵容器为长 3.5m、宽 3m、高 2m 的砖砌水泥池，池底有 6 ~ 9cm 厚的培养香泥。料醅入池前，先打扫干净，并泼 150kg 尾酒于池底，再撒入曲粉 20 ~ 30kg，然后将物料入池，最后用培养好的香泥封池，发酵 1 个月。

③第 2 次投料、蒸馏、发酵：将高粱粉碎至碎粮占 30%，其投料量为总投料量的 45.5%。如第 1 次投料加水焖粮、堆积，然后，与第 1 次发酵好的酒醅混合均匀。再入甑混蒸，蒸得的酒全部回至料醅。其后的加水、加曲等操作同第 1 次发酵。

④3 ~ 7 轮次发酵、蒸馏：这几个轮次不加新粮，其操作都相同。即先取全池 2/8 的酒醅进行蒸馏，掌握前汽稍小、中间汽足、大汽追尾的原则，适时摘除尾酒。所取原酒为酱浓香型酒，分级入库贮存。再取全池 5/8 的酒醅蒸馏，所取原酒为中层酒醅的清香型酒，也分级贮存。最后将池底酒醅蒸馏，所得原酒为浓酱香型酒，同样分级贮存。

每轮次馏酒后，将出甑醅摊于晾堂内，加 15% 的量水，翻拌一遍。通风散热后，再加 2% 尾酒。晾至 38 ~ 40℃ 时添加 8% ~ 12% 的曲粉拌匀。高温堆积 3d 后立即入池发酵。

⑤第 8 次发酵：经 7 次发酵后，酒醅中的淀粉含量已较低，但醅中的酱香、浓香、清香的香味成分较多。因此，在第 7 轮次出甑后的醅中，再如开头所述进行第 3 次投料、加水、加曲、发酵，使出酒率大为提高。

（3）成品勾调　来自池中上层酒醅的所谓上层酒，其乙酸乙酯香较浓，又微呈酱香，具有清、酱香的典型性，但酒质不细腻，较粗糙。中层酒醅的酒味正醇和，甜度大，清雅爽净。下层酒醅的酒己酸乙酯放香突出，具有浓、酱香的典型性。味甘绵软，但后味苦涩。尾酒的特点是酱香突出，但酸味重，乳酸乙酯及糠醛的含量特别高，糠醛高达 56 ~ 72mg/100mL。

按上述各酒的特点，先做小试试勾、试尝，并同标准酒样对照，以确定各种酒的勾兑比例，再进行扩大勾兑。

七、药香型曲酒生产工艺

药香型曲酒以董酒为代表。董酒因产于贵州省遵义市北郊的董公寺而得名。

（1）生产工艺及成品酒特点

①生产工艺特点

a. 特制窖泥：窖泥用石灰、白泥、洋桃藤泡汁拌和而成，偏碱性，适于细菌繁殖。

b. 工艺过程独特：以糯高粱为原料，先采用小曲酒酿制法取得小曲酒。再用该小曲酒串蒸香醅而得董酒的原酒。近年来又对串蒸工艺做了改进，即在甑的下层装小曲酒醅，上层装香醅，可不必单蒸小曲酒。

②成品酒特点

a. 风味特点：兼有小曲酒和大曲酒的风格。使大曲酒的浓郁芬芳和小曲酒醇和绵甜的特点融为一体；大曲与小曲中均配有品种繁多的中药材，使成品酒有令人愉悦的药香；除药香外，董酒的香气主要来自香醅，使董酒具有持久的窖底香，回味中略带爽口的微酸味。

b. 成分特点：近年来，有人将曲中所用药材的呈香分为浓郁、清雅、舒适及淡雅4种药香。并对董酒香气成分的含量做了研究，其结果可归纳为具有"四高两低"的特点。

四高：即一为高级醇含量较高，主要指正丙醇和仲丁醇；二是总酸含量高，为其他名白酒总酸含量的2～3倍，尤以丁酸含量高为其主要特征；三是丁酸乙酯含量高，为其他名白酒的3～5倍；四是醇酯比大于1。

两低：一是乳酸乙酯含量低，为其他名白酒的1/2～1/3；二是酯酸比小于1，其他名白酒都大于1。

（2）制酒过程

①小曲酒醅的制作

a. 高粱蒸煮：取整粒高粱375kg，用90℃热水浸泡8h。基本沥干后，入甑蒸煮，待圆汽后干蒸40min。再用50℃左右的温水焖粮，继续加温至95℃左右，糯高粱焖5～10min，粳高粱焖30～60min。放水后用大汽蒸煮，待圆汽后再蒸2h。最后，打开甑盖冲阳水，蒸煮20min。

b. 培菌、糖化：先在培菌箱底铺1层2～3cm厚的配糟，再在上面撒1层稻壳。然后用扬糙机将预先摊晾的熟高粱打入箱内。并鼓风吹冷至加曲温度：夏天约为35℃，冬天为40℃左右。添加小曲量为高粱的0.4%～0.5%，分2次加入。每次加曲后用耙拌匀，不要翻动底层的配糟。然后把物料摊平，在周边用木锹插成1条宽约18cm的沟，在沟内填满热配糟，以保温。培菌起始温度夏天为28℃左右，冬天约为34℃。糯高粱培菌时间为26h左右，粳高粱约需32h。出箱时，糯高粱品温以不超过40℃、粳高粱不超过42℃为宜。

c. 入窖发酵：将上述培养好的秕子加入900kg配糟，即高粱∶配糟＝1∶2.4。加糟后迅速翻匀，夏天吹冷至品温越低越好，冬天为28～30℃，此时即可入窖。入窖后，每窖加热水120kg，夏天水温为45℃左右，冬天约为65℃。然后踩紧表面及周边。再用塑料薄膜或泥封窖后发酵6～7d即可，期间最高品温不超过40℃。

②香醅制备（下大窖）

a. 下窖：秕子下窖前，先将窖打扫干净，并铲除窖壁的青霉等杂菌，称为清窖。取隔天蒸酒后的小曲酒糟750kg、大曲酒糟350kg、大窖发酵好后未蒸酒的香醅350kg，加麦曲粉75kg拌匀后即可下窖。尚有小曲酒糟∶大曲酒糟∶香醅＝4∶4∶2或5∶3∶2，加曲量为上述加量的50%等的配方。

b. 发酵：夏天下窖后，当天将秕耙平、踩紧。冬天则先将秕在晾堂或窖内堆积培菌

1d。第2d再将入窖后的秕粑平、踩紧。以后，每2～3d泼1次酒，每堂大约共泼60%（体积分数）小曲酒550kg。一个大窖需12～14d才能下满，下秕量为15000～20000kg。窖下满后，用拌有黄泥的稀煤封窖。发酵6～10个月结束。

c. 串香蒸酒：取上述小曲酒醅350kg，拌入5kg左右稻壳后装甑。再以稻壳相隔，将香醅装于上层。香醅也可视其干湿状况加入适量稻壳。蒸酒时要截头去尾，如酒头麻苦味重，应摘除1.5～2.5kg。取中流部分作为原酒。

d. 贮存：原酒经品尝分级后入库贮存，每罐酒均挂有卡片，贮存半年以上再勾兑、包装后出厂。

八、特型酒生产工艺

特型酒以江西四特酒为代表。

（1）四特酒的风格及技术特点　四特酒在色、香、味、体方面的典型感官特征是：酒色清亮，酒香芬芳，酒味纯正，酒体柔和。它既清淡，又浓郁；既幽雅，又舒适；在口感上给人以醇和、绵甜、圆润、无邪杂味之感。

四特酒典型风格的形成是由原料、大曲、窖池等特定条件所决定的。它独特之处在于：整粒大米为原料，大曲面麸加酒糟，红褚条石垒酒窖，三型具备犹不靠（三型指酱香型、浓香型、清香型）。

①独特的酿酒原料（整粒精大米）：四特酒选用当地盛产的优质大米为原料。这种精大米富含淀粉、植物性蛋白质、维生素等多种营养成分，是酿酒的良好原料；米香型白酒虽以大米为原料，但用半固态发酵法；四川文君酒则采用不脱壳的谷粒（黄谷）作原料。而四特酒采用整粒精大米不经粉碎、浸泡，直接与酒醅混蒸，使精大米的固有香味也带入酒中，丰富了四特酒的香味成分。用去壳的精大米为原料可以避免带入不良的糠味。辅料谷壳要单独清蒸，以除去糠醛的杂味，直至闻到米香，才取出扬冷备用，操作十分考究。

②独特的大曲原料配比：四特酒大曲的原料配比在所有白酒生产中是独一无二的，选用酒糟作大曲原料有三大好处：a. 改善了大曲的酸碱度，能抑制一些有害杂菌的生长；b. 改善了大曲的疏松状况，增加了大曲的透气性，大大有利于酿酒有益微生物的生长；c. 再次堆积发酵酒糟的掺入，人为地接种了酿造四特酒的特有微生物，大大提高了四特酒大曲的质量。这种独特的大曲自然孕育出四特酒独特的典型风格。

③独特的发酵窖池：四特酒的发酵窖池用江西的特产——红褚条石砌成，水泥勾缝，仅在窖底及封窖用泥。据测定，红褚条石质地疏松，空隙极多，吸水性强。这种亦泥亦石、非泥非石的窖壁，为有益微生物的繁衍创造了独特的环境，这也是形成四特酒典型风格的原因之一。

（2）四特酒的生产工艺　四特酒具有"清、香、醇、纯"的风格，在制曲及发酵原料和发酵容器方面都有独到之处。

①制曲：四特酒所用的大曲其原料配比在所有白酒中是独一无二的，即面粉为35%～40%，麦麸为40%～50%，酒糟（以干燥计）为20%～15%。

②制酒：采用续糟混蒸四甑操作法，具体生产操作法如下：

a. 原辅料准备：由7人组成的班组，每班蒸4甑。使用高粱粉为600kg，中碎米为630kg，其成品酒的质量比原来只使用大米时更好，稻皮用量为65%左右。

高粱的粉碎度要求均匀一致，不应有整粒。稻皮要求新鲜干燥，呈金黄色，不应发霉或水湿。每次使用前需清蒸30min。

b. 开窖起糟：先将封窖的泥土铲在旁边窖的表面，揭去塑料布，打扫干净，用铁铲依次起酒醅，俗称"打窖"。每窖酒醅为25～27车，每车约190kg。

c. 配料：每班使用原料及大曲粉等，应在上班前领取送至车间，上班后起糟和配料上甑分工配合进行。第1甑不加新原料，称为"头糟"。将6～7车发酵好的酒醅陆续运至甑旁，加入稻壳59kg拌匀。第2、3甑加入新原料，称为大楂、二楂。2甑共用酒醅12～13车，稻壳120～177kg。先将新原料置于甑旁，酒醅运至新原料一旁，把新原料铲入酒醅中拌和，表面盖上稻壳。待起糟操作结束后，再拌和1～2次。最后1甑酒醅称为"尾糟"，蒸馏后即丢糟。先在甑的后面撒1层稻壳，将酒醅倒在上面，再盖上稻壳。这1甑酒醅为6～7车，稻壳177kg左右。

d. 混蒸：将甑内打扫干净，用水冲洗，再用汽冲。有时可用铁铲将算敲几下，以利于上汽均匀。再放走底锅水后，塞住放水孔。先在甑算上撒少量稻皮，装上一薄层酒醅后再开汽。采用见汽上甑法，做到轻倒旋撒，穿汽一致。上甑时间约30min。上甑时宜开大汽，流酒时汽应小些，在蒸酒过程中必须防止塌甑、跑汽等现象发生。每甑蒸酒时约20min。蒸料时间为40～50min，视原料品种、颗粒粗细及水分大小等而定。蒸料宜开大汽。摘酒时要量质截取酒头，每甑摘除酒头为0.25～1kg，单独贮存或放入尾酒中，除一部分用于回窖再发酵外，其余回底锅重蒸。

e. 摊晾、撒曲、加浆：头糟出甑，用车运至晾场撒开，开动电扇降温。待全甑出完，用木锨将糟扬冷至30℃左右，即可撒曲粉。撒曲量为30余千克。曲粉要低撒于糟的表面。撒曲后再开电扇，并翻扬1～2次。在室温为18～20℃的冬季，品温达24℃左右时，即可收拢成堆，运送下窖。大楂、二楂出甑时，必须无白色的生心。运至晾场，泼上90℃以上的浆水360kg，使物料入窖时的水分保持在57%～60%，以二楂的水分多于大楂为宜。如果加浆水过少，则不能满足发酵的需要，但加浆水过量会使酒醅升温猛、升酸快而产生热潮现象，造成酒醅发黏，给发酵与蒸馏带来困难，最终致使成品酒香气不浓、口味平淡。泼浆水后，立即开电扇，将糟摊开，并扬糟4～5遍，达撒曲品温时，撒入曲粉约100kg。其余操作同头糟。最后一甑尾糟蒸酒后酒糟作为饲料。

f. 入窖发酵：发酵窖用当地的红条石砌成，仅在窖底及封窖时用泥。可选用质地细腻、绵软、无夹沙及黏土的黄土自制人工老窖。先将黄土晒干、砸细后，加大曲粉、尾酒、黄浆水拌匀。先将大曲粉加于黄土中，翻拌2次，再加尾酒和黄浆水，踩成泥状后，堆积发酵1个月，然后填于窖底，其厚度为30～50cm。

下窖时应铺平踩紧，并以竹块作标记，将各甑的酒醅隔开。另外，应分次在大楂、二楂中泼入酒精25%～30%vol的酒头和酒尾，回酒量也不宜过多，最好不超过2%，以免妨碍正常发酵和影响出酒率。如果能将5%～10%的成熟酒醅回入大楂、二楂中，进行回醅发酵，效果较好。下窖结束后，盖好塑料布，用泥土封好后进行发酵1个月，为提高酒质，发酵期还可适当延长。发酵温度以不超过40℃为宜，温度曲线以"前缓、中挺、后慢落"为好。

g. 成品酒贮存：每甑摘酒2～3坛，每坛为20～30kg。由组长及上甑人检查，无苦辣或其他怪味者，即可送酒库称重、量度、分别贮存。

九、芝麻香型酒生产工艺

芝麻香型白酒以山东景芝白干和江苏梅兰春为代表，因其风味香气具有类似烘烤芝麻香而得名。酒味醇厚，酒体爽净，后味有焦香感。酿酒工艺特点是合理配料，多种微生物高温发酵，缓慢蒸馏，贮存成型。

现以特级景芝白干为例介绍于下。

特级景芝白干酒工艺是在总结景芝白干传统工艺和大量科研工作的基础上，不断补充完善而形成的。其工艺要点为：高粱原料加适量麸皮；混蒸混烧；高温曲、中温曲、强化菌混合使用；高温堆积，砖池发酵；缓汽蒸馏，量质摘酒，分级入库，长期贮存，精心勾兑。

（1）制曲工艺

①麦曲：采用纯小麦为原料，粉碎要求为心烂皮不烂的梅花瓣，曲坯入房水分37%～39%，应用框架发酵新工艺。做两种曲，高温曲培菌最高温度60℃，中温曲50～55℃，培菌期30d。

②强化菌曲：包括白曲、生香酵母和细菌，扩大培养采用麸皮为原料。

③白曲：采用河内白曲菌种，固体三级培养。

④酵母：采用5株菌种，在三角瓶之前为单独培养，扩大为混合培养。

⑤细菌：采用本厂研究芝麻香微生物中获得的21株细菌，每3株为1组培养，扩大时混合培养。

（2）酿酒工艺

①原辅料处理：高粱粉碎成4～6瓣，无整粒，通过20目筛者不超过20%。配料前用原料量20%～30%的水润料、拌匀。麦曲粉碎通过20目筛者占60%以上。辅料为稻壳，用前清蒸30min。

②出池配料：分层出池，分糟配料，料醅比为1:（4～4.5），3甑糟、1甑酒醅不加新料，只加曲作为下排的回糟（也有部分池子采用双轮底工艺生产丰满醇厚的调味酒）。配料要求均匀一致。

③蒸馏糊化：缓汽装甑，时间不少于25min。缓汽蒸馏，流酒速度不大于4kg/min，流酒温度25～30℃，摘头去尾，量质摘酒，分级入库。流完酒在甑的上部蒸麸皮，数量为原料量的10%。料要蒸透，要求熟而不黏，内无生心。

④加浆出甑：加浆水温70～80℃，边出甑边加浆，使加浆均匀。

⑤通风晾糟、补浆、降温、加曲：将糟摊平，补充所需水分，开动风机、打糟机，通风降温，达到温度后加曲，拌匀。用曲量：高中温曲分别为10%、5%；白曲、酵母为10%、5%；细菌适量。

⑥堆积：要求方正平坦，高40～50cm，堆积始温20～25℃，堆积最高温度为50℃，中间翻堆1次，堆积时间24h。

⑦入池：堆积到一定温度，摊晾到25～30℃，入池发酵，时间1个月。

⑧贮存勾兑：分级贮存，贮存时间1～5年。勾兑选用贮存1～2年、酒体醇厚、香气谐调、后尾爽净的基础酒，调以贮存时间较长（3～5年）的陈酒及芝麻香典型性突出的调味酒，先勾小样，品评合格，再勾大样。口味要求：芝麻香纯正，绵柔醇和，甘爽谐调，余味舒畅，具芝麻香型白酒的特有风格。

芝麻香型白酒是在生产实践中发展起来的。在全国现有的 12 种香型白酒中，芝麻香型白酒属新中国成立后自主创新的三个香型白酒之一，是在 20 世纪 50 年代后期由山东景芝酒厂首先发现并提出的。经过约半个世纪艰苦卓绝的研究与探索，其香味成分和发酵成香机理逐渐明朗，生产工艺逐渐成熟，产品质量稳定，风格典型，在白酒中独树一帜，自成一体，闻名全国。其代表产品为山东景芝酒业股份有限公司生产的景芝神酿酒（在景芝白干酒基础上创新）。景芝神酿酒的工艺要点为：清蒸续茬，泥底砖窖，大麸结合，多微共酵，三高一长（高氮配料、高温堆集、高温发酵、长期贮存），精心勾调。其风格特点为：清净典雅，醇和细腻，芝麻香幽雅醇正。目前，芝麻香型白酒在山东、江苏、黑龙江、吉林等地区均有生产，其中，山东的景芝、趵突泉、扳倒井、水浒、泰山等企业已有一定的规模。

景芝神酿酒的生产原料包括酿酒原料、制曲原料。传统的酿酒原料，以高粱为主，添加适量的小麦、麸皮。近年来，在传统酿酒原料基础上，增加大米（包括糯米）、玉米、小米等原料，生产多粮型芝麻香型白酒。制曲原料分为大曲原料，和多微麸曲原料。大曲多用纯小麦，多微麸曲用麸皮为原料。

景芝神酿酒主要工艺特点之一，是高氮配料，所谓高氮配料，就是配料时除采用高粱外还辅以适量的小麦、麸皮等。因麸皮中含有丰富的蛋白质，它的添加，可以提高发酵材料中的碳氮比。这与清香型白酒和浓香型白酒都有明显的区别。酱香型白酒总的粮曲比为 1:1.1，原料中麸皮的成分也较多。景芝神酿酒的生产采用麸皮培养的河内白曲、生香酵母、细菌，三者的使用最终使麸皮总量达到投料量的 30% 以上。在多粮型芝麻香型白酒生产中还添加了适量的大米和小米等，这是因为大米的酸性蛋白质含量相对较高，在酸性条件下，它的添加能够提高蛋白质的利用率。而小米中甲硫氨酸、半胱氨酸等含硫氨基酸较多，它们是含杂环化合物生成的前体物质，在生化反应中产生强烈的风味，是芝麻香风味形成的重要成分。

景芝神酿酒的工艺特点还有"清蒸清烧，续茬发酵"、"大麸结合，多微共酵"、"高温堆积，高温发酵"。生产工艺中还吸取了清香型白酒中的高温润料工艺，采用了清香型白酒生产中的清蒸清烧工艺，确保了酒质的爽净感。景芝神酿酒所使用的糖化发酵剂的种类为各香型之冠，既有大曲又有麸曲，既有自然培养的糖化发酵剂，也有纯种培养的麸曲，而且是多菌种结合，这是芝麻香型白酒的独特之处。高温堆积、高温发酵工艺是酱香型白酒的工艺特点，芝麻香型酒采用此工艺，也是通过高温堆积进行二次制曲，增加耐高温的生香酵母、嗜热芽孢杆菌、地衣芽孢杆菌等。而这些耐高温的细菌可产生大量的液化酶、蛋白酶，可以分解淀粉和蛋白质产生还原糖和氨基酸。堆积时间和温度各厂有所不同，一般堆积 48h 左右，温度达到 40~45℃。高温发酵是指入窖后发酵温度较浓香、清香偏高，一般可达 40℃ 以上，而且维持 3d 以上，这样的发酵温度才有利于芝麻香型白酒香味物质的形成，发酵时间一般为 30~45d。

十、凤香型酒生产工艺

（一）西凤酒的原辅材料

1. 质量要求

西凤酒生产用原料高粱要求颗粒饱满，大小均匀，壳少，色亮，无霉变，无虫蛀，水分≤14%，淀粉含量≥61%，夹杂物＜1%。

西凤酒制曲用大麦要求颗粒饱满，色泽好，皮薄，新鲜，无霉变，无虫蛀，水分≤13%，淀粉含量≥55%，蛋白质≥11%，杂物≤2%。

西凤酒制曲用豌豆要求原料颗粒饱满，无虫蛀，有光泽，无霉变，无杂味，水分≤13%，淀粉含量＞45%，蛋白质≥25%。

西凤酒生产用辅料传统为高粱壳，现大多改为稻皮，起到调节酒醅疏松度、水分、含氧量以及调节酸度、温度、淀粉浓度等作用。要求稻皮色淡黄，新鲜干燥，无杂物，无异味，无霉变，水分＜12%。

2. 原辅料的除杂和粉碎

（1）原粮粉碎工艺流程图　见图6－7。

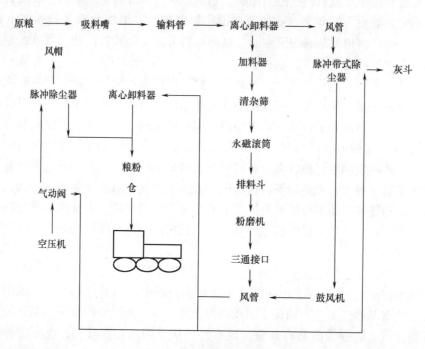

图6－7　原粮粉碎工艺流程

入仓的合格原粮，经过气流输送，传输到离心卸料器，经过加料器进入振动筛，一般设有两级以上振动筛，逐级筛选，然后进入永磁滚筒，除掉金属物，最后经排料斗进入粉磨机粉碎，粉碎后的原料通过风管经离心卸料器进入粮粉仓，经过计量，用汽车运到车间。粮食筛选后的杂质通过管道输出到地面。可根据原料情况设计两台以上粉磨机。曲粮粉碎首先要经过配料器进行配料，然后进入粉碎工序。为了原料混合均匀，通常要设计较长的绞龙。根据需要，曲粮搭配前，要经过润粮程序，并要保证润料时间，以便于曲坯的成形。

（2）酿酒原料的粉碎度要求　和浓香型白酒生产相比，西凤酒生产所用高粱的粉碎度较细，要求粉碎为六、八瓣。或通过100目标准筛的细粉量占35%～45%。大曲粉碎要求粉碎为麦仁粒，即小麦颗粒大小或通过100目标准筛的细粉量占25%～30%。

3. 原辅料的清蒸

西凤酒工艺确定，酿酒用高粱和稻壳都必须清蒸，清蒸时间不得少于1h。其目的是：

（1）去除异味、糠味、霉味　带壳的原辅料本身就是很好的吸附剂，在粮食运输过程中，环节很多，要经过多次贩运，粮食包装多为麻袋或聚乙烯材料，也都是好的吸附剂。因此，为了防止原辅料从流通环节带来的异味，必须经过清蒸的方法加以去除。糠味是原辅料自身带有的不愉快气息，经常会随着使用进入酒中，使新产酒带有糠味，所以必须清蒸。霉味原辅料中的霉味是不可避免的，特别是水分比较大的原辅料，均可能使霉菌大量繁殖，通过清蒸可以去除霉味。

（2）原辅料杀菌　原辅料往往来自全国各地，而各地的气候和微生物环境各不相同，为了使投入生产的原辅料生物特性一致，必须经过高温蒸汽杀菌，使投入生产的微生物环境相一致，这样，才便于控制工艺过程。

（3）软化、吸收一定量的水分、去除原料的坚硬外皮，破坏粮食颗粒紧密的生物结构，以便于被微生物利用。

高粱清蒸：每天在蒸馏生产结束后，将甑锅放在底锅上，在甑底撒上辅料，将甑底小孔堵住，然后将粉碎好的高粱缓慢装入锅内，盖上甑盖，开大蒸汽，汽圆后，蒸一个小时，然后用天车提起甑，将粮食倒在操作场，打散即可。

辅料清蒸：蒸完粮食后，将甑放在底锅上，将辅料小心装入甑内，敞开甑口，开大蒸汽，蒸一个小时以上，然后将蒸好的辅料倒在操作场一端。

辅料在西凤酒中的作用：①淀粉分散剂。②溶解氧提供者。③发酵产物附着者。④水分、温度、酸度控制者。⑤甑锅内酒醅支撑者。

辅料在西凤酒生产上具有二重性：

①辅料是粮食淀粉的分散剂，也是酒醅的支撑物，由于辅料的存在，酒醅疏松，所以辅料量提高，可以有效增加酒醅疏松性，酒醅疏松可以提高酒醅中氧的含量，对发酵前期菌种生长大有好处，可以促进升温，使微生物生长旺盛，酒醅发酵活跃。

②增加辅料用量，调低了淀粉浓度，使酒醅的保水性下降，可以阻碍发酵，控制酒醅过度升温。

对辅料的使用必须坚持以下几点：

①必须坚持清蒸。

②合理辅料用量，多了影响酒的口感，少了影响发酵，使酒醅升温过猛，导致酸度提高。

③辅料使用要结合上排酒醅发酵状况进行，上排升温高、酸度大的酒醅，需要多加辅料，以便于降低酸度、调节淀粉。上排升温不好，发酵出酒率低时要多加辅料，调节淀粉浓度。上排升温好、酸度大也要多加辅料。上排水分较大的，本排也要适当提高用量。辅料是淀粉、水分、酸度的有效调节剂。

（二）西凤酒生产工艺

1. 工艺流程图

工艺流程图见图6-8。

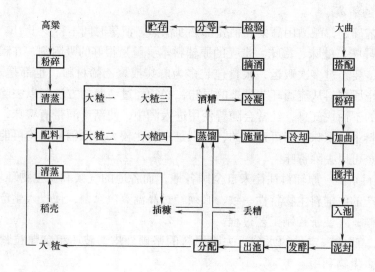

图 6-8　西凤酒生产工艺

2. 窖池填充图

窖池填充图见图 6-9。

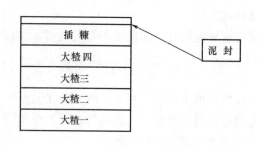

图 6-9　窖池填充图

3. 生产工艺过程分类

凤型酒生产，分立窖、破窖、顶窖、圆窖、插窖、挑窖六个阶段。

（1）立窖　即第一轮生产，窖池经过维修，糊上新泥，进行第一轮生产。特点是首轮发酵生产，只有三甑大茬，没有插糠（回茬）、酒糟，不出酒。

传统的立窖生产，总共蒸三甑大茬，加曲入窖，这一过程称为立窖。由于是新粮、新曲、新稻壳，没有已经发酵好的酒醅，所以只有蒸煮过程没有出酒。操作办法是：将需要配料的高粱、稻壳充分混合、拌匀，围成围堰状，然后向其中加入煮沸后的开水约一吨余，让粮食和辅料充分吸收，不使水流出，焖 24h，然后倒翻混合均匀，用甑锅蒸 1.5h，蒸透粮粒。用天车将甑提到晾床上方，打开甑底开关，使蒸熟的糟醅落在晾床上，用铁锨捣开，摊薄，加入量水 80～100 桶，开启晾床下风机鼓风和晾床上搅拌机，搅拌均匀，不使糟醅与晾床粘连，将大茬打散，当品温降到 20～30℃时，关闭鼓风机，加入准备好的大曲，翻倒均匀，然后开启搅拌机再次搅匀，关机。四个人在四角两个一组分别将晾床上的茬醅收堆，在晾床两头收成两堆，收好后，扫净茬醅。然后，两个人一组，将两头的茬醅堆再收成一堆，收堆时，将热醅和凉醅混匀。收好后，由化验员用点温仪在大茬堆上四面和中间测温，平均后符合入池条件时，用天车将大茬醅运到窖池中，用人工铲平、踩实。三甑大茬醅全部入池后，在大茬醅上撒上稻壳，将和泥车中和好的窖泥覆在上面，泥厚不小于 5cm。窖泥覆好后，盖上窖板。由于窖池多为长方形，窖板通常为两块，厚度为 5～7cm，用天车吊到窖顶后，人工按住放下。西凤酒生产的发酵酒醅不鼓出窖面。

"晾床"是与地面相平的带有均匀小孔的铸铁板组合成的操作床，宽3.5～4m，长约6m，下面为架空梯形坡道，外端安装由鼓风机和外界联结。

"量水"，也叫焖量水，是甑锅底下的开水，由于甑底下部分是一口锅，故称底锅，底锅上沿比地面低30～20cm，所以要在铁桶上安装上约两米长的木把，以便于从锅内提出开水。

"两堆合一堆"是西凤酒的特殊工艺，指晾床操作的要求。在晾床两端分别收堆成两堆，然后将两堆收成一堆，主要目的是为了混合均匀。

工艺参数如下：

投粮：1000～1100kg。

投曲：占投粮的20%，约220kg。

辅料：600kg左右，约占投粮量55%。

酒糟：500～700kg。

焖量水：约150～180桶（每桶7kg）。

入池水分：54%～64%。

入池温度：15～20℃。

入池酸度：0.5～0.7。

（2）破窖　破窖就是第一次出酒的过程，特点是：只入池四甑大茬，没有插糠（回茬）、第二轮发酵，首次出酒，不出酒糟。立窖酒醅经过一轮发酵以后，淀粉被微生物充分利用，产生了乙醇，破窖就是将第一次发酵的酒醅挖出，再续粮生产的过程。

三甑立窖酒醅发酵成熟后，挖出已经不足三甑，所以要混上清蒸后的新粮和稻壳重新配料，变成四甑酒醅入窖发酵。工艺参数如下：

投粮：900kg。

投曲：180kg，占投粮量的20%。

辅料：225kg，约占投粮的25%。

量水：每甑15～30桶，视出池水分和发酵情况确定。

入池水分：54%～60%。

入池温度：15～19℃。

入池酸度：0.8～1.2。

破窖是第二轮生产期，即第二排。这一排，由于茬醅已经过一月左右的发酵，出池酒醅含乙醇和其他发酵物，续上新粮后，在蒸煮糊化的同时也馏酒，这时生产的酒称为破窖酒，破窖酒酯类物质含量低，酸度也较小，是凤型酒勾兑的重要调味酒。蒸完酒以后继续大汽蒸馏约一小时，使粮粒蒸透。晾床操作同立窖。

（3）顶窖　是将入池四甑茬醅变为五甑的过程。特点是入池四甑大茬，一甑插糠（回茬），第三轮发酵，第二次出酒，没有丢糟。也是第三个发酵期即第三排。破窖酒醅经过一轮发酵后，酒经过发酵已经不足四甑，挖出酒醅，取约1/4酒醅，放在一边，不加粮，只加辅料，留作回茬。剩余3/4酒醅续入新粮和辅料（稻壳），继续变成四甑茬醅，进行混蒸混烧，蒸馏完酒以后，将酒收集成65%vol（酒精度），然后检验分等入库储存，顶窖酒比较特殊，也要单独存放，作为重要调味酒。蒸完酒以后要继续大汽蒸馏约一小时，使粮粒蒸透。在晾床上操作同立窖操作，蒸馏时先蒸馏大茬，依次入池，逐层踩平，最后再蒸馏插糠（回茬）。在大茬最上面的一层表面，顺窖池方向放上两根木棍，与放在最上层的插糠（回茬）区分，最后封泥、盖窖板。此轮入池时，只有五甑茬醅，故没有丢糟。

工艺参数如下：

投粮：900kg。

投曲：180kg（占投粮量的20%）。

辅料：135kg（占投粮量的15%）。

量水：每甑20～30桶，视出池水分情况和上轮发酵情况确定。

入池温度：15～25℃。

入池水分：55%～59%。

入池酸度：1.0～1.3。

"插糠"是指不加粮的入池酒醅，经过一轮发酵蒸馏后作为酒糟抛掉。

（4）圆窖　是指第四轮发酵过程。特点是：正常发酵阶段，入池四甑大茬，一甑插糠（回茬），蒸馏后丢掉一甑酒糟。一个窖池操作，要蒸馏六甑工作量。第三轮发酵后，窖池内已经有五甑茬醅，四甑大茬和一甑插糠（回茬），由于插糠（回茬）在最上面，先挖出，加辅料混合均匀蒸馏后将糟醅丢掉作为酒糟。剩余四甑酒醅先挖出约1/4，加入辅料，堆在一边，准备作为插糠。剩余3/4大茬酒醅，加入新粮和辅料，变成四甑大茬酒醅，蒸馏、蒸煮糊化，蒸完酒以后，再蒸约一小时，将粮蒸透。第一甑，蒸发酵后的回茬，蒸完酒扔掉酒糟。第二至第五甑为大茬，将大茬在晾床上操作完成后，依次入池，踩平，第四甑大茬上面放上隔离木棍以示区分，最后，蒸插糠（本轮回茬），蒸完后，在晾床上操作，加曲入池放在最上面，踩平，封泥，盖上窖板。晾床操作和馏酒办法同破窖。

工艺参数如下：

投粮：900kg。

投曲：180kg（占投粮量的20%）。

辅料：135kg（占投粮量的15%）。

量水：每甑25～30桶，视出池酒醅含水量及上轮发酵情况而定。

入池水分：55%～59%。

入池温度：15～25℃。

入池酸度：1.2～1.6。

圆，就是圆满的意思，表示进入正常发酵阶段，在圆窖阶段，要进行若干排，直到需要结束生产时，才开始进入下一阶段。圆窖生产，就是西凤酒生产的基本形态。

（5）插窖　当气温等条件不适应酿酒或到了一个生产周期后，约在来年的5月份，开始考虑结束本年度生产。为什么呢？这是西凤酒的一个特点，经过近一年的生产，窖底和窖壁的窖泥中己酸菌、乳酸菌大量繁殖，造成凤型新产酒中己酸乙酯和乳酸乙酯的含量大大增加，超过了凤型酒的限值，必须铲掉老窖泥，敷上新泥，以保持西凤酒的特点。插窖的特点是倒数第二排生产，不投入粮食，只蒸馏取酒，然后经过晾床操作，加上大曲，进行最后一轮发酵。

工艺参数如下：

投粮：0kg。

投曲：125kg。

辅料：250kg。

量水：25~30桶，淀粉含量低，不宜过大。

入池水分：55%~57%。

晾床操作和馏酒办法同上。插窖酒是西凤酒重要的调味酒，需要单独存放。

（6）挑窖 最后一轮生产。插窖酒醅经过一轮发酵后，挖出后和辅料混合均匀，装甑蒸馏，馏完酒后，将糟醅全部扔掉，不再有入池操作。特点是：最后一轮生产过程，只蒸馏酒，不加粮，不加曲，只加辅料，没有晾床操作。

工艺参数如下：

投粮：0kg。

投曲：0kg。

辅料：135kg。

挑窖酒是西凤酒的重要调味酒，需要单独保存，馏酒办法同上。

西凤酒生产周期中，立窖、破窖、顶窖、插窖、挑窖只有一排，从立窖到圆窖，窖池内的酒醅由三甑逐步增加为五甑，工作量由三甑增加到六甑，从圆窖到挑窖，窖池内的酒醅由五甑逐步变为零甑，工作量由六甑逐步变为四甑。生产周期曲线是一条钟形曲线，在最高点是一个平台，在这个平台上，凤型酒的圆窖生产要进行若干排。为什么圆窖排数不确定呢？主要是插窖与季节和气温等生产条件有关，每一个生产年度不尽相同。

4. 配料

配料是酿酒操作的关键环节，主要控制淀粉浓度、酸度，淀粉浓度最为重要。配料时，要确定好粮醅比，一般为1:（4.5~5），入池淀粉以16%~18%为宜。

（1）工艺方案的设计 一般工艺方案基本确定，只需要计算一个变量，如加辅料量、加水量等。

①掌握原料和辅料的物理化学性质（以实测为准）：高粱含淀粉60%~65%；高粱水分：13%~15%；稻壳水分：11%~13%；大曲淀粉：48%~50%；大曲水分：10%~13%；酒醅残余淀粉：7%~10%。

②计算各种组分的干物质淀粉含量。

③确定各组分含水量。

④计算一个生产单元大茬的总质量，通常与甑容有关。

⑤确定合理的淀粉浓度：16%~17%的淀粉含量。

⑥物料衡算。

（2）确定窖容与甑容的关系，总甑量不能大于窖容，必须小于或等于总甑容。

（3）确定每个工作单元的种类，如大茬、小茬、回茬。

（4）确定操作工艺的顺序和阶段。

（5）以混合均匀为工作核心，但对已经发酵成熟的酒醅，在配料时尽可能很快完成，以免酒精挥发影响出酒率。

5. 蒸馏

（1）蒸馏的目的

①分离、提取：乙醇的挥发系数较低，在高温下很快变成汽体，所以，蒸馏时，首先馏出的组分为甲醇、乙醇及一些低级醇和低级酯，在后馏分中含有较多的高级醇及高级脂

肪酸酯和较难挥发的其他物质。

②蒸煮糊化：续茬法生产的好处就是一边分离酒，一边蒸煮粮食，通过糊化，长链淀粉很快裂解变成糊精，蛋白质变性，分解，便于微生物利用。

③使发酵底物充分吸足水分，为下一步生产打下条件。

（2）蒸馏的要求

①中低温馏酒：这是凤型白酒和其他白酒不同的地方。原则上，流酒温度在20～25℃，降低流酒温度，可以排除凤型白酒不需要的高沸点物质，保持凤型白酒高醇低酯的特性。

②控制好流量：新酒从冷凝器流出的抛物线横截面直径约和筷杆相同。

③开始开大蒸汽量，等开始出酒时将阀门关小，出酒结束后，开大阀门蒸煮糊化。若流酒时阀门开得过大就会导致蒸馏甑内发生雾沫夹带，使酒的品质发生变化，甚至出现穿甑，使酒精分化为乌有。若阀门开得过小，会导致高酒度馏分减少，产生蒸馏损失。

（3）装甑要求　装甑操作要做到轻、松、薄、匀、缓，蒸汽两小一大，材料两干一湿。两干一湿是指装甑打底时，可适当多加稻壳，此后可少加稻壳，到收口时，可多加一些稻壳。蒸汽阀门在开始时要开小一些，中间酒醅在甑内有一定的厚度，这时，要适当开大，到收口时，蒸汽已基本透过甑内酒醅，这时，关小蒸汽阀门，盖上甑盖后进行缓火蒸馏。

出池酒醅经过配料后，要分几次装入甑内蒸馏，装甑是凤型白酒生产的关键工序，通常由该酿酒班组的副组长和一名酿酒工来操作。装甑好坏既影响产量也影响质量。

①由于甑（也叫甑锅）放在底锅上面，底锅通常在坑内，锅底紧贴地面，底锅周围用水泥固定，底锅比地面低30cm左右，在底锅中有一个多孔蒸汽输入器，深入锅下部10～20cm，锅内的水要淹没蒸汽输入器，用蒸汽将水烧开。所以在操作前，必须在锅内注入足够的水淹没蒸汽输入器，并使水面距离甑底约30cm以上。

②甑底是中轴合页式多孔不锈钢板，加好水以后，将甑放置在底锅上，然后在甑内撒上稻壳，以防泄漏。

③开启蒸汽阀门，将底锅水打开，使沸腾，然后将蒸汽关小。

④用簸箕或铁锨，将混合好的酒醅一点一点撒装在甑内，尽可能装得疏松。

装法有两种：a. 见汽装：即装上一层后，看甑内酒醅，什么地方往上轻微冒汽，第二簸箕或铁锨酒醅酒就往那里洒装。b. 见湿装：看什么地方的酒醅轻微变湿，酒醅就洒向那里。

⑤收口：酒醅快装满时，注意使甑周围慢慢高出甑心酒醅，形成小围堰状，目的是为了提高蒸馏效率。

⑥连接：盖上甑盖，在甑沿水槽中注满水，在甑顶连接水槽中和冷凝器顶部连接水槽中注满水，将过气管两端分别放在水槽中。然后将蒸汽阀门开大一些，操作工进入接酒准备。

（4）摘酒要求

①摘酒酒度一般为65% vol。

②首先，摘酒头。由于酒头酒度较高、低沸点物质含量高，所以要单独摘取。一般酒头3～5L。

③控制好流酒温度，用丫丫舀取刚流出的酒，观察泡沫，酒度高时，酒花比较大，随着酒度的降低，泡沫越来越小，泡沫的直径逐步缩小，当泡沫重新回到大泡沫时，说明水花出来了，再接取两笼酒稍，以便于再次分离提取酒精。

④掐头去尾：意思是摘酒时先选取酒度较高的酒头另外储存，酒尾酸度高、乳酸乙酯含量也高，要及时截取，不得无限度放入正常摘取的酒中。

⑤摘酒看度法

摘取65%vol酒看度法：用疙瘩在酒笼中取混合均匀的原度酒三壶，再取一壶自来水，都倒入花壶中，充分摇晃混合，左手拿花苞，右手高举花壶40～50cm，使花壶中的酒成抛物线状流入花苞中，观察泡沫大小。

摘取60%vol酒看度法：用疙瘩在酒笼中取混合均匀的原度酒四壶，再取一壶自来水，都倒入混酒器。充分摇晃混合，左手拿花苞，右手高举花壶40～50cm，使花壶中的酒成抛线状流入花苞中，观察泡沫大小。

如果酒花（泡沫）很大，快速消失，说明酒精度不够标准，需要加入前馏分；若酒花较大，消失慢，说明酒度高，可以多加后馏分。

摘酒看度法是利用酒的表面张力比水的表面张力大的原理，经过长期观察总结出的简便判断酒度的方法。手艺好的酿酒技师，对酒精度的掌握可以控制到半度以内。

摘酒容器示意图见图6－10。

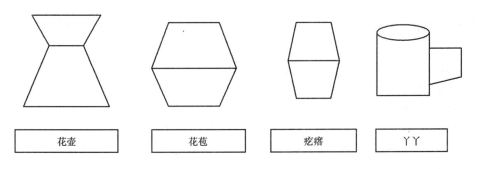

图6－10　摘酒容器示意图

（5）入库　运酒车通常是在平板车上卧放体积为450kg的柱形不锈钢容器，在上侧面正中间设有直径35～40cm的圆形口，上有密封盖板。传统的凤型酒生产，拉酒车是一个平板车，上面放置的是卧式小酒海，一侧上面开有进酒口。小酒海的结构是荆条酒笼结构形式，做法和酒海制作法相同。

酒醅蒸馏结束后，立即去掉连接甑锅与冷凝器的天排，开大蒸汽蒸煮糊化约一小时，到时间后用天车将甑锅整体提起，提升到晾床一端上方，打开甑底一边篦子，使一半酒醅掉在晾床一端，另一半在另外一边上方打开放下。然后将甑锅提升到配料场一边，卡好甑底篦子。

在晾床工提完开量后，蒸馏操作工很快往底锅内注入自来水至规定要求，小小开启蒸汽阀门，将甑锅放置在底锅上，在锅内撒上稻壳，又一次开始装甑。

大汽排酸的重要性：俗话说"烧酒没法，蒸到细插"。说的是白酒生产没有更好的办法，只有坚持蒸煮糊化时间，细化操作才是唯一的出路。酒醅经过一个多月的发酵，产生了许多副产品如酸、醛、醇、酯等，在蒸馏过程中好多东西因为甑锅压力和温度的原因不能被分离，这些物质有许多是阻碍大曲中微生物发酵的因子，通过大汽蒸煮，可以使一些对发酵不利的物质排出，从而有利于微生物生长，另外延长蒸煮糊化时间本身也可以促使微生物很快生长和繁殖，所以，有经验的酿酒技师都选择大汽排酸。通过排酸，使酒醅酸度适宜，促进微生物发酵。

6. 晾床操作

酒醅倒在晾床上以后，几名晾床操作工很快拿起量桶，按照工艺要求，提取底锅内的开量（水），倒在晾床上的酒醅堆上，然后，四名晾床操作工各人各站一角，用铁锨将酒醅散开，特别要将紧邻晾床算子的结块酒醅翻起来，然后开启鼓风机鼓风冷却，搅拌机往复搅拌一遍，温度符合要求的25~35℃时，关闭搅拌机和鼓风机，用簸箕将备好的大曲粉按照用量要求加在散开的酒醅中，尽可能将大曲粉撒匀，然后再开启搅拌机搅拌一遍，搅匀后四个人各站一角，按照两堆和一堆的操作办法将酒醅收为两堆，然后再合收为一堆。车间化验员测试将入池的酒醅温度并取样后，用天车将酒醅移入窖池中，按层铲平踩实。

（1）晾床操作的要求

①提量要准：经过蒸馏的酒醅其含水量是比较恒定的，所以，量水可以决定酒醅入池水分大小，故提量要准确，不能偷工减料。通常量水的多少由上排加量水量和发酵后酒醅水分状况及发酵升温与出酒率情况确定。量水温度不能低于90℃，不可以一边提量一边往底锅内注水。

所谓热潮窖是指上排入池温度高、水分大，酒醅发酵升温猛，出池酒醅颜色深，酒的芳香大，但出酒率较低，馏酒表现是酒梢子长。对这样的窖池要降温减量，量水量和上排相比要减少。若发酵正常，不属于热潮窖就保持量水量。

凉潮窖是指上排操作中入池温度低，水分较大，这样的窖池出酒率较好，但酒的香气不足，水分消耗较小，不宜增加量水。

凉干窖是指上排入池温度低、水分也小，发酵较正常，酒的质量好，但出酒率较低。要根据情况适当增加量水。

加量多少还要根据摘酒酒度的变化进行调整，当降低摘酒酒度时，蒸出的酒梢较多，故要适当增加量水。

同样当升高摘酒酒度时，酒稍留量有限，故要适当减少量水。

②翻拌要匀：晾床操作主要是混合、搅拌的过程，无论是量水、大曲粉都要拌匀，特别是温度要均匀，不能一边高一边低。

③要坚持两堆合一堆：两堆合一堆是凤型酒晾床操作的经典经验，坚持好可以使配料更匀。

④控制温度要准：加曲温度不能过高，否则大曲会失去作用，当品温降到25~35℃时才可以加曲，温度太低，在窖池内发酵升温慢，不利于升温；温度太高，会使大曲失去效力。

⑤入池水分要桶数、握把、化验相结合。对水分的控制要按照量水桶数来控制，也可以同时用握把的方法加以确定，即将酒醅握在手内，使劲捏一下，手指缝不能有水流出为好。水分大小最终要通过化验来确定。如果当天化验水分偏大，明天操作就少加量水；如果当天化验水分偏小，明天操作就适当增加量水。

⑥抹碎疙瘩：为了使固态物相互混合均匀，抹碎疙瘩是非常必要的，凤型酒工艺要求是疙瘩直径不能大于2cm。

堆积虽然不是晾床操作的原则要求，但堆积对西凤酒的贡献不可小视。通过适当的堆积，对大曲中微生物的活化很有好处，堆积可以使微生物在有氧状态下迅速繁殖，等于缩短了在窖池中的前发酵期,既可以提高产量又可以提高质量,有经验的酿酒技师在晾床操作上不紧不慢,其心里实际上掌控着酒醅的发酵进度,值得年轻人学习和借鉴。

为了防止漏过晾床箅子的酒醅在晾床下酸败,必须每班清理两床底下的酒醅,和匀后入池。

乳酸乙酯等高沸点物质在底锅(蒸馏釜)中存留较多,在蒸馏过程中,甑内的酒醅有时也会掉入底锅,故底锅中也含有淀粉颗粒,是富营养的物质,为了使下班生产不受影响,必须每班上班前,清理底锅水,将其倒掉。

(2)出池酒醅发酵状况判断

色:颜色深,说明温度高,窖池较热。颜色浅,色发黄,说明是凉窖。

味:酒醅香气过大,说明发酵温度高,为热窖;反之,为凉窖。

焖气:酒醅入池后看窖池内 CO_2 积聚量,点燃一张纸,投入窖内,立即熄灭,说明发酵升温快,如果按规律提前升温,说明窖热。如果火熄灭很慢说明发酵异常,升温慢。

酒醅塌陷情况:酒醅下陷多,说明发酵状况好,少则发酵不好或升温差。

品尝:品新产酒,香气大,后味长,必定是热窖。后味淡、短、甜必为凉窖。

看出窖时,窖底酒醅扯下的黄浆水黏度,黄浆水发黏,必为热窖,黄浆水淡必为凉窖。

通过以上对上排酒醅发酵状况的判断和出酒率情况,完全可以判断出酒醅的“热凉”,初步决定本排的量水增加还是减少。

这些技巧,一般酿酒工很难掌握的。对凤型酒生产操作而言,热窖是比较可怕的,热窖做一排可以影响几排,所以,入池温度不宜过高。

(3)热拥法 传统的凤香型酿酒生产对入池条件的控制采用热拥法操作。热拥法是指入池水分58%以上,入池温度25℃以上,热拥法的最大好处是可以优化入池微生物条件,使一些细菌不能很快繁殖,集中了霉菌和酵母菌的优势,出酒率较好,酯含量低。热拥法是凤型白酒的最传统工艺。

近年来随着对凤型酒工艺的认识的改变,热拥法不被酿酒企业所继承和发扬,一是出酒率低,调整期长,二是酒的香气比较杂乱,不能很好地保持稳定的风格。

7. 封窖发酵

酒醅入池后,必须封窖。西凤酒生产要求必须用窖泥封窖。

(1)土质 当地的黄黏土,土质细腻、颜色一致,白中带黄,不得含有沙子和杂质。不得使用再生土。

(2)窖泥含水量 43%~45%。

(3)可以适当加一些铡过的麦草,长度不大于1.5cm。

(4)泥封厚度 不小于31cm。

(5)上泥前,要在酒醅上面撒上1cm厚的稻壳,封好后,表面要抹光滑,不能有缝隙。

品温可以很好地判断入池酒醅的发酵状况,西凤酒发酵温度变化有自己的规律,一般入池第二天到第三天开始升温,到第七天左右升到最高点,然后还是平稳过渡,并在第十天左右开始缓慢下降,到出池时,品温降到25℃左右。在延长发酵期以后,凤型白酒发酵品温变化规律也发生了改变。

由近几年凤型白酒的发酵温度变化曲线来看,入池温度趋向15~17℃,顶温有下降的趋势,由原来的37~39℃变为35~38℃,西凤酒的出酒率有了明显的提高,优等品率在长发酵期的培育下逐步走高，总酯含量提高。

在白酒发酵过程中，每个车间都要建立重点窖，每天取样测定酒醅品温、淀粉浓度、还原糖、酒精分、酸度等变化，对酿酒生产起到了非常重要的作用。

西凤酒厂还建立了窖池档案，对每个窖每排的出入池条件进行了详细的记录，包括天气、湿度、入池淀粉、水分、酸度、配料比、出酒率、质量等进行了记载，对分析酿酒生产规律起到了很好的作用。

（三）西凤酒贮存工艺

经过分段摘酒，酿酒生产班组已经基本控制了当班酒的质量，酿酒班组将酒头和新产酒分开交到酒库贮存。

西凤酒生产工艺规定新产酒必须经过三年以上的贮存才能用于勾兑生产。

1. 酒海的制备

酒海是凤型酒的专用贮存工具，它由藤条编织而成，藤条内表面裱糊白棉布和麻纸，内壁用鸡蛋清、菜籽油、蜂蜡打光，用于贮存凤型白酒。每个酒海可以储存白酒5t，它赋予凤型酒一种特殊的香味，是有别于其他白酒的重要特性。所谓没有大酒海就没有凤型酒，道理就在于此。在我国一个人的酒量大，人们常夸奖其为海量，这个词正是源于凤型酒，意思是说，当一个人能喝完一个酒海中1万斤的酒时，这个人就是海量。

（1）藤条的选择　在陕西秦岭山区，盛产一种叫度儿条的藤条，枝干较细，弹性好，韧性也好，是编织大酒海的绝佳材料。

（2）备料

藤条：选择木质细而软、光滑、无虫蛀、韧性好的新鲜度儿条，直径10mm左右，粗细一致，长一米以上。

麻纸：要求薄厚一致，颜色一致、清亮、无重页、无杂质的纸张。

血料：新鲜的猪血，备用。

（3）将较粗的藤条和细条分开存放，粗条用刀划开，分成2～3个，然后10～20kg一捆，浸入水中，浸泡24h以上。

（4）将竹子破成与藤条相当的竹篾，刮去毛刺，打捆，浸入水中24h以上。

（5）编制

打底：首先将备好的竹篾截成3m左右，五个一排，顺20排左右，横30排左右，交错编织成边长为5～6cm的方块状，排的时候注意酒海底部大小，为4～5m²，酒海底部编好后，要进行严格测量，保证底面积大小，当底部密实、均匀、大小合适时，就可以编织侧面了。

编织柱体：用8～10根藤条插住底面，并编织为一体，使编织体的方向与底面垂直，当过渡层达到10cm以上时，基本使竹篾与藤条交接完毕，在四个角分别用竹竿架住，至18～20cm时开始交叉，每三根藤条为一组编织，当高度达25～30cm以上时，再打交叉，如此反复共交叉6～7次。

每编织5～8cm，用木棍轻打四周，使编织条密实、规范。当编织到2m左右时，开始收口，留口沿10cm左右，口径60～75cm，最后使酒海高度达到2～2.2m，容积可以达到5.5～6.0t。

（6）整形　编织完成后，用洒水壶在酒海上方洒水，使整个酒海湿润。编织师傅进入酒海内部，用竹刀将高低不平、长短不一的藤条和竹条头截掉。

用麻绳将酒海四周上下左右绑起来，再用木棍将酒海整形成规范的形状，再次截掉内外高低不平、长短不一的藤条头，准备裱糊。

(7) 裱糊

制胶：将已经有些凝固的猪血放在一个大盆内，用干净的稻草使劲搓揉，使猪血成液体状，仔细过滤，加入 0.5% ~0.9% 的石灰粉末（冬天较多，夏天较少），再加入特制秘方材料，充分搅拌，每隔一刻钟左右搅拌一次，使其成胶水状。若胶质过硬，在搅拌时适当加入 10% ~30% 的水，再搅拌直至成胶。

填充：用新鲜豆腐填充酒海内部的缝隙，使内壁基本平整。

制裱糊纸：在一块木板上，将麻纸两张叠加放置，在上面刷上血胶，然后再叠加上一张裱糊，三张粘在一起，然后再在表面涂上血胶，开始在填充好豆腐的内壁粘上麻纸，用松软的柔性板（如软塑料或透明橡胶）压实麻纸，使每张麻纸完全贴实，麻纸接茬要错开搭压，整个裱糊完成后，待干燥，然后再裱糊第二大层。第一大层完成后要用刷子使劲刷内壁，即使有的纸有一些破损也不要紧。裱糊到 10 层以上时，用纯白棉布裱糊一层，以后裱糊的麻纸先要用钉刷使劲刷 20 ~30 余下，再用毛刷刷 30 多下，使每一层密实、贴紧，干燥后敲打不能有吱吱声，否则要返工。到第 20 层、30 层、40 层时分别用白棉布裱糊，裱糊时，将白棉布剪成和麻纸同样大小，错开裱糊。裱糊到 45 层左右时，用两张麻纸夹一层白棉布裱糊，当裱糊到 50 层以上时，在血胶中要加入鸡蛋清，每 1kg 血料要加蛋清 0.2kg 以上。总共裱糊约 50 层以上，其中麻纸 120 ~130 张，白棉布 20 层。

内壁处理：待裱糊层完全干燥后，内表面涂满鸡蛋清，然后再涂上血胶，共三次。完全干燥后，将菜籽油和蜂蜡按照 8:3 的比例，先将菜籽油加热，然后放入蜂蜡，融化后，用干净的白棉布在内壁涂三次，风干后基本就可以使用了。

(8) 酒海安置 一般在哪个库房放酒海，就在哪个库房就近加工，由于酒海比较软，不宜经常挪动，通常是按照酒海底部大小，搭好底座，在四周和中间用砖块围成正方形，垫高 20 ~30cm，在上面放置厚 3 ~5cm 的木板，然后，在模板上垫一层 2 ~3cm 厚的稻草糠或米糠，将酒海小心地放在上面。

(9) 固定 酒海壁受力有限，所以要在四周用原木做一个固定支架将酒海围起来，至少要有三层横板连接。现在也有用薄铁板裁成条状，沿周长方向围起，再将铁条与支架连接起来，支架一般用原木较好。

(10) 首次注酒 首次注酒比较危险，一般分三次注酒，第一次，在其中装 1/3 的白酒，第二次 1/3，第三次 1/3，分三次的目的是为了不使酒海变形扩张，从而导致受力不均。注满酒以后，用六张麻纸，三张一裱糊，分两层糊住酒海口，封紧。最后在麻纸封口上盖上小棉被和防油布或草盖。

草盖：是用稻草或麦草编织而成的圆形的草垫，厚 5 ~10cm，直径 30 ~70cm。

2. 西凤酒的分级

新产酒入库前首先要进行测度，测度一般用酒度计测量，其原理是相对密度法，在酒罐中混合取样，然后将酒样倒入量筒中，在量筒中放入酒度计和温度计，测出酒度以后按照温度情况，换算成 20℃ 时的酒精度，若酒精度大于或等于规定酒精度（一般为 65% vol），就开始计量，并取样留作品评和理化分析。若小于规定酒精度就退回重新处理。

符合酒精度要求的酒样，经过当班专业评酒员品评后，分出优等品、一等品和不合格品，满分 40～50 分。在品评同时，对样酒要进行气相色谱或液相色谱分析，按照指标打分（表 6－15，表 6－16），分值为两项分数累计为 90 分以上时为优等品，89～80 分为一等品。不合格品是有邪杂味的酒。

表 6－15　　　　　　　　　　　新产酒理化指标打分表

项目	指标	得分	指标	得分	指标	得分	指标	得分
酒精度	64.5	10	64.0	8	63.5	5	63	3
乙酸乙酯	160	20	130	18	100	16	100	14
乳酸乙酯	170	14	190	12	210	10	210	8
己酸乙酯	60	16	55	14	50	12	50	10
合计		60		52		43		35

表 6－16　　　　　　　　　　　新产酒感官品评打分表

项目	标准分	优等品	一等品	二等品	不合格品
色	2	无色、清亮透明	无色、清亮透明	无色、清亮透明	无色、清亮透明
香	8	香气较纯正，具有乙酸乙酯和己酸乙酯的复合香气。	香气较纯正，具有乙酸乙酯和己酸乙酯的复合香气。	香气较纯正，具有乙酸乙酯和己酸乙酯的复合香气。	低于二等品
味	25	醇香谐调，甘润挺爽，味长尾净，余香悠长	醇香协调，甘润挺爽，味长尾净，余香悠长	较谐调，有余香	低于二等品
格	5	具有凤型酒典型风格	具有凤型酒独特风格	具有凤型酒风格	低于二等品

通过打分评出等级，然后按照等级泵入酒海贮存。只要是同一个等级，即使不同一个生产车间的酒，都泵入同一酒海。

一个酒海装满后，在酒海外边挂上标签，标明生产日期、班组、数量、等级、酒的类别（破窖、顶窖、圆窖、插窖、挑窖）等信息。在达到勾兑条件后，一个勾兑单元就是一个酒海，一个配方中，必须将一个酒海的酒用完。用完后的酒海，没有标签，这也是泵入新酒的标志。

3. 贮存的原则

（1）按照西凤酒六个不同生产阶段（立窖、破窖、顶窖、圆窖、插窖、挑窖）最少分六类储存，它们是破窖酒、顶窖酒、圆窖酒、插窖酒、挑窖酒以及酒头酒、调味酒、双轮底酒、串香酒等。

（2）先进先出，后进后出。酒的储存期不可以过长，否则香气变化比较大，酒度也会发生变化。

（3）低温保存。一般储存温度要保持在 5～20℃。温度过高会使酒的挥发加剧，库耗就会加大；温度过低，酒的缔合作用会较慢，影响老熟时间。在建设酒库时要考虑保温问题。

（4）库区要有防火隔离墙，要加强密封，尽量减少白酒与空气的接触。

（5）台账、标示卡片要一致，有酒挂卡，无酒撤卡。

（6）每半年清点一次数量，并对酒海进行彻底普查。

（7）每年进行一次全检，主要普查库中白酒的微量成分，及时掌握酒质的变化。感官品评由库管人员和专检员进行。

（8）对即将投入成品生产的库存酒，应当在正式勾兑前，加水降度到一定度数，贮存3个月以上。实践证明，先降后勾可以减少勾兑周期，保证成品酒的品质。

（9）不可以不经过试验就擅自使用老熟设备、除浊设备、酒质改善剂及不明成分的添加物。

（10）对酒海要经常检查，防止虫蛀，发现漏酒要立刻腾空，并对酒海加以维修，要保持库内卫生，不得有大量灰尘。

十一、衡水老白干酒生产工艺

（一）衡水老白干酒的原辅材料

1. 原辅材料的质量要求

制酒原料——高粱的一般质量要求。

品种：地产糯高粱、东北杂交高粱。

外观：颗粒饱满，籽粒新鲜有光泽。无霉变，无虫蛀。气味正常。干净少高粱帽、尘土、砖石颗粒等杂质。

制酒辅料——稻皮的一般质量要求。

品种：新鲜稻皮。

外观：色泽金黄，新鲜有光泽。干透蓬松，少有烂糠。无霉变，无虫蛀。无霉味或其他杂质气味。干净少尘土、砖石颗粒等杂质。

2. 原辅材料的加工要求

高粱的粉碎标准要求：粉碎后的高粱粉外观要求：4、6、8瓣儿。不得有整粒粮出现。细度要求：通过1.2mm筛孔的细粉占25%～35%。冬季稍细，夏季稍粗。

3. 特殊工艺对原辅材料的要求

（1）压排发酵对高粱粉碎的要求　老白干酒压排发酵，分夏季高气温度夏压排和延长发酵期压排。两种压排发酵，对高粱的粉碎要求是：粒度较粗，细面较少。

（2）特殊调味酒的生产对原辅材料的要求　根据所生产特殊调味酒的不同要求，依据发酵原理，可采用不同的原料，也可配以麦麸、豌豆或其他杂粮用于酿制特殊调味酒。

4. 原辅材料的清蒸或混蒸

老白干酒的辅料采用清蒸的方法，酿酒主料——高粱采用混蒸的方法进行糊化。

清蒸辅料：在操作的上场，设有清蒸辅料（稻皮）的专用甑桶，工艺要求：辅料装入后，敞口大汽清蒸45min，以排除辅料中的异杂味。

混蒸原料：粉碎后的高粱，经润料后，和出缸的酒醅及清蒸好的辅料进行配醅（配料）混合。之后装甑，开汽蒸馏出酒，边蒸酒边糊化，在蒸酒的同时，完成了蒸料过程。这样的工艺过程，又称老五甑工艺。

混蒸料的操作要求：配醅（配料）要准确；装甑要轻、松、匀、薄、准、平；要求蒸馏、糊化时间不少于45min。

（二）衡水老白干酒的酿造工艺

1. 衡水老白干酒发酵设备

衡水老白干酒的发酵设备主要有：一为地缸或贴瓷砖发酵池；二为水泥池；三为封盖物料。

（1）老白干香型酒采用地缸为发酵设备。有的厂家，采用贴瓷砖的发酵池。在地缸发酵的工艺中，均配有水泥池发酵设备，用于回活酒醅的发酵。

地缸的尺寸为：高80cm，口沿直径80cm. 容积为180～240L，或根据不同投料量，决定发酵容器的大小。

地缸埋入地下，缸口沿间距为10～15cm，原则为能满足料车碾轧通过。地缸排列口沿留出的地面，以水泥打抹平，形成缸花。

（2）地缸发酵工艺，每个酿酒班有35或40个地缸，根据回活酒的发酵期不同，每班组配有7～10个水泥发酵池。

（3）地缸以及回活用的水泥发酵池，均先用塑料布封盖，再用麻袋被、苇席封盖压平、压实。冬季可加盖棉被保温。

衡水老白干发酵容器的设计应遵循以下原则：

①形式：均采用地下容器，地埋缸和地下水泥池，容器口沿与下场操作地面平齐，便于操作。

②材质：均采用质地坚硬，内壁表面光洁的发酵容器。材料以含有金属离子的陶瓷为最佳。便于清理、擦洗，洁净卫生。避免泥土或其他有杂菌的东西粘染。这是老白干酒特色产生的根本原因之一。

③容积：发酵容器的尺寸，相对于浓香、酱香等香型的发酵池，均为较小容积的容器。地缸以180～240L常见，水泥池2m³。采用瓷砖面水泥池的厂家，发酵池也较小，在8m³以下（老五甑工艺，甑桶也较小）。小的发酵容器，使发酵过程中的热量不易于富集，可防止升温过高。

④封盖材料：老白干酒采用光洁表面，易于清理的封盖材料。简便易行的材料，是用食用级塑料布封盖。避免泥土杂物的污染。

⑤密封：发酵容器的周边，要有平齐的地面，如地缸与缸口平齐的缸花，水泥池周边平齐的池埂，便于用塑料布封盖时，挥发出的微量水汽，使塑料布与缸花、池埂贴紧，形成巧妙的水封。

⑥与甑桶容积的配合：发酵容器的大小，地缸的多少，要与甑桶相匹配。要按每班次的投料量，依配料工艺参数中的比例，计算出发酵物料的总体积，这一总体积，正好能装满所有的地缸或发酵池，出池后经配醅，刚好用五甑活蒸完。

2. 发酵设备的使用（操作规程）

（1）出缸操作（下场操作）

①揭盖：老五甑工艺每班35或40个缸，整体一块盖缸材料。挖一排缸揭开一排，其余用塑料布盖住，以防酒精挥发。

②挖缸：出缸前必须把缸花上一切杂物清理干净，并将发霉的醅子清理掉。清出物作为固体废物集中堆放于门前指定位置，避免造成环境二次污染。出缸时，分层挖缸，缸头、缸底各10～15cm配醅成回活，缸腰配成大茬。挖完缸后及时将散落在席上的酒醅抖落清除。出缸要快，减少醅中酒精和香味成分的损失。

③装车：不能装太满，边沿拍实，运送途中避免撒落，如有撒落，尽快收起扫净。

④清缸：出缸要净，把缸内的酒醅出完后，将缸内清理干净，不留余醅。

（2）入缸操作（下场操作）

①倒酒醅：入缸时，小车不能装得太满，以免撒落，如有撒落及时扫净，避免污染。翻车倒物料时要小心，注意不要砸碰坏缸沿，车轱辘不要掉下去。入缸酒醅要分配均匀，不得有不满缸现象。

②撒稻皮、白灰：夏季压排要求缸底垫 3~5cm 厚稻皮，缸头撒一薄层稻皮，另外要求缸花薄撒一层白灰粉。

③踩缸：入缸时随入随用脚踩，要求分层踩实。

④清缸花：倒在缸花上的酒醅要及时清扫入缸内，缸花上不允许堆放酒醅。

（3）做缸

①做缸帽：缸帽做成平圆堆形，缸帽堆高适中，一般高出缸口沿5cm左右。缸帽用抹子拍实抹平。

②做缸沿：缸沿口一圈，要用抹子压紧一遍，并使酒醅低于口沿2cm。

③做缸花：用小笤帚和抹子仔细把缸花上的余料清扫干净，粘住的酒醅用抹子刮干净。

（4）封缸　最下层用完好无破损的塑料布封缸（必要时上层可多加两层），上盖麻袋被，然后用二层苇席压紧、盖严。冬季可以视气温情况，麻袋被上加盖棉被保温。

3. 衡水老白干发酵工艺

衡水老白干酿酒工艺特点为：老五甑混蒸混烧，续茬法生产工艺。

（1）老五甑生产工艺流程图　见图 6-11。

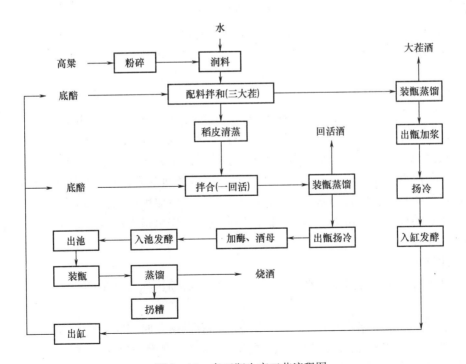

图 6-11　老五甑生产工艺流程图

（2）发酵工艺参数控制　见表6-17，表6-18。

表6-17　　　　　　　　　　　　　　入缸工艺条件

项目　＼　季节	夏	春秋冬	备注
水分/%	53.0~56.0	53.0~57.0	
温度/℃	低于自然温度	15~22	自然温度高于22℃时，
酸度	0.70~2.50		入缸温度低于自然温度
淀粉/%	20~22		

注：季节界定按节气的立春、立夏、立秋、立冬之日。

表6-18　　　　　　　　　　　夏季压排入缸工艺条件

项目　＼　时间	5月
水分/%	52.0~56.0
温度/℃	低于自然温度基础上尽量低
酸度	1.30~2.50
淀粉/%	18~20

发酵期：30d以上。

入缸条件的调控措施：

春、秋、冬季，入缸水分、酸度偏高，夏季调低。

春、秋季，低温入缸，冬季适当提高，夏季尽量降低。

夏季可采用大汽排酸、多甩醅子、减粮减淀粉、减曲等措施降低入池酸度，减缓发酵升温速度。

入缸发酵前的操作：

①出甑前要检查晾床竹竿是否有破损现象，运转是否正常，并及时修复。

②从甑中捣出的酒醅放置晾床头部，视干湿情况加浆，加浆量为投料量的60%~70%，使粮醅充分吸收水分（夏季压排不需要加浆），在晾床上的醅子薄厚要求均匀一致后，开始吹风降温，温度下降至30℃以下（夏季压排降到自然温度）时加曲、搅拌。

③吹风降温加曲：曲要均分成三堆，预先与降到适宜温度的新鲜醅子掺拌好后再均匀撒入，以避免曲面飞扬、污染环境。每甑活拌一次。晾床风道上的醅子必须一甑一清，防止发霉的醅子掺入酒醅。

操作注意事项：

①入缸发酵的醅子其温度、水分、酸度、淀粉都必须达到入缸条件的要求。入缸温度要保持均匀。

②入缸时，小车不能装得太满，以免撒落，如有撒落及时扫净，避免污染。入缸后用脚踩实，要随入随踩随做缸，然后用抹子拍紧，视醅干湿度浇缸头，缸帽高度适中一般5cm左右，用塑料布封严，盖上麻袋、席子保温。入缸酒醅不得有不满缸现象，不允许前

边有大帽后边有空缸现象。

③夏季压排要求缸底垫 3～5cm 厚稻皮，缸头撒一薄层稻皮，另外要求缸花薄撒一层白灰粉。

（3）发酵温度的控制 老白干酒生产工艺，发酵温度均掌握"前缓升、中挺、后缓落"的原则。

发酵温度变化是检查酒醅发酵是否正常的最简便的方法。管理应围绕这一中心予以调节。冬季寒冷季节入缸后塑料布上须盖麻袋被、棉被以保温。若入缸品温高，曲子粉碎过细，用曲量过大或不注意卫生等原因，而导致品温很快上升到顶温，即前火猛，则会使酵母提前衰老而停止发酵，造成升酸高，产酒少而酒味烈的后果。在夏季气温高时，会经常出现这种现象，以致掉排。

（4）发酵过程中的成分变化 水分由入缸初的 55% 左右逐步增加到 65% 左右。由于淀粉在被微生物糖化发酵成酒精时副产大量水分，陶缸又无渗漏，因此都积存于酒醅内。水分的增长多少与生成酒精成正比。淀粉逐步减少，在入缸后第 3～7 天内下降最快，与酒精生成成反比关系；主发酵结束后，两者降升趋于平稳状态。在进入第 3 天主发酵期之前，糖化作用较强，故糖分最高，随后糖分逐步下降，在后发酵期基本平稳。酸度除在主发酵期间，由于酵母菌旺盛发酵产酒时升幅较小外，在入缸初始及后发酵期均呈增长快的趋势。应注意后期生酸的控制，才能保持比较高的出酒率。

（5）酒醅的感官和理化检查 酿酒操作中，对发酵出入缸条件，以及酒醅的发酵情况，从前是全凭酿酒师傅的经验来判断的。所以酿酒师傅讲究：眼观、手摸、脚踢、鼻子闻。通过这样的感官观察，就能判断出水分、酸度、温度、淀粉含量、糊化程度、发酵是否正常等工艺条件。

酒醅颜色：正常发酵的出缸酒醅，颜色发红，手攥有"骨力"，用力攥指缝有液滴挤出。如果酒醅"见风发黑"，闻有酸味，手攥发"死"。则发酵不正常。用舌尖尝一下滴出的液滴或嚼一小口酒醅能判断出酸度大小，酒含量的大小，产酒多少。

蒸煮糊化效果：用手指捻蒸后的粮食破碎颗粒，一捻就烂，光滑无硬芯、无生芯为好，否则为蒸煮不透。

入缸水分、温度凭手攥的感觉和冷热的感觉，依据本人丰富的经验加以判断。

淀粉含量、用糠量可以根据配好醅子粮食、稻皮混杂的密度大致判断。

经过长期的实践，已摸索出了一些感官检查酒醅质量的方法。

①色泽：成熟的酒醅应呈紫红色，不发暗，用手挤出的浆水呈肉红色。

②香气：未启缸盖，能闻到类似苹果的乙酸乙酯香气，表明发酵良好。

③尝味：入缸后 3～4d 酒醅有甜味，若 7d 后仍有甜味则发酵不正常。醅子应逐渐由甜变略苦，最后变成苦涩味。

④手感：手握酒醅有不硬、不黏的疏松感。

⑤走缸：发酵酒醅随发酵作用进行而逐渐下沉，下沉愈多，则出酒也愈多，一般正常情况可下沉缸深的 1/4～1/5。

发酵过程中的理化检验，包括以下几个方面：

①出入池化验：出入池的水分、酸度、酒度、淀粉含量、残糖。

②大曲生化指标：大曲糖化力、液化力、发酵力、蛋白酶活力、酯化酶活力等。

上述理化指标的化验数据，是利用现代生物技术对酿酒发酵情况的一种描述和反映，相对于感官检验判断，具有量化、数据化、客观、准确、标准统一等优点，是酿酒生产中必不可少的。

酿酒师必须会看化验表，读懂化验表，掌握化验数据的规律，依靠和应用化验表，判断发酵是否正常，哪里出现了问题，并能及时根据出入池化验数据，调整配料，采取相应操作措施，纠正发酵异常，多出酒，出好酒。

4. 衡水老白干酒的风格形成

中国白酒既带有历史、文化的特色，也带有不同区域的、气候水土的、人文地理的深深烙印。比如茅台酒的异地不可复制，比如四川省多以浓香酒为主（适宜浓香型酒窖泥的湿润气候、地理条件），北方多以清香型、老白干香型、二锅头为主。不同的地理气候环境，造就了中国白酒众多的香型和不同的风格特色，成就了中国白酒的繁荣和色彩纷呈，也显示了中国白酒神秘莫测的一面。

老白干酒独特风格成因，与当地气候、水土环境相关，还与其生产工艺、原材料等因素密切相关。主要有以下几个方面的因素。

（1）自然地理气候条件 衡水市位于华北平原，河北省东南部，与山东省接壤。地理位置为东经115°，北纬37°。属大陆季风气候区，四季分明，冷暖干湿变化较大。境内水系发达，有华北明珠衡水湖，流经河流有滏阳河、滏阳新河、潴龙河、滹沱河、索泸河、清凉江等。衡水属河北冲积平原，土地肥沃物产丰富，是小麦、玉米、高粱等农作物的主产区。衡水城区地下水贮量丰富，水质清纯、甘甜。硬度极低，永久硬度在 0.785mmol/L 以下，为酿酒用软水。水中主要含有 K^+、Na^+ 等金属离子，Ca^{2+}、Mg^{2+} 含量极微，是酿造酒的最佳用水。

（2）微生物环境 衡水老白干酒酿造中的微生物，主要来自于大曲，也从酿酒环境中带入部分。大曲中的微生物采自于制曲车间的自然环境，经培养富集于大曲内。

老白干酒大曲中微生物种类及数量见表 6-19。

表 6-19 老白干酒大曲中微生物种类及数量 单位：100 个/g 干曲

酵母菌	霉菌	细菌	放线菌
42.45	305.1	26.607	10.833

老白干大曲入房培养初期，酵母菌以球拟酵母占优势，5d 后，假丝酵母一统天下。10d 后，又出现一定比例的球拟酵母和红酵母。之后，酵母迅速减少，成曲中以假丝酵母和球拟酵母占优势。入房初期，霉菌以毛霉、根霉占多数，5d 后毛霉独占优势，之后出现一定数量的假黑粉霉，20d 后黄曲霉和红曲霉出现，之后，黄曲霉逐渐增加。成品曲中以毛霉和黄曲霉为主，根霉次之，红曲霉和青霉有少量分布。细菌中有欧文菌属、沙雷菌属、棒杆菌属、芽孢杆菌属、假单胞杆菌属和葡萄球菌属，丰富的细菌种类，使老白干酒的口感更显醇厚和丰满。

老白干大曲中，酒精酵母种类少，但数量多，产酯酵母种类多但数量少，这是老白干酒出酒率高、香气复杂的原因。

（3）制曲原料和酿酒原料 衡水老白干酒的制曲原料采用纯小麦，酿酒主料采用纯高梁。而不是像其他香型白酒，用几种粮食制曲或几种粮食配合作酿酒原料。这种单一的原料结构，与老白干口感的清爽、甘洌有关。

（4）发酵容器　老白干香型酒的发酵设备是与其他 10 个香型酒都不一样（表 6 - 20），因此产生了与其他 10 个香型不同的香味特色。

表 6 - 20　　　　　　　　　中国白酒 11 大香型的发酵设备总结

序号	香型	发酵容器	发酵容器尺寸	封池方法
1	浓香型	泥窖池	长方形 8 ~ 10m³	老泥封窖
2	清香型	地埋缸	125kg/62.5kg	石盖糠封
3	米香型	地上缸	15 ~ 25kg 大缸	石盖
4	酱香型	方石黏土沙石窖	长方形 14、25m³	泥封
5	药香型	石灰白泥窖	1 ~ 1.5 万 kg 大窖、800kg 小窖	泥封
6	凤香型	土坯筑土窖	长方形 10 ~ 12m³	盖窖板
7	兼香型	砖窖泥底	长方形 21m³	泥封
8	豉香型	坛子		泥封
9	特香型	红褚石窖		泥封
10	芝麻香型	砖窖		泥封
11	老白干香型	地埋缸和水泥池	180L/240L 地缸，2m³ 池子	苇席、塑料布、棉被

衡水老白干酒的发酵设备与清香型汾酒类似，均是采用地埋缸。这样的发酵容器，适合于北方的气候特点。北方的气候环境特点是：季节分明，温差大，气候干燥。地埋缸保温保湿性能好，正好克服了上述不利条件，有利于正常发酵。这样的发酵设备，形成了老白干酒的香型特色，也使其出酒率高于其他香型酒。加上在水泥池中进行回活酒的发酵，使残余淀粉更充分地加以利用，进一步提高了出酒率。

衡水老白干酒采用地缸为发酵容器，塑料布封缸，干净卫生，防止杂菌感染。微生物主要来自于大曲中，酿酒环境中带入极少量的微生物。这是形成主体香——清洌甘爽的主要原因。

（5）酿酒工艺操作　衡水老白干酒的酿酒工艺操作，与上述几个方面的因素相配合，相得益彰，形成了古老的老白干酿酒工艺技法，这是老白干酒成型的最重要因素。

衡水老白干工艺特色，可总结为：混蒸混烧老五甑续茬法。酿制的基酒以清、洌、醇、厚、挺为主要特点。不同的基础酒，调配勾兑形成各种口味特色的花色品种。

（6）贮存与勾兑　衡水老白干基酒的贮存，按分级标准鉴定后分别贮存。各级别基酒有相应的贮存期标准要求。达到贮存期的基酒方可用于勾兑。还有一些长期贮存的基酒，如一些特殊的调味酒，大宗基酒，要求贮存期几年、十几年、二十几年不等。这是老白干口感醇、绵特色形成的原因。老白干成品酒的成型，依靠科学的勾兑，合理地调配组合，精细地调香调味，最后形成了各档次各有特点的老白干香型成品酒。

5. 调味酒发酵工艺方案

（1）压排　延长发酵期，使酒醅产酯产香。压排的酒醅单独蒸馏，蒸出的酒作为高酸或高酯的调味酒，单独贮存。

衡水老白干酒一般根据气温情况，7月中下旬进行伏季停产压排。压排前要充分做好准备工作，压排的缸，在入缸时即对入缸工艺参数进行调整，操作上也要采取相应措施。主要措施有：降低入缸淀粉（减料）；降酸；降温；适量减曲；踩缸踩实。

压排后的措施为：蒸馏时要尽量排酸；必要时可以多甩醅子。

（2）高温曲、强化大曲酿酒　酿酒时使用或部分使用高温大曲，单独发酵蒸馏，以制得带有陈香味的调味酒。高温曲的培曲温度为：55～58℃。使用高温曲时，适当提高用曲比例1%～2%，并配合适当延长发酵期，制得效果更好的调味酒。

利用纯菌种接种到大曲中，制得强化大曲。利用强化大曲酿酒，利用菌种较强的生物活性，制得具有特殊香味的调味酒。

（3）高温堆集工艺　是采用酒醅入缸前，将酒醅堆集到一定温度，再冷却入缸的工艺，以制得香味复杂、幽雅香、酸高的调味酒。酒醅吹凉后（控制在25℃左右），加曲后将醅子收堆堆积。高温堆积根据季节为1～2d，堆积内温度达到30～32℃，摊开冷却到入缸温度，再入缸发酵。一般采用这样的方法，以春秋季为宜。

（4）其他方法　利用黄水、底锅水、酒尾等酿酒的残余物，进行多种形式的发酵，制得各种功能的调味酒。利用纯菌种接种，强化培养发酵，制得调味液等。比如，黄水加酒尾加大曲粉，盛在陶瓷坛中，在自然条件下长期发酵，可制得具有特殊风味的调味液。

（三）衡水老白干的蒸煮、蒸馏

1. 装甑蒸馏操作技术（上场操作）

（1）装甑前的准备工作

①清底锅，换底锅水，要掌握好水位，保证底锅水要没过汽圈。

②检查底锅圈是否严密，检查算子，检查冷却水及冷却器情况。

③将酒醅拌匀，消灭疙瘩，保证酒醅松散。

（2）装甑操作

①操作要领：按"轻、松、匀、薄、准、平"操作，注意压边养心。

轻：装甑动作要轻快，落醅要轻；松：酒醅要疏松，落到甑内酒醅疏松；匀：撒料要均匀，酒醅上汽要均匀；薄：撒料要薄，铺撒面积要大；准：上汽盖料要准确，指哪儿撒到哪儿；平：甑内表面酒醅要平整，上汽要平齐。

②装甑要求：两人装甑，酒醅到甑桶要慢，撒出的酒醅成扇面。

③根据操作经验，看酒醅的干湿程度，蒸汽大小，采用探汽撒料。用食指、中指和无名指斜插入酒醅表层，摸清上汽情况，做到尽量不压汽，不亮汽。

（3）装甑酒醅及装甑用汽要求　对酒醅要求"两干一湿"，蒸汽要求"两小一大"。为打好整甑活的基础，装甑打底时，酒醅中适当多掺些稻皮，酒醅疏松，利于酒醅撒匀，使蒸汽均匀上升。这时用汽量小些，可减少酒的损失。

底子已经打好，能均匀上汽时，可以装已经拌好稻皮用量较少的酒醅。这时酒醅比较湿且料层越来越厚，压力较大，上汽阻力渐大，汽量应随之适当增大，以免压汽。

装至顶层时，甑桶内汽路基本畅通，这时酒醅中多掺些稻皮使酒醅疏松，在减轻上汽阻力的同时，关小汽门。放慢装甑速度，抓紧时间对甑桶内的上汽状况做必要调整，保证上汽均匀，也有利于缓火蒸馏。用汽切不可忽大忽小。

（4）蒸馏操作　蒸馏过程中要掌握"缓汽蒸馏，大汽追尾"，"慢流酒，快流梢"的原则，流酒温度不得超过32℃，流酒速度控制在5kg/min左右。目的是使低沸点杂味物质尽量排出，减少有益香味成分的挥发，避免带入过多的高沸点物质，使酒味粗糙不醇和，流酒到中后期时，应适当加大汽量，以免醅下塌。蒸馏至酒花断了以后，应当及时加大汽量，追尽酒尾，大汽追尾可以追尽酒醅中的酒精分及香味成分，排出有机酸、高级醇等高沸点成分及其他阻碍下排发酵的物质，以保证下排生产和提高质量，还可以促进粮食糊化。最后，梢子流尽以后吊起过汽筒，大汽排酸10～15min，可以认为是大汽追尾的延续。

2. 不同馏分与酒精度的关系

衡水老白干酒采用传统的甑桶蒸馏，蒸馏的"酒流"不同段，酒精度不同。从下酒开始，按流酒时间，摘取"酒流"的不同段，分成5个馏分，见表6-21。

表6-21　　　　　　　　　　　　酒精度与馏分的关系

馏分序号	起止时间/min	起止酒精度/% vol	酒液			酒液外观
			数量/kg	温度/℃	酒度/% vol	
1	0～2	75.8	2.0	17.5	70.6	透明
2	2～11	75.8～63.8	15.5	18.0	70.3	透明
3	11～22	63.8～48.1	15.3	18.5	55.9	透明
4	22～32	48.1～26.6	15.0	20.0	37.2	浑浊有油
5	32～43	26.6～0.3	14.3	22.5	18.1	浑浊有油

3. 各类香味物质与馏分的关系

老白干酒蒸馏过程中，香味物质和酒精被一同蒸馏出来。蒸馏出的各类香味物质，在不同的馏分里含量不同。

（1）甲醇、乙醛　沸点低，相对于酒精的挥发系数 $K' > 1$，富集于酒头。

（2）甲酸乙酯、乙酸乙酯　相对于酒精的挥发系数 $K' > 1$，富集于酒头。

（3）杂醇油（以异戊醇为主）　相对于酒精的挥发系数 $K' > 1$，富集于酒头。

（4）总酯　以乙酸乙酯和乳酸乙酯为主，酒流的前流中含量较高。

（5）总酸　前酒流含量多，中段酒含量较少，酒尾中含量较高。

（6）总醛　在前酒流中含量不断下降，后期略有下降，含量相对变化不大。

4. 老白干酒的蒸煮、蒸馏特色

老白干酒由于是固态发酵，蒸酒、蒸料是采用甑桶，物料以固态的形式，蒸料和蒸酒同时进行的混蒸法进行。

老白干香型，其发酵工艺带有清香型工艺的特点，而蒸馏工艺又带有混蒸酒的特点，因此，老白干香型的口感和风味特点，带有两种工艺的共有特性，既有清冽、挺爽的风格，还具有醇厚、回味悠长的特点。

老白干酒的风格特点，与固态蒸馏酒的方式密切相关。尤其是高度传统产品67度老白干，更是这种蒸馏酒方法把装甑、冷凝、掐酒等操作娴熟运用到极致才能达到的结果。

（四）衡水老白干酒的主要香味物质

1. 衡水老白干酒的主要香味物质

衡水老白干的主要香味成分见表 6 – 22。

表 6 – 22　　　　　　　　　　衡水老白干主要香味成分　　　　　　　单位：mg/100mL

成分	甲酸乙酯	乙酸乙酯	乙酸异戊酯	丁酸乙酯	戊酸乙酯	己酸乙酯	辛酸乙酯	乳酸乙酯	丁二酸二乙酯	月桂酸乙酯	肉豆蔻酸乙酯	棕榈酸乙酯	油酸乙酯	亚油酸乙酯
含量	0.88	147.75	0.67	0.66	0.18	0.86	0.38	197.93	1.18	0.25	0.94	6.14	3.30	3.91

酸类

成分	甲酸	乙酸	丙酸	异丁酸	丁酸	异戊酸	戊酸	己酸	乳酸
含量	0.84	37.72	0.68	0.96	0.90	0.96	1.47	1.78	7.38

醛类

成分	乙醛	乙缩醛
含量	23.00	41.10

醇类

成分	甲醇	正丙醇	异丁醇	正丁醇	异戊醇	正辛醇	2，3 - 丁二醇	癸醇	β - 苯乙醇	肉桂蔻醇
含量	10.06	37.78	18.44	0.71	47.17	0.011	0.051	0.055	0.322	2.183

2. 各香味成分对老白干酒香味风格的贡献

（1）酯类在白酒中起到最大的呈香呈味作用　老白干酒的主体香味物质是乳酸乙酯和乙酸乙酯，还含有一定量的棕榈酸乙酯、油酸乙酯、亚油酸乙酯。其中乳酸乙酯/乙酸乙酯≥0.8。较高含量的乳酸乙酯使老白干酒丰满、回甜，高而不烈，低而不淡。微量的丁酸乙酯和己酸乙酯，对老白干酒的香气起到了一定的烘托和复合作用。

（2）乙酸、乳酸含量高于其他酸，使老白干酒既不单调又具绵柔感。

（3）适量的醛类物质对老白干酒有明显的助香、提香作用，使酒体醇香甜净。

（4）低含量的甲醇，使老白干酒干净卫生。适量的高级醇使酒体醇甜、味甘、自然协调。对老白干酒醇香秀雅的香气，起到了烘托作用。

（五）衡水老白干酒的贮存

1. 贮存工艺要求

（1）老白干酒的贮存工艺　见图 6 – 12。

（2）工艺要求

①原酒分级贮存。

②同类型同级别原酒并坛贮存。

③特殊调味酒单独贮存。

④原酒贮存建立标识和档案。

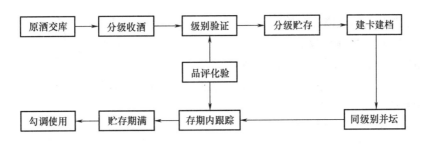

图 6 - 12　老白干酒的贮存工艺

⑤原酒在贮存期内要定期鉴定。

2. 贮存设备种类及操作规程

（1）老白干酒的贮存设备有二大类　一为陶瓷酒坛，规格有 500kg 和 1000kg。二为不锈钢贮罐，规格有 40t、60t、100t、200t 等规格。不同厂家，可根据不同的产能，匹配相应的贮酒容器、设备。

（2）贮存设备操作规程　老白干香型原酒分为优级酒、一级酒、二级酒。二级酒可直接入大罐贮存，优级酒、一级酒先在陶坛内贮存一年以上，再分级并入大罐贮存。

将同级原酒用不锈钢酒泵通过输酒管道打入陶瓷坛内，用塑料布和棉垫（将棉垫放入双层塑料布中）封好坛口，再压上坛盖。将酒名、级别、生产日期、操作者等相关内容填入卡片，将卡片插在坛盖上。储存一年后，通过理化分析和感官品评，重新确定基酒级别，将同级酒通过酒泵和管道打入不锈钢罐内继续贮存到期。

3. 衡水老白干原酒验收标准

衡水老白干原酒验收标准见表 6 - 23。

表 6 - 23　　　　　　　　　衡水老白干原酒验收标准

项目 级别	理化要求				
	总酸/（g/L）	总酯/（g/L）	乳酸乙酯/（mg/100mL）	乳乙比	卫生指标
优级	≥0.6	≥3.2	≥300	≥0.8	符合 GB2757
一级	≥0.5	≥2.8	≥200	≥0.8	符合 GB2757
二级	≥0.4	≥2.5	≥120	≥0.8	符合 GB2757
品评要求					
优级	无色透明，放香较正，香气较大，放香较清，味较醇厚，微丰满，落口较干净，味长，有回甜				
一级	无色透明，放香一般，香味较正，香气稍小，味较醇厚，稍杂，落口略有杂味，后味稍短				
二级	色泽不清，有失光等，异杂味大，香气不正，味杂、苦、异味大等				

4. 酒库档案管理

（1）容器标识卡　贮酒容器的标识卡，其内容一般有：入库时间、质量（kg）、酒精度、等级、使用时间等。挂在贮酒器的明显、方便位置。并随时保持其清楚、整洁，随时方便更换、查看。还要做到每容器必标，不得存在未标容器。在标识使用过程中，要注意因容器中的酒利用后对标识内容进行修改，以免发生错误。

（2）贮酒台账的管理　贮酒台账，可以采用纸质或电子文档形式，格式以记录清楚、方便查找为原则。要特别注意：

①每一个容器内的基酒，要附上其化验、色谱数据报告单和品评报告单等，作为基酒的资料信息，要便于查询和检索。

②不同时期的鉴定资料，要随即更新。

（3）设计原酒入库管理档案　原酒库的原酒档案有现场标识卡、台账和评语（特点）化验数据等内容。

现场标识卡的样式见表 6-24。

表 6-24　原酒贮存卡

名称：	等级：	质量/kg：
酒精度/%vol：	入库时间：	质量/kg：
总酸/（g/L）：	使用时间：	质量/kg：
总酯/（g/L）：	原始质量/kg：	管理人员：

原酒贮存台账式样见表 6-25。

表 6-25　原酒贮存台账

名称	原始数量		等级	
	评　　语			日　　期
原始评语				
中期鉴定评语 1				
中期鉴定评语 2				
中期鉴定评语 3				
中期鉴定评语 4				
数量变化				
用量	存量	用途描述		管理员签字

附：理化、色谱检验报告。

十二、酒鬼酒的独特生产工艺

（一）酒鬼酒的独特地理优势

中国白酒的产品质量风格除受生产原料、生产设备和生产工艺等因素影响外，与生产地域的气候、环境、土壤、水质、微生物区系等更是息息相关。

1. 气候与地域

酒鬼酒厂地处武陵山区，西北高、东西低。湘西属亚热带湿润季风气候，空气湿润，气候温和，四季分明，冬不太冷，夏无炎热，热量充足，雨水集中，降雨充沛，具有山区立体气候特点。年平均气温 15～17℃，年平均降雨量 1300～1500mm，无霜期 250～280d，平均海拔 800～1200m。

湘西地区土地以海相沉积石灰岩分布最广，具有土壤肥力高、矿物质含量丰富、胶质好等得天独厚的自然条件，特别适合于酿酒原料的种植。

2. 特定的微生物区系

酒鬼酒的酿制和中国其他固态发酵白酒一样，都属于开放式自然发酵，在酿酒的每个环节，都离不开环境微生物的参与。因此，环境微生物的多少与优劣，决定着酒的风格和产质量。

酒鬼酒公司地处武陵山脉的喇叭山谷，整个厂区呈"U"形，三面环山，门口是一条由山间溪水汇成的浪头河，这样一个有山、有水、有树的环境，为微生物的生长、繁衍提供了良好的微生态区域。

3. 原生态的水资源

酒鬼酒生产用的是原生态水，其泉水是经过山体中层层岩石的过滤而流出。水体干净无杂质；其二是矿物质含量丰富；其三是产生泉水的山体都处于半原始状态，几乎没有受到工农业污染。此泉水清澈透明，口尝微甜，呈微酸性，酸度适宜，能促进微生物的繁殖，有利于糖化和发酵，含有人体所需的多种微量元素，是品质甚佳的天然矿泉水。

在酒鬼酒的生产工艺中，有一个泡粮洗粮工序，通过洗泡，一方面除去了粮食上的杂质，使酿出的酒更醇和干净；另一方面，水中的各种矿物成分进到粮食里，为微生物的生长繁殖和发酵提供了营养。在酒的组合勾调过程中，用经过物理过滤处理的矿泉水作勾调用水，能使酒质更加醇甜、甘冽。

4. 优质黄壤土是建窖的好材料

酒鬼酒厂在武营喇叭山脚下，由于地形特殊，这里的黄壤土由于长期受到雨水的侵蚀和淋育，一方面将不利的钙、铁离子流失，避免了在发酵过程中产生的乳酸与之结合生成结晶从而导致窖泥的板结，另一方面又将大量有机质带入泥中，增加了营养成分。从而形成了铁、钙元素含量低，质地细腻，黏度适宜，持水性强，pH 在 6.0 左右，富含营养，特别适合己酸菌等功能菌生长繁殖的优质土壤。

5. 得天独厚的洞藏条件

湘西由于喀斯特地貌发达，溶洞分布范围广，为酒的洞藏提供了先决条件。酒鬼酒用于藏酒的洞为我国著名的风景名胜——奇梁洞，以"奇、幽、峻、秀、险"著称，欣赏价值较高，有"奇梁归来不看洞"之说。

酒洞藏于奇梁洞内，据说老熟效果特别好，这是由洞的特殊环境决定的。洞内空气流通，对酒中不利成分的挥发有促进作用，洞中含氧丰富，有利于酒体氧化、还原作用的进行；常年洞内近乎恒温恒湿，有利于酒体各分子间的缔合，促进酒的老熟。

（二）酒鬼酒的生产工艺

1. 工艺特色

酒鬼酒的生产工艺，传承了湘西悠久的民间传统酿酒技艺，采用多种粮食、多种微生物、多种工艺的融合，形成了具有鲜明个性的独特生产工艺。

其工艺可以概括为：以优质高粱、大米、糯米、小麦、玉米为原料，以根霉曲和中高温大曲为糖化发酵剂，采用区域范围内的三眼泉水和地下水为酿造、加浆用水，采用多粮整颗粒原料（玉米粉碎）、粮醅清蒸清烧、根霉曲多粮糖化、大曲续糟发酵、窖泥提质增香、天然洞藏储存、精心组合勾兑。

酒鬼酒的主要工艺特色为：

（1）多种粮食酿制　酒鬼酒的生产采用五种粮食发酵，用了高粱、大米、糯米、小麦、玉米，并且在行业内第一家采用小曲多粮糖化生产技术。

（2）多种酿酒工艺　酒鬼酒的生产工艺既包括有小曲酒生产工艺，还包括有大曲酒生产工艺和清蒸清烧生产工艺。

（3）多区系微生物发酵　多种工艺带来了多种微生物区系，酒鬼酒发酵过程中有环境微生物、大曲微生物、小曲微生物、窖泥微生物等共同作用，这些不同类群的微生物对酒鬼酒馥郁香味的形成起到了决定作用。

2. 工艺流程

工艺流程见图6-13。

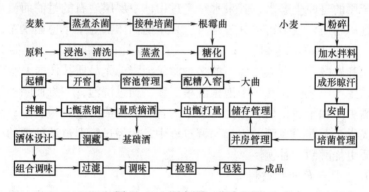

图6-13　酒鬼酒工艺流程图

（三）操作规程要求

1. 多粮颗粒原料，温水浸泡，原料清蒸

（1）合理配料　采用五粮配方，以高粱为主，其余为大米、糯米、小麦、玉米，除玉米要求粉碎成能通过2.0mm筛孔的占3/4外，其他原料均为整粒使用。

（2）泡料　高粱必须用温水完全浸泡18~24h，糯米、大米和小麦要求浸泡2~3h，再沥干表面水分，利于打喷。玉米用40~60℃温水浸泡4~6h，要求润料充分、均匀、不流水。

（3）原料清蒸　滤干水的高粱，圆汽清蒸20min，打第一次喷，即边打散料块，边喷水（使高粱受水均匀）。再蒸40min后打第二次喷，尔后，再先后加进小麦、糯米、大米、玉米，铺在高粱上，可进行再次打喷。要求90%以上开花，原料干爽，熟而不黏，内无生心。

2. 小曲培菌糖化

将蒸好的原料出甑平铺于晾床上，翻拌吹晾至28~32℃，均匀撒上5‰~6‰根霉曲，再翻拌均匀打晾到规定温度，入糖化箱培菌糖化。糖化要求：清香味甜，不流汁，无霉变和异杂味。小曲培菌糖化相当于二次制曲，经测定，培菌后酵母菌平均增加190倍，细菌平均增加200倍。

3. 大曲配醅发酵，泥窖增香

将经过蒸馏的酒醅出甑放置于晾床摊晾至接近入窖温度时，加入经培菌后的料醅，撒入 20%～22% 的大曲粉，翻拌均匀，低温入泥窖发酵，发酵期为 50d 左右。

酒鬼酒大曲以小麦为制曲原料，制曲最高温度为 57～62℃。中偏高温培曲有利于耐高温芽孢杆菌的生长，大曲液化力高，曲香明显。酒曲的微生物群系有细菌、酵母菌、芽孢杆菌和放线菌及霉菌，其中霉菌主要有毛霉、黄曲霉、犁头霉和黑曲霉，毛霉占 45%，黄曲霉 35%、犁头霉占 15.5%，黑曲霉占 4.2%。

酒鬼酒优质泥窖有效成分含量丰富、比例谐调，非常适合窖泥功能菌的生长繁殖（表6－26）。泥窖发酵对酒鬼酒起到了很好的调节和增香作用，使其具有浓郁的复合香气。

表 6－26　　　　　　　　　　　　酒鬼酒窖泥有效成分分析结果

项目	pH	水分/%	氨态氮/(mg/100g 干土)	有效磷/(mg/100g 干土)	腐殖质/%
数值	6.9	39.5	278.6	185.4	12.4

4. 清蒸清烧

酒鬼酒使用的是清蒸清烧工艺，即蒸粮与蒸酒彻底分开，这一点与老五甑操作法有着本质上的不同。原料通过清蒸和培菌，使发酵微生物的群体发生了巨大变化，进而影响到产品的风格特征。同时单独馏酒也有效排除了因混合蒸烧而带来的生料味，使酒体更加干净。蒸馏时严格执行分糟装甑、截头去尾、分级接酒、按质入库贮存。

（四）酒鬼酒的质量特色

1. 酒鬼酒的风格特征

设计酒体的三个原则：明确馥郁香型的内涵为：两香为兼，多香为馥郁，只有在一个酒体中能体现三种及以上香气才能称为馥郁香型；酒体风格体现和谐平衡，形成馥郁香气；在味感上不同的时段能够感觉出不同的香气，即在一口之间，能品到三种香，"前浓、中清、后酱"。

专家从色、香、味、格四个方面给予酒鬼酒风格的综合评定为"色清透明、诸香馥郁、入口绵甜、醇厚丰满、香味协调、回味悠长，具有馥郁香型的典型风格"。

2. 酒鬼酒的微量组分特征

（1）酒鬼酒己酸乙酯和乙酸乙酯含量突出，二者呈平行的量比关系　酒鬼酒中总酯含量较高，己酸乙酯和乙酸乙酯相对较突出，含量达 100～170mg/100mL，二者含量相当接近，基本呈平行的量比关系（一般是乙酸乙酯还略高于己酸乙酯），其比例为己酸乙酯：乙酸乙酯 = 1.00：1.14，乳酸乙酯含量一般在 53～72mg/100mL，丁酸乙酯为 16～29mg/100mL，四大酯的比例关系为己酸乙酯：乙酸乙酯：乳酸乙酯：丁酸乙酯 = 1.00：1.14：0.57：0.19（表 6－27）。酒鬼酒丁酸乙酯含量较高，一般浓香型酒己酸乙酯：丁酸乙酯为 10：1，但这次用于对比分析的泸州老窖特曲和剑南春均接近 20：1，说明丁酸乙酯含量明显下降。而酒鬼酒己酸乙酯：丁酸乙酯为（5～8）：1。己酸乙酯是浓香型白酒的主体香气成分，在各种酯类中占有绝对优势，占总酯的 40% 左右，四大酯的含量为己酸乙酯＞乳酸乙酯＞乙酸乙酯＞丁酸乙酯，而酒鬼酒是乙酸乙酯＞己酸乙酯＞乳酸乙酯＞丁酸乙酯，两者截然不同。乙酸乙酯是清香型白酒的主体香，其含量要明显高于其他香型酒，绝对含量在 180～310mg/100mL，占总酯的 55% 以上。但清香型白酒里己酸、丁酸的乙酯含量都很微量（表6－28）。

酒鬼酒中己酸乙酯和乙酸乙酯在酯类物质中的突出地位和特殊的平行量比关系，在中国现有的各大香型白酒中是绝无仅有的；四大乙酯的含量及量比与浓香型、清香型、四川小曲酒有很大差别，说明酒鬼酒用小曲工艺而非清香小曲酒，用大曲工艺而又不同于浓香大曲酒，形成了自己的独特风格。

表6-27　　　　　　　　　　酒鬼酒主要酯类含量及量比关系

以己酸乙酯为基准，单位：mg/100mL

酯类	一般范围	量比关系
乙酸乙酯	95~174	1.14
己酸乙酯	87~140	1.00
乳酸乙酯	53~72	0.57
丁酸乙酯	16~29	0.19
甲酸乙酯	2~6	0.03
庚酸乙酯	1.4~2.3	0.02
辛酸乙酯	0.8~1.9	0.01

表6-28　　　　　　酒鬼酒与某些香型酒中主要酯类分析结果　　　单位：mg/100mL

酒名	己酸乙酯	乙酸乙酯	丁酸乙酯	辛酸乙酯	乳酸乙酯	总计
泸州老窖	172.9	114.4	15.5	4.8	133.1	440.7
汾酒	2.2	305.9	—	—	261.6	569.7
四川小曲	15	36.8	10.8	—	10.3	63.9
酒鬼酒	107.3	122.3	20.5	1.34	61.5	312.9

（2）酒鬼酒有机酸含量高　表6-29、表6-30分析数据表明，酒鬼酒有机酸含量较高，总量达到200mg/100mL以上，除低于酱香型酒外，远高于浓香型、清香型和四川小曲酒。其中己酸和乙酸占总酸量的70%，乳酸占19%，丁酸为7%。几大酸类物质的比例关系虽与浓香型大致相同，都是乙酸>己酸>乳酸>丁酸，但乙酸和己酸的绝对含量是浓香型酒的2倍以上，而清香型、四川小曲酒中，有机酸种类单一，与酒鬼酒丰富的有机酸相比更有明显的差别。

表6-29　　　　　　酒鬼酒中主要有机酸的含量及量比关系

以乙酸为基准，单位：mg/100mL

酸类	含量范围	量比
乙酸	70~120	1.83
己酸	41~65	1.00
乳酸	31~46	0.80
丁酸	11.4~17.4	0.29
丙酸	3.4~5.8	0.08
异戊酸	1.2~2.1	0.04

续表

酸类	含量范围	量比
异丁酸	1.0 ~ 1.5	0.02
庚酸	0.7 ~ 1.0	0.02
辛酸	0.4 ~ 0.8	0.01

表 6 – 30　　　　　　　　　酒鬼酒与某些香型酒的酸类分析结果　　　　单位：mg/100mL

酸类	泸州老窖	汾酒	四川小曲	酒鬼酒
乙酸	41	94.5	36.1	91.9
己酸	27.5	0.2	0.78	50.2
乳酸	22.6	28.4	5.29	40.1
丁酸	12.2	0.9	6.82	14.7
甲酸	2.7	1.8	1.08	—
丙酸	—	0.6	—	3.96
异戊酸	—	—	—	1.75
异丁酸	0.68	—	—	1.22
庚酸	—	—	—	0.86
辛酸	0.58	—	—	0.6
总计	107.26	126.4	50.07	205.29

3. 酒鬼酒中高级醇（异戊醇、正丙醇、正丁醇、异丁醇）含量适中

酒鬼酒高级醇含量适中，总量一般在 110 ~ 140mg/100mL，高于浓香、清香型白酒，低于小曲清香（表 6 – 31）。含量最高的是异戊醇，在 40mg/100mL 左右，其次是正丙醇，达 25 ~ 50mg/100mL（表 6 – 32），低于酱香、药香和特型白酒，但超过工艺上相对接近的浓香型、清香型和四川小曲白酒。正丙醇有着良好的呈香感，虽然醇类的香味阈值较高，在与大量酯类共存的情况下，它难以左右白酒香气，但正丙醇良好的呈香感，其清雅的香气与酯香复合，很好地衬托出酒鬼酒馥郁幽雅的风格特征，正己醇是一种甜味物质，酒鬼酒口感绵甜与其较高的正己醇含量有关。

表 6 – 31　　　　　　　　　酒鬼酒与某些香型酒中高级醇的分析结果　　　　单位：mg/100mL

醇类	泸州老窖	汾酒	四川小曲	酒鬼酒
异戊醇	31.9	54.6	117.81	38.0
正丙醇	17.4	9.5	31.24	30.0
异丁醇	11.9	11.6	45.09	17.9
正丁醇	7.3	1.1	3.45	13.7
仲丁醇	4.2	3.3	9.17	7.4
正己醇	6.3	—	—	4.4
正戊醇	1.5	—	—	1.3
总计	80.5	80.1	206.76	112.7

表 6－32　　　　　　　　**酒鬼酒中主要高级醇的含量及量比关系**

以异戊醇为基准，单位：mg/100mL

醇类	含量范围	量比关系
异戊醇	34～44	1.00
正丙醇	26～48	0.79
异丁醇	17～20	0.47
正丁醇	10～18	0.36
仲丁醇	6～10	0.19
正己醇	3.6～5.7	0.12
正戊醇	1.0～1.4	0.03

4. 酒鬼酒乙缩醛含量较高

酒鬼酒中羰基类化合物含量较高，总量达 76.8mg/100mL 左右。其中乙醛和乙缩醛占总醛的 88%，乙醛：乙缩醛＝1.00：1.21（表 6－33、表 6－34）。与浓香型白酒相近，高于清香型和四川小曲白酒。乙醛和乙缩醛是白酒中必不可少的重要组成成分，它们的主要功能表现为对白酒香气的平衡和协调作用。

表 6－33　　　　　　　　**酒鬼酒中醛类含量及量比关系**

以乙醛为基准，单位：mg/100mL

项目	乙缩醛	乙醛	糠醛	总计
含量范围	21～77	19～62	1.3～4.8	41～144
量比关系	1.12	1.00	0.09	

表 6－34　　　　　　　**酒鬼酒与某些香型酒中的醛类分析**　　　　　单位：mg/100mL

酒名	乙缩醛	乙醛	糠醛	总计
泸州老窖	41.5	26.0	0.7	68.2
汾酒	51.4	14.0	0.4	65.8
四川小曲	9.87	12.8	1.49	24.2
酒鬼酒	37.3	30.8	2.8	70.9

通过对酒鬼酒中主要特征香味物质的分析，确定其总酸：总酯：总醇：总醛为 1：1.58：0.72：0.36，与其他香型酒种相比有着显然不同（表 6－35），酒鬼酒正是以相对突出的乙酸乙酯、己酸乙酯含量及近乎平行的量比关系、较高的有机酸、乙缩醛和适量的高级醇等特点构成了谐调而独特的香味，形成了别具一格的风格特征。

表 6－35　　　　　**酒鬼酒与某些香型酒中的酸、酯、醇、醛总体概况**　　　单位：mg/100mL

酒名	总酸	总酯	总醇	总醛	酸、酯、醇、醛
泸州老窖	102.0	461.0	93.4	99.0	1：4.52：0.92：0.97
汾酒	124.0	570.0	80.0	65.8	1：4.60：0.65：0.53
四川小曲	50.07	63.9	206.76	24.14	1：1.28：4.13：0.48
酒鬼酒	209.2	330.4	150.08	75.04	1：1.58：0.72：0.36

第二节 小曲酒生产工艺

小曲酒的生产，其工艺可分为两种。一种是先培菌糖化后再发酵，即下缸品温控制在38℃以下，以固态培菌糖化20~24h后，再加水或不加水转入半固态或固态发酵，因而用曲量在3%以下；另一种工艺是加曲量为18%~22%，加水使其成半固态，边糖化边发酵。目前，除"玉冰烧"采用后一种工艺外，其他小曲酒大多采用前一种工艺。

一、米香型酒生产工艺

米香型酒以广西三花酒为代表。其风味质量要求是"蜜香清雅、入口绵柔、落口爽净、口味怡畅"。香气成分乳酸乙酯和乙酸乙酯含量最多，前者又多于后者，并含有较多量的高级醇和 β – 苯乙醇。其酿酒工艺特点是以大米为原料，小曲固态堆积先行培菌糖化后，加水进行半固态发酵、蒸馏。

1. 三花酒生产工艺

三花酒得名是沿用摇动酒液的方法，观察起泡的多少及持泡时间长短来鉴定其质量。起泡多、香花（泡）细、堆花久称为三花，或视起泡有大、中、小三层为三花。

三花酒采用漓江上游水为酿造用水，使用陶缸培菌糖化后，再发酵5~7d。然后蒸酒。原酒贮存于象鼻山岩洞中。

（1）浸米、蒸煮

①浸米：大米浸泡20min后，用清水淋洗干净并沥干。

②蒸煮：大米入甑，待圆汽后在常压下初蒸15~20min。然后第1次泼入为大米量约60%的热水，并上下翻倒几次，上盖待圆汽后再蒸15~20min。再进行第2次泼水，水量为大米的40%左右。翻匀、加盖上汽后再蒸20min。要求饭粒熟而不黏，出饭率应夏天低冬天高。粳质米要求扬冷后的出饭率为215%~240%，饭粒含水量为60%~63%。

（2）扬冷、拌曲 将米饭打散、扬冷后，即可拌曲。加曲条件如表6-36所示。

表6-36 加曲条件

室温/℃	加曲温度/℃	原料用曲量/%
10 以下	38~40	1.5
15~20	34~36	1.2
20~25	31~33	1.0
25 以上	28~31	0.8

（3）入缸固态培菌糖化 每缸投入米饭量折合大米为15~20kg，饭层厚度为10~13cm，即夏薄冬厚。在饭层中央挖一个呈喇叭形的穴，以利于通气及平衡品温。待品温下降至32~34℃时，用簸箕加盖，并根据气温做好保温或降温工作。

通常在入缸后，夏天为5~8h、冬天为10~12h，品温开始上升。夏天经16~20h，品温升至38~42℃，冬天需24~26h才升至34~37℃。这时可闻到香味，饭层高度下降，并有糖化液流入穴内。糖化率达 70% ~ 80%。这时应立即加水。若过早加水，则由于酶系形成不充分，会影响出酒率；如果延长培菌糖化时间，则出酒率也较低，且成品酒酸度过高而风味差。

（4）半固态发酵　培菌糖化后，根据室温、品温及水温，加入为原料量 120% ~ 125% 的水，使品温为 34 ~ 37℃。在正常情况下，加水拌匀后的酒醅，其糖分为 9% ~ 10%，总酸不超过 0.7，酒精体积分数为 2% ~ 3%。然后，每个饭缸转入 2 个醅缸，用塑料布封口，并做好保温或降温工作。发酵期为 5 ~ 7d。成熟醅的酒精含量为 11% ~ 12% vol，总酸为 0.8 ~ 1.2，残糖在 0.5% 以下。

（5）蒸馏　成熟酒醅转入蒸馏锅或蒸馏釜，两者的操作要求基本相同。

每个蒸馏锅装 5 缸酒醅，再加入上 1 锅的酒头及酒尾。上盖、封好锅边、连结过汽筒及冷凝器后，开始蒸馏。火力要均匀，以免焦醅或跑糟，影响酒质。冷凝器上面的水温不能超过 55℃。先摘除酒头 0.5 ~ 2.5kg。若酒头呈黄色并有焦气和杂味等现象时，应将酒头接至合格为止。再接中馏酒。待混合酒精含量为 58% vol 时，接为酒尾。

（6）原酒贮存

①原酒质量指标

感官指标：无色透明，口味佳美、醇厚、回甜。

理化指标：见表 6 - 37。

表 6 - 37　　　　　　　　　　三花酒理化指标　　　　　　　　　　单位:%

名称	酒精/% vol	总酸	总醛	杂醇油	浑浊度	铅含量/ (mg/L)	总酯	甲醇	总固形物
指标	58	0.06 ~ 0.10	≤0.01	≤0.15	≤50 度	≤1	≥0.12	≤0.05	≤0.01

②贮存：合格酒贮存于缸内。用石灰拌纸筋封好缸口后，贮存 1 年以上，再化验、勾兑后出厂。

2. 长乐烧的生产工艺

长乐烧产于广东省原名为长乐县的五华县，是酒精含量为 55% vol 的米香型白酒。

（1）原料和小曲

①原料：酿酒原料为新鲜洁净的糙米。

②小曲：白曲：结块紧且有弹性，香味正常，无异杂色；糖化率 15% ~ 20%，出酒率 95% 以上（以酒精含量 40% vol 计）。

酒饼：无杂色，香味正常，出酒率 90% 以上。

酒饼原料配比：干米粉 15kg，加大青叶 4% ~ 5%，白泥 5%，中药粉 1.5%，麦皮少量或不加，加水量 50% ~ 55%，接种量 2% ~ 2.5%。其中中药配方为：桂皮、丁香、薄荷、香茹、元茴、川茴、细辛、川椒、甘松、川乌、砂姜、皂角、荜发、麦芽、白椒和甘草。

（2）制酒过程

①蒸饭：取清水约 35kg，煮沸后加入糙米 25kg，待水干后即起饭。锅底的饭干另加水 2.5kg，煮沸后并入饭中，贮于饭缸内并加盖。待煮完 4 锅后，一起入甑，从圆汽到蒸

饭结束，约1h。要求饭粒黄而不焦，熟而不黏。

②摊晾、接种：夏天的接种品温与气温持平或高出1℃，冬天为32～36℃。夏天的接种量为2.0%～2.4%，冬天为2.4%～2.8%，其中酒饼为0.8%～1.2%，其余为白曲。分2次接种，3次翻拌，每50kg大米的物料装瓮12～14个。

③发酵

a. 转盖：瓮进醅室后20～24h，夏天品温升至36～37℃，冬天为38～39℃时，去掉原来加盖的麻袋，改为在瓮口放1只碗。在冬季为保温可加盖几层麻袋。

b. 加水：培菌糖化40～48h后，品温降为30～32℃，开始有糖化液。这时即可加水，加水量夏天为115%～120%，冬天为120%～125%。冬天用温水，夏天用凉水，允许放入0.01%的氯化钠。

c. 翻醅：加水后的次日，将整块酒醅底面倒翻。

d. 封醅：夏天翻醅后即可封醅，冬天在翻醅后第2天封醅，即用塑料薄膜及橡胶带将瓮口封闭。冬天也可将50kg原料的酒醅转入大缸中进行封醅发酵。发酵期夏天为12～15d，冬天为15～25d。

④蒸馏：流酒温度夏天不超过45℃，冬天不高于40℃。截取酒头量为0.25kg，连同酒精45%vol以下的酒尾，一起入下一锅复蒸。

3. 全州湘山酒

该酒产于广西全州县湘山酒厂，是酒精度为58%vol的米香型白酒。

采用湘江清流洁水为酿造用水，以当地产的大米为原料。糖化发酵剂由全州药曲分离的微生物、福建厦门白曲的纯种根霉以及米酒酵母培养而成。制酒工艺与三花酒相似，即培菌糖化24h左右，发酵期为6d。原酒经半年以上贮存后，勾兑出厂。

二、豉香型酒生产工艺

豉香型白酒是以广东石湾酒厂生产的特醇米酒为代表，其风味质量要求是"玉洁冰清、豉香独特、醇和甘滑、余味爽净"。香气成分中的壬二酸二乙酯、辛二酸二乙酯、α-蒎烯是其特征成分。酿酒工艺特点是以大米为原料，小曲半固态发酵，蒸馏至含酒精含量32%vol，再经肥猪肉浸泡贮存而得产品。

玉冰烧即肉冰烧，该酒产于广东珠江三角洲。其香气由米酒的基础香及浸泡肥猪肉形成，称为豉香，所说的豉香味即类似豆豉的香味。

玉冰烧的工艺有4个明显特点。一是虽使用俗称为大酒饼的小曲，但如前所述，其糖化与发酵的方式不同于一般小曲酒；二是发酵期比一般小曲酒长，为15～20d；三是用米酒浸泡肥猪肉的最后一道工序是形成典型香的关键；四是蒸馏后的混合酒精含量为31%～32%vol。

它以大米为原料，蒸煮、冷却后加入适量水及20%～22%的大曲饼。在28℃左右半固态下发酵约20d后，酒精达12%～14%vol。蒸馏得31～32℃的酒，俗称斋酒。转入俗称为埕的多年浸泡酒肉的陈年肉缸，并加入经加工的一定量肥猪肉浸泡30d。再过滤、勾兑后即为成品酒。

1. 生产工艺

（1）蒸饭　使用水泥锅蒸饭，每锅先加水110～115kg。通蒸汽煮沸后，倒入大米

100kg。加盖煮沸时即行翻拌，并关闭蒸汽阀。待米粒吸足水分，开小汽焖20min。要求饭粒熟透、无白心。

（2）摊晾、拌曲　用铁铲将米饭装入松饭机，打松后摊于饭床，或用传送带鼓风摊床降温。夏天晾至品温35℃以下，冬天为40℃左右后，拌入曲粉，曲粉用量为大米的18%~22%，然后将物料收集成堆。

（3）入埕发酵　入埕前先将坛洗净，每埕注入清水6.5~7kg，再装入5kg大米的饭，封闭坛口，入发酵室进行发酵。室温应控制在26~36℃，并注意控制品温，特别是前3d的品温，应在36℃以下，最高也不能超过40℃。发酵期夏天为15d，冬天为20d。

（4）蒸酒　使用改良式蒸馏甑蒸酒，每甑进250kg大米的醪。蒸取的酒头及酒尾入下一锅进行复蒸。

（5）肉埕陈酿　将蒸取的中馏酒装入肉埕（坛），每坛装20kg，并加入2kg肥猪肉浸泡3个月后，把酒倒入大缸或大池中，自然沉淀20d以上。坛中剩余肥猪肉可加新酒再浸。

（6）压滤包装　待缸或池中酒液澄清后，取样化验及勾兑。在认定合格时，除去液面油脂，将中间部分的澄清酒液泵入压滤机过滤后，包装出厂。

近年来已试用容量为50t的发酵罐发酵，投料量为10t大米，用曲量为大米的20%，大米加水量为140%。发酵品温控制在28~34℃。室温在20℃以下时可不冷却发酵醪。而出酒率高于传统的坛内发酵。成品酒仍可保存原有的玉冰烧风格。

2. 成品酒质量指标

（1）感官指标

①外观：澄清、透明；无色或呈淡黄色；无悬浮物及沉淀物。

②香气：醇香，具有豉味玉冰烧特有的豉香气味。

③滋味：入口醇滑，无苦涩味及其他怪杂味。

（2）成分指标　如表6-38所示。

表6-38　　　　　　　　　　玉冰烧成分指标　　　　　　　　　　单位：%

酒精/% vol	总酸	总酯	总醛	氨基酸	甲醇	高级醇	固形物	铅含量/ （mg/L）	氰化物含量/ （mg/L）
坛装29.5 瓶装30.6	≤0.08	≥0.15	≤0.01	≥0.002	≤0.06	≤0.2	≤0.02	≤1	≤0.5

据报道，在尚未浸泡肥猪肉的斋酒中，酸、酯、醛及固形物的含量比其他半固态发酵的白酒约低50%。而高级醇含量较多，其绝对量为香气成分之首，成为基础香的主要组分。这与白兰地、威士忌等蒸馏原酒相似，而与以乙酯类为香气主要组分的白酒显然不同。其中β-苯乙醇的含量高达7.1mg/100mL，相当于以往认为含量最多的三花酒的1倍以上，居我国白酒之冠。但是，斋酒经浸肉后形成了玉冰烧的典型豉香，期间在香气成分上发生了较大的变化，斋酒中原有的23种高级醇、酯类变化不大或稍有下降；减少以至消失的有癸酸、十四酸、十六酸、亚油酸、油酸、十八酸乙酯等7种，其中原来含量较多的十六酸乙酯几乎消失；明显增加的有庚醇、己酸乙酯、壬酸乙酯；辛二酸

乙酯、壬二酸乙酯等9种，这些成分可能是形成豉香的主要组分，它们是脂肪氧化的产物和进一步乙酯化的结果。另外，还发现了白酒的新组分如α-蒎烯，庚二酸、壬二酸等成分。

三、川法高粱小曲酒生产工艺

1. 蒸粮工序

（1）泡粮　目的：在泡粮时，高粱吸收水，淀粉粒间的空隙被水充满，淀粉粒逐渐膨胀，使蒸煮过程中易蒸透心，糊化良好。高粱原料中，含有较多的单宁，在泡粮过程中，单宁大部分可溶于水中除去，有利于糖化和发酵。同时，高粱中的沙石杂物经泡粮后可随水流去，使原料更加干净。

要求：吸水透心，吸水均匀。

要点：泡水要足，泡粮搅拌后保温73~74℃。泡粮时间，糯高粱6~10h，粳高粱5~7h，干发8~10h。

操作方法：每天蒸完酒后，洗净底锅，烧开水泡次日原料。每100kg原料约需泡水165kg。泡粮时将开水迅速舀入泡粮桶内，然后将原料倒入，即先水后粮．这样可使泡粮桶内上下水温一致，使粮食受热、吸水均匀。若先粮后水，将使一部分粮食受热时间较长，一部分受热时间较短而吸水不匀，而且易成灰包，无法泡透。泡水温度90℃以上。原料倒入泡粮桶后，用木锨或铁铲沿桶边至桶心将高粱翻1次，刮平粮面。泡粮水位应淹过粮面约25cm，此时检查水温应在75℃以上，随即加盖保温，待2~3h后揭盖检查1次，不使粮粒露出水面。经6~10h后放出泡水，吊至蒸粮入甑，泡后粮食每100kg增重至168~170kg。

泡粮要用开水，并必须保温，促使粮食吸水，同时温度高，可杀灭原料中的杂菌并使酶作用钝化，减少淀粉变糖的损失。

泡粮用水量每天要基本固定，使泡粮搅拌后达到73~74℃，不能过高过低。如有高低可调节水温水量。若水温高至74℃以上，则粮籽中的部分淀粉破裂糊化，容易生沄结块。

泡粮时要翻动1次，使粮食和水混合均匀，避免产生灰包，使粮食吃水均匀一致。但不宜翻动过多，更不宜中途翻动，以免造成淀粉损失。

泡粮时间要基本固定，不能过长或过短。若泡粮时间过长，则温度下降，杂菌感染翻泡，淀粉和糖分损失。时间不够，粮粒吸水不透，不易糊化彻底。

泡粮要注意保温。

（2）蒸粮　低要求：熟粮柔熟、沄轻、收汗、水分适当，全甑均匀。出甑时化验水分含量，糯高粱59%~61%，粳高粱60%~61%，粮粒裂口率89%以上。

要点：准确掌握初蒸、焖水、复蒸时间，使熟粮淀粉裂口率高，软硬合适，水分适当，全甑均匀。

操作方法：上班时勾火（或冲蒸汽），掺好底锅水，水面离甑桥15~16cm，安好甑桥甑箅，填好边缘缝隙，撒稻壳1层（2~3kg），用水泼湿扫平，待底锅烧开后即可撮粮入甑。在泡好的高粱中拌入适量的稻壳；使疏松上汽均匀，在40~50min内装完；再经2~3min，蒸汽便可穿出粮面。

初蒸：装完甑 5~10min 即可圆汽，加盖初蒸，糯高粱蒸 10~15min，粳高粱蒸 16~18min。

焖水：初蒸毕，迅速从焖水筒掺入甑内焖水（水温 40~45℃），使焖水在甑内由下至上掺入，在 4~6min 内掺完，水量要淹过粮面 6~7cm。此时，甑内下层水温 60~65℃，粮面层温 94~95℃。经仔细检查甑内粮粒不顶手、粑硬适当时放焖水。从焖水淹过粮面至开始放焖水为焖水时间，一般糯高粱为 10min，粳高粱为 16~20min。

复蒸：迅速放去焖水，加大火力蒸粮，圆汽后继续大火复蒸，糯高粱蒸约 60min，粳高粱蒸 80~90min，检查粮食，应不顶手，已完全柔熟，阳水少，表面轻泛，即可出甑。出甑后检查粮食收汗、裂口率 89% 以上。在熟粮出甑前约 10min 揭盖，将工具、撮箕等敞蒸 10min，利用蒸汽杀菌。蒸好的熟粮每 100kg 约增重至 230kg，化验水分约为 58%。

蒸粮时应防止塌甑和溢甑。塌甑是指穿汽不均匀或部分不穿汽。这是由于装甑时火力小、粮食倒得不均匀或甑箅未清洗干净引起的。溢甑是指底锅水沸腾后冲到甑箅上面。这是由于底锅水掺得太多或底锅水不清洁所致。此种现象发生时，甑底粮食因吸收水分过多而结成团块，致使蒸汽上升困难，影响上部粮食糊化。

粮粒入甑和放焖水后的圆汽时间火力要大，穿汽要快（要求不超过 30min 和 15min），使上下甑受热时间差别小，吸水均匀，其他时间可用中等火力。

焖水要从焖水筒中自下而上掺入，利用温差造成挤压力，促使粮粒裂口；并且，为使熟粮淀粉裂口率高，焖水时要求粮粒多数在 70~80℃ 温水内浸泡。实际上是上层温度高于下层。焖水时不开火门，掺焖水要快，焖水温度一般 40~45℃，不宜过高。

底锅水多少，以焖水刚接触甑箅时水温在 70~75℃ 为宜，可固定焖水温度后增减底锅水调剂。但底锅水离甑箅最多不能少于 17cm 以防溢甑，当底锅水量调节恰当后，每天应掌握准确，以免影响水温变化。

熟粮水分对培菌发酵有很大影响，不能过多过少。操作条件固定（如泡粮水温、泡粮时间、初蒸时间，焖水温度等），焖水时间长短可以决定水分多少。据经验，大约延长焖水时间 2min，可增加熟粮水分 1%，实际操作要同时用感官掌握（手捏粑硬），最后用化验数据或称重结果来校正感官的判断。如果发现上下甑粮粒水分不匀或粮粒上软下粑时，可用放焖水的快慢调节。如果焖水后发现偏粑、偏硬，可适当缩短或延长复蒸时间。

熟粮水分多少，应视季节和配糟酸度不同稍加调节。冬天发酵温度较低时，熟粮水分在 60%~61%，热天发酵温度高时应为 59%~60%，以减缓发酵速度，少生酸。当配糟酸度正常时，熟粮水分 60%~61% 合适，如酸度偏大，可减少至 59%~60%，严重时可再降 1%，以减少发酵中的生酸量。

熟粮中稻壳用量多少对培菌有影响，一般用量为原料的 2%（包括甑底、甑面、出甑、摊晾所用的全部稻壳）。有时因曲药性能不同，箱温上升缓急不合要求，培菌不好时，可适当增减稻壳用量进行调节。箱内使用的稻壳和蒸馏时酒糟中拌入的稻壳，必须全部清蒸过。

在蒸煮后，高粱颜色会变深，即由黄红色逐渐转变成乌红色。这是因为粮食在浸泡时由于糖化酶的活力使少量淀粉变成糖（或高粱本身所含的糖），在蒸煮过程中产生类黑素，这种物质呈褐色，致使粮食颜色加深。此外，高粱外壳中的单宁和花青素，经加热后起了变化，颜色也会加深。

2. 培菌工序

（1）出甑摊晾及撒曲收箱　要点：短时摊晾品温匀，掌握温度曲撒匀，摊席工具须清洁，箱要疏松面要平。

操作方法：

出甑：出甑前，将晾堂打扫干净，铺好摊席（或打扫清洁通风箱），在摊席上摊少许熟糠。将熟粮撮出，均匀地倒在摊席上，厚6~7cm。

摊晾撒曲：出甑完，即按后出先翻的顺序翻第1次粮，用木锨依次将熟粮翻面、刮平，相隔35~40min（室温25~28℃），待品温冷天降至44~45℃、热天降至37~38℃，按先倒先翻的次序翻第2次粮。翻毕检查品温可适宜时，即可撒曲，要求弯腰低撒，均匀撒于粮面，减少曲粉飞扬损失，拌匀收拢成堆。撒曲也可分2次撒，第1次翻粮后撒头次，第2次翻粮后撒2次。

若用通风箱培菌，可直接在箱内通风摊晾。其操作方法是：将熟粮撮出均匀地倒入箱里，扒平，通风降温，待品温冷天降至38~39℃、热天降至36~37℃时，关掉风扇，撒第1次曲，撒入量为总用曲量的1/2，拌匀；待冷至冬天34~35℃、热天30~32℃（或平室温）撒第2次曲，撒入量为剩下的1/2，拌匀，扒平。此时箱温为冷天28~29℃；热天25~26℃。

收箱：收箱前先扫净底席（在底席下平铺2~3cm厚的稻壳），安上洁净的箱板，箱席上撒1层稻壳和曲粉少许，用木锨将熟粮轻轻地铲入箱内，温度较高的先收在箱边、箱角，温度较低的收在中部，收完用木锨将粮面修整匀平。粮面再撒少许稻壳和曲粉。从开始出甑至收箱毕的摊晾时间最长可达2.5h。

（2）培菌管理　要求：霉菌、酵母菌生长正常，杂菌少；出箱感官是绒籽，有曲香，无馊、焖、酒气。尝之，味稍甜，微酸。全箱均匀。每天出箱时间基本一致，老嫩符合发酵装桶要求。

要点：曲质好，数量合适，并严格控制培菌温度、时间和出箱老嫩，使有益菌生长适当。工具清洁，减少杂菌繁殖。培菌工序主要控制指标见表6-39。

表6-39　　　　　　　　　　培菌工序主要控制指标

| 季节 | 用曲量/% | 箱厚/cm | 出箱温度/℃ | 培菌期/h | | 出箱化验原糖含量/% | |
				糯高粱	粳高粱	糯高粱	粳高粱
冷季	0.3~0.4	16~18	33~35	26~26	25.5~26.5	2.5~3	3~4
热季	0.2~0.3	10~13	33~35	21~22	22~23	1.5~2	2~3

操作方法：收箱后，仔细检查箱内温度，热季接近室温，冬季一般为30~31℃，如品温太低应立即加盖席和草垫；若品温较高，可适当少盖或缓盖，使5~7h箱内品温降至26~28℃，保持不再下降（即箱内最低温度）。经12h和20h分别检查品温1次，适当加减草垫，使冷天经25~26h、热天经21~22h出箱时老嫩合适，品温达34~35℃。

采用通风箱培养，收箱后均匀盖上1层配糟，其厚度视季节气温而定。经12h和18~

20h 左右分别检查品温 1 次，注意温度变化，控制出箱时间和温度。若冷天要注意保温（用盖配糟厚薄调节），热天注意降温，切忌骤冷骤热或过高过低。

①防止酸箱：由于杂菌感染繁殖常引起箱温上升快，培菌糟不甜，不绒籽，气味不正常。防止的办法如下：

曲药质量要好，要稳定。劣质曲药中，杂菌多，易引起箱温上升快，出箱不绒籽和严重的酸箱等事故。因此，每新用 1 批曲药，必须先经过严格检查、试验。

做好环境卫生和清洁工作。摊晾收箱使用的端撮、木锨等洗净蒸过。潮湿的晾堂要翻整，摊席、箱席、箱板、囤撮要经常清洗，保持干燥洁净。黄水坑要加盖，排水沟要畅通，并定期用石灰水或漂白粉液杀菌，以避免杂菌蔓延传播。

采取灭菌和降温措施。杂菌大部分来源于用具和场地，尤以摊席、箱席为主。除前述清洁工作外，出甑摊晾要严格控制摊晾面积并低倒匀铺，以杀灭摊席上的杂菌，摊晾时，翻动次数不宜过多，尽量减少摊晾时间。

严格控制湿度和箱温。湿度、温度都是控制微生物生长的重要条件。控制湿度的方法是：正确掌握熟粮水分，注意冲干阳水；适时撒曲，使熟粮水蒸气在撒曲前适当挥发；箱底稻壳要勤换，以保持干燥。控制温度的方法是，严格掌握撒曲、进箱温度，使箱内的最低温度适当；调整收箱厚度和箱底稻壳、箱面加盖的厚度；热季采用收薄箱、糟子盖箱等措施，适时加盖。

②注意均匀：摊晾厚薄要匀、撒曲要匀、温度要匀，否则局部温度过高或未接上菌种，会产生泫坨。箱底垫的稻壳薄了，会有冷底；收箱温度高，敞晾久了才加盖，箱面会起硬壳；箱底垫的稻壳过厚，下层培菌糟较老，收箱温度低，盖厚了，上层培菌糟较老。出箱时应细心检查，进行调整。冬季箱边散热快，应用稻壳或配糟保温，以防冷边。

③认真掌握箱的老嫩：箱的老嫩对发酵快慢影响很大，应认真加以掌握。感官鉴定方法主要是口尝有无甜味和手捏糊水多少，分为转甜箱、泡子箱、点箱子等。一般比较合适的老嫩程度常在转甜箱至小泡子箱之间。这时化验原糖为 2.5% ~ 3.5%，糖含量为 6% ~ 8%，酸度为 0.1 ~ 0.14，酵母细胞数 1200 ~ 1500 万个/g。箱老不仅霉菌多消耗了淀粉，而且糖含量多发酵升温快，箱嫩糖量不足，发酵缓慢，都会使糟子中残余淀粉增大，生酸也多，出酒率低。为了准确掌握箱的老嫩，出箱鉴定，应考虑到熟粮水分高低的干扰，同时结合培菌期、出箱温度，并用化验和镜检结果验证。

④掌握温升：在培菌过程中，升温快慢与培菌糟的质量有密切的关系。培菌阶段主要是保证糖化菌和酵母的繁殖与生长。据生产经验，在熟粮入箱 12h 内，应保持一定限度的最低品温，以后每隔 2h 约上升 1℃，至出箱时温度升至 34 ~ 35℃，这样一般培菌糟的质量都较好。

⑤箱上常见病害的防治：培养箱上常见的病害很多，主要是由于箱上的温度过高过低、冷热不均、杂菌侵入及水分多少等原因造成。

箱底培菌糟微生物繁殖不良：这是由于箱底稻壳潮湿或稻壳层太薄，因而散热快、温度不够所致。挽救办法是，在培菌糟出箱后，将箱底席洗净晒干，将箱底稻壳扒成行子，使湿气蒸发；或更换新鲜干燥的稻壳和增加厚度，并将此不好的培菌糟加少许曲粉，拌和均匀后装入发酵桶（池）中部。

硬壳、锅巴、冷角、冷边、冷子及底面板：培菌箱的面、底、边、角等部培菌糟的微生物繁殖生长及糖化不良，主要原因是收箱温度过高，培菌糟在箱内敞晾时间长，箱面水分蒸发多；箱板漏风，盖草帘不严；箱底稻壳潮湿或太少，草帘潮湿或太薄；粮食未蒸好，不透心，不均匀；或加盖时间不恰当等。为了避免上述病害，须及时加盖箱席、草帘及调整箱底的稻壳厚度；在箱四周的外部或内部，用热配糟保温，或用热配糟撒于箱面上等；并将这些较差的培菌糟装在发酵桶中心。

泫坨坨：箱内有小团发生，使微生物生长不良，以致小团内仍有熟粮气味和带泫现象，是由于翻粮时，坨坨未打散或撒曲不匀所致。

烧箱不下糊：箱内温度上升过高，在出箱时既无糖化现象，又无糊水，还有怪味。主要是收箱温度过高，加盖草帘过厚过早，使细菌繁殖速度加快，霉菌及酵母菌的繁殖减缓，致使有酸臭味；情况严重时，有益微生物生长不好，使粮食发硬，液化和糖化不能正常进行，因而不下糊，挽救办法是通风降温，装桶时再加部分曲粉，并加入适量的淡酒尾，以抑制杂菌，利于发酵。

快箱：培菌箱温度上升很快，是由于室温高收箱温度亦较高、收得厚又垫得厚或加盖草帘太快等，使微生物繁殖速度快，培菌时间短，箱内有焖气，微生物数量不够，发酵不良。挽救办法是，使箱内迅速散热，缓和升温速度，对培菌糟的摊晾时间可稍微延长，使焖气逸散。

酸箱：前已述及，不再重复。

接箱：冬季收箱温度过低，或加盖草帘太迟，因而培菌糟升温过慢，不能按时出箱。可揭开草帘，在箱面加盖一层热糟子，再盖上草帘，以提高箱内温度，促使霉菌和酵母菌生长，此种现象和补救办法俗称接箱。

⑥感官鉴定培菌糟的好坏：据经验，出箱培菌糟的质量，从老嫩程度来判别好坏，以出小花偏嫩箱，即培菌糟刚搭味转甜者为佳。感官检查为清香扑鼻，略带甜味而均匀一致，无酸、臭、酒味，用手捏仅在指缝间有浆液成小泡沫状。理化指标为：糖分3.5%～5%，水分58%～59%，酸度0.17左右，pH6.7左右，酵母数（10～12）×10^5个/g。

3. 发酵工序

要求：箱、桶（池）配合恰当，发酵快慢正常，使多产酒、少产酸和减少其他损失。

要点：根据季节准确使用配糟数量，温度合适，不长杂菌（表6-40）按室温、配糟温度估计可能达到的团烧温度；根据团烧温度、配糟酸度和熟粮水分确定箱口老嫩和培菌糟，配糟温差。正常条件见"装桶条件查对表"（表6-41）。加大摊晾面积，缩短摊晾时间。踩紧桶，灵活上水。

表6-40　　　　　　　　　　　　　　　　配糟量及配糟温度

季节	100kg原料配糟量		出箱前配糟温度
	体积/m^3	质量/kg	
冷季	0.6～0.7	350～400	室温10℃以下，保持24～25℃
一般	0.6～0.7	350～400	室温23℃以下，保持23℃
热季	0.66～0.73	380～420	室温23℃以上，近室温

表 6 – 41　　　　　　　装桶条件查对表（配糟比例：冬天 1:3.5，夏天 1:3.8）

团烧温度/℃ (进桶后 3~4h 检查)	热粮收箱 水分/%	培菌糟原 糟含量/%	混合糟 酸度	最适 范围	配糟 酸度	100kg 原料出甑质量 (原料含水 12% 计)/kg	出箱老 嫩程度
		装桶适宜条件				操作时掌握指标	
27	56.9	2.6	0.81		1.26	214.1	
26	57.3	2.8	0.79		1.22	216.2	
25.5	57.5	2.9	0.78		1.20	217.3	大转甜
25	57.7	3.0	0.77		1.18	218.3	
24.5	57.9	3.1	0.76	↓	1.16	219.5	
24	58.1	3.2	0.75		1.14	220.5	
23.5	58.3	3.3	0.74	↓	1.12	221.7	小泡
23	58.5	3.4	0.73	↑	1.10	222.8	
22.5	58.7	3.5	0.72		1.08	223.9	
22	58.9	3.6	0.71		1.06	225.1	
21	59.3	3.8	0.69		1.02	227.4	点子

按前几酢的吹口情况，调整装桶条件。

（1）操作方法　留用配糟要按季节固定：第 1 甑装满全部留起，第 2 甑留一定深度，计算刚好够次日配糟和底面糟数量。囤撮数量根据季节、室温调节，以装桶时温度刚冷至要求为度。出甑时均匀倒在囤撮上。在装桶前，清扫净发酵桶（池）和晾堂，撒稻壳少许，摊开囤撮中的配糟，用木锨刮平。摊晾面积要适当宽些，约 50 ㎡。

出箱摊晾：揭开草帘、竹席，检查培菌糟。将箱板撤去，用木锨把培菌糟平铺在配糟上，要厚薄均匀，犁成行子，摊晾一定时间，收堆装桶。

装桶：先将预留的配糟 150~200kg 装入桶底作底糟（厚约 10cm），撒少许稻壳，随即装入混合糟，边装边踩紧，盖上面糟。装完，适当上热水或不上水，泥封发酵。

发酵管理：泥封后 24h 检查吹口，以后每隔 24h 清桶 1 次，同时检查吹口。正常情况是：头吹有力；二吹要旺，气味醇香；三吹趋于微弱，气味刺鼻；四吹以后逐渐断吹。从吹口强弱、大小、气味可判断发酵情况。

（2）注意事项

①配糟质量：配糟酸度、水分和疏松程度可以影响混合糟酸度，发酵升温、发酵快慢和酒精含量、淀粉含量对出酒率也有影响。要生产正常，配糟质量应力求稳定。因此操作时不能单纯考虑当排发酵要求，还要着重考虑对下排配糟质量的影响。正常的配糟质量大致是酸度 1.10~1.18，水分 67%；稻壳含量 12%，淀粉含量 5%~5.15%。

熟粮水分重、装桶温度和箱口老嫩配合不好、出箱和发酵温度过高时，发酵生酸常多；出箱老、发酵温度低，配糟水分常增大；当箱桶配合不当，发酵不正常，以及稻壳用量过少时，配糟会显腻。配糟淀粉在正常发酵情况时，应该是含量低的出酒多。但在实际操作中，有时出酒不多，而配糟淀粉显著减少，这表示熟粮水分重或出箱过老，淀粉无形损失增大的结果。生产中应根据配糟质量变化情况，注意加以调整。若当排配糟质量很差、酸度大、水分重、显腻等，淀粉含量虽高也不能多留，否则会引起连续短产。

②配糟用量：发酵糟内使用配糟，是为了调节温度、酸度及酒精含量，利用残余淀粉

和提高蒸馏效率，从而提高淀粉出酒率。因此，配糟的使用比例十分重要，它直接决定发酵糟的混合酸度、酒精浓度和发酵升温。用量过少，酒精含量过高，发酵温度高，阻止了发酵正常进行；用量过多，酸度大，发酵缓慢，工作量大，耗煤多。据经验，混合糟中每产酒1%时的升温系数为1.2~1.4。为了减轻劳动强度，节约煤炭，配糟用量应尽可能减少。

③配糟温度：配糟温度高低对装桶温度、发酵速度有直接影响。要求做到装桶时刚好合适，不能高，高了不易晾冷，温度不匀；更不能低，低了达不到进桶温度要求，出酒率都低。必须在头天结合天气、收箱温度，注意掌握好囤撮数量，使次日装桶时温度均匀合适。如果气候突然变化；上班时检查囤撮内糟子偏热，可踩动撮边，使糟子开口散热；倒糟子时端起撒开，用锨扬、电扇吹或扩大摊晾面积等。配糟过冷可减少配糟，缩短摊晾时间，或换一部分热糟子。

④关于装桶条件的配合：控制好底糟和面糟。发酵桶中加底糟和面糟有下列作用：其一，保证正常的糖化和发酵作用；发酵桶的底部接近地面，散热快，桶面与空气的接触面大，散热也较快，这就会使接近底面的发酵糟的温度容易下降，影响正常的糖化发酵。其二，防止酒精成分损失。在发酵过程中，由二氧化碳带出和由于温度高而自然挥发跑出的酒精，可被面糟吸收，从而减少酒精损失。其三，减少淀粉损失，使残留在配糟中的淀粉继续利用，减少淀粉损失，提高出酒率。

关于底面糟的数量和温度问题：在正常情况下，底面糟的使用量，约等于新投料经发酵蒸馏后糟子的数量，即相当于每日的丢糟数量。这样可便发酵桶的总用料数经常保持不变。根据总的用量，随季节和气温的变化，确定底面糟用量，一般底糟约占总量的2/3，面糟占1/3。底面糟的温度，冬高夏低，与混合糟保持一致。为了保证正常发酵，底面糟温度可比混合糟高2~3℃。

发酵总速度：发酵温度上升大约与发酵产酒的速度一致，速度过快或过慢都会影响产酒。发酵速度在冷热季可调整发酵时间，如6d或5d，但一般不随意变动。因此，必须控制好发酵速度。影响发酵速度的因素是：团烧温度、出箱老嫩、混合糟酸度、熟粮水分等。正常的发酵速度是，5d发酵头吹升温10%，二吹升温45%。头吹太快，出酒差些。

糖化发酵速度的配合问题：发酵总速度应当控制适当，糖化和发酵速度也要平衡，否则发酵不正常，都会少产酒。除熟粮水分多、原糖多；糖化速度快以外，团烧温度高，可以促进糖化，抑制发酵；酸度适宜可促进发酵。在实际操作中，主要是通过上述因素的互相约束来使糖化、发酵速度达到基本平衡的。再通过培菌糟、配糟温差尽量达到完全平衡。糖化发酵速度是否平衡，可从吹口气味检查。老工人经验，吹口气味一般为3种：培菌糟热，带甜气；配糟热，带糟子酸气；杂菌多，酵母衰老，带刺鼻气（可能是醛类）。正常的发酵，头吹凉悠悠的带甜香气，糟子气、刺鼻气兼而有之，都不明显。二吹猛，甜、酸气，不刺鼻，不带糟子气。若糖化发酵速度配合不好，如有时培菌糟热，糖化快，发酵跟不上，过量的糖使头吹带甜。有时配糟热，发酵快，头吹带酸味；有时箱嫩，配糟凉，酵母增殖多，糖量不足，酵母早衰；或感染杂菌，头吹刺鼻等。糖化快或发酵快都会导致生酸大，出酒率低。

根据装桶查对表，在实际掌握中，为了出酒率高；进桶团烧温度要尽可能控制在23~25℃这个范围。室温高时要接近室温，室温低时要提高配糟温度。根据酸度高低掌握熟粮水分，配糟酸度，在 1.10~1.18 较合适。酸高熟粮水分轻，更高可减少配糟或多用稻壳，使本排少受损失，下排正常，酸不足加底锅水。根据熟粮水分掌握出箱老嫩，水分多时，出箱原糖可以少些；水分少时，出箱原糖要求多些。正常的箱是小泡子，原糖为 3%~3.4%。任何情况不能出老箱。此外，根据吹口气味，决定配糟温度、增菌糟与配糟温差及摊晾时间。要求团烧温度合适，吹口气味正常。

⑤严防杂菌侵入，搞好清洁卫生：缩短培菌糟摊晾时间，培菌糟摊晾最易感染杂菌，不摊晾进桶温度又太高。要缩短摊晾时间可把箱温控制低些，还要加大摊晾面积，并通风。装桶前将发酵桶四周用清水洗净，可减少杂菌感染机会，热季尤为重要。

配糟在囤撮内摊得过薄，或倒在晾堂摊晾时间过长，杂菌感染繁殖，温度升高，糟子发倒烧，头吹猛，吹气刺鼻，出酒率低。

⑥总结操作经验，做好原始记录：记录要求真实，不能估计，要抓关键：如蒸粮操作定型后，只记初蒸时间、焖水温度等；又如装桶，要记好摊晾时间、团烧温度等；桶内发酵升温、吹口情况，每天细致记录。

小曲酒系采用续糟法酿造，配糟质量（淀粉、酸度、水分）对下排出酒有影响。因此，看出酒率高低，除本排外，还要将上排和下排结合起来比较。如有时配糟淀粉含量较多，箱老或发酵温度高能多出点酒，但下排照样要短产。因此，必须总结经验，及时采取有效措施，才能做到连续高产，稳产。

⑦发酵桶常见病害的挽救：在发酵过程中，由于对温度高低掌握不适当和杂菌的侵染以及设备上的影响等原因，往往使发酵桶产生以下病害。

冷反烧：在装桶时，配糟摊晾过久，极易感染杂菌，以致从吹口逸出的二氧化碳气体有怪味，吹气大，现热尾。此时可由桶面灌入热水或热酒尾，以提高桶内温度和增加发酵糟酒精含量，抑制杂菌繁殖，使吹口气味逐渐恢复正常。

升温猛：由于装桶温度过高；适宜于杂菌的繁殖，以致吹口的吹气大，现热尾，有怪味，同时桶内升温快而猛。此时可由桶面灌入冷酒尾，以增加发酵糟的酒精含量，从而抑制杂菌生长繁殖；或放掉桶内黄浆水，或提前开桶蒸馏，避免糖、酒变酸的损失。根据升温过猛的现象，可在下一酢采取以下措施：选择当日较低的室温进桶；适当减少投粮，并增加配糟用量；降低配糟温度等。

升温不够：由于装桶时混合糟的温度过低，或由于冬季桶窖四周散热较快，因而桶内糖化发酵作用缓慢，桶内温度升得太慢或升温不够。此时可于一、二、三吹时从桶四周加入热水或底锅水，以提高桶内温度。遇到升温不够，下一酢可采取减少配糟用量；装夹糟桶（即在桶内四周装 1 层热配糟保温）；桶四周用稻草包裹，桶面加盖稻草或稻壳保温。

不升温：在装桶时，温度的掌握虽较适宜，但由于利用封存已久的配糟装桶，或前排曾受病害的糟子装桶，造成桶温不上升或升温太慢。这是糟子含酸较高的原因。此种病害补救办法是，对封存久和受病害的糟子须用焖水蒸糟法处理后才用；最好是在停桶前将配糟晒干保存，开桶时经蒸煮后作配糟用。此外，配糟温度比正常高 1~2℃。

4. 蒸馏工序

要求：截头去尾，酒精含量 63% vol 以上；不跑汽，不吊尾，损失少。

要点：黄浆水早放；底锅水要净；装甑要均匀疏松，不要装得过满；火力大且稳，出酒温度控制在 30℃；酒尾要吊净。

（1）操作方法

①放黄浆水：在放泡粮水后，即可放出发酵桶内的黄浆水，第2d开桶蒸馏。

②装甑：在装甑前，先洗净底锅，安好甑格甑箅，在甑箅上撒1层熟糠。同时揭去发酵桶上封泥，刮去面糟（放在囤撮内，留到最后与底糟一并蒸馏，蒸后作丢糟处理），挖出发酵糟2~3撮，端放甑边，底锅水烧开后即可上甑。先上2~3撮发酵糟，随即倒入上酢酒头、酒尾。然后逐层取出发酵糟，边挖边上甑，要疏松均匀地旋散入甑，探汽上甑，始终保持疏松均匀和上汽平。待装满甑时，用木刀刮平（四周略高于中间）垫好围边。上甑毕，盖好云盘，安好过汽筒，准备接酒。

③蒸馏：盖好云盘后，检查云盘、围边、过汽筒等接口处不能漏汽跑酒；掌握好冷凝水温度和火力均匀；截头去尾，控制好酒度，吊净酒尾。

（2）注意事项

①发酵糟过湿（特别是下层），应酌加熟糠。

②注意底锅水清洁，否则会给酒带来异味，影响酒质。

③必须探汽装甑，不能见汽装甑，否则会影响出酒率。

四川小曲酒操作，总的经验是"稳、准、匀、透、适"，即操作要稳，配料要稳；糖化发酵条件控制要准；泡、焖、蒸粮要上下吸水均匀，摊晾、发箱温度要均匀；泡粮、蒸粮要透心；温度、水分、时间、酸度要合适等。

四、多菌种酿制麸曲酒工艺

（一）六曲香酒生产工艺

1. 生产工艺特点

（1）原料 以高粱为原料，出酒率以汾香型成品酒的酒精度62% vol 计，为46% vol以上。

（2）采用多菌种 所用的11株菌种如表6-42所示。

表6-42 六曲香酒菌种

菌名	菌号	菌名	菌号
黄米曲霉	AS 3384	拟内孢霉	30124
根霉	10009	酿酒酵母	Rassel2
毛霉	10047	汉逊酵母	汾Ⅱ、3077.3091
犁头霉	10075	白地霉	30124
红曲霉	10005	—	—

除黄米曲霉及酿酒酵母为中国科学院微生物研究所提供外，其余均分离自汾酒大曲及汾酒酒醅。其中6种霉菌培养麸曲，所以成品酒名为六曲香。酿酒酵母、生香的汉逊酵母和白地霉用于培养菌液。

（3）制酒工艺 采用清蒸混入老六甑操作法，发酵期为8~10d。

2. 菌液培养

酿酒酵母扩大至卡氏罐，试管和三角瓶以米曲汁为培养基，卡氏罐以玉米糖化液为培养基。汉逊酵母和白地霉用玉米糖化液在浅盘中培养。三者分别培养后混合使用。

3. 曲的培养

由于菌株和用曲量不同，黄米曲霉、根霉、毛霉及犁头霉采用通风制曲；拟内孢霉采用帘子曲培养；红曲以曲盒培养。

（1）黄米曲霉培养

①固体试管菌株：以米曲汁琼脂斜面，在28℃培养后放入冰箱备用。

②三角瓶种曲培养：培养基中麸皮:水 =1:1，装入三角瓶的厚度为1cm，在98kPa蒸汽下灭菌1h。在无菌操作条件下，接入试管菌种孢子，摇匀。呈堆积状入培养箱于28℃下培养8h，进行第1次摇瓶。再经4～6h第2次摇瓶，同时将物料摊平。继续培养10～12h后，菌丝已连结即可扣瓶。此后培养至第4d，即可使用。若供备用，应入冰箱保存，但不得超过1个月。

③帘子种曲：培养基：麸皮:水 =1:（0.9～1），以入曲室时含水量小于60%为宜。物料拌匀后用干净白布包好，常压蒸1h。在灭过菌的种曲室内，将熟料翻冷至35～40℃，接入0.2%的三角瓶种曲拌匀。使品温降至30～32℃后，仍用布包好，室温控制在30℃堆积培养。经4h后，品温上升1℃，可进行第1次搅堆。再经4h，品温上升至34～36℃，即可进行帘上培养，料层厚约1cm，室温控制为30～32℃，干湿温度差0.5～1.0℃。培养8～10h，料层已略有结块，可进行划帘。此后调节室温控制品温在33～35℃，干湿温度差0.5～1.0℃。培养40h后已长满孢子，这时品温控制在36～37℃，并注意排潮，干湿温度差1～2℃。培养56h即可出房。

④通风曲：培养基：麸皮95%，加稻壳5%，加水70%～80%，拌匀入甑，圆汽后常压蒸1h。熟料入曲室散冷至35～40℃，接入0.4%～0.5%种曲，拌匀降温至30℃左右进行堆积。约4h品温上升1～2℃，可倒堆1次。至8h后装池，品温为28～30℃，料层厚约20cm，室温保持28～30℃，待品温升至33℃时，通循环风，待品温降至29～30℃时即停风。如此根据品温变化进行间断式通风。从装池起，经6～8h待品温不低于33℃时，即可进行连续通风，调节循环风和冷风，使品温徐徐上升。约至12h后，品温升至36～37℃。至22h后升到40℃左右，但不得超过42℃。至26h后即可出曲。

（2）根霉、毛霉、犁头霉的扩大培养

①固体试管菌种培养：同黄米曲霉。

②三角瓶种曲：500mL 三角瓶装入麸皮10g，加水8g，塞上棉塞包上牛皮纸，以98kPa蒸汽灭菌30min，晾冷至35℃，接入试管菌种。在28～30℃保温箱中培养30h后，进行扣瓶，共培养3d即可。

③帘子种曲培养：操作同制黄米曲霉，但品温控制比制黄米曲霉低3～4℃即可。

④通风曲：同制黄米曲霉操作。种曲量以白酒生产的用曲比例分别接入，三种种曲合计接种量为0.6%。根霉麸曲不宜长成孢子。

（3）拟内孢霉扩大培养

①固体试管菌种培养：同黄米曲霉。

②三角瓶种曲培养：在1000mL 三角瓶中，装入100g麸皮和25g玉米粉，加水100g。加棉塞包上牛皮纸后，常压蒸汽灭菌1h，冷至约35℃接入试管菌种，在28～30℃室温下培养3d即可。

③帘子曲：培养基制备同三角瓶种曲，但原料加水量为70%，接种品温为35～40℃。

接入三角瓶种曲0.5%，拌匀散冷至32℃左右进行堆积。4h后装帘，室温保持30℃，品温控制在34~35℃，培养34~36h即可。

（4）红曲培养

①试管菌种培养中：米曲汁琼脂斜面上，28℃培养7d。

②三角瓶培养：取纯净小米淘洗后，加井水常温浸泡12h，中间换水1~2次。再把米放在干净白布上沥去余水，包好后常压蒸40min。然后拌入米质量20%的水再蒸40min。取出，趁热将米搓散搅匀，在每个500mL三角瓶中，用杀过菌的小勺装入50g，加棉塞包上牛皮纸后，常压蒸40min。取出略晾，摇瓶使米粒松散，并充分吸收瓶壁冷凝水，尽可能地使米粒不粘在瓶壁上。待冷至35~40℃时，移入无菌室，每瓶加入乙酸0.7~0.8mL。然后无菌操作接入固体试管菌种，充分摇匀。置于28~30℃保温箱中培养。每隔12h摇瓶1次，养2~3d后，米粒开始呈浅红色，至7d时变成深红色。共培养7~10d即可。

③制曲：选取新鲜、无霉烂的薯干，粉碎至能通过10~30目筛，加水65%~70%拌匀。置于干净白布上蒸1h后，用蒸布包起移入培养室。边扬冷边搓碎结块，降温至40~45℃。加入3%浓度的乙酸溶液，加入量为原料的20%，快速搅拌2~3次，以防醋酸流失。然后接入1%的三角瓶种曲拌匀，品温降至34~35℃，仍以蒸布包好。放在4~5层曲盒上，盖上草帘进行堆积培养。一般经30~32h，品温可升至36~38℃，即可装盒。曲盒应预先用食醋刷1次。每盒装约1.5kg。曲盒置于木架上，成7~8层柱形。室温保持28~30℃，待品温升至33~35℃时，将曲盒叠成4~5层呈X形。待曲表面发白时，应进行划盒，使曲粒松散。每8h倒盒1次，同时进行划盒。曲粒逐渐变红，培养7d后，全呈深红色时即可。

4. 制酒工艺

（1）工艺流程　见图6-14。

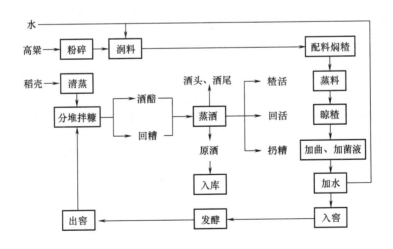

图6-14　六曲香酒制酒工艺流程

正常生产阶段，窖内有4甑活，即粮醅3甑，回糟1甑。出窖后，蒸酒4甑，蒸料2甑。下窖楂秕3甑，回糟1甑。蒸酒后扔1甑糟。

第 1 甑：清蒸出窖酒醅后，扬冷、加曲、加酵母液，入窖后为回活。

第 2 甑：清蒸出窖酒醅，出甑后趁热拌入新料焖糟。

第 3 甑：清蒸出窖酒醅，出甑散冷后加曲和菌液，二等份堆于窖两旁作为配秕，准备与第 4、5 甑秕混合后入窖。

第 4 甑：蒸上述已掺秕焖好的新料，出甑散冷后加曲、加菌液、加水。与第 3 甑秕的一半混匀，用扬糟机打入窖内，作为糟活。

第 5 甑：同第 4 甑操作。

第 6 甑：蒸出窖的回糟后扔糟。

（2）蒸酒　蒸酒操作要求同老五甑法。截酒头 0.5 ~ 1kg，过花截酒精度为 20% vol 以下的酒尾。酒头与酒尾一并回入下一甑的底锅中。

（3）物料总的配比

①原料粉碎要求：通过 10 ~ 20 目筛的占 40% ~ 50%；过 20 ~ 40 目筛的占 20% ~ 30%；过 40 目筛的占 20% ~ 40%。

②粮醅比：1:5.5 ~ 6。

③粮水比：1:0.4。

④辅料量：30%。

⑤用曲量：12%，其中黄米曲霉占 6%，根霉曲 2%，拟内孢霉曲 1%，红曲 1%，毛霉、犁头霉混合曲 2%。糟活用总曲量的 80%，回活用 20%。

⑥菌液量：菌液量为原料的 8%。其中酿酒酵母 3%，汉逊酵母 3%，白地霉 2%。糟活用酵母液总量的 80%，回活用 20%。

（4）焖料与蒸料　将第 2 甑清蒸后的酒秕称重二等分，趁热与新料分别焖糟不少于 60min。糟醅不足部分待蒸料后入窖前再加上配秕补足。蒸料时间不少于 30min，应尽量开大汽量。熟料要求熟而不黏、内无生心。

（5）扬冷、加曲、加菌液、加水　扬冷至预定品温后，依次序加曲、加菌液、加水拌匀。

（6）入窖发酵

①入窖：入窖操作同老五甑法。入窖与出窖的要求如表 6 - 43 所示。发酵期为 8 ~ 10d。

表 6 - 43　　　　　　　　　　　　　　　　入窖、出窖的要求

项目	入窖要求		出窖要求	
	糟活	回活	糟活	回活
品温/℃	16 ~ 18	32 ~ 34	30 ~ 32	30 ~ 32
水分/%	54 ~ 56	60 ~ 62	60 ~ 62	62 ~ 64
酸度/(mmol/10g)	0.6 ~ 0.8	1.2 ~ 1.4	1.2 ~ 1.4	1.4 ~ 1.8
淀粉含量/%	16 ~ 18	8 ~ 10	8 ~ 10	8 ~ 10
酒精/% vol	—	—	3.6 ~ 4.2	1.2 ~ 2.0

②发酵管理：每天检查 1 次密封状况。每次取样后按原样盖严。根据感官检查、温度变化及化验结果，品温应符合前升、中缓、后提的规律。

（7）立糟

①第1排：立排用糟以刚出甑为最好，要求其酸度在1.5~2.0，水分<64%，不得有霉烂现象。酒糟用量按上述的粮醅比例掌握。原料、填充料、曲、菌液用量与正常生产同。将原料、辅料、醅糟等配好后，清蒸、扬冷、加曲、加菌液做成两个糟活入窖。

②第2排：即将第1排出窖的酒醅，分出1甑作为回活。其余操作同第1排。

③第3排：即圆排。同正常生产操作。

（8）贮存、勾兑　贮存期为6个月。根据酒质、等级、数量，按不同比例每批勾兑5个小样，仔细确定大生产的勾兑、调味方案。

5. 成品酒质量指标

（1）感官指标　无色透明；清香纯正；醇和绵软，爽口回甜，饮后余香。

（2）理化指标

①酒精含量为（62±0.5）% vol。

②总酸（以乙酸计）含量<0.10%。其中乙酸为0.066%，丙酸0.0018%，丁酸0.0023%，戊酸0.002%，己酸0.0019%，乳酸0.0056%。

③总酯（以乙酸乙酯计）含量>0.20%，其中乙酸乙酯0.19%，己酸乙酯0.0024%，乳酸乙酯0.035%。

④总醛（以乙醛计）含量<0.03%。

⑤高级醇含量<0.15%，其中异戊醇0.029%，正戊醇0.005%，正丙醇0.024%，正丁醇0.008%，异丁醇0.018%。

⑥甲醇含量<0.04%。

⑦铅含量<1mg/L。

（二）酵母法麸曲酱香型白酒工艺

20世纪70年代中期以后，出现了"清"、"酱"、"浓"三种香型的多菌种糖化发酵的麸曲白酒。

20世纪70年代初，大曲法酿造酱香型白酒，已为人们所认识，但踩制大曲需要大量小麦，制曲时间长，积压流动资金，增加了生产成本。于是人们用人工培养微生物制成麸曲，创出了另一种酿造酱香型白酒的新路。

麸曲法生产酱香型白酒，首先由辽宁省锦州凌川酒厂开始。他们采用外加的白曲、产酯酵母菌种在麸皮中进行堆积，然后入窖发酵，成品酒经贮存勾兑，同样可生产酱香型风味白酒。此后又有河北"迎春酒"、天津"芦台春"等的试制生产。通过多方试制，进一步了解到产酯酵母的生理特征，调整了使用的菌种，提高了成品酒的典型性。现将河北安次酒厂用麸曲、高粱（红粮）研制酱香型迎春酒的经验，介绍如下。

1. 迎春酒的酿制工艺流程

迎春酒的酿制工艺流程见图6-15。

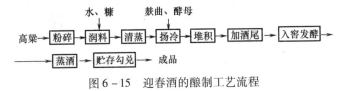

图6-15　迎春酒的酿制工艺流程

2. 酿制要点

（1）菌种　B11 菌株白曲霉，酵母菌株为 1274、汉逊酵母、球拟酵母等 3 种产酯酵母。

（2）原料　优质高粱、麸皮。

（3）配比　粮、麸皮比为 10∶1，粮、曲比为 10∶2，粮、醅比为 1∶4.5，粮、糠比为 10∶1。

（4）润料　粉碎高粱 400kg，麸皮 40kg，糠 40kg，加水 200kg，拌匀，润料 3h。

（5）蒸酒蒸料　将发酵好的酒醅，按常规装甑法装好，缓慢蒸酒，掐头 1.5～2.5kg 单存。原酒酒精度为 54%～56%vol，酒尾 60kg 作回窖用。第 1 甑为"回活"，用一部分大糙酒醅（转为"小糙"），原醅扬冷至 34～32℃，加曲 2.5kg，加固体酵母 5kg，拌匀入窖。第 2 甑大糙酒醅，蒸完酒后，将醅散冷至 25～23℃，与清蒸的新料混合，拌匀。第 3 甑为清蒸，将润好的新料和所用的糠装入甑内，待圆汽后计算时间，清蒸 1h。第 4 甑为蒸糟。

（6）堆积　将清蒸好的新料出甑后，散开降温至 30℃，加用上述菌种制成的麸曲 70kg，与第 2 甑老醅拌匀，在 27～28℃时加固体培养的酵母约 150kg，拌匀后堆积。堆积温度为 25～28℃，酸度 1.8～2.0；水分 50% 左右，淀粉含量 20%～22%，堆积厚度 35cm 左右，堆积时空气流畅为宜。

堆积过程是网罗微生物和扩大培养生香酵母的阶段。在营养充分、温度适宜和新鲜空气畅通的情况下，产酯酵母繁殖快。空气对产酯酵母的关系很大，直接影响着产酯酵母的繁殖和产酯。通气好，散热快，产酯酵母繁殖快，活菌多；通气少，升温猛，繁殖快，死亡多，产酯多，香味大。通风不良，繁殖慢；菌数少，升温也慢，产酯少，香味小。因此，必须按产酯酵母的生长规律进行管理。为了保证窖内的活菌数多，堆积时要勤翻拌，最高温度不能超过 35℃。由于一年四季温差很大，根据情况冬季给温，勤翻拌，夏季堆积时间可缩短。既要保证质量，也要考虑少损耗淀粉，多出酒。

（7）入窖发酵　堆积温度升到 35～36℃时，加酒尾和水 200kg 入窖，入窖时防止香味的挥发。入窖温度为 33～35℃，冬季水分 55%～56%，夏季 57%～58%，酸度 1.8～2.2，淀粉在 20% 左右。发酵期为 30d，一般是在发酵前 5d 内缓慢升温，升至 45～47℃ 则缓慢回降。为了防止后期"返火"，在窖顶泥上盖一层塑料布，以保持窖顶泥湿润。

3. 成品管理

（1）贮存　优质酒的贮存与质量关系很大，对酒的除杂和酯化有重要的作用。

①容器：贮酒容器以宜兴酒坛最好，内壁不能涂蜡。若用血料酒篓贮存日期较长，则酒变黄色，并有怪味。

②酒精含量：入库原酒酒精含量要求在 55%～58%vol，直至装瓶出厂都不能兑水。出厂酒精含量暂定为 55%～58%vol。

③贮酒的变化：迎春酒在贮存过程中，让低沸点物质如硫化氢、硫醇和醛类等成分逸散，可除杂增香，有机酸与醇类起缓慢酯化作用，也可增香，同时酒精分子与水分子起了缔合作用，使酒味绵软，减少刺激性。

④贮存期：迎春酒一般贮存期为半年，否则会出现油腻味和邪杂味。由于库内无保温设备，冬季可适当地延长。

⑤注意事项：在蒸酒工序中，严禁用锡质材料作接酒和贮酒的容器，减少酒与铅的接触机会，使铅含量不得超标。

（2）勾兑 酒经贮存一个阶段要进行尝评，认真辨别不同酒的香味，找出不同香味酒的勾兑比例。勾兑时，按照一般勾兑方法，先在理化指标和风味质量上与标准酒样达到一致后，再成批勾兑，使出厂酒批与批之间保持平衡，并要突出迎春酒的风格和典型性。

（3）质量标准 见表6-44。

表6-44　　　　　　　　　　　酵母法麸曲酱香型白酒质量标准

酒精/% vol	55～56
总酸（以醋酸计）/（g/100mL）	0.1
总酯（以乙酸乙酯计）/（g/100mL）	0.5
总醛（以乙醛计）/（g/100mL）	0.01
杂醇油（以异戊醇计）/（g/100mL）	0.16
甲醇/（g/100mL）	0.08
铅/（mg/L）	1

感官评语：微黄透明，酱香突出，辅有焦香，香气细腻，醇厚柔和，优美适口，回味悠长。

（三）细菌法麸曲酱香型白酒

20世纪80年代初，贵州省轻工科研所采用茅台酒大曲中产生酱香的嗜热芽孢杆菌，以及酒醅中的产酯酵母等，以麸皮制曲、清蒸续糟、加曲堆积的工艺，酿制出优质麸曲酱香型白酒。该酒不但酱香较浓，而且酯香谐调。用河内白曲霉作为糖化菌，提高了麸曲的糖化力，因而使出酒率有明显的提高，说明了用人工培养茅台酒的微生物，引进茅台酒传统工艺，酿制麸曲酱香型白酒的技术路线是可行的，对发展酱香型优质白酒的生产具有现实意义。

1. 制曲

（1）采用菌种 细菌法麸曲酱香型白酒选用了细菌6株，酵母菌7株，河内白曲作糖化剂菌种。

（2）细菌纯种制曲法 以粗小麦粉为培养基，将6株细菌分别制成三角瓶纯种曲，培养时间15d，培养温度从35%逐渐升高，最高温度为55%～60%，成品曲都不同程度地带有酱香气味。

（3）细菌帘子曲的制法 制作程序：斜面→液体试管→液体三角瓶→浅盘种子→帘子曲。帘子曲培养时间36h，最高品温55℃，预先培养备用。单株菌种制浅盘种曲，混合接种制帘子曲。

以上6株细菌，除Q1.135外，都是能在45%以上生长的嗜热芽孢杆菌。细菌曲带有酱香气味，并具有一定的液化力、糖化力及蛋白质分解力，有利于原料中淀粉的糖化及蛋白质的分解；使用这些细菌制曲对麸曲酱香型白酒的生产具有重要的意义。

（4）酵母菌帘子曲的制法 培养程序：斜面→液体试管→液体三角瓶→卡氏罐→帘子曲。在帘子上堆积4h后，摊开培养10h，最高品温37℃，随时培养，随时使用。

2. 酿酒

本酿酒法采用清蒸续糟，加曲堆积的工艺，发酵21d，分层蒸酒，贮存半年，勾兑而成。

（1）工艺流程　见图6-16。

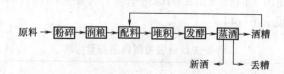

图6-16　细菌法麸曲酱香型白酒工艺流程

（2）操作要点

①原料：每窖用料1200kg，其中高粱占88%，粉碎成4~6瓣；小麦占12%，粉碎为3~5瓣，应尽量避免产生细粉。

②润粮：将高粱、稻壳混合均匀，置于晾堂上，第1次润粮泼入占原料质量23%的80℃以上热水，拌匀堆积2h；第2次润粮将小麦粉混入，再泼同样质量的80℃以上热水，拌匀堆积。

③蒸粮：将原料平分成2甑，顶汽装甑，上大汽计时，蒸料1.5h，出甑摊晾。

④配料：粮醅比为1:4，加曲比例为白曲15%，酵母2.5%，细菌5%。

⑤堆积：配糟与熟粮、曲子拌匀后堆积，堆顶温度46~48℃时下窖，堆积时间为20~30h（随晾堂的气温而有所变化），底盖糟不要求堆积。

⑥发酵：入窖时，堆积醅中的分析数据要求是，淀粉为20%~22%，酸度1.5~2.0，糖分1.6%~2.2%，水分46%~48%（均为堆积醅取样）。入窖时泼低度酒尾200~300kg，使出窖水分达到54%左右，发酵期21d。

⑦蒸酒：分层蒸酒，缓慢蒸馏，流酒温度25~30℃，摘酒时酒精体积分数为57%，接酒尾250kg左右。

⑧贮存勾兑：中、底、盖糟酒分开存放，贮存4个月后进行勾兑，再存放2个月后包装出厂。

3. 成品

成品出酒率达到32%以上。麸曲酱香型酒经初步尝评对比，具有酱香型白酒的风格，香味谐调，醇和味甜，尾净味长，达到中档酒的水平。

（四）大曲、麸曲结合法生产酱香型白酒

采用麸曲生产酱香型白酒，具有简化工艺、缩短周期、降低消耗等优点，但产品质量仍与大曲酒有较大的差距。黑龙江的十几个白酒厂，在力争大幅度提高酱香型白酒质量的前提下，根据当地的气候条件、原料特点，以及市场销售等状况，试验总结出了一条先加大曲发酵、再加麸曲发酵的新工艺，经多年生产实践证明，这一技术路线是切实可行的。现按有关报道具体介绍如下。

1. 先加大曲进行发酵

（1）分批入房"制曲"　即曲坯分两期入曲房，先将50%的曲坯入曲房培养，待至翻曲时，再运入另一半曲坯。这样在培养过程中的高温阶段可持续10d以上，并使最高品温提高5℃左右。在北方采用该法制得的高温大曲，无论在感官及理化指标上，均远好于传统法。

（2）原料处理及投料方式　东北产的粳高粱，不同于贵州、四川产的糯高粱，因其颗粒小、皮厚、质地坚硬，含直链淀粉多，吸水、糊化均较困难，故应粉碎至整粒：碎粒为7:3。并将传统的大曲酱香型酒的2次投料、8轮发酵改为1次投料、6轮发酵。这样可使各轮物料堆积升温状况以及各轮酒的产量和质量均比较接近，最高产酒量的轮次也有所提前。

（3）大曲用量配制　大曲总用量为原料高粱的100%。具体分配为第1轮14%，第2轮16%，第3、4、5轮为18%，第6轮为16%。这样可增强平行复式发酵作用，促进微生物的优胜劣汰，使呈香呈味成分提前积累，尤其是酒醅的上升酸度得以控制，因而提高了产品质量。

（4）立糟时节　黑龙江的1、4季度平均气温为0℃，2、3季度平均气温为18℃。为取得最佳的堆积效果，大曲酱香型酒的发酵，只能在2、3季度进行。经3年多实践证明，应在每年4月初立糟为宜，进行6轮发酵至10月初，以保证产品的产量和质量。

（5）缩短发酵周期，降低酒醅酸度　即将每轮发酵期改为25d。从安全卫生考虑，消费者会逐渐需求香气适中、口味淡雅的酒类，而这类产品的生产和质量的稳定，正是需要通过适当缩短发酵周期、降低酒度、调整贮存期，以及提高勾调和再加工水平等措施来达到。

2. 添加麸曲再发酵

经上述添加大曲进行6轮发酵后的酒醅，含淀粉约16%，水分为3.0%左右，酸度约为2.3，并已含有大量呈香呈味成分。但这时醅的黏度很大，若继续添加大曲，则发酵很难进行，且难以使已生成的香味成分最终进入成品酒中。经3年多的试验，终于找到了添加麸曲再发酵的最佳方案。

（1）细菌麸曲的指标

①细菌麸曲的感官指标：色泽呈微黄或金黄色，且有光泽；具有酱香或焦糊香，略有氨味；手感疏松、柔软。

②细菌麸曲的理化指标：要求水分为37%～40%，总酸不超过0.6%，氨态氮含量低于0.15%，中性蛋白酶活力为150～250u/g，酸性蛋白酶活力为200～300u/g，脂肪酶活力为10～50u/g。

（2）麸曲用量及辅料用量　白曲用量20%以上，细菌曲用量5%～10%，生香高温酵母曲用量5%，辅料用量10%～12%。

（3）堆积和发酵条件　物料堆积的最高品温为52℃。入窖品温为37～42℃，因气温而异，发酵期为21d。

（4）大曲与麸曲结合使用的方案　有以下3种方案，各厂可根据自身条件选择使用。

①加大曲发酵6轮后的醅，不加新原料，转入添加麸曲法，再发酵2轮，可提高出酒率15%，而基本上能保持原有的酒质。

②加大曲发酵6轮后的醅，添加麸曲再发酵3轮，每轮加入20%的高粱粉。这3轮的混合酒样，其质量略高于大曲发酵法的6轮混合酒样。

③加大曲发酵6轮后的香醅，按30%～50%的比例，加入通常的麸曲老五甑工艺的配

料中进行再发酵，以提高麸曲酒醅的质量，而产量并不明显下降，但需安排好作业的衔接。

3. 结论

（1）因地因酒制宜，合理调整工艺　实践证明，对传统工艺进行改革，采用上述工艺路线，以适用于北方的气候条件，是必要的，也是可行的。这样的思路，对其他香型酒的生产，也有一定的参考价值。

（2）提高经济效益，保证产品质量　采用该工艺路线，每 1t 酒的粮耗可降为 3.82t，即下降 30%。产品贮存期缩短 1 年以上，且可使每个班组全年满负荷生产，这样既提高了设备利用率，又增加了班产量。更重要的是，这种"大曲、麸曲"结合的工艺，可大幅度地提高麸曲酱香型白酒的质量。

（五）浓香型麸曲酒生产工艺

1. 燕潮酩

该酒产于河北省三河市燕郊酒厂。因厂在热山之麓，潮白河之滨，酩乃酒之别名，故名燕潮酩。1974 年试制成功麸曲浓香型酒，1979 年第三届全国评酒会上评为全国优质酒。

燕潮酩的特点是：芳浓突出，香味持久，辅有苹果香，谐调细腻，入口绵，回口甜，尾子净。

燕潮酩采用清蒸清烧，人工老窖，原料配比中粮与麸皮比为 10∶1，粮糠比为 10∶1，粮曲比为 10∶2，粮醅比为 1∶5。

菌种：白曲霉，1274 球拟酵母，汉逊酵母 1312，4 种生香酵母。

工艺流程见图 6－17。

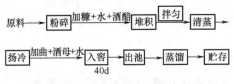

图 6－17　燕潮酩生产工艺流程图

2. 金州曲酒

金州曲酒具有"芳香浓郁，甘洌爽口，尾味较净，余香较长"的浓香型白酒典型风格。

金州曲酒以东北红高粱为原料，以麸曲为糖化剂，以酒精酵母、产酯酵母、甘油酵母为发酵剂，采用原料清蒸除杂、混蒸混烧老五甑操作法，置人工培养的窖池中发酵 30d，经缓慢蒸馏，掐头去尾，装瓦缸中于保温库内贮存 3 个月，经精心勾兑，再贮存 3 个月以上才可出厂。

制酒工艺要点：

（1）高粱粉碎成 4~6 瓣，经圆汽后清蒸 10min，打散配料使用。

（2）挖窖要精心操作，保证糟次分明，不碰坏窖壁，不挖窖泥。

（3）配料要准确，拌料要低倒细扫，不准有疙瘩或不匀之处。

（4）装甑要少开蒸汽，压汽进行，要求轻、准、匀、稳。

（5）料醅上晾糟后，要边通风边翻拌，防止结块和冷热不匀。

（6）曲子、酵母用量要准确，并打散撒匀。

（7）酿造水要清洁卫生，用量要因醅制宜，保证符合入池要求。

（8）各糙次入窖前都要认真翻拌 1 次，然后收堆扬散拌匀。

（9）材料入窖后要摊平压实，抹泥 8～10cm 封严，再盖塑料薄膜和糠袋。

（10）入池 6～7d 窖内温度达 30℃ 以上时，剥开封窖泥，加灌己酸菌液 150kg，再封严盖好，以利产酯。

（11）工作场地及窖面要经常保持清洁，防止严重的杂菌污染。

第三节　几种浓香型名酒酿造工艺

一、泸州老窖酒酿造工艺

泸州老窖酒酿造的基本特点，可归纳为几句话，即以高粱或多种谷物为制酒原料，优质小麦或大麦、小麦、豌豆混合配料，培制中温曲或高温曲，泥窖固态发酵，采用续糟配料，混蒸混烧，量质摘酒，原度贮存，精心勾兑。

（一）泸州老窖酒的原辅材料

1. 原辅材料的贮存管理

原辅材料入库时，应根据仓房类型与性能、原辅材料品种、质量、用途、存放时期长短以及季节等进行合理堆放，以确保贮粮安全，充分利用仓容，节约仓储费用的目的。

原辅材料堆放时，应将新粮、陈粮、干粮、湿粮、有虫粮、无虫粮分开存放。

（1）仓内散装

①全仓散装：仓房结构牢固，仓墙不返潮，数量大，干燥，质量好又属长期储存的原粮采用仓散装。新建的房式散装仓，很多是按全仓散装设计的，墙壁都有防潮层，和装粮堆高线，堆粮高度一般在靠墙壁处高为 2m，不要超过防潮线和堆高线，堆粮达到堆高线以后，粮面可以不同的坡度逐步加高，使粮堆中央平面增高至 3.5～4.5m。

②包围散装：原辅材料干燥，质量好，需长期保管，但数量不太大，或仓墙不牢固，易返潮者可以采用包围散装。包围散装的堆法有以下几种：

包围一直包宽，每层以一直包二横包半非字组连接，层与层应注意盘头和骑缝，加强包围的牢固程度。

包围一包半宽，一般由下而上，第 1～5 层（有的到第六层）采用一包半的宽度（即一横一直的半非形），往上厚度根据原辅材料品种而定，如大米等第 6～10 包都是直包，第 11～12 包已近粮面侧压力减弱，可改用横包，小麦等自第 6 包往上应全部用直包，稻谷自第 9 包以上即可改用横包。转墙粮包要层层骑缝，包包靠紧，逐层收进，形成梯形，以加固包围强度，一般经验每层收进 30～35mm 为宜，以 12 包高为例，上口约收进 400mm。

③隔仓散装：常常用于大型仓房内，分隔成几个廒间进行散装储粮。这种堆放法，适于分品种保管，对于批次不同，质量不一的原辅材料可以分开保管，用隔仓板隔成对门过道，有利于通风。

隔仓板基本上由垂直的木柱和横卧的枕木用木头或铁条的拉杆联接成为一个刚体三

角形，然后在这三角形的垂直面和水平面上用50cm厚的木板构成，当谷物倒入隔仓板后，由于原辅材料作用在水平板面上的重量，防止垂直板的倒塌，而使垂直面构成挡墙的作用。

隔仓板的高度为2m，长度均为1.5m，在某隔仓板上的下部开有出粮孔，隔仓板有竹制和木制两种。

④围囤散装：品种较多，数量少的原粮和种子粮，均可围囤散装。目前真空充氮或其他缺氧保管，需要密闭程度较高，亦采用仓内坐围的方法，再用塑料薄膜密闭囤身。

（2）仓内包装

①实垛：实垛也称平桩，长度不限，随仓房情况而定，宽度一般是四列（所谓"列"是以粮包的长度为准），也可堆成二列、六列、八列等，高度要看粮种而定，大米四列以上的可堆18包高，二列的不宜超过12包高，稻谷可增加一包或两包，小麦、糙米等散落性较大的粮种要酌情减低，以防倒桩。实垛的牢固性在于"盘头"和"拍包"（"盘头"是指粮堆两头上、下层的粮包互相盘压，"拍包"是指上下层粮包，相互骑口），通过盘头和拍包，使整个粮堆的粮包都起到互相牵拉的作用，而组成一个牢固的整体。

②通风垛：主要是在秋冬季节用于保管高水分大米。增大粮堆孔隙，便于散温散湿，又便于逐包查温度，有一定的效果。通风垛的形式很多，以"工"字桩与"金钱"桩最普遍。工字桩因为形如"工"字而得名，操作比较简单，但粮包的重量都是垂直向下，包心所吃到的压力特别大。金钱桩因为形如"金钱"而得名，操作比较复杂，但粮包重分散，所以通风效果较工字桩好。

（3）露天包装　露天包装的方法是：先做垫底，然后按实垛堆法进行堆垛，至一定高度后在垛两边的包各向内收半包，起脊坡度要大。垛好后，在垛四周围席30层，垛顶盏席层效应适当增加。当席盖到垛顶时。可用数层干净麻袋覆在粮包上，同时垛顶两边覆席搭头后，应再用数层席子从垛脊向两边覆盖，以免雨水从垛顶进入垛内。

（4）露天散装　露天散装堆板有包围墙散装和圆囤散装两种形式。

①露天包围墙散装：围墙粮包的堆法与仓内包围墙散装法基本相同，要层层骑缝，桩形与露天包装基本相同，但桩内不留空位，一般宽度4m，全高5m，檐下2.5m，起脊坡度不少于50°，长度不限。

②露天圆囤散装：目前，多采用"花盆式宝塔顶"的囤型。规格基本一致，囤底直径不大于0.8m，囤身不高于3m，由囤底向上逐步放宽。囤檐直径不大于7.4m；囤顶共六层，每层收进40～50cm；高度50～60cm，第一层直径小于囤底直径，第六层直径不大于2m，全高6.1m（不计囤基），体积约为174m³，容稻谷按每包70kg计算，约1450t。露天圆囤全部用折子做囤，主要优点是容量大，囤身牢固，便于泄雨防漏。

2. 原辅材料的除杂和粉碎操作规程

（1）除杂操作规程

①启动前检查：检查全部结构是否紧固；检查电源电压和各接线部位是否正确。

②空载运行：开机时各部位不得有碰撞和异常的声音；启动风机看运转方向是否正确；运转10～15min以后应拧紧转动结构的所有螺丝。

③除杂操作要点：将验收合格的原料投入除杂机；边除杂边将除杂后原料通过输送设

备输送到原料储存处。工作完毕，打扫现场卫生，公用器具摆放整齐规范；收集杂质，通知保管员计量、扣除。

④注意事项：严守操作规程，工作人员在操作时，须穿有紧扣衣袖的工作服，机器运行时不得在传动的部位摸弄。开机时，先启动风机，再启动除杂仓。运转 3~5min，无异常反应开始下料。正常工作时。除杂仓内物料不得超过观察孔中线，否则风机会吸走物料。在生产过程中，如物料太毛，需按时关机后，打开掏杂孔，清除风机叶轮上的杂物。否则，风机会振动、无力、影响清杂质量和振坏其他部位。

（2）粉碎操作规程

①机器运转前的准备工作：机器在正常启动前必须做好充分的准备工作和严格的检查工作，对机器本身要求各部件必须完整无缺，所有的固定螺栓和地脚螺母应牢固拧紧，机器附件不得有妨碍运转的东西和杂物。

②开车和停车顺序：经上述准备和检查工作完全符合要求后，即可启动破碎机。待机器转速正常后再向机器内送料，加料必须均匀，停车时应先停止给料。等到加料斗内无剩余物料后方可停止机器的运转。

③机器的正常运转：当机器正常运转之后，机器的操作者及有关人员必须注意下列事项：所有的固定螺栓是否有折断和松动现象；各轴承润滑情况是否正常，有无过热现象；各处密封是否严密，有无漏油现象；进料量是否有过多现象，出料粒度是否符合要求；轧辊及齿轮的运转情况是否正常。

④其他注意事项：不得改变机器的运转方向；机器运转中停电时，应立即拉断电源，以免突然来电时引起事故。

3. 特殊工艺对原辅材料的要求

浓香型大曲酒的发酵是多种微生物类群的多种酶催化的复杂生化反应体系。在窖池发酵过程中怎样促进和满足各类微生物的生长繁殖和相互作用的条件，以便生成更为丰富的、为人们所喜爱的香味成分，从而提高酒质，是酿酒界长期以来研究的课题，在生产实践中，科技人员和工人师傅经过坚持不懈的努力，摸索、研究、总结出了许多提高浓香型大曲酒质量的特殊工艺措施。

（1）特殊工艺简介

①翻沙工艺

方法：在窖池发酵30d左右时开窖，剥去面糟，将窖内发酵糟全部取出来。每甑加入一定数量的曲药，拌和均匀入窖，上层糟先入窖，下层糟后入窖，每甑入窖后再回入一定数量的原度酒或酯化液（回酒或酯化液的方法一般用瓢泼），回酒一般下少上多，回酒至窖坎，发酵糟翻完后踩光。敷上面糟，最后将窖池封好，发酵 1 年左右开窖烤酒。

翻沙工艺实际上是由几种质量措施集合而成：

二次发酵：由于加了曲药，除了增加酒中的复合曲香香气外，曲药中的微生物起二次发酵作用，酒中己酸乙酯等酯类含量在其他条件不变的情况下也会大增。

回酒发酵：乙醇是己酸乙酯合成底物。母糟体系中乙醇浓度的提高，促进己酸乙酯的生成，增强对母糟体系中丁酸、己酸等有机酸的消耗，反过来又促进窖泥功能菌的代谢能力增强，增加香味物质的形成。

延长发酵周期：窖池发酵生香过程经历微生物的繁殖与代谢、代谢产物的分解、合成等三个阶段。酯类等各种物质的生成和酒的老熟陈酿，是一个极其缓慢的生化过程，这是由己酸菌等窖泥微生物生长缓慢等因素所决定的。所以酒中风味物质的形成，除了提供适宜的工艺条件之外。还必须给予较长的时间，从而得到较多的风味物质。

②双轮底工艺：双轮底工艺有连续双轮底和隔排双轮底两种方法，无论连续或隔排双轮底，为使酒质更优，在第二次发酵前，都加入一定数量曲粉和原度酒。

连续双轮底：在第一次起窖时，在窖底留一甑半母糟不起（下排配料后即成两甑粮糟），进行再次发酵，在留的底糟上面放两块隔篾，以便区分底糟和母糟，然后再在底糟上面装入粮糟待第二排开窖时，起窖取到快要到两块隔篾的留底处时，就把双轮底上面约一甑半母糟，扒到黄水坑堆起。等双轮底糟取完后，再把留在黄水坑内的母糟拉平，作为下排的底糟，放上隔篾，再装粮糟，以后每排均按此操作进行，每排都有双轮底糟酒，所以称为连续双轮底。

隔排双轮底：第一排下粮糟时，在入完一甑半粮糟时（下排配料后即成两甑粮糟）立即将其刮平，放上两块隔篾，然后再继续装入粮糟，第二排起窖时，所留底糟不动，再继续发酵一次。在底糟上面按常规操作装入粮糟，第三排起窖时，取到隔篾时停止起窖。然后加强滴窖工作，在准备蒸本窖第一甑粮糟时，再起底糟。以后每排均按此循环，每隔一排才产一次底糟酒，所以称为"隔排双轮底"。

双轮底工艺不但母糟与窖泥的接触面大，而且与翻沙工艺一样是由二次发酵、回酒发酵、延长发酵期等多种技术措施集合而成，所产酒香味特浓，酸、酯含量很高，专门用作勾兑用酒，可提高泸州老窖酒的等级。

③柔酽母糟工艺：柔酽母糟是一种手感肥实、保水性能较强的母糟。产出基酒微量成分非常丰富，口感表现出厚实、醇甜、浓酽。柔酽母糟培育的措施为控糠控水，减缓窖内发酵升温速度，降低窖内母糟有氧呼吸对淀粉的消耗，以淀粉和粮食发酵的残渣吸收储存水分。柔酽母糟出窖淀粉浓度为 12% ~ 14%，入窖淀粉浓度为 18% ~ 22%；出窖水分为 59% ~ 61%，入窖水分为 52% ~ 55%；出窖黄水较少（一般每甑 25 ~ 30kg）；稻壳用量为投粮量的 20% ~ 26%。

④母糟低淀粉度夏工艺：热季度夏，是指酿酒生产过程中，因外界气温高，不适宜于酒精发酵，而采取的生产压排措施。在这一过程中，由于外界气温高，对窖泥功能菌生长繁殖非常有益，母糟体系内主要进行生酸生酯发酵，如果仍然保持体系内正常生产期间的淀粉浓度，生酸微生物必然大量将母糟残余淀粉消耗，生成大量有机酸，一方面不利于生产的大转排；另一方面，在大转排蒸馏过程中，这部分有机酸大量损耗，相当于白白地浪费。

小转排时，依据母糟酒精发酵能力，控制入窖母糟淀粉浓度，保证在酒精发酵期将淀粉彻底转化为乙醇。在热季度夏期间，母糟体系内主要利用乙醇、蛋白质、脂肪等营养物质，进行生酸生酯发酵。

⑤增大投粮大转排工艺：因热季气温高，对酿酒生产不利，采取了热季停产措施。窖内温度高，有利于窖泥功能菌生长繁殖和物质代谢；母糟发酵期较正常生产显著增长，窖内母糟积淀的香味物质丰富，对酵母菌酒精发酵抑制作用较强的有机酸——己酸、丁酸等残留在母糟中的浓度较高；母糟乙醇浓度显著降低，蒸馏时对醇溶性己酸、丁酸等提取率

较低，在母糟中残留量显著增高。为此，通过增大投粮，单甑稻壳使用量增加，单甑母糟使用量减少，降低了抑制酒精发酵作用较强的己酸、丁酸等有机酸浓度，保证母糟进行正常的酒精发酵。

（2）特殊工艺对原辅料要求

①原料的要求：采用特殊工艺是为了提高酒质，应选用优质的高粱为主要原料，或搭配适量的玉米、大米、糯米、小麦等。应避免霉变、腐烂的原料以及杂质的混入。

②辅料的要求：以优质糠壳为辅料，使用2~4瓣粗壳，要求新鲜、干燥、无霉变，杂质要少。使用前可使用竹筛去除糠壳内含土及其他夹杂物，清蒸时适当延长时间，清蒸后存放时间控制在24h之内。

③其他材料的要求

回酒：为避免回酒的质量影响产品品质，回酒应无色透明、无悬浮物、无沉淀，香气较正、无异邪杂味，酒体较正、味较净、无异味。

曲药：选用好曲，质量不好的曲杂菌多而酵母少，会加快发酵糟升温升酸的速度。二次用曲选用特制产酯生香能力强的专用曲，如泸州老窖公司在传统大曲基础上，引入"勾兑"概念，将窖泥功能菌固化剂、B类酶促物质等功能成分融入大曲中，形成微生物群类更为丰富、微生物酶系更为完善，酯化力显著高于传统大曲的产品，称为底糟（翻沙）专用曲。底糟（翻沙）专用曲已经全面应用于泸州老窖酿酒生产中，较传统大曲发酵，提高优质酒比率30%。

4. 原辅材料的配比

（1）投粮量与粮糟比　每一甑投入的用粮量与糟醅用量的比例，通常称为粮糟比。投粮量应以甑桶容积的大小来确定。粮糟比是依据工艺特点、对酒质的要求、发酵期的长短、粮粉的粗细等确定的，一般为1：（4~5.5）。糟醅从形态上看，应符合"疏松不糙，柔熟不腻"的质量要求，同时使糟醅入窖淀粉能控制在17%~19%的正常范围内。当然，粮糟比不是一成不变的，还应考虑生产季节、糟醅发酵的情况等因素。季节不同调节入窖淀粉的原则：热减冷加。母糟残余淀粉不同调节入窖淀粉的原则：残淀高少投粮；残淀低多投粮。对产量质量不同要求确定入窖淀粉的原则：以产量为主，淀粉含量应低一点；以质量为主，淀粉含量应高一点。根据曲中酵母菌发酵能力的高低确定入窖淀粉的原则：耐酸、耐酒精能力强的酵母菌，可多投粮；反之，少投粮。

（2）加糠量　糠壳在酿酒生产上主要起填充剂作用。合理使用糠壳能调整淀粉浓度，稀释酸度，促进糟醅升温，利于保水、保酒精，同时也能提高蒸馏效率。总之，在固态法白酒生产上是离不开它的。但因糠壳有糠杂味，因此在生产中要控制其用量。在生产中正确使用糠壳应遵循以下原则：

①热减冬加：酿酒行业一般把全年分为旺季（1、2、3、4、5、12月）、淡季（7、8、9月）、平季（6、10、11月），旺、淡、平三季节用糠一般如下：（对粮比）旺季20%~25%，淡季20%~23%，平季20%~26%。冬季气温低，微生物生长繁殖困难，多用糠壳可增加氧气，使酵母能很好地生长繁殖；冬季一般使用新粮，新粮黏度较大，所以增加糠壳用量以降低黏度；通过热季后，母糟酸度增加，故应加糠稀释酸度，以利发酵。

②根据母糟残余淀粉高低不同的用糠原则：残余淀粉高（母糟腻）多用糠；残余淀粉低（母糟糙）少用糠。

③根据母糟中含水量不同的用糠原则：水大糠宜大，水小糠宜小，要注意此种用糠原则只是利于蒸馏取酒，乃是一种被动的办法，因为水大用糠大容易把母糟做糙，水小减糠容易把母糟做腻，最好的办法是滴窖减水，使母糟含水量适宜。

④根据粮粉粗细不同的用糠原则：粮粉粗少用糠，粮粉细多用糠。

⑤窖内分层用糠的原则：底层糟多用糠，上层糟少用糠。其理由为：底层受压力大，尤其是大而深的窖；底层空气少，微生物在发酵初期的生长繁殖受到一定影响；底层酸大，水分大。

⑥根据母糟酸度大小不同用糠的原则：在同一时期内，酸大糠大，酸小糠小，增加3%左右的糠壳可降低0.1的酸度。酸度大、残余淀粉高，可采取加糠的措施。

（3）加水量　酿酒生产是离不开水的。淀粉糊化、糖化，微生物的生长繁殖、代谢活动等都需要一定数量的水。酿酒生产用水有量水、酒糟水、黄浆水、加浆水、底锅水、冷却水等多种。但就酿酒生产来看，主要是讲"量水"。在生产中正确使用量水应遵循以下原则：

①冬减热加：冬季因生产入窖温度低，升温慢。最终发酵温度不高，水分挥发量少。水分损失小，所以冬季使用量水应少一些。而热季生产时，量水用量相应要多一些。冬季量水用量为60%～80%，热季量水用量为80%～100%。

②根据酒糟含水量大小确定用水量：酒糟水分大，量水应少用；酒糟水分小，量水应多用。

③根据酿酒原料的差异考虑量水用量：一般来说：粳性原料用水应稍多一些；糯性原料用水应稍少一些。储存时间长的原料，多用一些水；储存时间短的新鲜原料，少用一些水。

④糠大水大、糠小水小：在配料中用糠量大时，应多加一定量的水；用糠量小时，应少加一定量的水。

⑤根据酒糟中残余淀粉的高、低确定量水用量：酒糟含残余淀粉高的，应多用水；反之，则少用水。

⑥根据新、老窖池确定用水量：一般新窖（建窖时间不长的窖池）用水量宜大一些；老窖（几十年以上的窖池）用水量宜小一些。另外，窖池容积大的用水量应稍大些；窖池容积小的用水量应稍小些。

⑦根据酒糟层次确定用水量：窖池底部酒糟少用水；窖面酒糟多用水，即工艺操作上打"梯梯水"的原则。

（4）加曲量　大曲是糖化发酵剂，在酿酒生产中起着重要的作用。正确使用大曲应遵循以下原则：

①入窖温度高低（或季节不同）的用曲：入窖温度高（热季）少用曲，入窖温度低（冬季）多用曲。

②投粮多少及残余淀粉高低不同的用曲：投粮多，多用曲；投粮少，少用曲；残余淀粉高，减粮不减曲；残余淀粉少，少用曲。

③曲质好坏不同用曲：曲质好，少用曲；曲质差，多用曲。

④在相对情况下酸度大小不同的用曲：入窖酸度大，多用曲，入窖酸度小，少用曲。

⑤曲药粗细不同，曲药粗多用曲，曲药细宜少用曲（细曲升温快，吹口猛，主发酵期

短，无持久力，降温快；粗曲分布不均匀，有些粮食淀粉接触不到曲药。一般认为曲药粗些，产酒质量好些）。

（二）泸州老窖酒的发酵工艺参数控制

窖池发酵情况直接影响着产品质量，发酵是否正常受到入窖条件的影响和制约。发酵工艺参数的控制主要集中在对糠壳、水分、温度、淀粉浓度、酸度、曲药等因素的控制。

1. 糠壳

糠壳的作用如下：

（1）利于滴窖。糠壳使母糟中有适宜的空隙，故使黄浆水能下沉窖底。

（2）糠壳能起到降低母糟的酸度、淀粉浓度、水分含量的作用，以满足发酵所需条件，促进微生物生长、代谢活动。

（3）保证蒸馏效率和糊化程度。糠壳能增强酒糟的骨力，增大粮糟中各物质间的界面关系，使之在蒸酒时不压汽、不夹花，蒸粮不起疙瘩、糊化彻底，为发酵创造有利条件。

（4）调节窖内空气，糠壳使窖内发酵糟中有适量的空气，利于酵母生长繁殖，建立起优势，使糖化发酵正常，并且升温正常，但糠壳不宜过多，过多则空气多，会形成好气发酵，严重影响产品质量。

糠壳的使用除了前面讲的一般原则外还应该注意：

（1）糠壳的质量应是新鲜，无霉烂变质，金黄色的粗糠。

（2）注意容积和重量相结合，由于糠壳粗细有时不同，而糠壳粗细的相对密度不一致、容积不一致，在使用细糠时，不能单考虑其重量，而应着重考虑其容量与粗糠相同。

（3）坚持熟糠配料。因为生糠中含有多缩戊糖和果胶质，在蒸馏和发酵中能生成糠醛和甲醇等有害物质而影响酒质，并且生糠中杂菌多，还有生糠味、霉味，所以在工艺上要求将生糠进行清蒸处理，使之成为熟糠方可投入生产。

糠壳与产酒的关系：糠大酒味糙辣且淡薄，糠少酒味醇甜，香味长。糠大易操作，且产量有保证，拌料、滴窖、蒸馏都较容易进行。要注意糠少母糟中包含的水分就大，滴窖、拌料、蒸馏都不易掌握，在这种情况下，操作不当就会影响出酒率，如其他条件适合，操作细致得当，产量质量就会好。用糠要求做到使酒糟柔熟不腻、疏松不糙。在保证酒糟不腻的情况下，尽量少用糠，以提高产品质量。

在生产中用糠量过多的现象常在淡季、平季产生，造成窖内发酵升温快而猛，主发酵期过短，只有 2~3d（淀粉变糖变酒这阶段称主发酵期。时间一般在 10~15d，即封窖到升温达最高点这一时间内）。其现象一般是：母糟现硬、现糙，上干下湿，上层糟在窖内倒烧；黄水黑清，下沉快，味酸而不涩，也不甜；下排入窖粮糟不起悬，不起"爪爪"，量水易流失，不保水。

生产中用糠量过少一般在旺季，而酒糟现腻，其现象一般是：发酵升温缓慢，最终温度低，甚至不升温，无吹口或吹口差等；发酵糟死板，跌头小；母糟腻，黄水黏，滴不出；蒸馏时穿烟慢，夹花吊尾，出甑后粮糟现软，无骨力。

2. 水分

（1）量水　所谓量水就是打入粮糟中一定数量的90℃以上的热水。其作用：

①稀释酸度：量水的加进，稀释了粮糟的酸度，并促进了粮糟中酸的挥发，从而降低了入窖酸度。

②保证发酵用水：使粮糟吃足水分，提供微生物生长、代谢所需的水分，以保证发酵正常进行。

③调节窖内温度：水分蒸发时需要热能，从而降低了窖内温度，以利微生物在适当的温度下进行代谢活动。

④降低入窖粮糟的淀粉浓度，有利于酵母菌的发酵作用。

⑤促进新陈代谢：由于去掉了发酵后的黄水，加入了新鲜的水分，可以促进必要的新陈代谢，提高酒糟的活力。

⑥可以增加粮糟的表面水分，以便使曲粉吸水，使曲药中的微生物及酶的活力增强，提高曲药的糖化发酵能力。

⑦起渠道作用：打入粮糟中的量水，经过翻动使粮糟的表面水分和淀粉中的溶胀水分连结起来，从而使有益微生物通过表面进入淀粉内部，促进淀粉的糖化和发酵。

生产中量水和酒糟含水量的范围：正常量水范围为 60% ~ 100%（对粮重百分比）；正常酒糟含水范围：入窖酒糟含水量为 52% ~ 55%；出窖母糟含水量为 58% ~ 62%。

量水的使用除了前面讲的原则外还应注意以下问题：量水必须90℃以上，打完量水必须翻糟，水温高和翻糟都会促使粮糟中的淀粉把量水吸收进去。否则，会形成粮糟表面水分过多，于发酵不利；量水用量一般不应超过 100%，如果母糟含水量不够，可在润粮时加水；量水应清洁卫生，严禁煤油、汽油、香皂等污染；打量水时应细致操作，以免烫伤。

量水与产量、质量的关系：水大产量最高，水小质量好；水大易操作，水小操作困难，但如果操作细致，配料适当，产量、质量均佳，所以在生产正常情况下，尽量用水小，即做到入窖水分低。

生产中水分过小的现象：粮糟入窖后，升温快、幅度高；发酵终止后，母糟现干、现硬，易倒烧，黄浆水少；出窖母糟含水量小，润粮困难，粮粉吃不透，不转色，糊化不好，出甑后，不柔熟；入窖粮糟干沙，不起悬；酵母菌生长繁殖差，数量不足。

生产中水分过大的现象：入窖粮糟升温缓，但升温幅度大，顶点温度高，可达 15 ~ 16℃，产量还可以；发酵糟中微生物、杂菌生长繁殖快，数量多，生酸大，黄浆水酸而不涩；产酒香味差，味淡薄，质量不好。

（2）黄浆水　黄浆水是发酵后产生的黄色液体，又称黄水。

通过滴窖，把黄浆水舀出来。滴窖在酿酒生产上有着特殊的意义。它可以降低母糟中的酸度（特别是可以降低乳酸和乳酸乙酯等水溶性不挥发性酸的含量。相应地增加酒中己酸乙酯等挥发性酸酯的含量），减少水分和一些不利于发酵的阻碍物质，可以在配料上减少糠壳用量，利于蒸馏，利于加进新鲜水分，所以滴窖是工艺上一个重要的技术措施，它能达到均衡生产的目的，千万不要忽视。

黄浆水的作用：

①一定数量的黄浆水，可以抑制杂菌生长，保护发酵糟免受其侵害，使窖内糟子不发生倒烧现象。

②黄浆水酸大可促进酯化反应，使酯的含量增加。

③为窖泥微生物提供丰富的营养物质。黄浆水中含有酸、酯、醇、醛、蛋白质、糖等都是窖泥微生物所需的良好营养成分。因此，黄浆水可加速窖泥老熟，从而提高酒质。

3. 温度

在泸州老窖酒生产中，温度占有重要的地位。温度与发酵有密切的关系，温度过高，会影响酵母菌等微生物的活力，阻碍发酵，故在生产中要尽可能地把温度控制在适宜范围内，使发酵顺利进行。酿酒生产中经常使用的有关温度的术语有：地温、室温、入窖温度、升温幅度、发酵顶点温度、窖体温等。

（1）温度的作用　可提供有益微生物生长繁殖及代谢活动所需的适宜条件。酒糟中，酒中微量成分的生成和相互间的转化都需要一定的温度。蒸粮使淀粉糊化，发酵促使淀粉生成葡萄糖等。

（2）正常的入窖温度和升温幅度　正常的入窖温度是 $18 \sim 20℃$。这是因为酵母菌的适宜生长温度是 $28℃$，最适发酵温度是 $32℃$，$18 \sim 20℃$ 入窖温度虽然不是酵母菌最适生长和最适发酵温度范围。但在较低温度条件下酵母菌生长缓慢，菌体健壮，具有较大的活力和持久的发酵能力，使发酵完全彻底，提高产量。并且在发酵过程中，蛋白质、脂肪、果胶等分解较少，因而酒中杂醇油、醛等物质含量较少，酒质纯正、质量较好。固体发酵的特点是温度无法控制，在主发酵期，温度逐日上升，如在 $30℃$ 左右入窖（即高温入窖），糖化发酵加快，温度猛升，酵母菌体不健壮，易衰老死亡，发酵不彻底，持续时间短，多余糖分被杂菌利用生酸。且在高温下，杂质含量高，酒质不纯，出现苦味或燥辣。

正常的升温幅度为 $15℃$ 左右，每天发酵升温 $1 \sim 2℃$，时间 $7 \sim 15d$ 为正常，否则就不正常。

工艺上规定入窖温度的原则：以地温为依据确定入窖温度，地温在 $20℃$ 以下时，入窖温度可控制在 $18 \sim 20℃$；地温在 $20℃$ 以上时，入窖温度可控制应降地温 $1 \sim 2℃$ 入窖。

（3）入窖温度与产量、质量的关系　入窖温度低（$18 \sim 20℃$）的优点如下：

①发酵升温缓慢，主发酵期长达 $10 \sim 15d$，发酵完全，出酒率高且质量好。

②可以抑制杂菌生长繁殖。低温不利于杂菌生长而有利于酵母菌的繁殖，由此可以抑制杂菌的生长，到 $30 \sim 32℃$ 时发酵已基本完成，乳酸菌、醋酸菌受到抑制。

③生酸幅度小，减少糖分、酒精的损失，而且母糟正常，有利于下排生产。

④入窖温度低，发酵顶点温度不高，只达 $32℃$ 左右，加之升温缓慢，吹口清凉有力而不猛，酒精和挥发性香味物质损失少。

⑤杂质生成量少，如甲醇、杂醇油等，而醇甜物质生成较多，利于酒质的提高。

入窖温度高的缺点：

①发酵升温快猛，主发酵期短，只有 $5d$ 左右。发酵不完全，出酒率低，质量差。

②有利于杂菌生长繁殖。在高温情况下，有害杂菌同有益菌同时生长、竞争，消耗淀粉。随着发酵的进行，温度上升，达 $33℃$ 以上时，有害杂菌的活力增强。而酵母菌的活力减小，影响糖变酒。而杂菌大量消耗糖分、酒精，产酸多，这样的损失无法挽回。入窖温度低，如果操作不当而少产酒，淀粉还存在于母糟中，下排可挽回：热季不产酒，而残余淀粉又不高，就无法挽回了。

③生酸幅度大，杂菌在高温下大量繁殖，消耗淀粉等营养物质，生酸大，使母糟带病，给下排生产带来困难。

④杂质生成多。原料中的五碳糖、果胶质、蛋白质、单宁在高温发酵情况下，加速分

解成甲醇、糠醛、杂醇油等而严重影响酒质。

⑤生成糖多、酒精少。即糖化好、酒化差，酵母菌发酵能力钝化，但霉菌的糖化力加速。把大量淀粉变成糖，而酵母菌不能利用或利用不完，反而给杂菌提供了充足的营养。温度高的黄浆水黑清而甜，母糟黑硬。

⑥由于升温猛，吹口猛，CO_2多，生成的酒精会随CO_2跑掉，温高的窖能闻到酒精味。开窖冲劲大的母糟，产量、质量都不好。

生产中入窖温度过高过低的一些现象：

①生产中入窖温度过高，母糟黑硬、酸度大，冲头大（酒气味大），黄浆水清、黑，现甜、酸而不涩，酒味燥辣、淡薄，香气短。

②生产中温度过低的现象：发酵初期升温缓慢，有时 $2 \sim 3d$ 不升温，主发酵期太长，有的长达一个月左右，母糟颜色嫩，黄浆水黏，现花，产酒甜味重、香味差，产量、质量都不好。

4. 淀粉

（1）淀粉的作用　具有降低母糟酸度和水分的作用。加入粮粉拌和后可降低母糟水分10%，降低酸度1/6。提供微生物的营养成分和提供发酵所需温度，是窖内升温的主要来源，是母糟新陈代谢循环的主要物质之一。

（2）正常酒糟的淀粉含量和粮糟比　泸州老窖酒生产中，正常入窖粮糟的淀粉含量为18% ~22%。正常母糟残余淀粉含量9% ~13%。

（3）使用淀粉（投粮）时应注意的问题　原料要求饱满，无霉变虫蛀，含水分不超过13%。要保证润粮时间，让粮粉吃透水分，蒸粮保证 60 ~70min，但又不超过 70min。粮粉粗细度要适宜，过细要增大用糠量，过粗不易糊化。

（4）入窖淀粉含量与产量、质量的关系　入窖淀粉含量高一点，糟子肉实肥大，含有益成分丰富，产酒浓、香、醇，但粮耗高一点；相反糟子变瘦纤，含有益成分少一点，产酒香气不浓，单调带糙，但粮耗要低一点，出酒率高些。由于质量是企业的生命，所以现在主张入窖淀粉偏高一点为好。

5. 酸度

酸度是指酒糟中的含酸量。在窖池发酵过程中，总是有一定量的有机酸类物质形成。它们的形成主要是细菌代谢作用的结果，如葡萄糖在醋酸菌的作用下生成乙酸，葡萄糖在乳酸菌的作用下生成乳酸。此外，在一些生化反应中，一些物质也可能变成酸类物质。如乙醇、乙醛也可以氧化成乙酸，一些低级酸也可以合成高级酸。随着发酵的继续进行，酸类物质与其他物质反应还可生成其他香味物质，如在发酵后期酸、醇起酯化反应可生成酯类物质。例如，己酸和乙醇反应可生成己酸乙酯，所以酸是形成泸州老窖酒香味成分的前驱物质。其本身也是酒中的一种重要的呈味物质。所以母糟中酸度低时，产酒不浓，香、味单调。但酸度过高会抑制有益微生物（主要是酵母菌）的生长和代谢活动，从而使发酵受阻，严重影响产量、质量。所以，我们必须从正反两个方面深刻地认识它，从而在生产中有效地利用它。

（1）酸的作用　有利于糊化和糖化作用，酸有助于将淀粉水解成葡萄糖。适宜的酸度可以抑制杂菌生长繁殖，而有利于酵母菌生长。提供有益微生物的营养和生成酒中各种风味物质。酯化作用，酸是酯的前驱物质，有什么样的酸，才能产生什么样的酯，各种酯的产生都离不开酸。

（2）正常粮糟的适宜酸度范围

入窖粮糟适宜酸度范围：冬季 1.5～1.8；夏季 1.5～1.9。

出窖母糟适宜酸度范围：冬季 2.5～3.0；夏季 3.0～3.5。

要特别注意控制入窖酸度，因为除入窖酸度外，在发酵中还要生酸增大酸度，而酵母菌的耐酸能力则有限。因此，入窖酸度不宜过大。

（3）调节适宜酸度的原则　入窖温度高低不同（即气温高低、季节不同）时调酸的原则：入窖温度高，酸可稍高，以酸抑制杂菌，达到以酸抑酸；入窖温度低时，酸可低一点。对产量质量有不同要求的调酸原则：侧重产量，入窖酸度可低一点，侧重质量，入窖酸度可稍高一点。入窖粮糟淀粉含量高低不同的调酸原则：入窖粮糟淀粉含量高，酸宜小；入窖粮糟淀粉含量低，酸宜高。发酵周期不同的调酸原则：发酵周期长入窖酸度可稍高；发酵周期短，入窖酸度可调低点。

（4）生产过程酒糟酸度变化规律　发酵期在 45～60d 的，发酵升酸幅度在 1.5 左右为正常。出窖到入窖的降酸应在 1.5 左右，其降酸过程是：滴窖降低酸度 0.5 左右，加粮加糠可降低酸度 0.6 左右，蒸酒蒸粮阶段可降低 0.4 的酸度（每流 7.5kg 酒可降低 0.1 的酸度，此外打量水、摊晾也有降酸的作用）。

（5）窖内升酸过大的原因　高温入窖，杂菌生长繁殖快造成生酸过大。糠大，糟糙，造成窖内空气多，好气性细菌大量生长，升温高，升酸高。窖池管理不善，空气渗入，杂菌作用加强，生酸大。入窖水分大，杂菌易于生长，生酸会大。量水温度过低，入窖粮糟表面水分被杂菌利用造成生酸大。清洁卫生差，酒糟感染杂菌，易于生酸。入窖酒糟酸度过低，热季在 1.5 以下，冬季在 1.2 以下，抑制不住杂菌生长，升酸幅度很高。

（6）酸度过大的危害　入窖酸高，酵母菌生长繁殖差，酶活力降低，发酵不能正常进行，造成粮耗高，质量差，产酒少的现象。发酵后期杂菌繁殖，淀粉和糖分损失大。出窖母糟酸度大，不仅会大量损失淀粉、糖分，而且给下排配料带来很大困难。酸度大对设备的腐蚀增大，缩短了设备使用寿命，并且使酒中重金属等杂质含量增加，从而严重影响酒质，超过卫生指标。

（7）调节（降低或升高）酸技术措施　低温入窖，酸越大，越要坚持低温入窖，低温入窖是降酸的主要措施。

搞好清洁卫生工作，加强窖池管理、残糟回蒸等，都是控制杂菌繁殖的有效措施，可以确保升酸幅度不高。

加强滴窖。黄水黏不好滴时，可加酒尾滴窖。

串酒蒸馏降酸。在蒸馏时，在底锅中加入一般曲酒。可降低料糟中的酸度。

加青霉素控制酸度。1g 粮糟可加 0.5 个单位的青霉素。1 瓶可加 50 万个单位，这样可控制升酸幅度在 1.5 左右，这是因为酵母菌、霉菌属真核生物，而细菌是原核生物，青霉素对酵母菌、霉菌无杀伤力，却可以杀死细菌，从而降低酸度。

淡季（热季）采取减粮可以降低出窖酸度，在进入旺季（冬季）的前一排则采取加粮措施以稀释酸度，以保证转排快。

红糟打底也是降低母糟酸度的措施：热季用红糟做底糟，丢掉，红糟做底糟利于滴窖，因而可降低母糟酸度。

缩短发酸期可以降低母糟酸度，延长发酵期可提高母糟的酸度。

加强双轮底糟的降酸工作。将双轮底分散蒸馏入窖，既降低酸度，又可提高整窖母糟风格。

在入窖时或发酵中期加入生香酵母菌液，可以抑制酒糟生酸，这样升酸幅度在 1.2 以内，对质量也有一定好处。新窖母糟酸低时，在发酵中期，采取回灌老窖黄水，人为地提高发酵糟的酸度，可以抑制杂菌生长繁殖，减少本身的升酸幅度，并且利于酯化作用。

（8）生产中酸度过高过低的现象　入窖酸度过高的现象：窖内不升温，不来吹，15d 左右取糟分析，糖分高、淀粉高，酒精含量少。对于这种情况，应采取提前开窖，根据母糟淀粉含量，减少投粮可挽回并使酸度转入正常。

入窖酸度偏大的另一种现象是：糟子发硬，含糖高，黄浆水甜，产量、质量也不好。

发酵时间太长会引起酸大，其出窖母糟红烧、黄浆水有悬，产量、质量均不错，尤其是质量好，但如果不采取有效降酸措施，下排就会减产。

入窖酸度过低的现象：入窖酸度低，产量较高，质量差。

6. 曲药

泸州老窖酒生产所用的曲一般为传统大曲，由天然接种，自然发酵，多菌种混合培养而成。以制曲发酵所控制最高品温不同分为三种类型：

高温曲：品温最高达 65℃以上，以茅台酒为代表，主要用来生产酱香型大曲酒。

中温曲：品温最高不超过 50℃，以汾酒为代表，主要用于生产清香型大曲酒。

中高温曲：品温在 55～60℃。它介于中温曲与高温曲发酵所控制的温度之间，最高品温不超过 60℃，所以称为中高温曲。以泸州老窖为代表的浓香型白酒均用中高温曲。

泸州老窖酒生产上所使用的曲药，是发酵成熟并经三个月贮存后的大曲块经粉碎而成的曲粉，曲药是一种习惯上的名称。

（1）曲药的作用　提供有益微生物。参与酿造泸州老窖酒的有益微生物主要来源于曲。据化验分析，1g 入窖酒糟中，活酵母数为 2800 万个左右，其中 60% 是曲药提供的。

起投粮、增加淀粉含量的作用。曲药中含淀粉一般在 57%～58%，这些淀粉经二次发酵能产一部分酒，这种二次发酵酒，香味特殊，是构成泸州老窖酒独特风格不可缺少的一部分。

具有增香作用。曲药中含有较丰富的蛋白质、氨基酸、芳香族化合物，它们在发酵过程中，通过微生物或温度的作用而生成微量的芳香物质，增加了酒的特殊香味，而使浓香型大曲酒酒质更加醇美。

正常入窖粮糟适宜的用曲范围：粮糟比 1:（4～5），用曲占投粮的 20% 左右。

（2）曲药使用时应注意的问题　计量准确，撒曲或下曲要均匀。曲药入窖后要求转色，即接近粮糟颜色，因此要求注意水分和加强翻拌。要使用新鲜的曲药，先打先用，最好不要贮存，生霉变色的曲药决不能使用。

（3）用曲过多过少在生产中的一些现象　用曲过多，发酵时造成升温快，升温高，产酒带苦带涩，这就是常说的"曲大酒苦"。

用曲量过少，出酒率低，质量不好，酒味淡薄，不浓香，原度酒的酒精度不高。

对以上糠、水、温度、酸、淀粉、曲六项参数的控制，在实际生产中，不是一项一项割裂开的，而是一个有机的整体，它们整体地表现在入窖粮糟上，构成有利有益微生物生长繁殖并适合其代谢活动的培养基。

二、五粮液酒酿造工艺

（一）宜宾五粮液酒的独特生态环境

五粮液酒的发源地是在四川省宜宾市。该厂生产基地地处川南，东面是观斗山，南面是七星山、翠屏山，西面是青山、孜岩山，北面是观音岩。宋公河从厂区内径流而过，507、513、521、523 等大型车间依河谷而建，低洼的地势使空气的流通减慢，有利于微生物滞留，使其容易附着、聚集、生长、繁殖、代谢。四面环山的独特立体区域位置，为酿造五粮液大曲酒提供了独特的有利条件。酿酒离不开区域生态系统。以五粮液为代表的多粮浓香型大曲酒的生产，与当地特有的自然环境是分不开的。如宜宾地处川南，年平均气温是 15 ~ 18.3℃，最热的 7 月，平均气温 24 ~ 27℃；全年平均相对湿度 81% ~ 85%；年平均日照时间为 950 ~ 1180h，是全国日照最少的地级市；气候温和，雨量充沛，全市年降雨量在 1000 ~ 1200mm，金沙江、岷江、长江流经宜宾境内，中、小河流、溪流达 600 多条。宜宾的"死黄泥"黏性强、含沙少，是建窖的优质土壤。

宜宾的气候土壤及水系，很适合栽植带糯性的高粱，此种高粱主要是支链淀粉含量高，可达 90% 以上，北方高粱支链淀粉含量较低，一般只有 75% ~ 80%；而糯米的支链淀粉含量可达 98% 以上。支链淀粉在酿酒蒸馏中糊化快、易彻底，在窖内发酵缓慢；而北方的直链淀粉糊化慢、发酵快。五粮液酒厂坐落在四川南部的宜宾市区域内，地跨北纬 28°18′ ~ 28°45′，东经 104°35′ ~ 104°37′，海拔 293 ~ 320m。因宜宾地理环境特殊，属丘陵地带，零星土块多，利用田边地角栽种的高粱都带有糯性，支链淀粉含量高，单宁含量低，产酒醇厚感强、酒质高。川南糯米产酒浓醇感非常突出。

"跑窖循环，续糟发酵；分层起糟，分层入窖；量质摘酒，按质并坛"是五粮液独特的工艺。好的产品是靠工艺、技术参数和相应的设备，由人工精心操作完成的。五粮液生产的"跑窖循环，续糟发酵"是该厂的传统工艺。此工艺使糟醅在一个大环境中驯化，对调整糟醅结构大有好处；"分层起糟，分层入窖"工艺是典型的精心操作，对好坏糟醅发酵后产的酒质便于区分蒸馏，为五粮液原酒质量的稳定起到重要的作用。

所以，独特的生态环境、酿酒原料和酿酒生产工艺是酿造优质五粮液酒的前提条件。

（二）原料和辅料

1. 原料

（1）五种粮食感官及理化标准 宜宾五粮液股份有限公司企业标准（高粱）见表 6 - 45，表 6 - 46。

表 6 - 45　　　　　　　　　　感官要求（高粱）

项目	感官要求
色泽	具有高粱固有的颜色和光泽
气味	具有高粱正常的气味，无霉味及其他异杂味
金属物质	无

表 6 - 46 　　　　　　　　　　　　　　　理化指标（高粱）

项目	技术指标
体积质量/(g/L)	≥720
不完善粒/%	≤3.0
虫破粒/%	≤5.0
带壳粒/%	≤5.0
杂质/%	≤1.0
害虫密度/(头/kg)	≤2
水分/%	≤13.5
淀粉（干基）　总淀粉（干基）/%	≥75
其中：支链淀粉/%	≥85
品温与环境温度差/℃	<5

卫生指标：高粱卫生指标按 GB2715 规定执行。

宜宾五粮液股份有限公司企业标准（大米）见表 6 - 47，表 6 - 48。

表 6 - 47 　　　　　　　　　　　　　　　感官要求（大米）

项目	感官要求
色泽	具有大米固有的颜色和光泽
气味	具有大米正常的气味，无霉味及其他异杂味
金属物质	无
加工精度	背沟有皮，粒面留皮不超过 1/3 的占 75% 以上

表 6 - 48 　　　　　　　　　　　　　　　理化指标（大米）

项目	技术指标
不完善粒/%	≤6.0
杂质　总量/%	≤0.40
糠粉/%	≤0.20
带壳稗粒/(粒/kg)	≤70
稻谷粒/(粒/kg)	≤16
小碎米/%	≤2.5
黄粒米/%	≤2.0
害虫密度/［头/kg（包）］	≤2
互混/%	≤5.0
水分/%	≤14.0
总淀粉（干基）/%	≥77
品温与环境温度差/℃	<5

卫生指标：大米卫生指标按 GB 2715 规定执行。

宜宾五粮液股份有限公司企业标准（糯米）见表 6 – 49，表 6 – 50。

表 6 – 49　　　　　　　　　　　　感官要求（糯米）

项目	感官要求
色泽	具有糯米固有的颜色和光泽
气味	具有糯米正常的气味，无霉味及其他异杂味
金属物质	无
加工精度	背沟有皮，粒面留皮不超过 1/3 的占 75% 以上

表 6 – 50　　　　　　　　　　　　理化指标（糯米）

项目			技术指标
不完善粒/%			≤6.0
杂质	总量/%		≤0.40
	糠粉/%		≤0.20
	带壳稗粒/（粒/kg）		≤70
	稻谷粒/（粒/kg）		≤16
	小碎米/%		≤2.5
	黄粒米/%		≤2.0
	害虫密度/［头/kg（包）］		≤2
互混	糯米互混/%		≤5.0
	小碎米互混/%		≤15.0
	籼粳互混/%		≤10.0
水分/%			≤14.0
淀粉	总淀粉（干基）/%		≥77
	其中：支链淀粉	籼糯/%	≥95
		粳糯/%	≥98
品温与环境温度差/℃			<5

卫生指标：糯米卫生指标按 GB2715 规定执行。

宜宾五粮液股份有限公司企业标准（小麦）见表 6 – 51，表 6 – 52。

表 6 – 51　　　　　　　　　　　　感官要求（小麦）

项目	感官要求
色泽	具有小麦固有的颜色和光泽
气味	具有小麦正常的气味，无霉味及其他异杂味
金属物质	无

表 6 – 52 理化指标（小麦）

项目	技术指标
体积质量/（g/L）	≥750
不完善粒/%	≤4.0
虫破粒/%	≤3.0
赤霉病粒/%	≤4.0
杂质/%	≤1.0
害虫密度/（头/kg）	≤2
水分/%	≤12.5
总淀粉（干基）/%	≥75
品温与环境温度差/℃	<5

卫生指标：小麦卫生指标按 GB2715 规定执行。

宜宾五粮液股份有限公司企业标准（玉米）见表 6 – 53，表 6 – 54。

表 6 – 53 感官要求（玉米）

项目	感官要求
色泽	具有玉米固有的颜色和光泽
气味	具有玉米正常的气味，无霉味及其他异杂味
金属物质	无

表 6 – 54 理化指标（玉米）

项目		技术指标
	容重/（g/L）	≥685
不完善粒	总量/%	≤5.0
	其中：生霉粒/%	≤2.0
	杂质/%	≤1.0
	害虫密度/（头/kg）	≤2
	水分/%	≤14.0
	总淀粉（干基）/%	≥75
	品温与环境温度差/℃	<5

卫生指标：玉米卫生指标按 GB 2715 规定执行。

（2）粉碎

①配料程序：配料过程由微机系统按配方比例（红粮 36%、大米 22%、糯米 18%、小麦 16%、玉米 8%）完成。

②粉碎后混合粮粉：混合粮粉粗细度标准为细粉≤8%，其中高粱、大米、糯米、小麦粉碎度为四、六、八瓣，玉米粉碎颗粒不得有大于整粒的 1/4，除糯米（籼米）≤20 粒/0.5kg 外，其余粮食无整粒。

2. 辅料

宜宾五粮液股份有限公司企业标准（谷壳）感官和质量要求见表 6 –55。

表 6 – 55	谷壳感官和质量要求
项目	质量要求
霉变	无霉变
颗粒形状	2 ~ 4 瓣
骨力	手握糠壳坚挺，无明显松软感觉
色泽	黄色、正常，无其他异色
气味	具有谷壳特有的正常气味，无其他异杂味
杂质	≤0.5
水分	≤14.0%
粗细度（细粉）	≤10.0%

（三）酿酒工艺

1. 工艺流程

工艺流程见图 6 – 18。

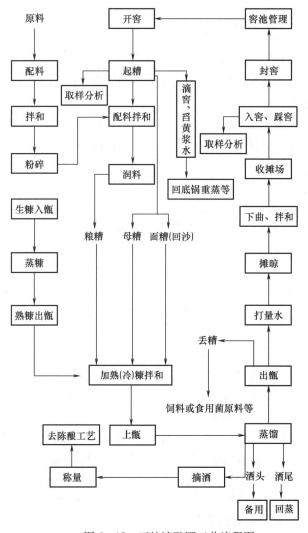

图 6 – 18　五粮液酿酒工艺流程图

2. 操作工艺

（1）原料处理　酿制浓香型大曲酒的原料，须粉碎后使用，目的是增加原料受热面，有利于淀粉颗粒的吸水膨胀、糊化，并增加粮粉与酶的接触面，为糖化发酵创造良好条件。为了增加大曲与粮粉的接触面，曲药也必须进行粉碎，未通过20目筛粗粉 >80%。使用辊式粉碎机。高粱粉碎度为四、六、八瓣，粮粉能通过20目孔筛的细粉不超过20%，整粒不许有。

稻壳是酿造大曲酒的优良填充剂，使用前应清蒸30min以上，以消除异味及生糠味等，蒸后摊开，晾干备用，熟糠含水量 <13%。

（2）开窖

剥窖皮：将封窖泥剥开取出，放入踩泥池中。

起面糟：严格区分面糟与母糟，用铁铲将面糟铲至推车中，运到堆糟坝（或晾堂上）堆成圆堆，拍紧，撒上一层熟（冷）稻壳，防止酒精挥发。

起母糟：根据当日应做甑数将母糟分层连续起至堆糟场分别堆放，拍光并撒上一薄层熟（冷）糠。起至底窖糟时，安上梯子下窖。

每起完一甑母糟，及时清扫窖壁；整口窖池起完糟醅后，再清扫窖池；当日所用母糟起好后，窖池上搭盖塑料布，减少挥发损失。

滴窖：将剩余酒糟起在窖另一侧，开始滴窖。每隔3h舀黄浆水一次，舀得的黄浆水可回底锅串蒸或作其他用。

开窖鉴定：每出一个窖，由车间主任带队，召集有关人员对该窖的黄浆水、母糟进行鉴定，结合分析数据，分析母糟发酵情况，黄浆水的好坏，确定下排的配料，入窖温度及操作措施。

（3）配料拌和　根据开窖鉴定结果和窖别、甑别、粮糟比决定配料，一般粮粉与母糟比以1:（4.5~5）（视季节及具体情况定），稻壳25%左右。

上甑1h前拌和，第一甑可半小时前拌和。配好料并拌和两次，要求配料准确、稳定。拌和后，粮粉应无堆、团现象，拌和完撒上一层熟稻壳，上甑前15min左右再拌和一次，收堆。

（4）润料　润粮时间60~75min，粮粉转色。底层湿糟醅，可适当缩短润粮时间。

（5）加熟糠拌和加　糠量（以混合粮粉重量计）23%~27%。拌和均匀，糠壳无堆团现象（拌和2~3次）。

（6）上甑

上甑蒸汽压力：0.03~0.05MPa。

上甑至穿烟盖盘时间：≥35min。

上甑要轻撒匀铺，探汽上甑，汽压均匀。

（7）蒸馏摘酒　要求缓火流酒，大火蒸馏。熟粮标准：内无生心，糊化彻底，熟而不黏。摘取酒头量：0.5kg左右。蒸汽压力：流酒时≤0.03MPa，蒸粮时≤0.05MPa。流酒速度：2~2.5kg/min。流酒温度：20~30℃。流酒至出甑时间：≥40min。酒尾单独接取，备下甑重蒸或作它用。

面糟与母糟分开蒸，其酒也分别贮存。

（8）出甑　出甑前先关汽阀，用行车将活动甑吊至晾糟床正上方，打开甑底将糟醅放下。面糟蒸酒后作为丢糟，可用作饲料或食用菌原料等。

（9）打量水　量水温度 95～100℃（不低于 95℃）。量水用量（以混合粮粉重量计）75%～90%。堆焖（打量水以后）时间：3～8min。

（10）摊晾　在晾床上摊凉，摊晾时间：≥30min。摊晾温度：地温在 20℃ 以下时，16～20℃；地温在 20℃ 以上时，平地温。翻划各 2 次以上。

（11）下曲、拌和　曲药用量（以混合粮粉重量计）20%，下曲温度（摊凉调整后的温度）；地温在 20℃ 以下时，16～20℃；地温在 20℃ 以上时，平地温。要求拌和均匀，曲粉无堆团现象。所用曲药不能贮存太久，当日用当日运。

（12）收摊场　曲粉拌和均匀后，用铁锨迅速将糟醅铲入糟醅吊斗中，立即清扫晾糟床及周围地面糟醅并将其铲入吊斗中，行车将糟醅吊斗运至窖池上方。

（13）入窖踩窖　入窖温度：地温在 20℃ 以下时，16～20℃；地温在 20℃ 以上时，平地温。各点温差：≤1℃。踩窖沿四周至中间，热季一足复一足密踩，冷季可稀脚。窖池按规定装满粮糟甑数后踩紧拍光，放上隔篾，再做一甑红糟覆盖在粮糟上并踩紧拍光。

（14）封窖　将封窖泥添加新黄泥热水浸泡后踩柔熟，用专用泥吊斗将封窖泥运至窖池进行封池。封池泥厚度：15～20cm。

（15）窖池管理　封窖后 15d 左右必须每天清窖，避免裂口。用温度较高的热水调新鲜黄泥泥浆淋洒窖帽表面，保持窖帽滋润不干裂，不生霉。

（四）酿酒工艺十大要素

1. 粮食（淀粉）

（1）粮食在配料操作中的作用

①降低当轮出窖母糟酸度和水分：按粮糟比 1:4.5 拌和后降低水分 10% 左右；可降低出窖糟醅酸度六分之一（另糟醅经加粮、蒸馏、加量水等也可降低酸度），如出窖母糟的酸度为 3.0，经过加粮拌和后这批糟醅的酸度就只有 2.5（3.0 - 3.0×1/6 = 2.5）。

②提供窖内发酵、转化时所需温度：在正常嫌气（厌氧）发酵情况下，每消耗 1% 淀粉，可使窖内糟醅升温 1.2～1.6℃（平均 1.5℃ 左右），按 1:4.5 的粮糟比，每投 15kg 粮食大约可增加 1% 个淀粉，也就是说，投 150kg 粮食可增加 10% 个淀粉。丁酸菌、己酸菌最适宜的温度在 30～34℃，入窖淀粉在窖内的发酵升温最终应控制在己酸菌生长旺盛的温度 30～34℃ 为宜。若 150kg 粮食是 10% 淀粉，10% 淀粉在（各项入窖指标均符合入窖的标准，确保糟醅能正常发酵的前提下）窖内的发酵升温约为 15℃，若按这个公式计算，投粮 150kg 时，入窖温度应控制在 17～19℃ 为宜。班组长一定要辩证掌握这个参数，根据季节变化的投粮标准依次类推。

③促进糟醅新陈代谢：按正常的投粮和加糠配方，糟醅增长率一般在 30% 左右。班组长掌握好每口窖的投粮甑数，就计算得出何时须做红糟和何时放丢糟，有利于安排生产。

（2）正常出入窖糟醅的淀粉含量

①正常的出窖糟醅的残余淀粉 9%～11%，为什么出窖的糟醅还有 9%～11% 的残余淀粉呢？严格说应该只有 9% 左右的残余淀粉，这其中有 8% 的残余淀粉是配糠的结果，糠壳的纤维和半纤维通过化验时的酸水解成葡萄糖计算成的淀粉，该淀粉是不产酒的淀粉（俗称死淀粉），因为它只受酸水解，不受酶水解，即曲药里的酶对它不起作用。另有 2% 左右的残余淀粉是上轮次投进的曲药淀粉，因曲药投入糟醅中，当轮次只是利用了曲药里

的糖化酶和酵母菌，而曲药自身所含的淀粉在当轮次中是不产酒的。

②正常的入窖糟醅淀粉含量：冷季为20%～22%，热季18%～20%。

③正常的粮糟比是1∶(4.5～5.0)，母糟的用量在旺季适量偏少，在淡季适量偏多一些。

④糟醅中的淀粉生产酒精主要由曲药中的微生物（酶和酵母菌）的糖化及发酵能力而确定，同时受温度和酸度制约（表6-56）。

表6-56 温度和酸度对糟醅中淀粉生成酒精的影响

入窖温度/℃	酸度	转化过程
20	1.5～1.8	酵母菌能将糟醅中9个淀粉生成酒精
25	2.0～2.4	酵母菌只能将糟醅中7个淀粉生成酒精

分析：入窖糟醅温度高，升温猛，升温幅度高，相应生酸亦快，酵母菌还没有工作完，故消耗的淀粉就少些，入窖糟醅酸度高亦要抑制酵母菌正常发酵能力。因此热季一定要减少投粮。

（3）掌握入窖糟醅淀粉含量的高低 见表6-57。

表6-57 入窖糟醅淀粉含量

室内地温/℃	室温/℃	入窖糟醅淀粉含量/%
20	25	18～20
18	22	20～22

根据温度情况、出窖糟醅淀粉含量多少，正确投粮。出窖糟醅残余淀粉低于10%时，可以适当增加投粮量，出窖糟醅残余淀粉高于12%时，可适当控制减少投粮量。

应根据当时使用曲药中微生物（主要是酵母菌）发酵能力高低的原则。

（4）使用粮食时应注意的问题

①各种粮食要求颗粒饱满，无虫蛀霉变，含水量不超过13.5%，夹杂物不超过0.3%，无怪味等。

②一定要注意粮食糊化彻底，使粮食"糊化彻底，内无生心，疏松不糙，柔熟不腻"。做到熟而不腻，首先要保证水分，二要保证蒸粮时间。鉴于五种粮食的淀粉组织结构不同，蒸粮时要均衡考虑，一般蒸粮（母糟发酵正常、润粮达到工艺标准）时间为：底窖（湿糟）40min为宜、中层糟45min为宜、上层（面糟）50min较好。但还要看具体情况酌情调节蒸粮时间。

为什么粮粉要蒸熟透呢？因为目前大曲中的有益微生物一般都不直接利用生淀粉。如果上轮次淀粉未蒸熟，尽管淀粉还在母糟内（但多半已成"糊精"和残糖），下轮次经投粮再蒸煮，多数残余淀粉蒸成了浆状，打量水时部分会被淘走，发酵时一般都随黄浆水下沉到底部（湿糟）里面，底窖的残余淀粉比上层糟醅高1%～2%就是这样形成的。若蒸粮时间过长，出窖糟醅现粑、现腻，摊场上成团起粑粑，疙瘩多难以碾散，易造成曲药拌和不匀、窖内滞留氧分不足、升温达不到要求、发酵不彻底、酒体嫩、焖等后果。

③根据粮粉的粗细程度和润粮时间来确定蒸粮时间：粮粉细，润粮时间长，蒸粮时间可适当缩短，反之则适当延长蒸粮时间。

④正确掌握投粮标准，一般来说入窖糟醅淀粉高于 23% 和低于 17%，均不利于正常发酵。

⑤糟醅淀粉含量过高的一些现象：糟醅显腻（主要是下层湿糟），起砣砣，蒸馏穿汽慢，因塌汽易造成甑脚打"啪啪"，出甑后显粑，在摊床上降至入窖温度时用手捏起粑砣，手指放开后糟醅起砣散不开、无弹性，糟醅无骨力。若冷季（16℃以下）入窖踩得过紧，则发酵升温慢，严重时甚至不升温，黄浆水酽不易滴出。黄浆水现甜味，有时现花纹；肉头厚，挂牌（黄浆水下滴时挂成的长丝）好。

⑥糟醅淀粉含量过低的一些现象：糟醅纤瘦，用手捏有刺手感，蒸馏穿汽快，出甑后糟醅黏性较小，显疏松（糙），带金黄色。入窖发酵升温快，但最终升温幅度不高，黄水清、黑色重，无悬头，酒体微显酸、涩，味差。

2. 糠壳

糠壳是酿造浓香型大曲酒的一种最理想的填充剂，是固态发酵必不可少的辅料，具有较好疏松性、透气性和吸水性等优点。

（1）糠壳的具体作用

①填充和疏松作用：糟醅中充填适量的糠壳使淀粉疏散，增加发酵界面，有利于原料与曲药微生物及其酶充分接触。调节窖内水分，使发酵产物在水的游离下相互传导，同时也控制了发酵过程的升温和生酸。同样也扩大了蒸馏界面，疏松了糟醅，有利于气液交换，上甑均匀提高蒸馏效率。

②调节窖内空气（氧气），蕴藏和成香作用：霉菌、酵母菌和酶等都要在有一定的氧气条件下，才能生存繁殖壮大。但窖内空气过多，不利于糖化发酵，因为酵母在进行有氧呼吸时，把糖转化成二氧化碳和水，放出 2820kJ 热能，低于有氧呼吸近 24 倍。故热季用糠不宜过大。另外，糠壳与淀粉粘合成颗粒，糟醅中呈香的前驱物质又吸附在上面，颗粒与颗粒之间又存在一定的空隙，具有良好的透气性，这些空隙加之颗粒之间的毛细管作用又有良好的透气性。而一定的氧气和水是糟醅发酵的必要条件。所得适量的空隙有助于发酵和香味物质的生成。但是进入热季酿酒生产，入窖糟醅（下层）一定要踩紧，尽量减少氧气滞留窖内。

③降低出窖糟醅水分、酸度、淀粉含量的作用，有利于糟醅新陈代谢，增加活力，有利于滴窖舀黄水，减少母糟中黄浆水的含量。

（2）用糠原则（总原则是配糠量是粮粉的 23% ~ 27%）　要使用新鲜无霉变或无变质的糠壳，粗细度 4 ~ 6 瓣。任何情况下不能使用未蒸熟的生糠配料，不能使用霉烂变质有油味和有异、怪味的糠壳。

一定要使用熟冷糠（蒸糠时间≥30min）配料。因为糠壳除纤维素和半纤维素外，还含有果胶质（0.4%）、多缩戊醛等，若不采取蒸糠的有效手段进行处理，其中的有害物质就易带入酒中。但蒸糠时间不宜太长，要达到把糠壳蒸熟又不能使糠壳上水。否则糠壳吸水饱和，达不到疏松要求，对降酸、降水不利。

配糠要做到稳准，拌和要均匀。若拌和不均匀，上甑穿汽就不一致，流酒就会出现夹花带尾。入窖后糟醅淀粉稀密不均，对发酵亦不利。

　　生产中糠壳用量过多的现象和影响：入窖糟醅色泽金黄，手捏时有刺手感；会造成入窖升温猛、高，但主发酵期短，糟醅不保水，现硬、粗糙、上层干下层湿。热季窖内糟醅易倒烧，黄浆水下滴快，酸而不涩不甜，产酒带烧味，平淡、薄、浓厚感差。以前有"糠大水大冷热不怕"的说法，这实际上是不科学的，应该"糟醅熟而不腻，疏松不糙，全由糠壳靠！"。

　　生产中糠壳用量少的现象和影响：入窖糟醅（特别是底层湿糟）显菜油色，糟醅不疏松、现腻，手捏一团粑，无弹性，骨力差。若是入窖时糟醅（特别是下层湿糟）踩得过紧，发酵升温缓慢，最终升温低，严重时甚至不升温。出窖残淀残余淀粉高达16%～17%，出窖酸度低，整个发酵期升酸只有0.5～1.0，产酒极少。蒸馏时易蹢汽，流酒夹花带尾，出甑后糟醅软，骨力差，摊晾时砣砣疙瘩多，不易划散，入窖发酵难彻底，产酒带甜味，酒体显得嫩、焖。

　　3. 水分

　　淀粉转化成乙醇（酒精）需经糊化、液化、糖化、酒化等四个阶段，这几个阶段均需水介入才能正常进行。另外，酿酒需要量水、冷却水、底锅水、加浆水等。有水是酿酒的"血液"之说。

　　（1）水在酿酒中的作用

　　①糊化作用：因酿酒需用熟淀粉，目前采用混蒸取酒法，也就是在蒸馏取酒后同时蒸粮（糊化）。若水分不足糊化程度就难以彻底，糊化所需水分和粮粉之比为1:1。

　　②液化（水解）作用：在淀粉的分子结构中加入水分子使之水解成小分子的淀粉和葡萄糖。

　　③糖化作用：一分子淀粉生成一分子葡萄糖需要用水18g。

　　④酒化作用：葡萄糖等营养物质只能水解在水里，才能进入酵母菌细胞体内，不断地被酵母菌摄取和利用，进行无氧呼吸使葡萄糖转化成酒精。

　　⑤出甑糟醅打入一定量的量水，一方面促进糟醅中挥发性酸的挥发，再通过摊晾可降低酸0.6左右。另一方面降低入窖淀粉浓度，以利于酵母正常发酵。一般在正常的情况下，每多1%的水分就可以稀释0.33%的淀粉。如打量水就增加了糟醅表面水分，使曲药易附在淀粉颗粒上，同时也为曲药提供了吸水机会，使曲药中的酶活力增强，使糟醅表面水分同淀粉颗粒中的溶胀水汇连，从而使有益微生物通过表面水进入淀粉颗粒内，提高了曲药的液化、糖化、酒化能力。

　　⑥调节窖内温度的作用。窖内发酵消耗淀粉，产生热能使其水分挥发，调节窖温。如果入窖糟醅水分低于50%，在发酵过程中就容易"倒烧"。

　　（2）打量水应注意的问题

　　①出入窖水分条件见表6-58。

表6-58　　　　　　　　　　　　　　出入窖水分条件

项目 季节	入窖糟醅	出窖糟醅		
		上层	中层	下层
冷季	50%～52%	57%～58%	59%～60%	60%～61%
热季	52%～54%	57%～58%	59%～60%	60%～61%

热季入窖水分比冷季大2%，因为热季气温高，这是根据发酵时的需要。在热季打量水时，根据实际情况，在满足入窖水分的同时，再适量多打一部分量水，因为热季摊晾过程中挥发水分较多。

②沸点量水：使用"沸点量水"的优点是：保证量水温度前后一致；促进糟醅（淀粉）充分吸水；进一步加强钝化和杀死杂菌等有害微生物；提高优质酒的出酒率。

③正常的量水用量是粮粉的75%～90%，但最终要看糟醅水分含量。

4. 曲药

酿酒用曲是以纯小麦为原料，经粉碎后制成"包包曲"，自然接种培菌发酵而制成，是曲酒有益微生物的主要来源。成品一级曲糖化力≥700mg 葡萄糖/（g·h），发酵力≥200mLCO$_2$/（g·72h）。

（1）曲药的作用

①提供有益微生物。

②起到投粮，增加淀粉含量的作用。曲药中除含大量有益微生物外，还含有大量的淀粉（57%左右），这些淀粉要在第二轮次才能出酒。但该酒很特殊，酒质好，是构成独特风格的不可缺少的一部分。对曲药淀粉是否起投粮作用，现在有新的见解。

③提供浓香型曲酒主要微量成分。曲药中含有较高的蛋白质、氨基酸和芳香族化合物，这些物质在发酵过程中通过微生物在温度的作用下生成稀少的高级芳香族物质，给酒带来特殊的香和味，从而使酒体更加丰满。

（2）用曲原则

①根据不同季节入窖温度高低确定用曲量。入窖温度高（热季），少用2%为宜；入窖温度低（冷季）可多用2%～4%。

②根据出窖糟醅残余淀粉（残糖）确定用曲量。残淀（残糖）高可适量加曲；反之，则适量减少用曲。

③根据酸度高低确定用曲量。酸度大（出窖酸度高于4.0），可多加1%～2%（不包括热季）。

④做红糟时要做到"两加一提"。即加大量水、加大用曲量、提高入窖温度，可提高丢糟酒产量。

⑤根据曲粉的粗细情况辩证掌握好用曲量。

（3）使用曲药应注意的问题

①细粉通过20目孔筛的不超过25%～30%（热季），冷季不超过30%～35%。感官要求：曲香纯正，气味浓郁，断面整齐，结构基本一致，皮薄心厚，以猪油白色为主，间有浅黄色，兼有少量（≤8%）黑色、异色。使用时要贮存3个月以上。粉碎后的曲粉一般不超过7d。

②撒曲要均匀，弯腰低撒，减少飞扬损失。

③曲药撒在糟醅上要厚薄均匀，翻划彻底，糟醅加曲要拌和均匀（糟醅上不能现石灰岩斑迹）。若拌曲药不匀，入窖后会造成糟醅在窖内发酵异常，产酒带苦味、烧味，异丁醇偏高。

④禁止不根据淀粉情况乱加曲，一般出窖糟醅淀粉高于12%以上方可考虑酌情加曲（热季禁止加曲）。加曲过大会造成发酵升温快、猛、高，产酒带苦、涩味，口感冲糙。

⑤用曲量过小（18%以下），会造成发酵升温缓慢，糖化发酵不彻底，产酒欠浓香，出酒率低，酒体平淡，有时嫩味重，酒度低。

5. 温度

温度是有益微生物生长繁殖的重要条件之一，没有适宜的温度，发酵就难以正常进行。

（1）温度的作用

①为有益微生物的活动、生长、繁殖提供条件。

②促进糟醅中的微量成分（生物的、化学的）的生成和相互转化。

③促进蒸煮糊化好的淀粉生成葡萄糖。

④部分微生物的最适温度：入窖温度以酵母菌、己酸菌、丁酸菌为主，见表6-59。

表6-59　　　　　　　　　　　　部分微生物最适温度

微生物	酵母菌	己酸菌、丁酸菌	醋酸菌、乳酸菌
最适温度	28~32℃	30~35℃	36~40℃

⑤从目前的生产实践来看，在发酵正常的情况下，1个淀粉在窖内发酵后，平均升温1.5℃左右，入窖16~18℃，一般24h升温1℃，主发酵期10~15d。入窖25℃以上时，一般24h升3~5℃，主发酵期一般3~5d。

（2）入窖温度的影响

①入窖温度25℃以上时，有害杂菌生长繁殖快：有害、有益菌同时进行生长繁殖，互相竞争，消耗淀粉。有益菌把淀粉变成糖分、酒精和CO_2；有害菌则把淀粉、糖分、酒精变成酸、水和CO_2。随着发酵的进行，温度上升得越高，有害菌活力增加，而有益菌反而减少，造成淀粉、糖化、酒化的损失，严重影响产品质量和产量。

②升温酸度大：由于发酵温度高，给有害杂菌提供了有利于生长繁殖的条件，酸度升幅较高。酸高不但会影响当轮次的产酒率，若控制（降酸）措施不力还会影响到下一轮次。

③发酵升温高，抑制有益微生物不能健康繁殖和壮大，衰老快。因为有益微生物都是蛋白质组成的，温度高就会失去活力。

④发酵温度高，淀粉生成多，会使高粱、糠壳中的五碳糖、果胶质、单宁等加速分解成甲醇、糠醛等物质；氨基酸进一步分解成杂醇油（高级醇）。

⑤入窖温度高，淀粉生成的糖多，生成的酒精少。发酵温度高时，酵母菌的发酵能力减弱，故有益微生物（主要是酵母菌）没有完全利用，这就给有害杂菌提供了充足的养分，造成淀粉和糖的大量损失和酸度升高的结果。如果控制不好，热季的生产就容易造成这种情况。

⑥由于发酵温度高，"吹口"（产生的CO_2）猛，会把已经生成的酒精随CO_2跑掉。

⑦入窖温度高，糟醅的酸度大，黄水清，极酸而不涩，糟醅酒味大，产酒酸味重，糙辣，甜味差，产量和质量均不好。

（3）正常稳定发酵产酒的情况（其他工艺条件均处于受控制状态）

①经过长期的生产实践，入窖温度和投粮关系见表6-60。

表 6 – 60　　　　　　　　　　　　　　入窖温度和投粮关系

投粮/kg	200	165	150	135	120
入窖温度/℃	14 ~ 16	16 ~ 17	17 ~ 18	18 ~ 19.5	20 ~ 21

②正常温度入窖可以抑制有害菌的生长繁殖，促进有益菌的生长繁殖和壮大，增强有益菌对有害菌的竞争作用。

③正常入窖温度，糟醅升温幅度小，母糟不易受杂菌感染。

④入窖温度正常，有害杂菌生长少，如甲醇、杂醇油、醛类等杂质生成就少，就为质量的提高、产量的增加提供了条件。

（4）掌握温度应注意的问题

①入窖温度不能控制过低（不低于14℃）。

②切忌摊床上和入窖糟醅温差太大，规定不能超过 ±1℃。若糟醅温差超过 ±2℃以上，窖内发酵升温就不一致，产酒味杂。

③每甑之间的温差不能超过 ±1℃。

④摊晾下曲必须测温（四个测点），下曲温度要根据季节作参考，最终要使入窖温度符合工艺要求。入窖亦要求测温，若各点温差超过 ±1℃，可用耙梳作调节，要求达到工艺标准。

6. 酸度

酸是形成浓香型白酒香味成分的前驱物质，是各种酯类的主要组成部分，酸本身也是酒中呈味的主要物质。酸度是指入窖糟醅中有机酸的含量。其具体表示方法：10g 糟醅中所含的有机酸中和 0.1mol/L 氢氧化钠溶液的毫升数。酸度过低，产酒不浓香，味单调；但入窖酸度过高（2.5 以上）又会抑制有益微生物（主要是酵母菌）的生长繁殖，导致不产酒或少产酒。因此，必须正确认识酸在酿酒中正反两个方面的作用，从而有效地利用酸和控制酸。

（1）酸的作用

①酸可以把淀粉、纤维素等水解成糖类物质，有利于糊化和糖化。

②糟醅中有适当的酸，可以抑制一些有害杂菌的生长繁殖，而对酵母菌的发酵能力影响也不大，这称为"以酸防酸"。在酿酒中有一种经验方法：每轮次糟醅出窖酸降50%，入窖酸升100%的良性循环进行，即入窖酸2.0，经过发酵出窖为4.0，然后再通过滴窖、拌料、蒸馏、打量水、摊晾、下曲后，酸度又回到2.0 左右。这种糟醅一般问题不大，产酒较稳定，其产量和质量都比较理想。

③提供微生物的营养和生成酒中香味物质。浓香型酿酒发酵期分为三个时期：这几个阶段是相互联系，相互制约，而且不能截然分开。

主发酵期（7 ~ 15d）。这个时期主要是淀粉变成糖类，糖类变成酒精的时期，同时也产一些酸。

发酵中期（10 ~ 15d）。主要是通过细菌作用把淀粉、糖分、酒精等生成酸和其他一些物质，有"生酸期"之说。

发酵后期（15 ~ 30d）。这个时期主要是将已经生成的醇类、酸类、醛类等物质，经过化学反应，转变成各种酯类和其他香味物质，同时酸也继续由低级酸生成各种高级酸，所以有"生香期"之说，发酵要求 70d 就是这个道理。

④有机酸（乙酸、己酸）在一定条件下与醇类物质作用生成酯的反应称为酯化反应。酯的形成正是能通过酯化作用进行，故酸是酯的前体物质，有什么样的酸才能生成相应碳原子数的酯类物质。

⑤从出窖到入窖糟醅的降酸幅度一般在 1.6 ~ 2.2。

滴窖舀黄浆水能降酸 0.55 ~ 0.65；投粮拌和能降酸 0.15 ~ 0.25；拌糠过程能降酸 0.15 ~ 0.25；蒸馏过程能降酸 0.60 ~ 0.80；打量水能降酸 0.15 ~ 0.25。

（2）如何掌握和利用酸、控制酸

①入窖糟醅温度高（入窖温度＋淀粉升温幅度超过 35℃），杂菌易于生长繁殖，活力强，生酸较高，热季是一个例证。

②入窖糟醅糠壳用量大（大于用粮的 30%），淀粉浓度低于 18%，糟醅糙，窖内空气滞留多，发酵升温既猛且高，所以生酸大。

③窖池管理不善，窖帽有裂口，空气侵入，引起酵母和好气性杂菌大量生长繁殖，导致酸度升高，还会出现霉烂糟。

④投粮（淀粉）过大，正常情况每消耗一个淀粉（1% 的淀粉）在窖内升温约 1.5℃，窖内升温幅度高（超过 35℃ 以上），生酸亦大。

⑤发酵周期长（特别是热季），杂菌生长繁殖时间较长，活力增强，尤以醋酸菌较为活跃，导致酸度升高。醋酸高的糟醅酒精味突出，嗅母糟散发出扑鼻而舒服的感觉，但这是一种假象。若当轮次处理不好会影响第二轮次的产酒量。

⑥量水温度过低（80℃ 以下），水分大部分附着于糟醅表面，最易被杂菌利用而大量生长繁殖，量水过大（糟醅水分大于 55%）亦易造成杂菌生长繁殖，而引起酸度大。

⑦入窖糟醅的酸度低于 1.5 亦易于杂菌繁殖。

（3）掌握酸度应注意的问题

①入窖糟醅酸度过高（2.5 以上），在热季和转排（指 7 ~ 11 月）时最容易出现发酵不正常，残淀（残糖）高，生酸幅度小（有时只有 0.5 左右），这种酒往往寡淡，带发酵不彻底的生嫩味、甜嫩、带尾子味，浓香极差。

②有一种假象糟醅，看起来黄、硬，黄浆水甜，产量、质量差，这种糟醅含糖分高，主要入窖酸偏高所致，影响了酵母的正常活力。

③发酵期过长，糟醅红烧，黄水有悬，酒产量、质量都比较好。但要注意该糟醅酸度过高，有可能影响下轮产酒质量。

④"双轮底"糟醅的酸度较高，目前一般都采取不投粮，取酒后作红糟处理；若要继续投粮，此时要注意一个问题，不要继续入在底层，应统筹安排在上、中层部位。

⑤糟醅酸度过低时，可将优质黄浆水、酒尾、酒头、底窖湿糟 5kg 左右搅拌成浆状（14kg/桶）撒在入窖糟醅上，这样糟醅下轮次就比较理想。

⑥若出窖酸太低（低于 1.3 时），可采取每甑加 20kg 左右的优质母糟串香。

⑦加强出窖、入窖、生产场地清洁卫生亦是一个降酸的好办法，特别是窖壁的清洁卫生。

7. 糟醅

糟醅是由粮、糠、水、曲、温、酸等六个方面有机结合的载体。欲把糟醅做得松软，全靠其工艺条件，若有一个或两个方面未处于受控状态，其产酒质量都会受到影响。糟醅的感官要做到16字要求："糊化彻底，内无生心，疏松不糙，柔熟不腻"。

（1）糟醅的分类　按其所处的位置分为面糟、中上层糟、中层糟、中下层糟、底窖糟（湿糟）和双轮底糟等；按其所含的物质又分为粮糟、母糟、红糟、丢糟和复糟；按其出入状况分为出窖糟、入窖糟。

（2）糟醅的作用　糟醅中储存着大量的有益物质成分，其中主要有淀粉、糖类、酸、脂肪、酵母、蛋白质、氨基酸及微生物。孢子状的微生物、生长素、矿物质（硫、磷、铁）等，这些物质对发酵、生香有着各种不同的作用。在浓香型发酵酿酒行业糟醅是一个产酒的仓库，亦有说它是各种有益酿酒微生物的联合体；糟醅能为淀粉提供水分，调节淀粉含量、酸度等作用；糟醅还有保水的作用。

（3）辩证掌握糟醅内其他关系

温度与淀粉的关系：温度和入窖淀粉是反比关系。入窖温度高，入窖淀粉就相应低；入窖温度低，入窖淀粉相应增高。

温度与酸度的关系：温度和酸度呈正比关系，入窖温度高（升温幅度大），入窖糟醅酸度也稍高一点，这样才能防止部分杂菌的侵入和抑制部分杂菌的生长繁殖。一般说来升温幅度高，升酸幅度也高（热季生产就可以证明这一点）；升温幅度低，生酸幅度低。所以，我们在生产中要严格控制温度。

温度与曲药的关系：温度与曲药呈反比关系。入窖温度高，用曲量应适量减少（约2%为宜），热季时用曲适当减少；入窖温度低，用曲量可适量增加，酿酒冷季下层湿糟可增加2%～4%。

温度与水分的关系：入窖温度与入窖水分呈正比关系。入窖温度高，入窖水分就应偏大一点，比如热季的入窖水分是52%～54%；入窖温度低，那么入窖水分亦应偏小一点，比如冷季入窖水分是50%～52%。

温度与糠壳的关系：入窖温度和使用糠壳呈反比关系。入窖温度高，用糠量应适当减少，以前在热季加糠加水的做法是违背科学的，其原因是糠多导致窖内滞留的空气亦多；入窖温度低，可适当加大用糠量，就是有意识利用糠壳的空隙多滞留空气在窖内，有利于发酵。在实际生产中要坚决反对"糠大水大，冷热不怕"的做法。

淀粉与酸度的关系：与生成的酸度成正比关系。一般来说，入窖淀粉高，生酸都较高；入窖淀粉低，生酸亦较低。反过来则成反比关系：入窖酸度高，投入淀粉相应低一些；入窖酸度低，入窖淀粉应适量高一些。

淀粉和曲药的关系：呈正比关系。入窖淀粉高，投入曲药相应加大；入窖淀粉低，用曲量相应减少。一般来说，应根据入窖淀粉和季节来确定用曲量。

淀粉与水分的关系：淀粉与用水呈正比关系。即入窖淀粉含量高，用水量应加大（量水量是投粮的75%～90%）；入窖淀粉含量低，用水量应适量减少。

淀粉和糠壳的关系：从理论上讲，淀粉高，糠壳应少用，淀粉含量低，糠壳应多用。这是从淀粉、糠壳都会升温发热的角度来讲的。但是从糠壳能调节、降低入窖糟醅淀粉含量的作用讲，则应是投粮大糠壳亦相应增大，而且只有这样才能使糟醅疏松，有利于蒸馏和发酵。其实淀粉和糠是一个对立统一的关系。

酸度与水分的关系：呈正比关系。入窖糟醅酸度大，水分应适当大一些；入窖酸度小，用水量适当偏小。但入窖水分大，下轮次出窖酸度亦升得较高，说具体一点就是水不能降低入窖总酸的含量，而只能是适量加大水分来稀释酸度。在生产实践中一般都采用适当加水降酸的办法。

酸度与曲的关系：呈正比关系。即入窖酸度大，可适当加大用曲量，其原因是酸大要抑制酵母菌的正常发酵能力。

酸度与糠壳的关系：呈正比关系。即入窖酸度大，可适量加大用糠量以增加窖内微生物的活力，但要注意糠大与温度的关系，有可能糠大升温高，同时生酸亦高。这些方法都要辩证掌握，孤立地谈很难说清。

曲药与水分的关系：从理论讲，曲药与水分呈正比关系（这是从两个物质相关绝对数而言），用曲多，水分应适当偏大；用曲少水分亦偏小。但在具体生产中用曲和用水与季节关系特别大，若用曲多时，水分则偏大。

曲药与糠壳的关系：从理论上讲，曲药与糠壳呈反比关系。用曲量大，糠壳用量应小；用曲量小，糠壳用量应偏大。但在实际做法中，用曲量大，糠的用量也偏大；用曲量小，糠的用曲也偏小，呈正比关系。实际上这些都与投糠和温度关系密切相关。

水分和糠壳的关系：水分大，糠壳适当多用；水分小，糠壳适当少用，呈正比关系。反过来糠和水的关系也是一个反比关系（如热季用糠少而水分增大等）。在生产实践中若在温度的作用下，其做法恰恰相反。

总而言之，粮、糠、水、曲、温、酸、糟、窖、摘、并，酿酒十大要素之间的关系相互密切，在实际生产中绝不能看某一种或两种要素的关系。

8. 窖池

（1）窖池的作用

①窖池是有益微生物的主要载体之一，大量有益微生物栖息、生长繁殖、聚居、积集在窖泥中，经过一段时间使用，形成一个有利于浓香型白酒生产、发酵的良好环境，与糟醅相互促进、循环渗透，相得益彰。

②窖泥中含有大量的有益成分，如酸（乙酸、丁酸、乳酸、己酸、氨基酸等）；酯（己酸乙酯、乳酸乙酯、乙酸乙酯、丁酸乙酯等）；醛（乙醛、乙缩醛、丁二酮、2，3－丁二醇等）。所以窖泥均有一定的香气和香味（底窖成熟的窖泥似臭皮蛋香气，手接触后其气味在手上不易挥发）。

③在发酵过程中，窖泥中所含的有益成分，与糟醅中的糖分、酒精、水分、CO_2 等不断进行交换（或互促、互补）。即在温度、水分的作用下，窖泥中的酸、酯、醛等有益成分逐渐进入糟醅，而糟醅中的水分、糖分、酒精等逐渐反侵进窖泥中，形成良性循环（动态平衡）。这就是以窖养糟和以糟促窖（促窖老熟）的道理。越老的窖池，富集微生物越多，窖泥越香，糟醅也越香。

④窖池还起到保水、保温、杜绝空气以利于发酵的作用。窖池一定要做到水（黄水）不外流，外面的水也不能浸入窖内，要"借水降水"；一定要保证发酵升温正常，整个发酵过程中，必须杜绝空气侵入窖内。

（2）管理窖池应注意的问题

①在起母糟时，使用的工用具不能把窖池损坏，即使不小心损坏了，应立即将掉下来的窖泥（或另外培养的窖泥）补回原处。

②保证窖泥中所含水分不低于40%，越接近上限越好。入窖时可对窖壁上半部淋浆（优质酒尾、黄水、底窖泥、酒头拌成浆状）护窖。

③保证窖壁不生霉、不裂口、封窖泥厚度冷季应不低于15cm。

9. 摘酒

在浓香型白酒的酿造过程中，粮、糠、水、曲、温、酸、糟、窖八个方面都符合工艺要求，发酵一般来说比较正常，但最终产酒还要通过量质摘酒、按质并坛才能提高优质率；摘酒这一关非常重要，是基础酒形成的关键工序。俗话说："生香靠发酵、提香靠蒸馏"，可见蒸馏之重要程度。

（1）摘酒与蒸馏的关系

①蒸馏效应：是指发酵糟醅中所生成的各种微量物质成分，通过蒸馏设备和技术的有效控制和掌握，使馏分的各类微量物质按比例地得到有效集取和获得的综合效果的反应。蒸馏效应足以反映馏分中的质量优劣状况，这个过程起着对成品酒定质定格的作用。

②二者关系：要摘出好酒，必须根据糟醅情况"量质摘酒"，所谓量质摘酒就是边尝边摘，摘酒不离人（规定组长或副组长）。

摘酒要好，上甑蒸馏作保障。上甑时要轻撒匀铺，穿汽要平均，探汽上甑，严禁"一气呵成"。

上甑前（每班）必须把底锅水换洗干净，其原因是各班组的糟醅层次不一，若上班次做面糟，回底锅的酒尾就带面糟的香和味。另外每烤一次黄浆水必须换底锅水，黄浆水经蒸煮易产生一种焦煳味，产生的原因是黄浆水里面有浆状的淀粉悬浮物或沉淀物。

（2）蒸馏摘酒中应注意的问题

①截头去尾，根据糟醅情况来确定截头去尾的多少。

②上甑蒸馏时间要做到保证上甑≥35min，流酒至出甑≥40min（具体蒸粮时间视其润粮情况而定），流酒温度控制在20～30℃（这是指酒从冷凝器的流酒管流出时的温度）。流酒温度超过30℃应向冰桶内加冷水，若流酒温度低于20℃则应蒸馏前进行预热。上甑时的汽压应控制在0.03～0.05MPa。

③严禁大汽蒸馏，否则不利于有益物质的获取。

④摘酒严禁用手指蘸酒尝评。因手指蘸的酒量不准，手指温度与流出的酒温不一致，而且极不卫生等，导致尝酒不准。一定要用尝评杯分段品尝。

⑤起糟时一定要分层平起，这样才有利于摘酒分级，不至于把糟醅层次翻乱。

⑥热季做底糟（湿糟）原则上不烤黄浆水，因热季黄浆水乳酸高，若烤黄浆水，底糟的酒就平淡，影响浓香。一般把黄浆水烤在中层糟较理想。

⑦做面糟、丢糟的酒尾不能回到要摘一级酒的底锅内，否则，影响酒质。

10. 并坛

按质并坛是特有的一种工艺，它是根据各层糟醅产酒质量，然后按质量合理并坛，其实这就是将各口窖池不同风格的酒搭配入坛，使基础酒的香、浓、醇、甜、净、爽协调，使色、香、味、格近于优级原酒的标准。一个技术素质高的组长与差的组长并坛收成率的差在 30% ~ 50%。

（1）并坛是根据不同窖池、不同层次产酒而定，将各类物质组织协调，但不是"小勾兑"。

（2）并坛要注意起坛的数量。从目前看，一个正班组同时起四个酒坛比较有利，也就是每甑酒基本上按四等份倒入坛内，这样四坛酒满后香、浓、醇、净、甜、爽等基本一致而收率较高。

三、剑南春酿造工艺

（一）剑南春酒的原辅材料

名优白酒选用的生产原料通常是以粮谷为主。在粮谷为主的原料中，高粱占主导地位，其次为大米、小麦、糯米、玉米等。这些原料内含有丰富的碳水化合物、蛋白质和微量元素，非常适合酿酒微生物的生长与繁殖的物质需要和吸收利用。

酿造剑南春大曲酒对原料的质量要求也十分严格。因为原料质量的好坏，将直接关系到出酒率的高低和酒质的优劣。在浓香型名优白酒的生产中，原料是基础，不同原料产出的白酒，在风味上差别较大。相同的原料因品种、产地不同，其产品质量与出酒率也大不相同。因此，酿酒之前对原料的选择要特别慎重，关键是要根据酒体风味特征的设计方案来选择原料及其品种，并采取相应的技术措施，才能收到最佳的效果。其次，所选用的原料还应注意保持其稳定性，经常变动原料对酿酒生产是非常不利的。

1. 原辅材料的质量要求

酿制名优白酒多数都是以粮谷为原料。谷物中含有一定量的淀粉和纤维素。

粮谷原料一般以糯（黏）者为好，即支链淀粉含量高者为佳。具体为糯高粱和糯米。原料要求颗粒饱满，有较高的千粒重，原粮水分在 14% 以下。优质的白酒原料要求新鲜、无霉变和较少的杂质，淀粉含量较高，蛋白质含量适当，脂肪和单宁含量少，并含有多种维生素及无机元素，不得有黄曲霉素及农药残留物等有害成分。总之是以有利于微生物的生长、繁殖与代谢，有利于名优白酒形成明显的个性风味特征为原辅材料选择标准。

2. 原辅材料的加工要求

（1）原料处理　酿制大曲酒的原料，必须粉碎。其目的是要增加原料受热面积，有利于淀粉颗粒的吸水膨胀、糊化，并增加粮粉与酶的接触面积，为糖化发酵创造良好条件。原料颗粒太粗，蒸煮糊化不透，曲子作用不彻底，将许多可利用的淀粉残留在酒糟里，造成出酒率低；原料过细，虽然易蒸透，但蒸馏时易压汽，酒醅发腻（黏），易起疙瘩，这样就要加大填充料用量，给成品质量带来不良影响。由于大曲酒发酵均采用续糟法，母糟都经过多次发酵，因此，原料并不需要粉碎过细。

剑南春酒、绵竹大曲酒的原料由红粮、大米、糯米、小麦、玉米混合粉碎而成，粗细程度要求一粒粮食分成 6 ~ 8 瓣，能通过 20 目筛的细粉为（20 ± 5）%，根据季节变化和发酵母糟所含残余淀粉的高低决定每甑原料的用量，各季入窖粮糟淀粉含量应控制在 17% ~ 20%。

（2）对曲药的处理　酿酒的大曲，形如砖状，必须经粉碎后，才能使用。粉碎度以通过 20 孔筛的占 30％ 左右为宜。粉碎过细，曲药中微生物酶与淀粉接触面大，糖化发酵快，但持续力差，没有后劲，如粉碎太粗，接触面太小，微生物酶没有充分利用，糖化发酵太缓，影响出酒率。粉碎后的曲药粉要妥善放置，避免受潮霉变，保持酶的活性，一般不宜储存太久。

（3）对糠壳的处理　糠壳是酿造剑南春大曲酒的优质填充剂，但由于糠壳中含有较多的多缩戊糖及果胶质，在酿酒过程中能产生糠醛及甲醇等物质。糠壳还带有霉味、生糠味等，因此，使用前务必对糠壳进行清蒸处理。蒸糠过程中多缩戊糖分解，产生糠醛随水蒸气挥发，生糠味、霉味也随之跑掉。

经试验证明 30min 为蒸糠最佳时间，由于多缩戊糖大大减少，糠醛等杂质在成品酒中含量大大降低。因此，对糠壳进行清蒸处理在工艺中是比较重要的一环。

蒸糠时，必须将底锅水换掉洗净，大火（大汽）蒸，蒸到有清香味才能出甑，出甑后立即摊薄、晾干、温度降至室温，然后收拢备用，熟糠的含水量不得超过 13％。

3. 原辅材料的除杂和粉碎

剑南春酒原料通常采用振动筛去除原料中的杂物，用吸式去石机除石，用永磁滚筒除铁。

原料的粉碎采用锤式粉碎机、辊式粉碎机及万能磨碎机。粉碎的方式有湿式粉碎及干式粉碎两种。

（1）制曲原料的粉碎　多粮型酒的原料粉碎要求通过 20 目筛孔的细粉占 30％ ～ 35％，有的单粮型曲料粉碎能通过 40 目筛的占 50％，有的甚至高达 60％。

在原料粉碎时，一定要注意粉碎的粗细度，如果原料粉碎过粗，制成的曲还不易吸水，黏性小，不好踩，不易成型。而且由于坯中物料空隙大，水分迅速蒸发，热量散失快，培曲过程中曲坯过早干裂，表面粗糙，微生物不易繁殖，曲坯上火快，成熟也快，断面生心，微生物生长不好。如果粉碎过细，则压制好的曲块黏性大，坯内空隙小，水分、热量不均易散失，霉菌易在表面上生长，引起曲的酸败，曲子升温慢，成熟也晚，出房后水分不易排尽，甚至还会造成曲坯"沤心"和"鼓肚"、"圈老"等现象。因此，控制大曲原料粉碎度是十分必要的。剑南春酒厂曲房粉碎按照原料比例分别粉碎，小麦要粉碎成过 20 目筛细粉占 50％，无整粒，粗细均匀。大麦应粉碎成细面，即麦皮呈片粒状，麦心粉碎成细粉状，所谓的"烂心也烂皮"的颗粒状。这样，既可利用麦皮的透气、疏松性能，又能使麦心营养成分与微生物充分接触，吸收营养，有利于微生物在大曲上生长，还能使曲料吸水性好，水分适中（一般 40％）。这样好踩，曲块成形好。

（2）制酒原料的粉碎　由各种原料混合粉碎而成，粗细度要求一粒粮食分成 6 ～ 8 瓣，能通过 20 目筛的细粉为 20％（±5％）。单粮型酒生产用的高粱粉碎成 4 ～ 6 瓣，一般能通过 40 目筛，其中粗粉占 50％。多粮型生产的原料粉碎要求成 4、6、8 瓣，成鱼籽状，无整粒混入；玉米粉碎成颗粒，大小相当于其余四种原料，无大于 1/4 粒者混入；多粮粉混合后通过 20 目筛的细粉不超过 20％，对坚硬的黑壳高粱可适当破碎得细些。

4. 原辅料的配比

（1）粮食的科学配比　科学的配比对名酒质量与风味起着非常重要的作用。剑南春酒厂生产粮食配料为：高粱40%、大米25%、糯米15%，小麦15%，玉米5%。为了提高质量，热天不减粮，以提母糟的残余淀粉和入窖淀粉含量来克服酸高不升温的矛盾，达到产品既优质，又能安全度夏的目的。一般酿酒厂家都是热天减粮、加糠。1、2季度由于气温低，出酒醇和，这与淀粉含量有一定的关系。总之一定要保持一定的残余淀粉含量，粮不能太细，母糟的残余淀粉不得低于10%，酒体才丰满浓郁。

（2）辅料糠壳使用的一般原则　优质剑南春大曲酒一般为18%～25%；在酿酒旺季（1、2、3、4、5、12月）用糠量为23%～25%；在酿酒平季（6、10、11月）用糠量一般为18%～20%；在酿酒淡季（7、8、9月）用糠量一般为20%～23%。

（二）剑南春酒酿造工艺

传统工艺与现代技术相结合的新工艺。在传统工艺的基础上，在多年的研究试验中总结出了几套新工艺，如，"复式新工艺"、"一长二高三适当"的关键技术等，其中重点是"一长二高三适当"，是提高浓香型名优酒的关键技术。

1. "一长二高三适当"的技术措施

"一长"是指：发酵时间长。发酵前期10～30d属糖化发酵、产酒阶段，后面的时间属于酯化阶段，产生的酸和醇反应生成酯，所以时间长一点。其实质是使母糟与窖泥有更多的接触时间，这样有机酸用醇类再经较长时间缓慢地发酵、富集和酯化，使剑南春的主体香己酸乙酯含量增多。经过对比实验得知：发酵40d酒的己酸乙酯含量是126mg/100mL；50d：180mg/100mL；60d：200mg/100mL；120d：437mg/100mL。其他相应的香味成分含量也随时间的增加而增加，所以发酵期70～75d的酒质量好，基础酒的口感好，醇甜，主体香突出。采用双轮底发酵140～150d，时间长，酿出来的酒味道比上面的酒好得多，因此常把双轮底酒用作调味酒。

"二高"是指酸高，淀粉高。发酵时间长，产生的酸就多，出窖糟酸度达3.5～4.0，而理论上要3.0以下，实际名酒的生产中酸度要高些。有酸才能产生酯。采取提高入窖母糟酸度的办法，把入窖酸度控制在2.0～2.4范围内，出窖酸度达3.6以上。如果母糟内酸的含量少，就会导致酒味短、淡，不柔和也不协调，稍偏高的入窖酸度，使产出酒的己酸乙酯含量平均增加了50～80mg/100mL；在长期的生产实践中，我们也证实母糟内酸含量高，淀粉低发酵升温困难，所产的酒少，而且杂味多，风味不典型。解决的办法就是提高入窖淀粉含量，在发酵过程中，经微生物作用随淀粉的转化而温度呈上升的特点来解决母糟酸高不升温不发酵的弊端，在相同的入窖酸度条件下，把淀粉含量控制在19%左右进行发酵，有利于酒中各种香味物质的生成。如果出窖母糟淀粉含量在10%～13%，有颗粒，少部分未发酵完最好，每次不要使其发酵太完全，糟子不能太空了。如果母糟残余淀粉在10%以下或7.8%，就只能产一般曲酒，而产不出名优好酒。母糟发酵空了而且在热天又减粮，肯定在发酵中不升温，所以母糟要肥实一些，即残余淀粉要稍多一点，粮食粉碎稍粗一点，但不要整粒的，投粮也不要太多，以免酒中带生粮食味。过去一到热天为了安全度夏就实行：减粮、加糠、加水。加谷壳、加水的目的是为了减酸，但酿出来的酒味淡，糟味、辅料味重。现在采取热天不减粮、不减曲、不加谷壳、不加过多的水而采用上述方法安全度夏。

"三适当"是指：水分、温度、谷壳适当。适当的水分是发酵的重要因素。入窖水分过高，也会引起糖化和发酵作用快、升温过猛，产出的酒味淡；而水分过少，会引起酒醅发干，残余淀粉高，酸度低，糟醅不柔和，影响发酵的正常进行，造成出酒率下降，酒味不好。剑南春酒厂的入窖水分控制在53%～54%，出窖水分一般在58%～60%，基础酒的己酸乙酯含量就高。温度是发酵正常的首要条件，如果入窖温度过高，会使发酵升温过猛，使酒醅酸过高，在增加己酸乙酯含量的同时，也增加了醛类等成分，使酒质差，口感不好。而低温入窖，虽然对控制杂味物质的生成和提高出酒率有利，但己酸乙酯香味成分生成量也会减少。所以按照热平地温、冷13℃的原则来控制入窖发酵温度，更有利于正常发酵、产酯，产出的酒浓香、醇和、无杂味，具有典型风格。根据多年的实践经验，从入窖糟的淀粉含量来控制入窖温度比较好。谷壳是良好的疏松剂和填充剂，在保证母糟疏松的前提下，应尽量减少谷壳的用量，如果谷壳多，就会导致母糟糙，将造成酒的味道单调。但谷壳用量太少，会使母糟发腻，同样影响发酵和蒸馏，而且还因谷壳含糠醛，多缩戊醛和其他邪杂味等物质，对酒的质量有很大的影响，所以在使用谷壳之前，必须敞蒸30min，其用量一般控制在每100kg原料25kg谷壳。

2. 复式新工艺

该工艺是将优质的母糟作填充剂，加入一定量的浓香型曲酒，采用复蒸技术，再次蒸馏，把残留在优质母糟中的香味成分和曲酒中的香味物质再次进行充分的精馏浓缩出来，并进行科学的分馏，从而达到基础酒的香味物质增加，提高质量和名酒的合格率的目的。

因为在蒸馏中，常受到蒸馏时间、组分沸点、挥发系数大小的限制，一次性的蒸馏不能将糟子中的各种微量香味成分全部蒸馏出来，仍有不少残存在糟子中。因此采用蒸馏不同时间，改变挥发系数，将残存在母糟中的各种香味成分重新蒸馏出来，使酒中各种微量成分的含量发生量变，而重新排列组合。

采用的工艺方式有三种：

①将同类优质粮糟配入一定量的双轮底发酵母糟，将一定量的尾酒加入底锅水内进行精馏分类。

②将多余的双轮底糟作填充剂加入一定量的底层糟的酒进行精馏分类。

③将已蒸馏的双轮底糟凉冷处理后，加入适量的尾酒进行精馏分类。

采用"复式新工艺"必须做到：

a. 严格工艺操作是保证，必须按照曲酒生产操作规程，上甑要轻倒匀铺，缓慢蒸馏，否则不能完全达到复式目的。

b. 底窖糟的选择标准，在生产过程中，必须选择经过两轮发酵期的底窖糟，具备颜色正、闻味香浓、无异杂味，pH3～4，残余淀粉适中。

c. 复式酒质的优劣档次，提高级数与使用的酒基质量成正比，即优质酒基复式后的质量档次上升高得多，劣质酒基复式后的质量档次上升得少。

四、提高浓香型大曲酒质量的新技术

（一）采取工艺措施，增加己酸乙酯含量

浓香型白酒酿造过程中己酸乙酯生成的条件与下列几个因素有关。

1. 窖泥质量和己酸乙酯生成量的关系

酿造泸型曲酒，窖泥是基础。传统建造窖池是以纯黄泥搭建的，需经数10年的老熟

过程，才能产出名优酒。通过对不同窖龄的窖泥进行理化检测和微生物检查，发现了一些规律（表6-61）。

表6-61　　　　　　　　　　　不同窖龄泥质理化成分及微生物数量

项目 窖号	窖龄	等级	水分/ %	氨态氮含量/ (mg/100g 干土)	有效磷含量/ (mg/100g 干土)	腐殖质含量/ (g/100g 干土)	pH	细菌总数/ (×10^{6}个/g 干土)
1—1—5	122	特	30.0	178.67	1046.03	8.38	6.20	16.1
1—1—13	122	特	30.35	179.47	2114.56	10.08	6.30	22.5
1—1—14	122	特	32.10	184.09	2100.84	16.11	5.80	36.5
1—6—3	57	特	37.5	404.06	2302.27	20.41	6.00	62.5
1—9—30	27	头	39.05	102.54	2271.39	11.25	6.00	26
1—9—31	27	头	37.65	150.36	2676.66	9.34	6.20	60.5
1—1—25	21	二	38.4	202.92	1329.79	7.07	6.70	2.8
1—2—26	21	二	39.6	617.28	1577.29	11.47	6.20	1.46
1—2—20	22	二	32.7	557.21	1464.32	8.32	6.20	2.7

从表6-61可以看出，窖龄越长，等级越高，其有效磷和腐殖质含量均有较大的差异，细菌总数也有明显的增加。

窖龄长、泥质好的窖，如1—1—14、1—1—5号窖，发酵60～83d，在母糟、操作工艺正常的情况下，也能产出50%左右的特曲酒（中国名酒），己酸乙酯可达180mg/100mL以上；而窖龄短、泥质差的1—1—25、1—1—26号窖，即使采取特殊工艺，发酵期达97d，也只能产二曲酒（三等品），己酸乙酯含量仅为120mg/100mL左右。生产实践证明，无论百年老窖或人工老窖，都是靠近窖底或窖壁那一部分母糟所产酒的质量最好或较好，窖中心或上层母糟所产酒的质量较差。因此，在窖池长宽深比例适当的前提下，容积小，产酒质量较好，己酸乙酯含量也高，酒质也较稳定。如1—9—30、1—9—31号窖的甑口为8甑，在窖泥质量基本接近的情况下，窖龄比1—1—5、1—1—14号窖（甑口为14—15甑）短近百年，但酒的产量和质量一直都比较稳定。

据天津科技大学等单位有关资料介绍，己酸菌、丁酸菌在窖泥中生长繁殖缓慢，它们代谢所产的酸向酒醅里扩散也很缓慢。即使是老窖泥活性良好，曲酒发酵30d，己酸迁移的厚度也只有10cm左右。因此，为了提高曲酒质量，只得延长发酵周期或增大酒醅与窖泥的接触面积，所以，适当小的窖容，在其他工艺操作适当时，可使酒质较为稳定。当然，现行生产中使用大窖，可采用其他技术措施来提高酒质。

2. 发酵周期与己酸乙酯生成量的关系

泸州曲酒厂在同等级窖池中，母糟、操作工艺基本相同的条件下，发酵周期越长，酒质越好，酒中己酸乙酯含量也越高，见表6-62。

表6-62　　　　　　　　　　　不同发酵期与己酸乙酯生成量的关系

窖等级	甑口	发酵期/d	封、开窖月份/月	己酸乙酯*	乳己比	总酯*
特曲窖	12	33	5～6	62.70	1:0.3	0.3594
	14	60	4～6	87.90	1:0.5	0.3027
	14	83	4～6	169.6	1:0.8	0.3738
	10	185	3～9	154.7	1:0.6	0.8914

续表

窑等级	甑口	发酵期/d	封、开窑月份/月	己酸乙酯*	乳己比	总酯*
头曲窑	12	34	11~12	40.0	1:0.6	0.1618
	14	72	1~4	52.6	1:0.3	0.2694
	8	126	1~6	396.6	1:2.4	0.3817
	8	198	6~12	365.0	1:1.1	0.4079
二曲窑	16	41	1~3	33.6	1:0.4	0.1963
	12	75	2~4	88.2	1:0.7	0.2558
	13	97	1~4	106.2	1:0.4	0.3583
	17	163	6~12	206.7	1:0.7	0.4599
	17	88	7~10	186.7	1:0.6	0.5117
二曲窑	18	50	2~3	54.1	1:0.5	0.2764
	14	547	6/84~12/86	394.2	1:0.9	0.7911

注：*计量单位己酸乙酯为 mg/100mL，总酯为 g/100mL，酒精含量以 60% vol 计。

表 6 - 62 说明：

（1）发酵周期与己酸乙酯生成量基本上成正比，但不一定周期越长，己酸乙酯含量越高。

（2）己酸乙酯生成与季节、入窑温度关系密切，一般是以 1~5 月份产的酒高于 6~12 月份产的酒，但总酯含量则相反。

（3）大面积的生产窑池，不论等级如何，一般产的基础酒，乳己比例失调，即酒中乳酸乙酯 > 己酸乙酯，因此"增己降乳"仍然是当前生产中普遍亟待解决的问题。

3. 不同工艺条件与己酸乙酯生成量的关系

目前不少名优浓香型曲酒厂主要采用翻沙、灌（泼）酯化液、延长发酵期等方法来提高酒质和名优酒比率。在酒醅正常、条件掌握恰当时，是一些有效的措施。通过对不同等级、不同窑龄、不同甑口、不同工艺窑池的查定，可明显地看出其效果，见表 6 - 63。

表 6 - 63　　　　　　不同工艺条件与己酸乙酯生成量的关系

窑号	窑龄/a	等级	甑口	工艺特点	酒中理化成分*				
					总酸	总酯	己酸乙酯	乳酸乙酯	乳己比
1—1—5	122	特	14	常规	0.0861	0.4012	182.0	226.0	1:0.8
1—6—3	52	特	12	产量窑	0.0807	0.3594	62.7	188.6	1:0.3
1—9—30	27	头	8	延长发酵期	0.0826	0.4218	438.0	179.3	1:2.4
1—2—18	26	头	14	常规	0.0769	0.2732	53.3	165.1	1:0.3
1—1—24	26	头	13	翻沙	0.0803	0.4118	112.8	208.8	1:0.5
1—1—26	21	二	13	翻沙	0.1004	0.3714	123.6	266.9	1:0.5
1—2—20	22	二	16	常规	0.0607	0.3372	90.4	138.5	1:0.7
1—2—26	21	二	17	延长发酵期	0.1230	0.4814	211.6	323.6	1:0.7
1—5—1	12	二	17	产量窑	0.0483	0.2182	37.4	83.2	1:0.4

注：*计量单位总酸、总酯为 g/100mL，己酸乙酯、乳酸乙酯的色谱数据为 mg/100mL。

由表 6 - 63 可以看出：

（1）同等窖池中，不同的工艺特点，其酒中己酸乙酯含量差异较大，一般是延长发酵期＞翻沙＞＞常规＞产量窖。

（2）质量较差、等级低的窖池，在母糟正常、操作细致、条件工艺得当时，通过延长发酵期和翻沙、灌窖等措施，可提高酒的质量和酒中己酸乙酯含量，达到高等级窖池的水平。

值得注意的是，若酒醅不正常、条件掌握不当，即使采取上述工艺措施，也难取得良好效果。例如，一车间一组24、25、26号窖，系二曲窖池，采用翻沙工艺，发酵期为94～97d。结果除24号窖产少量头曲外，余均为二曲。基础酒中己酸乙酯含量仅为90～120mg/100mL，可谓"劳民伤财"，得不偿失。

翻沙、灌窖、延长发酵周期等工艺的应用，要注意下述几点：

①若酒醅发酵不良，骨力差，显腻，不宜采用。

②加入的曲粉、酯化液、黄浆水、液体窖泥，一般曲酒等不宜太多，否则会影响成品酒风味。

③夏季气温高，出窖后酒醅酒精挥发多，酒醅酸度也高，加之空气中杂菌也多，若在此季节搞上述工艺，会使出酒率大幅度降低，酒质也不好。

④翻沙、灌窖工艺，发酵期不要少于3个月；若发酵期太短，效果不明显。

⑤注意细致操作，并做好窖池管理。

4. 蒸馏过程中己酸乙酯含量的变化

曲酒蒸馏是采用混蒸间歇式蒸馏。在蒸馏过程中，酒精含量不断变化，酒中微量芳香成分也随着发生很大的变化。通过查定，再次证实，在蒸馏过程中己酸乙酯和乙酸乙酯馏出量与酒精含量成正比，如果缓慢馏酒，使酒精在甑桶内最大限度地浓缩，并有较长的保留时间，其中溶解的上述酯类就增高。反之，大汽快蒸，酒精快速流出，酒醅中虽高产己酸乙酯，却不能丰收于酒中。乳酸乙酯和丙三醇等易溶于蒸汽中，酒精含量高时它们馏出较少，随着酒精含量降低，它们的含量也随着增加（表6-64）。

表6-64　　　　　　　　　　蒸馏过程中主要微量成分的变化

窖池等级	工艺条件	馏分	总酸		总酯		乙酸乙酯		丁酸乙酯		乳酸乙酯		己酸乙酯	
			mg/L	%	mg/L	%	mg/L	%	mg/L	%	mg/L	%	mg/L	%
特曲窖	常规工艺	酒头	687	14.60	7834	33.51	1140	68.82	357	51.37	561	5.17	2509	43.34
		初馏	529	11.24	6013	25.72	4140	25.00	182	26.19	1124	10.36	1588	27.43
		中馏	620	13.17	2703	11.56	1023	6.18	121	17.41	1358	12.51	938	16.20
		终馏	1112	23.62	3357	14.36	0	—	35	3.04	3216	29.64	418	7.22
		酒尾	1759	37.37	3469	14.84	0	—	0	0	4593	42.32	336	5.80
头曲窖	常规工艺	酒头	740	16.60	5015	31.79	5031	53.06	263	36.68	676	9.64	1501	36.88
		初馏	579	12.98	4273	27.09	4018	42.38	220	30.68	688	9.81	1344	33.02
		中馏	735	16.48	1806	11.46	433	4.57	200	27.89	1134	16.17	569	14.64
		终馏	1061	23.57	2068	13.11	0	0	21	2.93	2203	31.42	353	8.67
		酒尾	354	30.37	2613	16.56	0	0	13	1.80	3310	47.21	276	6.78
	延长发酵期	酒头	643	12.24	9875	31.89	9635	62.07	1526	52.77	1505	9.76	10680	40.91
		初馏	635	12.09	7035	22.72	5565	33.71	970	33.05	1460	7.91	7910	30.71
		中馏	908	17.29	4245	13.71	650	4.23	270	9.40	2860	16.33	3840	14.61
		终馏	1323	25.19	4685	15.13	0	0	85	2.93	5025	28.47	2055	7.81
		酒尾	1560	29.70	5125	16.55	0	0	55	1.85	6230	37.60	1550	5.96

续表

窖池等级	工艺条件	馏分	总酸		总酯		乙酸乙酯		丁酸乙酯		乳酸乙酯		己酸乙酯	
			mg/L	%	mg/L	%	mg/L	%	mg/L	%	mg/L	%	mg/L	%
二曲窖	常规工艺	酒头	559	10.98	5473	29.75	5862	54.92	432	47.52	750	6.78	2262	36.69
		初馏	625	12.28	5029	27.33	4143	38.81	321	35.31	860	7.73	1905	30.90
		中馏	823	16.17	2545	13.83	669	6.27	88	9.68	1245	11.19	979	15.88
		终馏	1118	21.96	2104	11.44	0	0	56	6.16	3202	28.79	609	9.88
		酒尾	1966	38.62	3247	17.65	0	0	12	1.32	5061	45.50	411	6.67
	翻沙工艺	酒头	831	14.92	7381	30.40	7020	50.98	405	46.44	1218	7.98	2361	35.73
		初馏	678	12.17	6568	27.60	6093	44.25	359	41.17	1484	9.72	2160	32.69
		中馏	996	17.88	3038	12.51	658	4.78	67	7.68	2586	16.95	971	14.70
		终馏	1375	24.68	3382	13.93	0	0	24	2.75	4286	28.09	613	9.28
		酒尾	1691	30.35	3907	16.09	0	0	17	1.95	5686	37.26	502	7.60
三曲窖	常规工艺	酒头	541	15.35	6080	33.91	7562	54.30	410	44.52	474	5.85	813	33.66
		初馏	460	13.05	4626	25.80	5284	37.94	329	35.72	593	7.32	707	29.28
		中馏	581	16.40	2250	12.55	1080	7.26	127	13.79	1164	14.37	429	17.76
		终馏	877	24.89	2274	12.68	0	0	32	3.47	2476	30.57	250	10.35
		酒尾	1060	30.22	2700	15.06	0	0	23	2.50	3392	41.88	216	8.94

从表6-64可以看出，己酸乙酯、乙酸乙酯、丁酸乙酯和醇、醛类物质，在蒸馏过程中，随着酒精浓度降低，馏酒时间的增长而逐渐下降；而乳酸乙酯和有机酸则与此相反。

从蒸馏过程酒中微量芳香成分的变化，可以肯定量质摘酒和适当控制摘酒酒精浓度的重要性。

5. 入窖条件和己酸乙酯生成的关系

酿制浓香型曲酒，窖泥、曲药、工艺对己酸乙酯的生成都有影响，三者不能偏废。从最新收集到的数据分析，在酒质和出酒率的影响因素中，窖泥占30%，工艺占50%，麦曲占20%。工艺不仅占有较大比例，而且与窖池、麦曲的作用能否充分发挥也有密切关系。就是说，工艺方面对生成己酸乙酯起着重要的作用，从某种意义上来说还是决定性作用。它除了本身的作用外，还影响着窖泥和曲药。在实践中也证实了这一点是正确的。例如，有的很老的窖，由于工艺方面出了问题，也不产好酒。有的新窖，工艺方面得当也可出好酒。同样的窖，同样的麦曲，但因工艺不同，酒质的差异也很大。这充分地说明了工艺的重要性。

入窖条件包括：水分、酸度、淀粉、温度。

（1）水分与己酸乙酯生成的关系　入窖水分小，己酸乙酯生成量多，入窖水分大，己酸乙酯生成量少。水分适当可增加己酸乙酯含量10~30mg/100mL。浓香型曲酒的适宜入窖水分是53%~55%，若入窖水分增大到56%以上，己酸乙酯生成量就会受到一定影响。有的厂认为，除了水分多少外，水的质量也有关系，量水中若有一定量的酸和蛋白质等有机质，温度在90℃以上，则效果更佳。

（2）酸度与己酸乙酯生成的关系　在适宜的入窖酸度范围内，酸度低的生成己酸乙酯少，酸度大的生成己酸乙酯多。浓香型曲酒的适宜入窖酸度为 1.7～2.2。入窖酸度过高，会影响正常发酵；发酵不正常，己酸乙酯的生成量也会受到影响而减少。入窖酸度在 1.8 左右，比入窖酸度在 1.0 左右的可增加己酸乙酯含量 30～50mg/100mL。所以控制适宜的入窖酸度是提高己酸乙酯含量较好的措施。

（3）淀粉含量与己酸乙酯的生成量　淀粉含量高低，与出酒率和酒质关系甚密。最新的资料表明，入窖淀粉含量高，生成的己酸乙酯也多。一般来说，入窖淀粉的含量在 17%～19%，生成的己酸乙酯多。若入窖淀粉控制在 15% 左右（北方不少厂如此），虽有利于出酒率，但不利于己酸乙酯的生成。据某名酒厂的经验，入窖淀粉 18% 比 15% 左右，己酸乙酯可增加 10～30mg/100mL。淀粉含量主要是由投粮决定的，故应根据出窖糟残余淀粉来计算投粮量，才能确保入窖淀粉浓度。

（4）温度与己酸乙酯生成的关系　入窖温度高，己酸乙酯的生成量增加，相反，入窖温度低，己酸乙酯含量少。若入窖温度超过 25℃，己酸乙酯含量虽然增加，但其他杂味物质也大量增加，如醛类、高级醇类等，且出酒率明显下降。这样不但酒味杂、酒质差，而且增大消耗、降低产量，对提高质量、产量，降低消耗等均不利，所以提倡主攻低温入窖、延长发酵周期来确保质量。低温入窖对控制杂味生成、提高出酒率均起到良好的作用。因此，冬季把入窖温度提高到 16～18℃ 最为适宜。这样的入窖温度虽有上述优点，但己酸乙酯及其他酸、酯等有益成分的生成量也随之减少。某名酒厂历年分析数据表明，仅以己酸乙酯（或总酯）的生成量而言，16～18℃ 入窖的比 25℃ 以上入窖的减少 20%～30%。这是一个可观的量，但入窖温度高，杂味物质增加了，酒味不纯。因此，全面衡量还是 16～18℃ 入窖为宜。这样既能使发酵缓慢进行，窖内升温幅度最高为 32～35℃，有利于正常发酵，又有利于生香产酯，酒质优良，异杂味少，但出酒率略低。

当然，这个问题目前还有争论，有人持不同意见：冬天入窖温度为 13～17℃，热平地温，冷 13℃，出酒率高、酒质醇和绵甜、浓香好、杂味少，但己酸乙酯生成量相对略低。而夏季入窖温度在 25℃ 以上，出酒率稍低，浓香味杂，即己酸乙酯生成量虽高，但醛类、高级醇等杂味物质也随之增加。在 18～20℃ 入窖，出酒率和酒质都可兼顾，即己酸乙酯生成量高，杂味却不多。因此，认为入窖温度适当提高更好，以 18～20℃ 为宜。

6. 发酵条件与己酸乙酯生成的关系

（1）酸度与己酸乙酯生成的关系据　生产数据统计分析，发酵过程中升酸高的，己酸乙酯生成量多；升酸低的，己酸乙酯生成量少。升酸幅度在 1.0 左右，己酸乙酯生成量在 100mg/100mL 左右；升酸幅度 1.5 左右时，己酸乙酯生成量为 150mg/100mL；以后每上升 0.1 的酸度，可增加己酸乙酯 20mg/100mL，就是说升酸越多，己酸乙酯生成也多。相反，升酸越少，己酸乙酯的生成越少。所以，要求在主发酵期正常生酸，酒精发酵正常，产酒多；产酸期（中期）则产酸量更大，才能多产酯。

（2）黄浆水与己酸乙酯生成的关系　在发酵过程中，被黄浆水浸泡着的酒醅，所生成的己酸乙酯量高；相反，没有被黄浆水浸泡的酒醅生成的己酸乙酯也少。在发酵过程中后期，黄浆水也逐渐下沉，正常窖池开窖时一般有 1/4～1/3 的酒醅被黄浆水浸泡，此部分酒醅可多产己酸乙酯 30～50mg/100mL。北方不少酒厂在建造窖池时因未采取防水措施，加上筑窖马虎，数年不见黄浆水，这对提高酒质甚为不利。

（3）酒醅在窖内的位置与己酸乙酯生成的关系 前已述及，因窖泥中的己酸菌生长繁殖缓慢，生成的己酸往酒醅转移的速度也慢，所以靠近窖壁，特别是窖底的酒醅，产己酸乙酯比窖中酒醅高 30～60mg/100mL。底糟因接触窖底，加上黄浆水浸泡，并延长发酵期，故己酸乙酯生成量成倍增加，这是"双轮底"发酵工艺之奥妙所在。

7. 工艺操作与己酸乙酯生成的关系

（1）蒸馏与己酸乙酯的生成 据资料介绍，蒸馏操作好的，可将酒醅中 80% 的香味物质转移到酒中；若蒸馏操作粗糙，酒和芳香成分的提取损失就大，严重时损失近一半，可见此道工序之重要。但至今不少酒厂对此仍未足够重视。影响己酸乙酯提取效果的因素较多，现归纳如下：

①蒸馏时酒醅的含水量：若出窖酒醅水分为 61%，通过润料，酒醅、粮粉、稻壳混合后，水分若减少 10%，也就是说上甑酒醅的水分只有 51% 左右，这种情况有利于己酸乙酯的提取；若上甑酒醅水分超过 51%，己酸乙酯提取量减少 10%～20%，这种情况不但造成酒中己酸乙酯含量下降，而且乳酸乙酯含量增加，从而造成己酸乙酯与乳酸乙酯比例失调，影响酒质。从以上分析，北方某些酒厂以水润粮，造成上甑酒醅水分偏高，对己酸乙酯提取不利，故此工艺操作值得商榷。

②上甑技术对提取己酸乙酯的影响：上甑技术好坏非常重要。上甑好，可以多出酒，降低粮耗，而且酒的质量好。车间实测证明，上甑技术好的，可使成品酒的质量提高近一个等级，酒中己酸乙酯可增加 5%～10%，蒸馏效益也提高 10%～20%。上甑操作的要点是：上甑前粮粉、酒醅、稻壳要拌和均匀；底锅水要勤换，以免带来糊味等异杂味；上甑应轻撒匀铺，探汽上甑，上平上匀，边高中低。

③上甑时间对提取己酸乙酯的影响：上甑时间与上甑时火力或蒸汽大小密切相关。曲酒中的芳香成分十分复杂，已检测出的近 200 种，其沸点相差极为悬殊，低的只有几十度，高的近 300℃。在甑桶中各种物质相互溶混在一起，沸点也发生变化，形成特有的蒸发系数，不同沸点的香味物相伴馏出。例如，乙酸乙酯和己酸乙酯沸点相差较大，但都溶于酒精蒸气，它们的馏出量与酒精浓度成正比。如果缓慢蒸馏，使酒精在甑桶内最大限度地浓缩，并有较长的保留时间，其中溶解的微量成分（特别是我们需要的）就增高。反之，大汽快蒸，上甑时间短，酒精快速流出，酒醅中即使高产己酸乙酯也难丰收于酒中。实践可知，上甑时间 35～40min 的比上甑时间 20min 或 50min 以上的（视甑桶容积而异）己酸乙酯含量高 20% 左右。而且，大汽快蒸，因酒精浓度迅速降低，而使乳酸乙酯大量馏出，微量成分失调，酒质下降。

（2）操作中异常现象与己酸乙酯的生成 在生产操作中，一些违反工艺操作的异常现象使己酸乙酯含量升高，但量比关系失调，有些物质，如高级醇类、乙醛、乙缩醛、乙酸乙酯等含量过高，影响酒质，有异杂味，口感很差。

①粮糟发"倒烧"：发"倒烧"是指粮糟（即加粮的酒醅）入窖期间临时停产一段时间；窖内粮糟发"倒烧"（"反烧"），升温到 40～50℃，下排开窖产酒，己酸乙酯含量有的高达 4～9g/L，但出酒率差；发酵后"倒烧"是指发酵终止或出窖后在堆糟坝倒烧，所产酒己酸乙酯含量也可达 7～8g/L，但发倒烧的酒，一般都有"倒烧味"（或硫醇味）。

②人工培养窖泥：窖泥配方均因地制宜，各有优缺点。若培养窖泥时添加肥塘泥、烂水果、腐殖质等，产酒的己酸乙酯在刚投料的第一、二轮，即可达 3 ~ 5g/L，但丁醇、异丁醇、丙醇等含量较高，酒的口感较差。当然，影响人工培养窖泥效果的因素甚多，在此不多叙述。

8. 特殊工艺与己酸乙酯生成的关系

为了提高浓香型曲酒中己酸乙酯含量，从而提高名优酒率，许多单位都在研究特殊工艺方法。效果较好的有：发酵泥回窖发酵、回糟发酵、翻沙灌窖、己酸菌液及酯化液的综合运用、喷淋窖壁等方法，简称为"养、回、灌、醅、保"。"养"是培养母糟的风格；"回"是粮糟入窖时回发酵泥、己酸菌液、双轮底糟；"灌"是在主发酵期结束时灌入酯化液、酒、黄浆水或液体窖泥；"醅"是两次发酵生香（翻沙）；"保"是保养窖泥，特别是上半部窖壁要坚持每轮保养，给窖泥微生物添补营养和水分。

以上各种方法都是当前从生产工艺上提高己酸乙酯含量、提高酒质的有效措施，但要因地制宜、因窖而异。有的可以 1 ~ 3 种方法同时采用，或轮换进行。这些工艺措施主要目的是搞好母糟风格，为有益微生物的生长代谢及酯化作用提供良好条件。值得注意的是，上述诸种方法，不能连续在一个窖中使用，否则会使出酒率较大幅度降低，酒质也不理想。

（二）浓香型白酒"原窖分层酿制工艺"

我国浓香型白酒生产的工艺操作方法习惯分为"原窖法""跑窖法"和"老五甑"法3 种类型，其中"原窖法"适用最为广泛，是一种主要的传统方法。

所谓"原窖法"，是指发酵酒醅在循环酿制过程中，每一窖的糟醅经过配料、蒸馏取酒后仍返回到本窖池；而"跑窖法"是将这一窖的酒醅经配料蒸酒蒸粮后装入另一窖池，一窖撵一窖地进行生产。

"原窖法"每窖的甑口（容量）不强求固定，窖内糟醅的配料上下一致，而不像"老五甑法"那样每窖固定为 5 个甑口，窖内糟醅的配料上下不同。

传统的"原窖法"生产，窖内的酒醅分为两个层次，即母糟层和红糟层，每甑母糟统一投粮（即与投粮量相应的糠、水、曲），每窖母糟配料后增长出来的糟醅不投粮，蒸馏后覆盖在母糟上面，谓之红糟。红糟、母糟均统一入窖、同期发酵出窖，每窖糟醅发酵后要全部从窖内取出，堆置在堆糟坝上，以便配料蒸馏后重新将糟醅返回原窖。堆糟的方法是：红糟单独堆放，单独蒸馏，蒸后弃之（谓之丢糟）；母糟则按由上而下的次序逐层从窖内取出，一层压一层地堆铺在堆糟坝上，即上层母糟铺在下面，下层母糟盖在上面，蒸馏时像切豆腐块一样，一方一方地挖取母糟，再拌料蒸酒。每甑蒸馏摘酒均采取"断花摘酒"的方式，断花前接取的为基础酒，其酒精含量保持在 63% vol 以上，断花后接取酒尾，用于下次回蒸。丢糟酒单独装坛，母糟酒和红糟酒则统一装坛贮存，用于勾兑成品酒。

"原窖法"工艺是在老窖生产的基础上发展起来的。它强调窖池的等级质量，强调保持本窖母糟风格，避免不同窖池特别是新老窖池母糟的相互串换。所以俗称"千年老窖万年糟"；在每排生产中，同一窖池的母糟上下层混合拌料，蒸馏入窖，使全窖的母糟风格保持一致，全窖的酒质保持一致。配料操作比较方便，每窖各排的发酵情况比较清楚，便于掌握，便于总结经验教训，所以这种工艺方法被广泛沿袭采用。

传统的"原窖法"工艺重视原窖发酵，避免了糟醅在窖池间互相串换，但对同窖池的糟醅则实行统一投粮、统一发酵、混合堆糟、混合蒸馏以及统一断花摘酒和装坛。这种"统一"和"混合"的结果，导致了全窖糟醅的平均和酒质的平均，这对于窖池生产能力的发挥、淀粉的充分利用、母糟风格的培养以及优质酒的提取和经济效益的提高都带一定的影响。随着等级酒价格的悬殊，这种影响尤甚。

总结长期的生产实践经验和多年的科研成果，借鉴兄弟厂名酒生产工艺优点，泸州老窖酒厂创造了"原窖分层酿制工艺"，对传统的"原窖法"工艺进行了系统的改革，使之扬长避短，充分发挥老窖的优势和潜力，达到优质低耗高产的目的。

1. "原窖分层酿制工艺"的依据和方法

浓香型曲酒生产区别于其他白酒生产的主要特点是采用泥窖固态发酵。经过长年循环发酵，使窖泥中产生大量的多种类微生物及其代谢产物，这是产生浓香型曲酒的典型香味——窖香的主要来源之一。生产物质含量越丰富，对发酵糟的培养越有益，酒质风格也越佳。而窖池中生香物质的含量是不均匀的，越到下层窖泥生香物质越多，窖底含量最为丰富。上下层窖泥成分的分析实例见表6-65。

表6-65　　　　　　　　　　　　　上下层窖泥成分分析实例

样品	项目	水分/%	氨态氮含量/（mg/100g）	速效磷含量/（mg/100g）	腐殖质含量/（mg/100g）	厌氧菌量/（个/g）	pH
1—1—1号窖	上层泥	31.80	273.87	6.36	4.79	1.2×10^6	6.60
	下层泥	36.10	293.26	37.00	11.92	2.9×10^6	6.00
1—1—2号窖	上层泥	32.80	279.02	31.91	6.49	6.4×10^6	6.50
	下层泥	35.50	310.08	107.87	9.95	5.94×10^6	6.20

从表6-65可以看出，下层窖泥中的窖泥微生物生长繁殖的物质比上层窖泥的含量高。

糟醅入窖发酵大体上可分为3个阶段。第1阶段为主发酵期，时间是封窖后1~5d（与季节和入窖温度等有关），这段时间主要是淀粉变糖、糖变酒，淀粉不断消耗，酒精不断增长，还生成少量的酸和乙醛，释放大量的热量和二氧化碳以及部分甲烷和氢。第2阶段为生酸期，时间约在主发酵期后的20d之内，这段时间糖化发酵基本终止，霉菌和酵母逐步衰亡，温度下降，而产酸细菌大量生长繁殖，把残存在糟醅里的淀粉、糖分和已生成的醇类物质转化为各种有机酸。第3阶段为生香期，一般在生酸后期就开始，即在糟醅入窖30~35d之后。这个阶段糟醅中各类微成分相互作用而生成新的物质，其中主要是酯化，即由酸和醇生成酯类，酸和醇的含量越丰富，酯化效果就越好。窖泥中的微生物把发酵生成的物质进一步转化或合成为各种香味成分，越靠近窖泥，酯化时间越长，酒醅中形成的香味成分就越多。由于酒醅中黄浆水的下沉，越是下层的酒醅其酸、醇和其他微量成分含量越丰富，加上窖底中窖泥微生物的作用，底部酒醅中的微量香味成分比中、上层多得多，所产的酒也好得多。

各层发酵糟产品质量的比较见表6-66。

表6-66 各层发酵糟产品质量比较 单位: g/100mL

样品 \ 项目	酒精/% vol	总酸	总酯	总醛	杂醇油	甲醇	糠醛
上层糟	64.70	0.0491	0.1115	0.0266	.0.1019	0.0232	0.00139
中层糟	60.40	0.0913	0.2934	0.0267	0.0795	0.0219	0.00273
底层糟	60.08	0.1041	0.3567	0.0341	0.0999	0.0220	0.00175

从表6-65看出,上层糟其产品质量较差,越往下层酒质越好,底层糟酒质最佳。

通过数据统计表明,母糟淀粉含量的多少,不仅对糖化和产酒量起决定作用,而且对母糟风格和基础酒质量有着重要影响。母糟留有残余淀粉多,酒质醇和柔绵;反之则燥辣刺喉。可是增大淀粉会导致产量和质量的矛盾,丢糟中所浪费的残余淀粉也会增加。

蒸馏摘酒时机对酒质影响极大,先馏出来的酒,酒精含量高、醇溶性物质多,品味优良,随着流酒时间的延续,酒精含量不断下降,高沸点物质逐渐增多,酒的品味也越来越差。表6-67是一个不同馏分酒的各种成分变化表。

表6-67 不同馏分酒的各种成分含量变化 单位: g/100mL

项目 \ 区段	酒头	70%以上	60%~70%	50%~60%	20%~50%	3%~20%	酒尾
酒精/% vol	76.2	75.2	68.6	56.2	28.2	8.5	23.4
总酸	0.043	0.029	0.0536	0.0612	0.1668	0.222	0.305
挥发酸	—	0.025	0.0269	0.0438	0.088	0.103	—
总酯	0.960	0.556	0.2974	0.2354	0.746	0.736	0.098
挥发酯	0.820	0.510	0.253	0.214	0.5	0.487	0.041
总醛	0.041	0.0375	0.0239	0.0181	0.0132	0.0075	0.01
糠醛	0.00021	0.000012	0.00004	0.0004	0.0004	0.00058	0.00079
甲醇	0.00950	0.0032	0.003	0.082	0.0013	0.00097	0.0034
高级醇	0.090	0.065	0.046	0.041	0.0084	0.0053	0.0042
多元醇	0.470	0.540	0.610	0.660	1.31	1.6	1.0
甘油	0.0010	0.000051	0.00006	0.00007	0.00017	0.00021	0.0002
双乙酰	0.0009	0.00009	0.00024	0.0003	0.00032	0.00039	0.00027
乙缩醛	—	0.2934	0.024	0.01054	0.0072	0.0042	—

从表6-67中可以看出,随着馏分的延续,酒中有益成分逐渐减少,杂味成分逐渐增多,因此摘酒时机的掌握对区分酒精含量有着重要的作用。

综上所述,在1个窖池内酒醅的发酵是不均匀的,每甑糟的蒸馏酒质也是不均匀的。如果我们能巧妙地利用这种差异性,在工艺上加以区别对待,区别处理,将能产生优质、低耗、高产的最佳效果。

"原窖分层酿制工艺"的基本点就是对发酵和蒸馏的差异扬长避短,分别对待。这个方法可以概括为:分层投粮、分期发酵、分层堆糟、分层蒸馏、分段摘酒、分质并坛,简称"六分法"。

（1）分层投粮　针对窖池内酒醅发酵的不均匀性，在投粮上予以区别对待。即在整窖总投粮量不变的前提下，下层多投粮，上层少投粮，使1个窖池内各层酒醅的淀粉含量呈梯度结构。其层次划分以甑为单位，但为了操作方便，可大体上分为3层。第1层是面糟（约占全窖糟量的20%左右），每甑投粮可比全窖平均量少1/3左右，第2层是"黄浆水线"以上的酒醅，可按全窖平均量投粮；第3层是"黄浆水线"以下的酒醅（包括双轮底糟），每甑投粮可比全窖平均多1/3左右。

（2）分期发酵　针对窖内分层发酵糟发酵过程中的变化规律，在发酵期上予以区别对待。上层酒醅在生酸期后酯化生香微弱，让其在窖内继续发酵意义不大，就提前予以出窖蒸馏。底层糟生香幅度大，就延长其酯化时间。每窖糟醅可区分为3种发酵期：面糟（上层）在生酸期后（在入窖30~40d）即出窖蒸馏取酒，只加曲不投粮，使之变为红糟，再将其覆盖在原窖母糟上面，封窖再发酵；母糟（中层）发酵60~65d，与面上的红糟同时出窖；每窖留底糟1~3甑，2排出1次，称为双轮底（第1排不出窖，但要加曲），其发酵时间在120d以上。

（3）分层堆糟　为保证各层酒醅的分别蒸馏和下排的入窖顺序，各层酒醅出窖后在堆糟坝的堆放要予以区别；面糟和双轮底糟分别堆放，以便单独蒸馏；母糟分层出窖，在堆糟坝上由里向外逐次堆放，以便先蒸下层糟，后盖上层糟（黄浆水线上、下的母糟要予以区别）。

（4）分层蒸馏　针对各层酒醅发酵质量不同、酒质不同，为了尽可能多地提取优质酒，避免由于各层酒醅混杂而导致全窖酒质下降，各层酒醅应分别蒸馏。即面糟和双轮底糟分别单独蒸馏；二次面糟取酒后扔掉；双轮底糟仍装入窖底；母糟则按由下层到上层的次序蒸馏，并按分层投粮的原则进行配料，按原来的层次依次入窖。有的厂在此基础上，根据本厂实际情况加以改进：双轮底糟作上层糟；中层糟靠近双轮底糟的部分降至底层，对降低入窖酸度和培养母糟风格有较好的作用。

（5）分段摘酒　针对不同层次酒醅的酒质不同、蒸馏中各馏分酒质不同，为了更多地摘取优质酒，提高优质品率，要根据不同酒醅适当分段摘酒（基础酒或调味酒）。即对可能产优质酒的酒醅，在断花前分成前后2段或3段摘酒。具体做法是：

①每甑摘取酒头0.5kg。

②上层的面糟（包括红糟和丢糟）的酒质较差，可不分段；双轮底糟可分段摘取不同风格的调味酒或优质酒的上品。仍采用断花摘酒法。

③其余酒醅酒的摘取，应视窖池的新老、发酵的好坏、酒醅的层次分2段或3段摘取（即量质摘酒）。一般原则是：新窖黄浆水线以上的母糟前段酒摘取1/3左右，后段占2/3；黄浆水线以下的酒醅可分两段摘，各占一半；老窖或发酵特别好的新窖，黄浆水线以上的母糟分两段摘，各占1/2；黄浆水线以下的母糟，前段摘酒占2/3，后段占1/3；前段酒酒精含量66%以上，后段酒酒精含量60%以上，最低不少于59%。以上摘酒分段方法要视各厂具体情况，如窖池、发酵好坏、母糟风格、黄浆水有无等进行分段，不能一概而论。

（6）分质并坛　采取分层蒸馏和分段摘酒工艺后，基础酒酒质就有了显著的差别。为了保证酒质，便于贮存勾兑，基础酒应严格按质并坛。一般的原则是：

①酒头和丢糟酒分别单独装坛。

②红糟酒和黄浆水线上层母糟后段酒可以并坛。

③黄浆水线上层母糟前段酒和黄浆水线下层母糟的后段酒可以并坛。

④黄浆水线下层母糟前段酒单独并坛。

⑤双轮底糟酒和调味酒要视不同风格和质量分别单独并坛。

以上各种类型，酒质有明显差异，便于分等定级和勾兑。若按上述原则并根据酒的具体质量、口感再行并坛，则效果更好，但要求有较高的品尝水平。

"六分法"工艺是在传统的"原窖法"工艺的基础上发展起来的。从酿造工艺整体上来说，仍然继承传统的工艺流程的操作方法。而在关键工艺环节上，系统地运用了多年的科研和生产实践成果，借鉴了其他酿酒工艺的有效技术方法。此工艺通过在泸州老窖酒厂、射洪沱牌曲酒厂等名优酒厂应用，大幅度提高了名优酒比率，取得了显著的经济效益。

2. "原窖分层酿制工艺"有关问题的商榷

(1) "六分法"工艺的精髓　"六分法"工艺的根本宗旨是保证和提高产品质量。它抓住投粮、发酵期和蒸馏摘酒三个影响酒质的关键问题，采取了一系列的工艺措施。

"六分法"的精髓是一个"分"字，它应用全面质量管理的分层理论，对生产过程中的差异进行不同的工艺处理。针对窖池各层次发酵质量的差异，采取"分层"投粮和"分期"发酵，把"钢"用在"刀刃"上，充分发挥下层酒醅产好酒的潜力，多产好酒，增进酒质的绵柔、醇和、浓厚的优良风格。同时，粮多养糟（高进高出），下层酒醅越养越好，随着循环配料，下层糟不断向上增长，面糟不断被丢弃，全窖酒醅形成良性循环，全窖酒质将会不断提高。加之在蒸馏摘酒上采取分层蒸、分段摘的工艺措施，尽量把发酵质量好的酒和前段馏分的好酒提取出来，使优质酒酒质更纯，比率更高。最后通过"分质并坛"确保优质酒的质量，同时也兼顾了普通基础酒的质量，使等级分明、规范。

(2) "六分法"与产量、消耗　"六分法"充分考虑到生产中质量同产量、消耗的矛盾，采取了一系列在保证质量的前提下增加产量、降低消耗的措施。

首先是面糟的二次处理。入窖时，面糟少量投粮，发酵中期，就将其出窖蒸馏，再变为红糟（不投粮）入窖。全窖出窖再蒸1次，比传统方法多蒸1次酒，等于使窖池的利用率提高了20%左右。据泸州老窖酒厂实践，面糟的出酒率可提高20%。

"分期发酵"较好地解决了延长发酵期和增加消耗的矛盾。窖期长，酒质好，但消耗增大。"六分法"充分发挥了"养糟挤回"的作用，下层酒醅逐次向上增长，投粮量逐次减少，残余淀粉逐渐被利用，直到上升为面糟，再经过二次处理，残余淀粉得到充分利用，丢糟中的淀粉含量可降至7%以下，有效地减少了粮耗。

(3) "六分法"与传统工艺　"六分法"是在"原窖法"的基础上借鉴吸取"跑窖法"、"老五甑法"等传统工艺的精华，本着"博采众长，为我所用"的原则，不是照搬，而是有机结合。

"六分法"吸取了"老五甑法"的"分层投粮"、"养糟挤回"的特点，以充分利用淀粉，提高母糟风格和酒质。"六分法"在"分层投粮"的基础上，又增加了"分期发酵"工艺，充分发挥了老窖容积大，可保留大量老糟，下层酒醅逐次增长，从而养糟更有效，挤回更彻底，对提高母糟风格和提高酒质更有利。

(4) "六分法"的操作技术　"六分法"是一项系统的不可分割的完整工艺，它使传统的"原窖法"工艺更细致严密，因而对操作技术的要求更为严格。除了要继承发扬传统工艺，稳准配料、细致操作的技术要求外，还必须全面掌握"六分法"操作要领。特别要注意两个重要特点：

①酒醅特点：由于分层投粮和分期发酵的，全窖各层酒醅将出现明显差异。越往下层，淀粉浓度越大，酸度也越大，含水分也多，这就增加了配料和蒸馏的难度，要注意入窖酸度，控制上层酒醅的用糠量，提高上甑技术，采用耐酸酵母，并特别注意季节转变时的生产配料。此外，由于第一次面糟要投粮，中间要提前开窖蒸馏，所以要注意窖池的密封和管理，并做好生产计划安排。

②酒质特点：实行"分段摘酒"和"分质并坛"，要求操作者提高品尝技术水平，以提升对酒质的判别能力。要能正确识别酒醅发酵质量，正确掌握分段摘酒时机，并坛时要注意检查辨别酒质，防止优劣酒"混为一坛"。

（三）博采众长，灵活运用，不断创新

在白酒生产、特别是名优酒生产中，优质品率是大家都十分关心和重视的指标。清香型（汾酒）和酱香型（茅台酒）的优质品率很高，汾酒可达99%，茅台酒也在95%以上。而浓香型的优质品率一般只有15%～30%，差距很大。例如，很多浓香型名酒厂一般优质品率平均为20%～30%，通过近年诸多同仁的努力，名优酒率可达50%以上。现将在五粮液、泸州老窖、全兴和沱牌等名酒厂近年创新的技术措施简介如下。

1. 混糟入窖

将酸度高的母糟（即黄浆水浸没的湿糟，尤指双轮底糟）与酸度低的母糟（干糟，或中上层糟）混合入窖。具体做法是：先将干糟1甑倒在窖池一边，再将湿糟1甑倒于干糟面上，拌匀，入窖。若用双轮底糟混糟，则先在窖底投1甑普通糟，再投双轮底糟和干糟。这一措施可使整口窖母糟的酸度趋于一致，对提高中、上层糟的酒质有很好的效果。混糟时要注意根据母糟的酸度情况灵活运用。例如，有的厂将双轮底糟（或底层糟）蒸酒蒸粮、摊晾、撒曲后，堆于晾堂一角，每甑粮糟入窖时混一部分于其中，也取得好的效果。

2. 醇、酸酯化

根据醇酸酯化的原理，增大酸和醇，可增大酯化速度和极限，提高酯化率。下面介绍几种常用方法：

（1）回酒酯化　向所留双轮底糟中加入适量气色正常的二级酒（即一般酒）和优质黄浆水混合液，上面再投粮糟，待下一轮开窖时，此蒸出的酒，掐头去尾，全部可作优质基础酒或部分调味酒。

（2）将优质新鲜黄浆水用酒尾（双轮底糟或底糟）稀释后，加入大曲粉、窖泥及底糟、己酸菌培养液、酯化菌等，在一定温度下，经过30～40d保温酯化，将此酯化液倒入底锅串蒸、泼入粮糟中蒸馏或灌窖发酵。

3. 入池淋浆

每投1甑粮糟后，在上面均匀泼上适量的黄浆水、老窖泥培养液、低度酒、酒头、酒尾等混合液，以增加母糟酸度和补充微生物所需的营养物质，对提高酒质极其有利。

4. 串蒸提香

发酵正常的酒醅，特别是双轮底糟、黄浆水、酒尾中有许多有益的香味物质，可通过适当的串香技术来提取。操作中要注意，用于串香的酒醅气色要正，需经适当的技术处理，否则效果欠佳。

5. 精心养窖

窖池是发酵之本，好窖是产好酒的基础。好窖须靠精心保养，若保养不善，好窖也可变差。具体措施是：敞窖时间短，每轮出窖后向窖壁淋洒一些黄浆水、培养液、酯化液、酒尾等，保持窖泥湿润；每次开窖后，不管酒醅是否取完，都应立即用塑料布将整口窖盖严，北方尤为重要，这样能有效地避免窖泥风干及空气、杂菌的侵入；经常检查窖壁是否有裂口，一旦发现立即采取措施处理。

当然，精心操作和精心养窖是相辅相成的，只有合理的工艺操作，才能保养好窖池，而窖池保养好了，才能出好酒。上述措施之所以能提高优质品率，主要是能博采众长，灵活运用并不断创新。在具体措施上抓住了关键的东西——一个"酸"字，并充分利用老窖泥发酵液、己酸发酵液、产酯菌等有效微生物及它们的代谢产物。实践证明，经上述措施处理后的酒醅呈金黄色，稍带黑褐，气色好，糟香、酒香、酯香混为一体；下层酒醅的己酸乙酯香明显，水分较足。理化分析，酒醅中酸度和水分较高，上、中、下层酒醅的酸度差别极小，即整窖酒醅的酸度比较一致。

众所周知，普通白酒与名优酒相比，含酒精分都相同，主要差别在于名优酒中酸、酯、醛、酮等微量成分的种类和含量，大大多于普通白酒，并有一个恰当的量比关系。名优酒中这些微量成分的生成与酒醅中的酸有很大的关系。有些人怕酸，特别是夏天，酸高一点弄不好就要"倒窖"。因为酸度过高，会影响酵母菌的酒精发酵，产酒受阻，也谈不上产好酒。若母糟中酸度太低，产量（出酒率）虽可以，但酒味淡薄。经验证明，只要掌握得当，是完全可以达到优质高产的目的。当然，提高名优酒比率的措施尚多，后面以专题论述。

（四）强化产酯

1. 强化窖内产酯技术

浓香型曲酒的主体香味成分是己酸乙酯，酒质量的好坏，己酸乙酯是一个重要指标。国家标准（GB 10781.1—2006）中对不同等级的酒有明确的规定：生产厂家入库酒的分等定级，己酸乙酯含量是一个主要依据。因此，提高发酵过程中酯的生成量，是浓香型酒厂的长期任务。四川射洪沱牌曲酒厂在强化窖内产酯技术方面进行了大量的工作。

（1）对传统提高酒质措施的评论　近几年来，通过酒类行业工程技术人员的辛勤工作，探索总结了不少提高酒质的方法，如双轮底、翻沙、夹泥、延长发酵期等，这些措施在各厂广泛应用，并取得了显著的效果。但在长期的生产应用中，发现上述措施都在不同程度上存在某些缺欠。例如，

①隔排双轮底：这个工艺应用最为广泛，使用当轮的一等品率高，质量好，甚至还可摘取调味酒，操作也简单。但若方法不当，并非每轮都能产好酒，母糟发酵不正常时更是如此。若控制不好，对下轮发酵也会有影响。

②翻沙：此法能使整个窖的酒质量都很好，但操作较麻烦，窖池利用率低，母糟活力损失较大，每窖不能连续使用此法。

③夹泥发酵：优质品率高，己酸乙酯提高显著，但操作麻烦，长时间使用会使小泥块、泥浆混入酒醅中，造成摊晾后入窖温度不均，酒醅生酸，加上酒糟显腻，对发酵和蒸

馏提香均不利。

④延长发酵期：有的厂将发酵周期延长至半年甚至一年，当轮的优质品率高、酒质好、操作也简单，但窖池利用率低；对养窖养糟后效应也差。若窖池、母糟不好，效果也不明显。

（2）窖内产酯条件及黄浆水利用的探讨　浓香型曲酒中体现酒质的主要物质是四大酯。己酸乙酯、乙酸乙酯、乳酸乙酯、丁酸乙酯，尤以己酸乙酯为主。窖内酯化机理尚不清楚，但可将产酯条件进行分析：

①酯化过程是在窖内发酵后期进行的，即在生酸后才能开始酯化。

②酯是由酸和醇经酶催化生成的。

③芽孢杆菌是生成己酸等酸类物质的重要功能菌。

由此可见，窖内产酯的优越条件是：有较充足的乙醇和酸（特别是乙酸）；有丰富的芽孢杆菌和能提供酯化酶的微生物；适合芽孢杆菌等有益微生物代谢的温度、酸度和厌氧条件。黄浆水是酒醅发酵过程中渗出的浆液，是发酵的产物，是窖内发酵情况代表性极强的物质。四川某名酒厂黄浆水成分分析结果见表 6 - 68。

表 6 - 68　　　　　　　　　　　黄浆水主要成分　　　　　　　　　　　单位：g/100g

成分	酸类	醇类	酯类	乙醇	还原糖	蛋白质	芽孢杆菌数/(10^6个/mL)
含量	3.4 ~ 6.2	2.4 ~ 4.1	1.9 ~ 4.2	2.6 ~ 6.3	4 ~ 5	0.13 ~ 0.18	1.2 ~ 2.4

从黄浆水蒸馏处理后用气相色谱检测可知，酸类以乳酸、乙酸、己酸、丁酸为主，占绝大部分，这是生成四大酯的重要前体物质。因此，可以看出，黄浆水再利用的价值极大。对黄浆水利用的原始方法是直接回底锅串蒸，此法对有益成分利用率最低。在窖外将黄浆水、酒尾、曲药、窖泥、母糟等混在一起制成酯化液，因与窖内条件相差较大，其酯化效果也不理想。若能以适当的方式将黄浆水回到窖中与母糟结合，在窖内的条件下产酯，则酒质更加全面。黄浆水利用的途径尚多，将另做论述。

（3）强化"轮轮双轮底"产酯措施　由于窖内生香产酯最优区间在窖池底部，要多产优质酒就必须充分利用窖底部分，再加上有效的蒸馏技术。只要确保每轮都有优质窖底糟取出，就能有稳定的、较高的优质品率。"轮轮双轮底"即 1 轮发酵好的酒醅，取出底糟后，留（回）2 ~ 3 甑中，下部分已经发酵好的酒醅（母糟）转入窖底，进入下一轮发酵，留在窖底的酒醅酸、醇含量多，有适合产酯的条件，并且在措施上着重考虑产酯，不必考虑出酒率。简单的"连续双轮底"，效果是不明显的，必须强化产酯才有实际意义，这是"双轮底"技术的发展。

①窖泥功能菌的生长和产酯条件：当前很多人认为，窖泥功能菌主要是梭状芽孢杆菌，它是窖内生香的重要微生物。在芽孢杆菌和有酯化酶的微生物等处于较理想的环境下，产酯才能提高。为此，特地探讨了梭状芽孢杆菌的生长和产酯条件，主要在酒精含量、酸度、温度三方面进行探索。试验时根据窖内的实际变化情况，温度范围在 26 ~ 35℃，酸度在 2.5 ~ 4.5，酒精含量 4% ~ 12% vol，用黄浆水、酒、曲药和窖底泥进行实验。

酸度：分别选取 2.5、3.0、3.5、4.0、4.5 共 5 个酸度，酒精含量 4%（与窖内酒醅含酒精量相似），培养温度 28℃，液态环境培养 28d，检测结果如表 6 - 69 所示。

表 6 - 69   酸度对产酯的影响

指标\酸度	2.5	3.0	3.5	4.0	4.5
芽孢杆菌增量/(10^4个/mL)	2.1	2.4	2.2	1.6	1.5
己酯增量/(mg/100mL)	13.2	17.6	18.9	21.3	20.7

由上表可见，芽孢杆菌的较佳生长酸度是 3.0，而最佳产酯酸度为 4.0。

温度：分别选取 27℃、29℃、31℃、33℃、35℃，酸度为 4.0，酒精含量 9%，液态培养 28d，检测结果如表 6 - 70 所示。

表 6 - 70   温度对产酯的影响

指标\温度/℃	27	29	31	33	86
杆菌增量/(10^4个/mL)	1.5	1.6	1.8	2.1	1.9
己酯增量/(mg/100mL)	17	20.5	18.3	16.9	14.8

由上表可见，芽孢杆菌较佳生长温度为 33℃，较佳的产酯温度为 29℃。

酒精含量：分别选取酒精含量为 4.0%、6.0%、8.0%、10.0%、12.0%，酸度定为 4.0，培养温度 28℃，液态培养 28d，检测结果如表 6 - 71 所示。

表 6 - 71   酒精含量对产酯的影响

指标\酒精含量/%	4.0	6.0	8.0	10.0	12.0
杆菌增量/(10^4个/mL)	1.6	1.7	1.5	1.0	0.4
己酯增量/(mg/100mL)	20.1	22.3	25.7	26.2	22.8

由上表可见，最佳产酯的酒精含量为 8% ~ 10%，最适杆菌生长的酒精含量为 6% 以下。

②"突出窖泥重点"的强化产酯措施：由上述模拟窖内条件实验可知，产酯较优的环境条件是酸度 4.0、酒精含量 10% 左右，而经一轮发酵的中、上层母糟，酸度多为 2.5 ~ 3.0，酒精含量 6% ~ 8%，未能达到产酯最佳条件，故必须对回到窖底的母糟进行强化。

强化措施包括：回优质黄浆水增酸，并增加有益微生物数量；回酒，使窖底母糟含酒精量达到 8% 以上；曲药中含有丰富的酯化酶，故还应添加适量的曲药和活性干酵母，以满足对酯化酶的要求。

回酒量的选择：在"酒精含量因素"试验中，已知产酯较佳的酒精含量为 10% 左右，因此回入底糟中的酒量应使母糟液态环境的酒精含量也在 10% 左右，故生产中选择回酒精含量 60% vol 的酒 40 ~ 70kg，进行比较试验（表 6 - 72）。

表6-72		不同回酒量产酒比较			
回酒精60%vol的酒量/kg	0	40	50	60	70
产酒精60%vol的一等品量/kg	112.3	187.5	232.1	251.9	242.1
一等品中己酸乙酯含量/(mg/100mL)	358.2	367.2	358.4	373.3	384.4
整窖酒精60%vol酒的出酒率/%	39.5	39.1	39.2	38.7	38.4

注：回黄浆水180kg，曲50kg，酒醅2500kg。

此试验表明回酒的作用，以回酒60kg一等品率最高，且对出酒率影响不大。当然，具体回酒数量应视出窖糟发酵情况和含酒精量而定。

回黄浆水量的选择：回黄浆水的目的是增加母糟中的酸度，并增加母糟中梭状芽孢杆菌等有益微生物的数量。黄浆水的质量对回黄浆水的效果关系很大。经某名酒厂实践，认为回的黄浆水应为：色泽较老；黏度不太高，以二悬（既不太清，也不太黏）为好；酸度不低于4.0；气味正常，无异常现象。表6-73为不同黄浆水量对产量质量影响的试验结果。

表6-73		不同回黄浆水量对产量质量的影响			
回黄浆水量/kg	0	160	180	200	220	240
一等品产量/kg	96.6	243.7	260.3	269.2	307.5	281.9
一等品中己酸乙酯含量/(mg/100mL)	362.3	354.8	369.1	427.4	398.5	451.7
整窖酒精60%vol酒的出酒率/%	39.6	39.1	38.6	38.5	38.2	37.7

注：回酒量60kg，回糟2600kg。

回黄浆水工艺应视母糟发酵情况具体决定，不是所有窖池母糟回黄浆水都能取得上述效果。

强化产酯用曲：回底糟的用曲主要目的是提供酯化酶。母糟中虽富含酒精和酸，加上回入黄浆水、酒，使酸、醇含量更加充足，但若没有酯化酶或缺少酯化酶，则产酯也受很大影响。母糟已通过正常的糖化、发酵，但曲药的糖化发酵作用变成次要，因此，强化产酯回糟用曲宜用储存期较长、中挺温度高、曲香好、酸度较高、富含产酯酶的曲。表6-74是不同曲药的效果比较。结果证明，"轮轮双轮底"的底糟用偏高温曲对提高质量是很有效的。因此，在曲药生产中可以专门安排生产此类曲。当然，虽然用同一种曲，因受窖池、底糟、黄浆水等情况的影响，酒质会有很大差异，不能一概而论。

表6-74	不同曲药用于回糟的产酒比较		
曲品种	半年期成曲	一年期成曲	偏高温曲
一等品产量/kg	348.4	369.6	393.8
一等品中己酸乙酯含量/(mg/100mL)	392.6	387.6	419.7
整窖酒精60%vol酒的出酒率/%	38.7	38.5	38.7
一等品口感	窖香浓、醇爽	窖香浓、醇厚	窖香浓、丰满

注：回酒60kg，黄浆水200kg，曲50kg，酒醅2500kg。

用曲量可见表6－75。

表6－75 不同用曲量产酒比较

用曲量/kg	0	40	50	60	70	80
一等品产量/kg	273.5	367.4	409.0	407.5	398.2	397.2
一等品中己酸乙酯含量/(mg/100mL)	386.8	399.9	428.5	418.9	396.7	413.8
整窖酒精60% vol酒的出酒率/%	38.5	39.2	38.3	38.7	38.2	38.4
一等品口感	浓香醇 爽净	浓香 味厚	浓香 丰满	浓香 丰满	浓香 稍苦	

注：回酒量60kg，黄浆水220kg，酒醅2500kg。

综上所述，强化产酯窖底回糟的最佳配合比例是回酒60kg，黄浆水220kg，中偏高温曲50kg。当然，这个比例是指母糟发酵正常、窖池良好、黄浆水质量好的情况，具体执行时要依据各窖当轮具体情况而定。

（4）"确保整窖酒质量"的强化产酯配套措施 提高整个窖池的酒质，除强化窖底产酯外，窖池中、上层酒醅的强化产酯措施也极其重要。

优良的回糟要求肉头好、活力强、酸度较高，这就要有较高的入窖淀粉。传统的入窖淀粉是"低进低出"，即入窖淀粉偏低（14%～17%），且入窖温度也低（"热平地温冷十三"），酸度在1.6以下。这个入窖条件，按理在春季较易满足，是产酒的旺季。但统计资料表明，春季出酒率高、酒质差。如较低的入窖温度、淀粉浓度和酸度，则入窖升温快、幅度大，窖内净升温度可达17～19℃，24h升温有时达3～4℃。结果缓落温度也快。这种窖池，按传统的观点应该说是比较理想的，但实际质量并不尽然；统计资料发现，一些特殊的窖池，入窖温度偏高，酸度也稍高，升温并不"理想"，但产出的酒质量很不错，出酒率也比较好。根据上述分析，一些厂对传统的认识进行大胆的突破和改进。

①将过去的低温入窖发酵改为中温入窖发酵，即将传统的"热平地温冷十三"改为"热平地温冷十七"，这与己酸乙酯的生成条件相适应。

②将传统的低酸入窖适当提高，特别是冬春两季。原来的认识是酸度1.6以下入窖较好，现在改为1.6～2.0。

③将低浓度淀粉入窖改为高浓度淀粉入窖，传统的入窖淀粉浓度是14%～17%，现在改为17%～22%。

在判断窖内发酵是否正常时，在过去传统的基础上有了新的认识：发酵期净升温不是越高越好，过去认为16～19℃为较理想净升温，现实践证明，冬春季净升温13～15℃、夏季9～13℃、秋季11～13℃（以农历分季）是较理想的净升温。出窖糟残糖，一般认为越低越好，现在认为出窖糟残糖0.5%～1.5%较好。这是现行生产配套中的"高进高出"原则，是对传统的"低进低出"的一个重大革新。

强化窖内产酯技术的配套措施还包括以下几个方面：

①严格的养窖措施：坚持出窖后窖壁用优质酯化液和液体窖泥轮流养窖，并尽量减少空窖暴露时间。

②尽可能增加窖帽高度，这是一个新的观点。增加窖帽高度一则可弥补回糟后窖池产酒量下降的损失；二则有利于创造窖内良好的厌氧条件和对窖壁上半部分养护有利，并能提高中上部分糟的质量，达到窖养糟、糟养窖、窖糟互养的目的。

③实践证明，回糟选用黄浆水坑的母糟更有利于提高酒质。

④严格各工序操作，特别是蒸馏操作，才能保证"丰产丰收"。

2. 酯化酶在浓香型曲酒中的应用

浓香型白酒的香味物质及风格主要依靠微生物及其代谢产物——酶的催化作用，产生醇、酸、酯、醛、酮等而形成的。其中以己酸乙酯，乳酸乙酯、乙酸乙酯等物质含量多少及其比例关系而决定酒质的优劣。在发酵过程中，醇酸形成酯比较缓慢，因而使浓香型白酒生产周期长、成本高。

浓香型白酒的主体香是己酸乙酯。根据己酸乙酯的特点，选育代谢酯化酶的菌株，产生活力高的酯化酶，催化己酸乙酯的生成，从而达到提高酒质、缩短发酵周期的目的。

（1）粗酯化酶的生产 工艺流程如图6-19所示。

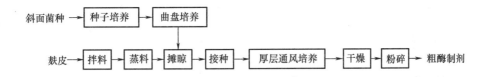

图6-19 粗酯化酶生产的工艺流程

操作方法：

①斜面菌种培养：培养基：麸皮汁1000mL，葡萄糖1%，酵母膏0.1%，琼脂2%，自然pH。98kPa压力灭菌30min，接种后于28~32℃培养4~5d，取出备用。

②种子扩大培养：将新鲜麸皮、1%葡萄糖，加水拌和后分装于250mL三角瓶，98kPa压力下灭菌45min，冷却、接种，32~35℃培养2~3d，备用。

③厚层通风培养：将新鲜麸皮加水拌和后，置高压柜中98kPa压力灭菌45min，取出冷后接种，接种量为5%，扬散后装箱，控温、通风，培养48~72h出箱。干燥、粉碎后即为粗酶制剂。

④生产实践上培养物质的改进：为了更适应于浓香型曲酒生产，通过试验，在大生产中将培养物料麸皮改为丢糟与高粱粉的混合物，也能取得较好的效果，但成品曲的颜色稍差。

（2）酯化液的制备及应用

①己酸液的制作

培养基：丢糟浸出液，乙酸钠0.2%，硫酸铵0.05%，酵母膏0.05%，小麦粉0.5%，酒精2%（后加），pH6.0左右。

方法：将上述成分加水至一定容积后灭菌，置发酵池中，冷却后将己酸菌群固定化载体加入培养基中，34~35℃培养6~7d，取上层己酸液为酯化液底物。己酸液中己酸含量为 0. 46 ~ 0. 50g/100mL。

②酯化液的制作：尾酒 60%（己酸含量 0. 25 ~ 0. 3g/100mL），己酸发酵液 30%，黄浆水 5%，低质酒 5%，酯化酶干燥产品 4% ~ 5%，30℃酯化，保温 6 ~ 7d。

③酯化液的应用

制高酯调味酒：将酯化后的上清液，注入分馏器，收集酒精为 60% vol 以上的馏出液，残液循环使用。馏出液香味浓烈，己酸乙酯高达 4. 2 ~ 5g/L 可作为高酯调味酒。

酯化液中残留固形物与糟醅混合蒸馏：酯化液成熟后，大量香味成分除游离在液体中外，还有相当部分以吸附形式贮存和毛细管贮存于沉在底部的固形物中。将其分离后与糟醅混合蒸馏，可使基础酒中己酸乙酯增加，提高优质品率。

以酯化酶为催化剂制作酯化液，串蒸 60d 发酵期的糟醅：取尾酒 50kg，加入 2kg 精酶制剂，在一定温度下酯化数日，取质量相同的糟醅进行串蒸，可明显地提高己酸乙酯含量，其他各微量成分无明显变化（表 6 – 76）。

表 6 – 76　　　　　　　　　　　　发酵 60d 糟醅串蒸效果　　　　　　　　单位：mg/100mL

组分名称	上层糟		下层糟	
	对照	试验	对照	试验
乙酸乙酯	93. 6	94. 4	139. 3	88. 9
丁酸乙酯	6. 9	23. 1	21. 2	24. 0
乳酸乙酯	157. 9	158. 7	171. 5	160. 8
己酸乙酯	96. 7	194. 4	212. 9	347. 2

以酯化酶为例，催化剂制作酯化液，串蒸 40d 发酵期的糟醅：取 150kg 尾酒，加入 6kg 粗酶制剂，在一定的温度下酯化数日。将全窖糟醅混合均匀（双轮底糟除外）后蒸馏，分甑加入酯化液串蒸，己酸乙酯明显提高，达到了 60d 发酵期酒质水平（表 6 – 77）。

表 6 – 77　　　　　　　　　　　　发酵 40d 糟醅串蒸效果　　　　　　　　单位：mg/100mL

组分	40d 发酵期		60d 发酵期
	对照	试验	
乙酸乙酯	149. 4	111. 1	116. 5
丁酸乙酯	15. 9	16. 3	14. 1
乳酸乙酯	165. 2	142. 1	164. 7
己酸乙酯	145. 5	197. 3	169. 4

注：表中数据为 10 批结果平均值。

在双轮底糟中加入酯化酶发酵：在双轮底糟中加入 2kg 酯化酶进行发酵，操作按常规进行，己酸乙酯有较大幅度的增加，且 80d 发酵期的己酸乙酯含量高于 120d 发酵期的含量（表 6 – 78）。

表6-78 酯化酶在双轮底糟中应用效果 单位：mg/100mL

组分名称\含量	80d 发酵期		120d 发酵期	
	对照	试验	对照	试验
乙酸乙酯	60.7	95.9	190.9	180.3
丁酸乙酯	20.2	23.1	21.3	34.1
乳酸乙酯	216.9	310.3	235.3	242.3
己酸乙酯	206.8	348.1	300.5	537.8

酯化酶在浓香型曲酒生产中应用的效果是明显的。该酶一个重要特点是若底物中有己酸、乳酸和乙醇，则主要产物是己酸乙酯，乳酸乙酯无甚变化，这是一个相当可贵的"专一性"。但底物中要求有较高的己酸浓度。若将酯化酶与丙酸菌以适当方式结合，则结果会更理想。

3. 多功能复合香酯酶在浓香型酒中的应用

中科院成都生物所与河南省仰韶酒厂合作，将多功能复合香酯酶（"MZ"香酯酶）应用于浓香型白酒，取得明显效果。根据"MZ"多功能复合酶的特异性能单一或同时催化多种基质及发酵糟酒酯类的量比关系，设计所需的酯化底物和生成香酯的量比进行试生产。

仰韶酒厂近4年时间应用实践：酶液中己酯的最高含量3个月可达11500mg/100mL，大于黄浆水酯化液的100倍；发酵期30d出池者，每甑加酶液约2kg，可提高己酸乙酯在200mg/100mL左右；用于食用酒精串香，酒体口感上可与长酵池60d以上者相媲美，在提高浓香型酒质量与产量方面效果显著。

（1）"MZ"酶化液对仰韶酒蒸馏提香的效果 取90d的酶化液2kg洒入待上甑的30d发酵期的香糟中蒸馏，另一甑不加酶化液者为对照，同条件进行蒸馏，各接取前馏分40kg，经色谱分析及理化测定，结果见表6-79。另又以提香酒的长酵池酒样85d发酵出池者，进行对比品尝，其感官品评结果见表6-80。

表6-79 应用"MZ"技术增酯效果 单位：mg/100mL

处理	己酸乙酯	乙酸乙酯	乳酸乙酯	丁酸乙酯	总酸
加酶化液	468.4	273	168.2	47.6	84.2
对照	122.5	180	127.4	21.8	63.7

表6-80 应用"MZ"技术提香酒的感官品评

酒样	综合评语
30d 发酵池（经处理）	浓香突出，味甜净，香味长
85d 发酵池（未处理）	窖香突出，谐调，后味香长

从表6-78、表6-79中可以看出：己酸乙酯比对照样提高1倍以上，可达高档酒质

量标准；且四大酯均同步增长，口感浓香突出，与几个长醇期酒编号品尝，效果相同，达到提高酒质等级，缩短发酵期的目的。

（2）"MZ"酶化液在酒精串香上的效果　河南仰韶酒分厂发酵期均在60d以上，属新用时间不长窖池，各班组定为酒精串香组，每班底醅，大楂2甑共串酒精含量96%vol食用酒精300kg，2甑共加酯化液10kg，洒入上甑糟醅中，每班平均产优质酒（酒精含量为63%vol）230kg，大曲酒500kg，所串优质酒、大曲酒质量分析结果见表6-81。

表6-81 　　　　　"MZ"技术在酒精串香中的效果　　　　　单位：mg/100mL

项目	优质酒	大曲酒	项目	优质酒	大曲酒
总酸	54.2	47.6	异丁醇	25.7	18.35
乙醛	14.6	10.9	正丁醇	10.5	7.45
乙酸乙酯	192.7	95.7	丁酸乙酯	43.3	13.5
正丙醇	15.6	18.3	异戊醇	34.2	17.6
仲丁醇	12.5	4.72	乳酸乙酯	147.8	127.4
乙缩醛	15.7	8.24	己酸乙酯	294.6	91.5

从表6-81可以看出：由串香提出的优质酒，其己酯含量赶上了长醇池的己酯指标；经串香后酒体中各微量成分比例谐调，月平均优质率为31.5%，大曲酒各项指标也达到内定大曲酒标准，并具有口味净爽等诸多特点。

（3）"MZ"酶催化合成香酯的多功能　"MZ"酶为一种能催化合成香酯的特异性的酯化酶，能单一催化某一基质和同时催化多种底物及基质生成不同的生物香酯，在白酒上可用于提香、串香和调香。单一基质产生单一酯，混合基质产生复合酯，其效果如表6-82、表6-83所示。

表6-82 　　　　　　　　单一底物合成香酯效应　　　　　　　　单位：g/L

酯化时间/d	己酸乙酯	乙酸乙酯		乳酸乙酯	
	酶I	酶I	酶II	酶I	酶II
66~88	60.99	4.094	4.096	25.87	28.22

注：引自河北曹雪芹家酒厂试验结果。

表6-83 　　　　　　　　混合底物合成香酯效果　　　　　　　　单位：g/L

酯化时间/d	己酸乙酯	乙酸乙酯	乳酸乙酯	丁酸乙酯
13	1.448	0.735	1.280	0.410

（五）采用黄浆水酯化法提高酒质

黄浆水酯化技术在浓香型曲酒中的应用，是全国同类型酒厂提高曲酒质量的先进技术措施之一。经10余年的努力，各地根据本厂实际情况，采用多种办法，对黄浆水进一步利用，取得了很好的效果。现将有关资料，加上笔者的生产科研实践，综合介绍如下。

　1. 黄浆水的成分

　酒醅在窖内发酵过程中，淀粉由糖变酒，同时产生二氧化碳从吹口跑出，单位酒醅的质量相对减少，结晶水游离出来，原料中的单宁、色素、可溶性淀粉、糊精、还原糖、酵母自溶物、乙醇等溶于水中，随着发酵温度的下降，缓慢沉于底部而形成黄浆水。故有经验的酒师，可从出窖黄浆水的色、悬头、气味、口味等判断上排母糟的发酵情况，并确定下排入窖条件。黄浆水中除含上述成分外，还有大量的酸类，特别是乳酸、乙酸、己酸、丁酸等，并有大量经长期在窖内特定环境中驯养的梭状芽孢杆菌，是优质的"液体窖泥"。黄浆水的主要成分参见表6-84、表6-85、表6-86。

　由此可见，黄浆水的成分相当复杂，富含有机酸及产酯的前体、营养物质。当然，黄浆水的成分与窖池、母糟、发酵情况、曲药质量、操作工艺等关系极大，其成分的种类、数量相差也大。

表 6-84　　　　　　　　　　黄浆水的主要成分　　　　　　　　　单位:%

酸度	淀粉	还原糖	酒精	pH	蛋白质	酸类	醇类	醛类	酯类	单宁及色素	黏度/(Pa·s)
4.2~5.5	1.2~2.0	0.3~0.8	3.5~8.0	3.2~3.5	0.15~0.18	3.5~5.5	2~4	0.15~1.5	1.5~3.6	0.1~0.21	(2.5~4.0)×10⁻³

表 6-85　　　　　　　　　　黄浆水中的主要酸类　　　　　　　单位：mg/100mL

组成\酒厂	己酸	乳酸	丁二酸	乙酸	丁酸
五粮液酒厂	131	56.24	63	369	83
泸县酒厂	144	59.73	80	733	134
剑南春酒厂	139	57.28	150	405	196
成都酒厂	262	55.79	53	490	133
文君酒厂	337	53.87	75	516	167
射洪沱牌曲酒厂	125	43.00	100	322	71
双流二担山酒厂	135	55.64	80	390	56

表 6-86　　　　　　　　　不同级别窖池黄浆水成分　　　　　　单位：mg/100mL

组分\窖级别	己酸	乳酸	丁二酸	乙酸	丁酸
优质窖	372	6975	86	867	203
甲级窖	230	6645	62	367	110
乙级窖	158	6331	58	679	108
丙级窖	136	6053	54	529	88
低级窖	128	5609	52	529	89

2. 直接用黄浆水制备酯化液

黄浆水中的许多物质对提高曲酒质量，增加曲酒香气、改善曲酒风味有着重要的作用，特别是酸类及大量产酯的前体物质。如果采取适当的措施，使黄浆水中的醇类、酸类等物质通过酯化作用，转化为酯类，特别是增加浓香型曲酒中的己酸乙酯，对提高曲酒质量有重大意义。某厂曾选择4个方案进行试验。①直接酯化；②加曲酯化；③加窖泥酯化；④加曲加窖泥酯化。以上四个方案，都是在30～35℃条件下，酯化30d，然后分别取酯化液蒸馏，蒸馏液进行气相色谱分析，结果见表6-87。

表6-87　　　　　　　　　四种配方酯化效果比较　　　　　　　　单位：mg/100mL

方案 / 成分	直接酯化	加曲酯化	加窖泥酯化	加曲加窖泥酯化	对照：黄浆水直接蒸馏
己酸乙酯	—	—	17.63	21.63	—
乳酸乙酯	169.2	80.73	17.70	240.6	62.24
乙酸乙酯	—	—	—	28.07	—
丁酸乙酯	—	—	2.76	4.74	—
乙醛	26.0	39.19	45.87	9.57	19.49
乙缩醛	20.8	14.30	30.22	—	—

由上表可以看出，加窖泥和加曲加窖泥的酯化液中己酸乙酯含量较高，而后者又比前者较明显。但是，其酯化效果受曲药、窖泥质量影响很大。

在总结实验室试验的基础上进行扩大生产，取不同班组黄浆水、酒尾、曲粉、窖泥培养液，按一定比例混合，搅匀，于大缸内密封酯化。具体操作如下：黄浆水25%，酒尾（酒精含量为10%～15%）70%，曲粉2%，窖泥培养液1.5%，香醅2%。pH3.5～5.5（视黄浆水等pH而定，不必调节），30～34℃，30～35d。酯化后取样分析，结果见表6-88。

表6-88　　　　　　　　　　生产试验酯化效果比较　　　　　　　单位：mg/100mL

季节	成分	己酸乙酯	乳酸乙酯	乙酸乙酯	丁酸乙酯	乙醛	乙缩醛
淡季	酯化前	30.63	108.5	72.14	19.63	39.17	98.67
	酯化后	124.2	187.2	83.32	23.99	98.29	101.8
旺季	酯化前	39.98	91.42	111.1	14.68	119.5	47.67
	酯化后	156.5	94.42	157.3	20.42	126.6	144.5

生产扩大试验表明，黄浆水加适量物质酯化后，四大酯都有所增加，特别是己酸乙酯增加明显，说明此技术的可靠性。

在同一班组，采用同一窖池的酒醅上甑蒸馏，底锅中倒入100～200kg黄浆水酯化液，蒸馏时分段摘酒，各排同段酒的分析结果见表6-89。

表6-89　　　　　　　　　　　黄浆水酯化液串蒸效果比较　　　　　　　　单位：mg/100mL

项目		排次	己酸乙酯	乳酸乙酯	乙酸乙酯	丁酸乙酯	乙醛	乙缩醛
加酯化液串蒸	淡季	1	195.0	93.37	410.0	15.42	206.1	98.97
		2	211.0	77.94	401.3	14.27	174.4	66.75
		3	208.7	41.26	498.4	16.87	195.1	68.45
	旺季	1	239.7	196.2	526.3	14.17	306.5	172.1
		2	198.4	172.1	496.2	18.24	243.7	108.9
		3	212.4	235.2	483.4	19.21	292.2	114.2
对照	淡季	1	119.7	66.43	384.4	9.94	175.5	36.46
		2	125.3	59.64	409.7	11.81	169.4	30.83
		3	156.9	54.32	424.1	21.08	145.4	49.87
	旺季	1	169.5	162.2	299.1	20.11	198.2	454.9
		2	141.7	49.42	307.1	16.17	208.4	109.9
		3	131.5	151.4	296.5	9.48	269.0	206.6

由上表可见，应用黄浆水酯化液串蒸，能有效地提高酒中己酸乙酯含量，净增70～100mg/mL。但乙酸乙酯也有增加，醛类有增有减，规律性不强，是何原因尚待进一步研究。

3. 采用生物激素制取黄浆水酯化液

采用添加HUT溶液制备黄浆水酯化液，是一种新的尝试。HUT溶液主要成分是泛酸，它在生物体内以CoA形式参加代谢，而CoA是酰基的载体，在糖、酯和蛋白质代谢中均起重要作用。生物素是多种羧化酶的辅酶，也是多种微生物生长所需的重要物质。

HUT溶液：取25%赤霉酸、35%生物素，用食用酒精溶解；取40%泛酸用蒸馏水溶解。将上述两种溶液混合，稀释至3%～7%，即得HUT液。

酯化液：黄浆水35%，酒尾（酒精含量20%）55%，大曲粉5%，酒醅2.5%，窖泥2.5%，HUT液0.01%～0.05%，保温28～32℃，封闭发酵30d。

添加HUT和未添加HUT液制备的酯化液成分，经常规和气相色谱检测，结果如表6-90所示。

表6-90　　　　　　　　　　　成熟酯化液主要成分比较　　　　　　　　单位：mg/100mL

	项目	总酸	总酯	己酸乙酯
1	添加HUT	240	527	249
	未加HUT	202	469	214
2	添加HUT	229	525	217
	未加HUT	193	470	192
3	添加HUT	248	506	238
	未加HUT	220	482	207

制备黄浆水酯化液时添加HUT液，可使酯化液中总酸、总酯、己酸乙酯增加。将添加HUT制备好的酯化液加入底锅串蒸，酒质有显著提高见表6-91。

表 6 – 91		酯化液串蒸后酒质情况		单位：mg/100mL
项目	总酸	总酯	己酸乙酯	高级醇	乙缩醛
试验	109.4	422.7	203.6	80.9	107.2
对照	80.5	384.1	163.0	66.1	88.6

利用 HUT 液制备黄浆水酯化液的作用机理尚待深入研究。

4. 添加己酸菌液制备酯化液

（1）酯化液的制备

方法和配方：

①菌种 10%，己酸菌培养基 8kg，用黄浆水调 pH4.6，酒尾调酒精含量 8%。

②菌种 12%，己酸菌培养基 10kg，用黄浆水调 pH4.2，酒尾调酒精含量为 8%。

培养条件：

①保温 30℃，发酵 30d。

②保温 33℃，发酵 30d。

（2）酯化液成分 取成熟酯化液和不同培养酯化时间的酯化液蒸馏后，用色谱进行分析，结果如表 6 – 92 所示。

表 6 – 92			酯化蒸馏液色谱分析结果			单位：mg/100mL
成分 \ 发酵天数/d	配方 1#			配方 1#		
	10	20	30	10	20	30
乙醛	25.6	28.7	30.5	17.2	17.5	16.0
甲醇	23.6	25.4	28.6	17.8	18.2	19.1
乙酸乙酯	703.6	1227.6	1304.2	724.8	954.6	1256.7
正丙醇	11.8	21.1	22.0	3.8	—	4.3
仲丁醇	13.6	19.8	25.6	—	—	—
乙缩醛	16.3	21.6	48.4	—	—	—
异丁醇	4.5	9.6	31.8	5.2	8.43	23.4
正丁醇	17.1	22.4	20.8	15.2	11.5	12.7
丁酸乙酯	68.2	112.4	134.5	30.6	33.2	43.7
异戊醇	46.4	55.0	56.0	29.0	29.2	28.1
乳酸乙酯	332.6	532.3	561.2	315.8	335.6	362.7
己酸乙酯	569.3	838.9	1070.6	254.2	264.9	334.6

由上表可见，配方 1# 比 2# 酯化液中己酸乙酯含量高，随着酯化期的延长，己酸乙酯含量增幅也大。

（3）蒸馏提香 生产出高质量的酯化液后，能否将酯化液中的酯类等香味成分有效地提取，是一个关键。首先，要有较好的酒醅，即酒醅中酒精含量高、气色正，以便酯类物质尽可能多地被酒精溶解，便于提取。

采用两个方法提取：

①在出窖酒醅（发酵仅 28d）中泼入酯化液 100kg（每甑），拌匀润粮。

②将 100kg 酯化液倒入底锅中，取同样出窖酒醅作对照，摘取前馏分 20kg，做色谱分析，结果如表 6-93 所示。

表 6-93　　　　　　　　　　不同串蒸方法效果比较　　　　　　　单位：mg/100mL

项目	润料串蒸	底锅串蒸	对照	项目	润料串蒸	底锅串蒸	对照
乙醛	50.0	41.6	35.5	异丁醇	19.4	23.9	9.0
甲醇	12.5	13.3	12.7	正丁醇	12.5	9.3	5.3
乙酸乙酯	548.3	466.3	394.9	丁酸乙酯	31.5	40.0	8.4
正丙醇	13.6	11.8	10.6	异戊醇	5.33	68.9	28.3
仲丁醇	18.8	21.6	5.4	乳酸乙酯	85.2	85.9	83.9
乙缩醛	27.2	23.5	26.8	己酸乙酯	431.8	385.9	125.8

（4）注意事项　获得高质量的酯化液的关键是菌种的优劣及接种量；酒尾、黄浆水、曲药的比例；酸度；酒精含量；酯化温度；酯化时间。

配方 1# 酯化液中己酸乙酯增加较多，丁酸乙酯也有较大增长，乳酸乙酯、己酸乙酯比例较谐调，但乙酸乙酯含量过高，造成乙酸乙酯 > 己酸乙酯，影响主体香，有待进一步探索。

用酯化液润粮串蒸比倒入底锅串蒸效果好。

应用酯化液串香后，酒质有明显的提高，感官品评香浓，各味较醇和谐调，余味长。是缩短发酵周期、提高产品质量的较好方法之一。

5. 黄浆水酯化液的应用

黄浆水酯化液除用于串蒸提高酒质以外，还可用来灌窖、培养窖泥。

（1）用酯化液灌窖　具体方法是：

①选择窖泥质量好、能保住水的窖池。

②酒醅发酵正常、气色正。

③将适量成熟的酯化液；在主发酵结束后（一般封窖后 15~20d）灌（或泼）入加粮的酒醅中，再密封发酵 50~60d，出窖蒸馏。酯化液灌窖效果见表 6-94。

表 6-94　　　　　　　　　　酯化液灌窖效果　　　　　　　单位：mg/100mL

窖号	总酸	总酯	己酸乙酯	乙酸乙酯	乳酸乙酯	丁酸乙酯
15	139.2	576.3	371.4	204.6	173.5	36.8
16	136.7	495.8	296.3	189.5	164.7	30.5
17（对照）	128.9	293.8	98.4	103.5	186.3	24.7

采用黄浆水酯化液灌窖，效果相当明显，但应注意下述几点：

①母糟发酵不正常，如酸度过高、母糟显腻，不宜灌窖。

②热季最好不用此法。

③灌窖用的酯化液不宜太多，一般每甑 50kg。

④窖池不能漏水，否则效果不明显。

⑤灌窖后要有一定的再酯化时间。

（2）用酯化液培养窖泥　人工培养窖泥时若加入适量的酯化液，则效果更好。培养窖泥的资料甚多，各家配方不一，在此不多赘述。

（六）不加粮异常母糟的再利用

1. 不加粮母糟保窖过程中质量的变化

大曲酒厂因种种原因，如酒不好销、资金短缺或原料供应不上等，被迫停产，为了保持窖池不致干涸毁坏，入窖糟醅中没有投粮（即红糟入窖），发酵期长达半年、1年，甚至数年，此种母糟称为不加粮母糟。它与正常投粮的母糟有很大的差异。为了弄清不加粮母糟在保窖过程中的生理生化特征，微生物种群和数量的变化以及与加粮母糟、正常窖池的母糟有何差异等，我们对不同类型的母糟进行了定窖跟踪测定。

（1）材料与方法　试验选用3个同等级的窖池，窖容5甑，试验前将3个窖的出窖糟混合均匀后作为基础母糟，此糟水分为60.33%、酸度3.07、淀粉为10.75%。试验方案见表6-95。

表6-95　　　　　　　　　　　　方案设置

窖号	方案编号	母糟来源	每甑投粮量/kg	发酵期	说明
32	A	相同	140	2个月	正常母糟
33	B	相同	140	1年	加粮母糟
34	C	相同	0	1年	不加粮母糟

试验时定时取样，常规检测母糟酸度、水分、淀粉、还原糖。微生物种群中细菌、酵母菌、霉菌的数量测定，采用稀释平板计数法，分别使用牛肉膏蛋白胨培养基、麦芽汁培养基和察氏培养基。

（2）试验结果　不同方案母糟酸度比较见表6-96。

表6-96　　　　　　　　　　　　不同方案母糟酸度比较

测定日期	A* 入窖糟	A* 出窖糟	B 窖内母糟	C 窖内母糟
1991—12—20	1.54	9.9	1.44	2.11
1992—02—20	1.73	2.78	2.69	2.45
1992—04—20	1.73	2.69	2.98	2.59
1992—06—20	1.81	3.31	2.93	2.60
1992—11—20	—	4.23	4.12	3.26

注：*A方案原窖连续4排跟踪检测。

母糟酸度测定结果表明，方案C因不加粮，起点酸度较高，酸度为2.11，但窖内升酸幅度较小，半年期酸度为2.6，一年期酸度为3.26。方案C与A出窖母糟、B窖的母糟相比，C的酸度比同期A、B酸度都低。这一结果说明了原来认为"不加粮母糟的酸度高"是不确切的。

不同方案母糟中淀粉比较见表6-97。

方案C的母糟，因入窖时未加粮，其淀粉含量起点较低，一年后母糟淀粉含量当然也比 A、B 母糟淀粉含量低。B 母糟的淀粉含量主要是在发酵的前两个月变化较大，两个月后变化很微小。

表 6 – 97　　　　　　　　　　不同方案母糟中淀粉比较

方案号 淀粉含量/% 测定日期	A		B	C
	入窖糟	出窖糟	窖内母糟	窖内母糟
1991—12—20	18.25	—	17.75	11.75
1992—02—20	21.65	11.56	10.21	9.23
1992—04—20	16.50	9.04	9.72	9.16
1992—06—20	16.50	8.73	8.26	8.97
1992—11—20	—	9.49	8.58	8.35

不同方案试验母糟中水分比较见表 6 – 98。

A 方案为正常发酵 2 个月的母糟，入窖平均水分为 54.9%，出窖平均水分为 61.4%。B 母糟水分先升后降。C 母糟入窖水分为 62.5%，比 A、B 都高，但因糟醅中没有加淀粉而保不住水，酒糟中水分逐渐下降，1 年后水分只有 56.4%。

表 6 – 98　　　　　　　　　　不同方案试验母糟中水分比较

方案号 水分/% 测定日期	A		B	C
	入窖糟	出窖糟	窖内母糟	窖内母糟
1991—12—20	54.2	—	55.4	62.5
1992—02—20	52.5	62.4	60.1	61.0
1992—04—20	55.8	61.8	59.5	58.9
1992—06—20	57.0	62.3	60.0	58.0
1992—11—20	—	59.2	57.6	56.4

微生物种群与数量的检测：

酵母菌：正常母糟、加粮母糟和不加粮母糟，半年期内其酵母数差异不大，1 年后酵母数出现了 A > B > C 的趋势。

霉菌：霉菌的变化规律与酵母相似，即在半年期内霉菌数目相差不大，1 年后 C 糟数量明显减少。

细菌和芽孢杆菌：从细菌和芽孢杆菌检测结果来看，A、B、C 糟半年内无显著差异，变化规律也基本相同。但 1 年后，不加粮母糟的酵母、霉菌数量明显下降，而杆菌与芽孢杆菌的数量仍保持与正常母糟相近。

2. 不加粮异常母糟的再利用

（1）不加粮异常母糟的性质和特点

感官特征：不加粮异常母糟色泽赤红，手感显干、显硬、不柔熟、无肉头，母糟持水能力差，上层母糟与下层母糟水分含量差异较大，黄浆水少。

理化特征：不加粮异常母糟理化指标与正常母糟比较，其水分含量、酸度、淀粉均偏低。若用此糟投粮入窖，骨力显著下降。

微生物检测：采用稀释平板计数法测定不加粮异常母糟与正常母糟的微生物种群和数量，异常母糟随着发酵期延长，霉菌、酵母菌和细菌的数量都不断下降，尤其是霉菌和酵母菌的数量下降较快。

（2）不同利用方法效果比较　据了解，很多酒厂在利用不加粮异常母糟恢复生产后，第1排产酒量少，甚至不出酒。有人认为是异常母糟酸度过高所致，有人认为当排曲药质量太差所致，也有人认为是异常母糟骨力和活力大大下降所致。说法不一，没有定论。为此，特设置几种再利用的方案，进行比较试验。

方案设计：采用单因素对比试验，两次重复，处理方法和主要设计目的如表6-99所示。

表6-99　　　　　　　　　　　　处理方法和作用

方案编号	处理方法	每甑使用量/g	设计目的
A	糖化酶	500	增加糖化力
B	AADY	250	增加发酵力
C	$(NH_4)_2CO_3$	1400	增加氮源，降低酸度
D	清蒸		降低酸度
E	对照		空白

试验方法　选用车间9甑窖池10个，半年期不加粮异常母糟，因母糟显干，持水力差，经蒸煮后骨力大大下降，在配料时增大用糠量和量水用量，适当增加曲药用量，每甑下粮140kg，蒸煮时间70min，入窖温度18~20℃，发酵期60d，设计5种处理，2次重复。第1次重复以粳高粱作原料，第二次重复以糯高粱作原料，并在配料上做了统一调整，各重复内的配料和操作除处理因素外，尽量保持一致。

各种处理配料前后理化指标变化见表6-100。

表6-100　　　　　　　　　各种处理配料前后理化指标　　　　　　　　单位：%

处理方法	糟别	酸度	淀粉	还原糖	水分
	出窖糟	2.91	7.40	0.52	61.2
	入窖糟	1.47	15.68	1.36	58.1
	出窖糟	2.80	6.47	0.84	59.8
A（糖化酶）	入窖糟	1.44	14.46	0.66	60.3
B（AADY）	出窖糟	3.17	7.78	1.27	59.1
C［$(NH_4)_2CO_3$］	入窖糟	1.36	14.46	0.66	60.3
D（清蒸）	出窖糟	2.93	7.57	1.31	59.4
E（对照）	入窖糟	1.41	15.65	1.27	56.9
平均	出窖糟	3.09	7.01	1.08	59.7
	入窖糟	1.49	15.29	1.09	56.7
	出窖糟	2.98	7.25	1.00	59.82
	入窖糟	1.43	15.21	1.03	58.14

从配料前的出窖糟看，5种处理的各项理化指标含量基本接近；处理后的入窖糟，C、D均使酸度有所下降，但各种处理的入窖酸度都属正常范围。

窖内升温幅度及第 1 排出窖糟理化指标见表 6 – 101。

表 6 – 101　　　　　　　　　　窖内升温幅度及出窖糟理化指标　　　　　　　单位:%

处理方案	升温幅度/℃	第 1 排出窖糟理化分析			
		酸度	淀粉	糖分	水分
A	11	3.99	7.61	1.17	63.4
B	7	3.39	10.66	2.25	60.0
C	9.5	3.12	9.11	1.63	61.6
D	12.5	3.34	8.45	1.19	64.1
E	7.5	3.41	10.22	2.05	61.9

（3）生产实绩　见表 6 – 102。

可见，5 种处理方法中糖化酶处理不仅能提高出酒率 10.71%，而且酒质也比对照好；清蒸处理，虽然提高出酒率 11.6%，但酒质比对照稍差。各厂可视实际情况酌定。

表 6 – 102　　　　　　　　　　　出酒率与酒质检测　　　　　　　　　　单位:%

处理方法	出酒率/%		平均	总酸	总酯	己酸乙酯	乳酸乙酯	乙酸乙酯	丁酸乙酯
	重复 I	重复 II							
A	20.04	30.91	25.48	1.0415	5.4805	3.770	2.180	1.560	0.600
B	11.25	23.57	17.41	1.7165	5.3870	3.440	1.440	1.705	0.710
C	10.22	21.41	15.82	1.3845	5.2220	3.465	1.745	1.645	0.715
D	19.58	33.16	26.37	0.9630	4.5410	3.040	1.785	1.580	0.545
E	8.97	20.57	14.77	1.6010	5.0073	3.340	1.270	1.730	0.915

3. 值得注意的问题

（1）对出酒率的影响　不加粮保窖母糟的残余淀粉少，母糟活力下降，所以重新投粮转排时，出酒率肯定不如正常母糟。据四川经验，有的窖出酒率可达 33% 以上，而有的窖不到 10%，甚至还有不出酒的情况。其中影响因素众多，因此，调整配料、采用不同的措施是必要的。

（2）对酒质的影响　利用不加粮异常母糟酿酒，60d 发酵期，酒的总酯含量为 5g/L 左右，己酸乙酯可达 3g/L 以上。从正常规律来看，不加粮异常母糟配料前平均酸度为 2.98，入窖平均酸度为 1.36 ~ 1.49，比正常发酵的母糟酸度还低，但产出的酒，己酸乙酯又偏离不少。可能是母糟长期在窖内酯化的结果，若措施得当，对下排酒质还有较好的影响。

（3）随着不加粮异常母糟发酵期的延长，其与正常母糟质量差异越大，配料时越不易掌握，利用难度越大。如若转排后窖内发酵不升温，可提前开窖。应根据残余淀粉含量重新调整配料后再发酵。

（4）利用不加粮异常母糟恢复生产，应逐步进行，做到转排期间无丢糟，充分利用母糟中的高残淀粉。

（七）利用现代生物技术增己降乳

乳酸是白酒发酵过程中的中间产物，它的代谢途径很多，最终是在微生物酶的作用下形成乳酸乙酯。乳酸乙酯是固态法白酒中必不可少的物质，但在浓香型曲酒中若己酸乙酯和乳酸乙酯比例失调，则严重影响酒质。有的厂采用"量质摘酒"工艺，摘取头段酒作为名优酒，头段酒中己酸乙酯含量一般都多于乳酸乙酯，但后段酒中却恰恰相反，大多乳酸乙酯高于己酸乙酯，主体香差，后味苦涩带杂。若不分段摘酒，则不少酒仍然存在己酸乙酯、乳酸乙酯比例失调。

天津科技大学、辽宁大学、四川省食品发酵工业研究设计院等单位，均选育出优良的降乳菌（丙酸菌），通过生产应用，在"降乳"上取得了较大的突破。在"降乳"的同时，应采取"增己"的配套措施，才能使酒质全面提高，否则，虽然乳酸乙酯降下来，己酸乙酯太少，主体香仍然缺乏，也不能称之为好酒。

1. 丙酸菌的特性及生态分布

（1）丙酸菌的特性保养　丙酸菌是参与曲酒发酵的重要菌类。丙酸发酵过程是将葡萄糖转变为丙酮酸，通过 EMP 途径生成丙酸。或利用乳酸直接进行丙酸发酵，生成丙酸、乙酸和 CO_2，丙酸、乙酸都是生成己酸乙酯的前体物质。

①不同碳源培养基对丙酸发酵的影响：丙酸菌在厌氧或微氧条件下，可利用碳水化合物、有机酸、多元醇等发酵生成丙酸和醋酸的混合物，也有较少量的异戊酸、甲酸、琥珀酸及二氧化碳产生。

②丙酸菌的发酵产物：采用不同培养基培养，其发酵产物有异，但主要是丙酸，其次是乙酸，也有少量甲酸、戊酸、庚酸等。在高粱糖化液复合培养基中，能有效地降低乳酸含量，乳酸的含量可降低 50% ~ 90%，这对浓香型曲酒生产是十分可喜的，它为利用微生物降低酒中乳酸与乳酸乙酯的含量，开辟了一条新的途径。

③培养基 pH 对丙酸菌发酵的影响：据文献记载，丙酸菌生长的最适 pH 在 6.8 ~ 7.0，在此范围能良好繁殖。而浓香型曲酒发酵酸度较高，pH 为 3.7 ~ 4.5，因此，在设计培养基时应重视这个问题，使选育的菌株能适应这个环境。

（2）丙酸菌在酿造过程中的生态分布　四川省食品发酵工业研究设计院在宜宾五粮液酒厂、泸州老窖酒厂、射洪沱牌曲酒厂、古蔺县仙潭酒厂、新津县余波酒厂、成都全兴酒厂等，对浓香型曲酒酿造过程中的窖泥、麦曲、母糟、场地残留物、环境等，进行了广泛的采样，就丙酸菌的生态分布进行了 2 年多的研究。

①窖泥中的丙酸菌：丙酸菌属厌氧菌，窖泥中检出较多。据统计，窖泥中的丙酸菌占整个检测总数的 43.7%，窖泥中丙酸菌下层居多（占 50% 以上），中层次之，上层较少。

②酒醅和黄浆水中的丙酸菌：酒醅和黄浆水中的丙酸菌数量仅次于窖泥，占总数的 42.25%。酒醅中丙酸菌的分布与窖泥相似，其数目是下层多于中层，中层又多于上层。黄浆水中丙酸菌数量不多，可能是酸度过高之故。

③麦曲中的丙酸菌：在研究中发现，麦曲中也有少量的丙酸菌检出，其数量占总数的 8.4%，估计来自环境和场地。麦曲中检出的丙酸菌产酸量降低。曲房和晾堂残留物也曾检出丙酸菌，只占总数的 4% 左右。麦曲和场地中检出的丙酸菌，可能是耐氧型，在好氧情况下仍能正常生长。

2. 丙酸菌的培养及乳酸降解的测定

（1）培养基 三角瓶：乳酸钠 0.5%，酵母膏 0.5%，氯化钠 0.05%，pH5.0；卡氏罐及大罐：乳酸钠 0.1%，酵母膏 0.1%，氯化钠 0.05%，pH5.0~5.5。

（2）培养条件 传代培养为 32℃，恒温培养 7d；生产应用根据乳酸降解情况，一般为 7~10d。

（3）乳酸降解程度的测定

原理：乳酸在 Cu^{2+} 存在下，用硫酸氧化为乙醛，然后用对羟联苯显色，溶液呈紫罗蓝色，在 560nm 测量吸光度，用乳酸锂或乳酸钠溶液绘制标准曲线，求得含量。

试剂乳酸锂或乳酸钠标准溶液；20% 和 40% $CuSO_4$ 溶液；对羟基联苯试剂：1.5% 对羟基联苯、0.5% NaOH 溶液。

将培养液稀释后，用分光光度计测出 OD 值，然后从标准曲线上查出乳酸含量。

由于生产应用中培养液内的乳酸必须全部降解后才能使用，因此，生产应用中不必测定乳酸含量。菌液与对羟基联苯反应后，须呈无色或微蓝色方可使用。

3. 丙酸菌在生产中的应用

应用方法：在入池大糟和二糟中使用不同投菌量，连续或隔排投菌，菌液使用量为 0.15%~2%。

应用丙酸菌降低酒中乳酸乙酯的含量效果明显。实践表明，连续投菌两排以上，乳酸乙酯会大幅度降低，反而造成己乳比例失调；采用隔排投菌，乳酸乙酯虽有回升，但量不大，乳己比始终在 (1~1.1):2。各厂可视具体情况而定。

北方某厂为改善部分退化窖池己酸乙酯含量偏低的状况，采用本厂优质老窖泥作种源，逐级扩大培养液体窖泥；并将其与丙酸菌液一起加入窖泥中，在发酵酒醅中隔排加入丙酸菌液。经 3 排之后，酒质明显提高，见表 6-103。

表 6-103　　丙酸菌与液体窖泥结合效果　　　　单位：mg/100mL

实验项目 \ 含量（酯类）	乳酸乙酯	己酸乙酯	乙酸乙酯	丁酸乙酯
试验 I	233.79	284.35	132.88	12.36
试验 II	227.50	264.03	129.64	14.52
对照池	329.38	201.53	109.87	13.58

结果说明，丙酸菌与人工老窖技术相结合，不仅能使酒中乳酸乙酯含量大大降低，而且己酸乙酯的含量也有较大幅度的增加，真正起到"增己降乳"的效果。

4. 值得注意的问题

（1）发酵池中乳酸形成的高峰期在入池后 25d 左右。在入池时投入丙酸菌，由于前期乳酸含量较少，而且入池菌液要求在培养基中乳酸完全降解后才使用，投菌后由于乳酸来源不足，加上发酵醅中各种因素的影响，降乳效果下降。可在窖池中乳酸形成的高峰前（约入窖 20d）投菌，效果更佳。

（2）丙酸菌应与人工老窖、强化制曲及其他提高酒质的技术措施相结合，才能有效地"增己降乳"。

（3）丙酸菌在白酒生产中的应用仅仅是个开始，很多条件尚不成熟，有待进一步探索。

（八）搞好人工培窖和窖池退化的防治是提高浓香型曲酒质量的重要基础

酿制浓香型曲酒，"窖池是基础，曲药是动力，操作是关键"，这是酒厂同行的共识。要提高浓香型曲酒的质量，三者缺一不可，即使采用多种技术措施，也不能抛离这 3 个方面。

1. 人工培窖

（1）制备液体窖泥采用混合菌种较好　窖泥微生物是赋予曲酒特有香味的微生物，它在窖泥中种类繁多，错综复杂。在老窖中，窖泥微生物经数百年特定环境的驯养，相互间你争我夺，优胜劣汰，形成了共存共生的局面。窖泥微生物在浓香型曲酒的香味生成上，颇具支配地位。实践证明，在多种微生物作用下，因其酶系复杂，酒的香味细腻、丰满；纯种微生物的酶系单纯，酒的香味也单调。为了使酒具有浓郁、绵软、优雅、味长的独特风格，根据名优酒厂的经验，以优质老窖泥作种源比用"纯种"的己酸菌、丁酸菌效果要好些。但是，新厂或新建车间，为了相互取长补短，充分发挥各自的优势，可采用泥种与"纯种"相结合，即以老窖泥为基础，加入人工分离种子予以强化，这样效果更加显著。

（2）建窖材料的选择　"人工老窖"的显著效果已为人们公认。但有的厂培养的窖泥效果较差，酒质低劣，主要原因是建窖材料选择或配方不当，造成窖泥微生物种类和数量不够。因此，要想培养优质窖泥，要特别注意建窖材料的选择和制定合理的配方，要根据窖泥微生物的特性尽量采用酒厂生产中的材料，少加人工合成的化学材料。但应考虑：

①窖泥微生物的营养成分，包括碳源、氮源、水分、无机盐和生长素等。

②影响微生物生长繁殖和进行生化活动的化学因素，如 pH、盐类、金属离子和氧化还原电位等。

③物理因素，如温度、空气（好气、嫌气）、渗透压等。

④选择泥土，应为无沙石杂物、微酸性、铁含量低的黏性土壤。

⑤采用窖皮泥、黄浆水、母糟、丢糟、曲粉、酒头、酒尾等。

（3）筑窖方法　要严格做到防水保水；搞好窖池保养，保持窖泥水分，补充微生物种源和营养物质。

（4）其他　人工培养窖泥必须操作细致，物料要拌和均匀，踩柔熟；培养期间注意保温，使窖泥微生物生长旺盛。

2. 窖池退化的防治

我国北方，受干燥气候和土质的影响，在窖池使用一段时间后，窖池四壁表面自上而下出现白色物质，这些物质以粉末和晶状体形式存在。这样的发酵窖池水分低，酸性大，窖泥黏度降低，手捻成散状，无一点油滑感，并伴有严重杂味。用此种窖池生产出的酒主体香成分己酸乙酯明显下降，严重影响产品质量。窖池退化的原因颇多，可以从下述诸方面进行分析。

（1）退化泥与优质泥成分比较　见表 6-104。退化窖池泥中的水分、N、P、K 及己酸菌含量都比正常窖池低，并且酸度大。因此，提高退化窖池的质量，让它接近或达到优质窖池泥成分，必须缩短两者间的差别。

表 6 – 104　　　　　　　　　　　　退化泥与优质泥成分比较

泥样	项目	pH	水分/%	氮含量/(mg/100g)	磷含量/(mg/kg)	钾含量/%	腐殖质含量/%	己酸菌/(10^4 个/mL)	酵母菌量/(10^4 个/mL)
退	1	4.0	30	27	89	0.04	4.87	123	90
化	2	3.9	29	19	324	0.06	7.15	98	88
泥	3	4.1	26	46.2	150	0.02	5.78	56	49
优质泥		6.2	41	202.7	620	1.23	11.47	965	715

（2）白色物质成分形成的原因及其对发酵窖池的影响　北方窖池老化现象为：窖池表面起碱，板结发硬，析出大量白色碎状物和结晶物，主要是乳酸铁和乳酸钙等乳酸盐类。

乳酸钙、乳酸铁的形成是窖泥开始退化的表征。北方地下水硬度大，带入大量钙离子；选择培养泥时，钙、铁离子过多，加之工艺粗糙、卫生条件差，乳酸大量形成；窖池又没有很好地保养，造成窖泥失水，于是大量生成乳酸盐类。

实践证明，乳酸钙和乳酸铁对己酸菌等窖泥功能菌有明显的毒害作用，当乳酸铁、乳酸钙含量在 0.5% 时，己酸菌数显著下降。在相同浓度下，乳酸铁比乳酸钙的毒害作用更大。

（3）窖池退化与 pH 的关系　老化窖泥 pH 一般偏低。pH 对己酸菌数和己酸产量有很大的影响。窖泥 pH 不仅影响着窖泥中的有机物降解、无机物的溶解、胶体物质的凝聚与分散、氧化还原和各种微生物的活动强度，而且直接影响窖泥中多种酶参与的生化反应速度，继而影响微生物的生长代谢。

（4）窖泥退化与水分的关系　老化窖泥的水分含量偏少，使窖泥功能菌新陈代谢的产物不能及时传出细胞体外，以致大量积累，导致生长繁殖停滞而死亡。窖泥微生物所需的营养物质也需有足够的水分溶解后，才能供给微生物的生命活动之用。北方酒厂，因受气候的影响，窖池水分蒸发快，特别是夏季，池壁严重失水形成板结，入池后酒醅中的水分难以向窖壁浸润。因此，水分是窖池退化的最关键的因素。所以从工艺上、窖池保养上，保证充足的水分十分必要。

（5）窖泥退化与微生物及其营养物质的关系　窖泥微生物种类繁多，这些微生物在适宜条件下生长、繁殖、代谢，合成浓香型曲酒特有的香气成分，因此，酒的质量决定于这些微生物的生命活动。若窖泥水分、营养物质等缺乏，势必影响窖泥微生物的生长繁殖，菌数急剧下降，导致窖泥退化。因此，窖池必须保持湿润，定期补充营养物质和窖泥功能菌，以保持微生物长盛不衰。

（6）窖池退化与发酵条件的关系　入窖发酵条件和控制主要是酒醅入窖温度、淀粉、酸度、水分等。

①温度：入窖温度适当，糟醅在发酵过程中就可以达到升温、生酸正常，利于养窖；若入窖温度过高，发酵不良，酸度加大，加速窖泥老化。

②淀粉：酒醅中淀粉含量多少取决于投料量和酒醅中填充料的配合比例，适宜的淀粉含量可使发酵正常，酒醅容易保住水分，窖池也能湿润。

③酸度：入窖酸度是否正常，不但确定酒醅发酵好坏，也是防止窖池退化的重要条件。

④水分：对于北方窖池，入窖水分适当偏大，不仅能使窖池保持湿润、防止老化，还可提高出酒率。

（7）窖池退化与操作环境的关系 环境中存在着大量的杂菌，工艺不细、操作马虎，极易将杂菌带入酒醅，因此，必须随时搞好操作现场的清洁卫生。发酵池要严格管理，出池后的窖池应立即用薄膜覆盖，以减少水分散发和杂菌感染。

（8）窖池退化的防治 窖池泥的退化应以防为主，针对容易促使窖泥退化的诸多因素，采取有效措施，保证人工老窖的逐渐成熟，继而成为真正的"老窖"，是人工培窖的根本。

窖池泥退化的预防，除采取上述针对性的措施外，还可辅以下列方法：

①黄浆水、尾酒、曲粉混合物喷洒养护。

②己酸菌培养液养护。

③酯化液、己酸菌液养护。

④营养物质加窖泥综合培养液养护。各厂可根据实际情况，选择适当的技术措施，才能确保人工老窖的效果。

（九）翻沙技术的发展

翻沙技术（也称复式发酵）是提高浓香型大曲酒质量的重要措施。翻沙，是在糟醅酒精发酵基本完成后，同时投入常规曲药、黄浆水、酯化液和工艺用酒（加水降度），拌和均匀，再继续入窖发酵。采用这种工艺由于补充了黄浆水、酯化液和酒，增加了糟醅中酸、醇的含量，有利于浓香型酒风味物质，尤其是酯类物质的产生和积累，大大提高了基础酒的质量。此法已在全国同类香型酒厂中广泛应用，均取得良好的效果。

通过多年的实践，人们认识到翻沙工艺仍有潜力可挖，于是从单翻沙到双翻沙，即在完成 1 次单翻沙发酵后，追加投入 1 次曲、黄浆水和酒等物料，再继续翻沙发酵。这样发酵期延长到 9 ~ 12 个月甚至更长，优质酒比率从 40% 左右提高到 90% 以上，但产量（出酒率）较低。由于双翻沙窖期太长，糟醅酸度大，一般用作生产调味酒。为了克服原翻沙工艺中的不足，泸州老窖酒厂又创造出"分段用曲翻沙工艺"、"规范分段用曲翻沙工艺"、"夹心曲翻沙"、"回菌泥翻沙"等新技术。下面分别做简要介绍。

1. 分段用曲翻沙工艺

（1）工艺流程 见图 6 – 20。

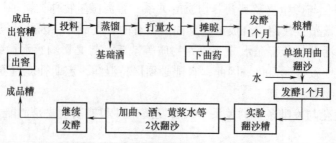

图 6 – 20 分段用曲翻沙工艺流程图

整个工艺设计需时为 4 ~ 5 个月。

（2）效果

①产量及消耗：从表 6 – 105 可见，分段用曲工艺比单翻沙工艺出酒率高 10%，曲耗略有降低，粮耗降低近 11%。出现此结果的原因在于分段用曲避开了削弱曲药发酵力的两个主要因素——高酸（黄浆水）和高醇（酒）浓度。因此，分段用曲工艺中的淀粉消耗率比单翻沙高 15% 左右，产酒量也多 10% 左右，相应地降低了各项消耗指标。

表 6 – 105		三种翻沙工艺的产量与消耗对比		
工艺类型	发酵期/月	产量/(t/窖)	实际吨酒消耗/t	
			高粱	曲药
分段用曲	4	2.530	2.944	0.915
单翻沙	4	2.300	3.300	0.921
双翻沙	12	2.150	4.644	1.556

②质量比较：从表 6 – 106 可见，从优质率来看，分段用曲仅次于双翻沙；从优质酒（中国名酒）数量来看，分段用曲最多；从己酯含量和口感来看，双翻沙工艺作调味酒生产是适合的，分段用曲主要产特曲。另外，分段用曲工艺生产的酒，口感醇甜好、谐调。

表 6 – 106		三种翻沙工艺质量对比		
工艺类型	特曲产量%	优质率/%	综合样己酯含量/(g/L)	口感评价
分段用曲	2.050	81	2.5 ~ 3.1	浓香醇甜，谐调，干净
单翻沙	0.920	40	2.5 以下	浓香醇甜，干净
双翻沙	2.000	93	4.0 以上	酯香突出，陈味好

泸州老窖酒厂彭单等认为在单独用曲翻沙时，糟醅已经 1 个月发酵，有 35% 左右的淀粉被消耗或转化。转化的淀粉大部分成酒，其余的则转化为淀粉降解途径（如 TCA 途径和 EMP 途径）中的各种中间物（如各种二元酸、三元酸、二碳酸、四碳酸、六碳酸等）。这些中间产物在单独加曲时，可能被曲中某些微生物直接利用而转化成浓香型酒特有的风味物质或其前体物质，从而在较短的时间内提高质量。而在单翻沙工艺中，由于高酸、高酒的影响，曲药微生物直接利用这些中间物的能力被削弱。

2. 规范分段用曲翻沙工艺

（1）工艺流程　见图 6 – 21。

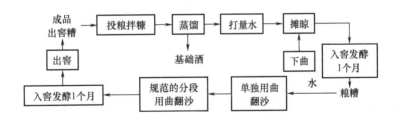

图 6 – 21　规范分段用曲翻沙工艺流程图

本工艺与分段用曲翻沙工艺相比，减少了一步传统翻沙程序。整个工艺设计用时 2 个月，两种工艺用时相差一半。

（2）生产实际效果　四川泸州老窖酒厂罗汉基地五车间从 1995 年 9 月至 1996 年 9 月实验班组按上述工艺生产。

出入窖检验结果：从表 6 – 107 可以看出，由于采取的工艺措施相同，发酵 1 个月的 2 种粮糟差别不大。此时，淀粉消耗约 30%，酸度增长幅度也基本相同。然而，由于粮糟之后的工艺措施差别相对较大，导致单翻沙成品出窖糟残余淀粉比分段用曲高10%以上，淀粉消耗率也相应降低约10%。

表6-107　　　　　　　　　　　常规化验数据表

工艺类别		分段用曲	单翻沙
原始入窖糟	酸度	1.53	1.57
	淀粉含量/%	17.01	16.97
粮糟	酸度	2.16	2.19
	淀粉含量/%	12.07	11.95
成品出窖糟	酸度	2.90	3.54
	残余淀粉含量/%	9.11	10.46
	耗淀粉率/%	46.4	38.4
发酵期/月		2	4
窖数/个		11	9

　　两种工艺的投入对比：单翻沙工艺在翻沙时强调黄浆水、酒和曲药的同时投入，提高了糟醅的酸、醇含量，强化了后期酯化发酵环境，对浓香型酒的主体香的快速生成创造了条件。而规范的分段用曲翻沙工艺则强调曲药充分发挥作用，生成各种呈香呈味物质。

　　两种工艺的产量及消耗比较见表6-108。分段用曲比单翻沙产量增加20%，粮耗和曲耗相应降低了17%和24%。出现这种结果的根本原因在于工艺上的差异——翻沙时黄浆水和酒的投入。

表6-108　　　　　　　　　　两种工艺产量及消耗比较　　　　　　　　　　单位：kg/窖

工艺类别	实际产量	实际吨酒消耗/t		产量增长比率/%	消耗降低比率/%	
		粮耗	曲耗		粮耗	曲耗
分段用曲	2290	2.7380	0.7004	20.53	17.03	24.13
单翻沙	1900*	3.3000	0.9232			

注：*产量的实际数已扣除翻沙用酒400kg。

　　黄浆水的投入，极大地增加了粮糟的酸度，对酵母继续进行酒精发酵有严重的影响，以致降低淀粉的出酒率，导致消耗上升。工艺用酒的投入，使粮糟的酒精分进一步升高，阻碍酵母进一步生成酒精，同样会导致淀粉出酒率下降，消耗上升。而规范的分段用曲翻沙工艺，则是单独用曲翻沙，避免增加酸度和乙醇浓度，相反还通过增加投入曲药和适当水分，稀释一部分酸度和酒精浓度，为曲药充分发挥自身的发酵能力，利用残余淀粉创造了有利条件，从而提高了淀粉出酒率，相应地降低了粮耗和曲耗。

　　两种工艺的质量对比：从表6-109可知，单翻沙酒的己酸乙酯略高，平均为2.0g/L，但己酯的生成速度则比分段用曲工艺慢得多，约是后者的一半。而且，从口感来比较，分段用曲工艺产酒醇甜、谐调，比单翻沙工艺胜出一筹。

表 6 – 109		两种工艺质量对比情况		
工艺类别	发酵期/月	己酯含量/（g/L）	优质率/%	口感评价
分段用曲	2	1.5~2.3	40 以上	浓香醇甜，干净谐调
单翻沙	4	1.5~2.5	40 左右	浓香干净

3. 夹心曲翻沙

所谓夹心曲，就是将含有经人工扩大培养的优质菌泥的麦粉料踩制于曲心，经强化培养而制成的大曲。

传统的泸州老窖酿酒作坊是制曲、酿酒没有分家。当时的酿酒作坊是烤酒封窖后，就在摊晾的黄泥晾堂上踩曲，平房土屋，自然堆积发酵。曲坯在晾堂、窖角发酵培养。制曲操作过程中曲坯自始至终接触土壤，曲中就自然接种了酿酒生产场地的经"长期驯化"了的土壤有益菌。为了恢复优良的传统工艺，20 世纪 70 年代泸州老窖酒厂赖高淮等将人工培养的优质窖泥，适量加入曲坯中，强化曲质，收到了较好的效果。20 世纪 90 年代初，该厂将人工优质菌泥植入曲心进行培养，将培养好的曲药用于新窖翻沙，取得了良好的效果。为什么用于新窖呢？因为新窖中的窖泥微生物的数量相对比老窖少得多，因而酒质差，而夹心曲菌泥中含较多的窖泥微生物，正好弥补了新窖中窖泥微生物少的缺陷，特别是采用翻沙这一技术措施，能把夹心曲均匀分布于窖内糟醅中，也就是把窖泥微生物均匀接种于糟醅中，生长繁殖代谢，促使糟醅中形成更多的香味物质，从而使酒质提高。

菌泥夹心曲的质量为，外观呈深麦皮黄，并现灰白色，无裂口；断面整齐，菌丝生长良好，有少许黄点；曲香特殊，有类似炒黄豆香的香味，无其他异味；水分 3% 左右。该曲达一级曲水平。

常规翻沙与夹心曲翻沙的对比见表 6 – 110。

表 6 – 110	常规翻沙与夹心曲翻沙物料对比	
材料	38#（夹心 b 曲）	39#（一般曲）
翻沙材料	夹心曲　150kg 黄浆水　2 坛 6#酒　1 坛 培养泥　15kg	常规曲　150kg 黄浆水　2 坛 6#酒　1 坛 培养泥　15kg

注：以上两个窖的发酵期为 3.5 个月。

夹心曲用于新窖翻沙，能将浓香型酒酒质提高 1~2 个等级，见表 6 – 111。

表 6 – 111	一般曲与夹心曲翻沙效果比较	
项目	38#（夹心曲）	39#（一般曲）
产量/kg	1250	1150
口感	曲香突出，回味好	曲香好
理化	己酸乙酯　乳酸乙酯	己酸乙酯　乳酸乙酯
数据/（g/L）	3.626　2.809	3.172　2.991
定级	特曲	二曲

4. 回菌泥翻沙

窖帽糟醅在发酵过程中，由于长期未与窖泥接触，故酒质较差，也影响全窖酒的质量。泸州老窖酒厂通过翻沙回入菌泥，加入窖帽糟醅中，使窖泥微生物参与窖帽糟醅的香味物质形成，进而达到提高酒质之目的。

回泥量的多少（表6-112）会影响效果，过少效果差；过多则影响糟醅发酵，且带明显的泥腥味。

表6-112　　　　　　　　　　　回泥使用情况

糟醅量/kg	27200	27200	27200	27200	27200
翻沙用曲/kg	550	550	550	550	550
翻沙用黄浆水/kg	500	500	500	500	500
酒精含量30%vol 的酒量/kg	500	500	500	500	500
回菌泥量/%		0.10	0.20	0.50	1.0
翻沙发酵期/d	90	90	90	90	90
窖帽产酒精60%vol 的酒量/（kg/甑）	40	38	37	36	35
糟等级	二曲	头曲30%	头曲	头曲	特曲20%
全窖等级	头曲	头曲	特曲	特曲	特曲

按糟醅量的0.2%使用回泥效果最好，糟醅风格不会出现带腻现象；而按1%的量使用，连续几排后糟醅含泥过重，显腻，效果差。

优质菌泥的培养工艺流程见图6-22。

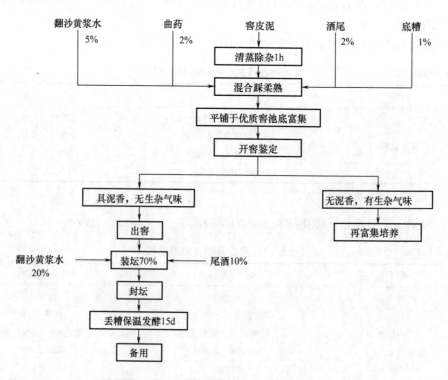

图6-22　优质菌泥的培养工艺流程图

第四节　提高酱香型酒质量的技术关键

酱香型白酒是我国白酒五大香型中的一大类，分布较广，约占全国白酒总产量的1%。它以蜚声中外的茅台酒为代表，还有其姐妹酒郎酒。它具有酱香突出，幽雅细腻，酒体醇厚丰满，回味悠长，空杯留香持久的特点。酱香型酒的色、香、味、格的形成，由其自身独特的工艺和特性所决定。

近几年来，全国各地在学习、模仿茅台酒工艺的基础上，开发出不少酱香型酒；同时，对酱香型工艺以及香气成分进行了广泛的探索研究。随着酱香型微生物的研究成果出现，又派生出麸曲酱香型白酒，在酱香型白酒的家族中，出现了两种各具风格和花色品种（或称流派）。

酱香型白酒工艺较为复杂，生产难度大，周期长，资金占用大，粮耗高，真正模仿成功者甚少。因其成本高、贮存期长、消费者面不够广，发展较慢，有关部门也不主张大力发展。

一、酱香型白酒的风格与工艺

形成酱香型风格的关键是工艺，其次是气候地理条件、土壤与水质的关系，以及其历史形成因素。下面主要从工艺上进行探索。

1. 采用高温曲

高温曲是酱香成香的关键来源，也是产酱香微生物嗜热芽孢杆菌的重要来源。酱香型白酒用的高温曲以麦粉为原料，除空气、场地、工具、曲室、稻草（覆盖物）带来大量的微生物外，原料本身也含有大量的酶及蛋白质。由于酶系的作用，将淀粉分解成糖，蛋白质分解成氨基酸，在高温条件下氨基酸和糖分解作用生成挥发性化合物，使曲块在水分、温度合适的高温条件下，变成褐色，使曲色加深，具有浓郁的复合体酱香气。实践证明，凡是曲块呈褐色的部位，其酱香较浓，主要成分为醛、酮类和吡嗪类化合物。

制曲过程中造就高温条件的主要因素有：室内温度的高低与湿度的配合、曲室大小与投放量。室内一般可堆4~5层，中间隔以稻草，造成通气条件；中间空间少，产生的热量不易散失，促使曲温升高。茅台酒的传统制曲时间季节性较强，时令起于端阳，即伏天踩曲。这种气候条件，外部微生物活泼，制成的曲质量好，到重阳开始下沙酿酒。

其次，酱香型酿酒用曲量大，是各种香型酒用曲量之冠，粮曲比基本为1:1或1:1.2。此曲不仅是糖化发酵剂，而且是作为酱香物质的前体，分轮次不断添加；随着用曲量增大，香气成分也随之增大，产酯产香微生物大量进入，给成香创造了有利条件。酱香之来源，尚不完全清楚，从细菌之优势初步判断，主要是细菌的作用。酱香曲的质量检测结果如表6-113所示。

表 6-113 酱香曲质量检测结果

检测结果 曲样	细菌数/ （万个/mL）	酵母菌数/ （万个/mL）	霉菌数/ （万个/mL）	糖化力 [mg 葡萄糖/（g曲·h）]	氨态氮含量/ （mg/100g）
生产用曲粉	1500	220	320	190	0.284
新成品曲	1844	48	160	308	0.298
新成品曲	1900	200	200	308	0.313
老成品曲	1700	100	150	185	0.255
酱香突出成品曲	2500	—	90	225	0.437
酱香突出成品曲	2656	48	80	208	0.312
较差的成品曲	5776	未检出	32	383	0.172

2. 晾堂堆积，多轮次发酵

"晾堂堆积，多轮次发酵"是大曲酱香型白酒工艺的独特之处。原料糊化后，经加曲堆积发酵。堆积的目的是使曲中微生物在高温环境下，能在醅上扩大繁衍，同时网罗空气中微生物，经过几轮次的循环，酒醅逐渐形成了浓郁的复合体酱香香气。为使原料能适应多轮次发酵，原料的粗细度要注意，即生沙二八成、糙沙三七成。酱香注重回酒发酵，特别是上一两轮，以后逐渐减少；以酒养糟，促使酒体成香，增加高沸点的芳香成分。

生沙堆积温度比糙沙堆积温度高 2~3℃，糙沙堆积温度下降的原因与糟醅酸度增加有关。熟沙堆积温度，随淀粉的逐步被利用而降低。随着轮次的增加，堆积温度越来越低，收堆温度反而增加，此时糟醅酸度越来越大，酱香在糟醅中越来越浓。

3. 分轮分型贮存

各类优质白酒均采取分质贮存，而酱香型酒则采用分轮次、分类型贮存。即按轮次，酒分为酱香、醇甜、窖香 3 种原酒分别贮存，这 3 种酒彼此联系，经验丰富的酒师可从窖内层次、轮次分出（表 6-114）。

表 6-114 不同层次的酒口感比较

糟醅酒样	酒质口感评语
上层糟酒	酱香突出，微带曲香，稍杂，风格好
中层糟酒	具有浓香香气，略带酱香，入口绵甜
下层糟酒	窖香浓郁，并带明显的酱香

一般来说，凡酱香窖香好的酒，均属醇甜；杂味较重者列为次品。3 种酒以醇甜为基础，酱香最为关键。通过分型，有利于掌握成品酒的勾兑和调味，达到扬长避短的目的。酱香型酒工艺因发酵轮次多，在酒质上有明显差异（表 6-115）。

表 6-115 酱香型酒各轮次常规测定

轮次	酒精含量/%	总酸	总酯	杂醇油
2 轮次酒	56.9	1.285	2.731	0.165
3 轮次酒	55.6	1.801	3.953	0.114
4 轮次酒	55.6	1.747	3.659	0.104
5 轮次酒	57.1	1.789	4.271	0.105
6 轮次酒	55.1	1.711	3.722	0.086
7 轮次酒	54.6	1.921	4.201	0.120

由实践得知，酒中酸度大，酱香较突出，口味酸涩。随着发酵轮次的增加，酒中酸涩感也随之加重，酱香也越加突出。有些酒虽然列为次酒，但因酸足酱重，勾兑中若用量适度，效果尤佳，特别是空杯留香能持久。就目前认识采看，酱香和空杯留香的物质主要是挥发性较慢的高沸点化合物，这是区别于其余香型白酒的重要特征。

酱香型曲酒因成分复杂，需较长时间的分子缔合、酯化、氧化还原、醇醛缩合等反应，才能使酒质达到"酒体醇和、幽雅细腻"，故要求贮存时间在 3 年以上，是优质白酒之冠。

二、入窖发酵条件与质量的关系

在长期的生产实践中，发现酱香型酒的质量与用曲量、酸度、水分、温度、粮食糊化、辅料用量等工艺关系甚大，这些因素决定糖化发酵是否正常，产量、质量是否稳定。现将某厂的实践经验介绍如后，供参考。

1. 原料配比

酿制酱香型白酒主要原料是高粱和小麦（曲药）。高粱淀粉含量高、蛋白质适中，蒸煮后疏松适度、黏而不糊，是传统酿酒的优质原料。

酱香型酒的曲药既有接种作用，又有原料作用，并为酒提供呈香前体物质，所以，曲药的用量比较大。曲药用量与酒质的关系较大，见表6－116。

表 6－116		大曲用量与酒质的关系				单位:%
高粱用量	曲药用量	产酒	酒质分析			
			酱香	窖底香	醇甜	次品
100	65	29.3	3.1	0.1	85.5	12.3
100	72.3	37.27	4.7	0.3	86	10.0
100	75.6	39.04	6.23	0.28	88.2	5.29
100	82	43	9.51	1.27	84.5	4.76
100	90	43.8	14.7	3.1	78.2	4
100	97.4	44	14.8	2.1	80.2	2.9
100	103.4	33.2	22.5	3.0	71.4	2.1

从上表可知，若排除操作等其他因素，曲药用量对酒质有较大影响：

（1）当曲药量占高粱的 75% 以下时，质量很差。由于加曲少，糟醅水分、酸度随轮次升幅较大，生产不正常，出酒率也低。

（2）曲药量占 75% ~85% 时，出酒率最高，但酱香和窖底香酒较少，质量一般。

（3）曲药用量达到 95% 以上后，出酒率并未因曲药量的增加而明显增加，甚至相对降低，质量也无明显提高。曲药加得过多还会使糟醅发腻结块，操作困难，水分难掌握，生产难以稳定。可见，在酱香型曲酒生产中曲药用量不是越多越好，曲药投入量应占高粱的 85% ~90% 为宜。每 100kg 小麦一般可做 82kg 曲块，经贮存半年并粉碎后损耗 4% 左右，可得曲粉 80kg，照此计算，每 100kg 高粱约需小麦 110kg。因此，高粱:小麦为 1:1.1。

2. 水分

大曲酱香型白酒传统要求轻水分操作（相对其余香型酒而言）。只要能使原料糊化、糖化发酵正常进行就行。因为酱香型曲酒整个酿造过程是 8 轮发酵、7 次取酒，并不要求一开始就强调发酵完全。

酿造中若水分过大会出现很多问题："水多酸大"。酱香型曲酒酿造过程与其余香型曲酒一样，是开放式操作，加上特殊的堆积工序，水分大时微生物（包括杂菌）生长繁殖快，糟醅升温、生酸幅度也大，最终造成温度高、酸度也高。水分过大，糟醅堆积时流水，不疏松，升温困难，容易产生"包心"，操作困难，不易处理。所以，酒师们常说"伤水的糟子难做"。

糟醅的水分来源主要是润粮水、量水、酒尾、甑边水、蒸汽冷凝水等，这些水都应有适当的用量和控制方法。

（1）润粮水　高粱粉碎后，必须加开水润过以后才能蒸煮糊化，这次加的水称为润粮水，它是酒醅水分的主要来源。润粮水的作用是使淀粉粒吸水膨胀，保证粮粉糊化。酒师常有"一发、二蒸、三发酵"之说。将润粮工序列为酿酒之首，足见润粮的重要性。水分少，不利于糊化，蒸煮不熟，达不到淀粉膨胀、分裂的目的，出酒率低，酒味生涩，发酵糟冲鼻等，影响酒的质量；水分过多又对糖化发酵不利。

润粮水用量要适当。若高粱的含水量正常（13%～14%），润粮水一般为高粱的51%～52%；润粮水温度要高，否则水分会附于原料表面，淀粉粒吸水不足，水温要求在95℃以上。粮食粉碎度合适，加水后翻糙要好。若翻糙不好，水分容易流失，粮食吸水不均匀，蒸煮后生熟不一。润粮时间要合理，一般分2次加水，第1次用总水量的60%左右，第2次用总水量的40%左右，中间隔2～4h。2次加水后8～10h蒸粮，让粮食充分吸水。一般润好的粮食水分含量为40%～41%，颗粒膨胀肥大，表皮收汗利落，剖面无白粉。

（2）量水　粮食出甑后加的水称为量水，酱香型酒一般在下沙、糙沙时用。它可以增加淀粉颗粒的水分，便于曲粉吸水分，使曲粉中的有益微生物酶活力增强，提高曲粉的糖化、发酵能力。它还会使有益微生物通过表面水分进入淀粉颗粒，促进糖化发酵作用。

量水的使用量应视蒸沙的水分情况而定。过多的量水会使粮食表皮水分太大、不利落。一般为高粱的5%～8%，量水温度应以95℃以上为好。打量水后要迅速翻糙，使粮食吸水均匀，但不能流失。

（3）酒尾　回酒工艺是大曲酱香的主要特点之一。在摊晾后撒曲前和下窖时都要泼入一定量的酒尾，以抑制有害微生物的繁殖，并促进酯化，提高酒质。

使用酒尾要视蒸沙和糟醅的水分含量而定。水分大的要少用；酸度大的糟醅少用，防止升酸过大。回酒的尾子最好是用大回酒的尾子。

（4）蒸汽冷凝水　在蒸馏取酒时，若吊尾时间过长，蒸汽冷凝水会使酒醅含水量增大。所以，3次酒前要少吊酒尾，以减少水分增幅。

（5）甑边水　不锈钢制的甑锅甑沟水较多，出甑时要先将甑沟水放掉，避免流入糟醅中。

总之，酱香型曲酒比较重视水分的控制，既要考虑产量，更要考虑质量。一般入窖水分随轮次递增：入窖糟下沙时在40%左右，糙沙时为42%～44%，以后每轮增加1%～2%。水分偏大一点，出酒率可稍高，但会使酒质下降。

3. 酸度

酸是形成酱香型酒香味成分的前体物质。酱香型酒的主体香是低沸点的酯类和高沸点的酸类物质组成的复合体。酸又是各种酯类的主要组成部分。酒体中的酸来源于生产发酵过程，所以，酒醅中的酸度不够时，所产的酒香味差、味短、口感单调。糟醅中适当的酸可以抑制部分有害杂菌的生长繁殖，保证发酸正常进行。一般在入窖 7～15d 中，细菌把淀粉、糖分转变成酒精、酸和其他物质。15d 后到开窖前，已经生成的醇类、酸类、醛类等经生物化学反应，生成各种酯类和其他呈香物质，酸也由低级酸变成高级酸。在此期间，有益微生物及酶类利用已生成的酸和醇，生成众多的香味成分。所以，酸是香味的重要来源。

糟醅中的酸度有利于糖化和糊化作用。但是，如果糟醅中酸度过大，又会对生产造成不利影响。若酸度过大，它会抑制有益微生物的生长繁殖，使糖化、发酵不能正常进行，导致出酒率低下，产酒少，酒的总酸含量高，酸味严重。产总酸状况见表 6－117。

表 6－117　　　　　　　　　　产总酸状况　　　　　　单位：g/L（以乙酸计）

总酸 \ 轮次	1	2	3	4	5	6	7	混合后	贮存后
1 号	4.25	5.06	3.21	3.11	3.57	3.79	4.02	3.47	2.82
2 号	2.97	3.01	2.21	1.87	1.93	2.07	2.32	2.11	1.76

从上表可以看出，1 号样酒的酸味出头，口感差，经过贮存后酸略有下降，但仍达 2.82g/L，作为成品酒来说，酸过高；2 号样酒因酸度控制得好，发酵正常，酒质较好。糟醅中乙酸多，酒中乙酸乙酯含量增加，有时竟高出正常值的 10 倍以上，破坏了酒中成分的平衡，严重影响酒体风格。

另外，酸度过大，影响出酒率，成本增加。根据名优酒厂的生产实践，认为入窖糟的酸度应控制在一定范围：下沙、糙沙 0.5～1.0；2 次酒 1.5 左右；3、4 次酒 2.0 左右；5、6 次酒 2.4～2.6，出窖时一般比入窖糟高 0.3～0.6。为了使入窖酸度控制在一定范围，应注意下述几点：注意控制水分；堆积时水温不要过高；控制稻壳用量；适时下窖，否则糟醅发烧霉变，酸随之增高；尽量不用新曲；搞好清洁卫生，减少杂菌感染；认真管好窖池，防止窖皮裂口；注意尾酒的质量和用量。

4. 温度

酱香型曲酒的工艺复杂，生产周期长，季节、轮次差异大，所以温度控制点多，难度大。影响发酵的温度主要有晾堂下曲、收堆温度、堆积升温幅度、入窖温度、窖内温度等。

（1）下曲收堆温度　由于生产周期长，各轮次自然温差大，各轮次糟醅升温情况也不同。下沙、糙沙升温快，熟糟（3 轮以后）升温慢，所以，温度要求也不同。操作要求是：下沙、糙沙收堆 23～26℃；熟糟收堆 25～28℃。下曲温度在冬季比收堆温度高 2～3℃，夏季与收堆温度一样。

（2）堆积温度和升温幅度　较高温度的堆积是产生酱香物质的重要条件，由于大曲中基本上没有酵母，发酵产酒所需的酵母要靠在晾堂上堆积网罗。糟醅在堆积过程中，微生物活动频繁，酶促反应速度加快，温度逐渐升高。所以，通过测定堆中温度，可以了解堆积情况。

各轮次升温情况不同，如果在重阳节期间投粮下糙沙，因粮食糙、水分少，比较疏松，糟醅中空气较多，升温特别快，温度也高，即使在冬天也只要 24 ~ 48h 就下窖。1、2 次酒的糟醅相对不够疏松，水分增加，残余酒分子含量少，一般在 1 ~ 2 月份，气温低，所以升温缓慢。由于气温低，堆积容易出现"包心"，一般要 3 ~ 6d 甚至更长的时间才能入窖。3 次酒后，气温升高，糟醅的残余酒精等增加，淀粉也糊化彻底，升温就不太困难，一般堆积 2 ~ 4d 就可以入窖。

糙沙与 3 次酒堆积情况见表 6 – 118。

表 6 – 118　　　　　　　　　糙沙与 3 次酒堆积情况

类别	时间	品温/℃	水分/%	淀粉含量%	糖分/%	酸度	酒精含量/%（以 55% vol 计）
糙沙堆积	完堆	24	44.3	38.19	2.24	0.9	2.02
	第1天	33	44.3	38.11	2.26	0.9	2.30
	第2天	49	44.25	37.83	2.41	1.2	3.39
3次酒堆积	完堆	26	—	—	—	—	—
	第1天	32.5	49.40	26.23	4.80	2.10	1.13
	第2天	39	49.90	24.85	5.64	2.15	1.35
	第3天	47	50.35	24.00	5.67	2.15	2.55

堆积温度：下糙沙 45 ~ 50℃；熟糟 42 ~ 50℃。

一般以堆积温度不穿皮、有甜香味为宜。堆积入窖温度太低，酒的典型性差，香型不突出；温度过高则发酵过猛，淀粉损失大，出酒率低，酒甜味差，异杂味重。

（3）窖内温度变化　糟醅入窖后，品温逐渐上升，到 15d 后缓慢下降。到开窖时，熟糟一般为 34 ~ 37℃。若温度过高，糟醅冲鼻，酒味大，但产酒不多，谓之"好酒不出缸"。

控制温度应注意的问题如下：

①下曲温度不要过高，否则影响曲药的活力；下曲后翻拌要均匀；各甑之间温度要一致；上堆时，堆子四周同时上，不要只上在一侧；糟醅要抛到堆子顶部；堆子不宜收得太高，否则会造成升温不均匀。

②如果堆积时升温困难，堆的时间又太长，要采取措施入窖，否则糟醅馊臭，影响质量。冬天检测堆温，温度计要插得深一点。

③入窖时原则上温度高的下在窖底，温度低的下在窖面，保持窖内温度一致。

5. 糟醅条件

糟醅是粮、曲、水、稻壳等的混合物，只有把它们之间的关系平衡谐调，才能培养好的糟醅，产出好酒。大曲酱香型酒是 2 次投料、8 轮发酵、7 次烤酒，生产周期长，如果糟醅发生问题，即使逐步挽回，也会严重影响全年度酒的产量和质量。

由于高温大曲中基本上没有酵母，主要靠网罗空气中、地面、工具、场地的微生物进行糖化发酵，所以，要求糟醅在堆积和入窖后都要保持疏松。如果太紧，会影响微生物的繁殖，堆积时升温困难，容易产生"包心"现象（即表皮有温度，中间温度低甚至是冷糟）。入窖后容易倒烧，产生酸败。

为了保持疏松，增加糟醅中的空气含量，要做到以下几点：

（1）原料不要粉碎得太细，不要蒸得太熟。一个生产周期中，原料要经过 9 次蒸煮，如果原料太细、蒸得烂熟，会使糟醅结团块，不疏松，不利于生产和操作。

（2）上堆要均匀，甑的容积要合理，上堆速度要控制。上堆用铲子，堆子要矮，使糟醅和空气的接触大些，以增加糟醅中空气的含量。

（3）下窖要疏松，下窖速度不宜太快，除窖面拍平外不必踩窖。

（4）从3次酒起要加稻壳，以增加疏松程度并调节糟醅中水分、酸度含量。与浓香型酒相比，酱香型酒的稻壳用量要少得多，约为高粱的8%。

三、"四高一长"是提高酱香型曲酒质量的关键环节

高温制曲、高温堆积、高温发酵、高温馏酒和长期贮存这"四高一长"是提高酱香型曲酒风格质量的关键环节。

1. 高温制曲

高温制曲是提高酱香型曲酒质量的基础。酱香型曲酒主体香味成分来源于曲药，因此，生产酱香型酒，曲药质量对形成酒的风格和提高酒质起着决定性的作用。

影响酱香型酒曲药质量的因素甚多，主要是制曲温度高低和培菌管理。制曲温度高低适当，曲药质量好；反之，曲药质量差。

由表6-119、表6-120可见，重水分曲，第1次翻曲温度并不高，但第2次翻曲前温度升高很多，3次翻曲后仍有55℃左右。轻水分曲，整个培菌过程温度都不太高，且温度下降快，后火不好。对照曲升温较快，以后温度逐渐下降。

表6-119 茅台酒在不同制曲条件下成品曲外观和化学成分比较

曲样	外观	香味	水分/%	酸度	糖化力/[mg 葡萄糖/(g·h)]
重水分曲	黑色和深褐色曲较多，白曲较少	酱香好，带糊香	10.0	2.0	109.44
轻水分曲	白曲占一半，黑曲很少	曲香淡，曲色不匀，部分带霉味	10.0	2.0	300.00
只翻一次曲	黑曲比例较大，与重水分曲相似	酱香好，糊苦味较重	11.5	1.8	127.20

表6-120 郎酒在不同制曲条件下成品曲外观和化学成分比较

曲样	温度/℃	成曲外观	成曲香味	糖化力/[mg 葡萄糖/(g·h)]
重水分曲	第1次翻曲52~55 第2次翻曲65~70 第3次翻曲55左右	黑色和深褐色，几乎没有白色曲	酱香好，带焦糊香	159.44
轻水分曲	第1次翻曲50~55 第2次翻曲48~52 第3次翻曲46左右	白色较多，黑、黄曲很少	曲色不匀，曲香淡，大部分无酱香，部分带霉酸味	300以上
对照曲	第1次翻曲62~65 第2次翻曲68~62 第3次翻曲50左右	黑色，黑褐色和黄曲较多，白曲很少	酱香、曲香味均好	230~280

从曲药质量来看，重水分曲尽管黑曲多、酱香好、带焦糊香，但糖化力低，在生产中必然加大用曲量。这种曲若少量使用可使酒产生愉快的焦香；若用量大，成品酒煳味重，并带橘苦味，影响酒的风格质量。

轻水分曲自始至终温度没有超过60℃，实际是中温曲，没有酱香或酱香很弱，糖化力高。这种曲在生产中不易掌握工艺条件，若按常规加曲，则出窖糟残糖高，酸度高，产酒很少，甚至不产酒，产出的酒甜味、涩味大，酱香差。要使生产正常，就要减少曲药用量，减曲的结果是酒酱香不突出，带浓香味。所以，轻水分曲对酱香型曲酒风格质量影响很大。

对照曲与生产中用的曲几乎一样，此种曲不但酱香好，曲香也好。生产中用这种曲，酒酱香突出，风格典型，酒质好。

上述情况说明：

（1）酱香型酒曲药质量好坏取决于制曲温度。制曲温度高而适当，曲药质量好；反之曲药质量差。

（2）曲药升温幅度高低与制曲加水量有密切关系。制曲水分重，升温幅度大（与气温、季节有关），反之升温幅度小。总之，要因时因地制宜，调节制曲水分和管理，有效地控制制曲升温幅度，确保曲药质量。

制曲温度达不到60℃以上，曲药酱香、曲香均差。曲药质量好，产酒酱香突出，风格典型，质量好。曲药质量差，产酒风格不典型，酒质也差。因此，高温制曲是提高酱香型酒风格质量的基础。

为什么制曲水分多少与温度高低有密切关系呢？这是因为：

（1）高温多水条件很适合耐高温细菌的生长繁殖，特别是耐高温的嗜热芽孢杆菌，它们自始至终存在于整个过程并占绝对优势，尤其是制曲的高温阶段，而这个阶段正是酱香形成期。这些细菌具有较强的蛋白质分解力和水解淀粉的能力，并能利用葡萄糖产酸和氧化酸。它们的代谢产物在高温下发生的热化学反应生成的香味物质，与酱香物质有密切关系。

（2）在高温多水条件下，有利于蛋白质的热分解和糖的裂解。这些蛋白质、糖分解后产生加热香气如吡嗪化合物（原轻工业部发酵研究所曾在茅台酒中检出加热香气物质四甲基吡嗪）。另外，在高温条件下，小麦中的氨基酸和糖分不可避免地发生褐变反应——羰氨基反应，这种反应也需要在较高温度下进行。温度越高，反应越强烈，颜色也越深。其反应的褐变物呋喃类化合物，程度不同地带有酱香味。

2. 高温堆积

高温堆积为网罗空气中有益微生物、制酒母及进一步制造酱香物质和积累酱香物质创造条件，它是生成酱香物质的接力站。堆积工艺是酱香型酒独特的工艺之一。没有此工艺，就没有酱香型酒。某名酒厂曾做过几个试验：

（1）按传统酱香型酒工艺操作，在其中1次酒中加高温曲，不堆积入窖发酵。结果不产酒，更谈不上酱香和质量。

（2）按酱香型酒工艺操作，在其中1次酒中加低温曲和部分高温曲，堆积后入窖发酵，结果产酒少，酱香不明显。

（3）堆积时间较长，堆积温度较高（50℃左右），产酒较多，酱香突出，风格典型。

（4）堆积时间短，温度低（43～45℃），产酒多，但酱香不突出。

堆积过程糟醅分析结果见表6－121。

表6－121　　　　　　　　　　　堆积过程糟醅分析结果

项目	感官鉴定	水分/%	酸度	糖分/%	淀粉含量/%	总酸含量/%	总酯含量/%	酒精
1d	变化不大	53	2.17	1.5	19.56	0.0403	0.0659	
2d	有微弱醪糟味	52	1.94	2.24	18.44	0.0387	0.0691	
3d	有明显香味	51	1.82	2.92	17.07	0.0376	0.0746	
入窖	有似苹果香、玫瑰香、桃香的复杂香气，但没有酱香或酱香微	49.5 ↓	1.75 ↓	3.68 ↑	16.81 ↓	0.0354 ↓	0.0814 ↑	微量 微量

由表6－121可以看出，堆积过程中，水分、酸度、淀粉、总酸等下降，糖分、总酯上升。这表明微生物生长繁殖旺盛，生长反应强烈。随着堆积时间增长，堆积温度也逐渐升高，到入窖时达到最高温度50%左右。这时堆积糟醅发出明显而悦人的复杂香气，但闻不到成品酒或曲药中那种酱香味，即使有也极其微弱，几乎感觉不到。通过堆积，各种香味物质大量积累，这可从堆积糟醅和未堆积糟醅的分析对比中表现出来（表6－122）。

表6－122　　　　　　　堆积与未堆积糟醅香味物质含量对比　　　　　单位：mg/100mL

项目	正丙醇	仲丁醇	异戊醇	乙缩醛	双乙酰	2，3－丁二醇
堆积	125.71	19.77	65.2	110.49	17.7	0.89
未堆积	53.62	9.69	38.7	57.6	5.3	0.50

项目	乙酸乙酯	乳酸乙酯	甲酸	乙酸	乳酸	丙酸	戊酸
堆积	182.6	255.19	5.9	84.8	89.2	8.5	5.1
未堆积	127.6	180.34	2.7	46.9	54.6	2.4	2.9

从表6－122可知，堆积与未堆积糟醅在高级醇、乙缩醛、双乙酰、2，3－丁二醇以及有机酸和酯类化合物的含量上有显著的差异。这就是为什么不堆积或堆积时间短、温度不高的糟醅香气不好，发酵后酱香不突出、风格不典型的原因。

通过对堆积糟醅的分析，知道在堆积过程中有糖化、酒化、酯化等反应；还有嗜热芽孢杆菌在高温多水条件下分解蛋白质形成氨基酸等成分以及由此产生的醇类化合物；还有在高温堆积中发生的热化学变化所产生的香味物质，如吡嗪类、呋喃类化合物。这都可能是直接或间接形成酱香的重要成分。

3. 高温发酵

高温发酵为生成酱香物质提供良好的发酵环境。它不仅是生成酱香物质的必要条件，同时也是生成酒精的必要条件。

浓香型白酒、清香型白酒等都强调低温发酵，发酵温度最高不超过40℃。酱香型酒发酵温度正好相反，是高温发酵（相对清香型、浓香型酒而言）。发酵温度在40℃以上，最高可达48℃左右，这是酒类发酵中罕见的。在生产实践中发现：

（1）窖内发酵温度达不到40℃以上的，出酒率低，甚至不产酒，酒质、风格都差。

（2）窖内升温到42～45℃，产酒高。酱香突出，风格典型。

（3）发酵温度46℃以上，出酒率不高，酱香好，但杂味、冲味大，酸味较重。

这些现象说明：

（1）酱香型酒是高温发酵，进行酒精发酵的可能是以细菌为主，还有一部分经长期高温驯养的耐高温酵母。

（2）严格控制发酵温度，有利于提高酱香型酒的风格质量。

（3）酱香型酒由于窖池上、中、下3层发酵温度不完全一样，酒的风格也迥然不同。这是由于窖池内各部位所处的温度、酸度、水分、糖分变化造成的。据生产实践，酱香型酒产于窖面。这可能是上层糟醅除自身温度外，中下层酒醅热量往上窜，使上层酒醅温度偏高，嗜热芽孢杆菌在适宜温度下代谢旺盛，促进了酱香型物质的大量形成。窖面糟醅产的酒酱香突出，微带曲香，略涩、稍杂，但风格好。中层酒醅主要产醇甜型酒。下层酒醅产窖香型酒，这与窖底糟醅接触窖底泥、发酵温度低、酸度较高和水分较大密切相关。窖香酒窖香浓郁并带明显酱香。

4. 高温馏酒

高温馏酒是尽可能将发酵中生成的酱香物质最大限度地收集于酒中，使酱香型酒酱香更突出，质量更好，风格更典型。

由表6-123可见，酱香型的茅台酒和浓香型的泸州大曲酒香味物质大致一样，但在数量的多寡上，差异很大，主要是生产工艺和馏酒温度不同造成的；酱香型酒中的高沸点物质，特别是糠醛，还有总酸、总醇，都大大高于浓香型酒，仅总酯含量浓香型高于酱香型酒。

表6-123	酱香型、浓香型香味成分含量比较		单位：mg/L
项目 类型 含量	酱香型（茅台酒）	浓香型（泸州大曲酒）	比较
总醇	1657	1019	+638
总酸	2756	1631	+1125
总醛	2227	1807	+420
总酯	3839	5269	-1430
高沸点物质	206.44	134.07	+22.37
糠醛	296	19	+275

5. 长期贮存

长期贮存是提高酱香型酒风格质量的重要措施。

各种香型的酒，都要求有一定的贮存期，但长短不同。贮存的目的主要是排杂增香、提高酒质。酱香型酒的贮存期长达3年以上。酱香型曲酒贮存期为何要比各种酒的贮存期长得多呢？

（1）酱香型酒由于制曲、堆积、发酵工艺都是在高温条件下进行的，高沸点的酸类物质较多，这些物质因沸点高，不易挥发，而低沸点的酯类物质较少，易挥发。长期贮存，使低沸点的成分尽量挥发，保留下来的主要是不易挥发的高沸点酸类物质，即使酯类也是乳酸乙酯等一类不易挥发的酯。因而使酒酱香更加突出，香气纯正优雅，空杯留香持久。

（2）酱香型酒入库酒精含量只有55%左右，酯化、缩合反应缓慢，需要长时间贮存，才能使酱香、陈香更突出，风格更典型。若浓香型曲酒贮存时间过长，陈味太重，会被误认为是酱香。

（3）酱香型酒颜色允许带微黄，是因为贮存过程中，联酮类化合物生成较多，而这些物质都不同程度地带有黄色，因而酒色带黄。贮存时间越长，酒的黄色越重。贮存3年的酒比1年的要黄得多；贮存几十年的调味酒黄色更重。联酮类化合物随着贮存时间增长，生成也较多，颜色也越深。酱香型酒，似乎联酮类化合物较多的酒，也就是颜色较深的酒，细腻感和酱香味、陈香味都更好。

（4）酱香型酒因入库的酒精含量低，贮存和出厂一般不再加水，这有利于酒分子与水分子、酒分子与酒分子之间缔合作用的进行。贮存时间越长，缔合越好，以减少酒的刺激感。

总之，酱香型酒贮存期长，是由其特殊工艺条件与香型决定的，它是提高酱香型曲酒风格质量的一个有效措施。

第五节　提高清香型大曲酒质量的技术关键

清香型白酒素以清香纯正，酒体爽净而著称，具有清、爽、甜、净的典型风格。清香纯正，就是具有以乙酸乙酯为主体的清雅、谐调的香气，不应带有浓香、酱香或其他异香和邪杂气味。酒中主要香味成分乙酸乙酯含量要占总酯的50%以上。要使清香型白酒具有这些典型特征，就必须在制曲、酿酒、勾兑中掌握几个技术关键。

一、适温制曲，细致操作，严格管理，确保曲药质量

大曲是酿酒用的糖化、发酵剂。曲药质量的优劣，会直接影响酒的质量和出酒率。但不少酒厂对"制曲"不够重视，酒质差、出酒率低就只从制酒车间找原因。这是一种严重的偏见。应该说，没有好曲，即使酿酒操作细致也酿不出好酒。

1. 保证制曲原料质量

典型的清香型酒厂多以大麦、豌豆为制曲原料，按六、四比或七、三比混合配料，也有适量添加赤小豆或绿豆的。由于大麦、豌豆含有丰富的粗蛋白，并含有谷氨酸、脯氨酸、亮氨酸等多种氨基酸，能满足微生物的营养成分，因此，是较好的制曲原料。这种传统的原料配比，既弥补了大麦皮多、疏松、水分热量易散发的缺点，又解决了豌豆太黏容易结块、水分不易排出、热量不易散失而烧曲的缺点。

制曲原料的好坏，对曲块质量有很大影响。一般要求大曲原料有比较稳定的来源，品质最好一致。这样其化学成分如蛋白质、淀粉、还原糖等含量才比较适当和稳定，见表6－124。若原料质量差，各种微生物菌株生长不良，上霉不好，来火不整齐，成型不齐，曲药糖化力低，就会严重影响酒质。

表 6 – 124　　　　　　　　　　　　　几种大曲成曲的化学成分

成分 曲名	水分/%	还原糖含量/%	总酸度	粗淀粉含量/%
汾酒大曲	12.90	0.70	0.74	45.32 ~ 47.50
泸州大曲	13.30		0.87	59.78 ~ 58.87
茅台大曲	14.22	2.14	2.12	59.92
西凤大曲	13.00	0.77	0.67	50.70

2. 制曲原料粉碎

清香型大曲，山西省是以清茬曲为主的。粉碎制曲原料，有的用钢板磨，有的用锤击式的一风吹等，结果把原料不是击成粉末，就是磨得过粗，用这样的原料踩制的大曲质量很差，造成入房后不易管理，成品曲质量低。曲料粉碎最好采用振动筛的辊子粉碎机，控制好原料的粉碎度。要求大麦：豌豆 ＝6：4 的混合料，经粉碎后达到如表 6 – 125 的标准，大麦皮不磨成面。

表 6 – 125　　　　　　　　　　　　　清香型曲原料的粉碎度

粉碎程度	大于5mm	大于2.5mm	大于1.2mm	大于0.6mm	大于0.3mm	大于0.15mm	小于0.15mm
大麦：豌豆 60：40	0.18 ~ 0.04	6.5 ~ 4.82	5.80 ~ 1.68	30.50 ~ 23.00	23.37 ~ 31.40	17.30 ~ 19.77	16.35 ~ 19.29

3. 踩曲水分

以大麦、豌豆为曲料，踩曲加水量应控制在48%~52%，水温冬暖夏凉，以压成曲块手捏时成团且指缝挤不出水为宜。水分过多或过少均不利于有益微生物的生长，使曲容易出现"病害"，严重影响曲药质量。

4. 认真搞好曲房管理

曲块入房后的管理，至关重要。前期要控制温湿度，保证上好霉。从曲坯入房排列，曲坯表面水分较大，应视季节晾4~6h，手摸曲坯不粘手时可盖席上霉，灵活掌握。前期霉菌繁殖极快，曲表面很快被根霉、拟内孢霉等菌长满，谓之"上霉阶段"。中间阶段是霉菌、酵母菌从表面向里深入生长，曲坯温度猛升，温湿度最高，曲房又热又潮，故称潮火期，是曲培养的主要阶段。第3阶段，大量菌丝深入曲心，水分热量已大量散发，曲坯近乎成熟，温度变化幅度渐小，曲坯由潮火期进入成曲期，曲块香味加浓，各类菌生长缓慢，曲子逐渐成熟。只要严格工艺管理，各地都能生产出好曲。

5. 使用陈曲

成曲后，一般都经一段时间贮存，多数贮曲1~3个月甚至半年，才用于酿酒生产。大曲在贮存过程受自然环境冷热、干湿等诸因素影响，各类微生物酶活力不同程度下降，菌的种类减少，很多菌处于休眠状态，并随着贮存时间的增加，逐渐死亡。但曲子不是越陈越好，一般以贮存不超过3个月为宜。

6. 有关问题讨论

（1）近年来全国普遍提高制曲温度，以提高曲药质量。中温曲清茬曲也正在逐渐由低温向高温发展，汾酒厂的后火曲（高温）就是在清茬曲的基础上发展的。不少酒厂趋向高温曲，由于高温曲水分偏低，酸度较高，糖化力低而液化力高，富含较多的细菌，若与中温曲配合使用，可提高酒质和出酒率。实践证明，只要掌握得当，对提高清香型大曲酒质量会有明显效果。

（2）制曲原料，清香型大曲酒传统使用大麦和豌豆，成品酒带一定的豌豆"焖"味，影响其清香。若用纯小麦或小麦、大麦混合制曲，只要制曲工艺合理，管理严格，此种曲产的清香型酒，清香更加纯正，质量更进一步提高。

二、严格工艺、低温发酵是提高清香型曲酒质量的关键

1. 高温润糁

高温润糁是汾酒酿造工艺的特点之一。高温润糁（粮）目的是保证材料吸足水分，便于糊化；使用热浆，酒会带甜；加大润糁用水量，汾酒厂润糁用水量达到总用水量的65%，以使发酵升温缓慢，保证低温发酵。

2. 低温入缸（池）

在自然气温允许的条件下，地温保持在 10℃ 左右，红糁入缸温度 10℃ 左右，最高不超过 15℃，为低温缓慢发酵打下基础。

3. 发酵容器

清香型曲酒发酵容器主要有 3 种：

（1）陶瓷地缸　每缸容积 0.4m^3，顶部面积 3.3m^2，中心距 0.35m。

（2）瓷砖池　即水泥池中贴瓷砖（或玻璃砖），尺寸为 1.72m×1.62m×1.30m，容积 3.62m^3，全面积 11.67m^2，中心距 0.81m，正好入 1 个大糁材料。

（3）水泥池　大小不一，容积可大可小，普遍是一次性投料量大糁、二糁、回活等都在 1 个池子内。汾酒厂的实践证明，陶瓷地缸的传热效果好于瓷砖池，更优于水泥池，其原因是：传热面积瓷砖池仅为陶瓷地缸的 57.84%，水泥池则更少；料心与料壁的中心距，陶瓷地缸与瓷砖池相差近 1 倍，即传热速度差近 1 倍，水泥池差得更多。在同样条件下，发酵最高温度瓷砖池比陶瓷地缸总是高 6~8℃。为保证低温缓慢发酵，采用"清蒸清糁"工艺，大糁发酵采用陶瓷地缸，二糁发酵采用瓷砖池较好。

4. 严格控制水分和酸度

汾酒厂控制红糁入缸水分 52.5%~54%，绝对不要超过 54%；入缸酸度在 1.5 以下。

5. 加强发酵管理

发酵期间加强车间、缸（池）的管理，控制发酵温度，保证"前缓、中挺、后缓落"。这对采取陶瓷地缸发酵的尤为重要。注意窖面的密封性，不使糟醅长霉、杂菌感染。发酵期"清蒸清糁"工艺为 25~130d，"清蒸续糁"工艺为 15d 左右。

6. 搞好蒸馏操作

装甑是大曲酒酿造的关键工序之一，既影响质量，又涉及数量。蒸馏效率高的达 97%，低的只有 60% 左右。仅此一项原料出酒率就相差 2% 以上。

7. 利用二氧化硫防止产酸菌感染

传统清香型白酒的"二次清"生产工艺中，发酵缸用清水洗净，再用花椒水杀菌。关于花椒的抑菌作用，《本草纲目》中曾有记载："秦椒又称花椒，具去毒、杀虫之作用"。但花椒的杀菌作用是微弱的，特别在南方气温较高时，其灭菌作用就更差，而且花椒水和花椒残留在发酵缸（池）内会给酒带来涩味。

在清香型白酒生产中，采用偏重亚硫酸钠（其二氧化硫含量约为50%）代替花椒水作发酵缸的杀菌剂，可取得良好的效果。由表6-126可见，用偏重亚硫酸钠洗缸比用花椒水洗缸的酒醅酸度低40%，而酒精含量50%vol酒的原粮出酒率平均高1.5%。

表6-126　　　　　　　　酒精含量50%vol酒的原粮出酒率对照

项目	偏重亚硫酸钠洗缸			花椒水洗缸		
	1	3	5	2	4	6
酒精含量50%vol酒的原粮出酒率/%	46.74	49.70	43.88	45.92	47.21	42.73
出酒率平均值/%	—	46.77	—	—	45.29	—

用偏重亚硫酸钠洗缸杀菌有如下好处：

（1）操作简便：偏重亚硫酸钠为白色粉末，易溶于水，使用时只要溶解在水中即可洗缸杀菌。

（2）使用量少，成本低：偏重亚硫酸钠的使用量仅为花椒的1/25，成本约为花椒的1/30。

（3）偏重亚硫酸钠残留在发酵缸内对发酵和酒质无碍：二氧化硫对金属有强腐蚀性，用时应避免沾染铁器，但对陶缸和水泥无腐蚀作用。

三、增乙降乳，提高基础酒质量

清香型白酒的主体香味成分是乙酸乙酯和乳酸乙酯，占总酯的95%以上。乙酸乙酯占总酯的55%以上，它含量的高低直接影响着清香型白酒的质量和典型性。乳酸乙酯也是清香型白酒的主要香味物质，其含量适当，即乙酸乙酯和乳酸乙酯的比例恰当，会给清香型白酒以良好的风味，使酒体柔和醇厚。但乳酸乙酯含量过高，乙酯和乳酯比例失调，则酒质发涩，酒体"呆滞"。当前，我国清香型名优白酒中，普遍存在着乳酸乙酯含量过高，乙酯和乳酯比例失调的技术难题。

传统的培曲工艺是靠曲坯自然网罗空间微生物，影响质量的因素甚多，要想很理想地提高大曲的质量，使清香型酒中的乙酸乙酯明显提高，乙酯和乳酯比例谐调，酒质有极显著的提高，实非易事。不少酒厂采用改进工艺、量质摘酒、改善现场卫生条件、加强生产管理等措施，也收到一定程度的效果。但要想从根本上解决上述难题，除认真贯彻传统操作外，应用现代微生物技术增乙降乳，才是提高清香型白酒质量的最佳途径。

1. 利用产酯酵母提高清香型白酒中乙酸乙酯含量

将选育出的优良产酯酵母菌株，制成麸皮曲或液体酯化液，应用于清香型曲酒生产，取得了极其良好的效果，优质品率大幅度提高，见表6-127。

表6-127　　　　　　　　应用产酯酵母酒质分析　　　　　　单位：mg/100mL

项目	乳酸乙酯	乙酸乙酯	正丙醇	异戊醇	乙缩醛	乙醛
原工艺生产酒	258.0	90.3	25.0	48.2	11.2	5.7
某清香型国家名酒	262.0	306	38	50.6	51.4	14.0
应用产酯酵母曲	142.0	539.9	33.3	58.2	11.0	4.5
产酯液	328.0	458.3	24.0	54.0	5.0	2.8

2. 利用降乳菌降低清香型白酒中乳酸乙酯含量

关于丙酸菌的介绍，前已述及。丙酸菌可将乳酸分解为丙酸、乙酸，并能产生丁酸、庚酸等，这些酸相应的酯为丙酸乙酯、乙酸乙酯、丁酸乙酯、庚酸乙酯。而清香型的酒中不能含有丁酸乙酯，只有不产生丁酸的丙酸菌才能应用于清香型白酒生产。

河北宝丰酒厂在清香型发酵酒醅中筛选出 8 株具有降解乳酸能力的菌种，经生化性能测试，从中筛选出一株对乳酸降解力高的菌种，并通过激光诱化，提高其降解力。此降乳菌为有芽孢杆菌，可将乳酸分解成丙酸和乙酸，不产生丁酸、庚酸等。将此种降乳菌经纯种培养，测定降解率在 100% 之后，加到入池发酵的粮醅中，改变发酵粮醅中微生物区系组成，降低了酒中乳酸乙酯含量。经过在生产中应用 2 年，使清香型宝丰酒中的乳酸乙酯含量在原有基础上降低了 27%，增大了乙酯与乳酯的比值，使清香型酒风格更加突出，提高优级品率 10% 以上。

四、清香型调味酒的生产

1. 高温发酵制取高酯调味酒

一般以夏季生产为主，将发酵入池温度控制在 24～25℃，加曲量 12%，入池水分稍大一些，发酵期 28d 左右。入缸后 24h，缸内温度就可达 34℃，36h 主发酵基本结束，温度最高时可达 36℃，并大量生酸。由于缸内酯化期长，温度高，所产的酒酯含量特别高，口味麻，对提高酒的后香和余香效果显著。若采用量质接酒，则效果更佳。此酒总酸 2.44g/L，总酯 10.6g/L，乙酸乙酯 4.1g/L，乳酸乙酯 5.6g/L。

2. 低温入缸长期发酵制高酯调味酒

将入缸温度控制在 9～12℃，入缸水分正常，用曲 10%。一般采取在 4 月份入缸，经过夏季外界高温，到 10 月份出缸取酒。要求原料入缸时严格卫生管理，不得混入任何杂菌。经过夏季外界高温时，要把发酵缸口封严，隔绝外界。由于采用低温入缸，长期发酵，所产酒酯含量高，口味较净，对提高酒的柔和、谐调和陈味都有好处。此种酒总酸含量为 2.83g/L，总酯 9.72g/L，乙酸乙酯 6.34g/L，乳酸乙酯 2.23g/L，是一种提前香和后味的优质调味酒。

不同香型，不同风格的白酒，应有不同的提高产量、质量的技术，应随时注意学习和钻研。上述几种香型的技术措施可作参考，必须结合本厂实际，学中有创，并不断总结提高，以保持自己的独特风格。

第七章　白酒酿造设备基础知识

第一节　粉碎设备

一、常见粉碎机类型及选用

酒厂常用粉碎机有锤式粉碎机和辊式粉碎机两种类型。一般根据需粉碎的物料情况来选择。薯干及金刚头等野生植物，可用锤式粉碎机粉碎，大块物料可用锤式粗碎机或锥形钢磨粗碎后再进磨粉机。高粱及制大曲的麦类等的粉碎可采用辊式粉碎机或万能磨碎机，制小曲的碎米等原料的粉碎采用万能磨碎机。

二、常见粉碎机结构及工作原理

1. 锤式粉碎机

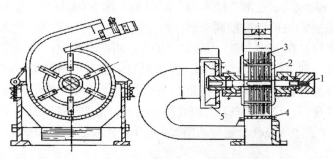

图 7 - 1　锤式粉碎机
1—轴　2—转鼓　3—锤刀　4—栅栏　5—抽风机

（1）构造　锤式粉碎机如图 7 - 1 所示，由主轴、转鼓、栅栏，以及传动电机和风机等组成。水平的主轴转速可达 60~70m/s。主轴上装有若干圆盘，圆盘周围安装固定的锤刀，称为转鼓。锤刀有矩形、带角矩形、斧形等多种，锤刀应严格地对称安装，以免主轴失去平衡而损坏机件。矩形锤刀一端磨损后，再调换另一端使用。斧形锤刀的重心偏于尖端，适于粉碎韧性较大的物料。锤式粉碎机上附设吸铁装置，进一步吸除铁屑，以保护锤刀。转鼓周围的栅栏，上部表面呈沟形，下部是筛板。粗筛用铜丝构成，细筛为金属板上钻孔，孔径为 1.5mm。应按粉碎度要求随时更换筛网。

（2）工作原理　锤式粉碎机与抽风机相连，由锤刀击碎的物料从筛孔下落，由吸风机送入离心卸料器。若为干法粉碎，则由下旋沙克龙或组合沙克龙收集细粉，气流可经袋滤器除尘。若气流中含尘量过多，则在袋滤器前加置离心除尘器。为提高干法粉碎效率，可采用密封循环法，即将粉碎机的物料全部通过筛板，再在机外把不合要求的粗料分离出，并回到粉碎机内粉碎，这样可避免细料重复粉碎，使粉碎效率提高约45%。若采用吸风设备把粉碎的细粉抽出，经离心卸料器收集，可提高粉碎效率约30%，并节约电耗。以鱼鳞状筛代替平筛，可减少堵塞并提高粉碎效率。

（3）锤式粉碎机的优缺点　具有生产能力大、耗电少的优点。但粉碎硬质和坚韧原料时锤刀磨损快，运转时噪音大。若转子平稳，则运转时也较均衡。

（4）操作注意事项　若有异物进入机内，或转子不平稳，或进料量过大，则运转时有杂音或声音不正常。应停机拆卸检查，取出异物，准确安装各把锤刀，并疏通筛孔。若出粉率过高，通常为筛板破损或磨损，应更换新筛。重新开机后，要控制进料量。

（5）生产能力计算　设锤式粉碎机生产能力为 V（m^3/h），排料系数为0.7，筛孔直径为 D（m），则可用下式计算：

$$V = 60 \times \pi D^2/4 \times 筛孔数（个）\times 0.7 \times 排料次数（次/min）\times 转子转速（r/min）$$

（6）设备的维护与保养　在粉碎操作过程中，操作人员除要求达到熟练正确的程度外，还必须掌握原料粉碎的基本知识，以及对粉碎工序中的设备做到"四懂"、"三会"。"四懂"是懂结构、懂原理、懂性能、懂用途。"三会"是会使用、会维护保养、会排除故障。同时，在设备运转中要努力做到以下几点：

①设备应定期做清洁工作，除去积灰。

②设备的传动部件应经常加油，保持润滑。

③设备的运转部件应加强防护，防止事故发生。

设备在运转过程中，应严格执行岗位责任制，经常巡回检查，注意部件轴瓦是否发热，电流是否超负荷，发现问题应立即停车并即时找出原因。

（7）常见故障的排除　锤式粉碎机是白酒生产中的高速高能运转设备，故障隐患较多。设备运转时，常见可能发生的故障和产生故障的原因以及排除故障的方法列于表7-1中。在排除故障时，一般需停车。有些故障在短时间内难以排除时，要做好原始记录，等到设备中修或大修时进行彻底修复。

表7-1　　　　　　　　　　　　　粉碎设备常见故障的排除

故障表现	产生原因	排除方法
（1）投料口或输送带堵塞 （2）粉碎机堵塞	（1）加料速度过快 （2）加料速度快，粉碎机有异物，粉碎机损坏	（1）停止加料或放慢加料速度 （2）及时停止加料速度，停机排除，停机及时修理 （3）停止投料，打开底部，挖出堆积物料，开机，待正常才能投料
粉碎机在运转中产生剧烈的振动	（1）转子不平衡 （2）机架地脚螺栓或轴承座连接螺丝松动 （3）滚筒轴承外圈与轴承座配合太松 （4）主轴不同心	（1）重新选配刀片，使沿轴向每一排刀片之和基本相等 （2）拧紧松动螺钉 （3）更换轴承座 （4）更换或调直主轴

续表

故障表现	产生原因	排除方法
粉碎机壳内有异常爆炸声	有铁块或不可破碎物质进入机壳内打坏刀片和筛网	立即停机检查，取出铁块或不可破碎物质，或更换刀片或筛网
粉碎机出粉率低	（1）料潮，筛网孔过小 （2）刀片磨损 （3）粉碎机皮带松 （4）吸尘系统未定期清理，渗漏或不畅通	（1）及时检查调换 （2）及时调整刀片角度或更新 （3）皮带收紧或更新 （4）立即清理、检查及修理
设备启动不起来	（1）电动机或降压启动器有问题 （2）转子有磨损、卡阻、碰撞现象 （3）管路堵塞	（1）检查或更换电动机、降压启动器 （2）检查、调整、排除设备中磨损、卡阻碰撞的部位 （3）疏通阻塞管道

2. 辊式粉碎机

（1）结构与原理　主要构件为一对或几对磨辊，白酒厂一般采用四辊粉碎机。辊筒上的磨牙用拉丝床拉成，磨牙的方向与磨辊的地轴角度称为牙齿斜度，斜度越大，则对物料的撕力越大。将一对磨辊平置时，俯视其斜度应一致。调整磨辊的装置有多项。松磨装置可避免在没有物料时的磨辊碰损；校磨装置的作用是使每对磨辊在同一平面上；磨辊弹簧和松磨套筒销子的作用是，在磨辊遇有铁块时能够松开，销子上的套筒即破裂；精细校磨装置可精确地校正轧点距离。另外，气流装置通过辊式粉碎机的上部中间隔板，隔出空间直通下部，吸出湿热空气，以免粉碎物料发热。对辊中有一辊的轴承是固定的，另一辊的轴承是可移动的，并在其上面装有弹簧。两辊的间隙称为开度，若要求物料粉碎得较细，可提高辊筒的表面圆周速度，或增加两辊的转速差。

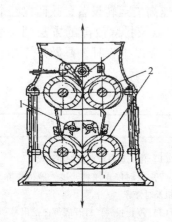

图 7－2　四辊粉碎机
1—叶轮　2—辊筒

（2）辊式粉碎机的型号　如图 7－2 所示，辊式粉碎机的型号有 MF、MY、MQ 三种，分别采用手动、液压传动、气动来调整磨辊，辊筒的运转均为电动机传动。辊轴的长度有 300、400、500、600、700、800mm 等系列。

（3）生产能力及消耗功率计算　设生产能力为 G（kg/h），辊的直径为 D（m），辊转速为 n（r/min），原粮填充系数为 0.5ρ（kg/m³），则：

$$G = 辊间开度（m）\times 辊长（m）\times D \times n \times 60\pi \times 0.5 \times \rho$$

消耗功率（kW）可估算为：

$$P = 1.148 \times 辊长 \times n \times D \times (\rho + 0.417 \times D^2)$$

三、粉碎工艺流程

1. 薯干及野生植物的粉碎

用于酿制普通麸曲固态发酵法白酒及液态发酵法白酒的这类原料，要求粉碎度较高，因此采用锤式粉碎机较适宜。若使用辊式粉碎机粉碎，则需经多次粉碎和筛理，才能到预定的细度，因而消耗的总功率相应较大。采用锤式粉碎机进行湿法粉碎的工艺流程如图7-3所示。

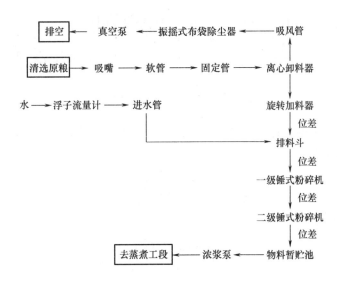

图7-3　锤式粉碎机湿法粉碎流程图

2. 高粱、大曲料、大曲的粉碎

通常采用辊式粉碎机粉碎，根据不同的粗细要求，调整磨辊间速差和磨牙尺寸。例如使用四辊粉碎机，原料经第一对辊粉碎后再进入第二对辊粉碎即可。对于大麦等曲料的粉碎，必要时还可采用诸如润湿粉碎、脱壳粉碎，再将皮壳混入粉碎料中等措施。如果采用锤式粉碎机则很难达到曲料的粉碎要求，因为它将麦皮及麦粉一起打得粉碎。辊式粉碎机利用对辊反向相对旋转产生的挤压和剪力将物料粉碎，即用磨辊的斜向齿产生的撕力进行刮粉，经一次磨粉可得不同细度的粉粒，而谷皮的韧性较大，从辊间挤压出来，成为较粗的物料部分，以符合大曲酒制曲及制酒用物料的特殊要求。例如高粱需粉碎成四、六、八瓣，粗碎可用4牙/cm的磨辊，细碎则用6.3~7.1牙/cm的磨辊即可达到预定要求。豌豆与大麦混合粉碎时，由于物料颗粒较大易损伤磨辊，可先经锥形钢磨粗碎成瓣，再以6.3牙/cm和拉丝斜度为8%的7.1牙/cm磨辊粉碎即可。小麦曲的原料小麦，可经润潮粉碎，依靠挤压、剪力、撕力和刮取的粉碎作用，使其达到烂心而不烂皮的特殊要求。有许多白酒厂制不好清香型白酒的大麦、豌豆大曲，而使成品酒带有邪杂味，其主要原因就在于没有掌握好曲料的粉碎度。如果曲料粉碎度不合格，即使严格采用典型的制曲工艺操作，也是不可能制出质量优良的大曲的。

高粱采用辊式粉碎机粉碎的工艺流程，如图7-4所示。

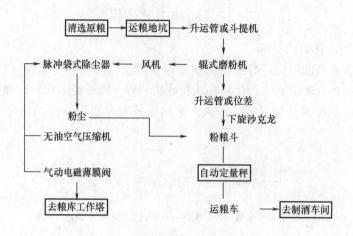

图 7-4　辊式粉碎机粉碎高粱流程

粉碎机的选择是根据物料性质来决定的；正确选择合适的型号并合理维护保养是延长粉碎机使用寿命的关键。

第二节　发 酵 设 备

一、大曲酒发酵设备

1. 发酵容器

大曲酒的发酵容器一般采用地下敞口式，便于保温和操作。传统发酵容器的容积一般为 6~10m³；为便于机械化出醅，有越来越大的趋势，目前大的发酵池为 20~40m³。因白酒的香型而异，大曲酒的发酵池大小及材质不一。

（1）浓香型大曲酒窖池

①传统窖：以黄泥筑成，平均容积为 10m³，以 6~8m³ 为最好。长与宽之比为 2:1，深为 1.5m。以底小口大为宜。泸州 300 年老窖的容积为 2.25×1.87×1.9=7.99m³。窖底一般不设排水沟，以利于维护老窖。

②人工筑窖：有的名酒厂新筑的窖，其长与宽之比为（1.2~1.4）:1，深为 1.6~1.8m，容积为 11.2~16.8m³，即装 8~12 甑酒醅。筑窖的具体过程和要求如下：

筑窖材料：有优质泥、窖皮泥、老窖泥、老窖黄水液、大曲粉、楠竹钉、芋麻丝。不能使用方砖、条石、水泥为材料。

排窖基：选择地貌、土壤、土质均恰当的窖基，以土壤土质为黏性强的黄泥最好，开方挖土。一般按地形排列窖基，以便于酿酒操作机械化。

筑窖墙：用未经晾干水分的新鲜黏性黄泥筑窖墙，要用力筑紧，立埂（宽）厚度为窖底基 1.5m、平地面为 1m；横埂（长）厚度为窖底基 1m、平地面为 65cm。还要用墙板掌握好窖墙呈一定的斜度。窖与窖之间的横埂，决不能打单墙，要打双墙（指厚度），填泥时还要筑紧。若随意减少墙的厚度，则在使用时易出现垮塌现象。

钉窖钉：将窖钉钉入窖墙至 15~20cm，窖钉的间距为 10cm。窖钉铺完后，呈 45°的斜角。

搭窖壁：用芋麻丝缠窖钉头后，将搭窖泥运到窖底，将其（发酵泥）一团团用力砸向窖壁和窖底，并在窖底的一角留有呈窝形的黄水坑 1 个。

新窖筑成后，不能敞开不用，以免窖泥干裂，应立即使用。

（2）清香型大曲酒发酵容器

①地缸：一般地缸直径为 0.7 ~ 0.9m，高为 1 ~ 1.6m，相邻两缸的中心距为 1m。如汾酒厂的地缸高为 1.1m，上口内径为 75cm，底部内径为 51cm，容积为 0.44m³，每个发酵室有 88 只地缸。

②水泥窖：以瓷砖贴面、陶砖贴面、水磨石或水泥磨光打蜡等窖面较好。所用的水泥为高标号水泥或耐酸水泥。不能用普通砖贴面。通常窖底呈 3% 的斜率，并设有排水沟，由地沟、铸铁管或耐酸塑料管道通窖底水井，用排污泵将黄水提升排出。

（3）酱香型大曲酒发酵窖　用石块、黏土、砂石筑窖，以瓷砖贴面或为水磨石面。如某厂的条石地窖为：长×宽×深：396cm×215cm×302cm。

2. 运送酒醅设备

（1）刮板输送机　刮板输送机可连续进出物料，对厂房无特殊要求，且结构简单、投资少，但在连续运送过程中酒醅的酒精挥发量较大。

（2）地面行车抓斗　地面行车抓斗配置于搬运的吊车上，可往返行车起吊搬运物料，虽然对厂房要求不高，但对厂房高度及路的宽度应予以考虑。

（3）行车抓斗　行车抓斗要求厂房坚固。DTI 型 3.5T/1T 吊钩抓斗桥式起重机的主要技术参数及工作原理如下。

①主要技术参数：双梁型，跨度为 7.5 ~ 16.5m；设备质量为 4.9 ~ 8t；抓斗自重为 0.5 ~ 0.6t；起吊质量为 3.5t；电机装机总功率不大于 24kW；起重机运行速度为 50m/min；小车运行速度为 28m/min；起升运行速度为 8m/min；起升高度为 6m、9m、12m；抓斗特性：1t 轻型抓斗，其容量以 0.6m³ 以下为好。在订货时对行车抓斗的技术参数可提出特殊要求。若最大开度 <1700mm，则窖的宽度不小于 1900mm。

②工作原理：机件由牛腿支撑于道轨架，道轨架上铺设工字梁道轨。主机的道轨轮座于道轨上。在沿道轨的一侧设线滑接通电源，由传动机构使道轨轮运动，同时带动抓斗和吊钩（小跑车）移动。抓斗与吊钩的升降机构为电动葫芦或卷扬机。桥式起重机可在能抓取或起吊的运行范围内，完成物料的出窖和入窖等作业。例如分层起酒醅的白酒厂，将桥式起重机的吊斗放入窖的一端，由人工将窖里另一端的酒醅分层起入吊斗运至拌料场。出甑材料由桥式起重机的吊钩吊起活动甑，打开甑底插销，将材料放出，经加水、降温、加曲拌匀后，再由桥式起重机的抓斗抓取材料入窖发酵。

二、麸曲白酒发酵设备

麸曲白酒的发酵通常采用水泥池。清香型麸曲酒及普通麸曲酒，采用高标号水泥或耐酸水泥建池，不宜使用砖池。池底需有 3% 的斜率。不少厂在池的底面设有排水沟。但因排水沟、管易堵塞，故使回醅蒸得的酒有邪杂味。所以可在池底最低的一角，向下开 1 个排水坑，坑上安置能挡住物料的筛板；在坑的中心位置，设 1 根管口带网罩的横向排水管，该管再向下延伸至水井。若能注意及时清理水坑，则可避免上述不良后果。

三、小曲酒发酵设备

1. 先糖化后发酵的设备

例如桂林三花酒的生产，传统的糖化、发酵容器为陶缸，后改为先在长槽中糖化后，进入中间贮罐，再以压缩空气压入发酵罐发酵。

（1）长槽　以厚度为 5mm 的铝板制作。其长为 9m、宽 0.9m，底呈倾斜状，两端深度分别为 0.6m 和 0.9m。利用内、外面抹水泥的砖槽作为长槽的外层夹套，夹套中可容纳温水或冷水，起保暖或冷却作用。

（2）中间贮罐　用 6mm 厚的碳钢板制作，内壁涂涂料，其直径为 1700mm，高为 2600mm，总容积为 6m³。

（3）密闭式发酵罐　如图 7-5 所示。其规格、容量及材质同中间贮罐，但具有夹套。若容积为 4.5m³，则可不设夹套，而在罐顶部装有外喷淋式的冷却盘管。

（4）空气压缩机　V-3/8-1 水冷式，排气量为 3m³/min。电动机采用 J0272-6，其功率为 22kW。也可不设中间贮罐，长槽中的物料可直接由刮板刮入发酵罐。上述设备的材料，最好采用不锈钢。

2. 糖化和发酵并行的设备

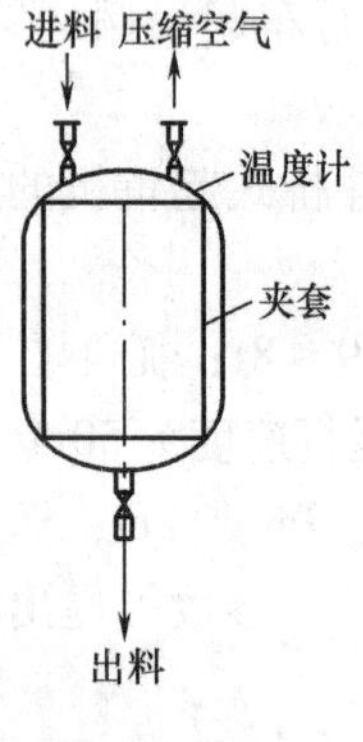

玉冰烧等小曲酒，传统的糖化发酵容器为坛（埕）；后有的厂已改用发酵罐。

例 1：采用前发酵和后发酵为不同容器的方法。

前发酵罐：为 1700mm×2600mm（直径×高），容积 6m³ 的不锈钢板制发酵罐。罐内有不锈钢管制的冷却盘管，罐顶有喷淋冷却管。

后发酵罐：水泥制，无冷却装置。其规格也为 1700mm×2600mm（直径×高），容积为 6m³。

例 2：50m³ 发酵罐用于生产玉冰烧。罐的圆柱体直径为 3m，圆柱高度为 6.33m，顶锥高 0.83m，底锥高 0.825m，底锥角为 12°。罐内安装 3 层冷却蛇管，圈径 d_1 800mm、d_2 1600mm、d_3 2300mm，蛇管总冷却面积为 48m²。

进料　压缩空气
温度计
夹套
出料

图 7-5　发酵罐

发酵设备的选择除根据传统工艺条件决定外，还必须因地制宜，根据当地的气候、地理等具体的环境因素综合考虑。

第三节　蒸 馏 设 备

一、固态法白酒蒸馏设备

就广义而言，大曲白酒的蒸馏设备包括上甑机、蒸馏器及冷凝器、起排盖机、出甑机及晾糟机等设备。目前白酒厂大多使用传统甑桶、多工位转盘甑及活底甑 3 种蒸馏器，前两种为固定式甑桶，桶体不能起吊和移动，甑底也不能打开；活动甑的甑体可吊起，甑底也能开启。上甑机和出甑机主要应用于多工位转盘甑。

1. 固态法白酒蒸馏系统

（1）甑桶 又称甑锅，由桶体、甑盖（排盖）及底锅 3 部分组成。传统的"花盆"甑，桶身上口直径 1.7m，下口直径为 1.6m，高约 1m。桶身外壁为木板，内壁铺以彼此用防酸水泥抹缝嵌合的石板，甑盖为木板，甑底有 1 层竹箅。

现在很多厂使用的甑桶，已改为钢筋混凝土结构了，加热方式也多以蒸汽代替过去的直接烧火加热，甑的容积也由原来的 2m³ 左右增至 4m³ 左右。也有的甑桶身高为 0.9m，下口直径与上口直径之比为 0.85。桶身壁为夹层钢板，外层材料为 A₃ 钢板，内层为薄不锈钢板。在空隙为 3cm 的夹层内装保温材料蛭石或珍珠岩。甑盖呈倒置的漏斗体状，材料为木板或如同桶身装保温材料的夹层钢板。位于底锅上的筛板支座上放置竹帘或金属筛板，筛孔直径为 6~8mm。底锅呈圆筒状，深度为 0.6~0.7m，底锅内的蒸汽分布管为上面均布 4~8 根放射状封口支管的 1 圈管，管上都开有 2 排互成 45°向下的蒸汽孔。

（2）冷凝器 传统的冷凝器用纯锡制成，后改用不锈钢板等为材料。冷凝器多呈列管式，总的高度为 1.0~1.2m。冷凝器的上下为汽包，上、下汽包及过汽管的不锈钢板厚度不超过 3mm，过汽管直径为 200mm，下汽包有伸出并向上的排醛管，下汽包底部设流酒导管。上、下汽包的花板为 13 或 19、23 孔，孔与冷凝管焊接，管的直径通常为 80mm 或 90mm，管厚度不超过 1mm。

（3）甑桶与冷凝器的连接装置 如图 7-6 所示。过汽管又称大龙。在冷凝器的一侧的中上部位，有 1 根支管通至甑桶下的底锅内，由阀门控制进入底锅内经冷凝酒汽以后的热水量，酒尾可从支管的分支管流加至底锅内。

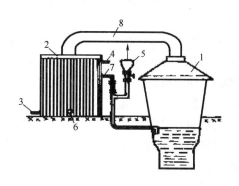

图 7-6 甑桶与冷凝器连接装置
1—甑桶 2—冷凝器 3—冷水入口
4—热水出口 5—注酒梢子口 6—流酒出口
7—部分热水流入甑的底锅 8—过汽管

传统固定甑的容量，由窖的容量而定。这种甑的装料和出料，仍靠手工操作，故劳动强度大。

（4）甑桶的设计 甑桶大小可根据每甑材料的量、材料的密度及材料在甑桶内的充填系数来计算，其公式为：

$$V_1 = \frac{m}{\rho\phi}$$

式中　V_1——每甑材料所需容积，m³/甑

　　　m——每甑材料的量，t/甑

　　　ρ——材料的密度，t/m³

　　　ϕ——甑桶内的充满系数

　　甑桶的容积 V_2 为：

$$V_2 = 1/3 \quad \pi h \ (R^2 + r^2 + Rr)$$

式中　R——甑桶上口的半径，m

　　　r——甑桶下口的半径，m

h——甑桶高度，m

通常，R 不宜过大，因料层的表面积太大，会致使上汽量不均匀而影响蒸馏效率，并造成操作不便，故一般取 1.7～2.0m。一般 r 应比 R 小 0.2～0.3m 为宜。实践表明，若 R 比 r 大 0.3m 以上时，则甑桶的倾斜角太大，反之亦然。上述两种情况均会影响蒸汽的上升和扩散，并直接影响蒸馏及蒸煮效果。

甑桶高度应适中，以便于出甑操作，并使蒸汽上升时接触面积较大，料层对酒精蒸汽和拖带出来的香味上升的阻力较小，以得到良好的蒸馏效果，故通常 $H ≈ 1/2R$。

（5）起排盖机　这是将甑盖起吊到甑桶外或将起排后的甑盖复位的装置。通常采用有支撑架的转动吊架；有的厂用电动机起吊，比人工将甑盖抬上抬下省力。

2. 活动甑桶

活动甑桶常见的有以下两种。

（1）一般活底甑　为便于出糟，可采用能以桥式起重机（行车）吊起的活底甑。如图 7-7 所示，最好用不锈钢焊制，其外形与传统固定甑相似，上口直径比下底直径大 10%～15%，将甑桶的筛板与其支座铆合。筛板为 2 个以活页连接的半圆形，在筛板的支座底部有 2 个导轮，筛板支座与桶身以活动销连接。蒸馏结束后，由起重机的吊钩钩住甑桶的吊环，将甑桶吊起，并移至适当的地面上方，打开活销，则筛板的合页合起，糟即可自动排落。这种出糟方式虽节约劳动力，但在卸料时冲击力很大，故容易发生烫伤事故，并在瞬间散发大量蒸汽，影响车间操作。放糟后，将甑桶置于地面，由导轮的支撑作用使筛板复原为平置，并将活动销插入销套。再将甑桶与底锅连接，即可重新装料蒸馏或蒸煮。

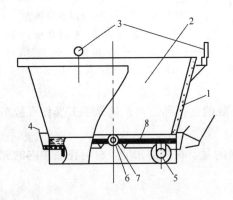

图 7-7　活底甑

1—甑壁及填料　2—甑体　3—吊环
4—活动销及销套　5—支撑导轮　6—活页轴
7—活页套　8—活页底及支撑

（2）翻动式活动甑　翻动式活动甑的下底不是活动筛板，而是固定式筛板。蒸馏后，由行车将甑桶吊至晾糟场地，再利用吊车副钩将甑桶翻身而卸料，然后，又翻回来吊回复位。

上述两种活甑桶，多为酒厂自制。由于其结构简单，加工、安装、操作均较方便，并能在原生产工艺条件下保证酒质，故用者较多。

3. 多工位转盘甑

多工位转盘甑经不断改进，分为"三工位"及"四工位"两种形式。全机包括装甑机、转盘甑、出甑机及冷凝器几部分。

（1）装甑机

①多节活动皮带装甑机：由皮带输送机改制而成，有 2 节及 3 节活动之分。通常第 1 节皮带较长，为 6m 左右，其线速度较慢；第 2 节及第 3 节皮带较短，约为 2m，其速度逐渐加快。皮带的宽度均为 0.2m。装甑时由人工扶最后 1 节皮带，借皮带转动的惯性将物料前后左右撒至甑的各个部位。采用这种装甑方式，由于物料具有一定的冲击力，因而有局部压汽现象，料层厚薄也不易均匀，仍

需人工辅助耙平。

②回旋绞龙装甑机：该机利用绕甑桶回转的绞龙进行撒料，由于绞龙能自动升降和调速，故基本上无须人工辅助；但利用机械装甑总不能如同人工装料那样按各部位冒汽状况进行撒料，尤其是甑边部位，料层往往较薄，造成漏汽现象。这是因为回旋绞龙的长度是固定的，故当绞龙上升装料时，离甑边距离逐渐加大，料层越来越薄，需由人工往甑边添料。

（2）转盘甑 适用于无双桥起重机的白酒厂，甑盖的装启可利用简易起排盖机完成，装料也可用机械手操作。各厂采用"三工位"或"四工位"两种转盘甑，其结构基本相同，只是"四工位"多1个甑桶，作为蒸馏后延长原料蒸煮时间用。即"三工位"是将3个甑桶固定于1个旋转圆盘上，定时将圆盘旋转一定角度，可轮流进行1甑装料、1甑蒸馏、1甑出料的操作，"四工位"是进行装料、蒸酒、蒸煮、排料轮流旋转作业。在圆形大转盘上安置4个甑桶，转盘下有托轮支承，可围绕中心轴旋转，装料时配合装甑机撒料，装毕后，转盘绕中心回转1个工位，进行蒸酒操作。故每停1个工位，即可在不同的4个甑桶内分别进行装甑、蒸酒、蒸煮、出料4个工序的操作，实现了半连续作业，又提高了设备的效率，也可保证接酒的掐头去尾，能适应传统生产工艺。

为防止腐蚀，转盘甑均使用不锈钢制作，并在甑体下部设有能打开的边门，以便于排料工位的开门排糟。

（3）排糟机

①桨式叶片排糟机：利用桨式叶片，依靠上下移动和回转时的离心作用将糟从甑桶甩出。采用该机出糟，在甑内糟量较少时，难以将糟刮净，故最终仍需人工清理。

②往复耙式出甑机：利用耙杆和耙头在曲柄机构驱动下做往复运动，耙齿进入糟内往复运动，将糟耙至甑外。此机也难以将糟耙尽，仍需人工辅助。

（4）冷凝器 一般采用列管式冷凝器，多以铝或不锈钢制作，冷却面积为 $15m^2$ 左右。

4. 晾糟设备

目前使用的晾糟设备种类很多，如翻板晾糟机、轨道翻滚晾糟机、振动晾糟床、分层鼓风甑、地面通风机晾糟、地下通风机晾糟等。但采用较多的为如下4种形式。

（1）地面通风机晾糟 在地面上安装晾棚，在晾棚下鼓风，将地上铺的物料吹冷。

（2）地下通风机晾糟 在地面上铺有带锥形孔的不锈钢板，将物料置于板上，板下设有风道，从板下鼓风冷却物料。为提高冷却效率和减轻劳动强度，采用轨道翻滚机将物料上下翻滚疏松。本设备结构简单，操作方便，用者较多；但在作业过程中因有少量物料落入风道，故需人工清扫。

（3）扬糟机 该机的结构与扬麸机相似，其上部为略呈倾斜的方台形进料斗，下连开口的圆筒，圆筒内有刮片式的转子，电机由皮带轮带动转子并变速。电机功率为 4.5 ~ 7.5kW，转子转速为 1600 ~ 2000r/min。在转子轴上的两端焊接圆盘，圆盘呈放射状或稍呈径向偏斜的开口处焊接长条形刮板。在圆筒的下口侧部开出料口，物料由高速转子的刮板打出。物料扬起的高度和距离，由排料口下部的螺旋式升降挡板调整。

（4）通风晾糟机 如图7-8所示。该机有机架、鼓风机、箱式风道及挡板、链条传动机构、不锈钢鱼鳞筛板及链条、翻拌机构、加曲机构、加酒母机构、加水机构、输送绞龙、小型扬糟机、传动机构及电路系统等组成。风道为封闭式，设挡板可使风分布均匀。

物料均布于不锈钢鱼鳞筛板上，由链条带动运行。通常采用 4 – 72 – 11N06A 型离心高效中压鼓风机，克服料层通风阻力的总压头为 980Pa 左右，通风量约为 10000m³/h，即风量以能将物料吹透但又不被风托起为度。例如，每班投料量为 1600kg，糟醅厚度为 50 ~ 180mm，不锈钢鱼鳞筛板的运行速度为 1185 ~ 1775mm/min，电机功率为 15.4kW 左右，2 台鼓风机为 4 – 72 – 11N06A 型，传动链条用 TG – 381 – 64 型。采用集中的操作柜，各系统的启动或停止由信号灯指示。

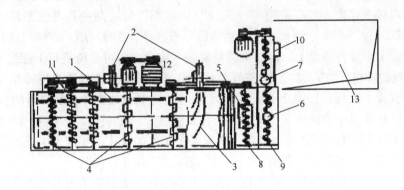

图 7 – 8 通风晾糟机

1—散冷帘导链 2—鼓风机 3—导风板 4—醅料搅拌器 5—加曲斗 6—酒母高位桶 7—水高位桶
8—曲料混合螺旋 9—酒母混合螺旋 10—扬糟机 11—传动皮带护罩 12—星形减速器 13—醅料暂贮池

　　JLD10 × 1 晾糟机适用于年产 1000t 的白酒厂，鱼鳞筛板的运行速度为 1.02 ~ 7m/min。通风晾糟机能完成醅料的松散、翻拌、降温、加曲、加酒母、加水等工艺操作过程。出甑后的热料进入晾糟机的链板上，链板在传动鼓轮的带动下缓慢行进，由耙平机构控制料层厚度，再经机架下部的鼓风机鼓风降温。在链板前进过程中，还经多道翻拌机构及喷水管，以达到预定品温。然后，曲粉从料斗的调节缝中徐徐下落，其速度需与链板的传动相应，以保证配比准确、布曲均匀。曲斗置于筛板一端的上方，由花绞龙定量供给曲粉，在曲斗中设有搅拌装置，以免曲粉在曲斗中堵住。加量水斗置于筛板后上侧，保持稳定的水压，由布水管定量供水。酒母在液体酒母斗中加水稀释后，经布液管供给拌料绞龙拌匀后，物料再转入扬糟机至暂贮池，最后由抓斗运入发酵窖内。在夏季炎热的地区，有时还需安置抽风机，强制将热风抽走，以加快晾糟速度。采用本设备可实现作业连续化，但链板上的料层不能太厚，否则会造成上下温差较大，产生下层干皮而上层发黏等现象。

二、麸曲白酒蒸馏设备

　　固态发酵法麸曲白酒的蒸馏设备及所用的扬糟机和通风晾糟机，同大曲酒生产。过去麸曲白酒蒸馏曾一度推广使用罐式连续蒸酒机，但由于以下 4 方面的原因，现基本上已不用这种设备。一是填充料用量比间歇蒸馏约高 1 倍；二是该设备的主要部件的材质要求很高，易损备件不配套，常因设备事故而停产；三是连续蒸馏不能掐头去尾，更不能分质分级接酒；四是该机与活甑桶及转盘甑相比，无明显的经济效益。

三、小曲酒蒸馏设备

1. 土甑

传统的间歇蒸馏都采用土甑，又称土甑锅，如图7－9所示。

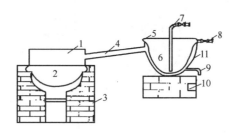

图7－9　土甑锅

1—木盖　2—铁锅　3—土灶　4—竹制汽筒

5—锡制水围　6—锡锅　7—冷水入口

8—热水出口　9—接酒口　10—砖墩　11—缸

2. 蒸馏釜

不少厂采用卧式或立式的单釜或双釜蒸馏。

（1）卧式蒸馏釜　如图7－10所示。生产三花酒的卧式蒸馏釜直径为1.4m，长为4.5m，容积为6.8m^3。先采用间接蒸汽蒸馏，最后通直接蒸汽追尽酒尾。

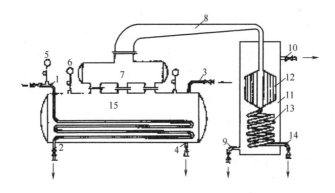

图7－10　卧式蒸馏釜

1—蒸汽入口及间接加热管　2—废汽及冷凝水排出口　3—成熟酒醪入口管　4—废醪排出口

5—间接蒸汽管蒸汽压力表　6—蒸馏釜压力表　7—汽包　8—汽筒　9—冷水入口

10—热水排出口　11—水箱　12—双管冷却器　13—蛇形冷却器　14—成品酒接口　15—蒸馏釜

（2）立式蒸馏釜　如图7－11所示。

455

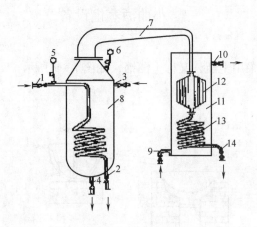

图 7 – 11　立式蒸馏釜

1—蒸汽入口及间接蒸汽加热管　2—废汽及冷凝水排出口　3—成熟酒醪入口
4—废醪排出口　5—间接蒸汽加热管蒸汽入口压力表　6—蒸馏釜压力表
7—汽筒　8—蒸馏釜　9—冷水入口　10—热水排出口　11—水箱
12—双管冷却器　13—蛇管冷却器　14—成品酒接口

第四节　贮存设备

白酒的贮存容器有许多种，各种容器都有其缺点。在确保贮存中酒不变质、少损耗并有利于加速老熟的原则下，可因地制宜，选择使用。现将常用的贮酒容器分别介绍于下。

一、陶瓷容器

这是我国历史悠久的盛酒和贮酒容器。这种容器的优点是能保持酒质，而且据说容易进入空气，促进酒的老熟。此外，陶瓷坛各地都有生产，成本较低。但陶瓷坛容量较小，一般为 250 ~ 300kg，占地面积大，每 1t 酒平均占地面积约 4m^2，只能适于少量酒的存放，若大批量贮存，则操作甚为不便。同时，陶质容易破裂，怕碰撞；质量不好的坛子，也时常出现渗漏的现象，造成损失。每年损耗为 3% ~ 5%。使用陶瓷容器应注意以下几个问题：

（1）制造和涂釉是否精良，完整。

（2）装酒前先用清水洗净，浸泡数日，以减少"皮吃"、渗酒等损失。

（3）有无裂纹、砂眼。

（4）若有微毛细孔，可采用糊血料纸或环氧树脂（外涂）等方法加以修补。

（5）坛口可用猪尿泡、沙袋或塑料薄膜（无毒，食品用）包扎，以减少挥发损失。

二、血料容器

用荆条或竹篾编成的篓、木箱或水泥池内糊以血料纸，作为贮酒容器的，统称血料容器。这种容器的利用，在我国有悠久的历史，是我国劳动人民的创造。所谓血料，是用动物血（一般是用猪血）和石灰制成的一种可塑性的蛋白质胶质盐，遇酒精即形成半渗透的薄膜，这种薄膜的特性是水能渗透而酒精不能渗透。实践证明，对酒精含量30%以上的白酒有良好的防止渗漏的作用。酒精含量30%以下的酒，因含水量较高，容易渗透血料纸而引起损耗，贮存过久，可以将血料纸层泡软而使其脱落，所以不宜用血料容器贮存酒精含量30%以下的酒。

血料容器的优点是便于就地取材，造价较低，不易损坏。陕西省宝鸡、凤翔一带，普遍用大型酒篓（装酒5t以上，俗称酒海）作为贮酒容器。据说，此种容器贮酒会对酒质起良好作用。用酒海贮酒，超过3年，虽酒精含量不变，酒色却有变黄的趋向。东北地区用大型血料木箱作贮酒容器，也坚固耐用。江苏双沟酒厂在25t和50t的钢筋混凝土结构酒池内，涂以血料纸，并在表层涂以蜂蜡，使用24年，效果良好。

血料容器的缺点是"皮吃"，损耗很大，新的和间歇使用的酒篓，干燥的血料纸吸收酒液所造成的损耗是较大的。为了减少损耗，大多数血料容器都已采用内壁挂蜡和烤蜡的办法。

三、金 属 容 器

随着生产的发展，小量贮存已不能满足需要，不少的酒厂采用了铝制大容器贮酒。

铝是中性金属，易被酸腐蚀。酒中若有铝的氧化物，就会出现浑浊沉淀，含铝过多的酒对饮者健康也有影响。用铝制容器贮酒，时常会出现很多白色的沉淀，有条件的酒厂不要用铝罐贮酒。铝材表面的三氧化二铝易与白酒中的有机酸发生反应：

$$6RCOOH + Al_2O_3 \longrightarrow 2（RCOO）_3Al + 3H_2O$$

羧酸铝盐强烈水解，生成碱式羧酸铝。后者成絮状少量溶解或进入白酒之中，给酒质造成不良影响。反过来说，有机酸将不断地腐蚀铝材表层，表层是氧化铝膜，它的消耗意味着总有一定面积的金属铝暴露在水和乙醇面前，其结果发生铝与水或醇的化学反应：

$$2Al + 6H_2O \longrightarrow 2Al（OH）_3 + 3H_2$$
$$2Al + 6C_2H_5OH \longrightarrow 2Al（C_2H_5O）_3 + 3H_2$$

除了对酒造成不良后果外，另一个结果是铝罐使用寿命不长（多处出现小孔漏酒）。

铁制容器绝对不能用来贮酒或盛酒，白酒接触铁后，会带铁腥味，并使酒变色（铁锈）。镀锌铁皮的容器也不适宜贮酒，卫生部门规定，酒中含锌量不得超过1.4mg/L。过去民间传统常用锡壶盛酒，但商品锡中常常含铅较多，使酒中铅含量超过1mg/L，也不符合卫生标准。目前，很多酒厂已大量使用不锈钢容器贮存白酒，要选用符合食品安全要求的不锈钢材。

四、水 泥 池

水泥贮酒池是一种大型贮酒设备，建筑于地下、半地下或地上，采用混凝土钢筋结构。普通水泥池是不能用来贮酒的，因为水泥池壁渗漏，又不耐腐蚀，用来贮酒，不仅损耗大，而且会使酒带水泥味。

水泥池用来贮酒，最好是经过加工的，即在水泥表面贴上一层不易被腐蚀的东西，使酒不与水泥接触。目前已采用的方法有：

（1）猪血桑皮纸贴面。

（2）内衬陶瓷板，用环氧树脂填缝。

（3）瓷砖或玻璃贴面。

（4）环氧树脂或过氯乙烯涂料。

水泥池贮酒的优点是：

（1）贮存量大，容量大小可任意设计。

（2）适合贮酒的要求，一般都建于地下或半地下，温度低，池体密封，便于保持酒的质量，年损耗可降低至 0.3% ~ 0.5%。

（3）地下建贮酒池，池顶仍可修建房屋，既增加仓库，又节约费用。

（4）投资较少，坚固耐用。

（5）容量大，有利于勾兑，使酒质稳定。

（6）贮存安全，有利于管理。

第八章　白酒的生产计算

第一节　制曲计算

制曲过程的主要技术经济指标，是衡量一个企业技术及管理水平的标志之一。制曲工序主要技术经济指标计算方法如下：

一、出曲率、用曲量

出曲率是指每 100kg 曲料（包括填充料、风干酒糟）制出标准水分曲的数量。由于曲子出房及使用时间不一，大曲及麸曲统一按 12% 的标准水分进行折算。液体曲以升（L）计算。

$$出曲率 = \frac{标准水分曲量（kg）}{用曲料量（包括填充料、风干酒糟，kg）} \times 100\%$$

通常大曲的含水量在 15% 以下，麸曲的含水量在 15% 左右。各种成曲量应折成标准水分为 12% 的曲量，称为标准水分曲耗用量，简称标曲量，可用下式计算：

$$标曲量 = \frac{成曲量（t）\times（1 - 成曲水分）}{1 - 标准水分} = \frac{成曲量（t）\times（1 - 成曲水分）}{0.88}$$

例，某厂投料为麸皮 500kg，干酒糟 500kg。成曲为 950kg，曲子含水量为 20%，则折合成 12% 标准水分的出曲率为：

$$出曲率 = \frac{950 \times \frac{1 - 0.2}{0.88}}{500 + 500} \times 100\% = 86.36\%$$

制曲过程中，由于菌体生长及维持生命，以及生成酶类及其他代谢物质，因此，成曲量比曲料量要减少。例如麸曲的出曲率按干物质计算时，一般为 70%~75%。若出曲率过高，说明曲霉繁殖不良；出曲率过低，则是因为制曲温度过高，曲霉在生长中消耗了过多的营养成分。

二、吨酒［酒精含量 65%vol］耗曲量

$$吨酒耗酒量（kg/t）= \frac{标曲量（kg）}{合格原酒产量（kg）}$$

其中：曲的标准水分以 12% 计；若使用多种曲时，应分别列出每种曲用量；酒精折合成 65%vol 计。

三、粮曲比率

原料用曲率是表示每 100kg 原料耗用曲的数量。这里的原料量是指包括制酒的主原料及酒母用料的原料耗用总量。若产品生产中耗用多种曲时，应分别予以计算。

$$原料用曲率（粮曲比率）= \frac{标曲量（t）}{原料耗用总量（t）} \times 100\%$$

例，某班投料1400kg，酒母料为100kg，使用成曲150kg，成曲的含水量为15%，求原料用曲率。

$$原料用曲率 = \frac{150 \times \dfrac{1-0.15}{0.88}}{1400+100} \times 100\% = 9.66\%$$

四、淀粉出酒率

该指标是考核原料中主要有效成分利用率的重要技术经济指标。淀粉出酒率是表示每100kg淀粉产酒精含量为65%vol的白酒的千克数，即白酒的淀粉出酒率与淀粉利用率相等。其计算公式如下：

$$淀粉出酒率 = \frac{合格酒精产量（t）}{淀粉总耗用量（t）} \times 100\%$$

淀粉总耗用量（t）为主原料、酒母料、曲料的实际耗用量，分别乘以各自含淀粉量的相加之总和，即含淀粉量在5%以上（包括5%）的原料的淀粉均计算在内，但不包括粗谷皮、稻壳、高粱壳、小麦壳等辅料及酒糟。

$$原料的淀粉总量（t）= 原料耗用量（t）\times 原料含淀粉量（\%）$$
$$酒母料淀粉总量（t）= 酒母料耗用量（t）\times 酒母料含淀粉量（\%）$$
$$曲料含淀粉量（t）= \frac{用曲量（t）\times 原料含淀粉量（\%）}{出曲率（\%）}$$

上式中，若使用混合曲（包括大曲、麸曲、液体曲等各种曲的组合），则应计算所用各种曲料含淀粉量之总和。

如果曲料中有不计其淀粉量的辅料。例如麸皮及稻壳各占50%，则应用下式计算：

$$曲料含淀粉量（t）= \frac{用曲量（t）\times 曲料中用麸皮（\%）\times 麸皮含淀粉量（\%）}{出曲率（\%）}$$

麸皮淀粉含量可按酶分解法分析计算。用薯干或粮谷原料制曲时，一律用盐酸水解法来分析计算淀粉含量。麸皮通常含淀粉为20%左右。

第二节　生产物料及能耗核算

一、按年产酒精为60%vol的白酒1000t的物料能耗衡算

1. 高粱用量

原料出酒率30%，运输、贮存等损失2%。

全年实际需高粱量：$1000 \div 0.3 \times (1+0.02) = 3400$（t）

每天需高粱量：$1000 \div 0.3 \div 320 = 10.4$（t/d）

（全年生产时间按320d计。）

2. 小麦用量

麦曲对粮30%（包括红糟用量），麦曲贮存及其他损失2%，小麦出曲率75%，小麦运输及保管损失2%。

全年实际用曲量：$1000 \div 0.3 \times 0.3 \times (1+0.02) = 1000 \times 1.02 = 1020$（t）

全年实际需小麦量：$1020 \div 0.75 \times （1 + 0.02）= 1360 \times 1.02 = 1387$（t）

每天需小麦量：$1360 \div 320 = 4.25$（t）

3. 谷壳用量

谷壳对粮 30%（包括面糟用量），运输损失 1%。

全年谷壳需用量 $= （1000 \div 0.3）\times 0.3 = 1000$（t）

全年谷壳实际需用量 $= 1000 \times （1 + 0.01）= 1010$（t）

每天谷壳需用量：$1000 \div 320 = 3.125$（t）

4. 母糟（配糟）用量

母糟对粮 500% 计。

全年母糟需用量 $= （1000 \div 0.3）\times 500\% = 16700$（t）

每日母糟需用量：$16700 \div 320 = 52$（t）

5. 生产用水计算

（1）酒甑底锅用水量　酿酒车间共安装甑桶 6 个，两班制生产，每班换底锅水 1 次，250kg/次。

每天底锅水用量 $= 250 \times 6 \times 2 = 3$（t）

全年底锅水用量 $= 3 \times 320 = 960$（t）

（2）量水用量　量水用粮平均按 70% 计。

全年量水用量 $= （1000 \div 0.3）\times 0.7 = 2333$（t）

每天量水用量 $= 2333 \div 320 = 7.3$（t）

（3）冷却水用量　根据四川酿酒经验，蒸粮蒸酒时，一个甑需冷却水约 1.5t/h，使用时间为 8h/（甑·d）。

每天需冷却水量 $= 1.5 \times 8 \times 6 = 72$（t）

全年需冷却水量 $= 72 \times 320 = 23040$（t）

（4）加浆水用量　根据生产能力，原度酒按酒精含量 60%vol 计，加浆后成品 54%vol。

全年需加浆水量 $= 1000 \times \left(\dfrac{0.5209}{0.4623} - 1 \right) = 1000 \times 0.12675 \approx 127$（t）

（0.5209、0.4623 为 60%vol、54%vol 酒的质量分数）

每天需加浆水量 $= 127 \div 320 = 0.4$（t）

（5）制曲用水量　主要用于润麦与配料，对小麦而言需水 37%~42%，按 40% 计。

全年制曲用水量：$1020 \div 0.75 \times 0.4 = 544$（t）

每天制曲用水量：$544 \div 320 = 1.7$（t）

（6）蒸汽用量　见表 8 – 1。

表 8 – 1　　　　　　　　根据年产 1000t 白酒设计的蒸汽用量

序号	用汽部门	蒸汽				冷凝水回收率/%
		压力/MPa	温度/℃	消耗量/（t/h）		
				最大	平均	
1	制酒车间	0.3	饱和	5.0	3.0	—
2	化验、培菌	0.3	饱和	1.0	0.5	—
3	采暖、生活	0.3	饱和	1.4	1.0	80
合计				7.4	4.5	

统计全厂最大耗汽量 7.4t/h，平均 4.5t/h，考虑到最大负荷同时工作系数（取 0.85）和锅炉房自用汽及输送热损失（取 15%），则需锅炉蒸发量 D：

$$D = 7.4 \times 0.85 \times (1 + 15\%) = 7.23 \ (t/h)$$

选用 4t/h 锅炉 2 台，其额定产汽量总计可达 8t/h，压力 1.25MPa，完全可以满足需要。根据当地煤质情况和锅炉热效率，按 1t 原煤耗 5t 蒸汽，折合 0.7t 标煤计算，则：

$$最大小时耗原煤量 = 7.23/5 = 1.45 \ (t/h)$$

$$最大日耗原煤量 = 3.5 \times 16/5 + 1.0 \times 24/5 = 16 \ (t/d)$$

$$年耗蒸汽量 = 3.5 \times 16 \times 320 + 1.0 \times 24 \times 150 = 21520 \ (t)$$

$$年耗原煤量 = 21520/5 = 4304 \ (t)$$

$$折成标煤 = 21520 \times 0.7/5 = 3013 \ (t)$$

式中 3.5——制酒车间与化验、培菌部门平均时耗蒸汽量之和（表 8–1），t/h

1.0——采暖、生活部门平均时耗蒸汽量，t/h

16——制酒等部门每日工作时间，h

24——以整日计，h

320——全年生产时间，d

150——全年采暖时间，d

二、理论出酒率

目前我国各地白酒主要技术经济指标的计算方法不统一，数据可比性差，不利于白酒技术水平、管理水平的不断提高。为了解决这个问题，原轻工业部于 1980 年 4 月编印了《轻工业主要统计指标计算方法（试行本）》，对饮料酒各项技术指标的计算方法做了规定。本章介绍的计算方法，将以此作为依据。

理论出酒率是 100kg 淀粉（或糖），由化学反应式，在理论上计算应得到的绝对酒精或酒精含量为 65%vol 的白酒质量。有了理论产率，才能正确衡量在实际生产中淀粉利用率的高低。

酒精发酵反应方程式为：

$$C_6H_{12}O_6 \longrightarrow 2C_2H_5OH + 2CO_2$$

$$180.1 \qquad 2 \times 46.05$$

己糖　　　酒精

由上式可以计算出 100kg 己糖（葡萄糖或果糖），应得 100% 的酒精为：

$$180.1 : 100 = 92.1 : 绝对酒精量$$

$$绝对酒精量 = \frac{92.1 \times 100}{180.1} = 51.14 \ (kg)$$

换算为酒精体积分数 65%（酒精质量分数 57.15%）的酒为：

$$57.15 : 100 = 51.14 : 酒的质量 \ [65\%（体积分数）酒精]$$

$$酒的质量 \ [65\%（体积分数）酒精] = \frac{51.14 \times 100}{57.15} = 89.48 \ (kg)$$

在实际生产中是采用含淀粉的谷物原料，淀粉的理论出酒率为：

$$(C_6H_{10}O_5)_n + nH_2O \longrightarrow nC_6H_{12}O_6 \longrightarrow 2nC_2H_5OH + 2nCO_2$$

淀粉　　　　　　　　己糖　　　酒精

$$n \times 162.1 \qquad\qquad n \times 180.1 \quad n \ (2 \times 46.05)$$

由上列反应方程式可知 100kg 淀粉可产 100% 的酒精为：

$$162.1 : 100 = (2 \times 46.05) : 绝对酒精量$$

$$绝对酒精量 = \frac{2 \times 46.05 \times 100}{162.1} = 56.82（kg）$$

换算成 65%（体积分数）的酒，则为：

$$57.15 : 100 = 56.82 : 酒的质量$$

$$酒的质量［65%（体积分数）酒精］= \frac{56.82 \times 100}{57.15} = 99.42（kg）$$

三、实际生产效率计算

生产中的实际产酒都比理论值小，因为在生产过程中要损失一些淀粉，窖内发酵时各种微生物的生长繁殖也要消耗一定数量的淀粉，所以实际产酒率始终不能达到理论值。现将曲酒生产有关计算公式列举如下：

$$发酵效率（%）= \frac{发酵糟质量（面糟、母糟）\times 含酒率 + 黄浆水质量 \times 含酒率}{［原料质量 \times 淀粉含量 + 曲粉质量 \times 淀粉含量］\times 56.82\%} \times 100\%$$

$$蒸馏效率（%）= \frac{实际产酒质量 \times 酒精质量分数}{发酵糟质量 \times 含酒率} \times 100\%$$

$$淀粉利用率（%）= 发酵效率 \times 蒸馏效率 = \frac{实际产酒精质量（成品酒、黄浆水、丢糟酒、层酒等）}{总淀粉质量（原料、曲粉）\times 56.82\%} \times 100\%$$

$$原料出酒率（%）= \frac{成品酒质量［65%（体积分数）酒精］}{原料质量（包括曲子）} \times 100\%$$

$$淀粉出酒率（%）= \frac{成品酒质量［65%（体积分数）酒精］}{原料淀粉量 + 曲子淀粉量} \times 100\%$$

$$每 100kg 65%（体积分数）酒粮耗 = \frac{原料质量（包括曲子）}{成品酒质量［65%（体积分数）酒精］} \times 100\%$$

$$每 100kg 65%（体积分数）酒曲耗 = \frac{全窖耗曲总量（折合成标准水分）}{成品酒质量［65%（体积分数）酒精］} \times 100\%$$

$$吨酒耗煤（kg/t）= \frac{标准煤耗用量（kg）}{成品酒质量［65%（体积分数）酒精］}$$

标准煤是以每 1kg 燃料发热 29308kJ 作标准，7t 蒸汽折标准煤 1t，1000m³ 天然气折标准煤 1.22t。

$$吨酒电耗（kW \cdot h/t）= \frac{生产耗电量}{成品酒总产量［65%（体积分数）酒精］}$$

$$名优白酒率（%）= \frac{名优白酒商品量}{同类产品总产量}$$

名优白酒是指被国家、省、自治区、直辖市主管部门正式批准命名的名优白酒。

同类产品总产量，系指与名优白酒同期、同工艺、同原料生产的白酒。其中包括名优白酒和转入其他等级的合格品产量。

四、计 算 实 例

1. 计算基础

（1）投入物料　高粱粉 840kg（淀粉含量 62.80%）；麦曲粉 175.5kg（淀粉含量 58.15%）；回沙酒 18kg［酒精 51.47%（质量分数）］。

（2）出窖物料　面糟 612.5kg［酒精 1.28%（质量分数）］；上层母糟 3937.3kg［酒

精 4.06%（质量分数）]；下层母糟 2133kg [酒精 4.28%（质量分数）]；黄浆水 203kg [酒精 4.82%（质量分数）]。

（3）成品酒及半制品　成品酒 371.52kg [酒精 57.15%（质量分数）]；丢糟黄浆水酒 21.5kg [酒精 55.5%（质量分数）]；丢糟黄浆水酒酒尾 24.75kg [酒精 14.64%（质量分数）]；出甑酒尾 46.75kg [酒精 9.60%（质量分数）]。

2. 计算

高粱粉及麦曲粉淀粉总质量：$840 \times 62.80\% + 175.5 \times 58.15\% = 527.52 + 102.05 = 629.57$（kg）

淀粉理论产酒精量（100%）：$629.57 \times 56.82\% = 357.72$（kg）

回沙酒折算成 100% 酒精量：$18 \times 51.47\% = 9.26$（kg）

面糟应产 100% 酒精量：$612.5 \times 1.28\% = 7.84$（kg）

母糟应产 100% 酒精量：$3937.3 \times 4.06\% + 2133 \times 4.28\% = 251.15$（kg）

黄浆水应产 100% 酒精量：$203 \times 4.82\% = 9.78$（kg）

本窖剩余母糟 279.5kg 与另一窖母糟一起蒸馏，故应产 100% 酒精量为：

$$279.5 \times 4.28\% = 11.96 \text{（kg）}$$

按蒸馏效率 90% 计，应产 100% 酒精量：

$$11.96 \times 90\% = 10.76 \text{（kg）（折合成 65\% vol 的酒为 18.84kg）}$$

成品酒折算为 100% 酒精量：$371.52 \times 57.15\% + 10.76 = 223.08$（kg）

丢糟黄浆水酒折算成 100% 酒精量：$21.5 \times 55.5\% = 11.93$（kg）

酒尾折算成 100% 酒精量：$46.75 \times 9.6\% = 4.49$（kg）

丢糟黄浆水酒酒尾折算成 100% 酒精量：$24.75 \times 14.64\% = 3.62$（kg）

3. 各项生产效率计算

$$发酵效率 = \frac{251.15 + 7.84 + 9.78 - 9.26}{357.72} \times 100\% = 72.55\%$$

$$蒸馏效率 = \frac{223.08 + 11.93 + 4.49 + 3.62 - 9.26 \times 0.9}{251.15 + 7.84 + 9.78 - 9.26} \times 100\% = \frac{234.80}{259.51} \times 100\% = 90.5\%$$

$$淀粉利用率 = 72.55\% \times 90.5\% = 65.7\%$$

$$65\% vol 曲酒每 100kg 粮耗 = \frac{840 \times 100}{371.52 + 18.84} = \frac{840}{390.36} \times 100 = 215.19 \text{（kg）}$$

$$粮耗（包括曲粮）= \frac{840 + 175.5}{371.52 + 18.84} \times 100 = 260.14 \text{（kg）}$$

$$65\% vol 曲酒每 100kg 曲耗 = \frac{175.5}{390.36} \times 100 = 44.96 \text{（kg）}$$

$$淀粉出酒率（包括曲粮）= \frac{390.36}{527.52 + 102.5} \times 100\% = 61.96\%$$

$$原料出酒率 = \frac{390.36}{840 + 175.5} \times 100\% = 38.44\%$$

$$名优酒率 = \frac{130}{371.52} \times 100\% = 34.99\%$$

第三节　各种酒精含量的相互换算

一、白酒酒精含量的换算

白酒酒精含量一般是以体积分数表示的，即用 100mL 酒溶液中的酒精体积表示：体积分数与质量分数的换算式：

$$\varphi = \frac{\omega \times d_4^{20}}{0.78924}$$

式中　φ——体积分数，%

　　　ω——质量分数，%

　　d_4^{20}——样品的相对密度，指20℃时样品的质量与同体积的纯水在4℃时的质量之比

0.78924——纯酒精在20℃时的相对密度

　　实例1：已知50%vol白酒相应的相对密度为0.93017，根据上述换算式：

　　质量分数为：

$$\omega = \frac{\varphi \times 0.78924}{d_4^{20}} = \frac{50\% \times 0.78924}{0.93017} = 42.42\%$$

　　酒精相对密度与百分含量对照表（20℃）就是根据体积分数与质量分数的换算关系制定出来的。

　　ω 的应用——酒精含量换算，将不同酒精含量换算成65%vol或60%vol酒精含量的计算方法有两种：

　　折算法：在折算中，明确其纯酒精质量不变，根据质量分数进行换算。

$$m_1 \times \omega_1 = m_2 \times \omega_2 = 纯酒精质量$$

式中　m_1——65%或60%（体积分数）白酒的质量

　　　m_2——原酒的质量

　　　ω_1——65%或60%（体积分数）白酒的质量分数

　　　ω_2——原酒的质量分数

　　实例2：已知86%vol白酒1000kg，求折算成65%vol的白酒质量是多少？

　　解：查酒精相对密度与百分含量对照表得：

65%vol白酒的质量分数 $\omega_1 = 57.16\%$

86%vol白酒的质量分数 $\omega_2 = 80.63\%$

换算成65%vol白酒的质量为

$$m_1 = \frac{m_2 \times \omega_2}{\omega_1} = \frac{1000 \times 80.63\%}{57.16\%} = 1410.6 \ （kg）$$

　　这样便于酒厂在原酒入库验收时统一计量和管理。

　　利用折算因子换算表的方法：本法适用于酒精含量在30%~80%（体积分数）的原酒。查各种酒精含量折算成65%（体积分数）的折算因子表，得知各种酒精含量的折算因子，再与原酒质量数相乘即得各种高于或低于65%（体积分数）的原酒折成65%（体积分数）酒的质量。

　　实例3：100kg 45%（体积分数）白酒折合成65%（体积分数）的白酒质量是多少？

　　解：查表得折算因子为0.6620

$$0.6620 \times 100 = 66.2kg$$

　　即100kg 45%（体积分数）白酒折合成65%（体积分数）白酒为66.2kg。

　　实例4：100kg 75%（体积分数）的白酒折合成65%（体积分数）白酒质量是多少？

　　解：查表得折算因子为1.1865

$$1.1865 \times 100 = 118.65kg$$

即 100kg 75%（体积分数）的白酒折合成 65%（体积分数）白酒为 118.65kg。

二、低度白酒生产中的酒精含量计算

一般低度白酒的生产是用高度白酒加浆降度等工序制成，因而在实例操作中涉及酒精含量的计算和加浆量的计算。

设：原酒酒精含量为 φ_1（体积分数），相对密度 $(d_4^{20})_1$，ω_1 为质量分数，降度后的酒精含量为 φ_2（体积分数），相对密度 $(d_4^{20})_2$，质量分数为 ω_2。

（1）求所需原酒质量

$$原酒质量 = 降低酒度后酒的质量 \times \frac{\varphi_2（体积分数） \times \dfrac{0.78924}{(d_4^{20})_2}}{\varphi_1（体积分数） \times \dfrac{0.78924}{(d_4^{20})_1}}$$

$$= 降低酒度后酒的质量 \times \frac{\varphi_2（体积分数） \times (d_4^{20})_1}{\varphi_1（体积分数） \times (d_4^{20})_2}$$

（2）求降低酒度后的质量

$$降低酒度后酒的质量 = 原酒质量 \times \frac{\omega_1}{\omega_2}$$

$$= 原酒质量 \times \frac{\varphi_1（体积分数） \times (d_4^{20})_1}{\varphi_2（体积分数） \times (d_4^{20})_2}$$

（3）求降低酒度后酒的酒精含量

$$\varphi_2（体积分数） = \frac{原酒质量}{降低酒度后酒的质量} \times \varphi_1（体积分数） \times \frac{(d_4^{20})_2}{(d_4^{20})_1}$$

（4）求降低酒度为 φ_2（体积分数）的原酒酒精含量

$$\varphi_1 = \frac{降低酒度后的酒的质量}{原酒质量} \times \varphi_2（体积分数） \times \frac{(d_4^{20})_1}{(d_4^{20})_2}$$

（5）低度白酒加浆量的计算方法

上述 4 种计算方法将酒度有关的数据进行了计算，但在低度白酒生产中最关键的数据是降度加浆量。

设：原酒酒精含量为 φ_1（体积分数），质量分数为 ω_1，原酒质量为 m，加浆降度后的酒精含量为 φ_2（体积分数），质量分数为 ω_2，求加浆量为多少？

计算原理：白酒在加浆降度过程中，其纯酒精质量不变，即，

$$纯酒精质量 = \omega_2 \times m = \omega_2 \times (m + 加浆量)$$

$$\omega_1 \times m = \omega_2 \times m + \omega_2 加浆量$$

$$\omega_1 \times m - \omega_2 \times m = \omega_2 \times 加浆量$$

$$(\omega_1 - \omega_2) m = \omega_2 \times 加浆量$$

$$加浆量 = \left(\frac{\omega_1}{\omega_2} - 1\right) m$$

实例 1：将 1000kg 50%（体积分数）的高度酒降度制成 30%（体积分数）低度酒，求所需加浆量。

解：查表得体积分数 50%（体积分数）换算成质量分数为 42.43%，30%（体积分数）换算成质量分数为 24.61%。

$$加浆量 = \left(\frac{42.43\%}{24.61\%} - 1\right) \times 1000 = 724 \text{kg}$$

实例2：要配制1000kg 70%（体积分数）的酒，求用98%（体积分数）的酒精多少千克？需加浆多少千克？

解：查表得体积分数70%（体积分数）换算成质量分数为62.39%，98%（体积分数）换算成质量分数为96.82%。因在配制过程中，纯酒精质量不变，则

$$需98\%\text{vol}的酒精质量 = \frac{1000 \times 62.39\%}{96.82\%} = 644.4 \text{（kg）}$$

$$需加浆量 = 1000 - 644.4 = 355.6 \text{（kg）}$$

三、白酒的勾兑计算

在酒厂生产中经常遇到用两种以上不同酒度的白酒进行勾兑组合，其中酒精含量的计算最为重要。

$$m = \frac{m_1 \times \omega_1 + m_2 \times \omega_2}{\omega}$$

$$= \frac{m_1 \times \varphi_1 \times \dfrac{0.78924}{(d_4^{20})_1} + m_2 \times \varphi_2 \times \dfrac{0.78924}{(d_4^{20})_2}}{\varphi \times \dfrac{0.78924}{d_4^{20}}}$$

式中　φ_1——酒度较高的酒的酒精含量,%（体积分数）

　　　φ_2——酒度较低的酒的酒精含量,%（体积分数）

　　　φ——勾兑组合后要求的酒精含量,%（体积分数）

　　　ω_1——较高酒度的酒精含量,%（质量分数）

　　　ω_2——较低酒度的酒精含量,%（质量分数）

　　　ω——勾兑组合后酒的酒精含量,%（质量分数）

　　　m_1——较高酒度原酒的质量

　　　m_2——较低酒度原酒的质量

　　　m——勾兑组合后酒的质量

例如，有72%（体积分数）和58%（体积分数）两种酒，要调成100kg 65%（体积分数）的酒，问各需多少千克？

查表，72%（体积分数）=64.54%（质量分数）

58%（体积分数）=50.11%（质量分数）

65%（体积分数）=57.15%（质量分数）

则　　　　　　　$m_1 = 100 \times (57.15 - 50.11) / (64.54 - 50.11) = 48.79 \text{（kg）}$

即　需酒精含量72%（体积分数）的酒48.79kg

需酒精含量58%（体积分数）的酒：$m_2 = 100 - 48.79 = 51.21 \text{（kg）}$

第九章　清洁化生产

第一节　清洁化生产标准

一、清洁化生产定义（HJ/T 402—2007）

清洁化生产是指不断采取改进设计、使用清洁的能源和原料、采用先进的工艺技术与设备、改善管理、综合利用等措施，从源头削减污染，提高资源利用效率，减少或者避免生产、服务和产品使用过程中污染物的产生和排放，以减轻或者消除对人类健康和环境的危害。

二、规范性技术要求

1. 指标分级

本标准给出了白酒制造业生产过程清洁生产水平的三级技术指标：

一级：国内清洁生产领先水平。

二级：国内清洁生产先进水平。

三级：国内清洁生产基本水平。

2. 指标要求

白酒制造业清洁生产标准指标见表 9 – 1。

表 9 – 1　　　　　　　　白酒制造业清洁生产标准指标[1,2]

清洁生产指标等级		一级	二级	三级
一、生产工艺与装备要求				
设备完好率/%		100	≥98	≥96
二、资源能源利用指标				
1. 原辅材料的选择		白酒生产用的原辅材料对人体健康没有任何损害，并在生产过程中对生态环境没有负面影响。原料的淀粉含量、水分含量、杂质含量应有严格控制指标		
2. 电耗 /（kW·h/kL）≤	清香型	35	40	60
	浓（酱）香型	50	60	80
3. 取水量 /（t/kL）≤	清香型	16	20	25
	浓（酱）香型	25	30	35
4. 煤耗（标煤） /（kg/kL）≤	清香型	600	750	1000
	浓香型	1200	1500	2000
	酱香型	2600	2800	3000

续表

清洁生产指标等级		一级	二级	三级
5. 综合能耗 /（标煤）（kg/kL） ≤	清香型	650	800	1100
	浓香型	1300	1800	2200
	酱香型	2700	2900	3100
6. 淀粉出酒率 /% ≥	清香型	60	48	42
	浓香型	45	42	38
	酱香型	35	33	30
7. 冷却水循环利用率/% ≥		90	80	70
三、产品指标				
1. 运输、包装、装卸		白酒容器的设计便于回收利用、外包装材料应坚固耐用、利于回收再用或易降解		
2. 产品发展方向		提高白酒的优级品率；通过传统白酒产业的技术革新，逐渐提高粮食利用率，降低各类消耗		
四、污染物产生指标（末端处理前）				
1. 废水产生量 /（m³/kL） ≤	清香型	14	18	22
	浓（酱）香型	20	24	30
2. COD 产生量 /（kg/kL） ≤	清香型	90	100	130
	浓（酱）香型	100	120	150
3. BOD 产生量 /（kg/kL） ≤	清香型	45	55	70
	浓（酱）香型	55	65	80
4. 固态酒糟 /（t/kL） ≤	清香型	4	5	6
	浓香型	6	7	8
	酱香型	8	9	10
五、废物回收利用指标				
1. 黄浆水		全部资源化利用	50% 资源化利用	全部达标排放
2. 锅底水		全部资源化利用	50% 资源化利用	全部达标排放
3. 固态酒糟		企业资源化加工处理	全部回收并利用（直接做饲料等）	全部无害化处理
4. 炉渣		全部综合利用		
六、环境管理要求				
1. 环境法律法规标准		符合国家和地方有关环境法律、法规，污染物排放达到国家和地方排放标准、总量控制和排污许可证管理要求		
2. 清洁生产审核		按照白酒企业清洁生产审核指南的要求进行了审核，并全部实施了可行的无、低费方案，制定了中高费方案的实施计划		
3. 废物处理处置		对酒糟、黄浆水和锅底水进行了资源化利用和无害化处理		

续表

清洁生产指标等级	一级	二级	三级
4. 生产过程环境管理	按照 GB/T24001 建立并运行环境管理体系	建立了环境管理制度，原始记录及统计数据齐备	环境管理制度、原始记录及统计数据基本齐备
	建立了原材料质检和消耗定额管理制度，对各生产车间规定了严格的耗水、耗能、污染物产生指标和考核办法，人流、物流、易燃品存放区有明显的标识，对跑冒滴漏有严格的控制措施		
5. 相关方环境管理	购买有资质原材料供应商的产品，对原材料供应商的产品质量、包装和运输等环节施加影响		

注：（1）以上为生产 1kL 酒精含量 65% vol 白酒的指标。淀粉出酒率根据千升酒消耗粮食和大曲的淀粉含量折算成淀粉后计算。特香型白酒和凤香型白酒可参照浓香型白酒指标执行；芝麻香型白酒可参照酱香型白酒指标执行；米香型白酒、豉香型白酒和老白干香型白酒可参照清香型白酒指标执行。

（2）表中提到的香型参考了以下标准 GB 10781.1、GB 10781.2、GB 10781.3、GB/T 14867、GB/T 16289、GB/T 20823、GB/T 20824、GB/T 20825。

3. 数据采集和计算方法

（1）采样　本标准各项指标的采样和监测按照国家标准监测方法执行。

（2）相关指标的计算方法

①电耗

$$E_c = \frac{E_a}{P}$$

式中　E_c——电耗，kW·h/kL

E_a——白酒生产年耗电总量，kW·h

P——65% vol 白酒的年产量，kL

耗电量包括基本生产用电和辅助生产用电，如各工序动力直接用电、自采水、设备大修和小修、事故检修及检修后试运行用电，以及本车间照明和上述各项用电线路、变压器损失的电量。不包括礼堂、食堂、托儿所、学校、职工宿舍、基建和建筑工程等用电。

若使用统一电表同时供应几种产品用电，则应按受益单位产品通过测定或测算合理分摊用电量。

②取水量

$$W_c = \frac{W_a}{P}$$

式中　W_c——取水量，t/kL

W_a——白酒生产年取新鲜水总量，t

P——65% vol 白酒的年产量，kL

此处新鲜水量不包括非生产用水。

③煤耗

$$W_c = \frac{C_a}{P}$$

式中　W_c——煤耗，kg/kL

C_a——白酒生产年耗标煤总量，kg

P——65%vol 白酒的年产量，kL

标准煤耗用量包括在报告期内制曲、制酒母、制酒等所有生产用煤，不包括办公室、宿舍、浴室、食堂等非生产用煤。

所用锅炉同时对几种产品供汽或同时供应非生产用汽时，应按受益单位或产品通过测定或测算合理分摊。白酒生产耗煤量按分摊比数计算。

直接法（一步法）或中间产品法（勾兑、串香法）生产液态发酵法白酒的煤耗，应包括制造调味香液、香醅及串香等用煤量。

④综合能耗：每千升白酒的综合能耗按照 GB 2589 综合能耗计算通则计算。标准煤以每千克燃料发热量 29308kJ 作为标准。不同发热量的燃料应折成标准煤，7t 蒸汽折成标准煤 1t，1t 重油折标准煤 1.5t，或按其实际发热量折算；1000m³ 天然气折标准煤 1.22t。

⑤淀粉出酒率：淀粉出酒率是考核原料中主要有效成分利用率的重要技术经济指标。其表示每吨淀粉产 65%vol 白酒的千升数。其计算公式如下：

$$R_s = \frac{P}{S_a}$$

式中　R_s——淀粉出酒率，%

P——65%vol 白酒的年产量，kL

S_a——淀粉年总耗用量，t，淀粉总耗用量为主原料、酒母料、曲料的实际耗用量分别乘以各自含淀粉含量的相加之和。即淀粉量含在 5% 以上（包括 5%）的原料的淀粉均计算在内

⑥废水产生量

$$W_w = \frac{W_{wa}}{P}$$

式中　W_w——废水产生量，m³/kL

W_{wa}——年废水产生总量，m³

P——65%vol 白酒的年产量，kL

废水产生量仅指白酒生产工程中产生的废水，不包括非生产废水。

⑦COD 产生量

$$W_{(COD)_p} = \frac{P_{(COD)} \times W_{wa} \times 10^{-3}}{P}$$

式中　$W_{(COD)_p}$——COD 产生量，kg/kL

$P_{(COD)}$——年产生废水中 COD 平均质量浓度，mg/L

W_{wa}——年废水产生总量，m³

P——65%vol 白酒的年产量，kL

COD 产生量指白酒生产过程产生废水中的 COD 量，其质量浓度为废水在进入废水处理车间之前 COD 的测定值。COD 的值采用 GB 11914—1989 测定。

⑧BOD 产生量

$$W_{(BOD)_p} = \frac{P_{(BOD)} \times W_{wa} \times 10^{-3}}{P}$$

式中　$W_{(BOD)_p}$——BOD 产生量，kg/kL

$P_{(BOD)}$——年产生废水中 BOD 平均质量浓度，mg/L

W_{wa}——年废水产生总量，m^3

P——65% vol 白酒的年产量，kL

BOD 产生量是指白酒生产过程产生废水中的 BOD 量，其质量浓度为废水在进入废水处理车间之前 BOD 的测定值。BOD 的值采用 GB 7488—1987 测定。

⑨冷却水循环利用率

$$R = \frac{R_w}{R_w + C_w}$$

式中　R——冷却水循环利用率，%

R_w——循环冷却水用量，m^3

C_w——补充新鲜水量，m^3

三、清洁生产审核的程序

1. 清洁生产审核

按照一定程序，对生产和服务过程进行调查和诊断，找出能耗高、物耗高、污染重的原因，提出减少有毒有害物料的使用、产生，降低能耗、物耗以及废物产生的方案，进而选定技术经济及环境可行的清洁生产方案的过程。

2. 审核程序、目的要求和工作内容

（1）审核准备

①目的和要求：此阶段的目的是在白酒企业中启动清洁生产审核。"双超"类型企业必须依法强制性限时开展清洁生产审核工作。

②工作内容：取得领导的支持；组建审核小组；制定审核工作计划；开展宣传教育。

（2）预审核

①目的和要求：预审核阶段的目的是对白酒企业的全貌进行调查分析，发现其存在的主要问题及清洁生产潜力和机会，从而确定审核的重点，并针对审核重点设置清洁生产目标。预审核应从生产全过程出发，对企业现状进行调研和考察。对于"双超"类型企业，要摸清污染现状和主要产污节点，通过定性比较或定量分析确定审核重点。同时征集并实施简单易行的无/低费方案。

②工作内容

A. 进行企业现状调研，列出污染源清单

企业组织概况，包括企业的简况，环境管理状况及组织结构。

企业的生产状况，包括主要产品、主要原辅材料和能源消耗情况、生产能力、关键设备、产量和产值等。

白酒企业的环境保护状况，包括产排污状况、治理状况，以及相关的环保法规与要求等。

企业的管理状况，包括从原料采购、贮存运输、生产过程以及产品出厂的全程管理状况。

B. 进行现场考察

考察从原料入厂到白酒出厂的整个生产过程，重点考察各产污排污环节，水耗和（或）能耗大的环节，设备事故多发的环节或部位。

查阅生产和设备维护记录。

与工人及技术人员座谈，征求意见。

考察实际生产管理状况。

C. 评价产污排污状况

评价白酒企业执行国家及当地环保法规及行业排放标准等的情况。

与国内同类企业产污排污状况对比。

从八个方面对产污原因进行初步分析，即产品更新、原材料替代、技术革新、过程优化、改善设备的操作和维修、加强生产管理、员工的教育和培训以及废物的回收利用和综合处理。

D. 确定审核重点

白酒企业通常包括制曲车间、蒸煮车间、发酵车间、蒸馏车间和灌装车间等几个主要生产车间和辅助车间动力热力车间，审核重点可以是其中之一；可以是生产过程中的一个主要设备，如蒸煮锅、发酵设备等；也可以是企业所关注的某个方面，如高的热能消耗、高的水消耗、高的原料消耗或高的废水排放等。确定审核重点的原则如下：

污染严重的环节或部位。

消耗大的环节或部位。

环境及公众压力大的环节或问题。

清洁生产潜力大的环节或部位。

E. 设置清洁生产目标

应定量化，可操作，并具有激励作用。

清洁生产目标应分为近期目标（审核工作完成的时间）和中远期目标（1~3年）。"双超"类型企业必须在应当实施清洁生产审核企业的名单公布后一年内完成清洁生产审核工作。

设置清洁生产目标的依据："双超"类型企业清洁生产审核后必须满足环境保护部颁布实施的白酒制造业清洁生产标准的三级标准指标要求；根据本企业历史最高水平；参照国内外同行业、类似规模、工艺或技术装备的企业的先进水平。

F. 提出和实施无/低费方案

通过对产品更新、原材料替代、技术革新、过程优化、改善设备的操作和维修、加强生产管理、员工的教育和培训以及废物的回收利用和综合处理八个方面的分析，考虑本企业内是否存在无需投资或投资很少，易在短期见效的清洁生产措施，即无/低费清洁生产方案，边提出，边实施，并及时总结，加以改进。审核小组应将工作表分发到员工手中，鼓励员工提出有关清洁生产的合理化建议，并实施明显可行的无/低费方案。

（3）审核

①目的与要求：审核是白酒企业清洁生产审核工作的第三阶段。目的是通过审核重点的物料平衡，发现物料流失的环节，找出废物产生的原因，查找物料储运、生产运行、管理以及废物排放等方面存在的问题，寻找与国内外先进水平的差距，为清洁生产方案的产生提供依据。进行物料实测是企业开展审核最重要的步骤之一，企业需投入一定的资金开展这项工作。

②工作内容

A. 收集汇总审核重点的资料

收集审核重点的各项基础资料，并进行现场调查。

编制审核重点的工艺流程图、工艺设备流程图、各单元操作流程图及功能说明表。

B. 实测输入、输出物流

制定现场实测计划，包括监测项目、点位、时间、周期、频率、条件和质量保证等。

检验监测仪器和计量器具。

实测所有进入审核重点的物流（原料、辅料、水、气、中间产品、循环利用物等）。

实测所有输出物流（产品、中间产品、副产品、循环利用物、废物等）。

C. 建立物料平衡

进行平衡测算，输入总量及主要组分和输出总量及主要组分之间的误差应小于5%。

编制白酒企业物料平衡、水平衡和能量平衡图，标明各组分的数量、状态（例如温度）和去向；"双超类型"企业必须编制物料平衡和水平衡图；当审核重点的水平衡不能全面反映问题或水耗时，应考虑编制全厂范围内的水平衡图。

依据物料平衡的结果评估审核重点的生产过程，确定物料流失和废物产生的部位及环节。

D. 分析废物产生的原因

针对每一个物料流失和废物产生部位的每一种物料和废物，分别从影响生产过程的八个方面，即原辅材料及能源、技术工艺、设备、过程控制、产品、废物特征、管理和员工，分析废物产生原因。

第二节　副产物的综合利用

一、黄浆水、底锅水的利用

传统白酒酿造排放的废水均为无毒性，常规生产废水排放量大，污染物 COD 浓度高，且生化性较差、较难降解，即使采用目前较为成熟经济的"生化＋物化"处理方法，酿造废水治理也比较困难。

如何使废水排放量减少且可生化性提高，是传统白酒酿造企业实施清洁生产的重要内容，清洁生产措施很多，比如采用消耗低、污染轻、转化率高、经济效益高的先进工艺和设备等。但清洁生产是一个相对的概念，白酒酿造实施清洁生产尽量贯穿于整个生产过程之中。

1. 甑锅底水（又称底锅水）

大曲酒生产所产生的甑锅底水，主要来源于馏酒蒸煮工艺过程中，加入底锅回馏的酒梢和蒸汽凝结水。在馏酒、蒸煮过程中有一部分配料从甑箅漏入底锅，致使底锅废水中 COD 浓度高达 120000mg/L 左右，SS 浓度高达 800mg/L，它们是酿造生产过程中的主要污染源。底锅水中含有大量的有机成分，国内一些名酒企业从底锅水中提取乳酸制品获得了较好的经济效益和环境效益，底锅水中可以提取到乳酸和乳酸钙，而乳酸及乳酸钙是食品、医药、香料、饮料、烟草等加工业的重要原料和添加剂，应用前景十分广阔。一个日处理高浓度（COD 120000mg/L）有机污水 180t 的工程，可以年产高质量乳酸 1800t、乳酸钙 300t，年产值可达 1700 多万元，经济效益十分可观，同时还可大大降低底锅水中的

COD 浓度，环境效益也很显著。

另外，加大甑锅甑算网孔密度，减少醅料落入底锅，也可以降低底锅水中的 COD 浓度。

将底锅水（加黄浆水串蒸后的底锅水）按 1:2 用水稀释后，添加一定无机盐和微量元素后，30℃培养 24h，离心、烘干即得饲料酵母。用此法每吨浓底锅水可得菌体 45kg，这样年产 6000t 大曲酒的工厂，每年可生产干酵母粉 200 多吨。

2. 黄浆水

酒醅在发酵过程中必然产生一些黄浆水。黄浆水在窖池养护、窖泥制作、底锅回收等方面有一定的益处，但许多企业黄浆水的产生和再利用不成比例，黄浆水的利用率不高。一方面由于 COD 和 BOD 含量高，给环境带来很大污染，另一方面黄浆水中大量有益成分如酸、酯、醇等物质未得到很好的开发和利用。

应用生物酯化酶对黄浆水进行酯化，生成酯化液及高酯调味酒。酯化液就是利用现代微生物技术与发酵工程技术将有机酸等成分转化为酯类等白酒香味成分的混合液，其中富含以己酸乙酯为主要成分的多种香型白酒所含的香味成分。由酯化酶催化合成的香酯液其己酸乙酯含量大大超过高酯调味酒，且具备"窖香"、"糟香"特点。用该产品在车间串蒸，可使原酒质量迅速提高而不受发酵周期的限制，与同用化学合成香料勾兑新型白酒相比，利用酯化液生产的高酯调味酒可使产品质量更稳定，风格更典型，还可解决化学香料所产生的"浮香"及可能出现的危及人身安全的问题，在当前酒类市场竞争十分激烈的形势下，可以大幅度地降低白酒生产的成本，为提高质量，降低环境污染，实现资源的利用具有十分重要的意义。

采用生物酶酯化技术后，可以取得以下效果：①实现原酒质量突破性提高。②应用于串蒸、提取高酯调味酒，实现新型白酒勾兑技术的重大突破。③实现对酿酒下脚料资源的再利用，使黄浆水中的 COD、BOD 含量在原有基础上下降 80%。④每吨黄浆水可产 60% vol 原酒 20~30kg，价值 600~1050 元，酯化后的黄浆水不再稀释，可直接进行"生化 + 物化"处理，每吨黄浆水降低污水处理费用 21.6 元（不包括水资源费和排污费），经济效益十分可观。

二、废水的利用

1. 冷却水

冷却水为馏酒过程中作为酒蒸汽间接冷却用水，酒蒸汽通过水冷式冷凝器从气态转变成液态成为原酒。常规的生产过程是冷却水从冷凝器中带走一部分热能，就被当作废水随同甑锅底水及其他杂物一同排入地沟，浪费了大量的水资源和能源，给企业的经济效益、社会效益、环境效益造成很大损失。清洁生产将冷却水循环使用，多次循环，一水多用，节约水资源，降低生产成本，减少废水排放量。目前国内一些酿酒企业，在冷却水回收上采用全封闭回收管网，将冷却水汇入集水池，分配给浴室和包装车间洗瓶使用，浴室用水和洗瓶水经中和水处理后，作为消防、冲洗场地、冲洗厕所、绿化（浇洒草地）、锅炉除尘和冲灰以及炉排大轴的冷却用水。另一部分冷却水处理后作为锅炉的补充水，富裕部分的冷却水经地下水网回流和上塔循环时将热能释放，重新进入供水管网，再次用于冷却。冷却水用于其他工序取代新鲜水，可节约大量的水资源，大大降低污水排放量，另外通过加强车间内部管理，增强职工的节能降耗意识和环境意识，定期对冷凝器进行除垢，可节水30%左右。

2. 清洗场地水

常规清洗场地用水是新鲜水，而清洁生产则用冷却水或洗瓶后的水作为清洗场地用水，这样既可节约水资源，又为企业创造一定的经济效益。清洗场地水中混有大量天然有机物，使废水中COD、SS含量升高，增加了废水处理的难度，从清洁生产角度，应在车间排污口处设沉淀池，将车间排出的醅料和其他悬浮物及时清捞出去，减少对废水的进一步污染，减少污水处理压力，降低污水处理成本；同时加强车间内部管理，减少醅料抛洒，可以减少COD负荷20%左右。

利用底锅水、清洗场地水和利用后的黄浆水进行沼气发酵，已在许多酒厂实现，使污水达到国家规定的排放标准。

3. 洗瓶水

用冷却水洗瓶，由于具有一定的温度，洗瓶效果非常显著，同时对洗瓶机增加水循环利用装置，可节约用水量的60%以上。

三、废渣的处理

白酒厂的工业废渣基本都具有可回收或再利用特性。锅炉废渣可用于建筑材料；酒糟则是做饲料的优质原料；废弃的包装材料则可全部回收。合理利用可以达到很好的经济效益。

（一）固态酒糟的利用

1. 用作饲料

随着我国白酒技术的发展，白酒的副产品——酒糟的利用已成为白酒行业的工作重点，酒糟利用的程度直接影响企业的发展，而酒糟加工饲料的水平关系到国家节粮政策的落实。长期以来，酒糟主要直接用作农家饲料，对促进农村饲养业的发展及生物链的良性循环（酒糟→喂猪→猪粪→肥田→高产粮食）发挥了重要的作用。

利用酒糟，生产菌体蛋白饲料，是解决蛋白饲料严重短缺的重要途径。近年来少数名酒厂，如泸州老窖酒厂在小型试验的基础上，进行了生产性的试验，并取得了一定成绩。重庆某酒厂用大曲酒糟接种白地霉生产SCP，粗蛋白含量达到25.8%。目前主要用于生产菌体蛋白的微生物有曲霉菌、根霉菌、假丝酵母菌、乳酸杆菌、乳酸链球菌、枯草芽孢杆菌、赖氨酸产生菌、拟内孢霉、白地霉等。以菌种混合培养者效果较为明显。

泸州老窖生物工程公司生产的多酶菌体蛋白饲料，其营养成分为粗蛋白≥30%，赖氨酸≥2%，18种氨基酸总量≥20%，粗灰分≤13%，水分≤12%，纤维素≤18%。

根据四川养猪研究所试验，用多酶菌体蛋白饲料取代豆粕喂养培育肥猪，其添加量为10%~15%。饲养结果表明，添加多酶菌体蛋白后，改善了饲料的适口性，增加了采食量，降低了饲料成本，提高了养猪经济效益。

2. 回窖发酵

酒糟回窖发酵是残余淀粉等可发酵性物质的再利用。如丢糟中加入糖化酶和活性干酵母，可返回窖内再作短期发酵，因丢糟残余淀粉含量及质量不同，故出酒率及酒质也各异。

3. 酒糟串蒸

酒糟串蒸是将残留在酒糟内的香气成分，利用酒精蒸气蒸馏再次提取。因为酒醅蒸馏时，醇溶性香味成分在酒精浓度低时，难以被蒸出而残留在醅（糟）内，水溶性香气成分在摘高度酒时，也多遗留在酒糟内，因此酒糟内含有大量醇溶性、水溶性香味成分，大多数酒糟串蒸采用下述两种方法。

（1）加醅串蒸　借以提高酒质，并增加产量，在正常酒醅装甑时，上部留 5～10cm 空间，该空间装入酒糟，底锅中加入酒精（或不加酒精）进行串蒸，以酒醅中拌入酒精效果为最佳（出甑时将酒醅与酒糟严格分开，各作其用）。加醅串蒸酒的酸、酯含量明显提高。对浓香大曲酒试验结果表明：酸提高 13.6%～51.68%；酯提高 69.91%～424.1%。其提取量因蒸馏流酒量而异，国内很多中档优质酒多采用此法。

（2）酒糟串蒸　甑中不装酒醅，全部用糟串蒸，此法多适用于普通白酒，串蒸后的酒需进行勾兑，以调整香味成分的平衡。

4. 添加部分酒糟制曲

酒糟中的残余淀粉和有机酸等可作为制曲中微生物的碳源；酒糟中含有丰富的 B 族维生素及磷，有利于促进制曲过程菌体的生长及酶的代谢和糖化发酵作用的进行，试验表明；添加 5%～10% 的酒糟粉制成的大曲，出酒率和质量都不亚于普通大曲，既节约了制曲用粮，又降低了制曲成本。

5. 窖泥发酵营养剂

浓香型酒质与窖泥质量密切相关，人工培养窖泥时，要添加豆饼等氮源和磷盐。酒糟中不但氮、磷含量高，而且含有窖泥微生物生长发育所必需的微量营养成分，因此酒糟是窖泥发酵的理想营养剂。据古井集团试验，添加除谷壳酒糟培养窖泥，可使名优酒产量提高 6%～10%。

6. 栽培食用菌

酒糟中氮、磷元素含量较高，同时含有丰富的 B 族维生素和生长素，调节 pH（如平菇培养要求 pH7，凤尾菇培养需 pH8～9，猴头菇培养需 pH4.5～6.5）后即可直接培养食用菌。

7. 稻壳的回收与利用

将酒糟直接输送至酒糟分离机内与水充分混合、搅拌后，稻壳与粮渣分离，然后进入稻壳脱水机脱水分离。

湿法分离可回收大部分的稻壳，但离心分离后的滤液中含有大量的物质，直接排放将造成环境污染。也有采用干法回收稻壳的，酒糟经干燥后用挤压、摩擦、风选等机械方法分离稻壳。分离稻壳后的干酒糟中还含有大部分的稻壳，经粉碎后可用作各种饲料，其营养价值比全酒糟干饲料有所提高。

回收的稻壳与新鲜稻壳以 1:1 的比例搭配，按传统工艺酿酒，产品质量与全部使用新稻壳酿制的酒比较，质量有一定的提高。这样既节约了稻壳又提高了产品质量。

8. 制白炭黑

五粮液酒厂将丢糟经烘干后作为锅炉燃料，燃烧后制成炭黑，作为产品出售。

（二）液态酒糟的利用

1. 固液分离技术

液态酒糟是液态法白酒厂或酒精厂排出的蒸馏废液，根据各生产厂家的工艺条件不同，每生产 1t 酒精约排出 10~15t 酒糟液。一般酒糟中含 3%~7% 的固形物和丰富的营养成分，应予以充分利用。目前酒糟液的处理方法有多种，但不论采取哪一种方法都需要将粗馏塔底排出的酒糟进行固液分离，分为滤渣和清液，主要的分离方法有沉淀法、离心分离法、吸滤法。

沉淀法一般是在地下挖几个大池，人工捞取，劳动强度大，固相回收率低，一般为 40% 左右。

离心分离法是采用高速离心机将滤渣和清液分离开来，常用的离心机有卧式螺旋分离机。设备简单易于安装，但由于设备的高速旋转再加上高温运行，设备事故较多。

吸滤法是近几年在酒精行业兴起的新工艺。主要采用吸滤设备，设备庞大，固相回收率不及离心分离，但运转连续平衡，相对的事故率降低。

2. 废液利用技术

酒糟经固液分离后，得到的清液用于拌料有利于酒精生产，另外还可用于菌体蛋白的生产和沼气发酵。

（1）废液回用　粗馏塔底排出的酒糟进行固液分离后，得到的清液中不溶性固形物含量 0.5% 左右，总干物质含量为 3.0%~3.5%。由于清液中有些物质可作为发酵原料，有些则可促进发酵，有利酒精生产，所以过滤清液可部分用于拌料。这样不仅节约了多效蒸发浓缩工序的蒸汽用量，减轻了多效蒸发负荷，而且替代部分拌料水，生产用水。

（2）菌体蛋白的生产　对固液分离得到的废液进行组分及 pH 的调整后可用于菌体蛋白的生产，经此工艺处理可得到含水量为 10% 左右的饲料干酵母，蛋白含量为 45% 左右，COD_{Cr} 去除率为 40%~50%。

（3）沼气发酵　沼气发酵多用于营养成分相对较差的薯干酒精废液的处理。已有成熟的工艺和设备，1t 薯干酒精废糟液（不分离）可产沼气约 280m^3，COD_{Cr} 去除率可达 86.6%；BOD_5 去除率 89.6%；1t 木薯酒精糟废液可产沼气约 220m^3，1m^3 分离滤液可产沼气 12~14m^3，COD_{Cr} 去除率可达 90%。

（4）DDG 生产技术　以玉米为原料的酒糟营养丰富，干糟粗蛋白含量在 30% 左右，是极好的饲料资源，固液分离后的湿酒糟可直接作为鲜饲料喂养畜禽，也可以经干燥后制成 DDG 干饲料。酒糟经离心分离后，分成滤渣和清液两部分。其中滤渣水分 ≤73%，经干燥后即得成品 DDG。

（5）DDGS 生产技术　DDGS 是以玉米为原料，对经粉碎、蒸煮、液化、糖化、发酵、蒸馏撮酒精后的糟液进行离心分离，并将分离出的滤液进行蒸发浓缩，然后与糟渣混合、干燥、造粒，所制成的玉米酒精干饲料。

离心分离后酒糟分成滤渣和清液两部分，其中滤渣水分 ≤73%，滤液的含量悬浮物为 0.5 左右。滤液经多效蒸发成为固形物含量 45%~60% 的浓浆后，与滤饼混合，然后干燥、过筛、造粒、包装即得 DDGS 成品。DDGS 属于国际畅销饲料，它不仅代替了大量饲料用量，而且解除了废糟、废水对环境的污染。缺点是滤液蒸发能耗高、投资大，适合于大规模生产。

根据国家的相关标准，白酒厂的工业废气防治应从工厂设计阶段开始做起，在生产中则应根据规定做到不达标准不排放。

下　篇　尝评·勾兑·管理

第十章　白酒品评

第一节　品评基础知识

一、人体感觉器官的有关知识

酒的色、香、味，是靠人们眼、鼻、口等感觉器官相当复杂的生理感觉来辨别的，即所谓"眼观其色，鼻闻其香，口尝其味"。

1. 视觉

视觉是由眼、视神经和视觉中枢的共同活动完成的。眼是视觉的外部器官，是以光波为适宜刺激的特殊感官。外界物体发出的光，透过眼的透明组织发生折射，在眼底视网膜上形成物像；视网膜感受光的刺激，并把光能转变成神经冲动，再通过视神经将冲动传入视觉中枢，从而产生视觉。所以眼兼具折光成像和感光换能两种作用。

酒的外观鉴定，包括色调、光泽（亮度）、透明度、清亮、浑浊、悬浮物、沉淀物等，都是用视觉器官——眼来观察的。在没有色盲、视觉正常的人的眼光下和观察方法正确，光度适宜，环境良好等条件下，对酒样的观察是能得到正确的效果的。

2. 嗅觉

人能感觉到香气，主要是由于鼻腔上部嗅觉上皮的嗅觉细胞起作用，在鼻腔深处有与其他颜色不同的黄色黏膜，这里密集着像蜂巢状排列的嗅细胞．当有气味的分子，随着空气吸入鼻腔，接触到嗅膜后，溶解于嗅腺分泌液或借助化学作用而刺激细胞，从而发生神经传动，通过传导至大脑中枢，发生嗅觉。当鼻做平静呼吸时，吸入的气流几乎全部经下鼻道进入，以致有气味的物质不能达到嗅区黏膜，所以感觉不到气味，为了获得明显的嗅觉，就必须做适当吸气或多次急促的吸气和呼气。最好的方法是头部略为下低，酒杯放在鼻下，让酒中香气自下而上进入鼻孔，使香气在闻的过程中容易在鼻甲上产生涡流，使香味分子多接触嗅膜。一般来说，人的嗅觉还是比仪器灵敏得多，但人的嗅觉容易疲劳，嗅觉一疲劳就分辨不出香气了。

3. 味觉

人与动物都有味觉，多数动物有着高度发达的味觉，要比人灵敏好多倍。味觉是经唾液或者经水将食物溶解，通过舌头上的味蕾刺激细胞，然后由味蕾传达到大脑，便可分辨出味道来。人的味蕾约有 9000 个，牛 35000 个，鸡最少，只有 24 个。狗的味觉最灵敏。称为味蕾细胞群的味觉感觉分布在口腔的周围，大部分于舌上，并分布于上颚、咽头、颊肉、喉头。舌的各个部位味觉也不相同，也就是说，各种呈味物质只有在舌头的一定位置上才能灵敏地显示出来。例如，甜味的灵敏区在舌尖、咸味的灵敏区在舌尖到舌的两侧边缘，酸味在舌的两边最敏感，而舌根对苦味最敏感。在舌的中部反而成为"无味区"了。所以在评酒时，要充分与反复利用舌尖及舌边缘以及口腔的各个部位，不能卷上舌头，通过"无味区"而直接下咽，这样就容易食而不知其味，舌表面也并不是完全无味区，只是不及其他部位灵敏罢了。人的味觉也容易疲劳，舌头经长时间连续刺激，灵敏度越来越差，感觉也变得迟钝。因此，尝酒时一次样品不能太多，品尝一轮后要稍事休息，并用淡茶漱口，以帮助味觉的恢复。

二、酒中的呈味物质

1. 对酒中呈味物质的认识

在酿酒工业中常用酸味、甜味、咸味、苦味、辣味、鲜味、涩味等来说明不同的现象，找出影响质量的因素。为了准确地进行判断，先要熟悉不同的单一香味成分的特征，然后在检查白酒的风味时，才能在复杂成分混合的情况下，正确加以辨认。下面将口味与物质的关系分别介绍如下。

（1）酸味物质　酒中的酸味物质均属有机酸（人为加的除外），例如白酒中的乙酸、乳酸、丁酸、己酸及其他高级脂肪酸等；果露酒中的柠檬酸、苹果酸、酒石酸等；黄酒中的琥珀酸、氨基酸等。无论是无机酸、有机酸及酸性盐的味，都是氢离子起作用。在进入口内感觉的酸味，由于唾液中的稀释，这些酸的缓冲性和酸味的持续性，其呈味时间的长短及实际上食品的味与生成的味等均有差别。在相同 pH 的情况下，酸味强度的顺序如下：

$$醋酸 > 甲酸 > 乳酸 > 草酸 > 无机酸$$

各种酸有不同的固有的味，例如，柠檬酸有爽快味、琥珀酸有鲜味；醋酸具有愉快的酸味；乳酸有生涩味。酸味为饮料酒必要的成分，能赋予爽快的感觉，但酸味过多过少均不适宜，酒中酸味适中可使酒体浓厚、丰满。

（2）甜味物质　甜味物质种类甚多，所有具有甜味感的物质都由一个负电性的原子（如氧、氨等）和发甜味团、助甜味团构成（如甘油，发甜味团为 $CH_2OH—CHOH—$，助甜味团为 $CH_2OH—$），酒中常带有甜味，是酒精本身—OH 基的影响。羟基数增加，其醇的甜味也增加，其甜味强弱顺序如下：

$$乙醇 < 乙二醇 < 丙三醇 < 丁四醇 < 戊五醇 < 己六醇。$$

多元醇不但产生甜味，还能给酒带来丰富的醇厚感，使白酒口味绵软。除醇类外，双乙酰具有蜂蜜样浓甜香味，醋酸和双乙酰都能赋予酒浓厚感。酒中还含有氨基酸多种，氨基酸中也有多种具有甜味，D – 氨基酸中多数是甜的，D – 色氨酸的甜度是蔗糖的 35 倍；而 L – 氨基酸中，苦的占多数，但 L – 丙氨酸、L – 脯氨酸却是甜的。

（3）咸味物质　具有咸味的全部都是盐类，但盐类并不等于食盐。盐类中有甜味也有苦味，而食盐以外的盐类大部分有一些咸味。盐的咸味是由于：盐类离解出阳离子，易被味觉感受部位的蛋白质的羧基或磷酸的磷酸基吸附而呈咸味。白酒中的咸味，多由加浆水带来。如果加浆水中含无机盐类较多，则带异杂味，不爽口，而且会产生大量沉淀，必须考虑除去。

（4）苦味物质　苦味在口味上灵敏度较高，而且持续时间长，经久不散，但常因人而异。酒中的苦味物质是酒精发酵时酵母代谢的产物，如酪氨酸生成酪醇，色氨酸生成色醇，特别是酪醇在二万分之一时尝评就有苦味。

制曲时经高温，其味甚苦，这与酵母产生的苦味道理差不多。我国白酒生产的经验，制曲时霉菌孢子较多，酿酒时加曲量过多或发酵温度过高等，都会给成品酒带来苦味。此外，高级醇中的正丙醇、正丁醇、异丁醇、异戊醇和 β - 苯乙醇等均有苦涩味。

苦味物质中，常含有苦味肽，由疏水性的氨基酸或碱性氨基酸的二肽，差不多都呈现苦味。苦味物质的阈值是比较低的，而且持续性强，不易消失，所以常常使人饮之不快。在酒的加浆用水中，含有碱土金属的盐类，或硫酸根的盐类，它们中的大多数都是苦味物质。一般说来，盐的阳离子和阴离子的原子量越大，越有增加苦味的倾向。

（5）辣味物质　辣味不属于味觉，是刺激鼻腔和口腔黏膜的一种痛觉。酒的辣味，是由于灼痛刺激作用于痛觉神经纤维所致。在有机化合物中，凡分子式具有：—CHO（如丙烯醛、乙醛）、—CO—（丙酮）、—CH＝CH—（如阿魏酸）、—S—（如乙硫醇）等原子团的化合物都有辣味。白酒中的辣味，主要来自醛类、杂醇油、硫醇，还有阿魏酸。

（6）涩味物质　涩味是通过麻痹味觉神经而产生的，它可凝固神经蛋白质，使舌头黏膜的蛋白质凝固，产生收敛性作用，使味觉感到涩味，使口腔里、舌面上和上腭有不滑润感。果酒中的涩味主要是单宁。白酒中的涩味是由醛类、乳酸及其酯类等产生的，还包括木质素及其分解的酸类化合物——阿魏酸、香草酸、丁香酸、丁香醛、糠醛等以及杂醇油，其中尤以异丁醇和异戊醇的涩味重。白酒中的辣味和涩味物质是不可避免的，关键是要使某些物质不能太多，并要与其他微量成分比例协调，通过贮存、勾兑、调味掩盖，使辣味和涩味感觉减少。

（7）咸、甜、酸、苦诸味的相互关系　咸味由于添加蔗糖而减少，在 1% ~ 2% 食盐浓度下，添加 7 ~ 10 倍量的蔗糖，咸味大部分消失。甜味由于添加少量的食盐而增大；咸味可因添加极少量的乙酸而增强，但添加大量乙酸时咸味减少。在酸中添加少量食盐，可使酸味增强。苦味可因添加少量食盐而减少，添加食糖也可减少苦味。总之，咸、甜、酸、苦诸味能相互衬托而又相互抑制。

2. 呈味物质的相互作用

（1）中和　两种不同性质的味觉物质相混合时，它们失去各自独立味道的现象，称为中和。

（2）抵消　两种不同性质的味觉物质相混合时，它们各自的味道都被减弱的现象，称为抵消。

（3）抑制　两种不同性质的味觉物质相混合时，其中一种味道消失，另一种味道出现的现象，称为抑制。

（4）加强效果　两种稍甜物质相混合时，它们的刺激阈值的浓度增加一倍，这种现象在酸味物质中也产生。

（5）增加感觉　在一种味觉物质中加入另一种味觉物质，可以使人对前一种味觉物质的感觉增加的现象，称为增加感觉。经试验，在测定前5min，用味精溶液漱口后，人对于甜味、咸味的灵敏度不变，但对酸味和苦味的灵敏度增加，这对评酒影响很大。所以在尝评酒之前不要吃过多的味精食品，以免影响评酒结果。

（6）变味　同一种味觉物质在人的舌头上停留时间的长短不同，人对该味觉物质的味觉感受也不同的现象，谓之变味。例如，评酒时若用硫酸镁溶液漱口，开始是苦味，25～30s后变为甜味。

（7）混合味觉　各种味觉物质互相中和、抵消、抑制和加强等反应发生给人的一种综合感觉，称为混合味觉。一般来说，甜、酸、苦容易发生抵消，甜与咸能中和，酸与苦有时则是既不中和也不能抵消。

总之，味觉的变化是随着味觉物质的不同而有变化。为了保证各种名优白酒的质量与风味，使产品保持各自的特色，必须掌握好味觉物质的相互作用和酒中微量香味成分的物理特征。

三、尝评的意义和作用

（1）在生产中，通过尝评可以及时发现问题，总结经验教训，为进一步改革工艺和提高产品质量提供科学依据。

（2）通过尝评，可以及时确定产品等级，便于分级、分质、分库贮存，同时又可以掌握酒在贮存过程中的变化情况，摸索规律。

（3）尝评是验收产品，确定质量优劣及把好进出厂酒质量的十分重要和起决定性作用的方法，它也标志着每个酒厂尝评技术水平的高低。

（4）尝评是检验勾兑、调味效果的比较快速和灵敏的一个好方法，有利于节省时间、节省开支和及时改进勾兑和调味方法，使产品质量稳定。

（5）通过尝评，与同类产品比较，找出差距，并评选出地方或国家名、优酒，树立榜样，带动同类产品提高质量水平。

（6）尝评还是上级机关和生产领导部门监督产品质量评选名优产品的手段。

第二节　品评方法

一、白酒评酒的方法与程序

1. 评酒的方法

根据评酒的目的、提供酒样的数量、评酒员人数的多少，可采取明评和暗评的评酒方法。

（1）明评　明评又分为明酒明评和暗酒明评。明酒明评是公开酒名，评酒员之间明评明议，最后统一意见，打分并写出评语。暗酒明评是不公开酒名，酒样由专人倒入编号的酒杯中，由评酒员集体评议，最后统一意见，打分，写出评语，并排出名次顺位。

（2）暗评　暗评是酒样密码编号，从倒酒、送酒、评酒一直到统计分数、写出综合评语、排出顺位的全过程，分段保密，最后揭晓公布评酒结果。评酒员所做出的评酒结论具有权威性和法律效力，其他人无权更改。

2. 评酒的程序

白酒的品评主要包括：色泽、香气、品味和风格 4 个方面。按照眼观其色，鼻闻其香，口尝其味，并综合色、香、味三方面的感官印象，确定其风格的方式来完成尝评的全过程。具体评酒步骤如下。

（1）眼观色（10 分）　白酒色泽的评定是通过人的眼睛来确定的。先把酒样放在评酒桌的白纸上，用眼睛正视和俯视，观察酒样有无色泽和色泽深浅，同时做好记录。在观察透明度、有无悬浮物和沉淀物时，要把酒杯拿起来，然后轻轻摇动，使酒液游动后进行观察。根据观察，对照标准，打分并做出色泽的鉴评结论。

（2）鼻闻香（25 分）　白酒的香气是通过鼻子判断确定的。当被评酒样上齐后，首先注意酒杯中的酒量多少，把酒杯中多余的酒样倒掉，使同一轮酒样中酒量基本相同之后才嗅闻其香气。在嗅闻时要注意：

①鼻子和酒杯的距离要一致，一般在 1 ~ 3cm。

②吸气量不要忽大忽小，吸气不要过猛。

③嗅闻时，只能对酒吸气，不要呼气。

在嗅闻时按 1、2、3、4、5 顺次进行，辨别酒的香气和异香，做好记录。再按反顺次进行嗅闻。经反复后，综合几次嗅闻的情况，排出质量顺位。再嗅闻时，对香气突出的排列在前，香气小的、气味不正的排列在后。初步排出顺位后，嗅闻的重点是对香气相近似的酒样进行对比，最后确定质量优劣的顺位。

当不同香型混在一起品评时，先分出各编号属于何种香型，而后按香型的顺序依次进行嗅闻。对不能确定香型的酒样，最后综合判定。为确保嗅闻结果的准确，可采用把酒滴在手心或手背上，靠手的温度使酒挥发来闻其香气，或把酒倒掉，放置 10 ~ 15min 后嗅闻空杯。后一种方法是确定酱香型白酒空杯留香的唯一方法。

闻香的感官指标应是香气是否有愉快感觉，主体香是否突出、典型，香气强不强，香气的浓淡程度，香气正不正，有无异香或邪杂香气，放香的大小。尝评人员根据上述情况酌情扣分。

（3）品尝味（50 分）　白酒的口味是通过味觉确定的。先将盛酒样的酒杯端起，吸取少量酒样于口腔内，品尝其味，在品尝时要注意：

①每次入口量要保持一致，以 0.5 ~ 2.0mL 为宜。

②酒样布满舌面，仔细辨别其味道。

③酒样下咽后，立即张口吸气闭口呼气，辨别酒的后味。

④品尝次数不宜过多，一般不超过 3 次。每次品尝后茶水漱口，防止味觉疲劳。

品尝要按闻香的顺序进行，先从香气小的酒样开始，逐个进行品评。在品尝时把异杂味大的、异香和暴香的酒样放到最后尝评，以防味觉刺激过大而影响品评结果。

在尝评时按酒样多少，一般又分为初评、中评、总评三个阶段。

初评：一轮酒样闻香时从嗅闻香气小的开始，入口酒样以布满舌面，并能下咽少量酒为宜。酒下咽后，可同时吸入少量空气，并立即闭口用鼻腔向外呼气，这样可辨别酒的味道。做好记录，排出初评的口味顺位。

中评：重点对初评口味相似的酒样进行认真品尝比较，确定中间及酒样口味的顺位。

总评：在中评的基础上，可加大入口量，一方面确定酒的余味，另一方面可对暴香、异香、邪杂味大的酒进行品尝，以便从总的品尝中排列出本次酒的顺位，并写出确切的评语。蒸馏白酒的基本口味有甜、酸、苦、辣、涩等。白酒的味觉感官检验标准应该说是在香气纯正的前提下，口味丰满浓厚、绵软、甘冽、尾味净爽，回味悠长，各味谐调。过酸、过涩、过辣都是酒质不高的标志，评酒员根据尝味后形成的印象来判断优劣，写出评语，给予分数。酒味的评分标准是具备本香型的特色。各味谐调给 48~50 分，有某些缺点酌情扣分。

（4）综合起来看风格（15分）

根据色、香、味的鉴评情况，综合判定白酒的典型风格。风格就是风味，也称酒味，是香和味综合的印象。各种香型的名优白酒，都有自己独特的风格。它是酒中各种微量香味物质达到一定比例及含量后的综合阈值的物理特征的具体表现。具有固有独特的优雅、美好、自然谐调，酒体完美，恰到好处的给 15 分，一般的、大众的酌情扣分，偏格的扣 5 分。

二、影响尝评结果的因素

1. 评酒的环境与容器

酒类质量的感官品尝，除依赖评酒员较高的灵敏度、准确性和精湛的评酒技巧外，还要有较好的评酒环境和评酒容器等条件的配合。

（1）评酒室 人的感觉灵敏度和准确性易受环境的影响。国外资料报道，在设备完善的评酒室和有噪音等干扰的室内进行品评对比，结果在良好的环境中，可使品评的准确度提高，两者品评的正确率相差达 15%。据测定，评酒室的环境噪音通常在 40dB 以下，温度为 18~22℃，相对湿度调节至 50%~60% 较适宜。为了给评酒员创造一个良好的评酒环境，评酒室大小应合适，适当宽敞，不可太小；天花板和墙壁应用统一的色调中等的材料；评酒室要光线充足，空气清新，不允许有任何异味、香味、烟味等。

评酒室内的陈设应尽可能简单些，无关的用具不要放入。集体评酒室应为每个评酒员准备 1 张评酒桌，桌面铺白色桌布（或白纸）。桌子之间应有一定的间隔，最好在 1m 以上，以免相互影响。评酒员的坐椅应高低适合、舒适，以减少疲劳，评酒桌上放 1 杯清水，1 杯淡茶，桌旁设 1 个水盂．评酒室最好有温水洗手池。

（2）评酒杯 评酒杯是评酒的主要工具，它的质量对酒样的色、香、味可能产生心理的影响。评酒杯可用无色透明、无花纹的高级玻璃杯，大小、形状、厚薄应一致。我国白酒品评多用郁金香形杯（请看 GB 10345.2—1989），容量约 60mL，评酒时装入 1/2~3/5 的容量，即到腹部最大面积处。这种杯的特点是腹大口小，腹大蒸发面积大，口小能使蒸发的酒气味分子比较集中，有利于嗅觉。评酒用的酒杯要专用，以免染上异味。在每次评酒前酒杯应彻底洗净，先用温热水冲洗多次，再用洁净凉水或蒸馏水清洗，用烘箱烘干或用白色洁净绸布擦拭至干。洗净后的酒杯，应倒置在洁净的瓷盘内，不可放入木柜或木盘内，以免感染木料或涂料气味。

2. 评酒的顺序与效应

（1）评酒顺序 以同一类酒的酒样，应按下列因素排列先后顺序评酒：

①酒精含量：先低后高。

②香气：先淡后浓。

③滋味：先干后甜。

④酒色：无色、白色、红色。如为同一酒色而色泽有深浅，应先浅后深。

（2）评酒的效应　由于评酒的顺序，可能出现的生理和心理的效应，从而引起品评的误差，影响结果的准确。各种条件对感官尝评的影响，有下述几个方面：

①顺序效应：有甲、乙两种酒，如果先尝甲，后尝乙，就会发生偏爱品尝的甲酒的心理作用。偏爱先品尝的一杯，这种现象称为正的顺序效应；有时则相反，偏爱乙酒，称为负的顺序效应。因此，在安排品评时，必须先从甲到乙，反过来由乙到甲，进行相同次数的品评。

②顺效应：人的嗅觉和味觉经过长时间的连续刺激，就会变得迟钝，以致最后变为无知觉的现象，称为顺效应。为了避免发生这种现象，每次尝评的酒样不宜过多，如酒样多时应分组进行。

③后效应：在品评前一种酒时，往往会产生影响后一种酒的现象，这称为后效应。例如，我国评酒的习惯，是尝一杯酒后，休息片刻，回忆其味，用温热淡素茶或清水漱口，以消除口中余味，然后再尝另一杯，这样来消除后效应。

为了避免这些心理和生理效应的影响，评酒时应先按1、2、3……顺序品尝，再按……3、2、1的顺序品评，如此反复几次，再慢慢地体会自然的感受。

3. 评酒样品的编排和评酒时间

（1）评酒样品的编排　集体评酒的目的是为了对比、评定酒的品质。因此，一组的几个酒样必须要有可比性，酒的类别和香型要相同。分类型应根据评委会所属地区产酒的品种而定，不必强求一致。白酒分酱香、清香、浓香、米香、其他香、兼香型等和糖化剂种类分别品评，也包括不同原料、不同工艺的液态法白酒、低度白酒、普通白酒。

每次品评的酒样不宜过多，以不使评酒员的嗅觉和味觉产生疲劳为原则。一般来说，1天之内品评的酒样，不宜超过20个，每组酒样5个，1天评4组（或称4轮次）。每评完1轮，应稍事休息再评，以使味觉得到恢复。

（2）酒样的温度　食品和饮料都一样，温度不同，给人的味觉和嗅觉也有差异。人的味觉在10～38℃最敏感，低于10℃会引起舌头凉爽麻痹的感觉；高于38℃则易引起炎热迟钝的感觉。评酒时若酒样的温度偏高，则香大，有辣味，刺激性强，不但会增加酒的不正常香和味，而且会使嗅觉发生疲劳；温度偏低则可减少不正常的香和味。各类酒的最适宜的品评温度，也因品种不同而异。一般来说，酒样温度以15～20℃为好。

（3）评酒时间　评酒的时间以上午9～11时为最好，这是一天中精神最充足稳定，注意力容易集中的时间，也是感官最敏感的时辰。如需下午继续进行，应在下午3～5时较好。评酒的时间，一般每轮为1h左右，时间过长易于疲劳，影响效果。

4. 评酒应注意事项

（1）评酒中应各自独立品评，不得互议、互讲、互看评比内容与结果。

（2）评酒中不得吸烟，不得带入芳香的食品、化妆品、用具等。

（3）评酒中不得有大声饮、嗽声和拿放杯声。

（4）评酒中除由工作人员简介情况外，不得询问所评酒的任何详尽情况。

（5）评酒期间不得食用刺激性强及影响到评酒效果的食品。

（6）评酒期间不得进入样酒工作室及询问评比结果。

（7）评酒期间应尽量休息好，不要安排个人会外活动，一般不接待来访人员，不吐露酒类评比的情况。

（8）评酒期间只能评酒不得饮酒。

三、白酒的评酒标准

（1）评酒的主要依据是产品质量标准。在产品质量标准中明确规定了白酒感官标准技术要求。它包括色、香、味和风格4个部分。目前在产品质量标准中有国家标准、行业标准和企业标准。根据国家标准化法规定，各企业生产的产品必须执行产品标准，首先要执行国家标准，无国家标准的要执行行业标准，无行业标准的要执行企业标准。

（2）根据 GB 10345.2—1989 白酒感官评定方法的规定，现将白酒的评酒标准分述如下：

①色泽：将样品注入洁净、干燥的品评酒杯中，在明亮处观察，记录其色泽、清亮程度、沉淀及悬浮物情况。

②香气：将样品注入洁净、干燥的品评酒杯中，先轻轻摇动酒杯，然后用鼻闻嗅，记录其香气特征。

③口味：将样品注入洁净、干燥的酒杯中，喝少量样品（约2mL）于口中，以味觉器官仔细品尝，记录下口味特征。

④风格：通过品尝香与味，综合判断是否具有该产品的风格特点，并记录其强、弱程度。

（3）记分标准　记分标准见表 10 - 1。

表 10 - 1　　　　　　　　　　　　记分标准

质量指标	项　　目	分　数	质量指标	项　　目	分　数
色泽	无色透明	+10		淡　薄	-2
	浑　浊	-4		冲　辣	-3
	沉　淀	-2		后味短	-2
	悬浮物	-2		后味淡	-2
	带色（除微黄色外）	-2	口味	后味苦（对小曲酒放宽）	-3
香气	具备固定香型的香气特点	+25		涩　味	-5
	放香不足	-2		焦煳味	-3
	香气不纯	-2		辅料味	-5
	香气不足	-2		梢子味	-5
	带有异香	-3		杂醇油味	-5
	有不愉快气味	-5		糠腥味	-5
	有杂醇油气味	-5		其他邪杂味	-6
	有其他臭气	-7		具有本品的特有风格	+15
口味	具有本香型的口味特点	+50	风格	风格不突出	-5
	欠绵软	-2		偏　格	-5
	欠回甜	-2		错　格	-5

注："+"表示加分，"-"表示扣分。

四、尝评的几种方法

从国内外的报道来看，一般多采用差异品评法，主要有下述几种。

1. 一杯品尝法

先拿出一杯酒样，尝后将酒样取走，然后拿出另一个酒样，要求尝后做出这两个酒样是否相同的判断。这种方法一般是用来训练或考核评酒员的记忆力（即再现性）和感觉器官的灵敏度。

2. 两杯品尝法

一次拿出两杯酒，一杯是标准酒，另一杯是酒样，要求品尝出两者的差异。有时两者均可为标准样，并无差异。这是用来考核评酒员的准确性。

3. 三杯品尝法

一次拿出三杯酒样，其中有两杯相同，要求品尝出哪两杯是相同的，不相同的一杯酒与相同的两杯酒之间的差异，以及差异程度的大小等。此法可测出评酒员的再现性和准确法。

4. 顺位品评法

将几种酒样分别在杯上做好记录，然后要求评酒员，按酒度高低或优劣，顺序排列。此法在我国各地评酒时最常采用。在勾兑调味时常用此法做比较。

5. 秒持值衡定评酒法

就是以 s（秒）为单位，把一定量的名优白酒在口腔内保持的时间和这种酒中各种微量香味成分综合后的物理反映特征，对感官刺激的程度，用数字表示出来的方法。

6. 五字打分法

就是将名优白酒的感官物理特征按香、浓、净、级别、风格的顺序排列，分别用五个数字来代替评语的方法。这样对酒质优劣的评定，就有了具体衡量的尺度。

7. 尝评记分法

按尝评酒样色、香、味、格的差异，以记分表示。我国第三、四、五届评酒会全是采用百分制计分法。即以总分为 100 分，其中色 10 分、香 25 分、味 50 分、风格 15 分。而国外对蒸馏酒尝评计分则常采用 20 制计分法。即总分为 20 分，其中色 2 分（色泽与透明度各 1 分），香 8 分，味 10 分。目前国内有的省市考虑到除感官尝评产品质量的优劣以外，理化卫生指标的合格与否，也不能忽视，所以把理化指标也列入评分项目。这对保证人体健康、加强质量标准的管理，有积极的促进作用。一般尝评计分表格式见表 10－2。

表 10－2　　　　　　　　　　白酒尝评记录表

轮次：　　　　　　　　　　评酒员：　　　　　　　　　　年　　月　　日

酒样编号	评 酒 计 分				总分 100 分	评　语	名　　次
	色 10 分	香 25 分	味 50 分	格 15 分			
1							
2							
3							
4							
5							

五、尝评技巧与基本功的关系

要想有较高水平的尝评技巧必须要有扎实的基本功．首先应该加强理论知识的学习。

（1）要学习微生物学，掌握发酵工业中微生物的特性、作用和功能，加深了解酒中各种香味物质的生成机理。

（2）要学习酿造工艺学，搞清楚什么样的操作方式，什么样的环境条件，什么样的菌种生成什么样的香味物质，采取何种措施可以增加酒中的有益物质。

（3）要掌握具体的操作工艺过程，加强工艺管理，提高基础酒的名酒合格率。

（4）学习有机化学，掌握微量香味物质的物理化学性质。

（5）要对全国各种香型的酒类进行分析鉴定尝评，便于扩大眼界，探索各名优酒香味成分的奥秘。

（6）严格进行基础训练，规定尝评种类、尝评进程、尝评方式、尝评内容，怎样才能快速准确呢？一般是采取边闻边写评语，牢记酒的风格特征和气味强弱程度。气味好的在前，差的往后靠，中间剩下一般的。然后根据气味，从最好到最差，或从最差到最好，依次尝评，边尝边写评语。最后根据尝评印象排列名次确定分数和评语。再以得分多少和评语好坏来确定被尝酒样的质量等级。这样能提高功效，结果也较为准确。如果按先闻再尝再排名次给分数下评语的程序来办，效果就差多了。

六、评酒的规则

评酒的规则和注意事项，是保证品评的准确性和达到最好结果所必须的措施，评酒员和工作人员都要认真遵守。现就全国白酒评选时的规则和注意事项阐述之，供参考。

1. 评酒规则

（1）正式评酒应先进行 2～3 次标样酒的试评，以协调统一打分和评语标准的尺度。

（2）评酒场所要求安静、清洁、宽敞、空气新鲜。根据条件可选用单间或大间评酒室。

（3）评酒台要求照明良好，无直射阳光，台面应铺有白色桌布。

（4）酒杯按 GB 10345.2—1989 执行。

（5）参加评比的样品，须由组织评选的单位指定检测部门，按国家统一的检测方法进行严格的检测，并出具正式检测报告。

（6）参加其他香型评选的产品，必须附有工艺操作要点、企业标准等资料，并经有关部门组织专业技术人员审查认可。

（7）参加评选的样品，由主管评选组织的下一级经信委或食协会同标准局、工商局及主管部门组成抽样小组，在当地商业仓库抽样监封。抽取酒样时，要在相同产品中相当多的库存量内抽取（国家级的规定，库存量不得少于 100 箱）。抽样数量根据需要确定．抽取的酒样，应是评选前 3～12 月期间内的商品。

2. 评选办法

（1）评选国家优质白酒按香型和糖化剂（大曲、麸曲、小曲）种类分别品评，其中其他香型分为 6 种品评，地方评酒评选分组，可视当地产酒品种而定。

（2）视酒样数量进行分组，密码编号品评。

（3）采用淘汰法评选，分组初评，淘汰复评，择优终评。历届国家名酒，不参加初评，直接进入复评。

（4）采用评语和评分（100分）法评选。

3. 评酒人员注意事项

（1）严格遵守作息制度，不迟到不请假，不中途退出评酒会议。要精力充沛，精神饱满，偶有小恙，如感冒、头痛等都不宜参加评酒。

（2）评选前30min不吸烟，评比期间早、中餐忌食生葱、生蒜等辛辣食物。不将有异味的物品和有气味的物品和有气味的化妆品携入工作场所，评委应饮食正常，过饥过饱对评酒都有影响。

（3）评酒前最好先刷牙漱口，保持口腔清洁，以便对酒做出正确的鉴别。

（4）个人评选暗评时要独立品评和考虑。不相互议论和交换评分表，不得询问样品情况。

（5）评分和评语要书写确切，字体清楚。

（6）评酒期间，除正式评酒外，不得饮酒和交换酒样。

（7）在评酒过程中有不公正或行为不正者，作为废卷处理或取消评委资格。

（8）集体评议时（明评），允许申诉，质询、答辩有关产品质量问题。

4. 评酒的时间

评酒的时间以上午9时开始最适宜，这时人的精神最充足稳定，注意力易于集中，感官也灵敏。下午最好是2时或2时以后开始。每次评酒时间长短在2h左右为宜．每日评酒样尽量不超过24个（1组5~6个，1日3~4组为宜）。总之，以不使评酒员的嗅觉和味觉产生疲劳为原则。

七、各类香型白酒的品评术语

1. 浓香型白酒的品评术语

（1）色泽　无色，晶亮透明，清亮透明，清澈透明，无色透明，无悬浮物，无沉淀，微黄透明，稍黄、浅黄、较黄、灰白色、乳白色，微浑，稍浑，有悬浮物，有沉淀，有明显悬浮物。

（2）香气　窖香浓郁，较浓郁，具有以己酸乙酯为主体的纯正、谐调的复合香气，窖香不足，窖香较小，窖香纯正，较纯正，有窖香，窖香不明显，窖香欠纯正，窖香带酱香，窖香带陈味，窖香带焦烟气味，窖香带异香，窖香带泥臭气，其他香等。

（3）口味　绵甜醇厚，醇和，香醇甘润，甘洌，醇和味甜，醇甜爽净，净爽，醇甜柔和，绵甜爽净，香味谐调，香醇甜净，醇甜，绵软，绵甜，入口绵，柔顺，平淡，淡薄，香味较谐调，入口平顺，入口冲、冲辣、糙辣，刺喉，有焦味，稍涩，涩，微苦涩，苦涩，稍苦，后苦，稍酸，较酸，酸味大，口感不快，欠净，稍杂，有异味，有杂醇油味，酒梢子味，邪杂味较大，回味悠长，回味较长，尾净味长，尾子干净，回味欠净，后味淡，后味短，后味杂，余味长、较长，生料味，霉味等。

（4）风格　风格突出、典型，风格明显，风格尚好，具有浓香风格，风格尚可，风格一般，固有风格，典型性差，偏格，错格等。

2. 清香型白酒的品评术语

（1）色泽　同浓香型白酒。

（2）香气　清香纯正，清香雅郁，清香馥郁，具有以乙酸乙酯为主体的清雅谐调的复合香气，清香较纯正，清香欠纯正，有清香，清香较小，清香不明显，清香带浓香，清香带酱香，清香带焦煳味，清香带异香，不具清香，其他香气，糟香等。

（3）口味　绵甜爽净，绵甜醇和，香味谐调，自然谐调，酒体醇厚，醇甜柔和，口感柔和，香醇甜净，清爽甘洌，清香绵软，爽洌，甘爽，爽净，入口绵，入口平顺，入口冲、冲辣、糙辣、暴辣，落口爽净、欠净、尾净、回味长、回味短、回味干净、后味淡、后味短、后味杂、稍杂、寡淡，有杂味，邪杂味，杂味较大，有杂醇油味、酒梢子味、焦煳味、涩、稍涩、微苦涩、苦涩、后苦，稍酸，较酸，过甜，生料味，霉味，异味，刺喉等。

（4）风格　风格突出、典型，风格明显，风格尚好，风格尚可，风格一般，典型性差，偏格，错格，具有清、爽、绵、甜、净的典型风格等。

3. 酱香型白酒的品评术语

（1）色泽　微黄透明，浅黄透明，较黄透明，其余参见浓香型白酒。

（2）香气　酱香突出、较突出，酱香明显，酱香较小，具有酱香，酱香带焦香，酱香带窖香，酱香带异香，窖香露头，不具酱香，其他香，幽雅细腻，较幽雅细腻，空杯留香幽雅持久，空杯留香好、尚好，有空杯留香，无空杯留香。

（3）口味　绵柔醇厚，醇和，丰满，醇甜柔和，酱香味显著、明显，入口绵、平顺，入口冲，有异味，邪杂味较大，回味悠长、较长、短，回味欠净，后味长、短、淡，后味杂，焦煳味，稍涩、涩、苦涩，稍苦，酸味大、较大，生料味，霉味等。

（4）风格　风格突出、较突出，风格典型、较典型，风格明显、较明显，风格尚好、一般，具有酱香风格，典型性差、较差，偏格，错格等。

4. 米香型白酒的品评术语

（1）色泽　同浓香型白酒。

（2）香气　米香清雅、纯正，蜜香清雅、突出，具有米香，蜜香带异香，其他香等。

（3）口味　绵甜爽口，适口，醇甜爽净，入口绵、平顺，入口冲、冲辣，回味怡畅、幽雅，回味长，尾子干净，回味欠净。其余参考浓香型白酒。

（4）风格　风格突出、较突出，风格典型、较典型，风格明显、较明显，风格尚好、尚可，风格一般，固有风格，典型性差，偏格，错格等。

5. 凤香型白酒的品评术语

（1）色泽　参考浓香型白酒。

（2）香气　醇香秀雅，香气清芬，香气雅郁，有异香，具有以乙酸乙酯为主、一定量己酸乙酯为辅的复合香气，醇香纯正、较正等。

（3）口味　醇厚丰满，甘润挺爽，诸味谐调，尾净悠长，醇厚甘润，谐调爽净，余味较长，较醇厚，甘润谐调，爽净，余味较长，有余味等。

（4）风格　风格突出、较突出，风格明显、较明显，具有本品固有的风格，风格尚好、尚可、一般，偏格，错格等。

6. 其余香型白酒的品评术语

（1）色泽　参考浓香型白酒。

（2）香气　香气典雅、独特、幽雅，带有药香，带有特殊香气，浓香谐调的香气，芝麻香气，带有焦香，有异香，香气小等。

（3）口味　醇厚绵甜，回甜，香绵甜润，绵甜爽净，香甜适口，诸香谐调，绵柔，甘爽，入口平顺，入口冲、冲辣、刺喉，涩，稍涩，苦涩，酸，较酸，甜，过甜，欠净，稍杂，有异味，有杂醇油味，有酒梢子味，回味悠长、较长、长，回味短，尾净香长，有焦煳味，有生料味，有霉味等。

（4）风格　风格典型、较典型，风格独特、较独特，风格明显、较明显，具有独特风格，风格尚好、尚可、一般，典型性差，偏格、错格等。

对本企业的产品进行品评时，应将国家对评酒的有关规定以及本产品的内定标准相结合进行。

将调配好的酒样与前一批次的产品进行对比品评，对其香、味、风格进行综合判断，看其差异性和雷同性的大小，如差别不明显则可包装出厂。

第三节　原酒品评

一、原酒感官品评的意义与特点

（一）白酒感官品评的定义

感官品评是指评酒者运用眼、鼻、口等感觉器官对白酒样品的色泽、香气、口味及风格特征进行分析、评价和判断。

（二）感官品评的意义

品评是检验白酒质量的重要手段，感官指标是白酒质量的重要指标，它是由感官品评的方法来检验的。例如，国家有关部门的质量检验，产品的创优、评优活动，企业产品的质量检验等，都是以感官品评作为质量检验的重要内容。

感官品评是生产过程中进行有效质量控制的重要方法。如，半成品酒的质量检验；入库酒贮存等级的鉴别；勾兑、调味的质量控制；成品酒的合格检验等，都离不开感官品评，并以此指导生产。通过感官品评可为企业提高产品质量或开发新产品提供重要的信息。

例如，对同类产品的品评对比，可以看到差距，可以重新确定质量目标，并采用相应的技术措施，为提高产品的市场竞争能力，为企业的发展，具有积极的作用和意义。

（三）感官品评的特点

1. 感官品评是个快速、简便、灵敏的检验方法

感官品评不需要仪器和试剂，只需要简单的工具，在适当的环境下，用很短的时间就能完成，这是仪器分析所不能及的。人的嗅觉是很灵敏的，对某些物质比气相色谱的灵敏度还高。例如，人对正己醛的灵敏度是气相色谱的 10 倍（人：0.03mg/L；气相色谱；0.3mg/L）。在空气中，人能嗅出 1/3000 万浓度的麝香气味，但目前还无仪器能直接测出这样微量的成分。

2. 不可替代性

白酒的感官指标是衡量质量的重要指标，白酒的理化、卫生指标分析数据目前还不能

完全作为质量优劣的依据，即使两个酒品在理化指标上完全相同，但在感官指标上也会体现出较明显的差异。白酒的风格性，取决于所有酒中成分的数量、比例以及相互之间的平衡相抵、缓冲等效应的影响。人的感官品评可以区分这种错综复杂相互作用的结果，这是分析仪器无法取代、实现的。

3. 感官品评的局限性

感官品评也不是万能和十全十美的，它也存在着局限性：由于感官品评是通过人的感觉器官来实现的，因此它反映出的结果与人的因素密切相关。

人的感觉器官的疲劳：人在一段时间内连续接受刺激就会疲劳进而变成迟钝，休息一段时间后方能恢复，此现象在生理学上称为"有时限的嗅觉缺损"。这也是"久而不闻其嗅，久食不知其味"的道理。

感官品评的结果，一般是以文字表达的，难以用具体准确的数字来表达。

感官品评受人的性别、年龄、地区性、习惯性、个人爱好，当时的情绪等影响，容易造成偏差。

4. 感官品评的重要性

白酒品评是利用人的感觉器官（视觉、嗅觉和味觉）按照各类白酒的质量标准来鉴别白酒质量优劣的一门检测技术。它具有快速而又准确的特点，是确定质量等级和评选优质产品的重要依据，是指导生产的有力措施，是产品定型的先决条件，能加快检验勾兑和调味的效果，而勾兑、调味是实现产品定型的技术手段。

刚蒸出的浓香型基础酒，因其产酒的班次、班组不同，酒质也不同。所以必须经过品评，然后再分级贮存，用于勾兑。

A、B、C级酒在品评过程中要选取一部分酒作调味酒用，其余的用于勾兑各种半成品酒。各级酒在经过严格的感官品评后，分别入库分级储存，用于勾兑成品酒。

依据经验，各级酒在品评过程中，风格突出是最关键的，稍带苦、涩、麻、泥臭味的酒，只要风格突出，可以打高分，不要降级处理，因这些异味有的在贮存或处理过程中就会自动消除，有的在经合理的勾调后会使酒体更丰满。若带有油腥、霉味、橡皮味、铁锈味的酒，即使其风味很突出，也要降级处理，因为这些异杂味是由于原料采购不当或工艺操作不当而造成的，因在勾兑中无法掩盖去除而影响酒的质量。

基础酒感官品评的好坏，可直接影响到成品酒的质量，若品评过程不严格，不仅给勾兑调味带来困难，甚至会影响整批酒的质量，造成不必要的浪费，影响公司的声誉。在品评中一定要准确地表述所获得的感受，特别是降等级的酒，必须写明原因及带有哪些异杂味，意见反馈到生产车间，班长须根据评语查明原因，找出工作失误，调整工艺，提高酒质。

二、原酒不同酒精度的品评

由于乙醇的沸点比水低，因此，酒糟在蒸馏时各馏段的酒精度不一样，前段酒的酒精度较高，通过对原酒酒度的鉴别可以判别原酒属于的段次情况。原酒酒精度的品评主要依据香气大小、对味觉的刺激大小进行判定。放香大、刺激性强，一般酒精度较高。由于各原酒的香味物质的含量不一致，在香气和口味上存在较大差异，因此原酒度的品评还受原酒香味物质含量的影响。品酒员在进行原酒酒度差训练考核时，应尽量选择同一原酒降度成不同的酒度差进行训练考核，如下所述。

原酒不同酒精度的品评是初步判断原酒度范围的简单而快速的方法，在摘酒、馏分段确定中有实用价值。原酒度差品评样品，可用除浊的原酒加浆稀释，也可以用食用酒精配制，酒精度差间隔5%（体积分数以下简写为°），例如：50°、55°、60°、65°、70°、75°等。实际生产中，为了更好地为生产服务、贴近实际，用除浊后的同一种香型的原酒通过稀释配制样品，进行反复训练，能起到更好的实用效果。将梯度增长的不同酒度溶液，分别倒入酒杯中，密码编号，以5杯为一组，品尝区分不同酒度，并写出由低至高或由高至低的酒度排列顺序。鉴别时先将一组中最高、最低酒度品评出来，然后再品评中间几个酒样，既节省时间又可避免酒精对口腔的伤害。

三、原酒的香与味

白酒中的各种香味成分主要来源于粮食、曲药、辅料、发酵、蒸馏和贮存，形成了如糟香、窖香、陈味、浓香等不同的香气和口味，但如果原辅料质量不过关，白酒发酵过程中管理不善，容器、设备工具不干净或污水等影响会使原酒出现怪杂味，如糠味、臭味、苦味、腥味、尾水味、尘土味、酸味、霉味、油哈喇味、橡皮味、涩味以及黄水味等。这些异杂味产生有的是原料引起的，有的是生产过程中产生的，有的是受设备的影响而带到酒中的。

白酒中的杂味成分，现在能有效地检验出来的还不多，尚有许多工作要做。香味与杂味之间并没有明显界限，某些单体成分原本是呈香的，但因其过浓，使组分间失去平衡，以致香味也变成了杂味；也有些本应属于杂味，但在微量情况下，可能还是不可缺少的成分。因此，在浓香型原酒的品评当中，需要有效地鉴别出其中的杂味，做出相应的处理，避免造成不必要的损失。

1. 香气的认识

正常香气可分为陈香、浓香、糟香、曲香、粮香、馊香、窖香、泥香和其他一些特殊香气；不正常的香气有焦香、胶香等。

（1）陈香　香气特征上表现为浓郁而略带酸味的香气。陈香又可分为窖陈、老陈、酱陈、油陈和醇陈等。

①窖陈：指具有窖底香的陈或陈香中带有老窖底泥香气，似臭皮蛋气味，比较舒适细腻，是由窖香浓郁的底糟或双轮底酒经长期贮存后形成的特殊香气。

②老陈：是老酒的特有香气，丰满、幽雅，酒体一般略带微黄，酒度一般较低。

③酱陈：有点酱香气味，似酱油气味和高温陈曲香气的综合反映。所以，酱陈似酱香又与酱香有区别，香气丰满，但比较粗糙。

④油陈：指带脂肪酸酯的油陈香气，既有油味又有陈味，但不油哈，很舒适宜人。

⑤醇陈：指香气欠丰满的老陈香气（清香型尤为突出），清雅的老酒香气，这种香气是由酯含量较低的基础酒贮存所产生的。

浓香型白酒中没有陈香味都不会成为好名酒，要使酒具有陈香是比较困难的，都要经过较长时期的自然储存，这是必不可少的。

（2）浓香　浓香是指各种香型的白酒突出自己的主体香的复合香气，更准确地说它不是浓香型白酒中的"浓香"概念，而是指具有浓烈的香气或者香气很浓。它可以分为窖底浓香和底糟浓香，一个是浓中带老窖泥的香气，比如酱香型白酒中的窖底香酒；一个是浓中带底糟的香气，香得丰满怡畅。对应的是单香、香淡、香糙、香不协调、香杂（异香）等。

（3）糟香　糟香是固态法发酵白酒的重要特点之一，白酒自然感的体现，它略带焦香气和焦煳香气及固态法白酒的固有香气，它带有母糟发酵的香气，一般是经过长发酵期的质量母糟经蒸馏才能产生。

（4）曲香　曲香是指具有高中温大曲的成品香气，香气很特殊，是空杯留香的主要成分，是四川浓香型名酒所共有的特点，是区别省外浓香型名白酒的特征之一。

（5）粮香　粮食的香气很怡人，各种粮食各有自的独特香气，它也应当是构成酒中粮香各种成分的复合香气。这在日常生活中是常见的，浓香型白酒采用混蒸混烧的方法，就是想获得更多的粮食香气。

实践证明，高粱是酿造白酒的最好原料，其他任何一种单一粮食酿造的白酒的质量都不如高粱白酒，但用其他粮食同高粱一起按一定比例进行配料，进行多粮蒸馏发酵酿造白酒，索取更加丰富的粮香，能获得较好的效果，使粮香气突出，成为混合粮食香气，使香气别有一番风味，更加舒适。

有人对几种常用粮食作用的看法是：高粱生醇，大米生甜，酒米（糯米）生厚（绵），玉米生糙，小麦生香。所以，浓香型名白酒均采用混蒸混烧法取酒。在制曲的原料上大都采用纯小麦，也有少数厂家用大麦、小麦或小麦、高粱；大麦、小麦、豌豆等使大曲各具独特的香气风格。

（6）馊香　馊香是白酒中常见的一种香气，是蒸煮后粮食放置时间太久，开始发酵时产生的似 2，3 - 丁二酮和乙缩醛综合气味。

（7）窖香　窖香是指具有窖底香或带有老窖香气，比较舒适细腻，一般四川流派的浓香型白酒中窖香比较普遍，它是窖泥中各种微生物代谢产物的综合体现；而江淮流派的浓香型白酒厂家因缺少老窖泥，一般不具备窖底香。

（8）泥香　泥香是指具有老窖泥香气，似臭皮蛋气味，比较舒适细腻，不同于一般的泥臭、泥味，又区别于窖香，比窖香粗糙，或者说窖香是泥香恰到好处的体现，浓香型白酒中的底糟酒含有舒适的窖泥香气。

（9）特殊香气　不属于上述香气的其他正常香气的统称为特殊香气，如芝麻香、木香、豉香、果香等。木香是指白酒中带有一种木头气味的香气，难以描述。

（10）焦香　焦香是指酒含有类似与物质烧"糊"形成的焦味。

（11）胶香　应该说是胶臭，是指酒中带有塑胶味，令人不快。

2. 白酒的味

白酒中的味可分为：醇（醇厚、醇和、绵柔等）、甜、净、协调、味杂、涩、苦、辛等。任何白酒都要做到醇、甜、净、爽、谐调。这五个方面缺一不可，有异杂味和不协调的白酒，不是好白酒，这是基本条件。这五个方面要求一般的尝评人员都能区别辨认。

（1）醇和　入口和顺，没有强烈的刺激感。

（2）绵软　刺激性极低，口感柔和、圆润。

（3）清洌甘爽　口感纯净，回甜、爽适。

（4）爆辣　粗糙，有灼烧感，刺激感强。

（5）上口　是指入口腔时的感受，如入口醇正、入喉净爽、入口绵甜、入口浓郁、入口甘爽、入口冲、冲劲大、冲劲强烈等。

（6）落口　是咽下酒液时，舌根、软腭、喉等部位的感受，如落口甜、落口淡薄、落口微苦、落口稍涩、欠净等。

（7）后味　酒中香味成分在口腔中持久的感受，如后味怡畅、后味短、后味苦、后味回甜等。

（8）余味　饮酒后，口中余留的味感。如余味绵长、余味干净等。

（9）回味　酒液咽下去后，回返到口中的感觉，如有回味、回味悠长、回味醇厚等。

（10）臭味　主要是臭气的反映，与味觉关系极小。

（11）苦味　由于苦味物质的阈值一般比较低，所以在口感上特别灵敏，而且持续时间较长，可以说是经久不散，因此常常使人产生不快的感觉。另外，苦味反应较慢，说酒有后苦而无前苦就是这个原因，适当的苦味能丰富和改进酒体风味的作用，但苦味大，不易消失就不令人喜欢了。

（12）酸味　酸味是由于舌黏膜受到氢离子刺激而引起的，白酒中酸味要适宜。酸味物质少，酒味糙辣，反之，酸量过大，酒味淡，后味短，酸涩味重。酒中酸味物质适中，可使酒体醇厚丰满。

（13）涩味　当口腔黏膜蛋白质凝固时，会引起收敛的感觉，此时感到的滋味便是涩味。因此不是作用于味蕾而产生，而是由于刺激到感觉神经末梢而产生的。所以它不能作为一种味而单独存在。白酒中的涩味是由不谐调的苦、酸、甜共同组成的综合结果，酒中的酸味物质主要是单宁、醛类、过多的乳酸及酯类，这些物质有凝固神经蛋白质的作用，所以能使人产生涩味的感觉。

3. 白酒的杂味

提高白酒质量的措施，就是"去杂增香味"。如能除去酒中的杂味干扰，相对地也就提高了白酒的香味。在生产实践中的体会经常遇到的是去杂比增香困难很多。去杂、增香两者是统一的，既是技术问题，也是管理问题。两者相对而言，去杂，管理占的比重大。增香，技术占的比重大。在工艺上，原辅材料应蒸透，要搞好清洁卫生工作，加强管理，缓慢蒸馏，按质摘酒，分级贮存，做好酒库、包装管理。即生产全过程都不能马虎，否则就会出现邪杂味而降低了产品质量。关于酒中的杂味成分，现在能有效地检验出来的还不多，尚有许多工作要做。

香味与杂味之间并没有明显界限，某些单体成分原本是呈香的，但因其过浓，使组分间失去平衡，以致香味也变成杂味；也有些本应属于杂味，但在微量情况下，可能还是不可缺少的成分。

要防止邪杂味突出，除加强生产管理外，在勾调时还应注意如何利用相乘作用与相杀作用，掩盖杂味出头，使酒味纯净，这就要看勾调人员的水平了。但酒质基础太差，杂味是难以掩盖的。

一般沸点低的杂味物质多聚积于酒头，因其多为挥发性物质，如乙醛、硫化氢、硫醇、丙烯醛等。另有一部分高沸点物质则聚积于酒尾，如番薯酮、油性物质等。酒头和酒尾中尚有大量的香味成分混于其中，可以分别贮存，在勾调上是有价值的。如果措施不当，就容易出现除杂的同时把香味也除掉的情况。

若白酒中杂味过分突出，想依靠长期贮存来消除，或用好酒掩盖是相当困难的。低沸点成分在贮存过程中，由于挥发而减少或消除；高沸点物质有的被分解，也有变化。但有些稳定的成分，例如糠醛，不但没有变化，反而由于乙醇被蒸发而相对被浓缩了。

（1）糠味　杂味中常见的是糠味，在糠味中又经常夹带着尘土味或霉味，给人粗糙不快的感觉，并因其造成酒体不净，后味中糠腥味突出，这种产品在市场上也极不受欢迎。究其原因，是不重视辅料，购买糠时没有严格按要求选购；进厂后未能很好地保管与精选；工艺中清蒸不透或清蒸时间不够，造成糠味未除；或者是生产中用糠量过大等原因所造成。辅料中夹带泥沙、草芥及发霉的不能采购。辅料进厂后加强保管极为重要。有的厂对辅料不入库保管，不择场地随意堆积，露天存放，以致风吹雨淋，其中混有鼠屎、鸟粪，不但严重影响产品质量，还会造成经济损失。

对辅料清蒸可以排除其邪杂味，减少糠味带入酒中。清蒸时火力较蒸酒时要大，时间要够（30min以上），清蒸完毕后，应及时出甑摊晾，收堆装袋后备用。制酒时切忌用糠壳过多，既影响质量，又增加成本，还会降低酒糟作为饲料的质量而难以销售。为了有效地蒸糠，可在糠中洒水，杂味随水蒸气而排出，还能有效地杀死杂菌。酒糟中的稻壳可回收再利用，使酒中无糠味，又提高了酒糟质量。

（2）臭味　酒中带有臭味（气），当然是不受欢迎的，但是白酒中都含有呈臭味成分，甚至许多食品也是如此，因其极稀薄（在阈值之下）或被香味及刺激性成分掩盖所以臭味不突出罢了。新蒸馏出来的酒，一般比较燥辣，不醇和也不绵软，含有硫化氢、硫醇、硫醚等挥发性硫化物。这些物质与其他沸点接近的物质组成新酒杂味的主体。上述物质消失后，新酒杂味也大为减少，也就是说在贮存过程中，低沸点臭味物质大量挥发，所以酒中上述异味减少。这些臭味物质在新酒中是不可避免的。蒸馏时采取提高流酒温度的方法，可以排出大量杂味；余者在贮存过程中，也可以逐渐消失。但高沸点臭味成分（糠臭、窖泥臭）却难以消失。

在质量差的浓香型白酒中，最常见的是窖泥臭，有时臭窖泥味并不突出，但却在后味中显露出来，也有越喝臭窖泥味越突出的。出现窖泥臭的原因主要是窖泥营养成分比例不合理（蛋白质过剩），窖泥发酵不成熟，酒醅酸度过大，出窖时混入窖泥等因素所造成的。窖泥及酒醅发酵中，生成硫化物臭味的前体物质主要来自蛋白质，即蛋白质中的含硫氨基酸，其中半胱氨酸产硫化氢能力最为显著，胱氨酸次之；奇怪的是，含硫的蛋氨酸反而对硫化物生成的解硫作用有抑制能力。梭状杆菌、芽孢杆菌、大肠杆菌、变形杆菌、枯草杆菌及酵母菌都能水解半胱氨酸，并生成丙酮酸、氨及硫化氢。

在众多微生物中，生成硫化物臭味能力最强的首推梭状杆菌。在我们日常生活中，食物（特别是鱼肉类）产生腐败臭，绝大多数是侵入梭状杆菌造成的。酵母菌对氨基酸解硫也不示弱，恰恰这两种菌是培养窖泥的主力军。窖泥中添加豆饼粉和曲粉，氮源极为丰富。所以在窖泥培养过程中，必然产生硫化物臭，其中以硫化氢为主。硫化氢是己酸菌的营养成分，但培养基中有蛋白胨时，硫化氢就不起作用了。挥发性硫化物以臭味著称，其中硫化氢为臭鸡蛋、臭豆腐的臭味；乙硫醚是盐酸水解化学酱油时产生的似海带的焦臭味；乙硫醇是日光照射啤酒的日光臭，丙烯醛则有刺激催泪的作用，还具有脂肪蜡烛燃烧不完全时冒出的臭气；而硫醇有韭菜、卷心菜、葱类的腐败臭。

窖泥臭不可能只是硫化物臭，可能还有许多臭味成分共同存在。当前对这一方面的科研工作尚未展开，仍有许多谜有待揭开。对于硫化物及其臭味也需要正确对待，例如，硫化物中有的成分在稀薄时，与其他香味相配合，还是不可缺少的一员呢！臭味虽不受人喜爱，但也并非一无是处。例如，食品臭了，臭味提醒你吃不得；环境中出现臭味，臭味告诉你应尽快离开，防止疾病传染。

据文献记载，发酵时，硫化物在温度、糖浓度、酸度大的情况下生成最大，酵母菌体自溶以后，其蛋白质也是生成含硫化物的前体物质。在 3 种形成乙酯的脂肪酸中，棕榈酸为饱和脂肪酸，油酸及亚油酸为不饱和脂肪酸，棕榈酸乙酯、油酸乙酯及亚油酸乙酯是引起白酒浑浊、产生油臭的主要原因，低度白酒中，己酸乙酯、戊酸乙酯、庚酸乙酯、辛酸乙酯等在冬季也可能发生失光现象。温度与酒精浓度不仅对三种高级脂肪酸乙酯的溶解度有影响外，而且对白酒中一些主要呈香味的酯类等物质同样有极大的影响。谷物中的脂肪在其自身或微生物（特别是霉菌）中脂肪酶的作用下，产生甲基酮，这种成分造成脂肪的不良油臭（油哈臭，哈喇味）。

在长时间缓慢作用下，脂肪酸经酯化反应生产酯，又进一步氧化分解，便出现了油脂酸败的气味。含脂肪多的原料（如碎米、米糠，玉米）若不脱胚芽，长时间在高温多湿情况下贮存，最容易出现这种现象。窖池管理不善，烧包透气浸入大量霉菌，酒醅也容易产生。这些物质被蒸入酒中，将会出现油臭、苦味及霉味。

（3）苦味　一般情况下，酒中苦味常伴有涩味。白酒中苦味有的是由原料带来的，如发芽马铃薯中的龙葵碱、高粱及橡子中的单宁及其衍生物，黑斑病的番薯酮。使用霉烂原辅材料，则出现苦涩味，并带有油臭。五碳糖过多时，生成焦苦味的糠醛。蛋白质过多时，产生大量高级醇（杂醇油），其中丁醇、戊醇等皆呈苦味。用曲量过大，大量酪氨酸发酵生成酪醇，酪醇的特点是香而奇苦，这就是"曲大酒苦"的症结所在。

白酒是开放式生产的，侵入杂菌在所难免。如果侵入大量杂菌，形成异常发酵，则其酒必苦。在生产过程中应加强卫生管理，防止杂菌侵袭。清洁卫生管理不善而侵入青霉菌时，酒就必然苦涩。

苦味一般在低温下较敏感，在尝评白酒时，如果气温低，如在北方的冬季，酒微带苦味或有苦味，当同一酒样升温至 15～25℃时，就尝不到苦味。有时后味带苦的酒，在勾兑中可以增加酒的陈味。

（4）霉味　酒中带有霉味是常见的杂味。霉味多来自原料及辅料的霉变（尤其是辅料保管不善），窖池"烧包漏气"及霉菌丛生所造成的。酒中的霉味和苦涩味，会严重影响其质量，也浪费了大批粮食。停产期间在窖壁上长满青霉，则酒味必然出现霉苦。清洁卫生管理不善，酒醅内混入大量高温细菌，不但苦杂味重，还会导致出酒率下降，而且难以及时扭转。夏季停产过久，易发生此类现象。

酒库潮湿、通风不良，库内布满霉菌，会致使好端端的酒出现霉味。这是因为白酒对杂味的吸收性极强，会将环境中霉味吸于酒内。霉味经长期贮存有些可以减轻，但难以完全消失。

（5）腥味　白酒中有腥味会使人极为厌恶。出现腥味多因白酒接触铁锈造成的。接触铁锈，会使酒色发黄，浑浊沉淀，并出现鱼腥味。铁罐贮酒因涂料破损难以及时发现，或管路、阀门为铁制最容易出现此现象。用血料加石灰涂酒篓、酒箱、酒海长期存酒，血料中的铁溶于酒内，导致酒色发黄，并带有血腥味，还容易引起浑浊沉淀。用河水及池塘水酿酒，因其中有水草，也会出现鱼腥味。

（6）生料味　生料味存在于闻香和入口，表现为类似生豆腥或生花生的香味。产生原因为使用的原料水分过大，将要发生霉变，原料已产生了异味。

（7）煳味　蒸酒时锅底不清洁或底锅水烧干，使酒带煳味。兼香型白酒分九轮发酵，七次取酒，酒醅由于反复高温堆积，多轮次高温发酵，反复蒸煮，一部分原料呈现焦煳状态，在蒸馏时，焦煳味被拖带入原酒中。在品评时要集中注意力闻香，焦香物质的阈值较低，容易闻出来，焦煳味往往与糊苦味相伴，要注意把握后味。

（8）松香味　新制甑桶、新冷凝器，会产生松香味。

（9）油味　在3种形成乙酯的脂肪酸中，棕榈酸为饱和脂肪酸，油酸及亚油酸为不饱和脂肪酸，亚油酸乙酯极为活泼而不稳定，它是引起白酒浑浊，产生油臭的罪魁祸首。酒在贮存过程中出现的油臭味主要是亚油酸乙酯被氧化分解而生成的壬二酸半乙醛乙酯。谷物中脂肪在其自身或微生物中脂肪酶的作用下生成甲基酮，这种成分造成脂肪的不良油臭（油哈臭、哈喇味），在长时间缓慢作用下，脂肪酸经酯化反应生成酯，又进一步氧化分解，便出现了油脂酸败的气味。含脂肪多的原料（如碎米、米糠、玉米）若不脱胚芽，长时间在高温多湿情况下贮存，最容易出现这种现象。窖池管理不善，透气进入大量霉菌，酒醅也容易发生。这些物质被蒸入酒中，将会出现油臭、苦味及霉味。酒精度越低，越容易产生油臭，油臭是被空气氧化造成的。

（10）辣味　白酒的辣味是不可避免的。有人说："喝白酒就应该有辣味的刺激性才够味儿，如果没有辣味，而像凉水一样，就没有意义。"它说明辣味在白酒的微量成分中，也是必不可少的东西。关键是不要太辣，也不要没有辣，而必须含量适中，并与其他诸味协调配合。白酒中的辣味成分主要有：糠醛、杂醇油、硫醇和乙硫醚，还有微量的乙醛；此外，白酒生产不正常产生的丙烯醛，刺激性就更大，可以称为辣味大王了。

（11）涩味　涩味是因麻痹味觉神经而产生的，它可凝固神经蛋白质给味觉以涩味，使口腔里、舌面上和上腭有不润滑感。有人认为，它不能成为一种味而单独存在，其理由是涩味是由于不协调的苦辣酸味共同组成的，并常伴随着苦味、酸味共存。白酒中呈涩味的物质主要有：乳酸及其酯类、单宁、糠醛、杂醇油。

（12）尘土味　尘土味主要是辅料不洁，其中夹杂大量尘土、草芥造成的，再加上清蒸不善，尘土味未被蒸出，蒸馏时蒸入酒内。此外，白酒对周边气味有极强的吸附力，若酒库卫生管理不善，容器上布满灰尘，尘土味会被吸入酒内。酒中的尘土味在贮存过程中，会逐渐减少，但很难完全消失。

（13）橡皮味　最令人难以忍受的是酒内有橡胶味。一般是用于抽酒的橡胶管和瓶盖内的橡胶垫的橡胶味被酒溶出所致。酒内一旦溶入橡胶味，根本无法清除。因此，在整个白酒生产及包装过程中，切勿与橡胶接触，以免造成不应有的损失。

白酒是一种带有嗜好性的酒精饮料，亦是一种食品。对食品的评价，往往在很大程度上要以感官品评为主，白酒的质量指标，除了理化、卫生指标外，还有感官指标，对感官指标的评价，要有评酒员来进行品尝鉴别，所以酒的品评工作是非常重要的。

四、原酒的品评方法

色泽鉴别：先把酒样放在评酒桌的白纸上，正视和侧视有无颜色或颜色的深浅，然后轻轻地摇动，立即观察其透明度及有无悬浮物和沉淀物。

香气鉴别：将酒杯端起，用鼻子嗅闻其香气，闻时要注意鼻子和酒杯的距离要一致，一般为 1~3cm 处，吸气量不能忽大忽小，嗅闻时只能对酒吸气不要呼气。

口味鉴别：将酒杯端起，吸取少量酒样于口腔内进行品评，每次入口量要保持一致，以 0.5~2.0mL 为宜，酒样布满舌面，仔细辨别其味道。酒样下咽后，立即张口吸气闭口呼气，辨别酒的后味，如苦、涩、焦、杂等，品尝次数不宜过多，一般不超过三次，防止产生后效应和味觉疲劳。

刚生产的浓香型基础酒，其酒精度有高有低，在品评过程中，酒精度高的酒较酒精度低的酒口感会丰富些，且酒精度高容易掩盖掉一些异杂味，使品评产生误差。所以，我们在评酒前先把酒样降到同一酒精度再进行品评，不但提高了品评的公正性，而且使酒质有了很大提高。

因同一种酒在酒精度高时其苦味会明显，在酒精度低时其甜味会较明显，故同一种酒在不同的季节品评时口感会有差别。所以，我们在评酒室安装空调，无论春夏秋冬都在同一室温下进行品评，这在提高酒质上又是一大突破。

五、原酒感官品评术语

（一）视觉术语

色泽：正常色泽为无色，微黄，淡绿色（淡绿豆色），浅橙黄色；非正常色泽为蓝色、粉红色、茶色。

清澈度：无色透明，晶亮透明，清亮透明，清澈透明，无悬浮物，不透明、暗失光，无沉淀；微浑，稍浑、浑浊，有悬浮物，有沉淀，有明显悬浮物。

挂杯性：在标准评酒杯中注入五分之二容量的酒液，轻摇后静置，能看到玻璃杯内壁上挂有薄薄一层酒液，在重力的作用下缓慢下滴，好酒移速慢，最后形成数个小酒滴，多者为好，称为挂杯。而新酒则此现象不明显。

（二）嗅觉术语

经陈贮后的好原酒，对嗅觉刺激后的反应则呈现不同的香感。主体香突出、明显、不明显，放香大、较大、较差，香不正、有异香、冲鼻、刺激、新酒臭较大。

新酒的香气极为复杂，不仅不同班组同一天生产的酒香气各异，即便是同一杯酒在品评过程中也是在变化的。

（三）触觉术语

好的原酒经过多年陈贮后，用手在酒坛中搅动，手指捻动，会感到柔滑，同时还可体会到酒液的稠感；而手在新酒中或水中捻动则无上述接触感。饮用陈酒时，口腔会感到酒体是抱团的不发散，而饮用新酒在有强烈刺激感同时，会感到酒体的离散和不柔熟。

（四）味觉术语

绵甜醇厚，醇和，香醇甘润，甘洌，醇和味甜，醇甜爽净，净爽，醇甜柔和，绵甜爽净，香味谐调，香醇甜净，醇甜，绵软，绵甜，入口绵，柔顺，平淡，淡薄，香味较谐调，入口平顺，入口冲、冲辣、糙辣，刺喉，有焦味，稍涩，涩，微苦涩，苦涩，稍苦，后苦，稍酸，较酸，酸味大，口感不快，欠净，稍杂，有异味，有杂醇油味，酒梢子味，邪杂味较大，回味悠长，回味较长，尾净味长，尾子干净，回味欠净，后味淡，后味短，后味杂，余味长、较长，生料味，霉味等。

（五）江淮派原酒的品评术语

1. 色泽

无色，晶亮透明，清亮透明，清澈透明，无悬浮物，无沉淀，微黄透明，稍黄，浅黄，较黄，灰白色，乳白色，微浑，稍浑，浑浊，有悬浮物，有沉淀，有明显悬浮物。

2. 香气

窖香浓郁，较浓郁，具有以己酸乙酯为主体的纯正、谐调的复合香气，窖香不足，窖香较小，窖香纯正，较纯正，有窖香，窖香不明显，窖香欠纯正，窖香带酱香，窖香带陈味，窖香带焦煳味，窖香带异香，窖香带泥臭气，其他香等。

3. 口味

绵甜醇厚，醇厚，香绵甘润，甘洌，醇和味甜，醇甜爽净，净爽，醇甜柔和，绵甜爽净，香味谐调，香醇甜净，醇甜，绵软，绵甜，入口绵、柔顺、平淡、淡薄，香味较谐调，入口平顺，入口冲、冲辣、糙辣、刺喉，有焦味，稍涩，涩，微苦涩，苦涩，稍苦，后苦，梢酸，较酸，酸味大，口感不快，欠净，稍杂，有异味，有杂醇油味，酒梢子味，邪杂味较大，回味悠长，回味长，回味较长，尾净味长，尾子干净，回味欠净，后味淡，后味短，后味杂，余味长、较长，生料味，霉味等。

4. 风格

风格突出、典型，风格明显，风格尚好，具浓香风格，风格尚可，风格一般，固有风格，典型性差，偏格，错格等。

（六）老白干原酒感官品评术语

1. 色泽

无色、无色透明、无色清亮、清澈透明、不透明、略失光、微浑、浑浊、有沉淀、悬浮物、絮状物、发白、乳白色、灰白色、微黄、带黄色、发黄、色不正等。

2. 香气

主体香突出、明显、不明显，放香大、较大、较差，香不正、有异香、冲鼻、刺激、新酒臭较大。

新酒的香气极为复杂，不仅不同班组同一天生产的酒香气各异，即便是同一杯酒在品评过程中也是在变化的。

3. 口味

醇和、醇厚、酒体醇厚、醇甜、口味醇厚、香味谐调、较谐调、欠谐调、爽口、入口绵、绵软、柔和、有甜味、微甜、味甜可口、有酸味、微酸、酸味较重、入口冲、刺激、冲劲大、爆辣、粗糙、刺喉、尾净余香、有余香、回味悠长、味长、有回味、回甜、后味短、后口苦、微苦、有涩味、微涩、苦涩、有杂味、霉味、油味、酒梢子味、焦煳味。

（七）牛栏山二锅头原酒感官品评术语

香气纯正，具有以乙酸乙酯为主的复合香，香气较纯正，香气欠纯正。糟香味突出，微有糟香气。酯香明显，酯香带醛味，酯香带醇香。醛香明显，带醛香。醇香明显，带醇香，绵甜、爽净，绵甜醇和。香味谐调，自然谐调。酒体醇厚，醇甜柔和，甘爽，入口绵，入口净甜。入口冲，冲辣，糙辣，粗糙，爆辣。落口爽净，欠净，尾净。回味长，回味短，回味干净。后味杂，后味欠净，稍杂。平淡，有杂味，杂味较大，梢子味。涩，微涩，微苦涩，苦涩，后苦。霉味，霉苦味。辅料味，糠味，有异味，刺喉。

（八）芝麻香原酒感官品评术语

1. 色泽

无色、微黄、清亮透明、微浊。

2. 香气

香气典雅、香气突出、香气纯正、爆香、喷香、香闷、香燥、香大、香小、香柔和、香气丰满、沉香、微陈香、微酱香、焦香、糊香、空杯香正（长）、空杯香小、空杯香杂、香气偏格、泥腥、泥臭、糟臭、煳臭、油臭、霉烂、微酸、香气欠正、其他香杂等。

3. 口味

辛辣、粗燥、刺舌、刺喉、麻涩、入口甜、入口绵、口味细腻、诸味谐调、柔和、醇厚、醇绵、谐调丰满、味纯正、味醇和、味平淡、味欠谐调、微酱味、焦煳味、煳味、杏仁味、味长、味短、回味长、回味悠长、尾净、尾甜、尾酸、尾微酸、苦而清爽、微苦、苦、尾苦带涩、尾涩、尾微涩、尾欠爽净、泥腥、泥臭、糟臭、油臭、其他杂味等。

4. 风格

风格突出、风格典型、风格明显、风格一般、无典型性、偏格等。

（九）米香型白酒的感官品评术语

无色、清亮，无悬浮物、无沉淀，米香纯正、清雅，绵甜爽冽、回味怡畅，具有本品突出的风格等。

（十）兼香型原酒感官品评术语

1. 色泽

无色，清亮透明，清澈透明，微黄透明，无悬浮物，无沉淀，有微小悬浮物，有明显悬浮物，有沉淀，有明显沉淀。

2. 香气

酱香明显，浓香明显，复合香气，有酱香，有浓香，酱香带浓香，浓香带酱香，酱浓谐调，酱浓不谐调，酱香带粮香，酱香微带粮香，较冲鼻，糟香，粮香，焦香，焦煳香，放香大，放香较强，放香小，香气杂，异香。

3. 口味

酱浓谐调，酱浓较谐调，酒体醇厚，酒体丰满，口味淡薄，进口酸涩味重，进口欠醇和，回味较长，酱味较长，后味略有酸涩味，尾味略涩，回味较甜，带焦煳味，进口味甜，醇和，后味短，尾味带糊苦味，尾味有焦苦味。

（十一）豉香型（斋酒）原酒感官品评术语

斋香纯正、斋香较纯正、斋香欠纯、香气舒适、谐调、香气较谐调、香气欠谐调、有焦煳味、有酸馊味、有异臭杂味、酒体醇和、酒体较醇和、酒体欠醇和、酒体糙（暴辣）、醇和回甜好、醇和回甜少、醇和欠回甜、无甜感、丰满、较丰满、欠丰满、酒味寡淡、苦涩不留口、微较苦涩、味欠净、苦涩严重留口、辛辣较重、辛辣过重（不舒适）、微臭杂（设备不洁）、酸度太大（不谐调）、臭杂味重（不舒适）、偏酸、酸度较大、臭杂味较明显。

（十二）特型酒原酒感官品评术语

1. 优级酒

色泽：清亮透明，无油面，无悬浮物，无沉淀。

香气：幽雅舒适，诸香谐调。

口味：香味谐调，悠长回甜，余味爽净。

风格：特香型风格较突出。

2. 一级酒

色泽：清亮透明，无油面，无悬浮物，无沉淀。

香气：幽雅舒适，香气纯正，有大曲酒固有香气。

口味：香味较谐调，醇甜柔和，回味悠长。

风格：特香型风格明显。

3. 二级酒

色泽：清亮透明，无油面，无悬浮物，无沉淀。

香气：闻香较舒适，有大曲酒固有香气，无异杂气味。

口味：香味较谐调，醇和不淡，无明显异杂味。

风格：具有特香型风格。

（十三）汾酒原酒感官品评术语

1. 优级酒

醇厚，爽净，谐调，回味长。

2. 一级酒

微甜，微淡，味短，不醇厚，不爽。

3. 二级酒

酸寡，微酸，寡淡，微腻，腻杂，微杂，味杂，邪杂，焦杂，寡杂，糙杂，糠杂，辅料味，霉味。

4. 等外酒

严重霉味、腻味、铁锈味及其他邪杂味。

六、不同馏分原酒的品评

白酒蒸馏流酒时，随着蒸馏温度不断升高，流酒时间逐渐增长，酒精浓度则由高浓度逐渐趋向低浓度，而按照质量要求则需要中、高浓度的酒精分离开的一种工艺操作过程称为摘酒。摘酒的过程中，一般将原酒的馏分分为酒头、前段、中段、尾段、尾酒、尾水。

传统工艺操作上是"断花"摘酒。"花"这儿是指水、酒精由于表面张力的作用而溅起的泡沫，通常称为"水花"、"酒花"等。酒精产生的泡沫，由于张力小而容易消散，随着蒸馏温度的升高，酒精浓度逐渐降低，酒精产生的泡沫（酒花）的消散速度不断减慢。这时，混溶于酒精中的水含量逐渐增多，因为水的相对密度大于酒精，张力大，水泡沫（水花）的消散速度慢。现在工艺的改进，通常摘酒是开始流酒时，适当摘取酒头，根据酒质"量质分段摘酒"。

量质接酒，是指在蒸馏过程中，先掐去酒头，取酒身的前半部，约 1/3 至 1/2 的馏分，边接边尝，取合乎本品标准的特优酒，单独入库，分级贮存，勾兑出厂。其余酒分别作次等白酒。一般每甑掐取酒头 0.5～1kg，酒精度在 70% vol 以上。酒头的数量应视成品质量而确定。酒头过多，会使成品酒中芳香物质去掉太多，使酒平淡；酒头过少，又使醛类物质过多地混入酒中，使酒暴辣。当流酒的酒精度下降至 30% 以下时，应去酒尾。去尾过早，将使大量香味物质存在于酒尾中及残存于酒糟中，从而损失了大量的香味物质；去尾过迟，会降低酒精度。

馏出酒液的酒精度，主要以经验观察，即所谓看花取酒。让馏出的酒液流入一个小的承接器内，激起的泡沫称为酒花。开始馏出的酒液泡沫较多，较大，持久，称为"大清花"：酒度略低时，泡沫较小，逐渐细碎，但仍较持久，称为"二清花"：再往后称为"小清花"或"绒花"，各地叫法不统一。在"小清花"以后的一瞬间就没有酒花，称为"过花"。"过花"以前的馏分都是酒，"过花"以后的馏分俗称"梢子"，即为酒尾。"过花"以后的酒尾，先呈现大泡沫的"水花"，酒精度为28%～35% vol。若装甑效果好，流酒时酒花利落，"大清花"和"小清花"较明显，"过花"酒液的酒精度也较低，并很快出现"小水花"或称第二次"绒花"，这时仍有5%～8%的酒精度。直至泡沫全部消失至"油花"满面，即在承接器内，馏出液全部铺满油滴，方可揭盖，停止摘酒。如装甑操作不过关，从酒花可判断材料是否压汽。如"大清花"和"小清花"不一致，泡沫有大有小，梢子不利落，"水花"有大有小，都是操作技术不过关的表现。

浓香型酒分段量质摘酒标准见表10－3。

表10－3　　　　　　　　　　浓香型酒分段量质摘酒标准

摘酒段数	量质分段摘酒标准	等级	口感特征
一段酒	盖盘流酒开始，摘取酒头约1kg	特级	窖香、糟香突出、浓郁，酯高酸低，尾净爽
		优级	窖香较浓，酒体较淡薄，浓香，有轻微杂味
		普级	风格不突出、异杂味明显
二段酒	量质摘酒	调味	窖香幽雅、糟香馥郁、酒体丰满醇厚、风格典型、个性突出
		特级	窖香、糟香突出、醇厚丰满、绵甜谐调、味长尾净、风格突出
		优级	窖香舒适、绵甜谐调、酒体较丰满、余味爽净、风格较典型
		普级	浓香、酒体绵甜、有轻微醛味、酒体较淡薄，具有风格
三段酒	摘至转小花	优级	浓香、窖香舒适，酒体较净、醇甜，风格较突出
		普级	浓香、醇甜较净、略有杂味、风格一般
四段酒	断花前摘尽	酒尾	香气较正、酸涩味较突出，酒体淡薄

七、调味酒的品评

（一）如何从原酒中发现调味酒

调味酒是指酿造过程中采用特殊工艺取得的具有典型风格和鲜明个性特征的基酒，经长期陈酿老熟，勾调时用于丰富和完善酒体香和味的精华酒。调味酒一般要具有特香、特浓、特陈、特绵、特甜、特酸、窖香、曲香等独特风格。可分为：酒头调味酒、酒尾调味酒、双轮调味酒、酯香调味酒、老酒调味酒、陈年调味酒、曲香调味酒等。

1. 酒头和酒尾调味酒

挑选酒头和酒尾调味酒，要在"老窖"或发酵良好的酒醅蒸馏时选取。好酒的酒头0.5～1.0kg，好酒的酒尾（酒精度15%～25% vol）分别贮存一年以上，正常状态下，贮存2～3年效果更好。贮存期间的第一年，每半年进行感官品评，其后每年进行一次感官品评，挑选出好的继续贮存或作为调味酒使用，不好的放弃。酒头调味酒对于提香效果明显，能有效增加酒的放香和前香。酒尾调味酒经贮存后变得酸甜适口，适量使用能使酒体变得圆满、爽净。

2. 双轮调味酒

获取双轮调味酒的前提是窖池要老、窖质优良、发酵状态良好，新窖、不良窖或发酵不良的双轮酒不宜留作调味酒。窖底发酵两轮或两轮以上的双轮醅，蒸馏时掐头去尾，由专职评酒员摘取全部或部分具有突出窖香、特浓或特绵的酒，贮存2年以上使用。双轮酒因窖底长时间发酵，往往极具特性，适用性广范。

3. 酯香调味酒

由专职评酒员从第一馏分中摘取酯香特别突出的部分，贮存1年以上。

4. 老酒调味酒

选择具有典型风格的新酒贮存3年以上，也可以在原酒的陈酿过程中的定期跟踪品评时，选取特色酒单独继续贮存。

5. 陈年调味酒

不是一般意义上从原酒中挑选的调味酒，是指老窖发酵半年或优质新窖发酵一年，掐头去尾摘取部分或全部，贮存一年以上。

6. 曲香调味酒

优质基酒加入2%的优质高温大曲，浸泡一年，取上清液。

正确挑选恰当的调味酒，是生产的重要工序，生产者应根据生产需要制定各种调味酒的选择标准和基本存量，满足生产需要。日常生产中，要有意识地安排、更多途径地获得调味酒，如，采取特殊工艺、方法，或在蒸馏现场挑选或在原酒的品评中选取，也可以在陈酿过程中定向选择，单独贮存，保持调味酒多样性。在调味工作中，调味酒是很重要的，要做好调味工作必须有种类繁多的高质量调味酒。

（二）调味酒的验收标准

调味酒是指采用特殊工艺生产或经陈酿老熟后，具有典型风格和鲜明个性特征的基酒，在酒体设计时主要用于丰富和完善酒体香和味的精华酒。调味酒拥有自己的独特个性，根据其独特的风味特点，可将调味酒分为不同的类型，各类型的调味酒各自具有不同的感官特点，其验收标准如下。

1. 浓香型调味酒的验收标准

（1）酯香调味酒　酯香调味酒的酯含量较高，可达到12g/L以上。香气纯正，放香大，酒体浓厚、回味悠长。主要用作提高半成品酒的前香（进口香），增进后味浓厚。酯香调味酒贮存期必须在1年以上，才能投入调味使用。

（2）窖香调味酒　窖香调味酒要求老泥窖香明显、纯正、舒适，酒体醇厚绵甜，风格典型，含有较多的己酸乙酯、丁酸乙酯、己酸、丁酸等各种有机酸和酯，以及其他的呈香呈味物质，可提高半成品酒的窖香味和浓香味。

（3）双轮底调味酒　采用双轮底酿造工艺生产，微量成分丰富，酸酯含量较高，糟香、浓香突出，酒体醇厚绵甜、回味悠长，能增进基础酒的浓香味和糟香味。

（4）酒头调味酒　选择质量窖的酒醅蒸馏的酒头（每甑取0.25~0.5kg），贮存1年以上就可用作基础酒的调味。酒头中杂质含量多，杂味重，但其中含有大量的芳香物质，它可提高基础酒的前香和喷头。

（5）酒尾调味酒　选择质量窖的粮糟酒尾、每甑摘取 30～40kg，酒度控制在 20 度左右，贮存 1 年以上，可用作调味酒。酒尾中含有大量的高沸点香味物质，酸酯含量也高，特别是亚油酸乙酯、油酸乙酯和棕榈酸乙酯含量特别高。酒尾调味酒可提高基础酒的后味，使酒体回味悠长，浓厚感增加。

（6）陈酿调味酒　选用生产中正常的窖池（老窖更佳），把发酵期延长到半年或 1 年，以增加陈酿时间，产生特殊的香味。半年发酵的窖一般采用 4 月入窖，10 月开窖（避过夏天高温季节）蒸馏。1 年发酵的窖，采用 3 月或 11 月入窖，到次年 3 月或 11 月开窖蒸馏。蒸馏时量质摘酒，质量好的可全部作为调味酒。这种发酵周期长的酒，具有良好的糟香味，窖香浓郁，后味余长，尤其具有陈酿味，故称陈酿调味酒。此酒酸、酯含量特高。

（7）老酒调味酒　从贮存 3 年以上的老酒中，选择调味酒。有些酒经过 3 年储存后，酒质变得特别醇和、浓厚，具有独特风格和特殊的味道，通常带有一种所谓的"中药味"，实际上是"陈味"。用这种酒调味可提高基础酒的风格和陈酿味，去除部分"新酒味"。生产厂家可有意识地储存一些风格各异的酒，最好是优质双轮底酒，数年后很有用处。

（8）浓香调味酒　采用回酒、灌己酸菌培养液、延长发酵期等工艺措施，使所产调味酒酸、酯成倍增长，香气浓而不可咽，是优质的浓香调味酒。

（9）陈味调味酒　每甑鲜热粮醅摊晾后，撒入 20kg 高温曲，拌匀后堆积，升温到 55℃，摊晾，按常规工艺下曲发酵，出窖蒸馏，酒液盛于瓦坛内，置发酵池一角，密封，盖上竹筐等保护物。窖池照常规下粮糟发酵，经双轮以上发酵周期后，取出瓦坛，此酒即为陈味调味酒。这种酒曲香味突出，酒体浓厚柔和，香味浓烈，回味悠长。

（10）曲香调味酒　选择质量好、曲香味大的优质麦曲，按 2% 的比例加入双轮底酒中，装坛密封 1 年以上。在储存中每 3 个月搅拌一次，取上层澄清液作调味酒用。酒脚（残渣）可拌和在双轮底糟上回蒸，蒸馏的酒可继续浸泡麦曲。依次循环，进一步提高曲香调味酒的质量。这种酒曲香味特别好，但酒带黄色及一些怪味，使用时要特别小心。

（11）酸醇调味酒　酸醇调味酒是收集酸度较大的酒尾和黄水，各占一半，混装于麻坛内，密封储存 3 个月以上（若提高温度，可缩短储存周期），蒸馏后在 40 度下再储存 3 个月以上，即可作为酸醇调味酒。此酒酸度大，有涩味。但它恰恰适合冲辣的基础酒的调味，能起到很好的缓冲作用。这一措施特别适用于固液法和液态法白酒的勾调。

（12）酱香调味酒　采用高温曲并按茅台或郎酒工艺生产，但不需多次发酵和蒸馏，只要在入窖前堆积一段时间，入窖发酵 30d，即可生产酱香调味酒。这种调味酒在调味时用量不大，但要使用得当，就会收到意想不到的效果。

2. 老白干调味酒感官验收标准

老白干调味酒感官验收标准见表 10－4。

3. 芝麻香型调味酒验收标准

（1）酒头调味酒　是定向摘取的酒。重点是香气大或酯香突出、香气正。存在异杂香味，如糟臭、窖臭、泥醒、霉烂、涩重、苦等气味的都不能作为调味酒。

（2）酒尾调味酒　是定向摘取的酒。重点是香气正，酸味正，无涩、苦、油臭、煳臭、泥臭等邪杂味。

表 10－4 老白干调味酒感官验收标准

项目	酯香调味酒	醇甜调味酒	酸味调味酒	酒头	酒尾	中段
色泽和外观	无色、明亮、透明	清亮、透明、无悬浮物、无沉淀	清亮、透明、无悬浮物、无沉淀	清亮透明	清亮，－10℃允许微浑浊	无色透明
香气	乳酸乙酯和乙酸乙酯的复合香气突出	正常的老白干香	放有微酸陈香、正常老白干香	乙酸乙酯气香突出	放香弱，较沉闷	醇香，清雅纯正
口味	入口酯香突出	醇甜谐调	有明显酸味、酒体谐调、厚实、味长	暴辣、杂味重	味甜酸涩	口味干净，谐调性好

（3）双轮调味酒 是定向摘取的酒。重点是香气典型突出，浓厚，无明显邪杂味。

（4）陈年调味酒 是单独工艺长期发酵，蒸馏摘取的酒。重点是香大浓洌、浓厚柔绵、味长，无明显邪杂味。

（5）老陈调味酒 是有特点的酒经长期老熟后，从中挑选出来的酒。重点是陈香丰满典型、味浓厚悠长，无明显邪杂味。

（6）窖香、酯香调味酒 是定性摘取或单独工艺加工的酒。重点强调窖香和酯香要大、正，味谐调，无明显邪杂味。

（7）曲香调味酒 是特殊工艺制作的酒。重点是陈曲香正，味谐调，无霉味、青草味等邪杂味。

4. 玉冰烧调味酒验收标准

斋香纯正，香气舒适、谐调，无异臭杂味，酒体醇和，回甜好，酒体丰满。

5. 小曲白酒调味酒的制作及验收标准

（1）陈酿调味酒 小曲白酒生产一般为5d发酵，第6天取出糟醅清蒸取酒。根据调味酒的设计需要，采取打破常规，将发酵周期延长至15d以上，而延长其发酵糟醅的生酸及酯化时间，并且安排在气温较高的季节生产，为酸、醇酯化及其他微量成分的更多生成提供一个较好的温度环境，促进香味物质成分的更多获得。以这样的方法生产的调味酒香味较为全面，酒质较好，清蒸取酒后，可以全部作为调味酒贮存使用。由于发酵周期长，酒中总酯、总酸含量较高，醇类物质丰富，其中总酸可达 1.00g/L 以上，乙酸乙酯可达2.50g/L 以上。

（2）酒头调味酒 在小曲白酒发酵生产过程中，针对质量控制较好的班组，在蒸馏取酒时，接取前段500mL 左右收集一定数量并坛贮存，一年后即可作为酒头调味酒使用。这种酒头调味酒芳香物质含量较高，其中低沸点物质居多，但低沸点醛类杂质也多，所以刚蒸出来的酒头既香又怪，通常情况下都把酒头作为劣质酒采取回蒸处理，现把酒头收集后，经过一段时间的贮存，酒中的醛类等物质，在贮存中进行转化和一部分挥发，使酒中各种微量成分变化而成为一种非常好的调味酒。酒头中的总酯含量高，总酸含量较低，且多为低沸点的有机酸，所以，酒头调味酒主要用于提高基础酒的前香，多数用于低档产品酒的调味。

（3）尾酒调味酒 在生产质量较好的班组蒸馏取酒尾后，取前段20kg 左右，酒精浓度为 20% vol 左右的尾酒，收集并坛贮存 1 年，也可将此尾酒与原度合格酒按 1:1 的比例混合，提高酒精浓度搅拌后密封贮存 1 年，作为尾酒调味酒使用。

尾酒调味酒中酸、酯含量都比较高，杂醇油（多元醇）、高级脂肪酸等含量也高，其中高级脂肪酸乙酯和乳酸乙酯为尾酒中的主要酯类，尾酒中的油状物主要是亚油酸乙酯、油酸乙酯等高级脂肪酸类物质，由于它们的分子质量大，不溶于水，也就难溶于低度白酒中。由于尾酒调味酒中香味物质成分比例不谐调，高沸点，杂质成分多，所以味很怪，单独尝评其香和味都很特殊。但作为某些基础酒的调味还是具有较好的作用，对提高基础酒的后味，促进酒质回味长，效果较为理想。

（4）糟香调味酒 小曲白酒固有的糟香，是由高粱等粮谷整粒浸泡、清蒸膨化、小曲（根霉）为糖化发酵剂、培菌糖化、续糟（配糟）混合固态发酵、蒸馏取酒、续糟（配糟）循环等独有的生产工艺所产生。在小曲白酒的生产过程中，酒中糟香体现的优劣，与工序控制有关，与续糟（配糟）配入比例有关，也就是说粮与糟的搭配比例大小决定着产酒糟香的强弱，一般情况下，粮糟比控制在 1:4 左右，不同的季节即不同的气温对配糟的比例有所调整，以冬季减糟夏季加糟的常规对发酵升温速度加以控制，这主要是利用配糟中的含酸量来调节入池发酵糟醅的酸度，从而调节发酵速度，使之有利于不同季节的正常发酵。但在生产过程中，不同的班组对配糟比例的大小有着不同的认识，因为配糟比例大，则工作量有所增大，且煤耗相应有所增加；配糟比例小，工作量相对有所减少，但产酒糟香味偏弱，这样必然导致不同的班组有着不同的取向差异；就同一班组，对配糟的控制因感官体验而时有偏差，出现产酒糟香强弱时有波动。由此，小曲白酒合格酒中，始终存在糟香味优劣之分，当然，可以通过基酒组合而初步解决，但有时组合的基础酒糟香味仍然欠佳，所以需要典型的糟香调味酒作以添加而补充。

糟香调味酒的生产可采用两种方法：第一种方法是将配糟比例增大，把粮糟比控制在1:（5~5.5），入窖时可选一定数量的优质黄浆水加酒尾拌入混合糟内发酵 20d 左右进行蒸馏取酒。第二种方法是多轮底发酵，在出窖时留一部分发酵糟在窖底，继续发酵两轮或三轮后再蒸馏取酒。蒸馏时根据不同的用途可分段摘酒，也可全酒入坛，贮存 1 年时间后使用，具有很好的糟香风味。

（5）陈味调味酒 陈味调味酒一般为有意识地对合格酒延长贮存期让其老熟而得，有时通过勾兑人员在对库存原酒尝评中意外发现而作为陈味调味酒，但多数为有意识地贮存一些各种不同特点的酒，为以后作调味酒使用。酒经过了 3 年以上的贮存后，酒质变得特别醇和，酒中各分子间的缔合较为稳定，酒体老熟而陈味显著，且具特殊的风格，一般说来，3~5 年以上贮存时间的老酒，都具有一定的特殊点，都可以作为陈味调味酒使用，其作用是都能对提高基础酒的陈味和醇和的口味及风味，因此，陈味调味酒的贮备及选用对基础酒的调味工作十分重要。

（6）其他调味酒

清香调味酒：采用小曲白酒生产工艺与清香型大曲酒的生产方法相结合，即在小曲白酒工艺入窖发酵时，按一定比例添加低温大曲入窖发酵，将发酵期延长至 20d 以上，经蒸馏取酒贮存老熟后，即为清香调味酒，这种调味酒既有大曲清香的风味，又有小曲白酒的糟香和醇甜。由于该酒乙酸乙酯和乳酸乙酯含量特别高，香味物质成分比小曲白酒丰富，味更醇厚，且少量掺加适合小曲白酒酒体，能增进小曲白酒基础酒的清香感及绵柔感，对某些基础酒能够起到清雅而爽净的调味作用。

酱香调味酒：按照酱香型大曲酒工艺要求操作，使用高温大曲，采取二次投料，高温堆积，条石小窖，多轮次发酵和高温流酒；将酱香、醇甜及窖底香三种典型体和不同轮次酒综合后长期贮存，老熟后即为酱香调味酒。酱香调味酒含芳香族化合物和形成酱香型味道的物质较多，这类物质在小曲白酒中虽然含量很少，有些物质甚至没有，但在某些小曲白酒基础酒的调味中能起着很重要的作用，特别是对小曲白酒高档产品的调味点缀，能增进酒体更加老熟、幽雅和细腻。

爽净型调味酒：这种调味酒往往是在对贮存调味酒和选用中偶然发现，其感官特征是突出乙酸乙酯和糟香香气，酒中乳酸乙酯含量低，口味干净而爽快。这种调味酒可克服基础酒前香不足和后味欠爽净的缺陷，是一种较为理想的调味酒。

八、不同类型原酒的品评

在学习白酒的质量鉴别之前首先了解各类香型酒的风格描述：

浓香型白酒：窖香浓郁，绵甜爽冽，香味谐调，尾净味长。

清香型白酒：清香纯正，醇甜柔和，自然谐调，余味爽净。

酱香型白酒：酱香突出，幽雅细腻，酒体醇厚，回味悠长，空杯留香持久。

米香型白酒：米香清雅，入口绵柔，落口爽净，口味怡畅。

凤香型白酒：醇香秀雅，甘润挺爽，诸味谐调，尾净悠长。

其他香型白酒：香气舒适，香味谐调，醇和味长。

刚蒸馏出来的酒，因含有醛类，硫化物等不愉快气味及辛辣，故称之为新酒。

1. 清香型新酒、陈酒感官鉴别

（1）新酒分级　清香型新产酒按酒质感官特征分为四个级别，即优级、一级、二级、等外品。

优级酒得分90以上，一级酒得分85~89分，二级酒得分80~84分，等外酒得分80分以下。

（2）感官鉴别

优级酒　香：清香纯正。　　味：醇厚、爽净、协调、回味长。

一级酒　香：清香较纯正。　　味：入口微甜微淡、酒体协调较醇厚、回味较长。

二级酒　香：清香正。　　味：酒体较醇厚、微苦稍辣、回味一般。

等外酒　香：异香、严重杂香。　　味：严重霉味、腻味、铁锈味或其他邪杂味。

（3）清香型陈酒的感官品评标准

3~5年汾酒感官鉴别

香气：清香纯正、具有乙酸乙酯为主体的清雅谐调的复合香气。

口味：口感醇和、绵柔爽净、酒体协调、余味悠长。

风格：具有清香型酒的典型风格。

10年陈酿汾酒感官鉴别

香气：清香纯正、具有乙酸乙酯为主体的清雅谐调的复合香气、带较浓陈酒香。

口味：口感醇和、绵柔爽净、酒体协调、回味长。

风格：具有清香型酒的典型风格。

15 年陈酿汾酒感官鉴别

香气：清香纯正、具有乙酸乙酯为主体的清雅谐调的复合香气、带有很突出的陈酒香。

口味：绵甜醇厚、香味协调、酒体爽净、回味悠长。

风格：具有清香型酒的典型风格。

（4）清香型新酒、陈酒品评应掌握的要点

新酒：具有乙酸乙酯为主体的复合香气，且有明显粮食、大曲（豌豆）的香气，再根据香气的纯正程度，进行等级判断。口感要求达到甜度较好，醇厚、酒体较谐调、回味长。

发酵不正常，操作不规范时酒将出现：香气淡、带酸、寡淡，特别有邪杂味、焦杂味、糠杂味、辅料味等现象，这样的酒判为不合格品；有的酒中乙酸乙酯与乳酸乙酯比例失调，酒质放香差，口感欠谐调，也可判为不合格品。

陈酒：清香型白酒经过一定时间的贮存，酒质具有陈香感，随时间的延长，酒的陈香逐渐突出，且清雅协调，其他杂味、刺激感明显降低，口味达到绵柔丰满协调的程度。鉴别清香型陈酒应掌握：自然突出、清雅谐调的陈酒香气；香味谐调的陈酒味；酒体绵柔、味甜爽净、余味悠长。

2. 单粮型浓香型酒

（1）单粮型浓香型新酒的分类　浓香型白酒一般分为单粮型和多粮型，因生产中所用原料品种及比例不同，造成同是浓香型白酒，其风格也各有差异，所以酒界对浓香型酒有"川派"和"江淮派"（皖、苏、鲁、豫）之分。因此，在新酒入库分类上各厂又有所不同，单粮浓香型酒一般分为四类：如口子酒业公司采用正常工艺酿造发酵蒸馏生产出来的分为乙级酒和一级酒；当采用双轮底工艺生产时，酿造发酵蒸馏出来的酒分为特级、甲级、乙级、一级酒四个等级。古井集团分为 A、B、C、D 四个等级；江苏洋河酒厂分为特级、优级、一级、二级四个等级。综合起来，分为以下四类为宜：特级、优级、甲级、乙级。

（2）单粮浓香型各类新酒的感官鉴评　见表 10－5。

表 10－5　　　　　　　　　　　单粮浓香型各等级酒感官鉴别

等　级	感　　　　官	己酸乙酯
特　级	窖香、甜、净、爽，风格特别突出	≥8.00g/L
优　级	窖香、香、甜、净、爽等某一特点较突出	≥5.00g/L
甲　级	窖香突出，香气正，味净的特点，具有本品固有的风格特点	≥2.50g/L
乙　级	窖香较好，口味纯净，无异杂味	≥1.70g/L

（3）单粮浓香型陈酒的感官鉴评

3 年陈酒：无色（或微黄）清澈透明、陈香、窖香突出，入口柔和、绵、净、回味长。

5 年陈酒：无色（或微黄）透明，陈香幽雅，味醇厚柔和，落口爽净谐调，回味悠长。

（4）单粮浓香型新酒、陈酒鉴评应掌握的要点

新酒：单粮浓香型新酒具有粮香、窖香，并有糟香，有辛辣刺激感。合格的新酒窖香和糟香要谐调，其中主体窖香突出，口味微甜爽净谐调。但发酵不正常的新酒会出苦味、

涩味、糠味、霉味、腥味、煳味及硫化物臭、黄水味、梢子味等异杂味。

陈酒：单粮型浓香型白酒经过一定时间的贮存，香气具有浓香型白酒固有的窖香浓郁感，刺激感和辛辣感会明显降低，口味变得醇和、柔顺，风格得以改善。经长时间的贮存，逐渐呈现出陈香，口感呈现醇厚绵软、回味悠长，香与味更谐调。品尝陈酒时，陈香、入口绵软是体现白酒贮存老熟后的重要标志。

3. 多粮型浓香型酒

（1）多粮型浓香型新酒的分类　浓香型白酒一般分为多粮型和单粮型，因生产中所用原料品种及比例与控制的工艺技术要素不同，造成同是浓香型白酒，其风格特征也各有差异。因此，在新酒入库分类上各厂又有不同，多粮浓香型酒一般分为四类：如剑南春集团公司采用黄泥老窖，固态续糟混蒸发酵传统工艺生产出来的新酒分为优级、甲级、乙级和普通酒。当采用双轮底特殊工艺酿造发酵蒸馏出来的酒称为调味酒。该类酒一般都为特级。

（2）多粮浓香型各类新酒的感官鉴评　见表10－6。

表10－6　　　　　　　　　　　多粮浓香型各个等级酒的鉴评

等　级	感　　官	己酸乙酯
特　级	窖香常浓郁、浓、甜、厚、净、爽，余味和回味悠长，风格典型，个性特别突出	≥8.60g/L
优　级	窖香浓郁、甜厚、净、爽，余香和回味悠长，风格特征突出	≥4.0g/L
甲　级	窖香浓郁，甜、浓、净，风格特征明显	3.0g/L
乙　级	窖香较浓，尾味较净，无明显异杂味	1.50g/L
普通级	窖香较浓，尾味较净，无明显异杂味	1.50g/L

（3）多粮浓香型陈酒的感官鉴评

3年陈酒：无色（或微黄）透明，窖香浓郁，陈香明显，柔和、绵甜、尾味净爽、余香和回味悠长。

5年陈酒：无色（或微黄）透明，窖香浓郁，陈香幽雅，醇厚丰满、绵柔甘冽，落口爽净，余香和回味悠长，窖香和陈香的复合香气谐调优美。

10年陈酒：无色（或微黄）透明，窖香浓郁，陈香突出，幽雅细腻，醇厚绵柔，甘冽净爽，余香和回味悠长，酒体丰满，具有优美协调的复合陈香。

（4）多粮浓香型新酒、陈酒鉴评应掌握的要点

新酒：多粮浓香型新酒具有复合多粮香、纯正浓郁的窖香，并有糟香，有辛辣刺激感并类似焦香新酒气味。合格的新酒多粮复合的窖香和糟香比较谐调，主体窖香突出，口味微甜净爽。但发酵不正常和辅料未蒸透的新酒会出现醛味、焦苦味、涩味、糠味、霉味、腥味、煳味及硫化物臭、黄水味、梢水味等异杂味。

陈酒：多粮浓香型白酒经过一定时间的贮存，香气具有多粮浓香型白酒复合的窖香浓郁优美之感，刺激性和辛辣感不明显，口味变得醇甜、柔和，风格突出。经长时间的贮存，酒液中就会自然产生一种使人感到心旷神怡、幽雅细腻，柔和愉快的特殊陈香风味特征，逐渐呈现出幽雅的特殊陈香，口感呈现醇厚绵柔、余香和回味悠长，香味更谐调，酒体更丰满。品尝陈酒时，幽雅细腻的陈香明显，品味绵柔，甘冽、自然舒适是体现多粮浓

香型白酒贮存老熟后的重要标志。

4. 酱香型新酒与陈酒的感官鉴别

大曲酱香型酒因其工艺复杂，发酵轮次多，故新酒的类别不但多而且差异较大，又因贮存是酱香型的重要再加工工艺，所以陈酒与新酒相比变化之大，也是其他香型酒不可比拟的，茅台酒与郎酒是我国大曲酱香型酒的代表，这两个酒的新酒、陈酒感官鉴别大致如下：

（1）酱香型新酒的分类

按发酵轮次分：可分为 1~8 轮次酒。

按酒的风味分：可分为酱香酒、醇甜酒、窖底香酒三类。

（2）各轮次新酒的感官鉴别：

一轮酒："生沙酒"作原酒入库，或用于回酒发酵。

二轮酒："糙沙酒"甜味好，味冲，涩酸，酒头单独存放。

三轮酒：入口香大，具有酱香，后味带涩，酒体较丰满。

四轮酒：香味较全面，具有酱香，后味甜香，酒体丰满。

五轮酒：酱香浓厚，后味带涩，微苦，酒体丰满。

六轮酒：糊香，微有焦烟味，稍带涩味，味长。

七轮酒："小回酒"糊香好，醇和，味长。

八轮酒："追糟酒"有糊香，醇和，微苦，糟味大。

（3）各风味酒的感官鉴别

酱香酒：酱香突出，微带曲香，稍杂，风格好。

醇甜酒：具有浓厚香气，略带酱香，入口绵甜。

窖底香酒：窖香浓郁，并带有明显的酱香。

（4）酱香型陈酒的感官鉴别

3 年陈酒：微黄透明，酱香较突出，诸味较谐调，酒体较丰满，后味长。

5 年陈酒：微黄透明，酱香突出，诸味谐调，酒体丰满后味悠长。

10 年陈酒：黄色重，酒液透明，挂杯，酱香突出，口味细腻、柔顺、后味悠长。

（5）酱香型新酒、陈酒感官鉴别的注意事项

酱香一轮酒香气大带清香味、产酒少、酒度低。酱香前二轮酒，以清香为主，总酯高，酸味大。

酱香三至五轮酒，产量高，质量好，香味成分全面适中。

六轮酒，质量明显下降，风味以烟香为主。

七轮、八轮酒，产量低，糟味，杂味大，一般作为次酒及回酒用。

酱香型酒随着贮存期的延长质量明显提高，口味越来越丰满，柔顺，黄色不断增加，后味不断延长。各种成分谐调，风味风格突出，一般贮存 5 年以上的酒均可达到这样的质量水平。鉴别酱香型贮存期长短的主要办法：一是看色泽，一般黄色重者贮存时间长，二是闻空杯香，香大、香长者，一般贮存时间长，三是看酒液挂杯状况，一般酒液黏稠有挂杯现象者贮存期较长。

5. 老白干酒

（1）普通原酒的品评通常分为三个等级

优级：无色透明、放香纯正、香气清雅、放香大、口感较醇厚、丰满、落口较干净、

有回甜、后味较长（优级酒一般用来勾兑高档成品酒）。

一级：无色透明、放香纯正、香气较纯正、口感较醇厚、较丰满、后味较净（或稍杂）、后味稍短（较长）（一级酒一般用来勾兑中低档成品酒）。

二级：色泽不清、异杂味大、香气不正、口感较杂、苦、异味大等（二级酒一般经处理后再用）。

（2）压排酒的品评　压排酒一般作为调味酒，品评时着重强调：酯香突出、酸味大、口感丰满、细腻、酒体醇厚、余味长。把有丁酯臭、丁酸臭、霉味、土腥味、糠味等异杂味大的挑出来另做处理。

（3）中段酒　中段酒有合适的乙酸乙酯与乳酸乙酯的比例，一般用来勾兑高档成品酒，品评时强调"放香清雅、纯正、愉快、醇甜、丰满、余味爽净"。

（4）复糟酒的品评　复糟酒是蒸完回活酒后，为了充分利用酒糟中的残留淀粉，加糖化酶干酵母后再入缸发酵蒸馏所得的酒，一般酒质较次，放香醛味较大，酒体较粗糙，酸度大，后口苦，杂味较重，经长期贮存后，可去除一部分杂味，与其他基酒组合，可用来勾兑低档的成品酒。

九、原酒质量标准的制定

原酒质量标准的制定，是关系成品质量控制的基础管理工作。制定得好，有激励作用，可促进质量的提高，使摘取的原酒等级分明，各有特点，便于选择使用，达到控制目的。相反，即使有好酒也摘不出来，造成等级质量无特点，给其后的生产带来麻烦。制定原酒的质量标准主要考虑以下几个方面：①根据生产的实际，恰当确定等级，不可生搬硬套；②确定每一级原酒摘取的数量范围；③确定每一级原酒的感官质量评语；④确定每一级原酒的感官质量分数；⑤确定每一级原酒的酒精度范围：⑥主要理化指标要求等。分级标准的制定一定要切合生产实际，要保证好酒摘得出来，不在多少：孬酒不要混入好酒当中；严格禁止生产班组内部进行"勾兑"调整，特别是双轮底酒不要兑入差酒中。

1. 浓香型原酒的质量标准

浓香型酒采用敞开式、多菌种发酵的固态法生产模式，虽然采用的原料和生产工艺大致相同，但由于影响因素较多，每窖甚至每甑所产的原酒在感官、风格特征等方面存在较大差异。为规范原酒的质量风格，便于同类型质量风格特点的原酒组合储存。因此，原酒在入库储存前需对其进行定级、分类，以形成不同等级、风格类型。在进行原酒定级分类前需制定相应的原酒质量标准，规范原酒定级分类，在制定原酒质量标准时应根据原酒酿造工艺特点和摘酒工艺情况，并结合成品酒酒体设计的具体需求和下一步新产品研发的战略规划的情况。

目前，浓香型白酒一般分为单粮型和多粮型，因生产中所用原料品种及比例不同，造成同是浓香型白酒，其风格也各有差异，所以酒界对浓香型白酒有"川派"和"江淮派"（皖、苏、鲁、豫）之分。因此，在新酒入库分类上各生产企业又有所不同，浓香型酒一般分为四类：调味酒、特级酒、优级酒、普级酒等。表10-7为浓香型原酒不同等级原酒的感官质量标准。原酒质量等级的确定以感官品评为主，理化指标为辅，也就是说首先通过原酒品评员对原酒进行感官品评确定等级后，再根据理化、卫生指标情况，是否符合相应等级的质量标准,若理化指标不符合应降级使用,若卫生指标不符合应采取相应措施进行处理。

表 10 - 7　　　　　　　　　　　　　浓香型原酒的感官质量标准

项 目	调味酒	特级酒	优级酒	普级酒
色 泽	无色、清亮透明、无悬浮物、无沉淀	无色、清亮透明、无悬浮物、无沉淀	无色、清亮透明、无悬浮物、无沉淀	无色、清亮透明、无悬浮物、无沉淀
香 气	窖香、糟香或浓香突出	窖香、糟香或浓香突出	较浓郁	较浓郁
风 味	浓郁丰满,香味谐调、后味绵长净爽、回味悠长	浓郁丰满,绵甜,谐调、味长尾净	浓郁丰满,浓香典型、酒体醇厚甜味谐调、口味净爽	浓香、酒体绵甜、较丰满、较净
风 格	风格典型突出	风格典型	风格好	风格一般

2. 老白干原酒的感官质量标准

老白干原酒质量等级分为优级、一级、二级三个级别,为了更公正合理地为原酒分级,企业制定了《原酒感官质量标准》,该标准是从白酒品评的四个方面:色、香、味、格出发,并将其具体细化为十二个项目,要求每个评酒员对每个酒样具体到这十二项来评定其质量优劣。

色泽:分为正常和异色两个选项。

香气:分为主体香、香气大小、香气质量三个小项,然后再细分。

口味:分为醇厚度、丰满度、甜味、苦味、后味五个小项,然后再细分。

风格:分为香气印象、口味印象、总体印象三个小项。

此标准为百分制:具体到每一小项有严格的扣分标准,依据最后的得分来评定质量等级,优级酒93分以上,一级酒83~92分,二级酒70~82分。

3. 二锅头原酒的感官质量标准

根据原酒的质量,从色、香、味、格四方面进行评定,质量等级分为优级、一级、二级。

优级酒:清香芬芳,纯正典雅,甘润醇厚,强劲爽洌、自然谐调,后味悠长,具有本品典型风格。

一级酒:清香纯正,甘润柔和,醇厚爽净,后味长,具有本品明显风格。

二级酒:清香较纯正,口感柔和,醇甜爽净,有余味,具有本品固有风格。

4. 江淮派原酒的感官质量标准

原酒的分级:原酒的分级一般是按酒头、前段、中段、尾段、尾酒、尾水进行区分,并按不同的验收结果分级入库。原酒等级的确定,一般分为调味酒、优级酒、普通酒三大类。

原酒各等级酒的特点:

调味酒:具有特殊香味或作用的酒都可以称为调味酒。一般情况下,正常发酵生产的底层糟酒、双轮底酒,以及各种特殊工艺生产的酒都有可能产生调味酒,如糟香味大的、浓香的、香浓的、窖香的、酸大的等。

优级酒:一般为前段和中段酒,这部分酒香味成分较谐调丰满,也可按不同的发酵周期、生产季节、发酵情况进行细分。

普通酒：又称为大宗酒，即为中段和后段的酒，一般不再细分，集中收入大罐中。

5. 玉冰烧原酒和肉酒的感官质量标准

色：无色透明、清亮、晶莹悦目、悬浮物、无沉淀物、微浑、浑浊、有微粒、有悬浮物、沉淀物等。

香：有斋酒的基础香、斋酒浸泡陈肉形成豉香、香气纯正、柔和、谐调、杯底香较长、无肉腥香气、无异香杂香、无斋酒浸肉带来异香。

味：无低度酒寡淡感、酒体丰满、纯正、醇滑、柔绵甘净、苦不留口、清爽无辛辣、无后涩感、无异味、无生肉腥味等。

风格：豉香典型、风格独特、豉香明显、尚好、一般、典型性差。

6. 酱香型原酒的感官质量标准

（1）按轮次分

一轮次（生沙酒）：无色透明、无悬浮物；有酱香味，略有生粮味、涩味，微酸，后味微苦。

二轮次（糙沙酒）：无色透明、无悬浮物；有酱香味、味甜，后味干净，略有酸涩味。

三轮次（大回酒）：无色透明、无悬浮物；酱香味突出、醇和、尾净。

四轮次（大回酒）：无色透明、无悬浮物；酱香味突出、醇和、后味长。

五轮次（大回酒）：无色（微黄）透明、无悬浮物；酱香味突出、后味长、略有焦香味。

六轮次（小回酒）：无色（微黄）透明、无悬浮物；酱香味明显、后味长、焦香好。

七轮次（枯糟酒）：（无色）（微黄）透明、无悬浮物；酱香味明显、后味长、有焦糊味。

（2）按风格（典型体）分

窖底香型：一般产于窖底而得名，己酸乙酯为主要香味成分。

酱香型：是构成酱香型白酒的主体香，对其组成成分目前还未能全部确认，但从分析结果看，其成分最为复杂。

醇甜型：是构成茅香型白酒特殊风格的组成成分，以多元醇为主，具甜味。

7. 四特酒原酒感官质量标准

四特酒原酒感官质量标准见表10-8。

表10-8　　　　　　　　　　　　　感官要求

	优级酒	一级酒	二级酒
色泽	清澈透明，无悬浮物，无沉淀	清澈透明，无悬浮物，无沉淀	清澈透明，无悬浮物，无沉淀
香气	诸香谐调、幽雅舒适	闻香舒适、香气醇正	闻香舒适、有大曲酒固有香气
口味	醇甜绵软，浓厚爽净	醇甜柔和，后味绵长	醇和不淡，香味较谐调
风格	特香型风格较突出	特香型风格较明显	具有特香型风格

8. 汾型原酒感官质量标准

色泽：无色清亮透明，无悬浮物，无沉淀。

香气：清香纯正，具有乙酸乙酯为主的协调的复合香气。

口感：入口绵甜，酒体谐调，爽净，余味悠长。

风格独特。

9. 米香型原酒感官质量标准

米香型原酒感官质量标准见表10-9。

表10-9　　　　　　　　　　米香型原酒感官要求

项目	优级	一级	二级	三级
香气	米香纯正、清雅	米香较纯正	米香较纯正	米香不够纯正
口味	绵甜爽洌、回味怡畅	绵甜爽洌、回味较怡畅	纯正尚怡畅、微酸、微涩、醪味	异杂味、严重焦糊味、催泪刺眼气味
风格	具有本品突出的风格	具有本品明显的风格	具有本品固有的风格	具有本品风格
色泽	无色、清亮，无悬浮物、无沉淀	无色、清亮，无悬浮物、无沉淀	无色、清亮，无悬浮物、无沉淀	不够清亮，有悬浮物、有沉淀

10. 兼香型原酒质量标准

兼香型原酒质量标准见表10-10。

表10-10　　　　　　　　　　兼香型原酒感官要求

取酒次数	感官指标
一次取酒	清澈透明，酱香带粮香，较冲鼻，进口酸涩味重，回味较长
二次取酒	清澈透明，酱香微带粮香，较冲鼻，进口欠醇和，酱味较长，后味略有酸涩味
三次取酒	清澈透明，酱香明显，酱浓较谐调，回味较长，尾味略涩
四次取酒	清澈透明，酱浓谐调，回味较甜，尾味稍涩
五次取酒	清澈透明，酱浓谐调，进口酱味较浓厚，味甜柔，回味有焦烟味，尾味略苦涩
六次取酒	清澈透明，闻有酱香，带焦烟味，进口味甜，醇和，后味短，尾味带烟苦味
七次取酒	清澈透明，酱香带浓香，味较甜，尾味有焦苦味

11. 五粮液原酒质量要求

五粮液原酒感官标准见表10-11。

表10-11　　　　　　　　　　五粮液原酒感官标准

级别	感官指标
特级	无色透明，无悬浮物，无沉淀等肉眼可见物。具有特别浓郁的己酸乙酯香气为主的复合香气，香气优雅，底窖风格突出。香味特别浓厚、悠长、味净、甜爽
一级	无色透明，无悬浮物，无沉淀等肉眼可见物。具有特别浓郁的己酸乙酯香气为主的复合香气，味香、浓、醇、甜、净、爽，具有五粮液的基本风格
二级	无色透明，无悬浮物，无沉淀等肉眼可见物。具有特别浓郁的己酸乙酯香气为主的复合香气，香气较好，味香浓醇正。无异臭、异味（无面糟、丢糟、霉烂糟等气味）
三级	无色透明，无悬浮物，无沉淀等肉眼可见物。具有特别浓郁的己酸乙酯香气为主的复合香气，味较香浓，无异臭、异味

第十一章　白酒风味化学知识

第一节　风味化学的概念

构成食品风味的物质基础是它的组分特征，白酒的风味形成也离不开它的香味组分。据目前掌握的分析结果，白酒中除水和乙醇以外，还含有上百种有机和无机成分，这些香味组分各自都具有自身的感官特征，由于它们共同混合在一个体系中存在，彼此相互影响，这些组分在酒体中的数量、比例的不同，使得组分在体系中相互作用、影响的程度发生差异，综合表现出的感官特征也会不一样。这样就形成了白酒的风味各异，也就是白酒的感官风格特征各异。

一、什么是食品风味

食品的味，是指食品进口后的感觉，说"可口"、"不可口"这是味觉，但食品的味又与其气味密切相关，所谓的食品风味，是思想、味觉和咀嚼时所感受的气味，统称为风味，用鼻嗅到的称为香气，在口内咀嚼时可以感觉到的称为香味，二者统称为食品的风味，见图 11 –1。

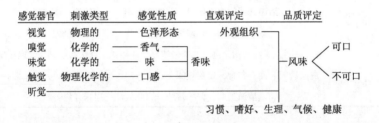

图 11 –1　食品风味图解

二、食品的味觉因素

食品在口中通过口腔进入消化道，这个感受过程，统称味觉。具体分析有心理味觉、物理味觉和化学味觉。简要分析如下。

1. 心理味觉

指一种食品的色泽、形状、光泽、用食环境等因素对人们味觉的心理影响。经研究，食品和色泽之间的关系与季节、风俗、地区、民族、习惯、文化素质等因素有关，人与人之间的差别也很大。

酒类的色，以表示物品自然为好，白酒的酒体有透明、浑浊、失光之分，浑浊又有理应浑浊或不应浑浊之分，或可逆和不可逆之分。

2. 物理味觉

物理味觉，称"口感"、"咀嚼感"、"软硬"、"粗细"等组织机构，这些性质又与食品加工或食用的温度有关。这方面又可分为：机械、几何和触觉三方面的特性。

（1）机械特性 硬度、凝结性、黏性、弹性、附着性，以及第二次感觉的脆性、咀嚼性、胶性等，酒称黏度，或叫酒体挂杯等。

（2）几何特性 指食品颗粒大小形态或微粒排列方面的有关性质。

（3）触觉性 指含水量、油性、硬度、柔软性、平滑性、脆性、弹性等。

上面的两种心理因素对食品的评价又极为重要。

3. 化学味觉

指化学物质作用于感觉器官而引起的味觉和嗅觉，称为化学味觉。一般来说，化学味觉分为甜、酸、苦、咸四个基本味觉。另外还有鲜味、涩味、辣味，鲜味被定为基本味是后来的事。

第二节 白酒中的各种风味物质

白酒中的风味物质有数百种。人们的基本化学味觉就只有五种，这些物质在口味上有细微或明显的差别，我们只把它们归纳在基本化学味觉和物理味觉中进行讨论。

一、白酒中的甜味物质

甜味是食品的最基本口味。有甜味的化学物质极多，据沙伦伯格研究认为：凡化合物分子中有氢供给基（AH）和氢受基（B），两者的距离在 $0.25 \sim 0.40nm$，此化合物易和人类味蕾中 BHA 之间（0.3nm）形成氢键结合时，此物质就呈甜味。甜味的强弱取决于氢键数、氢键强度及有无疏水基隔断。

绝大多数白酒均呈甜味，此甜味不是来自于糖类，而主要来自于醇类。醇类的甜度随羟基数增加而加强。甜度比较：乙醇＜乙二醇＜丙三醇＜丁四醇（赤藓醇）。但戊五醇、辛六醇，如山梨醇（甜度 $0.5 \sim 0.7$）不如丁四醇（2.0）强。

白酒中醋酸、双乙酰也是主要风味物质。D－氨基酸大多有强的甜味。

白酒的甜味和糖形成的甜味有差别，属甘甜兼有醇厚感和绵柔感，在品尝时常常在呈味感中来得比较迟，呈后味，称"回甜"。若酒入口初就感到甜味，或回甜消失时间太长、甜味太强，则为白酒的缺点。

白酒经过长时间贮藏后熟，其氢键数增加，一般甜味要比新酒（刚蒸馏出来的酒）的好。

二、白酒中的酸味物质

"无酸味就不成酒"。酸味是由舌味蕾细胞受到 H^+ 的刺激而得到的感觉，口腔黏膜分泌的碱性物质中和了 H^+，酸味就消失。因此，凡在溶液中能解离氢离子的酸和酸性盐均有酸味。酸味的强度和氢离子的浓度成正比、与 pH 成反比，但若饮料中有较多的缓冲物质，虽然游离氢离子浓度不大（但滴定总酸大），饮料在口腔中不断解离出 H^+，此时酸感就较持久。呈酸物质的酸根也影响酸味强度和酸感，在相同的 pH 下，有机酸的酸味要比无机酸强烈。如在 pH3.5 下，醋酸 > 甲酸 > 乳酸 > 草酸 > 盐酸。

白酒属酸性饮料，pH 在 3.0~3.8，大多数白酒最佳口感 pH 在 3.2~3.5，它的酸味主要来自有机酸，呈爽口的酸味。白酒中适口的酸味能促进酒体的丰满和活泼，酸也是稳定酒类中酯香味的稳定剂。白酒中缺乏酸类（如液态白酒），酒体会显得单薄、欠柔和、呆滞。白酒酸过量（酸露头）往往是发酵不正常、酿造中酸败的标志，会使酒体粗糙、不谐调、不柔和。

白酒中酸类大多来自于酿造过程，由于酵母等微生物的一系列生化反应产生。酸中有脂肪族的甲酸、乙酸、丙酸、丁酸、戊酸、己酸、庚酸、辛酸、癸酸等，三羧酸循环产生的草酸、柠檬酸等，以及乳酸、琥珀酸、丁香酸等有机酸，并在蒸馏时随水蒸气蒸馏而带出。在间歇式蒸馏中，酸含量一般为酒尾 > 酒身 > 酒头，故蒸馏时可以通过分割法在截取酒身时对酸含量加以控制。在蒸馏后贮藏时，通过醛、酮氧化，酸含量增加，通过酯化，酸含量减少，长期贮藏酒中酸含量呈减少趋势。

白酒中总滴定酸在 0.8~2.0g/L，如果超过 2.0g/L 就已过酸，而低于 0.5g/L 为缺酸。白酒中香味物质（特别是酯类）含量愈高，酒中酸类也愈多。如浓香型泸州老窖和酱香型茅台酒，总酸均在 1.5~2.0g/L，而清香型、米香型酒香味物质含量少，总酸也低，一般在 0.9~1.3g/L。

白酒的酸类中，低碳数（C 数 <5）脂肪酸和乳酸含量较高。乳酸含量占总酸的 20% 以上，是白酒的一大特点。乳酸酸体柔和浓醇并有涩味。己酸在浓香型（以己酸乙酯为主体香）中占总酸 1/3，它是浓香型白酒的特点。茅台酒和泸州老窖中还含有丰富的氨基酸，这和酿造中用氨基酸含量丰富的麦曲有关。

三、白酒中的苦味物质

虽然单纯的苦味并不给人带来愉快的口味，但微量的苦味能起到丰富和改进食品风味的作用。人的味觉对苦味特别灵敏，苦味能使味觉感受器受到强有力的刺激作用，能促进感觉器官的活跃及各种味觉感受的强化。但由于苦味在味觉中停留时间较持久，故过强的苦味会导致其他味觉暂时被淹没，使味觉灵敏度降低。

苦味物质在化学结果中一般含有 $-NO_2$、$-N-$、$-SH$、$-S-$、$=C=S$、$-SO_3H$ 等基团，无机离子 Mg^{2+}、NH_4^+ 也呈苦味。

白酒的苦味主要来自白酒中生物碱、L - 氨基酸、某些低肽、酚类化合物及美拉德反应产物类黑精、焦糖等。

各种白酒都呈微小的苦味。酒在口腔中停留时呈愉快的苦味，咽下后，苦味应立即消失（瞬时苦味），不残留苦味，这种苦味是正常苦味；若酒咽下后，苦味持续残留在口腔和舌根（即后苦），则是酒的缺点，会导致酒感粗糙、不柔和。

在低质白酒中，来自于发芽马铃薯的龙葵碱和来自于黑斑病甘薯的甘薯酮是不愉快苦味物质的来源。由于制曲（大曲和麸曲）控制不当与形成曲霉孢子（尤以青霉孢子为甚），发酵温度太高，蛋白质过度分解形成甲胺等含氮化合物和含 $-SH$、$-S-$ 化合物，也是不愉快苦味的来源。在酒精发酵副产物中，异丁醇极苦，正丁醇苦较小，正丙醇和异戊醇微甜带苦，β - 苯乙醇也有苦味，这些副产物如过多则是苦味不愉快的原因。

白酒虽然应该有适口的苦味，但不愉快的苦味、苦味露头和后苦强是白酒最常见的缺点。

四、白酒中的咸味物质

咸味只有强弱之分，没有太多细微差别，但呈咸味的物质常常会咸中带苦或带涩。形成咸味的物质为碱金属中性盐类，尤以钠为最强，卤族元素的负离子均呈咸味，尤以 Cl^- 为最强，因此 NaCl 呈最典型、强的咸味。金属镁、钙的中性盐也有咸味。

主要的咸味物质：NaCl、KCl、NH_4Cl、NaI。

咸中带苦物质：KBr、NH_4Cl。

苦中带咸物质：$MgCl_2$、$MgSO_4$、KI。

咸中带甜物质：$CaCl_2$。

中性盐类中正负离子价数愈大，愈具有咸中带苦的倾向。钠的中性盐均呈咸味，而且其负离子价数愈大，咸味愈小。

白酒中无机离子的来源有：蒸馏时由水蒸气雾沫夹带入酒中；酒类后熟贮存容器溶解；调配成品酒时，勾兑水中带入。

勾兑调配用水，亦称"加浆"。水质对酒风味影响很大。白酒蒸馏后贮存老熟的酒精含量一般为 70%，勾兑成品酒时常常要加入稀释水 15%～30%，如加浆水中有较多的 Na^+、K^+、Mg^{2+}、Ca^{2+}，有时会使酒呈咸味。白酒标准中固形物应小于 0.4g/L，一般不会呈咸味，但若超过 1.0g/L，而其中钠盐又占多数就可能呈咸味。

白酒若能感受到明显咸味，会导致酒味不谐调、粗糙，是酒的缺点。微量呈咸味盐类存在（<0.2g/L）能使味觉展开，酒体活泼，它也是酒必需的口味物质。

五、白酒中的其他风味物质

1. 涩味

涩味属物理味觉，是物质通过涩味位置和舌味蕾细膜、口腔黏膜蛋白质结合，使之变性，暂时凝固，在感觉上形成强烈的收敛性，使味蕾和口腔黏膜缺乏滑润感，在舌苔的后部和咽喉好像被拉住，这种不舒服感就是涩味。轻度的涩味（收敛性）是红葡萄酒的特点，明显的涩味是白酒的缺点。

白酒的涩味物质主要来自于酚类化合物，其中尤以单宁的涩味更强烈。曲酒原料高粱中含单宁类物质较多，如在蒸馏时蒸汽压太大，蒸馏速度太快，会有过多的单宁味。

由于发酵温度过高，酪氨酸经酵母水解脱氨、脱羧形成 2，5－二羟基苯乙醇（酪醇），常常是给白酒带来苦涩味的原因之一。

白酒存在过多的乙醛、糠醛、乳酸也是涩味来源，无机离子中 Fe^{3+}、Mg^{2+} 也有涩味。

2. 辣味

辣味也属物理味觉，是辣味物质刺激口腔和鼻腔黏膜形成的灼热和痛感的综合就成辣味。化学结构中具有酰胺基、酮基、醛基、异腈基、—S—、—NCS 等官能团的强疏水性化合物呈强烈辛辣味。白酒中的辣味和食品中的花椒、胡椒、辣椒、芥子类的辛辣味有明显不同。白酒辣味主要是由醇类、醛类、酚类化合物引起的"冲辣"刺激感。一般白酒中含酒精 40%～60% vol，如此高的酒精含量，饮用时呈冲辣感是自然的。白酒嗜好者也习惯和喜欢有一定冲辣感的酒，称之为"有劲"。

白酒在长期后熟陈酿中，其酒精和水分子发生氢键缔合，在评尝时，酒精的挥发大大减少，因此对味觉和嗅觉器官刺激会大大降低，酒就不显得太冲辣，而感到柔绵。

新蒸馏出的酒因为含有较多易挥发的醛类，品尝时也具有新酒的冲辣感，随着长期贮存，醛类的挥发、氧化、缩合，减少了游离醛，冲辣感就降低。

第三节　白酒的风味

白酒的香气成分有 1000 多种，包括醇类、酯类、酸类、羰基化合物、硫化物等。这些物质在恰当的比例下组成了各具风味的白酒的特殊芳香。我国的白酒按风味可分成 5 种主要类型：浓香型，以泸州大曲、五粮液为代表；清香型，以汾酒为代表；酱香型，以茅台酒为代表；米香型，以三花酒为代表；凤香型，以西凤酒为代表。这些白酒的主要香气成分见表 11 - 1。

表 11 - 1　　　　几种白酒的香气成分（GC 法）　　　　单位：mg/L

成分名称	一般大曲酒	汾 酒	茅 台	三 花	薯干白酒
醇　类					
甲　醇	275	174	210	65	2116
丙　醇	155	95	220	197	752
丁　醇	86	11	95	8	20
仲丁醇	28	33	45	—	181
异丁醇	120	116	172	462	569
戊醇、2 - 戊醇	—	—	196	—	—
异戊醇	346	546	494	960	741
庚醇、辛醇	—	—	167	—	—
酯　类					
甲酸乙酯	111	—	212		
乙酸乙酯	1700	3059	1470	229	310
丁（戊）酸乙酯	1922		313		
乙酸异乙酯	47		25		
己酸乙酯	1506	22	424	—	10
庚（辛）酸乙酯	63	—	17		
乳酸乙酯	1650	2616	1378	995	1110
酸　类					
甲　酸	31	18	69	4	26
乙　酸	643	945	1110	216	634
丙（丁）酸	123	13	254	2	59
己（戊）酸	236	3	258	3	17
庚（辛）酸	—	—	8	—	8
乳　酸	378	284	1057	978	54

续表

成分名称	一般大曲酒	汾 酒	茅 台	三 花	薯干白酒
醛 类					
乙缩醛	140	140	550	35	41
乙（甲）醛	8	29	19	19	25
丙 醛	440	140	550	35	41
异（正）丁醛	38	3	11	1	2
异（正）戊醛	83	15	98	1	2
糠 醛	19	4	294	4	7
酮 类					
丙 酮	—	2	—	—	—
丁二酮	1	8	25	—	1
2 - 己酮	1	—	16	—	—

1. 醇类化合物

这是白酒香气成分中最为大量的一类物质。其中含量最多的是乙醇，它通过糖类的酒精发酵而生成。除此之外，白酒中还含有丙醇、丁醇、异丁醇、戊醇、异戊醇等化合物，这些醇类在这里也常被统称为"高碳醇（或高级醇）"。高碳醇的含量是形成白酒独特风味的重要成分之一，尤其是异戊醇，它的香气值（F.U）接近于1，有一种独特香气，与其他成分之间存在有相乘效果，这些高碳醇一般由原料中的氨基酸发酵而生成。

一般说来，高碳醇中异戊醇含量最多，其次是异丁醇、丙醇、仲戊醇等。异戊醇（包括仲戊醇）量（A）与异丁醇量（B）的比值（A/B）对酒的风味也有影响。在果酒中，由于原料果汁内氨基酸的含量少，这时主要的反应路线是由丙酮酸脱羧、还原而生成高碳醇。例如通过 4 - 甲基 - α - 酮戊酸生成异戊醇，通过 α - 酮异戊酸生成异丁醇。在这种情况下生成高碳醇的量一般较少，而且异戊醇与异丁醇的比值（A/B）较高。而在白酒或啤酒的发酵过程中，由于原料内氨基酸的含量较高，使酶合成高碳醇系统受到抑制，高碳醇便直接从亮氨酸、异亮氨酸和缬氨酸生成。这时酒中高碳醇的含量较多，且 A/B 比值和原料中的亮氨酸（包括异亮氨酸）与缬氨酸的含量比大致成比值。一般说来，谷类酒的 A/B 比值较果酒低。因此，制酒原料内的蛋白质含量要适当。若蛋白质含量过低，生成的高碳酒太少或比例不当，使得酒香平淡；若蛋白质含量过高，生成的高碳醇含量过多或含量比不谐调，也会给酒香带来刺激性气味或苦味。此外，高碳醇的含量与比例，还和酵母种类、发酵温度、工艺操作等因素有关。在国产的名牌白酒中，茅台酒高碳醇的种类最多，三花酒高碳酒的含量最大。

2. 酯类化合物

这是白酒中最重要的一类香气成分，主要由它们形成了各种白酒的香型。一般名牌白酒的酯类含量都较高，而普通白酒的含量较低。主要的酯类化合物是偶数碳原子的脂肪酸所形成的乙酯和乳酸乙酯，此外还有由乙酸与异戊醇、异丁醇或 β - 苯乙醇所形成的乙酸酯。各种白酒的香气成分大致相同，但含量有差异。浓香型大曲酒中含乙酸乙酯、乳酸乙酯、己酸乙酯最多，香气浓郁；汾酒的酯类几乎全是乙酸乙酯和乳酸乙酯，清香扑鼻；茅台酒的乙酸乙酯、乳酸乙酯和己酸乙酯均比大曲少，尤其己酸乙酯，但丁酸乙酯增多香气醇厚持久，俗称"留杯香"；三花酒中各种酯类的含量都相对较少，香气清淡较弱。谷类酒与杂粮酒相比，后者中的乙酸异戊酯含量很低，其他酯类含量也少。当酒中含有微量的 α-羰基（或羟基）己酸乙酯时，它与异戊醇共存会使酒的香气更为强烈。若将酒浆在发酵最盛期挥发的香气经冷却、捕集后放回酒中，可以提高酒香。有人用乙酸乙酯、乳酸乙酯、己酸乙酯和乙酸异戊酯按比例调配后加入清酒内，也能得到类似于某香型的白酒。

酯类化合物形成的途径有二。首先是酵母的生物合成．这是主要途径。例如，

$$R{-}COOH + CoA \cdot SH + ATP \Longleftrightarrow R{-}CO{-}S{-}CoA + AMP + PPi$$
$$R{-}CO{-}S{-}CoA + R'OH \Longleftrightarrow R{-}CO{-}OR' + CoA{-}SH$$

对于侧链脂肪酸来说，一般是先生成酮酸后再转生成酰基辅酶 A，然后与醇合成比酮酸少一个碳原子的侧链脂肪酸酯；某些氨基酸例如苯丙氨酸生成酯的反应途径，是通过微生物的酶作用而进行。酯类的合成主要是在酵母菌体内进行，生成的产物再通过细胞膜进入培养液中。酯类化合物的生成量及成分因菌株而异。当酵母菌细胞膜上的不饱和脂肪酸过多时，会妨碍体内合成的脂类产物透过细胞膜，从而使生成的脂类减少，香气降低。一般情况下，脂类的生成量和发酵强度是平行关系，发酵一停止，酒的香气就开始减弱。加入泛酸和通入空气，都可以促进酯类的生物合成，提高酒的香气。磷酸的存在也能促进脂类的生物合成，但砷酸有阻碍作用。

生成酯类化合物的另一途径，是白酒在蒸馏和贮存过程中发生的酯化反应。在常温下酯化反应的速度很慢，需十几年才能达到平衡。因此随着酒类贮藏期的延长酯类含量会增加（表 11-2），这也是陈酒比新酒香的原因之一。

表 11-2　　　　　　　　　　蒸馏酒贮藏时间与酯化率的关系

贮藏期	8 个月	2 年	3 年	4~5 年
酯化率/%	34	36	62	64

3. 酸类化合物

酒中的有机酸种类很多，含量较大的是乙酸和乳酸；其次是己酸、丁酸、丙酸、戊酸、甲酸等；还发现有二元酸、三元酸、羟基酸和羰基酸等，含量一般较微。酸类化合物本身对酒香的直接贡献不大，但具有维持酯的香气、调整酒的风味的作用。

这些酸类一部分来源于原料，大部分由微生物发酵生成。其中的偶数饱和脂肪酸是在酵母菌线粒体复合酶的催化下而合成；奇数脂肪酸的反应前体物则是丙酰辅酶 A。带侧链的脂肪酸一般是通过 α-酮酸脱羧生成，而这些带侧链的酮酸则是由氨基酸的生物合成途径产生，反应能力很强。

4. 羰基化合物

羰化物也是白酒中较为重要的香气成分。茅台酒中的羰化物成分最多，主要有乙缩醛、丙醛、糠醛、异戊醛、丁二酮等；大曲酒和汾酒中主要是乙缩醛和丙醛，其中汾酒的含量低些；三花酒中羰比物的含量很少。

大多数羰化物是由微生物酵解生成：

$$C_6H_{12}O_6 \xrightarrow{\text{EMP 途径}} CH_3COCOOH \xrightarrow{\text{脱羧酶}} CH_3CHO + CO_2$$

酒中含有的乙缩醛是由乙醛与醇类通过羧醛缩合反应生成。很多醇类如乙醇、异戊

醇、仲戊醇等，都可以通过上述反应形成乙缩醛。乙缩醛具有柔和的香气。除上述主要生成途径外，少数羰化物还可以在酒的蒸馏和贮藏过程中，通过美拉德反应和醇类的氧化反应而生成。日本有人据此将白酒中的 3 - 脱氧葡萄糖醛酮作为白酒熟化管理的指标，规定新酒中该物质的含量为 $50\mu mol/L$，陈酒中的含量为 $350\mu mol/L$。

酒中的丁二酮除了受到某些特殊的乳酸菌污染时会产生外，也可以在熟化过程中由酵母代谢产生。丁二酮含量过多时会使白酒产生不快的嗅感。

来自原料中的某些物质经过复杂的微生物发酵作用，不但生成了一些含量较多的香气成分，有时还会形成一些含量极微的主体香气成分。例如在酱香型白酒中除了酯香和醇香成分外，还发现有微量的呈现酱香和焦香的吡嗪类、呋喃类化合物。

5. 酚类化合物

某些白酒中含有微量的酚类，如 4 - 乙基苯酚、愈创木酚等香气成分。这些酚类化合物一方面由原料中的成分在酵母和微生物发酵中生成。另一方面是贮酒容器中的某些成分，如香兰素等溶于酒中经过氧化还原反应产生。白酒香型和主要特征风味物质见表 11 - 3。

表 11 - 3　　　　　　　　　白酒香型和主要特征风味物质

香　型	香型典型代表	主　要　特　征　风　味　物　质
浓香型	五粮液泸州老窖	酯类占绝对优势，其次是酸。酯类以己酸乙酯、乳酸乙酯、乙酸乙酯和丁酸乙酯等为主
清香型	山西"汾酒"、红星二锅头、牛栏山二锅头	乙酸乙酯、乳酸乙酯、乙缩醛、适量的酸类物质
酱香型	贵州"茅台"、四川"郎酒"	酯类和酸类占优势，醛酮类物质，含氮化合物、高沸点物质、杂环类物质含量高，成分复杂，难成定论
米香型	广西桂林三花	高级醇类、乳酸乙酯、乙酸乙酯、β - 苯乙醇和酸类物质
凤香型	陕西"西凤酒"	乙酸乙酯、己酸乙酯、β - 苯乙醇和异戊醇，酸类物质，丙酸羟胺、乙酸羟胺
药香型	贵州"董酒"	高级醇、丁酸乙酯、酸类、中草药复杂风味物质
豉香型	广东石湾"玉冰烧"	高级醇、β - 苯乙醇、二元酸酯，酯类、酸类
芝麻香型	山东景芝"景芝神酿"	乙酸乙酯、乳酸乙酯、己酸乙酯、酸类、吡嗪、含硫化合物、含氮化合物等，高沸点成分多
特　型	江西樟树"四特酒"	乳酸乙酯、己酸乙酯、乙酸乙酯，富含奇数碳乙酯，正丙醇、酸类
兼香型	湖北"白云边"黑龙江"玉泉"	兼有浓香和酱香型白酒风味物质
老白干香型	河北"衡水老白干"	乳酸乙酯、乙酸乙酯、高级醇、酸类

第四节　主要风味物质在不同香型白酒中的差异

酒中各种微量成分的含量多少和适当的比例关系，是构成各种名白酒的风格和香型的重要组成部分。表11-4、表11-5列出了不同香型酒的微量成分及含量。

表11-4　　　　　　　　不同香型酒微量成分及含量　　　　　　单位：mg/100mL

成分名称	浓香型 剑南春	占芳香成分总量的百分比/%	浓香型 五粮液	占芳香成分总量的百分比/%	酱香型 茅台	占芳香成分总量的百分比/%	酱香型 郎酒	占芳香成分总量的百分比/%	清香型 汾酒	占芳香成分总量的百分比/%	米香型 三花酒	占芳香成分总量的百分比/%
芳香成分总量	963	—	855	—	1040	—	800	—	839	—	308	—
总酯	530	55	520	61	384	37	297	37	570	68	126	41
总酸	140	15	134	16	275	26	176	22	124	15	85	28
总醇	114	12	97	12	163	16	179	22	80	10	83	27
总醛	70	7	65	7	97	9	83	10	14	2	11	4
乙缩醛	109	11	47	5	121.4	11	52	7	51	6	4	1
己酸乙酯	218.4		198.4		42.4		23.3		2.2		1.7	
乳酸乙酯	134.5		135.4		137.8		110.7		261.6		46.2	
乙酸乙酯	101.3		126.4		147.0		105.8		305.9		42.1	
丁酸乙酯	39.8		20.5		26.1		21.2		—		0.6	
辛酸乙酯	3.17		5.2		1.2		0.8		—		0.4	
己酸	29.1		29.6		21.8		10.2		0.2		—	
乳酸	21.0		24.4		105.7		62.3		28.4		48.7	
乙酸	54.6		46.5		111.0		76.3		94.5		33.9	
正丙醇	23.6		14.1		22.0		71.1		9.5		15.7	
仲丁醇	6.8		5.5		4.5		12.8		3.3		0.07	
异丁醇	13.3		8.5		17.2		17.2		11.6		38.4	
正丁醇	34.3		7.0		9.5		14.8		1.1		2.4	
异戊醇	34.9		34.1		49.4		45.1		54.6		57.8	
β-苯乙醇	0.3		0.2		—		0.3		—		5.0	
糠醛	3.9		1.9		29.4		8.5		0.4		0.05	
丙酸	2.16		0.8		5.1		3.7		0.6		0.3	
异丁酸	1.48		0.9		++		2.8		+		0.9	
乙醛	58.0		35.5		55.0		57.4		14.0		4.0	
棕榈酸乙酯	5.17		6.2				4.1		—		15.3	
戊酸乙酯	9.8		5.7		5.3		2.9				0.1	
乙酸异戊酯	2.7		2.3		2.5		2.3		—		5.1	
正丁酸	12.1		11.4		20.3		3.6				0.1	
2,3-丁二醇	1.41		1.6		—		1.4		—		4.5	

注：表11-4、表11-5所列数据系综合有关资料，供参考。

从表11-4、表11-5可以看出：

1. 总酸的含量

其他香型中的董酒、四特酒总酸含量最高，达290mg/100mL以上，董酒中以乙酸、乳酸、丁酸、己酸、丙酸为主；四特酒以乳酸、乙酸、丁酸、丙酸为主。其次是酱香型，

表 11－5　　　　　　　　　　其他香型酒中微量成分及含量　　　　　　　单位：mg/100mL

酒名\含量\名称	董酒	占芳香成分总量的百分比/%	白云边酒	占芳香成分总量的百分比/%	西凤酒	占芳香成分总量的百分比/%	景芝白干	占芳香成分总量的百分比/%	四特酒	占芳香成分总量的百分比/%	玉冰烧	占芳香成分总量的百分比/%
芳香成分总量	895	—	808	—	465	—	634	—	938	—	205	—
总酯	309	35	351	43	191	41	202	32	342	37	41	20
总酸	291	32	137	17	60	13	69	11	290	31	40	20
总醇	220	25	188	23	114	25	277	44	271	29	120	58
总醛	38	4	74	9	20	4	70	11	12	1	4	2
乙缩醛	37	4	58	8	80	17	16	2	23	2	—	
乙酸乙酯	150.0		127.8		122.0		95.0		109.4		27.42	
丁酸乙酯	24.9		25.9		3.9		17.9		3.2		—	
戊酸乙酯	3.9		—		23.0		—		—		少量	
己酸乙酯	34.5		71.6		42.5		32.4		25.0		少量	
乳酸乙酯	96.1		126.3		19.6		57.2		204.4		13.10	
乙醛	27.5		58.6		80.0		20.3		4.3		3.39	
乙缩醛	37.4		57.6		0.4		16.3		23.2		—	
糠醛	10.0		15.0		1.6		50		7.2		—	
甲酸	3.2		2.5		36.1		1.1		9.5		1.36	
乙酸	132.1		59.3		3.6		46.6		73.0		30.96	
丙酸	20.6		5.6		7.2		21		16.1		少量	
丁酸	46.2		11.4		1.9		6.9		22.9		少量	
戊酸	9.7		1.3		7.2		—		4.0		少量	
己酸	31.1		13.4		1.8		7.8		7.2		0.85	
乳酸	48.7		44.2		18.3		5.2		158.5		7.08	
正丙醇	12.2		77.4		2.2		170.7		189.6		17.67	
仲丁醇	41.0		11.5		22.5		8.8		14.1		—	
异丁醇	49.2		22.5		9.5		19.4		20.8		23.3	
正丁醇	13.3		11.7		61.1		15.5		3.9		1.72	
异戊醇	104.8		65.2				63.2		45.2		77.6	

注：表11－4、表11－5所列数据系综合有关资料，供参考。

总酸在170mg/100mL以上，以甲酸、乙酸、乳酸、己酸、丁酸为最多。浓香型含酸量在150mg/100mL上下，主要成分是己酸、乙酸、乳酸、丁酸，它们之和占总酸的93%以上，浓香型酒的特点是己酸为最多，约占总酸的35%以上。清香型含酸量较低，以乙酸、乳酸为主，其中乙酸占70%以上，乙酸占总酸的百分比为其他香型酒之首。米香型（三花酒）含酸量低，以乳酸、乙酸为主，其中乳酸占总酸的百分比为其他各酒之最，而且其他有机酸数量少，这是米香型酒的特征。其他香型的6种酒中，总酸含量各有特点，其总酸量从多到少顺序为董酒、四特酒、白云边酒、景芝白干、西凤酒、玉冰烧。这6种都以乙酸为主，乳酸在四特酒中最多，董酒其次，西凤酒最少（表11－6）。

表 11－6		五种香型酒所含各种酸在总酸中的百分比				单位:%	
香型酒名 ＼ 酸名	浓香型		酱香型		清香型	米香型	其他香型
	泸州特曲	五粮液	茅台酒	郎酒	汾酒	三花酒	董酒
甲 酸	1.50	1.09	2.23	2.03	1.40	0.33	3.05
乙 酸	30.69	23.21	37.69	49.21	73.48	17.87	54.42
丙 酸	0.24	0.68	1.73	2.68	0.47	—	6.61
丁 酸	5.73	6.52	6.89	5.20	0.70	0.17	22.38
戊 酸	0.86	0.81	1.36	0.72	0.25		—
己 酸	39.52	35.44	7.40	8.18	—		9.66
乳 酸	18.04	23.31	35.89	31.98	22.08	81.38	3.87
氨基酸	3.44	8.00	6.42		1.63		—

2. 总酯含量

五种香型酒的总酯含量，一般来说浓香型较高，依次是清香型、酱香型、其他香型，最低为米香型。其他香型中以白云边酒为最高，其次是四特酒和董酒，玉冰烧最低。

曲酒中含量较高的酯类主要是：乙酸乙酯、乳酸乙酯、己酸乙酯、丁酸乙酯等，还有含量虽少、香味较好的有乙酸异戊酯、戊酸乙酯等。从几种主要酯类的量比关系看：

己酸乙酯，浓香型酒含量最高，一般在 200mg/100mL 以上，占该型酒中总酯的 40% 以上；其他香型如董酒、白云边酒中己酸乙酯含量也较多；酱香型酒的己酸乙酯含量较低；清香型更少，有时没有；米香型酒也没有。

乙酸乙酯，清香型酒含量最高，约占总酯的 50% 以上，这是清香型酒的特征，以它为主体构成该酒的香型和风格；其次是酱香型、浓香型，乙酸乙酯占各自总酯的 20% ~ 38%；米香型酒含乙酸乙酯较低，占总酯的 17%；最低为其他香型的董酒，只占 8%。

乳酸乙酯，在五种香型酒中的地位，有三个特点：

（1）五种香型酒含乳酸乙酯量相差不悬殊，区间值一般不会超过 2 倍。以清香型的汾酒含量为最高，其余几个香型多在 100 ~ 200mg/100mL，玉冰烧和西凤酒含乳酸乙酯较低，但占该酒总酯的百分比也在 20% 以上，与各香型也差不多。

（2）在浓香型酒中，乳酸乙酯含量必须小于己酸乙酸，否则会影响风格和口感，是造成浓香型酒不能爽口回甜的主要原因；在酱香型酒中，乳酸乙酯必须大于己酸乙酯，却要小于乙酸乙酯；清香型酒，乳酸乙酯的含量大大地大于己酸乙酯，也小于乙酸乙酯，其间的差距较大者为好；米香型的三花酒，乳酸乙酯含量与一般香型差不多，但此酒含酯品种甚少，乳酸乙酯竟占总酯的 82%，这是米香型酒突出特点；其他香型的董酒，乳酸乙酯含量小于己酸乙酯，而大于乙酸乙酯，这是与其余香型不同之处。

（3）乳酸乙酯在白酒中含量较多，是构成白酒风味的重要成分。并与其他主要酯类配合，形成各种香型酒特有的风格。

丁酸乙酯在各香型酒中的含量，比上述三种酯都少。在浓香型、酱香型、其他香型酒中含量为 13～30mg/100mL；清香型、米香型酒基本上未检出。丁酸乙酯的特殊功能是，对形成浓香型酒的风味具有重要作用，它的含量一般为己酸乙酯的 1/15～1/10，在这个范围内常使酒香浓郁，酒体丰满。若丁酸乙酯过小，香味喷不起来，过大则发生臭味。五种香型酒所含各种酯占总酯的百分比见表 11－7。

表 11－7　　　　　　　　　　　　五种香型酒各种酯占总酯的百分比　　　　　　　　　　单位:%

| 酒名 | 酱香 | 浓香 | | | 清香 | 米香 | 其他香 |
酯名	茅台	泸州特曲	五粮液	全兴大曲	汾酒	三花酒	董酒
甲酸乙酯	5.52	1.76	1.56	—	1.01	—	0.84
乙酸乙酯	38.26	27.04	20.76	20.71	53.15	17.36	8.27
丁酸乙酯	6.80	2.19	5.05	4.16	—	—	4.84
戊酸乙酯	1.38	0.86	1.10	1.64	—	—	1.24
乙酸异戊酯	6.65	0.74	0.57	—	—	—	—
乙酸乙酯	11.04	40.26	40.63	49.11	0.38	—	54.58
庚酸乙酯	0.13	0.67	—	—	—	—	—
辛酸乙酯	0.31	0.33	0.81	1.89	—	—	—
乳酸乙酯	35.89	26.15	29.54	22.49	45.46	82.64	30.59

3. 醇类含量

醇类在白酒中的含量，无论从总醇量来看，还是从各种醇量来看，不同的酒，其含量差距不大，规律性不强，而某些差别又是造成各种酒不同口味的原因之一。例如，董酒中正丙醇、仲丁醇含量高。这两种醇之和大大超过异丁醇与异戊醇之和，对董酒风格的形成具有特殊的作用。

从色谱分析数据来看，各种名优酒含总醇量大都在 100～200mg/100mL，其中以酱香型为最多，其次是米香型和西凤酒，最低是浓香型和清香型。一般说来，异戊醇是醇类在白酒中含量最多的，占各自总醇量的 25%～56%，其中米香型三花酒含异戊醇最高，其次顺序是清香型、酱香型、浓香型；其他香型中因种类多，尚无规律。

4. 醛酮类

醛类和酮类，有许多具有特殊的芳香，在名曲酒中也起着重要的作用。五种香型曲酒中，含醛酮类总量差距悬殊，以酱香型最高，其次是浓香型、清香型、米香型；其他香型因种类不同不便比较。这是形成香型和风格不同的重要因素之一。

乙缩醛是醛类中含量最多的品种，除三花酒外，大多含乙缩醛 50～120mg/100mL，占各自总醛量的 28%～57%，其中酱香型和浓香型较多。

乙醛也是在酒中含量较多的成分，除三花酒外，其余香型的名曲酒含乙缩醛量相差不大，多数在 20～55mg/100mL 之内，以酱香型酒为最，其次是浓香型、清香型、米香型。酱香型含糠醛量特高，大约为其他名酒的 10 倍，它是构成茅台酒焦香的主要成分。

α－联酮类物质，包括双乙酰、3－羟基丁酮和 2，3－丁二醇，是名优白酒共有的香味成分。在一定范围内，α－联酮类物质含量多些，酒质更好，是构成曲酒进口喷香、醇甜、后味绵长的重要成分。

5. 酚类物质

酚类物质也称芳香族化合物。这类物质在名曲酒中含量很少，但呈香作用很大，它在百万分之一，甚至千万分之一的情况下，就能使人感觉到强烈的香味。在名曲酒中已经检出的酚类化合物有：4 - 乙基愈创木酚、酪醇、香草醛、阿魏酸、香草酸、丁香酸等。名优曲酒中含酚类物质的量比关系是：以酱香型含量较高，兼香型其次，是形成它们特殊香型的主要呈味物质；浓香型也有一定含量；其余香型的酒，酚类物质含量都少。

第五节 各类香型白酒主要风味物质

一、浓香型白酒的香味组分特点及风味特征

1. 浓香型白酒的香味组分

浓香型白酒的香味组分以酯类成分占绝对优势，无论在数量上还是在含量上都居首位。酯类成分约占香味成分总量的 60%；其次是有机酸类化合物，占第二位，约占总量的 14% ~ 16%；醇类占第三位，约为总量的 12%；羰基类化合物（不含乙缩醛）则占总量的 6% ~ 8%；其他类物质仅占总量的 1% ~ 2%（表 11 - 8）。

表 11 - 8　　　　　　　　　　浓香型白酒主要香味成分含量　　　　　　单位：mg/L

名　称	含　量	名　称	含　量
（一）酯类化合物			
甲酸乙酯	14.3	乙酸丁酯	1.3
乙酸乙酯	1714.6	乙酸异戊酯	7.5
丙酸乙酯	22.5	己酸丁酯	7.2
丁酸乙酯	147.9	壬酸乙酯	1.2
乳酸乙酯	1410.4	月桂酸乙酯	0.4
戊酸乙酯	152.7	肉豆蔻酸乙酯	0.7
己酸乙酯	1849.9	棕榈酸乙酯	39.8
庚酸乙酯	44.2	亚油酸乙酯	19.5
丁二酸二乙酯	11.8	油酸乙酯	24.5
辛酸乙酯	2.2	硬脂酸乙酯	0.6
苯乙酸乙酯	1.3	总　酯	5475.8
癸酸乙酯	1.3		
（二）醇类化合物			

名称	含量	名称	含量	名称	含量
正丙醇	173.0	异戊醇	370.5		
2,3 - 丁二醇	17.9	己　醇	161.9	β - 苯乙醇	2.1
异丁醇	130.2	仲丁醇	100.3	总　醇	1030.8
正丁醇	67.8	正戊醇	7.1		

续表

名　称	含　量	名　称	含　量	名　称	含　量
（三）有机酸类化合物					
乙　酸	646.5	己　酸	368.1	棕榈酸	15.2
丙　酸	22.9	庚　酸	10.5	亚油酸	7.3
丁　酸	139.4	辛　酸	7.2	油　酸	4.7
异丁酸	5.0	壬　酸	0.2	苯甲酸	0.2
戊　酸	28.8	癸　酸	0.6	苯乙酸	0.5
异戊酸	10.4	乳　酸	369.8	总　酸	1637.7
（四）羰基类化合物					
乙　醛	355.0	丙烯醛	0.2	丁　酮	0.9
乙缩醛	481.0	正丁醛	5.2	己　醛	0.9
异戊醛	54.0	异丁醛	13.0	双乙酰	123.0
丙　醛	18.0	丙　酮	2.8	醋　酸	43.0
				总　量	1097.0
（五）其他类化合物					
糠　醛	20			2-乙基-6-甲基吡嗪	0.108
对甲酚	0.0152			三甲基吡嗪	0.294
4-乙基愈创木酚	0.005			四甲基吡嗪	0.195
2-甲基吡嗪	0.021			总　量	21.0
2,6-二甲基吡嗪	0.376				

　　从表 11-8 中可以看出，浓香型白酒香味组分中酯类的绝对含量占各成分之首，其中己酸乙酯的含量又是各香味成分之冠，是除乙醇和水之外含量最高的成分。它不仅绝对含量高，而且阈值较低，香气阈限为 0.76mg/L，它在味觉上还带甜味、爽口。因此，己酸乙酯的高含量、低阈值，决定了这类香型白酒的主要风味特征。在一定比例浓度下，己酸乙酯含量的高低，标志着这类香型白酒品质的优劣。除己酸乙酯外，在浓香型白酒酯类组分含量较高的还有乳酸乙酯、乙酸乙酯、丁酸乙酯，共 4 种酯，称浓香型酒的“四大酯类”。它们的浓度在 10~200mg/100mL。其中己酸乙酯与乳酸乙酯浓度的比值在 1∶(0.6~0.8)，比值以小于 1 为好；己酸乙酯与丁酸乙酯的比例在 10∶1 左右；己酸乙酯与乙酸乙酯的比例在 (0.5~0.6)∶1。另一类含量较适中的酯，其浓度在 5mg/100mL 左右，它们有戊酸乙酯、乙酸正戊酯、棕榈酸乙酯、亚油酸乙酯、油酸乙酯、辛酸乙酯、庚酸乙酯、乙酸特丁酯、甲酸乙酯等，共 9 种酯。另一类酯是含量较少的，其浓度约为 1mg/100mL 左右，它们是丙酸乙酯、乙酸正丁酯、乙酸异戊酯、丁酸戊酯、己酸异戊酯、乙酸丙酯等，共 7 种。最后一类是含量极微的酯，含量在 10^{-6} 浓度级或还要低，如，壬酸乙酯、月桂酸乙酯、肉豆蔻酸乙酯等，共 19 种。值得注意的是。浓香型白酒的香气是以酯类香气为主的，尤其突出己酸乙酯的气味特征。因此，酒体中其他酯类与己酸乙酯的比例关系将会影响这类香型白酒的典型香气风格，特别是与乳酸乙酯、乙酸乙酯、丁酸乙酯的比例，从某种意义上讲，将决定其香气的品质。

　　有机酸类化合物是浓香型白酒中重要的呈味物质，它们的绝对含量仅次于酯类含量，大约在 140mg/100mL，约为总酯含量的 1/4。经分析得出的有机酸按其浓度多少可分为三类。第一类为含量较多的，约在 10mg/100mL 以上数量级，它们有乙酸、己酸、乳酸、丁酸 4 种。第二类为含量适中的，在 0.1~4.0mg/100mL，它们有甲酸、戊酸、棕榈酸、亚油酸、油酸、辛酸、异丁酸、丙酸、异戊酸、庚酸等。第三类是含量极微的有机酸，浓度一般在 1mg/L 以下，它们有壬酸、癸酸、肉桂酸、肉豆蔻酸、十八酸等。有机酸中，乙酸、己酸、乳酸、丁酸的含量最高，其总和占总酸的 90% 以上。其中，己酸与乙酸的比例一般在 1:(1.1~1.5)；己酸与丁酸的比例在 1:(0.3~0.5)；己酸与乳酸的比例在 1:(1~0.5)；浓度大小的顺序为乙酸 > 己酸 > 乳酸 > 丁酸。总酸含量的高低对浓香型白酒的口味有很大的影响，它与酯含量的比例也会影响酒体的风味特性。一般总酸含量低，酒体口味淡薄，总酯含量也相应不能太高，若太高酒体香气显得"头重脚轻"；总酸含量太高也会使酒体口味变得刺激，"粗糙"、不柔和、不圆润。另外，酒体口味持久时间的长短，很大程度上取决于有机酸，尤其是一些沸点较高的有机酸。

有机酸与酯类化合物相比芳香气味不十分明显，但一些长碳链脂肪酸具有明显的脂肪臭和油味，若这些有机酸含量太高仍然会使酒体的香气带有明显的脂肪臭或油味，影响浓香型白酒的香气及典型风格。

醇类化合物是浓香型白酒中又一呈味物质。它的总含量仅次于有机酸含量。醇类突出的特点是沸点低，易挥发，口味刺激，有些醇带苦味。一定的醇含量能促进酯类香气的挥发。若酯含量太低，则会突出醇类的刺激性气味，使浓香型白酒的香气不突出；若醇含量太高，酒体不但突出了醇的气味，而且口味上也显得刺激、辛辣、苦味明显。所以，醇类的含量应与酯含量有一个恰当的比例。一般醇与酯的比例在浓香型白酒组分中为 1:5 左右。在醇类化合物中，各组分的含量差别较大，以异戊醇含量最高，在 30~50mg/100mL 浓度范围。各个醇类组分的浓度顺序为：异戊醇 > 正丙醇 > 异丁醇 > 仲丁醇 > 正己醇 > 2,3-丁二醇 > 异丙醇 > 正戊醇 > β-苯乙醇。其中异戊醇与异丁醇对酒体口味的影响较大，若它们的绝对含量较高，酒体口味较差，异戊醇与异丁醇的比例一般较为固定，大约在 3:1。高碳链的醇及多元醇在浓香型白酒中含量较少，它们大多刺激性较小，较难挥发，并带有甜味，对酒体可以起到调节口味刺激性的作用，使酒体口味变得浓厚而甜。仲丁醇、异丁醇、正丁醇口味很苦，它们绝对含量高，会影响酒体口味，使酒带有明显的苦味，这将损害浓香型白酒的典型味觉特征。

羰基化合物在浓香型白酒中的含量不多。就其单一组分而言，乙醛与乙缩醛的含量最多，在 10mg/100mL 以上。其次是双乙酰、醋䣌、异戊醛，它们的浓度在 4~9mg/100mL；再其次为丙醛，异丁醛，其含量在 1~2mg/100mL。其余的成分含量极微，在 1mg/100mL 浓度以下。羰基化合物多数具有特殊气味。乙醛与乙缩醛在酒体中处于同一化学平衡，它们之间的比例为：乙缩醛:乙醛 =1:(0.5~0.7)。双乙酰和醋䣌带有特殊气味，较易挥发，它们与酯类香气作用，使香气丰满而带有特殊性，并能促进酯类香气的挥发，在一定范围内，它们的含量稍多能提高浓香型白酒的香气品质。

其他类化合物成分在浓香型白酒中也检出了一些。如吡嗪类、呋喃类、酚元类化合物等。这些化合物在浓香型白酒香味组分中含量甚微。同时，它们在香气强度上与酯类香气相比不如酯类香气，所以在浓香型白酒的香气中，并未突出表现这些化合物的气味特征。但是，在一些特殊情况下还是能够感觉到这些化合物类别的气味特征。例如，在贮存时间较长的浓香型白酒香气中，多少能感觉到一些似呋喃类化合物气味的特征。另外，一些浓香型白酒的"陈味"是否与呋喃类或吡嗪类化合物有内在的联系还不得而知。浓香型白酒香气中所谓的"窖香"、"糟香"与哪一类化合物相关联仍是一个谜，这有待今后深入研究。

2. 浓香型白酒的风味特征

典型的浓香型白酒的风格应是：无色（或微黄）透明，无悬浮物、无沉淀，窖香浓郁（或称芳香浓郁），具有以己酸乙酯为主体、纯正协调的复合香气，入口绵甜爽净，香味谐调，回味悠长。

在浓香型白酒中，存在着两个风格有所差异的流派，即以苏、鲁、皖、豫等地区的俗称纯（或淡）浓香型和以四川为代表的"浓中带酱"型（实际应称"浓中带陈"）。因地区、气候、水土、微生物区系及工艺上的差异，这两大流派的酒各具微妙的独特风味。以泸州特曲、五粮液、剑南春等为代表的四川浓香型流派的酒以窖香浓郁、香味丰满而著称。在口味上突出绵甜，气味上带"陈香"、"老窖香"，有人认为是带"酱香"。以洋河大曲、双沟大曲、古井贡酒等为代表的江淮浓香型流派的酒，其特点是突出己酸乙酯的香气，但较淡雅，而且口味纯正，以醇甜爽净著称，故又称之谓纯浓流派。在全国众多的浓香型酒中，有少数酒厂采用多粮生产，因各种粮食赋予酒不同的风味，用多粮酿造即集各种粮食之精华，使酒体更加丰满，香和味与单粮相比各具特色。

二、清香型白酒主要香味组分特点及风味特征

1. 清香型白酒主要香味组分的特点

清香型白酒香味组分的总含量（表 11-9）在大曲白酒中是属较少的一类（除老白干酒外）。这类白酒的香味组分仍是以酯类化合物占绝对优势，其次是有机酸类、醇类、羰基类化合物。其他成分如呋喃类、吡嗪类化合物含量极少。

表 11-9　　　　　　　　　清香型白酒主要香味组分含量

名　称	含量/（mg/L）	名　称	含量/（mg/L）	名　称	含量/（mg/L）
（一）酯　类　化　合　物					
甲酸乙酯	2.7	庚酸乙酯	4.4	棕榈酸乙酯	42.7
乙酸乙酯	2326.7	丁二酸二乙酯	13.1	亚油酸乙酯	19.7
丙酸乙酯	3.8	辛酸乙酯	7.8	油酸乙酯	10.0
丁酸乙酯	2.1	苯乙酸乙酯	1.2	硬脂酸乙酯	0.6
乳酸乙酯	1090.1	癸酸乙酯	2.8	总　酯	3546.7
戊酸乙酯	8.6	乙酸异戊酯	7.1		
己酸乙酯	7.1	肉豆蔻酸乙酯	6.2		
（二）醇　类　化　合　物					
正丙醇	167.0	异戊醇	303.3	β-苯乙醇	20.1
异丁醇	132.0	仲丁醇	20.0	2, 3-丁二醇	8.0
正乙醇	8.0	己醇	7.3	总　醇	668.8

续表

名　称	含量/（mg/L）	名　称	含量/（mg/L）	名　称	含量/（mg/L）
（三）有　机　酸　类　化　合　物					
乙　酸	314.5	己　酸	3.0	棕榈酸	4.8
甲　酸	18.0	庚　酸	6.0	乳　酸	284.5
丙　酸	10.5	丁二酸	1.1	油　酸	0.74
丁　酸	9.0	月桂酸	0.16	亚油酸	0.46
戊　酸	2.0	肉豆蔻酸	0.12	总　酸	654.8
（四）羰　基　类　化　合　物					
乙　醛	140.0	异丁醛	2.6	醋　酯	10.8
异戊醛	17.0	双乙酰	8.0	总　量	423.8
乙缩醛	244.4	丁　醛	1.0		
（五）其　他　类　化　合　物					
糠　醛	4.0	苯　酚	0.23	4－乙基酚	—
三甲基吡嗪	0.12	邻甲酚	0.08	总　量	5.49
四甲基吡嗪	0.0208	对甲酚	0.03		
3，6－二甲基－2－乙基吡嗪	—	间甲酚	0.01		

从表 11－9 可以看出：

（1）清香型白酒的总酯含量与总酸含量的比值超过了浓香型酒相应的比值。这是清香型白酒香味组分的一个特征，它们的比值大约在 5.5∶1。在酯类化合物中，乙酸乙酯含量最高，是其他各组分之冠。乳酸乙酯的含量仅次于乙酸乙酯，这是清香型白酒香味组分的另一个特征。乙酸乙酯和乳酸乙酯的绝对含量，及两者之比例关系，对清香型白酒的质量和风格特征有很大的影响。一般乙酸乙酯与乳酸乙酯的含量比例为 1∶（0.6～0.8），若乳酸乙酯含量超过这个比例浓度，将会影响清香型白酒的风味特征。此外，丁二酸二乙酯也是清香型白酒酯类组分中较重要的成分，由于它的香气阈值很低，虽然在酒中含量甚少，但它与 β－苯乙醇组分相互作用，赋予清香型白酒香气特殊的风格。

（2）清香型白酒中的有机酸主要是以乙酸与乳酸含量最高。它们含量的总和占总酸含量的 90% 以上，其余酸类含量较少。其中，庚酸与丙酸含量相对稍多一些，丁酸与己酸含量甚微或痕量。乙酸与乳酸是清香型白酒酸含量的主体，乙酸与乳酸含量的比值大约为 1∶0.8。清香型白酒总酸含量一般在 60～120mg/100mL 左右。

（3）醇类化合物是清香型白酒很重要的口味物质。醇类物质在各组分中所占的比例较高，这又是它一个特点。在醇类物质中，异戊醇、正丙醇和异丁醇的含量较高。从绝对含量上看，这些醇与浓香型白酒相应的醇含量相比，并没有特别之处，但它占总醇量的比例或总组分含量的比例却远远高于浓香型白酒，其中正丙醇与异丁醇尤为突出。清香型白酒的口味特点是入口微甜，刺激性较强，带有一定的爽口苦味，这个味觉特征，很大程度上与醇类物质的含量及比例有直接关系。

（4）清香型白酒中，羰基化合物含量不多，其中以乙醛和乙缩醛含量最高，两者含量之总和占羰基化合物总量的 90% 以上。乙缩醛具有干爽的口感特征，它与正丙醇共同构成了清香型白酒爽口带苦的味觉特征。因此，在勾调清香型白酒时，要特别注意醇类物质与乙缩醛对口味的作用特点。

在清香型白酒中，其他类的化合物含量极微，故在气味特征上表现不十分突出。清香型白酒中的"糟香"和贮存期长酒中的"陈香"也应进一步研究。

2. 清香型白酒的风味特征

典型的清香型白酒的风味特征是，无色、清亮透明，具有以乙酸乙酯为主的谐调复合香气，清香纯正，入口微甜，香味悠长，落口干爽，微有苦味。

清香型白酒突出的酯香是乙酸乙酯淡雅的清香气味，气味正、持久，很少有其他邪杂气味。清香型白酒入口刺激感比浓香型白酒稍强，味觉特点突出爽口，落口微带苦味，口味在味觉器官中始终是一个干爽的感觉，应无其他异杂味，自然、谐调。这是清香型白酒最重要的风味特征。

三、米香型白酒主要香味组分特点及风味特征

米香型白酒是以大米为原料，小曲为糖化发酵剂，经固态培菌糖化，液态发酵、蒸馏制得的白酒。它的典型代表是广西桂林三花酒和湘山酒。

1. 米香型白酒香味组分特点

米香型白酒的酿造工艺较简单，发酵期也短，并在液态下（半固态）发酵，故它的香味组分含量（表 11 – 10）也相对较少，其香气不十分强烈。

表 11 – 10　　　　　　　　　　　米香型主要香味组分含量

名　称	含量/（mg/L）	名　称	含量/（mg/L）	名　称	含量/（mg/L）
（一）酯 类 化 合 物					
乙酸乙酯	245.0	癸酸乙酯	2.4	油酸乙酯	15.1
乳酸乙酯	995.0	丁二酸二乙酯	5.8	亚油酸乙酯	17.0
辛酸乙酯	2.70	月桂酸乙酯	1.72	总　酯	1339.0
壬酸乙酯	4.1	棕榈酸乙酯	50.2		
（二）醇 类 化 合 物					
正丙醇	197.0	正丁醇	8.0	总醇	1709.0
异戊醇	960.0	β – 苯乙醇	33.2		
异丁醇	462.0	2，3 – 丁二醇	49.0		
（三）有 机 酸 类 化 合 物					
乙　酸	215.0	丁二酸	1.1	总　酸	1206.0
乳　酸	978.0	油　酸	0.74		
辛　酸	0.58	亚油酸	0.46		
庚　酸	10.0	月桂酸	0.16		
（四）羰 基 类 化 合 物					
乙　醛				35.0	
乙缩醛				142.0	
糠　醛				0.9	

从表 11 – 10 可以看出米香型白酒香味组分有如下几个特点：

（1）香味组分总含量较少。

（2）总醇含量超过了总酯含量。

（3）酯类化合物中，乳酸乙酯的含量最多，它超过了乙酸乙酯的含量。

（4）醇类化合物中，异戊醇含量最高，正丙醇和异丁醇的含量也相当高。其中，异戊醇和异丁醇的绝对含量超过了浓香型白酒和清香型白酒中醇的含量。β – 苯乙醇含量较高，它的绝对含量也超过了清香型和浓香型白酒相应组分的含量。

（5）有机酸类化合物中，以乳酸含量最高，其次为乙酸，它们含量之和占总酸量的90% 以上。

（6）羰基类化合物含量较低。

从米香型白酒香味组分特点上看，该类香型白酒总组分含量少，而总醇含量较高，甚至超过了总酯的含量。这样必然会在它的风味特征上有所反映。米香型白酒在香气特征上可嗅辨到醇的香气，同时在口味上有较明显的苦味感觉，这些特征都与它的醇类化合物构成有直接的关系。此外，一般米香型白酒酒度较低时，有入口醇甜的感觉，这也与醇类化合物较易与水形成氢键有直接的关系。在米香型白酒香气上，它突出了以乙酸乙酯和β – 苯乙醇为主体的淡雅蜜甜香气，这主要因为：一方面这类白酒的整体香味组分含量少，总酯的绝对含量也少，其中乙酸乙酯的绝对含量也不高，所以，整体香气呈现出淡雅的乙酸乙酯气味特征；另一方面，在酯类化合物组成中，乳酸乙酯这一高沸点的酯组分绝对含量超过了乙酸乙酯含量，它限制了乙酸乙酯的挥发，并使酒体口味上带有一定的苦味，也是这类香型白酒香气淡雅的一个主要原因。另外，β – 苯乙醇的绝对含量较高，加上这类香型白酒总组分含量不高，因此，β – 苯乙醇的含量在总组分含量的比例相应提高。由于β – 苯乙醇的香气感觉阈值较低，那么它在整体香气中的作用就突出表现出来，形成了以乙酸乙酯与β – 苯乙醇为主体的气味特征。在米香型白酒中，有机酸的含量也较少，相应的一些高沸点酸也较少，反映到口味上，该类白酒的口味浓厚程度就比浓香型或清香型白酒小得多，香味持久时间也短得多。所有米香型白酒的风味特征都是它的组分特点的集中反映。因此，要了解一个香味组分是否在体系中呈现出来它的风味特点，不能只考虑它的绝对含量或香气阈值或它的结构特征，还要考虑它在整个体系中所占的比例和其他组分对它的影响因素。在米香型白酒香味组分特点中可以清楚地体会到这一点。另外，在米香型白酒的香气中，还存在有一种以"煮熟的"稻米香气和似"甜酒酿"样的香气，这些气味特征与哪一些化合物相关联还不得而知。

2. 米香型白酒的风味特征

典型米香型白酒的风味特征是：无色、清亮透明，闻香有以乙酸乙酯和β – 苯乙醇为主体的淡雅的复合香气，入口醇甜，甘爽，落口怡畅。在口味上有微苦的感觉，香味持久时间不长。这类香型白酒在香气上突出了淡雅的蜜甜香气，在口味上突出了醇甜、甘爽、回味怡畅、微苦、回味不长等特点。

四、酱香型白酒的香味成分特点及风味特征

酱香型白酒以其幽雅细腻的香气、空杯留香持久、回味悠长的风味特征，而明显地区别于其他酒类。

1. 酱香型白酒的香味成分特征

酱香型白酒的"酱香气味"源于何种特征组分？它的香味成分特点是什么？"酱味"与生产工艺有什么内在联系？等，关于这些问题，国内有关科研单位、大专院校及生产企业都做了大量的工作，但至今尚无定论。综合有关材料，关于酱香气味的特征性化合物来源的说法主要有以下几种。

（1）4-乙基愈创木酚学说　自1964年原轻工业部组织茅台试点工作，到1976年，大连物理化学研究所、原轻工业部食品发酵工业研究所和内蒙古轻化工研究所等几家科研单位陆续对茅台酒的香味组分醇、酸、酯、羰基类化合物进行了分析研究，试图找出其中组分的特点与酱香气味的关系。其主要分析结果列于表11-11。

表 11-11　　　　　　　　　　　茅台酒主要香味组分含量

名 称	含量/（mg/L）	名 称	含量/（mg/L）	名 称	含量/（mg/L）
（一）酯 类 化 合 物					
甲酸乙酯	172.0	辛酸乙酯	12.0	油酸乙酯	10.5
己酸乙酯	1470.0	壬酸乙酯	5.7	乳酸乙酯	1 378.0
丙酸乙酯	557.0	癸酸乙酯	3.0	丁二酸二乙酯	5.4
丁酸乙酯	261.0	月桂酸乙酯	0.6	苯乙酸乙酯	0.75
戊酸乙酯	42.0	肉豆蔻酸乙酯	0.9	总 酯	4 380.9
己酸乙酯	424.0	棕榈酸乙酯	27.0		
庚酸乙酯	5.0	乙酸异戊酯	6.0		
（二）有 机 酸 类 化 合 物					
乙 酸	1442.0	庚 酸	4.7	油 酸	5.6
丙 酸	171.1	辛 酸	3.5	乳 酸	1057.0
丁 酸	100.6	壬 酸	0.3	亚油酸	10.8
异丁酸	22.8	癸 酸	0.5	月桂酸	3.2
戊 酸	29.1	肉豆蔻酸	0.7	苯甲酸	2.0
异戊酸	23.4	十五酸	0.5	苯乙酸	2.7
己 酸	115.2	棕榈酸	19.0	苯丙酸	0.4
异己酸	1.2	硬脂酸	0.3	总 酸	3016.5
（三）醇 类 化 合 物					
正丙醇	1 440.0	正戊醇	7.0	辛 醇	56.0
仲丁醇	141.0	β-苯乙醇	17.0	第二戊醇	15.0
异丁醇	178.0	2，3-丁二醇	151.0	第三戊醇	
正丁醇	113.0	正己醇	27.0	总 醇	2706.0
异戊醇	460.0	庚 醇	101.0		
（四）羰 基 类 化 合 物					
乙 醛	550.0	双乙酰	230.0	异戊醛	98.0
乙缩醛	12114.0	醋 酮	405.9	异丁醛	11.0
糠 醛	294.0	苯甲醛	5.6	总 量	2808.5

从以上分析结果可以看出，酱香型的茅台酒的醇、酯、酸和羰基类化合物组分有以下几个特点。

①有机酸总量很高，明显高于浓香型和清香型白酒。在有机酸组分中，乙酸含量多，乳酸含量也较多，它们各自的绝对含量是各类香型白酒相应组分含量之冠。同时，有机酸的种类也很多。在品尝茅台酒的口味时，能明显感觉到酸味，这与它的总酸含量高，乙酸与乳酸的绝对含量高有直接的关系。

②总醇含量高。在醇类化合物中，尤以正丙醇含量最高。这对于茅台酒的爽口有很大的关系。同时，醇类含量高还可以起到对其他香气组分"助香"和"提扬"的挥发作用。

③己酸乙酯含量并不高。一般在 40~50mg/100mL。茅台酒的酯类化合物组分种类很多，含量最高的是乙酸乙酯和乳酸乙酯。己酸乙酯在众多种类的酯类化合物中并没有突出它自身的气味特征。同时，酯类化合物与其他组分香气相比较，在茅台酒的香气中表现也不十分突出。

④醛、酮类化合物总量是各类香型白酒相应组分含量之首。特别是糠醛的含量，它与其他各类香型白酒含量相比是最多的；还有异戊醛、丁二酮和醋醯也是含量最多的。这些化合物的气味特征中多少有一些焦香与糊香的特征，这与茅台酒香气中的某些气味有相似之处。

⑤茅台酒富含高沸点化合物，是各香型白酒相应组分之冠。这些高沸点化合物包括了高沸点的有机酸、有机醇、有机酯、芳香酸和氨基酸。这些高沸点化合物的来源主要是由于茅台酒的高温制曲、高温堆积和高温接酒等特殊酿酒工艺带来的。这些高沸点化合物的存在，明显地改变了香气的挥发速度和口味的刺激程度。茅台酒富含有机酸及有机醇，其中乙酸、乳酸和正丙醇含量很高，这些小分子酸及醇一般具有较强的酸刺激感和醇刺激感，而在茅台酒的口味中，并没有体现出这样的尖酸口味和醇刺激性，我们能感觉到的是柔和的酸细腻感和柔和的醇甜感。这与高沸点化合物对口味的调节作用有很大的关系。在茅台酒的香气中，它的香气挥发并不是很飘逸和强烈，它表现出香气幽雅而持久，特别是在它的空杯留香中，长时间地保持它原有的香气特征，而不是一段时间就改变了它原有的香气，好像有物质将香气"固定"一样。这种特性也与高沸点化合物的存在有直接关系。前面已经讲述了，高沸点化合物能改变体系的饱和蒸气压，延续香气分子的挥发。因此，茅台酒富含高沸点化合物这一组分特点，是决定茅台酒某些风味特征的一个很重要的因素。

虽然醇、酯、酸和羰基类化合物的组分特点在一定程度上构成了茅台酒的某些风味特征，但似乎与它的"酱香气味"还没有直接的联系。因为，无论是酸、醇、酯和一些羰基类化合物（现已检出的）的单体气味特征，还是它们相互之间的气味和合都很难找出与"酱香气味"特征相似的地方，它们的气味特征相差较远。是否在茅台酒或酱香型白酒中还存在着一些其他组分，而这些组分的气味特征可能较接近酱香的气味特征，或由于组分之间的相互作用形成了类似酱香气味的特征？针对这些问题，人们从研究酱油香气的特征组分中得到了某些启示。虽然酱油的"酱气味"和茅台酒或酱香型白酒的"酱香气味"有区别，但它是否也有某种联系呢？通过研究酱油的香味组分发现，它的特征性化合物主要是 4-乙基愈创木酚（简称 4-EG）、麦芽酚、苯乙醇、3-甲硫基丙醇、2-乙酰吡咯和 4-羟基-2，5-乙基-5（2）-甲基-3（2H）-呋喃酮（简称 HEMF）等化合物。研究中指出，4-EG 主要来源于小麦在发酵过程中经酵母代谢作用所形成。4-EG 的气味特征被描述为：似"酱气味和熏香"气味。根据酱油香味组分的分析结果，研究工作者继而在酱香型的茅台酒中同样也检出了4－EG的存在，并根据4－EG的气味特征提出了4－EG为酱香型白酒主体香气成分的说法。但随着在浓香型白酒及其他香型类白酒中相继检出4－EG的存在，并且发现它在含量上与酱香型白酒中含量差别不大，所以，上述提法似乎显得证据不足。

（2）吡嗪类化合物及加热香气学说　食品在热加工过程中，由于游离氨基酸或二肽、还原糖以及甘油三羧酸酯或它们衍生物的存在，会发生非酶褐变反应，即美拉德反应，它会赋予食品特殊风味。这些风味的特征组分大都来源于美拉德反应的产物或中间体。它们多数是一些杂环类化合物，具有焙烤香气的气味特征。

茅台酒的生产工艺有高温制曲、高温堆积和高温接酒等操作过程，原料及发酵酒醅都经过了高温过程。因此，人们联想到茅台酒的酱香气味是否与食品的加热香气有关？相继展开了对茅台酒中杂环类化合物组分的分析研究。通过研究分析发现，杂环类化合物确实在酱香型白酒中含量很多，而且种类也很多，其中，尤以吡嗪类化合物含量最多。通过对其他各类香型中杂环类化合物的对比分析发现，酱香型白酒中的杂环类化合物无论是在种类上还是在数量上，都居各香型白酒之首。表11－12列出酱香型白酒中主要杂环类化合物的含量。

表11－12　　　　　　　　　　　　酱香型白酒中主要杂环化合物含量

名　称	含量/（μg/L）	名　称	含量/（μg/L）
吡嗪	37	2，6－二乙基吡嗪	247
2－甲基吡嗪	323	3－乙基－2，5－二甲基吡嗪	83
2，5－二甲基吡嗪	143	2－乙基－3，5－二甲基吡嗪	1402
2，6－二甲基吡嗪	992	四甲基吡嗪	53020
2，3－二甲基吡嗪	660	2－甲基－3，5－二乙基吡嗪	420
2－乙基－6－甲基吡嗪	796	3－异丁基－2，5－二甲基吡嗪	143
2－乙基－5－甲基吡嗪	27	2－乙基－3－异丁基－6－甲基吡嗪	46
三甲基吡嗪	4965	3－异戊基－2，5－二甲基吡嗪	151
3－丙基－5－乙基－2，6－二甲基吡嗪	105	3－异丁基吡嗪	80
3－甲基噁唑	375	噻唑	138
吡啶	180	总量	64333

从表11－12中可以看出，在吡嗪类化合物中，四甲基吡嗪含量最多。四甲基吡嗪及其同系物是在1879年，首次由国外研究者从甜菜糖蜜中分离得到的。后来在大豆发酵制品中也发现它的存在。四甲基吡嗪具有一种特殊的大豆发酵香气，很容易使人联想到像酱油和豆酱的发酵香气特征。因此，有人提出了吡嗪类化合物是酱香型白酒的酱香气味主体香物质。他们认为酱香气味主要来源于吡嗪类化合物的气味特征。

（3）呋喃类和吡喃类化合物及其衍生物学说　在研究酱香型白酒高温过程产生加热香气的同时，人们也注意到了高温过程仍可以产生一些呋喃类化合物。它主要是氨基糖反应的产物。在对酱油香气组分分析中，人们发现了HEMF（羟基呋喃酮）也是酱油香气的一个特征性组分。因此，人们又联想到酱香型白酒的酱香气味是否与此类化合物有内在的联系。

天津化学试剂一厂的周良彦曾对酱香型白酒的主要香气组分与呋喃类和吡喃类及其衍生物之间的关系做出过推测。他列出了下列 23 种呋喃及其衍生物，并从它们的气味及分子结构，以及与酱香气味的关系等方面进行推测。这 23 种呋喃及其衍生物是：4－羟基－2，5－乙基－5（2）－甲基－3（2H）－呋喃酮（简称 HEMF）、4－羟基－2，5－二甲基－3（2H）－呋喃酮（简称 HDMF）、3－羟基－4，5－二甲基－2（5H）－呋喃酮、4－乙基－3－已羟基－5－甲基－2（5H）－呋喃酮、5－乙基－3－羟基－4－甲基（5H）－呋喃酮、4－羟基－5－甲基－3（2H）－呋喃酮（简称 HMMF）、4－甲羧基－2，5－二甲基－3（2H）－呋喃酮、麦芽酚、2－乙基－3－羟基吡喃酮、2－异丙基－3－羟基吡喃酮、2－正丙基－3－羟基吡喃酮、2－苯基－3－羟基吡喃酮、5－羟基麦芽酚、2－乙基－3－羟基－6－甲基－4（4H）－吡喃酮、2－甲基－3－甲氧基－4H－吡喃酮、2－羟基－3－甲基－2－环戊二烯酮、3－乙基－2－羟基－2－环戊二烯酮、2－羟基－3－丙基－2－环戊二烯酮、2－羟基－3，4－甲基－2－环戊二烯酮、2－羟基－3，5－甲基－2－环戊二烯酮、异麦芽酚、4－乙基－2－甲氧基酚、3－羟基丁酮（醋醯）。

上述的化合物的感官特征大都具有焦香、糊香和类似所谓"酱香"的气味特征。周恒刚从呋喃类、吡喃类及其衍生物的化学结构、感官特征，以及这些化合物形成的物质结构出发，指出：呋喃类和吡喃类及其衍生物，在它们的分子结构中都具有相同的结构，它们大都含有羟基、羧基或甲氧基，具有 5 元或 6 元环状结构，含有氧原子，它们大多是一类具有焦香和糊香的气味发香基团。这类化合物芳香气味较强烈，特征明显。这类化合物主要是淀粉经水解变成各种单糖、低聚糖和多聚糖，经氨基糖反应产生的产物，因此它具备糖类的 5 环或 6 环结构。糖类是酿酒的基础物质，同时生产过程有酸性条件和氨基酸等物质的存在，在高温条件下必然会产生呋喃类和吡喃类物质及其衍生物。

由于分析等方面的局限，对酱香型白酒组分中呋喃类化合物的分析还不是很深入，但从目前已经分析出的一些呋喃类化合物的结果上看，这类化合物确实在酱香型白酒中占很重要的地位。糠醛，又称呋喃甲醛，它在酱香型白酒中的含量较高，是其他各类香型白酒相应组分含量最多的。在酱香型白酒中糠醛的含量是浓香型白酒的 10 倍以上。3－羟基丁酮（又称醋醯）是呋喃的一个衍生物，它在酱香型白酒中的含量也是较多的，是浓香型白酒含量的 10 倍以上。呋喃类化合物气味阈值较低，较少的含量就能从酒中察觉出它的气味特征。这类化合物不十分稳定，较易氧化或分解，它们一般都有颜色，常常呈现出油状的黄棕色。通过酒贮存过程中颜色及风味的变化，也可以推测出一些呋喃类化合物的作用关系。酱香型白酒的贮存期是各香型白酒中最长的，一般在 3 年左右。贮存期越长，酱香气味越明显，酒体的颜色也逐渐变黄。成品酱香型白酒大多带有微黄颜色。看来，一些具有 5 环或 6 环呋喃结构的前驱物质，在贮酒过程中，或氧化、还原，或分解，形成了各类具有呋喃部分分子结构的化合物，使酒体产生了一定的焦香、糊香或类似酱香气味的特征，这与呋喃类化合物的存在有着密切的因果关系。这种在贮酒过程中的风味变化，不但在酱香型白酒中存在，在浓香、清香或其他大曲白酒中均会存在。例如，在浓香型白酒中，经过长时间贮存的酒颜色逐渐变黄，气味上也逐渐产生所谓的"陈味"，有时会被误认为带有酱香的气味特征。清香型白酒同样也会遇到类似现象。因此，有人认为，白酒的陈酿、老熟是具有呋喃结构的化合物氧化还原或分解形成的，陈香气味是这些化合物的代表气味特征。从以上的推测和结合实际的酿酒经验及现有的分析结果可以初步看出，呋喃类、吡喃类及其衍生物与酱香气味和陈酒香气有着某种内在的联系。

（4）酚类、吡嗪类、呋喃类、高沸点酸和酯类共同组成酱香复合气味学说　这种说法是概括了上述3种学说而提出的一种复合香气学说。它提出：酱香型白酒的酱香气味并不是某一单体组分所体现，而是几类化合物共同作用的结果。在酱香气味中，体现出了焦香、糊香和"酱香"的气味特征，这与4－EG、吡嗪类化合物和呋喃类化合物的气味特征有某些相似之处，但酱香型白酒中的酱香气味与焦香、糊香和"酱味"是有区别的，这种复合酱香气味很可能是这几类化合物以某种形式组合而成。同时，酱香型白酒特有的空杯留香主要是由高沸点酸类物质决定的。

这一学说包括的范围较广，也没有足够的证据来说明几种类型化合物之间的作用关系。但高沸点化合物对空杯留香的作用无疑是肯定存在的。

总之，对酱香型白酒的香味组分的研究还未彻底弄清楚，还有许多未知的成分及问题等待进一步解决，相信随着技术的发展，彻底摸清酱香型白酒的组分特点一定会实现。

2. 酱香型白酒的风味特征

典型酱香型白酒的风味特征是：无色或微黄，透明，无沉淀及悬浮物。闻香有幽雅的酱香气味，空杯留香，幽雅而持久；入口醇甜，绵柔，具有较明显的酸味，口味细腻，回味悠长。

酱香型白酒在外观上多数具有微黄颜色，在气味上突出独特的酱香气味，香气不十分强烈，但很芬芳、幽雅，香气非常持久、稳定；空杯留香仍能长时间保持原有的香气特征。在口味上突出了绵柔，不刺激，能尝出明显的柔和酸味，味觉及香气持久时间很长，落口比较爽口。

五、西凤酒主要香味组分特点及风味特征

凤香型白酒是指具有西凤酒香气风格的一类白酒，其代表产品是陕西的西凤酒，它工艺特殊，香气风格独特，贮存容器也与其他香型白酒差异很大。国家正式将此类酒定为凤香型酒。

1. 西凤酒主要香味组分特点

西凤酒主要香味组分含量见表11－13。

从表11－13中可以看出凤香型白酒的香味组分有以下几个特点：

（1）凤香型白酒香味组分特点介于浓香型与清香型白酒之间　组分的总含量上均低于浓香型和清香型白酒，其中，总酸与总酯含量明显低于浓香型白酒，略低于清香型白酒。

（2）凤香型白酒酯类化合物组分中，乙酸乙酯含量最高　它的绝对含量低于清香型和浓香型白酒，它的浓度在80～150mg/100mL。己酸乙酯的含量高于清香型白酒，而明显低于浓香型白酒。己酸乙酯含量的高低，将会影响凤香型白酒的整体风味和典型风格。当己酸乙酯含量大于50mg/100mL时，凤香型白酒的典型风格将发生偏格；当浓度低于10mg/100mL时，也会偏向清香型风味。所以己酸乙酯在体系的含量将会极大地影响着凤香型白酒的风格，它的含量一般在10～50mg/100mL。同时，乙酸乙酯与己酸乙酯也应有一个恰当的比例，否则也会影响凤香型白酒的风格，它们的比例为：乙酸乙酯：己酸乙酯＝1：（0.12～0.23）；乳酸乙酯与乙酸乙酯的比例为（0.6～0.8）：1。丁酸乙酯、丁酸和己酸的含量在凤香型白酒中，明显低于浓香型白酒，而高于清香型白酒。

表 11 -13 西凤酒主要香味组分含量

名　称	含量/（mg/L）	名　称	含量/（mg/L）	名　称	含量/（mg/L）
（一）酯类化合物					
甲酸乙酯	13.9	苯乙酸乙酯	1.4	己酸戊酯	3.2
乙酸乙酯	1177.8	苯甲酸乙酯	1.0	壬酸乙酯	0.5
丙酸乙酯	0.44	癸酸乙酯	2.7	月桂酸乙酯	1.2
丁酸乙酯	68.6	乙酸丁酯	2.4	肉豆蔻酸乙酯	2.1
乳酸乙酯	718.1	乙酸异戊酯	15.6	棕榈酸乙酯	12.0
戊酸乙酯	7.9	己酸丁酯	3.4	亚油酸乙酯	9.9
己酸乙酯	55.4	己酸异戊酯	0.6	油酸乙酯	6.7
庚酸乙酯	7.1	丁酸异戊酯	0.7	总　酯	2135.6
丁二酸二乙酯	1.5	异戊酸异戊酯	4.7		
辛酸乙酯	7.4	正戊酸异戊酯	5.4		
（二）醇类化合物					
正丙醇	214.7	正丁醇	21.3	己　醇	42.1
2，3 - 丁二醇	20.8	2 - 戊醇	8.3	仲丁醇	37.3
异丁醇	213.9	异戊醇	520.1	β - 苯乙醇	7.1
正戊醇	28.6	辛　醇	0.2	总　醇	1302.4
庚　醇	0.8	糠　醇	4.3		
（三）有机酸类化合物					
甲　酸	7.3	己　酸	90.2	亚油酸	2.3
乙　酸	432.9	庚　酸	7.8	油　酸	3.4
丙　酸	7.5	辛　酸	3.7	丁二酸	0.8
丁　酸	109.0	壬　酸	0.4	苯乙酸	0.4
异丁酸	9.8	癸　酸	0.5	总　酸	770.2
戊　酸	8.2	乳　酸	68.9		
异戊酸	8.5	棕榈酸	8.6		
（四）羰基类化合物					
乙　醛	356.6	异丁醛	3.9	总　量	792.1
乙缩醛	424.1	苯甲醛	2.8		
异戊醛	1.7	糠　醛	3.0		
（五）其他类化合物					
醋　酮	13.5	邻甲酚	0.14	6 - 甲基 -2 - 乙基吡嗪	0.09
1，1 - 二乙氧基	3.2	对甲酚	1.79	三甲基吡嗪	0.2
丙酸羟胺	100 ~ 200	间甲酚	0.05	3，6 - 甲基 -2 - 乙基吡嗪	0.12
乙酸羟胺	（固形物中有）	4 - 乙基酚	0.04	四甲基吡嗪	1.48
苯　酚	1.35	4 - 乙基木酚	0.08	总　量	2.04
				（不含羟胺）	

（3）凤香型白酒的醇类化合物含量较高　这是它组分中很重要的一个特点，并影响着这类白酒的风味。它的总醇含量明显高于清香型和浓香型白酒。在醇类组分中，异戊醇和

正丁醇的含量最高，其次异丁醇的含量也较高。总醇与总酯含量的比例大约在0.55∶1。风香型白酒在总酯及总组分含量相对较低的情况下，有如此高含量的醇类组分，这必然会在它的气味中突出醇香的气味特征，构成风香型白酒香气的一个特点，并影响到它的口味感觉，显得较为刺激。因为醇类化合物尤其是低碳链醇较易挥发并带有较强烈的刺激性口味。因此，醇类的气味和微弱的酯类香气构成了风香型白酒香气的主体特征，其中，酯类香气突出了淡淡的乙酸乙酯气味，而己酸乙酯气味不很明显。

（4）风香型白酒含有较大量的乙酸羟胺和丙酸羟胺　这与它贮酒使用的特殊容器材质有直接关系，这样使得风香型白酒的固形物含量较高。

（5）风香型白酒中也含有其他类化合物组分　如酚类，吡嗪类化合物等，但它们的绝对含量较低。

总之，风香型白酒的香味组分构成，从整体上来讲介于清香型与浓香型白酒之间。它组分的独特之处是总组分含量低，总酯含量较低，而总醇含量明显高出两类香型白酒，同时，它的己酸乙酯含量在一个比较固定的含量范围，乙酸乙酯与己酸乙酯的含量比例也较为固定。这些组分的特点能够从它的风味特征上明显感觉到。

2. 风香型白酒的风味特征

典型风香型白酒的风味特征是：无色清亮透明，具有醇香突出，以乙酸乙酯为主的、一定量的己酸乙酯和其他酯类香气为辅的微弱酯类复合香气。入口突出醇的浑厚、挺烈的特点，不暴烈，落口干净、爽口。

六、特型酒主要香味组分特点及风味特征

特型白酒是指具有江西四特酒风格的一类白酒，该类酒是江西传统产品，它以其独特的生产工艺及原料使用方法，使四特酒形成了特有的风格特征。

1. 特型酒主要香味组分特点

特型酒主要香味组分特点见表11 – 14。

表 11 –14　　　　　　　　　　特型酒主要香味组分含量

名　称	含量/（mg/L）	名　称	含量/（mg/L）	名　称	含量/（mg/L）
（一）醇　类　化　合　物					
甲　醇	124.0	异戊醇	430.6	2，3 – 丁二醇（左旋）	41.0
正丙醇	1547.0	2 – 甲基 – 1 – 丁醇	95.7	2，3 – 丁二醇（内	
异丁醇	200.8	正戊醇	10.3	消旋）	12.4
2 – 丁醇	172.4	正己醇	12.2	β – 苯乙醇	9.3
正丁醇	47.9	1，2 – 丙二醇	2.0	糠　醇	7.2
2 – 戊醇	4.5	正庚醇	1.8	总　醇	2718.3
（二）酯　类　化　合　物					
甲酸乙酯	44.5	丙酸乙酯	94.3	戊酸乙酯	115.6
甲酸己酯	1.1	异丁酸乙酯	3.4	2 – 甲基戊酸乙酯	0.7
乙酸乙酯	1354.6	丁酸乙酯	95.3	异己酸乙酯	2.1
乙酸异丁酯	0.8	丁酸异戊酯	0.2	己酸甲酯	0.1
乙酸异戊酯	2.7	丁酸 – 2 – 甲基丁酯	1.0	己酸乙酯	220.2

续表

名　称	含量/（mg/L）	名　称	含量/（mg/L）	名　称	含量/（mg/L）
乙酸己酯	1.0	异戊酸乙酯	2.1	己酸异丁酯	0.7
己酸-2-丁酯	0.1	异庚酸乙酯	2.5	硬脂酸乙酯	1.8
己酸丁酯	0.6	辛酸乙酯	39.5	油酸乙酯	18.3
己酸异戊酯	0.3	壬酸乙酯	3.9	亚油酸乙酯	28.4
己酸-2-甲基丁酯	0.1	癸酸乙酯	2.0	乳酸乙酯	1118.0
己酸正戊酯	0.1	月桂酸乙酯	1.0	丁二酸二乙酯	3.4
己酸己酯	0.1	肉豆蔻酸乙酯	8.7	苯乙酸乙酯	<1.0
庚酸乙酯	81.0	棕榈酸乙酯	70.9	总　酯	3294.1

（三）有　机　酸　类　化　合　物

名　称	含量	名　称	含量	名　称	含量
乙酸	820.5	辛酸	12.4	油酸	4.8
丙酸	69.1	壬酸	1.1	亚油酸	8.1
异丁酸	5.2	癸酸	0.8	苯甲酸	0.3
丁酸	73.2	十三酸	0.2	苯乙酸	0.5
异戊酸	6.0	肉豆蔻酸	2.8	苯丙酸	0.4
戊酸	58.3	十五酸	0.2	总　酸	1278.2
异己酸	1.2	棕榈酸	24.6		
己酸	133.1	棕榈油酸	0.4		
庚酸	54.5	硬脂酸	0.5		

（四）羰　基　类　化　合　物

名　称	含量	名　称	含量	名　称	含量
乙醛	166.8	壬醛	0.3	2-庚酮	0.3
正丙醛	3.5	苯甲醛	4.3	2-辛酮	0.4
异戊醛	55.1	糠醛	37.6	醋酐	52.7
2-甲基丁醛	14.0	2-戊酮	0.3	总　量	335.3

（五）缩　醛　类　化　合　物

名　称	含量	名　称	含量
1,1-二乙氧基乙烷	239.7	1,1-二乙氧基-2-甲基丁烷	5.3
1,1-二乙氧基丙氧基乙烷	0.2	1,1-二乙氧基异戊烷	24.4
1,1-二乙氧基异戊氧基乙烷	0.3	总　量	271.6
1,1-二乙氧基异丁烷	1.7		

（六）含　氮　杂　环　类　化　合　物

名　称	含量	名　称	含量
吡嗪	13	2-乙基-6-甲基吡嗪	86
2-甲基吡嗪	46	2-乙基-5-甲基吡嗪	3
2,5-二甲基吡嗪	59	三甲基吡嗪	246
2,6-二甲基吡嗪	123	2,6-二乙基吡嗪	7
2,3-二甲基吡嗪	61	2-乙基-3,3-二甲基吡嗪	59
四甲基吡嗪	603	3-异丁基吡啶	89
2-甲基-3,5-二乙基吡嗪	31	噻唑	121
2-乙基-3-异丁基-6-甲基吡嗪	12	三甲基噻唑	51
3-异丁基-2,5-甲基吡嗪	15	总　量	1823
吡啶	198		

（七）含　硫　化　合　物

名　称	含量	名　称	含量
二甲基二硫	161	总　量	317
二甲基三硫	156		

从表 11 - 14 可以看出，特型白酒香味组分有如下几个特点：

（1）四特酒富含奇数碳的脂肪酸乙酯，其含量是各类香型白酒相应组分之冠。这些奇数碳的乙酯包括了丙酸乙酯、戊酸乙酯、庚酸乙酯和壬酸乙酯。其中，除戊酸乙酯绝对含量小于己酸乙酯外，其余的奇数碳脂肪酸乙酯的含量均大于它相邻的偶数碳脂肪酸乙酯。庚酸乙酯与己酸乙酯含量的比例为 1∶2.5 左右。庚酸乙酯的绝对含量和它在酯类组分中所占的比例是各类香型白酒中较大的，这将会在四特酒的酯类香气特征中有所体现。另外，丙酸乙酯的含量也超过了丁酸乙酯的含量。丙酸乙酯和壬酸乙酯在四特酒中的绝对含量是各类香型白酒相应组分之首。

（2）四特酒中的正丙醇较多，这与丙酸乙酯和丙酸的高含量有很好的相关性。

（3）四特酒含有特别高含量的高级脂肪酸及其乙酯，它是其他各类香型白酒无法比拟的。这一类化合物主要是指 14～18 个碳的脂肪酸及其乙酯。如，肉豆蔻酸（及乙酯）、棕榈酸（乙酯）、油酸（乙酯）、亚油酸（乙酯）和硬脂酸（乙酯）等。就它们的绝对含量而言，棕榈酸及其乙酯含量最多，其次是亚油酸（乙酯）和油酸（乙酯）。这些高级脂肪酸及其乙酯对四特酒的口味柔和与香气持久起了相当大的作用。

四特酒的酯类组分含量与其他组分相比较是最多的。因此，在它的香气中主要还是突出酯类的香气特征。在酯类化合物中，乙酸乙酯、乳酸乙酯和己酸乙酯的绝对含量最多，因此，在酯类香气中主要突出了以己酸乙酯为主的香气特征，这一点与浓香型白酒类似。值得注意的是，庚酸乙酸与丙酸乙酯的绝对含量较高，尤其是庚酸乙酯含量较高，它与己酸乙酯的含量相比较所占的比例相当大。同时，庚酸乙酯也具有较低的阈值，所以，庚酸乙酯的气味特征必然会在酯类香气中表现出来，这也是四特酒香味组分及风味的一大特点。它也有别于浓香型白酒的酯类香气特征。另外，四特酒酿酒原料使用了整粒大米，混蒸混烧发酵工艺。在四特酒的香气中还能感觉到轻微的大米煮熟的香气，这些气味特征与哪些化合物相关联还不得而知。

2. 特型白酒的风味特征

典型特型白酒的风味特征是：无色、清亮透明，闻香以酯类的复合香气为主，酯类香气突出以乙酸乙酯和己酸乙酯为主体的香气特征。入口放香有较明显的似庚酸乙酯气味的酯类香气。闻香还有轻微的焦煳香气。口味柔和而持久，甜味明显。

七、芝麻香型白酒的香味成分特点及风味特征

芝麻香型白酒在风味特征上有别于清香、浓香、酱香和米香型白酒。它的代表产品是山东景芝白干酒。关于芝麻香的提法，主要是指该类香型白酒的香气特征有类似炒熟芝麻的香味特征。又有人说它是一种焦香气味。尽管这些提法并不十分确切，但它却道出了这类白酒的特征所在。

1. 芝麻香型白酒的香味成分特点

芝麻香型白酒从定性成分上看，它与浓香、清香和酱香型白酒的定性成分大致相同，但由于一些特征性组分的绝对量与相互之间的量比关系，决定了芝麻香型白酒与上述三大香型白酒的风味有较大的差异。近些年来，对景芝白干酒的特征性组分做了大量的研究与分析工作，对它的香味组分特点有了进一步的了解。最近，这一类型白酒被正式确定为一大香型白酒。芝麻香型白酒，就其醇类、酸类和酯类化合物组分来讲，未能看出有什么独

特的地方，它介于浓香、清香和酱香型白酒相应组分之间。表 11 – 15 列出了景芝白干酒主要香味组分含量。

表 11 – 15　　　　　　　　　　景芝白干主要香味组分含量

名　　称	含量/（mg/L）	名　　称	含量/（mg/L）
（一）醇、酸、酯、醛类化合物			
正丙醇	170.7	乳酸	52.0
仲丁醇	88.0	乙酸乙酯	1600.0
异戊醇	332.0	丁酸乙酯	179.0
异丁醇	194.0	己酸乙酯	324.0
正丁醇	155.5	乳酸乙酯	572.0
甲酸	11.0	乙醛	203.0
乙酸	466.0	乙缩醛	163.0
丙酸	21.0	糠醛	50.0
丁酸	69.0	β–苯乙醇	4.6
己酸	78.0	丁二酸二乙酯	4.0
（二）吡嗪类及其他杂环类化合物			
吡嗪	23	四甲基吡嗪	156
2–甲基吡嗪	154	2–甲基–3，5–乙基吡嗪	17
2，5–二甲基吡嗪	57	3–异丁基–2，5–二甲基吡嗪	12
2，6–二甲基吡嗪	341	2–乙基–3–异丁基–6–甲基吡嗪	33
2，3–二甲基吡嗪	48	3–异戊基–2，5–二甲基吡嗪	7
2–乙基–6–甲基吡嗪	244	3–丙基–5–乙基–2，6–二甲基吡嗪	26
2–乙基–5–甲基吡嗪	21	3–异丁基吡嗪	3
三甲基吡嗪	217	吡啶	101
2，6–二乙基吡嗪	40	噻唑	49
3–乙基–2，5–二甲基吡嗪	31	三甲基噁唑	49
2–乙基–3，5–二甲基吡嗪	93		

从芝麻香型景芝白干酒的香味组分中可以看出：在景芝白干酒中，体现浓香型白酒组分特点的己酸乙酯及其他乙酯类化合物的绝对含量明显低于浓香型白酒，也低于酱香型与兼香型白酒的相应组分含量，但它却高于清香型白酒的相应组分含量。这一点正好与其香气淡雅风格相吻合。从乙酸乙酯、丁二酸二乙酯、正丙醇和异戊醇等组分的含量特点上看，它又有清香型白酒相应组分的含量特点。这一特点使得景芝白干酒在某种程度上有清香型白酒的某些风味特点。但它的乙酸乙酯和丁二酸二乙酯的绝对含量比清香型白酒低，略高于浓香型与酱香型白酒的相应组分。景芝白干酒的香气特征并不是它的酯类香气有什么独特之处，而是在它的香气中具有一种类似炒芝麻的气味特点，当然，这种气味并不完全是炒芝麻的香气。这种特殊的气味与其他类香气组合，形成了芝麻香型景芝白干酒特有的香气风格。这种香气风格有别于浓香型、清香型、酱香型和兼香型等其他类型白酒的香气风格。既然这种特殊气味左右了这种香型白酒的香气风格，那么这种气味所对应的特征性化合物组分是什么？这很自然地使人联想到炒芝麻或芝麻油香气的特征性化合物组分。国外的研究工作者曾经对芝味及芝麻油香气组分做过许多研究，近年来，国内也有许多研

究人员开始问津这一领域。他们一般认为烷基吡嗪和乙酰吡嗪是芝麻香气的主要组分。1989 年，日本的 Nakamura 等人报道了芝麻油挥发性香味组分的系统研究结果，他们从芝麻油中鉴定了 221 种组分，其中有 8 个类型共 103 种组分属杂环类化合物，它包括了 38 种吡嗪类，17 种呋喃类，11 种噻吩类和 2 种吲哚类。另外还有 20 种含硫化合物和 13 种酚类化合物。20 世纪 90 年代初，中国食品发酵工业研究所及有关单位对景芝白干酒及其他的芝麻香型白酒中的吡嗪类、呋喃类和含硫化合物做了大量的分析研究，结果发现，芝麻香型白酒中确实存在一些芝麻油香气的特征性组分。

从芝麻香型白酒中定性鉴定出了 36 种含氮杂环化合物，其中，29 种属吡嗪及烷基吡嗪类化合物。这些吡嗪类化合物的总量在 1100 ~ 1500μg/L，含量比较稳定。这一含量虽然远远低于酱香型白酒，略低于浓、酱兼之的兼香类型白酒，但它却明显高于清香型和浓香型白酒（200 ~ 500μg/L）。当体系中酯类含量较高或某一种酯类浓度相当高，体系中酯类香气作用占绝对优势时，吡嗪类化合物在它们的组分中所占的比例相对变小，香气作用在体系中就不会十分突出。在芝麻香型白酒中，总酯含量及己酸乙酯的含量相对较低，吡嗪类化合物又有相当的绝对含量，它相对酯类组分或己酸乙酯的含量所占的比例增加，因此，在芝麻香型白酒香气中吡嗪类化合物的香气作用必然会突出地表现出来。

含氧的呋喃类化合物，在芝麻香型白酒中的含量也呈现出类似吡嗪类化合物的特点。它低于酱香型白酒，略低于兼香型白酒，而明显高于清香型和浓香型白酒。呋喃类化合物大多具有甜样的焦香气味，极易与吡嗪类化合物的气味和合，形成有特点的焦香香气，它在酯类香气较淡雅的芝麻香型白酒香气中的作用也不容忽视。

另外，值得特别注意的是，从芝麻香型白酒中还检出了 3 种含硫化合物，它们的色谱图峰值特别引人注目。它与酱香型、兼香型、特型、凤香型和清香型白酒中相应组分的峰值有强烈的反差。它的峰值远远高于其他类型白酒。经初步认定，这些含硫的化合物是：二甲基三硫，3 - 甲硫基丙醇，3 - 甲硫基丙酸乙酯。它们成了芝麻香型白酒中很特殊的特征性组分。含硫化合物由于它发香硫原子的原因，一般具有非常强烈而典型的气味特征，阈值极低。一般它在不同浓度时呈现出不同的气味特征。在浓度为 1 ~ 5mg 时，呈现出葱蒜样气味，在浓度为 5 ~ 10μg/100mL 时，呈现出似咸样的焦香气味。含硫化合物作为芝麻香型白酒的一个特殊组分，近来在制定它的标准时，已经将 3 - 甲硫基丙醇列为一项指标。相信随着研究的深入，对芝麻香型白酒香味组分的剖析一定会有助于稳定和提高它的质量。

2. 芝麻香型白酒的风味特征

典型芝麻香型白酒的风味是：无色、清亮透明，闻香有以乙酸乙酯为主要酯类的淡雅香气，焦香突出，入口放香以焦香和糊香气味为主，香气中带有似"炒芝麻"的气味。口味比较醇厚，爽口，似老白干类酒的口味，后味稍有苦味。

八、兼香型白酒的香味成分特点及风味特征

1. 兼香型白酒的香味组分特点

所谓"兼香"，这里特指浓香型和酱香型白酒的风味特点兼而有之，同时，将这两类香型白酒的风格特征协调统一到一类白酒风味上体现出来。这一类型的代表产品是湖北的白云边酒和湖南的白沙液酒，另外还有黑龙江的玉泉酒。

兼香型类白酒的香味成分特点与它的风味具有浓和酱香型白酒风味，兼而有之相结合。从这类白酒的一些香味组分与浓香型和酱香型白酒主要特征性组分做比较可以看出这一点，见表 11 - 16，表 11 - 17。

表 11 - 16　　　　　　　　　　浓、酱和兼香型白酒香味组分对比　　　　　　　单位：mg/L

组分含量类别	浓香型白酒	酱香型白酒	白云边酒
己酸乙酯	2140	265	913
己酸	470	191	311
己酸酯总量	26.6	3.8	6.9
糠醛	40	260	152
β - 苯乙醇	1.9	23	13
苯甲醛	1.0	5.6	3.4
丙酸乙酯	15.4	62.7	46.7
异丁酸乙酯	4.4	18.1	7.2
2，3 - 丁二醇	7.4	33.9	10.7
正丙醇	214	770	692
异丁醇	114	223	160
异戊酸	11	25	23
异戊醇：2 - 戊醇	4.9 ~ 5.7	3.6 ~ 3.9	4.3 ~ 4.7

表 11 - 17　　　　　　　　　　浓、酱和兼香型白酒杂环化合物含量比较　　　　　单位：mg/L

组分含量类别	酱香型白酒	浓香型白酒	白云边酒
2 - 甲基吡嗪	21	323	191
2，5 - 二甲基吡嗪	143	8	83
2，6 - 二甲基吡嗪	992	376	792
2，3 - 二甲基吡嗪	660	11	157
2 - 乙基 - 6 - 甲基吡嗪	796	108	418
2 - 乙基 - 5 - 甲基吡嗪	27	96	—
三甲基吡嗪	4965	294	729
2，6 - 二乙基吡嗪	247	—	88
3 - 乙基 - 2，5 - 二甲基吡嗪	83	8	27
2 - 乙基 - 3，5 - 二甲基吡嗪	1402	57	299
四甲基吡嗪	53020	195	482
2 - 甲基 - 3，5 - 二乙基吡嗪	420	23	61
3 - 异丁基 - 2，5 - 二甲基吡嗪	143	45	62
3 - 异戊基 - 2，5 - 二甲基吡嗪	151	—	—
3 - 丙基 - 5 - 乙基 - 2，6 - 二甲基吡嗪	105	—	—
吡啶	180	82	160
噻唑	138	98	100
三甲基噁唑	375	—	—

从表 11-16、表 11-17 中的对比数据可以看出，兼香型的白云边酒，在标志浓香和酱香型白酒特征的一些化合物组分含量上恰恰落在了浓香与酱香型白酒之间，较好地体现了它浓、酱兼而有之的特点。然而，它的某些组分含量并不是完全都介于浓、酱之间，有些组分比较特殊，它的含量高出了浓香与酱香型白酒相应组分许多倍，这也表明了兼香型白酒除了浓、酱兼而有之以外的个性特征。

在兼香型的白云边酒中，庚酸的含量较高，它是酱香型白酒的 10 倍以上，是浓香型白酒的 7 倍左右；与此相应的庚酸乙酯含量也较高；2-辛酮的含量虽然仅在 1mg/L 数量级，但它的含量高出浓香和酱香型白酒许多倍。过去认为乙酸异戊酯在酱香型白酒中含量较多，丁酸在浓香型白酒中含量最多，异丁酸则与酱香型白酒有缘，但从白云边酒的香味组分上看，这几个组分的含量要比浓香和酱香型白酒高出许多。兼香型的白云边酒虽然在一些组分上有突出的含量，但这些组分与它的酯类组分的绝对含量相比，低得多。它们在白酒香气中能否突出其"个性"，从感官上看还不能达到，但至少这些突出含量的组分是兼香型白酒的一个组分特点。突出兼香型白酒风味"个性"的特征性化合物究竟是什么？这还有待于今后进一步研究。

兼香型白酒的另一代表产品是黑龙江玉泉白酒，它与白云边酒和白沙液酒同属兼香型，但在风格及组分特点上有所差异。白云边酒在香气上较为突出酱香气味，在入口放香上能体现出浓香的己酸乙酯香气；而玉泉白酒则在香气上较为突出了浓香的己酸乙酯香气，而在入口放香上又体现出了较突出的酱香气味。这些风味上的差异在其香味组分上必然有所反映。玉泉白酒的己酸乙酯含量比白云边酒高出近 1 倍，玉泉白酒的己酸含量超过了乙酸含量，而白云边酒则是乙酸含量大于己酸含量。从某种意义上讲玉泉白酒更偏向浓香型的特点。此外，玉泉白酒的乳酸、丁二酸和戊酸含量较高，它的正丙醇含量较低，只有白云边酒的 50% 左右，它的己醇含量高达 40mg/100mL，糠醛含量高出白云边酒近 30%，比浓香型白酒高出近 10 倍，与酱香型白酒较接近；它的 β-苯乙醇含量较高，比白云边酒高出 23%，与酱香型白酒接近；丁二酸二乙酯含量比白云边酒高出许多倍。当然玉泉白酒仍属兼香型白酒，白云边酒的 7 种突出组分含量的特点它也仍然具备。

2. 兼香型白酒的风味特征

兼香型白酒的风味有两种风格：一种是以白云边酒为代表的风格；一种是以玉泉白酒为代表的风格。

白云边酒的风味特征是：无色（或微黄）透明，闻香以酱香为主、酱浓谐调，入口放香有微弱的己酸乙酯的香气特征，香味持久。

玉泉白酒的风味特征是：无色（或微黄）透明，闻香有酱香及微弱的己酸乙酯香气，浓酱谐调，入口放香有较明显的己酸乙酯香气，后味带有酱香气味，口味绵甜。

九、药香型白酒的香味成分特点及风味特征

药香型白酒是以贵州遵义董酒为代表。它传统上采取大曲与小曲并用，还在制曲配料中添加了数十味中药。它的酿酒工艺是小曲发酵酿酒、大曲发酵制成香醅，并采用串蒸的独特蒸馏方式进行。这类酒的香气有浓郁的酯类香气并有舒适的药香，在香气风格上明显区别于其他类香型白酒。

1. 药香型白酒的香味成分特点

关于这类白酒药香气味的特征性组分的研究较少，但从这类白酒的醇类、酸类、酯类及羰基类化合物的组分上也可以看出这类白酒的一些特点，见表 11 – 18。

表 11 – 18　　　　　　　　　　　董酒主要香味组分含量

组　分	含量/（mg/L）	组　分	含量/（mg/L）	组　分	含　量/（mg/L）
正丙醇	1470.0	丁酸乙酯	280.0	甲　酸	32.0
仲丁醇	1328.0	戊酸乙酯	19.0	乙　酸	1321.0
异丁醇	432.0	己酸乙酯	431.0	丙　酸	206.0
正丁醇	348.0	乳酸乙酯	752.0	丁　酸	462.0
异戊醇	929.0	乙　醛	205.0	戊　酸	97.0
正戊醇	47.0	异戊醛	—	己　酸	311.0
甲酸乙酯	32.0	乙缩醛	96.0	乳　酸	487.0
乙酸乙酯	1211.0	双乙酰	4.0		

从表 11 – 18 中可以看出，董酒由于它独特的酿酒工艺，在香味组分上表现出如下几个特点：

（1）它的总酸含量非常高，其中乙酸含量最高。非常突出的是，这类白酒的丁酸含量超群，超过了任何一种香型白酒的丁酸含量，相对应的丁酸乙酯含量也较高，这一组分特点很明显地反映到它的香气特征中带有突出的丁酸与丁酸乙酯的气味特征。

（2）它的醇类化合物含量较高，总醇含量超过了总酯含量。这一点与米香型白酒的组分特点有相似之处。在醇类化合物中，正丙醇、仲丁醇和异戊醇的含量较高。

（3）它的组分中含有一定量的己酸乙酯、丁酸乙酯和己酸组分，使得它在香气中具有某些浓香型白酒的香气特点。

（4）它的总酯含量低于总酸含量。这一点与其他各类香型白酒的组分构成相反。一般是总酸含量大于总酯含量。

（5）它含有较多种类的香味组分，它的乳酸乙酯含量较低，大约是其他各类香型白酒相应组分的 35% ~50%。

目前，对董酒这类具有独特生产工艺及使用原料的特殊香气类型白酒的香味组分的研究还不是很深入，尤其是对它的药香气味的特征性组分的研究，这需今后进一步探索研究。

2. 药香型白酒的风味特征

药香型的董酒的风味特征是：无色清澈透明、闻香有较浓郁的酯类香气，药香突出，带有丁酸及丁酸乙酯的复合气味，入口能感觉出酸味，醇甜，回味悠长。

这类白酒突出的风味特点是有与众不同的药香气味，并能在它的香气中感觉出丁酸及丁酸乙酯的气味。虽然这类酒也使用了小曲发酵制酒，但酒的口味明显比小曲白酒口味浓厚，持久，香气浓郁丰满。

十、混合香（馥郁香）型白酒的香味成分特点及风味特征

混合香不是标准提法，它应属于兼香。作者认为，所谓"兼香"，不应该只是"浓兼酱"或"酱兼浓"，还可以是"清兼酱"、"米兼浓"或"米、清、浓兼而有之"等。湖南省

的湘泉酒，是以大米和整粒高粱为原料，采用四川小曲法先培菌糖化，后固态发酵的小曲清香工艺，同时，它又采用了粮糟配糖化糟，以大曲为糖化发酵剂，续糟入泥窖发酵，固态蒸馏酿制而成。这种酒既有小曲的清香和米香型白酒的一些风格特点，又有浓香型白酒的某些风格特点。因此，有人将此类白酒的香气特点称为"混合香"或称"馥郁香"。

对混合香类型的湘泉酒香味组分的研究还很初步，从现有的分析结果上看，它大体具备了清香、米香和浓香型白酒香味组分的某些特点，同时也有它自身的一些特殊组分构成，见表11-19。

表 11 - 19　　　　　　　　　　　　　湘泉酒主要香味组分含量

组　分	含量/（mg/L）	组　分	含量/（mg/L）	组　分	含　量/（mg/L）
己酸乙酯	1300 ~ 1500	丙　酸	25 ~ 50	正丁醇	150 ~ 300
乙酸乙酯	1200 ~ 1500	丁　酸	250 ~ 400	异戊醇	350 ~ 500
甲酸乙酯	40 ~ 60	异戊酸	20 ~ 40	正戊醇	10 ~ 30
丁酸乙酯	200 ~ 400	庚　酸	10 ~ 15	正己醇	50 ~ 150
庚酸乙酯	20 ~ 50	辛　酸	10 ~ 15	乙　醛	250 ~ 350
辛酸乙酯	20 ~ 40	异丁酸	15 ~ 30	乙缩醛	300 ~ 350
乳酸乙酯	1000 ~ 1400	正丙醇	250 ~ 450	糠　醛	20 ~ 40
乙　酸	600 ~ 700	仲丁醇	50 ~ 150		
己　酸	600 ~ 700	异丁醇	150 ~ 250		

从表11-19结果上看，湘泉酒中酯类化合物组分以乙酸乙酯、己酸乙酯和乳酸乙酯含量最多，这三大酯的含量近乎平行，三者的比例关系为：乙酸乙酯：己酸乙酯：乳酸乙酯=0.96:1:0.86。这个酯类的量比关系区别于浓香型、清香型和米香型白酒。它是湘泉酒酯类组分中特殊的量比关系。从酯类组分的绝对含量及香气阈值上看，湘泉酒中己酸乙酯的香气作用起了较重要的作用，这一点与浓香型白酒类似。湘泉酒中醇类组分的含量及量比关系有类似米香型和清香型白酒相应组分的某些特点，其中异戊醇：正丙醇：正丁醇：异丁醇为1:0.87:0.56:0.44，这个比例高于浓香型与清香型大曲白酒相应组分的比例，而低于米香型和小曲清香型白酒相应组分的比例。在总酸和总醛含量上，湘泉酒又呈现出类似浓香型白酒相应组分的特点，它高于清香型与米香型白酒相应组分含量。此外，在湘泉酒中还具有明显的蜜甜香气和大米原料的香气，关于这些香气特点的特征性组分的分析还未做系统的研究。总之，在湘泉酒的醇类、酸类、酯类和羰基类化合物组分上，它同时具有浓香型、米香型和小曲清香型白酒相应组分的某些特点，并且在一些化合物之间又有其自身的特殊比例关系，这样就构成了湘泉酒兼顾了浓香、清香、米香及小曲清香型白酒香气和口味上的某些特点综合于一身，并谐调一致，组成了湘泉酒独特的风味特征。

十一、豉香型白酒的香味成分特点及风味特征

豉香型白酒是以大米为原料，小曲大酒饼为糖化、发酵剂，半固态半液态边糖化边发酵，液态蒸馏得到基础酒（斋酒），基础酒再经陈肥肉浸泡、贮存、勾兑而成的一种白酒。其代表产品是广东玉冰烧。"豉香"与一般食品中的豉香概念不同，也不是习惯上所称的蛋白质发酵、水解物的香气，它是斋酒的米香型白酒香气与它的后熟浸泡肥肉工艺产生的

特殊气味所组成的复合香气，是玉冰烧酒特有的香气特征。

1. 豉香型白酒的香味成分特点

豉香型白酒的基础酒（斋酒）是属米香型白酒，它的组分特点具备米香型白酒的组分特点，它的斋酒经过特殊的浸肉工艺处理后，使得原有斋酒的一些组分发生了某些变化，并产生了一些特殊组分，反映到香气特征上，构成了豉香型白酒特殊的气味特征。最近，这一类型白酒已被确定为一大香型白酒。

对豉香型白酒香味组分的研究主要围绕着它特殊工艺处理后，斋酒组分发生的变化和产生的新组分对它特殊气味的形成原因等问题展开。玉冰烧酒的基础酒生产工艺与一般的米香型白酒稍有不同。

豉香型斋酒与浸肉后成品酒三种二元酸乙酯比较见表 11 - 20。

表 11 - 20　　　　　　　豉香型斋酒与浸肉后成品酒三种二元酸乙酯比较　　　　　单位：mg/L

酒　名	庚二酸二乙酯	辛二酸二乙酯	壬二酸二乙酯
斋　酒	0 ~ 0.47	0.1 ~ 1.40	0.1 ~ 0.7
成品酒	0.578 ~ 0.736	1.61 ~ 1.70	1.12 ~ 1.94

说明：表中三种二乙酸是豉香型白酒的特征组分。

从豉香型白酒的斋酒香味组分上看，它的组分整体结构与一般的米香型白酒组分特点相类似。但由于豉香型白酒的斋酒在蒸馏接酒工序的接酒度数较低，因此，从它的各个组分的绝对含量上与一般的米香型白酒相比含量较低。但在豉香型斋酒组分中。β - 苯乙醇的含量相当高，它居所有各类香型白酒相应组分之首，比米香型白酒高出近 1 倍，这是它组分的一大特点。

斋酒经过肥肉浸泡后，由于肥肉的一些成分的溶出和作用，使得斋酒的一些组分发生了变化。经分析，肥肉中主要是一些高级脂肪及其甘油酯，其中油酸含量较多。它们的酸价较高，在浸肉过程中，油脂易氧化形成人们常说的"油哈气味"。这种气味与玉冰烧酒的豉香有直接的关系。经常规分析发现，浸肉 30d 后，斋酒的总酸、总酯含量及总醛和固形物含量均有所增加，其中酸和酯增加的幅度较小，醛及固形物的增加幅度较大，固形物的含量明显高于一般米香型白酒的含量。醛的增加显示了脂肪分解氧化的作用，固形物的增加则是高沸点物质溶于酒中的结果。采用色谱分析发现，在斋酒的酸类组分中增加了少量的丁酸、丙酸、己酸、庚酸和甲酸，有时也能检出少量的己酸乙酯增加。这些增加的酸及酯常常是某些不饱和高级脂肪酸氧化和分解的产物，它们是浸肉过程中产生的，并非是发酵产生的。此外，在浸肉过程中，斋酒中癸酸乙酯、十四酸乙酯、十六酸乙酯、亚油酸乙酯、油酸乙酯和十八酸乙酯等高沸点乙酯类化合物相应地减少，有些成分降低得非常显著，甚至消失。这是玉冰烧酒在酒度低的情况下，经浸肉后，能澄清透明的原因。此外，斋酒经过浸肉工艺后，含有相当数量的高沸点的二元酸酯，其主要组分为壬二酸二乙酯和辛二酸二乙酯，与此相对应的壬二酸和辛二酸含量较高。还有一种 α - 蒎烯组分也是首次在玉冰烧酒中检出，这种组分可能来自大酒饼配料的植物香味。这些组分是玉冰烧酒独特的特征性组分。

2. 豉香型白酒的风味特征

典型豉香型白酒的风味特征是：清亮透明，晶莹悦目，香气以乙酸乙酯和 β - 苯乙醇为主体的清雅香气，并带有明显脂肪氧化的陈肉香气（所谓的豉香），口味绵软、柔和，回味较长，落口稍有苦味，但不留口，后味较清爽。

豉香型白酒的风味特点与米香型相比较，有其相似之处，也有其独特之处。从香气上，由于醇高、酯低，突出了醇香气味并带有淡雅的乙酸乙酯和β-苯乙醇为主体的复合香气，同时带有大米煮熟的淡淡香气，这是它们相似的一面；特殊的是，豉香型白酒香气中β-苯乙醇的香气更突出一些，并带有明显的脂肪氧化的陈肉香气。在口味上，豉香型白酒由于高沸点物质的存在，明显地比米香型白酒口味柔和，香味持久时间长，苦味也显得小。

十二、老白干香型白酒的香味成分特点及风味特征

老白干香型白酒以河北衡水老白干酒为代表。其香味成分特点是：

（1）乳酸乙酯与乙酸乙酯为其主体香气。

（2）乳酸乙酯含量大于乙酸乙酯，一般乳酸乙酯与乙酸乙酯之比≥1:1。

（3）乳酸、戊酸、异戊酸含量均高于汾酒1~5倍。

（4）正丙醇、异戊醇、异丁醇含量均略高于汾酒和凤香型酒。

（5）甲醇含量低于国标近5倍。

老白干香型白酒的风味特征：醇香清雅，具有乳酸乙酯和乙酸乙酯为主体的谐调的复合香气，酒体谐调，醇厚甘冽，回味悠长，具有独特的风格。

十三、四川小曲酒香味成分特点及风味特征

四川小曲酒主要原料为高粱，结合地方资源有采用玉米、小麦、稗子、大麦、薯干等，而小曲米酒均以大米为原料。采用高粱为原料酿酒，能赋予酒一种特有的芳香，故四川小曲酒常以"高粱酒"命名。

1. 四川小曲酒的香味成分特点

为了搞清四川小曲酒的风味特征及微量成分与其他小曲酒的差异，四川省食品发酵工业研究设计院和四川省酒类科研所先后采用气相色谱对四川小曲酒的微量成分进行了系统的检测，取得了大量的数据，确认四川小曲酒应为"小曲清香"型。四川小曲酒香味组分含量见表11-21。

表11-21　　　　　　四川小曲酒香味组分含量　　　　单位：mg/100mL

组　分	含　量	组　分	含　量	组　分	含　量
甲　酸	0.94~1.46	乙　醛	28~32.7	仲丁醇	6.17~7.92
乙　酸	34.1~42.2	乙缩醛	26.4~27.7	异丁醇	40.8~55.2
丙　酸	8.4~8.9	糠　醛	1.49~5.56	异戊醇	101.3~137
丁　酸	10.3~14.5	乙酸乙酯	55.2~74.1	2,3-丁二醇	3.10~3.48
戊　酸	4.16~7.38	乳酸乙酯	15.6~25.6	β-苯乙醇	1.75~2.82
己　酸	1.35~2.77	丁酸乙酯	1.5~2.4	油酸乙酯	1.23~1.35
庚　酸	0.59~0.72	戊酸乙酯	1.9~2.8	亚油酸乙酯	0.96~1.26
乳　酸	5.3~6.8	甲　醇	7.2	正丁醇	3.0~3.32
		正丙醇	32.5~33.1		

（1）川法小曲酒中的酸类物质　小曲酒含酸分布与其他类型酒有显著的不同。发酵期虽然短，但含酸总量一般在 0.5~0.8g/L，高的可达 1.0g/L。从不同原料和菌种酒的测定结果看，产酸的定性组成是一致的。用天然小曲生产的酒产酸幅度大些，不同原料之间酸的差别不明显。小曲酒各种酸的含量比较多，除乙酸、乳酸外，有丙酸、异丁酸、丁酸、戊酸、异戊酸、己酸等，有的有少量庚酸。此酒的构成可与大曲酒相比，与麸曲清香酒相似，但含量较高。米香型几乎不含这些酸。四川小曲酒中具有较多的低碳酸，特别是丙酸和戊酸的含量较多，小曲酒中的多种酸是构成该酒香味特色的重要因素。

（2）川法小曲酒中的主要醇、酯、醛类物质

①高级醇：从分析结果来看，川法小曲酒中主要的几种高级醇都存在且含量高，尤其是异戊醇含量在 1~1.3g/L，正丙醇和异戊醇在 0.28~0.5g/L，高级醇总量在 2g/L 左右，与米香型和大曲、麸曲清香酒相比，还含有较多的仲丁醇和正丁醇。高级醇是构成川法小曲酒风味的主要成分。

②酯类：川法小曲酒中酯含量一般在 0.5~1.0g/L，主要是乙酸乙酯及乳酸乙酯，特别是乳酸乙酯含量较低。这与清香型大曲酒和麸曲酒一样，而小曲米酒正好与此相反。四川小曲酒总酯中主要由乙酸乙酯和乳酸乙酯组成，也就是说这两种酯是形成小曲酒香味的主要成分。从检测结果看，川法小曲酒含有少量的丁酸乙酯（10~20ng/L），或戊酸乙酯和己酸乙酯，量虽少，但阈值低，对口感影响大。虽然酒中各类酸比较全，但相应生成的酯却不多，这是因为发酵期短，来不及酯化形成之故。

③醛类：川法小曲酒中乙醛和乙缩醛含量大大超过小曲米酒，也与清香型酒相似。四川小曲酒中乙缩醛和乙醛是小曲米酒的 2 倍以上，这又是两种小曲酒微量成分上的一个显著区别。

（3）川法小曲酒中的高沸点成分　川法小曲酒中，2，3-丁二醇比三花酒要高些，苯乙酸乙酯比其他酒种多，β-苯乙醇含量较高，接近三花酒。这些芳香成分阈值低，对酒的风格形成起着微妙的作用。

（4）小曲清香型白酒风格的形成　根据香味成分测定数据的统计，川法小曲白酒中的酸、酯、醇、醛的比例为 1:1.07:3.07:0.37。这与其他酒种是不同的，主要含量是乙酸和乙酸乙酯，含高级醇的比例较高，但香味阈值比酯类大得多。

从微量成分的组成来看，川法小曲酒是由种类多、含量高的高级醇类和乙酸乙酯、乳酸乙酯的香气成分，配合相当的乙醛和乙缩醛，除乙酸、乳酸外的适量丙酸、异丁酸、丁酸、戊酸、异戊酸等较多种类的有机酸，及微量庚醇、β-苯乙醇、苯乙酸乙酯等物质所组成，具有自身香味成分的组成特点。

通过各方面的研究，川法小曲酒历史悠久，产量大，分布广，市场声誉高，有完整的工艺体系，香味成分有自身的量比关系，并具有独立的风格，应为小曲清香型，与全国通称的大曲清香、麸曲清香并驾齐驱。

2. 四川小曲酒的风味特征

四川小曲酒具有独特的风格，它的感官特征与主要微量成分同其他小曲酒有较大的差异。四川小曲酒的感官标准是具有小曲酒的清香和糟香、醇和、浓厚、回甜，而小曲米酒却是蜜香清雅、绵甜、爽净、回味怡畅。"清香"是以乙酸乙酯为主体的酯类，"糟香"

是全固态法发酵甑桶蒸馏特有的香气，"蜜香"是指米酿香，β – 苯乙醇玫瑰似的香气较典型。

第六节　中国白酒风味化合物嗅觉阈值

我国白酒早在 20 世纪 50 年代就开始主体香的研究，同时关注到风味化合物阈值一事，但一直没有形成一个系统的阈值测定方法，也没有进行阈值测定，通常以引用国外葡萄酒、啤酒或酒精——水溶液测定的阈值作为我国白酒香气强度（OAV）的计算依据。然而，随着酒精度的升高，同一化合物其嗅觉阈值也会上升。基于此，研究人员于 1995 年开展阈值测定试验。当时在湖南湘泉酒厂进行白酒风味化合物阈值测定。使用的介质是 30% vol 的脱臭食用酒精，在室温 19℃进行测定。测定人员共 22 人，测定了己酸乙酯、乙酸乙酯、丁酸乙酯和乳酸乙酯在 30% vol 的食用酒精和水中的嗅阈值和味阈值。本次测试由于受到各种条件限制，并没有给出一个准确的嗅或味的阈值。1997 年，进行了第二次阈值测定，使用 45% vol 的特级酒精，测定了己酸乙酯、乙酸乙酯、乳酸乙酯和 β – 苯乙醇的嗅阈值，其测定浓度范围分别在 2.18 ~ 26.13、4.50 ~ 72.02、30.99 ~ 154.95、2.56 ~ 40.96mg/L。测定时，从最低浓度到最高浓度按 2 倍递增。本次阈值测定采纳了国外阈值测定的一些基本方法，如浓度呈 2 倍递增，测定采用色谱纯试剂等，但测试结果未见公布。

众多的研究表明，测定我国白酒中风味化合物的阈值已经刻不容缓。为此，教育部工业生物技术重点实验室、江南大学等单位于 2009 年 3 月始对我国白酒中重要风味物质实施测定"三步走"战略，第一步，组织一批"169"项目单位的国家级和省级评酒委员进行测评；第二步，组织五粮液、汾酒、剑南春三个名酒企业的国家级、省级和市级评酒委员，以及部分公司级评酒委员对同一批化合物分别测评；第三步，组织国家级所有评酒委员对风味化合物的嗅觉感官术语进行确定。2009 年 12 月"中国白酒风味物质嗅觉阈值测定方法体系"通过中国轻工业联合会组织的专家鉴定，鉴定结论为"国际领先"。推动了我国白酒风味化合物研究的发展。

1. 白酒风味化合物嗅觉阈值的测定方法

风味化合物在不同介质中具有不同的阈值。一般情况下，在空气中的阈值最低，其次是在水中。由于酒精能溶解大部分的风味化合物，因此，酒精水溶液中的阈值相对较高，高于在空气和水中的阈值。随着酒精浓度的升高，阈值呈现递增趋势。因此，阈值测定时的酒精度选择十分重要。中国白酒的酒精度一般在 38% ~ 55% vol。目前，有的产品的酒精度较低，如低至 20% vol，个别的很高，高至近 70% vol。但绝大部分的产品酒精度在 40% ~ 50% vol。因此，选择 46% vol 酒精度作为测定的基准酒精度。阈值测定时，选择在酒精 – 水溶液中测定阈值，不调整溶液的 pH。

2. 白酒风味化合物嗅觉阈值测定结果

白酒风味物质在 46% vol 酒精 – 水溶液中嗅觉阈值及感官描述见表 11 – 22。

表 11－22　　　白酒风味物质在 46％vol 酒精－水溶液中嗅觉阈值及感官描述

风味物质	阈值/（μg/L）	风味描述
一、酯类物质		
乙酸乙酯	32551.60	菠萝香，苹果香、水果香
丙酸乙酯	19019.33	香蕉香、水果香
丁酸乙酯	81.50	苹果香、菠萝香、水果香、花香
戊酸乙酯	26.78	水蜜桃香、水果香、花香、甜香
己酸乙酯	55.33	甜香、水果香、窖香、青瓜香
庚酸乙酯	13153.17	花香、水果香、蜜蜂香、甜香
辛酸乙酯	12.87	梨子香、荔枝香、水果香、甜、百合花香
壬酸乙酯	3150.61	酯香、蜜香、水果香
癸酸乙酯	1122.30	菠萝香、水果香、花香
乳酸乙酯	128083.80	甜香、水果香、青草香
己酸丙酯	12783.77	水果香、酯香、老窖香、菠萝香、甜香
2－甲基丙酸乙酯（异丁酸乙酯）	57.47	桂花香、苹果香、水蜜桃香、水果香
3－甲基丁酸乙酯（异戊酸乙酯）	6.89	苹果香、菠萝香、香蕉香、水果香
乙酸－3－甲基丁酯（乙酸异戊酯）	93.93	香蕉香、甜香、苹果香、水果糖香
丁二酸二乙酯	353193.25	水果香、花香、花粉香
乙酸香叶酯	636.07	玫瑰花香、花香
二、醇类物质		
正丙醇	53952.63	水果香、花香、青草香
正丁醇	2733.35	水果香
3－甲基丁醇（异戊醇）	179190.83	水果香、花香、臭
2－庚醇	1433.94	水蜜桃香、杂醇油臭、水果香、花香、蜜香
1－辛烯－3－醇	6.12	青草香、水果香、尘土风味、油脂风味
三、醛类物质		
丁醛	2901.87	花香、水果香
3－甲基丁醛（异戊醛）	16.51	花香、水果香
戊醛	725.41	脂肪臭、油哈喇臭、油腻感
己醛	25.48	花香、水果香
庚醛	409.76	青草香、青瓜
辛醛	39.64	青草风味、水果香
壬醛	122.45	肥皂、青草、水腥臭
四、酸类物质		
丁酸	964.64	汗臭、酸臭、窖泥臭
2－甲基丁酸	5931.55	汗臭、酸臭、窖泥臭
3－甲基丁酸（异戊酸）	1045.47	汗臭、酸臭、脂肪臭
戊酸	389.11	窖泥臭、汗臭、酸臭
己酸	2517.16	汗臭、动物臭、酸臭、甜香、水果香
庚酸	13821.32	酸臭、汗臭、窖泥臭、霉臭
辛酸	2701.23	水果香、花香、油脂臭
壬酸	3559.23	脂肪臭
癸酸	13736.77	山羊臭、酒梢子臭、胶皮臭、油漆臭、动物臭
十二酸	9153.79	油腻、梢子、松树、木材

续表

风味物质	阈值/（μg/L）	风味描述
五、吡嗪类化合物		
2－甲基吡嗪	121927.01	烤面包香、烤杏仁香、炒花生香
2，3－二甲基吡嗪	10823.70	烤面包香、烤玉米香、烤馍香、炒花生香
2，5－二甲基吡嗪	3201.90	青草、炒豆香
2，6－二甲基吡嗪	790.79	青椒香
2－乙基吡嗪	21814.58	炒芝麻香、炒花生香、炒面香
2，3，5－三甲基吡嗪	729.86	青椒香、咖啡香、烤面包香
2，3，5，6－四甲基吡嗪	80073.16	甜香、水果香、花香、水蜜桃香
六、呋喃类化合物		
糠醛	44029.73	焦煳臭、坚果香、馊香
2－乙酰基呋喃	5850.19	杏仁香、甜香、奶油香
5－甲基糠醛	466321.08	杏仁香、甜香、坚果香
2－乙酰基－5－甲基呋喃	40870.06	饼干香、烤杏仁香、肥皂
七、芳香族化合物		
苯甲醛	4203.10	杏仁香、坚果香
2－苯－2－丁烯醛	471.77	水果香、花香
苯甲醇	40927.16	水果香、甜香、酯香
2－苯乙醇	28922.73	玫瑰花香、月季花香、花香、花粉香
乙酰苯	255.68	肥皂香、茉莉香
4－（4－甲氧基苯－2－丁酮）	5566.28	甘草、桂皮、八角、似调味品
苯甲酸乙酯	1433.65	蜂蜜、花香、洋槐花香、玫瑰花香
3－苯丙酸乙酯	406.83	玫瑰花香、桂花香、洋槐花香、蜂蜜香、花香
乙酸－2－苯乙酯	125.21	蜜菠萝香、水果糖香、蜂蜜香、水果香、花香
萘	908.83	玫瑰花香、花香、橡胶臭、胶皮臭
	159.30	樟脑丸味、樟脑球味
八、酚类化合物		
苯酚	18909.34	来苏水、似胶水、墨汁
4－甲基苯酚	166.97	窖泥臭、皮革臭、焦皮臭、动物臭
4－乙基苯酚	617.68	马厩臭、来苏水臭、牛马圈臭
愈创木酚	13.41	水果香、花香、焦酱香、甜香、青草香
4－甲基愈创木酚	314.56	烟熏风味、酱油香、烟味、熏制食品香
4－乙基愈创木酚	122.74	香瓜香、水果香、甜香、花香、烟熏味、橡胶臭
4－乙烯基愈创木酚	209.30	甜香、花香、水果香、香瓜香
丁子香酚	21.24	丁香、桂皮香、哈密瓜香
异丁子香酚	22.54	香草香、水果糖香、香瓜香、哈密瓜香
香兰素	438.52	香兰素香、甜香、奶油香、水果香、花香、蜜香
香兰酸乙酯	3357.95	水果香、花香、焦香
乙酰基香兰素	5587.56	哈密瓜香、香蕉香、水果香、葡萄干香、橡木香、甜香、花香

续表

风味物质	阈值/（μg/L）	风味描述
九、内酯类化合物		
γ-辛内酯	2816.33	奶油香、椰子奶油香
γ-壬内酯	90.66	奶油香、椰子香、奶油饼干香
γ-癸内酯	10.87	水果香、甜香、花香
γ-十二内酯	60.68	水果香、蜜香、奶油香
十、硫化物		
二甲基二硫	9.13	胶水臭、煮萝卜臭、橡胶臭
二甲基三硫	0.36	醚臭、甘蓝、老咸菜、煤气臭、腐烂蔬菜臭、洋蒜臭、咸萝卜风味
3-甲硫基-1-丙醇	2110.41	胶水臭、煮萝卜臭、橡胶臭

中国白酒中风味物质众多，已发现的有1000多种，上述白酒风味化合物嗅觉阈值的测定和风味的描述，只是初步研究。白酒中许多风味化合物阈值的研究，尚待同行共同努力。

第七节　酒体风味设计

一、酒体风味设计的原则

中国白酒有十二大香型，有成千上万种不同酒体风味特征的产品。它们的酿造原料、曲药、设备各不相同，酿造工艺纷繁复杂，这种多重因素对中国白酒酒体风味特征的形成，从表面上看错综复杂、千变万化，但从本质上说都是酿造原料在酿造工艺条件下，通过曲药在设备中发生生化反应，形成的新的化学成分的过程。

酿造原料、曲药、设备与酿造工艺对形成中国白酒酒体风味特征作用是十分重要的。酿造原料为生化反应提供物质基础，但不同原料由不同的分子构成，它们存在的形式也各不相同，这种不同决定了未来产物的不同；曲药中所含微生物的不同，使生化反应的种类不同，从而使其产物也不相同；而酿造工艺的不同，使相同原料也能酿出不同酒体风味的酒。

酒体风味设计是把整个白酒的生产全过程置于有效控制中，研究酒体风味特征的形成规律，设计和指导生产具有独特风味酒类物质的科学。即设计师预先设计好将要生产产品的物理性质、化学性质、感官风味特征、微观非均相分布状态；生产该产品独特风格特征的原料配方、糖化发酵剂的制作模式、生产工艺技术标准、成品的检测方式以及管理法规；广大消费者对该产品的饮用方式和适应程度。对它们进行综合平衡后制定出来的能够对形成完美个性和风味特征的生产全过程进行有效控制，以保证产品质量稳定的一整套技术标准和管理准则的科学理论和方法。

在酒体风味设计实践中，既要考虑形成独特风味个性，又要考虑到生产工艺技术模式的规范操作，同时还要遵守各项技术质量标准和实现这些指标的管理法规。所以运用酒体风味设计学的原理，只要规定产品要达到某一质量标准、原料和品质、糖化发酵剂的多种微生物的培养模式及要达到的指标、生产工艺操作程序和标准来保证生产出各类品质的基础酒，就能改变原来完全靠最后一道工序的尝评检测挑选出少量的优级产品的原始生产方式。

当然，产品质量的保证，还必须在制曲、发酵、蒸馏、尝评、勾兑、调味等工艺技术和生产全过程之间构成一个相互制约、相互促进的辩证关系，从而使产品生产的整个过程都在酒体风味设计所规定的范围内得到有效的控制。

在激烈的市场竞争中，酒体风味设计应遵循的基本原则是：根据市场情况、消费者喜爱的变化，结合企业的实际，调整产品结构，坚持质量第一，开发有特色的产品。要"科技创新，特色取胜"。

二、白酒酒体风味形成的要素

1. 发酵设备

各种香型酒的生产，首先必须具备相应的发酵设备。

（1）浓香型白酒的发酵容器　具备窖泥的窖池。由于浓香型白酒的生产是在窖池中进行发酵生香的，老窖泥在多年的酿酒生产特定条件下，经过长期的自然淘汰、驯化、优选而形成的一个特定的微生物菌系。窖泥中的主要微生物己酸菌对形成酒中的主体香味成分己酸乙酯起着最重要作用。窖泥既为微生物的生存繁殖提供了一个良好环境和载体，又为香味成分的形成提供了物质基础。浓香型大曲酒的产出率和质量的优劣很大程度上取决于窖泥的好坏，而窖泥质量的好坏，关键在于窖泥中所含微生物的种类和数量，所以酿造浓香型白酒必须依赖和使用较好的窖泥。

（2）清香型白酒的发酵容器　地缸。地缸最大的优点是能保证发酵容器干净，便于清洗，不被感染，既有利于热量的散发，保持最佳发酵温度，促进酒精的生成，由于其密封性好，又有利于防止土壤微生物如己酸菌和甲烷杆菌的侵入，以免发酵产生己酸乙酯和丁酸乙酯，并能促进酵母在无氧条件下进行的发酵作用，能排除生产出的酒不纯净的隐患。地缸发酵的优点决定了它是酿造清香型白酒最佳的发酵设备。

（3）酱香型白酒的发酵容器　采用条石（或碎石）作壁，黄土作底的发酵窖。酱香型白酒的酿造，先在窖外多次堆积发酵，升温后入窖池继续发酵，有其独特的发酵方式，其发酵设备的特点是在发酵后窖体不倒塌，同时感染其他菌类较少，窖底用黄泥可供己酸菌栖息和代谢，可增强浓厚感的己酸及其他酯类生成，促进酒体的丰满感。

（4）米香型白酒的发酵容器　瓦缸和不锈钢罐，又以瓦缸发酵为最佳。瓦缸内发酵产出的米香型 β – 苯乙醇的气味（醪糟香味）风味更好。其特点是不渗漏，不感染。小曲及根霉等有利于发酵和酒味的醇正。

其余香型白酒均以浓、清、酱三大基本香型为基础，通过融合，创新而逐渐形成的。

2. 特定的发酵剂

浓香型白酒制曲原料多为小麦，或小麦加大麦，小麦加高粱；中温（50～60℃）或偏高中温（58～62℃）制曲。现在，有的厂家采用高、中温曲，其目的是为了增加酒的醇厚感和丰满感，使生产出来的酒更具独特风格。

酱香型酒使用的发酵剂，制曲原料为小麦，采用高温制曲（制曲最高温度65～70℃），酿酒生产中用曲量很大。

清香型白酒制曲原料为大麦和豌豆，低温制曲（制曲最高温度40～50℃）。

米香型白酒采用小曲为糖化发酵剂。

3. 独特的生产工艺

独特的生产工艺，才能生产出具有独特风格的不同香型白酒。

浓香型白酒主要工艺特点：泥窖固态发酵，续糟配料，混蒸混烧工艺。"合理润料、熟糠拌料；探汽上蒸；缓火蒸馏、大火蒸粮；较适入窖条件；滴窖勤舀；回酒发酵；双轮底发酵；细致操作"等，是传统技艺之精华。

酱香型白酒主要工艺特点：基本上是整粒原料，高温制曲、高温发酵、高温堆积、高温馏酒，长期发酵；分层蒸馏，分型分级入库；长期贮存。

清香型白酒主要工艺特点：清蒸清烧，清蒸二次清，即一清到底。

4. 原料

制曲和酿酒原料的选择对酒体风味的形成至关重要。

浓香型酒酿酒原料是单粮（高粱）或多粮（高粱、大米、糯米、小麦、玉米等）。长期生产实践证明："高粱产酒香，玉米产酒甜，大米产酒净，糯米产酒醇"。

酱香型酒用高粱作酿酒原料，其中80%为整粒，20%经粉碎，也有100%整粒，用90℃以上热水润粮4~5h，加水量为粮食的42%~48%，生产过程不用辅料，全过程为清蒸清烧。

清香型酒酿酒原料也是高粱，粉碎成4、6、8瓣，高温润料。

三、酒体风味设计的程序

1. 设计前的调查

首先是市场调查，就是了解国内外市场对酒的品种、规格、数量、质量的要求。也就是说，市场上能销售多少酒，现在的生产厂家有多少，总产量多少，消费者的购买力如何，什么产品最好销，该产品的风格怎样。这些酒属于什么香型，内在质量达到什么程度，感官指标是什么，用何种工艺生产，在什么环境条件下生产出来的，为什么会受到人们的喜爱等。其次是技术调查，调查有关产品的生产技术现状和发展趋势，预测未来酿酒行业可能出现的新情况，为制定新的产品的酒体风味设计方案准备第一手资料。再次分析原因，通过对本厂产品进行感官和理化分析，找出与畅销产品在质量上的差距，明确影响产品质量的主要原因。最后根据本厂的生产设备、技术力量、工艺特点、产品质量、市场定位等情况进行新产品的构思。

2. 设计方案的来源与筛选

首先是消费者。要通过各种渠道掌握不同地区消费者的需求，了解消费者对原有产品有哪些看法，广泛征求消费者对改进产品质量的建议。根据广大消费者饮用习惯的不同，针对不同地区设计具有酒体和风格特色的想法。其次是企业职工，要鼓励职工提出新的设计方案的创意，尤其是要认真听取消费人员和技术人员的意见。再其次是专业科研人员，这些人员知识丰富，了解的信息和收集的资料、数据科学准确。在调查结束后，将众多的方案进行对比，通过细致的分析和筛选，就能得到几个比较合理的方案。最后，在此基础上进行新的酒体风味设计。在筛选时要防止方案的误舍和误用。

3. 设计的决策

为了保证酒体风味的设计方案成功，特别是新产品的成功，需要把初步入选的设计创意，同时搞成几个设计方案，然后再进行酒体风味设计方案的决策。

决策的任务是对不同方案进行经济技术论证和比较，最后确定其取舍。衡量一个方案是否合理，主要的标准应是看它是否有实用价值。

4. 设计方案的内容

所谓酒体设计方案的内容就是在新的酒体风味设计方案中，酒体要达到的目标或者质量标准及生产新产品所需的技术条件和管理法规等一系列工作。它包括以下内容：

（1）产品的结构形式，也就是产品品种的等级标准的划分。要搞清楚本企业的产品的特色是符合哪些地区的要求，及哪些地区的消费者的口味习惯和特殊的需要。按消费者的要求来制定酒样的质量标准，微量香味成分的含量及比例关系和应具备的感官质量标准。

（2）主要理化参数，及新产品的理化指标的绝对含量　例如清香型酒的乙酸乙酯和乳酸乙酯含量是多少，比例关系怎么样；浓香型酒的己酸乙酯、乙酸乙酯、乳酸乙酯、丁酸乙酯以及其他多种微量香味物质的含量范围，它们相互之间的量比关系等。各香型酒主体香味成分与其他香味成分的含量和比例关系及由此形成的感官特征等。

（3）生产条件　就是在现有的生产条件和将要引进的新技术和生产设备下，一定要有承担新酒体风味设计方案中规定的各种技术和质量标准的能力。

5. 新产品的试制和鉴定

（1）组合基础酒　按照酒体风味设计方案中的理化和感官定性，微量香味成分的含量和相互比例关系的参数，制定合格酒的验收标准和组合基础标准。

（2）制定调味酒的质量标准和生产方法。

（3）鉴定　按照酒体风味设计方案试制出的样品酒确定后，还要从技术上、经济上做出全面的评价，再确定是否进入下一阶段的批量生产。

徐占成高工对酒体风味设计学有较深的研究，详见《酒体风味设计学》（新华出版社，2003.4.）。

第十二章 酒库管理

第一节 原酒入库

一、原酒入库相关知识

（一）基本术语

1. 质量

这里所说的质量，通常是指物体的宏观质量。在国际单位制中，质量的单位是千克（kg），我国的法定计量单位中把在日常生活和贸易中的重量用来代替质量，即重量是质量的同义词；把作为重力理解的重量称为重力（G），它等于物体的质量（m）与重力加速度（g）的乘积，单位是牛顿（N）。即物体的重力为：$G = mg$。

2. 密度

物体的质量（m）与其体积（V）之比在一定温度、压力条件下是一个常数，该常数表示物质分子排列疏密的程度，人们称它为密度。均匀物质或非均匀物质的密度为：

$$\rho = m/V$$

ρ 为密度，在 SI 中密度的单位是千克每立方米（kg/m^3）。习惯上常用其分数单位克每立方厘米（g/cm^3）。由于体积的单位也采用毫升（mL），所以日常工作中有人用 g/mL 作为密度单位。例如，酒精度60%（体积分数）的酒在20℃时的密度为0.9091g/mL，即酒精度60%白酒1mL，其质量为0.9091g。

3. 容积

容积系指容器内可容纳物质（液体、气体或固体微粒）的空间体积或容积。SI 中容积的单位是立方米（m^3）。习惯上用升（L）、毫升（mL）来表示。《预包装食品标签通则》GB 7718—2011 中规定"液体食品，用体积"标注。因此，对于白酒、酒精的体积一般采用升（L）或毫升（mL）。

4. 酒精浓度

一定质量（重量）或一定体积的酒液中所含纯乙醇的多少。酒精浓度有两种表示方法：

（1）质量分数（%） 即100g酒液中所含纯乙醇的质量（g）。

（2）体积分数（%） 指在温度20℃时100mL酒液中所含纯乙醇的容积（mL）数量。就是通常所说的酒精度。

5. 温度

温度就是物体的冷热程度。要确定一个物体的冷热程度必须使用温度计。我们平时使用的温度计上通常会标有字母℃，表示采用的是摄氏温标。摄氏温标规定为：冰水共存时的温度为0℃，沸水的温度为100℃。0℃和100℃之间分成100等份，每一份为1摄氏度，符号为℃。

（二）酒度计和温度计的使用

1. 酒度计和温度计的使用

酒度计具有几种不同的规格，在白酒企业中一般采用三支一组的：温度计采用0~100℃的水银温度计。使用步骤为：将擦拭干净的量筒、酒度计和温度计，用待测酒样润洗2~3次后，把所测酒样倒入量筒中，静置数分钟，待样液中的气泡逸出后，放入酒度计和温度计（0~100℃，分刻度0.1），再轻轻按一下酒度计，待读数恒定后，水平观测与弯月面相切处的刻度值，记下酒度和温度。

2. 查表

当酒度计放入不同的酒液中时，便可观察到一个具体的示值，根据这个示值和该酒液的温度，利用《酒度和温度校正表》查出在标准温度20℃时该酒液的酒度。例如用温度计测得某酒液的温度为15℃，酒度计测得该温度下酒液的酒精为59%（体积分数），则可在《酒度和温度校正表》中从表最左列上找到15°，再从该表最上列行找到酒度计示值59%（体积分数），两栏的交叉点为60.8，即这种酒在标准温度20℃时的酒度为60.8%（体积分数）。

一般白酒企业在基础酒交库验收时，酒度－温度的校正可采用一种粗略的计算方法，即，在读取酒度计的刻度后，再读取温度计上的温度数，每低于或高于20℃时，高3℃扣酒度1度，低3℃加酒度1度。也就是温度以20℃为准，每高1℃扣酒度0.33度，每低1℃，加酒度0.33度。这样的方法，虽然简便，但不够精确。

例1：用温度计测得某酒溶液的温度为15℃，酒度计测得该温度下酒溶液的酒精度为59%（体积分数），问这种酒溶液在标准温度20℃时的酒精是多少？

解：从表最左列上找到15℃，再从该表最上行找到酒度计示值59%（体积分数），两栏的交叉点为60.8，即这种酒在标准温度20℃时的浓度为60.80%（体积分数）。

若测得的温度或酒度计的示值不是整数，可选最邻近该数的整数来代替，如温度12.1℃、13.9℃用12℃、14℃代替，示值59.2、85.7用59、86代替。

（三）酒精度的折算

折算率是把高浓度白酒（酒精）兑成低浓度的白酒（酒精），或把低浓度的白酒（酒精）折算成高浓度的白酒（酒精）不可缺少的计算公式。折算率的计算是根据白酒的酒精度［体积分数（%）］和质量分数（%）对照表中给出的有关质量分数（%）来计算的。

$$折算率 = \frac{原酒精度的质量分数（%）}{标准酒精度的质量分数（%）}$$

$$加浆系数 = \frac{原酒酒精度的质量分数（%）}{标准酒精度的质量分数（%）} - 1 = 折算数 - 1$$

例2：原酒的酒精度为75.8%（体积分数），标准酒精度为50%（体积分数）。求其折算率。

根据表中20℃时白酒酒精度和质量分数（%）对照表，查得75.8%（体积分数）的白酒质量分数为68.71%，50%（体积分数）的白酒质量分数为42.43%，按上式计算得：

$$折算率 = 68.71/42.43 = 1.6194$$

$$加浆系数 = 68.71/42.43 - 1 = 1.6194 - 1 = 0.6194$$

（四）原酒验收

1. 原酒验收要求

为规范原酒的质量风格，便于同类型质量风格特点的原酒组合贮存，在进行原酒定级分类前，需制定相应的原酒质量标准，规范原酒的定级分类。

每个酒厂对原酒的验收都有自己的企业标准，但其格式大同小异。主要区别是对等级、数据的要求。以某企业为例，感官要求见表 12－1，理化指标见表 12－2。

表 12－1　　　　　　　　　　　　　感官要求

项目	一等	二等	酒尾一	酒尾二	双轮底	酒头	酒尾三	黄浆水丢糟酒
色	无色，清澈透明，无悬浮物，无杂质，允许微黄							
香	闻香正、浓郁、入口香、较甜、放香长	闻香正、浓郁、入口香、较甜、放香好	闻香正、较浓郁	闻香较淡、入口较香	窖香浓郁、入口香甜	闻香冲、浓郁、入口香、放香好、香味较谐调	闻香淡、入口酸味重	闻香较好
口味	香味谐调、余味长、后味净	香味较谐调、余味较长、后味净	香气较淡、欠谐调、后味较净	较涩口、香气较淡、带酒尾味、后味欠净	香气浓郁、浓厚谐调、酒体丰满、余味爽净、	较冲、香味较浓	较涩口、带酒尾味、后味欠净	有黄水丢糟味、带酸涩味、后味欠净
风格	具本品风格							

表 12－2　　　　　　　　　　　　　理化指标

项 目	一段	二段	三段	四段	双轮底	酒头	尾段	黄浆水丢糟酒
酒精度/%（体积分数）	≥72	≥68	≥66	≥59	≥66	≥66	≥53	≥52
总酯/（g/L）	≥4.8	≥4.1	≥3.2	≥2.8	≥5	≥5.6	≥2.8	≥3.6
总酸/（g/L）	≥0.5	≥0.5	≥0.5	≥0.7	≥0.5	≥0.9	≥1.4	≥2.3

2. 食用酒精

酒精，化学名称乙醇。纯净的乙醇具有清雅的醇香；40%左右的乙醇水溶液，口味纯净，微甜，轻快，淡雅。有人把纯净的酒精比作一张白纸，通过它可以绘出各类酒的美丽图画。国内外的酿酒史上均有用纯净酒精复制而成的各类饮料酒的成功先例；用于生产中，高档优质白酒，必须选用食用优级酒精；如果生产俄得克类的高纯度酒，所需的酒精质量要求更高。酒精的感官要求和理化要求见表 12－3，表 12－4。

表 12－3　　　　　　　　　　　　　感官要求

项 目	特 级	优 级	普通级
外 观	无色透明		
气 味	具有乙醇固有香气，香气纯正		无异臭
口 味	纯净，微甜		较纯净

表 12 – 4　　　　　　　　　　　　　　　理化要求

项　目		特　级	优　级	普通级
色度/号	≤	10		
酒精/%（体积分数）	≥	96.0	95.5	95.0
硫酸试验色度/号	≤	10		60
氧化时间/min	≥	40	30	20
醛（以乙醛计）/（mg/L）	≤	1	2	30
甲醇/（mg/L）	≤	2	50	150
正丙醇/（mg/L）	≤	2	15	100
异丁醇 + 异戊醇/（mg/L）	≤	1	2	30
酸（以乙酸计）/（mg/L）	≤	7	10	20
酯（以乙酸乙酯计）/（mg/L）	≤	10	18	25
不挥发物/（mg/L）	≤	10	15	25
重金属（以 Pb 计）/（mg/L）	≤	1		
氰化物[a]（以 HCN 计）/（mg/L）	≤	5		

a 系指以木薯为原料的产品要求。以其他原料制成的食用酒精则无此项要求。

固液法白酒和液态法白酒所用的酒精必须是达到食用级标准水平的酒精；目前国内酒精生产企业所生产的酒精大多数是食用普级酒精。这类酒精的理化指标达到了可食用的水平，但有时感官指标达不到理想的程度。直接用这类酒精勾兑白酒，该酒的质量水平不会很高。尤其是用代用原料糖蜜、薯干生产的酒精，其邪杂味更重。不同原料的酒精有不同的口感，勾兑固液法白酒和液态法白酒以玉米酒精为好，其次是薯干、木薯，糖蜜原料的较差。口感较差的酒精必须经过脱臭处理后方可用来勾兑。现常用的酒精处理方法为活性炭处理法。

（1）活性炭的作用原理　活性炭在活化过程中，形成了多孔结构。这些孔隙分为微孔、过渡孔、大孔三类。每类孔隙的有效半径都在一定范围内，因此具有不同的功能。对吸附而言，微孔的作用最重要。它的比表面积大，比体积也大，而且孔径不同，吸附对象也不同。例如孔径在 2.8nm 的活性炭能吸附焦糖色，称为糖用活性炭。孔径在 15nm 的活性炭吸附亚甲基蓝的能力强，称为工业脱色活性炭。所以对不同的酒基而言，应选用不同的酒用活性炭来处理。

某公司生产的酒类专用的活性炭规格性能如表 12 – 5 所示。

（2）活性炭的使用方法

①酒精加粉末状活性炭 0.1 ~ 0.8g，搅拌 25min 后，滤去活性炭，可获良好效果。

②往酒精中加入 0.02% ~ 0.04% 的粉末活性炭，搅拌后静止数日，将活性炭全部沉淀后，提取上清液即可。

③将粒状（1 ~ 3.5mm）活性炭装于炭塔中，使酒精流经炭塔进行脱臭处理的方法也很奏效。有的厂以 2 ~ 3 个高 4m 的炭塔串联，流速为 600L/h，获得了良好效果。但应注意：不同牌号的活性炭，不同质量的酒精，炭与酒精接触的时间应通过试验确定，决不能固定不变。

表 12 – 5	酒用活性炭的规格性能
规　格	适用性能
JT—201 型	新酒催陈，低度白酒
JT—202 型	除去酒中沉淀物
JT—203 型	酒中较重异味，薯干酒精
JT—204 型	含酯高的低度白酒
JT—205 型	糖蜜酒精
JT—207 型	俄得克酒

（五）原酒入库工序

1. 原酒入库

（1）清洁容器　根据容器卫生情况，用加浆水冲洗容器或先用加浆水冲洗后，再用酒精擦洗，然后用加浆水冲洗。清洗所用材料不带异味，不得出现脱落纤维、线条等；若人要进入容器内进行清洗，需先用加浆水对容器进行冲洗，待容器无酒气后，方可进入内部清洗；清洗容器必须彻底，不留死角。

（2）清洁管道　先用加浆水冲洗后，再用待输送酒源冲洗。冲洗管道应彻底，不得出现任何邪杂异味。

（3）核对交验信息　仔细核对酿酒班组交验基酒的交验信息，包括酿酒班组、窖号、订单号等内容。严格按工艺标准认真核对交验信息。

（4）称重　准确称取交验基酒的净重；定期校验地上衡或台秤；称重应公正、客观，相互监督。

（5）入坛　将交验的基酒按类别倒入相应容器中。严格按工艺要求，分质入坛；认真核对容器编号，避免误入容器；入坛时应"轻拿轻放"，避免损坏容器，杜绝跑、冒、滴、漏；基酒入坛前应对其进行初步感官鉴别，杜绝有异臭的基酒进入容器，污染其他酒源。

（6）填写记录　认真填写基酒入库记录；记录填写必须及时、准确、详细、真实。

（7）搅拌均匀　用工具或压缩空气将满桶（坛）的基酒搅拌均匀；搅拌时间足够，确保酒源彻底均匀。

（8）量酒度　用酒度计、温度计测量整桶（坛）交验基酒的酒度，折算成标准温度20℃时的酒度。定期校验酒度计、温度计；测量前应用待测基酒润洗量筒、酒度计、温度计：严格按酒度计、温度计的使用方法正确操作。

（9）取样　用取样瓶取一定量（300～500mL）的基酒；彻底清洗样瓶，确保取样瓶干净，无异味、无残留。

（10）填写瓶签　认真填写瓶签信息。填写的内容必须准确、详细、真实。

（11）贴封容器　用封条贴封容器口。封条须经贴封人签字，并写上日期等。

（12）填写流通卡　认真填写基酒校验流通卡。流通卡填写必须及时、准确、详细、真实。

（13）信息录入　将交验基酒的信息录入基酒入库管理系统。信息录入必须及时、准确、详细、真实。

2. 基酒定级

（1）清洗品酒杯　用自来水清洗品酒杯，清洗完毕后放入消毒柜烘干、备用。

（2）编组　将待感官鉴评的基酒根据其质量类型进行编组。严格按基酒生产工艺要求和感官鉴评的要求进行编组。

（3）出样　备样员将待感官鉴评的基酒倒入品酒杯中，摆放在尝评桌上。酒液盛满品酒杯的1/3；小心倾倒，避免酒样交叉感染。

（4）感官鉴评　尝评员采用"一杯品评法"对各酒样进行感官鉴评定级（分类）。通过培训提高尝评员的品评准确力；尝评员独立完成感官鉴评定级（分类）；保持尝评队伍的稳定。

（5）感官定级（分类）　统计各尝评员的鉴评定级（分类）结果，确定感官定级（分类）结果。采用少数服从多数的原则。

（6）指标分析　采用气相色谱仪分析检测各基酒的微量成分含量情况。定期校验气相色谱仪；严格按气相色谱仪操作规程操作，加强"比对"工作。

（7）结果反馈　将基酒指标分析结果及时反馈给相关部门。结果反馈必须及时、准确、真实。

（8）综合等级　根据感官定级和指标分析情况，确定交验基酒的等级。结果反馈必须及时、准确、真实。

3. 入库小样组合

（1）小样组合　根据容器容量和基酒质量风格，进行小样组合。质量优先、兼顾成本；基酒选择力求"就近原则"减少转运费用。

（2）确认方案　尝评员对小样进行质量鉴评，优选小样组合方案，质量优先，兼顾成本。

（3）出具放样单　根据优先的组合方案，出具酒源放样单。格式规范，力求完美。

（4）调度安排　根据酒源放样单，安排酒源转运入库。科学安排，降低转运费用及损耗。

4. 入库贮存

（1）清洁容器　根据容器卫生情况，用加浆水冲洗容器或先用加浆水冲洗后，再用酒精擦洗，然后用加浆水冲洗。清洗所用材料不带异味，不得出现脱落纤维、线条等；若人要进入容器内进行清洗，需先用加浆水对容器进行冲洗，待容器无酒气后，方可进入内部清洗；清洗容器必须彻底、不留死角。

（2）清洁管道　先用加浆水冲洗后，再用待输送酒源冲洗。冲洗管道应彻底，不得出现任何邪杂异味。

（3）核对基酒入库信息　仔细核对入库酒源与放样单信息是否一致。严格按工艺要求认真核对。

（4）计量（称重、测量酒度）　准确称取入库酒源的净重和酒度。定期校验地上衡或台秤、酒度计、温度计；酒度测量前应用待测基酒润洗量筒、酒度计、温度计；严格按地上衡或台秤、酒度计、温度计的使用方法正确操作；计量应公正、客观，相互监督。

（5）连接管道　根据容器位置连接输酒管道。杜绝跑、冒、滴、漏。

（6）连接接地线　若是罐车转运，应将罐车停靠在指定的位置、垫好三角木，用接地线将罐车与静电接地桩连接好。定期校验静电接地桩是否符号要求；检查静电接地线是否完好、畅通。

（7）检查酒泵　根据容器管道和输酒管道大小，选择酒泵，并检查酒泵是否完好。酒泵与输送流量、压力的匹配。

（8）连接酒泵电源、启动酒泵　接通输酒泵电源，并开启酒泵电源。检查工作电压是否正常；检查静电接地线是否完好、畅通。

（9）进酒完毕　待酒输送完毕后，关闭电源、阀门。

（10）填写凭证　认真填写相关凭证。凭证填写必须及时、准确、详细、真实。

（11）填写记录　认真填写基酒入库记录。记录填写必须及时、准确、详细、真实。

（12）搅拌均匀　用醒子或压缩空气将满桶（坛）的基酒搅拌均匀。搅拌时间足够，确保酒源彻底均匀。

（13）信息维护　将入库的基酒信息录入基酒入库管理系统。信息录入必须及时、准确、详细、真实。

（14）清理现场　组合基酒入库完毕后，清扫现场，确保现场整洁、规范。严格按酒库管理要求和工艺要求、做好设施设备的定置定位和现场的规范、整洁。

（15）酒体管理　根据酒库管理规定做好酒源的管理、信息维护等工作。确保账、物、卡相符；真实、动态管理。

（六）原酒存放

1. 白酒存放

好酒都要经过一段时间的储存，酒质才能醇和绵柔，消除新酒味和辛辣暴味。所以，名优酒都要有一定的储存期才能包装出厂，贮存期间的管理工作也是十分重要的。根据勾兑需要，贮存酒库的管理必须做好以下工作。

（1）调味酒的存放　调味酒用220kg或用500kg麻坛装存，用布垫盖口，用木板压盖并在木板盖上加沙袋。如麻坛口较小，可用猪小肚封口，原则上不能用塑料布封口，按调味酒的要求进行管理。

（2）名酒的存放　其方法同调味酒。

（3）优质酒的存放　优质酒和待升优质酒可用陶坛或不锈钢桶装存。各等级酒要按不同的特点、等级并坛。库房管理员要详细地记录，清楚地掌握酒库、包装车间中各种酒的方位，等级和数量。

2. 白酒老熟

经发酵、蒸馏而得的新酒，分级入库后，必须经过一段时间的贮存。不同白酒的贮存期，按其香型及质量档次而异。如优质酱香型白酒最长，要求在3年以上；优质浓香型或清香型白酒一般需1年以上；普通白酒最短也应贮存3个月。贮存是保证蒸馏酒产品质量至关重要的生产工序之一。刚蒸出来的白酒，具有辛辣刺激感，并含有某些硫化物等不愉快气味，称为新酒。经过一段时间的贮存后，刺激性和辛辣感会明显减轻，口味变得醇和柔顺，香气风味都得以改善，此谓老熟。

二、原酒常规管理知识

原酒的分级一般是按酒头、前段、中段、尾段、尾酒、尾水进行区分，并按不同的验收结果分级入库。实际生产中，都是采用一个班组，每月固定按各自确定的等级将酒收入库中，待月底进行集体评定，确定等级。暂时不能确定的留待集体评议或一段时间后再评。

原酒等级的确定跟酿酒车间的生产有很大的关系，一般分为调味酒、优级酒、普通酒三大类，也可根据本厂特点再细分。如采用特殊工艺进行生产的产品出来后，可能只有一、二个等级，即调味酒和优级酒。这就要求酒库人员和酿酒车间人员都具备一定的尝评能力，能大致区分酒的优劣。

（一）原酒各等级酒的特点

1. 调味酒

具有特殊香味或作用的酒都可以称为调味酒。一般情况下，正常发酵生产的底层糟酒、双轮底酒，以及各种特殊工艺生产的酒都有可能产生调味酒，如，糟香味大的、浓香的、香浓的、窖香的、酸大的等。

2. 优级酒

一般为前段和中段酒，这部分酒香味成分较谐调丰满，也可按不同的发酵周期、生产季节、发酵情况进行细分。

3. 普通酒

又称为大宗酒，即为中段和后段的酒，一般不再细分，集体收入大罐中。

（二）酒库管理

在白酒的生产中，酒库管理尤为重要。不能把酒库孤立地看作是存放和收发而已，应该看成是制酒工艺的重要组成部分，也是重要的一个工序。在贮存中质量仍在不断发生变化，它起着排除杂质、氧化还原、分子排列等作用，使酒味醇和、酒体绵软，给勾兑调味创造良好的条件。所以，酒库管理是工艺管理上的重要一环。

1. 原酒安全管理

由于原酒中的酒精含量很高，若遇火源或电火花，就容易引起燃烧，造成火灾、爆炸，直接威胁到财产安全和人的生命安全。因此酒库的防火、防静电、防泄漏，在原酒库房管理中显得尤其重要。因此，原酒库所使用的电气设备必须是防爆电气设备，使用低压电源、工作人员出入库必须穿纯棉工作服，穿防静电鞋，禁止携带火种进入库区、禁止使用手机等；生产场地内不准抽烟，禁止不相干的人员进入。

库区进入车辆要佩戴防火帽；严格动火作业，设置禁止动火作业区和限制动火作业区；完善安全管理制度和安全操作规程，落实安全生产责任制；教育员工树立高度安全意识，掌握各种火灾应急处理方法和必备安全知识，养成良好安全生产习惯，具备正确使用消防设施、设备的技能等。

常见火灾及需要的灭火器材：A类火灾，是指固体物质火灾，通常使用水、泡沫、卤代烷型和磷酸铵盐干粉灭火器等；B类火灾，是指液体和可熔化的固体物质火灾，通常使用泡沫、磷酸铵盐干粉、卤代烷型、二氧化碳灭火器等；C类火灾，是指气体火灾，灭火器材同B；D类火灾，是指金属类火灾，通常使用干沙、化石粉、铸铁粉等；E类火灾，是指带电物体和精密仪器等火灾，通常使用卤代烷型、二氧化碳、磷酸铵盐干粉灭火器。A、B、C、E类火灾，首选灭火器材是：磷酸铵盐干粉灭火器和卤代烷型灭火器。

2. 现场清洁管理

生产现场要保持清洁，注意防火、防雷击；每天对酒库及四周进行清扫，保持清洁的环境：每次工作完成以后要对所用的设备及器具（过滤机、空气泵、电泵、周转罐等）进行清洗，并放在规定的地方；库房内禁止使用移动电话。

3. 原酒贮存管理

（1）新酒入库时，应先经专业品评人员评定等级后，按等级或风格在库内排列整齐，新酒的尝评方法与尝老酒要有区别，也就是要排除新酒味来尝。

（2）各种不同风味的原酒，不要不分好坏任意合并，这样无法保证质量。

（3）容器标识明确，详细建立库存档案，写明坛号、产酒日期、窖号、生产车间和班组、酒的风格特点、毛重、净重、酒精度等。有条件的厂，最好能附上色谱分析的主要数据，为酒体设计创造条件。

（4）原酒贮存后，还要定期品尝复查，调整级别，做到对库存酒心中有数。

（5）调味酒单独原度贮存，不能任意合并，最好有单独一间小酒库贮存。

（6）酒体设计人员要与酒库管理员密切联系，酒库管理人员要为酒体设计人员提供方便。

4. 容器的标识

原酒贮存容器一般都采用大小罐并用。大容器（不锈钢大罐）贮存优级、普级原酒；小容器（如陶坛）贮存调味酒或特级原酒，储存一定时间后再将特级原酒按各自的特点和使用情况组合入大罐，再次贮存。

原酒在入库后，需对其质量、数量等情况进行区分，也就是如婴儿出生一样有一个身份证明，即原酒的标识。标识，简单地说就是记录储存容器中原酒的详细资料卡，悬挂在容器的醒目处。在原酒酒库中的标识，其内容一般有：入库时间、质量（kg）、酒精度、等级、使用时间等，有条件的最好将色谱分析报告和理论检测指标同时附上，更有利于管理和使用。酒库标识的一般格式见表 12 - 6。

表 12 - 6　　　　　　　　　　酒库标识的一般格式

入库时间：	生产班组：
质量/kg：	酒精度（20℃）：
等级（名称）：	主要色谱数据/（g/L）：
总酸/（g/L）：	总酯/（g/L）：
管理人员：	使用时间：

5. 食品卫生管理

个人卫生管理重点：每年至少进行一次健康体检，患有痢疾、伤寒、病毒性肝炎、活动期肺结核、化脓性渗出性皮肤病以及其他影响食品卫生疾病的人员，不能从事酒库工作，做到人人持有健康合格证；新职工、转岗职工上岗前要进行卫生知识等必需知识的培训，考试合格。老职工一般每两年培训一次；工作服勤洗勤换，保持穿着整洁；不使用化妆品，不佩戴戒指、耳环、项链和手表等饰品；不穿短裙、短裤、背心和拖鞋；勤洗澡、勤理发、勤剪指甲、勤对镜整容；岗前、岗后、挖耳扭鼻后要洗手；不穿工作服如厕，如厕后要彻底洗手；工作期间意外受伤出血时，要对可能污染的现场用 70% ~ 75%（体积分数）酒精进行消毒并清洁，清洁后物品要及时清理；不在工作场所吃食物等。

从收酒入库到原酒使用的全过程，要建立并实施防止污染和交叉污染的措施：与酒直接接触的设备、管道、容器等应无味无毒无害，不与酒发生任何反应；裸露的管道口用食品袋包扎，防止异物进入；新设备、容器、管道使用前要进行有效清洗，一般是先用碱液串洗，再用清水清洁；保持生产现场和现场附近卫生状态良好，消除附近蚊蝇孳生地；除虫灭害药物应低毒、低害或无害，专人管理，专人使用，并做好使用记录；门、窗、地沟预留口配备有效的防鼠、防虫蝇设施等。

6. 设备管理

完善设备管理制度，建立管理台账，挂牌管理；建立三级维修、保养和验收管理制度，维修实施后及时做好记录；转动设备的转动部件要保持运转灵活，设安全防护罩；容器密集区的金属容器和管道接地可靠，接地电阻10Ω以下；大的贮酒容器的呼吸阀要经常检查保持灵活；特殊设备要设专人管理，建立台账和使用、维修、保养记录；改变设备或容器的结构，要经过设备管理部门的批准；车辆装卸作业时要充分接地，防止静电积累后集中释放；经常检查容器、管道、设备及连接点，及时消除跑、冒、滴、漏现象等。

7. 用电管理

不使用高耗能用电设备，鼓励使用新型节能产品；电源不明设备使用金属套管隔离；用电设备达到E级防爆要求；开关和照明灯应使用低压电源并具有相应防爆功能；电器及用电设备的安装、维修、检修由专职电工进行；配电箱内部不存放杂物；不用手心触摸或探试带电设备，应用手背探试，发现异常噪声或异常温度及时保修；落实用电计量装置和用电管理制度。

8. 原酒贮存管理的注意事项

（1）不要脏酒贮存　所谓脏酒贮存是指原酒贮存前容器没有清洗或没有清洗干净。因为新酒中含有一些微生物尸体、灰尘、蛋白质、胶质、纤维等杂质，这些杂质经过长时间的沉淀后，附在容器壁上或沉淀在容器底部，而这些物质又是白酒中不应该存在的物质，这将直接影响到新酒的质量，给新酒带来异杂味。

（2）原酒贮存要原度贮存　原度酒的酒精含量较高，在相同容积情况下，酒中各种物质的相对浓度和绝对量较之于降度酒要高得多。白酒贮存期间各种物质之间的相互作用基本上是化学反应，化学反应的速度与反应物质的浓度有关，物质间的化学反应要快一些，也就是老熟速度快些。而且原度酒贮存比降度酒贮存要节约相当多的场地和有关人员。

（3）密封和间歇搅拌　容积较小的贮存容器如麻坛，现在一般用厚塑料薄膜将坛口封住，用绳把薄膜系紧于坛口周边后，再放上沙袋或其他重物来密封，这种密封方式效果良好。须提醒注意的是要选用聚乙烯膜而不要选用聚氯乙烯膜，聚氯乙烯（PVC）分无毒性和有毒性两种。无论属于哪一种，它们都含有配方性的多种助剂，这些助剂对白酒蒸气或酒精差不多都是可溶性的。它们的溶出对酒质的影响不能忽视，尤其是在新用时。聚乙烯的情况要好得多。

大的贮酒容器一般常用的密封方法是把罐口周围做成一圆形浅槽，槽中放入水，盖子下沿再插入水面以下，这就是所谓的水封。这种密封方式的效果远不及前一种。大罐中的白酒与白酒液面上方的白酒蒸气之间有一个平衡（蒸发溶解平衡）关系，白酒蒸气必然要溶解在罐口水封的水中，使之成为一种浓度较低的酒，它再向大气中散发蒸气，其中就有一定量的酒蒸气。这一过程将连续不断地进行下去。这就是水封效果不很好的基本原因。

水封的第二个缺点是水易污染。灰尘和污垢免不了不断地进入水中；酒精含量不高，微生物在其中繁衍生息在所难免；不注意清洗，操作不当，缺乏敬业精神，水封中的污水将被带入酒罐中。夏季气温高，通过罐顶跑酒和水封的水易污染，必须加以重视。寒冷的北方，若用水封，冬季结冰，则罐盖打不开。

新酒入库后，酒库工作人员一般都不去触动它们，让新酒在罐中静置，这是一种惰性。搅拌对新酒的老熟有促进作用，尤其是在初期阶段效果更大一些。采取间歇式搅拌，例如每隔 15d 或 20d、30d 搅拌 1 次，简单易行，效果明显。那种只注重组合、"调味"时的搅拌，忽视处于贮存期白酒的搅拌操作，是不应有的现象。

调味酒的鉴别并不只是从新酒就能确定的，须在一段时间后再进行判断，以确定实际用途。

第二节　酒精度与容积测定

一、酒精度的测定

酒精度俗称酒度，单位为体积分数（％），标识单位:％vol，俗称"度"。表示在 20℃时每 100mL 酒溶液中含有酒精的体积（mL）。如，某原酒的酒精度是 74.3％（体积分数），表示在 20℃时 100mL 酒溶液中含有酒精 74.3mL。国标 GB/T 10345—2007 规定的酒精度的测定方法有 2 种：一是密度瓶法，二是酒度计法。该两种方法的前提是以蒸馏法去除不挥发物质，然后测量、校正。但是，在原酒的管理中，使用这些方法测定酒精度受到条件限制。实践证明，采用简化改良的酒度计法，能快速测量结果，误差不大，能够满足原酒的管理需要。方法简述如下：

均匀取原酒样品注入洁净、干燥（或用待测量的原酒进行涮洗）的 250mL 或 500mL量筒中，静置至气泡消失，放入洁净、干燥（或用待测量的原酒进行冲洗）的酒度计和温度计，轻轻下按一次酒度计。5min 后，读取温度示值，然后水平观测，读取酒度计与液面的月牙面相切处的刻度值。查酒精浓度与温度校正表，换算成 20℃时的酒精度，结果保留 1 位小数。

注意事项：酒度计分度值 0.1％（体积分数）；量筒宜大不宜小，太小影响测量精度；先读取温度值后读取酒度计示值，尽量减少或消除温度计的滞后效应。

二、容　积　测　定

（一）定量量取样品

1. 取样、留样或加权法留取混合样品

需要按照确定或计算的容积数量进行容积测定。如量取 50mL、100mL、150mL、200mL、500mL 样品，可直接用 50mL 或 100mL、200mL、500mL 校准的量筒量取，并进行量筒误差校正。读取数值时，观测液体月牙面下面成一条直线时，月牙面下面对应的刻度值即容量示值。

2. 各类容器存量测定

测量各类容器存量容积时，通常会有以下类型的容积计算：

圆柱体，如罐体的柱体部分；圆锥体，如罐体的锥底；圆台体，如木制容器；长方体或正方体，如地下酒池；球冠体，如罐体的球冠底；桶体，如酒缸、酒海；卧式罐等。计算公式如下：

圆柱体 $V = \pi r^2 h$　（r— 内半径　h— 液面高）

圆锥体 $V = \pi r^2 h/3$　（r— 锥底内半径　h— 锥高）

圆台体 $V = \pi h(R^2 + Rr + r^2)/3$　（R、r— 底面和液面半径　h— 液面高）

长方体 $V = abc$　（a— 内长　b— 内宽　c— 液面高）

球冠体 $V = \pi h^2(3R - h)/3$　（R— 球半径　h— 冠高）

$\qquad V = \pi h(h^{2/3} + r^2)/2$　（h— 冠高　r— 冠半径）

桶体 $V = \pi h(2D^2 + Dd + 3d^2/4)/15$　（母线是抛物线　D— 桶腹直径　d— 桶底直径）

（二）容积的直接测量

目前在酒类企业计量中用得最多的容积测量方式就是直接采用流量计进行测量，下面就流量计的计量原理和使用介绍如下：

容积式流量测量是采用固定的小容积来反复计量通过流量计的流体体积。所以，在容积式流量计内部必须具有构成一个标准体积的空间，通常称其为容积式流量计的"计量空间"或"计量室"。这个空间由仪表壳的内壁和流量计转动部件一起构成。容积式流量计的工作原理为：流体通过流量计，就会在流量计进出口之间产生一定的压力差，流量计的转动部件（简称转子）在这个压力差作用下产生旋转，并将流体由入口排向出口，在这个过程中，流体一次次地充满流量计的"计量空间"，然后又不断地被送往出口，在给定流量计条件下，该计量空间的体积是确定的，只要测得转子的转动次数，就可以得到通过流量计的流体体积的累积值。

设流量计计量空间体积为 v（m^3），一定时间内转子转动次数为 N，则在该时间内流过的流体体积为：

$$V = Nv$$

再设仪表的齿轮比常数为 a，a 的值由传递转子转动的齿轮组的齿轮比和仪表指针转动一周的刻度值所确定。若仪表指示值为 I，它与转子转动次数 N 的关系为：

$$I = aN$$

由上两式可得在一定时间内通过仪表的流体体积与仪表指示值的关系：

$$V = (v/a)\ I$$

为了适应生产中对流量测量的各种不同介质和不同工作条件的要求，产生了各种不同型式的容积式流量计，其中比较常见的有齿轮型、刮板型和旋转活塞型三种型式，现分别介绍如下。

1. 齿轮型容积式流量计

这种流量计的壳体内装有两个转子，直接或间接地相互啮合，在流量计进口与出口之间的压差作用下产生转动，通过齿轮的旋转，不断地将充满在齿轮与壳体之间的"计量空间"中的流体排出，通过测量齿轮转动次数，可得到通过流量计的流体量。

另一种齿轮型容积式流量计是腰轮容积流量计，也称罗茨型容积流量计，这种流量计的工作原理和工作过程与椭圆齿轮型基本相同，同样是依靠进、出口流体压力差产生运动，每旋转一周排出四份"计量空间"的流体体积量，所不同的是在腰轮上没有齿，它们不是直接相互啮合转动，而是通过安装在壳体外的传动齿轮组进行传动。

上述两种转子型式的容积流量计，可用于各种液体流量的测量，尤其是用于油流量的准确测量，在高压力、大流量的气体流量测量中，这类流量计也有应用，由于椭圆齿轮容积流量计直接依靠测量轮啮合，因此对介质的清洁要求较高，不允许有固体颗粒杂质通过流量计。

2. 刮板式容积流量计

刮板式流量计也是一种较常见的容积式流量计。在这种流量计的转子上装有两对可以径向内外滑动的刮板，转子在流量计进、出口压差作用下转动，每转动一周排出四份"计量空间"的流体体积，与前一类流量计相同，只要测出转动次数，就可以计算出排出流体的体积量。较常见的凸轮式刮板流量计，壳体的内腔是一圆形空筒，转子也是一个空心圆筒形物体，径向有一定宽度，径向在各为90°的位置开四个槽，刮板可以槽内自由滑动，四块刮板由两根连杆连接，相互垂直，再空间交叉，在每一刮板的一端装有一小滚珠，四个滚珠均在一固定的凸轮上滚动使刮板时伸时缩，当相邻两刮板均伸出至壳体内壁时，就形成一计量空间的标准体积。刮板在计量区段运动时，只随转子旋转而不滑动，以保证其标准容积恒定。当离开计量区段时，刮板缩入槽内，流体从出口排出。同时，后一刮板又与其另一相邻刮板形成第二个"计量空间"，同样动作，转子运动一周，排出四份，"计量空间"体积的流体。

在刮板式容积流量计中，还有所谓旋转阀式刮板流量计，它的工作原理与凸轮式相似，但结构不同，这里就不详细叙述了。

3. 旋转活塞式容积流量计

旋转活塞式（也称为摆动活塞式）容积流量计的结构与工作原理：旋转活塞位于固定的内外圈之间，活塞的轴靠着导辊滚动，中间隔板将计量空间分成两部分，活塞的上缺口和隔板咬合，当活塞依箭头方向运动时与隔板成直线运动。活塞在进出口流体压力差的作用下，始终与内外圆桶壁紧密接触旋转，交替不断地将活塞与内外圆筒之间的流体排出，通过计算活塞旋转次数可得到流过的流体量。旋转活塞式容积流量计具有通流能力较大的优点，它的不足是在工作过程会有一定的泄漏，所以准确度较低。

第三节　白酒在陈酿过程中的变化

一、老　熟　机　理

关于老熟机理，国内外都有一些报道，但尚无统一的认识。特别是我国白酒，香型复杂，老熟中的变化有不少的差异。一般规律认为，经过发酵的酒醅通过蒸馏得到新酒，在新酒中所含的酸成分可促使醇和水的氢键缔合，很快地达到缔合平衡。随着老熟过程的延长，主要发生的是酯化反应，并使香味成分增加，这一过程发生缓慢。在此过程中，还存在酯水解生成酸的反应，直至平衡的建立而达到老熟终点。其中生成的酯或酸均可参与醇与水的缔合作用，形成一个较稳定的缔合体，从而使酒体口感醇和，并且有很浓郁的醇香味。

酒中的醇、酸、醛、酯等成分经氧化和酯化、分解作用达到新的平衡，其反应如下：

醇经氧化成醛

$$RCH_2OH \rightarrow RCHO + H_2O$$

醛经氧化成酸

$$RCHO \rightarrow RCOOH$$

醇、酸酯化成酯

$$ROH + R'COOH \underset{-H_2O}{\longleftrightarrow} RCOOR'$$

醇、醛生成缩醛

$$2R'OH + RCHO \rightarrow RCH(OR')_2 + H_2O$$

是什么原因促进蒸馏酒的老熟，过去都强调氧化作用，实际上由醇氧化成酸比较容易，而希望通过贮存进行酯化却比较困难。

1. 物理变化

（1）乙醇与水分子间的氢键缔合作用　白酒是酒精度较高的酒，而饮用时要求柔和，也就是平时所说的"绵软"。"绵软"虽然与香味没有直接影响，但如果酒精的刺激性强，对香味也起到掩盖作用。所以"绵软"也是白酒质量上的一项重要指标，只有"绵软"，香味方能突出，才能醇和、谐调。

日本赤星亮一等人研究贮存年数不同的蒸馏酒电导率变化，发现电导率随贮存年数增加而下降。认为这是由于分子间氢键缔合作用生成了缔合群团，质子交换作用减少，降低了乙醇的自由分子，从而减少了刺激性，使味道变醇和了。白酒中组分含量最多的是乙醇和水，占总量的98％左右。它们之间发生的缔合作用，对感官刺激的变化是十分重要的。但随着人们对白酒陈酿作用的研究，又提出了一些见解。中国科学院感光化学研究所王夺元等应用高分辨、H^+核磁共振技术，在白酒模型体系研究的基础上，建立了通过直接测定由氢键缔合作用引起的化学位移变化，由质子间交换作用引起的半高峰宽变化及缔合度来评价白酒体系中氢键缔合作用。在对清香型的汾酒研究中认为酒体中氢键缔合作用广泛存在，并对酒度有明显依赖性；其次氢键的缔合过程在一定条件下是一个平衡过程，当平衡时化学位移及峰形均保持不变，这表明物理老熟已到终点。在实验中观察到，含65％（体积分数）乙醇的体系在没有酸、碱杂质时，贮存20个月后，根据测定，氢键缔合体系已达到平衡。但白酒除乙醇和水两种主要成分外，还含有数量众多的酸、酯、醇、醛等香味成分，它们将会对白酒体系的缔合平衡产生影响，如微量酸可使缔合平衡更快达到。实测了若干种含酸新蒸馏酒的H^+核磁波谱，发现其化学位移、半高峰宽及缔合度已接近模型白酒体系的缔合平衡状态。这说明实际上白酒中各缔合成分间形成的缔合体作用强烈，并显示促进缔合平衡的建立无需通过长期的贮存，只要引入适量的酸就可以大大缩短缔合平衡过程。在测定贮存5个月及10年的汾酒时，它们的化学位移值没有差别即缔合早已平衡，但口感却差别很大。因此氢键缔合平衡不是酒品质改善的主要因素，不是白酒陈酿过程中的控制因素。结合化学分析测定，认为陈酿过程中品质变化的决定因素是化学变化。其描述的贮存陈酿过程是：当蒸馏酒醅得到新酒，其所含的酸成分可促使醇、水氢键缔合，很快达到缔合平衡，随着陈酿贮存的延长，主要发生化学反应并使香气成分增加，这过程较缓慢。在此过程中还存在酯水解生成酸，直至平衡建立而达终点，生成的酯或酸均可参与醇、水缔合作用，形成一个较稳定的缔合体，从而使酒体口感柔和、绵软、香味浓郁。

从食品化学性质看，任何食物的香气和味并非单一化学组分刺激所造成，而是和存在于食物中众多的组成分的化学分子结构组成，种类数量及其相互缔合形式有关。白酒的风味也就是酒体中各种化学组分的缔合平衡分配过程综合作用于人们感官的结果。

（2）香气成分的溶解度变化　白酒中香气成分的溶解度和其含量（浓度）、温度、酒精度密切相关。在低度酒中温度尤为重要。安徽古井酒厂王勇等在研究低度酒货架期返浊时，发现经 -5℃冷冻的 30 度及 38 度古井贡酒出现失光变浊，升温解冻后形成油花飘浮于液面。收集油花并进行色谱、质谱仪器分析结果显示，共含有香气成分 200 余种，其中主要的有 76 种成分。它们之中己酸、庚酸、辛酸、戊酸、丁酸、棕榈酸、油酸、亚油酸的乙酯以及己酸丙酯、己酸异丁酯、己酸异戊酯、己酸乙酯、乙酸等 13 种占总量的93.93%。在油花中棕榈酸、油酸及亚油酸的乙酯占 8.8%，而己酸乙酯占 47.1%，戊酸乙酯占 9.01%，庚酸乙酯占 8.15%，辛酸乙酯占 7.43%，这四大酯共占 71.69%。油花中绝大部分是酯类，其次是酸，除溶解度大的乙酸、丙酸外，随碳链的增长互溶性越来越小，有机酸析出都在 30% 以上，辛酸超过 50%。醇类、羰基化合物与水基本相溶，其含量变化不大。说明当完全合格清澈透明的出厂酒，由于气温下降而出现的货架期失光变浊的原因来自白酒中香气成分本身，由于温度变化使其溶解度下降而造成。因此低度浓香型酒香气成分的适宜含量还有待进一步研究。

2. 老熟与金属含量的关系

各种酒类制品中的金属含量来自原料、酿造用水、容器及生产设备等。金属的多少，即使是同类的酒也因制造方法的不同而各异。国外关于金属对糖化、发酵和微生物发育繁殖的影响，对微生物无机营养及对酶活力方面的研究，已有很多报道。一般蒸馏酒的金属含量比酿造酒为低。

日本的泡盛酒传统方法贮存于陶质酒坛中。经贮存后的酒中，其铁、铜、钙、锰、锌、镁、钾和钠的含量超过新酒很多。这是酒在贮存过程中酒坛中的金属成分溶解到酒中所致。这一现象是促进泡盛酒老熟变化的重要因素，并使酒带金黄色。这些金属含量大体随贮存年限的延长按比例增加。因此，陶质酒坛贮酒后，如以铁的含量计算，大致可以推算出酒的老熟期。

1977 年五粮液酒厂刘沛龙等首先报道白酒中金属元素的测定结果及其与酒质的关系。对白酒中金属元素的含量、来源、在白酒老熟过程中的作用及其与酒质的关系进行了论述。

（1）不同贮存期酒中金属含量　见表 12 - 7，表 12 - 8。

从表 12 - 7 可见，这些盛于酒瓶中的酒样，除 Na 以外，其他金属元素的含量随存放时间延长而增加。因此，所增加的金属元素，是由酒瓶材质溶入酒中的。在 10 年贮存期不同酒度（酒精含量）的 A 酒中，金属元素 Ca、Mg、Cd、Cu、Mn 随酒精度降低而增加，K、Al、Na 随酒精度降低而降低，Fe、Pb、Ni、Cr 在酒精含量为 39% 的酒中最高。这与加浆用水及随贮存期增加酒中酯的水解导致有机酸增加，使酒瓶材质中的金属溶出量增多有关。

表 12 – 7	贮存 10 年、20 年酒中金属元素的含量				单位：μg/L	
试　　样	A 酒　样				B 酒　样	
酒精含量/%（体积分数）	52		39	29	52	
酒龄/年	20	10	10	10	20	10
K	3470	2220	660	420	2310	2350
Ca	4360	890	10010	11920	4330	2180
Mg	3490	690	6440	7350	2300	860
Cd	9.10	4.44	5.52	8.23	2.04	4.65
Fe	62.20	101.70	203.10	196.20	136.80	104.60
Pb	28.41	23.29	40.22	26.97	12.42	7.30
Cu	39.87	13.05	34.90	39.02	10.34	8.57
Mn	29.57	20.14	31.74	33.85	20.70	25.54
Al	660	470	140	120	1260	770
Ni	3.10	1.58	4.62	3.52	2.08	1.76
Cr	3.08	0.71	3.49	2.37	4.29	3.31
Nu	15260	34750	10490	8140	8840	29000

表 12 – 8				贮存 30 年、40 年酒中金属元素的含量						单位：μg/L	
酒龄	K	Ca	Mg	Cd	Fe	Pb	Cu	Mn	Al	Ni	Cr	Na
40 年老酒	7810	5440	4520	0.58	1045.01	86.60	367.46	48.44	42040	7.77	4.14	8470
30 年老酒	4190	2960	1280	0.22	961.10	49.79	32.21	35.51	5220	5.24	7.48	6330

注：表中所列数据为 40 年老酒 8 个，30 年老酒 2 个的平均值。

由表 12 – 8 的测定结果反映出，贮存 30 年及 40 年的老酒中，金属元素含量要比 10 年及 20 年酒中多得多。尤其是 Fe、Cu、Al 这些酒均在贮酒容器中存放了 20 年，故增加的金属元素与贮酒器有关。一般酒中 Fe 含量越高，酒色越黄，酒中铁含量最多不能超过 2mg/L，否则将出现沉淀。酒的黄色除与铁含量有关外，还与白酒中的某些有机成分有关。经液相色谱分析，已发现有 4 种有机物可使酒产生黄色。

酒的贮存时间越长，酒精损失越多，酸度越高，以致使盛酒容器中的金属元素溶入酒中越多。一般盛酒容器中的金属元素以氧化物形式存在，溶解于酒中仍不及酸的增长，因此酒的 pH 随贮存时间的延长而缓慢降低。

（2）新酒贮存过程中金属元素含量的变化　取车间刚蒸馏出来的新酒，盛入两种不同材质的贮酒容器中，每半年取样分析，结果见表 12 – 9 及表 12 – 10。

容器 1 的材质中含有各种金属氧化物，因此酒经贮存后，这些金属元素便被溶入酒中，增加较多的有 Al、Fe、Cu、Pb、Mn，而 Ca、Mg、Cr、Cd 几乎不增加，甚至减少。容器 2 的材质较为单一，含金属元素少，溶入酒中也少。其中除 Fe、Mn、Ni、Cr 增加较多外，绝大部分金属元素不增加，甚至减少。经品尝认为，容器 1 贮存白酒的陈酿效果比容器 2 为好。以上结果证实，贮酒容器的材质直接决定了酒中金属含量的品种，贮存期的长短与其含量多寡有关。

表 12-9　　　　　　　　　新酒贮存于容器 1 中的金属元素含量变化

车间号	贮存时间	K	Ca	Mg	Al	Na	Pb	Mn	Ni	Cu	Cr	Cd	Fe
501	新酒	950	450	90	27.17	370	0.98	2.47	0.46	7.09	1.48	1.94	13.16
	半年	1210	610	80	90.20	130	7.40	8.56	0.49	9.97	1.49	1.26	29.10
	一年	1920	1490	170	130.23	170	7.21	14.64	0.50	11.84	1.48	2.81	52.01
505	新酒	740	440	110	18.13	240	1.98	2.46	0.44	3.17	1.51	1.22	16.58
	半年	1670	320	70	113.50	40	17.41	3.08	0.51	7.84	1.22	1.31	30.86
	一年	1600	360	200	172.47	150	9.77	7.11	0.95	7.96	1.66	2.68	66.24
509	新酒	1260	54S0	170	21.74	170	1.63	7.73	0.16	7.02	3.39	2.62	29.28
	半年	1580	440	160	66.09	160	9.51	9.08	0.39	8.18	5.73	1.41	37.98
	一年	1990	320	330	68.71	290	7.12	14.76	1.44	10.54	5.98	3.58	59.83
511	新酒	1050	1180	240	6.18	320	2.83	3.09	1.62	2.29	2.59	0.21	12.64
	半年	1140	470	180	39.93	1160	8.07	8.91	2.27	5.56	1.81	1.29	31.06
	一年	92	620	430	136.50	480	10.49	11.75	1.17	7.52	2.37	4.21	55.13

表 12-10　　　　　　　　　新酒贮存于容器 2 中的金属元素含量变化

贮存时间	K	Ca	Mg	Cd	Fe	Pb	Cu	Mn	Al	Ni	Cr	Na
新　酒	1520	1200	390	1.09	17.48	0.78	10.33	4.85	44.36	0.91	2.88	1830
半　年	1200	400	200	1.08	31.49	4.03	4.13	9.71	21.06	3.90	4.95	900
一　年	970	280	340	2.96	21.97	1.83	15.51	20.19	65.91	10.99	9.56	270

注：表中数据取自 5 个酒样的平均值。

（3）金属元素在酒老熟过程中的作用　选用 $NiSO_4$、$Cr_2(NO_3)_3$、$Fe_2(SO_4)_3$、$CuSO_4$、$MnSO_4$ 5 种金属盐，按一定浓度添加于新酒中，1h 后比较各金属元素除去新酒味的能力。结果 Fe^{3+}、Cu^{2+} 去新酒味较强，Ni^{2+} 有一定的作用，Cr^{3+}、Mn^{2+} 无去新酒味的能力。新酒味的主要成分一般认为是硫化物，而添加的 5 种金属盐均能与酒中硫化物反应生成难溶的硫化物。然后将酒样放置于 25℃ 恒温箱中，经 1 个月、5 个月后分别测定其微量成分变化及品尝，结果见表 12-11、表 12-12。

表 12-11　　　　　　金属元素催化 1 个月后酒中的微量成分　　　　　　单位：mg/100mL

酒样	乙醛	乙缩醛	乙酸	乙酸乙酯	异丁醇	异戊醇	己酸乙酯
1# 酒样	43.78	207.39	41.41	117.25	29.85	40.26	383.16
Mn^{2+}	60.36	198.04	31.00	112.90	30.05	38.04	328.21
Cu^{2+}	50.41	188.23	38.16	115.56	80.00	37.54	325.27
Fe^{3+}	58.70	211.50	59.53	112.98	29.72	38.17	324.67
Cr^{3+}	71.18	270.34	51.44	111.50	29.78	38.77	331.99
Ni^{2+}	87.81	200.74	32.96	107.63	29.30	40.80	320.92
2# 酒样	37.89	108.34	48.53	81.52	29.01	44.99	336.42

续表

酒样	乙醛	乙缩醛	乙酸	乙酸乙酯	异丁醇	异戊醇	己酸乙酯
Mn^{2+}	32.46	100.31	51.98	79.00	26.66	43.89	330.94
Cu^{2+}	20.36	90.03	40.54	85.62	30.58	49.88	322.24
Fe^{3+}	35.27	117.93	48.08	77.24	27.76	43.66	322.24
Cr^{3+}	41.00	160.58	37.89	84.12	27.88	44.23	318.25
Ni^{2+}	31.12	99.44	31.14	79.90	28.24	45.53	327.74

表 12-12			金属元素催化 5 个月后酒中的微量成分			单位：mg/100mL	
酒样	乙醛	乙缩醛	乙酸	乙酸乙酯	异丁醇	异戊醇	己酸乙酯
1# 酒样	40.52	175.03	40.11	95.75	26.18	33.96	299.56
Mn^{2+}	36.77	172,51	41.15	97.63	27.54	34.26	301.24
Cu^{2+}	39.31	170.22	37.83	96.26	27.11	33.68	302.63
Fe^{3+}	61.76	233.43	79.42	112.17	26.85	33.98	296.11
Cr^{3+}	77.61	254.21	75.69	113.24	27.23	34.35	269.65
Ni^{2+}	41.34	164.50	44.36	94.89	26.46	34.10	294.80
2# 酒样	43.00	68.34	43.41	68.95	24.37	21.98	290.24
Mn^{2+}	30.87	58.85	57.30	64.31	23.10	21.18	307.99
Cu^{2+}	36.63	74.16	38.20	69.27	24.25	22.87	293.18
Fe^{3+}	64.07	114.25	80.70	75.93	23.78	22.75	297.74
Cr^{3+}	75.48	132.26	67.66	74.56	24.53	22.77	289.69
Ni^{2+}	38.33	67.27	48.76	65.33	23.98	22.31	284.29

从表 12-11，表 12-12 可以看出，Fe^{3+}、Cr^{3+} 对酒有明显的催化氧化能力，其他金属元素催化作用不明显。反映在酒中乙醛、乙缩醛、乙酸、乙酸乙酯明显增加，这是由于酒精氧化成乙醛，再氧化成乙酸，乙醛和酒精缩合生成乙缩醛，酒精与乙酸酯化生成乙酸乙酯所致。但将这 2 种酒样品尝，结果是未经催化的原酒样最好，添加金属元素的酒样不同程度地欠自然，显刺辣，没有发现一个酒样有陈味。

二、风味物质的变化

新蒸馏出来的酒，一般比较燥辣，不醇和也不绵软，含有硫化氢、硫醇、硫醚等挥发性硫化物，以及少量的丙烯醛、丁烯醛、游离氨等杂味物质。这些物质与其他沸点接近的物质组成新酒杂味的主体。上述物质消失后，新酒杂味也大为减少，也就是说在贮存过程中，低沸点臭味物质大量挥发，所以酒中上述异味减少。

在 9~10℃ 较低温度下贮存酒，密封于陶坛内，经 50~60d 后，硫化氢含量下降 33.2%~97.5%，其他硫醇及二乙基硫也大为减少，几乎完全失去新酒味。经 1 年贮存的酒，已检验不出挥发性硫化物，见表 12-13。如果贮存温度升高，挥发性物质迅速降低，这说明白酒必须有一定的贮存期。

表 12 – 13　　　　　　　　　　贮存中臭味物质的变化　　　　　　　　　单位：g/100mL

酒　别	硫化氢	硫　醇	二乙基硫	丙烯醛	氨
新产董酒	0.0888	痕　量	痕　量	痕　量	痕　量
贮存 1 年董酒	痕　量	未检出	未检出	痕　量	痕　量
贮存 2 年董酒	痕　量	未检出	未检出	未检出	痕　量
新大曲酒	0.1173	痕　量	痕　量	痕　量	痕　量
贮存 1 年大曲酒	未检出	未检出	未检出	未检出	痕　量

四川某浓香型名酒厂用毛细管柱辅以填充柱分析了该厂大量的新老酒，得出了以下几个结论，见表 12 – 14 及表 12 – 15。

表 12 – 14　　　　　　　　　贮存 10 年前后酒中四大酯的变化　　　　　　　单位：mg/L

成分/含量	酒号	1#	2#	3#	4#	5#	6#	7#	8#	9#	10#	平均差值
乙酸乙酯	前	927.1	927.0	1008.2	1062.4	791.8	1179.0	1043.0	1007.8	1053.0	936.0	
	后	1118.1	558.9	580.3	860.8	984.3	920.0	1148.6	1104.7	1127.2	784.4	
	差值	+191.0	-368.1	-427.9	-201.6	+192.5	-259.0	+105.6	96.9	+74.2	-151.1	-74.8
丁酸乙酯	前	341.4	244.1	243.9	253.5	278.8	289.9	257.8	298.8	332.8	301.5	
	后	244.7	140.3	132.2	169.3	172.3	170.0	189.6	176.9	227.0	213.8	
	差值	-96.7	-103.8	-111.7	-84.2	-106.5	-119.9	-68.2	-121.9	-105.8	-87.7	-100.6
乳酸乙酯	前	1152.7	959.5	1177.4	1237.3	853.8	1171.9	243.7	1123.3	1396.1	1599.9	
	后	586.2	658.8	705.7	716.5	681.7	653.9	765.3	694.7	865.0	798.6	
	差值	-566.5	-300.7	-471.7	-520.8	-172.1	-517.9	-478.4	-428.6	-531.1	-801.3	-478.9
己酸乙酯	前	2018.5	1757.1	1605.2	1842.1	2118.2	1555.0	1548.0	2074.2	2044.1	1381.5	
	后	1425.8	1302.4	1281.6	1462.5	1468.5	1074.8	1288.5	14265	1541.6	996.9	
	差值	-592.7	-454.7	-323.6	-379.6	-649.7	-480.2	-259.5	-647.7	-502.5	-384.6	-467.5

表 12 – 15　　　　　　　　　贮存 10 年前后酒中有机酸的变化　　　　　　　单位：mg/L

成分/含量	酒号	1#	2#	3#	4#	5#	6#	7#	8#	9#	10#	平均差值
乙　酸	前	502.4	582.4	539.8	513.2	513.5	531.4	560.6	469.2	490.0	423.4	
	后	642.2	1064.8	714.7	710.8	701.6	822.8	1103.0	867.9	504.9	525.3	
	差值	+139.8	+482.4	+174.9	+197.6	+188.1	+291.4	+542.4	+398.7	+14.9	+101.9	+253.2
丙　酸	前	6.7	8.0	8.2	7.0	13.7	8.1	7.8	9.2	7.0	8.6	
	后	67.2	61.2	59.0	41.9	44.7	50.8	50.2	54.5	61.6	53.5	
	差值	+60.5	+53.2	+50.8	+34.9	+31.0	+42.7	+42.4	+45.3	+54.6	+44.9	+46.0

续表

含量 成分	酒号	1#	2#	3#	4#	5#	6#	7#	8#	9#	10#	平均 差值
丁酸	前后 差值	74.0 119.7 +45.7	109.0 176.6 +67.6	80.6 123.3 +42.7	78.8 127.7 +48.9	83.6 158.5 +74.9	73.5 141.2 +67.7	80.8 151.1 +70.3	84.9 166.7 +81.8	76.4 123.4 +47.0	84.1 132.4 +48.3	+59.5
异丁酸	前后 差值	5.4 10.7 +5.3	6.7 10.7 +4.0	7.2 9.4 +2.2	6.0 8.3 +2.3	4.6 7.5 +2.9	5.9 8.8 +3.1	5.7 9.9 +4.2	8.6 10.8 +2.2	4.2 8.9 +4.7	8.9 13.8 +4.9	+3.6
戊酸	前后 差值	16.4 28.0 +11.6	24.5 42.5 +18.0	18.2 42.5 +24.3	19.5 30.2 +10.7	20.1 32.3 +12.2	19.3 34.7 +15.4	17.2 34.5 +17.3	16.3 37.6 +21.3	20.6 33.0 +12.4	11.8 25.4 +13.6	+15.7
异戊酸	前后 差值	10.9 18.3 +7.4	16.1 18.7 +2.6	14.9 16.2 +1.3	13.4 11.4 −2.0	7.9 12.0 +4.1	10.9 13.8 +2.9	10.9 16.8 +5.9	13.4 18.6 +5.2	11.0 13.9 +2.9	10.8 17.4 +6.6	+3.7
己酸	前后 差值	335.2 830.3 +495.1	588.1 1203.1 +615.6	411.3 957.2 +545.9	422.4 996.6 +574.2	333..2 793.5 +460.3	329.0 326.0 +497.0	386.6 1033.4 +646.8	388,9 1098.8 +709.9	441.8 1088.4 +646.6	241.8 603.6 +361.8	+555.3

（1）老酒的标记峰为二乙氧基甲烷峰，新酒在5年内无此峰，随着酒龄的增加，二乙氧基甲烷的含量逐渐增加，与酒龄成正比关系，其增高的原因可能是：一方面甲醛在酒中有机酸的催化作用下，与乙醇发生缓慢的缩合反应，新酒中的甲醛含量在10~60mg/L，而老酒中的甲醛含量在10mg/L左右，确实比新酒中的低很多；另一方面高沸点物质有可能分解产生甲醛或二乙氧基甲烷。

（2）存放过程中所有的酯都减少。

（3）随着存放时间的延长，酒中的酸增加越多，酸的增加来源于酯的水解和酒的损失。

（4）酒的醇类有三种变化趋势 甲醇的沸点低，在贮存过程中比乙醇易挥发，因此含量随贮存时间增长而减少；正丙醇的沸点比乙醇稍高，贮存过程中变化不大；其他高级醇挥发性比乙醇小，贮存过程中含量提高，2，3-丁二醇、正己醇、正庚醇在老窖酒中特别高，可能与老窖风格有关。

（5）存放过程中醛类的变化大约10年之内呈增加趋势，以后又有所减少。

中科院感光化学研究所王夺元等对汾酒老熟过程的作用机理进行了研究，认为：清香型汾酒的主体香乙酸乙酯在老熟1年半左右的时间内达到最高值，贮存期延长，主体香成分反而下降，老熟10余年的汾酒，其主体香成分降低大约75%．乙酸的含量随老熟时间的延长而增加，这可能与酯的水解反应有关．由于酒体中含有大量水，且在酯化反应时又有水分子生成，故使酯化的逆过程更有利。这种酸的生成可促使缔合平衡更快建立，有利于稳定缔合结构的重组。此外，酸的存在可参与其他的酯化反应，例如清香型酒中另一主体香成分乳酸乙酯随老熟期的延长而减少，很可能发生了反应生成双酯，这种反应既消耗了体系中过量的酸，又可产生新的香气成分，有利于改善酒的质量。

三、贮酒容器、时间对酒质的影响

（一）贮酒容器对清香型白酒质量的影响

不同的贮酒容器，对白酒的老熟产生着不同的效果，直接影响着产品质量。因此，在生产实践中，对贮酒容器影响清香型白酒质量的因素和如何选择适当的贮酒容器，是应引起足够重视的。

1. 不同贮酒容器对老熟期酒质变化的影响

清香型白酒以其清香纯正、醇甜爽净的独特风格受到人们的喜爱，在其整个生产及老熟过程中，始终贯穿着清、净二字，凡产出的新酒都要经过相当一段时间的贮存使之老熟。在长期的生产实践中，使用不同的贮酒容器，对老熟期酒质变化有着不同的影响和效果。

采用陶坛和不锈钢罐贮存的清香型白酒，虽然保持了酒体的无色透明，但其后味较短，尤其是在生产低度酒时，其后味就更短更淡了，有时会出现水味，使低度酒失去了固有的风格。不锈钢罐贮存的酒，一般2年以上便会出现微黄色，并有明显的酱味，但是，这种带有酱味的酒在勾兑当中起到了延长后味和助香作用，尤其在清香型低度白酒中效果更明显。所以，在生产实践中，我们要因地制宜地选择好贮酒容器，使酒在老熟过程中达到最佳程度。笔者认为酒在老熟过程中采用陶坛与大容器（金属）连续分质贮存的方法为好。即新酒先入陶坛贮存1年后，再根据酒质将质量相近的酒混合于金属大容器中，继续贮存1年。至于清香型白酒移至用猪血石灰涂料封的容器中，贮存1年以上能出现酱味，而在陶坛或不锈钢罐中在同样的贮存时间内却不能出现酱味这一自然现象，可能是与清香型白酒中含有碱性含氮化合物（主要是指吡嗪类化合物）和经长期贮存的老酒中含有酚类化合物（主要以4－甲基愈创木酚和4－乙基愈创木酚等）有关，而金属罐内壁涂料正是以常用的鲜猪血和碱性石灰调制而成，酒在这种介质下贮存，直接接触，就溶进了涂料中的氮化物和碱性物质，也就促进了酒中氮化物和酚类化合物的生成，对这一点目前还没有更充分的理论依据，还有待于在生产实践中进一步探索和研究。

2. 不同酒质贮存期的确定

分质分存是清香型白酒老熟工艺中的重要环节，众所周知，新产出的清香型白酒由于受自然条件的限制，其质量是不一样的。为了使产品质量达到统一的质量标准，保持其固有的独特风格，通常是经过酒的自然贮存来完成这一老熟过程的。老熟时要根据酒质的不同，来确定不同的贮存期，使之达到最佳效果。

新酒在较长的贮存过程中，一些随蒸馏而来的低沸点杂质，如硫化物、醛类等，便会逐渐挥发，除去了新酒中的不愉快气味，这就是通常所说的老熟过程中的挥发效应。经过一段时间的贮存，酒中的乙醛缩合，减少了酒的辛辣味，突出了酒的醇甜，随着时间的增长，乙醇和水溶液中的分子排列得到了改变，增加了分子间的缔合，相应地减少了自由乙醇分子的活性，也就减弱了酒的刺激性，使酒味变得柔和醇厚。而酒中的微量物质经老熟过程中的氧化还原与酯化作用，生成了酸和酯类物质，从而增添了酒的芳香，突出了自身的独特风格。根据酒在老熟过程中的这些特点，并结合生产实际状况，把新产出的清香型白酒按不同质量进行分类，将主体香气纯正，虽有辛辣味，刺激感也较强，但其口味爽净，无其他杂味的新酒归为一类，称之为清净型（大糙居多）；而把主体香气较纯正，口味尚醇甜，香气饱满浑厚的归为一类，称之为醇甜型（多为二糙酒）。当然，对于调味酒的分类与贮存就另当别论了。根据两种类型新酒的特点，确定前者贮存期为 1～1.5 年，后者为 1.2～2 年。老熟后的基础酒各项指标控制为：总酸 1.0～1.3 g/L，总酯 3.0～4.0g/L，乙酸乙酯 1.8～2.8g/L。

酒在不同的贮存期内，不断地发生一系列的物理和化学反应，从而提高了酒的质量，见表 12－16。

表 12－16　　　　　　　　　　　　　不同的贮存期酒质的变化

项目 ＼ 类别	清　净　型	醇　甜　型
贮存条件	常温库房，陶质坛存放	常温库房，先于陶坛贮存 6 个月，再移入金属罐贮存 9 个月
贮存时间	1993 年 4 月至 1994 年 4 月	1993 年 4 月至 1994 年 7 月
感官评定	无色透明，清香较纯正，入口较柔顺，尚醇甜，诸味较谐调，余味爽净，有后味，但短、淡	略黄透明，清香较纯正，入口绵柔，醇甜圆润，较爽，余味略带酱香，尾稍欠净，后味较长

在成功地掌握了贮存容器对清香型白酒老熟期质量的影响因素之后，恰当地选择好适当的贮酒容器和确定不同的老熟期，就可得到较理想的基础酒，再经科学的配比勾兑、调味之后，就能使优质清香型白酒的质量得到稳定的提高，以保持其固有的独特风格。

（二）凤型酒风格质量与酒海贮存的关系

西凤酒的传统贮存容器为酒海，它与一般用陶坛为贮酒容器有何差异呢？西凤酒厂曾进行了对比试验。取贮存 3～6 个月的新酒勾兑一批酒样，分别盛转入 2 个 5t 酒海和 2 个 500kg 陶坛。将 1 个酒海和陶坛放在常温酒库内，另一对则放在保温（冬季室温不低于 18℃）酒库内。每半年取样一次，分别做理化测定和感官品评，结果如表 12－17、表 12－18 和表 12－19 所示。

表 12－17　　　　　　　　　　　不同贮酒容器、方法及时间的酒质分析

项　　　目	酒样	陶坛（常温）	陶坛（加热）	酒海（常温）	酒海（加热）	陶坛（常温）	陶坛（加热）	酒海（常温）	酒海（加热）
	5 个月	11 个月	11 个月	11 个月	11 个月	17 个月	17 个月	17 个月	17 个月
酒精含量/%（体积分数）	55.7	55.8	56.0	56.0	56.4	55.8	55.7	55.6	55.8
总酸/（mg/100mL）	0.8923	0.8614	0.8733	0.5644	0.3386	0.9172	0.9586	0.4852	0.3018
总酯/（mg/100mL）	3.2665	2.7883	2.9016	2.8754	2.6576	3.0083	2.9822	2.9219	2.7653
总醛/（mg/100mL）	0.2618	0.2499	0.2592	0.2196	0.1566	0.2424	0.2438	0.1326	0.1122
甲醇/（mg/100mL）	0.06	0.2	0.2	0.15	0.1	—	—	—	—
杂醇油/（mg/100mL）	1.0	0.3	1.2	1.2	1.2	—	—	—	—

表 12-18 　　　　　　不同贮酒容器、方法及时间的香气成分　　　　　　单位：mg/100mL

项目＼贮存期＼类别	陶坛（常温）	陶坛（加热）	酒海（常温）	酒海（加热）	陶坛（常温）	陶坛（加热）	酒海（常温）	酒海（加热）
	11	11	11	11	17	17	17	17
乙醛	35.0	36.5	30.4	23.6	31.7	32.2	17.0	24.9
甲醇	12.9	12.8	12.4	12.5	11.7	9.5	8.7	8.7
乙酸乙酯	120.8	120.3	106.1	113.4	98.3	99.2	92.1	84.0
正丙醇	52.4	52.6	50.8	54.6	47.2	47.4	51.0	46.8
仲丁醇	3.0	2.85	4.1	3.0	2.68	2.97	3.21	2.91
乙缩醛	28.3	34.8	31.2	23.9	26.7	26.8	18.9	19.6
异丁醇	17.3	17.7	17.1	18.8	16.9	17.0	19.1	17.4
正丁醇	12.6	12.6	12.8	13.3	11.4	11.2	12.5	12.0
丁酸乙酯	10.8	5.8	10.2	10.7	9.96	9.9	10.1	9.17
异戊醇	50.5	50.8	49.3	52.4	47.3	46.1	50.9	48.2
乳酸乙酯	229.5	227.9	218.4	209.0	198.7	207.15	192.6	196.2
己酸乙酯	39.1	40.5	37.2	40.7	36.2	36.4	41.0	33.8
正己醇	微	3.0	微	2.9	3.24	2.33	3.94	2.71

表 12-19 　　　　　　不同贮酒容器、方法及时间的酒质品评结果

品评日期	贮酒容器	平均得分	综合评语
贮存 11 个月	陶坛（常温）	88	平顺，谐调，略有新酒味，微杂
	陶坛（加热）	89	平顺，略有陈酒香，谐调，微苦
	酒海（常温）	86	香气略淡，平顺，后味欠净
	酒海（加热）	90	色微黄，平顺，略有陈酒香，略有酒海味
贮存 17 个月	陶坛（常温）	85	香气好，较谐调，略杂
	陶坛（加热）	86.5	香气好，平顺，谐调，味长
	酒海（常温）	87	香正，谐调，回味略杂
	酒海（加热）	85	色黄，有陈酒味，有酒海味

从表 12-17 至表 12-19 的对比试验可以看出，酒海与陶坛的主要不同点在于：

（1）用酒海贮酒，随着贮存期的延长，总酸和总醛有较多的下降，而在陶坛中基本不变。总酸下降与酒海涂料内含石灰粉有关。

（2）从感官品尝结果看，在常温下贮酒时间短时，陶坛酒质优于酒海酒，但贮存 17 个月则反之。保温贮酒有利于加速酒老熟，可是在酒海中贮酒时间长会使酒色变黄，且产生特有的酒海杂味。

（3）为了证实西凤酒固形物较高的成因，用新酒分别盛装入小釉坛和 10kg 容量的小酒海中，定期测定固形物含量，贮存 4 个月，酒中固形物含量用酒海贮存的从 0.015g/L

增加到 2.131g/L，用陶坛贮存的却没有什么变化。说明固形物的增加来自酒海涂料中的可溶物，这与在研究西凤酒香气成分时发现的乙酸羟胺、丙酸羟胺化合物有关，该两种化合物被认为是酒中乙酸和丙酸与酒海涂料成分作用所产生。

（4）酒海和陶坛某些经济指标的对比情况是，贮酒年均损耗率，酒海为 2%～3%；普通陶坛据资料介绍为 6%～9%；贮酒占用库房的面积，酒海要比陶坛少。

酒海贮酒容器有一定的优点，但也存在一些不足之处，故有人建议做些调整，如先在酒海中贮存一段时间后再转放入陶坛中贮存。

（三）贮存时间与酒质的关系

在酒类生产中，不论是酿造酒或蒸馏酒，都把发酵过程结束、微生物作用基本消失以后的阶段称为老熟。老熟有个前提，就是在生产上必须把酒做好，次酒即使经长期贮存，也不会变好。对于陈酿也应有个限度，并不是所有的酒都是越陈越好。酒型不同，以及不同的容器、容量、室温，酒的贮存期也应有所不同，而不能单独以时间为标准。夏季酒库温度高，冬季温度低，酒的老熟速度有着极大的差别。为了使酒有一定的贮存时间，适当地增加酒库及容器的投资是必要的。应该在保证质量的前提下，确定合理的贮存期。有人曾将不同香型名优白酒贮存在相同的传统陶坛中，利用核磁共振设备，测定白酒氢键的缔合作用，称为缔合度；同时还进行了白酒的一般常规分析，测定氧化还原电位和溶解氧等变化。但尚不能说明酒质的好坏和老熟的机理，还应以尝评鉴定为主要依据，并结合仪器分析，才可了解贮存过程中白酒风味变化的特征，以便提供酒厂决定每种香型白酒老熟最佳时间的依据。

1. 浓香型白酒

选用新酒 92.5kg，贮存于 100kg 传统陶坛中，其感官变化见表 12-20。

表 12-20 浓香型酒贮存中的感官变化

贮存期/月	感　官　评　语
0	浓香稍冲，有新酒气味，糙辣微涩，后味短
1	闻香较小，味甜尾净，糙辣微涩，后味短
2	未尝评
3	浓香，进口醇和，糙辣味甜，后味带苦涩
4	浓香，入口甜，有辣味，稍苦涩，后味短
5	浓香，味绵甜，稍有辣味，稍苦涩，后味短
6	浓香，味绵甜，微苦涩，后味短，欠爽，有回味
7	浓香，味绵甜，微苦涩，后味欠爽，有回味
8	浓香，味绵甜，回味较长，稍有刺舌感
9	芳香浓郁，绵甜较醇厚，回味较长，后味较爽净
10	未尝评
11	芳香浓郁，绵甜醇厚，喷香爽净，酒体较丰满，有陈味

2. 酱香型白酒

取第 4 轮原酒 75kg，贮存在 100kg 传统陶坛中，其感官变化见表 12-21。

表 12 – 21 酱香型酒贮存中感官变化

贮存期/月	感 官 评 语
0	闻有酱香，醇和味甜，有焦味，后味稍苦涩
1	微呈酱香，醇和味甜，有糙辣感，后味稍苦涩
2	微有酱香，醇和味甜，带新酒味，后味稍苦涩
3	酱香较明显，绵柔带甜，尚欠谐调，后味稍苦涩
4	同上
5	未尝评
6	酱香明显，绵甜，稍有辣感，后味稍苦涩
7	酱香明显，醇和绵甜，后味微苦涩
8	酱香明显，绵甜较醇厚，后味微苦涩
9	酱香明显，绵甜较醇厚，有回味，微苦涩，稍有老酒风味
10	未尝评
11	酱香突出，香气幽雅，绵甜较醇厚，回味较长，后味带苦涩

3. 清香型白酒

取新产汾酒，贮存于 100kg 传统陶坛中，其感官变化见表 12 – 22。

表 12 – 22 汾酒贮存中感官变化

贮存期/月	感 官 评 语
0	清香，糟香味突出，辛辣，苦涩，后味短
1	清香带糟香气味，微冲鼻，糙辣苦涩，后味短
2	清香带糟香气味，入口带甜，微糙辣，后味苦涩
3	清香微有糟香气味，入口带甜，微糙辣，后味苦涩
4	清香微有糟香气味，味较绵甜，后味带苦涩
5	清香，绵甜较爽净，微有苦涩
6	清香，绵甜较爽净，稍苦涩，有余香
7	清香较纯正，绵甜爽净，后味稍辣，微带苦涩
8	清香较纯正，绵甜爽净，后味稍辣，有苦涩感
9	清香纯正，绵甜爽净，后味长，有余香，具老酒风味
10	未尝评
11	清香纯正，绵甜爽净，味长余香

从上述尝评结果可以看出，浓香型和清香型酒，在贮存初期，新酒气味突出，具有明显的糙辣等不愉快感。但贮存 5~6 月后，其风味逐渐转变。贮存至 1 年左右，已较为理想。而酱香型酒，贮存期需在 9 个月以上才稍有老酒风味，说明酱香型白酒的贮存期应比其他香型白酒长，通常要求在 3 年以上较好。从常规化验分析来看，清香型和浓香型白酒在贮存 5~6 个月后，酱香型白酒在贮存 9 个月后，它们的理化分析数据趋于稳定，这与尝评结果基本上是吻合的。其中酱香型白酒贮存期越长，香味越好。

四、低度白酒贮存过程中质量的变化

低度白酒的生产，最初出现两大技术难题，就是"水味"和"浑浊"，难以保持原酒的风格，通过数年的努力，这两大难题已经解决，并且解决得越来越好。但是，随着低度白酒的发展，产量的增加，发现低度白酒贮存中发生变化，口味变淡并带异杂味，随着贮存时间的增加和贮存条件的差异，这种变化尤甚。为了探索低度曲酒在贮存中质量变化的原因，找出解决问题的科学依据，四川省食品发酵工业研究设计院、宜宾五粮液酒厂、四川沱牌曲酒厂、四川古蔺朗酒厂联合对低度曲酒贮存过程中质量的变化进行了研究。低度曲酒的贮存过程中质量的变化，主要是微量成分的变化。采用日本岛津 GC - TAG 气相色谱仪，自制毛细管柱，对酒中微量成分进行检测。低沸点醇酯采用直接进样，低沸点有机酸采用衍生的苄酯化法，高沸点醇酯采用乙醚 - 戊烷富集提取，共定量出酯类 30 种、酸类 11 种、醇类 24 种、醛酮类 5 种，取得 19800 多个数据。每隔 3 个月分析一次，同时结合感官尝评，从中发现了一些规律性的东西，初步掌握了降度酒和低度曲酒在贮存中微量成分的变化，了解到口感变化的原因，为稳定和提高低度曲酒质量提供了可靠的科学依据。

（一）低度曲酒贮存过程中芳香成分的剖析

1. 酒精含量

贮存过程中酒精含量略有降低，但变化不明显。经过 1 年时间最高的差 0.15%（体积分数），而最低的仅差 0.07%。酒样在贮存过程中酒精含量的降低一般系由于挥发损失。酒精含量、总酸、总酯检验表见表 12 - 23。

表 12 - 23　　　　　　　　　　　酒精含量、总酸、总酯检验表

样品名称 酒精含量 分析 分析项目　日期	五粮液									
	39%（体积分数）					52%（体积分数）				
	1994 - 11	1995 - 02	1995 - 05	1995 - 08	1995 - 11	1994 - 11	1995 - 02	1995 - 05	1995 - 08	1995 - 11
酒精含量/%（体积分数）	38.72	38.75	38.75	38.72	38.65	51.92	51.94	51.95	51.92	51.85
总酸含量/（mg/100mL）	57.00	57.49	57.94	55.82	58.46	66.76	66.40	66.85	69.18	72.88
总酯含量/（mg/100mL）	268.56	268.34	263.98	255.66	250.36	384.02	342.57	336.63	328.67	320.36

样品名称 酒精含量 分析 分析项目　日期	郎酒									
	39%（体积分数）					53%（体积分数）				
	1994 - 11	1995 - 02	1995 - 05	1995 - 08	1995 - 11	1994 - 11	1995 - 02	1995 - 05	1995 - 08	1995 - 11
酒精含量/%（体积分数）	39.08	39.07	39.05	39.00	38.95	52.32	52.36	52.35	52.30	52.25
总酸含量/（mg/100mL）	271.64	270.56	271.01	278.64	286.51	309.82	308.50	307.65	307.26	311.56
总酯含量/（mg/100mL）	421.20	408.58	391.82	367.66	360.10	525.42	534.68	525.60	515.62	507.67

样品名称 酒精含量 分析 分析项目　日期	沱牌曲酒										
	39%（体积分数）					52%（体积分数）					60%（体积分数）	
	1994-11	1995-02	1995-05	1995-08	1995-11	1994-11	1995-02	1995-05	1995-08	1995-11	1994-11	1995-11
酒精含量/%（体积分数）	37.35	37.28	37.30	37.25	37.20	51.24	51.30	51.30	51.22	51.25	59.90	59.80
总酸含量/（mg/100mL）	52.45	53.98	54.97	60.59	62.27	71.53	70.46	71.26	75.86	78.82	84.64	85.40
总酯含量/（mg/100mL）	227.87	225.90	223.46	193.60	189.06	338.24	337.33	336.63	322.26	314.69	396.23	331.72

2. 有机酸类

低度酒 38%～39%（体积分数）和降度酒为 52%～53%（体积分数）所含酸的种类基本相同。浓香型酒（五粮液、沱牌曲酒）酸含量在 10mg/100mL 以上的为乙酸、己酸和乳酸 3 种，1～10mg/100mL 以下为丙酸、异丁酸、正戊酸、庚酸和辛酸 5 种。酱香型酒（郎酒）酸含量在 10mg/100mL 以上的为乙酸和乳酸 2 种，1～10mg/100mL 为甲酸、丙酸、异丁酸、正丁酸、异戊酸、正戊酸和己酸 7 种，含量在 1mg/100mL 以下为庚酸和辛酸 2 种。曲酒贮存中有机酸的变化见表 12－24。

表 12－24　　　　　　　　　　　　曲酒贮存中有机酸的变化

样名	五粮液								
酒精含量 分析	39%（体积分数）					52%（体积分数）			
成分名称　　日期	1994－11	1995－02	1995－05	1995－08	1995－11	1994－11	1995－02	1995－05	1995－08	1995－11
甲　酸	1.41	1.65	1.72	1.98	2.07	1.89	1.91	2.13	2.33	2.46
乙　酸	19.36	19.43	19.62	20.63	21.76	26.73	25.50	25.74	26.80	27.15
丙　酸	0.55	0.56	0.55	0.77	0.80	0.69	0.69	0.70	0.97	1.03
异丁酸	0.67	0.67	0.67	0.68	0.67	0.76	0.79	0.76	0.78	0.82
正丁酸	6.44	6.40	6.47	7.04	7.09	7.17	7.07	7.15	7.69	7.70
异戊酸	0.76	0.70	0.70	0.71	0.73	0.81	0.81	0.79	0.79	0.80
正戊酸	2.22	2.22	2.27	2.44	2.65	2.56	2.53	2.51	2.69	2.83
乳　酸	12.02	13.14	16.96	16.96	17.72	21.76	22.66	23.14	23.38	27.39
己　酸	32.78	33.45	23.78	36.10	38.27	39.99	40.28	40.35	42.98	44.34
庚　酸	0.665	0.71	0.73	0.74	0.76	0.74	0.78	0.81	0.85	0.90
辛　酸	0.35	0.41	0.41	0.41	0.41	0.42	0.49	0.50	0.55	0.60
合　计	77.21	79.34	83.21	88.46	92.93	103.52	103.51	104.58	109.81	116.02

样名	郎　酒								
酒精含量 分析	39%（体积分数）					53%（体积分数）			
成分名称　　日期	1994－11	1995－02	1995－05	1995－08	1995－11	1994－11	1995－02	1995－05	1995－08	1995－11
甲　酸	4.08	4.06	4.08	4.02	4.43	4.86	5.02	4.89	5.38	5.53
乙　酸	212.71	213.74	217.70	220.0	225.0	242.49	239.71	244.57	246.95	248.27
丙　酸	6.84	7.14	7.12	8.35	8.44	9.36	9.29	9.11	10.14	10.25
异丁酸	1.40	1.28	1.13	1.18	1.18	1.98	1.66	1.62	1.55	1.58
正丁酸	6.55	6.52	6.55	8.23	8.02	7.98	7.92	7.97	9.22	9.35
异戊酸	0.92	1.00	1.03	1.06	0.98	1.44	1.56	1.58	1.59	1.47
正戊酸	2.28	2.05	2.1	2.28	2.29	2.07	1.98	2.02	2.15	2.24
乳　酸	68.37	68.84	70.27	71.87	74.10	82.01	84.54	86.95	87.68	88.32
己　酸	6.67	6.85	7.01	7.04	7.10	5.71	5.89	5.86	5.82	5.85

续表

样名 成分名称	郎　酒									
酒精含量	39%（体积分数）					53%（体积分数）				
分析日期	1994-11	1995-02	1995-05	1995-08	1995-11	1994-11	1995-02	1995-05	1995-08	1995-11
庚　酸	0.50	0.48	0.43	0.45	0.40	0.44	0.49	0.58	0.58	0.61
辛　酸	—	0.21	0.19	—	—	—	0.24	0.27	—	—
合　计	310.21	312.17	317.63	324.48	331.94	358.34	358.30	365.42	371.06	373.47

样名 成分名称	沱牌曲酒											
酒精含量	39%（体积分数）					52%（体积分数）					60%（体积分数）	
分析日期	1994-11	1995-02	1995-05	1995-08	1995-11	1994-11	1995-02	1995-05	1995-08	1995-11	1994-11	1995-11
甲　酸	3.22	3.06	2.85	3.32	3.11	5.22	4.81	4.95	5.13	4.16	4.91	3.76
乙　酸	28.43	26.25	26.19	31.38	31.08	38.47	39.28	38.75	40.86	39.88	50.36	43.55
丙　酸	0.54	0.54	0.57	0.74	0.70	0.66	0.67	0.57	0.80	0.89	0.83	0.85
异丁酸	0.40	0.43	0.41	0.40	0.45	0.59	0.63	0.60	0.60	0.63	0.68	0.74
正丁酸	5.07	4.90	4.88	5.70	5.65	7.78	7.14	7.49	7.85	7.63	8.46	8.46
异戊酸	0.56	0.57	0.55	0.57	0.56	0.71	0.78	0.76	0.77	0.79	0.78	0.94
正戊酸	1.09	0.92	0.87	1.06	1.60	1.15	1.24	1.19	1.32	1.33	1.46	1.51
乳　酸	17.96	18.81	19.54	20.84	20.81	22.08	22.11	22.52	24.46	26.62	24.94	25.60
己　酸	25.11	25.30	25.96	28.74	30.03	32.38	32.46	31.45	36.49	35.88	39.73	39.89
庚　酸	0.30	0.35	0.38	0.37	0.39	0.42	0.45	0.47	0.49	0.50	0.50	0.52
辛　酸	0.58	0.63	0.66	0.68	0.74	0.69	0.82	0.88	0.91	0.99	0.92	1.03
合　计	83.26	81.76	82.36	93.80	95.12	110.15	110.39	109.63	119.68	119.30	133.75	126.85

各种有机酸含量在酒样中的排列顺序：

（1）五粮液为 39%（体积分数）的酒样　己酸＞乙酸＞乳酸＞正丁酸＞正戊酸＞甲酸＞异戊酸＞庚酸＞异丁酸＞丙酸＞辛酸。

（2）五粮液为 52%（体积分数）的酒样　己酸＞乙酸＞乳酸＞正丁酸＞正戊酸＞甲酸＞庚酸＞异戊酸＞异丁酸＞丙酸＞辛酸。

（3）沱牌曲酒为 38%（体积分数）的酒样　乙酸＞己酸＞乳酸＞正丁酸＞甲酸＞正戊酸＞辛酸＞异戊酸＞丙酸＞异丁酸＞庚酸。

（4）沱牌曲酒为 52%（体积分数）的酒样　其排列为 38%（体积分数）的酒样。

（5）郎酒为 39%（体积分数）的酒样　乙酸＞乳酸＞丙酸＞己酸＞正丁酸＞甲酸＞正戊酸＞异丁酸＞异戊酸＞庚酸。

（6）郎酒为 53%（体积分数）的酒样　其排列同 39%（体积分数）的酒样。

酒样中各种有机酸含量的比例关系：若以乙酸含量为 1，其他各酸含量的比例见表12-25。

表 12 – 25 酒样中各有机酸含量比例关系表

样名 \ 项目	乙酸	甲酸	丙酸	异丁酸	正丁酸	异戊酸	正戊酸	乳酸	己酸	庚酸	辛酸
五粮液											
39%（体积分数）	1	0.07	0.03	0.03	0.33	0.04	0.11	0.62	1.69	0.03	0.02
52%（体积分数）	1	0.07	0.03	0.03	0.27	0.03	0.10	0.81	1.50	0.03	0.02
沱牌曲酒											
38%（体积分数）	1	0.11	0.02	0.01	0.18	0.02	0.04	0.63	0.88	0.01	0.02
52%（体积分数）	1	0.14	0.02	0.02	0.20		0.03	0.57	0.84	0.01	0.02
郎 酒											
39%（体积分数）	1	0.02	0.03	0.01	0.03	0.004	0.01	0.32	0.03	0.002	—
53%（体积分数）	1	0.02	0.02	0.01	0.03	0.006	0.01	0.34	0.02	0.002	—

贮存 1 年后酒样中有机酸的变化规律见表 12 – 26。

表 12 – 26 1994 年 11 月第一次测定与 1995 年 11 月第 5 次测定的差值 单位：mg/100mL

样名 \ 项目	甲酸	乙酸	丙酸	异丁酸	正丁酸	异戊酸	正戊酸	乳酸	己酸	庚酸	辛酸	变化总量
五粮液												
39%（体积分数）	0.66	2.4	0.25	0	0.65	−0.03	0.43	5.70	5.49	0.11	0.06	15.93
52%（体积分数）	0.57	0.42	0.34	0.06	0.53	−0.01	0.27	5.63	4.35	0.16	0.18	12.50
沱牌曲酒												
38%（体积分数）	−0.11	2.65	0.16	0.05	0.58	0	0.51	2.85	4.92	0.09	0.16	11.86
52%（体积分数）	−1.06	1.41	0.23	0.04	−0.15	0.08	0.18	4.54	3.50	0.08	0.30	9.15
郎酒												
39%（体积分数）	0.35	12.29	1.6	0.22	−1.47	0.06	0.01	5.73	0.43	−0.10	—	21.72
53%（体积分数）	0.67	0.67	0.89	−0.4	1.37	0.03	0.17	6.31	0.14	0.17	—	15.13

从表 12 – 26 可以看出，低度酒的总酸量比降度酒总酸量增幅稍大一些。在浓香型酒中，乳酸、己酸和乙酸的增幅较大，一般均在 1% 以上。在酱香型酒中，乙酸、乳酸、正丁酸和丙酸的增幅在 1% 以上。其酸含量一般均是随贮存时间的延长而略有增加，其中低度酒的增酸量也略高于降度酒的酸增量。

3. 酯类

采用 20% DNP +7% 吐温 –80 混合固定液涂渍的毛细管柱（65m×0.32mm）直接进样法分析名优低度酒中的低沸点成分；10% PEG20M 固定液涂渍的毛细管柱（61m×0.32mm）浓缩预处理法分析酒中的高沸点成分。共定性酯类 33 种，定量 30 种。各种酯的含量差别相当大。含量最高的有己酸乙酯、乳酸乙酯、乙酸乙酯、丁酸乙酯 4 种，含量最低的有乙酸异丁酯、丙酸甲酯、丁酸戊酯、苯甲酸乙酯等微量酯类。曲酒贮存中高沸点酯类的变化见表 12 – 27，表 12 – 28。

表 12 – 27　　　　　　　　　　曲酒贮存中高沸点酯类的变化　　　　　　　单位：mg/100mL

成分名称 \ 样名 分析日期	五粮液39%（体积分数）					五粮液52%（体积分数）				
	1994 – 11	1995 – 02	1995 – 05	1995 – 08	1995 – 11	1994 – 11	1995 – 02	1995 – 05	1995 – 08	1995 – 11
丁酸乙酯	0.08	0.08	0.12	0.08	0.09	0.30	0.33	0.35	0.35	0.35
乙酸正己酯	0.32	0.39	0.57	0.43	0.39	0.48	0.41	0.58	0.60	0.56
戊酸丁酯	0.57	0.56	0.54	0.57	0.53	0.67	0.69	0.68	0.70	0.66
庚酸乙酯	4.47	4.60	4.41	4.44	4.13	6.24	5.76	5.85	5.73	5.53
辛酸乙酯	3.17	3.00	2.92	3.07	2.89	4.52	4.30	4.36	4.25	4.05
己酸异戊酯	1.31	0.88	0.84	1.43	1.10	1.88	1.49	1.51	2.32	2.20
乙酰乙酸乙酯	0.03	0.02	0.05	0.04	0.04	0.04	0.05	0.04	0.05	0.04
丁二酸二甲酯	0.02	0.02	0.02	0.03	0.02	0.02	0.02	0.03	0.02	0.01
癸酸乙酯	0.27	0.24	0.23	0.27	0.22	0.41	0.37	0.35	0.40	0.35
苯甲酸乙酯	0.02	0.02	0.02	0.02	0.02	0.02	0.03	0.03	0.04	0.03
丁二酸二乙酯	0.11	0.10	0.11	0.13	0.11	0.14	0.13	0.13	0.13	0.14
月桂酸乙酯	0.03	0.02	0.03	0.02	0.02	0.16	0.16	0.22	0.22	0.20
肉豆蔻酸乙酯	0.02	0.02	0.02	0.02	0.02	0.27	0.25	0.26	0.30	0.28
棕榈酸乙酯	0.06	0.06	0.06	0.07	0.07	0.28	2.28	2.14	2.47	2.25
油酸乙酯	0.02	0.02	0.01	0.02	0.02	0.93	1.08	1.01	1.14	1.12
亚油酸乙酯	0.05	0.04	0.04	0.07	0.07	1.76	1.86	1.76	2.17	2.01
乳酸异戊酯	0.28	0.27	0.28	0.29	0.27	0.34	0.34	0.29	0.30	0.30
十八酸乙酯	—	—	—	—	—	0.01	0.04	—	0.03	0.04

成分名称 \ 样名 分析日期	郎酒39%（体积分数）					郎酒53%（体积分数）				
	1994 – 11	1995 – 02	1995 – 05	1995 – 08	1995 – 11	1994 – 11	1995 – 02	1995 – 05	1995 – 08	1995 – 11
丁酸乙酯	0.04	0.05	0.04	0.03	0.01	0.06	0.06	0.06	0.06	0.06
乙酸正己酯	0.32	0.32	0.32	0.36	0.24	0.45	0.40	0.42	0.48	0.39
戊酸丁酯	0.24	0.30	0.26	0.27	0.24	0.34	0.34	0.36	0.332	0.30
庚酸乙酯	0.70	0.78	0.70	0.66	0.64	0.86	0.85	0.83	0.76	0.80
辛酸乙酯	0.44	0.49	0.45	0.42	0.38	0.62	0.58	0.58	0.54	0.56
己酸异戊酯	2.57	2.63	2.42	2.41	2.40	4.72	4.72	4.36	4.60	4.50
乙酰乙酸乙酯	0.14	0.14	0.18	0.16	0.17	0.25	0.27	0.55	0.23	0.15
丁二酸二甲酯	0.03	0.01	0.01	0.01	0.01	0.05	0.02	0.02	0.01	0.01
癸酸乙酯	0.03	0.02	0.01	0.02	0.03	0.05	0.03	0.03	0.04	0.04
苯甲酸乙酯	0.05	0.04	0.04	0.04	0.04	0.04	0.04	0.04	0.02	0.06
丁二酸二乙酯	0.21	0.15	0.14	0.13	0.11	0.25	0.27	0.27	0.25	0.24

续表

成分名称 \ 样名 分析日期	郎酒39%（体积分数）					郎酒53%（体积分数）				
	1994-11	1995-02	1995-05	1995-08	1995-11	1994-11	1995-02	1995-05	1995-08	1995-11
月桂酸乙酯	0.05	0.03	0.02	0.03	0.02	0.06	0.04	0.04	0.04	0.04
肉豆蔻酸乙酯	0.02	0.01	0.01	0.01	0.01	0.09	0.10	0.11	0.10	0.10
棕榈酸乙酯	0.24	0.25	0.30	0.27	0.24	3.95	3.75	3.78	3.96	3.76
油酸乙酯	0.10	0.07	0.09	0.10	0.05	1.65	1.29	1.42	1.65	1.56
亚油酸乙酯	0.30	0.25	0.30	0.30	0.24	3.61	2.48	2.55	3.29	3.04
乳酸异戊酯	0.21	0.20	0.20	0.19	0.19	0.32	0.29	0.27	0.28	0.31
十八酸乙酯	—	—	—	—	—	0.02	0.05	0.05	0.11	0.05

成分名称 \ 样名 分析日期	沱牌曲酒38%（体积分数）					沱牌曲酒52%（体积分数）					沱牌曲酒60%（体积分数）	
	1994-11	1995-02	1995-05	1995-08	1995-11	1994-11	1995-02	1995-05	1995-08	1995-11	1994-11	1995-11
丁酸乙酯	0.13	0.07	0.07	0.06	0.06	0.11	0.12	0.13	0.11	0.11	0.51	0.11
乙酸正己酯	0.14	0.11	0.21	0.19	0.19	0.30	0.30	0.34	0.24	0.20	0.68	0.13
戊酸丁酯	0.33	0.33	0.33	0.31	0.32	0.54	0.47	0.45	0.50	0.50	0.60	0.44
庚酸乙酯	1.87	1.94	1.79	1.59	1.66	3.16	3.10	3.07	2.93	2.94	3.52	3.07
辛酸乙酯	3.95	3.89	3.67	3.29	3.30	6.85	6.70	6.79	6.47	6.36	7.70	6.81
己酸异戊酯	0.57	0.61	0.61	0.58	0.58	1.13	1.04	1.11	1.21	1.17	1.53	1.08
乙酰乙酸乙酯	0.08	—	—	—	—	—	—	—	—	—	—	—
丁二酸二甲酯	—	—	—	—	—	0.02	0.02	0.02	0.02	—	—	—
癸酸乙酯	0.20	0.18	0.19	0.18	0.16	0.36	0.36	0.36	0.36	0.32	0.41	0.40
苯甲酸乙酯	0.04	0.03	0.02	0.03	0.02	0.06	0.02	0.03	0.03	0.03	0.13	0.05
丁二酸二乙酯	0.04	0.05	0.05	0.05	0.05	0.20	0.10	0.08	0.09	0.09	0.28	0.20
月桂酸乙酯	0.09	0.09	0.09	0.09	0.08	0.04	0.04	0.05	0.05	0.04	0.14	0.12
肉豆蔻酸乙酯	0.02	0.02	0.01	0.01	0.01	0.04	0.05	0.04	0.05	0.05	0.08	0.05
棕榈酸乙酯	0.05	0.04	0.04	0.06	0.04	2.64	2.45	2.82	2.75	2.35	3.00	3.11
油酸乙酯	0.06	0.05	0.03	0.03	0.02	1.60	1.53	1.96	1.89	1.57	1.77	2.10
亚油酸乙酯	0.13	0.08	0.10	0.13	0.12	2.24	2.10	2.64	2.50	2.08	2.59	2.90
乳酸异戊酯	0.22	0.15	0.17	0.16	0.14	0.27	0.20	0.19	0.14	0.17	0.28	0.25
十八酸乙酯	—	—	—	—	—	0.05	0.07	0.06	0.05	0.02	0.07	

表 12－28　　　　　　　　　　**曲酒贮存中低沸点酯类的变化**　　　　　　单位：mg/100mL

成分名称 \ 分析日期	五粮液 39%（体积分数）					五粮液 52%（体积分数）				
	1994－11	1995－02	1995－05	1995－08	1995－11	1994－11	1995－02	1995－05	1995－08	1995－11
甲酸乙酯	35.59	35.56	35.16	24.31	33.94	36.54	35.25	35.91	34.88	34.30
乙酸乙酯	45.11	44.48	43.09	42.26	42.51	68.97	67.88	67.667	66.10	65.17
丙酸甲酯	1.96	1.59	1.98	1.89	1.89	1.99	1.78	1.96	1.81	1.80
乙酸特丁酯	2.89	2.28	2.66	2.65	2.65	2.99	2.66	3.05	2.85	2.64
丙酸乙酯	21.83	20.63	22.29	19.85	19.19	22.85	21.91	22.78	20.70	19.81
乙酸异丁酯	0.45	0.43	0.44	0.44	0.35	0.42	0.52	0.35	0.31	0.28
丁酸乙酯	14.67	14.11	15.38	13.04	13.48	16.63	15.91	16.92	15.86	15.83
戊酸乙酯	9.91	9.97	10.17	8.73	8.84	10.76	10.59	11.25	10.32	10.07
乳酸乙酯	78.08	76.67	71.61	74.15	74.92	88.29	85.37	84.36	83.17	82.86
乙酸正戊酯	1.38	1.88	1.36	1.34	1.31	3.06	3.65	3.00	2.30	2.12
己酸乙酯	235.30	220.07	225.90	219.69	218.64	296.90	283.87	281.79	280.15	278.70
总　量	447.17	427.85	430.04	418.05	417.58	549.40	529.39	529.04	518.45	513.59

成分名称 \ 分析日期	郎酒 39%（体积分数）					郎酒 52%（体积分数）				
	1994－11	1995－02	1995－05	1995－08	1995－11	1994－11	1995－02	1995－05	1995－08	1995－11
甲酸乙酯	6.95	6.57	5.87	6.41	6.33	8.89	8.67	7.99	7.24	7.25
乙酸乙酯	353.08	332.72	310.58	280.57	276.78	400.41	390.77	376.95	370.76	369.47
丙酸甲酯	2.55	2.86	2.50	2.21	2.16	2.89	3.08	2.70	2.63	2.61
乙酸特丁酯	3.93	4.76	3.87	3.83	3.46	5.49	5.67	4.31	5.28	5.08
丙酸乙酯	1.46	1.31	1.40	1.43	1.35	2.30	3.11	2.80	2.50	2.44
乙酸异丁酯	0.62	0.72	0.56	0.68	0.53	0.69	0.75	0.61	0.88	0.52
丁酸乙酯	7.46	6.98	7.48	7.30	7.05	9.89	9.45	9.84	9.28	9.23
戊酸乙酯	2.89	2.45	2.52	2.27	2.22	2.91	2.88	3.01	2.82	2.75
乳酸乙酯	74.61	71.70	70.76	66.13	63.55	132.71	131.10	131.71	128.41	125.68
乙酸正戊酯	1.54	1.97	1.52	1.41	1.31	5.48	6.45	4.97	4.70	5.37
己酸乙酯	10.96	10.40	10.52	10.46	10.31	10.91	10.63	10.99	10.51	10.02
总　量	466.05	442.35	417.40	382.70	375.05	582.57	572.56	555.88	545.01	533.17

续表

成分 名称 \ 样名 分析日期	沱牌曲酒 38%（体积分数）					沱牌曲酒 52%（体积分数）				
	1994–11	1995–02	1995–05	1995–08	1995–11	1994–11	1995–02	1995–05	1995–08	1995–11
甲酸乙酯	3.31	2.43	2.53	2.22	2.14	5.28	5.04	4.35	4.40	4.92
乙酸乙酯	95.88	79.67	79.64	58.79	53.64	126.11	128.98	130.09	110.42	109.80
丙酸甲酯	0.35	0.34	0.32	0.33	0.30	0.58	0.46	0.53	0.43	0.42
乙酸特丁酯	2.63	1.83	1.78	1.71	1.73	3.44	2.77	2.76	2.79	2.92
丙酸乙酯	1.50	1.22	1.10	1.03	1.14	2.09	1.82	2.13	1.76	1.73
乙酸异丁酯	0.29	0.25	0.33	0.21	0.20	0.42	0.40	0.42	0.33	0.32
丁酸乙酯	12.78	11.51	11.31	11.07	9.08	19.90	18.65	18.39	17.72	17.62
戊酸乙酯	3.19	2.92	3.27	3.05	2.31	4.96	4.95	5.34	5.21	4.93
乳酸乙酯	62.42	59.98	57.24	54.40	52.14	86.86	82.01	80.60	78.32	77.16
乙酸正戊酯	0.93	0.90	0.89	0.95	0.81	3.99	3.61	3.02	2.27	2.89
己酸乙酯	125.48	124.95	123.18	121.40	92.21	209.01	207.65	206.16	206.10	204.99
总量	308.76	286.05	281.59	265.16	215.70	462.64	456.34	453.76	429.75	427.70

五粮液、全兴大曲酒、沱牌曲酒、郎酒高、低度酒中主要酯类含量大小依次为：

己酸乙酯＞乳酸乙酯＞乙酸乙酯＞丁酸乙酯＞戊酸乙酯（五粮液）

己酸乙酯＞乙酸乙酯＞乳酸乙酯＞丁酸乙酯＞戊酸乙酯（全兴大曲酒、沱牌曲酒）

乙酸乙酯＞乳酸乙酯＞己酸乙酯＞丁酸乙酯＞戊酸乙酯（郎酒）

庚酸乙酯＞辛酸乙酯＞棕榈酸乙酯＞亚油酸乙酯＞油酸乙酯（五粮液）

辛酸乙酯＞庚酸乙酯＞棕榈酸乙酯＞＞亚油酸乙酯＞油酸乙酯（沱牌曲酒）

己酸异戊酯＞棕榈酸乙酯＞亚油酸乙酸＞油酸乙酯（郎酒）

上述名优酒中主要酯类的含量大小顺序，每隔 3 个月分析 1 次，共分析 5 次，其排列顺序不变。

低度曲酒经过一段时间贮存，其酯类普遍降低。变化最大的是低沸点酯类。低沸点酯类中己酸乙酯等酯类变化最大，乙酸乙酯、丁酸乙酯等酯类变化最小。这也许是造成低度曲酒贮存后"味寡淡"的原因之一。

低度曲酒贮存过程中，其高沸点酯类（如庚酸乙酯、辛酸乙酯、棕榈酸乙酯等）变化微小，但总的是略呈降低趋势。

4. 醇类

醇类的剖析，也采用与酯类相同的方法和色谱柱，共定量出名优酒中 24 种醇类。这些醇在高、低度曲酒中含量相差很大。特别是郎酒中正丙醇含量达到 130mg/100mL 以上，若是高度郎酒则达到 210mg/100mL 以上。

含量最大的是异戊醇、异丁醇、正丙醇等，最小的是高沸点醇类，如庚醇、环己醇等。通过贮存后分析，醇类在名优酒中含量大小顺序为：

异戊醇＞正丙醇＞异丁醇＞仲丁醇＞正丁醇（五粮液）

异戊醇＞正丙醇＞异丁醇＞正丁醇＞仲丁醇（沱牌曲酒）

正丙醇＞异戊醇＞正丁醇＞仲丁醇＞异丁醇（郎酒）

曲酒贮存中醇类、醛变化见表12-29，表12-30。

表12-29　　　　　　　　　曲酒贮存中高沸点醇类的变化　　　　　　　单位：mg/100mL

成分名称	五粮液39%（体积分数）					五粮液52%（体积分数）				
分析日期	1994-11	1995-02	1995-05	1995-08	1995-11	1994-11	1995-02	1995-95	1995-08	1995-11
叔戊醇	—	—	—	—	—	—	—	—	—	—
正己醇	0.14	0.18	0.21	0.20	0.20	0.14	0.22	0.22	0.19	0.17
异己醇	—	—	—	—	—	—	—	—	—	—
环戊醇	0.07	0.05	0.06	0.05	0.04	0.08	0.09	0.11	0.09	0.08
环己醇	0.03	0.03	0.03	0.06	0.05	0.05	0.02	0.05	0.09	0.08
2-辛醇	0.20	0.19	0.17	0.21	0.18	0.33	0.31	0.32	0.32	0.30
庚醇	0.05	0.06	0.05	0.03	0.03	0.09	0.08	0.09	0.08	0.08
辛醇	0.06	0.06	0.05	0.07	0.06	0.10	0.10	0.10	0.11	0.10
壬醇	—	—	—	—	—	—	—	—	—	—
癸醇	0.11	0.09	0.11	0.12	0.04	0.03	0.03	0.03	0.03	0.04
月桂醇	0.04	0.04	0.04	0.04	0.04	0.03	0.03	0.03	0.03	0.04
十四醇	—	—	—	—	—	—	—	—	—	—
β-苯乙醇	0.14	0.14	0.14	0.18	0.14	0.17	0.17	0.16	0.19	0.17
肉桂醇	—	—	—	—	—	0.04	0.05	0.05	0.05	0.05

成分名称	郎酒39%（体积分数）					郎酒53%（体积分数）				
分析日期	1994-11	1995-02	1995-05	1995-08	1995-11	1994-11	1995-02	1995-95	1995-08	1995-11
叔戊醇	—	—	—	—	—	—	—	—	—	—
正己醇	0.16	0.21	0.13	0.15	0.15	0.27	0.30	0.30	0.20	0.20
异己醇	—	—	—	—	—	0.03	0.04	0.03		—
环戊醇	0.06	0.07	0.06	0.05	0.06	0.09	0.13	0.14	0.11	0.11
环己醇	0.04	0.04	0.08	0.07	0.06	0.07	0.06	0.06	0.13	0.13
2-辛醇	0.03	0.03	0.03	0.03	0.03	0.05	0.05	0.04	0.05	0.03
庚醇	0.07	0.07	0.06	0.07	0.06	0.05	0.13	0.13	0.09	0.10
辛醇	0.81	0.76	0.73	0.63	0.55	1.28	1.19	1.36	1.03	1.08
壬醇	—	—	—	—	—	0.02	0.02	0.03	0.01	0.02
癸醇	0.03	0.03	0.02	0.02	0.01	0.02	0.03	0.04	0.02	0.02
月桂醇	—	—	—	—	—	—	—	—	—	—

续表

成分名称＼分析日期＼样名	郎酒39%（体积分数）					郎酒53%（体积分数）				
	1994-11	1995-02	1995-05	1995-08	1995-11	1994-11	1995-02	1995-95	1995-08	1995-11
十四醇	—	0.01	0.02	0.04	0.04	—	—	—	—	0.04
β-苯乙醇	0.34	0.41	0.44	0.42	0.39	0.57	0.56	0.50	0.61	0.51
肉桂醇	0.02	0.02	0.03	0.04	0.03	0.21	0.15	0.15	0.17	0.15

成分名称＼分析日期＼样名	沱牌曲酒38%（体积分数）					沱牌曲酒52%（体积分数）					沱牌曲酒60%（体积分数）	
	1994-11	1995-02	1995-05	1995-08	1995-11	1994-11	1995-02	1995-05	1995-08	1995-11	1994-11	1995-11
叔戊醇	—	—	—	—	—	—	—	—	—	—	—	—
正己醇	0.11	0.13	0.12	0.10	0.09	0.21	0.21	0.21	0.20	0.20	0.26	0.15
异己醇	—	—	—	—	—	—	—	—	—	—	—	—
环戊醇	0.08	0.05	0.04	0.04	0.04	0.16	0.08	0.08	0.10	0.06	0.17	0.14
环己醇	0.02	0.02	0.01	0.01	0.01	0.05	0.03	0.03	0.03	0.02	0.03	0.03
2-辛醇	0.36	0.36	0.34	0.30	0.30	0.64	0.61	0.62	0.57	0.56	0.76	0.47
庚醇	0.05	0.04	0.06	0.03	0.03	0.08	0.07	0.07	0.04	0.04	0.10	0.04
辛醇	0.10	0.09	0.08	0.09	0.08	0.15	0.11	0.12	0.12	0.11	0.16	0.10
壬醇	—	—	—	—	—	—	—	—	—	—	—	—
癸醇	0.16	0.15	0.15	0.15	0.14	0.14	0.10	0.08	0.09	0.09	0.28	0.20
月桂醇	—	—	—	—	—	—	—	—	—	—	—	—
十四醇	—	0.04	0.02	—	0.03	—	0.05	0.05	0.05	0.04	0.03	—
β-苯乙醇	0.04	0.07	0.06	0.06	0.05	0.12	0.08	0.07	0.09	0.10	0.15	0.09
肉桂醇	—	—	—	—	—	0.03	0.07	0.07	0.08	0.06	0.19	0.10

表12-30　　　　　　　　曲酒贮存中低沸点醇、醛类的变化　　　　　　单位：mg/100mL

成分名称＼分析日期＼样名	五粮液39%（体积分数）					五粮液52%（体积分数）				
	1994-11	1995-02	1995-05	1995-08	1995-11	1994-11	1995-02	1995-05	1995-08	1995-11
甲醇	6.74	5.60	7.17	6.89	6.17	8.39	7.61	8.29	8.15	8.12
异丙醇	6.61	5.24	6.26	6.27	6.38	6.73	6.68	6.30	6.42	6.88
正丙醇	16.79	15.31	17.88	17.87	17.70	20.51	18.78	22.00	21.70	21.00
仲丁醇	4.89	4.83	5.14	4.98	4.55	4.59	3.99	4.89	4.88	4.45
异丁醇	11.78	10.64	12.72	12.97	12.08	14.85	12.02	13.91	13.89	13.34

续表

样名 成分析日 名分期 称名称	五粮液39%（体积分数）					五粮液52%（体积分数）				
成分名称 / 分析日期	1994－11	1995－02	1995－05	1995－08	1995－11	1994－11	1995－02	1995－05	1995－08	1995－11
正丁醇	3.75	2.97	3.71	3.56	2.95	4.46	3.76	4.59	4.60	4.07
异戊醇	28.08	26.70	30.31	32.15	28.57	33.85	30.56	37.94	39.50	36.80
正戊醇	0.20	0.21	0.33	0.35	0.28	0.48	0.49	0.50	0.57	0.52
正己醇	2.14	2.47	2.98	2.86	2.73	2.95	3.47	4.26	4.20	4.04
醇总量	80.98	73.97	86.49	87.99	81.41	96.81	87.36	102.68	103.73	99.22
乙醛	27.14	26.75	26.43	26.25	26.20	27.32	27.07	28.57	27.00	26.98
乙缩醛	16.91	16.22	16.09	16.27	17.46	34.98	34.07	33.42	28.96	38.13
糠醛	1.32	1.25	1.51	1.41	1.48	1.63	1.48	1.64	1.74	1.57
双乙酰	5.31	5.30	5.39	5.28	5.27	5.64	5.12	5.93	5.42	5.30
醋酯	2.82	2.72	2.39	2.47	2.21	2.90	2.90	2.64	2.53	2.42
醛总量	53.50	52.24	51.81	51.68	52.62	72.47	70.64	72.20	65.65	74.40

样名 成分析日 名分期 称名称	郎酒39%（体积分数）					郎酒53%（体积分数）				
成分名称 / 分析日期	1994－11	1995－02	1995－05	1995－08	1995－11	1994－11	1995－02	1995－05	1995－08	1995－11
甲醇	9.71	7.96	9.60	9.26	9.16	12.73	12.27	12.43	12.09	11.32
异丙醇	6.82	6.86	6.91	8.27	7.09	6.77	8.25	7.99	7.98	9.89
正丙醇	147.52	135.23	147.99	147.09	149.64	237.81	219.72	229.04	227.60	237.39
仲丁醇	7.10	7.06	7.65	7.16	6.93	9.44	9.21	10.90	10.10	9.09
异丁醇	6.87	5.73	6.25	6.02	5.66	9.85	8.94	9.57	8.80	8.50
正丁醇	7.33	7.00	7.69	7.35	6.94	9.33	8.94	9.97	9.64	8.85
异戊醇	17.73	17.74	19.23	18.95	18.05	27.63	26.40	29.82	29.61	28.79
正戊醇	0.70	1.11	0.85	0.79	0.76	1.26	1.70	1.29	1.14	1.03
正己醇	1.74	2.15	2.16	2.10	2.04	2.37	2.90	2.89	2.64	2.48
醇总量	205.52	190.84	208.33	206.99	206.27	317.19	299.33	313.90	305.79	317.34
乙醛	50.41	50.34	48.41	47.95	47.92	49.06	54.63	49.03	48.35	48.33
乙缩醛	32.66	32.59	29.08	25.04	30.26	65.68	64.92	59.21	55.89	64.58
糠醛	6.97	6.91	7.19	7.04	6.93	12.89	12.73	13.72	13.66	13.70
双乙酰	24.92	22.88	24.59	24.10	22.07	23.84	24.52	25.23	21.64	20.66
醋酯	17.44	15.85	16.18	16.18	16.05	18.82	18.64	17.20	17.81	17.61
醛总量	132.40	128.57	125.45	120.21	123.23	170.29	175.44	164.39	157.35	174.88

续表

成分名称 \ 样名 / 分析日期	沱牌曲酒 38%（体积分数）					沱牌曲酒 52%（体积分数）				
	1994-11	1995-02	1995-05	1995-08	1995-11	1994-11	1995-02	1995-05	1995-08	1995-11
甲醇	7.11	6.47	6.29	6.20	6.80	9.92	9.70	11.02	8.97	8.77
异丙醇	1.81	1.81	1.79	1.78	1.80	2.19	2.18	1.99	1.98	2.20
正丙醇	8.61	8.61	8.99	8.84	8.33	11.73	11.89	11.72	11.71	11.58
仲丁醇	2.91	2.83	2.54	2.28	1.98	2.70	2.60	3.91	2.32	2.30
异丁醇	5.61	5.45	6.14	6.65	5.56	7.78	7.79	7.41	7.37	7.85
正丁醇	4.35	4.51	4.68	4.21	4.26	5.95	6.04	5.75	5.39	7.856
异戊醇	19.97	21.36	21.70	21.42	22.44	27.26	27.09	26.94	27.30	27.78
正戊醇	0.21	0.20	0.22	0.19	0.16	0.49	0.48	0.45	0.50	0.42
正己醇	2.56	3.34	4.01	4.38	3.40	3.39	4.49	3.03	4.09	4.25
醇总量	53.14	54.58	56.38	55.95	54.73	71.41	72.26	72.22	69.63	72.22
乙醛	31.69	26.75	26.75	25.76	22.62	40.35	34.78	33.85	32.42	33.76
乙缩醛	16.06	16.24	16.24	16.89	16.81	42.96	43.54	44.18	43.41	45.14
糠醛	+	+	+	+	+	+	+	+	+	+
双乙酰	+	+	+	+	+	+	+	+	+	+
醋䣐	+	+	+	+	+	+	+	+	+	+
醛总量	47.25	42.99	42.19	42.65	39.43	83.31	78.32	78.03	75.83	78.90

　　低度曲酒经过一段时间的贮存，其醇类普遍略呈上升趋势，但总的变化不大。低沸点醇类比高沸点醇类上升稍明显一些。变化最大的是异戊醇和正丙醇等醇类。变化较小的是高沸点醇类。

　　5. 乙醛、乙缩醛和双乙酰

　　不论是降度曲酒或是低度曲酒，经贮存，乙醛含量降低，即随着贮存时间的增加，乙醛含量降低。这是因为乙醛沸点低（21.5℃），在贮存过程中乙醛易挥发所致。此外，在贮存过程中，乙醛也有可能被还原生成乙醇；缩醛和双乙酰的生成也要消耗少量乙醛。

　　而乙缩醛含量随贮存时间的延长而增加，例如酒度为 39% vol 的五粮液经 1 年贮存，乙缩醛含量从 16.9mg/100mL 增加到 17.46mg/100mL，38% vol 的沱牌曲酒从 16.06mg/100mL 增加到 16.81mg/100mL，高度曲酒也有这样的规律。

　　双乙酰含量随贮存时间的延长略呈下降趋势，但变化很少，例如，52% vol 的五粮液经 1 年贮存，双乙酰含量从 5.64mg/100mL 降到 5.30mg/100mL。

　　双乙酰是由乙醛和乙酸反应而成：

$$\text{CH}_3\text{CHO} + \text{CH}_3\text{COOH} \rightleftharpoons \text{CH}_3\text{COCOCH}_3 + \text{H}_2\text{O}$$

　　　　乙醛　　　　乙酸　　　　　双乙酰　　　水

由于贮存期延长，乙醛含量减少，根据化学平衡规律，化学平衡向左移动，乙酸含量增加，相应的双乙酰含量也应减少。此外，在贮存过程中，极小量双乙酰也许被还原生成醋䣱，双乙酰沸点也不高（沸点 $87℃$）而产生挥发现象，这些原因均消耗双乙酰而使之含量降低。

（二）芳香成分的变化对酒味的影响

1. 不同贮存期曲酒的感官品评

为了解不同贮存期曲酒口感的变化，在取样检测微量成分的同时，即每隔 3 个月取样进行感官品评，结果见表 12 - 31，表 12 - 32，表 12 - 33。

表 12 - 31　　　　　　　　　　五粮液不同贮存期口感的变化

酒精含量/%（体积分数）	品评日期	贮存期/月	品 评 结 果
39	1994 - 11	0	窖香浓郁，醇甜柔和，爽净
	1995 - 02	3	窖香浓郁，醇甜，爽净
	1995 - 05	6	窖香浓郁，醇甜，爽净
	1995 - 08	9	窖香浓郁，醇甜、稍淡
	1995 - 11	12	窖香浓郁，醇甜，稍淡，略带不愉快味
52	1994 - 11	0	窖香浓郁，醇甜爽净，谐调，丰满
	1995 - 02	3	窖香浓郁，醇甜爽净，谐调
	1995 - 05	6	窖香浓郁，醇甜爽净，较丰满
	1995 - 08	9	窖香浓郁，醇甜爽净
	1995—11	12	窖香浓郁，醇甜爽净

注：贮存期为收到瓶装样品的月份开始起计算，厂内贮存期未计。

表 12 - 32　　　　　　　　　　沱牌曲酒不同贮存期口感的变化

酒精含量/%（体积分数）	品评日期	贮存期/月	品 评 结 果
60	1994 - 11	0	窖香浓郁，绵厚，爽净
	1995 - 08	9	窖香浓郁，绵甜，醇和，爽净
38	1994—11	0	放香好，窖香浓，醇甜，带陈味，稍淡
	1995 - 02	3	放香好，窖香较浓，醇甜，带陈味，稍淡
	1995 - 05	6	放香稍差，窖香较浓，醇甜，稍淡，带不愉快味
	1995 - 08	9	放香稍差，醇甜，稍淡，带不愉快味
	1995 - 11	12	放香稍差，醇甜，稍淡，带不愉快味
52	1994 - 11	0	窖香浓郁，醇甜，绵厚，较爽净
	1995 - 02	3	窖香浓郁，醇甜，绵陈，较净
	1995 - 05	6	窖香浓郁，醇甜，绵陈，较净
	1995 - 08	9	窖香浓郁，醇甜，绵陈，较净
	1995 - 11	12	窖香浓郁，醇甜，陈味较重

表 12 – 33 　　　　　　　　　　　郎酒不同贮存期口感的变化

酒精含量/%（体积分数）	品评日期	贮存期/月	品　评　结　果
39	1994 – 11	0	酱香较好，味较长，欠细腻
	1995 – 02	3	酱香较好，味较长，酸稍突出
	1995 – 05	6	酱香较好，味较长，酸突出
	1995 – 08	9	酱香较好，酸稍突出，出现不愉快味
	1995 – 11	12	酱香较好，酸味稍重，出现不愉快味
53	1994 – 11	0	酱香突出，醇绵，味长，欠细腻
	1995 – 02	3	酱香突出，醇绵，味长，欠细腻
	1995 – 05	6	酱香突出，醇绵，味较长
	1995 – 08	9	酱香较好，醇绵，味较长
	1995 – 11	12	酱香较好，醇绵，味较长，带不愉快味

从尝评结果看，降度酒（瓶装）只要密封较好，贮存1年口感基本无大的变化；低度酒即使密封较好，贮存9个月后会出现不同程度的不愉快味道，随着贮存时间增加，这种味道会加重，酒味也随之变淡，这是由于酒中微量成分的量比关系变化所致，与检测结果吻合。

2. 有机酸变化对酒质风味的影响

从色谱检测结果看，降度曲酒和低度曲酒在贮存过程中有机酸大多呈增加趋势。在浓香型曲酒中，乳酸、己酸增加较大，其次是乙酸和丁酸；在酱香型曲酒中，乙酸、乳酸、正丁酸、丙酸增加较多。"氧化"和"水解"反应是低度曲酒贮存中有机酸增加的途径。低度酒比降度酒增加幅度更大，这是引起口感变化的重要因素。

有机酸含量的高低，是酒质好坏的一个标志。在一定比例范围内，酸含量高的酒质好；反之，酒质差。瓶装酒，本来出厂时就已勾兑好，微量成分平衡、谐调，但经贮存后，由于酒中有机酸的增加，使酒中酸、酯等微量成分平衡关系破坏、失调，引起了酒质的变化。

3. 酯类变化对酒质风味的影响

降度酒和低度酒经贮存后，酯类含量普遍降低，这与原度酒（高度酒）的贮存结果相反。这是一个新的发现，而且随着贮存时间的延长，酯类含量减少也随之增加。低沸点酯类中以己酸乙酯、乳酸乙酯等酯类变化最大，高沸点酯类变化微小，但呈下降趋势。

从色谱检测数据来看，以五粮液为例，低沸点酯类总量，39%（体积分数）的酒从447.17mg/100mL降低到417.58mg/100mL；52%（体积分数）的酒从549.40mg/100mL降到466.05mg/100mL；沱牌曲酒38%（体积分数）的从307.76mg/100mL降到215.70mg/100mL，52%（体积分数）的从462.64mg/100mL降到427.70mg/100mL。总酯的降低量与原酒（贮存前）中酯的种类和含量密切相关。酱香型低度酒酯类的降低幅度更大，39%（体积分数）的酒，低沸点酯类从466.05mg/100mL降到375.05mg/100mL，降低了近100mg/100mL。而53%（体积分数）的郎酒，总酯仅降低50mg/100mL左右。由此可见，一般来说，低度曲酒在贮存中低沸点酯类的减少速度比降度酒或高度酒快。酯类减少，酸类增加，酸酯比例失调，是低度曲酒贮存后口感变淡、出现不愉快气味的主要原因。

酯类在曲酒中存在着下面的平衡关系：

$$RCOOR'（酯）+ H_2O \rightleftharpoons R'OH（醇）+ RCOOH（酸）$$

这个反应是可逆的，当酒中乙醇含量较高，酸的含量也足够，反应趋向酯化方向。但当原酒度加浆降低，特别是降至低度酒后，酒中酯、酸含量减少（与原度酒或高度酒比较），乙醇含量也减少。而水的比例增加很多，促使酯类的水解，造成酯类含量减少，酸类含量增加。当然，这个反应是十分缓慢的，通过 1 年多的跟踪检测，这个反应确实存在。酒中酯化和水解的物理化学机理十分复杂，如何阻止或尽量减少这个水解反应，是低度曲酒保持质量的重要措施。有待今后进一步探索。

4. 醇类变化对酒质风味的影响

低度酒和降度酒经过一段时间贮存后，其醇类普遍呈上升趋势，这与水解反应式相符，但总的变化不如酸、酯大。醇类的增加，特别是异戊醇、正丙醇等醇类的增加，加之酸、酯平衡失调，导致酒中出现不愉快的气味。

5. 醛酮类变化对酒质风味的影响

色谱检测结果表明，无论是降度酒还是低度酒，经贮存后，乙醛含量降低，随着贮存时间的延长，乙醛降得越多。乙缩醛则相反，即贮存时间越长，含量越高。这是因为乙缩醛是由乙醛和乙醇经缩合而成的：

$$CH_3CHO + 2C_2H_5OH \longrightarrow CH_3CH（OC_2H_5）_2 + H_2O$$
$$\text{乙醛}\qquad\text{乙醇}\qquad\qquad\text{乙缩醛}\qquad\text{水}$$

在降度酒、特别是低度酒中，乙醇浓度低，醇醛缩合的速度也较慢。

双乙酰含量随贮存时间的延长呈降低趋势，但变化较少。

综上所述，低度曲酒是酸、醇、酯、醛、酮等成分的有机混合体，其成分本身就存在着一定的平衡规律而构成一个平衡体系。通过研究发现，降度酒和低度酒在贮存过程中质量变化较大，酒中有机酸增加，酯类减少，醛酮类也有上升趋势，酸、酯、醇、醛、酮含量和比例的变化是低度曲酒贮存后口感变淡和出现不愉快味道的根本原因。降度酒和低度酒，由于乙醇和水比例的重大变化，造成很多醇溶性的微量成分在低度酒除浊过程中减少，酯类的缓慢水解及醛类的缓慢氧化反应使酒中酸、醇增加，酯类减少。因此，在生产低度曲酒时要注意：（1）白酒不宜无限降度，特别是名优曲酒更应保持自己的独特风格；（2）影响低度曲酒贮存中质量变化的因素众多，如贮存条件（温度、光照、包装容器、密封程度）、加浆水质量（金属离子或非金属离子）、除浊方法（冷冻、不同吸附剂）等，应引起生产厂家的重视。

第四节　消防安全管理

根据《中华人民共和国消防法》、公安部令第 61 号《机关、团体、企业、事业单位消防安全管理规定》，公安部令第 106 号《建设工程、消防监督管理规定》、GB 50016—2012 "建筑设计防火规范"、DB51/T 5050—2007 "白酒厂设计防火规范"、GB 50058—1992 "爆炸和火灾危险环境电力装置设计规范"、GA 654—2006 "人员密集场所消防安全管理"、GA 703—2007 "住宿与生产储存经营合用场所消防安全技术要求"，DB 511500/T 13—2011 "白酒生产企业消防安全管理规范" 等要求，现将白酒企业消防安全管理规范介绍如下。

一、组织管理

（1）白酒生产企业法定代表人是本企业的消防安全责任人，全面负责本企业消防安全管理工作。消防安全责任人可根据需要确定消防安全管理人，实施和组织落实本企业消防安全管理工作。企业应确定各车间（子公司、分厂）、各部门（中心、所、室）、各班组（工段）、各岗位的消防安全责任人。

（2）白酒生产企业应依照《中华人民共和国消防法》第十六条规定履行消防安全职责；被县级以上地方人民政府公安机关消防机构确定为消防安全重点单位的白酒生产企业还应依照《中华人民共和国消防法》第十七条规定履行消防安全职责。

（3）白酒生产企业应确定企业内消防工作的归口管理职能部门，并确定专职或兼职消防安全管理人员；大型企业专职或兼职消防安全管理人员不少于2人，特大型企业应设置专门的消防安全管理职能部门，专职消防安全管理人员不少于3人。距离公安消防队较远的大型企业、特大型企业应建立专职消防队。

（4）白酒生产企业应建立志愿消防队，志愿消防队员的数量不少于白酒生产企业员工总数的40%。

（5）白酒生产企业应把消防安全教育纳入到职工教育计划，每年至少进行一次消防安全培训；全体员工应具备消防安全四个能力。

（6）新上岗和进入新岗位的员工应进行专项消防安全培训、岗位培训，经专职或兼职消防安全管理人员考核合格后，方可上岗作业。消防安全管理、消防安全检查、灭火救援以及自动消防系统等岗位从业人员应按照国家消防行业特有工种职业资格的规定持"建（构）筑物消防员"国家职业资格证书上岗。

（7）白酒生产企业应制定灭火和应急疏散预案，每半年至少进行一次演练。

二、防火检查

（1）白酒生产企业每月组织不少于一次的全面的防火检查，车间（子公司、分厂）、部门（中心、所、室）每周进行不少于一次的防火检查，班组（工段）、岗位应每日进行防火检查，并建立检查记录。

（2）防火检查发现的火灾隐患，应填写火灾隐患整改情况记录，企业应落实计划、资金、负责人并规定整改时限；整改期间应落实消防安全措施，确保安全；火灾隐患整改完毕后，消防工作的归口管理职能部门应组织复查，并将复查结果报告消防安全责任人。

（3）对公安机关消防机构检查发现的火灾隐患，白酒生产企业应采取有效措施，及时消除。

三、建筑防火

（1）白酒生产企业新建、扩建、改建工程的消防设计应符合国家工程建设消防技术标准规定。白酒生产企业的生产、储存工程应报公安机关消防机构审核、验收，未经审核同意或未经验收合格，工程不得施工或投入使用；其他工程的消防设计、竣工验收应依法报公安机关消防机构备案。

（2）白酒生产企业的白酒库、白酒储罐区、白酒原辅料及相关产品生产加工、储存区、暂存成品库、成品库、发电机房、变配电房等重点防火部位应设置醒目的防火标志。

（3）白酒库、白酒储罐区应与办公、科研、生活区及其他生产区分开布局，并设置安全防火隔离带。

（4）厂房内严禁设置员工宿舍。白酒发酵、蒸馏等酿酒作业环节区域、白酒辅料加工场所、勾兑、灌装包装车间内，不应设置办公室、休息室、值班室、收发室等附属生产辅助用房，当必须与厂房贴邻建造时，其耐火等级不低于二级，并应采用耐火极限不低于3.00h的不燃烧体防爆墙隔开并设置独立的安全出口。制曲车间设置办公室、休息室、收发室、值班室等附属生产辅助用房，应采用耐火极限不低于2.50h的不燃烧体隔墙和不低于1.00h的楼板与厂房隔开，并应设置不少于1个独立的安全出口。如隔墙上需要开设门窗时，应采用乙级防火门窗。

（5）仓库内严禁设置员工宿舍。白酒的酒精度为38%（体积分数）及以上的白酒原（辅）料库、存放硝化棉的包装材料库、粮食筒仓的工作塔内严禁设置办公室、休息室、收发室、值班室等用房，并不应贴邻建造。在普通粮仓、包装材料库、暂存成品库、成品库内设置的办公室、休息室、收发室、值班室等用房，应采用耐火极限不低于2.50h的不燃烧体隔墙和不低于1.00h的楼板与库房隔开，并设置独立的安全出口。

（6）生产区、储存区应设置环形消防车道，当受地形条件限制时，可设置有回车场的尽头式消防车道；消防车道净宽不小于4m，道路上空的栈桥、架等障碍物，其净高不低于5m。

四、工艺装置

（1）原料粉碎前应清理金属、石块、草秆等杂质。

（2）原料的机械输送设备的传动部位应保持润滑，传输皮带不得过松过紧。

（3）原料的机械输送设备、粉碎设备应有良好的密封性能和除尘性能。

（4）原料清理、粉碎过程中应经常打扫，清除积尘、油垢。

（5）蒸酒时应有人现场监护。

（6）白酒库、白酒（成品、半成品）储罐区应设置防止液体流散的设施。

（7）白酒库采用陶坛储酒时，应分组存放，每组总储量不宜超过250m³，组与组之间设置不燃烧体隔堤，隔堤高度不小于0.5m，隔堤上不应开设孔洞。

（8）原酒入罐、搅拌或组合作业时应有人现场监护，酒罐的白酒输酒管入口边缘距酒罐底部的高度不超过0.15m。

（9）白酒储罐应设置液位计量装置和高液位报警装置，酒库应设置应急储罐，其容量不应小于库内单个最大储罐容量。

（10）生产工艺装置上使用白酒取样器、酒罐盖等现场工具应轻拿轻放。输酒软管接头应捆扎牢固，酒罐、管道阀门、接头、泵不泄漏。

（11）输出、输入酒液时应设置流量计监控流速，其流速不应大于3m/s，并应有良好的接地措施；输酒泵运行时应有人现场监护。

（12）白酒库应通风良好，并设置温湿度计、酒精浓度监测仪；库内温度大于30℃时应采取降温措施，库内温度大于35℃时应停止作业；库内乙醇浓度大于2%时不得作业。

（13）酒罐车输酒时，车体与静电接地装置应良好连接。

五、电源管理

（1）白酒生产企业应定期自行或委托专门机构对其使用的电器产品和线路进行消防安全技术检测，按照国家有关规定委托有资质的单位对导除静电和防雷设施进行安全技术检测，保证有效。

（2）车间、仓库、储罐区严禁乱拉、乱接电源线路，不得随意架设临时线路。

（3）电气线路应具有足够的绝缘强度、机械强度，严禁使用绝缘老化或失去绝缘性能的电气线路。

（4）电气设备与周围可燃物的距离不应小于 0.5m，电气设备附近不应放置易燃、易爆、腐蚀性物品。

（5）在具有爆炸和火灾危险环境区域的厂房、仓库、储罐区等场所，安装使用的配电柜、配电箱、照明灯具、开关、插座、按钮和电动机、排风扇等电气设施、设备以及通讯工具均应符合相应区域的防爆性能要求。

（6）在具有爆炸和火灾危险环境区域的厂房、仓库、储罐区等场所，员工应穿着防静电劳保服装、鞋。

（7）在生产环节、生产工艺装置中可能产生静电的设备、装置、设施，应采取防静电措施。

六、火源管理

（1）白酒生产区、贮存区严禁吸烟，其他区域严禁流动吸烟，吸烟室周围 30m 内不得存放易燃物品。

（2）仓库内严禁使用明火；生产区、仓库、贮罐区进行明火作业，必须实行严格的动火审批管理，办理动火许可证后方可作业。

①临时动火必须经白酒生产企业消防工作的归口管理职能部门的主要负责人审批，办理临时动火许可证。临时动火作业时间不超过 24h。

②固定动火必须经白酒生产企业消防工作的归口管理职能部门审核同意，报经白酒生产企业消防安全责任人或消防安全管理人审批，办理固定动火许可证。

③动火作业应明确动火人消防安全职责，采取消防安全措施和配备相应灭火器具。

④动火审批人应现场检查并确认防火措施落实后，方可批准、签发动火许可证；动火操作人员应持有效岗位工种作业证，现场应有动火监护人监督。消防工作的归口管理职能部门应经常检查、加强管理。

（3）进入具有爆炸和火灾危险环境区域的人员，严禁携带火种和穿着可产生静电火花的服装和带铁钉的鞋；进入具有爆炸和火灾危险环境区域的机动车辆，其排气管应安装火星熄灭器，其排气管上应有防护挡板和隔热板。

七、消防设施和器材管理

（1）白酒生产企业应委托专门机构每年对建筑消防设施进行不少于一次的全面检测，委托具备相应资质的维护保养单位对建筑自动消防系统进行维护保养。

（2）厂房、仓库、贮罐应按国家工程建设消防技术标准有关规定，设置消防设施和配备消防器材，确保外观完好、运行正常；消防供水不足的厂区、库区、罐区应修建消防水池、水井或水塔，确保消防用水。

（3）各种消防器材应分布合理，设置在便于取用的地方，室外消防器材应设置在防雨、防晒的箱、架、柜内。

（4）自动消防系统消防控制室应24h人员值守，值守人员不少于2人。

（5）消防设施、消防器材应设置明显标识。

（6）白酒生产企业应储备能够保证白酒生产企业单体最大仓库或最大贮罐一次灭火所需的抗溶性泡沫液用量的2倍贮量。当两者计算值不一致时，应按两者中较大值确定。

八、防火检查记录

1. 单位每月防火检查

记录格式、内容应符合表12－34的规定。

表12－34　　　　　　　　　　单位每月防火记录表

序号	检查时间	检查场所（部位）	存在问题	处理情况	备注
1					
2					
3					
4					
5					
6					
7					
8					
9					
10					
11					
12					

单位消防安全管理人或消防工作归口管理职能部门每月应组织开展单位辖区内防火检查。

防火检查应包括以下内容：

1. 员工消防安全四个能力的掌握情况；

2. 生产车间、仓库安全疏散通道、安全出口、疏散指示标志、应急照明情况；

3. 生产区、贮存区消防车通道、消防水源情况；

4. 生产车间、仓库、罐区消防设施运行、灭火器材配置及有效情况；

5. 酒库、罐区、酿酒车间、制酒原料粉碎车间、制曲原料粉碎车间、勾兑、灌装包装车间火源、电源管理有无违章情况；

6. 重点防火部位的管理情况；

7. 生产区、贮存区新建、扩建、改建工程消防审核、验收情况；

8. 消防行业特有工种岗位从业人员持证情况；

9. 火灾隐患的整改情况以及防范措施的落实情况；

10. 其他消防安全情况。

消防安全检查人员：　　　　　　　　　　　　　　消防安全责任人或消防安全管理人：

2. 单位车间（子公司、分厂）、部门（中心、所、室）每周防火检查

记录格式、内容应符合表 12－35 的规定。

表 12－35　　单位车间（子公司、分厂）、部门（中心、所、室）每周防火检查记录

序号	检查时间	检查场所（部位）	存在问题	处理情况	备注
1					
2					
3					
4					
5					
6					

单位内设车间（子公司、分厂）、部门（中心、所、室）消防安全责任人每周应组织开展辖区内防火检查。防火检查应包括下列内容：

1. 员工消防安全四个能力的掌握情况；

2. 防火标志是否醒目；安全出口、疏散通道是否畅通；

3. 动火作业是否符合规定；

4. 酒库、罐区、酿酒车间、制酒（制曲）原料粉碎车间、勾兑、灌装包装车间等场所是否使用非防爆电气设施、设备；输送白酒的管道、阀门、车辆、白酒金属贮罐等是否防静电接地，是否泄漏；

5. 消防设施运行、灭火器材配置及完整有效情况；

6. 值班人员在岗情况；

7. 其他消防安全情况。

检查人员：　　　　　　　　　　　　　　　　　　　　　　　　消防安全责任人：

3. 单位班组（工段）、员工岗位每日防火检查

记录格式、内容应符合表 12－36 的规定。

表 12－36　　　　　　单位班组（工段）、员工岗位每日防火检查记录

序号	检查时间	存在问题	处理情况	备注
1				
2				
3				
4				
5				
6				
7				
8				
9				
10				
11				

续表

单位班组（工段）消防安全责任人、岗位消防安全责任人每日开展本班组（工段）、员工岗位防火检查，包括下列内容：

   1. 酒库、罐区、酿酒车间、制酒（制曲）原料粉碎车间、勾兑、灌装包装车间等场所上岗员工是否穿着防静电劳保服装、鞋；

   2. 贮（运）酒设施、设备是否完好；

   3. 生产工艺装置线上岗位员工是否遵守操作规程；

   4. 疏散通道、安全出口是否畅通；

   5. 消防设施、消防器材、消防安全标志是否完好有效；

   6. 场所有无遗留火种；有无乱拉乱接电线；

   7. 其他消防安全情况。

检查人员：　　　　　　　　　　　　　　　　　　　　消防安全责任人：

4. 单位火灾隐患整改情况

记录格式、内容应符合表 12 - 37 的规定。

表 12 - 37　　　　　　　　　　　单位火灾隐患整改情况记录

检查时间		检查人员	
火灾隐患情况			
消防安全检查人员意见			
消防工作的归口管理职能部门意见			
单位整改措施	整改计划：　　　　　　　　　整改时限： 整改资金：　　　　　　　　　整改负责人：		
消防安全责任人批示			
复查结果			

第十三章　原酒与成品酒质量的感官鉴别

第一节　陈酒与新酒的主要区别

陈酒就是指新酒经过一段贮存期后，刺激性和辛辣感会明显减轻，口味变得醇和、柔顺，香气风味都得以改善，这个变化过程一般称为老熟，也称陈酿。经过陈酿得到的酒，称为陈酒。

新酒就是指经发酵、刚蒸馏出来的白酒，一般具有辛辣刺激感，不醇和也不绵软；并含有某些硫化物，以及少量的丙烯醛、丁烯醛、游离氨等杂味物质，称为新酒。

新酒在较长的贮存过程中，一些随蒸馏而来的低沸点杂质，如硫化物、醛类等，便会逐渐挥发，除去了新酒中的不愉快气味，这就是通常的老熟过程中的挥发效应，经过一段时间的贮存，酒中的乙醛缩合，减少了酒的辛辣味，突出了酒的醇甜，随着时间的增长，乙醇和水溶液中的分子排列得到了改变，增加了分子间的缔合，相应地减少了自由乙醇分子的活性，也就减弱了酒的刺激性，使酒味变得柔和醇厚。而酒中的微量物质经老熟过程中的氧化还原与酯化作用，生成了酸和酯类物质，从而增添了酒的芳香，突出了自身的独特风格。

一、贮存过程中微量成分的变化情况

贮存过程中微量成分的变化情况见第 12 章表 12 – 14，表 12 – 15。

二、贮存过程中口感的变化情况

（一）浓香型酒

选用新酒 92.5kg，贮存于 100kg 传统陶坛中，其感官变化见表 13 – 1。

表 13 –1　　　　　　　　　　　浓香型白酒贮存中的感官变化

贮存期	感　官　评　语
新酒	香气冲，新酒气味，糙辣，后味短，带甜
第一季度	香气较冲，进口较醇和，新酒气味减少，糙辣，后味短，回甜
第二季度	浓香，较绵甜，有辣味，回甜，后味欠爽
第三季度	浓郁芳香，绵甜较醇厚，回味较长，后味较爽净
第四季度	芳香浓郁，绵甜醇厚，酒体较丰满，后味爽净，有陈味

（二）老白干酒

新酒香气粗糙，散、不融和，爆辣、刺激，主体香不突出，有糠杂香、糟香、焦烟香，口感粗糙，不谐调、刺激、后味短。

陈酒有陈香，类似于枣香、蜜甜香，主体香突出、融和，口感细腻，圆润，谐调，醇和，余味悠长。

（三）二锅头

新酒：具有乙酸乙酯为主体的复合香气，且有明显粮食、大曲的香味。操作不规范时酒将出现：香气淡、带酸、寡淡、有糠杂味、辅料味等。口感甜度较好，酒体较谐调。有的酒中乙酸乙酯与乳酸乙酯比例失调，酒质放香差，口感欠协调，粗糙，有刺激性。

陈酒：陈香突出，刺激感明显降低，口感绵甜，谐调，减少了酒的辛辣味，醇甜，更加芳香。

（四）清香型

清香型新酒、陈酒的主要感官区别见表 13 - 2。

表 13 - 2   **清香型新酒、陈酒的主要感官区别**

感官指标	新 酒	陈 酒
色	清亮透明	清香透明，或微黄
香	清香纯正，有刺激感	清香纯正，具有乙酸乙酯的复合香气或陈香
味	辛辣刺激感等新酒味明显	醇和或醇厚，绵柔爽净，酒体谐调，余味悠长
格	有典型性，新酒风格	典型或突出

（五）酱香型

酱香型新酒、陈酒的主要感官区别见表 13 - 3。

表 13 - 3   **酱香型新酒、陈酒的主要感官区别**

感官指标	新 酒	陈 酒
色	清亮透明	清香透明，或微黄
香	酱香或窖底香	柔和圆润或丰满细腻，空杯香舒适或幽雅或陈酱香
味	酱味、浓甜、窖底香味，新酒味明显	诸味谐调，酒体丰满或丰满细腻，回味悠长
格	有典型性，新酒风格	典型，风格突出

（六）兼香型

兼香型原酒新酒、陈酒的主要感官区别见表 13 - 4。

表 13 - 4   **兼香型原酒新酒、陈酒的主要感官区别**

色泽	新酒：清亮透明	陈酒：清香透明或微黄透明
香气	新酒：酱香带浓香，较冲鼻，酱浓较谐调	老酒：放香幽雅，酱浓谐调，有陈酒香气
口味	新酒：进口欠醇和，口感较粗糙，酱浓较谐调	老酒：醇厚丰满，酱香谐调，口感细腻，回味悠长

（七）汾酒新酒、陈酒的主要感官区别

1. 新酒

（1）首先具有乙酸乙酯为主体的复合香气，具有明显粮食、大曲（豌豆）的香气，再根据香气的纯正程度，进行等级判断。

（2）口感要求达到甜度较好、醇厚、酒体较谐调、回味长。

（3）发酵不正常，操作不规范时酒将出现香气淡、带酸、寡淡，特别有邪杂味、焦杂味、糠杂味、辅料味等现象，这样的酒判为不合格品；有的酒中乙酸乙酯与乳酸乙酯比例

失调，酒质放香差，口感欠谐调，也可判为不合格品。

2. 陈酒

清香型白酒经过一定时间的贮存，酒质具有陈香感，随时间的延长，酒的陈香逐渐突出，且清雅谐调，其他杂味、刺激感明显降低，口味达到柔顺丰满谐调的程度。鉴别清香型陈酒就掌握：

（1）自然突出，清雅谐调的陈酒香气。

（2）香味谐调的陈酒香。

（3）酒体绵柔、味甜爽净、余味悠长。

三、新酒与陈酒的理化差异

（一）物理差异

新酒经过贮存会发生一系列的物理变化。其中醇－水分子间的氢键缔合作用起着主要的影响。白酒经过长期的贮存，由于物理变化而改变白酒中辣味和冲鼻味，其原因就在于在长期的贮存过程中改变了乙醇分子排列的缘故。经分析表明，乙醇与水分子间的缔合，大大地改变了它们的物理性质，比如黏度、折光率、体积等。

当混合酒精与水时，其体积缩小，释放出热量。例如，将 49.83mL 的水与 53.94mL 的无水乙醇混合时，因为分子间的缔合作用，其总体积不是 103.77mL 而是 100mL，其原因就在于分子间的缔合力，使得分子靠得紧，间隙缩小，从而使得其混合物表现出最大的收缩度。

显然，在新酒的贮存过程中，随着白酒贮存时间的增长，乙醇与水分子通过缔合作用构成大分子结合群数量就增加，使得更多的乙醇分子受到束缚。白酒中的自由乙醇分子的数量越来越多，结果就必然缩小了对味觉和嗅觉的刺激作用，故在饮酒时就会使人感觉到柔和。

（二）化学差异

白酒在贮存过程中还发生缓慢的化学变化，主要是酒中含有的酸、醇、酯、醛等发生氧化还原，酯化与水解等作用，直到建立新的平衡。

现对新酒（一级）与贮存一年的陈酒进行分析，分析结果见表 13－5，表 13－6。

表 13－5	样品的理化分析结果		单位：g/L
成　分	贮存前	贮存后	变化率/%
总　酸	1.30	1.42	9.2
总　酯	4.95	4.75	－0.40
己酸乙酯	3.20	2.98	－6.9
乙酸乙酯	2.95	3.10	5.1
乳酸乙酯	1.80	1.65	－8.3
丁酸乙酯	0.49	0.50	2
乙　酸	0.80	1.01	25
己　酸	0.57	0.71	24
丁　酸	0.48	0.51	5
乙　酸	0.62	0.56	－9.7

表 13 – 6	样品的感官品评
样　品	感　官　评　语
新酒	窖香暴，新酒味明显，冲欠，绵柔，尾稍净
陈酒	窖香较浓郁，新酒味不明显，酒体较绵柔，尾较净

从理化指标以及口感品评的变化可知，新酒在贮存过程中呈现酸增高，酯水解降低的现象，总酸每年上升 0.07 ~ 0.12g/L，总酯下降 0.095 ~ 0.16g/L，主要原因是酯水解后生成相应的酸和醇。酯水解是造成酯贮存期下降的主要原因。但是不同酒度的酒中酯含量的变化不同。由于贮存之后的酯重新达到一个新的平衡，使口感变得更柔和，谐调，舒适。

单纯从理化指标角度分新酒和陈酒，只有跟踪分析、比较才能知道其区别所在。四川宜宾五粮液酒厂的研究结果表明，新酒和老酒的区别如下。

1. 新生产物——二乙氧基甲烷

贮存五年以内的酒一般不含有二乙氧基甲烷。

酒龄 5 ~ 10 年的陈酒，其含量 0.1 ~ 0.6mg/L。

酒龄 10 ~ 15 年的陈酒，其含量 0.5 ~ 4.2mg/L。

酒龄 15 ~ 20 年的陈酒，其含量 3.0 ~ 7.0mg/L。

据此看出，二乙氧基甲烷的含量与酒龄成正比关系。这一成分的来源，推测的可能是甲醛与酒精进行缩合反应的产物，或是某高沸点物质分解的产物。但由于含量很微小，很难准确把握。

2. 酸类和酯类的区别

跟踪比较，除少数酒样中的乙酸乙酯含量是新酒比陈酒低外，几乎所有的酯类都是新酒高于陈酒。而酸类却是陈酒高于新酒，尤其是乙酸、丁酸、己酸、乳酸等。相同贮存时间条件下，其差异的大小因香型、酒质和贮存容器有关。

3. 醇类及醛类的区别

跟踪比较，甲醇含量新酒高于陈酒；正丙醇含量差别不大，其他高级醇含量陈酒均高于新酒；醛类大体上是 10 年之内陈酒高于新酒，其后逐步变得低于新酒。

4. 不挥发物的区别

新酒的不挥发物较低，一般在 0.1g/L 以下，随着贮存时间的延长陈酒高于新酒。五粮液酒厂通过对酒中金属元素测定的结果表明，主要是 Na、K、Ca、Mg、Fe 等。另据试验表明不挥发物随贮存时间的增加量与贮存器有关，影响程度从轻到重依次是不锈钢容器、瓷质容器、碳钢防腐容器、防渗处理的地下水泥酒池和木制血料容器。

第二节　不同酒龄原酒的区别

一、二年酒龄差的原酒区别

（一）浓香型酒二年酒龄差的原酒区别

新蒸馏的基础酒贮存 2 年后，分别就其臭味物质的变化、理化指标、感官品评进行分析。样品为原度酒，贮存期为 2 年，分析结果见表 13 – 7、表 13 – 8、感官品评结果见表13 – 9。

表 13 –7　　　　　　　　　　　贮存中臭味物质的变化　　　　　　　　单位：g/100mL

贮存时间	硫化氢	硫 醇	二乙基硫	丙烯醛	氨
贮存 0 年	痕 量	未检出	痕 量	痕 量	痕 量
贮存 2 年	未检出	未检出	痕 量	痕 量	未检出
贮存 4 年	未检出	未检出	未检出	未检出	未检出

表 13 –8　　　　　　　　　　原酒在贮存过程中的理化指标分析结果

微量组分	贮存年限	1#样品	2#样品	3#样品	4#样品	5#样品	6#样品	7#样品	8#样品
己酸乙酯	0 年	3.168	3.165	3.167	3.165	3.159	3.165	3.163	3.161
	2 年	3.010	3.007	3.009	3.007	3.001	3.007	3.005	3.003
	4 年	2.889	2.886	2.888	2.886	2.881	2.886	2.885	2.883
	6 年	2.831	2.829	2.831	2.829	2.823	2.829	2.827	2.825
	8 年	2.803	2.800	2.802	2.800	2.795	2.800	2.799	2.797
	10 年	2.789	2.786	2.788	2.786	2.781	2.786	2.785	2.783
乙酸乙酯	0 年	1.485	1.495	1.505	1.515	1.512	1.507	1.509	1.511
	2 年	1.426	1.435	1.445	1.454	1.452	1.447	1.449	1.451
	4 年	1.383	1.392	1.401	1.411	1.408	1.403	1.405	1.407
	6 年	1.355	1.364	1.373	1.383	1.380	1.375	1.377	1.379
	8 年	1.342	1.351	1.360	1.369	1.366	1.361	1.363	1.365
	10 年	1.335	1.344	1.353	1.362	1.359	1.355	1.356	1.358
乳酸乙酯	0 年	1.681	1.684	1.641	1.647	1.656	1.661	1.680	1.675
	2 年	1.614	1.617	1.575	1.581	1.590	1.595	1.513	1.508
	4 年	1.565	1.568	1.528	1.534	1.542	1.547	1.564	1.560
	6 年	1.534	1.537	1.498	1.503	1.511	1.516	1.533	1.529
	8 年	1.519	1.521	1.583	1.588	1.596	1.501	1.518	1.513
	10 年	1.511	1.514	1.575	1.581	1.589	1.593	1.510	1.506
丁酸乙酯	0 年	0.577	0.565	0.545	0.540	0.545	0.537	0.534	0.537
	2 年	0.554	0.542	0.523	0.518	0.523	0.516	0.513	0.516
	4 年	0.537	0.526	0.508	0.503	0.508	0.500	0.497	0.500
	6 年	0.527	0.516	0.497	0.493	0.497	0.490	0.487	0.490
	8 年	0.521	0.510	0.492	0.488	0.492	0.485	0.482	0.485
	10 年	0.519	0.508	0.490	0.485	0.490	0.483	0.480	0.483

续表

微量组分	贮存年限	1#样品	2#样品	3#样品	4#样品	5#样品	6#样品	7#样品	8#样品
总　酸	0 年	1.45	1.44	1.46	1.38	1.39	1.44	1.44	1.47
	2 年	1.595	1.584	1.606	1.518	1.529	1.584	1.584	1.617
	4 年	1.691	1.679	1.702	1.609	1.621	1.679	1.679	1.714
	6 年	1.758	1.746	1.770	1.673	1.686	1.746	1.746	1.783
	8 年	1.793	1.781	1.806	1.707	1.719	1.781	1.781	1.818
	10 年	1.811	1.799	1.824	1.724	1.736	1.799	1.799	1.836
总　酯	0 年	5.45	5.14	5.47	5.15	5.40	5.17	5.18	5.16
	2 年	5.232	4.934	5.251	4.944	5.184	4.963	4.973	4.954
	4 年	5.075	4.786	5.094	4.796	5.028	4.814	4.824	4.805
	6 年	4.974	4.691	4.992	4.700	4.928	4.718	4.727	4.709
	8 年	4.924	4.644	4.942	4.653	4.879	4.671	4.680	4.662
	10 年	4.899	4.621	4.917	4.630	4.854	4.647	4.656	4.638

表 13－9　　　　　　　　　　　样品的感官品评结果

编号	1	2	3	4	5	6	7	8
0 年	浓香典型、醇和、新酒味重、糙辣	浓香、甜净、味粗糙、新酒味重	浓香、略带泥味、较谐调、尾净香长、新酒味重	香气浓、刺激性大、较谐调、香长、新酒味重	浓香、味糙、尾味长、新酒味重	窖香、醇和、较谐调、尾净香长、新酒味重	泥香、诸味较谐调、尾较净、新酒味重	香气浓、辛辣味重、尾较净、新酒味重
2 年	浓香优雅、醇和绵甜、谐调净爽、有陈味、风格典型	浓香、诸味谐调、绵甜、柔和、细腻、有陈味	窖香舒适、醇厚绵软、风格好、有陈味	浓香好、醇和、诸味谐调、香长、有陈味	浓香好、醇厚、诸味谐调、味净香长、有陈味	窖香浓郁、醇和、绵甜、诸味谐调、回味悠长	泥香突出、醇甜、诸味谐调、尾净、有陈味	香气浓郁、醇厚、绵柔谐调、回味悠长
4 年	浓香优雅、陈香好、醇和绵甜、谐调净爽、风格典型	浓香、陈香、诸味谐调、绵甜、柔和、细腻	窖香舒适、陈香、醇厚绵软、风格好	浓香好、醇和、诸味谐调、香长、陈味好	浓香、陈味好、醇厚绵甜、诸味谐调、味净香长	窖香浓郁、醇和、诸味谐调、回味悠长、陈味好	泥香突出、醇甜柔和、诸味谐调、尾净香长、陈味较好	浓香突出、醇厚绵柔、香味谐调、回味悠长
6 年	浓香优雅、陈香突出、绵甜、谐调、净爽、风格典型	浓香好、陈香、诸味谐调、绵甜、柔和、细腻	窖香舒适、陈香突出、醇厚绵软、有风格	浓香、陈味好、醇和、诸味谐调、香长	浓香好、陈味突出、醇厚、诸味谐调、味净香长	窖香浓郁、陈味好、醇和、绵甜、回味悠长	泥香舒适、醇和绵甜、诸味谐调、尾净香长	浓香、陈香突出、醇厚绵柔、香味谐调、回味悠长

续表

编号	1	2	3	4	5	6	7	8
8年	浓香、陈香优雅、绵甜谐调、净爽、风格典型	浓香、陈香好、诸味谐调、绵甜柔和、细腻	窖香、陈香舒适、醇厚绵软、风格突出	浓香、陈味突出、醇和、诸味谐调、味香长	浓香好、陈味突出醇厚、诸味谐调、味净香长	窖香浓郁、陈香突出、醇和协调、回味悠长	泥香舒适、陈味不好、醇甜、诸味谐调、尾净香长	浓香、陈香舒适、醇厚绵柔、回味悠长
10年	浓香、陈香优雅、舒适、绵甜谐调、回味悠长、风格典型	浓香好、陈香突出、诸味谐调、绵甜柔和、细腻、	窖香、陈香舒适、醇厚绵软、风格突出	浓香、陈味突出、醇和谐调、回味悠长	浓香好、陈味舒适、醇厚谐调、味净香长	窖香浓郁、陈香舒适、醇和绵甜、回味悠长	泥香、陈香舒适、醇和绵甜、谐调、尾净香长	浓香、陈香舒适、醇厚绵柔、酸味重、回味悠长

从理化指标及口感品评的变化可知，基础酒在贮存过程中呈现酸增高、酯水解降低的现象，总酸每两年上升4%～6%，总酯下降4%～8%，己酸乙酯、乳酸乙酯的水解降低趋势较明显，平均每年降低3%左右，乙酸乙酯、丁酸乙酯基本无多大变化；各酸的含量呈现上升趋势，但丁酸上升的幅度较小；刺激性较强的醛类物质呈下降趋势，由于贮存之后酸酯达到一个新的平衡，使口感变得更加柔和、谐调、舒适。

（二）老白干原酒2年酒龄的区别

刚蒸出来的新酒，由于酒体中各种微量化学成分未达到平衡状态，同时又有大量硫化氢、乙醛等易挥发物质的存在，新酒味明显，入口暴辣刺激。经过一定时间的贮存，酒体发生一系列的物理和化学变化，使酒体香气幽雅，入口醇厚柔和，余香悠长。从表13－10可以看出，新酒在贮存3个月后，变化明显，新酒味、杂味减少，酒体由暴辣、刺激变得谐调、柔和，以后变化逐渐减缓；贮存到6个月，已具有老白干酒的风格；贮存到1年，老白干酒的风格已突出；贮存到2年，酒香已有陈香，口感更加柔和细腻。

表13－10　　　　　　　　2年贮存过程中衡水老白干酒的感官品评

贮存期（月）	感 官 评 语
0	新酒臭明显，糠杂味大，入口暴辣，刺激，后味杂
1	细闻稍有新酒臭，有糠杂味，入口粗糙，稍刺激，后味杂
2	酯香气稍大，糠杂味减少，稍柔和，后味较净
3	稍有糠杂味，入口较柔和，较谐调，后味较净
4	香气较正，稍有糠杂味，较醇和，后味较净
6	放香正，老白干酒特有香气，入口较谐调，较柔和，后味较净
9	放香正，老白干酒特有香气，入口较醇甜，较谐调，后味较净
12	放香正，老白干酒特有香气，入口较醇甜，谐调，后味爽净，有余香
18	酒香纯正，融合，似有枣香，入口较醇厚绵甜，尾净香长
24	酯香，陈香融合，入口醇厚，绵甜，尾净香长

2 年贮存过程中衡水老白干酒理化分析结果见表 13 - 11。

表 13 - 11　　　　　　2 年贮存过程中衡水老白干酒理化分析结果　　　单位：mg/100mL

组　分	贮存期（月）									
	0	1	2	3	4	6	9	12	18	24
乙　醛	75.80	31.30	30.99	29.45	28.79	29.54	27.53	28.90	27.59	28.13
甲　醇	12.42	9.91	9.76	9.48	9.37	8.71	8.49	8.88	9.10	8.91
正丙醇	49.15	46.33	48.35	47.62	45.58	47.55	46.53	47.31	47.31	46.93
乙酸乙酯	163.54	161.62	158.25	156.17	152.70	147.31	148.49	147.49	147.30	149.56
仲丁醇	1.52	1.58	1.69	1.32	1.52	1.55	1.41	1.31	1.48	1.30
异丁醇	16.63	16.38	17.30	16.47	16.30	16.11	16.18	16.10	16.00	15.93
乙缩醛	37.58	39.67	40.37	42.48	44.59	45.47	46.54	49.59	48.31	52.31
乙　酸	39.58	42.44	43.09	44.23	47.58	47.33	49.92	49.30	49.87	49.51
异戊醇	51.78	51.06	52.70	51.56	50.73	50.49	49.84	50.80	48.75	47.98
乳酸乙酯	171.32	164.56	168.39	162.38	170.47	168.93	163.47	159.78	167.26	169.13
总酸/（g/L）	0.51	0.51	0.51	0.51	0.51	0.53	0.54	0.58	0.59	0.59
总酯/（g/L）	2.93	2.94	2.93	2.88	2.85	2.82	2.80	2.81	2.80	2.81

（三）江淮派 2 年酒龄的原酒区别

1. 单粮型

单粮浓香型二年陈酿的感官评鉴标准：无色（或微黄色）透明，陈香幽雅，味醇柔和，落口爽净谐调，回味悠长。

单粮浓香型陈酒评鉴时应该掌握的要点：由于单粮浓香型的白酒经过一定时间的贮存，香气具有单粮浓香型白酒固有的窖香浓郁感，刺激性和辛辣感会明显降低，口味变得醇和，柔顺，风格得以改善。经过长时间的贮存，逐渐呈现出陈香，口感呈现醇厚绵柔，回味悠长，香与味更谐调，品尝该类陈酒时，陈香，入口绵柔是体现白酒老熟后的重要标志。

2. 多粮型

多粮浓香型二年陈酿的感官评鉴标准：无色（或微黄色）透明，窖香浓郁，陈香幽雅，多粮香明显，醇厚丰满，绵柔甘冽，落口爽净，余香和回味悠长。窖香和陈香的复合香气谐调优美。

多粮浓香型陈酒评鉴时应该掌握的要点：由于多粮浓香型的白酒经过一定时间的贮存，香气具有多粮浓香型白酒固有的窖香浓郁优美之感，刺激性和辛辣感不明显，口味变得醇甜柔和，风格突出。经过长时间的贮存，酒液中就会自然产生一种使人感到心旷神怡，幽雅细腻，柔和愉快的多粮复合陈香。口感呈现醇厚绵柔，余香和回味悠长，香味更加谐调，酒体更加丰满。品尝该类陈酒时，幽雅细腻、多粮复合的陈香明显，入口绵柔、甘冽、自然舒适，是体现多粮浓香型白酒老熟后的重要标志。

（四）清香型酒 2 年酒龄差的原酒区别

色泽：无色清亮透明。

香气：清香纯正，具有乙酸乙酯为主体的复合香气。

口味：口感较醇和、绵柔、酒体谐调、爽净、回味悠长。

风格：具有清香型酒的典型风格。

二、3 年酒龄差的原酒区别

（一）浓香型酒贮存 3 年原酒的鉴别

新蒸馏的基础酒贮存 3 年后，对其理化指标、感官质量进行分析。样品为原度酒，贮存期为 3 年，分析结果见表 13 – 12、表 13 – 13，感官品评结果见表 13 – 14。

表 13 – 12　　　　　　　　　　贮存中臭味物质的变化

贮存时间	硫化氢	硫　醇	二乙基硫	丙烯醛	氨
贮存 0 年	痕　量	未检出	痕　量	痕　量	痕　量
贮存 1.5 年	未检出	未检出	痕　量	痕　量	未检出
贮存 3 年	未检出	未检出	未检出	未检出	未检出

表 13 – 13　　　　　　原酒在贮存过程中的理化指标分析结果　　　　　　单位：g/100mL

微量组分	贮存年限	1#样品	2#样品	3#样品	4#样品	5#样品	6#样品	7#样品	8#样品
己酸乙酯	0 年	3.168	3.166	3.167	3.166	3.159	3.165	3.163	3.161
	3 年	2.889	2.886	2.888	2.886	2.881	2.886	2.885	2.883
	6 年	2.831	2.829	2.831	2.829	2.823	2.829	2.827	2.825
乙酸乙酯	0 年	1.485	1.495	1.505	1.515	1.512	1.507	1.509	1.511
	3 年	1.383	1.392	1.401	1.411	1.408	1.403	1.405	1.407
	6 年	1.355	1.364	1.373	1.383	1.380	1.375	1.377	1.379
	10 年	1.335	1.344	1.353	1.362	1.359	1.355	1.356	1.358
乳酸乙酯	0 年	1.681	1.684	1.641	1.647	1.656	1.661	1.680	1.675
	3 年	1.565	1.568	1.528	1.534	1.542	1.547	1.564	1.560
	6 年	1.534	1.537	1.598	1.503	1.511	1.516	1.533	1.529
丁酸乙酯	0 年	0.577	0.565	0.545	0.540	0.545	0.537	0.534	0.537
	3 年	0.537	0.526	0.508	0.503	0.508	0.500	0.497	0.500
	6 年	0.527	0.516	0.497	0.493	0.497	0.490	0.487	0.490
总　酸	0 年	1.45	1.44	1.46	1.38	1.39	1.44	1.44	1.47
	3 年	1.69	1.68	1.708	1.61	1.62	1.68	1.68	1.71
	6 年	1.76	1.75	1.776	1.676	1.69	1.75	1.75	1.785
总　酯	0 年	5.45	5.14	5.47	5.15	5.40	5.17	5.18	5.16
	3 年	5.075	4.786	5.094	4.796	5.028	4.814	4.824	4.805
	6 年	4.974	4.691	4.992	4.700	4.928	4.718	4.727	4.709

表 13 – 14　　　　　　　　　　　　原酒在贮存过程中样品的感官品评结果

编号	1	2	3	4	5	6	7	8
0 年	浓香典型、醇和、诸味谐调、新酒味重	浓香、诸味谐调、甜净、味略粗糙、新酒味重	浓香、略带泥味、谐调、尾净香长、新酒味重	香气浓、刺激性大、谐调、香长、新酒味重	浓香、新酒味重、味糙、尾味长、新酒味重	泥香、醇和、谐调、尾净香长、新酒味重	泥香、诸味谐调、尾净、新酒味重	香气浓、醇和、辛辣味重、尾较净、新酒味重
3 年	浓香优雅、陈香好、醇和绵甜、谐调净爽、风格典型	浓香、陈香、诸味谐调、绵甜柔和、细腻	窖香舒适、陈香、醇厚绵软、风格好	浓香好、醇和、诸味谐调、陈香香长、有陈味	浓香、陈味好、醇甜、诸味谐调、味净香长	窖香浓郁、醇和、诸味谐调、回味悠长、有陈味	泥香突出、醇甜柔和、诸味谐调、尾净香长	浓香突出、醇厚绵柔、香味谐调、回味悠长、
6 年	浓香优雅、陈香突出、绵甜、谐调净爽、风格典型	浓香好、陈香、诸味谐调、绵甜柔和、细腻	窖香舒适、陈香突出、醇厚绵软、有风格	浓香、陈味好、醇和、诸味谐调、香长	浓香好、陈味突出、醇厚、诸味谐调、味净香长	窖香浓郁、陈味好、醇和、绵甜、回味悠长	泥香舒适、醇和绵甜、诸味谐调、尾净香长	浓香、陈香突出、醇厚绵柔、香味谐调、回味悠长

从理化指标及口感品评的变化分析可知，基础酒在贮存过程中呈现酸增高、酯水解降低的现象，总酸每 3 年上升 6% ~ 10%，总酯下降 8% ~ 12%，己酸乙酯、乳酸乙酯平均每年降低 4% 左右，乙酸乙酯、丁酸乙酯基本无多大变化；各酸的含量呈现上升趋势，但丁酸上升的幅度较小；刺激性较强的醛类物质呈下降趋势，由于贮存之后的酸酯重新达到一个新的平衡，使口感变得更柔和、谐调、舒适。

（二）清香型酒贮存 3 ~ 9 年原酒的感官鉴别

1. 3 年酒感官鉴别

色泽：无色清亮透明。

香气：清香纯正、具有乙酸乙酯为主体的清雅谐调的复合香气、略带陈酒香。

口味：口感醇和、绵柔爽净、酒体谐调、余味悠长。

风格：具有清香型酒的典型风格。

2. 6 年酒感官鉴别

色泽：无色清亮透明。

香气：清香纯正、具有乙酸乙酯为主体的清雅谐调的复合香气、带陈酒香。

口味：口感醇和、绵柔爽净、酒体谐调、余味悠长。

风格：具有清香型酒的典型风格。

3. 9 年酒感官鉴别

色泽：无色（微黄）清亮透明。

香气：清香纯正、具有乙酸乙酯为主体的清雅谐调的复合香气、带较浓陈酒香。

口味：口感醇和、绵柔爽净、酒体谐调、余味悠长。

风格：具有清香型酒的典型风格。

三、5 年酒龄差的原酒区别

（一）浓香型原酒

新酒与贮存 5 年后的原酒分别进行理化指标、感官质量分析和鉴评，结果如表 13 - 15，表 13 - 16 所示。

表 13 - 15　　　　　　　　　　　　贮存中臭味物质的变化

贮存时间	硫化氢	硫 醇	二乙基硫	丙烯醛	氨
贮存 0 年	痕 量	未检出	痕 量	痕 量	痕 量
贮存 5 年	未检出	未检出	未检出	未检出	未检出

表 13 - 16　　　　　　原酒在贮存过程中的理化指标分析结果　　　　　　单位：g/100mL

微量组分	贮存年限	1#样品	2#样品	3#样品	4#样品	5#样品	6#样品	7#样品	8#样品
己酸乙酯	0 年	3.168	3.165	3.167	3.165	3.159	3.165	3.163	3.161
	5 年	2.831	2.829	2.831	2.829	2.823	2.829	2.827	2.825
乙酸乙酯	0 年	1.485	1.495	1.505	1.515	1.512	1.507	1.509	1.511
	5 年	1.355	1.364	1.373	1.383	1.380	1.375	1.377	1.379
乳酸乙酯	0 年	1.681	1.684	1.641	1.647	1.656	1.661	1.680	1.675
	5 年	1.534	1.537	1.498	1.503	1.511	1.516	1.533	1.529
丁酸乙酯	0 年	0.577	0.565	0.545	0.540	0.545	0.537	0.534	0.537
	5 年	0.527	0.516	0.497	0.493	0.497	0.490	0.487	0.490
总 酸	0 年	1.45	1.44	1.46	1.38	1.39	1.44	1.44	1.47
	5 年	1.758	1.746	1.770	1.673	1.686	1.746	1.746	1.783
总 酯	0 年	5.45	5.14	5.47	5.15	5.40	5.17	5.18	5.16
	5 年	4.974	4.691	4.992	4.700	4.928	4.718	4.727	4.709

从理化指标及口感品评（表 13 - 17）的变化分析可知，总酸每五年上升 10% ~ 15%，总酯下降 10% ~ 20%，主要原因是酸在贮存中不易挥发；且酯水解后生成相应的酸与醇，酯水解是造成酯贮存期下降的主要原因，但不同酒度的原酒酯的变化不同。己酸乙酯、乳酸乙酯的水解降低趋势较明显，平均每年降低 3% 左右，乙酸乙酯、丁酸乙酯基本无多大变化；各酸的含量呈现上升趋势，但丁酸上升的幅度较小；刺激性较强的醛类物质呈下降趋势，由于贮存之后的酸酯重新达到一个新的平衡，使口感变得更柔和、谐调、舒适。

表 13 – 17　　　　　　　　　　原酒在贮存过程中样品的感官品评结果

编号	1	2	3	4	5	6	7	8
0 年	浓香典型、醇和、诸味谐调、新酒味重	浓香、诸味谐调、甜净、味略粗糙、新酒味重	浓香、略带泥味、谐调、尾净香长、新酒味重	香气浓、刺激性大、谐调、香长、新酒味重	浓香、新酒味重、味糙、尾味长、新酒味重	泥香、醇和、谐调、尾净香长、新酒味重	泥香、诸味谐调、尾净、新酒味重	香气浓、醇和、辛辣味重、尾较净、新酒味重
5 年	浓香优雅、陈香突出、绵甜、谐调净爽、风格典型	浓香好、陈香、诸味谐调、绵甜、柔和、细腻	窖香舒适、陈香突出、醇厚绵软、有风格	浓香、陈味好、醇和、诸味谐调、香长	浓香好、陈味突出、醇厚、诸味谐调、味净香长	窖香浓郁、陈味好、醇和、绵甜、回味悠长	泥香舒适、醇和绵甜、诸味谐调、尾净香长	浓香、陈香突出、醇厚绵柔、香味谐调、回味悠长

（二）老白干原酒在贮存过程中感官品评结果

老白干原酒在贮存过程中感官品评结果见表 13 – 18。

表 13 – 18　　　　　　　　　贮存过程中老白干酒的感官品评结果

贮存期（年）	感　官　评　语
0	无色透明，放香较大，新酒味明显，杂味较大，入口较刺激，后味短
5	无色透明或微黄，酒香融合，陈香、酯香谐调，入口微酸，醇厚绵甜、细腻，余味悠长
10	无色透明或微黄，酒香融合，陈香突出，入口微酸，醇厚绵甜、细腻，余味悠长
15	无色透明或微黄，酒香融合，陈香突出，入口微酸，醇厚绵甜、细腻，余味悠长且持久
20	无色透明或微黄，酒香融合，陈香突出，入口丰满、微酸、醇厚、绵甜、细腻，余味悠长且持久
25	无色透明或微黄，酒香融合，陈香突出，入口酸露头、绵甜、细腻，余味悠长且持久
30	微黄透明，酒香融合，陈香突出，乙酸乙酯香气不明显，入口酸露头、绵甜、细腻，余味悠长且持久
35	微黄透明，酒香融合，陈香突出，乙酸乙酯香气不明显，入口酸味明显、绵甜、细腻，余味悠长且持久
40	微黄透明，陈香突出，微有酱香，乙酸乙酯香气不明显，入口酸微明显、绵甜、细腻，余味悠长且持久
45	微黄透明，陈香突出，微有酱香，乙酸乙酯香气不明显，入口酸味明显、绵甜、细腻，余味悠长且持久
50	微黄透明，酒香融合，陈酱香突出，入口酸味突出、绵甜、细腻，余味悠长且持久

（三）兼香型原酒在贮存过程中感官品评结果

兼香型原酒在贮存过程中感官品评结果见表 13 – 19。

表 13 – 19　　　　　　　　　　原酒在贮存过程中感官品评结果

色　泽	酒龄越长，微黄的程度越深
香　气	酒龄短的放香较好，香气欠幽雅；酒龄长的放香较弱，香气幽雅舒适
口　味	酒龄短的口味较粗糙，略显暴辣，酱浓谐调感较差；酒龄长的口感柔和细腻，浓酱谐调

（四）不同酒龄汾酒原酒在贮存过程中的感官品评结果

不同酒龄汾酒原酒在贮存过程中的感官品评结果见表 13 – 20。

表 13 – 20		不同酒龄汾酒原酒在贮存过程中感官品评结果
3～5年	色泽	无色（微黄）清亮透明
	香气	清香纯正，具有乙酸乙酯为主体的清雅谐调的复合香气、略带陈酒香
	口味	口感醇和、绵柔爽净、酒体谐调、余味悠长
	风格	具有清香型酒的典型风格
10年	色泽	无色（微黄）清亮透明
	香气	清香纯正，具有乙酸乙酯为主体的清雅谐调的复合香气、略带陈酒香
	口味	口感醇和、绵柔爽净、酒体谐调、余味长
	风格	具有清香型酒的典型风格
15年	色泽	无色（微黄）清亮透明
	香气	清香纯正，具有乙酸乙酯为主体的清雅谐调的复合香气、带有很突出陈酒香
	口味	绵甜醇厚、香味自然谐调、酒体爽净、回味悠长
	风格	具有清香型酒的典型风格

第三节　同类产品不同等级酒质量差的品评

一、不同香型白酒的质量差

（一）浓香型白酒

浓香型高质量酒质量特征为：窖香浓郁，绵甜爽净，香味谐调，回味悠长。

不同等级浓香型白酒感官鉴别见表 13 – 21。

表 13 – 21	不同等级浓香型白酒感官鉴别
级别	感　官　质　量　特　点
优级	具有浓郁的己酸乙酯为主体的复合香气，绵甜爽净，香味谐调，余味悠长，具有本香型本品典型的风格
一级	具有较浓郁的己酸乙酯为主体的复合香气，绵甜较爽净，香味较谐调，余味悠长，具有本香型本品典型的风格
二级	具有己酸乙酯为主体的复合香气，入口纯正，后味较净，具有本香型本品典型的风格

（二）酱香型白酒

酱香型白酒以其酱香突出、诸味谐调、口味细腻，后味悠长，为其高质量的特点。

不同等级酱香型白酒感官鉴别见表 13 – 22。

表 13 – 22	不同等级酱香型白酒感官鉴别
级别	感　官　质　量　特　点
优级	酱香突出，诸味谐调，口味细腻丰满，后味悠长，空杯留香持久，酱香型风格典型，本品风格突出
一级	酱香较突出，诸味较谐调，口味丰满，后味长，空杯留香持久，酱香风格明显
二级	有酱香，口味醇厚，有后味，本品风格明显

（三）清香型白酒

高质量的清香型大曲酒质量特点为：清香纯正、后味醇厚，余味爽净。

不同等级清香型白酒感官鉴别见表 13 – 23。

表 13 – 23　　　　　　　　　　不同等级清香型白酒感官鉴别

级别	感　官　质　量　特　点
优级	清香纯正，具有乙酸乙酯为主体的优雅，谐调的复合香气，口感柔和、绵甜爽净、酒体协调、余味悠长，具有本品典型风格
一级	清香较纯正，具有乙酸乙酯为主体的复合香气，口感柔和、绵甜爽适、酒体较谐调、余味较悠长，具有本品典型风格
二级	清香较纯正，具有乙酸乙酯为主体的香气，较绵甜净爽、有余味，具有本品固有风格

二、各香型白酒的品评要点

（一）浓香型白酒的品评要点

具有以己酸乙酯为主体的谐调的复合香气，窖香浓郁，绵甜醇厚，香味谐调，尾净味长。有两种不同的流派，一种以泸州老窖特曲、五粮液、剑南春等为代表的川派，突出浓郁、醇厚、绵甜、窖香带陈；另一种是以古井贡酒、洋河大曲、双沟大曲等为代表的江淮派，突出以己酸乙酯为主体的复合香气，口味纯正、醇甜爽净。两种流派有不同的风格，都是我国浓香型白酒的优秀代表。

（二）米香型白酒的品评要点

突出乙酸乙酯和 β – 苯乙醇为主体的淡雅的蜜甜香气，口味浓厚程度较小，香味持续时间不长，入口醇甜、甘爽、绵柔，回味怡畅。

（三）清香型白酒的品评要点

具有以乙酸乙酯为主体的谐调的复合香气，清香纯正、清雅、香气持久；入口刺激感稍强，醇甜，干净，爽口，自始至终都体现了干爽的感觉，无其他异杂味。

（四）酱香型白酒的品评要点

酱香突出，香气芬芳，幽雅，非常持久、稳定，空杯留香能长时间保持原有的香气特征；入口绵柔、醇厚、细腻、无刺激感，回味悠长，落口爽净。

（五）老白干酒的品评要点

具有以酯香为主的复合香气，香气清雅、醇厚丰满，柔顺、香味谐调，回味悠长。乳酸乙酯和乙酸乙酯含量比例与清香型酒有较大区别。

（六）凤香型白酒的品评要点

醇香突出，秀雅，具有以乙酸乙酯为主、己酸乙酯为辅的酯类复合香气，醇厚丰满，甘润挺爽，诸味谐调，尾净悠长。

（七）芝麻香型白酒的品评要点

闻香有以乙酸乙酯为主要酯类的淡雅香气，焦香突出，入口放香以焦香和煳香气味为主，香气中带有似"炒芝麻"的香气，芳香馥郁，幽雅细腻，绵软醇厚，丰满、甘爽，香味谐调。

（八）特型白酒的品评要点

幽雅舒适，诸香谐调，具有浓、清、酱三香，但均不露头的复合香气，柔绵醇和、醇甜，香味谐调，余味悠长。

（九）兼香型白酒的品评要点

浓酱谐调，幽雅馥郁，细腻丰满，回味爽净。

酱中带浓：芳得幽雅舒适，细腻丰满，浓酱谐调，余味爽净悠长。

浓中带酱：浓香带酱香，诸味谐调，口味细腻，余味爽净

（十）豉香型白酒的品评要点

豉香纯正，清雅，醇和甘滑，酒体谐调，余味爽净。

（十一）药香型白酒的品评要点

药香舒适，香气典雅，酸味适中，香味谐调，尾净味长。

（十二）馥郁型白酒的品评要点

芳香秀雅，绵柔甘洌，醇厚细腻，后味怡畅，香味馥郁，酒体净爽。

三、功能型白酒质量鉴别

以固态法生产的白酒为基础，加入食用香料，既是食品又是药品的材料，或允许使用的补品、中药提取物、调味剂等加工而成的白酒，称为功能型白酒。

功能型白酒质量特点：该类产品含有对人体具有营养保健作用的特殊成分，具有增强体质、提高人体免疫力的功能，这类酒应是无色或微黄，药味不突出，应保持白酒特有的风味。若色重、药味重、加糖的酒，应属露酒，不属白酒范畴。

四、多种香型融合白酒质量的鉴别

以浓、清、酱三大香型为基础，采用多种工艺共用，而生产出的白酒，其产品具有独特的风格；或以各种香型基酒和调味酒经勾调而成的白酒。这类酒融合了不同香型的优点，创造出了使消费者喜爱的新产品。

该类产品香气高雅，自然、清而不淡、香而不酽，具有舒适的复合香气，使人赏心悦目，口感绵柔、丰满，适口，余香悠长，如浓酱结合、浓清酱结合、芝麻香酱香浓香结合、凤香与浓香结合、清香与米香结合等。

五、品评的重现和再现知识

品评的重现是指重复性、再现性的品评训练。重复性就是两杯或两杯以上相同的酒样在同一轮中出现，要评定出来，主要是得分相同，评语相同。重现是考核评酒员的准确判断能力。再现就是先品评一轮酒，第二轮或第几轮再次出现一个或几个第一轮次的酒样。要求评酒员品尝后给出相同的得分，评语相同，才算判断准确。再现是考核评酒员的记忆力。再现品评的较好方法，就是第一轮品评时，将每一杯酒样的评语、分数详细记录下来，在头脑中有一个完整的印象，抓住每杯酒样的特殊的香气和味，牢牢记住，在下一次出现时才能准确地找出来。现列举重现、再现品评实例如下：

第四届国家评委考核题：

第一轮　1#宝丰，2#宝丰，3#汾酒，4#六曲香，5#三花

第二轮　1#宝丰，2#宝丰，3#汾酒，4#三花，5#六曲香

第一轮　1、2#重现；第二轮全部再现第一轮。

第三轮　1#茅台，2#郎酒，3#芦台春，4#迎春，5#龙滨

第四轮　1#郎酒，2#茅台，3#芦台春，4#迎春，5#龙滨

第四轮全部再现第三轮。

2005 年国家评委考核题：

第六轮是再现第二轮，第二轮所有酒样全部再次出现，还有两个重复，只是颠倒顺序号，重复的酒样都没有改变。

第十轮是再现第五轮，第五轮的酒样全部再次出现，重现酒样也没有变化。

第四节　全国五届评酒会概况

一、第一届全国评酒会

1. 时间

1952 年。

2. 地点

北京市。

3. 主持单位

原中国专卖事业总公司。

4. 主持专家

朱梅、辛海庭。

5. 评酒办法

根据市场销售信誉，结合化验分析结果，评议推荐国家名白酒。

6. 评酒结果

根据北京市试验厂（现北京酿酒总厂）研究室进行化验分析的结果和推荐意见，将历史悠久，在国内外有较高的信誉，不仅经销全国而且出口的贵州茅台酒、山西汾酒、泸州老窖特曲、陕西西凤酒命名为国家名酒。

二、第二届全国评酒会

1. 时间

1963 年 10 月。

2. 地点

北京市。

3. 主持单位

原食品工业部食品工业局。

4. 评酒办法

按混合编组大排队的办法进行品评。

品评由评酒委员独立思考，按酒的色、香、味百分制写评语，采取密码编号、分组淘

汰，经过初赛、复赛和决赛，按得分多少择优推荐。

5. 主持评酒工作专家及评酒委员

主持评酒工作专家：周恒刚，评酒委员 12 人，由各省推荐，原轻工业部聘请。他们是：龚文昌、胡子良、李宗民、曹述舜、申德禄、崔尚明、陈茂椿、郝仲文、马凤鸣、解一杰、熊子书、高月明。

6. 评酒结果

共评出国家名酒 8 种，国家优质酒 9 种。8 种国家名酒为：五粮液（四川宜宾）、古井贡酒（安徽亳州）、泸州老窖特曲酒（四川泸州）、全兴大曲酒（四川成都）、茅台酒（贵州仁怀）、西凤酒（陕西凤翔）、汾酒（山西杏花村）、董酒（贵州遵义）；9 种国家优质酒为：双沟大曲酒、龙滨酒、德山大曲酒、全州湘山酒、桂林三花酒、凌川白酒、哈尔滨高粱糠白酒、合肥薯干白酒、沧州薯干白酒。

本届评酒会充分显示了我国酿酒工业的发展，名酒数量从 8 种增加到 18 种。其中白酒 8 种，称谓"八大名白酒"，而且还涌现了 9 种国家优质酒。

本届评酒未分香型评比，也没有按原料和糖化剂的不同分别编组，采取混合编组大排队的办法进行评选，仅分为白酒、黄酒、果酒、啤酒四个组分别进行。

三、第三届全国评酒会

1. 时间

1979 年 8 月 3 日至 8 月 15 日。

2. 地点

辽宁省大连市。

3. 主持单位

原轻工业部。

4. 评酒办法

采取密码编号，分香型评比的办法。样品少的一次决赛，超过 6 个的进行初评、复评、终评。同一省的酒初评不碰面，上届名酒不参加初评，复评时作为种子选手分别编在各小组进行品评。

评比按香型、生产工艺和糖化剂分别编为大曲酱香、浓香和清香，麸曲酱香、浓香和清香；米香；其他香型及液态、低度等组，分别进行评比。

评比办法是按酒的色泽 10 分，香气 25 分，口味 50 分，风格 15 分打分，总计 100 分。

5. 主持评比工作专家及评酒委员

主持评酒工作专家：周恒刚、耿兆林。

白酒评酒委员：除 5 名特聘外，17 名是经考核聘请为国家白酒评酒委员，共 22 人。

6. 评酒结果

通过评比，由评酒委员会推荐，原轻工业部审定，第三届全国评酒会共评出国家名白酒 8 种，国家优质酒 18 种。

8 种国家名酒：茅台酒、汾酒、五粮液、剑南春酒、古井贡酒、洋河大曲酒、董酒、泸州老窖特曲酒。

18 种国家优质酒：西凤酒、宝丰酒、郎酒、武陵酒、双沟大曲酒、淮北口子窖、丛台酒、白云边酒、湘山酒、三花酒、长乐烧酒、迎春酒、六曲香酒，哈尔滨高粱糠白酒、燕潮酩酒、金州曲酒，双沟低度大曲酒（酒精度 39%vol）、坊子白酒。

本届评酒白酒首次按香型、生产工艺和糖化发酵剂分别编组。

本届评酒会还确定了五种香型（酱香型、浓香型、清香型、米香型及其他香型），白酒的风格特点，统一了打分标准。确定了按色、香、味、风格四大项进行综合评定的基础，并合理分配了各项分值；统一了各香型酒评比用语，该法较全面地反映产品质量的真实性，对指导生产、引导消费、评选名优产品起到了巨大的推动作用。这一方法是中国白酒评比历史上的里程碑。

四、第四届全国评酒会

1. 时间

1984 年 5 月 7 日至 5 月 16 日。

2. 地点

山西省太原市。

3. 主持单位

中国食品工业协会。

4. 评酒办法

采用按香型、糖化剂编组，密码编号，分组初评淘汰，再进行复赛，选优进行决赛的办法。

本届参赛样品较多，考虑到评酒效果和时间，把 30 名评酒委员分成两组，一组评浓香型，一组评浓香型以外的各种香型酒。

为做好保密工作，每轮评比结果，都以密码编号出现，将出线酒返回编组，重新编号，进入下一轮评比。酒样编码后当即密封，评比结束组织有关方面共同拆封，按得分多少择优推荐，再由国家质量奖审定委员会审查定案。

5. 主持评酒工作专家及评酒委员

主持评酒工作专家：由周恒刚、沈怡方、叶贤佐、曾纵野、高月明、曹述舜、沈宇光组成专家组。

评酒委员：1984 年 4 月在江苏省淮安市考核并择优录取 聘请 34 名（包括 4 名免试）国家白酒评酒委员。

6. 评酒结果

国家质量奖审定委员会于 1984 年 8 月 6 日发表通报公布了预评名单，广泛征求各方面意见并于 1984 年 8 月 31 日定案发奖。

获得这次国家优质食品金质奖（国家名酒称号）的有 13 种：贵州茅台酒、山西汾酒、四川五粮液、江苏洋河大曲酒、四川剑南春酒、安徽古井贡酒、贵州董酒、陕西西凤酒、四川泸州老窖特曲酒、四川全兴大曲酒、江苏双沟大曲酒、武汉黄鹤楼酒、四川郎酒。

获得银质奖（国家优质酒称号）的有 27 种：湖南武陵酒、哈尔滨特酿龙滨酒、河南宝丰酒、四川叙府大曲酒、湖南德山大曲酒、湖南浏阳河小曲酒、广西湘山酒、广西三花酒、江苏双沟特液（低度）、江苏洋河大曲酒（低度）、天津津酒（低度）、河南张弓大曲酒（低度）、河北迎春酒、辽宁凌川白酒、辽宁大连老窖酒、山西六曲香酒、辽宁金州曲酒、湖北白云边酒、湖北西陵特曲酒、黑龙江中国玉泉酒、广东石湾玉冰烧酒、山东坊子白酒。本届评酒会是按照酒类专业组分期召开的，即白酒单独的评比会。

参加评选的产品应是双优（部优和省优）产品，单项产品年产值 100 万以上，参加评比的酒样，种类比历届都多，绝大多数白酒风格典型，酒体谐调，酒质比上届有所提高，本届开始，评酒员考核增加理论文字题。麸曲酒质量有较大提高，酱香、清香型低度酒相继问世。

五、第五届全国评酒会

1. 时间

1989 年 1 月 10～20 日。

2. 地点

安徽省合肥市。

3. 主持单位

中国食品工业协会。

4. 评酒办法

（1）按基层申报的产品香型、酒度、糖化剂分类进行品评。香型分为酱香、清香、浓香、米香、其他香型 5 类。

酒度分为 40～55 度（含 40 度和 55 度），40 度以下两档。

糖化剂分为大曲、麸曲和小曲 3 种，

（2）酒样密码编号　采用淘汰制，进行初评、复评、终评。

（3）评酒采用百分制　其中：色泽 10 分，香气 25 分，口味 50 分，风格 15 分。去除每组酒样的最高及最低分后计分统计。

（4）对上届获得国家名酒（金质奖）和国家优质酒（银质奖）进行复查认定。

由于参加评比的酒样多达 362 种，在评酒时，将评酒委员（含特邀评委）分为 4 大组，进行品评。其中第一、第二组进行上届名酒和优质酒的复查；第三组进行浓香型白酒以外其余香型白酒的品评；第四组进行浓香型白酒的品评。

5. 主持评酒工作专家及评酒委员

主持评酒工作专家：由沈怡方、于桥、高月明、曹述舜、曾祖训、王贵玉组成专家组。

评酒委员：1988 年 12 月 10～13 日在湖南长沙市考核了全国白酒评酒委员，根据考试成绩，择优录取 44 名正式评委（6 名评酒专家业务组的成员免试录取）。同时也特聘了 35 名特邀全国评酒委员。

6. 评酒结果

获得这次金质奖（国家名酒称号）的有 17 种，其中 13 种为上届国家名酒经本届复查确认，新增加 4 种，即武陵酒、宝丰酒、宋河粮液、沱牌曲酒。

获得银质奖（国家优质酒称号）的有 53 种，其中 25 种为上届国家优质酒经本届复查确认，新增加 28 种。

经复查确认的国家名酒和国家优质酒中有部分降度、低度酒可分别用国家名酒和国家优质酒的标志。

第十四章 酒体设计

第一节 新产品设计

一、酒体设计

1. 调查工作

新产品设计的重要程序应该是进行酒体设计，在进行酒体设计前要做好调查工作，调查工作的内容应是以下几个方面。

（1）市场调查 了解国内外市场对酒的品种、规格、数量、质量的需要，也就是说，市场上能销售多少酒，现在的生产厂家有多少，总产量有多少，群众的购买力如何，何种产品最好销，该产品的风格特征怎样，这些酒属于什么香型，内在质量应达到什么程度，感官指标应达到什么程度，是用什么样的生产工艺在什么样的环境条件下生产出来的，为什么会受人们喜欢等。这从现代管理学来讲就叫市场细分，分得越细，对酒体设计就越有利。

（2）技术调查 调查有关产品的生产技术现状与发展趋势，预测未来酿酒行业可能出现的新情况，为制定新产品的酒体设计方案准备第一手资料。

（3）分析原因 通过对本厂产品进行感官和理化分析，找出质量上差距的原因。

（4）新产品构思 根据本厂的实际生产能力、技术条件、工艺特点、产品质量的情况，参照国际国内优质名酒的特色和人民群众饮用习惯的变化情况进行新产品的构思。

2. 关于酒体设计的构思创意及方案筛选

构思创意是新的酒体设计的开始，新酒体设计的构思创意主要来自以下 3 个方面。

（1）用户 要通过各种渠道掌握用户的需求，了解消费者对原产品有哪些看法，广泛征求消费者对改进产品质量的建议。同一个酒样，高寒地区的消费者会提出此酒太醇和或是香气不足，而东南沿海一带的消费者又会认为酒度太高，刺激性过大等。

（2）本企业职工 要鼓励本企业职工勇于提出新酒体设计方案的创意，尤其是对销售人员和技术服务人员，要认真听取他们的意见。少数人了解的情况，懂得的知识，必然是不全面的。所以要求动员职工群众来想办法、出主意、提方案。

（3）专业科研人员 专业科研人员知识丰富，了解的信息和收集的资料、数据科学准确，要充分发挥他们专业知识的作用。要用各种方法鼓励他们从事新的酒体方案的创意。在调查工作结束后，将众多的方案进行对比，通过细致的分析筛选，选择出几个比较合理的方案，在此基础上进行新的酒体设计。在筛选时要防止方案的误舍和误用，也就是说对一个方案不能轻易地肯定或否定，以免造成损失。

3. 关于新酒体设计的决策

为了保证新产品的成功，需要把初步入选的设计创意，同时搞成几个新产品的设计方案。然后再进行新产品酒体设计方案的决策．决策的任务是对不同方案进行技术经济论证和比较，最后决定其取舍。衡量一个方案是否合理，主要的标准是看它是否有价值。价值公式：

$$价值 = \frac{功能}{成本}$$

一般有 5 种途径可使产品价值更高：功能一定，成本降低；成本一定，功能提高；增加一定量的成本，使功能大大提高；既降低成本，又提高功能；功能稍有下降，成本大幅度下降。这里讲的功能是指产品的用途和作用，任何产品都有满足用户某种需要的特定功能。

4. 新酒体设计方案的内容

就是根据新酒体设计要达到的目标或者叫质量标准及生产新产品所需的技术条件等。它包括如下内容：

（1）产品的结构形式　结构形式也就是新方案中有几种产品，怎样来对它们进行等级标准的划分。

（2）主要理化参数　即新产品或改造产品理化指标的绝对含量，也就是产品的色谱骨架成分。主体香味成分与其他香味成分的含量和比例关系、感官特征等。

（3）生产条件　即现有的生产条件和将要引进的新的生产技术和生产设备，一定要有负担新设计方案中规定的各种质量标准的能力。

在完成上述项目以后，便可以按照新设计方案进行新样品酒的试制工作了。

二、样品的试制

试制样品的第一步就是进行基础酒的分类定性和制定检测验收标准。基础酒的好坏是大批量成品酒是否达到酒体设计方案规定的质量标准的关键，而基础酒是由合格酒组成的。因为，首先要确定合格酒的质量标准和类型。例如，剑南春合格酒的感官标准是：香气正，尾味净。理化标准是：将各种微量香味成分的含量及各种微量香味成分之间的比例关系划分为几个范畴。例如，己酸乙酯＞乳酸乙酯＞乙酸乙酯，这样的酒感官特征是浓香好、味醇甜、典型性强；己酸乙酯＜乙酸乙酯＜乳酸乙酯。感官指标是闷甜，香短淡（原因是生产过程中入窖温度过低或发酵时间过短而造成），适量用这类酒会使酒体绵甜；乙醛＞乙缩醛，味糙辣……按事先制定和划分的范畴来验收合格酒，就比按常规的仅靠感官印象没有标准、没有目标方案先验合格酒，贮存后再尝评复查然后进行小样勾兑，一次不成又重复返工，另挑合格酒再组成基础酒的传统方法准确得多。这样不仅可使在验收合格酒时的感官指标由神秘化变成标准化、数据化，并对于提高名优白酒的合格率，为加速勾兑人员的培养等方面将起到积极的作用。

三、样品酒的鉴定

在样品酒试制出来以后还必须要从技术上、经济上做出全面评价，再确定是否进入下一阶段的批量生产。鉴定工作必须严格进行，未经鉴定的产品不得投入批量生产。这样才能保证新产品的质量和信誉，新产品才能有强的竞争能力。

四、基础酒的组合

基础酒的组合是按照经鉴定合格了的样品规定的各项指标进行组合。其具体要求是：

1. 按照样品标准制定基础酒的验收标准

按样品酒中的理化和感官定性微量香分的含量和相互间比例关系的数据验收基础酒。

2. 数字组合

数字组合可分为人工组合和微机组合两种。不论是人工组合还是微机组合方式，都是首先将基础酒的各种标准数据保存下来。然后将进库的各坛酒用气相色谱仪分析检验，把分析结果（通过人工计算或数字处理机计算出来的数据）输入数据库或软盘上储存起来．然后按规定的标准范围进行对照、筛选和组合，最终得出一个最佳的数字平衡组合方案。勾兑师按比例组合小样进行复查，待组合方案与实物酒样一致后，那么整个新产品试制过程就算全部完成了。

第二节　传统白酒勾调

一、白酒勾调原理

（一）白酒勾兑基本理论

勾兑又称组合，组合与调味既互相联系又互相区别。组合既是色谱骨架成分又是非色谱骨架成分（复杂成分）的组合；组合在解决色谱骨架成分有合理的含量范围方面所起的作用不是调味所能代替的。组合在全面解决白酒的功能性结构方面起主导作用。复杂成分既可能起好的作用（正面效应）也可能相反（负面效应），而更多出现的情况是两者都有，但又绝非两者刚好相等，或者互相抵消。调味则是调动某些特色酒中最具特点的一些复杂成分，来最大限度地消除在组合时由复杂成分所带来的负面影响，同时强化和突出正面效应。

勾兑所要解决的主要问题，是把组合用酒所固有的性质和风味相对不同、内部组成差异大、风貌不一的情况予以清除，得到有全新面貌的酒，使组合而成的酒完全脱离窖池发酵蒸馏所得酒的原貌。调味则完全没有组合时伤筋动骨的剧烈过程，而是在保持组合酒基本风貌不变、基本格调不变、酒中 1000 余种成分组成情况基本不变的情况下，一种特殊的工艺技术过程．这种区别十分明显。

1. 白酒勾兑的作用

大曲酒的生产，基本上还是手工操作，多种微生物共酵，尽管采用的原料和酿酒、制曲工艺大致相同，但影响质量的因素很多，因此每个窖所产的酒，酒质是不一致的。酱香型酒即使是同一个窖，各次蒸出的酒也有很大的差异。不同季节，不同班组，不同窖（缸）生产的酒，质量各异。如果不经过勾兑，每坛分别包装出厂，酒质极不稳定，很难做到质量基本一致。同时勾兑还可以达到提高酒质的目的。实践证明，同级酒，其酒味各不相同：有的醇和味特好；有的醇香均佳而回味不长；有的醇香回味具备，唯甜味不足；有的酒质虽然全面但略带杂味且不爽口等。通过勾兑就可弥补缺陷，取长补短，使酒质更加完美一致。这对生产优质低度白酒尤为重要。

2. 勾兑原理

20 世纪 70 年代始，勾兑和调味技术引起全国白酒行业的普遍重视，通过多年的生产实践，对勾兑和调味有了较清楚的认识。所谓勾兑，主要是将酒中各种微量成分以不同的比例兑加在一起，使分子间重新排布和结合，通过相互补充、平衡，烘托出主体香气和形成独自的风格特点。也就是将同一类型、不同特征的酒，按统一的特定标准进行综合平衡的工艺技术。如前所述，酒中含有醇、酸、醛、酮等微量芳香成分，含量的多少或有无，因生产条件不同，几乎每批酒都不一样，通过勾兑就可使这些微量成分重新组合、谐调、平衡，使微量成分之间达到恰当的比例，以达到出厂酒的质量标准。

在勾兑中会出现一些奇特的现象，例如：

（1）好酒和差酒之间勾兑，会使酒变好　其原因是，差酒的微量成分有一种或数种偏多，也有可能稍少，但当它与比较好的酒掺兑时，偏多的微量成分得到稀释，稍少的微量成分能得到补充，所以勾兑后的酒质就会变好。例如有一种酒的乳酸乙酯含量偏多，己酸乙酯含量不足，因而香差、味涩；当与另外的酒组合时，调整了这两种成分的量比关系，酒味就变好了。

（2）差酒与差酒勾兑，有时也会变成好酒　因为一种差酒含的某种或数种微量成分偏多，而另外的一种或数种微量成分却偏少；另一种差酒又恰好与上述差酒的情况相反，于是一经勾兑，互相得到补充，差酒就会变好；又如一种酒丁酸乙酯含量偏高，而呈现异杂味，另一种酒正好丁酸乙酯偏少，窖香不突出，勾兑后正好取长补短，成为好酒。

（3）好酒和好酒勾兑，有时却反而变差　这种情况在不同香型酒之间进行勾兑时容易发生，因各种香型的酒其主要香味成分差异甚大，虽然几种都是好酒，甚至是名酒，由于香味的性质不一致，勾兑后彼此的微量成分量比关系都受到破坏，以致香味变淡或出现杂味，甚至改变了香型。

从 20 世纪 90 年代开始，勾兑组合的概念有了延伸，形成了广义的组合类型的概念。

（1）固态发酵的蒸馏白酒与液态法发酵酒精的组合　以液态法发酵制得的优级食用酒精为酒基（稀释降度），配以一定比例的固态法发酵的白酒，即组成了固液勾兑基础酒。这种方法一是在液态法酒精中引入了固态法白酒的复杂成分，使其口味、闻香变得丰满；二是利用液态法酒精中杂质含量少，口感净的特点，改善固态法白酒后味杂的缺点。将两者有机地结合起来，就组合了新型白酒——固液法白酒。固态法白酒可以是浓香型、清香型、酱香型、四川小曲酒，以及其他香型酒等，其组合量根据具体情况而定。

（2）香型相同、酿造工艺相同、产地不同的酒的互相组合。

（3）相同香型、不同典型酿造工艺酒之间的互相组合。

"剑南春"和"五粮液"酒，酿酒用粮都是五种粮食，但酿造工艺各具特色，即有不同的典型酿造工艺。又如四川省外的许多酒厂在四川大量购进基酒和调味酒，与本厂半成品酒互相组合，取得了明显的质量效益和经济效益。这也是相同香型、不同典型酿造工艺酒之间的互相组合。

（4）不同香型、不同典型酿造工艺酒之间的互相组合在不同的组合类型中，是实践最不充分、最有争议但又最值得研究、实践和最有潜力的一类组合。

通过勾兑：第一，可保证名优白酒质量的长期稳定和提高，达到统一产品质量标准的目的。第二，可以取长补短，弥补因客观因素造成的半成品酒的缺陷，改善酒质，使酒质由坏变好，由劣变优，形成酒体，具备特点。第三，勾兑技术的利用还有利于开发新产品，增强企业活力。

（二）白酒调味的基本理论

所谓调味，就是对基础酒进行的最后一道精加工或艺术加工。它通过一项非常精细而又微妙的工作，用极少量的精华酒，弥补基础酒在香气和口味上的欠缺程度，使其优雅丰满，有人把勾兑、调味比喻为"画龙点睛"，勾兑是画龙身，调味则是点睛。所以勾兑和调味是两项相辅相成的工作。"龙身"画不像，眼睛点得再好也不是龙或者根本无法点睛。相反，龙身画得很好，眼睛没有点好，也飞不起来，失去龙的形象。它要求认真、细致，用调味酒要少，效果显著。准确地说，调味就是产品质量的一个精加工过程，进而使产品更加完美。

关于调味的原理，同勾兑一样，尚无一个统一的认识，存在着不同程度的理解和看法。为什么添加千分之一乃至万分之一的调味酒，就能使基础酒发生明显的变化呢？其奥妙之谜至今尚待探索。下面几种解释可以说明一些问题。

1. 添加作用

就是在基础酒中添加特殊酿造的微量芳香物质，引起基础酒质量的变化，以提高并完善酒的风格。添加有两种情况：

（1）基础酒中根本没有这类芳香物质，而在调味酒中却较多，这类物质在基础酒中得到稀释后，符合它本身的放香阈值，因而呈现出愉快的香味，使基础酒谐调完美，突出了酒体风格。酒中微量芳香物质的放香阈值，一般都在十万分之一至百万分之一的范围内，如乙酸乙酯 17mg/L，己酸乙酯 0.076mg/L，因此稍微增加一点，就能达到它的界限值，发出单一或综合的香气来。

（2）基础酒中某种芳香物质较少，达不到放香阈值，香味不能显示出来，而调味酒中这种物质却较多，添加后，在基础酒中增加了该种物质的含量，并达到超过其放香阈值，基础酒就会呈现出香味来。例如乳酸乙酯的味阈值是 14mg/L，而基础酒中乳酸乙酯的含量只有 10mg/L，达不到放香阈值，因此香味就显不出来；假若在调味中添加 6mg/L 乳酸乙酯，该成分之和达到 16mg/L，超过了放香阈值，因而乳酸乙酯的香味就会显示出来，突出了这种酒的风格。当然，这只是简单地从单一成分考虑，实际上白酒中微量成分众多，互相缓冲、抑制、谐调，要比这种简单计算复杂得多。

2. 化学反应

调味酒中的乙醛与基础酒中的乙醇进行缩合，可产生乙缩醛，这时酒中的呈香呈味物质乙醇和有机酸反应，可生成酯类，更是酒中主要呈香物质。但是，这些反应都是极缓慢的，而且也并不一定同时发生。

3. 平衡作用

每一种名优酒典型风格的形成，都是由众多的微量芳香成分相互缓冲、烘托、谐调、平衡复合而成的。根据调味的目的，加进调味酒就是以需要的气味强度和溶液浓度打破基础酒原有的平衡，重新调整基础酒中微量成分的结构和物质组合，促使平衡向需要方向移动，以排除异杂，增加需要的香味，达到调味的效果。

因此，掌握酒中微量成分的性质和作用，在组合调味时注意量比关系，合理使用调味酒，使微量芳香物质在平衡、烘托、缓冲中发生作用，是勾兑调味的关键。

一般来说，调味中的添加作用、化学反应和平衡作用，在多数时候是同时进行的。这种平衡是否稳定，需要经过贮存验证，若存放一段时间后，酒质稍有下降，还应再次进行补调，以保证酒质稳定。

二、传统白酒勾调操作

（一）勾兑方法

1. 勾兑中应注意各种酒的配比关系

勾兑是将若干坛酒混合在一起。在勾兑中应注意研究和运用以下配比关系：

（1）各种糟酒之间的混合比例　各种糟酒有各自的特点，具有不同的特殊香和味，将它们按适当的比例混合，才能使酒质全面，风格完美，否则酒味就会出现不谐调。优质酒勾兑时各种糟酒比例，一般是双轮底酒占 10%，粮糟酒占 65%，红糟酒占 20%，丢糟黄浆水酒占 5%。各厂可根据具体情况，找出各种糟酒配合的适宜比例，不要千篇一律，要通过小样勾兑来最后确定。

（2）老酒和一般酒的比例　一般来说，贮存 1 年以上的酒称为老酒，它具有醇、甜、清爽、陈味好的特点，但香味不浓。而一般酒贮存期较短，香味较浓，带糙辣，因此在勾兑组合基础酒时，一般都要添加一定数量的老酒，使之取长补短。其比例以多少恰当，要通过不断摸索，逐步掌握。在组合基础酒时，可添加 20% 左右的老酒，其余 80% 为新酒（贮存期 3 个月的合格酒），具体比例应通过实践验证来确定。

（3）老窖酒和新窖酒的比例　由于人工老窖的创造和发展，有些新窖（5 年以下）也能产部分优质合格酒，但与百年老窖酒相比仍有差距。在勾兑时，新窖合格酒的比例占 20% ~ 30%。相反，在勾兑一般中档曲酒时，也应注意配以部分相同等级的老窖酒，这样才能保证酒质的全面和稳定。

（4）不同发酵期所产的酒之间的比例　发酵期的长短与酒质有着密切关系。据酒厂经验，发酵期较长（60 ~ 90d）所产的酒，香浓味醇厚，但香气较差；发酵期短（30 ~ 40d）所产的酒，闻香较好，挥发性香味物质多。若按适宜的比例混合，可提高酒的香气和喷头，使酒质更加全面。一般可在发酵期长的酒中配以 5% ~ 10% 发酵期短的酒。

2. 勾兑方法

根据上述比例关系，将酒分成香、醇、爽、风格四种类型，然后再以这四种类型把酒分成：

（1）带酒　即具有某种特殊香味的酒，主要是双轮底酒和老酒，比例占 15% 左右。

（2）大宗酒　即一般酒，无独特之处，但香、醇、尾净、风格也初步具备，比例占 80% 左右。

（3）搭酒　有一定可取之处，但香差味稍杂，使用比例在 5% 以下。

勾兑步骤如下：

小样勾兑：以大宗酒为基础，先以 1% 的比例，逐渐添加搭酒，边尝边加，直到满意为止，只要不起坏作用，搭酒应尽量多加。搭酒加完后，根据基础酒的情况，确定添加不同香味的带酒。添加比例是 3% ~ 5%，边加边尝，直到符合基础酒标准为止。在保证质量的前提下，可尽量少用带酒。勾兑后的小样，加浆调到要求的酒度，再行品尝，认为合格后进行理化检验。

正式勾兑：大批样勾兑一般都在 5 ~ 10t（或更大）的铝罐或不锈钢罐中进行。将小样勾兑确定的大宗酒用酒泵打入勾兑罐内，搅匀后取样尝评，再取出部分样按小样勾兑的比例分别加入搭酒和带酒，混匀，再尝，若变化不大，即可按小样勾兑比例，将带酒和搭酒泵入勾兑罐中，加浆至所需酒度，搅匀，即成调味的基础酒。

低度白酒的勾兑比高度酒更复杂，也就是说难度更大，要根据酒种、酒型、酒质的实际情况进行多次勾兑。其难度大的主要原因，就是难以使主体香的含量与其他助香物质，在勾兑后获得平衡、谐调、匹配、烘托的关系。

勾兑低度白酒的方法，大致分为两种：一是先将选择好的"酒基"，进行单独降度，净化澄清后，再按一定比例将其勾兑；另一种是将选择好的"酒基"，按勾兑高度白酒的方法先行勾兑好，然后再加浆降度，调味后再处理澄清。应根据本厂实际情况，摸索经验，再确定采用哪种方法。

根据某名酒厂的经验，对浓香型大曲酒进行 3 次勾兑，第 1 次是在加水以前，加浆后再勾兑 2 次。

纵观近 10 年来各地进行低度白酒生产的经验，低度白酒的质量与风味的优劣，多因原料、辅料、酒曲类别和酿酒工艺等的不同，而发生很大的差异。因此，各种不同香型的白酒，如清香型、酱香型、米香型、浓香型或其他香型的酒，降度后的成品，与原度酒比较差异较大。一般认为清香型白酒内含香味物质较少，比较纯净，降度后风味变化也就较大，尤其是降到 38% vol 以下时，口味淡薄，失去了原酒的风味；酱香型白酒中，高沸点成分较多，风格独特，空杯香明显，酒度降低后，酒味变淡，甚至出现水味，造成了酱香型低度酒生产的困难。但茅台酒厂和郎酒厂都已成功地研制了 39% vol 的茅台酒和郎酒，在评酒会上反映良好。浓香型曲酒，主体香突出，酒度降至 38% vol，只要"酒基"质优，还能保持原酒的风格，而且芳香醇正，后味绵甜。目前荣获全国优质酒称号的几个低度白酒，均属浓香型。浓香型的中、低度酒最先在市场上打开局面，逐步受到饮者的欢迎。其他香型的代表贵州董酒，也成功地研制出了 38% vol 的董醇，采用除杂重勾工艺，比较完美地保持了董酒的独特风格。随着低度白酒生产技术的进步，风格各异、质量优良的低度白酒必将有更大的发展。

3. 勾兑应注意的问题

勾兑是为了组合出合格的基础酒，基础酒质量的好坏，直接影响到调味工作的难易和产品质量的优劣。如果基础酒质量不好，就会增加调味的困难，并且增加调味酒的用量，既浪费精华酒，又容易发生异杂味和香味改变等不良现象，以致反复多次始终调不出一个好的成品酒。所以，勾兑是一个十分重要而又非常细致的工作，决不能粗心马虎，如选酒不当，就会因一坛之误，而影响几吨或几十吨的质量，造成难以挽回的损失。因此，必须做好小样勾兑，同时通过小样勾兑，还可逐渐认识各种酒的性质，了解不同酒质的变化规律，不断总结经验，提高勾兑技术水平。由于勾兑工作细致、复杂，所以在工作中一定要：

（1）必须先进行小样勾兑。

（2）掌握合格酒的各种情况。每坛酒必须要有健全的卡片，卡片上记有产酒年、月、日，生产车间和班组、窖号、窖龄、糟别（如粮糟酒，底糟酒、双轮底酒、红糟酒和丢糟黄浆水酒等）、酒精含量、质量、酒质情况（如醇、香、味、爽或其他怪杂味等）。勾兑时，应清楚了解各坛合格酒的上述情况，以便搞好勾兑工作。

（3）做好原始记录。不论小样勾兑和正式勾兑都应做好原始记录，以提供研究分析数据，通过大量的实践，可从中找寻规律性的东西，有助于提高勾兑技术。

（4）对杂味酒进行处理。带杂味的酒，尤其是带苦、酸、涩、麻味的酒，要进行具体分析，视情况做出处理：

①带麻味的酒：是因发酵期过长（1 年以上），加上窖池管理不善而产生的。这种酒在勾兑时若使用得当，可以提高酒的浓香味，甚至作为调味酒使用，但不能一概而论。

②后味带苦的酒：可以增加勾兑酒的陈味；后味带酸的酒可以增加勾兑酒的醇甜味。有人认为带苦、涩、酸的酒，不一定是坏酒，使用得当，可作为调味酒。但带烟味、酒尾味、霉味、倒烧味、焦臭味、生糠味等怪杂味的酒，一般都是坏酒，只能作搭酒。若怪杂味重，只有另做处理。

③丢糟黄浆水酒：原来人们认为不是好酒，只能作回酒发酵或复蒸之用，不能作为成品酒入库。通过多年的实践，人们发现丢糟黄浆水酒如果没有烟味、尾酒味、霉味、泥臭味等异杂味，在勾兑中可以明显地提高基础酒的浓香和糟香味。总之，勾兑是调味的基础，基础酒质量的好坏，直接影响调味工作和产品质量，若基础酒质量差，调味酒不但用量大，而且调味相当困难。基础酒勾兑得好，调味容易，且调味酒用量少，产品质量稳定，所以勾兑工作是十分重要的。

（二）调味方法

1. 确定基础酒的优缺点

首先要通过尝评，弄清基础酒的不足之处，明确主攻方向，做到对症下药。

2. 选用调味酒

根据基础酒的质量，确定选定哪几种调味酒，选用的调味酒性质要与基础酒相符合，并能弥补基础酒的缺陷。调味酒选用是否得当，关系甚大，选准了效果明显，且调味酒用量少；选取不当，调味酒用量大，效果不明显，甚至会越调越差。怎样才能选准调味酒呢？首先要全面了解各种调味酒的性质及在调味中所能起的作用，还要准确弄清楚基础酒的各种情况，做到有的放矢。此外，在实践中逐渐积累经验，这样才能迅速做好调味工作。

3. 小样调味

就目前各厂的情况，调味的方法主要有下述三种。

（1）分别加入各种调味酒　一种一种地进行优选，最后得出不同调味酒的用量。例如，有一种基础酒，经品尝认为浓香差、陈味不足、较粗糙。可采取逐个问题解决的办法。首先解决浓香差的问题，选用一种浓香调味酒进行滴加，从万分之一、二、三依次增加，分别尝评，直到浓香味够为止。但是，如果这种调味酒加到千分之一，还不能达到要求时，应另找调味酒重做试验。然后按上法来分别解决陈味和糙辣问题。在调味时，容易发生一种现象，即滴加调味酒后，解决了原来的缺陷和不足，又出现了新的缺陷，或者要解决的问题没有解决，却解决了其他方面。例如解决了浓香，回甜就可能变得不足，甚至变糙；又如解决了后味问题，前香就嫌不足。这是调味工作复杂和微妙之处，要想调出一个完美的酒，必须要"精雕细刻"，才能成为一件"精美的艺术品"，切不可操之过急。只有对基础酒和各种调味酒的性能及相互间的关系深刻理解和领会，通过大量的实践，才能得心应手，本法对初学者甚有益处。

（2）同时加入数种调味酒　针对基础酒的缺欠和不足，先选定几种调味酒，分别记住其主要特点，各以 1/10000 的量滴加，逐一优选，再根据尝评情况，增添或减少不同种类和数量的调味酒，直到符合质量标准为止。采用本法，比较省时，但需要有一定的调味经验和技术，才能顺利进行。初学者应逐步摸索，掌握规律。

（3）综合调味酒　根据基础酒的缺欠和调味经验，选取不同特点的调味酒，按一定的比例组合成综合调味酒。然后以 1/10000 的比例，逐滴加入酒中，用量也随着递增，通过尝评找出最适用量。采用本法也常常会遇到滴加 1/1000 以上仍找不到最佳点的情况，这时就应更换调味酒或调整各种调味酒的比例。只要做到"对症下药"就一定会取得满意的效果。本法的关键是正确认识基础酒的缺欠，准确选取调味酒并掌握其量比关系，也就是说需要有十分丰富的调味经验，否则就可能事倍功半，甚至适得其反。

4. 正式调味

根据小样调味实验和基础酒的实际总量，计算出调味酒的用量，将调味酒加入基础酒内，搅匀尝尝，如符合小样之样品，调味即告完成。若有出入，尚不理想，则应在已经加了调味酒的基础上，再次调味，直到满意为止。调好后，充分搅拌，贮存 10d 以上，再尝，质量稳定，方可包装出厂。

调味实例：现有勾兑好的基础酒 5000kg，尝之，较好，但不全面，故进行调味。根据其缺欠，选取 3 种调味酒：①甜香；②醇、爽；③浓香。分别取 20mL、40mL、60mL，混合均匀，分别取基础酒 100mL 于 5 个 60mL 酒杯中，各加入混合调味酒 10μL、20μL、30μL、40μL、50μL（每 1mL = 1000μL），搅匀，尝之，以加 30μL、40μL 较好。取加 30μL 的进行计算：1kg 酒精 60% vol 的酒为 1100mL，5000kg 酒共 5500L，共需混合调味酒 1650mL。根据上述混合时的比例，需甜香调味酒 275.6mL，醇、爽调味酒 549.4mL，浓香调味酒 825.0mL。分别量取倒入勾兑罐中，充分搅拌后，尝之，酒质达到小样标准。

5. 调味中应注意的问题

（1）酒是很敏感的，各种因素都极易影响酒质的变化，所以在调味工作中，除了十分注意外，使用的器具必须干净，否则会使调味结果发生差错，浪费调味酒，破坏基础酒。

（2）准确地鉴别基础酒认识调味酒，什么基础酒选用哪几种调味酒最合适，是调味工作的关键。这就需要在实践中，不断摸索，总结经验，练好基本功。

（3）调味酒的用量一般不超过 0.3%（酒精含量不同，用量也异）。如果超过一定用量，基础酒仍然未达到质量要求时，说明该调味酒不适合该基础酒，应另选调味酒。在调味中，酒的变化很复杂，有时只添加十万分之一，就会使基础酒变坏或变好。因此，在调味时要认真细致，并做好原始记录。

（4）计量必须准确，否则大批样难以达到小样的标准。

（5）调味工作完成后，不要马上包装出厂，特别是低度白酒，最好能存放 1~2 周后，检查质量无大的变化才包装。

（6）选好和制备好调味酒，不断增加调味酒的种类和提高质量，对保证低度白酒的质量尤为重要。

（7）低度酒的调味更加困难，关键是如何去除"水味"保持后味，使其低而不淡。实践证明，低度酒必须进行多次调味，第 1 次是在加浆澄清以前，第 2 次是在澄清后，第 3 次是在通过一段时间贮存以后，最好能在装瓶以前再细致进行 1 次调味，这样更能保证酒的质量。

第三节　提高固液法白酒质量的技术关键

固液法白酒是近年在市场上销售较好的白酒，市场占有率逐年增加，其总量已超过固态法白酒。20世纪90年代以后，随着白酒科学技术的发展，传统工艺的传承与创新、先进检测设备的应用，对白酒香味和风味物质认识的深化，及食用酒精质量的提高，大大促进了固液法白酒的发展和质量的稳定提高。根据白酒行业的生产现状，尊重液态法白酒、固液法白酒在历史特定情况下长期存在的事实，鼓励企业在多产优质固态法白酒的同时，规范固液法白酒的生产和销售，国家制定了"固液法白酒"标准，对固液法白酒进行正面宣传，让消费者正确认识新工艺白酒（包括液态法白酒和固液法白酒）的优势所在，可放心饮用。在学习固液法白酒国标的同时，要考虑如何贯彻执行和提高质量的技术措施。

一、固液法白酒发展的回顾

利用酒精兑制白酒，国家早有提倡。1955年11月，全国第一届酿酒工作会议上决定，要研究饮料酒精兑制白酒。1956年，利用酒精兑制白酒被列入重点科研项目，原食品工业部四川糖酒研究室（四川省食品发酵工业研究设计院前身）进行了研究，利用固态法生产白酒的丢糟进行串香和浸蒸试验，样品受到饮者欢迎；还利用固态法白酒与酒精兑制，只用7%优质白酒就可制成普通白酒，即当今"固液勾兑法"初始阶段。

1956年国务院科学规划委员会组织编制"1956—1967年科学技术发展远景规划纲要"，由原轻工业部提出的"酒精改制白酒"项目被列入"纲要"。

1964年原北京酿酒总厂吸取董酒串香工艺的经验，将麸曲酒醅加入少量大曲发酵30d作为香醅装甑，将酒精适当稀释后倒入底锅进行再蒸馏，俗称"串香法"，产品具有固态法白酒风格。内蒙古在包头酒厂组织了试点，对其工艺条件进一步做了对比，产出以粮食为原料的麸曲香醅酒精串香酒，质量优于普通白酒。固液法白酒得以发展。

根据国家科委10年规划要求，1965年全国白酒专业会议在山东烟台召开。原轻工业部以（65）轻食30号文件下达，要求部发酵所及内蒙古包头试点组、北京酿酒总厂等单位在会上进行经验交流，在会议总结中指出，"新工艺白酒（这里应指固液法白酒）是一项重要的技术革新，用酒精以串香或浸香法生产的新工艺白酒综合了液态法发酵出酒率高和固液法发酵产生香味的优点，所以酒的质量较好"。当时，在会上有24个样品，经品评一致认为，河南宝丰白酒、河北沙城三为川白酒、黑龙江玉泉的玉露烧、广东普宁的二粮酒等酒精味和杂味极少。会后在山东临沂酒厂由部发酵所牵头组织的山东、江苏、河南、安徽、山西和北京等省市抽调科技人员35名，以薯干为原料、麸曲为糖化发酵剂，用10%原料培制固态香醅，90%原料采用液态法发酵制酒精。而后进行串香蒸馏。取得提质降耗的良好效果。为了鼓励支持新工艺白酒的发展，山东坊子酒厂按照临沂酒厂试点经验，采用串香工艺生产的坊子白酒，在第三届全国评酒会上被评为国家优质酒，为新工艺白酒树立了榜样。

1962年吉林王献炬、王敬研制的白酒薄层串蒸蒸馏器，采用了酒精直接汽化后与生产蒸汽混合进行串蒸，从而可以调整和控制串蒸酒精蒸汽的浓度，实施恒压串蒸，以达到最佳的蒸馏效果，使酒损降低到1%以下，减少固态法酒醅50%以上。采用固液结合的串香蒸馏是当时一项先进技术。液态发酵法生产优质酒精，生产效率高，粮耗低、除杂尽、增香味。采取传统固态发酵的工艺可生产出优质白酒，分别发酵、蒸馏合一是其特色。

1967年，泸州酒厂进行了配制白酒的生产尝试。以内江糖蜜酒精配以固态发酵大曲酒的黄浆水、二次酒尾、香糟浸液和少许老窖泥，混合稀释。至酒精含量35% vol左右，酝浸15～30d，取清液用土法蒸馏，再加酯、酸调香调味，降度制作成品。总共生产了100t，酒质相当于泸州优质酒，以当时二曲的价格出售，大受消费者欢迎，一销而空。这是固液法白酒工艺的发展。

20世纪70年代，原轻工业部组织力量攻关，于1973年辽宁金县试点提出"液态除杂，固态增香，固液结合"的工艺路线。利用瓜干原料制酒精，高粱糠原料加麸曲、生香酵母，固态法制香醅，蒸馏时除扔糟外，每甑装入出窖大糙酒醅2/3的量，装入香醅1/3的量，蒸馏成香料酒。将酒精复蒸酒降至60% vol，加10%香料酒，再用酒尾或乙酸等调兑，贮存10d后为成品。

20世纪70年代的一步法液态发酵制白酒，因微生物、工艺、设备等诸多问题，当时难以解决，无法有全液法生产可与固态法媲美的白酒，以致没有形成大批量的生产。在研究液态法发酵法制白酒的同时，内蒙古轻工业研究所在国内首次提出了能广泛用于工厂生产的白酒香气成分酸、酯、醇等组分定量的气相色谱分析方法。特别是DNP混合柱，一直沿用至今。并分析了大量酒样（各种香型酒100余种），从而明确了我国白酒的香气成分与世界蒸馏酒的差异点，各香型酒成分的不同以及固态发酵与液态发酵酒的差异所在。这个重大成果也为固液白酒调配技术的提高又提供了进一步详细的科学依据。

20世纪80年代始，由于传统的固态法白酒原料涨价、税利提高、周期长、成本高，为了适应市场需要，一些酒厂采用酒精为主要原料，通过串香、调香（包括使用酒头、酒尾、调味液等），生产出大路货白酒，因原材料质量和勾调技术的进一步提高，此类产品曾风行一时，某些企业年产10万t以上。现在，此类产品在市场仍占相当份额，对增加国家财政收入和企业效益、满足不同消费人群，仍发挥着重要作用。

20世纪90年代，随着白酒科技的发展，传统工艺的传承、创新、发展；气、液色谱、质谱和其他先进设备，对白酒香味成分及风味物质的深入剖析，加之勾调技艺的高速发展，工艺日趋成熟，酒质越来越好，无论理化指标、色谱数据和口感均可与优质白酒媲美，几可乱真，在市场上拥有众多的消费者。20世纪90年代以来，白酒市场竞争加剧，为适应消费者口味的变化，许多厂都大量生产固液法白酒，市场占有额越来越大，由于固液法白酒众多的优点，已成为不可否认的潮流。

二、固液结合白酒的质量特色和生产条件

1. 固液法白酒质量特色

（1）透明度高，加冰加水不易浑浊。优良的食用酒精中，很少有造成酒类加水浑浊的高级脂肪酸酯，所以，以酒精为主体兑制的任何酒度固液法白酒，加冰加水后很少产生浑浊。

（2）酒体纯净，复杂成分少，杂质含量低，更卫生安全。应该说，固液法白酒与传统白酒比较，一般酸低、酯低、醛和杂醇油类更低，酒体相对纯净、清爽。

（3）可调性强，不受"香型"束缚。

（4）香气柔和，醇甜绵软，可口，清爽，尾净。

2. 生产固液法白酒企业应具备的基本条件

（1）有传统的固态法优质白酒生产基地。

（2）有优质食用酒精供应（生产）基地，其中以玉米生产的特级或优级酒精为好。

（3）有完善先进的分析手段，能全面对基酒、调味酒、食用香料、成品酒等微量成分做定性定量分析。

（4）有足够的勾兑、贮存容器，有先进的过滤系统及水处理设备。

（5）有高水平的品尝、勾兑技术班子。

（6）有专门的机构和人员，从事香源的加工、提取工作，研制各种功能的调味液和开发新产品。

3. 国家标准的要求

固液法白酒（GB/T 20822—2007）2007 年 1 月 19 日发布，2007 年 7 月 1 日起实施。

（1）术语和定义

①固液法白酒是以固态法白酒（不低于 30%），液态法白酒勾调而成的白酒。

②固态法白酒，以粮谷为原料，采用固态（或半固态）糖化、发酵、蒸馏，经陈酿、勾兑而成的，未添加食用酒精及非白酒发酵产生的呈香呈味物质，具有本品固有风格特征的白酒。

③液态法白酒，以含淀粉、糖类物质为原料，采用液态糖化、发酵、蒸馏所得的基酒（或食用酒精），可用香醅串香或用食品添加剂调味调香，勾调而成的白酒。

（2）产品分类

按产品的酒精度分为：

高度酒——酒精度 41% ~ 60% vol。

低度酒——酒精度 18% ~ 40% vol。

（3）要求

①感官要求：见表 14 - 1。

表 14 -1　　　　　　　　　　高度酒、低度酒的感官要求应符合下表规定

项　目	高　度　酒	低　度　酒
色泽和外观	无色或微黄，清亮透明，无悬浮物，无沉淀*	
香　气	具有本品特有的香气	
口　味	酒体柔顺、醇甜、爽净	酒体柔顺、醇甜、较爽净
风　格	具有本品典型的风格	

注：*当酒温低于 10℃ 时，允许出现白色絮状沉淀物或失光，10℃ 以上时应逐渐恢复正常。

②理化要求：见表 14 - 2。

表 14 -2　　　　　　　　　高度酒、低度酒的理化要求应符合下表规定

项　目	高　度　酒	低　度　酒
酒精度/% vol	41 ~ 60	18 ~ 40
总酸（以乙酸计）/（g/L）≥	0.3	0.20
总酯（以乙酸乙酯计）/（g/L）≥	0.6	0.35

③卫生要求

甲醇（g/L） ≤ 0.3。

铅（mg/L） ≤ 0.5。

其余要求应符合 GB 2757 的规定。

（4）对国标 GB/T 20822—2007 的理解

①固液法白酒的定义：固液法白酒是以固态法白酒、液态法白酒勾调而成。也就是说固液法白酒产品，是由固态法白酒和液态法白酒两种酒组成。而固态法白酒用量不低于30%，可能目前尚难检测，究竟其产品中固态法白酒用量是多少？液态法白酒那部分，可以是食用酒精也可以是串香酒（酒精经香醅串蒸而成）；可以使用食品添加剂调味调香，最后形成产品。

②感官指标：不论是低度酒或高度酒，都应具本品特有的香气，没有香型的限制，也就是说不受香型的束缚，只要适应市场的需求，消费者喜爱即可，但要求"酒体柔顺、醇甜、爽净"，也就是说要达到"绵、甜、净、爽，适口性好"。符合现代消费者的口味需求。

③理化指标：固液法白酒与固态法各香型白酒比较，无论是高度酒或低度酒，其总酸和总酯含量都较低，故固液法白酒容易做到香气优雅，醇甜，清爽，尾净。总酸、总酯较低的酒，加上酒体谐调，会使口感更好，容易下咽，酒后醒得快（醉酒度轻），也就是说喝酒和酒后更轻松。

④卫生要求：因固液法白酒使用相当一部分食用酒精，优质食用酒精（优级和特级）因杂质含量少（指醛类、高级醇类等），故酒体清爽、醇甜、干净。

⑤标签标识：国标"预包装饮料酒标签通则"（GB 10344—2005）规定，标签标示的内容包括酒名、配料清单（原料或原料与辅料；在酿造或加工过程中，加入的水和食用酒精应在配料清单中标示）、符合 GB 2760 规定的食品添加剂等。固液法白酒的标签上，在配料一栏应标示水、固态法白酒、食用酒精、食品添加剂等。

固液法白酒产品没有规定香型，不得标××香型白酒，而应标注××风格或××风味白酒。

三、提高固液法白酒质量的技术关键

固液法白酒的质量与原材料质量、配方（酒体设计）、勾调技术、勾调计量、调味酒（液）的种类和质量、贮存期等密切相关。

1. 原材料质量

（1）酒精　酒精是制作固液法白酒的重要原料，随着酒精质量要求的提高，酒精新国标的制定（GB 10343—2008）和实施，为固液法白酒质量的提高，做了重要保证。新的食用酒精国标，将食用酒精分为普通级、优级和特级，随着级别的提高，内含杂质越小，特别是氧化时间、醛、甲醇、正丙醇、异丁醇、异戊醇，不挥发物等逐级减少，对减少固液法白酒中的杂味，非常有利。酒精生产的原料，常见有玉米、薯类（鲜或干）、木薯、糖蜜等。用于固液法白酒制作，酒精以玉米为原料的最好（指同等级酒精比较），其次是薯类、木薯、糖蜜。若酒精口感不理想，可用活性炭处理或香醅串蒸使酒精净化和质量提高。

（2）基酒和调味酒　固液法白酒的好坏与固态法基酒和调味酒的质量密切相关。若采用劣质固态法白酒（或一般固态法基酒）加入普通级食用酒精（未经净化处理），制作固液法白酒，这种酒因酒精占的比重大，加之固态法基酒杂味重，质量上会造成香味单调、刺激性强、后味苦涩、浮得明显及酒精气味突出等缺陷。随着生活质量的提高，人们对口感要求的变化，喝酒从"过瘾"到"享受"，要求越来越高。要想生产高质量的固液法白酒，固态法基酒质量至关重要，只要基酒质量好，调兑时用量可以减少，成本也不会增加多少，加上品种齐全、质量上乘的调味酒，成品质量可提高 1~2 个档次。

四川的浓香型、贵州的酱香型、山西的清香型、陕西的凤香型、山东的芝麻香型、贵州的董酒、江西的特型等，都有得天独厚的自然条件优势和传统工艺，应充分利用并进一步发挥。

（3）食品添加剂　固液法白酒调兑时，允许使用符合国家规定的食品添加剂。而当今市场上出售的酒用香料品种少，一般只能补充"骨架成分"，"复杂成分"无法弥补，只能靠固态法白酒的基酒或调味酒解决。此外，某些酒用香料纯度不够，常用的酒用香料纯度高的 98% 以上，低的不足 80%。也就是说，即使全部使用高纯度香料，也有 2% 左右的杂质，恰好这些杂质严重影响酒的口感，若杂质含量多，影响更甚，有的还会造成浑浊或沉淀。同一品种的香料，生产厂不同，质量相差较大，应引起足够重视，只要能满足设计的"骨架成分"和口感即可，并尽量不要使用"甜味剂"。

（4）加浆用水　加浆用水应为软水，总硬度应小于 1.783mmol/L；低矿化度，总盐量少于 100mg/L；NH_3、铁、铝等金属离子含量低于 0.1mg/L。水质净化设备已有成套生产，使用效果也不错，水质可达到无色无臭、爽口微甜、无异味。

2. 酒体设计

现代消费者选择、评价白酒产品的标准主要有 4 条：一是外观装潢要新颖别致；二是口感要不辣、不苦、不冲，香味谐调，绵柔顺口，容易下咽；三是喝了不口干、不上头、酒后醒得快；四是醇甜爽口，香而不艳，醇而不厚、回甜净爽。固液法白酒，只要配方得当，原材料质量好，上述几条标准都可以达到，使酒"口感好，可以大口喝，多喝点也无妨"。

配方的制定（酒体设计），要先做市场调查，了解价位、口感、装潢等，不同地区有不同的需求。在调查的基础上，结合本厂基酒的特点进行配方设计。试调后，广泛征求意见，对配方进行修改，然后再调兑，反复多次，产品才能定型。配方设计时，应淡化"香型"观念，重点考虑"香型融合"，突出"口感"特性，把握"醇爽"关键，使消费者饮时感受是口感轻松、欢快爽顺、不口干、不上头，即使稍多饮而不醉。若稍过量也易清醒，醒后无沉重感，精神清爽，能充分体现白酒在交际和娱乐功能中的媒介作用。

3. 勾调技术

固液法白酒调兑，方法多样，多是对配方的组成与剂量比例做多方面的努力，忽视了勾兑手段的科技含量。下面介绍几种对提高产品档次有较好作用的方法，供参考。

（1）气相分子勾兑法　所谓气相分子勾兑，是将酒精、水及固态法酒、香料、调味液等，先变成气态，然后将这种复合气体加以高压、电击或超声波处理，再冷却至液态成品酒。这种方法有复蒸过程，但主要目的不是复蒸提纯，而在于勾兑。

水、酒精处于气态时，分子间距加大，其间能更好地加入勾兑原料。在高压、电击或超声波等作用下，水醇极性与勾兑原料之间将产生分子级的排列、组合或相应的结合反应，因而比简单的液、固相融合要复杂，结合和混合更加均匀、稳固。因此，气相分子勾兑有利于提纯、加香、陈化、增加风味。

气相勾兑在加香方面尤其富有特色，当复合香性气体，被水蒸气包围之后，其释香、固香特性良好，因此生产的酒开瓶香好，进口柔和，饮后留杯香自然，消除人工加香的感觉，因为香性物质与醇、水融合于一体。

（2）浓醇勾兑法　调兑固液法白酒，使用的酯类、酸类、香料等许多在水中溶解度小，若按设计的酒精度施用勾兑材料，极易产生浑浊和沉淀，又不能紧密结合。若将基酒的乙醇浓度提高到70% vol以上再加入物料，其物料先与酒精共溶，再加浆调度，水分子不但不会影响这些物质的稳定性，反而会维系其与醇原先的混溶状态。用于勾兑酒的物料，只有与乙醇共溶、结合，才能最大限度地发挥其特色。如果它们与水或水、醇松散简单地相混，其口感和稳定性就很差。

（3）吸附勾兑法　将一定比例的优级食用酒精和固态法白酒混合，同时添加食用香料，然后混合均匀，用酒泵将酒液压入装有活性炭的炭塔（柱）中，通过强制过滤，以通过两次炭塔为最佳。酒液过滤完毕，可添加软水降度。此法可利用活性炭吸附功能，把食用酒精中的不愉快气味彻底消除，并且能让食用酒精和食用香料充分缔合，改变"酸、酯、醛、酮"等微量成分的不亲和状态，使其"浮香"减少，口感醇厚。

（4）高频电磁勾兑法　在高频电磁场作用下，水及醇分子的偶极距会增大，因而这两种物质在经过高频电磁场处理时，均对勾兑物料的正负离子吸引力增加。这有利于香料、风味物质的添加、结合、稳定、持久，水和乙醇在高频电磁场中，它们会相互分开成有极性的单个分子。单个的水分子和单个乙醇分子，可对勾兑物料分子进行包围，这种包围均匀且有秩序。这在又一层意义上使勾兑物料分散、结合良好。因此，在高频电磁场中进行勾兑，比简单混溶的效果好得多。

4. 勾兑调味的计量

白酒勾兑调味从小样到大样，要使用一些工具和容器，由于计量不够准确，造成酒质差异的事经常发生，应引起足够重视。

（1）勾兑罐计量　勾兑罐是勾兑组合基础酒必备的容器，有大有小，小的1~2t，大的可达5000t。现在各厂使用的勾兑罐无论大小，大多没有计量装置，罐内装多少酒只靠经验来定，有的使用最原始的方法，插一竹竿（或木块）作为计量，一般误差在0.2%~0.5%，这是造成小样与放大样之间差距的主要原因，应引起高度重视。在那些容积人为误差控制得很好的工厂，则必须考虑另外几种误差对容积的影响，并在生产中加以修正。首先，没有装酒的空罐和装了4/5~5/6酒的同一罐的容积不相同，往往是后者的容积较大。这是因为酒罐的制作材料并非没有弹性，在压力作用下，装满酒的大酒罐的罐内压力（液体静压）大于大气压力，使酒罐呈略有膨胀的变形。其次，夏天和冬天温差大，金属的膨胀系数差变大，对大容积酒罐的容积影响不可忽视。勾调用酒罐的容积相对计量准确，对勾调生产的作用和效果明显。因此，大罐组合酒时应以流量计或其他装置计量，才能保证计量准确。

（2）小样勾调时计量　从20世纪80年代开始，白酒勾调技术逐步在全国普及和应用。当时推荐使用2mL医用注射器和配$5\frac{1}{2}^{\#}$的不锈钢针头，作为滴加调味酒或酒用香料的计量工具。应该说这种计量方法的推广在 20 世纪 80 年代勾调技术推广普及的初期，是勾调计量上的一个进步，它比原来用竹提扯兑相对来说还是细致准确得多，而且使用习惯了也相当方便。但是，随着勾调技艺的深入研究，要求更加细致、准确，人们发现 2mL 医用注射器误差太大，其刻度数值只能作参考。随后，已逐步改为采用微量注射器（色谱进样器），其规格有 10μL、25μL、50μL、100μL 等。换算系数是：1mL = 1000μL，即 10μL = 0.01mL、25μL = 0.025mL、50μL = 0.05mL、100μL = 0.1mL。若勾兑小样要适当放大时，可用移液管或刻度吸管。值得注意的是，量筒、刻度吸管、移液管等玻璃计量器，有些厂家生产得不够准确，应校正后再用。

5. 注意酸的功能与作用

固液法白酒因制作时使用相当一部分食用酒精，故组成的基酒中一般缺酸，除用含酸较多的固态法酒外，还可使用固态法的黄浆水（或其提取物）、尾酒、尾水、混合酸、酸味液、董酒、酱香型酒等，对基酒的酸进行调整。

（1）酸的功能　白酒中的酸绝大部分是羧酸（RCOOH）。它们在白酒中的地位与作用，近年有更深入的认识：酸是主要的谐调成分，酸的作用力很强，功能相当丰富，影响面广，也不容易掌握，不少勾调人员未能引起足够重视。

①减轻酒的苦味：白酒中的苦味有很多种。主要原因是原料和工艺上的问题带来的。正丁醇小苦，正丙醇较苦，异丁醇苦味极重，异戊醇微带苦，酪醇更苦，丙烯醛持续苦，单宁苦涩，一些肽也呈苦味。在勾兑过程中，这些物质都存在，但有的酒就不苦，或有不同程度的苦，说明苦味物质和酒中的某些存在物有一种显著的相互作用关系。实践证明，这种存在物主要是羧酸，问题在酸量的多少，酸量不足酒苦，酸量适中酒不苦，酸量过大有可能不苦但将产生别的问题，因此酸的使用十分重要。

②酸是新酒老熟的催化剂：存在于酒中的酸，自身就是老熟催化剂。它的组成情况和含量多少，对酒的谐调性和老熟的能力有所不同。控制好入库新酒的酸度以及必要的谐调因素，对加速酒的老熟起到很好的效果。

③酸是白酒最好的呈味剂：羧酸主要是对味觉的贡献，是最重要的味感物质。增长酒的后味；增加酒的味道；减少或消除杂味；可能出现甜味和回甜；消除燥辣感；减轻水味。在色谱骨架成分合理的情况下，只要酸量适当、比例谐调，酒便会出现回甜、柔绵、醇和、清爽之感。

④对白酒香气有抑制和掩蔽作用：酒中含酸量偏高，对正常的酒香气有明显的压抑作用，俗称"压香"；酸量不足，会普遍存在酯香突出，复合程度差等现象。

（2）酸的使用　不同酒种、酒度对酸量的要求不同，现今市场上一些产品，常遇到的是酸不足。不同香型的酒，各种酸的含量和比例差异较大，可根据色谱数据，寻找适合使用的含酸量高的基酒或调味酒，或用酒用香料的酸组成混合酸，再根据固液法基酒中酸的缺欠情况进行补加。也可单体酸添加。例如固液法基酒中，因使用部分尾酒、尾水或一般的固态法基酒，组合的酒中乳酸含量较多，补酸时就应少加或不加乳酸，只需补加缺乏的酸。酸的添加，一定要先做小样试验，直到满意为止，再放大样。

6. 合理贮存

白酒在贮存中，进行一系列复杂的物理、化学变化，使酒变得醇和、绵软、谐调。固液法白酒勾兑调配成型后，来自不同原料的香气成分更需要一个"融合"过程，进行老熟后才能使质量相对稳定。这一重要工序，有的厂未能充分重视，刚勾调好（或只存放数日）即过滤包装，故酒质不够稳定。固液法白酒一般在成型后应贮存2~3个月，在装瓶前15d最好再微调一次，这样酒质更有保证。

固液法白酒的生产，是将我国传统的固态法巧妙结合，是白酒生产技术的发展与进步。随着优质固态法白酒和食用酒精、酒用香料质量的提高，固液法白酒将会长期存在，其产品质量亦将越来越好。

7. 新型白酒勾兑调味计算实例

（1）勾兑组合原则　固态法白酒用量（几种混合）为35%（体积分数），串香酒用量20%（体积分数），食用酒精［65%（体积分数），经净化处理］用量45%（体积分数）。串香酒中的微量成分未做考虑。

固态法白酒色谱分析数据：以酒精45%vol计/（mg/100mL）：

己酸乙酯	105	异丁醇	18.9
乙酸乙酯	150	正丁醇	8.7
乳酸乙酯	280	仲丁醇	6.7
丁酸乙酯	30	异戊醇	40.3
戊酸乙酯	25	乙醛	40.4
正丙醇	30.5	乙缩醛	70.8
总酸	1.2g/L	总酯	5.8g/L

感官品评结果：该酒放香差，主体香不突出，醛味过头，味糙辣，尾闷带苦涩。

（2）配方设计和计算　根据名优白酒的微量成分特征和本产品的档次，风格，进行配方设计和计算。

酒精　　　　　　　45%vol　　　　　　　总酸　　　　　　　1.0g/L

①酸的计算：乙酸:己酸:乳酸:丁酸＝1:1.8:0.8:0.3。

固态法白酒用量为35%（体积分数），总酸为1.2g/L、酒精度为45%vol的新型白酒中应加入酸量为：

$$1.0-1.2\times35\%=0.58g/L$$

加入的各种酸量分别为：

乙酸：$0.58\times1/3.9=0.149g/L$

注：$(1+1.8+0.8+0.3)=3.9$。

己酸：$0.58\times1.8/3.9=0.268g/L$

乳酸：$0.58\times0.8/3.9=0.119g/L$

丁酸：$0.58\times0.3/3.9=0.045g/L$

其他酸的加入，可制成混合酸用微量注射器滴加，这里计算时未加考虑。

②酯类计算：四大酯类的含量45%vol计设计如下。

己酸乙酯　　180mg/100mL，即1.8g/L

乙酸乙酯　　120mg/100mL，即1.2g/L

乳酸乙酯　　130mg/100mL，即1.3g/L

丁酸乙酯　　20mg/100mL，即0.2g/L

酒精度45%vol的新型白酒应加入四大酯量分别为：

己酸乙酯　　$1.8 - 1.05 \times 35\% = 1.432 g/L$

乙酸乙酯　　$1.2 - 1.5 \times 35\% = 0.675 g/L$

乳酸乙酯　　$1.3 - 2.8 \times 35\% = 0.32 g/L$

丁酸乙酯　　$0.2 - 0.3 \times 35\% = 0.095 g/L$

其他酯类加入量同此计算。

③其他微量成分加入量计算：

例如，2，3 – 丁二醇设计为 5mg/100mL；

　　　双乙酰设计为 4mg/100mL；

　　　醋䣃设计为 3mg/100mL。

若固态法白酒中此 3 种微量成分忽略不计，则直接可按此量加入，也可换算成每升中加入的克数。

（3）加水量计算　设食用酒精已稀释到 65%vol，而成品酒要求是 45%vol，则 65%vol 酒精 1t 加水量为 0.5119t（查酒度加浆系数表可得）便变成 45%vol。若食用酒精是 95%vol，则变成 45%vol 的加浆系数为 1.4447。以此类推。

（4）质量与体积的换算　一般酒厂大批量勾调时是用质量计算，但加香料或调味酒时以 g/L 或 mL/L 计算，故应将成品酒的总质量根据不同酒精含量的相对密度换算成总体积，这样计算才能准确。

第四节　微机勾兑

微机勾兑是 20 世纪 80 年代中才开始应用的新技术，采用这种方法进行勾兑，首先是将验收入库的原度酒逐坛进行详细的微量香味成分的色谱测定，应用运筹学方法在计算机上进行最优勾兑组合计算，使其最终达到基础酒的质量标准。

一、计算机勾兑系统的主要技术要求

利用气相色谱仪定量分析须参与勾兑的主要芳香成分数据，在计算机上采用所设计的计算软件进行最优勾兑组合计算，得出最优勾兑组合方案，根据这一方案和勾兑工艺要求进行酒的勾兑，勾兑出符合标准的基础酒。要达到此要求，需对计算机勾兑系统提出一些技术指标和要求：

（1）根据计算机应用线性规划或混合整数规划程序计算出来的最优勾兑组合方案，按勾兑工艺要求勾兑成的成品酒要在科学的水平上，保持酒的风格统一，以提高酒质。

（2）应用线性单纯形法或混合整数分支定界法来完成酒中若干种主要芳香成分最优勾兑组合计算，得出最佳勾兑方案，并计算出达到勾兑标准时各主要芳香成分的数值和应加浆量。

（3）计算机勾兑系统既能完成勾兑组合计算，又能完成调味组合计算，还可同时完成勾兑调味组合计算，要求它是一个多用途多功能勾兑组合计算系统。

（4）建立能定量地描述酒的风味和酒质状况的数学模型，即线性规划数学模型和混合整数规划数学模型。数学模型的规模，即参加勾兑计算的决策变量个数 K 和约束条件数 M，由操作人员根据需要人为地控制。

（5）酒库管理技术要求。一般曲酒入库需贮存 3 个月以上，才能进行勾兑。利用计算机软件进行勾兑组合计算时，需调入相应数据记录，建立起适合计算机计算的勾兑数学模型。因此，要建立相应的数据库对酒库进行有效管理：

①要求所设计的各数据库能对 10 个酒库、勾兑标准、各名酒及最优解值库进行有效的管理。

②要求每坛数据记录能完成以下数据项的记录：每坛酒的坛号；评分值，质量和密度；每坛酒主要芳香成分数据 $a(i, j)$。

（6）要求所设计出来的计算软件，在计算过程中能以中文形式在荧光屏上或是在打印机上显示或打印出计算结果和其他有关结果。

（7）要求人机对话功能比较强，程序在运行过程中操作人员根据计算结果来控制程序进行相应运算，以便得到最优解。

（8）要求所设计出来的计算软件功能较齐全，计算结果准确。

二、建立曲酒计算机勾兑系统数学模型

在确定了以线性单纯形法或混合整数分支定界法进行曲酒最优勾兑组合计算以后，建立勾兑数学模型是研究设计系统一项十分重要的工作。一个好的数学模型能够比较全面地描述酒的风味和质量状况，按照这个数学模型求解出来的勾兑组合方案，才能符合实际的需要。在建立数学模型的过程中，应着重解决以下几个问题。

1. 各约束方程约束关系的确定

基于全国名优酒主要芳香成分剖析确定，虽然酒中芳香成分总量只占酒的 1% ~ 2%，但起着十分重要的作用。在一定范围内，酯类、酸类含量高的酒质较好，含量低的酒质较差。在浓香型大曲酒中，酯类是重要的呈香物质，是形成酒体香气浓郁的主要因素；有机酸类是酒中的呈味物质。而醇类、醛类物质在一定范围内则是含量低的酒质好，含量高的酒质差。这些物质在各香型曲酒中对酒质的好坏起着十分重要的作用。醇类物质是形成酒体风味，促使酒体丰满、浓厚的重要物质。基于上述四类成分对酒质的主要影响，来确定数学模型中各约束方程的相应约束关系。这些约束方程组只描述了酒中各主要芳香成分量值范围。但是各芳香成分应有一定的比例关系，才能得到较好的酒质。也可以用一些约束方程来描述，但增加了该数学模型的规模和难度，甚至很难求得一个基本可行解，因为这些芳香成分只有一个大致的比例关系，因此把这个问题留在标准设计中去考虑。

2. 各种勾兑标准的设计

在各种勾兑标准设计的过程中，一方面要考虑酒中主要芳香成分的量值范围，另一方面要着重考虑各成分间的比例关系。因为恰当的量比关系使酒体丰满、完美、风格突出，质量优良。反之，若有某种或某几种芳香成分间比例失调，则酒质下降，感官上欠谐调，出现异杂味，严重的使酒体出格。因此，在进行酒体设计时，各种勾兑标准的设计是需要着重考虑的一个因素。

在进行本厂产品勾兑标准设计时，应首先分析计算现有产品的酒质可能达到的水平，计算出酒中各主要芳香成分间的比例关系，以它作为各种勾兑标准设计的重要依据。为使本厂产品在现有条件下，经相应的勾兑组合计算，得出一组最佳勾兑组合方案，可根据这个方案，按照勾兑工艺要求，勾兑出符合国家名优酒水平的产品。在设计各种勾兑标准时，要参照国家名优酒各主要芳香成分的量值范围和大致的比例关系。根据以上原则，便

可进行本厂产品勾兑标准的设计。

3. 目标函数系数的确定

解由酒中主要芳香成分约束条件构成的约束方程组，可以得到多组基本解，但不是最优的。我们希望在所设计的勾兑标准上进行最优勾兑组合计算，得出的勾兑组合方案是最优的，也就是说，根据所设计出来的勾兑组合方案，按照勾兑工艺要求勾兑出符合勾兑标准的成品酒，可用比较少的好酒，而多用一些较低一级的基酒。因此，在建立勾兑数学模型时，需要考虑一个目标函数条件，然后采用单纯形法或混合整数分支定界法对这一数学模型求解，得到目标函数值达到最小。

目标函数系数是评定各坛酒质的一种计分表示法。要确定目标函数相应系数有各种方法，一种方法是根据各芳香成分对酒质的色、香、味影响不同。例如在浓香型大曲酒中，往往以己酸乙酯含量作为评定这种酒酒质的一个重要标记；另一种方法是由专家们对各芳香成分给予一定评分值 B_n 在计算机中自动求出这坛酒的目标系数 C_i。

$$C_i = B_1 + B_2 + \cdots\cdots B_n$$

通常方法是使用 100 分制打分法，满分的酒是最好的酒．该打分法增加了计算数值位，在计算机中进行计算，有可能超过计算机的有效数位字长。因此，在建立数学模型时采用的是 10 分制，可有效地保证目标函数值不会超过计算机的有效数位字长。

4. 确定多少成分参加最优勾兑组合计算

现有较先进的色谱，可定量测出白酒中 1000 多种芳香成分。一般计算机无能力处理这样多的数据，空间和时间都不允许。在实际应用中，只能选取某些主要芳香成分参加勾兑组合计算，计算结果仍具有重大参考意义。

在测定原酒的 1000 多种数据中，选取若干个有代表性的数据参与最优勾兑组合计算，计算结果可较全面地描述酒的风格和质量，因选取的若干种微量成分总量已占酒中微量成分总量的 85% 左右。考虑到所建立起来的数学模型要能全面地描述酒中各主要芳香成分对酒质的影响，在设计计算程序时，确定 24 种（或更多）主要芳香成分参与最优勾兑组合计算，便可满足勾兑各种情况需要了。

三、最优勾兑组合计算程序的设计

由于建立起来的数学模型相当复杂，规模也相当大，用人工求解在短时间内获得一个正确的解，已是不可能了。因此，只有求助于计算机快速准确地计算，才能在短时间内获得一个最佳基本可行解，为此，需要研究设计出一个计算软件。

1. 线性规划程序设计

对于适用于大型贮酒设备的线性规划数学模型，采用单纯形法求解。在程序设计中采用了解线性规划问题的两阶段法。第一阶段是设计将人工变量从基内调出来，寻找原始问题的一个基本可行解，即是使目标函数值为零。第二阶段是以第一阶段求得的最优解，作为第二阶段的初始基本可行解，再按原始问题的目标函数进行选代，直到达到最优解。根据计算结果和需要，可由操作人员控制进行其他有关的计算。

2. 混合整数规划程序设计

求解适合于坛贮酒设备的混合整数规划数学模型，采用分支定界法。在程序设计上，运用了线性规划中变量的上、下界技术，不考虑变量的整数约束条件，把原始问题作为一般线性规划问题求解，采用了带上界变量的单纯形法，这对于求整数变量仅取"0"或"1"、"2"个值的情况及整数变量有上界限制的通常情况，是有好处的。在变量分支后每次线性规划运算中，采用了带上界变量的对偶单纯形法，随着分支的增加可以通过仅仅改变变量的上下界来完成变量分支后的限制，而不需要增加新的约束条件。本程序在进行新的分支时，不需要从头开始求解一个新的线性规划问题，而是从上一个最优解出发，只改变相应分支变量的上下界，即可连续求其最优解。

大多名优曲酒厂均采用坛贮酒，运行混合整数规划程序进行最优勾兑组合计算是最合适的，因在计算过程中参加勾兑计算的各坛酒要整坛参加，或不参加，这样减轻了各坛酒准确计量的负担，只要入库时准确计量各坛酒即可，因是整坛用完，而不是留下部分酒。但为了达到勾兑标准，一部分坛中的酒还是不能用完，这只是少数几坛。所以，最好采用微机勾兑，进行勾兑组合。

微机勾兑是现代技术在传统白酒中的应用技术，但必须与尝评结合，且很多工作还要完善，才能在白酒勾兑中更广泛应用。

第五节　低度白酒勾调

一、低度白酒如何保持原酒型的风格

酒的风格是酒中成分综合作用于口腔的结果。高度酒加水稀释后，酒中各组分也随着酒精含量的降低而相应稀释，而且随着酒精含量的下降，微量成分含量也随之减少，彼此间的平衡、谐调、缓冲等关系也受到破坏，并出现"水味"。因此，怎样保持原产品的风格，是生产低度白酒的技术关键。从生产低度白酒的要求来说，必须先将"基酒"做好，也就是说提高大面积酒的质量，使基础酒中的主要风味物质含量提高，当加水稀释后，其含量仍不低于某一范围，才能保持原酒型的风格。

不同香型白酒降度后风味的变化，如表 14 - 3 所示。

表 14 - 3　　　　　　　　　不同香型白酒降度后风味的变化

清香型酒	酒精含量/% vol	65	62	60	55	50	45
	品尝结果	无色透明清香醇正	无色透明清香醇正	无色透明清香减弱	+口味淡	+ +口味淡	+ + +口味淡
浓香型酒	酒精含量/% vol	55	50	45	40	38	35
	品尝结果	无色透明酒香浓郁、味长	+ + +酒香浓郁、醇正	+ + +酒香浓郁、醇正	+ + + +酒香浓、回甜	+ + + +酒香、回甜	+ + + +香味淡薄
液态法白酒	酒精含量/% vol	60	55	50	45	40	35
	品尝结果	无色透明酒精味，辛辣	无色透明酒精味，辛辣	无色透明酒精味，辛辣	无色透明酒精味，辛辣减少	无色透明酒精气味少，味淡	+酒精气味少，味淡薄

注：外观中"+"表示轻微浑浊，"+ +"、"+ + +"、"+ + + +"表示浑浊度增加。

从上表可见，清香型白酒因含风味物质较少，降度后风味变化大，尤其降到酒精为45% vol 时，口味淡薄，失去了原酒的风格；浓香型酒即使降到酒精为38% vol 时，基本上还能保持原酒风格，并具有醇正芳香、后味绵甜的特点。浓香型酒降度后还能保持原酒风格的原因是：酒中酸、酯含量丰富。液态法白酒因酒中的风味物质更少，故随着酒精含量的降低而显得淡薄，"水味"较重。

可见，要搞优质低度白酒，首先要采用优质基酒，否则难以加工成优质低度白酒。

二、低度白酒的几个基本问题

1. 酒精含量不同，溶液的性质不同

酒精度为 57.9% vol 的白酒，乙醇和水的质量各占 50%，是一个重要的分界线。在此酒精含量以下，水是溶剂，乙醇是溶质，是乙醇的水溶液。把水和乙醇作为混合（二元）溶剂看待，水是主溶剂，乙醇是从属性次溶剂，白酒的其余成分则是溶质。

该二元溶剂的组成不同，性质不同。根据道尔顿分压定律，在平衡状态下，该溶液的蒸气总压等于各物质分压之和；恒温下，液相组成改变，其相应各物质的蒸气分压也要改变。温度不同，无论是液相还是气相中乙醇和水的相互比例关系就不同，给人的感官刺激作用也就不同。

白酒中的呈香呈味成分绝大多数是有挥发性的，它们都有自己的蒸气分压。随着乙醇浓度的降低，这些物质的分压（可挥发的程度）也将发生改变（一般变小），必然影响到香气的强度。在液态溶液中呈均相分布的物质，在气态溶液中就不一定呈均相分布。在乙醇浓度低的情况下，这一现象更为突出。

总之，酒精含量不同，溶液的蒸气分压、表面张力、黏度、电导率、离子的迁移系数、液体物质之间的互溶性、热容、熵等诸多性质都随之而变。因此，在酒度较低如酒精度为 38% ～46% vol 的情况下，必须考虑溶液的基本性质与较高度数的酒相比，有相当大的偏离度，决不能把较高酒度的酒的一些工艺原则照搬于降度酒。

2. 低度酒的内在规律性

降度去浊是酒精度为 38% ～46% vol 的白酒所必须的工艺步骤，一些相容性不好的许多物质，虽除不尽却大部分被除去了，有的则损失殆尽。也就是说，这些主要表现呈味性质成分的浓度和味感强度被充分降低了。与度数高的酒相比，这些物质浓度之间的差异相当大，它们对酒的呈味作用已不再是影响白酒口味的重要因素。

酒精度为 38% ～46% vol 的酒中的各种物质，即使它们与高度酒有很近似或大体相同的色谱骨架成分，但这些成分之间的相互作用、液相中的相容性、气相中的相容性、味阈值和嗅阈值、相应的味感、嗅感强度、味觉转变区间、酒的酸性大小等，均发生了较大的改变。因此，决不能用高度酒的一般经验规律来认识、解释或代替低度酒的规律性。

用较高度数的白酒加浆降度除浊，还是一个可溶性多种成分的浓度同时被降低的过程。要注意的是，含量本来就少的复杂成分浓度的降低，使复杂成分对酒风格和质量所做的贡献被大大降低了。

3. 降度酒酒体设计的一些基本原则

在属于色谱骨架成分的所有乙酯中，乳酸乙酯的性质很特殊。它是唯一既能与水又与乙醇互溶的乙酯。这就意味着它不仅在香和味方面做出贡献，而且它起着助溶的作用。与

水相容性不好的乙酯，通过乳酸乙酯的媒介作用，使其与水的相容性得到很大改善。乳酸乙酯是羟基酸乙酯，黏滞性远大于其他乙酯。其呈味效力远大于对香气的贡献（多数情况下有压香的效果）。对克服水味增加浓厚感，乳酸乙酯有着特殊的功效，这不是其他乙酯所能替代和相比的。因此，在选用基酒时，高含量的乳酸乙酯应予首先考虑。

大量而充分的实践证明，乳酸乙酯的量在 140mg/100mL 是一个界限值。当乳酸乙酯的含量小于这一数值时，或多或少地有水味存在。当高于 140mg/100mL 时，白酒的水味就消失。所以，在实际操作中，一定要注意这一个界限值。一般可考虑乳酸乙酯的量再大些，其含量可在 140～170mg/100mL。

杂醇油中的正丙醇也是一个特殊的物质。它和乳酸乙酯的情况相同，它既可与水、乙醇，也可与其他乙酯互溶。正丙醇作为一种中间溶媒，有双重作用。正丙醇把不溶于水的乙酯和杂醇等带入水中，又可将不溶于酯和杂醇等的水带入酯和杂醇等之中。它的沸点（97.4℃）与水最接近。选择基酒时，正丙醇的含量稍高些，对克服降度酒的水味和提高酒的品质有很大好处。

高含量的乳酸乙酯必然影响降度酒的放香程度，会降低其他香气物质的嗅阈值。故乙醛和乙缩醛的含量也应提高到相当的程度。

不要忽略乙酸乙酯的作用。除乳酸乙酯外，在属于色谱骨架成分的乙酯中，乙酸乙酯沸点最低（蒸气分压高），与乙醇沸点相同，与水的相容性较好。降度酒应该有较高的乙酸乙酯含量。

较低的酸值，同量的同一羧酸在酒精为 38% vol 的酒中的酸性，要比在较高酒度的酒中的酸性大得多。酸含量的高低对溶液性质的影响力很强，在溶液中酒精量大幅度降低的情况下，酸量的控制十分重要。

加浆降度后的低度白酒，复杂成分的损失较大。欲增加复杂成分的总量和提高复杂强度，在调味阶段，必须遵循的一个基本要领是较大剂量地使用"调味"酒，决不能机械地办事。在调味酒的选择上，首先要考虑的不是调味酒的色谱骨架成分组成如何，重要的是要选用那些典型性强的调味酒。

三、低度白酒的勾兑和调味

根据名优酒厂的经验和笔者的实践，低度白酒的勾调，最好分数次进行。第 1 次是在加水以前；加浆后勾兑第 2 次；经过一段时间贮存后再勾调 1 次。这样才能使质量更加稳定。

1. 低度白酒的勾兑

要勾兑出高质量的低度白酒，必须有高质量的基础酒。选择基础酒时，除感官品尝要达到香浓、味醇、尾净、风格较好外，还要进行常规检验，了解每坛（罐）酒的总酸、总酯、总醇、总醛，最好结合气相色谱分析数据，掌握每份酒的微量成分，特别是主体香味成分的具体情况。根据自己的实践经验，选取能相互弥补缺陷的酒，然后进行组合。

组合时应注意如下几点：

（1）各种糟酒之间的混合比例　粮糟酒、红糟酒、丢糟酒等各有各的特点，具有不同的特殊香和味，将它们按适当的比例混合，才能使酒质全面，风格完美，否则酒味就会出现不谐调。

（2）老酒和一般酒的比例　一般来说，贮存 1 年以上的酒称为老酒，它具有醇、甜、清爽、陈味好的特点，但香气稍差。而一般酒贮存期较短，香味较浓，带糙辣，因而在组合基础酒时，一般都要添加一定数量的老酒，使之取长补短。其比例要通过不断摸索，才能逐步掌握。

（3）不同发酵期所产酒之间的比例　发酵期长短与酒质密切相关。根据酒厂经验，发酵期较长所产的酒，香浓味醇厚，但香气较差；发酵期短的酒，闻香较好，挥发性香味物质多。若将它们按适宜的比例混合，可提高酒的香气和喷头，使酒质更加全面。

（4）不同季节产的酒之间的比例　一年四季产的酒，因季节不同，其风格、口味及微量成分也有差异。要根据本厂产品的风格特点进行组合。

勾兑的步骤：

小样勾兑　将已选定的若干坛酒，分别按等量适当比例取样，混合均匀，尝之。若认为不满意或达不到设计效果，则重新组合，再尝。若认为较好，即可加浆稀释到需勾兑的程度；若认为尚有欠缺，可再做调整，以符合低度酒酒基质量为准。

正式勾兑　大批样勾兑一般在 5t 以上的不锈钢罐中进行。将小样勾兑确定的大宗酒、质量稍次的酒、双轮底酒等分别按比例计算好用量，然后泵入勾兑罐中，搅匀后取样尝评。若变化不大，再加浆至需要的酒度，搅匀，再尝。若无甚变化，便成为调味的基础酒。

2. 低度白酒的调味

（1）确定基础酒的优缺点　首先要通过尝评，弄清基础酒的不足之处，明确主攻方向，做到对症下药。

（2）选用调味酒　根据基础酒的口感质量，风格，确定选用哪几种调味酒。选用的调味酒性质要与基础酒相符，并能弥补基础酒的缺陷。调味酒选用是否得当，关系甚大。选准了效果明显，且调味酒用量少；选取不当，调味酒用量大，效果不明显，甚至会越调越差。怎样才能选准调味酒呢？首先要全面了解各种调味酒的性质及其在调味中能起的作用，还要准确地弄清楚基础酒的各种情况，做到有的放矢。此外，要在实践中逐渐积累经验，这样才能迅速做好调味工作。

（3）调味的步骤和方法

小样调味　一般调味方法有 3 种，分别加入各种调味酒，同时加入各种调味酒，综合调味酒的利用。

大批样调味　根据小样调味实验和基础酒的实际总量，计算出调味酒的用量，将调味酒加入基础酒内，搅匀尝之，如符合小样的质量，则调味工作即告完成。若有差距，尚不理想时，则应在已经加了调味酒的基础上，再次调味，直到满意为止。调好后，充分搅拌，贮存 1 周以上，再尝，质量稳定，方可包装出厂。

第六节　酒精度等换算知识

酒精度最常用的表示方法有体积分数（％）和质量分数（％）。体积分数（％）是指 100mL 酒中所含纯酒精的体积（mL）。质量分数（％）是指 100g 酒中所含纯酒精乙醇的质量（g）。

一、酒精体积分数和质量分数的相互换算

（一）体积分数换算成质量分数

$$\omega = \Phi \times \frac{0.78924}{d_4^{20}}$$

式中　ω——质量分数，%

　　　Φ——体积分数，%

d_4^{20}——样品的相对密度，是指20℃时样品的质量与同体积的纯水在4℃时质量之比

0.78924——纯酒精在20℃/4℃时的相对密度

例1：酒精为60%（体积分数），其相对密度为0.90911，求其质量分数。

$$\omega（\%）= \Phi \times \frac{0.78924}{d_4^{20}} = 60 \times \frac{0.78924}{0.90911} = 52.0887$$

（二）将质量分数换算成体积分数（即酒精度）

$$\Phi（\%）= \omega \times \frac{d_4^{20}}{0.78924}$$

例2：酒精质量分数为50.6009%，其相对密度为0.91248，求其体积分数。

$$\Phi（\%）= \omega \times \frac{d_4^{20}}{0.78924} = 50.6009 \times \frac{0.91248}{0.78924} = 58.5$$

二、低度酒和高度酒的相互换算

低度酒和高度酒的相互换算涉及折算率。折算率又称换算系数，它是根据"酒精体积分数，相对密度，质量分数对照表"的有关数据推算而来。

其公式如下：

$$折算率 = \frac{\Phi_1 \times \frac{0.78924}{(d_4^{20})_1}}{\Phi_2 \times \frac{0.78924}{(d_4^{20})_2}} \times 100\% = \frac{\omega_1}{\omega_2} \times 100\% = \frac{原酒酒精度的质量分数}{标准酒精度的质量分数} \times 100\%$$

（一）将低度酒折算为高度酒

$$折算高度酒的质量 = 欲折算低度酒的质量 \times \frac{\omega_2（欲折算低度酒的质量分数）}{\omega_1（欲折算为高度酒的质量分数）} \times 100\%$$

例3：求把39.0%（体积分数）的酒350kg，折算成65.0%（体积分数）的酒，应为多少千克？

查表可得：39.0%（体积分数）= 32.4139%（质量分数）

　　　　　65.0%（体积分数）= 57.1527%（质量分数）

$$折算高度酒的质量 = 350 \times \frac{32.4139\%}{57.1527\%} \times 100\% = 198.50kg$$

（二）把高度酒折算为低度酒

$$调整后酒的质量 = 原酒质量 \times \frac{\omega_1（原酒的质量分数）}{\omega_2（调整后酒的质量分数）} \times 100\% = 原酒质量 \times 折算率$$

例4：有75.0%（体积分数）的酒150kg，要把它折算成50.0%（体积分数）的酒，应为多少千克？

查表可知：75.0%（体积分数）=67.8246%（质量分数）

50.0%（体积分数）=42.42527%（质量分数）

$$调整后酒的质量 = 150 \times \frac{67.8246\%}{42.42527\%} \times 100\% = 239.80 \text{kg}$$

三、不同酒精度原酒的勾兑

若将高低度数不同的两种原酒勾兑成一定酒精度的酒，求所需原酒各是多少的计算，可按如下的公式计算：

$$m_1 = \frac{m(\omega - \omega_2)}{\omega_1 - \omega_2}$$

$$m_2 = m - m_1$$

式中　ω_1——较高酒精度的原酒质量分数，%

ω_2——较低酒精度的原酒质量分数，%

ω——勾兑后酒的质量分数，%

m_1——较高酒精度的原酒质量，kg

m_2——较低酒精度的原酒质量，kg

m——勾兑后酒的质量，kg

例5：将70.0%（体积分数）和55.0%（体积分数）的两种原酒勾兑成100kg，60.0%（体积分数）的酒，求所需原酒各多少千克？

查表可知：70.0%（体积分数）=62.3922%（质量分数）

55.0%（体积分数）=47.1831%（质量分数）

60.0%（体积分数）=52.0879%（质量分数）

由公式

$$m_1 = \frac{m(\omega - \omega_2)}{\omega_1 - \omega_2} = \frac{100 \times (52.0879\% - 47.1831\%)}{62.3922\% - 47.1831\%} = 32.2491 \text{kg}$$

$$m_2 = m - m_1 = 100 - 32.2491 = 67.7509 \text{kg}$$

即所需70.0%的原酒32.2491kg，需要55.0%原酒67.7509kg。

具体计算方法参见第八章第二节中低度白酒生产中的酒精含量计算。

四、温度、酒精度之间的折算

我国规定酒精计的温度标准为20℃。但是实际测量时，酒精溶液的温度不可能正好也在20℃，因此必须在温度、酒精度之间进行折算。把其他温度下测得的酒精溶液浓度换算成20℃时的酒精溶液浓度。

例6：酒样在23℃时测得的酒精度为60%（体积分数），求该酒样在20℃时酒精浓度是多少？

经《酒度和温度校正表》中查取得：在溶液温度栏中查到23℃其所在的行中找到体积分数为60%所在的列，该交点所示的20℃时标准酒精度为59%（体积分数）。

例7：酒样在17℃时测得的酒精度为63%（体积分数），求该酒样在20℃时酒精浓度是多少？

经《酒度和温度校正表》中查取得：在溶液温度栏中查到17℃其所在的行中找到体

积分数为63%（体积分数）所在的列，该交点所示的20℃时标准酒精度为64%（体积分数）。

此外，在实际生产过程中，有时又要将实际温度下的酒精浓度换算为20℃时的酒精浓度，也可以在《酒度和温度校正表》中查取。

例8：酒样在22℃时测得的酒精度为40.0%（体积分数），求该酒样在20℃时酒精浓度是多少？经查《酒度和温度校正表》得：在溶液温度栏中查到22℃其所在行中找到体积分数为40.0%（体积分数）所在的列，该交点所示的20℃时标准酒精度为39.2%（体积分数）。

例9：酒样在16℃时测得的酒精度为40%（体积分数），求该酒样在20℃时酒精浓度是多少？经《酒度和温度校正表》中查取得：在溶液温度栏中查到16℃其所在的行中找到体积分数为40%（体积分数）所在的列，该交点所示的20℃时标准酒精度为41.6%（体积分数）。

当然，在无《酒度和温度校正表》或不需精确计算时，可以用酒精度与温度校正粗略计算方法，其经验公式为：

该酒在20℃时的酒精度（%）＝实测酒精度（体积分数）＋（20℃－实测酒的温度）/3，通过该公式，重新计算例2可得：酒样在17℃时测得的酒精度为63%（体积分数），求该酒样在20℃时酒精浓度是多少？

$$酒样在17℃时的酒精度（%）＝63%＋（20－17）/3100%＝64%$$

五、白酒加浆用水量的计算

原酒的酒精度一般较高，但成品白酒产品却有不同的标准酒精度，所以白酒勾兑时，需加水降度，使能达到成品酒精度的要求，加水量通过计算来确定。

加浆用水量＝标准量－原酒量＝原酒量×酒度折算率－原酒量＝原酒量×（原酒折算率－1）

例10：原酒60%（体积分数）500kg，要勾兑成50%（体积分数）的酒，求需要加浆用水量是多少？

查表可知：60%（体积分数）＝52.0879%（质量分数）

50%（体积分数）＝42.4250%（质量分数）

$$加浆用水量＝500×\left(\frac{52.0879\%}{42.4250\%}-1\right)=113.88kg$$

例11：要勾兑成46.0%（体积分数）1000kg的酒，求需原酒65.5%（体积分数）多少千克？加浆用水量是多少？

查表可知：65.0%（体积分数）＝57.1527%（质量分数）

46.0%（体积分数）＝38.7165%（质量分数）

$$所需65.0\%（体积分数）的原酒质量＝1000×\left(\frac{38.7165\%}{57.1527\%}\right)=677.42kg$$

$$加水量＝1000－677.42＝322.58kg$$

六、降度计算公式

$$加水量＝原酒体积×原酒度/降至酒度－原酒体积$$

例12：有100mL 67%（体积分数）的白酒，需要降至39%（体积分数），需要加多少毫升水？

$$加水量 = 100 \times 67/39 - 100 = 71.79\text{mL}$$

即需要加水 71.79mL。

七、升 度 计 算

需要加入的高度酒的量 =（标准酒度 – 现有酒度）× 现有酒度体积∕（高度酒度 – 标准酒度）

例13：现有39%（体积分数）的白酒100mL，需要勾调到45%（体积分数），需要加95%（体积分数）多少毫升？

$$需要加95℃酒的量 = (45 - 39) \times 100/ (95 - 45) = 12\%（体积分数）$$

需要加95℃酒精12mL。

第七节　白酒的香味与杂味

白酒中香和味的判断都是专业人员用感官来进行的，而描述是用文字来表达，不易掌握，很难统一，各有各的标准，感官体会和描述方法也不同，只能意会不可言传。下面对几种香型白酒的香和味进行归纳，供参考。

一、浓香型酒的香味与杂味

（一）硫化氢气味物质

硫化氢气味一般称为新酒味，名优酒中如果带有这种气味，当然是不受欢迎的，但白酒生产中或多或少都含有硫化氢气味物质，只不过是被香味物质所掩盖而不突出罢了。白酒中的硫化氢气味物质主要有硫化氢、硫醇、硫醚、游离氨、丙烯醛等，形成这些物质的原因主要有：

（1）在酿造过程中，原料和发酵剂中的蛋白质过剩，发酵窖池内母糟的酸度大，在大量乙醛的作用下，蒸馏时就会产生大量的硫化氢。

（2）在生产过程中，生产工艺管理不严，卫生条件差，感染了大量的杂菌，这些杂菌的硫化氢菌在嫌气的条件下生成硫化氢的能力又很强，从而使新酒中的硫化氢物质和其他异杂味物质产生。在操作过程中，蒸馏时汽大，酒糟中所含的硫氨基酸在有机酸的作用下，也产生大量的硫化氢。

（3）在培养窖泥时，丁酸菌含量过剩，在发酵过程中产生了大量的丁酸及其乙酯类，加上在量质接酒时发生误差，造成原度酒中丁酸及其乙酯类含量过高，失去了某种酒所需要和控制的谐调比例，酒中呈现了丁酸及其乙酯过量的新臭味；当酒中乙醛含量高也产生醛类物质的气味等，这些是属于某一香味物质在酒中含量不适当造成的。再加上这些物质的阈值小，影响面大，造成口感的刺激强度大。因而就突出了另一香味物质过剩的不愉快的气味，采取的控制措施就是真正做好量质接酒，加强勾兑，使酒中各种香味物质比例适当，产生出独特而优美的味道来。

（二）苦味物质

白酒中的苦味物质主要有糠醛、正丙醇、异丁醇、酪醇、丙烯醛等，酚类化合物也常带有苦涩味。其来源：

（1）某些原料会给酒带来很苦的成分，如发芽马铃薯中的龙葵碱，橡子中的单宁，有黑斑病的薯类所含的番薯酮，腐败的原料产生的苦涩的脂肪酸等，均可给酒带来苦味，所以在酿酒过程中必须把原料进行清蒸，才能减轻苦味。

（2）用曲量多、酵母用量大、酒醅中的蛋白质过剩，发酵中分解出大量酪氨酸，经酵母作用生酪醇，酪醇不仅苦而且持续时间长。

（3）管理不善，曲药和生产场地有青霉等杂菌，如窖池封闭不严、发酵温度高，细菌大量繁殖等，都会给酒带来苦味和其他杂味。

（4）蒸馏时大火蒸馏，使高沸点的苦味物质带入酒中。

（三）辣味物质

造成白酒辣味的主要物质是：糠醛、丙烯醛、杂醇油、硫醇、硫醚、乙醛等，形成原因如下：

（1）用糠量大，而糠又没有清蒸或清蒸不彻底，其中的多缩戊糖受热后，生成较多的糠醛，使酒带糠味和糙辣味。

（2）发酵温度高，曲药和酿酒过程污染大量杂菌，特别是乳酸菌作用于甘油后，产生刺激性的丙烯醛。

（3）窖内发酵前期升温过猛，酵母早衰，在恶劣环境下生成较多的乙醛，使酒辣味增加。

（4）流酒温度太低，影响低沸点辣味物质的逸散，酒未经贮存或贮存时间不够，酒的辣味也较大。

（四）涩味物质

白酒中的涩味成分，主要有糠醛、杂醇油、单宁、阿魏酸、香草酸、丁香酸、丁香醛等。乳酸过多也会使酒带涩味。形成涩味的原因如下。

（1）单宁和木质含量较高的原料，如带壳的高粱和荞麦未经处理和清蒸会给酒带来涩味。

（2）用曲量大，生产场地感染杂菌严重，酒尾留得太多，使酒中涩味加重。

（3）装酒容器不恰当，发酵池的结构不合理，如发酵窖池和酒篓的涂料含有石灰造成酸与钙接触，就会产生涩味。

（五）其他杂味物质

原材料霉烂会产生霉臭味；底锅水烧干或酒糟落在未经水泡上的蒸汽管上，会使酒带有焦煳味；稻壳清蒸不彻底，会带来霉味和糠味；窖池管理不善，母糟发霉，会使酒带霉味；使用劣质胶管输酒，会使酒带橡胶味或塑料味；滴窖不净，会使酒带黄水味；上甑操作马虎，夹花流酒，会使酒带酒尾味；容器或工具不清洁，也会带来各种杂味。

二、二锅头酒的香味与杂味

二锅头具有乙酸乙酯为主，乳酸乙酯为辅的复合香气。在二锅头酒中，乙酸乙酯的含量占总酯的 50% 以上。总酯大于总酸，一般酸酯比为 1：（4.5～5），酯类是白酒香味的重要组分。

白酒中的酯类虽然其结合酸不同，但几乎都是乙酯。对于发酵期短的普通白酒，酯类中的乙酸乙酯、乳酸乙酯占统治地位。名优酒中酯含量极高，但厂际之间差距甚大。发酵期长的优质酒，常常是乳酸乙酯少于乙酸乙酯。这两种酯是普通白酒及清香型名优白酒的主体香气，含量适宜，且要保持一定的比例关系。它们之间匹配合理，一般在1:0.6左右。如果酒中的乙酸乙酯与乳酸乙酯比例失调，那么酒质放香差，口感欠谐调。

在酒的呈香呈味上，通常是相对分子质量小而沸点低的酯放香大，且有各自特殊的芳香，相对分子质量大而沸点高的酯类，香味虽不强烈，却有极其优雅的香气，所以大分子酯类深受人们的青睐。

二锅头酒中的有机酸，有许多挥发酸，多数挥发酸既是呈香物质又是呈味物质。非挥发酸只呈酸味而无香气，这些挥发酸在呈味上，分子质量越大，香气越绵柔，酸感越低；相反，分子质量越小，酸的强度越大，刺激性越强。各种有机酸虽然都呈酸味，但敏感及酸的强度不一样。酒中的乙酸含量大于乳酸含量，适量的乙酸能使白酒有爽朗感，过少则刺激性强。这些酸不但本身呈酸味，更重要的是它们是形成酯的前驱物质。如果没有酸，也就没有酯了。有机酸是白酒发酵过程中必不可少的，对白酒有相当重要的作用，酸能消除酒的苦味；酸是新酒老熟的有效催化剂；酸是白酒最重要的味感剂；酸对白酒的香气有抑制作用。有机酸对口味的贡献主要表现在：增长酒的后味；增加酒的味道；减少或消去杂味；可能使酒出现甜味或回甜感（味觉转变点）；消除糙辣感；增加白酒的醇和程度；可适当减轻中、低度白酒的水味。多数酸的沸点较高并溶于水，所以在蒸馏时多聚积于酒尾。酸高的白酒可单独存放，经长期贮存，往往可作调味酒使用。

醇在二锅头酒中既呈香，又呈味，起到增强酒的甜感与助香作用，气味逐渐由麻醉样气味向果实气味的脂肪气味过渡。沸点逐渐增高，气味也逐渐持久。多种高级醇混合的杂醇油呈苦味。其中，异戊醇浓时则明显呈液态法白酒味。多元醇在白酒中呈甜味，因其有稠性。在白酒中起缓冲作用，使香味成分间能连成一体，并使酒增加绵甜，回味有醇厚感。

二锅头酒中的醛类以乙醛、乙缩醛为主。新酒中乙醛含量最高，随贮存挥发和转化而减少。成品酒中乙缩醛基本上占总醛含量的50%，它具有水果香，味带涩。

二锅头酒中检出酮类有：丙酮、丁二酮、丁酮、3-羟基丁酮、2-戊酮等。其中3-羟基丁酮和丁二酮的含量较多。他们具有愉快的芳香，并带有蜂蜜的甜味。但有极少数使白酒有杂味。酮类香气较醛类更加细腻，阈值很低。双乙酰是蒸馏酒中的香味成分，如转为3-羟基丁酮，则成为酒中的燥辣感。

除上述之外，二锅头酒中尚有许多香味物质。如呋喃化合物、芳香族化合物等。这些物质含量虽少，阈值极低，有极强的香味，在白酒呈香上起到重要作用。

三、芝麻香型酒的香味与杂味

景芝酒业取浓、清、酱香型工艺之长与现代科技的结合，形成了成熟的芝麻香型景芝神酿生产工艺，生产出了典型代表酒芝麻香型景芝神酿：有轻炒芝麻的复合香气，醇甜幽雅，丰满谐调，余味悠长，净爽，风格典型。

原酒生产中通过独特的生产工艺，形成了芝麻香的香味成分。但在生产过程中的不当也会产生杂味物质。

新酒香气中炒芝麻香气轻了，经一段时间贮存，轻炒芝麻复合香气会变淡，甚至消失。重了会有焦煳苦味，影响酒的整体风格，是较难解决的问题。

浓香型酒工艺的缺点有时也会在芝麻香中出现，如窖泥香气过重或不正的泥臭气在芝麻香中也会产生，而且比在浓香中出现更难解决。

酸味在芝麻香型白酒中很重要，酸过低，酒体欠绵，香味欠谐调，焦煳苦味、涩感明显，欠爽。当酸味过高时，酸涩味重，影响酒的谐调、爽净。由于芝麻香在生产工艺中用曲量大，高温堆积，发酵期较长，流酒酒度较低，贮存时间较长等原因，酸味相对比较高。

在芝麻香酒中，原、辅材料杂味的产生也影响酒质，使香、味不正。在生产过程中加强工艺管理，对每个环节都要严格按操作规程的标准来操作，会对生产典型的芝麻香白酒起极其重要的作用。

四、兼香型酒的香味与杂味

（一）兼香型白酒中主要香味物质

1. 酱中有浓的代表产品——白云边酒的特征香味物质

（1）庚酸含量较高，平均在 50mg/L 左右。

（2）庚酸乙酯含量较高，多数样品在 200mg/L 左右。

（3）2 - 辛酮、乙酸异戊酯、乙酸 - 2 - 甲基丁酯、异丁酸、丁酸等含量较高。

（4）正丙醇含量较高。

2. 浓中带酱的代表产品——中国玉泉酒的特征香味物质

（1）己酸乙酯高于白云边酒一倍，己酸大于乙酸。

（2）乳酸、丁二酸、戊酸含量高，正丙醇含量低。

（3）己醇、β - 苯乙醇、糠醛含量高。

（4）丁二酸乙酯含量比白云边酒高 40 倍。

（二）兼香型白酒常见的杂味

1. 苦

兼香型的苦味主要来自高温大曲。兼香型的高温大曲用量达到了 80% 以上，特别是在发酵不正常时，容易产生后苦味。

2. 辣

当发酵温度过高，酒醅中的乳球菌会将甘油分解成丙烯醛。用糠量大生成的糠醛多。蒸酒时提高流酒温度，保证流酒时间，适当掐头去尾有助于去除刺激性气味。

3. 酸

发酵卫生条件不好，温度高，发酵时间长，酒醅含淀粉及水分大等因素都会促使生酸菌大量繁殖从而生成过量的酸，使用新曲也会带入较多的产酸菌。当酒醅中酸过多时，在蒸馏过程中多掐酒尾可以减少入库酒的酸含量。含酸量高的酒尾可用于其他酒的勾兑和调味。

4. 涩

酒中的单宁、过量的酸尤其是乳酸及乳酸乙酯、高级醇、醛类物质及铁、铜等金属离子都会使酒呈涩感。涩味的防治可从以下几个方面入手：降低酒醅中的单宁含量，减少用曲量，蒸酒时要控制装甑速度，缓火蒸馏，分段入库。

5. 油味

微量的油就会使白酒出现不良味道。用脂肪含量高的原料酿酒，原料中的脂肪极易变质，而极微量的脂肪臭对酒质的影响是很大的。保证原料质量，不使用霉烂变质的陈粮，提高入库酒度以防止酒尾中的高级脂肪酸进入酒中，这些措施均可减少油味出现。

6. 糠腥味

也是常见的杂味，这主要是辅料质量不好并且用量大造成的。如果辅料本身保存不当还会带入霉味及油哈喇味。保证辅料的新鲜并在使用前清蒸，可减少这些杂味。

7. 焦煳味

酒醅由于反复高温堆积，高温发酵、蒸馏，一部分原料呈现焦煳状态，在蒸馏时，焦煳味被拖带入原酒中。

第十五章　白酒过滤

第一节　白酒过滤的原因

一、相关知识

白酒应该是无色透明、无悬浮物、无浑浊、无沉淀，但生产过程中人为因素或非人为因素会给白酒带来悬浮物、沉淀或浑浊，主要原因有：

1. 蒸馏操作过程

在蒸馏操作和流酒过程中，因操作不慎易将酒醅、稻壳残粒落入接酒容器内；撒曲时曲粉的飞扬；打扫场地时酒醅残渣、尘土飞扬也会落入接酒器中。

2. 运输、贮存过程

车间生产的酒往酒库运输过程中路上的尘土；输酒管道不洁；贮酒容器不净；酒库中的尘渣或酒库卫生差等原因。

3. 水质

加浆用水随着酒精含量的降低，用量也随之增大，水中有时金属盐类过高，硬度大。其中碳酸钙、碳酸镁、氧化钙及氧化镁是自然水中硬度的主要成分。硬水加入酒中，与酒中的酸作用，盐类逐渐析出，会造成浑浊和沉淀。

4. 酒中的高级脂肪酸乙酯和高级醇

蒸馏后的白酒，大多酒精度在65% vol 以上（指原度酒），一般不会产生浑浊。但在 −10℃以下，在容器中会发现成团的絮状物；低度白酒在酒精度40% vol 以下时，酒中的棕榈酸乙酯、油酸乙酯、亚油酸乙酯及某些高级醇，因溶解度变化而被析出，造成白酒浑浊。

白酒（特别是低度白酒）都必须通过过滤，才能装瓶出厂。

还应注意的是：防止管道泄漏；要确定酒液清亮后再把酒打入酒罐中；要随时观察过滤情况，避免由于过滤介质的原因造成结果不理想，发现问题及时更换。

二、操作步骤

（1）把活性炭按比例加入酒中，处理大约24h。

（2）在周转罐中加入硅藻土。

（3）把硅藻土过滤机安装好，然后在周转罐中循环，直到过滤酒液清亮后，把酒转入储酒罐中。

（4）过滤完后清洗酒罐及过滤机等相关设备。

第二节　过滤设备选型

现就所了解的过滤器进行简单介绍。

一、酒净化催醇一体机

1. 特点

（1）降固效果好，周期长，可有效预防瓶装酒二次沉淀现象。

（2）除浊 100%，酒体光亮、透明度高。

（3）抗冷至 -20℃，主体香酯成分无损伤，保持原有酒型风格。

（4）可有效解决新酒中的燥辣味、糙味、邪杂味、苦涩味、水锈味等。

（5）催醇效果显著，口感更醇正、柔和，相当于自然老熟三年以上，并可任意调整催醇程度。

（6）范围广——适用各种香型酒的净化处理，并保持各种香型酒的独特风格。

2. 技术特点和指标

（1）特点　对白酒进行快速系统的一体式净化和催醇。

（2）技术指标

型号：PⅣ0.5~20NB1 系列。

流量：0.5~20t/h。

配泵：自吸式不锈钢防爆泵。

电压：380V。

功率：0.75~11kW。

二、复合型酒降固处理机

技术参数：

型号：F（Ⅰ~Ⅱ~Ⅲ）0.5~20NB1 三系列。

流量：0.5~20t/h。

配泵：自吸式不锈钢防爆泵。

电压：380V。

功率：0.75~11kW。

工作压力：0.1~0.35MPa。

适用范围：各种香型的高、中、低度白酒。

产品说明：该机于 20 世纪 90 年代末研制成功，可有效去除酒中引起白酒固形物超标的无机盐和不溶物、难挥发的高沸点物质以及白酒中的有机酸盐、不挥发的添加剂等。

该机具有使用方便、降固效果显著、一次过滤即可等特点。降低了酒损，减少了周转贮罐和生产人工，降低了生产成本，减去了其他方法降固的贮存澄清反应时间，提高了生产效率，该机设计合理、操作简便，配置有清洗反冲排污装置。分单级、双级、复合三种系列。

三、加强型酒综合处理机

技术参数：

型号：SⅢ0.5~20NB1 系列。

流量：0.5~20t/h。

配泵：自吸式不锈钢防爆泵。

电压：380V。

功率：0.75~11kW。

工作压力：0.1~0.35MPa。

产品说明：该机采用特种高分子聚合物，对高酯酒进行生化处理，解决高酯酒中的降度浑浊、低温复浑、失光等问题。该机结构紧凑、合理、操作简便、速度快、效果显著，处理后的酒透明度高，在 -20℃左右保持清澈透明；使用寿命长，一次性投资，5~10 年内不需更换主体介质。在正常使用流量范围内，厂家可自行调节最佳净化效果。

四、超精密过滤器系列

技术参数：

型号：1~4 型。

过滤能力：1~12t/h。

电压：220V/380V。

工作压力：0.1~0.3MPa。

功率：0.1kW~7.5kW。

重量：250~1500kg。

产品说明：该机是采用高分子刚性复合材料，其特点：适用范围广，过滤能力大、精度高、寿命长，可长期反复再生使用，不仅可过滤机械杂质等异物，还可去除溶液中的悬浮物质、胶体物质等。耐酸、碱、盐及化学溶剂，耐温120℃，无毒、无味，无异物脱落，机械强度好，不易损坏，安装操作使用维护简单，广泛用于酱油、醋、饮料、水、酒类、化工、医药、电镀液、染料、电子工业等溶液的过滤处理。

五、酒降固、除浊、抗冷一体机

技术参数：

型号：TⅣ0.5~20NB1 系列。

流量：0.5~20t/h。

配泵：自吸式不锈钢防爆泵。

电压：380V。

功率：0.75~11kW。

工作压力：0.1~0.35MPa。

主要性能指标：降固可达90%，除浊100%，抗冷 -3℃至 -20℃。

适用范围：各种香型的高、中、低度白酒。

产品说明：该机采用多级特制酒用高分子聚合物和超精滤材料，对高、中、低度酒进行综合处理，有效地解决了瓶装酒生产中所遇到的固形物超标，酒液浑浊沉淀。低温复浑、异杂味等一系列问题，一次滤清，经终滤后可直接装瓶。

该机组取代了瓶装酒生产中多次过滤处理设备过程的繁琐，避免了各个环节带来的二次污染和酒损。实现了一次性完成后处理净化过程。减少了生产工人、周转贮罐、降低了生产成本，减少了其他方法降固、除浊的贮存澄清反应时间，提高了生产效率。设备在正常使用流量范围内，厂家可自行调节最佳流量。其内部主体介质 5 ~ 10 年不需更换，可反复再生使用，一次性投资即可。

六、多级膜过滤器系列

技术参数：

型号：MA ~ 1 型、MA ~ 2 型、MA ~ 3 型、MA ~ 4 型。

过滤能力：13512t/h。

设备尺寸（mm）：350 × 350 × 400、450 × 450 × 900、450 × 450 × 1400、900 × 450 × 1400。

产品说明：多极膜过滤器，它具有体积小、孔隙率高、过滤面积大、滤速快、强度高、使用寿命长等特点。已广泛用于医药、食品、电子、化工及生物工程等行业。其各项技术指标均达到国外产品标准。过滤精度 0.1 ~ 60μm。高分子滤膜选用材质均为洁净材料，制作过程是在 10 万级洁净室内生产。是医药、卫生、生物工程、食品、酒、饮料、电子、工业和化工工业除菌、澄清过滤有效的产品。产品分为 A、B 两种型号。

第三节　过　　滤

一、用　　途

以酒降固、除浊、抗冷一体机为例进行介绍：本机主要用于除去低、高度酒中的高级脂肪酸（油酸乙酯、亚油酸乙酯、棕榈酸乙酯），去除酒中浑浊和固形物以及酒中的沉淀，具有一定新酒催熟陈化等多种功能。本机的主要特点：

（1）处理速度快，处理后可立即装瓶；

（2）处理后的酒基本保持原酒风味；

（3）处理后的酒低温无浑浊、无沉淀；

（4）内部处理剂能重复再生使用；处理后的酒具有陈化老熟的效果。

二、设　备　型　号

设备型号见图 15 - 1。

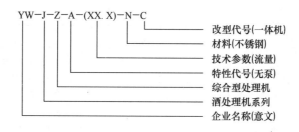

图 15 - 1　设备型号

几种型号的酒处理机见表 15 - 1。

表 15 - 1　　　　　　　　　　　　几种型号的酒处理机

设　备　型　号	设　备　名
YW—J - Z - A—0. 5 - 1. 0—N—C	不锈钢无泵 0. 5 ~ 1. 0t/h 酒处理机
YW—J - Z - A—1. 0 - 2. 0—N—C	不锈钢无泵 1. 0 ~ 2. 0t/h 酒处理机
YW—J - Z - A—2. 0 - 3. 0—N—C	不锈钢无泵 2. 0 ~ 3. 0t/h 酒处理机
YW—J - Z - A—4. 0 - 6. 0—N—C	不锈钢无泵 4. 0 ~ 6. 0t/h 酒处理机

三、基 本 原 理

该机是采用多种不同的分子筛，根据各种分子筛孔径大小不一，作用不同的表面形式和分子筛特有的选择性在不破坏酒体的前提下，对酒中引起固形物的物质和引起低温复浑的三大酯以及酒中的浑浊和杂质进行分级选择性的过滤清除，从而达到降固、除浊、抗冷的作用。

四、技 术 参 数

技术参数见表 15 - 2。

表 15 - 2　　　　　　　　　　　　酒处理机的技术参数

项　目		型　号 参数	YW—J - Z - A— 0. 5 - 1. 0—N—C	YW—J - Z - A— 1. 0 - 2. 0—N—C	YW—J - Z - A— 2. 0 - 3. 0—N—C	YW—J - Z - A— 4. 0 - 6. 0—N—C
流量		t/H	0. 5 ~ 1. 0	1. 0 ~ 2. 0	2. 0 ~ 3. 0	4. 0 ~ 6. 0
最大工作压力		MPa	≤0. 35			
清洗反压		MPa	详见再生清洗			
工作温度		℃	0 ~ 40			
酒质	浊度	度	< 8			
	色度	度	< 5			
	总铁	mg/L	< 0. 5（以 Fe 表示）			
	锰	mg/L	< 0. 1（以 Mn 表示）			

续表

项 目	参数	型 号	YW—J—Z—A— 0.5-1.0—N—C	YW—J—Z—A— 1.0-2.0—N—C	YW—J—Z—A— 2.0-3.0—N—C	YW—J—Z—A— 4.0-6.0—N—C
酒质	表面活性剂	mg/L	< 0.5			
	固形物	mg/L	< 600			
	己酸乙酯	mg/L	应符合国家标准。低于38%并满足下列要求： 35%～38%，1.2～1.6；32%～35%，1.0～1.4；29%～32%，0.6～1.0			
	添加剂		添加量应符合国家相关标准和规定，不得加入国家不允许添加的添加剂			
再生剂用量			罐体体积的 2～5 倍			
再生液浓度			NaCl：5%～8%　HCl：2%～5%　NaOH：5%			
配泵功率		kW	1.1	1.1	2.2	3.0
配泵电压		V	220 或 380			
尺寸（约）		mm	2200×400×1500	2500×500×1500	3000×600×2000	4000×800×2400

注：该机工作压力不超过最大工作压力，否则易损坏设备内部材料；配泵功率以不锈钢防爆泵为准，如使用普通泵需加大配泵功率，扬程以 25m 以上为佳。

五、构造与工作原理

本机主要是由 A 罐（粗滤）、B 罐（酒处理）、C（c）罐（酒类除盐）、D、E 罐（两级终端过滤）以及优质不锈钢板、阀门、管道、机架等组成，具有较强耐腐蚀性能，而且设计合理，结构紧凑。

六、设备安装调试

该套设备的工作原理参见图 15-2。A 罐为粗滤器，用于保护后级过滤装置；B 罐内为酒处理剂，系高分子材料，主要是用来防止酒低温出现浑浊；C（c）罐内为酒类除盐剂，主要除去酒中的钙、镁等重金属离子，从而杜绝酒放置出现沉淀；D、E 罐为终端过滤，主要用于过滤浑浊以及可见杂质。

1. 设备检验

设备在出厂前，已是调试好的产品，设备到厂后，应先用洁净无杂质的清水清洗试压；检测接口密封等处是否因运输造成松动或有渗漏现象，如有需密封好。

2. 安装

设备密封无渗漏后，按照设备技术参数配备好酒泵，将泵的出口与设备的进口用软管连接，泵的进口和设备出口分别用软管接好，并保证能正常排液。

3. 调试

设备初期使用时应用原酒循环饱和，达到排除填料中的水分，同时让设备内部新材料饱和的目的。开车时应先部分开启泵回流调节阀，避免流量过小而损坏电机，并全开排气阀将罐内气体排出。同时调整进口阀门，由大到小逐步调整，使之达到设备标定流量。酒质检验：出酒达到清澈透明即为合格，如处理效果不理想，逐步减小流

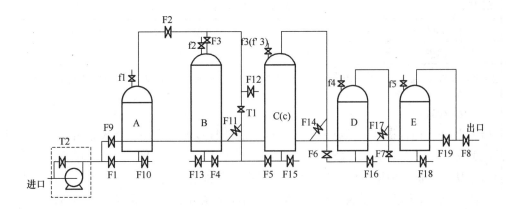

图 15-2　酒降固、除浊、抗冷一体机处理流程操作示意图

A—粗滤　B—抗冷　C—除盐　D、E—中端膜过滤　✕—球阀

F—排气阀　T1、T2—调节阀

生产流程：进口—F1—A—B—C（c）—D—E—出口

量，至清澈为止。如处理后的酒香味损失较严重，可以通过调整设备的调节阀 T1 进行调节（阀门 T1 决不允许突然开大，应缓慢开启，让酒液缓慢、平稳地进入设备，以免系统压力突然升高而损坏内部材料），直到达到抗冷和香味损失均符合厂方要求，同时检测处理前后的固形物指标，达到降低固形物的目的，即表明设备处理达到效果，调试结束。

设备稳定生产约 30min，此时为设备正常工作状态，记录下此时各级压力 p 并填入压力状态表，作为设备检测工作状态的初始压力。

七、再生药剂质量标准与药品管理

1. 再生药剂质量标准

再生药剂质量标准见表 15-3、表 15-4、表 15-5。

表 15-3　　　　　　　　　　　　　　盐酸、烧碱质量要求

盐 酸 质 量 要 求		烧 碱 质 量 要 求	
指 标 名 称	指　标	指 标 名 称	指　标
总酸度（以 HCl 计）/% 　≥	31.0	氢氧化钠（NaOH）/% 　≥	99.5
铁（Fe）/% 　　≤	0.006	碳酸钠（Na_2CO_3）/% 　≤	0.40
硫酸盐（以 SO_4^{2-} 计）/% 　≤	0.005	氯化钠（NaCl）/% 　≤	0.06
砷（As）/%	0.0001	三氧化二铁（Fe_2O_3）/%	0.003
灼烧残渣/% 　　≤	0.08	钙镁总含量（以 Ca 计）/% 　≤	0.01
氧化物（以 Cl 计）/% 　≤	0.005	二氧化硅（SiO_2）/%	0.02
		汞（Hg）含量/%	0.0005

表 15 -4　　　　　　　　　　　　　　　　　**工业食盐质量标准**

氯化钠（NaCl）/%	≥	92.00	水溶性杂质/%	≤	1.60
水不溶性物/%	≤	0.40	水分/%	≤	5.00

注：铬黑 T 指示剂配制方法为：0.2g 铬黑 T 指示剂溶于 15mL 三乙醇胺和 5mL 甲醇中，摇匀即可。

2. 药品管理

（1）盐酸腐蚀性极强　浓盐酸接触人体皮肤能导致严重烧伤，溅入眼内会导致永远失明，接触皮肤会产生皮炎和光敏作用，吸入盐酸蒸气会引起咳嗽、窒息，呼吸道溃疡。误服会引起黏膜、食管和胃烧伤，咽下困难、恶心、呕吐、极度口渴、腹泻，以及发生循环性虚脱甚至死亡。因此，接触和使用盐酸，特别是浓盐酸时，应穿戴规定的防护用具，保护眼睛和皮肤。应采取措施，防止二氧化氯气体逸出而污染大气和进入体内。最好单独存放，存放时置于石棉瓦或玻璃钢瓦下，保持良好通风。万一出现事故则采取以下措施：急性吸入中毒者应立即脱离现场，给予镇静止痛药，呼吸道刺激严重时，可给 5% 碳酸氢钠溶液喷雾吸入和吸氧，注意祛痰，解痉，消炎等防止和防治肺水肿；局部灼伤可立即用大量清水冲洗，并以 2% ~5% 碳酸氢钠溶液中和后，再以清水冲洗。眼部灼伤应先于其他部位处理：可先用清水反复冲洗至少 15min，再用 2% 碳酸氢钠溶液冲洗，并进行止痛，抗感染和其他眼科治疗。

（2）氢氧化钠对一切生物细胞和纤维组织均有严重的伤害性。进入人体内能引起呕吐、虚脱；吸入混有烧碱粉尘可能伤害呼吸道，接触氢氧化钠要戴防护眼镜、橡胶手套和橡胶靴，防止烧碱触及皮肤和眼睛。清扫工作场地时要戴口罩，以防含烧碱微粒的尘土进入体内。如不慎被烧碱沾染了皮肤，应立即用大量清水冲洗。工作场地应随时配备有硼酸或稀醋酸溶液（2%）和水管备用。产品最好单独存放于干燥、通风的有棚架下。

（3）食盐储存时，应防止石灰等含钙、镁等杂质污染，并不得用水泥构筑物及铁槽储存食盐溶液；配制食盐溶液时用软水。

八、再 生 清 洗

当设备流量变小，首先检查 A 压力与其初始压力相比减小了 0.05MPa 以上时，表明设备 A 级内部滤芯表面堵塞，需要进行反冲清洗；当处理出的酒液在低温下出现浑浊时，表明 B 级需要清洗，当设备处理后酒加入铬黑 T 指示剂后颜色变红，说明 C（c）级需要清洗；当 D 级压力表压力与其初始压力相比减小 0.05MPa 以上时，说明 D 级堵塞，需要清洗；E 罐之前的各级压力均升高，流量明显下降不能满足生产需要，则应该反冲清洗，再生前通过罐体下部排液阀将罐体内酒排尽。

为提高再生效率，应选用纯度高的再生剂，并用酸再生处理的软水机生产的水或纯水配制，按下述方法进行再生。若采用未经处理的水再生清洗，将影响再生效率和生产周期。

1. 操作流程

生产、再生操作流程见表 15 -5。

表 15 – 5　　　　　　　　　　　生产、再生操作流程

设备名称	操作步骤	工作介质流向
A 罐	生产运行	进口→泵→F1→A 罐→F2
	反洗	进口→泵→F9→F11→T1 →F2→A 罐→F10
	正洗	进口→泵→F1→A 罐→F2→F12
B 罐	生产运行	F2→F3→B 罐→F4
	反洗	进口→泵→F9→F11→F4→B 罐→F3→F12
	浸泡	
	正洗	F2→F3→B 罐→F13
C（c）罐	生产运行	F4→F5→C（c）罐→F13
	落床	
	再生	进口→泵→F9→F14→C（c）罐→F15
	置换	进口→泵→F9→F14→C（c）罐→F15
	正洗	F4→F5→C（c）罐→F6→F16
D 罐	生产运行	F6→D 罐→F7
	反洗	进口→泵→F9→F17→D 罐→F16
	再生	进口→泵→F9→F17→D 罐→F16
	置换	进口→泵→F9→F17→D 罐→F16
	正洗	F6→D 罐→F7→F18
E 罐	生产运行	F7→E 罐→F8
	反洗	进口→泵→F9→F19→E 罐→F18
	正洗	F7→E 罐→F8

2. 操作控制参数

酒处理机的各项操作控制参数见表 15 – 6。

表 15 – 6　　　　　　　　　　　操作控制参数

操作步骤		设备名称	C（c）罐
1	落床	流速/（m/h）	落床；重力落床
		时间/min	5 ~ 8
2	再生	药剂	盐酸
		溶剂	纯水
		浓度/%	2 ~ 5
		流速/（m/h）	4 ~ 6
		时间/min	≥60

续表

操作步骤		设备名称		C（c）罐	
3	置换	介质		纯水	
		流向		同再生	
		流速/（m/h）		4～6	
		置换终点		出水［Cl⁻］浓度＜（原水［Cl⁻］＋20mg/L）	
4	正洗	流速/（m/h）		15～20	
		水耗/（m³/m³材料）		1～2	
		终点		正洗水硬度＜0.05mmol	
5	成床	流速/（m/h）	—	20～30	
		时间/min	—	5～10	
6	保养			2%的盐溶液浸泡，保持每月换液一次	

B 罐			
1	反洗	药剂	酒精
		流速/（m/h）	15
		时间/min	15
2	浸泡	次数	2
		时间/min	60～120
3	反冲	药剂	酒精
		流速/（m/h）	15
		时间/min	15
4	保养		95%的食用酒精浸泡

A、D 罐（PP1.0）			
1	反冲	介质	净化处理后的水
		工作压力	≤0.1MPa
		流量	冲洗至流量达到设备工作流量为止
2	保养		短期停产，将滤器注满高度酒精，关闭进出口阀门；停产时间较长，按大清洗的方法清洗干净后取出，用烘箱烘干（50℃，36h），之后用塑料包装以防发霉

E 罐（PE）			
1	反冲	介质	压缩空气或气水混合物
		工作压力	0.4～0.6 MPa
		流量	冲洗至流量达到设备工作流量为止
2	保养		短期停产，将滤器注满高度酒精，关闭进出口阀门；停产时间较长，按大清洗的方法清洗干净后取出，用烘箱烘干（50℃，36h），之后用塑料包装以防发霉

3. 再生、清洗中的注意事项

（1）再生药剂消耗为理论消耗用量的 2～5 倍，因此配制再生液时，药剂浓度选低限时，再生液体积应选高限；反之，药剂浓度选高限则再生液体积应选低限。

（2）生产、再生时，应排尽设备内的空气。

（3）每级再生清洗应单独进行，以免造成交叉污染。

（4）要严格控制再生流速（再生时间）。

（5）再生时交换器内应保持一定的压力，使罐充满再生液，以免发生液体短路，这样再生效果才好。

（6）再生效果与再生液的浓度、温度（适当提高温度有利于提高再生效率，一般以 26～30℃为宜）及再生液的用量、纯度有密切的关系，再生时应严格控制。

（7）正洗时，要均匀进水，保持一定水压。

4. 大清洗

如果按正常再生步骤再生后，树脂的生产周期仍然不理想，则应进行大清洗，其操作程序如下：

A、D、E 罐：5% 的 NaOH 溶液浸泡 1～2h 后，用洁净无杂质的清水反冲，之后再用 5% 的 HCl 溶液浸泡 1～2h 后反冲至流量符合要求为止（操作参考再生操作）。

B 罐：2%～4% NaOH 溶液→清洗至中性→用 95% 的酒精按正常清洗流程清洗→生产（每种药剂的使用操作参考生产再生操作流程和操作控制参数）。

C（c）罐：10% 的食盐溶液→洗至洗水无色无味→5% 的 HCl 溶液→清洗至中性→生产（每种药剂的使用操作参考生产再生操作流程和操作控制参数）。

九、运输与保养

因运输中的振动出现设备渗漏时，操作人员经过检漏密封后，不影响设备处理效果。设备平时未生产时，一定要保证机内有一定的水分（见再生中保养事项），以防高分子材料干裂，影响处理效果，甚至失效。每周应换液一次。要经常保持设备外部的干燥，尤其是经酸碱处理后，要及时用水冲洗去设备外部的酸碱溶液，并擦干设备外部的水分。

十、故障和排除方法

故障和排除方法见表 15-7。

表 15-7　　　　　　　　　　　常见故障和排除方法

故障现象	原因	排除方法
一段时间后流量变小	A、D、E 罐阻塞	反冲清洗
过滤一定量的酒后酒质变差	B、C（c）罐内污物过多	需要清洗 B、C（c）罐
运行时出酒固形物高、抗冷效果差	内材污染严重	加强入床酒预处理
	运行流速过快	调整流速至适当
再生盐耗高	再生盐液流速过快	调整进液流速
	盐液分配不均、短路	调整进液，杜绝短路
	内材污染	加强反洗，降低入床水浊度

注意事项：

（1）正常生产时，要根据设备标牌的型号，选择控制流量，以防影响处理效果，总之待流量稳定后，以酒清澈透明为准。如设备使用过久，降低流量低温下酒仍有浑浊时，应对填料进行反冲或再生处理。

（2）该机未生产时，在机内应保留一定的酒液，以防高分子处理剂干裂，部分失效影响处理效果甚至失效。

（3）开车时应部分开启回流调节阀，以免系统流量过小而损坏自吸泵。

（4）进入该机的白酒不得加入过多的甘油或其他非国家允许添加的香料成分，否则，该机降固效果将不明显。

（5）用淀粉、粉末活性炭等进行预处理，或者杂质过多，须先用硅藻土处理机或其他过滤机。

（6）不同品种的酒在处理前必须对该机进行彻底清洗，以防串香。

（7）该机使用时流量以设备出口流量计，使用时接酒罐不应高于设备高度的 2.5 倍，以免影响设备流量。

（8）冬天气温低时，酒的流量应适当放小。

（9）再生前所排出的酒，可返回原酒罐中，清洗使用后的酒精，蒸馏后可反复使用。

（10）当设备再生处理后，开始生产时，由于内部材料含有一定水分，开始酒度有所下降，可采用在开始生产时将设备处理后的酒返回原酒罐或先用高度酒精流过设备，挤出水分。

（11）该机工作压力不能超过 0.35～0.40MPa。

（12）生产暂时停机时，应关上进出阀门，保证设备内有一定酒液。

（13）设备停机 5h 以上，开始生产时如酒出现微黄现象，是正常现象，返回酒罐再经过设备处理后可以恢复正常。

（14）按再生操作中的保养事项进行保养。

（15）每次生产完毕应清洗放置，必须经常保持设备内外的清洁、卫生和干燥，防止细菌等有机物滋生繁殖和污染设备内部滤芯。

（16）厂家应配备持证上岗的水处理工。

（17）设备投入生产时，厂家务必将原酒做一次酒质全分析，以便指导生产。

（18）该设备的使用环境及树脂存放环境的温度应保持在 5～40℃。

（19）长期停用的阴阳树脂应用食盐溶液将其转型，要避免与铁器氧化剂和油类等物质直接接触。

（20）设备每年检修一次，检查柱内树脂是否损坏和减少，不足时应给予补充，树脂量为柱高的 85% 左右。检查上下钢丝是否损坏，如有损坏应更换，以防树脂流失。

（21）设备使用厂家应建立设备运行台账和检修台账，以供以后操作和检修参考。

（22）随时检测设备运行状况，该机处理效果以铬黑 T 指示剂指示为准，如用处理后的水 20mL 加入铬黑 T1～2 滴后颜色显蓝色，说明设备处理达到处理效果。

（23）当有再生液溅到设备外壳时，应先用干抹布擦干，尔后用大量清水冲洗干净。

（24）为确保设备和人身安全，应在设备上标志出正确接地方法。

（25）设备的使用环境湿度≤90%，并有良好的通风条件和地面排水设施。

（26）勾调好的酒，要求放置 1 个月，再进入该机过滤。

第十六章 白 酒 包 装

第一节 生 产 准 备

一、生产前准备

核算人员根据包装通知单领料，负责领用当天包装材料，仔细核对领用包装材料的品种、数量、规格是否符合要求，如发现差错应及时更正。

当班人员根据当天的生产安排，将工作场地清理好，留出包装材料堆场。

领用材料应按品种、规格，分别标识摆放。

检查设备是否齐全并在预定的位置，电源是否正确连接，开关是否正常工作。

当班人员更换工作服并做个人卫生清洗，准备进行包装。

二、洗 瓶

（一）工作程序

将装瓶的麻袋抬到池边，解开封口绳，将瓶子一个一个，一层一层捡入洗瓶池中浸泡，边抹边将不合格瓶捡出，做好麻袋回收工作。

先用擦布将瓶子外面擦洗干净，然后将瓶刷插入瓶内紧贴内壁洗净瓶体内部；再将瓶子从池中拿出，倒尽瓶中残水，再放进喷水嘴上清洗完毕，将洗净的瓶子放在规定的架子上或由机器控干水分。

（二）相关知识

1. 洗瓶机操作规程

机械洗瓶有机械洗和高压喷洗两种方式。机械刷洗是将经碱液浸泡后的瓶子，利用刷子刷洗瓶子的内外壁，去除污物及商标。目前国内常用的白酒洗瓶机大多采用高压喷洗法，洗瓶机使用前须冲洗干净，及时更换碱液，保证浓度符合要求。反冲喷水管须刷干净，以保证喷冲压力。机械洗瓶的操作过程如下。

（1）浸泡　瓶子通过进瓶装置进入洗瓶机，先经25℃水喷淋预热，再经50℃热水喷淋预热后，进入装有70℃碱液的槽中浸泡。

（2）碱液喷洗　用上述70℃碱液高压喷洗瓶子的内壁后，再喷洗瓶子外壁，使污物及商标脱落。

（3）热水、温水喷洗　先用50℃的高压水喷洗瓶的内部，再喷洗瓶的外壁。然后用25℃高压温水喷洗瓶子内、外部。

（4）清水淋洗　用15~20℃清水淋洗瓶子内、外壁后，沥水。为保证瓶内无水，可用无菌压缩空气驱除瓶内积水。

在洗瓶过程中，喷洗用的碱水可循环使用，但应及时将破碎瓶子、商标及污泥等滤除，以免堵塞喷嘴。

2. 验瓶

要求瓶子高度、规格、色泽均一致；瓶口不得有破裂的痕迹；瓶内的破损碎屑须清除，不能有任何污物存在。验瓶有以下两种方式。

（1）人工验瓶　瓶子的运行速度为每分钟 80～100 瓶。验瓶的灯光要明亮而不刺眼。利用灯光照射，检查瓶口、瓶身和瓶底，将不符合要求的瓶子一律挑出。验瓶者要精神集中，并应定时轮换。

（2）光学检验仪验瓶　瓶子运行速度为每分钟 100～800 瓶。污瓶可自动从传送带上被排除。

3. 洗瓶机的维护和保养

（1）在浸泡槽灌入洗涤液之前，留存的瓶子要全部退出。

（2）根据脏瓶实际情况，制订洗涤液更换、补充周期。

（3）工作中浸泡槽的液位和洗液浓度降低时要适量定期调整。

（4）达到洗液事先规定好的温度。

（5）观察喷水嘴与瓶口的对中，偏移量过大要做相应的调整。

（6）注意喷水嘴是否堵塞，必要时停机疏通。

（7）注意清水、热水、洗液水喷冲压力是否达到要求，发现异常及时排除。

4. 新、旧瓶的洗涤

（1）新瓶洗涤　先用热水浸泡，瓶温与水温之差不得超过 35℃，以免瓶子爆裂。浸泡一定时间后，经两道清水池刷瓶，再用清水冲洗后，将瓶子倒置于瓶架上沥干。

（2）旧瓶洗涤　先将油瓶、杂色瓶、异形瓶及破口瓶等不合格的酒瓶检出。将合格瓶浸于水池，缓慢通蒸汽使水温升至 35℃左右。再按瓶子的污垢程度，在池内加入 3% 以下的烧碱，并逐渐将水温升至 65～70℃。然后采用清水喷洗或浸泡的方式洗去碱水，并用毛刷刷洗或喷洗瓶中残留的碱液。最后用清水喷洗后，放于瓶架上沥干。自瓶中滴下的水，与酚酞指示液应呈无显色反应。

旧瓶洗涤液的配方较多，但均要求其高效、低泡、无毒。按洗涤用水的硬度、瓶的污染类型，以及洗去商标、去除油垢等要求，通常选用下列常用的一些单一或混合洗涤液，以混合洗涤液效果为好。

①3% 的烧碱溶液，要求烧碱中 NaOH 的含量不低于 60%。

②3% NaOH、0.2% 葡萄糖酸钠混合液。

③3% KOH、0.3% 葡萄糖酸钠、0.02% 连二亚硫酸钠混合液。

④1%～2% 的碱性洗涤剂，其溶质的组成为：NaOH 85%，聚磷酸盐 10%，硅酸钠 4%，三乙醇与环氧丙烷缩合物 1%。

⑤配制 7t 洗涤液，内含 NaOH 0.1%，橄榄油 1.7kg，洗衣粉 7kg，平平加 2kg，二甲基硅油 30mL。

⑥配制 50t 洗涤液，内含 NaOH 3%～5%，工业洗衣粉 3kg，平平加 0.3kg，三聚磷酸钠 lkg，磷酸三钠 lkg，皂化值为 51 的皂用泡花碱 3kg。

5. 洗瓶机异常故障及检修

洗瓶机异常故障及检修见表 16-1。

表 16 –1　　　　　　　　　　　洗瓶机异常故障及检修

故 障 特 征	故 障 分 析	排 除 方 法
清洗不净	浸泡时间不够	延长浸泡时间
	洗液浓度不够	检查洗液浓度并调整
	洗液温度不够	检查洗液温度并调整
	冲洗压力不够	调整水阀或更换水泵
	洗液配方不合理	根据瓶子情况调整洗液配方
	喷水嘴未对齐	调整喷嘴位置
破瓶率高	进瓶子太快，以致堆积碰撞	调整进瓶链条带速
	出瓶子太慢，以致堆积碰撞	调整出瓶链条带速
	喷水嘴压力过高，瓶子与机器碰撞	调整水阀降低水压
	瓶子厚薄不均匀，易碎	提出质量异议，改用合格瓶子
	浸泡水温度过高，热胀冷缩造成	调整浸泡水温

第二节　灌 装 验 质

一、灌装成品酒

（一）操作步骤

清洗过滤器，每日上午上班后将过滤器上盖取下放好，再取下滤布放在事先准备好的容器内，然后把过滤器放酒阀朝上放倒，用水冲洗至器内无渣之后，器壁洁净为止，再将滤器内的水倒尽。

关上阀门，检查酒罐是否牢固。

清洗滤布至洁净无污垢，用手拧干放在滤器口上，并用绳子捆扎结实。

将输酒管插入滤器内并固定，盖上滤器盖。

顺输酒管边走边观察输酒管有无脱节、裂口等现象。如无异常，打开灌阀门，再按原路检查返回，继续观察酒管有无异常，如有异常，应立即关上阀门。

滤器、滤布清洗要干净，并无明显水珠存在。

随时观看酒位，防止酒溢出滤器外。

往滤器内倒酒时要少装勤倒，避免滴漏地上。

过滤后的成品酒必须达到出厂标准方可装瓶。

使用过滤器应严格按照过滤器使用说明执行。

（二）相关知识

1. 灌装机的维护和保养

（1）严格按照使用说明书的要求操作。

（2）清洗

灌装系统清洗：打开下液缸放水阀，自来水接进液管对下液缸清洗；上、中液缸和吸液管也要定期拆卸清洗；装液阀用高压水枪进行外部清洗。

外部清洗：用清水冲洗机器表面（不能冲电机），彻底清除污物及碎玻璃，并用压缩空气吹干。

（3）按规定在相关部位加注润滑油和润滑脂，尽量做好车间的通风和排水，工作完毕要认真对设备进行清洗，要安装好设备的防护罩板，保护传动机构并注意人身安全。

（4）每周整机全面清洗。

（5）每月检查一次套筒、滚子、链条松紧情况，进行调整。

（6）减速箱每半年换一次油。

（7）在生产旺季，连续工作一段时间（约3个月）后，可更换磨损的O形圈及密封垫，设备使用1~2年需进行一次大修。

（8）设备若停用一段时间，除清洗干净外，机件表面应加油脂防锈，用塑料布将设备罩起。

2. 检验酒质

（1）将当天要灌装的酒用酒精计检验酒度是否符合要求。

（2）用量筒检验瓶酒装量是否符合要求。

（3）检验酒质是否清澈透明，有无杂质。

二、上盖、验质

（一）洗盖

1. 操作步骤

（1）上班后从库房领出当日所需瓶盖，用圆形筛进行严格清洗，上盖时，将瓶盖放在瓶嘴上。

（2）瓶盖内外清洁，无污垢，大小合适，不松不紧（过松漏气，过紧裂口），必须盖紧不准漏酒。

（3）下班后将剩余瓶盖用白布盖严。

2. 相关知识

瓶酒的封口，首先要使消费者有据可信，是不能随意更换或启动封口的原包装。要求封口非常严密，不能有挥发或渗漏现象，但又易于开启，开启后仍有较好的再封性。目前，用于白酒瓶封口的材料，主要有以下几种。

（1）冠盖　冠盖又称压盖或牙口盖，国际上称为王冠盖。通常用于冠形瓶头的封口，采用金属材料冲压呈圆形冠状，边缘有21个折痕，盖内有滴塑层或垫片。原轻工业部QB—653—1975颁布的冠盖规格，是按国际统一标准的规格。其上盖直径为1.033英寸（1英寸=2.54cm），弧度为1/16英寸，盖底或边缘直径为（1.262±0.8）英寸，牙口倾角为15°，弧度为1/8英寸，盖高（0.262±0.05）英寸。

（2）扭断盖　又称防盗盖。用于螺口瓶的封口。先用金属材料冲压成套状瓶盖，再用俗称为锁口机的滚压式封口机封口，套上有压线连结点，压线有一道、两道或多道，即多孔安全箍环。在压线未扭断时表示原封，启封时反扭封套，使压线断裂，即为扭断盖。套的长度因瓶颈而异，但金属材料的韧度要符合规定，并有一定的光洁度。盖内涂有泡塑、防酸漆等材料。

（3）蘑菇式塞 外形呈蘑菇状，塑料塞头与盖组成盖塞一体，或用套卡或盖扣紧盖塞。塑料塞上有螺纹或轮纹，以增强密封性能。若塞上封加封口套，则利于严密并易于开启。

（4）封口套和封口标 封口套是封盖和封塞上加套，并套住瓶颈，以提高密封度和美观。封口套通常为塑料套或金属材料套。封口标是封口上的顶标、骑马标、全圈标等的统称，大多用纸印刷而成。也有采用辅助封口的丝绸带、吊牌等，起保持原封和装潢的作用。

（二）加盖瓶盖

1. 操作步骤

（1）将封盖用的内塞、外盖、清洁干净，放入专用容器内待用。

（2）将已经装好检验过合格的酒瓶，如有内塞的先盖上内塞，然后盖上外盖，旋紧、旋正、锁丝必须均匀，封边封好，不得有烂盖、松盖、打不开、扭不断及漏酒的现象，如出现不正常应查明原因，采取后重新锁口。

（3）加盖时检验酒质是否清澈透明，有无杂质，是否符合工艺要求。

2. 相关知识

压盖机操作规程如下：

（1）检查压盖机电源是否接好，电器配置是否正确。

（2）开启压盖机。

（3）检验酒质和瓶盖是否符合工艺要求，并在合格酒瓶上加盖。

（4）压盖

①半自动压盖：将已加盖的瓶子放在旋转压头和托瓶盘之间；踏下脚踏板，通过拉杆（链条）、转臂使压轮与压头一起下降，压头紧压罐头瓶并带动它旋转；手扳把手通过偏心作用使滚轮径向接触瓶盖完成头道、二道封口工序。放开把手，滚轮在弹簧力作用下离开瓶盖复位；松开脚踏板，压头上升复位；完成一次封口工作循环。

②全自动压盖：将已加盖的瓶子放在输送带上，当瓶子通过压盖机时自动完成压盖操作。

（5）检查压盖后的瓶子是否符合工艺要求。

（三）检验外观质量

抓起置于事先挂好的白色检查板或日光灯对照，用肉眼观察瓶内有无异物，无异物的酒放置于商标工作旁边，有异物的必须选出。抓酒瓶时要紧，防止掉下。察看异物时思想要集中，认真负责，不得漏检。肉眼观察凡是有杂质、异物的均属不合格，必须返工。瓶内无异物、清澈透明属合格品。要求酒液清澈透明，无悬浮物和沉淀，装量合乎标准；瓶及瓶盖不漏气、不渗酒；瓶外壁洁净、无污点。

三、贴 商 标

（一）工作程序及注意事项

领用商标时，应检查商标是否符合要求，在商标的背面盖上生产日期、批号、班次，当天的必须用完，不允许第二天继续使用，发生特殊情况，将特殊处理。

粘贴时，应匀称，无歪斜，浆糊要均匀。

商标、颈花必须中心对齐，不得掉角、翻边、翘角及使用废标、废颈花，颈花不得错位，颈花必须紧贴瓶盖边缘。

有正副标的两边间距必须大致相等。

不得有漏贴商标、颈花的现象。

使用防伪封口、封底小圆都必须贴正，不得有漏贴现象，防伪小圆不得超出瓶盖边缘，小圆注册商标必须对正主标，不得有歪斜现象。

使用绸带的产品打结一边必须对准正标，不得有松带及未打绸带的装箱。

（二）相关知识

1. 商标

商标必须向国家有关部门申请注册后专用，可得到法律的保护。按实际需要，可采用单标、双标或三标，即正标、副标、颈标。正标上印有注册商标的图像、标名、酒名，原则上标名应与酒名一致。正副标上均可注明产地、厂名、等级、装量、原料、制法、酒度及出厂日期及代号、产品标准代号、批号等。副标上通常为文字的说明，不宜冗长，字不要太小。

商标要注重一目了然，给消费者以美好而独特的深刻印象。为此，商标的色彩不宜太多，图案应明快，不宜复杂而零乱；文字要清晰。商标纸应选用耐湿、耐碱性纸张，其规格为 $1m^2$ 重 70～80g。

瓶装酒标志须符合《食品卫生法》及 GB 7718—2011《食品标签通用标准》的规定。

2. 贴标要求

一般中、小型白酒厂多利用人工贴标，大厂采用机械贴标，或人工、机械贴标两法并用。

按规定位置紧贴瓶壁，要求整齐、不脱落、不歪斜、不褶皱。若使用人工贴标，则先将很多商标纸折成如人字形的特殊形状，并置于盘中上面铺有一层纱布的浆糊上，使商标纸左右两面的边缘黏上浆糊。贴标时，将瓶子斜置于特制的小木架上，贴上标签纸后，最好用软布将其抚平压实。

3. 浆糊

通常采用糊精液、酪素液或醋酸聚乙烯酯乳液等；若自制浆糊，可用马铃薯淀粉 1kg，加 2～2.5kg 水调成浆状，在不停地搅动下加入液态碱 130mL。再按使用情况加温水调节其黏稠度。

4. 机械贴标

贴标机的工艺流程为：供浆糊系统→取标板抹浆→标纸盒取标→夹标转鼓→转瓶台贴标→压标→滚标装置。供浆糊系统可用电控固定频率开闭气阀，在气缸上下动作下，浆糊沿管道上升溢于浆糊辊上。每个取标板和托瓶按不同动作需要，在槽形凸轮作用下做不同角度的摆动。主电机为电磁调速电机。自动装置设有连锁安全装置，在某一故障消除前，不能随便开车。

四、装　　箱

（一）工作程序及注意事项

内盒不得使用霉烂、变形严重及报废盒片、盒盖必须扣整齐、严实。

合格证必须写明当天包装日期、产品名称、规格、批号、班次、检验员、装箱员，合格证日期必须和商标上的日期一致（当天合格证必须当天用完，不允许将剩余的第二天再用，如有特殊情况，特殊处理），不得有漏放或多放的现象。

内隔板、底板、盖板不得有漏放或多放的现象。

箱子不能打反，箱内所装产品必须和箱子名称相一致，严重变形及烂箱不能使用。

入箱时应仔细核对装箱数量、商标是否完好，是否有卷标现象，入箱时右手手指轻轻按住颈花接合处，确保颈花粘贴整齐。入箱时白纸必须卷紧正标。

胶套必须烫好、烫实、烫平，不得有漏烫现象，浆糊不得超出商标、颈花贴标以外，不得糊到商标、颈花上面及瓶子上，浆糊必须涂抹均匀。

使用白纸的产品，装箱时白纸必须卷紧商标，不得有卷标或不卷白纸及多卷的现象。使用网套的产品，网套必须套正，不得有卷标或不套网套的现象。

打包带必须打紧、打正，不得有松带、歪斜的现象；打包扣必须夹紧、夹平，不得有漏打现象。

粘胶带必须粘正、粘平、粘紧。

（二）相关知识

1. 外包装材料

通常为纸箱，装量为 0.5kg 的瓶酒，每箱装 12、20、24 瓶。瓶与瓶之间用内衬和衬卡相隔，一般卡为"井"字形。也可使用横卡、直卡、圆卡或波浪卡。有的纸箱或纸盒还设颈卡。纸箱的规格及设卡状况按瓶形而定。

瓶装酒外包装的木箱、纸箱或塑料箱上，应注有厂名、产地、酒名、净重、毛重、瓶数、包装尺寸、瓶装规格，并有"小心轻放"、"不可倒置"、"防湿"、"向上"、"防热"等指示标志。周转箱应定期清洗，不得将泥垢杂物带入车间。

中、小型厂多采用人工装箱。装箱操作要求轻拿、轻放，商标须端正整洁，隔板纸要完整，能真正起到防震、防碰撞的作用。装箱后须经质量检验员检查合格，并每箱放入产品质量合格证书，再用手提式捆箱机捆箱。捆箱前先用胶水及牛皮纸条封住箱缝。捆箱材料为腰带及腰扣。铁腰带的规格为宽 12～16mm、厚 0.3～0.5mm；塑料腰带为宽 15.5～16mm，厚 0.6～1mm。腰扣为标准型扣。

2. 封箱机操作规程

（1）检查封箱机电源及电器配置是否正确。

（2）开启封箱机。

（3）当包装箱到达工作台时，检查包装箱是否完好；合格证等是否放好。

（4）封箱。

①半自动封箱机：用手将已送出的带头沿送带槽插入热合台底面的凹槽内，使之触碰微动开关，由机械作用使之拉紧；然后封箱机自动将包装带热合完成封箱。

②全自动封箱机：将检查合格的包装箱放在输送带上，包装箱经过封箱机后自动完成封箱动作。

（5）最后检查封好的包装箱有无其他质量问题，若没有则将包装箱入库。

3. 封箱机的维护和保养

（1）每天工作结束后，必须及时退出轨道和储带箱内的捆扎带，以避免捆扎带长期滞留在箱体里造成弯曲变形，致使下次捆扎时送带不畅。

（2）在捆扎过程中，塑料带因与机件摩擦而产生很多带屑，如果长期积留在切刀、张紧器、烫头和送带轨道表面上，会影响正常的捆扎粘接，必须及时清除。

（3）除参照产品说明书规定的需润滑部件和机件外，严禁在送带轮和塑料带上加油，以免打滑。

（4）机器发生故障时，切忌用手拽捆扎带。

第三节　灌装设备

一、清洗设备

白酒生产企业为了保证设备和产品的卫生质量，每天都要对生产设备、管道和环境进行清洗。传统的清洗方法是定期停机拆卸清洗。随着生产设备自动化程度的提高，现代白酒生产企业越来越多地采用自动清洗装置。目前，清洗设备种类、型号繁多，不能一一详述，兹介绍如下几种常用设备。

1. XP-25型洗瓶机

该机适于洗新瓶。旧瓶应在热碱水池中浸除商标及污物后，才能进入该机。该机可与YGZ-30灌酒机及Y-12型压盖机配套，多用于中小型白酒厂。

该机采用链套、链条传动，配用XP-12型输送带，带长12m，宽90mm，带速5.31m/min，配用电动机功率约60kW。全机进出口由2~4人装卸瓶子。即将瓶子倒插入链套，传入挡罩进入喷水轮，由循环水泵的高压水对瓶内外进行喷淋洗涤后，传送到挡水罩外，由人工转入输送带上进入灌酒工序。

该机有喷水轮9个，主电动机功率为3kW，水泵电动机功率为7.5kW，可洗装量为0.5kg的普通及异形玻璃瓶，生产能力为2500瓶/h。

2. JC-16型洗瓶机

该机为无毛刷冲洗瓶机，适于洗涤新瓶或旧瓶。

全机由进瓶装置、箱体、出瓶装置、链条及瓶盒装置、除商标装置、主机传动装置、电控自控系统、泵与管路系统等组成。瓶子的进出口在同一端，下部为进瓶链道，上部为出瓶链道。瓶子由输送带通过进瓶链道及振动装置自动排列，由托瓶机构导入瓶盒中。每排瓶盒组合在两侧链条上且互相冲压而成。由传动机构的摇臂推动链条间歇运动而进行进瓶和出瓶。浸瓶的4个箱体安装在一起，箱体中焊标导轨，安装各种浸槽、加热器及不同用途的喷管，由水泵将洗涤液和清水加压后由喷嘴喷出。洗涤液可重复使用。机尾有除标网带，将瓶渣、商标等排出箱外。排水后的瓶由凸轮推出至出瓶链道。机体设有故障停机装置。

该机生产能力为4000~8000瓶/h。适应瓶的最大规格为φ84mm×320mm。每排瓶数为16个。瓶间距为100mm。瓶盒排数为158个，链条节距为160mm。运行周期为19~38min。预浸槽、一浸槽、二浸槽、热水槽及温水槽的容积分别为1.3m³、4.8m³、3.4m³、1.7m³、1.2m³。有4BA-25（A）型水泵3台，2BA-6（A）型水泵2台。电动机总装机容量为27kW。耗水量为4~5t/h，耗汽量为0.4t/h。外形尺寸为9640mm×3565mm×

3135mm。设备总质量25t。

3. JZC－1型洗瓶机

该机由进出瓶链道、洗瓶转鼓、喷冲装置、除标装置、传动系统、故障停车装置等部件组成。它为浸冲结合的转鼓式洗瓶机。

该机生产能力为1000～2000瓶/h。适应的最大瓶形为$\phi 84mm \times 320mm$。每排瓶数为12个，瓶距100mm，转鼓直径为2000mm。碱液泵为4BL～25A，电动机功率为4kW，流量为$72m^3/h$，扬程为11m。洗涤液泵为$4OB_2$—18，功率为1.5kW，流量为$10m^3/h$，扬程为11m。温水泵为$4OB_2$—8，功率为1.5kW。运转周期为12～36min，总装机容量约9kW。耗水量为1t/h，耗汽量为80kg/h。外形尺寸为3800mm×3000mm×2500mm。设备总重3.5t。

4. 毛刷式半自动洗瓶机

毛刷式洗瓶机为清洗多种圆柱形玻璃瓶的半自动化专用设备，主要由机架、工作圆盘、毛刷组、定位凹槽圆盘、行星齿轮传动组和电动机传动机构等组成。图16－1为一种常用的洗瓶机。

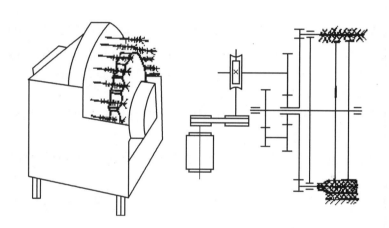

图16－1　JYX_{24}型洗瓶机的外形与传动图

清洗时将经洗液充分浸泡处理的玻璃瓶在工作圆盘一侧用人工插入与瓶型相应的毛刷中，由定位凹槽圆盘支承随主圆盘转动，旋转的毛刷刷洗瓶内外污垢后，在圆盘另一侧人工取下玻璃瓶，然后还要用清水冲洗，常与冲瓶机配套使用。

5. 全自动洗瓶机

近年来，大型企业为了提高工作效率和质量，都采用了全自动洗瓶机，它可适用于新瓶和回收旧瓶。其型式按进出瓶的方式分为双端式和单端式两种。双端式洗瓶机的瓶子由一端进入而从另一端出来，也称直通式。单端式洗瓶机的瓶子进出口都在机器的同一侧，其结构紧凑，工作时只需一人操作，但在洗瓶过程中容易因脏瓶污染净瓶。双端式洗瓶机虽然输送带在工作中有一段空载，洗瓶空间利用不及单端式充分，需两人操作，但有利于连续化生产。单端式和双端式的主要构造基本相同，都是由机架、输瓶机构、浸泡槽、喷射系统和自控装置等组成。

图16－2为一台单端式浸泡与喷射式全自动洗瓶机。其工作过程可分为6个部分。

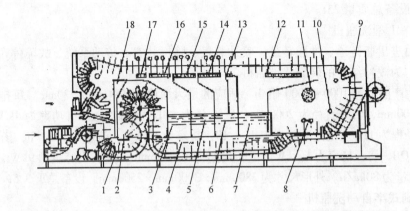

图 16－2　浸泡与喷射式洗瓶机
1—浸泡槽　2—污水接收器　3—冷水池　4—浸泡槽　5—温水池　6—热水池
7—洗液接收器　8—喷头　9—转角处　10—喷头　11—中心加热器　12—洗液喷射区
13—喷头　14—热水喷射区　15—温水喷射区　16、17—冷水喷射区　18—罩板

（1）去掉杂余物与预热　在预泡槽内进行，碱洗液温度控制在 30～40℃，以避免瓶子突然受热破碎。玻璃瓶经初步清洗和杀菌，去掉大部分易脱离的松散杂质，同时得到预热。预热后瓶温不应超过 30～33℃，然后被输送至浸泡槽。在此过程中，如有中间洗液喷洗装置，玻璃瓶再次预热至 45℃。

（2）洗液浸泡　在浸泡槽中进行。为使瓶中污物能够充分浸润松脱或溶解，浸泡槽容量较大，工作距离也较长。洗液温度一般为 70～75℃。

（3）洗液喷射　在洗液喷射区进行，此时倒置的瓶子被 75℃热碱液喷射冲洗，压力为 0.25MPa。

（4）热水喷射　用热水将瓶子上的洗涤液除去，并降低瓶子温度，热水温度 55℃左右。

（5）温水喷射　用 35℃的温水进一步喷射瓶内外进行降温。

（6）冷水喷射　用经氯化杀菌处理的冷水喷射瓶内外，使瓶温降至 20℃。

全自动洗瓶机对洗液浓度、温度和冷、温水的加热更换都采用自动控制装置，以达到最佳的清洗效果并节能、节水。

二、灌　装　设　备

1. 灌装基本原理和方法

白酒灌装以定容法为主，定容法又有等压法和压差法之分。等压法就是在灌装时，贮液罐顶部空间压力和包装容器顶部空间压力相同，白酒靠自身重力流入包装容器内，它既可以在常压下灌装（常压法），也可以在大于 0.1MPa（高压法）或者在小于 0.1MPa 灌装（真空法）。压差法是指在灌装时，贮液罐的压力与容器压力不一样，且贮液罐的压力大于容器内压力，这种灌装方法灌装速度较快。

等压式灌装机中，贮液罐和包装容器之间有两条通道，一条是进液通道，只流过料液；另一条是排气通道，用于从包装容器中挤出的气体返回到贮液罐中，使灌装过程中贮液罐和包装容器顶部空间之间的压力达到平衡。

压差式灌装机中贮液罐和包装容器的压力差相当大，料液在压力差的作用下从贮液罐流入包装容器。一般采用空气压缩机使贮液罐压力高于包装容器，或者采用真空泵使包装容器压力低于贮液罐的压力。这类灌装机可以通过改变压力降提高灌装速度。

2. 灌装机的主要机构

白酒灌装机主要由瓶、罐输送机构（图16-3）和升降机构、灌装阀机构及其他附属机构组成。

（1）瓶、罐输送和升降机构 在灌装之前要求准确地将空瓶或空罐输送到自动灌装机的瓶托升降机构上，使瓶或罐自动、连续、准确和单个地保持适当间距送进灌装机构，常采用爪式拨轮（图16-4）或螺旋输送器等。

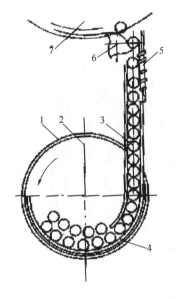

图16-3 圆盘输送机构
1—挡板 2—圆盘 3—空瓶 4—弧形导板
5—螺旋分隔器 6—爪式拨轮 7—工作台

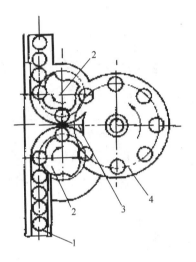

图16-4 链板、拨轮输送机构
1—链板式输送机 2—四爪拨轮
3—定位板 4—装料机构

常用瓶、罐升降机构可分为滑道式、压缩空气式及滑道和压缩空气混合式3种。滑道式升降机构实际上是圆柱形凸轮机构，瓶、罐行至最高点时，瓶、罐嘴能紧压在灌装头上，行至最低点时，退出灌装机构，如图16-5、图16-6所示。这种形式结构简单，但机器在运转过程中出故障时，瓶、罐依然沿滑道上升，把瓶挤坏。它要求瓶、罐质量高，送瓶位置准确。压缩式升降机构如图16-7所示，是利用压缩空气进入汽缸推动活塞带动瓶托移动而完成灌装过程。它克服了滑道式升降机构的缺点，发生故障时，瓶、罐被卡住，压缩空气好似弹簧一样被压缩，这时瓶不再上升，故不会被挤坏，但这种机构在下降时冲击力较大。混合式升降机构如图16-8所示，是利用压缩空气带动瓶托上升，灌装完后靠滑道使瓶、罐下降，这种机构在下降时比较稳定。活塞筒体的工作压力为0.25MPa。

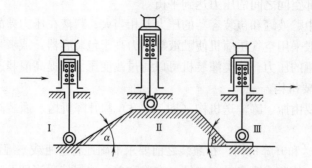

图 16-5　旋转型装料机滑道展开示意图

Ⅰ—瓶输送入滑道　Ⅱ—瓶升到最高位置进行充填装料

Ⅲ—瓶装满后下降到最低位置待送出

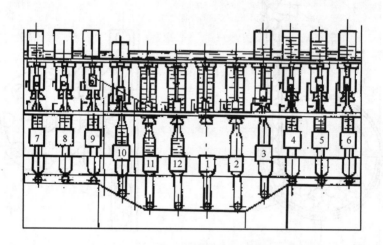

图 16-6　滑道式液体瓶装工作过程示意图

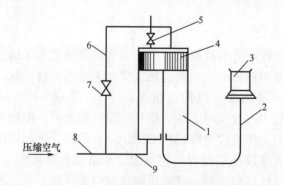

图 16-7　压缩空气式瓶、罐升降机构

1—汽缸　2—瓶托　3—瓶、罐　4—活塞　5、7—阀门　6、8、9—管道

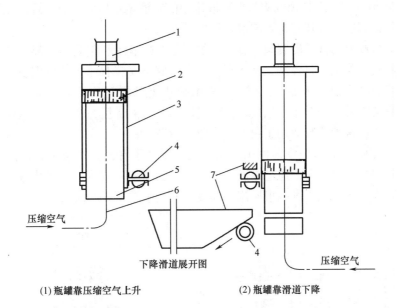

压缩空气

下降滑道展开图

(1)瓶罐靠压缩空气上升

压缩空气

(2)瓶罐靠滑道下降

图 16 - 8　混合式瓶、罐升降机构示意图

1—瓶、罐　2—活塞　3—活塞筒体　4—滚子　5—活塞芯子　6—气管　7—滑道

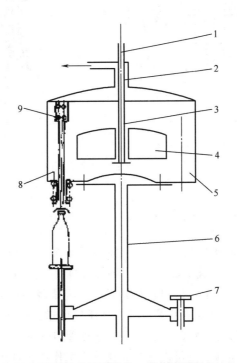

图 16 - 9　重力真空灌装阀

1—进液管　2—真空管　3—进液孔　4—浮子液位控制器

5—贮液箱　6—立柱　7—托瓶台　8—液阀　9—器阀

（2）灌装阀机构　灌装阀机构是把贮液罐中的料液定量地灌入瓶、罐的机构，是灌装机的关键部分，其性能好坏直接影响灌装机的性能。

图 16 - 9 为重力式真空灌装阀示意图。供料是在贮液罐和包装容器都达到一定真空度后实现的。贮液罐既是饮料容器，又是真空容器，其中安装有浮子液位控制器，以保证贮液罐中料液液面高度恒定不变。工作时，贮液罐中上部空间的真空度由真空泵维持。当瓶、罐进入灌装阀后，先对瓶内抽气，使瓶内压力与贮液罐压力相等，料液就在重力作用下完成灌装作业。这种灌装适用于白酒在常压下灌装。

图 16 - 10 为双室式真空灌装阀示意图。贮液罐处于常压，当包装容器内获得一定真空度后，料液被灌装阀吸入，通过输液管插入瓶内的深度来调节控制灌装量。这种灌装阀的气室与贮液罐分开，但通过两根回流管连接，避免了单室式的缺点。

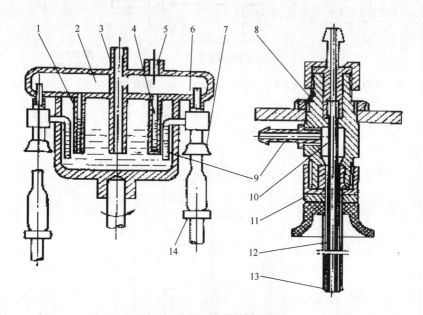

图 16 - 10　双室式真空灌装阀

1—箱　2—真空管　3—进料管　4—回流管　5—排气管
6—灌装阀　7—橡皮碗头　8—阀体　9—吸液管　10—吸气管
11—调整垫片　12—输液管　13—吸气管　14—顶杆托盘

等压灌装阀和反压灌装阀机械化和自动化程度高，安全性好，适应性广，广泛应用于白酒及其他饮料灌装中。等压式主要应用于非碳酸饮料，反压式主要用于碳酸饮料。这两种灌装阀贮液罐为环形室，如图 16 - 11 为单室式高压灌装阀，标准阀用于非碳酸饮料灌装，当瓶输送到灌装阀后，瓶嘴顶紧灌装阀，高压气体进入瓶内并与瓶内腔达到平衡时，饮料阀自动打开进行灌装，当液面上升至空气返回管空气入口时，停止灌装。卸压阀打开，卸去瓶内压力。Trinox 灌装阀可进行二氧化碳充填作业，这里不再赘述。

3. 低真空灌酒机介绍

（1）YGZ - 30 型灌酒机　该机生产能力为 2500 瓶/h。灌酒头数为 30 头。酒阀升降高度为 110mm。工作台面及乳胶垫调整距离，范围为 170～310mm。工作台转速为 1.37r/min。工作台直径为 1100mm，地面距工作台 976～1022mm，外形尺寸为 1400mm×1100mm×2177mm。

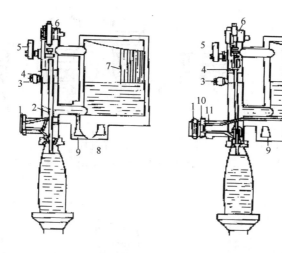

（1）标准灌注阀　　　　　　　　（2）Trinox 灌注阀
图 16 - 11　单室式高压灌注机灌注阀结构示意图
1—预应力阀　2—饮料阀（中央有一根空气返回管）　3—瓶座升降滚轮
4—高压气体阀　5—阀 2 和阀 4 的起闭杠杆　6—清洗阀　7—饮料和排出气体环形室
8—二氧化碳气体环形室　9—卸压环形室　10—二氧化碳灌注阀　11—卸压阀

（2）G - 45 型低真空灌酒机　该机生产能力为 6000 ~ 10000 瓶/h，灌酒头数为 45 头，真空度为 4903Pa（500mm 水柱）。适应瓶子规格为（60 ~ 80）mm ×（220 ~ 310）mm。主机功率为 3kW。叶氏 1# 鼓风机的风压为 9.8kPa（1000mm 水柱），功率为 1.7kW。采用皮带无级变速。外形尺寸为 2100mm × 2508mm × 2530mm。设备质量为 4t。

三、压 盖 设 备

灌装完毕后，应立即进行封口，以保证其进入流通领域后不再受到污染和损坏。瓶上应用最广的瓶盖是皇冠盖和防盗盖。封口作业通过压盖机来完成。

皇冠盖用镀锌薄板冲制成型，内配有高弹性密封垫片。压盖机工作过程如图 16 - 12 所示。压盖时，瓶盖经自动料斗定向装置定向并通过送盖槽送到压盖模处。皇冠盖被压盖头柱塞中的磁铁吸住定位或者不用磁铁而将瓶盖送入压盖机头导槽内定位（1），压盖头柱塞随即下降（2），皇冠盖在压盖模作用下，使密封垫片产生较大的弹性接触挤压变形，瓶盖裙边被挤压变形卡在瓶口凸棱下缘，形成盖与瓶口的机械紧密连接而实现封口（3）。随后，压盖头柱塞上升，被封口的玻璃瓶退出（4），进入输送带。

防盗盖由金属薄板滚压而成，内衬铝复合的软木或泡沫弹性密封材料，具有外形美观、易上色且色彩鲜艳、易开启的优点。封口时，整齐排列的瓶盖流经滑槽，由位于滑槽端部的戴帽机构把防盗盖套在瓶口上；当已套盖的瓶送至压头下方时，压头随即下降，使衬垫密封瓶口；螺纹滚轮沿瓶颈上的螺纹牙滚压螺纹，锁口滚轮沿瓶颈上的环状凸起锁口，一旦完成，压头随即上升；瓶被送出，如图 16 - 13 所示。

在连续化生产线上压盖机与灌装机配套使用，或与灌装机组合成一体，构成灌装封口机组。

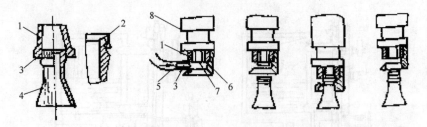

图 16 - 12　皇冠盖压盖机构的工作过程

1—压盖头　2—密封垫片　3—皇冠盖　4—瓶　5—滑槽　6—磁头　7—磁铁芯　8—柱塞

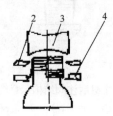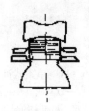

图 16 - 13　防盗盖的封盖过程

1—瓶盖　2—螺纹滚轮　3—压头　4—锁口滚轮

　　国产 Y - 12 型回转式压盖机为 12 头压盖机，其生产能力为 6000 ~ 10000 瓶/h。适应的瓶规格为 φ（60 ~ 80）mm ×（220 ~ 310）mm，主机功率为 3kW。采用皮带无级变速，调速范围为 11 ~ 16r/min。送盖的空气量为 20L/h，供盖的电磁振动器功率为 300W。磁性输盖装置的薄型磁性带宽为 75mm。外形尺寸为 1371mm × 951mm × 2255mm。设备质量为 2.5t。

第四节　包装机械异常故障及检修

一、灌　装　机

等压灌装机异常故障及检修见表 16 - 2。

表 16 - 2　　　　　　　　　　　等压灌装机异常故障及检修

故障现象	故 障 分 析	排 除 方 法
不灌装	气阀未打开，灌装缸上腔气体与容器内未形成等压	调整或锁紧开阀扳机；调整无瓶不灌装装置；气阀拨板脱落，拆开缸盖重新安装
	开阀机构不工作	提高开阀气缸的气压；调整无瓶不灌装机构
	灌装阀中的水阀不工作	清洗灌装阀；更换水阀弹簧
	饮料瓶控位圈上升受阻，容器与阀不接触	调修控位圈导杆，确保平行、垂直，控位圈滑动灵活
	容器口破损，不能形成等压	剔除不合格容器

续表

故障现象	故障分析	排除方法
灌装不满	气阀开量不够大，不能形成完全等压	调整开阀扳机
	水阀弹簧失灵	检修或更换
	分水环脱落、分水环位置偏低、网气管安装歪斜造成回气不畅而减少灌装量	重新安装分水环至指定位置；调修回气管
	灌装缸内液位太低，影响液体流速	调修液位控制机构（浮球）；对混合机背压过低或灌装缸背压过高进行调整
	灌装阀中水阀开阀量小	调整中间位置网位轮的精确度
	容器口与灌装阀间的密封力不足	靠弹簧力密封的瓶托，调修或更换弹簧；靠气缸气压密封的瓶托，检修气缸或提高气压；严重老化变形的容器门密封圈应予以更换
	泄压阀泄压不充分，造成涌瓶液损	清洗泄压阀；调整泄压板，达到全程缓慢完全泄压的程度
	玻璃瓶或 PET 瓶的高度不符合要求，瓶口与阀不能达到密封要求，不能形成等压	剔除不合格瓶
灌装满瓶口或灌装液位偏高	泄压阀漏气	清洗泄压阀；更换泄压阀密封圈
	灌装阀中的水阀密封不严	更换水阀密封胶垫
	容器口与灌装阀密封圈处漏气	剔除容器门破损或高度不合格的容器；更换老化变形的容器门密封圈；靠弹簧力密封的瓶托调整弹簧力或更换弹簧；靠气缸压力密封的瓶托应检修气缸或提高托瓶气缸的气压

负压灌装机异常故障及检修见表 16-3。

表 16-3　　　　　　　　　　负压灌装机异常故障及检修

故障现象	故障分析	排除方法
不正常灌装	液阀未打开，灌装阀与容器口之间的距离偏大	区分个别现象和普遍现象，进而调整个别阀的垫圈或降低灌装缸，保证灌装阀与容器口间的合理距离
	回气管堵塞	清理回气管
灌装液位低于标准值	灌装缸液位太低	将灌装缸液面调整到指定位置
	回气管不通畅	清理回气管
	灌装阀密封圈与容器口密封不良	更换老化、变形的密封圈；更换灌装阀弹簧；调修或更换瓶托弹簧；对靠气缸气压提升的瓶托，检修气缸或提高气缸气压
灌装液位高于标准值	灌装缸的真空度低	调高真空度
	回气管不通畅	清理回气管
	灌装阀的位置偏高	区分个别现象和普遍现象，进而调整个别阀的垫圈或提升灌装缸，保证灌装阀与容器口的合理距离

续表

故障现象	故 障 分 析	排 除 方 法
灌装阀滴液现象	灌装缸真空度低	调高真空度
	灌装阀密封不好	更换密封垫；调修或更换弹簧

灌装机的技术参数见产品使用说明书。

二、压 盖 机

压盖机异常故障及检修见表 16 – 4。

表 16 – 4   压盖机异常故障及检修

故障现象	故 障 分 析	排 除 方 法
玻璃瓶压封后有叼瓶现象	封口压头中的缩口套损伤，表面粗糙度被破坏	修整或更换缩口套
	退瓶压缩弹簧失灵	修整或更换弹簧
	瓶盖压偏	调整封口压头与玻璃瓶定位的理论中心线，使二者重合；调整拨瓶导板，避免瓶身歪斜
	瓶口外形尺寸不合格	选择合格的玻璃瓶
	瓶盖不合格	选择合格的瓶盖
玻璃瓶压封时产生碎瓶现象	封口压头与瓶口间距离偏小	适当调高封口压头
	玻璃瓶瓶身过高或瓶身垂直度严重超差	剔除不合格容器
	星形拨盘与主机回转系统不同步	调整星形拨盘
聚酯瓶塑料盖拧封不严	拧封力矩不够	调整控制拧封力矩的碟形弹簧或磁钢力
	瓶口与瓶盖间螺纹配合精度不好（需要合理的过盈配合）	用排除法确定不合格的瓶或盖，予以更换
	拧口封头与瓶口的轴向中心线不重合，由于歪斜造成封口不严	调整瓶口的控位卡拨；调整瓶身定位装置
金属防盗盖旋封不严	旋转滚压封头轴向压缩弹簧的压力不够	调整或更换弹簧
	滚封防盗圈不足 360°	用排除法确定外形尺寸的不合格瓶口或瓶盖，予以调换；瓶盖的材质不具有理想的延伸率，更换合格的瓶盖
金属防盗盖旋压外观质量不好（断裂、划伤、滑牙）	旋压滚轮的外形尺寸欠佳	修整旋压滚轮的圆弧半径；更换不合格的旋压滚轮
	铝盖材质不好，延伸率低	更换合格的瓶盖
玻璃瓶皇冠盖压封不严	封口压头与瓶口间距离偏大	适当调低封口压头
	瓶的外形尺寸不合格，瓶身高度过低	剔除不合格瓶
	瓶盖不合格	选用符合有关标准技术指标的瓶盖

压盖机的技术参数见产品使用说明书。

三、贴 标 机

贴标机异常故障及检修见表 16 – 5。

表 16 – 5　　　　　　　　　　**贴标机异常故障及检修**

故障现象	故 障 分 析	排 除 方 法
不取标	取标辊过松或标盒距离过远	调整标盒间距
	标签粘结	放标签是剔除粘结在一起的标签
不上胶	胶水槽无胶水	装胶水
	胶辊有油污	停机，擦洗胶辊，干净后再开机
	涂胶辊过松	调整涂胶辊间距
	标签有油污	换用合格的标签
不贴标	进瓶速度过快或过慢以致瓶子与标签不相遇	调整进瓶带速
	标签无胶水	检查标签是否上胶
	真空吸标孔堵塞	停机，疏通真空吸标孔
	瓶子有油污	选用合格瓶子
签不平整	胶水有硬块	选用合格的胶水
	搓滚或刷瓶机构过松	调整毛刷或海绵橡胶间距
	胶水涂抹不均匀	调整胶水黏度；调整胶量控制装置或胶层控制装置，至胶层薄而均匀为止

贴标机技术参数见产品使用说明书。

四、封 箱 机

封箱机异常故障及检修见表 16 – 6。

表 16 – 6　　　　　　　　　　**封箱机异常故障及检修**

故障现象	故 障 分 析	排 除 方 法
捆扎带不能粘合	（1）工作温度太低 （2）烫头不能发热 （3）烫头工作位置不对 （4）压力弹簧断裂	（1）转动调温旋钮，升高温度 （2）更换烫头 （3）调整烫头位置 （4）更换弹簧
捆扎时"拉大圈"或强拉紧动作缓慢	退带结束发信开关位置有误	用手抬起送带压轮长轴，送带辊支架与开关螺钉压发信开关，一抬手，开关即断开，以此为开关最佳位置
轨道内带子"逃带"，带头无法压住	退带发信开关位置有误	调整退带发信开关，先将塑料带通过轨道插入右压爪上，转动凸轮轴使右压爪升起顶塑料带，用于拉不出为佳

续表

故障现象	故障分析	排除方法
启动电机后或未退好带，凸轮轴就连续转动一周	送带按钮接触不良	修理或更换按钮
凸轮轴未复位就开始送带或第二次送带刚开始凸轮便离开复原位置	凸轮轴复位发信开关位置有误	调整复位发信开关位置
按送带按钮有时电机不转；有时按退带按钮电机虽能启动但放开按钮，电机就停止转动	停机按钮接触不良	修理或更换按钮
不送带或送带不稳定	（1）热合台底面微动开关位置有误，送带凸轮不能压合微动开关或损坏 （2）时间继电器松动造成接触不良或损坏 （3）送带轮未处于压带正确位置 （4）电磁铁吸合行程太短或损坏	（1）调整或调换开关 （2）紧固或调换开关 （3）调节压带滚轮位置 （4）调节电磁铁行程或调换
退带轮常退不止（有时发出摩擦尖声）或滚轮常压合不放	（1）滚轮压合力不够，使退带时的拉紧力不足而使摩擦离合器脱开，无法使凸轮控制机构发出工作指令 （2）O形弹性带粘油打滑或老化	（1）调整滚轮架螺杆上的压簧和摩擦离合器上的压簧 （2）去除油污或调换
包件捆不紧或拉大圈	（1）退带轮压合不紧，退带无力 （2）摩擦离合器中的摩擦片粘油打滑 （3）退带轮粘油 （4）电磁铁吸合受阻，拉不动拨叉，使凸轮轴一次转完3000，出现拉大圈 （5）凸轮轴转动时，轴上的离合器未脱开而使凸轮轴一次转完3600，带子未被拉紧就连续完成循环动作，以致拉大圈	（1）调整压带支架旁压簧，并调整压轮位置 （2）清洗摩擦片油污 （3）清洗油污 （4）调整螺杆长度，不得过长，检查电磁铁吸力是否足够 （5）断开电源，检查拨叉、滑块位置，并调至正常位置
捆扎带插入轨道而主机不启动	（1）微动开关损坏或开关板不能准确压合开关 （2）电气线路断路	（1）调换微动开关或调整安装位置 （2）检查并接通电气线路
捆扎带粘合不良或崩带	（1）烫头温度偏低或偏高 （2）烫头位置有误，未能有效地进入两层捆扎之间加热捆扎带 （3）压力柱弹簧损坏	（1）调整烫头温度 （2）调整烫头位置 （3）更换弹簧

封箱机技术参数见产品使用说明书。

第十七章 白 酒 标 准

第一节 白酒的感官理化标准

一、浓香型白酒（GB/T 10781.1—2006）

本标准规定了浓香型白酒的术语和定义、产品分类、要求、分析方法、检验规则和标志、包装、运输、贮存。本标准适用于浓香型白酒的生产、检验与销售。

1. 术语和定义

（1）浓香型白酒　以粮谷为原料，经传统固态发酵、蒸馏、陈酿、勾兑而成的，未添加食用酒精及非白酒发酵产生的呈香呈味物质，具有以己酸乙酯为主体复合香的白酒。

（2）产品分类　按产品的酒精度分

高度酒：酒精度 41% ~ 68% vol；

低度酒：酒精度 25% ~ 40% vol。

2. 感官要求

感官要求见表 17 - 1，表 17 - 2。

表 17 - 1　　　　　　　　　　高度酒感官要求

项　目	优　级	一　级
色泽和外观	无色或微黄，清亮透明，无悬浮物，无沉淀^a	
香　气	具有浓郁的己酸乙酯为主体的复合香气	具有较浓郁的己酸乙酯为主体的复合香气
口　味	酒体醇和谐调，绵甜爽净，余味悠长	酒体较醇和谐调，绵甜爽净，余味悠长
风　格	具有本品典型的风格	具有本品明显的风格

a 当酒的温度低于 10℃ 时，允许出现白色絮状沉淀物质或失光。10℃ 以上时应逐渐恢复正常。

表 17 - 2　　　　　　　　　　低度酒感官要求

项　目	优　级	一　级
色泽和外观	无色或微黄，清亮透明，无悬浮物，无沉淀^a	
香　气	具有较浓郁的己酸乙酯为主体的复合香气	具有己酸乙酯为主体的复合香气
口　味	酒体醇和谐调，绵甜爽净，余味悠长	酒体较醇和谐调，绵甜爽净
风　格	具有本品典型的风格	具有本品明显的风格

a 当酒的温度低于 10℃ 时，允许出现白色絮状沉淀物质或失光。10℃ 以上时应逐渐恢复正常。

3. 理化要求

高度酒、低度酒的理化要求应分别符合表 17 - 3、表 17 - 4 的规定。

表 17 – 3　　　　　　　　　　　　　　　　高度酒理化要求

项　目	优　级	一　级
酒精度/% vol	41 ~ 68	
总酸（以乙酸计）/（g/L）　　≥	0.40	0.30
总酯（以乙酸乙酯计）/（g/L）　　≥	2.00	1.50
己酸乙酯/（g/L）	1.20 ~ 2.80	0.60 ~ 2.50
固形物/（g/L）　　≤	0.40ᵃ	

ᵃ 酒精度 41% ~ 49% vol 的酒，固形物可小于或等于 0.50g/L。

表 17 – 4　　　　　　　　　　　　　　　　低度酒理化要求

项　目	优　级	一　级
酒精度/% vol	25 ~ 40	
总酸（以乙酸计）/（g/L）　　≥	0.30	0.25
总酯（以乙酸乙酯计）/（g/L）　　≥	1.50	1.00
己酸乙酯/（g/L）	0.70 ~ 2.20	0.40 ~ 2.20
固形物/（g/L）　　≤	0.70	

4. 卫生要求

应符合 GB 2757 的规定。

二、清香型白酒（GB/T 10781.2—2006）

本标准规定了清香型白酒的术语和定义、产品分类、要求、分析方法、检验规则和标志、包装、运输、贮存。本标准适用于清香型白酒的生产、检验与销售。

1. 术语和定义

（1）清香型白酒　以粮谷为原料，经传统固态法发酵、蒸馏、陈酿、勾兑而成的，未添加食用酒精及非白酒发酵产生的呈香呈味物质，具有以乙酸乙酯为主体复合香的白酒。

（2）产品分类　按产品的酒精度分

高度酒：酒精度 41% ~68% vol；

低度酒：酒精度 25% ~40% vol。

2. 感官要求

感官要求见表 17 – 5，表 17 – 6。

表 17 – 5　　　　　　　　　　　　　　　　高度酒感官要求

项　目	优　级	一　级
色泽和外观	无色或微黄，清亮透明，无悬浮物，无沉淀ᵃ	
香　气	清香纯正，具有乙酸乙酯为主体的优雅、谐调的复合香气	清香较纯正，具有乙酸乙酯为主体的复合香气

续表

项　目	优级	一级
口　味	酒体柔和谐调，绵甜爽净，余味悠长	酒体较柔和谐调，绵甜爽净，有余味
风　格	具有本品典型的风格	具有本品明显的风格

　a 当酒的温度低于10℃时，允许出现白色絮状沉淀物质或失光。10℃以上时应逐渐恢复正常。

表 17 - 6 　　　　　　　　　　　　　低度酒感官要求

项　目	优级	一级
色泽和外观	无色或微黄，清亮透明，无悬浮物，无沉淀^a	
香　气	清香纯正，具有乙酸乙酯为主体的清雅、谐调的复合香气	清香较纯正，具有乙酸乙酯为主体的香气
口　味	酒体柔和谐调，绵甜爽净，余味悠长	酒体较柔和谐调，绵甜爽净，有余味
风　格	具有本品典型的风格	具有本品明显的风格

　a 当酒的温度低于10℃时，允许出现白色絮状沉淀物质或失光。10℃以上时应逐渐恢复正常。

3. 理化要求

高度酒、低度酒的理化要求应分别符合表 17 - 7、表 17 - 8 的规定。

表 17 - 7 　　　　　　　　　　　　　高度酒理化要求

项　目		优级	一级
酒精度/% vol		41 ~ 68	
总酸（以乙酸计）/（g/L）	≥	0.40	0.30
总酯（以乙酸乙酯计）/（g/L）	≥	1.00	0.60
乙酸乙酯/（g/L）		0.60 ~ 2.60	0.30 ~ 2.60
固形物/（g/L）	≤	0.40^a	

　a 酒精度41% ~49% vol 的酒，固形物可小于或等于0.50g/L。

表 17 - 8 　　　　　　　　　　　　　低度酒理化要求

项　目		优级	一级
酒精度/% vol		25 ~ 40	
总酸（以乙酸计）/（g/L）	≥	0.25	0.20
总酯（以乙酸乙酯计）/（g/L）	≥	0.70	0.40
乙酸乙酯/（g/L）		0.40 ~ 2.20	0.20 ~ 2.20
固形物/（g/L）	≤	0.70	

4. 卫生要求

应符合 GB 2757 的规定。

三、米香型白酒（GB/T 10781.3—2006）

本标准规定了米香型白酒的术语和定义、产品分类、要求、分析方法、检验规则和标志、包装、运输、贮存。本标准适用于清香型白酒的生产、检验与销售。

1. 术语和定义

（1）米香型白酒　以大米为原料，经传统半固态法发酵、蒸馏、陈酿、勾兑而成的，未添加食用酒精及非白酒发酵产生的呈香呈味物质，具有以乳酸乙酯、β-苯乙醇为主体复合香的白酒。

（2）产品分类　按产品的酒精度分

高度酒：酒精度 41% ~68% vol；

低度酒：酒精度 25% ~40% vol。

2. 感官要求

高度酒、低度酒的感官要求应分别符合表 17 – 9、表 17 – 10 的规定。

表 17 – 9　　　　　　　　　　　高度酒感官要求

项　目	优　级	一　级
色泽和外观	无色或微黄，清亮透明，无悬浮物，无沉淀[a]	
香　气	米香纯正，清雅	米香纯正
口　味	酒体醇和，绵甜、爽冽，回味怡畅	酒体较醇和，绵甜、爽冽，回味较畅
风　格	具有本品典型的风格	具有本品明显的风格

a 当酒的温度低于 10℃ 时，允许出现白色絮状沉淀物质或失光。10℃ 以上时应逐渐恢复正常。

表 17 – 10　　　　　　　　　　　低度酒感官要求

项　目	优　级	一　级
色泽和外观	无色，清亮透明，无悬浮物，无沉淀[a]	
香　气	米香纯正，清雅	米香纯正
口　味	酒体醇和，绵甜、爽冽，回味较怡畅	酒体较醇和，绵甜、爽冽，有回味
风　格	具有本品典型的风格	具有本品明显的风格

a 当酒的温度低于 10℃ 时，允许出现白色絮状沉淀物质或失光。10℃ 以上时应逐渐恢复正常。

3. 理化要求

高度酒、低度酒的理化要求应分别符合表 17 – 11、表 17 – 12 的规定。

表 17 – 11　　　　　　　　　　　高度酒理化要求

项　目		优　级	一　级
酒精度/% vol		41 ~68	
总酸（以乙酸计）/（g/L）	≥	0.30	0.25
总酯（以乙酸乙酯计）/（g/L）	≥	0.80	0.65

续表

项　目		优　级	一　级
乳酸乙酯/（g/L）	≥	0.50	0.40
β-苯乙醇/（mg/L）	≥	30	20
固形物/（g/L）	≤	0.40ᵃ	

a 酒精度41%~49%vol的酒，固形物可小于或等于0.50g/L。

表 17-12 　　　　　　　　　　　　　低度酒理化要求

项　目		优　级	一　级
酒精度/%vol		25~40	
总酸（以乙酸计）/（g/L）	≥	0.25	0.20
总酯（以乙酸乙酯计）/（g/L）	≥	0.45	0.35
乳酸乙酯/（g/L）	≥	0.30	0.20
β-苯乙醇/（mg/L）	≥	15	10
固形物/（g/L）	≤	0.70	

4. 卫生要求

应符合 GB 2757 的规定。

四、凤香型白酒（GB/T 14867—2007）

本标准规定了凤香型白酒的术语和定义、产品分类、要求、分析方法、检验规则和标志、包装、运输、贮存。本标准适用于清香型白酒的生产、检验与销售。

1. 术语和定义

（1）凤香型白酒　以粮谷为原料，经传统固态法发酵、蒸馏、酒海陈酿、勾兑而成的，未添加食用酒精及非白酒发酵产生的呈香呈味物质，具有乙酸乙酯和己酸乙酯为主体复合香的白酒。

（2）酒海　用藤条编制成容器，以鸡蛋清等物质配成黏合剂，用白棉布、麻纸裱糊，再以菜油、蜂蜡涂抹内壁，干燥后用于贮酒的容器。

（3）产品分类　按产品的酒精度分

高度酒：酒精度41%~68%vol。

低度酒：酒精度18%~40%vol。

2. 感官要求

高度酒、低度酒的感官要求应分别符合表 17-13、表 17-14 的规定。

表 17-13 　　　　　　　　　　　　　高度酒感官要求

项　目	优　级	一　级
色泽和外观	无色或微黄，清亮透明，无悬浮物，无沉淀ᵃ	

续表

项 目	优 级	一 级
香 气	醇香秀雅，具有乙酸乙酯和己酸乙酯为主的复合香气	醇香纯正，具有乙酸乙酯和己酸乙酯为主的复合香气
口 味	醇厚丰满，甘润挺爽，诸味谐调，尾净悠长	醇厚甘润，谐调爽净，余味较长
风 格	具有本品典型的风格	具有本品明显的风格

a 当酒的温度低于10℃时，允许出现白色絮状沉淀物质或失光。10℃以上时应逐渐恢复正常。

表 17 – 14 低度酒感官要求

项 目	优 级	一 级
色泽和外观	无色或微黄，清亮透明，无悬浮物，无沉淀a	
香 气	醇香秀雅，具有乙酸乙酯和己酸乙酯为主的复合香气	醇香纯正，具有乙酸乙酯和己酸乙酯为主的复合香气
口 味	酒体醇厚谐调，绵甜爽净，余味较长	醇和甘润，谐调，味爽净
风 格	具有本品典型的风格	具有本品明显的风格

a 当酒的温度低于10℃时，允许出现白色絮状沉淀物质或失光。10℃以上时应逐渐恢复正常。

3. 理化要求

高度酒、低度酒的理化要求应分别符合表 17 – 15、表 17 – 16 的规定。

表 17 – 15 高度酒理化要求

项 目		优 级	一 级
酒精度/%vol		41 ~ 68	
总酸（以乙酸计）/（g/L）	≥	0.35	0.25
总酯（以乙酸乙酯计）/（g/L）	≥	1.60	1.40
乙酸乙酯/（g/L）	≥	0.60	0.40
己酸乙酯/（g/L）		0.25 ~ 1.20	0.20 ~ 1.0
固形物/（g/L）	≤	1.0	

表 17 – 16 低度酒理化要求

项 目		优 级	一 级
酒精度/%vol		18 ~ 40	
总酸（以乙酸计）/（g/L）	≥	0.20	0.15
总酯（以乙酸乙酯计）/（g/L）	≥	1.00	0.60
乙酸乙酯/（g/L）	≥	0.40	0.30
己酸乙酯/（g/L）		0.20 ~ 1.0	0.15 ~ 0.80
固形物/（g/L）	≤	0.90	

4. 卫生要求

应符合 GB　2757 的规定。

五、豉香型白酒（GB/T 16289—2007）

本标准规定了豉香型白酒的术语和定义、产品分类、要求、分析方法、检验规则和标志、包装、运输、贮存。本标准适用于豉香型白酒的生产、检验与销售。

1. 术语和定义

（1）豉香型白酒　以大米为原料，经蒸煮，用大酒饼作为主要糖化发酵剂，采用边糖化边发酵的工艺，釜式蒸馏，陈肉酝浸勾兑而成，未添加食用酒精及非白酒发酵产生的呈香呈味物质，具有豉香特点的白酒。

（2）陈肉　经过加热、浸泡、长期贮存等特殊工艺处理的肥猪肉。

（3）酝浸　将陈肉浸泡于基酒中进行贮存陈酿的工艺过程。

2. 感官要求

感官要求应符合表 17 - 17 的规定。

表 17 - 17　　　　　　　　　　　　高度酒感官要求

项　　目	优　　级	一　　级
色泽和外观	无色或微黄，清亮透明，无悬浮物，无沉淀a	
香　气	豉香纯正，清雅	豉香纯正
口　味	醇和甘滑，酒体谐调，余味爽净	入口较醇和，酒体较谐调，余味较爽净
风　格	具有本品典型的风格	具有本品明显的风格

a 当酒的温度低于 15℃时，允许出现白色絮状沉淀物质或失光。15℃以上时应逐渐恢复正常。

3. 理化要求

理化要求应符合表 17 - 18 的要求。

表 17 - 18　　　　　　　　　　　　理化要求

项　　目		优　　级	一　　级
酒精度/% vol		18 ~ 40	
总酸（以乙酸计）/（g/L）	≥	0.35	0.20
总酯（以乙酸乙酯计）/（g/L）	≥	0.55	0.35
β - 苯乙醇/（mg/L）	≥	40	30
二元酸（庚二酸、辛二酸、壬二酸）二乙酯总量/（mg/L）	≥	1.0	
固形物/（g/L）	≤	0.60a	

a 酒精度 41% ~ 49% vol 的酒，固形物可小于或等于 0.50g/L。

4. 卫生要求

应符合 GB 2757 的规定。

六、液态法白酒（GB/T 20821—2007）

本标准规定了液态法白酒的术语和定义、产品分类、要求、分析方法、检验规则和标志、包装、运输、贮存。本标准适用于液态法白酒的生产、检验与销售。

1. 术语和定义

（1）液态法白酒　以含淀粉、糖类物质为原料，采用液态糖化、发酵、蒸馏所得的基酒（或食用酒精），可用香醅串香或用食品添加剂调味调香，勾调而成的白酒。

（2）产品分类　按产品的酒精度分

高度酒：酒精度 41%～60%vol。

低度酒：酒精度 18%～40%vol。

2. 感官、理化要求

高度酒、低度酒的感官、理化要求应分别符合表17－19、表17－20的规定。

表 17－19　　　　　　　　　　感官要求

项　目	要　求
色泽和外观	无色或微黄，清亮透明，无悬浮物，无沉淀
香　气	具有纯正，舒适、谐调的香气
口　味	具有醇甜、柔和、爽净的口味

表 17－20　　　　　　　　　　理化要求

项　目		高度酒	低度酒
酒精度/%vol		41～60	18～40
总酸（以乙酸计）/（g/L）	≥	0.25	0.10
总酯（以乙酸乙酯计）/（g/L）	≥	0.40	0.20

3. 卫生要求

卫生要求见表17－21。

表 17－21　　　　　　　　　卫生要求

项　目		高度酒	低度酒
甲醇/（g/L）	≥	0.30	
铅/（mg/L）	≥	0.5	
食品添加剂		符合 GB 2760 规定	

注：甲醇指标按酒精度60%vol折算。

七、固液法白酒（GB/T 20822—2007）

本标准规定了固液法白酒的术语和定义、产品分类、要求、分析方法、检验规则和标志、包装、运输、贮存。本标准适用于固液法白酒的生产、检验与销售。

1. 术语和定义

（1）固态法白酒 以粮谷为原料，采用固态（或半固态）糖化、发酵、蒸馏，经陈酿、勾兑而成的，未添加食用酒精及非白酒发酵产生的呈香呈味物质，具有本品固有风格特征的白酒。

（2）液态法白酒 以含淀粉、糖类物质为原料，采用液态糖化、发酵、蒸馏所得的基酒（或食用酒精），可用香醅串香或用食品添加剂调味调香，勾调而成的白酒。

（3）固液法白酒 以固态法白酒（不低于30%vol）、液态法白酒勾调而成的白酒。

（4）产品分类 按产品的酒精度分

高度酒：酒精度41%~60%vol。

低度酒：酒精度18%~40%vol。

2. 感官、理化要求

高度酒、低度酒的感官、理化要求应分别符合表17-22、表17-23的规定。

表17-22   感官要求

项　　目	高度酒	低度酒
色泽和外观	无色或微黄，清亮透明，无悬浮物，无沉淀ª	
香　气	具有本品特有的香气	
口　味	酒体柔顺、醇甜、爽净	酒体柔顺、醇甜、较爽净
风　格	具有本品典型的风格	

a 当酒的温度低于10℃时，允许出现白色絮状沉淀物质或失光。10℃以上时应逐渐恢复正常。

表17-23   理化要求

项　　目		高度酒	低度酒
酒精度/% vol		41~60	18~40
总酸（以乙酸计）/（g/L）	≥	0.30	0.20
总酯（以乙酸乙酯计）/（g/L）	≥	0.60	0.35

3. 卫生要求

表17-24   卫生要求

项　　目		高度酒	低度酒
甲醇/（g/L）	≥	0.30	
铅/（mg/L）	≥	0.5	

注：甲醇指标按酒精度60%vol折算。

八、特香型白酒（GB/T 20823—2007）

本标准规定了特香型白酒的术语和定义、产品分类、要求、分析方法、检验规则和标志、包装、运输、贮存。本标准适用于特香型白酒的生产、检验与销售。

1. 术语和定义

（1）特香型白酒　以大米为主要原料，经传统固态法发酵、蒸馏、陈酿、勾兑而成的，未添加食用酒精及非白酒发酵产生的呈香呈味物质，具有特香型风格的白酒。

注：按传统工艺生产的一级酒允许添加适量的蔗糖。

（2）产品分类　按产品的酒精度分

高度酒：酒精度 41% ~ 68% vol。

低度酒：酒精度 18% ~ 40% vol。

2. 感官要求

高度酒、低度酒的感官要求应分别符合表 17 – 25、表 17 – 26 的规定。

表 17 – 25　　　　　　　　高度酒感官要求

项　目	优　级	一　级
色泽和外观	无色或微黄，清亮透明，无悬浮物，无沉淀[a]	
香　气	幽雅舒适，诸香谐调，具有浓、清、酱三香，但均不露头的复合香气	诸香尚谐调，具有浓、清、酱三香，但均不露头的复合香气
口　味	柔绵醇和，醇甜、香味谐调，余味悠长	味较醇和，醇香，香味谐调，有余味
风　格	具有本品典型的风格	具有本品明显的风格

a 当酒的温度低于10℃时，允许出现白色絮状沉淀物质或失光。10℃以上时应逐渐恢复正常。

表 17 – 26　　　　　　　　低度酒感官要求

项　目	优　级	一　级
色泽和外观	无色，清亮透明，无悬浮物，无沉淀[a]	
香　气	幽雅舒适，诸香较谐调，具有浓、清、酱三香，但均不露头的复合香气	诸香尚谐调，具有浓、清、酱三香，但均不露头的复合香气
口　味	柔绵醇和，微甜、香味谐调，余味悠长	味较醇和，醇香，香味谐调，有余味
风　格	具有本品典型的风格	具有本品明显的风格

a 当酒的温度低于10℃时，允许出现白色絮状沉淀物质或失光。10℃以上时应逐渐恢复正常。

3. 理化要求

高度酒、低度酒的理化要求应分别符合表 17 – 27、表 17 – 28 的规定。

表 17 – 27　　　　　　　　高度酒理化要求

项　目		优　级	一　级
酒精度/% vol		41 ~ 68	
总酸（以乙酸计）/（g/L）	≥	0.50	0.40
总酯（以乙酸乙酯计）/（g/L）	≥	2.00	1.50
丙酸乙酯/（mg/L）	≥	40	30
固形物/（g/L）	≤	0.70	—

表 17 – 28 低度酒理化要求

项　目		优　级	一　级
酒精度/% vol		18 ~ 40	
总酸（以乙酸计）/（g/L）	≥	0.40	0.25
总酯（以乙酸乙酯计）/（g/L）	≥	1.80	1.20
丙酸乙酯/（mg/L）	≥	30	20
固形物/（g/L）	≤	0.90	—

4. 卫生要求

应符合 GB 2757 的规定。

九、芝麻香型白酒（GB/T 20824—2007）

本标准规定了芝麻香型白酒的术语和定义、产品分类、要求、分析方法、检验规则和标志、包装、运输、贮存。本标准适用于芝麻香型白酒的生产、检验与销售。

1. 术语和定义

（1）芝麻香型白酒　以高粱、小麦（麸皮）等为原料，经传统固态法发酵、蒸馏、陈酿、勾兑而成的，未添加食用酒精及非白酒发酵产生的呈香呈味物质，具有芝麻香型风格的白酒。

（2）产品分类　按产品的酒精度分

高度酒：酒精度 41% ~ 68% vol。

低度酒：酒精度 18% ~ 40% vol。

2. 感官要求

高度酒、低度酒的感官要求应分别符合表 17 – 29、表 17 – 30 的规定。

表 17 – 29 高度酒感官要求

项　目	优　级	一　级
色泽和外观	无色或微黄，清亮透明，无悬浮物，无沉淀[a]	
香　气	芝麻香幽雅纯正	芝麻香较纯正
口　味	醇和细腻，香味谐调，余味悠长	较醇和，余味较长
风　格	具有本品典型的风格	具有本品明显的风格

a 当酒的温度低于 10℃时，允许出现白色絮状沉淀物质或失光。10℃以上时应逐渐恢复正常。

表 17 – 30 低度酒感官要求

项　目	优　级	一　级
色泽和外观	无色，清亮透明，无悬浮物，无沉淀[a]	
香　气	芝麻香较幽雅纯正	有芝麻香
口　味	醇和谐调，余味悠长	较醇和，余味较长
风　格	具有本品典型的风格	具有本品明显的风格

a 当酒的温度低于 10℃时，允许出现白色絮状沉淀物质或失光。10℃以上时应逐渐恢复正常。

3. 理化要求

高度酒、低度酒的理化要求应分别符合表 17－31、表 17－32 的规定。

表 17－31　　　　　　　　　　高度酒理化要求

项　目		优　级	一　级
酒精度/% vol		41 ~ 68	
总酸（以乙酸计）/（g/L）	≥	0.50	0.30
总酯（以乙酸乙酯计）/（g/L）	≥	2.20	1.50
乙酸乙酯/（g/L）	≥	0.60	0.40
己酸乙酯/（g/L）		0.10 ~ 1.20	
3－甲硫基丙醇/（mg/L）	≥	0.60	
固形物/（g/L）	≤	0.70	

表 17－32　　　　　　　　　　低度酒理化要求

项　目		优　级	一　级
酒精度/% vol		18 ~ 40	
总酸（以乙酸计）/（g/L）	≥	0.40	0.20
总酯（以乙酸乙酯计）/（g/L）	≥	1.80	1.20
丙酸乙酯/（mg/L）	≥	0.50	0.30
己酸乙酯/（g/L）		0.10 ~ 1.00	
3－甲硫基丙醇/（mg/L）	≥	0.40	
固形物/（g/L）	≤	0.90	

4. 卫生要求

应符合 GB 2757 的规定。

十、老白干香型白酒（GB/T 20825—2007）

本标准规定了老白干香型白酒的术语和定义、产品分类、要求、分析方法、检验规则和标志、包装、运输、贮存。本标准适用于老白干香型白酒的生产、检验与销售。

1. 术语和定义

（1）老白干香型白酒　以粮谷为原料，经传统固态法发酵、蒸馏、陈酿、勾兑而成的，未添加食用酒精及非白酒发酵产生的呈香呈味物质，具有以乳酸乙酯为主体复合香的白酒。

（2）产品分类　按产品的酒精度分

高度酒：酒精度 41% ~ 68% vol。

低度酒：酒精度 18% ~ 40% vol。

2. 感官要求

高度酒、低度酒的感官要求应分别符合表 17－33、表 17－34 的规定。

表 17 – 33 　　　　　　　　　　　　　　　　高度酒感官要求

项　目	优　级	一　级
色泽和外观	无色或微黄，清亮透明，无悬浮物，无沉淀^a	
香　气	醇香清雅，具有乳酸乙酯和乙酸乙酯为主体的自然谐调的复合香气	醇香清雅，具有乳酸乙酯和乙酸乙酯为主体的复合香气
口　味	酒体谐调，醇厚甘洌，回味悠长	酒体谐调，醇厚甘洌，回味悠长
风　格	具有本品典型的风格	具有本品明显的风格

　a 当酒的温度低于 10℃ 时，允许出现白色絮状沉淀物质或失光。10℃ 以上时应逐渐恢复正常。

表 17 – 34 　　　　　　　　　　　　　　　　低度酒感官要求

项　目	优　级	一　级
色泽和外观	无色，清亮透明，无悬浮物，无沉淀^a	
香　气	醇香清雅，具有乳酸乙酯和乙酸乙酯为主体的自然谐调的复合香气	醇香清雅，具有乳酸乙酯和乙酸乙酯为主体的复合香气
口　味	酒体谐调，醇厚甘润，回味较长	酒体谐调，醇厚甘润，有回味
风　格	具有本品典型的风格	具有本品明显的风格

　a 当酒的温度低于 10℃ 时，允许出现白色絮状沉淀物质或失光。10℃ 以上时应逐渐恢复正常。

3. 理化要求

高度酒、低度酒的理化要求应分别符合表 17 – 35、表 17 – 36 的规定。

表 17 – 35 　　　　　　　　　　　　　　　　高度酒理化要求

项　目		优　级	一　级
酒精度/% vol		41 ~ 68	
总酸（以乙酸计）/（g/L）	≥	0.40	0.30
总酯（以乙酸乙酯计）/（g/L）	≥	1.20	1.00
乳酸乙酯/乙酸乙酯	≥	0.80	
乳酸乙酯/（g/L）	≥	0.50	0.40
己酸乙酯/（g/L）	≤	0.03	
固形物/（g/L）	≤	0.50	

表 17 – 36 　　　　　　　　　　　　　　　　低度酒理化要求

项　目		优　级	一　级
酒精度/% vol		18 ~ 40	
总酸（以乙酸计）/（g/L）	≥	0.30	0.25
总酯（以乙酸乙酯计）/（g/L）	≥	1.00	0.80
乳酸乙酯/乙酸乙酯	≥	0.80	

续表

项　目		优　级	一　级
乳酸乙酯/（g/L）	≥	0.40	0.30
己酸乙酯/（g/L）	≤	0.03	
固形物/（g/L）	≤	0.90	

4. 卫生要求

应符合 GB 2757 的规定。

十一、浓酱兼香型白酒（GB/T 23547—2009）

本标准规定了浓酱兼香型白酒的定义、产品分类、要求、分析方法、检验规则和标志、包装、运输、贮存。本标准适用于浓酱兼香型白酒的生产、检验与销售。

1. 术语和定义

（1）浓酱兼香型白酒　以粮谷为原料，经传统固态发酵、蒸馏、陈酿、勾兑而成的，具有浓香兼酱香独特风格的白酒。

（2）产品分类　按产品的酒精度分

高度酒：酒精度 41% ~68% vol。

低度酒：酒精度 18% ~40% vol。

2. 感官要求

高度酒、低度酒的感官要求应分别符合表 17 – 37、表 17 – 38 的规定。

表 17 –37　　　　　　　　　　　　高度酒感官要求

项　目	优　级	一　级
色泽和外观	无色或微黄，清亮透明，无悬浮物，无沉淀ᵃ	
香　气	浓酱谐调，幽雅馥郁	浓酱较谐调，纯正舒适
口　味	细腻丰满，回味爽净	醇厚柔和，回味较爽
风　格	具有本品典型的风格	具有本品明显的风格

a 当酒的温度低于10℃时，允许出现白色絮状沉淀物质或失光。10℃以上时应逐渐恢复正常。

表 17 –38　　　　　　　　　　　　低度酒感官要求

项　目	优　级	一　级
色泽和外观	无色，清亮透明，无悬浮物，无沉淀ᵃ	
香　气	浓酱谐调，幽雅舒适	浓酱较谐调，纯正舒适
口　味	醇和丰满，回味爽净	醇甜柔和，回味较爽
风　格	具有本品典型的风格	具有本品明显的风格

a 当酒的温度低于10℃时，允许出现白色絮状沉淀物质或失光。10℃以上时应逐渐恢复正常。

3. 理化要求

高度酒、低度酒的理化要求应分别符合表 17 – 39、表 17 – 40 的规定。

表 17 – 39　　　　　　　　　　　　　**高度酒理化要求**

项　　目		优　　级	一　　级
酒精度/% vol		41 ~ 68	
总酸（以乙酸计）/（g/L）	≥	0.50	0.30
总酯（以乙酸乙酯计）/（g/L）	≥	2.00	1.00
正丙醇/（g/L）		0.25 ~ 1.20	
己酸乙酯/（g/L）		0.60 ~ 2.00	0.60 ~ 1.80
固形物/（g/L）	≤	0.80	

表 17 – 40　　　　　　　　　　　　　**低度酒理化要求**

项　　目		优　　级	一　　级
酒精度/% vol		18 ~ 40	
总酸（以乙酸计）/（g/L）	≥	0.30	0.20
总酯（以乙酸乙酯计）/（g/L）	≥	1.40	0.60
正丙醇/（g/L）		0.20 ~ 1.00	
己酸乙酯/（g/L）		0.50 ~ 1.60	0.50 ~ 1.30
固形物/（g/L）	≤	0.80	

4. 卫生要求

应符合 GB 2757 的规定。

十二、酱香型白酒（GB/T 26760—2011）

本标准规定了酱香型白酒的术语和定义、产品分类、技术要求、试验方法、检验规则和标志、包装、运输和贮存。本标准适用于酱香型白酒的生产、检验与销售。

1. 术语和定义

（1）酱香型白酒　以高粱、小麦、水等为原料，经传统固态发酵、蒸馏、贮存、勾兑而成的，未添加食用酒精及非白酒发酵产生的呈香呈味呈色物质，具有酱香风格的白酒。

（2）产品分类　按产品的酒精度分

高度酒：酒精度 45% ~ 58% vol。

低度酒：酒精度 32% ~ 44% vol。

（3）产品分级

以大曲为糖化发酵剂生产的酱香型白酒可分为优级、一级、二级。

不以大曲或不完全以大曲为糖化发酵剂生产的酱香型白酒可分为一级、二级。

2. 感官要求

高度酒、低度酒的感官要求应分别符合表 17 – 41、表 17 – 42 的规定。

表 17 – 41　　　　　　　　　　　　　　高度酒感官要求

项　目	优　级	一　级	二　级
色泽和外观	无色或微黄，清亮透明，无悬浮物，无沉淀[a]		
香　气	酱香突出，香气幽雅，空杯留香持久	酱香较突出，香气舒适，空杯留香较长	酱香明显，有空杯香
口　味	酒体醇厚，丰满，诸味谐调，回味悠长	酒体醇和，谐调，回味长	酒体较醇和谐调，回味较长
风　格	具有本品典型的风格	具有本品明显的风格	具有本品风格

a 当酒的温度低于10℃时，允许出现白色絮状沉淀物质或失光。10℃以上时应逐渐恢复正常。

表 17 – 42　　　　　　　　　　　　　　低度酒感官要求

项　目	优　级	一　级	二　级
色泽和外观	无色或微黄，清亮透明，无悬浮物，无沉淀[a]		
香　气	酱香较突出，香气较幽雅，空杯留香久	酱香较纯正，空杯留香好	酱香较明显，有空杯香
口　味	酒体醇和，谐调，味长	酒体柔和谐调，味较长	酒体较柔和谐调，回味尚长
风　格	具有本品典型的风格	具有本品明显的风格	具有本品风格

a 当酒的温度低于10℃时，允许出现白色絮状沉淀物质或失光。10℃以上时应逐渐恢复正常。

3. 理化要求

高度酒、低度酒的理化要求应分别符合表 17 – 43、17 – 44 的规定。

表 17 – 43　　　　　　　　　　　　　　高度酒理化要求

项　目		优　级	一　级	二　级
酒精度（20℃）/% vol		45 ~ 58		
总酸（以乙酸计）/（g/L）	≥	1.40	1.40	1.20
总酯（以乙酸乙酯计）/（g/L）	≥	2.20	2.00	1.80
己酸乙酯/（g/L）	≤	0.30	0.40	0.40
固形物/（g/L）	≤	0.70[a]		

a 酒精度实测值与标签标示值允许差为 ±1.0% vol。

表 17 – 44　　　　　　　　　　　　　　低度酒理化要求

项　目		优　级	一　级	二　级
酒精度（20℃）/% vol		32 ~ 44		
总酸（以乙酸计）/（g/L）	≥	0.80	0.80	0.80
总酯（以乙酸乙酯计）/（g/L）	≥	1.50	1.20	1.00
己酸乙酯/（g/L）	≤	0.30	0.40	0.40
固形物/（g/L）	≤	0.70[a]		

a 酒精度实测值与标签标示值允许差为 ±1.0% vol。

4. 卫生指标

应符合 GB 2757 的规定。

第二节　白酒相关国家标准

一、白酒工业术语（GB/T 15109—2008）

1. 主要原辅料

（1）高粱　亦称红粮、小蜀黍、红棒子。禾本科草本植物栽培高粱的果实。籽粒有红、黄、白等颜色，呈扁卵圆形。按其粒质分为糯性高粱和非糯性高粱。

（2）小麦　禾本科草本植物栽培小麦的果实。呈卵形或长椭圆形，腹面有深纵沟。按照小麦播种季节的不同分为春小麦和冬小麦；按小麦籽粒的粒质和皮色分为硬质白小麦、软质白小麦、硬质红小麦、软质红小麦。

（3）玉米　亦称玉蜀黍、大蜀黍、棒子、包谷、包米、珍珠米。禾本科草本植物栽培玉米的果实。籽粒形状有马齿形、三角形、近圆形、扁圆形等，种皮颜色主要为黄色和白色，按其粒形、粒质分为马齿型、半马齿型、硬粒型、爆裂型等类型。

（4）大米　稻谷经脱壳碾去皮层所得的成品粮的统称，可分为籼米、粳米和糯米，糯米又分为籼糯米和粳糯米。

（5）豌豆　亦称麦豆、毕豆、小寒豆、淮豆。豆科草本植物栽培豌豆荚果的种子。球形，种皮呈黄、白、青、花等颜色，表面光滑，少数品种种皮呈皱缩状。

（6）大麦　禾本科大麦属植物的种子，含淀粉和蛋白质，为制曲的原料之一。

（7）麦麸　小麦加工成面粉的副产物，可作酿酒微生物的培养基。

（8）稻壳　稻谷在加工大米时脱下的外壳，是酿造白酒过程中的主要辅料。

（9）谷糠　谷子在加工小米时脱下的外壳，是酿造白酒过程中的主要辅料。

2. 生产设备、设施及器具

（1）制曲设备

①曲模：曲坯成型用的模具。

②制曲机：将制曲原料压制成曲坯的机械设备。

③曲房：培养曲的房间，又称发酵室。

（2）酿酒设备

①窖池：固态法发酵容器之一，用黄泥、条石、砖、水泥、木材等材料建成，形状多呈长方体。

②发酵缸（罐）：糖化发酵容器之一，用陶土烧制或金属材料制成，埋在地下的缸称为地缸。

（3）蒸馏设备

①甑：蒸粮、蒸酒和清蒸辅料的主要设备，用木材、石材、水泥或金属材料制成，由甑盖、甑桶、甑箅、底锅等部分组成。

②蒸饭机：使用蒸汽加热的方式将米蒸煮成饭并摊晾的设备，用金属材料制成。

③蒸馏釜：使用蒸汽加热的方式进行蒸酒的设备，用金属材料制成。有卧式、立式，

单釜或双釜等类型。

④过汽筒：连接甑、蒸馏釜与冷却器的过汽导管。

⑤冷却器：将蒸出的酒蒸气冷却成酒液的设备，用不锈钢等金属材料制成。

⑥晾糟设备：使出甑的物料晾冷、打散疏松的设备，主要有晾堂、晾糟机、晾糟床、晾糟棚。

（4）陈酿设备

①陶坛：白酒传统的贮酒容器，用陶土烧制而成。

②不锈钢贮酒罐：不锈钢制成的大容量贮酒容器。

③酒海：用藤条编制，以鸡蛋清等物质配成粘合剂，用白棉布、麻纸裱糊，再以菜油、蜂蜡涂抹内壁，干燥后用于贮酒的容器。

④贮酒池：用混凝土建成，内壁涂食用级涂料，或贴以陶板、玻璃、瓷板、不锈钢等材料，用作贮酒的大型容器。

3. 制曲

（1）糖化发酵剂　以淀粉和蛋白质等为主要原料的天然培养基，富集多种微生物及生物酶，用于酿酒的糖化和发酵的制剂。

①大曲：酿酒用的糖化发酵剂，一般为砖形的块状物。

a. 高温曲：在制曲过程中，最高品温控制大于60℃而制成的大曲。

b. 中温曲：在制曲过程中，最高品温控制在50～60℃而制成的大曲。

c. 低温曲：在制曲过程中，最高品温控制小于50℃而制成的大曲。

②曲母：在制曲时，作种子用的少量优质曲，又称母曲。

③小曲：酿酒用的糖化发酵剂，多为较小的圆球、方块、饼状。部分小曲在制造时加入了中草药，故又称药曲或酒药。

④麸曲：以麦麸为原料，采用纯种微生物接种制备的一类糖化剂或发酵剂。按生产工艺一般分为帘子曲、通风曲。

a. 帘子曲：在竹帘子上培养制备的麸曲。

b. 通风曲：在长方形水泥池中控制通风培养制备的麸曲。

⑤曲坯：制曲原料压（踩）制成型的块状物。

（2）上霉　制曲培养过程中，在曲坯的外表生长出菌斑的现象，又称穿衣。

（3）晾霉　在制曲培养中，当菌丝体已长出，打开门窗，降低曲室和曲坯表面的温度和水分的操作。

（4）翻曲　在制曲培养中，将曲坯调位，增加曲房的通风供氧，排除二氧化碳，调节温度和湿度，使曲坯得到均匀培养的操作。

4. 酿酒

（1）固态发酵法　以固态蒸料糊化、糖化、发酵、蒸馏生产白酒的方法。

（2）液态发酵法　以液态蒸煮糊化、糖化、发酵、蒸馏生产白酒的方法。

（3）半固态发酵法　采用固态培菌糖化，进行液态发酵、蒸馏生产白酒的方法。

（4）原窖法　本窖发酵后的糟醅，经出窖系列操作后，重新放回原来的窖池内发酵的生产工艺。

（5）跑窖法　本窖发酵后的糟醅，经出窖系列操作后，放到另外的窖池内发酵的生产工艺。

（6）老五甑法　将窖中发酵完毕的酒醅分成五次配料、蒸酒的传统操作方法。窖内有四甑酒醅，即大楂、二楂、小楂和面糟各一甑。

（7）清蒸清烧　原料和酒醅分别蒸料和蒸酒的操作。

（8）清蒸混入　原料和辅料清蒸后与酒醅混合入窖发酵的操作。

（9）混蒸混烧　原料和酒醅混合在一起同时蒸料和蒸酒的操作。

（10）清糟（楂）法　单独立糟（楂）、单独蒸酒的操作方法，

（11）续糟（楂）法　原料和发酵好的酒醅混蒸混烧，蒸粮和蒸酒在甑内同时进行的操作方法。

（12）辅料清蒸　为消除稻壳等辅料的异杂味和杂菌而进行的蒸料操作。

（13）清蒸二次清　原料清蒸，辅料清蒸，清糟发酵，清蒸流酒，用地缸发酵的两次操作。

（14）粮粉（楂、糁）　酿酒原料经粉碎后的粉粒。

（15）立糟　新投产时，粮粉经拌料、蒸煮糊化、加糖化发酵剂，第一次酿酒发酵的操作，又称立楂、立排、立窖。

（16）糙沙　酱香型白酒酿酒生产的第二次投粮。

（17）酒醅　已发酵完毕等待配料、蒸酒的物料，又称母糟。

（18）粮糟　在配糟时，按工艺的配料比加入原料的酒醅，又称粮楂。

（19）面糟　酒醅蒸酒后，只加糖化发酵剂，再次发酵的醅子，又称红糟、回糟。

（20）丢糟　出窖糟经蒸馏取酒后，不再用于酿酒发酵的物料。

（21）培菌糟　在小曲酒生产中，将蒸熟的原料经摊晾后拌入小曲，在缸中或箱上培菌糖化后的物料。

（22）生心　原料蒸煮后，糊化和糖化程度不够的现象。

（23）开窝　熟料下曲入缸后，在物料中间均匀地筑一个空穴，使空气流通，便于微生物繁殖和糖化的操作。

（24）排（轮）　从新原料投料开始至发酵、蒸酒完成的一次酿酒生产周期，称为一排（轮）。

（25）掉排　一排或连续几排的生产不正常，出现的出酒率和酒质明显下降的现象。

（26）上甑　按一定规范，将待蒸物料铺撒入甑桶的操作过程，又称装甑。

（27）跑汽　上甑过程中，酒蒸气明显逸出物料层表面的现象。

（28）穿汽不匀　由于上甑不妥，酒气不能均匀地穿过酒醅，造成部分酒醅中的酒蒸不出来或夹花流酒的现象。

（29）塌汽　上甑蒸酒时，蒸汽突然减少，使甑内酒醅下陷，造成酒醅中的酒蒸不出来，或酒度低，流酒尾时间拖长的现象。

（30）溢甑　底锅水煮沸后冲出甑箅的现象。

（31）大汽追尾　蒸酒将结束时，加大蒸汽量或加大火力，蒸出酒醅中残余香味物质，同时利于粮食糊化的操作。

（32）掐头去尾　在蒸酒时，截取酒头和酒尾的操作。

（33）酒花　白酒在流酒或振摇后，液面溅起的泡沫，俗称酒花。根据酒花的形状、

大小、持续时间，可判断酒液酒精度的高低。

（34）量质摘酒　蒸馏流酒过程中，根据流酒的质量情况确定摘酒（分级）时机的操作。

（35）酒头　蒸馏初期截取出的酒精度较高的酒－水混合物。

（36）酒尾　蒸馏后期截取出的酒精度较低的酒－水混合物。

（37）地温　酿酒车间入窖窖池（地缸）周边地面的温度。

（38）踩窖　待发酵物料进入窖内后及时铺平，根据季节，人工适当踩压，以免发酵物料间存留过多的空气，同时防止过分跌窖的一道操作工序。

（39）封窖　以专用的材料（黏土、塑料布等）将窖面密封，隔绝空气以进行发酵的操作。

（40）窖泥　附着于窖壁或窖底的富含酿酒有益微生物的黏土。

（41）窖皮泥　用于封窖的黏土。

（42）打量水　当蒸粮完成后，泼入一定温度的水的操作。

（43）烟水　当蒸粮达到一定程度时，向甑桶内物料进行泼水的操作。

（44）下曲　将糖化发酵剂均匀混入摊晾好的糟醅中的操作，又称撒曲。

（45）摊晾　使出甑的物料迅速均匀地冷至下曲温度的操作，又称扬冷。

（46）窖帽　封窖后入窖物料高出地平面的部分。

（47）跌窖　发酵期间，窖帽下跌的现象，又称跌头。

（48）清窖　封窖后，所采取的保持封窖材料密闭的定期操作。

（49）开窖鉴定　开窖后，用感官分析对出窖酒醅、黄水进行鉴定，并结合理化分析数据总结上排配料和入窖条件的优缺点，以确定下排配料和入窖条件。

（50）滴窖　在起窖时，沥去黄水的操作。

（51）黄水　发酵期间，逐渐渗于窖底部的棕黄色液体，又称黄浆水。

（52）吹口　物料进入发酵容器后，用以了解物料的发酵状况的观察口。

（53）发酵周期　物料入窖（缸、罐）后，从封窖（缸、罐）到出窖（缸、罐）的这一段时间。

（54）串香　在甑中以含有乙醇的蒸汽穿过固态发酵的酒醅或特制的香醅，使馏出的酒中增加香气和香味的操作。

（55）双轮底　白酒生产中，发酵正常的窖底母糟不经蒸馏取酒，于窖底再次发酵的工艺操作。

（56）勾兑调味　把具有不同香气、口味、风格的酒，按不同比例进行调配，使之符合一定标准，保持成品酒特定风格的专门技术。

（57）陈酿　在贮酒容器中贮存一定时间，使酒体谐调、口感柔和的白酒生产中必要的工艺过程，又称老熟。

（58）生态酿酒　保护与建设适宜酿酒微生物生长、繁殖的生态环境，以安全、优质、高产、低耗为目标，最终实现资源的最大利用和循环使用。

5. 成品及半成品

（1）白酒　以粮谷为主要原料，用大曲、小曲或麸曲及酒母等为糖化发酵剂，经蒸煮、糖化、发酵、蒸馏而制成的饮料酒。

（2）大曲酒　以大曲为糖化发酵剂酿制而成的白酒。

（3）小曲酒　以小曲为糖化发酵剂酿制而成的白酒。

（4）麸曲酒　以麸曲为糖化剂，加酒母（酿酒干酵母）为发酵剂，或以麸曲为糖化发酵剂酿制而成的白酒。

（5）混合曲酒　以大曲、小曲或麸曲等糖化发酵剂酿制而成的白酒。

（6）固态法白酒　以粮食为原料，采用固态（或半固态）糖化、发酵、蒸馏，经陈酿、勾兑而成，未添加食用酒精及非白酒发酵产生的呈香呈味物质，具有本品固有风格特征的白酒。

（7）液态法白酒　以含淀粉、糖类的物质为原料，采用液态糖化、发酵、蒸馏所得的基酒（或食用酒精），可用香醅串香或用食品添加剂调味调香，勾调而成的白酒。

（8）固液法白酒　以固态法白酒（不低于30%）、液态法白酒勾调而成的白酒。

（9）酱香型白酒　以粮谷为原料，经传统固态法发酵、蒸馏、陈酿、勾兑而成，未添加食用酒精及非白酒发酵产生的呈香呈味物质，具有其特征风格的白酒，又称茅型白酒。

（10）浓香型白酒　以粮谷为原料，经传统固态法发酵、蒸馏、陈酿、勾兑而成，未添加食用酒精及非白酒发酵产生的呈香呈味物质，具有以己酸乙酯为主体复合香的白酒，又称泸型白酒。

（11）清香型白酒　以粮谷为原料，经传统固态法发酵、蒸馏、陈酿、勾兑而成，未添加食用酒精及非白酒发酵产生的呈香呈味物质，具有以乙酸乙酯为主体复合香的白酒，又称汾型白酒。

（12）米香型白酒　以大米等为原料，经传统半固态法发酵、蒸馏、陈酿、勾兑而成，未添加食用酒精及非白酒发酵产生的呈香呈味物质，具有以乳酸乙酯、β-苯乙醇为主体复合香的白酒。

（13）凤香型白酒　以粮谷为原料，经传统固态法发酵、蒸馏、酒海陈酿、勾兑而成，未添加食用酒精及非白酒发酵产生的呈香呈味物质，具有乙酸乙酯和己酸乙酯为主的复合香气的白酒，又称凤型白酒。

（14）豉香型白酒　以大米为原料，经蒸煮，用大酒饼作为主要糖化发酵剂，采用边糖化边发酵的工艺，釜式蒸馏，陈肉酝浸勾兑而成，未添加食用酒精及非白酒发酵产生的呈香呈味物质，具有豉香特点的白酒。

（15）芝麻香型白酒　以高粱、小麦（麸皮）等为原料，经传统固态法发酵、蒸馏、陈酿、勾兑而成，未添加食用酒精及非白酒发酵产生的呈香呈味物质，具有芝麻香型风格的白酒。

（16）特香型白酒　以大米为主要原料，经传统固态法发酵、蒸馏、勾兑而成，未添加食用酒精及非白酒发酵产生的呈香呈味物质，具有特香型风格的白酒。

（17）浓酱兼香型白酒　以粮谷为原料，经传统固态法发酵、蒸馏、陈酿、勾兑而成，未添加食用酒精及非白酒发酵产生的呈香呈味物质，具有浓香兼酱香独特风格的白酒。

（18）老白干香型白酒　以粮谷为原料，经传统固态法发酵、蒸馏、陈酿、勾兑而成，未添加食用酒精及非白酒发酵产生的呈香呈味物质，具有以乳酸乙酯、乙酸乙酯为主体复合香的白酒。

（19）基础酒（原酒） 经发酵、蒸馏而得到的未经勾兑的酒。

（20）组合酒 按一定质量标准，将不同的基础酒进行调配而成的酒。

（21）调味酒 采用特殊工艺生产制备的某一种或数种香味成分含量特别高，风格特别突出，用于弥补基础酒的缺陷和提高酒体档次的酒，又称精华酒。

二、预包装饮料酒标签通则（GB 10344—2005）

（一）术语和定义

1. 饮料酒

酒精度在 0.5% vol 以上的酒精饮料，包括各种发酵酒、蒸馏酒和配制酒。

2. 发酵酒、酿造酒

以粮谷、水果、乳类等为原料，经发酵酿制而成的饮料酒。

3. 蒸馏酒

以粮谷、薯类、水果等为主要原料，经发酵、蒸馏、陈酿、勾兑而成的饮料酒。

4. 配制酒、露酒

以发酵酒、蒸馏酒或食用酒精为酒基，加入可食用的辅料或食品添加剂，进行调配、混合或再加工而制成的、已改变了其原酒基风格的饮料酒。

5. 酒精度、乙醇含量

在 20℃ 时，100mL 饮料酒中含有乙醇的毫升数，或 100g 饮料酒中含有乙醇的克数。

（二）基本要求

（1）预包装饮料酒标签的所有内容，应符合国家法律、法规的规定，并符合相应产品标准的规定。

（2）预包装饮料酒标签的所有内容，应清晰、醒目、持久；应使消费者购买时易于辨认和识读。

（3）预包装饮料酒标签的所有内容，应通俗易懂、准确、有科学依据；不得标示封建迷信、黄色、贬低其他饮料酒或违背科学营养常识的内容。

（4）预包装饮料酒标签的所有内容，不得以虚假、使消费者误解或欺骗性的文字、图形等方式介绍饮料酒；也不得利用字号大小或色差误导消费者。

（5）预包装饮料酒标签的所有内容，不得以直接或间接暗示性的语言、图形、符号、导致消费者将购买的饮料酒或饮料酒的某一性质与另一产品混淆。

（6）预包装饮料酒的标签不得与包装物（容器）分离。

（7）预包装饮料酒的标签内容，应使用规范的汉字，但不包括注册商标。

①可以同时使用拼音或少数民族文字，但不得大于相应的汉字。

②可以同时使用外文，但应与汉字有对应关系（进口饮料酒的制造者和地址，国外经销者的名称和地址、网址除外）。所有外文不得大于相应的汉字（国外注册商标除外）。

（8）包装物或包装容器最大表面面积大于 $20cm^2$ 时，强制标示内容的文字、符号、数字的高度不得小于 1.8mm。

（9）如果透过外包装物能清晰地识别内包装物或容器上的所有或部分强制标示内容，可以不在外包装物上重复标示相应的内容。

（10）每个最小包装（销售单元）都应有下文规定的标示内容；如果在内包装容器

（瓶）的外面另有直接向消费者交货的包装物（盒）时，也可以只在包装物（盒）上标注强制标示内容。其外包装（或大包装）按相关产品标准执行。

（11）所有标示内容均不应另外加贴、补印或篡改。

（三）标示内容

1. 强制标示内容

（1）酒名称

①应在标签的醒目位置，清晰地标示反映饮料酒真实属性的专用名称。

a. 当国家标准或行业标准中已规定了几个名称时，应选用其中的一个名称。

b. 无国家标准或行业标准规定的名称时，应使用不使消费者误解或混淆的常用或通俗名称。

②可以标示"新创名称"、"奇特名称"、"音译名称"、"牌号名称"、"地区俚语名称"或"商标名称"；但应在所示酒名称的邻近部位标示 a 规定的任意一个名称。

（2）配料清单

①预包装饮料酒标签上应标示配料清单，单一原料的饮料酒除外。

饮料酒的"配料清单"，宜以"原料"或"原料与辅料"为标题。

各种原料、配料应按生产过程中加入量从多到少顺序列出，加入不超过 2% 的配料可以不按递减顺序排列。

在酿酒或加工过程中，加入的水和食用酒精应在配料清单中标示。

配制酒应标示所用酒基，串蒸、浸泡、添加的食用动植物（或其制品）、国家允许使用的中草药以及食品添加剂等。

②当酒类产品的国家标准或行业标准中规定允许使用食品添加剂时，食品添加剂应符合 GB 2760 的规定；甜味剂、防腐剂、着色剂应标示具体名称；其他食品添加剂可以按 GB 2760 的规定标示再在其后加括号，标示 GB/T 12493 规定的代码。

③在饮料酒生产与加工中使用的加工助剂，不需要在"原料"或"原料与辅料"中标示。

（3）酒精度

①凡是饮料酒，均应标示酒精度。

②标示酒精度时，应以"酒精度"作为标题。

（4）原麦汁、原果汁含量

①啤酒应标示"原麦汁浓度"。其标注方式：以"柏拉图度"符号"°P"表示；在 GB/T 17204—1998 修订前，可以使用符号"°"表示原麦汁浓度，如"原麦汁浓度：12°"。

②果酒（葡萄酒除外）应标注原果汁含量。其标注方式：在"原料与辅料"中，用"××%"表示。

（5）日期标示和贮藏说明

①应清晰地标示预包装饮料酒的包装（灌装）日期和保质期，也可以附加标示保存期。如日期标示采用"见包装物某部位"的方式，应标示所在包装物的具体部位。

②日期的标示应按年、月、日顺序；年代号一般应标示 4 位数字；难以标示 4 位数字的小包装酒，可以标示后 2 位数字。

示例1：

包装（灌装）日期：2004年1月15日灌装的酒，可以标示为：

"2004 01 15"（年月日用间隔字符分开）；

或"20040115"（年月日不用分隔符）；

或"2004 – 01 – 15"（年月日用连字符分隔）；

或"2004年1月15日"。

示例2：

保质期：可以标示为：

"2004年7月15日之前饮用最佳"；

或"保质期至2004 – 07 – 15"；

或"保质期6个月（180天）"。

③如果饮料酒的保质期（或保存期）与贮藏条件有关，应标示饮料酒的特定贮藏条件，具体按相关产品标准执行。

（6）净含量

①净含量的标示应由净含量、数字和法定计量单位组成。

②饮料酒的净含量一般用体积表示，单位：毫升或mL（ml）升或L（l）。大坛黄酒可用质量表示，单位：千克或kg。

③净含量的计量单位，字符的最小高度要求同GB 7718—2004中5.1.4.3和5.1.4.4。

④净含量应与酒名称排在包装物或容器的同一展示版面。

⑤同一预包装内如果含有独立的几件相同的小包装时，在标示小包装净含量的同时，还应标示其数量或件数。

（7）产品标准号　同GB 7718—2004中5.1.7。

（8）质量等级　同GB 7718—2004中5.1.8。

（9）警示语　用玻璃瓶包装的啤酒，应按GB 4927—2001中7.1.1的规定标示"警示语"。

（10）生产许可证　已实施工业产品生产许可证管理制度的酒行业，其产品应标示生产许可证标记和编号。

2. 强制标示内容的免除

葡萄酒和酒精度超过10% vol的其他饮料酒可免除标示保质期。

3. 非强制标示内容

（1）批号　同GB 7718—2004中5.3.1。

（2）饮用方法

①如有必要，可以标示（瓶、罐）容器的开启方法、饮用方法、每日（餐）饮用量、兑制（混合）方法等对消费者有帮助的说明。

②推荐采用标示"过度饮酒，有害健康"、"孕妇和儿童不宜饮酒"等劝说语。

（3）能量和营养素　同GB 7718—2004中5.3.3。

（4）产品类型

①果酒、葡萄酒和黄酒可以标示产品类型或含糖量。果酒、葡萄酒和黄酒宜标示"干"、"半干"、"半甜"或"甜"型，或者标示其含糖量，标示方法按相关产品标准规定执行。

②配制酒如以果酒、葡萄酒和黄酒为酒基或添加了糖的酒，宜标示其含糖量。

③已确立香型的白酒，可以标示"香型"。

三、白酒检验规则和标志、包装、运输、贮存（GB/T 10346—2006）

（一）检验规则

1. 组批

每次经勾兑、灌装、包装后的，质量、品种、规格相同的产品为一批。

2. 抽样

（1）按表 17 - 45 抽取样本，从每箱中任取一瓶，单件包装净含量小于 500mL，总取样不足 1500mL 时，可按比例增加抽样量。

表 17 - 45　　　　　　　　　　　　抽样表

批量范围/箱	样本数/箱	单位样本数/瓶
50 以下	3	3
50 ~ 1200	5	2
1201 ~ 35000	8	1
35000 以上	13	1

（2）采样后应立即贴上标签，注明：样品名称、品种规格、数量、制造者名称、采样时间与地点、采样人。将样品分为两份，一份样品封存，保留 1 个月备查。另一份样品立即送化验室，进行感官、理化和卫生检验。

3. 检验分类

（1）出厂检验

检验项目：甲醇、杂醇油、感官要求、酒精度、总酸、总酯、固形物、香型特征指标、净含量和标签。

（2）型式检验

①检验项目：产品标准中技术要求的全部项目。

②一般情况下，同一类产品的型式检验每年进行一次，有下列情况之一者，亦应进行：

原辅材料有较大变化时；

更改关键工艺或设备；

新试制的产品或正常生产的产品停产 3 个月后，重新恢复生产时；

出厂检验与上次型式检验结果有较大差异时；

国家质量监督检验机构按有关规定需要抽检时。

4. 判定规则

（1）检验结果有不超过两项指标不符合相应的产品标准要求时，应重新自同批产品中抽取两倍量样品进行复检，以复检结果为准。

（2）若复检结果卫生指标不符合 GB 2757 要求，则判该批产品为不合格。

（3）若产品标签上标注为"优级"品，复检结果仍有一项理化指标不符合"优级"，但符合"一级"指标要求，可按"一级"判定为合格；若不符合"一级"指标要求时，则判该批产品为不合格。

（4）当供需双方对检验结果有异议时，可由有关各方协商解决，或委托有关单位进行仲裁检验，以仲裁检验结果为准。

（二）标志、包装、运输、贮存

1. 标志

（1）预包装白酒标签应符合 GB 10344 的有关规定。非传统发酵法生产的白酒，应在"原料与配料"中标注添加的食用酒精及非白酒发酵产生的呈香呈味物质（符合 GB 2760 要求）。

（2）外包装纸箱上标明产品名称、制造者名称和地址外，还应标明单位包装的净含量和总数量。

（3）包装储运图示标志应符合 GB/T 191 的要求。

2. 包装

（1）包装容器应使用符合食品卫生要求的包装瓶、盖。

（2）包装容器体端正、清洁，封装严密，无渗漏酒现象。

（3）外包装应使用合格的包装材料，箱内宜有防霉、防碰撞的间隔材料。

（4）产品出厂前，应由生产厂的质量监督检验部门按本标准规定逐批进行检验，检验合格，并附质量合格证，方可出厂。产品质量检验合格证明（合格证）可以放在包装箱内，或放在独立的包装盒内，也可以在标签上打印"合格"二字。

3. 运输、贮存

（1）运输时应避免强烈振荡、日晒、雨淋，装卸时应轻拿轻放。

（2）成品应贮存在干燥、通风、阴凉和清洁的库房中，库内温度宜保持在 10～25℃。

（3）不得与有毒、有害、有腐蚀性物品和污染物混运、混贮。

（4）成品不得与潮湿地面直接接触。

四、白酒厂卫生规范（GB 8951—1988）

本规范适用于以粮食、薯类、糖蜜等含有淀粉和糖的物质为原料，以大曲、小曲或麸曲、液体曲和酒母为糖化发酵剂，采用固态法或液态法酿制蒸馏白酒的工厂。

（一）术语

1. 白酒

酿酒原料经糖化、发酵、蒸馏而制成的酒精度在 65 度以下的蒸馏白酒。

2. 酿酒微生物

酿造白酒过程中参与糖化、发酵的微生物。

3. 纯种微生物

经人工选育和培养的酿酒微生物。

4. 大曲

以大麦、豌豆、小麦等为主要原料，在特定工艺条件下，加工制作、培养而成的糖化发酵剂。

5. 小曲

以米粉、米糠、麦粉为主要原料，在特定工艺条件下加工制作培养而成的，以根霉、酵母菌等为主要微生物的糖化发酵剂。

6. 麸曲

以麦麸为主要原料，在固态条件下培养纯种微生物生长而成的糖化剂或糖化发酵剂。

7. 液体曲

以玉米、薯干等为主要原料，在液态条件下培养纯种糖化菌生长而成的糖化剂。

8. 酵母

以薯干、玉米或废糖蜜等糖化液为主要原料，在液态条件下，培养纯种酵母菌生长而成的发酵剂。

9. 固态法

在固态条件下配料、糊化、糖化、发酵、蒸馏的白酒生产工艺。

10. 液态法

在液态条件下配料、糊化、糖化、发酵、蒸馏的白酒生产工艺。

11. 清蒸除杂

在常压条件下，用蒸汽排除原材料中的不正常的气味。

12. 加浆

加水调整白酒酒度的过程。

13. 勾兑

将有差异的合格酒互相掺混，达到统一标准基础酒的过程。

14. 调味

在合格的基础酒中调入适量调味酒的过程。

（二）原材料采购、运输、贮藏的卫生

1. 采购

（1）采购的原料必须符合国家有关的食品卫生标准或有关规定。

（2）原料必须是含有淀粉或糖的物质。辅料（填充料）必须是农作物脱粒后的或粮食加工后的物质。

（3）采购的原材料必须新鲜、干燥、洁净。对夹杂物较多和水分超标的原材料经过筛选或分级干燥处理后仍达不到验收标准的，工厂应拒收。

（4）食品添加剂　必须采用国家允许使用、定点厂生产的食用级食品添加剂。

2. 运输

（1）用于包装、盛放原材料的包装袋、容器必须无毒、干燥、洁净。

（2）运输工具应干燥、洁净。不得将有毒、有害、有污染的物品与原材料混装混运，防止造成污染。

3. 贮藏

（1）原材料应贮藏在阴凉、通风、干燥、洁净，并有防虫，防鼠、防雀设施的仓库内。原材料的水分必须控制在14%以下。同一库内的不同原材料应分别存放，避免混杂。

（2）原材料存放在室外场地时，场地必须高于地面，干燥，并有（原料必须有）防雨设施和防止霉烂变质措施。

（3）对局部发热霉变或含土杂物较多的原材料，必须及时分离，筛选处理。

4. 工厂设计与设施的卫生

（1）选址　白酒厂必须建在交通方便，水源充足，无有害气体、烟雾、灰沙和其他危及白酒安全卫生的物质的地区。

（2）厂区和道路　厂区应绿化。厂区主要道路和进入厂区的道路应铺设适于车辆通行的坚硬路面（如混凝土或沥青路面）。路面应平坦，无积水。厂区应有足够的排水系统。

（3）厂房与设施

①微生物培养车间（室）：无菌室的设计与设施必须符合无菌操作的工艺技术要求。室内必须设有带缓冲间的小无菌室，并有完好的消毒设施。缓冲间的门与无菌室的门不应直接相对，至少成90°，避免外界空气直接进入无菌室。

曲种室、麸曲车间、液体曲车间、酒母车间的设计与设施必须符合培养纯种微生物生长、繁殖、活动的工艺技术要求；地面、墙壁应采用防渗材料，便于清洗、消毒、灭菌。

大曲、小曲车间的设计与设施必须符合培养酿酒微生物生长、繁殖、活动的工艺技术要求；门窗结构应便于调节室内温度和湿度。

②原料粉碎车间：原料粉碎车间的设计与设施应能满足原料除杂（土杂物）、粉碎、防尘的工艺技术要求。车间内的除尘设施应使室内粉尘浓度达到国家有关规定；架空构件和设备的安装位置必须便于清理，防止和减少粉尘积聚。

③制酒车间：固态法白酒车间的设计与设施应能满足固态条件下配料、糊化、糖化、发酵、蒸馏的工艺技术要求。操作场所应有排汽设施；场地坚硬、宽敞、平坦、排水良好。采用地锅蒸酒的工厂，地锅火门和贮煤场地必须设在车间外。发酵室应有通风和温控设施。发酵窖、池、缸应按特定技术要求制作。清香型白酒的发酵池必须有畅通的控浆水道。

液体法白酒车间应能满足液体条件下配料、蒸煮、糖化、发酵、蒸馏的工艺技术要求。发酵室必须与其他工作室分开，并有良好的调温设施；地面、墙壁应采用防渗材料，便于清洗、消毒灭菌。

④酒库：必须有防火、防爆、防尘设施。库内应阴凉干燥。室内酒精浓度必须符合 TJ 36《工业企业设计卫生标准》。

⑤包装车间：包装车间必须远离锅炉房和原材料粉碎、制曲、贮曲等粉尘较多的场所。包装车间应能防尘、防虫、防蚊蝇、防鼠、防火、防爆，灌酒室应与洗瓶室、外包装室分开。

⑥成品库：成品库的容量应与生产能力相适应；库内应阴凉、干燥，并有防火设施。

（4）卫生设施

①供水系统：生产用水：工厂应有足够的生产用水。如需配备贮水设施，应有防止污染的措施。水质必须符合 GB 5749《生活饮用水卫生标准》的规定。

蒸汽用水：直接用于蒸煮原材料、蒸馏白酒的蒸汽用水不得含有影响人体健康和污染白酒的物质。

非饮用水：不与白酒接触的蒸汽用水、冷却用水、消防用水必须用单独管道输送，决不能与生产（饮用）水系统交叉连接，并应有明显的颜色区别。

②废水、废气处理系统：工厂必须设有废水、废气处理系统。该系统应经常检查、维修，保持良好的工作状态。废水、废气的排放应符合 GB J4《工业"三废"排放标准》的规定。

③更衣室：工厂必须设有与生产车间人数相适应并与生产车间相连接的更衣室。

④洗手消毒设施：无菌室内及进口处，纯种微生物培养车间（室）进口处必须设有方便的、不用手开关的冷、热水洗手设施和供洗手用的清洗剂、消毒剂。包装车间的适当位置应设有方便的洗手设施。洗手设施的下水管应经反水弯引入排水管，废水不得外溢，以防止污染环境。

⑤厕所、浴室：厂内必须设有与职工人数相适应的、灯光明亮、通风良好、清洁卫生、无气味的厕所及淋浴室；门窗不得直接开向生产车间。厕所内必须安装纱窗、纱门；地面平整，便于清洗、消毒。坑式厕所必须远离白酒生产车间 25m 以外；粪坑须采用防渗材料建造。

⑥照明：工厂应有充足的自然照明和人工照明，厂房内照明灯具的光泽、亮度应能满足工作场所和操作人员正常工作的需要。酒库、包装车间、成品库应使用防爆灯具，并装有安全防护罩。

⑦酒糟存放设施：应设有便于销售、清理、避免霉烂的酒糟存放、销售设施。

⑧废弃物临时存放设施：应在远离生产车间的适当地点，设置废弃物临时存放设施，采用便于清洗消毒的材料制作，结构严密，能防止害虫侵入，避免废弃物污染成品、饮用水、设备、道路。

（5）设备和工器具

①所有接触或可能接触白酒的设备、管道、工器具和容器等，必须用无铅、无毒、无异味、耐腐蚀、易清洗、不与白酒起化学反应的材料制作，表面应光滑，无凹坑、裂缝。蒸馏冷却器必须用高纯锡、不锈钢材料制作（注：高纯锡用作冷却器已不多见）。

②所有设备、管道、工器具和固定设备的安装位置，都应便于拆卸、清洗和消毒。

③各生产车间、酒库应根据工艺技术要求，配备温度计、湿度计、糖度计、酒度计、压力表等。

（6）供汽 在蒸料、蒸煮、糖化、蒸酒、加热杀菌期间，应根据工艺技术要求，保证有足够的蒸汽供应。

5. 工厂的卫生管理

（1）措施

①工厂应根据本规范的要求，制订卫生实施细则。

②工厂和车间都应配备经培训合格的专职卫生管理人员。按规定的权限和责任，负责监督全体工作人员执行本规范的有关规定。

（2）维修、保养 厂房、设备、供水、供汽系统、排水系统和其他机械设施，必须保持良好状态。正常情况下，每年进行一次全面检修，发现问题时应及时检修。

（3）清洗、消毒

①每天工作结束后，必须及时清除工作场地的酒糟、废弃物、垃圾等物。地面、墙壁、设备、管道、控浆水道、排水沟应彻底清洗或消毒。

②更衣室、厕所和浴室应经常清扫、清洗或消毒，保持清洁。

（4）废弃物处理

厂区内霉烂变质的酒糟、辅料和垃圾必须在24h内清除出厂。厂房通道和周围场地不得堆放杂物和废弃物。

（5）除虫灭害　厂区周围应定期或在必要时进行除虫灭害，防止害虫孳生。

（6）危险品的管理和使用　工厂必须设置专用的库房、箱柜，存放杀虫剂和一切有害、有毒物品，这些物品必须贴有醒目的有毒标记。工厂应制订各种危险品的使用规则。使用危险品须经专门管理部门核准，并在指定的专门人员的严格监督下使用，严防污染原料、半成品、成品。

（7）厂区内禁止饲养家禽、家畜。

6. 个人卫生与健康要求

（1）卫生教育　工厂应对新参加工作及临时参加工作的人员进行卫生安全教育，定期对全厂职工进行"食品卫生法"及本规范的宣传教育，做到教育有计划，考核有标准，实现卫生培训制度化、规范化。

（2）健康检查　白酒生产人员及有关人员每年至少进行一次健康检查，必要时接受临时检查；新参加或临时参加工作的白酒生产人员必须经健康检查并取得合格证后方可工作。工厂应建立职工健康档案。

（3）健康要求　凡患有下列病症之一者，不得从事白酒生产：痢疾、伤寒、病毒性肝炎等消化道传染病（包括病源携带者）；活动性肺结核；化脓性或渗出性皮肤病；其他有碍食品卫生的疾病。

（4）个人卫生

①生产人员在工作时，必须按特定的工艺卫生要求，穿戴无菌、洁净的工作衣、帽、鞋、口罩，保持良好的个人卫生，不得留长指甲、涂指甲油。培菌、曲种操作人员不准穿戴工作衣、帽、鞋进入非工作场所。

②生产人员不得将与生产无关的个人用品、杂物带入生产车间。

③严禁一切人员在厂区、车间内吸烟和随地涕吐。

（5）非生产人员　非生产人员经获准进入生产车间（室）时必须遵守本规范的有关规定。

7. 白酒生产过程中的卫生

（1）原材料　投产的原材料必须符合规定。所有原材料投产前必须经过检验、筛选和清蒸除杂处理。经处理仍达不到工艺要求的不得投入生产。严禁使用在酿造过程中不能去除对人体有毒、有害、含土杂物较多的原材料制酒。

（2）纯种微生物糖化发酵剂的制作

①培菌室、曲种室、纯种微生物的制曲车间、酒母车间，必须按规定定期冲洗、消毒、灭菌。所有培养器皿、培养容器、设备、工器具、培养物质使用前，必须严格消毒灭菌。

②菌种保藏：菌种保藏应满足低温、干燥和缺氧的条件。

③培菌：接种操作必须保证在无菌条件下进行。使用新菌种制酒时，必须经卫生部门鉴定，证明不产毒，方可投入生产。已退化、变异、污染的菌种，必须进行分离、复壮或

购置新菌种，保证菌种优良、健壮。

④曲种：曲种操作必须保证在无菌条件下进行。不同曲种应在不同的曲种室内培养，防止相互污染。根据菌种培养的特定工艺要求，必须严格控制曲种室的培养温度和湿度，保证曲种在无污染和良好的环境中生长、繁殖。

⑤麸曲：麸曲培养应保证在无污染的条件下进行，其他要求同④。

⑥液体曲、酒母：液体曲、酒母的传代、扩大接种操作必须防止杂菌污染，并严格控制培养温度，保证纯种微生物在良好的环境中生长、繁殖。

（3）多种微生物糖化发酵剂的制作

①大曲、小曲的加工操作场地、设备、工器具和培养室，在使用前必须按特定工艺要求进行清理。

②大曲、小曲必须按特定工艺技术要求配料加工、制作、培养，并严格控制培养温度和湿度，保证酿酒微生物在良好的环境中生长、繁殖。

③贮藏：成品曲（包括麸曲）不得在露天场所存放，贮曲房（棚）应阴凉、通风、干燥、清洁卫生。

（4）制酒

①固态法制酒：固态法制酒的发酵窖、池、缸、控浆水道以及设备、工器具应根据特定工艺技术要求进行清理，去除不应有的残留物后，方可进行白酒发酵。白酒蒸馏必须严格掌握量质摘酒，并采取适当的蒸馏排杂措施，保证白酒卫生质量符合标准。

②液态法制酒：液态法制酒的设备、管道、发酵容器必须经冲洗消毒后方可使用，防止发酵污染。液态法白酒蒸馏的除杂措施，必须保证白酒卫生质量标准。

使用酒精兑制的白酒，其酒精质量必须符合 GB 10343—2002 食用酒精中的规定。

③贮酒：蒸馏白酒应按规定分级贮存、老熟。贮酒条件应符合酒库的要求。贮藏容器应挂（贴）有产品名称、酒度、等级、生产日期的卡片。酒库应经常清理，保持洁净。

④加浆、勾兑与调味：出厂白酒必须加浆（加水）调至本产品的标准酒度。加浆用水必须符合相关的规定，并根据产品质量标准进行勾兑、调味。

（5）包装

①包装容器：包装白酒的容器材料必须符合"食品卫生法"的有关规定；贮藏在清洁卫生、防潮、防尘、防污染的仓库内，容器的性能应能经受正常生产和贮运过程中的机械冲击和化学腐蚀。

②容器的检查：包装容器必须符合有关标准，经检查合格后方可使用。

③容器的清洗：装酒前的容器应经清水浸泡、刷洗、沥干；还应检查并清除玻璃、瓷质酒瓶中的破损碎屑。

④容器的使用：容器只能灌装白酒，不得盛放其他物品或作其他用途，以免误入生产线，造成质量事故。所有容器在生产过程中，应避免碰撞，以免损坏瓶边、瓶口，而影响封口质量。在成品包装车间只能存放即将灌酒的容器。清扫车间时，必须移去或遮盖好生产线上的容器，以免污染。

⑤灌酒、压盖：灌酒操作人员在操作前或搬运其他物品之后必须洗手。各种类型的灌酒机、压盖机，经调试合格后方能使用。这些设备应注意保养，保持清洁卫生。压盖后的

容器必须保证不渗酒，不漏酒。

⑥包装标志：瓶装酒标志必须符合"食品卫生法"及 GB 7718《食品标签通用标准》的规定。瓶装酒的外包装应采用木、纸、塑料等材料制作。箱内必须有防震防碰撞的间隔材料。每箱内应附有产品质量合格证书。箱上应注有厂名，酒名、净重、毛重、瓶数，并有"小心轻放"、"不可倒置"等标志。

8. 成品贮藏、运输的卫生

（1）贮藏　成品必须贮藏在符合相关要求的成品库内，严禁与有腐蚀、污染的物品同库堆放，纸箱码放高度不得超过 6 层。

（2）运输　运输工具应清洁干燥，必须用篷布遮盖，避免强烈震荡、日晒、雨淋。装卸时应轻拿轻放。严禁与有腐蚀、有毒的物品一起混运。

9. 卫生与质量检验管理

（1）工厂必须设有卫生、质量检验机构。配备与生产能力相适应的并经专业培训考核合格的卫生、质量检验人员。

（2）检验机构须设置评酒室、检验室，配备检验工作需要的仪器、设备，并有健全的检验制度。

（3）检验机构应按照有关标准和检验方法抽样，进行感官、理化、卫生指标的检验，凡不符合标准的产品一律不得出厂。

（4）各项检验记录应编号存档，保存一年，备查。

第三节　白酒分析方法

白酒分析方法国家标准（GB/T 10345—2007），是 2007 年 10 月开始实施。该标准代替 GB/T 10345.1 ~ 10345.8—1989。标准规定了白酒分析的总则、基本要求和详细分析步骤。该标准适用于各种香型白酒的分析。

一、感官评定

1. 原理

感官评定是指评酒者通过眼、鼻、口等感觉器官，对白酒样品的色泽、香气、口味及风格特征的分析评价。

2. 品酒环境

品酒室要求光线充足、柔和、适宜，温度为 20 ~ 25℃，湿度约为 60%。恒温恒湿，空气新鲜，无香气及邪杂气味。

3. 评酒要求

（1）评酒员要求感觉器官灵敏，经过专门训练与考核，符合感官分析要求，熟悉白酒的感官品评用语，掌握相关香型白酒的特征。

（2）评语要公正、科学、准确。

（3）品酒杯外形及尺寸见图 17 – 1。

（4）品评

①样品的准备：将样品放置于（20 ±2）℃环境下平衡24h［或（20 ±2）℃水浴中保温

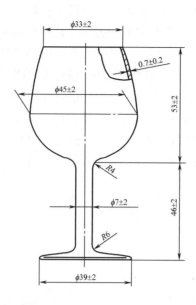

图 17-1　品酒杯（单位：mm）

1h〕后，采取密码标记后进行感官品评。

②色泽：将样品注入洁净、干燥的品酒杯中（注入量为品酒杯的 1/2~2/3），在明亮处观察，记录其色泽、清亮程度、沉淀及悬浮物情况。

③香气：将样品注入洁净、干燥的品酒杯中（注入量为品酒杯的 1/2~2/3），先轻轻摇动酒杯，然后用鼻进行闻嗅，记录其香气特征。

④口味：将样品注入洁净、干燥的酒杯中（注入量为品酒杯的 1/2~2/3），喝入少量样品（约2mL）于口中，以味觉器官仔细品尝，记下口味特征。

⑤风格：通过品评样品的香气、口味并综合分析，判断是否具有该产品的风格特点，并记录其典型性程度。

二、酒　精　度

（1）密度瓶法

①原理：以蒸馏法去除样品中的不挥发性物质，用密度瓶法测出试样（酒精水溶液）20℃时的密度，查不同温度下酒精溶液相对密度与酒精度对照表。求得在20℃时乙醇含量的体积分数，即为酒精度。

②仪器：全玻璃蒸馏器：500mL；恒温水浴：控温精度 ±0.1℃；附温度计密度瓶：25mL 或 50mL 。

③试样液的制备：用一洁净、干燥的 100mL 容量瓶，准确量取样品（液温20℃）100mL 于500mL 蒸馏瓶中，用50mL 水分三次冲洗容量瓶，洗液并入蒸馏瓶中，加几颗沸石（或玻璃珠），连接蛇形冷凝管，以取样用的原容量瓶作接收器（外加冰浴），开启冷却水（冷却水温度宜低于15℃），缓慢加热蒸馏（沸腾后蒸馏时间应控制在 30~40min 内完成），收集馏出液，当接近刻度时，取下容量瓶，盖塞，于 20℃ 水浴中保温 30min，再补加水至刻度，混匀，备用。

④分析步骤：将密度瓶洗净，反复烘干、称量，直至恒重（m）。

取下带温度计的瓶塞，将煮沸冷却至15℃的水注满已恒重的密度瓶中，插上带温度计的瓶塞（瓶中不得有气泡），立即浸入（20.0±0.1）℃的恒温水浴中，待内容物温度达20℃并保持20min不变后，用滤纸快速吸去溢出侧管的液体，立即盖好侧支上的小罩。取出密度瓶，用滤纸擦干瓶外壁上的水液，立即称量（m_1）。

将水倒出，先用无水乙醇，再用乙醚冲洗密度瓶，吹干（或于烘箱中烘干），用试样液反复冲洗密度瓶3~5次，然后装满。重复上述操作，称量（m_2）。

⑤结果计算：试样液（20℃）的相对密度按下式计算。

$$d_{20}^{20} = \frac{m_2 - m}{m_1 - m}$$

式中　d_{20}^{20}——试样液（20℃）的相对密度

　　　m_2——密度瓶和试样液的质量，g

　　　m——密度瓶的质量，g

　　　m_1——密度瓶和水的质量，g

根据试样液的相对密度 d_{20}^{20}，查密度体积分数表，求得20℃时样品的酒精度。所得结果应表示至一位小数。在重复性条件下获得的两次独立测定结果的绝对差值，不应超过平均值的0.5%。

（2）酒精计法

①原理：用精密酒精计读取酒精体积分数示值，按温度20℃时酒精计浓度与温度换算表进行温度校正，求得在20℃时乙醇含量的体积分数，即为酒精度。

②仪器：精密酒精计：分度值为0.1%vol。

③分析步骤：将试样液注入洁净、干燥的100mL量筒中，静置数分钟，待酒中气泡消失后，放入洁净、擦干的酒精计，再轻轻按一下，不应接触量筒壁，同时插入温度计，平衡约5min，水平观测，读取与弯月面相切处的刻度示值，同时记录温度。根据测得的酒精计示值和温度，温度20℃时酒精计浓度与温度换算表，换算成20℃时样品的酒精度。

所得结果应表示至一位小数。在重复性条件下获得的两次独立测定结果的绝对差值，不应超过平均值的0.5%。

三、总　　酸

（1）指示剂法

①原理：白酒中的有机酸，以酚酞为指示剂，采用氢氧化钠溶液进行中和滴定，以消耗氢氧化钠标准滴定溶液的量计算总酸的含量。

②试剂和溶液：酚酞指示剂（10g/L）：按GB/T 603配制；氢氧化钠标准滴定溶液 [c（NaOH）=0.1mol/L]：按GB/T 601配制与标定。

③分析步骤：吸取样品50.0mL于250mL锥形瓶中，加入酚酞指示剂2滴；以氢氧化钠标准滴定溶液滴定至微红色，即为其终点。

④结果计算：样品中的总酸含量按下式计算。

$$X = \frac{c \times V \times 60}{50.0}$$

式中 X——样品中总酸的质量浓度（以乙酸计），g/L

$\qquad$ c——氢氧化钠标准滴定溶液的实际浓度，mol/L

$\qquad$ V——测定时消耗氢氧化钠标准滴定溶液的体积，mL

$\qquad$ 60——乙酸摩尔质量的数值，g/mol

$\quad$ 50.0——吸取样品的体积，mL

$\quad$ 所得结果应表示至两位小数。在重复性条件下获得的两次独立测定结果的绝对差值，不应超过平均值的2%。

（2）电位滴定法

①原理：白酒中的有机酸，以酚酞为指示剂，采用氢氧化钠溶液进行中和滴定，当滴定接近等当点时，利用pH变化指示终点。

②试剂和溶液：同指示剂法。

③仪器：电位滴定仪（或酸度计）：精度为2mV。

④分析步骤：按使用说明书安装调试仪器，根据液温进行校正定位。

吸取样品50.0mL（若用复合电极可酌情增加取样量）于100mL烧杯中，插入电极，放入一枚转子，置于电磁搅拌器上，开始搅拌，初始阶段可快速滴加氢氧化钠标准滴定溶液，当样液pH=8.00后，放慢滴定速度，每次滴加半滴溶液，直至pH=9.00为其终点，记录消耗氢氧化钠标准滴定溶液的体积。

⑤结果计算：同指示剂法

四、总　　酯

（1）指示剂法

①原理：用碱中和样品中的游离酸，再准确加入一定量的碱，加热回流使酯类皂化。通过消耗碱的量计算出总酯的含量。

②仪器：全玻璃蒸馏器：500mL；全玻璃回流装置：回流瓶1000mL，250mL（冷凝管不短于45cm）；碱式滴定管：25mL或50mL；酸式滴定管；25mL或50mL。

③试剂和溶液：

氢氧化钠标准滴定溶液 $[c(NaOH)=0.1\,mol/L]$：按 GB/T 601 配制与标定。

氢氧化钠标准溶液 $[c(NaOH)=3.5\,mol/L]$：按 GB/T 601 配制。

硫酸标准滴定溶液 $[c(1/2H_2SO_4)=0.1\,mol/L]$：按 GB/T 601 配制与标定。

乙醇（无酯）溶液 $[40\%\,vol]$：量取95%乙醇600mL于1000mL回流瓶中，加氢氧化钠标准溶液5mL，加热回流皂化1h。然后移入蒸馏器中重蒸，再配成40% vol乙醇溶液。

酚酞指示剂（10g/L）：按 GB/T603 配制。

④分析步骤：吸取样品50.0mL于250mL回流瓶中，加2滴酚酞指示剂，以氢氧化钠标准滴定溶液滴定至粉红色（切勿过量），记录消耗氢氧化钠标准滴定溶液的毫升数（也可作为总酸含量计算）。再准确加入氢氧化钠标准滴定溶液25.00mL（若样品总酯含量高时，可加入50.00mL），摇匀，放入几颗沸石或玻璃珠，装上冷凝管（冷却水温度宜低于15℃），于沸水浴上回流30min，取下，冷却。然后，用硫酸标准滴定溶液进行滴定，使微红色刚好完全消失为其终点，记录消耗硫酸标准滴定溶液的体积。同时吸取乙醇（无酯）溶液50mL，按上述方法同样操作做空白试验，记录消耗硫酸标准滴定溶液的体积。

⑤结果计算：样品中的总酯含量按下式计算。

$$X = \frac{c \times (V_0 - V_1) \times 88}{50.0}$$

式中　X——样品中总酯的质量浓度（以乙酸乙酯计），g/L

　　　c——硫酸标准滴定溶液的实际浓度，mol/L

　　　V_0——空白试验样品消耗硫酸标准滴定溶液的体积，mL

　　　V_1——样品消耗硫酸标准滴定溶液的体积，mL

　　　88——乙酸乙酯摩尔质量的数值，g/mol

　　50.0——吸取样品的体积，mL

　　所得结果应表示至两位小数。在重复性条件下获得的两次独立测定结果的绝对差值，不应超过平均值的2%。

（2）电位滴定法

①原理：用碱中和样品中的游离酸，再加入一定量的碱，回流皂化。用硫酸溶液进行中和滴定，当滴定接近等当点时，利用pH变化指示终点。

②仪器：同总酸测定及电位滴定仪（或酸度计）：精度为2mV。

③试剂和溶液：同总酸测定。

④分析步骤：按使用说明书安装调试仪器，根据液温进行校正定位。吸取样品50.0mL于250mL回流瓶中，加两滴酚酞指示剂，以氢氧化钠标准滴定溶液滴定至粉红色（切勿过量），记录消耗氢氧化钠标准滴定溶液的毫升数（也可作为总酸含量计算）。再准确加入氢氧化钠标准滴定溶液25.00mL（若样品总酯含量高时，可加入50.00mL），摇匀，放入几颗沸石或玻璃珠，装上冷凝管（冷却水温度宜低于15℃），于沸水浴上回流30min，取下，冷却。将样液移入100mL小烧杯中，用10mL水分次冲洗回流瓶，洗液并入小烧杯。插入电极，放入一枚转子，置于电磁搅拌器上，开始搅拌，初始阶段可快速滴加硫酸标准滴定溶液，当样液pH＝9.00后，放慢滴定速度，每次滴加半滴溶液，直至pH＝8.70为其终点，记录消耗硫酸标准滴定溶液的体积。同时吸取乙醇（无酯）溶液50.00mL，按上述方法同样操作做空白试验，记录消耗硫酸标准滴定溶液的体积。

⑤结果计算：同总酸测定。

五、固　形　物

（1）原理　白酒经蒸发、烘干后，不挥发性物质残留于皿中，用称量法测定。

（2）仪器　电热干燥箱：控温精度±20℃。分析天平：感量0.1mg。瓷蒸发皿：100mL；干燥器：用变色硅胶作干燥剂。

（3）分析步骤　吸取样品50.0mL，注入已烘干至恒重的100mL瓷蒸发皿内，置于沸水浴上，蒸发至干，然后将蒸发皿放入（103±2）℃电热干燥箱内，烘2h，取出，置于干燥器内30min，称量。再放入（103±2）℃电热干燥箱内，烘1h，取出，置于干燥器内30min，称量。重复上述操作，直至恒重。

（4）结果计算　样品中的固形物含量按下式计算。

$$X = \frac{m - m_1}{50.0} \times 1000$$

式中　X——样品中固形物的质量浓度，g/L

　　　　m——固形物和蒸发皿的质量，g

　　　　m_1——蒸发皿的质量，g

　　50.0——吸取样品的体积，mL

　　所得结果应表示至两位小数，在重复性条件下获得的两次独立测定结果的绝对差值，不应超过平均值的2%。

六、乙 酸 乙 酯

　　(1) 原理　样品被气化后，随同载气进入色谱柱，利用被测定的各组分在气液两相中具有不同的分配系数，在柱内形成迁移速度的差异而得到分离。分离后的组分先后流出色谱柱，进入氢火焰离子化检测器，根据色谱图上各组分峰的保留值与标样相对照进行定性；利用峰面积(或峰高)，以内标法定量。

　　(2) 仪器和材料

　　气相色谱仪：备有氢火焰离子化检测器(FID)。

　　毛细管柱：LZP—930白酒分析专用柱(柱长18m，内径0.53mm)或FFAP毛细管色谱柱(柱长35~50m，内径0.25mm，涂层0.2μm)，或其他具有同等分析效果的毛细管色谱柱。

　　填充柱：柱长不短于2m。

　　载体：Chromosorb W (AW)或白色担体102(酸洗，硅烷化)，80~100目。

　　固定液：20% DNP(邻苯二甲酸二壬酯)加7%吐温-80，或10% PEG(聚乙二醇)1500或PEG20M。

　　微量注射器：10μL，1μL。

　　(3) 试剂和溶液

　　乙醇溶液(60% vol)：用乙醇(色谱纯)加水配制。

　　乙酸乙酯溶液[2%(体积分数)]：作标样用。吸取乙酸乙酯(色谱纯)2mL，用乙醇溶液定容至100mL。

　　乙酸正戊酯溶液[2%(体积分数)]：使用毛细管柱时作内标用。吸取乙酸正戊酯(色谱纯)2mL，用乙醇溶液定容至100mL。

　　乙酸正丁酯溶液[2%(体积分数)]：使用填充柱时作内标用。吸取乙酸正丁酯(色谱纯)2mL，用乙醇溶液定容至100mL。

　　(4) 分析步骤

　　①色谱参考条件

　　毛细管柱

　　载气(高纯氮)：流速为0.5~1.0mL/min，分流比：约37:1，尾吹20~30mL/min。

　　氢气：流速为40mL/min。

　　空气：流速为400mL/min。

　　检测器温度(T_D)：220℃。

　　注样器温度(T_J)：220℃。

　　柱温(T_C)：起始温度60℃，恒温3min，以3.5℃/min程序升温至180℃，继续恒温

10min。

填充柱

载气（高纯氮）：流速为150mL/min；（第1号修改单将流速改为50mL/min）。

氢气：流速为40mL/min。

空气：流速为400mL/min。

检测器温度（T_D）：150℃。

注样器温度（T_J）：150℃。

柱温（T_C）：90℃，等温。

载气、氢气、空气的流速等色谱条件随仪器而异，应通过实验选择最佳操作条件，以内标峰与样品中其他组分峰获得完全分离为准。

②校正因子（f值）的测定：吸取乙酸乙酯溶液1.00mL，移入100mL容量瓶中，加入内标溶液1.00mL，用乙醇溶液稀释至刻度。上述溶液中乙酸乙酯和内标的浓度均为0.02%（体积分数）。待色谱仪基线稳定后，用微量注射器进样，进样量随仪器的灵敏度而定。记录乙酸乙酯和内标峰的保留时间及其峰面积（或峰高），用其比值计算出乙酸乙酯的相对校正因子。

校正因子按下式计算。

$$f = \frac{A_1}{A_2} \times \frac{d_2}{d_1}$$

式中　f——乙酸乙酯的相对校正因子

A_1——标样f值测定时内标的峰面积（或峰高）

A_2——标样f值测定时乙酸乙酯的峰面积（或峰高）

d_2——乙酸乙酯的相对密度

d_1——内标物的相对密度

③样品测定：吸取样品10.0mL于10mL容量瓶中，加入内标溶液0.10mL，混匀后，在与f值测定相同的条件下进样，根据保留时间确定乙酸乙酯峰的位置，并测定乙酸乙酯与内标峰面积（或峰高），求出峰面积（或峰高）之比，计算出样品中乙酸乙酯的含量。

（5）结果计算

样品中的乙酸乙酯含量按下式计算。

$$X_1 = f \times \frac{A_3}{A_4} \times I \times 10^{-3}$$

式中　X_1——样品中乙酸乙酯的质量浓度，g/L

f——乙酸乙酯的相对校正因子

A_3——样品中乙酸乙酯的峰面积（或峰高）

A_4——添加于酒样中内标的峰面积（或峰高）

I——内标物的质量浓度（添加在酒样中），mg/L

所得结果应表示至两位小数。在重复性条件下获得的两次独立测定结果的绝对差值，不应超过平均值的5%。

七、己 酸 乙 酯

（1）原理　同乙酸乙酯。

（2）仪器和材料

气相色谱仪：备有氢火焰离子化检测器（FID）。

毛细管柱：LZP-930 白酒分析专用柱（柱长 18m，内径 0.53mm）或 PEG20M 毛细管色谱柱（柱长 35~50m，内径 0.25mm，涂层 0.2μm），或其他具有同等分析效果的毛细管色谱柱。

填充柱：柱长不短于 2m。

载体：Chromosorb W（AW）或白色担体 102（酸洗，硅烷化），80~100 目。

固定液：20% DNP（邻苯二甲酸二壬酯）加 7% 吐温-80，或 10% PEG（聚乙二醇）1500 或 PEG 20M。

微量注射器：10μL，1μL。

（3）试剂和溶液

乙醇溶液（60% vol）：用乙醇（色谱纯）加水配制。

己酸乙酯溶液［2%（体积分数）］：作标样用。吸取己酸乙酯（色谱纯）2mL，用乙醇溶液定容至 100mL。

乙酸正戊酯溶液［2%（体积分数）］：使用毛细管柱时作内标用。吸取乙酸正戊酯（色谱纯）2mL，用乙醇溶液定容至 100mL。

乙酸正丁酯溶液［2%（体积分数）］：使用填充柱时作内标用。吸取乙酸正丁酯（色谱纯）2mL，用乙醇溶液定容至 100mL。

（4）分析步骤　除标样改为己酸乙酯溶液外，其他操作同乙酸乙酯。

（5）结果计算　同乙酸乙酯。

八、乳 酸 乙 酯

（1）原理　同乙酸乙酯。

（2）仪器和材料

气相色谱仪：备有氢火焰离子化检测器（FID）。

毛细管柱：LZP-930 白酒分析专用柱（柱长 18m，内径 0.53mm）或 PEG 20M 毛细管色谱柱（柱长 35m~50m，内径 0.25mm，涂层 0.2μm），或其他具有同等分析效果的毛细管色谱柱。

填充柱：柱长不短于 2m。

载体：Chromosorb W（AW）9 或白色担体 102（酸洗，硅烷化），80 目~100 目。

固定液：20% DNP（邻苯二甲酸二壬酯）加 7% 吐温-80，或 10% PEG（聚乙二醇）1500 或 PEG 20M。

微量注射器：10μL，1μL。

（3）试剂和溶液

乙醇溶液（60% vol）：用乙醇（色谱纯）加水配制。

乳酸乙酯溶液［2%（体积分数）］：作标样用。吸取乳酸乙酯（色谱纯）2mL，用乙醇溶液定容至 100mL。

乙酸正戊酯溶液［2%（体积分数）］：使用毛细管柱时作内标用。吸取乙酸正戊酯（色谱纯）2mL，用乙醇溶液定容至 100mL。

乙酸正丁酯溶液［2%（体积分数）］：使用填充柱时作内标用。吸取乙酸正丁酯（色谱纯）2mL，用乙醇溶液定容至100mL。

（4）分析步骤　除标样改为乳酸乙酯溶液外，其他操作同乙酸乙酯。

（5）结果计算　同乙酸乙酯。

九、丁 酸 乙 酯

（1）原理　同乙酸乙酯。

（2）仪器和材料

气相色谱仪：备有氢火焰离子化检测器（FID）。

毛细管柱：LZP－930白酒分析专用柱（柱长18m，内径0.53mm）或PEG 20M毛细管色谱柱（柱长35~50m，内径0.25mm，涂层0.2μm），或其他具有同等分析效果的毛细管色谱柱。

填充柱：柱长不短于2m。

载体：Chromosorb W（AW）或白色担体102（酸洗，硅烷化）。80~100目。

固定液：20%DNP（邻苯二甲酸二壬酯）加7%吐温－80，或10%PEG（聚乙二醇）1500或PEG20M。

微量注射器：10μL，1μL。

（3）试剂和溶液

乙醇溶液（60%vol）：用乙醇（色谱纯）加水配制。

丁酸乙酯溶液［2%（体积分数）］：作标样用。吸取丁酸乙酯（色谱纯）2mL，用乙醇溶液定容至100mL。

乙酸正戊酯溶液［2%（体积分数）］：使用毛细管柱时作内标用。吸取乙酸正戊酯（色谱纯）2mL，用乙醇溶液定容至100mL。

乙酸正丁酯溶液［2%（体积分数）］：使用填充柱时作内标用。吸取乙酸正丁酯（色谱纯）2mL，用乙醇溶液定容至100mL。

（4）分析步骤　除标样改为丁酸乙酯溶液外，其他操作同乙酸乙酯。

（5）结果计算　同乙酸乙酯。

十、丙 酸 乙 酯

（1）原理　样品被气化后，随同载气进入色谱柱，利用被测定的各组分在气液两相中具有不同的分配系数，在柱内形成迁移速度的差异而得到分离。分离后的组分先后流出色谱柱，进入氢火焰离子化检测器，根据色谱图上各组分峰的保留值与标样相对照进行定性；利用峰面积（或峰高），以内标法定量。

当采用邻苯二甲酸二壬酯＋吐温－80混合柱测定时，丙酸乙酯与乙缩醛完全重叠，为此，要先将酒样加酸水解，使其中的乙缩醛分解，该组分峰的剩余部分即为丙酸乙酯，再按常规法加以测定。

（2）仪器和材料

气相色谱仪：备有氢火焰离子化检测器（FID）。

毛细管柱：LZP－930白酒分析专用柱（柱长18m，内径0.53mm），或其他具有同等分析效果的毛细管色谱柱。

填充柱：柱长不短于2m。

载体：Chromosorb W（AW）或白色担体102（酸洗，硅烷化）。80～100目。

固定液：20% DNP（邻苯二甲酸二壬酯）加7%吐温－80，或10% PEG（聚乙二醇）1500或PEG 20M。

微量注射器：10μL，1μL。

（3）试剂和溶液

乙醇溶液（60% vol）：用乙醇（色谱纯）加水配制。

丙酸乙酯溶液［2%（体积分数）］：作标样用。吸取丙酸乙酯（色谱纯）2mL，用乙醇溶液定容至100mL，

乙酸正戊酯溶液［2%（体积分数）］：使用毛细管柱时作内标用。吸取乙酸正戊酯（色谱纯）2mL，用乙醇溶液定容至100mL。

乙酸正丁酯溶液［2%（体积分数）］：使用填充柱时作内标用。吸取乙酸正丁酯（色谱纯）2mL，用乙醇溶液定容至100mL。

盐酸溶液［10%（体积分数）］。

（4）分析步骤

①色谱参考条件

毛细管柱

载气（高纯氮）：流速为0.5～1.0mL/min，分流比：约37:1，尾吹20～30mL/min。

氢气：流速为40mL/min。

空气；流速为400mL/min。

检测器温度（T_D）：220℃。

注样器温度（T_J）；220℃。

柱温（T_C）：起始温度60℃；恒温3min，以3.5℃/min程序升温至180℃，继续恒温10min。

填充柱

载气（高纯氮）：流速为150mL/min（第1号修改单改为50mL/min）。

氢气：流速为40mL/min。

空气：流速为400mL/min。

检测器温度（T_D）：150℃。

注样器温度（T_J）：150℃。

柱温（T_C）：90℃，等温。

载气、氢气、空气的流速等色谱条件随仪器而异，应通过试验选择最佳操作条件，以内标峰与酒样中其他组分峰获得完全分离为准。

②校正因子（f值）的测定：吸取丙酸乙酯溶液1.00mL，移入100mL容量瓶中，加入内标溶液1.00mL，用乙醇溶液稀释至刻度。上述溶液中丙酸乙酯和内标的浓度均为0.02%（体积分数）。待色谱仪基线稳定后，用微量注射器进样，进样量随仪器的灵敏度而定。记录丙酸乙酯和内标峰的保留时间及其峰面积（或峰高），用其比值计算出丙酸乙酯的相对校正因子。

校正因子按下式计算。

$$f = \frac{A_1}{A_2} \times \frac{d_2}{d_1}$$

式中　f——丙酸乙酯的相对校正因子

　　　A_1——标样 f 值测定时内标的峰面积（或峰高）

　　　A_2——标样 f 值测定时丙酸乙酯的峰面积（或峰高）

　　　d_2——丙酸乙酯的相对密度

　　　d_1——内标物的相对密度

③样品的测定：吸取样品 10.0mL 于 10mL 容量瓶中（如使用填充柱，吸取样品 3mL 于 10mL 容量瓶中，加入盐酸溶液 2 滴，用水定容至刻度，在室温下放置 1h），加入内标溶液 0.10mL，混匀后，在与 f 值测定相同的条件下进样，根据保留时间确定丙酸乙酯峰的位置，并测定丙酸乙酯与内标峰面积（或峰高），求出峰面积（或峰高）之比，计算出样品中丙酸乙酯的含量。

（5）结果计算

样品中的丙酸乙酯含量按下式计算。

$$X_1 = f \times \frac{A_3}{A_4} \times I \times 10^{-3}$$

式中　X_1——样品中丙酸乙酯的质量浓度，g/L

　　　f——丙酸乙酯的相对校正因子

　　　A_3——样品中丙酸乙酯的峰面积（或峰高）

　　　A_4——添加于酒样中内标的峰面积（或峰高）

　　　I——内标物的质量浓度（添加在酒样中），mg/L

所得结果应表示至两位小数。在重复性条件下获得的两次独立测定结果的绝对差值，不应超过平均值的 5%。

十一、正　丙　醇

（1）原理　同乙酸乙酯。

（2）仪器和材料

气相色谱仪：备有氢火焰离子化检测器（FID）。

毛细管柱：LZP－930 白酒分析专用柱（柱长 18m，内径 0.53mm）或 PEG 20M 毛细管色谱柱（柱长 35～50m，内径 0.25mm，涂层 0.2μm），或其他具有同等分析效果的毛细管色谱柱。

填充柱：柱长不短于 2m。

载体：Chromosorb W（AW）或白色担体 102（酸洗，硅烷化）。80～100 目。

固定液：20% DNP（邻苯二甲酸二壬酯）＋7% 吐温－80，或 10% PEG（聚乙二醇）1500 或 PEG 20M。

微量注射器：10μL，1μL。

（3）试剂和溶液

乙醇溶液（60% vol）：用乙醇（色谱纯）加水配制。

正丙醇溶液［2%（体积分数）］：作标样用。吸取正丙醇（色谱纯）2mL，用乙醇溶液定容至 100mL。

乙酸正戊酯溶液［2%（体积分数）］：使用毛细管柱时作内标用。吸取乙酸正戊酯（色谱纯）2mL，用乙醇溶液定容至 100mL。

乙酸正丁酯溶液［2%（体积分数）］：使用填充柱时作内标用。吸取乙酸正丁酯（色谱纯）2mL，用乙醇溶液定容至 100mL。

（4）分析步骤　除标样改为正丙醇溶液外，其他操作同乙酸乙酯。

（5）结果计算　同乙酸乙酯。

十二、β-苯乙醇

（1）原理　同乙酸乙酯。

（2）仪器和材料

气相色谱仪：备有氢火焰离子化检测器（FID）。

色谱柱：LZP-930 白酒分析专用柱（柱长 18m，内径 0.53mm）或 PEG 20M 毛细管色谱柱（柱长 35~50m，内径 0.25mm，涂层 0.2μm），或其他具有同等分析效果的毛细管色谱柱。

微量注射器：10μL，1μL。

（3）试剂和溶液

乙醇溶液（60%vol）：用乙醇（色谱纯）加水配制。

β-苯乙醇溶液［2%（体积分数）］：作标样用。吸 β-苯乙醇（色谱纯）2mL，用乙醇溶液定容至 100mL。

乙酸正戊酯溶液［2%（体积分数）］：使用毛细管柱时作内标用。吸取乙酸正戊酯（色谱纯）2mL，用乙醇溶液定容至 100mL（第 1 号修改单将"乙酸正戊酯溶液［2%（体积分数）］，使用毛细管柱时作内标用"改为"2-乙基正丁酸溶液［2%（体积分数）］：使用毛细管柱时作内标用……"。

（4）分析步骤　除标样改为 β-苯乙醇溶液外，其他操作同乙酸乙酯。

（5）结果计算　同乙酸乙酯。

十三、3-甲硫基丙醇

（1）原理　同乙酸乙酯。

（2）仪器和材料

气相色谱仪：备有氢火焰离子化检测器（FID）。

色谱柱：FFAP，PEG 20M 毛细管色谱柱（柱长 35~50m，内径 0.25mm，涂层 0.2μm）或 LZP-930 白酒分析专用柱（柱长 18m，内径 0.53mm），或其他具有同等分析效果的毛细管色谱柱。

微量注射器：10μL，1μL。

（3）试剂和溶液

乙醇溶液（60%vol）：用乙醇（色谱纯）加水配制。

3-甲硫基丙醇溶液［2%（体积分数）］：作标样用。吸取 3-甲硫基丙醇（色谱纯）

2mL，用乙醇溶液定容至100mL。

乙酸正戊酯溶液［2%（体积分数）］：使用毛细管柱时作内标用。吸取乙酸正戊酯（色谱纯）2mL，用乙醇溶液定容至100mL。

（4）分析步骤

色谱参考条件：

载气（高纯氮）：流速为0.5～1.0mL/min，分流比：约37∶1，尾吹20～30mL/min。

氢气：流速为40mL/min。

空气：流速为400mL/min。

检测器温度（T_D）：220℃。

注样器温度（T_J）：220℃。

柱温（T_C）：PEG 20M柱起始温度60℃，恒温2min，以3.5℃/min程序升温至180℃，继续恒温15min。

FFAP柱起始温度50℃，恒温2min，以3.5℃/min程序升温至70℃，再以6℃/min程序升温至100℃，然后以15℃/min程序升温至210℃，再继续恒温10min。

载气、氢气、空气的流速等色谱条件随仪器而异，应通过试验选择最佳操作条件，以内标峰与酒样中其他组分峰获得完全分离为准。

校正因子（f值）和样品的测定：除标样改为3-甲硫基丙醇溶液外，其他操作同乙酸乙酯。

（5）结果计算　同乙酸乙酯。

十四、二元酸（庚二酸、辛二酸、壬二酸）二乙酯

（1）原理　同乙酸乙酯。

（2）仪器和材料

气相色谱仪：备有氢火焰离子化检测器（FID）。

色谱柱：FFAP毛细管色谱柱（柱长35～50m，内径0.25mm，涂层0.2μm）或其他具有同等分析效果的毛细管色谱柱。

微量注射器：10μL，1μL。

（3）试剂和溶液

乙醇溶液（60% vol）：用乙醇（色谱纯）加水配制［第1号修改单改为"乙醇溶液（95% vol）：色谱纯"］。

庚二酸二乙酯、辛二酸二乙酯、壬二酸二乙酯混合标准溶液［1%（体积分数）］：作标样用。吸取庚二酸二乙酯、辛二酸二乙酯、壬二酸二乙酯（色谱纯）各1mL，用乙醇溶液定容至100mL。

乙酸正戊酯溶液［2%（体积分数）］：使用毛细管柱时作内标用。吸取乙酸正戊酯（色谱纯）2mL｛第1号修改单改为"十四醇溶液［1%（体积分数）］：使用毛细管柱时作内标用。吸取十四醇（色谱纯）1mL……"｝；用乙醇溶液定容至100mL。

（4）分析步骤

①色谱参考条件

载气（高纯氮）：流速为0.5～1.0mL/min，分流比：约37∶1，尾吹：20～30mL/min。

氢气：流速为 40mL/min。

空气：流速为 400mL/min。

检测器温度（T_D）：220℃。

注样器温度（T_J）：220℃。

柱温（T_C）：起始温度 120℃，恒温 1min，以 20℃/min 程序升温至 220℃，继续恒温 10min。

载气、氢气、空气的流速等色谱条件随仪器而异，应通过试验选择最佳操作条件，以内标峰与酒样中其他组分峰获得完全分离为准。

②校正因子（f 值）的测定：吸取庚二酸二乙酯、辛二酸二乙酯、壬二酸二乙酯混合标准溶液 1.00mL，移入 100mL 容量瓶中，加入内标溶液 1.00mL，用 60% vol 乙醇溶液稀释至刻度。上述溶液中庚二酸二乙酯、辛二酸二乙酯、壬二酸二乙酯和内标的浓度均为 0.01%（体积分数）。待色谱仪基线稳定后，用微量注射器进样，进样量随仪器的灵敏度而定。记录庚二酸二乙酯、辛二酸二乙酯、壬二酸二乙酯和内标峰的保留时间及其峰面积（或峰高），用其比值计算出庚二酸二乙酯、辛二酸二乙酯、壬二酸二乙酯的相对校正因子。

校正因子按下式计算。

$$f = \frac{A_1}{A_2} \times \frac{d_2}{d_1}$$

式中　f——庚二酸二乙酯、辛二酸二乙酯、壬二酸二乙酯的相对校正因子

　　　A_1——标样 f 值测定时内标的峰面积（或峰高）

　　　A_2——标样 f 值测定时庚二酸二乙酯、辛二酸二乙酯、壬二酸二乙酯的峰面积（或峰高）

　　　d_2——庚二酸二乙酯、辛二酸二乙酯、壬二酸二乙酯的相对密度

　　　d_1——内标物的相对密度

③样品的测定：吸取样品 10.0m 于 10mL 容量瓶中，加入内标溶液 0.20mL，混匀后，在与 f 值测定相同的条件下进样，根据保留时间确定庚二酸二乙酯、辛二酸二乙酯、壬二酸二乙酯峰的位置，并测定庚二酸二乙酯、辛二酸二乙酯、壬二酸二乙酯与内标峰面积（或峰高），求出峰面积（或峰高）之比，计算出样品中庚二酸二乙酯、辛二酸二乙酯、壬二酸二乙酯的含量。

（5）结果计算

①样品中的庚二酸二乙酯、辛二酸二乙酯、壬二酸二乙酯含量按下式计算。

$$X_1 = f \times \frac{A_3}{A_4} \times I \times 10^{-3}$$

式中　X_1——样品中庚二酸二乙酯、辛二酸二乙酯、壬二酸二乙酯的质量浓度，g/L

　　　f——庚二酸二乙酯、辛二酸二乙酯、壬二酸二乙酯的相对校正因子

　　　A_3——样品中庚二酸二乙酯、辛二酸二乙酯、壬二酸二乙酯的峰面积（或峰高）

　　　A_4——添加于酒样中内标的峰面积（或峰高）

　　　I——内标物的质量浓度（添加在酒样中），mg/L

②样品中的二元酸（庚二酸、辛二酸、壬二酸）二乙酯含量按下式计算。

$$X = X_庚 + X_辛 + X_壬$$

式中　X——样品中二元酸（庚二酸、辛二酸、壬二酸）二乙酯的质量浓度，g/L

$X_庚$——庚二酸二乙酯的质量浓度，mg/L

$X_辛$——辛二酸二乙酯的质量浓度，mg/L

$X_壬$——壬二酸二乙酯的质量浓度，mg/L

所得结果应表示至两位小数。在重复性条件下获得的两次独立测定结果的绝对差值，不应超过平均值的5%。

第十八章　机械和电器设备知识

第一节　常用计量器具的使用

白酒生产企业使用的计量器具有很多，分别用在不同的用途。根据计量的物理量不同，一般分为：计量容积、计量质量、计量温湿度等几类。

一、容　量　量　具

量筒、量杯、容量瓶、微量进样器等是常用的度量液体体积的量具，通常为玻璃制成。

1. 容量量具的读数

如图18-1所示，读取容积时，注意视线与仪器内液体的弯月面的最低处保持同一水平，弯月面最低点与刻度线水平相切的刻度为液体体积的读数。

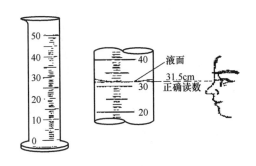

图18-1　量筒及其读数

2. 移液管

移液管用于准确移取一定体积的液体。移液管有两种，一种是中间有一膨大部分的玻璃管，管颈上部刻有一条标线；另一种是内径均匀的玻璃管，管上有分刻度，这种带有分刻度的移液管又称为吸量管（图18-2）。

使用移液管时，在每次移液管洗净后，用少量被吸取的液体润冲三次。

（1）移液管的吸液操作（图18-3）　用右手的大拇指和中指拿住移液管标线以上的部位，将移液管下端伸入液面下适当深度（不宜太浅，以免吸入空气）。左手拿住洗耳球，先把球内空气压出，洗耳球的尖端对准移液管的上管口，然后慢慢松开左手手指，使液体吸入管内，当液面升高到标线以上时拿走洗耳球，立即用右手的食指按住管口，将移液管提起，并使管的下端靠在盛液容器的内壁，微微松开食指，使液面平稳下降，直至弯月面与标线相切。立即用食指按紧管口，取出移液管，进行放液操作。

（2）移液管的放液操作（图18-4）　依图所示，放松食指，使溶液自然流出。流出后停几秒钟，取出移液管。不得将管内残留的液滴吹入接收器。因为校正移液管的容量时，已略去残留的液体。当使用标有"吹"字的移液管时，则必须把管内的残液吹入接收器内。

3. 容量瓶

容量瓶（图 18－5）。颈上的标线一般表示在 20℃时液体的体积。容量瓶是用来配制准确体积溶液的容量仪器。

容量瓶在使用前应检查一下是否漏水。如果用固体物质配制溶液时应先将已准确称量的固体溶解在烧杯中再将溶液转移到容量瓶中，并用去离子水多次冲洗烧杯把洗涤液也转移到容量瓶中。用洗瓶加入去离子水至接近标线下约 1cm 处，再小心加水至标线。最后盖好瓶塞。将容量瓶倒转数次，加以摇动，使溶液混合均匀。

如果用已知准确浓度的浓溶液稀释成准确浓度的稀溶液，可用移液管吸取一定体积的浓溶液于容量瓶中然后按上述操作方法配制成稀溶液。

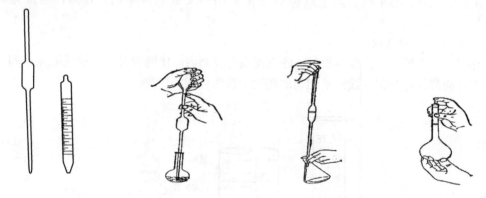

图 18－2　移液管和吸量管　　图 18－3　移液管吸液　　图 18－4　移液管放液　　图 18－5　容量瓶的握法

二、质 量 量 具

通常使用的计量质量的器具即指衡器，其基本工作原理为杠杆原理，一般又分为机械式和电子式。衡器的使用知识如下：

（1）衡器必须经国家计量部门检定合格，贴有有效的检定合格证书。

（2）衡器的精度应符合对外计量要求。

（3）衡器的称量值应掌握在规定的范围以内。

（4）衡器使用前要检查校验，检查校验合格者方可使用。

（5）衡器使用完毕后，应有良好的保养措施。

（6）衡器秤面应保持水平，并处于自然状态；对于移动台案秤应检查底部四轮是否均匀着地，地面是否坚实平坦。

（7）被称重商品应轻拿轻放，置于秤面中央，使物体的重心应在衡器重点力作用范围以内。

（8）对机械杠杆秤应在杠杆保持平衡时读取重量值，对电子显示秤则应等待显示的数字稳定后读取重量值。

（9）读取的数值应以计量杆最小分度值为有效单位，如不到位，可按分度之半等分进位，不是半等分舍掉。

（10）衡器每移动一次，都要检查四轮着地和调整零点，计量过程中要随时检查和调整。

（11）以杠杆式台秤、地秤过秤，使用前应进行检查，并符合以下规定：摆放平稳，四角着实，台板保持灵活；将游砣移至零点时，横梁保持平衡；标尺与增砣的比率必须一致；地秤的台板与秤枢间必须保持平衡、灵活。

（12）记录数值应与实际一致，字迹要清晰，并且不得涂改。

三、温度计、湿度计

1. 温度计

（1）常用温度计的构造（图18–6） 由于温度计中间的细管是粗细均匀的，所以温度计的刻度是分布均匀的。

（2）温度计的量程和最小分度

量程：从温度计的起始温度到最后一条温度刻度间的距离。例图中温度计的量程为：$0 \sim 100℃$。

最小分度：两条相邻刻度线之间所表示的温度大小。例图中温度计的最小分度为：$1℃$。

（3）温度计的使用方法 使用温度计前，首先要观察量程和最小刻度值，也就是认清温度计上每一小格表示多少摄氏度。在测量前要先估计被测物的温度，选择合适的温度计。测量时应将温度计的玻璃泡全部浸入被测液（物）体中，不要碰到容器底或容器壁。可以竖直放置，也可以斜着放置。记录时应待温度计的示数不变化，即在液柱停止上升或下降时读数，读数时，玻璃泡不能离开被测液体。同时，视线必须与温度计中液柱的上表面相平。用温度计测量液体温度时，被测量的液体的数量不能太少，

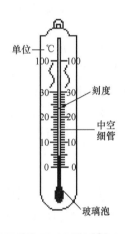

图18–6 温度计

起码要能够全部淹没温度计的玻璃泡为好，而且要用搅拌棒（不可用温度计代替搅拌棒）将液体搅拌，使整个液体各处的温度均匀后再测量。有些温度计的横截面制成三角形，相当于一个凸透镜能起放大作用（如体温计），因此在读数时，要转动温度计到读数最清楚的位置再读。

2. 干湿球温度计

普通干湿球温度计是由两支同样的温度计固定在一块木板上或铁架上制成的。其中一支温度计的温包上包有细纱布，并将纱布的一端浸入水里，使纱布和温包经常处于润湿状态，称为湿球；另一支温度计不包纱布称为干球。在两支温度计之间有一个转筒，可根据干湿球温度值在转筒上查到相对湿度值；也可根据球温差，查表而得到相对湿度值。

干湿球温度计所用水必须是蒸馏水或煮开放冷的凉开水，这主要是因为一般水中含有杂质，易使纱布结污，影响蒸发速度和蒸发热量。

干湿球温度上的纱布必须是具有良好的吸水性能的脱脂纱布，且平时应经常加水，保持纱布湿润。温度计应放在清洁无尘灰污染的地方，并应保持纱布松散不发黏，发现纱布

发硬应予以更换，以防止纱布脏了，造成蒸发不利，影响相对湿度的准确性。

读数时，眼睛的位置必须正确，要求视线应与正在读数的液面成水平方向，读数时，应先读小数位，后读整数位，并且要求快而准，因为人体热量及呼吸均会影响温湿度的准确性。读数时应精确至0.1。

查表方法：观察结束后，根据干湿球温差，在相对湿度查对表（干湿球温度计上的转筒实际也是相对湿度查对表）中可以直接查到相对湿度数值。

四、计量器具的使用管理

（1）使用计量器具的人员必须在使用前，认真阅读计量器具的使用说明书，掌握其使用方法和注意事项后才能使用。

（2）计量器具应在满足使用条件规定的环境中使用，以便确保计量器具的精度。

（3）严禁在违反计量器具规定的环境范围中使用。

（4）未经检定合格，超过有效期的计量器具以及无计量器具合格标记不准使用。

（5）使用过程中发现计量器具有故障，必须停止使用并及时送计量器具主管部门修理。

（6）不允许自行拆卸或修理计量器具，计量器具的修理、检定工作由计量人员负责处理。

（7）使用精密贵重计量器具应严格遵守操作规程，不得转借他人，若发生事故，使用人员必须采取有效措施保护精密贵重计量器具，保护现场，并及时向上级报告，立即组织查清原因，分清事故责任后方可送修。

五、计量器具的维护、保养

（1）送修回厂的计量器具，应由主管计量人员检验，经检定合格后，认真填写各项原始记录，贴上合格标志，才允许投入使用。

（2）使用人员和计量器具的管理人员有责任做好自己使用或管理的计量器具的日常保养工作。

（3）计量器具的保养工作应按计量器具使用说明书的注意事项和使用、存放和维护要求进行。

（4）放置计量器具场所应干燥、通风、无灰尘，对计量器具应妥善保管，轻放，轻取，保持清洁，定期擦拭计量器具，做到无灰尘、无锈蚀。

（5）使用计量器具的人员，因工作变动、职务调整或其他原因不再使用计量器具的，应按规定移交计量器具，并到计量管理员处销账，办理移交手续。

第二节　电器设备的基础知识

一、电　动　机

电动机是将电能转换成机械能的电气设备。根据电动机使用的电能种类，可分为直流电动机和交流电动机两大类。在交流电动机中又有异步电动机和同步电动机之分，由于异步电动机具有构造简单、价格便宜、工作可靠等优点，因此应用最广。大部分生产机械均用三相异步电动机来拖动。

1. 三相异步电动机的结构

三相异步电动机由两个基本部分组成：固定部分——定子；转动部分——转子。

三相异步电动机的定子由机座、铁心和定子绕组等组成。机座通常用铸铁或铸钢制成，定子铁心由 0.5mm 厚的硅钢片叠制而成［图 18 - 7（1）］所示。定子铁心固定在机座内［图 18 - 7（2）］。三相定子绕组嵌放在定子铁心槽内［图 18 - 7（3）］。定子绕组的三个首端为 U_1、V_1、W_1，末端为 U_2、V_2、W_2，都由机座上的接线盒中引出。

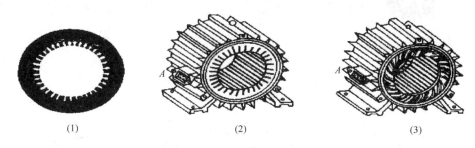

（1）　　　　　　　　　　　（2）　　　　　　　　　　　（3）

图 18 - 7　电动机的定子

（1）定子的硅钢片　　（2）未装绕组的定子　　（3）装有三相绕组的定子

根据三相定子绕组的额定电压及电源的线电压的关系，三相定子绕组可接成星形或三角形。当电源的线电压为 380V，而电动机三相绕组的额定电压为 220V 时，定子绕组必须做星形联结［图 18 - 8（1）］。若电动机定子绕组的额定电压也为 380V，则应做三角形联结［图 18 - 8（2）］所示。

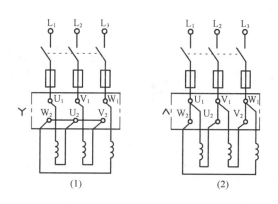

（1）　　　　　　　　　　　　　（2）

图 18 - 8　定子绕组的联结

（1）星形联结　　（2）三角形联结

三相异步电动机的接法，在它的铭牌上已经注明。实际使用时应根据规定联结。三相异步电动机的转子可分为笼式和绕线式两种。

笼式转子的结构如图 18 - 9 所示，其铁心由硅钢片叠成，并固定在转轴上。转子导体为鼠笼状，通常用铝在转子铁心的槽内浇铸而成。转子两端的风叶为冷却电动机用。笼式电动机的各个部件，如图 18 - 10 所示。

绕线式转子的结构如图 18－11 所示。图 18－12 为绕线式转子绕组与外加变阻器示意图。绕组的三个末端接在一起，三个始端分别接到转轴上三个互相绝缘的集电环上，通过电刷与外部变阻器连接。改变变阻器的电阻值，可以调整电动机的转速和转矩。

异步电动机的定子绕组接在电源上，而转子绕组是自行闭合的。二者在电路上是彼此分开的，但却处在同一磁路上。

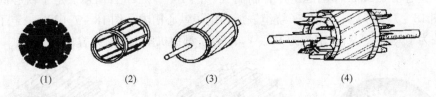

图 18－9　笼式转子

（1）转子的硅钢片　（2）笼式绕组　（3）笼式转子　（4）铸铝转子

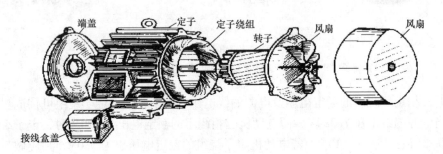

图 18－10　笼式电动机的各个部件

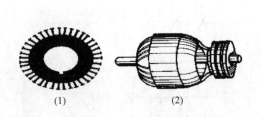

图 18－11　线绕式转子

（1）转子的硅钢片　（2）线绕式转子

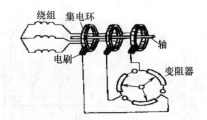

图 18－12　绕线式转子与外加变阻器的连接

2. 三相异步电动机的工作原理

（1）三相电流的旋转磁场　旋转磁场，是指以一定的速度按一定的方向不断旋转的磁场。如图 18－13 所示，将一个马蹄形磁铁装在支架上，当转动手柄，磁铁便旋转起来。这个马蹄形磁铁旋转所形成的磁场就是一个旋转磁场。三相异步电动机的定子绕组如图 18－14（1）所示，它是由在空间彼此相隔 120°的三组相同的线圈（即三相对称绕组）组成，每组线圈为一相绕组。其各相绕组的始端分别由 U_1、V_1、W_1 表示，末端分别以 U_2、

V_2、W_2 表示。定子绕组可以联结成星形（Y），也可联结成三角形（△）。图 18–14（2）为 Y 形联结。当把异步电动机三相定子绕组按规定联结方式同三相电源接通后，定子绕组中便有三相对称的电流通过，三相电流的波形如图 18–15 所示。

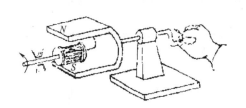

图 18–13　手摇磁铁旋转模型

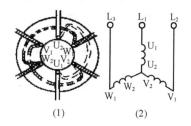

图 18–14　三相异步电动机的定子绕组

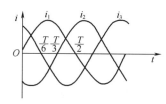

图 18–15　三相电流的波形

当三相交变电流通过定子时，就将形成一变化的磁场。定子绕组中的交变电流变化一个周期，合成的磁场在空间旋转 360°。

（2）三相异步电动机的工作原理　当三相异步电动机的定子绕组接通三相电源后，绕组中的三相交变电流便在空间产生一合成的旋转磁场。设旋转磁场按顺时针方向旋转，则静止的转子同旋转磁场之间就有了相对运动，转子导体因切割磁力线而产生感应电动势。因为转子导体是自行闭合的，所以在感应电动势的作用下，转子导体中就有电流通过。此载流导体又处在旋转磁场中，受电磁力的作用而对转轴产生电磁转矩，其作用方向与旋转磁场方向一致，因此转子就顺着旋转磁场的旋转方向转动起来，如图 18–16 所

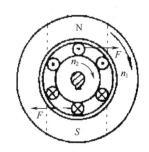

图 18–16　异步电动机的工作原理

示。如使旋转磁场反转，则转子的旋转方向也随之改变。由异步电动机的工作原理可知，转子的转速 n_2 总是小于旋转磁场的转速 n_1（即同步转速）。否则转子与旋转磁场之间将不存在相对运动，因而其感应电动势、电流、电磁转矩均为零。可见，转子总是紧跟着旋转磁场以 $n_2 < n_1$ 的转速而旋转。异步电动机也正是由此而得名。又因为这种电动机的转动是基于电磁感应原理的，所以又可称为感应电动机。

当电动机转子产生的电磁转矩 T 与负载作用在转子轴上的阻转矩 T_z 相等时，转子做匀速运动；当 $T < T_z$ 时，转子做减速运动；当 $T > T_z$ 时，转子做加速运动。

电动机在空载时，其转速较高，接近于同步转速。由于异步电动机的定子与转子之间

有较大的空气隙，故其空载电流 I_0 也较大，为电动机额定工作电流 I_N 的 30% ~40%。

3. 三相异步电动机的铭牌和技术数据

电动机在出厂时，生产厂家要把该电动机的型号、性能、技术数据和使用条件等在电动机机座上的铭牌中加以说明，以作为用户选用的依据。使用者首先要看懂铭牌，了解电动机的技术数据，然后才能接线通电使用。电动机的铭牌如图 18 - 17 所示。

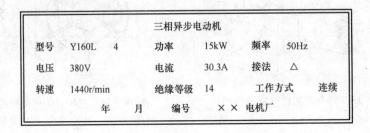

三相异步电动机

型号	Y160L	4	功率	15kW	频率	50Hz
电压	380V		电流	30.3A	接法	△
转速	1440r/min		绝缘等级	14	工作方式	连续
	年	月	编号	×× 电机厂		

图 18 - 17 三相异步电动机的铭牌

铭牌数据的含义如下：

（1）型号

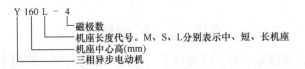

（2）额定电压和接法 铭牌中的电压指电动机定子绕组按铭牌上规定接法时应加的线电压值。现在生产的额定电压为 380V，4kW 以上的 Y 系列三相异步电动机均为△接法。

（3）额定转速 指电动机满载时的转子转速。

（4）额定功率 指电动机在额定转速下长期连续工作时，电动机不过热，轴上所能输出的机械功率。电动机额定功率与额定转矩之间的换算关系为：

$$T_N = 9550 P_N / n_N$$

式中 P_N——电动机额定功率，kW

n_N——电动机额定转速，r/min

T_N——额定转矩，N·m

（5）额定电流 指电动机轴上输出额定功率时，定子电路取用的线电流。

（6）额定频率 指电动机应接入的交流电源的频率。我国动力用电的频率为 50Hz。有些国家规定为 60Hz。

（7）绝缘等级 指电动机定子绕组所用的绝缘材料的等级。电动机允许的最高工作温度与所用绝缘材料的等级有关。绝缘材料的等级与极限工作温度之间的关系见表 18 - 1。

表 18 -1 　　　　　　　　　　绝缘材料耐热性能的等级

绝 缘 等 级	A	E	B	F	H	C
极限工作温度/℃	105	120	130	155	180	>180

4. 异步电动机的维护及故障处理

（1）异步电动机运行时的监视和维护

①运行时，异步电动机各发热部分的温升不能超过规定的温升限度，运行时要经常监视。

②电动机发生故障时，定子电流往往会剧烈增加，使电动机的温度急速上升，如不及时发现，电动机就有被烧坏的危险。因此，电动机运行要经常监视它的定子电流。一般功率大的电动机都有电流表，功率小的电动机虽未装有电流表，但也应经常用钳形电流表检查。电动机的定子电流不应超过铭牌上规定的额定电流。

③电流电压和频率过高或过低以及三相电压不平衡，都可能引起电动机局部过热或其他不正常现象；因此，电动机运行时要经常监视，如超过规定的偏差时，要及时采取有效措施，防止电动机发生故障。

④电动机正常运行时，应平稳、轻快、无异常的气味和噪声，振动不超过规定的允许值。若电动机温度过高，绕组会散发出绝缘烧焦的气味，有些故障会引起剧烈的振动和噪声，所以电动机运行时要加强监视，如发现异常现象，应立即停机检查。

⑤电动机运行时应经常检查轴承的声音和发热情况、轴承转动时声音和谐，不应有杂音，温度不应超过允许值。

⑥对线绕式异步电动机应经常检查电刷和集电环的接触及电刷的磨损、压力、火花等情况。如火花严重应及时整修集电环表面，并校正电刷弹簧的压力。

⑦保持电动机内、外清洁，特别是绕组表面的清洁。不允许有水滴、油污及杂物等进入电动机内部；应定期进行检查，并经常用压缩空气或手风箱吹净电动机内、外的灰尘。每年至少将电动机拆开彻底清扫一次，以保证电动机的内、外风道畅通。

⑧定期测量电动机定、转子绕组的绝缘电阻，如绝缘电阻过低，要进行干燥处理，必要时还需进行浸漆干燥处理。

（2）异步电动机常见故障及处理方法　当电动机发生故障时，当然应尽快地停机检查，以免事故扩大；但在可能的情况下，还应仔细观察故障现象，如转速的变化，各发热部分的温升变化，响声、振动等情况，以及电动机内部是否有火花、冒烟、焦味等。以便根据现象，分析出故障的原因，然后采取不同的方法进行处理。表 18 - 2 列出异步电动机常见故障现象、造成故障的原因及处理方法。

表 18 - 2　　　　　　　　　异步电动机常见故障及处理方法

故 障 现 象	造成故障的可能原因	处 理 方 法
电源接通后电动机不能起动	1. 定子绕组相间短路、接地线及定子、转子绕组断路 2. 定子绕组接线错误 3. 负载过重	1. 检查找出断路、短路、接地的部位，进行修复 2. 检查定子绕组接线，加以纠正 3. 减轻负载
电动机运行时转速低于额定值，同时电流表指针来回摆动	1. 线绕式电动机一相电刷接触不良 2. 线绕式电动机集电环的短路装置接触不良 3. 线绕式电动机转子绕组一相断路 4. 鼠笼式电动机转子绕组断条	1. 调整电刷压力并改善电刷与集电环的接触 2. 修理或更改短路装置 3. 查出断路，加以修复 4. 更换、补焊铜条或更换铝铸转子

续表

故 障 现 象	造成故障的可能原因	处 理 方 法
电动机温升过高或冒烟	1. 负载过重 2. 定子、转子绕组断路 3. 定子绕组接线错误 4. 定子绕组接地或匝间、相短路 5. 线绕式电动机转子绕组接头脱焊 6. 鼠笼式电动机转子绕组断条 7. 定子、转子相擦 8. 通风不良	1. 减轻负载 2. 查出断路部位，加以修复 3. 检查定子绕组接线，加以纠正 4. 查出接地或短路部位，加以修复 5. 查出其脱焊部位，加以修复 6. 更换、补焊铜条或更换铝铸转子 7. 测量电动机气隙，检查装配质量以及轴承磨损等情况，找出原因，进行修复 8. 检查电动机内、外风道是否有杂物污垢堵塞，加以清除；对不可逆电动机. 检查旋转方向
轴承过热	1. 轴承磨损过度或质量有问题 2. 轴承脂过多或过少，型号选用不当或质量不好 3. 轴承内圆与轴配合过松或过紧 4. 轴承外圆与端盖或轴套的配合过松或过紧 5. 端或轴承盖的侧面与轴承的侧面装得不平行	1. 更换轴承 2. 调整或更换轴承脂 3. 过松时可在轴颈上喷涂一层金属，过紧时轴颈可重新加工 4. 过松时将端盖或轴承套的轴承孔扩大后镶套，过紧时轴承孔重新加工 5. 将两侧端盖或轴承盖止口装平，再旋紧螺栓
线绕电动机集电环火花过大	1. 集电环表面有污垢杂物 2. 电刷型号、尺寸、压力以及与集电环表面的接触面积不符合要求	1. 清除污垢，灼痕严重或凹凸不平时，可将集电环表面车一刀。 2. 选用合适型号电刷
电动机外壳带电	1. 接地不良或接地电阻过大 2. 绕组绝缘损坏 3. 绕组受潮 4. 接线板损坏或表面油污太多	1. 找出原因，并采取相应措施 2. 修补绝缘，并经浸漆干燥处理 3. 干燥处理或浸漆干燥处理 4. 更换或清理接线板

二、常用控制电器和保护电器

电器的种类很多，按照它们的工作职能，可以分为控制电器和保护电器两大类。控制电器主要用来控制电路的接通、分断以及电动机的各种运行状态。常用的控制电器有各种开关、按钮、接触器等；保护电器主要用来保护电源和用电设备，防止电源短路和设备过载运行，常用的保护电器有熔断器、热继电器和空气断路器等；还有一些电器同时具有两种功能，如各种限位开关和继电器等。现分别介绍如下。

1. 组合开关

组合开关常用来作为一般生产机械的电源引入开关，HZ10 系列组合开关的外形和图形符号如图 18－18 所示。

HZ10 系列组合开关的结构紧凑，占地小，操作方便。一般不能用来作为大负荷的起动的控制开关，但有时也可用来接通和分断小电流的电路，如机床照明，冷却泵电动机的控制开关等。

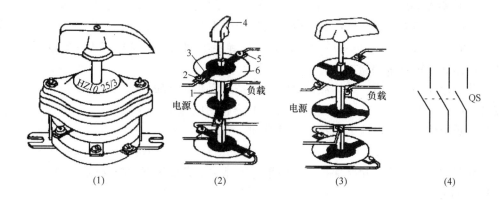

图 18－18 HZ10—25/3 组合开关

（1）外形 （2）接通位置 （3）分断位置 （4）图形符号

1—绝缘方轴 2、5—静触点 3—动触点 4—手柄 6—绝缘垫板

HZ10 系列组合开关的额定电压为 380V，额定电流有 10A，25A，60A，100A。

2. 熔断器

熔断器（俗称保险）是一种短路保护电器。当用电设备因各种原因发生短路故障时，熔断器的熔丝因过热而被熔断．电源被迅速切断，达到保护电源，防止事故进一步扩大的目的。机床电器控制线路中常用的熔断器有管式、插入式和螺旋式等几种，如图 18－19 所示。

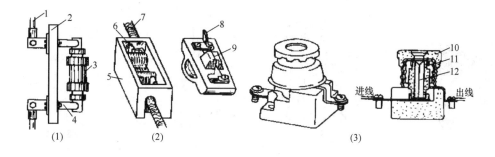

图 18－19 熔断器的外形

（1）管式熔断器 （2）插入式熔断器 （3）螺旋式熔断器

1、7—导线 2—绝缘底板 3—装有熔片的绝缘套管 4、6—弹性铜片

5—瓷盒 8—铜片 9、12—熔丝 10—瓷帽 11—熔断体

（1）熔断器的保护特性 当通过熔体的电流为额定值时，熔体不会熔断，超过规定值时，经过一定时间，由熔体自身产生的热量使熔体熔化而将电路与电源断开。

熔体熔断所需要的时间与通入电流值大小之间的关系称为熔断器的保护特性，如图 18－20 所示。通过熔体的电流值超过熔体额定值越多，熔断所需的时间就越短。

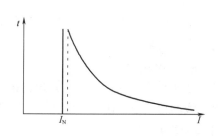

图 18－20 熔断器的保护特性

（2）熔断器熔体的选择　熔体额定电流的选择与负载有关，对于没有起动电流的负载，如照明、电热器等，熔体的额定电流 I_N 可按等于或略大于负载额定电流 I_L 值选择，即 $I_N \geqslant I_L$ 即可。对于出现起动电流的负载，如三相异步电动机，为避免熔体在电动机起动时熔断，熔体的额定电流必须加大。

空载下起动的电动机，熔体额定电流 I_N 可按起动电流 I_{St} 的 $1/2.5 \sim 1/3$ 选取。经常起动或带负载起动的电动机，熔体额定电流 I_N 可按起动电流 I_{St} 的 $1/1.6 \sim 1/2$ 选取。几台电动机合用的熔体，额定电流 I_N 可按下式计算即

$$I_N = [(1.5 \sim 2.5) \times 容量最大的电动机额定电流] + 其余电动机额定电流之和$$

熔断器的主要功能是短路保护，一般不能依靠它来完成过载保护功能。

3. 接触器

接触器是一种自动开关，是电力拖动中最主要的控制电器之一。根据使用的电源不同，可分为直流和交流接触器两种类型，都是由电磁铁和触点组成。接触器的动触点固定在动铁心上，静触点则固定在壳体上。常态下（指接触器的线圈未接通电源时）处于分断状态的触点称为常开触点（亦称为动合触点）；处于闭合状态的称为常闭触点（亦称为动断触点）。其中用来接触负载的触点为主触点，而接通控制电路的为辅助触点。

当接触器的电磁线圈接通电源时，动铁心被吸合，所有常开触点均闭合，而常闭触点都分断。当接触器的电磁线圈断电时，在复位弹簧的作用下，动铁心和所有触点都恢复到常态位置。CJ10 系列的交流接触器的外形和结构示意图如图 18 - 21 所示。

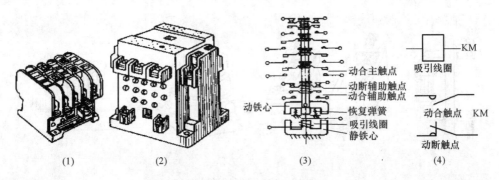

图 18 - 21　CJ10 型交流接触器

（1）CJ10—10　（2）CJ10—20　（3）结构示意图　（4）图形符号

交流接触器电磁线圈的额定电压有 36V、110V、220V 及 380V 四种，其额定电流有 5A、10A、20A、40A、60A、100A 和 150A 等。

交流接触器常用来接通和分断交流电动机的控制电路，选用接触器时只需根据电动机的额定电流来确定。

4. 按钮开关

按钮开关（简称按钮）是电力拖动系统中一种最简单的主令电器。将按钮和接触器的电磁线圈相结合，便可对各种用电器和电动机实行控制。按钮的结构示意图和电路符号如图 18 - 22 所示。

按钮中有常开触点和常闭触点。按钮被按下时，常开触点闭合，常闭触点分断。外力

撤销后，通过复位弹簧使按钮恢复到常态。

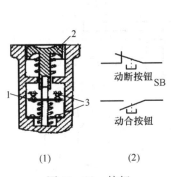

图 18-22　按钮

（1）剖面图　（2）图形符号

1—动触点　2—按钮帽　3—静触点

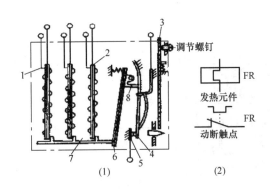

图 18-23　热继电器的示意图

1—发热元件　2—双金属片　3—复位按钮　4—动触点

5—静触点　6—补偿片　7—绝缘导板　8—推杆

5. 热继电器

热继电器是一种利用电流的热效应而动作，用来防止电动机因过载而损坏的保护电器。热继电器的结构示意图及图形符号如图 18-23 所示。常用的型号有 JR0—20/3 和 JR0—60/3D 等。

热继电器主要由发热元件和常闭触点组成，其中的发热元件与电动机的定子绕组串联，当电动机因过载而电流增大时，发热元件温度升高，使双金属片发生弯曲变形并通过导板推动推杆分断常闭触点而切断电源，起到对电动机进行过载保护的作用。

热继电器中还设有复位按钮和调节旋钮，用来进行手动复位和整定热继电器的工作电流。热继电器的整定电流应由电动机的额定电流来确定，一般应调到与电动机的额定电流相等。

6. 中间继电器

中间继电器的结构和动作原理与接触器基本相同，但它的触点比较多，可用来扩大接通控制电路的数目。其额定电流为 5A。有时也用来直接起动小型电动机或接通电磁阀线圈。JZ7 型中间继电器的结构示意图和电路符号如图 18-24 所示。

7. 断路器

断路器又称自动开关。它可用作电源引入开关，也可用来不频繁地起动电动机。断路器的保护系统比较完善，其示意图及电路符号如图 18-25 所示。

断路器闭合时，其脱扣机构锁住，主触点和辅助触点保持接通状态。当电路内发生短路时，电磁脱扣器的铁心把衔铁吸下，顶开脱扣机构，在弹簧力的作用下，电路迅速分断。此开关内还装有双金属片的热脱扣器，用于过载保护。当电路发生过载时同样可使开关迅速分断。

采用断路器，可对电动机实行无熔丝保护，因而无需更换熔断器。常用的断路器有 DZ 和 DW 系列，其技术数据可从有关电器产品目录中查得。

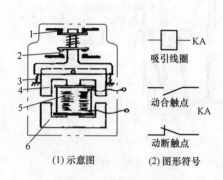

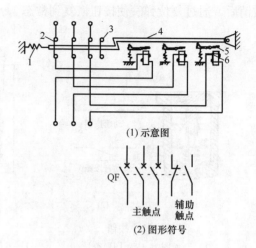

图 18-24　JZ7 型中间继电器

1—动断触点（皆有四对并列）　2—动合触点

3—恢复弹簧　4—动铁心

5—吸引线圈　6—静铁心

图 18-25　自动开关

1—恢复弹簧　2—主触点　3—辅助触点

4—脱扣机构　5—电磁脱扣器的衔铁

6—电磁脱扣器的铁心

第三节　电工仪表的基础知识

一、指示仪表的基本结构和原理

目前，用于电工测量的仪表大部分仍是"电磁机械式仪表"，一般又称为指示仪表。当被测量物接入这种仪表后，仪表的指针在电磁力的作用下发生偏转，并用偏转角的大小反映被测量的数。其中，能够使接受电量后产生偏转运动的机构称为测量机构。测量机构是仪表的核心，没有它就不可能达到测量的目的。同一种测量机构配合不同的测量线路，可以组成测量多种电量的仪表。任何一个指示仪表都是由测量机构和测量线路两个基本部分组成。各种指示仪表的测量机构主要由驱动装置、反作用装置和阻尼装置三部分组成。

1. 驱动装置

驱动装置的作用主要是利用仪表中通入电流后产生的电磁作用力驱动指针偏转。驱动力矩与通入的电流之间存在一定的关系。

2. 反作用装置

如果仅有驱动力矩，那么仪表的指针只能是满偏或停在零位，不能反映被测量的大小，要使指针能按被测量的大小产生相应的偏转，必须有反作用力矩与驱动力矩相平衡。反作用力矩可利用弹簧力、电磁力或重力产生。

3. 阻尼装置

由于转动部分有惯性，仪表在测量时指针从零位偏转到平衡位置时不会立即停止，而要在平衡位置左右经过一定时间的振荡才能静止下来。为了在测量时使指针能很快地稳定在平衡位置以缩短测量的时间，还需有一个与转动方向相反的阻尼力矩。常见的有空气阻尼、液体阻尼和电磁阻尼等。

指示仪表除驱动装置、反作用装置和阻尼装置外，还有由指针和刻度盘构成的读数装置和使可动部分能随被测量的大小而偏转的支承装置以及起保护作用的外壳和装在外壳上的调节螺丝（校正器）等。

二、电工指示仪表分类和符号

1. 按工作原理分类

有磁电系仪表、电磁系仪表、电动系仪表等，见表 18-3。

2. 按被测电工量分类

有电流表、电压表、功率表、电度表、欧姆表等类型，见表 18-4。

3. 按使用方法分类

有安装式和便携式仪表。安装式仪表是固定安装在开关板或电气设备面板上的仪表。便携式仪表是可以携带和移动的仪表。

表 18-3　　　　　　　　　　　　　　指示仪表按工作原理分类

工作原理	仪表类型	代表符号
永久磁铁对载流线圈的作用	磁 电 系	
通电线圈对铁片的作用	电 磁 系	
两个通电线圈的相互作用	电 动 系	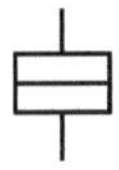

表 18-4　　　　　　　　　　　　　常用指示仪表按被测量的种类分类

被 测 量	仪表名称	仪表符号
电 流	电流表	(A)
	毫安表	(mA)
	微安表	(μA)
	检流表	
电 压	电压表	(V)
	千伏表	(kV)
	毫伏表	(mV)
功 率	功率表	(W)
	千瓦表	(kW)
电 阻	欧姆表	(Ω)
	兆欧表	(MΩ)

4. 按被测电流种类分类

有直流仪表、交流仪表和交直流两用仪表，见表 18 – 5。

表 18 – 5 电工仪表按被测电流种类分类

被测电流种类	仪表名称	符 号
自 流	直流表	＝＝
交 流	交流表	∼
直流、交流	交直流两用表	≋

5. 按准确度等级分类

有 0.1、0.2、0.5、1.0、1.5、2.5、5.0 七个准确度等级类型的仪表。通常 0.1、0.2 级仅用作计量标准仪表，0.5、1.0 级仪表用于实验室，1.5、2.5、5.0 级仪表用于一般工程测量，见表 18 – 6。

在指示仪表的面板上，除标有仪表类型、电流类型、准确度等级的符号外，还标有仪表的绝缘耐压强度和规定放置位置等符号，见表 18 – 7。

表 18 – 6 指示仪表的准确度和基本相对误差

准确度等级	基本相对误差/%	符 号
0.1	±0.1	(0.1)
0.2	±0.2	(0.2)
0.5	±0.5	(0.5)
1.0	±1.0	(1.0)
1.5	±1.5	(1.5)
2.5	±2.5	(2.5)
5.0	±5.0	(5.0)

表 18 – 7 指示仪表的耐压强度和放置符号

符 号	意 义	符 号	意 义
⚡2kV	仪表耐压试验电压 2kV	→	仪表水平放置
↑	仪表垂直放置	∠60°	仪表倾斜 60°放置

三、电工指示仪表的测量误差和量程选择

1. 仪表的误差和准确度

各种电工测量仪表，不论其质量多好，它的测量结果与被测量的实际值之间总是存在

一定的差值，这种差值被称为仪表误差。

（1）仪表误差的分类　根据误差产生的原因，仪表误差分为下述两大类：

①基本误差：仪表在正常工作条件下（指规定温度、放置方式，没有外电场和外磁场干扰等），因仪表结构、工艺等方面的不完善而产生的误差称基本误差。基本误差是仪表的固有误差。

②附加误差：仪表离开了规定的工作条件而产生的误差，称附加误差。附加误差实际上是一种因工作条件改变造成的额外误差。

（2）误差的表示

①绝对误差：仪表指示值 I_x 和被测量的实际值 I_0 之间的差值，称为绝对误差 ΔI

$$\Delta I = I_x - I_0$$

在计算值时，常用标准表指示值作为被测量的实际值。

②相对误差：绝对误差 ΔI 与被测量的实际值 I_0 比值的百分数，称为相对误差，即

$$\gamma = \Delta I / I_0 \times 100\%$$

③指示仪表的准确度：指示仪表在正常条件下进行测量可能产生的最大绝对误差 ΔI_m 与仪表的最大量程（满标值）I_m 之比称为指示仪表的准确度，通常用百分数表示。即，

$$\pm K（\%）= \Delta I_m / I_m \times 100\%$$

在知道仪表最大读数 I_m 后，可算出不同准确度等级仪表所允许的最大绝对误差。

例：计算准确度为 1.0 级、量程为 250V 的电压表允许的最大绝对误差。

解：最大绝对误差：

$$\Delta I_m = \pm K I_m / 100 = \pm（1.0 \times 250）/100 = \pm 2.5V$$

2. 仪表量程的选择

例：分别计算用准确度为 1.0 级、量程为 10A 的电流表和准确度为 0.5 级、量程为 100A 的电流表测量 8A 电流时的最大相对误差。

解：用准确度 1.0 级、量程为 10A 的表测量时，

最大绝对误差：$\Delta I_1 = \pm K I_m / 100 = （\pm 1.0 \times 10）/100 = \pm 0.1A$

最大相对误差：$\gamma_1 = \Delta I_1 / I_x \times 100\% = \pm 0.1/8 \times 100\% = \pm 1.25\%$

用准确度 0.5 级，量程为 100A 的电流表测量时，

最大绝对误差：$\Delta I_2 = \pm K I_m / 100 = \pm（0.5 \times 100）/100 = \pm 0.5A$

最大相对误差：$\gamma_2 = \Delta I_2 / I_x \times 100\% = \pm 0.5/8 \times 100\% = \pm 6.25\%$

上例说明，仪表准确度提高后，测量结果的相对误差却反而增大了。所以忽视对仪表量程的合理选择而片面追求仪表准确度级别是不对的。为保证测量结果的准确性，通常应使被测量的值为仪表量程的一半以上。

四、万用表的使用

万用表是一种多电量、多量程的便携式电测仪表。它的基本用途是测量直流电流、直流电压、交流电压、直流电阻等电量。

1. 万用表的组成

万用表由测量机构（表头）、测量电路、功能量程转换开关三个基本部分组成。

表头用来指示被测量的数值；测量电路用来把各种被测量转换为适合表头测量的直流

微小电流；转换开关用来实现对不同测量电路的选择，以适合各种被测量的要求。

（1）表头及面板　万用表的表头，通常选用高灵敏度的磁电系测量机构，其满偏电流约为几微安至几百微安。表头本身的准确度较高，一般都在0.5级以上，构成万用表整体的准确度一般都在5.0级以上。万用表的面板上有带有多条标度尺的标度盘，每一条标度尺都对应于某一被测量。准确度较高的万用表均采用带反射镜的标度盘，以减小读数时的视差。万用表的外壳上装着转换开关的旋钮、零位调节旋钮、欧姆零位旋钮、供接线用的插孔或接线柱等。各种万用表的面板布置基本相同。

（2）测量电路　万用表的测量电路由多量限直流电流表、多量限直流电压表、多量限整流式交流电流表、交流电压表以及多量限欧姆表等几种测量电路组合而成。有的万用表还有测量小功率晶体管直流放大倍数的测量电路。

（3）转换开关　转换开关用来切换不同测量电路，实现测量种类和量限的选择。它大多采用由许多固定触点和可动触点组成的机械接触式结构，一般称可动触点为"刀"，固定触点为"掷"。万用表内通常有多刀和几十掷，且各刀之间同步联动，随转换开关的旋转，各刀在相应位置上与掷闭合，连通相应测量电路与表头，完成各种测量种类和量程的转换。

2. 万用表的使用

在电气设备的运行维护中，万用表使用十分频繁，往往因使用不当或疏忽大意而造成测量错误或仪表损坏事故。因此，必须学会使用万用表，并养成沉着、小心、正确操作的良好习惯。对万用表的使用，一般应注意以下几点：

（1）使用前认真阅读产品说明书，充分了解万用表的特性，正确理解表盘上各种符号和字母的含义及各条标度尺的读法，了解并熟悉转换开关等部件的作用和使用方法。

（2）万用表应水平放置，应避开强大的磁场区（例如，与发电机、电动机、汇流排等保持一定距离），并且不得受震、受热和受潮。

（3）测量前，应根据被测项目（如电压或电阻等）将转换开关拨到合适的位置，检查指针是否指在机械零位上，如果不在零位上，应调到零位。

（4）接线应正确，表笔插入表孔时，应将红色表笔的插头插入"＋"孔，黑色表笔的插头插入"－"孔；手拿表笔时，手指不得触碰表笔金属部位，以保证人身安全和测量准确。

（5）量限的选择，应尽量使指针偏转到标度尺满刻度的2/3附近。如果事先无法估计被测量的大小，可在测量中从最大量限挡逐渐减小到合适的挡位；调节量限时，用力不得过大，以免打在其他量限上而损坏电表，每次拿起表笔准备测量时，一定要再校对一下测量项目，核查量限是否拨对、拨准。

（6）测试时，表笔应与被测部位可靠接触；测试部位的导体表面有氧化膜、污垢、焊油、油漆等时，应将其除去，以免接触不良而产生测量误差。

（7）开关转到电流挡时，应将两支表笔串接在被测电路中，并注意表笔的正、负极性是否正确接入；每次测量完毕，应将转换开关置于空挡或置于最高电压挡位置。不可将开关置于电阻挡，以避免两支表笔被其他导电体短接而耗尽表内电池，或被人误测电压而烧坏电表。

（8）测量时，切不可错旋选择开关或插错插口，例如，不得用电阻测量挡或电流挡去测量电压，或以低量限去测量高电压，小电流量限去测量大电流等。否则，将烧坏万用表。

（9）测量时，要根据选好的测量项目和量限挡，明确应在哪一条标度尺上读数，并应了解标度尺上一个小格代表多大数值。读数时目光应与表面垂直，不要偏左偏右。否则，读数将有误差。精密度较高的万用表，在表面的刻度线下有弧形反射镜，当看到指针与镜中的影子重合时，读数最准确。一般情况下，除了应读出整数值外，还要根据指针的位置再估计读取一位小数。

（10）变换测量范围时，要另外调整零点，然后进行测量，表内电池的电能一旦消耗过度，要及时更换电池；如果万用表长期不用，应将电池取出，以防止电池腐蚀表内元件。

第十九章　安全生产知识

第一节　安全操作知识

一、机械设备安全

酒厂机械设备安全主要包括工厂中物料运输、粉碎、包装等机械设备的安全。一台机器中任何活动的部件都有可能引发工伤事故，因此，搞好机械设备安全，对提高企业的安全管理水平，减少设备事故，具有重要的意义。

（一）发生机械伤害事故的原因

1. 违反安全操作规程或者由于失误产生的不安全行为，没有穿戴合适的防护用品

（1）正在检修机器或刚检修好尚未离开时，他人误开动机器伤害检修人员。

（2）检查、保养正在运转的机器时，因误入某些危险区域或部位造成伤害。

（3）钢丝绳断开或突然弹起伤害人员。

（4）防护用品穿戴不好，衣角、袖口、头发等被转动的机器卷入造成伤害。

（5）设备超载运行或保险装置失灵等原因造成断裂、爆炸事故而伤人。

（6）操作方法不当或不慎造成事故。

2. 机构设备本身的结构、强度等不合理或安装维修不当且缺乏安全保护装置

（1）机械转动部分，如皮带轮、齿轮、联轴器等没有防护罩壳而轧伤人或转动部件的螺丝松动脱出而击伤人。

（2）设备某一部件没有安装牢固，受力后拉脱，倾翻而伤人。

（3）机械某些零件强度不够或受损伤，突然断裂而伤人，如钢丝绳。

（4）操作时，人体与机械某些易造成伤害的部位接触：设备的防护栏、盖板不齐全，使人易误入或失足进入危险区域而遭伤害。

3. 工作环境不良也是造成机械伤害事故的原因

（1）工作空间狭窄，若设备布置不合理，物件堆放杂乱，影响正常工作，易造成伤害事故。

（2）工作场所照明不良、粉尘浓度高等造成作业环境能见度低，易发生伤害事故。

（3）工作环境噪声大，刺激工作人员的神经，且影响安全信号通过声音的传递，易发生机械伤害事故。

（二）机械设备的基本安全要求

不同的机械尤其是专业机械有其独特的安全要求，这里只介绍机械设备的基本安全要求，包括：

（1）机械设备的布局要合理，应便于操作人员装卸工件，加工观察和清除杂物；同时

也应便于维修人员的检查和维修；

（2）机械设备的零、部件的强度、刚度应符合安全要求，安装应牢固；

（3）机械设备根据有关安全要求，必须装设合理、可靠，不影响操作的安全装置。例如：

①对于做旋转运动的零、部件应装设防护罩或防护挡板、防护栏杆等安全防护装置。

②超压、超载、超温度、超时间、超行程时会发生事故的零、部件，应装设保险装置，如超负荷限制器、行程限制器、安全阀、温度继电器、时间断电器等。

③需要对人们进行警告或提醒注意时，应安设信号装置或警告牌等。如电铃、喇叭蜂鸣器等声音信号，各种灯光信号，或各种警告标志牌等。

④对于某些动作顺序不能搞颠倒的零、部件应装设相互连锁装置。使某一个动作，须在前一个动作完成之后，才能进行，否则就不可能动作。

⑤机械设备的电气装置必须符合电气安全的要求。主要的有以下几点：

A. 供电的导线必须正式安装，不得有任何破损或露线的地方。

B. 电机绝缘应良好。其接线板应有盖板防护。

C. 开关、按钮等应完好无损，其带电部分不得裸露在外。

D. 应有良好的接地或接零装置，连接的导线要牢固，不得有断开的地方。

E. 局部照明灯应使用 36V 的电压，禁止使用 110V 或 220V 电压。

⑥机械设备的操纵手柄及脚踏开关等应符合如下要求：

A. 摇的手柄应有可靠的定位及锁紧装置。同轴手柄应有明显的长短差别。

B. 手轮在机动时应能与转轴脱开。

C. 脚踏开关应有防护罩或藏入床身的凹入部分内。

⑦机械设备的作业现场要有良好的环境，即照明度要适宜，湿度与温度要适中，噪声和振动要小，零件、工夹具等要摆放整齐。

⑧每台机械设备应根据其性能、操作顺序等制定出安全操作规程和检查、润滑、维护等制度。

（三）预防机械伤害事故的主要措施

（1）加强安全管理，建立健全安全操作规程并要严格执行；对操作者要进行岗位培训，其能正确熟练地操作设备；要按规定穿戴好防护用品，对于在设备开动时有危险的区域，不准人员进入。

（2）设备自身要有良好的安全性能和必要的安全保护装置。主要指：

①操纵灵敏，安装位置要便于操作。

②机器的传动皮带、齿轮及联轴器等旋转部位都要装设防护罩，易伤人或不允许人接近的部位要装设栏杆或栅栏门等隔离装置，易造成失足的沟、堑、洞应有盖板。

③要保证各种保险装置能正常起作用。必要之处一定要安设保险装置，不能缺少丢落，加强检查与维修，以避免人身和设备事故。

④要装设各种必要的报警装置。当设备接近危险状态，人员接近危险区域时，报警器能及时可靠地自动报警，使操作人员能及时做出决断，采取措施。

⑤各种仪表和指示装置要醒目、直观、易于辨认。

⑥机械的各部件强度应满足要求，安全系数要符合有关规定。

⑦对于作业条件十分恶劣，容易造成伤害的机器或某些部位，应尽可能采用离机操作或遥控操纵，以减少伤害人员的可能性。

（3）要搞好设备的安装、维修工作，使其保持良好的安全性。特别对于移动频繁的采掘和运输设备，更要注意安装和维修的质量。

（4）要为设备的安装和使用创造必要的环境条件。如设备安装的空间不能过于狭小，要有良好的照明等，以便于设备的安装和维修工作顺利进行，减少因操作人员失误而造成伤害。

（5）要重视设备检修时的安全工作。在检修前必须切断电源，并挂上提醒标记牌；在机内或机下工作时，应有防止机器转动的措施检修完后，必须经过认真的检查方可试运转。

二、电 气 安 全

电能是一种现代化的能源，它广泛应用于工农业生产和人民生活的各个方面，对促进经济发展和改善人民生活都起着重要的作用。人们在用电的同时，会遇到电气安全的问题。在应用这种能源时，如果处理不当，在其传递、控制、驱动等过程中将会发生事故。严重的事故将伴随着生命损失和重大的经济损失。

1. 电气事故

电气事故通常分为人身伤害与设备事故两大类。人身伤害按其发生原因分为电流伤害、电磁场伤害、雷电事故、静电事故及电路故障5类。

触电事故是由电流的能量造成的。触电是电流对人体的伤害。电流对人体的伤害可分为电击和电伤。绝大部分触电死亡事故是电击造成的。通常所说的触电事故基本上是指电击而言的。

雷电和静电都是局部范围内暂时失去平衡的正电荷和负电荷。这些电荷的能量（即储存在其周围场中的能量）释放出来即可能造成灾害。静电一般指生产工艺过程中由于某些材料的相对运动，分离和积累起来的正电荷和负电荷。这些电荷周围的场中储存的能量不大，不会直接使人致命。但是，静电电压可能高达数万乃至数十万伏，可能在现场发生放电，产生静电火花。在火灾和爆炸危险场所，静电火花是一个十分危险的因素。

2. 电气事故的主要原因

（1）电气设备设计不合理，制造质量不合格，运输、安装过程中受损害，安装、调试质量差，从而不能保证电气设备应有的机械性能和电气性能。

（2）违反操作规程，这是大量事故发生的主要原因。

（3）误操作。

（4）检修不及时，未能保证设备的完好性。

（5）偶然因素。

3. 使用电气设备的安全要求

（1）非电工人员不得随意乱动或私自修理车间内的电气设备。

（2）电气设备不得带故障运行。任何电气设备在未验明无电之前，一律认为有电，不要盲目触及。对挂有"禁止合闸"、"有人操作"等字样的标牌，非有关人员不得移动。

（3）电气设备必须有保护性接地、接零装置，并经常对其进行检查，保护连接的牢固。

（4）需要移动某些非固定安装的电气设备，如照明灯、电焊机灯时，必须先切断电源再移动。移动中，要防止导线被拉断。

（5）工人经常接触和使用的配电箱、配电板、闸刀开关、按钮开关、插座、插销以及导线等，必须保持安全完好，不得有破损。

（6）工作台上、机床上使用的局部照明灯，电压一般不得超过36V。

4. 手持电动工具的安全要求

手持电动工具是劳动中经常碰到的用电器具，其触电事故发生率也较高，为此，国家标准规定将手持电动工具分为三类：Ⅰ类手持电动工具额定电压为220V及以上，内部只有一般绝缘，使用时必须加装接零（地）保护和漏电保护器或安全隔离变压器。Ⅱ类工具虽然额定电压也在220V及以上，但其内部有加强绝缘或双层绝缘，所以其安全性能优于Ⅰ类工具，但使用时也应采取Ⅰ类工具所采取的措施。为了区别Ⅰ类工具，Ⅱ类工具的标牌上带有"回"字标记。Ⅲ类工具则采用安全电压供电，其额定电压最高不超过42V，安全性能显然优于Ⅱ类工具。

5. 电气安全措施

（1）按规定期限对电气设备及设施进行技术检验、调整和维修，其中包括各种电气设备及设施的绝缘电阻值，是否在规定范围内保护接地，接零装置是否符合技术要求，对各种继电保护装置的检查和整定，防爆电气设备防爆性能的检查、避雷器、变压器油、安全用具的耐压试验，高压电缆的直流泄漏电流和直流耐压试验，新安装的电气设备投入运行前进行的绝缘电阻和接地电阻的测定等。检查和调整的结果应记入专用记录本内，检查和调整中发现的问题，应指派专人限期处理。

（2）采用绝缘，甚至采用加强绝缘。如果设备和线路的带电部分不便包以绝缘或者绝缘不足，为保证安全，则采用屏护措施，即用遮栏、护罩、护盖、箱匣等把带电体同外界隔绝起来。其具体规定可见有关规程。

（3）为了避免车辆、人员、建筑及各种器械接近或碰接带电体造成事故，以及为了防止火灾，过电压放电和各种短路事故，在带电体与人、物、地面、各种设施与设备及带电体之间均需保持一定的安全距离，其大小由电压的高低，安装方式，设备的类型等因素决定。具体规定见有关规程。

（4）采用漏电保护，过电流、过电压保护装置，使得故障时能自动断开电源。

（5）建立不导电环境。这种措施可以防止工作绝缘损坏时人体同时触及不同电位的两点。

（6）建立等电位环境。这种措施是把所有容易同时接近的裸露导体互相连接起来，均化其间电位，以防止危险的接触电压。

（7）采用安全电压制度。

（8）电气隔离。即采用隔离变压器以实现电气隔离、防止裸露导体故障时带电造成电击。

6. 作业中预防触电措施

（1）施工现场用电必须由专业电工来从事作业，未经电气作业专业培训的人员不得随便接电线、动用电气设备。

（2）使用手持电动机械和其他电动机械时，要由电工接好电源，安装上漏电保护器。操作者必须穿戴好绝缘鞋、绝缘手套后再进行作业。

（3）电器线路或机具发生故障时，要找电工修理，作业者不能自行修理。

（4）作业完毕要把电闸拉下，锁好电闸箱。电闸箱内不许放置任何物件、工具。

（5）在搬扛较长的金属物体如钢筋、钢管等材料时，不要碰触到电线，特别是高压输电线路。

（6）在雷雨天不要走近高压电杆、铁塔、避雷针，距离至少 20m 以外。当遇到高压电线断落时，周围 20m 内禁止人员入内。如果已在 20m 以内，要单足或并足跳离危险区，防止跨步电压造成触电事故。

7. 触电救护常识

如果发现有触电，应尽快使触电者脱离电源。一般有两种脱离电源的方法：一是立即断开触电者所触及的导体或设备的电源；二是设法使触电者脱离带电部分。

（1）低压触电，可采用以下方法来使触电者脱离电源。

①如果电源开关或插销在触电地点附近，应立即拉开开关或拔出插头。但应注意，拉线开关和手开关只能控制一根导线，有时可能切断零线而没有真正断开电源。

②如果触电地点远离电源开关，可使用有绝缘柄的电工钳或有干燥木柄的斧子等工具切断电源。

③如果导线搭落在触电者身上或者触电者的身体压住导线，可用干燥的衣服、手套、绳索、木板等绝缘物作工具，拉开触电者或者移开导线。

④如果触电者的衣服是干燥的，又没有紧缠在身上，则可拉着他的衣服后襟将其拖离带电部分；此时救护人员不得用衣服蒙住触电者，不得直接拉触电者的脚和躯体以及接触周围的金属物品。

⑤如果救护人手中握有绝缘良好的工具，也可用该工具拉着触电者的双脚将其拖离带电部分。

⑥如果触电者躺在地上，可用木板等绝缘物插入触电者身上，以隔断电流。

（2）高压触电，可采取以下措施使触电者脱离电源。

①立即通知有关部门停电。

②戴上绝缘手套，穿好绝缘靴，使用相应电压等级的绝缘工具按顺序拉开电源开关。

③使用绝缘工具切断导线。

④在架空线路上不可能采用上述方法时，可用抛挂接地线的方法，使线路短路跳闸，在抛挂接地线之前，应先把接地线一端可靠接地，然后把另一端抛到带电的导线上，此时抛掷的一端不得触及触电者和其他人。

总之，遇有触电事故发生，首先要弄清电源的性质，处理要果断、措施要得当，使触电者及早脱离电源。处理的过程中要注意保护好自身的安全，过后要及时向有关部门和领导汇报现场情况和经过，并认真吸取教训。

三、作业环境安全

1. 防火

（1）酒厂火灾事故的特点　防火工作是酒厂安全生产的一项重要内容，一旦发生火灾事故，往往造成巨大的财产损失和人员伤亡。酒厂火灾事故有以下一些特点。

①爆炸性火灾多：由于酒厂生产的白酒以及酒精具有易燃的特性，如果在贮罐中贮存时具备了点燃的条件，就会导致火灾，火灾又引起爆炸。

②大面积流淌性火灾多：酒精和白酒具有良好的流动特性，当其从设备内泄露时，便会四处流淌，如果遇到明火，极易发生火灾事故。

③立体性火灾多：由于生产企业内存在的易燃易爆物质的流淌扩散性，生产设备密集布置的立体性和企业建筑的互相串通性，一旦初期火灾控制不利，就会使火势上下左右迅速扩展而形成立体火灾。

④火势发展速度快：在一些生产和储存可燃物品集中的场所，起火以后燃烧强度大、火场温度高、辐射热强、可燃气体及液体的扩散流淌性极强、建筑的互通性等诸多条件因素的影响，使得火势蔓延速度较快。

（2）火灾发生的条件

①有可燃物质：不论固体、液体或气体，凡是能与空气中的氧或其他氧化剂发生剧烈反应的物质，均可称为可燃物质，如碳、氢、硫、钾、木材、纸张、汽油、酒精、乙炔、丙酮等。

②有氧化剂：即通常所说的助燃物质，如空气、氧气、氯气、氯酸钾以及高锰酸钾等。

③有点火源：即能引起可燃物质燃烧的能源，如明火焰、烟火头、电（气）焊火花、炽热物体、自然发热物等。

所以只要使以上三个条件中的任何一个条件不具备，就可以预防火灾事故发生。

（3）防止火灾措施 就是在火灾发生之前，预先防止火源点燃的措施，是一种最根本的防火措施，这种措施是把有起火危险性的物质以及具有点火能量的着火源，有效地、恰当地进行管理使它们无法造成起火条件。

①易燃易爆场所如酒库、锅炉房等工厂要害部位严禁烟火，人员不得随便进入。

②火灾爆炸危险较大的厂房内，应尽量避免明火及焊割作业，最好将检修的设备或管段拆卸到安全地点检修。当必须在原地检修时，必须按照动火的有关规定进行，必要时还需请消防队进行现场监护。

③在积存有可燃气体或蒸汽的管沟、下水道、深坑、死角等处附近动火时，必须经处理和检验，确认无火灾危险时，方可按规定动火。

④火灾爆炸危险场所应禁止使用明火烘烤结冰管道设备，宜采用蒸汽、热水等化冰解堵。

⑤对于混合接触能发生反应而导致自燃的物质，严禁混存混运。对于吸水易引起自燃或自然发热的物质应保持使用贮存环境干燥，对于容易在空气中剧烈氧化放热自燃的物质，应密闭贮存或浸在相适应的中性液体（如水、煤油等）小储放，避免与空气接触。

⑥易燃易爆场所必须使用防爆型电气设备，还应做好电气设备的维护保养工作。

⑦易燃易爆场所的操作人员必须穿戴防静电服装鞋帽，严禁穿钉子鞋、化纤衣物进入，操作中严防铁器撞击地面。

⑧可燃物的存放必须与高温器具、设备的表面保持有足够的防火间距，高温表面附近

不宜堆放可燃物；炉渣等高热物要安全处置，防止落入可燃物中。

⑨应掌握各种灭火器材的使用方法。

⑩不能用水扑灭电气火灾，因为水可以导电，容易发生触电事故；也不能用水扑灭比水轻的油类火灾，因为油浮在水面上，反而容易使火势蔓延。

一旦发生了火灾，则必须认真果断地采取防止火焰蔓延的限制措施，在限制措施中，必须考虑以下几个问题：

A. 防止可燃物的堆积：火灾扩大多数是在离起火点较近的地方堆积有可燃物而使火焰蔓延开来，在有火灾危险的工作场所中，如果大量堆积不必要的原料、半成品、成品等是十分危险的。如果要贮存这些东西，必须设置安全的仓库和堆场。

B. 使建筑物、设备成为非燃烧或难燃烧体：建筑物应当采用非燃烧或难燃烧体的结构，对里面的家具、器具等设备，也应尽量采用难燃烧材料制成。另外，特别要注意，一些材料或制品虽然具有难燃性能，但在火灾时能发生大量烟和有毒气体的材料，也应避免使用。

C. 留出空地：在危险物贮存场所，或者在进行危险操作的建筑物周围，要留出一定的空地，或者保持一定的距离，以免火灾危险波及到其他设施。另外，根据城建规划，有必要采取在工厂区和住宅区之间设置防护林带，避免公害影响，以保护居民的安全。

（4）灭火措施和疏散措施　灭火措施分为初期灭火和正规灭火两个方面。

所谓初期灭火，就是刚刚起火后，最初应该采取的应急措施。在初期灭火中可使用灭火器，灭火器有多种，如干粉、二氧化碳、挥发性液体（如氯溴甲烷、泡沫、酸碱等）灭火器。随着灭火器性质或结构的不同，适应的火灾也不同，对于可燃物质，应选择最为适合的灭火器。在初期灭火中，使用沙土、水等是最为有效的方法。作为初期灭火的设施，它可在适当的场所中设置自动喷水器、喷雾、泡沫等固定式灭火设备。此外，为及时抓住初期灭火的机会，在适当的场所中可设自动灭火报警装置。

所谓正规灭火，是指企业消防队或城市消防队的灭火活动，当火灾扩大到某种规模以上时，不依靠这些消防力量是不行的。

消防水源可利用城市用水、工业上用水、河川水、湖泊和海水等，但是应该考虑有单独设置的贮水槽、蓄水池等。

如果发生火灾，就必须从危险区撤到安全区。平时就要充分估计到可能有大事故的发生，事先指定安全疏散区，对室内的疏散楼梯，尾部必须有防火门，以防止烟火侵入，对室外的疏散楼梯，必须设在火焰从窗户喷出而燃烧不到的地方，如需要采取紧急措施时，可设滑梯。在室内和走廊等处，可设置疏散方向指示牌，在无窗建筑物内或在夜间停电，应设置能够看清的感应指示灯。

2. 防止跑、冒、滴、漏

生产过程中物料的跑、冒、滴、漏往往导致易燃易爆物料扩散到空间，从而引起火灾、爆炸。设备内部的泄漏（如由阀门密封不良引起）会造成超压、反应失控等，也会引发火灾、爆炸事故。因此要注意防止设备内外的跑、冒、滴、漏。阀门内漏、误操作是造成设备内漏的主要原因，除了加强操作人员的责任心、提高操作水平之外，还可设置两个串联的阀门以提高其密封的可靠性。

设备外部的泄漏包括管道之间及管道与管件之间连接处的静密封的泄漏，阀门、搅拌及机泵等动密封处的泄漏以及因操作不当、反应失控等原因引起的槽满溢出、冲料等。

为了防止误操作，对各种物料管线要涂以不同的颜色以便区别，采用带有开关标志的阀门，对重要阀门采取挂牌、加锁等措施。此外在工艺、设备方面也要采取相应的对策：采取可靠的密封结构形式和优良的密封材料。盛装易燃物料的设备应有齐备的液位计、压力表等控制仪表，避免采用玻璃管（板）液位计，以免在玻璃破裂后造成大量泄漏。危险性较大的贮槽等应设置远距离遥控切断阀，以备在发生泄漏等特殊情况下，立即与其他装置隔离。要避免管道受到震动和热应力的影响，否则会导致焊缝破裂或连接处破坏，从而造成物料的大量外泄。

3. 紧急情况停车处理

当突然发生停电、停水、停汽时，装置需要紧急停车。在自动化程度不够高的情况下，紧急停车处理主要靠现场操作人员，因此要求操作人员沉着、冷静，正确判断和排除故障。要进行事故演习，提高应付突发事故的本领。要预先制定突然停电、停水、停汽时的应急处理方案。

4. 防空窖 CO_2 中毒

白酒发酵在生成酒精的同时还产生大量的 CO_2 气体，CO_2 气体的相对密度比空气要大，多聚集于窖底不易排出，且无色无味，很容易使人在不知不觉中中毒窒息，故起底糟、舀黄浆水时，应将窖内 CO_2 气体尽量排出，防止中毒。尤其热季气压低、空气流动性差时更应注意，起底窖糟醅时需两人，一人在窖内起糟，一人向窖内扇（排）风排 CO_2，并时常注意窖内起糟人员的状况，避免意外的发生。

5. 防玻璃器皿划伤

白酒的包装窗口多采用玻璃瓶或瓷瓶，这两种材料都容易破裂，破裂的碎片很锋利，极易划伤人体，造成伤害，故应采取措施防止意外的发生。

（1）作业时必须规定佩戴手套、工作服等劳保设施。

（2）装卸、洗瓶、装酒时应按操作规程小心操作，轻拿轻放，杜绝野蛮操作，在减少物料破损的同时减少意外伤害发生。

（3）工作期间严禁嬉戏、打闹，以免发生意外。

第二节　白酒生产相关的食品安全

我国白酒是以高粱、大米、小麦等为主要原料，以大曲、小曲或麸曲及酒母等为糖化发酵剂，经蒸煮、糖化、发酵、蒸馏、陈酿、勾兑而制成的蒸馏酒。根据我国白酒生产的工艺和所用酿酒粮食及工器具特点，为了保证白酒产品的食品安全，要求在白酒的生产过程中所使用的酿酒粮食及工器具必须符合国家食品安全相关标准的规定。

一、酿酒粮食的食品安全

（一）酿酒粮食中的农药最大残留限量

酿酒粮食中的农药最大残留限量应符合国家标准《食品中农药最大残留限量》（GB 2763—2012）的规定。

1. 食品中农药残留的相关定义

（1）残留物　由于使用农药而在食品、农产品和动物饲料中出现的特定物质，包括被认为具有毒理学意义的农药衍生物，如农药转化物、代谢物、反应产物以及杂质等。

（2）最大残留限量　在食品或农产品内部或表面法定允许的农药最大浓度，以每千克食品或农产品中农药残留的毫克数表示（mg/kg）。

（3）再残留限量　一些残留持久性农药虽已禁用，但还长期存在于环境中。从而再次在食品中形成残留。为控制这类农药残留物对食品的污染而制定其在食品中的残留限量。以每千克食品或农产品中农药残留的毫克数表示（mg/kg）。

2. 国标《食品中农药最大残留限量》中列出食品中农药最大残留限量的农药名称

包括除草剂、杀虫剂、杀螨剂、杀菌剂、植物生长调节剂等 307 种，对所有食品包括粮食、水果、蔬菜及加工食品等都有具体指标，详见 GB 2763—2012。

（二）酿酒粮食中的真菌毒素限量

酿酒粮食中真菌毒素限量应符合《食品安全国家标准　食品中真菌毒素限量》（GB 2761—2011）的规定。

1. 真菌毒素的定义

所谓真菌毒素，就是真菌在生长繁殖的过程中产生的次生有毒代谢产物。

2. 酿酒粮食中真菌毒素限量指标

酿酒粮食中真菌毒素限量指标见表 19 - 1。

表 19 - 1　　　　　酿酒粮食中真菌毒素限量指标　　　　　单位：μg/kg

名称	黄曲霉毒素 B_1	脱氧雪腐镰刀菌烯醇	赭曲霉毒素 A	玉米赤霉烯酮
稻谷	10	—	5.0	—
高粱	5.0	—	5.0	—
大米	10	—	5.0	—
小麦	5.0	1000	5.0	60
玉米	20	1000	5.0	60
大麦	5.0	1000	5.0	—
豌豆	—	—	5.0	—

注：表中未涉及的粮食种类，其真菌毒素限量指标应符合 GB 2761—2011 的规定。

（三）酿酒粮食中的污染物限量

酿酒粮食中的污染物限量应符合国家标准《食品中污染物限量》（GB 2762—2012）的规定。

1. 污染物的定义

食品在生产（包括农作物种植、动物饲养和兽医用药）、加工、包装、贮存、运输、销售、直至食用过程或由环境污染带入的，非有意加入的化学性危害的物质。污染物是指除农药残留、兽药残留和生物毒素和放射性物质以外的污染物。

2. 酿酒粮食中污染物限量指标

酿酒粮食中污染物限量指标见表 19 - 2。

表 19 – 2 酿酒粮食中的污染物限量指标

名称	稻谷	高粱	大米	豌豆	小麦	玉米	大麦
铅／（mg/kg）	0.2	0.2	0.2	0.2	0.2	0.2	0.2
镉／（mg/kg）	0.2	0.1	0.2	0.2	0.1	0.1	0.1
汞／（mg/kg）	0.02	0.02	0.02	—	0.02	0.02	0.02
无机砷／（mg/kg）	0.2	0.2	0.2	—	—	—	—
总砷	0.5	0.5	0.5	—	0.5	0.5	0.5
铬／（mg/kg）	1.0	1.0	1.0	1.0	1.0	1.0	1.0
苯并（a）芘／（μg/kg）	5	5	5	—	5	5	5

注：表中未涉及的粮食种类，其污染物限量指标应符合 GB 2762—2012 的规定。

二、贮酒及包装安全

（一）不锈钢制品

在白酒生产中所用的以不锈钢为主体材料制作的贮酒容器、输送管道及其他生产经营工器具和设备应符合国家标准《食品安全国家标准 不锈钢制品》（GB 9684—2011）的规定。

1. 原料要求

（1）主体材料 食具容器及食品生产经营工具、设备的主体部分应选用奥氏体型不锈钢、奥氏体铁素体型不锈钢等符合相关国家标准的不锈钢材料制造；餐具和食品机械设备的钻磨工具等的主体部分也可采用马氏体型不锈钢材料。

（2）非主体材料 食具容器和机械设备中接触食品的非主体部分可以采用其他金属、玻璃、橡胶、塑料等材料制成，但所采用材料应符合相应国家标准和要求。

2. 感官要求及理化指标

（1）感官要求 接触食品的表面应光洁、无污垢、锈迹，焊接部应光洁，无气孔、裂缝、毛刺。

（2）理化指标 理化指标应符合表 19 – 3 的规定

表 19 – 3 不锈钢材料理化指标

项目	指标	检验方法
铅（以 Pb 计）／（mg/dm²） 4%（体积分数）乙酸 ≤	0.01	
铬（以 Cr 计）／（mg/dm²） 4%（体积分数）乙酸 ≤	0.4	
镍（以 Ni 计）／（mg/dm²） 4%（体积分数）乙酸 ≤	0.1	GB/T5009.81
镉（以 Cd 计）／（mg/dm²） 4%（体积分数）乙酸 ≤	0.005	
砷（以 As 计）／（mg/dm²） 4%（体积分数）乙酸 ≤	0.008	

注：（1）浸泡条件均为 200mL/dm²，煮沸 30min，在室温放置 24h。

（2）马氏体型不锈钢材料不检测铬指标。

（3）添加剂　添加剂的使用应符合 GB 9685 的规定。

（二）陶瓷食具容器卫生标准

在白酒生产中所用的以黏土为主体材料制作的陶坛、酒瓶等贮酒容器应符合国家标准《陶瓷食具容器卫生标准》（GB 13121—1991）的规定。

1. 《陶瓷食具容器卫生标准》（GB 13121—1991）的主要内容与适用范围

（1）主要内容　规定了陶瓷食具容器的感官指标、理化指标及各项指标的检验方法。

（2）适用范围　适用于以黏土为主，加入长石、石英调节其工艺性能并挂上彩釉后经高温烧成的粗陶、精陶和瓷的各种食具、容器。

2. 技术要求

（1）感官指标　内壁表面光洁、彩釉均匀，花饰无脱落现象。

（2）理化指标　陶瓷食具容器的理化指标应符合表 19 - 4 的规定。

表 19 - 4　　　　　　　　　　　　理化指标

项　目	指　标
铅（Pb，4%乙酸浸泡液中）/（mg/L）≤	7
镉（Cd，4%乙酸浸泡液中）/（mg/L）≤	0.5

3. 检验方法

检验方法按 GB 5009.62 进行。

（三）包装玻璃容器中铅、镉、砷、锑溶出允许限量

在白酒生产中用于盛装白酒的包装玻璃容器应符合国家标准《包装玻璃容器　铅、镉、砷、锑溶出允许限量》（GB 19778—2005）的规定。此标准规定了各种用于盛装食品、药品、酒、饮料、饮用水等直接进入人体的物料的各种包装玻璃容器铅、砷、镉和锑溶出量的允许限量。

1. 包装玻璃容器相关定义

（1）包装玻璃容器　用于盛装食品、药品、酒类、饮料、饮用水等直接进入人体的物料的玻璃容器和微晶玻璃容器。

（2）扁平容器　从容器内部最低平面至口缘水平面的深度小于 25mm 的玻璃容器。

（3）小容器　容积小于 600mL 的容器。

（4）大容器　容积介于 600mL 和 3L 之间的容器。

（5）贮存罐　容积大于 3L 的容器。

2. 允许限量

各种包装玻璃容器铅、砷、镉和锑溶出量的允许限量见表 19 - 5。

表 19 - 5　　　　　　　　　　　　允许限量

包装玻璃容器类型	单位	允许限量			
		铅	镉	砷	锑
扁平容器	mg/dm²	0.8	0.07	0.07	0.7
小容器	mg/L	1.5	0.5	0.2	1.2
大容器	mg/L	0.75	0.25	0.2	0.7
贮存罐	mg/L	0.5	0.25	0.15	0.5

3. 检验方法

样品按 GB/T 4548 要求清洗，内装 4%（体积分数）乙酸，在（22±2）℃的条件下浸泡 24h。浸出液按下列方法进行检验：

铅和镉按 GB/T 13485—1992 第一篇进行检验；

砷按 GB/T 5009.11—2003 第一篇进行测试；

锑按 GB/T 5009.63—2003 测试。

（四）玻璃白酒瓶国家标准

白酒生产中使用的玻璃白酒瓶应符合国家标准《玻璃容器　白酒瓶》（GB/T 24694—2009）的规定。本标准规定了白酒玻璃瓶的术语和定义，产品分类、要求、试验方法、检验规则、标识、包装、运输和贮存等要求。适用于盛装白酒的晶质料玻璃酒瓶、高白料玻璃酒瓶、普料玻璃酒瓶和乳浊料玻璃酒瓶，其他料种的玻璃酒瓶可参照本标准的有关规定。

1. 术语和定义

（1）晶质料玻璃瓶　用总铁含量（以三氧化二铁计）不超过 0.040% 的具有高折射率、高透射比（光透射比不低于 91.0%）的无色硅酸盐玻璃制成的酒瓶。

（2）高白料玻璃瓶　用总铁含量（以三氧化二铁计）不超过 0.060% 的无色硅酸盐制成的酒瓶。

（3）普料玻璃瓶　用普白料、青白料等硅酸盐玻璃制成的用于盛装各类白酒的酒瓶。

（4）乳浊料玻璃瓶　用白色的乳浊玻璃制成的用于盛装各类白酒的酒瓶。

2. 产品分类和理化性能

产品分类：按产品玻璃种类酒瓶进行分类，可分为晶质料玻璃酒瓶、高白料玻璃酒瓶、普料玻璃酒瓶和乳浊料玻璃酒瓶四类。

理化性能：理化性能应符合表 19-6 的规定。

表 19-6　　　　　　　　　　玻璃白酒瓶的理化性能指标

项目名称	指标			
	晶质料玻璃酒瓶	高白料玻璃酒瓶	普料玻璃酒瓶	乳浊料玻璃酒瓶
耐内压力/MPa	≥0.5			
抗热震性/℃	≥35			
抗冲击/J	≥0.2			
内应力/级	真实应力≤4			—
内表面耐水性/级	HCD			

3. 规格尺寸

满口容量及满口容量允许误差应符合表 19-7 的规定。

表 19 – 7 满口容量及满口容量允许误差

公称容量 V/mL	满口容量	满口容量允许误差	
	mL	mL	mL
50 < V ≤ 100	110	—	±3
100 < V ≤ 200	110	±3	—
200 < V ≤ 300	108	—	±6
300 < V ≤ 500	106	±2	—
500 < V < 1000	104		±12
V ≤ 50, ≥ 1000	由供需双方商定		

4. 瓶口尺寸

冠形瓶口尺寸应符合 QB/T 3729 的规定，螺纹瓶口应符合 GB/T 17449 的规定，其他瓶口由供需双方商议确定。

5. 公称主体直径公差 T_D

公称主体直径公差 T_D 按下式计算：

$$T_D = \pm\ (0.5 + 0.012D)$$

式中　T_D——公称主体直径公差，mm

　　　D——公称主体直径，mm

6. 公称瓶高公差 T_H

公称瓶高公差 T_H 按下式计算：

$$T_H = \pm\ (0.6 + 0.004H)$$

式中　T_H——公称瓶高公差，mm

　　　H——玻璃瓶公称高度，mm

7. 垂直轴偏差 T_V

垂直轴偏差 T_V 按下式计算：

$$H > 120\text{mm：}\ T_V = 0.3 + 0.01H$$

$$H \leq 120\text{mm：}\ T_V = 1.5\text{mm}$$

式中　H——玻璃瓶公称高度，mm

8. 厚度

厚度应符合表 19 – 8 的规定。

表 19 – 8 厚度

项目名称	指标			
	晶质料玻璃酒瓶	高白料玻璃酒瓶	普料玻璃酒瓶	乳浊料玻璃酒瓶
瓶身厚度/mm	≥1.2			
瓶底厚度/mm	≥3.0			
同一截面瓶壁厚薄比	≤ (2:1)			
同一瓶底厚薄比	≤ (2:1)			

注：对特殊型瓶，厚度要由供需双方协商确定。

9. 瓶身圆度
瓶身圆度应符合表 19 – 9 的规定。

表 19 – 9 瓶身圆度

项目名称	晶质料玻璃酒瓶	高白料玻璃酒瓶	普料玻璃酒瓶	乳浊料玻璃酒瓶
瓶身圆度，不超过直径的	3%	4%	5%	5%

注：非圆形（特殊造型）的不按此计算。

10. 瓶口不平行度
瓶口不平行度公差应符合表 19 – 10 的规定。

表 19 – 10 瓶口不平行度

瓶口公称直径 D	瓶口相对于容器底部不平行度允差	瓶口公称直径 D	瓶口相对于容器底部不平行度允差
$D \leqslant 20$	$\leqslant 0.45$	$40 < D \leqslant 50$	$\leqslant 0.8$
$20 < D \leqslant 30$	$\leqslant 0.6$	$50 < D \leqslant 60$	$\leqslant 0.9$
$30 < D \leqslant 40$	$\leqslant 0.7$	$D > 60$	$\leqslant 1.0$

11. 外观质量
外观质量应符合表 19 – 11 的规定。

表 19 – 11 外观质量

<table>
<tr><td rowspan="2" colspan="2">项目</td><td colspan="4">要求</td></tr>
<tr><td>晶质料玻璃酒瓶</td><td>高白料玻璃酒瓶</td><td>普料玻璃酒瓶</td><td>乳浊料玻璃酒瓶</td></tr>
<tr><td rowspan="7">气泡</td><td>表面气泡和破气泡</td><td colspan="4">不许有</td></tr>
<tr><td>直径 >4mm</td><td colspan="4">不许有</td></tr>
<tr><td>瓶口封合面及封锁环上</td><td>≥0.8mm 不许有</td><td colspan="3">≥1mm 不许有</td></tr>
<tr><td>2mm < 直径≤4mm 不多于</td><td>不许有</td><td>2 个</td><td>4 个</td><td>3 个</td></tr>
<tr><td>1mm < 直径≤2mm 不多于</td><td>2 个</td><td>3 个</td><td>6 个</td><td>4 个</td></tr>
<tr><td>0.5mm < 直径≤1mm 不多于</td><td>4 个</td><td>6 个</td><td>8 个</td><td>8 个</td></tr>
<tr><td>>0.5mm 气泡总数 不多于</td><td>5 个</td><td>10 个</td><td>14 个</td><td>12 个</td></tr>
<tr><td>气泡</td><td>直径≤0.5mm 且能目测的在每平方厘米内 不多于</td><td>2 个</td><td>5 个</td><td>7 个</td><td>7 个</td></tr>
<tr><td rowspan="3">结石</td><td>直径 >1mm</td><td colspan="4">不许有</td></tr>
<tr><td>0.3mm < 直径≤1mm，且轻击不破，周围无裂纹 不多于</td><td>2 个</td><td>3 个</td><td>5 个</td><td>4 个</td></tr>
<tr><td>瓶口封合面及封锁环上</td><td colspan="4">不许有</td></tr>
</table>

续表

项目	要求			
	晶质料玻璃酒瓶	高白料玻璃酒瓶	普料玻璃酒瓶	乳浊料玻璃酒瓶
裂纹	不许有（表面点状撞伤不作裂纹处理）			
内壁缺陷	黏料、尖刺、玻璃搭丝、玻璃碎片不许有			
合缝线 尖锐刺手的	不许有			
合缝线 凸出量/mm	≤0.4		≤0.5	
合缝线 初型模合缝线明显的	不许有			
表面质量 瓶体表面不光洁平滑，有粗糙感	不许有		明显的不许有	
表面质量 黑点、铁锈	不许有		明显的不许有	
表面质量 氧化斑、波纹、油斑、冷斑	明显的不许有			
表面质量 摩擦伤	明显的不许有		—	
瓶口 口部尖刺、高出口平面的立棱	不许有			
瓶口 影响密封性的缺陷	不许有			
文字图案	清晰、完整，位置准确			

（五）食品用橡胶制品卫生标准

在白酒生产中所用的以天然橡胶或合成橡胶为主要原料，配以特定助剂制成的贮酒容器、输送管道等工器具应符合国家标准《食品用橡胶制品卫生标准》（GB 4806.1—1994）的规定。

1. 助剂

食品用橡胶制品使用的助剂应符合 GB 9685 的要求。

2. 感官指标

（1）成品外观　色泽正常，无异嗅，无异物；

（2）浸泡液　不应有着色，无异嗅，无异味。

3. 理化指标

理化指标应符合表 19 – 12 的规定。

表 19 – 12　　　　　　　　　　理化指标

项　目		指　标	
		高压锅密封圈	其　他
蒸发残渣/（mg/L）			
4%乙酸浸泡液	≤		2000
65%乙醇浸泡液	≤		40
水浸泡液	≤	50	30
正己烷浸泡液	≤	500	2000

续表

项　目		指　标	
		高压锅密封圈	其　他
高锰酸钾消耗量/（mg/L）			
水浸泡液	≤	40	40
锌（Zn）/（mg/L）			
4%乙酸浸泡液	≤	100	20
重金属（以 Pb 计）/（mg/L）			
4%乙酸浸泡液	≤	1.0	1.0
残留丙烯腈/（mg/kg）		11	11

注：含丙烯腈橡胶必须测定残留丙烯腈。

（六）食品包装用聚乙烯成型品卫生标准

以聚乙烯树脂为原料的食具、包装容器及食品工业用器具，其卫生标准必须符合 GB 9687—1988 的规定。

1. 感官指标

色泽正常，无异味，无异嗅，无异物。

2. 理化指标

理化指标应符合表 19 - 13 的规定。

表 19 - 13　　　　　　　　　　理化指标

项　　目		指标
蒸发残渣/（mg/L）		
4%乙酸，60℃，2h	≤	30
65%乙醇，20℃，2h	≤	30
正己烷，20℃，2h	≤	60
高锰酸钾消耗量/（mg/L）		
60℃，2h	≤	10
重金属（以 Pb 计）/（mg/L）		
4%乙酸，60℃，2h	≤	1
脱色试验		
乙醇		阴性
冷餐油或无色油脂		阴性
浸泡液		阴性

第三节　白酒生产企业食品安全管理体系技术要求

为提高白酒产品安全水平，保障人民身体健康，增强我国白酒企业市场竞争力，我国在《食品安全管理体系 食品链中各类组织的要求》（GB/T 22000—2006）的基础上制定了《食品安全管理体系 白酒生产企业要求》（CNCA/CTS 0022—2008），《食品安全管理体系 白酒生产企业要求》，从我国白酒食品安全存在的关键问题入手，采取自主创新和积极引进并重的原则，结合白酒产品企业生产特点，针对企业卫生安全生产环境和条件、关键过程控制、产品检验等，提出了建立我国白酒企业食品安全管理体系的专项技术要求。

鉴于白酒产品生产企业在生产加工过程方面的差异，为确保食品安全，除在高风险食品控制中所必须关注的一些通用技术要求外，《食品安全管理体系 白酒生产企业要求》还特别提出了针对本类产品特点的"关键过程控制"要求。主要包括原辅料控制，与产品直接接触内包装材料的控制、食品添加剂的控制，强调组织在生产加工过程中的化学和生物危害控制、成品包装过程的控制要求，突出合理制定工艺与技术，加强生产过程监测及环境卫生的控制对于食品安全的重要性，确保消费者食用安全。

（一）《食品安全管理体系 白酒生产企业要求》的主要内容和适用范围

本文件规定了白酒生产企业建立和实施食品安全管理体系的专项技术要求，包括人力资源、前提方案、关键过程控制、检验、产品追溯与撤回。

本标准配合 GB/T 22000 以适用于白酒生产企业建立、实施与自我评价其食品安全管理体系，也适用于对此类食品生产企业食品安全管理体系的外部评价和认证，用于认证目的时，应与 GB/T 22000 一起使用。

（二）技术要求

1. 人力资源

（1）食品安全小组

①食品安全小组的组成应满足白酒企业的专业覆盖范围要求，应由多专业的人员组成，包括从事原辅料采购和验收、工艺制定、设备维护、卫生质量控制、生产加工、检验、储运管理、销售等方面的人员，必要时可聘请专家。

②食品安全小组应理解 HACCP 原理和食品安全管理体系的标准。

③应具有满足需要的熟悉白酒生产基本知识及加工工艺的人员。

（2）人员能力、意识与培训

①影响食品安全活动的人员必须具备相应的能力和技能。

②从事白酒工艺制定、卫生质量控制、检验工作的人员应具备相关知识。

③从事白酒品评鉴定的人员，需具备相应的资质和授权。

④生产人员熟悉人员卫生要求，遵守前提方案的相关规定。

（3）人员健康与卫生要求

①直接从事白酒生产、检验和管理的人员应符合相应法律法规的卫生要求和健康检查规定。健康检查应每年进行一次，必要时做临时健康检查，体检合格后方可上岗，企业应建立员工健康档案，凡患有影响食品卫生疾病者，应调离本岗位。

②生产、检验、维修及质量管理人员应保持个人卫生清洁，工作时不得戴首饰、手表，不得化妆。进入车间的人员应穿戴本厂规定的工作服、工作帽、工作鞋，头发不得外露，必要时加戴发套，调配室的工作人员有必要时还要戴口罩。进入车间时应先洗手、消毒。不得将与生产无关的物品带入车间，不准穿工作服、工作鞋进卫生间或离开加工场所。在更衣室、车间以及设置在车间内的休息室内不得吃食品、吸烟。

2. 前提方案

从事白酒生产的企业，应根据 GB 8951 等的要求建立前提方案。

（1）基础设施与维护

①厂房总体布局要求：应具有与产品加工能力相适应的原料处理车间、制酒车间、贮酒车间（酒库）、包装车间、成品仓库等场所；污水排放应符合国家有关标准的规定，生产车间内、外排水阴沟应封闭；垃圾存放应使用封闭装置。

②原料处理车间：原料处理车间的设计与设施应能满足去除杂物（杂质、泥土等）、破碎、防尘的工艺技术要求；处理干燥的原料应满足防尘要求；需要浸泡清洗的原料，应满足排水的工艺要求。

③制酒车间：制酒车间的设计与设施应能满足润料、配料、摊晾（扬糟）、出（入）窖、发酵或蒸馏等处理的工艺要求；地面应坚硬、防滑、排水设施良好，还需满足防火、防爆措施要求。根据白酒固态和液态不同发酵方法配置相应适宜的设备。

④贮酒车间（酒库）：应有防火、防爆设施和防尘、防虫、防鼠设施，库内环境应满足生产白酒的贮存要求。

⑤包装车间：包装车间进口处应设有鞋靴消毒设施，洗手设施应为非手动式；包装车间应与洗瓶间隔离，能防尘、防虫、防鼠；卫生良好。

⑥成品仓库：库内应阴凉、干燥，有防鼠、防虫、防火设施。

（2）生产设备、工具、管道等的要求

①所有接触或可能接触产品的设备、工具、管道和容器等，必须用无毒、无异味、耐腐蚀、易清洗、不会与产品产生化学反应或污染产品的材料制作，表面应平滑、无裂缝、易于清洗、消毒。

②各车间、仓库（包括酒库）应根据产品及其生产工艺的要求，必要时配备温度计、湿度计、酒精计等。

③贮酒车间、制酒车间、成品库应使用防爆灯具、防爆开关和防爆泵；灯具应配有安全防护罩。

3. 其他前提方案

其他前提方案至少应包括以下几个方面：

（1）接触原料、半成品、成品或与产品有接触的物品的水应当符合安全卫生要求。

（2）接触产品的器具、手套和内外包装材料等应清洁、卫生和安全。

（3）确保食品免受交叉污染。

（4）保证与产品接触操作人员手的清洗消毒，保持卫生间设施的清洁。

（5）防止润滑剂、燃料、清洗消毒用品、冷凝水及其他化学、物理和生物等污染物对食品造成安全危害。

（6）正确标注、存放和使用各类有毒化学物质。

（7）保证与食品接触的员工的身体健康和卫生。

（8）对鼠害、虫害实施有效控制。

（9）控制包装、储运卫生。

4. 关键过程控制

（1）原辅料控制

①生产用原料、辅料应符合 GB 2715 等国家标准、行业标准和国家相关的规定以及进口国卫生要求，避免有毒、有害物质的污染。如使用的原辅料为实施生产许可证管理的产品，必须选用获证企业生产的产品；采购的原辅料必须经检验或验证合格后方可投入生产，超过保质期的原料、辅料不得用于白酒生产。原辅料贮存场所应有有效的防治有害生物孳生、繁殖的措施，并能够防止受潮、发霉、变质。贮存过程有温度、湿度要求的应严格控制贮存温度、湿度。

②使用的食品添加剂应符合 GB 2760、相应的质量标准及进口国有关食品卫生的规定。

③工艺用水应符合 GB 5749 或进口国的规定。

④外购基酒应符合 GB 2757 的规定。

⑤外购酒精应符合 GB 10343 的规定。

（2）清洗消毒

①应定期对场地、生产设备、工具、容器、泵、管道及其附件等进行清洗，必要时进行消毒，并定期对清洗消毒效果进行检测。使用的清洗剂、消毒剂应符合有关食品卫生要求规定。

②原料处理、酒液调配、过滤、灌装、封盖、包装等工序，应按照规定严格清洗消毒，避免造成交叉污染。

③应确保灌装白酒的空瓶、瓶盖清洁干净。应制定洗瓶和清理瓶盖的工艺操作规程，规定洗涤液的种类和浓度、温度和浸泡时间，并定时检查。洗净的空瓶（罐）应有专人负责检瓶，并经过最短的距离输送到灌装机。

④过滤器应定期更换滤膜、滤棒、滤芯等。封盖机定期彻底清洗轧头、卷轮、托罐盘等易受污染的部位。

（3）包装的要求

①包装材料应符合相应标准和进口国的规定。预包装容器回收使用时，应经过严格挑选、清洗、检验合格后方可再次使用。

②产品包装（灌装）应在专用的包装间进行，包装（灌装）间及其设施应满足不同产品需要，并同时满足对包装环境温度、湿度的要求。产品包装应严密、整齐、无破损。

③应设专人检查封口的密闭性，对封口工序应进行严格监控，防止由于瓶口尺寸或设备等原因造成瓶口出现破碎，碎瓶渣落入瓶中，对消费者产生危害；防止因开启问题造成消费者划伤等危害。

④灌装后的产品，其卫生指标均应符合相应的国家卫生标准的规定。

⑤产品标签应符合 GB 7718、GB 10344 和进口国的相关要求。

5. 检验

（1）企业应设有与检验检测工作相适应的安全卫生检验机构，包括与工作需要相适应的实验室、设备、人员、检测标准、检测方法、各种记录。

（2）实验室应有独立的、与实际工作相符合的文件化的实验室管理程序。

（3）实验室检验人员的资格、培训应能满足要求。

（4）实验室所用化学药品、仪器、设备应有合格的采购渠道、存放地点，必备的出厂检验设备至少应符合《白酒生产许可证审查细则》的相关要求。

（5）检验仪器的检定或校准应符合 GB/T 22000 中 8.3 的要求。

（6）检验项目至少应符合《白酒生产许可证审查细则》的相关要求。

（7）委托社会实验室承担白酒生产企业卫生质量检验工作时，受委托的社会实验室应当具有相应的资质，具备完成委托检验项目的实际检测能力。

6. 产品追溯与撤回

（1）企业应建立并实施可追溯性系统，确保能够识别终产品所使用原料的直接供方及终产品初次分销的途径。

（2）企业应建立产品撤回程序，规定撤回的方法、范围，并进行演练。

（3）对反映产品卫生质量情况的有关记录，应制定其标记、收集、编目、归档、存储、保管和处理的程序，并贯彻执行；所有质量记录应真实、准确、规范。记录保存期限应符合相关要求。

第四节　食品安全国家标准　蒸馏酒及其配制酒

一、蒸馏酒及配制酒卫生标准的制定和修改

《蒸馏酒及配制酒卫生标准》（GB 2757—1981）是 1982 年 6 月开始实施的国家标准，该标准规定了蒸馏酒及配制酒的理化指标要求，包括的项目有：甲醇、杂醇油、氰化物、铅、锰及食品添加剂（按 GB 2760—1981 规定）。这个标准至今已有 30 年，中间修改过两次，1986 年 10 月第一次修改，将"杂醇油（g/100mL）≤0.15"修改为"杂醇油（g/100mL，以异丁醇与异戊醇计）≤0.20"，并将"大米为原料者≤0.20"删除。2006年第二次修改，取消杂醇油指标，即将标准中"杂醇油（g/100mL，以异丁醇与异戊醇计）≤0.20"删除。2012 年 8 月以《食品安全国家标准蒸馏酒及其配制酒》GB 2757—2012 新标准，代替 GB 2757—1981《蒸馏酒及配制酒卫生标准》及第 1 号、第 2 号修改单。新标准于 2013 年 2 月开始实施。

二、GB 2757—2012 主要技术要求

1. 原料要求

应符合相应的标准和有关规定。

2. 感官要求

应符合相应产品标准的有关规定。

3. 理化要求

理化要求见表 19 - 14。

表 19 - 14　　　　　　　　　　　理化指标

项　目	指标		检验方法
	粮谷类	其　他	
甲醇[a]/（g/L）≤	0.6	2.0	GB/T 5009.48
氰化物[a]（以 HCN 计）/（mg/L）≤	8.0		

注：a 甲醇、氰化物指标均按 100% 酒精度折算。

4. 污染物和真菌毒素限量

应分别符合 GB 2762、GB 2761 的规定。

5. 食品添加剂

应符合 GB 2760—2011《食品添加剂使用标准》的规定。

三、新、老国家标准的主要变化

（1）修改了标准名称。

（2）修改了理化指标中折算的酒精度，老国家标准中"甲醇"、"氰化物"均以 60% vol 酒精度计算；新标准改为以 100% vol 酒精度计算。

（3）修改了氰化物的限量指标，老国标"氰化物"指标，以木薯为原料者为 ≤5mg/L，以 HCN 计，以代用品为原料者为 ≤2mg/L；新标准中不管什么原料，均规定为 ≤8.0mg/L。

（4）取消了锰的限量指标。

（5）增加了标签标识的要求。

蒸馏酒及其配制酒标签除酒精度、警示语和保质期的标识外，应符合 GB 7718 的规定。即标示内容应包括食品名称、配料表、净含量和规格、生产者、地址、联系方式、生产日期、贮存条件、食品生产许可证编号、产品标准代号及其他需要标示的内容。其中：

①配料表应以"配料"为引导词，标明原料、辅料和食品添加剂；配料按用量的递减顺序排列。按标准理解，蒸馏酒应分三类标示：纯粮固态法白酒配料标示应为：水、高粱、大米、糯米、小麦、玉米。固液法白酒配料标示应为；水、固态法白酒、液态法白酒（或食用酒精）、食品添加剂。固液法白酒产品没有规定香型，不得标××香型白酒，而应标注××风格或××风味白酒。液态法白酒配料标示应为：水、食用酒精、食品添加剂。液态法白酒也不得标××香型。食品添加剂应标示 GB 2760—2011 中的食品添加剂通用名称。

②净含量，酒类是液态，应以（mL）表示。

③标示质量等级。

酒精度应以"% vol"单位标示。

应标示"过量饮酒有害健康"，可同时标示其他警示语。

酒精度大于等于 10% vol 的饮料酒可免于标示保质期。

四、白酒中污染物及真菌毒素限量

按 GB 2762—2012《食品安全国家标准，食品中污染物限量》中对食品污染物的解释：食品在生产（包括农作物种植、动物饲养和兽医用药）、加工、包装、贮存、运输、销售直至食用过程或由环境污染带入的，非有意加入的化学性危害的物质。污染物是指除农药残留、兽药残留和生物毒素和放射性物质以外的污染物。

GB 2762—2012 指标要求中包括铅、镉、汞、砷、铬、硒、氟、苯并（a）芘、N – 亚硝铵、多氯联苯、亚硝酸盐、稀土 13 种，仅"铅"对饮料有限量要求：酒类（蒸馏酒、黄酒除外）是 0.2mg/kg；蒸馏酒、黄酒是 0.5mg/kg，请各酒类生产企业注意，这个指标在原来的卫生指标中没有。

按 GB 2761—2011《食品中真菌毒素限量》标准中指标的要求，包括黄曲霉毒素 B_1、黄曲霉毒素 M_1、脱氧雪腐镰刀菌烯醇、展青霉素、赭曲霉毒素、玉米赤霉烯酮 6 种，只有"展青霉素"对酒类有指标要求，但仅限于苹果、山楂为原料的制品。对以粮食为原料的蒸馏酒并没有指标要求。

GB 2761—2011 在"应用原则"中规定，"无论是否制定真菌毒素限量，食品生产和加工者均应采取控制措施，使食品中的真菌毒素含量达到最低水平"。酒厂历来使用原料都要求颗粒饱满、新鲜、无霉变、无虫蛀，无农药污染。控制真菌毒素应从原辅料及生产管理源头抓起。

五、蒸馏酒原辅料相关的国家标准和行业标准

稻谷 GB 1350—2009、小麦 GB 1351—2008、玉米 GB 1353—2009、大米 GB 1354—2009、高粱 GB/T 8231—2007、豌豆 GB/T 10460—2008、工业用 α - 淀粉酶制剂 QB/T 1805.1—1993、工业用糖化酶制剂 QB/T 1805.2—1993、耐高温 α - 淀粉酶制剂 QB/T 2306—1997、食品加工业用酵母 GB/T 20886—2007。

粮食卫生标准 GB 2715—2005 规定了供人食用的原粮、成品粮，包括禾谷类、豆类、薯类等卫生标准，这些指标应适用于酿酒原料。具体指标见表 19 - 15 至表 19 - 18。

表 19 - 15　　　　　　　　　　　　有毒害菌类、植物种子指标

项　目	指　标
麦角% 大米、玉米、豆类、≤	不得检出
小麦、大麦≤	0.01
毒麦/（粒/kg）小麦、大麦≤	1

表 19 - 16　　　　　　　　　　　　真菌毒素限量指标

项　目	限量/（μg/kg）
黄曲霉毒素 B_1	
玉米　　≤	20
大米　　≤	10
其他　　≤	5
脱氧雪腐镰刀菌烯醇（DON）	
小麦、大麦、玉米或其成品粮　　≤	1000
玉米赤霉烯酮 小麦、玉米　　≤	60
赭曲霉毒素 A 谷类、豆类　　≤	5

表 19 - 17　　　　　　　　　　　　污染物限量指标

项　目	限量/（mg/kg）
铅（Pb）　　≤	0.2
镉（Cd）稻谷（包括大米），豆类型　　≤	0.2
麦类（包括小麦粉）玉米及其他　　≤	0.1
汞（Hg）　　≤	0.02
无机砷（以 As 计）	
大麦　　≤	0.15
小麦粉　　≤	0.1
其他　　≤	0.2

表 19 – 18	农药最大残留量		最大残留量/（mg/kg）
磷化物（以 PH₃ 计）		≤	0.05
溴甲烷		≤	5
马拉硫磷 大米		≤	0.1
甲基毒死蜱		≤	5
甲基嘧啶磷 小麦、稻谷		≤	5
溴氰菊酯		≤	0.5
六六六		≤	0.05
林丹 小麦		≤	0.05
滴滴涕		≤	0.05
氯化苦（以原粮计）		≤	2
艾氏剂		≤	0.02
狄氏剂		≤	0.02
七氯		≤	0.02

所有指标均有国家标准规定的分析方法（略）。

表列数据若与新标准有矛盾，应以新标准为准。

六、食品添加剂的使用

（1）浓香型、清香型、米香型、酱香型、凤香型、特香型、芝麻香型、老白干香型、豉香型等香型白酒的国家标准中规定，不得加入食用酒精和非白酒发酵产生的呈香呈味物质，即不能使用食用香料。

（2）液态法白酒和固液法白酒可使用食用酒精和食品添加剂。国家对酒用食用香料有严格的规定，1986 年首次以国家标准 GB 2760—1986 颁布了食用香料品种，1988—1989年又先后做了两次补充，2011 年以"食品安全国家标准 食品添加剂使用标准"对 GB 2760 又进行了修改。按 GB 2760—2011 规定，允许使用的食用香精、香料多达 1000 余种，液态法白酒或固液法白酒可使用的香料多达 400 余种，其中醇类 55 种、酯类 170 种、酸类 40 种、醛酮类 120 种等，这些食用香料品种，虽是国家允许使用，但并不是配制每种酒时都要将所有品种用上，要根据自身产品的设计、特点选择使用。其使用量应适当，以"少"为好，以免"浮香"明显，消费者反感。"固液法白酒"由固态法白酒和食用酒精（或液态法白酒）组成，勾调时应尽量不用香料，但要选用质量好的固态法白酒和调味酒。

（3）不要使用甜味剂 常用的甜味剂有糖精钠、甜蜜素、安赛蜜、阿斯巴甜等，这些物质在低档白酒中时有检出。质监部门对此控制严格。其实白酒发酵中就会生成许多种类的甜味物质，纯净的酒精也有甜味，只要配方恰当，比例谐调，甜感自然产生，不必另加甜味剂。

新国家标准 GB 2757—2012，从食品安全角度，对白酒行业有更高的要求。企业要更加重视食品安全，从源头抓起，例如酿酒原辅料的产地、污染情况、包装材料；制曲、酿酒中的生产用水；周围环境；酿酒生产中蒸馏设备、接酒桶及封窖材料；输水、输酒管道；封坛、封罐材料；成品酒的酒瓶、瓶盖、罐瓶机械等，都要做好食品安全管理，让消费者饮用安全质优的白酒，更有利于白酒业健康持续发展。

七、蒸馏酒及其配制酒的质量控制

生产蒸馏酒及配制酒企业，必须贯彻执行已颁布的酒类卫生管理办法及《白酒厂卫生规范》等法规、规章。此外，还必须控制以下几个方面。

1. 选用合格原料

具体要求除了与发酵酒类相同外，如粮食应符合《粮食卫生标准》。液态法白酒和固液法白酒要使用符合国标的优级食用酒精。

2. 生产、贮藏、运输、销售中的卫生要求采取措施，降低生产过程中产生的有害物质含量，使之符合卫生标准

（1）甲醇　甲醇来自植物细胞和细胞间质的果胶，在酸、酶和加热的条件下，果胶水解生成甲氧基，甲氧基还原可生成甲醇。因此以薯干、糠麸或其他含果胶量高的水果等作为原料时，成品酒中甲醇含量要比普通原料要高，故国家标准规定以薯干为原料的，甲醇限量≤0.12g/100mL，比谷类原料的高3倍。此外，蒸煮料温度过高，时间越长以及某些含果胶多的糖化剂（如黑曲霉）都能增加成品中甲醇含量。

甲醇是一种有毒物质，它在人体内有蓄积作用，氧化分解比乙醇慢，不易排出体外。饮用含甲醇过多的酒易使人中毒，一次摄入4~10mL即可使人严重中毒；7~8mL即可引起失明；30~100mL可致人死亡。

在白酒酿造过程中，降低或除去甲醇的方法：选用新鲜、未变质的原料和含果胶质少的原料。选用含果胶酶少的菌种及菌株作糖化剂。对含有较多果胶质的原辅料进行预处理时，可采用蒸汽闷料；如谷壳汽蒸30min，可去掉谷壳中的甲醇。降低原料的蒸汽压力，增加排汽量及原料经浸泡处理可除去一部分可溶性果胶。采用能吸附甲醇的天然沸石或分子筛处理，可减少成品酒中的甲醇含量。因为甲醇沸点为64.7℃，低于酒精沸点78.3℃，所以酒头中的甲醇含量较高，在蒸酒时采用缓慢蒸酒，多去酒头的工艺或设置甲醇分馏塔，可减少成品酒中甲醇的含量。

（2）杂醇油　杂醇油是在酿酒过程中由蛋白质、氨基酸和糖类分解而成的有强烈气味的高级醇类。它们是酒中芳香气味的组成成分，但其毒性和麻醉力比乙醇强，易使中枢神经系统充血。杂醇油在体内氧化速度慢，在体内停留时间长，杂醇油含量高的酒可使饮酒者头痛和大醉。降低杂醇油的方法：使用含蛋白质少的原料；掌握好蒸酒温度进行去酒尾。

（3）氰化物　使用木薯和果核为原料酿酒时，酒中会产生氰化物。氰化物为剧毒物，即使很少的量就可使中毒者流涎、呕吐、气促、直至呼吸困难、抽搐昏迷甚至死亡。生产中可采取对原料浸泡、蒸煮的方法降低其含量。如用木薯制酒时，可先将原料粉碎、堆积，其发酵升温至40℃，使氰氢酸游离挥发后再进行糖化发酵。

（4）杂臭物质　生产过程中，为除去酒基中杂臭物质，有时使用高锰酸钾为氧化剂，活性炭为吸附剂脱臭，致使酒中残留较多的锰，所以用高锰酸钾处理过的白酒必须进行蒸馏精制。

（5）醛类　酒中醛类是相应醇类的氧化产物，主要有甲醛、乙醛、糠醛、丁醛等，毒

性比相应的醇强，如 10g 即可致人死亡。成品白酒中总醛量不能超过 0.02g/100mL（以乙醛计）。醛类沸点较低，因此在蒸馏过程中，可采取低温排醛法去除大部分醛类；也可去掉含甲醇、醛类及杂醇油较多的"酒头"和"酒尾"，二段馏分以减少甲醇及杂醇油含量。

（6）铅　蒸馏所用的冷凝器、贮器和管道设备等都会含有铅，当含有机酸的高温酒蒸汽流经这些设备时，铅就会溶于酒中。

第二十章　白酒企业生产技术管理与职业道德规范

现代化企业管理是一门系统的学科，世界各国均有其理论和技巧。企业管理包括整个企业的各项管理，如人事管理、财务管理、物资管理、销售管理、事务管理及生产技术管理等。生产技术管理是企业管理的一个重要组成部分，它包括生产计划、生产安全、生产调度、工艺管理、设备管理及质量管理等方面。而新兴的"全面质量管理"又是一门边缘学科，其英文缩写为TQC。它的保证体系包括思想教育体系、组织机构体系、生产现场质量保证体系（质量检查、工序管理、群众性活动）、产品开发体系，以及销售服务体系。因而它是生产过程中严密、协调、高效的一套管理系统，是系统工程在全面质量管理中的具体应用。

目前，我国各工业系统、各地区有关企业管理的经验和措施较多。本书不可能予以逐一介绍。由于全国白酒企业的分布面很广，大、中、小等类型企业又很多，而其管理又各具特色，故难以详尽介绍。现分生产、工艺、设备、质量管理四部分，对白酒生产技术管理做一简要介绍，其中不少内容是安徽亳州古井贡酒厂的实践经验，供读者参考。

第一节　白酒的生产管理

企业的生产管理是指对企业日常生产活动的计划、组织和控制，它是和产品制造有密切关系的各项管理工作的总称。

白酒的生产管理包括白酒生产过程的组织、定员编制、白酒生产计划工作、生产调度和在制品管理、工序控制、生产作业统计分析及生产现场管理等。它的目的主要是保证按质、按量地组织生产，它的着眼点是从管理的角度去分析、阐明白酒生产管理的重要性和科学性，促进白酒生产过程合理化，劳动过程高效化，从而提高白酒企业生产管理的总体水平。

一、白酒生产管理概述

（一）白酒生产管理的地位

白酒生产是包括原辅料处理、制曲、制酒及为其配套的辅助生产过程。因此，白酒的生产管理就是基本生产过程和辅助生产过程的管理。其目的是通过科学的管理，不断提高劳动生产率，降低消耗，降低成本，在不扩大生产规模，不增加资金投入的前提下，提高白酒的产量和质量。

白酒的生产管理是企业管理的一个重要组成部分。它是白酒经营管理的基础，同时又以白酒经营管理为先导，即依据白酒经营管理在一定时期内的经营意图制定白酒生产计划，并保证计划的顺利完成。随着计划经济向市场经济的转变，白酒专酿专卖的政策已成为历史。"酒香不怕巷子深"变成了"酒好还要会吆喝"。但这并不意味着白酒行业的工作中心由生产转向经营，而是要求每个白酒厂家在抓好经营工作，扩大广告宣传力度的同时，加强企业自身的内部生产管理，降低成本，提高质量，增强产品在市场上的竞争力。这样才能使自己的产品在市场经济的竞争大潮中得以生存，促进企业的不断发展。因此，企业由生产型转向生产经营型以后，加强白酒的生产管理就显得尤为重要。

（二）白酒生产管理的指导思想

（1）内涵为主的思想　在现有生产条件下，通过对作业方法、作业标准的科学研究，在不扩大生产规模、不增加投资的前提下，努力挖掘白酒生产潜力，从而达到经济生产的目的。

（2）科学分析思想　把白酒生产操作方法建立在科学的基础上，对原有的操作方法进行科学的分析，对不合理的方法进行改进，从而取得最佳经济效果，获得高效率。

（3）定量管理思想　建立一系列定量的工作标准以及各种定额，对白酒生产实行有效控制。

（4）预先控制思想　白酒的生产管理要有超前意识，对于生产中可能出现的种种情况进行分析，预先进行控制，从而保证生产任务的顺利完成。

（5）系统化思想　为了不断提高生产率，必须使白酒生产管理的研究工作系统化。只有采用系统化的方法，才能不断发现白酒生产管理中存在的问题，然后逐步加以改进。

（三）白酒生产管理的指导原则

（1）按需生产原则　按照市场预测的需求量及企业本身的白酒库存能力制订白酒生产计划和组织生产。

（2）经济生产原则　在制订白酒生产计划和组织实施生产计划时，要努力降低消耗（人力、物力、资金占用），提高经济效益。要改变过去那种只抓产量，不顾质量，只抓速度效率，忽视成本效率的倾向，使白酒生产各个环节能以最少的消耗，最简单的操作，最短的运输，最快的速度，以最低的生产成本生产出优质高产的白酒，切实地把完成白酒生产任务与提高企业经济效益统一起来。

（3）均衡生产原则　在白酒生产过程中，按照生产计划规定的进度，合理地组织生产，协调各酿酒车间和辅助车间的生产班次，充分利用人力和设备，使各种设备之间负荷相对均衡，以维护正常的生产秩序；同时降低消耗，降低成本，全面提高白酒生产的经济效益。

（4）文明生产原则　建立合理的白酒生产管理制度和良好的生产秩序，使各生产环节的工作有条不紊地协调进行。车间和设备布局合理，运输路线畅通，工作环境清洁卫生，光线充足，设备整洁；物料、工具都有固定的存放地点；并且要求绿化厂区，美化环境，为职工创造良好的工作条件。

（5）安全生产原则　白酒因能燃烧而又名"烧酒"。其主要成分是酒精，既易挥发又易燃烧。所以，白酒企业的生产安全工作非常重要，各白酒厂家都必须结合本单位的实际情况，制定各项规章制度和安全操作规程，并建立必要的消防系统。采取"预防为主，防消结合"的原则，真正实现"安全为了生产，生产必须安全"。从而有效地保障职工劳动的安全，防止人身事故和设备事故的发生，保证生产的顺利进行，保护国家和企业财产免受破坏和损失。

二、白酒生产过程的组织

白酒的生产过程是劳动过程和自然过程的有机结合，其中劳动过程占主导地位。白酒生产的劳动过程就是劳动者利用设备和工具等，按照白酒生产工艺的具体操作要求，对发酵酒醅进行操作，从而达到一定感官指标和理化指标的过程；而白酒生产的自然过程就是酒醅入窖以后，利用曲类和窖中微生物的作用，经自然升温发酵而产生白酒中各种有机成分的过程。

为了保证生产过程能顺利进行，各白酒厂家都必须科学合理地组织白酒生产过程，使各个生产环节和各道工序之间都能互相衔接，密切配合，有效地协调工作。组织白酒生产过程的目的，就是要使白酒生产过程时间最省，耗费最小，效益最高。

由于劳动过程在白酒生产过程中占主导地位，故这里重点论述白酒生产的劳动组织。

（一）白酒生产劳动组织及其内容

白酒生产的劳动组织就是根据白酒生产的需要，正确处理白酒生产过程中劳动者之间及劳动者与劳动工具、劳动对象之间的关系，不断调整和改善劳动者分工与协作的组织形式，以充分利用劳动时间和设备，不断提高劳动生产率。

白酒生产的劳动组织，对于白酒生产的正常进行和提高企业的生产效率都具有十分重要的意义。它既是现代白酒生产的客观要求，又是企业节约人力、挖掘企业内部潜力的重要措施。通过白酒生产的劳动组织，使得劳动者之间既有科学细致的分工，又有严密的协作配合，充分发挥每个劳动者的技能和专长。通过改善劳动组织，可以使分工更加合理，协作更加密切，工作场地布置和轮班的组织更加科学，从而充分利用工时和设备，避免窝工浪费，为节约劳动力提供了条件。

白酒生产的劳动组织主要内容包括：定员编制，班组的组织，生产班次的安排与调整等。

（二）白酒生产的定员编制

白酒生产的定员，就是根据各个厂家已定的生产规模，本着节约用人、精简机构、增加生产和提高工作效率的精神，设置白酒生产正常进行所需各类人员的数量标准。它的实质是一种科学的用人标准。编制定员有利于促进劳动竞赛、技术革新运动的开展，有利于改善劳动组织，完善经济责任制度等。白酒生产定员范围的人员一般可分为：酿酒工人、酿酒技术人员、管理人员和服务人员四类。

为了合理地确定各类人员的需要量，在定员工作中要求做到以下几点。

（1）定员水平要先进合理　所谓先进，是指在白酒行业中，与生产条件相当的企业比较或与本企业历史最好水平比较；劳动生产率高，用人相对减少。所谓合理，是指保证白酒生产的正常需要，各项工作都有人去做，无人浮于事的现象。

（2）定员标准既要相对稳定，又要不断提高　在一定时期内，由于本企业的生产技术和组织条件具有相对稳定性，决定了定员标准的相对稳定性；但是，随着高新技术在白酒生产上的应用及技术革新，劳动组织的改善，劳动者技术业务水平的提高，定员标准必须做相应的调整，才能适应生产技术的发展。

（3）合理安排各类人员的比例关系，保证白酒生产需要　在一定的生产技术组织条件下，力求合理提高一线生产人员的比例，降低非直接生产人员的比例，充实生产第一线。

但随着白酒生产机械化、自动化程度的提高，以及管理现代化的实现，直接生产人员的比例将会不断下降，而非直接生产人员的比例会相对提高。

其次，要正确安排酿酒工人和辅助工人（维修、化验人员等）的比例关系。这两类工人虽然同属白酒生产一线工人，但分工不同。辅助工人配备过多或过少，都会影响劳动生产率的提高。

（4）加强定员管理，健全定员管理制度　定员方案经审批后，各车间不得随意增加或抽调白酒生产人员从事其他工作。车间要采取行政或经济手段，确保定员工作的成果。

在白酒行业中，由于各类人员的工作性质不同，对他们采取的定员方法也不相同。对于各车间酿酒班组的定员可采取岗位定员法，即根据工作岗位的多少和劳动量的大小来计算定员人数。对于车间非直接生产工人和服务人员，可按比例定员法定员，即按职工总数的一定比例来计算。对于生产管理人员和生产技术人员，可按照组织机构的多少、职责、范围和业务繁简程度来确定定员人数。

（三）酿酒班组的组织

酿酒班组是白酒生产的基层劳动组织。它是把分工不同的若干工人组织在一起来完成白酒生产的劳动组织形式。酿酒班组一般配备一名班组长，一名副组长，其他人员则根据各个企业的生产量、设备能力和劳动强度大小合理配备。酿酒班组的组织，要求在每个班组内，对每个工人进行明确分工，并由组长负责领导，保证全组工作相互协调，合理使用人力，确保生产任务完成。总之，酿酒班组的组成，既要按照国家劳动部的有关规定，又要达到节约人力，提高劳动生产率的目的。

（四）生产班次的安排与调整

由于白酒生产受自然气温的影响很大，故在不同季节劳动时间也不同。在一般情况下，白酒生产多实行两班制，有些规模较大的厂家为了能源负荷均匀，生产也分早、中、晚三班。而辅助车间则根据主车间的需求及平衡使用能源的要求，合理安排生产班次，从而达到充分利用设备、节约能源、降低消耗的目的。

对于实行多班制的白酒生产车间，各车间具体的倒班形式和倒班周期，要服从厂部生产调度部门的统一安排，同时还要注意下列问题：

（1）为了保证生产的稳定、高效，应当注意使各班人员的数量大致相等；在技术力量的搭配上，也要注意各班之间的相对平衡。

（2）要为各班生产准备充分的、同样的生产条件，特别是夜班生产，车间必须建立值班制。

（3）要建立严格的岗位责任制和交接班制度，加强各班之间的协作。

（4）要合理配备人员并组织工人轮休，按照国家《劳动法》中的有关规定，保证每个工人正常的休息时间。

（5）根据《国务院关于职工工作时间的规定》、劳动部《关于贯彻国务院关于职工工作时间的规定》等有关文件精神及白酒行业的生产特点，企业可以根据具体条件，本着职工收入、劳动生产率、经济效益"三不降低"的原则，制定落实国家工时制度。

三、白酒生产计划的编制

（一）白酒生产计划

白酒生产计划是指导各类白酒生产的重要依据，是协调各生产车间、各科室及辅助系统的重要手段。按时间来划分，可分为中长期生产计划、年度生产计划和生产作业计划三种。

白酒的中长期计划是白酒生产方面近期或长远的规划，它必须与企业的发展规划衔接一致，即坚持优质、低度、低消耗、多品种的发展方向。白酒的年度生产计划，也称生产大纲，它是白酒生产经营计划的主体，是企业全体员工在计划年度内要实现的生产目标。白酒生产作业计划是白酒生产计划的具体执行计划，它是将白酒生产计划分配到各单位、各环节，保证其相互协调，并对各个生产环节完成生产任务的情况进行监督与分析。

（二）白酒生产计划的编制

1. 白酒生产计划的编制内容

白酒生产计划编制的主要内容包括：产品质量计划，主要产品产量计划，各种原辅材料、能源、动力单位消耗定额计划，吨酒成本计划，生产维修及其他费用计划等。

白酒生产计划文件，除以上各种计划表及平衡计算外，还应有文件编制说明。其主要内容包括：计划年度预计完成情况，计划编制的指导思想、原则及主要依据，产量、产值增长幅度及分季安排的说明，实现计划的有利因素和不利因素分析，存在的问题及应采取的措施、意见等。

2. 编制白酒生产计划的要求

白酒生产计划是各企业实现经营目标的重要手段，是组织各类白酒生产活动有计划进行的主要依据。白酒生产计划编制是否科学合理，直接关系到本企业的经济效益和今后的发展。因此，为了确保企业的经济效益和白酒生产计划任务的顺利完成，白酒生产计划的编制必须注意如下几点要求：

（1）白酒生产计划的编制必须坚持局部服从全局，树立"全厂一盘棋"的思想。即车间的生产计划要服从全厂的生产计划，以确保全厂生产计划的完成。

（2）白酒生产计划的指标确定，要以提高企业经济效益为中心，在充分分析企业外部环境和内部条件的基础上，采用定量计算、定性分析的方法，寻求最满意的方案，确保生产任务和资金、成本、利润指标之间的平衡。

（3）白酒生产计划的编制应当建立在依靠群众、调查研究、综合平衡、正确决策的基础上，力求预测的目标符合未来的实际。同时，由于人们对企业内、外各种主客观因素和条件的认识范围和认识能力总有一定的局限性，因此，白酒生产计划的编制必须能灵活适应企业内外各种因素和条件的不断变化。

3. 编制白酒生产计划的各种资料与信息

白酒生产计划的编制过程，实质上也就是一个信息处理过程。因此，生产计划人员既要有科学的态度，还必须及时掌握各种可靠的信息和资料，从而使制订出的计划指标更加科学合理。

编制白酒生产计划所需的资料和信息，大致可分为以下 6 个方面：

（1）反映社会需求方面的信息，如上级下达的计划指标及有关文件、市场预测资料、企业签订的供货合同或协议等。

（2）本企业的经营目标和经营方针。

（3）有关白酒生产、税收、环境保护等方面的法律条款。

（4）反映社会可能提供的生产资源方面的信息，如物资供应、动力供应、运输仓储等。

（5）反映企业自身拥有的生产资源方面的信息，如生产能力、库存状况、技术力量，人员状况等。

（6）反映企业实际生产水平的有关信息，如上期计划完成情况、生产定额、物资消耗定额、外购资源的成本和价格等。

四、白酒生产控制与调度

（一）白酒生产的控制

白酒生产控制是白酒生产管理的一项重要职能，是实现白酒生产计划的重要手段。为了能进行有效的生产控制，各白酒厂家都必须制定生产控制的各种标准，通过检查分析获得偏差信息，并采取有效措施加以纠正，应把责任落实到人。白酒生产控制的内容包括产前控制和生产过程控制。

1. 白酒生产的产前控制

白酒生产的产前控制就是以白酒生产作业计划为依据，检查白酒生产前的各项准备工作。其目的是控制盲目投产造成管理上的混乱和浪费，其主要内容有：

（1）检查白酒生产所需的各种器材设备是否处于良好状态，各类工具是否配备齐全，

（2）检查劳动组织的配备和各类人员的出勤情况，并根据具体情况予以调整。

（3）检查原材料、辅助材料和动力的供应情况，特别要保证水、电、汽等重要能源的落实。

（4）要根据安全文明生产的要求，检查生产现场环境，预防生产中各类事故的发生。

2. 白酒生产过程控制

白酒生产过程控制是指投产以后对生产全过程的控制。它是生产控制的中心环节，是保证生产按计划完成，取得良好生产秩序和经济效益的重要手段。白酒生产过程控制包括白酒生产工序控制、质量控制和生产成本控制。

（1）白酒生产的工序控制　白酒生产工序控制就是对各工序的技术标准和岗位操作人员的控制。执行好各工序的技术标准是白酒生产稳定、高效的技术保证。在白酒生产过程中，我们应牢固树立"预防为主"的质量意识，采用"抓因素，促结果"的方法，把影响白酒生产的关键工序和主导因素严格控制起来，并设立工序控制点，如图 20-1 中的酿酒控制点、制曲控制点，使不合格品尽早消除在萌芽状态。

因此，白酒生产的各级领导都必须加强对白酒生产各工序控制点管理的认识，要挑选业务素质好、技术水平高、工作踏实、思想进步的人员坚守于这些岗位，以保证控制点技术标准的贯彻实施。另外，对各工序控制点所在的岗位操作人员，车间不得随意调换，并定期考核其业务水平的高低，对他们进行必要的业务培训，组织他们学习工艺技术文件、工艺操作规程，不断提高操作人员自身的业务水平。

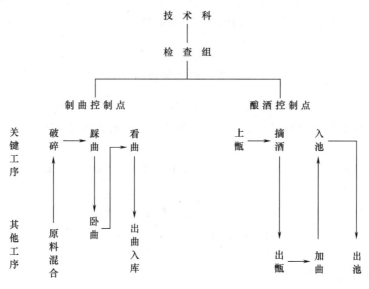

图 20 - 1　白酒生产各工序设置

　　白酒生产各工序控制点的管理，主要采取"自查"和"抽查"相结合的管理方法，建立"自查"为主，"抽查"为辅的管理体系。这就要求各车间要自觉加强自检、自查工作，并做到如下几点：

　　①各车间化验员、质管员要做到勤化验、勤检查，严格把关，防止不合格品进入下道工序，并认真做好记录，及时反馈到班组，不断促进操作人作业水平的提高。

　　②经检验不合格的产品，要及时通知班组停止生产，同时做好不合格品的隔离工作，做好明显标记，并及时分析原因，对属于人为因素造成的要及时汇报和处理。

　　③鉴于白酒生产的固有特点，对无法隔离的半成品，化验员或质管员要及时上报车间，由车间领导研究并采取一定的补救措施。

　　（2）白酒生产成本控制　生产成本是成本中用于生产的部分。它在总成本中所占的比重最大，对利润率水平有决定性的影响。生产成本发生在生产过程各阶段、各环节。因此，生产成本控制包括生产的全过程，即设计阶段的成本控制、计划编制阶段的成本控制、生产现场的成本控制、材料库、半成品库及成品库的成本控制。

　　白酒生产成本控制主要是指白酒生产现场的成本控制。即排除生产中各种"无效劳动"，提高设备利用率和生产效益，同时严格控制白酒生产现场原辅材料和水、电、汽等重要能源的消耗，依据既定的消耗定额和计划成本，制定相应的奖惩措施，增强广大干部职工的成本意识。

　　安徽亳州古井贡酒厂近几年在经济效益高速发展的同时，在生产成本控制方面，建立了"一级抓一级，一级管一级，一级对一级负责"的分级责任制，实施严格的业绩考核和奖惩制度，并把成本作为年终评比的一项指标。在车间内部，车间领导把降低消耗，降低生产成本作为首要任务来抓。精耕细作、精打细算，在实际工作中，从"精"上着眼，"细"上入手，"耕"和"作"上下工夫，"打"和"算"上做文章，成效显著。

　　四川某名优酒厂，根据市场经济规律，运用经济进行生产管理，奖惩分明，实行包定员、包产量、包成本、包质量、包出酒率等制度，与车间、班组签订承包合同。这种管理模式，收到了良好的效果。下面提供 20 世纪 90 年代该厂的承包合同式样。供学习参考。

制曲车间承包合同

为加强企业管理，提高经济效益，搞好制曲的生产、质量控制工作，按照国家、集体、个人三兼顾的原则，经甲、乙双方共同协商，特签订以下承包合同：

1. 包定员

1.1 车间制曲承包组定员：××人。其中，管理人员 1 人，粉碎原料×人，踩曲××人，查温 2 人。

1.2 按定员编制（除小麦粉碎、管理、查温人员外），每生产一窝曲（以 5.0t 计）按 32 个工日计发工资，包括踩、翻三次、折、背、堆曲工程在内。

1.3 粉碎小麦工程定额，每个工日粉碎小麦 750kg，必须达到粉碎质量要求，如达不到要求，每次罚款 10 元，三次取消全组年终一个月奖励。粉碎小麦、红粮属计件工资，取消月一切奖金。

2. 包产量

酿酒车间年计划投粮××××t，计划出酒率 40%，用曲量为 25%（对粮），即需曲量为××××t，出曲率以 80% 计，实际应产曲××××t。

本批制曲生产时间从　年　月　日起至　年　月　日止。

3. 包成本

表1　　　　　　　　　　　　　　　制曲成本组成

品　名	耗量/t	单价/元	单位成本/元	备　注
小　麦	1.25	1400.00	1750.00	
谷草	0.02	200.00	4.00	
电费（度）	17	0.33	6.46	包括粉碎小麦、成曲在内
低质材料			1.50	
工资及附加			56.30	不包括粉碎成曲工人工资
退休保险金			4.16	不包括企业管理费
合计			1822.52	

注：单价为可变价，故成本也可变，只供参考。

4. 包质量

一等曲占总产量的 20%；二等曲占总产量的 60%；三等曲占总产量的 20%；消灭等外曲。

5. 大曲质量检查验收标准

感官要求和理化指标可根据名优酒厂数据结合本厂实际进行制定。

6. 大曲质量检查验收制度

曲药培菌入库时，必须经厂领导、酿酒车间主任、制曲车间主任、生技科（部）和制曲查温员、制曲班组长共同评定等级，由制曲班组长先打分，查温员、制曲车间主任、酿酒车间主任、厂领导依次打分，方能入库，并在验收记录表上签字，作为当月造发工资和质量奖惩的依据。如未经检查验收入库的曲药，一律按三等曲、等外曲对待，进行奖惩。

7. 奖惩原则

7.1 按一等曲计划检查，每超产 1kg 一等曲奖 0.30 元，每少产 1kg 一等曲惩 0.30 元。

7.2 检查验收一等曲计划完成，二等曲计划未完成，三等曲超过计划规定，多产 1kg 三等曲罚人民币 0.30 元。

7.3 质量奖以管理曲房单窝计算，按比例分配，对奖对惩。即制曲车间主任 1 人占 10%，查温 2 人各占 5%，班组长 1 人占 20%，其余 60% 由组员分摊。质量奖厂部要有明确标准。

7.4 制曲工艺标准要按本厂《制曲工艺操作技术》要求操作。

7.5 出曲率为 80%，力争达到 85%，成本累计亏损不能享受年终奖。

7.6 承包全年不发生大小事故，如发生事故按厂历年安全的有关规定进行处罚。

7.7 承包全年不发生超计划生育，如违反者，按国家和省规定进行处罚。

7.8 工资福利、劳动管理、操作规程、社会治安按厂历年的有关规定执行。

7.9 劳动纪律、规章制度按国家和厂历年下发的文件执行。

7.10 本合同一式 × 份，甲方：厂长、生产副厂长、供销副厂长、财务、生产技术等部门各一份，乙方两份。

酿酒车间经济责任制承包合同

为了进一步加强管理，提高经济效益，降低成本，提高产品质量，坚持按劳分配原则，经甲、乙双方共同协商，特签订以下经济责任制承包合同：

1. 包定员

酿酒车间定员 ×× 人，分 × 个承包组生产，其中管理 1 人，核算 1 人，检修 1 人，电工 1 人（负责全厂用电管理检查），× 个承包组定员 ×× 人，其中每个承包组定员 ××人，清窖 2 人，换轮休 3 人，月终除 3 人轮休外，按 ×× 人造发计时工资。

2. 包产量

全车间共有窖池 ××× 个，发酵期按 60d 算，计划全年投粮 ×××× t，出酒率按 ××%（可定为 35% ~40%，根据厂实际制定）计算奖惩，全年生产原酒（60 度计）××× t。

3. 包出酒率

出酒率全年平均按 ××% 检查考核。

4. 包质量

4.1 生产的酒分为四个等级，一等酒为调味酒，二等酒为优级酒，三等酒为合格酒，四等酒为次等酒，各等级酒必须符合厂规定的感官、理化指标。

4.2 一等酒要求占总产量的5%～10%（根据厂实际制定，下同），二等酒占30%以上，三等酒在50%以下，四等酒不能超过10%。入库酒度应在62度以上，不合格酒作回窖发酵处理，不能入库。

5. 包成本

每吨酒按40%出酒率计算成本（各厂不一致，仅供参考），如超过计划成本，罚扣超产奖来弥补亏损后再计算超产奖的分配。

表1　　　　　　　　　　　40%出酒率计划成本表

项　目	单　位	耗　量	单价/元	金额/元	备　注
红粮（或多粮）	t	2.5	1700.00（或3000.00）	4250.00	
曲　药	t	0.625	2100.00	1312.5	
糠　壳	t	0.3	200.00	60.00	
煤　炭	t	2.2	150.00	330.00	
电	kW·h	100	0.70	70.00	
低质材料	元			30.00	
工资及附加	元			1200.00	
养老金	元			254.80	
管理费	元			1500.00	
折旧费	元			1750.00	
资金利息	元			2000.00	
合　计	元			12757.3	

注：原辅材料价格按现行价格计算。

6. 奖惩原则

6.1 超产奖：出酒率按40%计，每提高1%奖励××元，少产1%照超产惩罚。

6.2 质量奖：一等酒按规定多产1kg，奖××元，二等酒按规定多产1kg，奖××元，少产1kg，对应惩罚；三等酒多产1kg，罚××元，四等酒超出10%，每kg罚××元。

6.3 烤酒用煤（或蒸汽），每节约1kg煤奖0.0×元，每超耗1kg煤惩0.0×元或多用1m³蒸汽惩××元，少用1m³蒸汽奖××元。

6.4 车间管理人员、勤杂人员的奖金和承包组挂钩，纳入承包组超产奖分配，厂不另发计时奖，当月酒承包组有奖，车间管理人员、勤杂人员同样有奖，车间主任的奖金按每个承包组组长的奖金计发，同时还要根据贡献大小来评定，如当月承包组受惩，车间管理人员、勤杂人员也同样受惩，也可根据贡献大小来决定，包括年终奖、费用在内，除按当月酒考核外，也要以全年平均出酒率和质量平衡进行计算奖惩。车间其他人员的奖金，由车间和承包组共同评出奖金的总和，视贡献大小、工作态度由车间统一掌握造表发放。

6.5 承包组当月有超产奖和质量奖，按奖金总额扣除全体人员各××元外，超出部分可提10%作车间主任、承包组长、副组长的奖励，提取的金额车间主任占30%，承包组长占30%，副组长两人各占20%。剩余部分全体人员再分配。若当月承包组受惩，也按上述比例惩罚。若上月未罚，下月有奖时予以扣除后再奖励。

6.6 必须做到产、质并举，如当月承包组发生亏损，一律不给奖励。不享受职务工资。若当月有超产奖，出现成本高、亏损，先扣除亏损金额再做超产奖的分配，如扣除后仍然出现亏损的，不享受年终奖、费用。同时按亏损金额惩罚承包组，亏损的每月也要按全年总生产量计算。

6.7 若全年生产结束，出酒率和质量超过本厂历史最高水平，厂部专门奖励有功人员。

6.8 乙方造发工资。必须在当月×日前将产量报表，奖、惩计算表，工程计算表，考勤记录表，成本核算表报厂审查，考盈、亏后再造工资表，每月×日前将工资表造好后经厂审查后，再发放乙方的定员工资，做到奖、惩都硬。

6.9 其他法律、法规、厂规按有关规定执行。

（二）白酒生产调度工作

白酒生产受到诸多主客观因素的影响，如计划调整、设备故障、临时停电、工人缺勤等。这些问题和矛盾在计划时不可能完全预计到。白酒生产调度工作就是以白酒生产作业计划为依据，全面掌握和了解白酒生产的进程，组织和动员有关各方面的力量为生产服务。并根据实际情况灵活地组织日常生产，及时处理生产中出现的各种问题，以保证生产任务的完成。

由于白酒行业的生产调度内容多、范围广、责任重大，故为不断加强和改进白酒生产调度工作，各企业应采取如下措施。

1. 建立和健全生产调度系统

为了加强白酒生产的集中统一指挥，各企业应遵循统一领导、分级管理的原则，在厂长的领导下，建立健全生产调度系统。同时，配备政治思想好、熟悉业务、作风正派、有组织能力的专业人员，并赋予其必要的权力，建立健全以岗位责任制为中心的各项规章制度，组成一个上下贯穿、左右结合、各司其职的生产调度系统。

白酒行业的生产调度机构设置，要根据各企业的具体情况而定。一般来说，应设厂部、车间、班组三级调度（中小型企业可设置厂部、车间两级调度）。厂部总调度室负责全厂白酒生产的调度工作，解决车间之间的协调配合，处理全厂生产中的重大问题。在轮班生产情况下，每班应设值班调度员，负责每班的生产调度工作。车间、班组调度是在厂部统一调度下，在不影响全厂计划完成的前提下，灵活处理和解决本单位的具体问题，保证生产计划的实施。

2. 建立和健全生产调度工作制度

（1）调度值班制度 为保证生产正常进行，厂部和车间都应建立调度值班制度，调度员在值班期间要随时检查车间、班组的生产情况，及时处理生产中发生的问题，并做好详细的记录，以便研究和进一步处理。

（2）调度报告制度　为使各级调度人员和生产领导人员及时掌握生产情况，各级调度机构都要建立报告制度，逐级报告，每月汇总，并报给厂长、总工程师等企业领导。除定期报告外，调度人员还应及时向上级做口头请示报告，以正确贯彻领导意图，做好调度工作。

（3）生产调度会议制度　调度会议是进行调度工作的一项重要方法，是调度工作发扬民主、实现集中领导、统一指挥的好形式。通过调度会议，可以广泛听取各方面的意见，了解存在的问题，检查、协调生产，针对生产中的薄弱环节，制定有效的措施加以解决。

（4）现场调度制度　现场调度制度就是到生产现场去讨论和解决问题，一般性的协调问题，可由调度员在现场处理，生产中亟需解决的重大问题，应由领导、技术人员、调度人员和工人在现场共同研究解决。

（5）班前、班后会议制度　开好班前、班后会是班组进行生产调度工作的一个重要方法。班前会主要是布置本班应完成的生产任务和注意事项；班后会主要是检查生产完成情况，总结本班的经验和教训，表扬先进，进一步激发职工的生产积极性。

（三）白酒生产作业统计工作

白酒生产作业统计工作，主要是对白酒生产原始资料进行收集、整理和科学分析，从而肯定成绩，找出问题，探索规律，总结经验。它的内容包括生产方面、经济方面、技术方面等。

1. 白酒生产原始记录

白酒生产原始记录是白酒生产活动的最初记载和客观反映，是未经加工整理的第一手材料。它包括白酒生产过程中各工序的操作情况，生产任务的完成情况及能源、原辅材料消耗等各方面的内容。它的内容设置必须适应白酒行业的生产特点，同时要与各企业的管理制度相结合，如表20-1所示。

表 20-1　　　　　　　　　　白酒生产原始记录

组别　　　　　　　　　　　　　　　　　　　　　　　　　　　　　池号：

母醅＼项目	投料	用糠	上甑	流酒	糊化	加曲	入窖	产量、质量	窖的情况及处理措施
1									
2									
3									
能耗情况	耗水量/t			耗电量/（kW·h）			耗汽量/t		

白酒生产原始记录是白酒生产管理中一项极为重要的基础工作，是收集白酒生产技术资料的主要来源，是建立统计台账进行科学分析的依据，它的重要作用表现为：

（1）白酒生产要实行科学管理就要通过计划工作和各种制度将白酒生产的各个环节科学地组织起来。这就要求各车间应及时掌握生产情况，制定、调整、检查各项定额和计划，以指挥生产，采取各种有效措施解决发生的问题。所有这些都离不开生产原始记录，只有具备一整套健全的原始记录，才能全面系统地反映白酒生产的具体情况，为实现科学化管理奠定基础。

（2）白酒生产原始记录是各种经济核算共同的资料来源，为统计工作提供了第一手资料，是取得基本统计资料和编制统计报表、进行经济核算的依据。

（3）白酒生产原始记录反映了各班组各项定额任务完成的情况，是评定和核算职工奖金的重要依据；同时又为各种奖惩制度的执行提供依据。

2. 白酒生产统计台账

白酒生产统计台账就是对班组生产原始记录进行整理和汇总，反映整个车间的生产情况，以满足白酒生产管理工作和各项核算工作的需要。它的内容主要包括：白酒生产定额完成情况、质量完成情况、能源节约情况等。

白酒生产统计台账按其内容繁简不同，可以分为综合性台账和专业性台账两大类。

综合性生产作业统计台账是将各项有关指标按时间顺序综合登记在一个表册上。这种台账可以从各项指标的联系及其发展变化中进行综合分析，发现问题，探索规律，及时满足生产指挥和指导生产的需要。专业性统计台账是把某一项指标按照时间顺序系统地登记在一个表册上，便于对白酒生产的某项生产、技术活动情况进行具体深入的分析，研究其发展变化的过程和原因。例如白酒产量、质量统计台账、能源消耗统计台账等，如表 20 - 2、表 20 - 3 所示。

表 20 - 2　　　　　　　　白酒产量、质量统计台账　　　　　　　　年　月　日

项目 组别	当日完成产量/t			累计完成产量/t			名酒率/%
	计划	完成	正与负	计划	完成	正与负	

表 20 - 3　　　　　　　　　　能源消耗统计台账　　　　　　　　　　年　月

项目 组别	吨酒耗水量/t			吨酒耗电量/（kW·h）			吨酒耗汽量/t		
	计划	实耗	正与负	计划	实耗	正与负	计划	实耗	正与负

另外，白酒生产作业统计台账的管理要注意下列几点。

（1）建立白酒生产作业台账要目的明确，每种台账的指标范围、资料分组、计算方

法、登记制度等根据不同的目的，要有不同的要求。

（2）建立白酒生产作业统计台账必须符合统计方法、制度的要求和企业管理的需要，表式和栏次要严密、简明清晰、科学合理，各项指标要相互衔接、可比。

（3）把白酒生产原始记录汇录到台账中去时，要仔细审核，填写时要注意数据的同质性。记录台账要及时、完整，以便及时汇总和分析。

（4）建立白酒生产作业统计台账要明确规定保管、使用和交接责任制。

3. 白酒生产统计报表的管理及统计分析

（1）白酒生产统计报表的管理　白酒生产统计报表必须由生产计划部门统一管理。生产计划部门要根据全厂管理工作和各种核算的需要，统一制定厂内定期计划报表，规定各种生产统计报表的实施范围、报表格式、指标计算方法和程度，经领导批准后执行。白酒生产统计报表的种类和各类报表的指标、项目，都要在满足需要的前提下，力求精简。指标内容和计算方法必须统一，相互衔接，并符合国家和上级主管部门的规定。同时，为避免资料供应的重复和混乱，各企业都必须建立科学的报送关系。车间职能人员只向企业主管职能部门报送资料，各职能部门之间采取分工合作的方法，相互提供所需资料。

另外，白酒生产统计报表必须确保数据的准确性，车间报送的数据必须经过认真审查，企业公布和使用的基本统计数字，要以统计部门的数字为准，对外提供的统计数字要经有关领导批准。

（2）白酒生产作业统计分析　白酒生产作业统计的目的，不仅是为了获得一些数据，掌握一下生产情况，更重要的是要根据已经经过科学整理后的数据，分析检查白酒生产作业计划的完成情况，找出完成计划好坏的根本原因，总结其中的经验和教训，及时改进有关方面的工作。

白酒生产作业统计分析就是运用数据、报表、图表等形式对白酒生产的计划完成情况进行定量分析，从而得出定性结果。白酒生产作业统计分析主要内容包括：产量分析、产品质量分析、白酒生产均衡性分析、能源消耗情况分析等。

①产量和质量分析：白酒的产量和质量是衡量白酒生产好坏的重要指标，也是核算各单位生产效益的重要依据。白酒产量分析主要通过计算实际产量占计划产量的完成率来表示；白酒的质量分析则是对优质酒率及质量级别的综合分析。

②白酒生产均衡性分析：即在白酒产量和质量分析的基础上，通过车间与车间、班组与班组之间的比较，找出先进与落后之间的差距，并结合当时的生产实际情况和各种生产原始记录，具体分析存在这些差距的关键因素，从而在今后的工作中，吸取经验和教训，彻底消除差班组，逐步实现白酒生产的高标准平衡。

③能源消耗情况分析：白酒生产离不开水、电、汽等重要能源，它们的消耗直接影响到白酒的生产成本。因此，各企业都必须根据自身的条件和实际情况，制定水、电、汽等的消耗定额，并制定相应的制度严格管理，在不影响白酒生产的前提下尽可能节约。能源消耗情况分析就是根据各企业制定的各种定额，结合各单位实际消耗的情况，综合分析各单位节约能源的情况及节超原因，为落实各项奖惩措施提供准确的数据材料。

五、白酒生产现场管理

现场管理是企业内部管理水平的综合表现，是一个企业整体素质的集中体现，是一种现代化的企业管理方法，它是企业的晴雨表。

（一）白酒生产现场管理的内容

白酒生产现场管理，就是按照白酒生产过程组织的要求，根据各企业的具体条件，运用科学的管理制度、标准和方法，对投入生产过程的各生产要素，进行有效地组织和控制，以求优质、高效、低耗、安全地生产。

白酒生产现场管理是企业管理的重要组成部分，是各项基础管理和专业管理的综合反映。它的具体内容包括以下几个方面：

（1）现场人员管理　即对白酒生产现场的管理者和操作者的管理，包括劳动组织管理、责任考核、岗位培训、现场管理教育、思想政治工作等。

（2）白酒生产现场物资管理　包括白酒生产的原辅材料、能源、工具等的管理。

（3）白酒生产现场设备管理　包括设备的运行状态管理、检修与保养。

（4）白酒生产现场环境管理　包括车间生产布局的管理、人和物流渠道的管理、文明生产和卫生清洁等管理。

（5）白酒生产现场生产管理　包括白酒生产组织和调度工艺执行、质量控制等管理。

（二）白酒生产现场定置管理

白酒生产现场定置管理是根据白酒生产的实际需要，把人、物、场所作为一个系统对象来研究，从优化物流、信息流系统出发，对白酒生产现场进行科学整顿的一种科学管理方法。

白酒生产现场定置管理作为生产现场管理的一个重要组成部分，其主要任务是研究作为生产过程中主要要素的人、物、场所三者的相互关系，它是通过调整白酒生产现场的物品定置、定位，处理好人与物、人与场所、物与场所的关系，把生产现场所需要的物品放在规定的位置。这种规定的位置要科学合理，从而实现白酒生产现场的秩序化、文明化，降低生产成本，提高工作效率。

近几年，许多白酒厂家以规范现场管理标志、标牌、优化信息流为突破口，加强生产现场物品的定置、定位工作，理顺了生产现场物流，推动了生产现场管理总体水平的提高。

标志、标牌是一种信息媒介，对生产现场工作人员来说，它是规范其现场行为的参照物，起到信息传递和引导作用。其有效程度如何，将直接影响生产现场的人流、物流，也直接反映了一个企业的管理水平和形象。根据其作用不同，这些信息媒介可分为以下三种形式：

（1）以平面配置图或定置图的方式，形象地指示物的存放场所或区域位置，表明"该处在哪里"。

（2）在生产现场设置各种标准信息标志、标牌，来表示各种物品的存放位置，表明"这儿就是该处"。

（3）是表示某一物品的信息标志，表明"此物就是该物"。如在各盛酒容器上标明容器中白酒的品种等。

另外，一些企业通过对生产现场定置管理工作的经验总结，又赋予定置管理两个新的概念：一是对被列为样板的单位，由厂部组织人员对其进行研究定置，根据场所、设备、工艺流程的科学测算，计算出一些数据，提出对人、原辅材料、半成品及设备的具体要求，使定置管理更完善，样板单位更具先进性。二是其他单位在通过向样板单位学习提高的基础上，学习推广定置管理的先进经验。这样既避免了工作安排上的"一刀切"做法，又根据不同的水平，提出不同的要求，并保持一定的先锋效应，使全厂各个层次都能不断提高，达到不断优化的目的。

（三）白酒生产现场管理的诊断程序

白酒生产现场管理诊断，就是根据各个企业的具体要求，由专（兼）职人员深入生产现场，运用科学的方法，对白酒生产管理状况达到管理标准的程度进行调查分析、综合评价，找出白酒生产管理上存在的主要问题及其原因，为解决这些问题，找出切实可行的改进方案，并对改善方案的实施进行具体的指导，以改善白酒生产管理，提高生产管理的水平。

白酒生产现场管理诊断，按诊断主体不同，可分为企业自己诊断和外来诊断组诊断两种。下面主要介绍企业内部诊断的一般程序：

（1）建立白酒生产现场管理目标　白酒生产现场管理的首要任务是对白酒生产现场进行设计，即结合白酒生产特点和企业的要求，明确白酒生产现场要达到的现实性目标。如定置目标、安全目标、质量目标、环境目标等，从而形成白酒生产现场目标体系。

（2）白酒生产现场调查分析　按照白酒生产现场目标规定，制定调查计划，设立调查表格，有针对性地、全面深入地对白酒生产现场的工艺路线、设备布局、物流运转、人员组织、安全环保、作业环境等内容，进行实地、详尽地调查，经充分讨论和整理，找出当前白酒生产现场中存在的问题和导致这些问题的根本原因。

（3）提出改善方案，制定改进措施　针对白酒生产现场的现有生产空间和存在的问题，运用图示模型、运算模型等各种布局和运行方法，提出改善方案，并制定一整套相应的控制、检查、考评措施（行政、经济措施），以保证改善方案的贯彻实施。

（4）实施检查与指导　首先，要对企业有关人员（特别是管理人员）进行白酒生产现场管理知识培训，提高他们的现场管理意识。并组建白酒生产现场管理检查小组，定期检查各单位的改进情况，形成书面材料，通报各有关单位，按既定的措施奖励先进，鞭策后进。

（5）巩固成果，不断提高　企业对实际运行的白酒生产现场要进行标准化，并达到制度化的效果。即应用工艺流程规定生产作业方式，用生产操作规程规定物流的方向和速度，用规章制度规定人的行为，用信息沟通控制白酒生产活动状态，使白酒生产现场管理日趋规范化、标准化，并逐步形成白酒生产现场系列标准。

但是，白酒生产现场管理诊断，决不是一劳永逸的工作，它是"发现问题—分析、解决问题—再发现问题"，这样一个不断循环往复的过程，它必须经多次不断地诊断和改善，才能使企业不断地向前发展。

（四）加强白酒生产现场管理的方法和措施

现场管理是一项新型的现代化管理方式，由于在我国推行的时间尚短，这方面的资料至今还较少。因而其管理思想和工作方法还未得到普及，广大职工还缺乏现场管理的理性认识。安徽亳州古井贡酒厂近几年现场管理工作成效显著，1994年曾获全国轻工业企业管理现代化成果一等奖。该厂领导通过采用"两手抓"的方针，即一手抓市场，一手抓现场，用市场的发展促进企业内部管理，用现场管理保证市场需要，取得了一定的宝贵经验。下面主要介绍该厂现场管理方面的具体做法和一些实践经验，仅供参考。

1. 强化现场意识，建立组织保证

加强宣传教育，增强广大干部、职工的现场管理意识，是做好现场管理工作的先导。各部门领导非常重视现场管理的宣传工作，始终把提高职工素质当成一项长期的战略任务抓紧抓好。并利用各种会议向职工广泛宣传现场管理的思想、方法和意义，使职工自觉用现场管理的思想来规范自身的行为。各单位宣传人员还利用各种信息传播媒介，广泛宣传开展现场管理给职工精神面貌带来的新变化，给单位带来的新成效，大力宣传现场管理工作的成绩及涌现的先进典型，为全厂各现场创造一个良好的工作氛围。厂部经常采取闭卷考试或开展知识竞赛等方式，向职工进行宣传普及，力求早日将这种理论推广，实现提高职工素质的最终目的。

建立现场管理网络是实施现场管理工作的组织保证。厂部成立了现场管理领导小组，设立现场管理办公室为专职工作机构，各部门、各单位成立兼职工作小组，由各部门、各单位一把手任组长，并对本单位全面负责。该厂还制订了现场管理工作范围，颁发了实施细则，建立了管理制度，设立现场管理奖励，实行百分制。每月定期或不定期进行检查，及时兑现，奖优罚劣，奖勤罚懒，使全厂现场管理处在一定的法制范围内。

2. 建立管理标准，注重管理效果

科学严管的管理理念，是企业管理的灵魂。在"向生产要质量，向管理要效益"的基础上，该厂又提出"严管出人才，严管出效益"的口号，推出了"十四字现场管理标准"，扩大了严管的内容，提高了严管的标准。

十四字现场管理标准是："一严、二细、三洁、四无、五不准、六统一"。

一严：严格执行厂规厂纪（劳动纪律、工艺纪律、操作规程……）；

二细：定置细、操作细；

三洁：环境清洁、设备清洁、器具清洁；

四无：原料无变质、设备无故障、安全无事故、卫生无死角；

五不准：班前喝酒不准上班，上班期间不准会客，室内不准吸烟，不准任意更改生产工艺，不准出现跑、冒、洒、漏和长明灯、长流水现象；

六统一：统一布局、统一规程、统一色标、统一标牌、统一纪律、统一理念。

抓现场、练内功、保市场、增效益是古井贡酒厂领导们的重大决策。为了保证这一决策的贯彻实施，该厂努力建立有效的委派系统，充分发挥人的积极性和创造性，管理上只注重效果而不拘泥于形式，使现场管理形成了自己的特色。红黄旗的运用就是其中一例。一些分厂、车间根据厂部制订的标准、细则，主动细化自己的实施细则，创造性地打出红黄两面旗帜。红旗代表现场管理好的班组，黄旗则表示这个班组最差。车间每周检评两次，给好的班组插上红旗，奖金上浮 0.5％；连续 3 次得红旗，奖金就倍增；对差的班组插上黄旗以示警告，奖金下浮 0.5％，连续 3 次，撤销该班组长职务，同时取消一定的待遇。此举大大调动了职工的积极性，增强了责任心和荣誉感，班组落后面貌得到改善，车间出现了你争我赶，争当先进的喜人局面。

3. 实施色标管理，完善定置标准

为了规范现场管理，方便目视管理，促进各现场人流、物流，该厂对原有不规范的标志、标牌进行修补和规范，使生产现场实现图、物、场所、标牌一体化的定置要求，推动全厂定置管理工作朝着标准化、科学化的方向迈进。定置管理所需标记、标牌的色彩标准规定如下：半成品、成品合格区用绿色标牌；半成品、成品交检区用蓝色标牌；待处理品存放区用黄色标牌；返修品存放区用红色标牌；废品区用白色标牌。用一句话表示即为：绿色通，红色停，黄色等，蓝色待检，白色不用。

4. 实行动态管理，促进管理到位

管理是生产力，科学的管理到位，就是把解决生产力具体到各个现场上。亳州古井贡酒厂在狠抓"十四字管理标准"的同时，重点加强操作规范化、责任具体化、管理制度化，使各项工作具体到岗，落实到人，同时加大现场管理检查力度，增强了各单位的危机意识，提高各现场的受控能力。该厂专门成立了两大现场管理检查组，每月不定期对各现场普遍检查和跟踪检查，使现场管理面上的水平有了保障。现场管理办公室还随机抽查各现场，重点突出个别重点、难点问题，实行重点突破。如帮助落后单位解决疑难问题，帮助先进单位总结经验，并将其经验向全厂推荐等，从而达到点上的深化。

另外，该厂还建立了灵敏的现场信息反馈系统，采用边检查边发行《现场管理简报》的方法，及时将检查发现的问题，快速地反馈给各单位，促进了问题及时整改，提高了工作效率。

5. 搞好两个结合，实现整体优化

切实做好现场管理同基础管理结合，做好现场管理同专业管理结合，实现企业管理的整体优化。搞好两个结合，是该厂现场管理工作中的一项重要工作。在此之前，他们在努力推进三项管理方面做了大量工作，各项管理都相继建立了标准和考核细则，并以现场管理为突破口，努力推动三项管理互融一体，形成综合管理优势。具体做法是：以《古井贡酒厂现场管理标准》为依据，把生产管理、工艺管理、标准、质量、设备、能源、计量、安全、档案、劳动人事、仓库、财务、精神文明建设、职工生活、计划生育的管理汇集于现场管理之中。通过开展现场管理检查，促进专业管理和基础管理的各项工作真正落到实处，从而理顺各种管理的关系，增强了企业的竞争能力。

六、白酒生产过程的安全管理

随着白酒生产的不断发展，生产规模的日益扩大，现代化程度的不断提高，安全生产已日益成为生产管理中的重点工作。现将某名酒厂的经验介绍如下，供参考。

（一）白酒生产过程中的主要危害及安全防护措施

在以淀粉为原料，发酵法白酒生产酿造过程中，原料要经过破碎、拌料蒸煮、糖化、酒母发酵和蒸馏等多道工序，要经过许多物理变化和复杂的生物化学变化。既有复杂的工艺设备，机械装置，蒸汽动力装置和电气设施，又有许多有害人体健康的粉尘等。甚至有些工序是易燃、易爆场所，发酵过程中产生大量的有腐蚀性的水汽等，会不同程度地损害工人的安全和健康，损害国家的财产安全。

1. 机械粉碎造成的粉尘危害和防护措施

在原料加工、机械粉碎过程中，会产生较长时间悬浮于空气中的固体颗粒（粉尘），操作者如长期吸入就会使肺组织发生纤维性病变，硬化，导致尘肺，这是一种严重的职业病，并将会严重影响职工的健康和生命，极大地破坏生产力。另外，淀粉粉尘在一定的浓度下，在外界高温、摩擦、振动、碰撞及放电火花作用下，还会引起爆炸。因此，在原料

加工破碎过程中，粉尘应作为一大危害予以重视。应采取如下防护措施：

（1）改革工艺　通过改革工艺操作方法，使原料加工破碎实现机械化和自动化，消除尘源和减少粉尘飞扬。

（2）湿式作业　在生产工艺允许的条件下，在车间内适当喷雾洒水，增大作业场所的空气湿度，也可以有效地降低粉尘飞扬。

（3）密闭尘源　当生产工艺不允许采用湿式作业时，须对尘源采取密闭措施，防止粉尘飞逸，使操作者与粉尘脱离接触。

（4）通风除尘　采用与密闭措施相适应的局部通风除尘设备，集中收集尘杂，单独处理。

（5）操作者加强个人防护　操作者应采取适当的劳动保护用品（如口罩），尽可能减少职业性危害。

（6）为防止静电火花引起的爆炸，要限制和减少粉尘输送速度，增加湿度，输送管道要平滑，减少积尘，并定期清理集尘箱（袋）。

（7）粉碎设备检修时要严控动火，清理粉尘，防止粉尘爆炸事故的发生。

（8）定期检测粉尘的浓度，对操作者进行定期体检，防止职业病的发生，保护操作者的身体健康。

2. 电气设施造成的危害及防护措施

白酒生产制造过程中，要接触到大量的水汽及其他腐蚀性物质，作业环境潮湿，电气设备和电源线等易出现老化破裂现象，常常造成电气伤害、伤亡及起火爆炸事故，应采取如下防护措施：

（1）应加强对生产过程中电气设备的接地、接零保护，并进行定期检测，确保接地良好。从安全技术上减少和杜绝伤害、伤亡事故的发生。

（2）加强对坑、台、高空作业岗位人员的管理工作，严格按照有坑必有盖，有台必有栏的原则，完善坑、台等的安全防护，对高空作业（2m 或 2m 以上高空作业）岗位要设置必要的安全防护栏，以防止高空作业时，人、物坠落造成的伤害和伤亡事故。

（3）所用的电气设施（电器设备及电线），其绝缘性要绝对可靠，电器设备和作业场所要保持干燥，通风要良好。禁火区所用的电器设备要采取防爆型，电气线路要外穿铁管或用铠装电缆，架设要牢固、整齐，不得随意拖拉。车间照明要良好，工作行灯要采用安全电压。

（4）加强动火审批制度。严禁在烟火禁区域内动火施工等，确因工作需要动火的，要严格执行审批制度，并加强动火点监护，采取必要的防护措施，防止火灾和爆炸事故的发生。

（5）起重设备和行车要严格操作规程，操作人员要经过培训，持证上岗，并定期检查和复训，确保设备的正常运行。

3. 白酒生产过程中的消防管理

白酒生产过程中，原材料、辅助材料、半成品、成品、包装材料均是易燃易爆物品。同时，各种材料的种类多、数量大、存放分散、危险性高，因此，消防管理工作难度大，尤其白酒贮存库，更是白酒生产过程中消防安全工作的重点和难点。应采取如下防护措施：

（1）有条件的要设专职的消防机构，配备必要的专职消防人员和消防设施，也可以成立厂义务消防队，并定期进行模拟演练，确保在出现情况时忙而不乱，能迅速形成战斗力。

（2）重大消防重点部位（如白酒库和原辅材料库）要重点做好消防工作，特别是库房的周围道路要畅通无阻，不得堆放其他物品和停放车辆。否则出现火情时，消防人员及消防车辆无法靠近火灾现场，贻误战机。

（3）出现火情时要立即切断电源，关闭一切汽管、酒管和油管，再视火情采取不同的灭火措施。不论什么情况，都要坚持先控制、后灭火的原则，将火情控制在一定范围内进行灭火。对于较大和较为严重的火情，要立即向当地消防部门报警，请求灭火。

酒厂的消防设施和管理应按国家相关规定执行。

4. 其他方面的危害及防护技术措施

（1）对所有设备和管道包扎好保温隔热层，减少能量消耗，改善工作条件，不需包扎保温材料的设备，管路走向位置要合理。并有防护措施，以防烫伤操作者。

（2）加强厂内各种机动车辆的管理工作，车辆驾驶员要持证上岗。厂区道路要挂出限速标志和停车标牌，防止厂区内道路交通事故的发生。

（3）要逐步改善白酒生产条件，加强生产管理和设备管理工作，消除跑、冒、滴、漏现象的发生，使生产向机械化、自动化发展，为作业人员创造良好的工作环境。

（4）白酒包装要由手工灌装逐步向机械化发展。作业人员必须加强个人防护，戴好护目镜和有关护具，要及时清理破碎的玻璃碎片，经常冲洗作业场所，保持作业现场的整洁。

（5）化验人员和培菌人员，要严格按照操作规程操作，正确使用各种仪器和药品，加强作业场所的通风，严禁违章作业。

（二）白酒生产过程中事故的处理

白酒生产过程中，劳动力密集，工作环境潮湿，电气设备使用的频率高。严格的安全管理措施和完善的安全管理制度，只能相对地、有限度地减少伤亡事故及其设备、电器事故的发生。然而事故的发生有其必然性，发生了事故就要采取有效的处理措施。

（1）生产过程中的事故调查和处理原则　在劳动生产过程中发生了事故，就要进行调查分析，目的是掌握情况，查明原因，分清责任，拟定改革措施，防止事故的重复发生。事故的调查分析与处理要切实做到"三不放过"，即事故原因分析不清不放过，事故责任者和周围群众不受到教育不放过，没有采取有效的防范措施不放过。同时在事故调查处理中应建立坚强的领导，坚持实事求是的原则，具备科学的行动方案和手段。

（2）事故发生后　要认真从事故中吸取教训，防止同类事故的重复发生，同时要坚决杜绝"三违"（违章作业、违章指挥、违反劳动纪律）现象。要严格各项规章制度的执行，强化"危险作业审批手续"，对查出的事故隐患要限期整改，并确保整改质量。

（3）生产过程中的各类事故的应急处理　应急处理措施一般有以下几个方面：

①事故发生后应该首先救护受伤害者。

②采取措施制止事故的蔓延扩大，防止二次灾害。

③设立警戒线，迅速撤离所有无关人员，并禁止入内，在可燃气体、液体泄漏挥发场所，还要断绝通道。

④认真保护事故现场，保护与事故有关的物体、痕迹、状态等不被破坏，以利于事故的及时调查处理。

⑤按事故的性质和程度，及时向有关方面报告。

随着我国国民经济的发展和技术进步，白酒生产已由过去的手工生产，逐步转向机械化和电气化生产，先进的科学生产工艺和科学管理方法将会代替传统的生产和管理，安全管理工作也会随之同步发展。只有不断地改进和加强安全管理工作，才能促进白酒工业的发展，改善白酒生产的发展环境。

第二节　白酒生产工艺管理

一、白酒生产工艺的制定

（一）有关白酒生产工艺的概念

1. 白酒生产工艺

白酒生产工艺是人们利用一定的生产手段对劳动对象（如高粱、甘薯、小麦、大麦、大米等原料）进行加工酿造，使之成为满足人们需要的白酒产品的生产过程。它是人们在长期的酿酒生产实践中积累并经过总结的操作经验，通常以工艺文件的形式固定下来，并应用于实际生产中。

2. 酿酒工艺规程

酿酒工艺规程与其他行业的工艺规程一样，是具体指导工人进行产品加工和操作的技术文件，它是反映酿酒工艺过程和操作方法的文件总称。其主要内容包括：半成品或产品的制造流程；加工的工序、步骤；具体操作技巧和方法；加工中的注意事项；采用的设备、仪器、工具的型号和规格；原材料或半成品的用量、质量和使用条件；加工后的技术要求、检测手段和方法等。酿酒工艺规程的文件形式一般有工艺流程卡、工艺卡片、工序卡片等。

（二）白酒工艺与生产效益的关系

1. 白酒工艺与产品质量的关系

白酒产品的质量是由产品的一系列标准来衡量的，因此产品只有达到技术标准，才能符合产品质量的要求，如果没有先进合理的工艺，没有认真执行工艺规程的人来进行生产，是无法生产出符合设计要求，达到技术标准的产品的。这也是全国白酒厂家虽然成千上万，但能拥有先进工艺、成为名白酒厂家的却寥寥无几的主要原因之一。先进合理的工艺和认真严格执行工艺是白酒产品质量的保证。目前有些白酒企业，特别是采用固态发酵法者，不仅在工艺质量上，而且在执行工艺的严肃性上还注意得很不够，不能认真严格地执行工艺和全部按工艺要求统一生产。这样不仅失去了工艺的先进性，而且给白酒生产工艺的管理带来了困难，也很难保证产品质量。

2. 白酒工艺与产品产量的关系

白酒生产工艺在一定的历史条件下具有其合理性，它不仅可以指导工人正确地进行生产，防止操作失误，减少消耗，而且也直接影响白酒的产量。

3. 工艺与产品成本的关系

白酒生产工艺既然关系到白酒的产量和质量，自然也与白酒产品的成本密切相关。而且从成本的形成过程看，白酒产品的酿造成本是由工艺流程中每道工序的工时、物资消耗和占用，以及设备工装的消耗等费用构成的，因此，除了工艺本身的先进合理程度外，是否按工艺要求进行生产，对产品的成本影响也很大。实践证明，白酒生产中控制成本，都是从狠抓生产工艺、杜绝各个环节的浪费和通过不断改进、提高工艺水平而达到的。

（三）制定工艺的指导思想

1. 突出质量重点

在制定白酒生产工艺时，要考虑的因素可能很多。如找到更先进的操作方法，产品品种变化，新材料、新技术和新装备的应用等，但不管出于何种考虑，最根本的是必须保证产品的质量。如果在制定工艺时，不把质量因素放在首要位置，则是十分危险的，白酒市场的竞争，不外乎是产品质量的竞争、价格竞争和服务竞争，而质量竞争是最主要的。几十年来我国酿酒新技术、新工艺不断涌现，为白酒产品质量的提高提供了技术上的保证，这也正是把提高产品质量作为制定工艺的前提而不断努力的结果。但任何新工艺的使用，并不是一帆风顺的。例如有些企业在很早以前就开始研究，并在生产中试用多层泥发酵法了，但当时多次应用结果表明，由于发酵泥质量欠佳，还不能很好地提高白酒质量，故只得停止应用。直到20世纪90年代初才在一些白酒企业应用成功，从而极大地提高了这些企业的名优酒得率。

2. 兼顾产量提高

在相同投料的情况下，努力提高出酒率，提高白酒产量，历来是各白酒企业长期不懈的追求目标。因此，考虑产量的提高是制定工艺规程的一个重要因素。但这种产量提高是以保证质量为前提的，也即在保证质量的前提下，努力提高出酒率。如在现在的固态法发酵生产中，多层泥发酵已得到一些企业的运用。但实践证明，在一个发酵池中，也并不是多层泥的层数越多越好，泥太多了不仅对产品质量没有多大的提高，更主要的是降低了出酒率。为此，需要选择一个既能保证产品质量，又能提高出酒率的适当的多层泥的层数和位置。有时企业为适应市场需要，大幅度地提高产品产量，而降低了质量的要求。然而，那种对产品质量不负责任的行为，必将会受到市场经济规律的无情惩罚。

（四）制定工艺的依据

1. 本单位历年来先进工艺的总结

很多白酒企业都有较长的生产历史，有的经历了上百年、甚至上千年的酿酒史，有着很丰富的工艺经验积累。每次制定工艺都是对以前工艺去粗取精的过程，既剔除了过去工艺中不再适应现行生产的部分，又保留采用了适合生产需要的老工艺，好经验。正是经过这样长期的实践总结、筛选，最后才形成了适合本厂的、具有本企业特点的先进工艺。正因如此，现在的许多固态发酵法白酒工艺中还留有许多传统工艺，特别是在某些操作方法上各具传统特点。

2. 积极吸收适应本单位实际的外单位的先进工艺

在实施本单位生产工艺的基础上，积极吸收外单位的经验，经过试验，重新确立适应本单位实际的先进工艺是企业制定工艺的重要途径。尤其是新创建的白酒企业，从一开始就要全面引进外单位的先进工艺为我所用。随着科学技术的发展，信息传播速度的加快，企业之间技术交流的日益广泛和深入，吸收采用外单位先进工艺的现象将越来越普遍，越来越成为制定工艺的重要依据。有的名酒厂采用了人工老窖培养工艺，改变了过去只有千年老窖才能出好酒的传统，使新建的窖池也能淌出和数年老窖一样的好酒。这一工艺在全国技术经验交流会上介绍后，迅速被众多厂家接受、采用，极大地推动了我国白酒工艺技术的发展。

3. 本企业工艺的不断创新

先进的工艺更需要依靠本单位对工艺的不断研究、创新，它包含了对本企业新老工艺的完善、创新和对外来引进工艺的创新。只有创新才有生命力，才能加快工艺水平的提高，才能使白酒产量和质量在原有的基础上有新的重大突破。例如多个国家名酒厂，几十年来一直注重酿酒工艺的研究和创新，在生产实践中先后创造了浓香型固态发酵的人工老窖培养技术，缩短了窖池成熟时间；改变了传统的老五甑生产法，创造了多层泥发酵工艺等多项重大的工艺革新，提高了出酒率和名优酒得率，为企业的发展提供了有力的保障。有些企业还通过改变酿酒原料的品种、配比或工艺方法，促进了本企业白酒风味的协调、完善等，这无不得益于对原工艺的大胆创新和改革。

（五）制定工艺必须注意的几个问题

1. 安全性

安全是工业生产的前提，没有安全就不能进行有秩序的生产。因此，保证工艺的安全性是制定白酒生产工艺的首要条件。特别是随着白酒企业规模的扩大，企业的电气化、机械化程度越来越高，安全生产问题就显得更为突出。为了达到安全生产，杜绝生产中的事故隐患，必须在制定工艺时考虑工艺在实施过程中的安全性，如工艺路线的设计、工艺控制、设备操作方法等方面的安全因素，做到首先从工艺上保证安全生产。

2. 技术先进性

工艺的先进性表现在技术和操作上。技术上先进的工艺要能够稳定或提高白酒的产量和质量，直接增加企业的经济效益；要能够降低大量的能源消耗和物料损耗。操作上先进的工艺要便于工人操作，降低劳动强度，节省劳动时间，提高劳动生产率。有时，操作的先进性和生产技术的先进性可能要产生矛盾，这时就需要权衡利弊，综合考虑，选择适宜的工艺方案。

3. 实用性

白酒企业在制定工艺时，还必须考虑工艺对本企业生产的实用性，即这些工艺是否可行或是否合算，在目前企业条件下能否按要求做到。有人认为工艺技术越先进、自动化程度越高越好。诚然，在条件允许的情况下，应力求工艺技术先进些、自动化程度高些。但在条件达不到的情况下，要避免采用不成熟的工艺技术或在设备等方面过多地投入；有些技术当时可能是最先进的，但还可能处于实验阶段，与生产应用有很大的距离，或实施起来在资金、技术、人力上投入过大，而效果却不理想。在实践中可以经常发现，许多在理论上非常先进的工艺或被称为效果极佳的工艺，却在生产实际中经过反复的试验仍然难以应用推广。其中有些是生产条件达不到实验室的要求；而有些是因为经济上不合算，成本太高所致。有些工艺在操作上盲目地要求过高标准，浪费不必要的人力、物力和能源，这都影响该工艺的应用。

4. 可操作性

工艺制定出来后，由生产第一线的工人进行具体操作时，要能够或通过一定努力能够达到工艺的要求，要避免制定那些理论上可以做到，而实际操作中行不通的工艺，造成工艺与生产实际相脱节。这样产品质量也很难达到工艺设计的要求。因此，这就要求我们的工艺设计人员不仅要有相当高的理论水平，而且要具有丰富的实践经验，在制定工艺时，做到从实际出发，理论联系实际。在制定工艺或工艺具体推行时，也要多下基层、多征求基层干部和职工对工艺的意见，了解执行中工艺本身存在的问题，从而及时改进，以适应生产的要求。

需要强调的是，制定出来的合理的工艺是以上几种因素综合要求的结果。在保证工艺安全性的前提下，强调工艺的实用性、可操作性，并不是不主张工艺要有先进的技术；如果只强调技术的先进性而没有实用性、可操作性，或者只强调实用性、可操作性，失去了技术的先进性，则都是不合理的。应使制定出来的工艺既安全、实用，又技术先进、可操作，它们之间是矛盾的统一。

5. 在制定工艺的方法上，采用民主集中制的原则

制定生产工艺应采取民主集中的方式。一是因为我们在制定工艺时，需要考虑的因素较多，如以上介绍的工艺的安全性，技术的先进性、实用性和可操作性等问题，而要求个别人在各个方面都考虑得全面适当则是困难的。采取民主集中制，则可使参加制定工艺的各个方面的人员，从各个角度提出意见，然后综合考虑，形成集中统一的意见，这样才有利于制定出一套比较完善的工艺。二是可以充分发挥更多人在制定工艺上的主观能动性，同时也有利于提高管理者的工艺技术水平。三是白酒企业内的部门较多，有直接从事酿酒生产的，也有从事辅助生产的，即使同是酿酒生产的部门采用相同的工艺，但有时各个车间之间的情况也不尽相同。因此，民主集中制也有利于让制定工艺的负责人了解更多的工艺情况，使制定出来的工艺在本企业内具有更为广泛的应用性。四是采用民主集中制，既是一个制定工艺的过程，也是一个宣传贯彻新工艺的过程，通过民主集中制，在对新工艺达成共识后，利于更顺利、更彻底地执行新工艺。古井贡酒厂的压池子工艺和烧压池子调醅工艺的制定过程，就是严格按照民主集中制的方法制定的。众所周知，固态法发酵由于受夏季气温高的影响，酒醅入池温度高，故存在酒醅易受有害菌的感染，明显降低产品产量、质量等问题。为此，古井贡酒厂采取了从每年的四五月份起，按新工艺把所有池子都入完酒醅后，不再继续生产，进行安全度夏。此工艺该厂称"压池子工艺"。而从每年的九月份起，气温变凉后，开始重新加料生产。由于经过长达四五个月的发酵后，母醅的理化指标和感官品评与正常季节生产的母醅有很大的不同，需要对酒醅进行较大的调整，这时采用的工艺该厂称为"烧压池子调醅工艺"。对这两项每年生产中重要的生产工艺的制定，由主管酿酒生产的总工程师负责，并在压池子和调醅生产前要求车间召集有经验和技术的工人、班组长和其他车间管理人员一起讨论制定当年的压池子和烧压池子调醅工艺。其工艺基本框架可以由下面确定；也可由上面确定，下面讨论，每个人各抒己见，充分发扬民主。工艺制订后再逐级上报，逐级讨论制定，直至最后由总工程师组织有关部、分厂、车间领导和工艺人员对各分厂报送的工艺意见进行一次全面讨论后确定。但这时的工艺还不是最后的执行工艺，还要经过当排前一个星期的试生产，并通过试生产对制定的工艺进行全面检验和必要的调整，直至完全适合正常生产要求，此工艺才算最后确定。试生产期间各单位要全面认真收集试生产池子的所有必要的生产参数、质量信息，看其是否能达到压池子或调醅的各项工艺要求或工艺是否适合于生产等。而后将情况如实尽快上报，再按新的要求进行调整。经过这样反复地制定、检验，直至最终制定出令人满意的工艺，

这时的工艺才算是正式的工艺。

二、制定与工艺相适应的操作规程

（一）操作规程是落实工艺的基础

1. 操作规程是生产工艺内容的具体化

生产工艺一般在文字上比较简略，内容也较少，不是面面俱到。因此，如果只有生产工艺，还很难保证操作工人生产出满足工艺要求的产品。而操作规程则是具体指导工人进行产品加工和操作的技术文件，它对从原材料投入生产起，直至形成最终产品的整个生产过程的每一个操作都要做出具体的规定，如生产制造流程、加工工序、具体操作技巧和方法等，以及加工过程中的注意事项、采用的设备、工具的型号、规格等都要做详细的说明。操作工人只要严格按照操作规程的规定去做，就一定能生产出满足工艺要求的白酒产品。操作规程的内容之多，规定之详细是工艺不能比拟的。

2. 操作规程是落实工艺的保证

操作规程不仅对加工工具、加工方法、工序和步骤等都做了具体详细的说明，还对加工过程中的半成品、成品的质量要求也有具体的要求。如原材料的用量、质量和使用条件，特别是加工后的技术要求、检测手段和方法等。这就把落实工艺包含在生产操作的过程之中，保证了工艺的落实。

3. 操作规程的科学性、统一性、稳定性也是落实工艺的基础

随着我国白酒工业的发展，白酒企业规模越来越大，白酒生产已经由过去的小作坊式的生产发展为大规模的社会化大生产，为了组织好大规模生产，保证产品产量、质量的稳定提高，指导工人的操作，已不是单靠个别师傅的个人经验和言传身教，而是需要一整套严谨统一的操作规程。只有依靠全厂统一的详尽的操作规程，才能做到无论企业生产规模有多大，生产工序有多繁杂，只要按操作规程操作，就能保证工艺落实。此外，操作规程和工艺一样，具有相对的稳定性。它一经制定，未经允许，任何个人和单位均不能擅自另行制订或更改。如果操作规程由于工艺变化，采用新设备、新方法等原因，需要变更，那也必须经过严格的审批和更改程序。然后固定下来，形成新的操作规程。由此可见，操作规程的相对稳定性，也有利于工艺质量的稳定。

（二）操作工具要求

1. 坚固、耐用、轻巧

白酒生产就总体而言，自动化程度较低，特别是固态法酿酒，至今手工操作还占有很大的比重，使用的工具较简单，对其性能的要求也较低，一般要求坚固、耐用、轻巧即可。这样可以减少工具不必要的损坏，降低生产资料消耗，节约工时。轻巧的工具可以降低劳动消耗，利于操作。

2. 使用方便、安全

操作工具还应考虑使用时的方便程度和安全操作，以此来提高劳动效率和减少事故。因此，应大力提高职工技改的积极性，动员干部和职工对操作工具不断创新改进。实践证明，白酒企业在这方面的潜力也是很大的。

3. 机械化、自动化程度应逐步提高

随着社会的发展和科技的进步，白酒企业的自动化程度比过去有了很大的提高，机械

化、自动化设备和某些先进的仪器在白酒生产中得到了应用。但就白酒行业的整体而言，自动化程度还很低，即使是目前的名白酒厂基本上也是如此。自动化程度高，企业的生产力水平虽高，但设备、厂房等固定资产投资较大，且产品质量目前还不易达到手工操作的水平。这些因素均制约了先进的自动化、机械化操作工具在白酒企业中的迅速推广和应用。但随着我国社会的发展和机械化酿酒技术水平的提高，白酒企业的机械化、自动化水平也将会越来越高。机械化车间原来的名酒率和出酒率都很低，赶不上手工车间，这也是由于机械化酿酒历史太短，没找到合适的工艺的缘故。但经过数年来酿酒职工的精心钻研、努力探索，在机械化酿酒技术方面已得到迅速的提高，使机械化酿制的白酒，无论从质量还是产量上有的已毫不逊色于手工车间，有些方面甚至超过了手工酿制的白酒，因而打破了机械化不如手工酿制白酒的陈旧观念。

（三）操作方式方法要求

1. 动作简单，节约时间

操作规程中的操作方法应尽可能地简单，不要有多余的不必要的动作，以能满足生产要求为宜，否则，既浪费人力，又浪费时间，甚至影响产量和质量。当然，作为操作工人，在具体操作时还需平时刻苦多练，掌握操作技巧，做到熟能生巧，才能达到规程的要求。如固态发酵生产中的上甑操作，要想达到上甑动作简单、运用自如的水平，必须要经过长时间的操作训练和细心体会。实际上，上甑水平如何已作为衡量操作工操作技能高低的一项重要标志。

2. 劳动强度低

劳动强度低可以使操作者保持充沛的精力和体力从事生产操作，保证操作质量，有利于细致操作和安全生产。因此，应尽可能地提高机械化程度，以机械操作代替繁重的体力劳动。

3. 保证质量要求

操作的最终目的是满足生产质量要求，因此，操作方法的设计、选择要以能否满足生产要求为标准。操作方法既不能过于粗放、简单，也不应过于精细、繁杂。粗放、简单，达不到生产质量要求；过于精细、繁杂，既费时费力，也不经济合算，有时甚至还会起到副作用。如固态发酵操作中的出窖酒醅的堆积操作，若简单粗放了，则粮醅混合不均匀，达不到质量要求。但若过于精细，反复操作，则不仅浪费时间、人力，而且会使母醅中的酒精成分和香味物质散发过多。

4. 注意卫生和安全

白酒生产原料富含淀粉，操作上应注意卫生，避免有害菌的感染，影响产品产量和质量。如做醅时摊晾时间不能过长，注意环境卫生等。操作方法上也要注意安全，须杜绝操作中一切不利于安全的方法。

（四）操作质量标准

白酒生产操作程序很多，对操作质量标准，要求文字说明明了、正确，如固态白酒生产中的打糟方法，摘酒操作的质量标准要求；还有些感官质量标准，如复壮泥的操作质量标准、出窖酒醅的堆积、上甑操作质量，以及做出的粮醅手感等操作质量标准的描述等必须以文字的形式说明清楚。而对有些操作质量标准的要求，能够测量其数值的，如原料破碎、加浆水的数量、配醅数、高粱、稻壳的数量、上甑时间、糊化时间、流酒速度、入池温度、水分、酸度、淀粉的浓度等，都需要有明确的数据或范围。只有这样才能对操作质量进行控制、检查，也便于记录。

三、工艺实施的检查与指导

（一）工艺的宣传、贯彻

各级管理人员和每个操作工人都要吃透工艺精神。管理人员要熟知全部工艺，知道工艺原理，并能向职工讲解、传授。操作工人要熟知他所从事的操作范围内的工艺要求及工艺标准，也能逐步理解工艺原理，这样更有利于工艺水平的提高。

在新工艺出台前，要组织管理人员和操作工人一起学习，不仅要了解新工艺的要求，还应使他们知道实施新工艺的必要性、优越性，增强新工艺实施过程中的自觉性。

新工人上岗前必须进行工艺教育。很多企业的实践证明，对新工人上岗前进行一定时期的与生产有关的知识技能教育和培训，是提高新工人技术素质行之有效的办法，而其中工艺教育是岗前培训的最重要的一个内容。它对提高新工人的工艺水平，增强工艺纪律，减少工艺操作中的盲目性，缩短新工人的成长时间等都可起到积极的促进作用。

对调到新岗位前的老工人，也要进行该新岗位的工艺培训。随着白酒企业内部劳动用工制度改革的逐步深入，企业内人员的优化组合、自由选择，企业劳动工人在内部部门或岗位间的调动将会更加频繁，但调到新岗位的工人对新岗位范围内的工艺不一定了解或熟悉，甚至很陌生，因此，有必要对调到新岗位的老工人进行工艺培训。有些白酒厂已经实行了岗位资格证书制度，实行持证上岗。这种资格证书是通过考试和考核取得的，其中该岗位的工艺内容和操作技能考核是其核心内容。

（二）工艺实施的检查与指导

在生产中对原先工艺及新工艺实施的效果如何，需要及时地检查和进行必要的指导，其方式可分为自检与互检、上级对下级的检查、兼职检查与专职检查等几种。自检是操作工人对自己工作成果、本班组对本班组工作、本车间对本车间工作的检查等。互检为班组成员之间，上下道工序之间，相关的车间、分厂、部门之间的检查。如辅助车间、分厂与酿酒车间、分厂之间，质检部门与生产部门之间，供应部门与生产部门之间等，为了把各自工作做好而进行的互相检查监督的行为。上级对下级的检查，主要表现为班组长对本组成员工作的检查；带班长、工段长对班组长，车间对班组、对带班长的检查与指导；生产部门对下属各单位工艺实施的检查与指导等。兼职的检查，主要为有关管理人员不仅要对工艺实施的效果负责检查与指导，而且还要负责自己分工的其他工作。专职的工艺检查则是专门设立的工艺检查组或工艺检查员，专门负责所辖范围内各单位、各人的工艺检查和指导。工艺实施的检查与指导，不仅需要操作工人、工艺检查人员具有强烈的工作责任心，更要有明确的岗位责任制来作为保证。

白酒生产工艺的检查手段，一般是通过人的感官，如操作的方法、效果的检查、酒醅的手感、颜色、气味、酒味的品尝，看花摘酒酒花的判断等；有些项目，如对酒醅淀粉、水分、酸度和对温度、酒度、时间等，则可通过化验或测量进行。

工艺实施中哪里不符合要求，哪里出了问题，都应立即纠正或采取妥善的预防性措施，一般应有一个专职的工艺技术检查与指导小组，负责工艺实施中的检查、指导与协调工作。

（三）现场观摩交流

为了更快、更好、更普遍地提高职工的工艺技术水平，最直观有效的方法就是现场观摩、交流。现场观摩交流可分为日常性的和有重点、有针对性的两种方式。日常性的如班组内成员间的以好带差、以老带新的现场观摩交流和有重点的技能训练。这种方式的好处是，时间较机动、充足，机会多，无须怎么组织，水平提高快，参加人员多，技能交流面广。有重点、有针对性的现场观摩交流，如车间内、全厂范围内的技术表演或技术比武等，它的特点是操作难度大，工艺操作水平高，技术提高快。但需要组织、协调，参加人员、参观交流时间等要受到一定条件的限制。总之，这两种形式的现场观摩交流各有所长，各具特色，可把两者结合起来，穿插进行。日常性的要多而广，重点的要少而精。如全厂范围内的技术比武可每年或每2年举行1~2次；日常性的技术交流，可结合各单位实际情况，有计划地经常性地开展。

四、及时修订与完善工艺

（一）及时修订与完善工艺的重要性

及时修订与完善工艺，可以保持现行工艺的合理性。在实际生产中，有些工艺参数随着时间的推延，可能会与生产要求有些差距，例如较合理的参数比原先工艺规定的范围稍大或稍小，这样的环节多了，若不及时修订，就会影响工艺质量或生产工艺秩序，破坏工艺纪律，动摇工艺的地位。

及时修订与完善工艺，还可以保证现行工艺的先进性。现代科学技术的发展和酿酒技术交流的日益广泛、深入，使先进酿酒技术转化为现实生产力、应用于生产的速度明显加快，一项先进工艺可能经过不多长时间又会被更先进的工艺所取代。这就要求我们熟悉专业技术，随时关注酿酒新技术、新工艺的发展和应用，并尽快地将其应用到本企业的酿酒生产中去，对原来工艺进行及时修订与完善，以保持工艺的领先地位。

每次工艺的修订与完善，对执行工艺乃至全企业从事酿酒生产的管理人员和操作工人的专业技术水平是一个提高。通过工艺的修订与完善，加强了对干部和职工的工艺教育，可以促进整体技术革新活动的开展，调动广大干部和职工参与工艺的修订与完善，充分发挥各级人员的主观能动性，使大家都来关心工艺、关注生产，精化操作。此外，也是对全体干部和职工进行了工艺纪律教育，使他们了解、熟悉工艺修订与完善的程序，知道不是任何人都可以对工艺自作主张、任意变动的，它需要经过一定的严格的修订与完善程序。

（二）修改工艺文件的条件与范围

当发现原工艺文件有缺陷、错误，与实际生产操作不符时，例如生产中有时会发现工艺文件的规定在参数上范围过大，不够精细，对操作者不能起有效的制约作用；有时工艺范围规定得过小，没有给操作者根据实际需要留应有的活动余地，工艺管得过死，没有考虑酿制过程中各种自然、人为因素的影响，致使操作者无所适从；有的在操作的阐述上不够全面、正确，难以与生产实际相符，或者在理论上可行，但在实践中却难以做到。

采用先进技术时，必须按技术革新试验程序，经过一定时期的试生产后，事实证明确实比原工艺好的，才能正式更改工艺文件。

当应用新材料、新装备后，不一定对所有的原工艺都做改变。有些新材料、新装备采用后，对原有生产工艺要求不影响，则应保持不变；而只有在对原工艺影响较大、按原工艺不能继续正常生产时，才有修改工艺的必要，切勿盲动。

白酒企业应根据市场要求不断改变产品性能，调整产品结构和种类，包括白酒的香型等也可能发生不断地演变，这样，原有的工艺就很难适应新产品的需要，必须对其进行适当的修改。

工艺更改的范围与时机。工艺文件的更改范围要视具体情况而定，可以是工艺文件的某一种，也可以是多种甚至全套，包括产品技术条件、技术标准、工艺操作规程、工艺装备、有关图纸等；也可以是某种文件的某一段、某一局部。工艺文件的修订时机，可以定期地，如每两年对工艺文件进行一次全面的修订；也可以是随时地，如对于某些重大的或重要的工艺变动，需要对工艺文件进行及时的修订。

（三）工艺文件的更改程序

为了保持工艺文件的严肃性和稳定性，更改工艺文件必须通过一定程序，不能擅自更改，更不能在文件更改前在实际生产中改变工艺规程。在一般情况下，更改工艺的程序如下。

（1）向工艺主管部门的有关人员反映所发现的问题，并提出更改方案或共同协商更改途径。建议提出者一般是第一线的工人、基层管理人员。发现的问题，也可能是工艺检查员或上级领导在工艺检查中发现的，或者在质量统计、管理过程中发现的。

（2）对不成熟或无把握的更改方案，应填写工艺试验报告单，并经批准后进行一定数量和批次的试验，严禁任何个人或领导自作主张，不经试验，盲目使用或推广。对由此而给生产造成影响或损失的，要按工艺纪律严肃处理，追查有关人员的责任。

（3）工艺试验结果通过鉴定，或对不需试验的成熟方案，经填写工艺更改申请书后，再交技术部门办理车间内外有关部门的令签，直至总工程师批准等手续。试验结果的鉴定，一定要实事求是，要防止不顾工艺试验结果好坏，随意鉴定，或在工艺试验过程中不负责任，最后按主观意愿编造试验效果。

（4）由技术部门将已批准方案，交厂技术主管部门正式签发，生效后投入使用，并撤换收回旧文件。新工艺的正式使用从厂部下发的正式文件之日起执行。工艺文件的发行要严格履行登记回收制度，防止工艺文件发放的紊乱和生产技术的泄密。

（5）在特殊情况下，如必须立即更改工艺，否则就要影响正常生产或造成损失时，首先应与技术人员协商出一个临时工艺，由技术部门发出临时更改通知，然后再补办申请审批手续。工艺文件的更改、审批一般由生产技术部门和总工程师负责。

五、强化工艺的全面实施

（一）全面落实工艺的重要性

白酒产品质量的好坏，主要是由生产工艺决定的厂只有在全厂范围内贯彻执行统一的、正确的生产工艺，才能保证产品质量。工艺落实不全面、不彻底、不统一，势必要影响白酒产品质量，给质量诊断、质量管理造成紊乱。生产计划、生产指标、劳动组织、劳动时间等生产管理也是根据工艺要求确定的，若工艺落实不全面、彻底，则生产管理中的各个环节都将受到不同程度的影响，因此就难以保证正常的生产秩序。

全面落实工艺是使工艺在生产中经受检验，发现不足，总结经验教训，保证生产工艺正常的制定、实施、修改、完善等工艺管理的需要。此外，工艺的宣传、贯彻和全面实施过程，本身就是在生产实践中开展的工艺教育的重要步骤。因此，强调工艺的全面实施，也有利于提高干部和职工的工艺技术素质、严肃工艺纪律。

（二）执行岗位操作合格证制度

确保工艺得到全面实施的一个极重要的方法，就是执行岗位操作合格证制度。执行岗位操作合格证制度，可以大大提高岗位操作质量，加强岗位责任，有利于激励广大操作工人自觉苦练操作技能，提高工艺技术水平，减少或消除违反工艺的操作。其做法是上岗前应对新工人或调到新岗位前的老工人进行新岗位的应知应会知识和技能培训，然后进行知识考试和技能考核，只有通过了该岗位的考试和考核，才有资格领取该岗位的上岗证。

（三）实施工艺的原则

实施生产工艺的指导思想是，既要有利于保证工艺的全面贯彻执行，又要有利于白酒生产实际运用。白酒行业经长期的生产实践，初步总结出适合生产实际需要的工艺实施原则为：大的管住、管好，小的放开搞活。大的管住、管好是指工艺中的重要参数、重要质量控制环节、控制点上的工艺要素一定要管住、管好，执行中不能有丝毫活动余地，任何部门或个人都不能搞特殊化，必须无条件地执行。小的方面则应放开搞活，白酒行业、特别是固态发酵法白酒生产，有些操作或生产环节的经验性和不确定性成分还较大，还带有较浓厚的传统行业的不精确性的特点。长期的生产实践证明，若试图采用其他有些行业（如高新技术行业）的工艺管理方式，把白酒生产的方方面面、各种操作都规定得十分细致，执行得丝毫不差，完全一致，则往往反而难以取得理想的生产效果。固态发酵法的每个窖池是相对独立的，各窖池的酒醅质量，可在一定范围内加以控制和测量，但在目前的生产条件下，其不可控制、不可测量等因素的差异性将依然存在，而这些又往往是影响白酒酿造的重要因素。因此，有必要在一定的工艺范围内给以适当的灵活性，才能取得较好的生产效果。但要注意它的前提是在一定的允许幅度范围之内，而绝不是无原则地放任自流。同时为了提高操作中实际掌握工艺灵活性的水平，需要不断提高重要岗位上操作工人以及班组长、带班长等各级管理人员的实际酿酒技艺，对有关岗位人员进行技工或技师的考核认定，增强这些人员的技艺素质，壮大高技艺人员的队伍。事实说明，这个原则对固态发酵法白酒生产的工艺实施尤为重要。

（四）制定严格的管理制度与激励机制

工艺的各项规定是生产者必须服从的纪律，是生产大法，严格执行工艺是生产中各级人员最起码的职责。但为了确保工艺的执行，还需要制定严格的工艺管理制度，设置工艺管理机构和配备工艺管理员，实行明确的岗位责任制，一级抓一级，层层负责，责任到人，并对工艺的执行情况进行经常性的或突击性的检查和监督。对工艺执行好的单位和个人，要给予表扬和奖励；对违背工艺纪律、不完全执行工艺或有意违反工艺者，要进行严厉批评，并按工艺纪律严肃查处。

六、技术革新

（一）开展技术革新的意义

白酒企业在经过了较长时期的发展后，必定会由竞相上规模、扩大产品产量的外延式发展方式转变为靠内部挖潜、革新、改造，提高产品质量的内涵式发展方式。相比较而言，内涵式扩大再生产具有投资少、时间短、收效快的经济效果。因此，大搞技术革新，充分挖掘企业潜力，是应该坚持的一项长期任务，是白酒企业提高产量、质量和经济效益的最重要手段之一。

技术革新是企业一项群众性活动。在生产实践中，一线职工最了解生产过程和工艺特点，最了解生产的关键和薄弱环节，因此，最能抓住技改的要害，也最能取得明显的效果。此外，通过开展合理化建议和职工技术革新活动，可以充分调动职工的积极性和创造性，增强主人翁责任感。在开展技术革新的过程中，也可使职工的技术水平得到很大提高，自身价值得到了实现。

（二）技术革新的内容

白酒企业技术革新的主要内容如下：

（1）改革工具、设备，提高机械化、自动化水平，提高操作的正确性，降低劳动强度，改善劳动条件，延长劳动手段的使用寿命。这方面内容很广泛，在技术革新成果中占有很大的比重，它具有时间短、见效快、职工兴趣浓的特点。

（2）改进工艺过程，推广先进操作方法，提高产品质量。这方面需要职工有较高的工艺素质和丰富的操作经验，它的成果可以直接给生产带来经济效益。

（3）创造和采用新材料、新技术，节约资源，降低消耗，提高效益等。

传统白酒行业在生产工具、设备、工艺和材料、技术等方面均比较落后，而现代生产技术、设备、材料等方面的发展则为在白酒生产的各个方面进行技术革新提供了广泛的物质和技术基础。因此，白酒企业的技术革新大有潜力可挖。然而，企业的所有技术革新活动都要以提高企业生产技术水平和经济效益为中心，以全面超额完成生产任务，提高产品产量和质量为目标，不能偏离这个主题，否则，技术革新就没有生命力。

（三）技术革新的方法

搞好技术革新首先要领导重视，加强组织领导，成立技术革新领导小组，倡导职工结合生产实际，大搞技术革新，把懂技术、有经验、有革新热忱的职工组成攻关小组，紧紧围绕技术关键和生产薄弱环节确定主攻方向。具体革新时，要注意从小处着手，大处着眼；要充分发动职工，找出阻碍生产发展和影响生产率提高的因素，然后同心协力去攻关。革新中对难度较大的项目，可请工程技术人员协同攻克难关，重大的革新项目还必须报请上级有关部门批准。成功后的技改项目要及时总结鉴定，在全厂推广应用。此外，还要把革新鉴定成果用新工艺规程和定额固定下来，使革新成果在生产中继续扩大，发挥更大、更持久的作用。

（四）激励机制

对有成果的技术革新人员，应按其贡献大小，给以一定的精神鼓励和物质奖励。但要注意物质奖励应分给直接从事革新工作的人员，不应搞平均主义。否则，会使群众的积极性受到挫伤而影响革新活动的开展。

第三节　白酒生产的质量管理

白酒生产的质量管理是白酒企业管理工作中的一个重要方面。由中国质量管理协会主编的《中国质量管理》一书对工业企业质量管理方面的内容介绍十分详细，故本节仅结合白酒企业实际，对某些质量管理方法予以简单的介绍。

一、白酒生产质量管理的发展阶段

白酒生产的质量管理是把白酒企业内部各个部门在质量发展、质量保证和改进等方面的努力结合起来的一个有效体系，以便使白酒生产达到最佳经济水平，并生产出消费者满意的产品的工作。

根据质量管理的发展，大致可以按时间顺序或由低级到高级的质量管理层次分为三个阶段：单纯的质量检验阶段、统计质量控制阶段和全面质量管理阶段。但我国的白酒企业基本上只经历了第一和第三这两个质量管理阶段，而较少经过统计质量控制阶段这个过程。

（一）单纯的质量检验阶段

在这一阶段，人们对质量管理的理解还只限于质量的检验，即通过严格的检验来控制和保证转入下道工序的产品质量。早期的白酒酿造，产品的质量检验主要依靠手工操作者的手艺和经验，对产品质量进行鉴别、把关，由操作者自身进行管理或者由工段长进行管理，完全体现着手工作坊式的管理方式。后来，随着白酒企业的发展，企业规模逐步壮大，这一职能又转移到了专职的检验人员，用一定的检测手段负责全厂的产品检验工作，人们称为检验员的质量管理。这种质量管理的特点是单纯靠检测剔出废品，以保证产品质量。其方法是全数检验或抽样检验，其作用只能是事后把关，不让不合格品出厂，而不能在生产中起到预防控制作用。在全面质量管理在我国白酒企业推行之前或现在，我国为数不少的中小型白酒企业的质量管理基本上还处在这一管理阶段，即传统的质量管理阶段，甚至现在一些小型白酒企业的质量管理还处在单纯质量检验的初步阶段。因此，提高质量管理水平是这些企业的当务之急。

（二）统计质量控制阶段

这一阶段白酒质量管理的特点是利用数理统计原理在生产工序间进行质量控制，预防产生不合格品并检验产品质量，它由专业的质量控制工程师和技术人员负责。这标志着由事后检验的观念转变为预测质量事故发生并预先加以预防的观念。但由于过于强调质量控制的统计方法，因而在一定程度上限制了它的普及推广。这一质量管理方法在 20 世纪 60～70 年代，曾在我国一些大中型军工企业推广应用过，由于白酒企业那时规模还普遍较小，故没有被应用。但这并不是说这一质量管理方法在现在或今后的白酒企业中没有或不会被采用，它的管理特点和方法还是容易被一些没有推行全面质量管理或偏重质量管理统计方法而忽视了其他预防性管理措施和群众性基础工作的白酒企业在自觉或不自觉地被采纳运用着。

（三）白酒生产的全面质量管理阶段

它是在统计质量管理基础上进一步发展起来的，它的一个显著特点是重视人的因素，强调企业全员参加，全过程的各项工作都要进行质量管理。它运用系统的观点，综合而全面地分析研究白酒生产中的质量问题。它的管理方法和手段更加丰富、完善，从而能把产品质量真正地管理起来，产生更高的经济效益。我国的一些大中型白酒企业在 20 世纪 80 年代已普遍推行了全面质量管理。20 世纪 90 年代在质量管理上又进一步向国际管理水平看齐，相继依据国际通用质量管理标准 ISO 9000 系列进行白酒的质量管理，取得了显著的效果。

二、白酒生产质量管理的内容

关于白酒生产的质量管理，可依据国际质量管理标准 ISO 9000 系列中主要的相关要素阐述如下。

（一）建立质量保证体系

1. 确定质量方针和进行方针目标管理

确定质量方针和进行方针目标管理是白酒企业适应市场经济、发展壮大企业自身的需要，也是 ISO 9000 系列标准中强调的第一大要素，即管理职责需要明确的内容。

质量方针是指导白酒企业的质量宗旨和质量方向，体现了白酒企业管理者对质量的指导思想和承诺。因此，白酒企业首先应慎重明确以提高本企业白酒产品质量，适应国民经济发展和提高人民群众的物质生活质量为宗旨的质量方针。

质量目标是指导和组织白酒企业整个质量管理工作的战略目标，是向白酒企业全体人员提出质量管理的长远和近期的质量奋斗方向。因此，白酒企业的第一管理者必须亲自参与本企业目标的制定和展开工作，此项工作必须自始至终都处于第一管理者的亲自领导和过问之下，对它的工作进展情况一定要有清楚的了解，并进行适当的指导与协调。

在制定目标时要全面考察各方面因素和实际情况，如生产技术条件和产品销售的市场环境调查。总之，要使制定的目标有充分的依据，要可行，不至于目标值过低和过高。过低了，实际的能力没有得到完全的发挥；过高了，目标难以实现，有时为了实现过高的目标容易孳生出一些不正当的扰乱企业管理秩序的短期行为，最终必将会影响产品的质量目标的实现。企业既要制定适应国民经济和人民生活发展需要的长期的质量目标，又要有中、短期的目标。目标展开要彻底，总目标要经过分项目、分部门、分层次的逐步分解，直至最后分解落实到各班组及个人的小目标。目标也要分轻重缓急，对于重大的质量目标和措施，如紧迫的质量改进，各职能部门要设有专项的目标计划，以便集中精力保证重点目标的实现。质量方针目标的实现最终靠的是全体职工的共同努力。因此，质量方针目标的制订、开展，要进行广泛的宣传，动员和组织全体职工为企业方针目标的制定献计献策，并为其实现而努力。

为了保证方针目标的实现，便于管理，必须建立明确的岗位责任制，对所有与质量有关的管理、执行、验证把关人员，乃至每一位职工都应明确各自的职责和权利，做到责、权、利相统一。目标的考核要认真定期执行，按月或季度对计划任务书进行检查，防止计划任务书和目标计划相脱节而使其流于形式。对目标的考核要采取科学合理的评价方法，杜绝弄虚作假，干扰考核的公正性和准确性。考核结果要明确地把完成情况和遗留问题如实地反映出来，要防止走马观花、毫无结果的考核。目标的考核要和工资奖惩制度挂钩，拉开奖金分配档次，实行质量否决权制度。

2. 加强统一领导，设置质量管理机构

为了保证质量体系的建立和正常运行，必须由白酒企业最高管理者委派一名管理者，全面负责本企业质量工作，设立综合性质量管理机构和配备相应数量的专职质量管理人员，负责日常的质量管理工作，建立质量手册和文件化质量体系。

（二）生产过程质量控制的内容

1. 设计控制

白酒企业的设计主要是指产品或工艺设计，它是根据客户的要求，或是通过市场调研，适应消费者的需要，或是根据未来白酒技术的发展趋势而进行的。设计开始时，必须对设计的适宜性进行评审，同时应做好新产品、新工艺的开发计划，明确各部门的分工、进度安排及人员和资源的配备。对开发的新产品或新工艺半成品，需要在适当的时候组织设计人员和与开发有关的职能部门的代表，以及有关权威人士参加评审和验证。有些新产品通过了本企业的验证合格后即可投放市场，但也有些新产品需要通过国家有关部门或消费者的确认。

2. 过程控制

为使白酒产品的质量保持稳定，不出现大的波动，必须对白酒生产过程进行控制，使影响过程质量的所有因素，包括工艺参数、人员、设备、材料、加工和测试方法、环境等都要加以控制。此外，在一定时期和条件下，对白酒生产过程中某些质量特征关键部门或薄弱环节，必须进行重点控制，建立工序质量控制点。例如白酒生产中的制曲工序、原料粉碎工序和酿造过程中的摘酒工序；半成品酒的入库把关和成品酒的勾兑工序等，都是对产品质量有重大影响的关键工序，应设置工序控制点，进行重点质量控制。

对被列为工序控制点的工序，要明确工艺参数、条件，对工序点进行更多频次的检验把关，要制定特别的工艺管理办法，对人员进行相应的技能培训和认定。

3. 采购

白酒生产的采购对象主要为各种酿酒原辅材料和成品酒的容器具等，如酿酒用粮、制曲用粮、稻壳、酒瓶、瓶盖、包装盒之类。采购的质量好坏直接影响着白酒企业最终产品的质量。因此，对影响采购的关键环节要进行控制。

采购前要调查供货单位的供货能力、供货质量和信誉，审查其质量体系的有效性，规范交货标准和条件，建立采购产品档案，订立采购合同，明确采购产品的验证。对某些顾客提供的产品，如有的顾客提供他们自己的酒瓶或包装盒到酒厂进行灌装，则应如同采购产品一样，也要进行到货验证，并进行标识，贮存好。任何有关产品遗失、损坏或不适用，都应及时记录，并向提供产品的顾客报告。

4. 产品标识和可追溯性

标识可以区分不同类别、不同规格、不同批次、不同年份和季节的产品；能有效地识别了解从投料到产品全过程的生产运行情况，实现产品的可追溯性。通过标识还可以追踪某个产品或某批白酒产品的原始状态、生产过程，以便查找不合格品产生的原因，以利于采取相应的纠正措施。

5. 检验和试验

在白酒的生产过程中，对许多环节都需要进行测量、检验和试验，以确定其各项特征是否符合工艺要求，为白酒生产中及时发现和消除不合格品，采取各种预防性措施。

检验分为进货检验、过程检验和最终检验。进货检验可以采取抽检和检查提供货物的检验报告、审核确认等方法，不允许使用未经验证合格的采购产品。白酒生产的过程检验也是非常必须的，它可以减少或避免不合格品的产出和流转至下一过程，同时可以及时采取一些必要的措施加以纠正。但对某些过程的检验并不是十分严格的，如固态发酵法白酒生产过程中对酒醅入池条件的检验控制，虽然也很重要，但其生产过程的质量最后主要靠"量质摘酒"来把关，也即生产过程中对白酒半成品的最终检验。最终检验是白酒产品检验的最重要手段，并为最终产品符合规定要求提供证据。此外，所有检验过程的检验、试验记录必须保存完好，以便作为产品符合质量的证据和为技术总结提供原始资料。这是产品可追溯性的重要部分。

6. 不合格品的控制

白酒生产过程中也易产生不合格品，如原料的粉碎度达不到工艺要求，曲的理化指标过低，酒质够不上应有的档次要求等。对出现的不合格品，要及时做出标识，做好记录，提出对不合格品的处置办法并做好记录，单独存放。同时通报与不合格品有关的职能部门和当事人，对发现的不合格品应根据其性质、严重程度、造成损失的大小，决定由哪级处理。对不合格品的处置方法有：返工，通过对不合格品的重新必要的加工，使其满足规定要求；降级使用或改作他用，作为次品处理也是常用的处理办法，如对入库的半成品酒或将要出厂的成品酒，经过检测和品尝达不到应有的质量，可以降级，作低档次酒处理；对有严重质量问题的产品可以作为报废处理。

对发生不合格情况的产品，除了要做好记录外，还要按记录追溯发生不合格品的场所、时间和有关责任人，对其进行必要的处理。此外，对返工后的产品还需进行再检验。

7. 纠正和预防措施

白酒企业要通过定期分析不合格品的类型，处理顾客意见和不合格品报告等各种与产品质量有关的质量信息，发现生产过程中需要改进的重点和采取必要的纠正和预防措施。如固态发酵法白酒生产中，制酒车间作为一个整体单位，若车间内班组摘酒工序因控制不当，可能会导致班组间攀比优质酒数量而放松整体质量的问题。为此，酿酒车间可采取预防措施：每天对各班组取样，集中到车间统一编号、品评，并与质量奖惩挂钩，这一办法弥补了车间在质量管理环节上存在的缺陷，从而保证了摘酒工序的正常管理。

8. 培训和技术统计

白酒生产各环节的质量把关和质量管理都需要大量的具有相应素质的人员。而人员素质的提高需要不断地培训。培训要有针对性，不同岗位培训的内容不一样，特别是对某些从事特殊岗位、关键岗位的人员，需要具有特殊的技能。对他们除了要进行培训外，还必须对这类人员进行考核和资格认定，如对锅炉工、电工、行车工和摘酒工、品酒员等岗位的考核和认定。同时注意保存培训记录。

统计技术在白酒生产中具有广泛的应用性，如排列图、因果分析图、检查表法、分层法、相关图法、直方图和控制图等统计方法都可应用于白酒生产的工序控制。它们在查找不合格品原因、评价产品和工序特性等方面，都发挥着重要的作用，因而是搞好白酒生产质量管理的重要手段。

第四节　白酒生产的设备管理

一、白酒生产设备管理的任务和内容

国务院《全民所有制工业交通企业设备管理条例》中规定："企业设备管理的主要任务，是对设备进行综合管理，保持设备完好，不断改善和提高企业技术装备素质，充分发挥设备的效能，取得良好的投资效益。"白酒企业的设备管理，要认真贯彻执行国务院规定的这一主要任务，并积极探索，总结新的经验，不断提高设备管理水平。

白酒生产设备管理的主要内容包括：设备管理机构及职责，购置设备的前期管理，设备的使用和维护保养，设备的修理及更新改造，设备的基础管理，设备检查与评比，教育与培训等几方面。

二、设备管理机构及职责

大中型白酒企业的设备拥有量较多、自动化程度较高，其设备管理组织机构的设置应从实际出发，根据本企业的具体情况而定。把专业管理和修理部门的组织机构和力量配备齐全。按照统一领导、分级管理的原则，各级管理部门都应建立健全设备管理机构，并明确其职责。

1. 主管设备的厂长（经理）职责

（1）负责组织贯彻执行国家和上级对设备管理的方针、政策、条例和有关规定。对企业设备管理全面负责，保证主要生产设备完好，无重大设备事故。

（2）根据本企业的实际情况，建立健全设备管理机构及人员配备，使各类人员责、权、利三者结合起来。

（3）审批下属设备管理部门的设备增添、更新、改造等各类计划及有关设备的报告和统计报表。

（4）主持重大设备事故的分析、处理工作。

2. 设备科科长职责

（1）在主管设备厂长（经理）的领导下，负责建立设备部门的各级责任制，并根据本企业的具体情况制定实施细则。

（2）负责组织企业内部的设备检查和评比。推广设备使用和维护的先进经验，制止违章作业，使全厂生产设备经常处于完好的状态，以保证安全生产。

（3）组织编制、汇总设备购置、更新改造计划。做好设备选型和购置，备件的加工和采购工作，并保证其优质廉价，合理储备，以满足全厂设备维修的需要。

（4）负责设备事故的分析和抢修；做到"三不放过"，防止发生类似的设备事故。

（5）负责配合有关部门做好业务与技术培训工作，并组织发放操作证。

3. 车间设备主任职责

（1）贯彻执行设备管理、使用和维护工作的各项规章制度，努力保证实现厂部对车间的有关考核指标。

（2）认真贯彻以预防为主、维护保养和计划检修并重的原则，保证车间设备技术状况良好，使设备经常保持整齐、清洁、润滑、安全。

（3）如发生设备事故，及时组织有关人员调查、分析和抢修，分清事故性质，追查责任，严肃处理并及时采取防范措施。

（4）对车间设备管理员、维修工、操作工要经常进行"三好"、"四会"、维护保养和安全知识教育，配合厂部抓好技术培训工作。

（5）定期组织检查设备，开展保养设备竞赛活动，对一贯遵守操作规程、精心维护设备者，应及时给予表扬和奖励。

（6）正确处理好生产和设备的关系，在生产任务和设备维修任务发生矛盾时，要根据先维修、后生产的原则，合理安排。

三、购置设备的前期管理

1. 购置设备规划

设备管理部门应根据企业生产的发展、新产品的开发以及设备的更新改造等情况，结合现有设备能力、资金潜力综合考虑购置设备的方案。组织有关人员调查研究，反复座谈论证，拟订出设备投资规划方案，以及费用预算、实施程序和经济效果的预测，报厂长审批决策。

购置设备的前期管理工作程序，如图 20 - 2 所示。

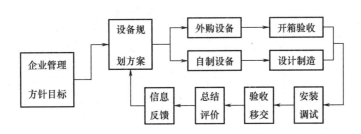

图 20 - 2　购置设备的前期管理工作程序

2. 外购设备的选型与购置

设备选型首先必须考虑生产上适用，技术性能好，能满足生产工艺和产品设计的要求，并能提高生产效益。另外要考虑设备的先进性，并要求标准化、自动化程度高，易于操作，节约能源。劳保、安全和环保技术等也要符合国家要求。还须考虑经济上合理，要求购置价格低，投资效益高。

购买设备时，先找出几家（最少 3 家）质量信得过的同类型设备的制造厂或供货商，再一一联系询价（附询价记录表），以寻出设备价格最低、性能良好，以及售后服务质量高的设备专业制造厂。经过评价筛选，定出一个供货单位，与该单位就某些细节进行磋商，双方达成统一的意见，最后签订合同。合同书必须符合国家经济法令政策和规定。

根据合同签订的交货日期，要求按期到货。新设备到厂入库时必须做到：开箱检查（附设备开箱验收单），登记入库，资料和到货通知的收管。如使用单位现场已具备安装条件，可将设备直接送到使用单位安装，但入库检查和入库手续必须照办。

设备询价记录及开箱验收单，如表 20 - 4、表 20 - 5 所示。

表 20 - 4　　　　　　　　　　　　**设备购置询价记录**

时间：　　年　　月　　日　　　　　　　　　　　　　　　　　　　　　询价人：

价格/元 ＼ 设备名称、型号规格	售货单位			
	报价人			
	电话			
合计				

表 20 - 5　　　　　　　　　　　　　设备开箱验收单

验收日期：　　　　　　　　　　年　　月　　日　　　　　　　　　验收编号：

设备名称		制造厂家	
型号规格		出厂编号	
台　数		出厂日期	
合同号		箱　号	
到货日期		发货日期	

附件清点	名　称	数　量	名　称	数　量

随机文件	装箱单　　份	合格证　　份	合格证明书　　份	说明书　　份
	图纸　　张			

缺件检查		处理情况	

备注			

检验员签字　　　　　接收人签字　　　　　　　　其他参与人员签字

3. 自制设备的管理

下达任务书，并规定各项技术指标、费用预算、验收标准及完成日期，以此作为自制设备竣工验收的依据。

设计方案要有全部的技术文件：如图纸使用说明书、验收标准、易损件和标准件图表。交有关部门进行可行性分析和技术经济综合评价。

制造竣工验收时，由设备部门组织有关单位，进行质量检查，总结鉴定，签发合格证，收取技术资料归档，决算报表报财务部门转入固定资产。

4. 设备的安装、调试和验收移交

安装设备，如订货合同规定由供方负责，则在设备进厂后，使用单位已具备了合格的安装设备条件和场所时，可通知供方到厂安装，直到调试运转成功。

待设备运转正常后，即可进行验收移交。由设备管理部门组织安全环保部门、档案管理部门、使用单位和安装单位，共同鉴定安装质量、精度、安全、环保、运行情况及试车记录。在全体验收人员无异议后，即可填写设备交用验收单，使用单位签字同意接收。至此设备安装遂告竣工。设备交用验收单实例，如表 20 - 6 所示。

表 20 – 6　　　　　　　　　　　　设备交用验收单

厂名　　　　　　　　　　　　　　　　年　　月　　日

设备型号	设备名称	主要规格	制造厂	购（造）原值	制造年份	使用部门	设备编号
					年　月		

文件资料		随　机　配　套　主　要　机　床　附　件					
		名称	型号规格	数量	名称	型号规格	数量
精度检查							
机床运转情况							
		随机安装的电器设备及电动机					
		名称	型号规格	功率/kW	名称	型号规格	功率/kW
验收意见							

转交部门负责人	使用部门设备员	设备主管负责人	验　收　日　期	备注	
			年　月　日		

注：凡是技革技措项目，完工交付使用后，应在备注栏内填清是否可列入固定资产，并填清金额。

四、设备的使用和维护保养

设备的使用和维护保养工作是设备管理工作中的一个重要环节。企业为了确保设备的使用寿命，充分发挥设备的工作效率，降低维修费用，预防和减少事故的发生，必须按照《设备管理条例》规定，建立健全的设备操作、使用、维护规程和岗位责任制。操作工要严格执行操作维护规程，加强对设备的使用维护管理，并定期检查评比，促使设备保持在完好的技术状态。

1. 设备的使用

（1）岗前培训　新工人在使用设备前，必须进行岗前培训，学习有关设备的结构、性能、使用、维护及安全技术等方面的知识。在师傅的指导下，学习实际操作技能。通过理论和实践的学习，熟悉了设备性能和技术规范，懂得了设备的结构，掌握了操作方法、安全技术规程和润滑保养知识，并经设备管理部门考核合格，取得了操作证后，方可独立操作设备。

（2）设备"三定"制度　设备使用实行"定机、定人、定岗"的三定制度，要求操作人员严格遵守岗位责任制，并能正确使用设备和落实日常维护工作。对流水作业线设备，因岗位较多，故应选定机（组）长，并固定各个岗位的操作工，由组长负责协调设备的使用和维护保养。

（3）交接班制度　若主要生产设备实行两班以上生产，则必须执行设备交接班制度，每台设备应设有"交接班记录簿"。对设备运行中发生的问题、故障、维修等情况，都要填写清楚。接班人接班时与交班人双方当面检查，如无异议，则双方在记录本上签字。连续生产的设备，可在运行中完成交接班手续。如接班人不能当面接班，可由带班长代替签字。接班人如发现设备有异常现象，记录不清，情况不明，可拒绝签字接班。接班人签字接班后，设备发生问题，由接班人负责。

交接班记录簿封面及交接班记录表，如表 20 - 7、表 20 - 8 所示。

表 20 - 7　　　　　　　　　　　　**交接班记录簿封面**

×××厂（公司）

交接班记录簿

设备编号：_____

名称、型号规格：_____

单　位：_____

接班人：_____

（保持完整，用完交回）

表 20 - 8　　　　　　　　　　**交接班记录**　　　　　　　　年　月　日

设备各部位情况＼班次			
设备清洁润滑			
传动机构状况			
零部件缺损			
电器情况			
安全装置			
开车检查			
其　他			
产　量			
故障事故			
处理情况			
台时记录			

一班	接班人		二班	接班人		三班	接班人	
	交班人			交班人			交班人	

2. 设备维护保养的要求

（1）清洁　设备必须保持内外清洁，周围无杂物、垃圾。班前、班后操作工须对设备进行认真检查，并擦拭各个部位。要求设备表面无油污、无锈蚀、无粉尘；各部位不漏油、水、汽。

（2）整齐 设备安装要协调规范，安全防护装置齐全。工具、工件（或产品）须定位放置。线路、管道要求整洁。

（3）润滑 设备润滑要做到：定时、定点、定质、定量。保持油毡、油线清洁，油标清晰，油路畅通，油质符合要求，所需加油工具齐全。

（4）安全 操作工应熟悉设备结构，有较强的安全意识，遵守安全操作规程，并保持设备安全防护装置齐全可靠，做到不发生设备事故和人身伤亡事故。

3. 特种设备的维护、检查监测

特种设备一般包括：动力、起重、运输、仪器、仪表、压力容器等。由于这些设备一旦发生事故，对财产和人身安全都有较大的危害，因而在使用、培训、维护检查等方面要有特殊的要求。企业要保持特种设备完好率达 100%。

（1）特种设备的定期检查 企业设备管理部门应专门建立特种设备台账卡片和档案。根据设备特点，做好定期检查检测计划，报上级劳动安全检测检查站备案，到时按期检测。锅炉、电梯 1 年 1 次，行车、低压容器 2~3 年 1 次。每次检测后，若发现有问题，则都需及时整改，经整改并复检合格后，方可投入正常使用。检测表和整改记录应收集入档。

（2）特种设备操作工的培训 对企业锅炉操作工、电梯、行车工等，在上岗前必须派到上级劳动安全部门进行专业培训，在取得劳动安全部门发放的操作合格证后，方可上岗。

五、设备的修理及更新改造

1. 设备的检查、维修

对设备的检查和维修，主要通过对设备巡回检查，发现异常现象，及时进行针对性的修理，以保持设备正常运行，并充分利用零配件的使用寿命，来降低维修费用，提高单位效益。车间维修工，须坚持班前、班后、班中巡回检查设备，监测异状，发现问题，填写设备巡回检查记录（表20-9），及时进行分析处理。

表 20-9　　　　　　　　　　设备巡回检查及修理记录

单位：　　　　　　　　　　　　　　　　　　　　　　年　月　日

	传动机构有无异音	
设备巡回检查记录	零部件损坏情况	
	安全防护装置状况	
	电器情况	
	有无漏油，漏水、漏汽	
	润滑装置是否齐全、清洁、畅通	
	润滑"五定"执行情况	
	其 他	
	检查人	
设备修理记录	设备修理情况，所修设备名称、编号及更换配件名称	
	检修人：	

2. 设备的项修和大修

白酒的销售季节性较强，一般在炎热的夏季都有计划地限产（停产）。企业可充分利用这个有利时间进行设备的项修和大修。

（1）编制设备项修和大修计划　切实掌握需修设备的实际技术情况，分析其修理的难易程度、工作量大小和轻重缓急，以及与有关部门商定修前技术、维修准备和可能完成的时间。

于每年年末开始着手做好资料的收集和分析工作。设备管理部门通过调查研究，汇总编制设备修理项目和各类材料配件，送设备管理负责人审定，然后报主管厂长批准。

（2）修理计划的实施　设备使用单位应按修理计划规定的时间，按期将设备移交给承修的单位。如设在安装现场进行修理，使用单位应彻底擦拭设备，并把设备所在的现场打扫干净，为修理作业提供必要的场地。

设备解体后，发现在编制计划时未预测的问题，要尽快发出技术文件和图纸，补充未预测到的修换件、材料明细表。

修理组长必须每日了解各部位的修理作业实际进度及计划完成情况。对修理工人提出的意见和要求，从技术上和组织上采取措施，及时解决，做到不发生停工待料和延误进度的现象。

（3）竣工验收　设备大修完毕，经修理单位试运转并自检合格后，再认真检查修理质量和查阅各项修理记录是否齐全完整，是否完成修理技术任务书规定的修理内容并达到规定的质量标准和技术条件。在各部门人员一致确认无误后，可在设备修理竣工报告单上签字，使用单位方可接收。

设备修理竣工验收后，由修理单位将修理技术任务书，修换件、材料明细表，试车及精度检查记录等，作为附件随同设备修理竣工报告单报送设备管理部门整理存档，留作考查。

设备大修后，应有保修期，具体期限由企业自定。一般应不少于3个月。在保修期内，如果由于修理质量不良而发生故障，则修理单位应负责及时抢修，其费用由修理单位承担。如用户使用不当而发生故障，则修理单位也应承担排除故障的工作，其费用由用户自付。

3. 设备的更新改造

（1）设备更新改造的必要性　白酒企业面对市场的激烈竞争，越来越需要提高设备装备技术素质，加速企业设备的改造和更新，以提高产品质量，提高参与市场经济的竞争能力，促进企业经济效益的提高。

（2）更新改造设备范围　若设备老化、陈旧、生产效率低，则必须进行更新改造。设备虽然能满足生产要求，但局部修换件频繁，工作量大，可进行改造，更换为耐用的机件或材料。

（3）设备更新改造计划的编制和审批　计划的编制和审批要与设备大修计划同时进行。施工和验收，参照大修设备进行。

六、设备的基础管理

1. 设备的编号与登记

当新设备验收交接后，为了便于清点、保管、统计和核对，必须按时移交验收单，进行登记，列入固定资产，并进行设备统一编号。建立设备台账和卡片，财务部门建立固定资产明细账。每年年终由设备管理部门组织有关人员核查全厂机器设备固定资产，保证账、卡、物三者相符。

2. 设备的档案管理

设备档案是指设备从规划、设计、制造、安装、验收、使用、维修、更新改造直至报废的全过程中形成的图纸、文件、凭证和记录等资料。各类资料，通过不断收集、整理、鉴定等工作，组卷建立设备档案。

设备档案应包括设备的前期管理资料和设备投产后的管理资料。

（1）设备前期管理的主要资料　购置设备的申请报告及批准书、选购设备的技术经济分析资料、设备的购置合同、自制设备设计任务书和鉴定书、设备装箱单及设备开箱检验单、设备检验合格证及随机图纸、使用说明书、设备验收单等。

（2）设备投产后的主要管理资料　设备登记卡、开动台时记录、使用单位移动记录、设备事故报告及分析处理记录、设备大修记录、设备报废报批表。

3. 闲置设备的封存与处理

对闲置设备要及时处理给需要的单位，暂时不能处理的设备，应将设备擦拭干净，导轨及光滑面涂油防锈，覆盖防尘罩后，待处理给需用的单位。

4. 设备的移装与调拨

凡已安装并列入固定资产的设备，若在企业内部调动或移动安装位置，必须经设备部门同意，报厂长批准后方可实施。分厂、车间不得擅自移位或调动。

多余的设备向外调拨，必须经厂长批准后，由设备部门负责填写设备的资产原值和已提折旧金额，与调入单位办理转账和设备档案转移手续。设备确定为有偿调拨出售时，设备部门可采取招标形式，竞价出售。由财务部门收款后，办理设备出厂手续，设备部门和财务部门注销资产台账和卡片。

5. 设备的事故分析及处理

设备因非正常损坏而造成停产或效能降低，可称为设备事故。设备事故分为一般事故和重大事故、特大事故三类。

事故发生后，操作者应立即切断电源，防止事故扩大，并保持现场，向组长或设备管理员报告。一般事故由车间负责人组织有关人员在设备部门参与下进行调查分析及处理。重大事故及特大事故由主管厂长组织设备、安全和发生事故单位的人员进行调查分析，查出原因。坚持"三不放过"的原则（原因分析不清不放过，没有防范措施不放过，责任者和群众不受教育不放过）。

发生事故单位，应在事故发生后 3 日内认真填写事故报告单。一般事故报设备管理部门签署处理意见；重大事故报主管厂长批示；特大事故，报上级主管部门，听候处理指示。

对事故责任者应严肃处理，按情节轻重、责任大小，分别给予批评教育、行政处分或经济处罚。触犯刑律者以法制裁。对抢救、抢修有显著功绩者，按情况给予表扬和奖励。对设备事故隐瞒不报或弄虚作假的单位和个人，要加重处罚，追究领导责任。

6. 设备的报废

（1）设备报废的条件　超过使用年限、主要结构陈旧、精度低劣、生产效率低、无修理价值的设备。因事故或意外灾害，使设备遭受严重损坏，无法修复使用的设备。严重影响安全及环境保护，若进行修复改造又不经济的设备。因产品换型、工艺变更，又不宜改造利用的设备。按国家有关规定，应淘汰的高耗能设备。

（2）设备报废审批程序　使用单位提出申请，设备部门组织鉴定。符合报废条件的，填写设备报废申报表（表20-10），报总会计师和厂长批准。设备和财务部门，核销账目及资产卡片。

表20-10　　　　　　　　　　　设备报废申请表

设备名称		已使用年限	
规格型号		原　值	
设备编号		已提折旧金额	
数　量		净　值	
设备重量		估计残值	
使用部门		报废损失	
设备现状及报废原因			
鉴定意见			
报废后处理意见			
分厂意见		设备部门意　见	
总会计师意　见		厂长意见	

企业名称：　　　　　　　　　　　　　　　　　　　　　　年　月　日

企业盖章：　　　　　　　　　　　　　　　　　　　　　　经办人：

（3）报废设备的处理　作价售给能利用的单位（国家规定淘汰的设备不得转让）。把能利用的零部件拆除留用，不能利用的作为原材料和废料处理。

七、检查与评比

设备通过检查与评比，能总结推广先进单位的设备管理经验，克服不足之处，相互取长补短，共同提高设备管理水平。主要作用有：

（1）可以促进企业内部和企业之间的设备维护保养和检修的劳动竞赛，不断总结，交流、推广现代设备管理经验，发挥设备的最佳效能，提高企业的经济效益。

（2）可以使设备处于良好的技术状态，保质保量地完成生产任务。

（3）可以发挥职工当家做主、爱护设备的好风气，自觉做到文明生产，激发劳动者的热情。

（4）可以促进企业在设备管理方面不断革新，逐步提高科学管理水平。

机电设备检查缺陷整改通知书及设备管理考核细则，如表20-11、表20-12所示。

表 20－11　　　　　　　　　　机电设备缺陷整改通知书

被检查单位		检查单位		限期整改时间	
序号	存在缺陷	整改情况	整改时间	整改人	负责人

表 20－12　　　　　　　　　　设备管理考核细则

被检查单位：　　　　　　　　　　　　　　　　　　　　得分：

项目	检 查 内 容	评分标准	标准分	得分	评语
一、设备管理基础工作30分	1. 被检查单位主要生产设备的"操作"、"维护保养"和"检修"三规程，保持齐全完整，并认真执行	缺1项扣1分，不全面按比例扣分	每条3分		
	2. 认真执行设备管理制度，包括：（1）岗位责任制；（2）维护保养；（3）设备润滑；（4）备品备件；（5）设备事故；（6）特种设备管理等制度	缺1项扣0.5分			
	3. 建立健全设备台账、卡片，做到账、卡、物三相符	缺1项扣1分不符实按比例扣分			
	4. 严格执行本单位制定的设备管理考核细则，定期检查评比，奖惩纳入奖金分配	若无，不得分			
	5. 各单位要有一负责人分管设备管理工作，并设一名专（兼）职设备管理员	同上			
	6. 设备管理员每月2日前汇总统计上月的主要生产设备经济技术指标及设备运行时间统计表，报设备动力科	同上			
	7. 编制主要设备标准件、易损件明细表或图册	缺1项扣1分			
	8. 认真做好每天的设备巡回检查、检修记录。设备发生事故及时上报并做好详细记录	缺1项扣1分			
	9. 生产设备上要实行定人、定机、定岗位管理，操作工做到"三好"、"四会"，遵守五项纪律	发现1例做不到扣1分			
	10. 新增设备必须填写申报单，报设备科和有关领导核批。验收设备必须有设备科、档案室参加，同时移交设备所有材料	不按要求做不得分			

续表

项目	检查内容	评分标准	标准分	得分	评语
二、设备完好情况70分	1. 操作系统及各种仪器、仪表、阀门灵敏可靠	有1处不合格扣1分	10		
	2. 各传动系统运转正常，变速齐全		10		
	3. 润滑系统装置齐全，管道完整，油路畅通，油标醒目，油质符合要求		10		
	4. 安全防护装置齐全，灵敏可靠		10		
	5. 电器设备的各项电器参数必须符合要求，有良好的接地或接零装置		10		
	6. 配电屏（箱）内的各种继电保护装置，必须灵敏、安全可靠		10		
	7. 设备内外清洁，无油垢，无锈蚀，无漏油、漏水、漏汽、漏电现象		5		
	8. 设备品牌完整，清洁醒目		5		

第五节　白酒行业基本职业道德规范

中国白酒作为世界著名的六大蒸馏酒之一（其余五种是白兰地、威士忌、朗姆酒、伏特加和金酒），历史悠久，技艺精湛，在国内外享有盛誉，是中华民族的宝贵遗产。与其他国家的饮料酒相比，中国白酒独具风格，酒体无色透明，香气宜人，口味醇厚柔绵，甘润清洌，诸味谐调，余味悠长，给人以极大的欢愉和幸福之感。不仅如此，白酒作为中国特有的、有着悠久历史的传统酒种，更承载着中华民族灿烂而久远的酒文化内涵，是社交礼仪和人们生活中不可缺少的饮品。

白酒行业从业人员只有模范遵守"爱岗敬业、诚实守信、办事公道、勤劳节俭、遵纪守法、团结互助、开拓创新"的基本职业道德规范，才能在为广大消费者提供安全美味的白酒产品、丰富广大人民群众物质文化生活的同时，进一步继承与发展中国博大精深的酒文化内涵。

一、爱岗敬业

《中共中央关于加强社会主义精神文明建设若干重要问题的决议》指出，爱岗敬业是全社会大力提倡的职业道德行为准则，是国家对人们职业行为的共同要求，是每个从业者应当遵守的共同的职业道德。爱岗敬业作为最基本的职业道德规范，是对人们工作态度的一种普遍要求。爱岗就是热爱自己的工作岗位，热爱本职工作，敬业就是要用一种恭敬严肃的态度对待自己的工作。敬业可分为两个层次，即功利的层次和道德的层次。在市场经济条件下，许多人是带着挣钱养家、发财致富的目的从事工作的，在这种情况下，敬业和自己的经济利益相联系，这时的敬业就不能不带有功利的性质。社会主义职业道德所提倡的敬业，则有着更为丰富的内容。投身于社会主义事业，把有限的生命投入到无限的为人民服务中去，是爱岗敬业的最高要求。爱岗敬业的具体要求主要是：树立职业理想、强化职业责任、提高职业技能。

中国白酒是珍贵的民族遗产，国家非物质文化遗产，要在传承的基础上不断发展、创新。我国白酒的生产工艺复杂，系统性强，对每一个生产环节的操作都有极为严格的要求。白酒生产从业人员只有具备了爱岗敬业的职业精神，才能对自己所承担的工作表现出一种责任感和义务感，这种责任感和义务感一旦形成，便成为一种巨大的精神力量，形成一种自动干好本职工作的动力。一个有很强责任感的白酒生产从业人员会千方百计干好本职工作，去履行自己的使命和责任，其结果就是在为广大消费者提供更多更好的白酒产品的同时，提高企业的市场竞争力和经济效益。

二、诚实守信

诚实守信是人类在漫长的交往实践中总结、凝练出来的做人的基本准则，是确保社会交往，尤其是经济交往持续、稳定、有效的重要道德规范。在大力建立社会主义市场经济体制的今天，在加强职业道德建设的过程中，弘扬诚实守信的精神，无论是对于企事业单位的兴旺发达，还是对于职工个人的就业、成长、成功，都是十分重要的。

所谓诚实，就是忠诚老实，言行一致，不讲假话。诚实的人能忠实于事物的本来面目，不歪曲，不篡改事实，同时也不隐瞒自己的真实思想，光明磊落，言语真切，处事实在。一切道德前体都是诚实。没有诚实，就根本无道德可言。从这个意义上说，诚实是道德的基石。一个人，一个企业，甚至一个民族，一旦失去道德的基石，就会道德沦丧、堕落。一些不法企业在白酒生产和销售中的假冒伪劣、以次充好和坑蒙拐骗都是不诚实的表现。

所谓守信，它是一个人在处理人与人之间的关系，特别是经济利益关系时的一个道德准则。守信就是遵守自己所发出的承诺。古贤圣达无不将守信作为治国处世的道德准则，通常将"守信"作为衡量一个人道德品质高低的标准。

白酒行业从业人员要真正做到诚实守信，首先，要在工作中做到实事求是，严格遵守国家相关法律法规、规范及标准，不弄虚作假；其次，要忠诚所属企业，所谓忠诚所属企业，就是心中始终装着企业，总是把企业的兴衰成败与自己的发展联系在一起，愿意为企业的兴旺发达贡献自己的一份力量。具体说来，忠诚所属企业就应该：

（1）诚实劳动。

（2）关心企业发展。

（3）遵守合同和契约；最后，要自觉维护企业信誉和保守企业商业秘密。

三、办事公道

办事公道是人加强自身道德品质修养的基本内容，也是在社会主义市场经济条件下，企业活动的根本要求。作为一个白酒行业的职工，在其职业活动中，必须奉行办事公道的基本原则，在处理个人与国家、集体、他人的关系时，公私分明、公平公正、光明磊落。

办事公道的具体要求如下。

1. 坚持真理

白酒行业从业者要在任何情况下，任何环境中，在自己的职业实践中，都能把握住自己，坚持真理、秉公办事，就必须努力做到：

（1）在大是大非面前立场坚定；在政治风浪面前头脑清醒；在腐朽思想文化面前自觉

抵制；在个人利益和集体利益面前自觉服从大局。要做到在似是而非中去分辨是非；在良莠混杂中鉴别美丑；防止在不知不觉中误入歧途。

（2）积极地改造世界观，在实践中不断坚定自己的信仰、志向，锤炼自己的意志、品质，确立高尚的人生追求和健康向上的生活情趣，做到不仁之事不为、不义之财不取、不正之风不染、不法之事不干，自觉过好名位关、权力关、金钱关、色情关、人情关。

（3）要做到照章办事，按原则办事，做到行所当行，止所当止。不能因私废法，不能按照个人的亲疏、好恶，对不同地位、职业、身份的人采取不同的标准对待和处理。

（4）要敢于说"不"。坚持真理，就要敢于反对错误的东西，拿起批评的武器，与错误的思想和行为做斗争。这就要增强做人的责任感，克服"好人主义"、怕得罪人的思想。有些人为了一己之利，逃避现实，回避矛盾，往往以主流掩盖支流，以成绩掩盖错误，对消极面、阴暗面不敢正视；处事态度暧昧、模棱两可，对许多有争议的、迫切需要弄清是非的问题，不敢旗帜鲜明地亮出自己的观点；对工作中错误的东西，甚至违法违纪行为也只是睁只眼、闭只眼，得过且过，明哲保身；对亲近自己的"熟人"，能为自己办事的"能人"，以及所谓有"背景"的人和自己的亲人，都用尽庇护之能事，即使问题严重，也往往高抬贵手，宽宏有加，用以培植自己受益的基础。他们把自己的个人得失看得很重，而对社会和集体的利益却看得很轻，不能做到扶正祛邪，激浊扬清，而是包污护垢，以"好人"的姿态去赢得被保护人的欢心，这是极端错误的。只有克服"好人主义"思想，我们在自己的职业实践中才能真正做到坚持真理与正义，树立做人的高尚品格与节操，也才能为做到办事公道奠定坚实的思想基础。

2. 公私分明

白酒行业从业人员要想做到办事公道，就要做到公私分明。公是指社会整体利益、集体利益和企业利益，私是指个人利益。公私分明原意是指要把社会整体利益、集体利益与个人私利明确区别开来，不以个人私利损害集体利益。在职业实践中讲公私分明是指不能凭借自己手中的职权谋取个人私利，损害社会、集体利益和他人利益。俗话说，拿了人家的手短，吃了人家的嘴软。意思就是说，如果利用自己的职权谋取了个人利益，就不可能做到办事公道；而如果自己是清白的，办事才可能是公正的。自己清白，没有把柄在别人手中，才敢于坚持真理，坚持原则，才能不被别人的威吓所吓倒，才能不被人利用。只有这样，才可能主持正义、公道。

3. 公平公正

公平公正是指按照原则办事，处理事情合情合理，不徇私情。在白酒行业职业活动中，虽然不同的岗位各有其岗位特点，公平公正的具体要求也不同，但其基本要求是一致的。都要求从业者要按照原则办事，不因个人的偏见、好恶、私心等，去对待事情和处理问题。在白酒行业职业实践活动中，同一部门内部的从业者之间、不同部门的从业者之间总是会发生各种联系。处理各种关系，理顺各个部门、企业之间的经济和其他方方面面的关系的基本要求是要做到公平公正。做到了公平公正，才能弘扬正气，打击邪气；发扬团队精神，加强团结协作；增强凝聚力，提高工作效率；树立威信，赢得群众的拥护和尊重。

4. 光明磊落

光明磊落是指做人做事没有私心，胸怀坦荡，行为正派。它既是做人的一种高尚品德，也是白酒行业从业者应具有的职业要求。

四、勤 劳 节 俭

勤劳节俭是中华民族的传统美德，也是中国共产党的优良作风。在发展社会主义市场经济的新形势下，勤劳节俭，不仅没有过时，而且还焕发了新的生命力。勤劳节俭不仅是抵制产生腐败行为的利器，是个人事业成功的催化剂，更是企业在市场竞争中常战常胜的秘诀，同时还是维持社会可持续发展的法宝。勤劳节俭既是职业道德，也是社会美德。

勤劳节俭有利于可持续发展。20 世纪 80 年代，人们提出了一种可持续发展的发展观，现在它已为越来越多的人所接受。这种新的发展观对于促进人与自然的协调和我国的现代化建设具有重要意义。可持续发展就是走一条经济、社会、人口、环境和资源相互协调，既能满足当代人需要，又不对后人的生存发展构成危害的发展道路。一个社会的可持续发展必须重视生产资源的节约。我国是一个人口众多资源相对贫乏的国家，土地、水源、矿藏的人均占有量均比较低，因此，节约对我们有着特殊重要的意义。我们必须要节水、节电、节能、节财、节粮，千方百计地减少资源的占用和消耗，以实现经济的可持续发展。但是令人遗憾的是，目前，在我国的一些地区，为了脱贫致富，不顾有限的资源，依然采用高投入、高消耗、高污染的粗放型经营模式，使环境不断恶化，资源日趋枯竭。

勤劳促进效率的提高。所谓劳动生产率是指每个人在单位时间内生产的产品数量，它是衡量一个企业、一个国家经济水平和经济效益的重要依据和标准。任何一个企业、地区和国家的劳动生产效率越高，其经济效益就越好，经济发展也就越快。因此，任何一个企业、地区和国家要想有较快的经济增长，就必须保持较高的劳动生产率。中国白酒的生产是项系统性很强的工作，其中任何一个操作环节或单元都对整个生产系统的生产效率具有重要影响。因此，只有白酒从业人员具备了勤劳的优良品质，提高每一个操作环节或单元的工作效率，才能提高整个企业的生产效率，从而降低企业生产成本，提高经济效益。

节俭能够降低生产成本。节俭不仅具有道德价值，而且在现代社会发展中也具有极为重要的经济价值。首先，生产过程中的节俭，直接降低了成本，提高了效益。其次，节俭既是一种道德规范，也是一种道德理念、道德价值观，它为生产效率的提高提供了精神动力。白酒生产所用的原辅材料和能源主要是粮食、水、纸箱等包装材料、煤、电等，如果每一位白酒行业从业人员都具有节俭的良好品质，就会在生产中在保证产品质量的情况下，尽量减少各种原辅材料和能源的浪费，降低企业的生产成本，提高企业的经济效益。

五、遵 纪 守 法

从业人员遵纪守法是职业活动正常进行的基本保证，也是发展社会主义市场经济的客观要求，它直接关系到企业的发展和个人的前途，关系到社会主义精神文明的进步和社会主义现代化建设的顺利进行。遵纪守法作为社会主义职业道德的一条重要规范，是对职业人员的基本要求。从业人员应培养法制观念，自觉遵纪守法，以保证社会活动有序进行，生产正常运转。

近年来，随着广大人民群众和政府对食品安全、环境保护和清洁生产的重视，从中央到地方的各级政府相继颁布了一系列有关食品安全、环境保护和清洁生产的法律法规、规范和标准，例如《中华人民共和国食品安全法》、《中华人民共和国环境保护法》、《中华人民共和国食品安全法实施细则》、《白酒企业良好生产规范》、《食品中污染物限量》、《食品安全国家标准　食品中真菌毒素限量》、《清洁生产标准　白酒制造业》、《大气污染物综合排放标准》、《污水综合排放标准》等。这些法律法规、规范和标准的颁布实施，为我国的食品安全、环境保护和清洁生产提供了重要的法律保障和技术支撑。白酒工业作为食品行业，白酒产品的质量状况直接关系到广大消费者的人身健康安全，能否很好地做到环境保护和清洁生产也关系到企业和社会的可持续发展，因此，白酒行业从业人员要认真学习食品安全、环境保护和清洁生产相关法律法规、规范和标准，并在职业活动中严格执行。

遵纪守法的具体要求：

（1）学法、知法、守法、用法　要做到遵纪守法，首先必须认真学习法律知识，树立法制观念，并且了解、明确与食品行业、白酒行业相关的职业纪律、岗位规范和法律规范。学法、知法，增强法制意识；遵纪守法，做个文明公民；用法护法、维护正当权益。

（2）遵守企业纪律和规范　遵守劳动纪律；遵守组织纪律；遵守操作规程；遵守群众纪律；遵守保密纪律。

六、团 结 互 助

团结互助，是指在人与人之间的关系中，为了实现共同的利益和目标，互相帮助、互相支持、团结协作、共同发展。历史证明，人类文明的发展，社会的进步，都是集体劳动的产物，需要集体的智慧，集体的力量，需要劳动者互相帮助，团结奋斗。

白酒行业作为我们今天所从事的社会主义现代化建设事业的一个重要组成部分，白酒行业实现又好又快的发展对于实现社会主义现代化的共同目标具有重要的促进作用。因此，也必然要求白酒行业从业人员之间，协作单位之间要同心协力，互相支持，互相帮助，互相爱护，为共同的利益和目标相互促进。因此，团结互助，作为集体主义道德原则和新型人际关系在职业活动中的具体体现，也是社会主义职业道德对每种职业和每个从业人员的基本要求。

团结互助的基本要求：

（1）平等尊重　上下级之间平等尊重；同事之间相互尊重；师徒之间相互尊重；尊重服务对象。

（2）顾全大局。

（3）相互学习。

（4）加强协作。

七、开 拓 创 新

开拓创新是时代的需要，我国制定的《国家中长期科学和技术发展规划纲要（2006—2020年）》从全面建设小康社会全局出发，确定了"自主创新、重点跨越、支撑发展、引领未来"的指导方针，提出了建设创新型国家的总体目标。自主创新是十六字指导方针的核心，是贯穿《国家中长期科学和技术发展规划纲要（2006—2020年）》的主线。自主创新是科技发展的灵魂，是一个民族发展的不竭动力，是支撑国家崛起的筋骨。必须把提高自主创新能力作为科技发展的战略基点，作为提升竞争力的首要选择，作为调整经济结构、转变增长方式的中心环节，贯彻到各个产业、行业和地区，贯彻到现代化建设的各个方面。

（一）创新的涵义

创新是指人们为了发展的需要，运用已知的信息，不断突破常规，发现或产生某种新颖、独特的有社会价值或个人价值的新事物、新思想的活动。

创新的本质是突破，即突破旧的思维定势，旧的常规戒律。它追求的是"新异"、"独特"、"最佳"、"强势"，并必须有益于人类的幸福、社会的进步。

创新活动的核心是"新"，它或者是产品的结构、性能和外部特征的变革，或者是造型设计、内容的表现形式和手段的创造，或者是内容的丰富和完善。

创新在实践活动上表现为开拓性，即创新实践不是重复过去的实践活动，它不断发现和拓宽人类新的活动领域。创新实践最突出的特点是打破旧的传统、旧的习惯、旧的观念和旧的做法。创新在行为和方式上必然和常规不同，它易于遭到习惯势力和旧观念的极力阻挠。对于创新主体来讲，应具有思想解放、头脑灵活、敢于批评、勇于挑战的开拓精神，因此创新和开拓紧紧相连。

根据美国经济学家熊彼特的说法，创新是指企业实行对生产要素的新组合，它包括5种情况：

（1）引入一种新产品，就是消费者还不熟悉的产品，或提供一种产品新的质量。

（2）采用一种新的生产方法，就是在有关的制造部门中未曾采用过的方法。这种新的方法并不需要建立在新的科学发现基础之上，而可以是以新的商业方式来处理某种产品。

（3）开辟一个新的市场，就是使产品进入以前不曾进入的市场，不管这个市场以前是否存在过。

（4）获得一种原料或半成品新的供给来源，不管这种来源是已经存在的还是第一次创造出来的。

（5）实行一种新的企业组织形式，如建立一种垄断或打破一种垄断。

（二）没有创新的企业是没有希望的企业

创新是社会前进的火车头。从古到今，无论是国家的繁荣、民族的兴旺，还是个人事业的成功，无不同创新相联系。第一个制造石斧的人，第一个发明指南针的人，第一个使用火的人，第一个发明蒸汽机的人，第一个发现美洲新大陆的人，每个第一都推动了历史的进步，都把人类带向了新纪元。当今世界，一切社会的发展，一切经济价值、经济增长和战略实力，实际上都与开拓创新紧紧相连。企业要创新，需要更好更有效地参与全球范围内的竞争与合作；个人要创新，需要不断地挖掘、开发自身的潜力和能力，实现自己的理想和价值，以期获得事业的成功。

中国白酒行业是一个古老行业，更是一个传统产业。白酒行业的传承与创新是决定中国白酒工业实现又好又快可持续发展的一个非常关键的问题。新时期面对新的消费群体的崛起、其他酒种的冲击、消费结构的调整和生产环境的改变，中国白酒行业必须在传承的基础上进行技术创新、文化创新和营销创新，去有意识地引领和引导消费趋势。这就要求每一个白酒行业从业人员在其职业活动中要具有很强的创新意识和精神，刻苦钻研业务知识，在实践中寻找并突破创新点，提高企业的整体创新能力，增强企业的核心竞争力。

附　录

一、中华人民共和国劳动合同法

（2007 年 6 月 29 日第十届全国人民代表大会常务委员会第二十八次会议通过）

第一章　总　　则

第一条　为了完善劳动合同制度，明确劳动合同双方当事人的权利和义务，保护劳动者的合法权益，构建和发展和谐稳定的劳动关系，制定本法。

第二条　中华人民共和国境内的企业、个体经济组织、民办非企业单位等组织（以下称用人单位）与劳动者建立劳动关系，订立、履行、变更、解除或者终止劳动合同，适用本法。

国家机关、事业单位、社会团体和与其建立劳动关系的劳动者，订立、履行、变更、解除或者终止劳动合同，依照本法执行。

第三条　订立劳动合同，应当遵循合法、公平、平等自愿、协商一致、诚实信用的原则。

依法订立的劳动合同具有约束力，用人单位与劳动者应当履行劳动合同约定的义务。

第四条　用人单位应当依法建立和完善劳动规章制度，保障劳动者享有劳动权利、履行劳动义务。

用人单位在制定、修改或者决定有关劳动报酬、工作时间、休息休假、劳动安全卫生、保险福利、职工培训、劳动纪律以及劳动定额管理等直接涉及劳动者切身利益的规章制度或者重大事项时，应当经职工代表大会或者全体职工讨论，提出方案和意见，与工会或者职工代表平等协商确定。

在规章制度和重大事项决定实施过程中，工会或者职工认为不适当的，有权向用人单位提出，通过协商予以修改完善。

用人单位应当将直接涉及劳动者切身利益的规章制度和重大事项决定公示，或者告知劳动者。

第五条　县级以上人民政府劳动行政部门会同工会和企业方面代表，建立健全协调劳动关系三方机制，共同研究解决有关劳动关系的重大问题。

第六条　工会应当帮助、指导劳动者与用人单位依法订立和履行劳动合同，并与用人单位建立集体协商机制，维护劳动者的合法权益。

第二章　劳动合同的订立

第七条　用人单位自用工之日起即与劳动者建立劳动关系。用人单位应当建立职工名册备查。

第八条　用人单位招用劳动者时，应当如实告知劳动者工作内容、工作条件、工作地点、职业危害、安全生产状况、劳动报酬，以及劳动者要求了解的其他情况；用人单位有权了解劳动者与劳动合同直接相关的基本情况，劳动者应当如实说明。

第九条　用人单位招用劳动者，不得扣押劳动者的居民身份证和其他证件，不得要求劳动者提供担保或者以其他名义向劳动者收取财物。

第十条　建立劳动关系，应当订立书面劳动合同。

已建立劳动关系，未同时订立书面劳动合同的，应当自用工之日起一个月内订立书面劳动合同。

用人单位与劳动者在用工前订立劳动合同的，劳动关系自用工之日起建立。

第十一条　用人单位未在用工的同时订立书面劳动合同，与劳动者约定的劳动报酬不明确的，新招用的劳动者的劳动报酬按照集体合同规定的标准执行；没有集体合同或者集体合同未规定的，实行同工同酬。

第十二条　劳动合同分为固定期限劳动合同、无固定期限劳动合同和以完成一定工作任务为期限的劳动合同。

第十三条　固定期限劳动合同，是指用人单位与劳动者约定合同终止时间的劳动合同。

用人单位与劳动者协商一致，可以订立固定期限劳动合同。

第十四条　无固定期限劳动合同，是指用人单位与劳动者约定无确定终止时间的劳动合同。

用人单位与劳动者协商一致，可以订立无固定期限劳动合同。有下列情形之一，劳动者提出或者同意续订、订立劳动合同的，除劳动者提出订立固定期限劳动合同外，应当订立无固定期限劳动合同：

（一）劳动者在该用人单位连续工作满十年的；

（二）用人单位初次实行劳动合同制度或者国有企业改制重新订立劳动合同时，劳动者在该用人单位连续工作满十年且距法定退休年龄不足十年的；

（三）连续订立二次固定期限劳动合同，且劳动者没有本法第三十九条和第四十条第一项、第二项规定的情形，续订劳动合同的。

用人单位自用工之日起满一年不与劳动者订立书面劳动合同的，视为用人单位与劳动者已订立无固定期限劳动合同。

第十五条　以完成一定工作任务为期限的劳动合同，是指用人单位与劳动者约定以某项工作的完成为合同期限的劳动合同。

用人单位与劳动者协商一致，可以订立以完成一定工作任务为期限的劳动合同。

第十六条　劳动合同由用人单位与劳动者协商一致，并经用人单位与劳动者在劳动合同文本上签字或者盖章生效。

劳动合同文本由用人单位和劳动者各执一份。

第十七条　劳动合同应当具备以下条款：

（一）用人单位的名称、住所和法定代表人或者主要负责人；

（二）劳动者的姓名、住址和居民身份证或者其他有效身份证件号码；

（三）劳动合同期限；

（四）工作内容和工作地点；

（五）工作时间和休息休假；

（六）劳动报酬；

（七）社会保险；

（八）劳动保护、劳动条件和职业危害防护；

（九）法律、法规规定应当纳入劳动合同的其他事项。

劳动合同除前款规定的必备条款外，用人单位与劳动者可以约定试用期、培训、保守秘密、补充保险和福利待遇等其他事项。

第十八条 劳动合同对劳动报酬和劳动条件等标准约定不明确，引发争议的，用人单位与劳动者可以重新协商；协商不成的，适用集体合同规定；没有集体合同或者集体合同未规定劳动报酬的，实行同工同酬；没有集体合同或者集体合同未规定劳动条件等标准的，适用国家有关规定。

第十九条 劳动合同期限三个月以上不满一年的，试用期不得超过一个月；劳动合同期限一年以上不满三年的，试用期不得超过二个月；三年以上固定期限和无固定期限的劳动合同，试用期不得超过六个月。

同一用人单位与同一劳动者只能约定一次试用期。

以完成一定工作任务为期限的劳动合同或者劳动合同期限不满三个月的，不得约定试用期。

试用期包含在劳动合同期限内。劳动合同仅约定试用期的，试用期不成立，该期限为劳动合同期限。

第二十条 劳动者在试用期的工资不得低于本单位相同岗位最低档工资或者劳动合同约定工资的百分之八十，并不得低于用人单位所在地的最低工资标准。

第二十一条 在试用期中，除劳动者有本法第三十九条和第四十条第一项、第二项规定的情形外，用人单位不得解除劳动合同。用人单位在试用期解除劳动合同的，应当向劳动者说明理由。

第二十二条 用人单位为劳动者提供专项培训费用，对其进行专业技术培训的，可以与该劳动者订立协议，约定服务期。

劳动者违反服务期约定的，应当按照约定向用人单位支付违约金。违约金的数额不得超过用人单位提供的培训费用。用人单位要求劳动者支付的违约金不得超过服务期尚未履行部分所应分摊的培训费用。

用人单位与劳动者约定服务期的，不影响按照正常的工资调整机制提高劳动者在服务期期间的劳动报酬。

第二十三条 用人单位与劳动者可以在劳动合同中约定保守用人单位的商业秘密和与知识产权相关的保密事项。

对负有保密义务的劳动者，用人单位可以在劳动合同或者保密协议中与劳动者约定竞业限制条款，并约定在解除或者终止劳动合同后，在竞业限制期限内按月给予劳动者经济补偿。劳动者违反竞业限制约定的，应当按照约定向用人单位支付违约金。

第二十四条 竞业限制的人员限于用人单位的高级管理人员、高级技术人员和其他负有保密义务的人员。竞业限制的范围、地域、期限由用人单位与劳动者约定，竞业限制的约定不得违反法律、法规的规定。

在解除或者终止劳动合同后，前款规定的人员到与本单位生产或者经营同类产品、从事同类业务的有竞争关系的其他用人单位，或者自己开业生产或者经营同类产品、从事同类业务的竞业限制期限，不得超过二年。

第二十五条　除本法第二十二条和第二十三条规定的情形外，用人单位不得与劳动者约定由劳动者承担违约金。

第二十六条　下列劳动合同无效或者部分无效：

（一）以欺诈、胁迫的手段或者乘人之危，使对方在违背真实意思的情况下订立或者变更劳动合同的；

（二）用人单位免除自己的法定责任、排除劳动者权利的；

（三）违反法律、行政法规强制性规定的。

对劳动合同的无效或者部分无效有争议的，由劳动争议仲裁机构或者人民法院确认。

第二十七条　劳动合同部分无效，不影响其他部分效力的，其他部分仍然有效。

第二十八条　劳动合同被确认无效，劳动者已付出劳动的，用人单位应当向劳动者支付劳动报酬。劳动报酬的数额，参照本单位相同或者相近岗位劳动者的劳动报酬确定。

第三章　劳动合同的履行和变更

第二十九条　用人单位与劳动者应当按照劳动合同的约定，全面履行各自的义务。

第三十条　用人单位应当按照劳动合同约定和国家规定，向劳动者及时足额支付劳动报酬。

用人单位拖欠或者未足额支付劳动报酬的，劳动者可以依法向当地人民法院申请支付令，人民法院应当依法发出支付令。

第三十一条　用人单位应当严格执行劳动定额标准，不得强迫或者变相强迫劳动者加班。用人单位安排加班的，应当按照国家有关规定向劳动者支付加班费。

第三十二条　劳动者拒绝用人单位管理人员违章指挥、强令冒险作业的，不视为违反劳动合同。

劳动者对危害生命安全和身体健康的劳动条件，有权对用人单位提出批评、检举和控告。

第三十三条　用人单位变更名称、法定代表人、主要负责人或者投资人等事项，不影响劳动合同的履行。

第三十四条　用人单位发生合并或者分立等情况，原劳动合同继续有效，劳动合同由承继其权利和义务的用人单位继续履行。

第三十五条　用人单位与劳动者协商一致，可以变更劳动合同约定的内容。变更劳动合同，应当采用书面形式。

变更后的劳动合同文本由用人单位和劳动者各执一份。

第四章　劳动合同的解除和终止

第三十六条　用人单位与劳动者协商一致，可以解除劳动合同。

第三十七条　劳动者提前三十日以书面形式通知用人单位，可以解除劳动合同。劳动者在试用期内提前三日通知用人单位，可以解除劳动合同。

第三十八条 用人单位有下列情形之一的，劳动者可以解除劳动合同：

（一）未按照劳动合同约定提供劳动保护或者劳动条件的；

（二）未及时足额支付劳动报酬的；

（三）未依法为劳动者缴纳社会保险费的；

（四）用人单位的规章制度违反法律、法规的规定，损害劳动者权益的；

（五）因本法第二十六条第一款规定的情形致使劳动合同无效的；

（六）法律、行政法规规定劳动者可以解除劳动合同的其他情形。

用人单位以暴力、威胁或者非法限制人身自由的手段强迫劳动者劳动的，或者用人单位违章指挥、强令冒险作业危及劳动者人身安全的，劳动者可以立即解除劳动合同，不需事先告知用人单位。

第三十九条 劳动者有下列情形之一的，用人单位可以解除劳动合同：

（一）在试用期间被证明不符合录用条件的；

（二）严重违反用人单位的规章制度的；

（三）严重失职，营私舞弊，给用人单位造成重大损害的；

（四）劳动者同时与其他用人单位建立劳动关系，对完成本单位的工作任务造成严重影响，或者经用人单位提出，拒不改正的；

（五）因本法第二十六条第一款第一项规定的情形致使劳动合同无效的；

（六）被依法追究刑事责任的。

第四十条 有下列情形之一的，用人单位提前三十日以书面形式通知劳动者本人或者额外支付劳动者一个月工资后，可以解除劳动合同：

（一）劳动者患病或者非因工负伤，在规定的医疗期满后不能从事原工作，也不能从事由用人单位另行安排的工作的；

（二）劳动者不能胜任工作，经过培训或者调整工作岗位，仍不能胜任工作的；

（三）劳动合同订立时所依据的客观情况发生重大变化，致使劳动合同无法履行，经用人单位与劳动者协商，未能就变更劳动合同内容达成协议的。

第四十一条 有下列情形之一，需要裁减人员二十人以上或者裁减不足二十人但占企业职工总数百分之十以上的，用人单位提前三十日向工会或者全体职工说明情况，听取工会或者职工的意见后，裁减人员方案经向劳动行政部门报告，可以裁减人员：

（一）依照企业破产法规定进行重整的；

（二）生产经营发生严重困难的；

（三）企业转产、重大技术革新或者经营方式调整，经变更劳动合同后，仍需裁减人员的；

（四）其他因劳动合同订立时所依据的客观经济情况发生重大变化，致使劳动合同无法履行的。

裁减人员时，应当优先留用下列人员：

（一）与本单位订立较长期限的固定期限劳动合同的；

（二）与本单位订立无固定期限劳动合同的；

（三）家庭无其他就业人员，有需要扶养的老人或者未成年人的。

　　用人单位依照本条第一款规定裁减人员，在六个月内重新招用人员的，应当通知被裁减的人员，并在同等条件下优先招用被裁减的人员。

　　第四十二条　劳动者有下列情形之一的，用人单位不得依照本法第四十条、第四十一条的规定解除劳动合同：

　　（一）从事接触职业病危害作业的劳动者未进行离岗前职业健康检查，或者疑似职业病病人在诊断或者医学观察期间的；

　　（二）在本单位患职业病或者因工负伤并被确认丧失或者部分丧失劳动能力的；

　　（三）患病或者非因工负伤，在规定的医疗期内的；

　　（四）女职工在孕期、产期、哺乳期的；

　　（五）在本单位连续工作满十五年，且距法定退休年龄不足五年的；

　　（六）法律、行政法规规定的其他情形。

　　第四十三条　用人单位单方解除劳动合同，应当事先将理由通知工会。用人单位违反法律、行政法规规定或者劳动合同约定的，工会有权要求用人单位纠正。用人单位应当研究工会的意见，并将处理结果书面通知工会。

　　第四十四条　有下列情形之一的，劳动合同终止：

　　（一）劳动合同期满的；

　　（二）劳动者开始依法享受基本养老保险待遇的；

　　（三）劳动者死亡，或者被人民法院宣告死亡或者宣告失踪的；

　　（四）用人单位被依法宣告破产的；

　　（五）用人单位被吊销营业执照、责令关闭、撤销或者用人单位决定提前解散的；

　　（六）法律、行政法规规定的其他情形。

　　第四十五条　劳动合同期满，有本法第四十二条规定情形之一的，劳动合同应当续延至相应的情形消失时终止。但是，本法第四十二条第二项规定丧失或者部分丧失劳动能力劳动者的劳动合同的终止，按照国家有关工伤保险的规定执行。

　　第四十六条　有下列情形之一的，用人单位应当向劳动者支付经济补偿：

　　（一）劳动者依照本法第三十八条规定解除劳动合同的；

　　（二）用人单位依照本法第三十六条规定向劳动者提出解除劳动合同并与劳动者协商一致解除劳动合同的；

　　（三）用人单位依照本法第四十条规定解除劳动合同的；

　　（四）用人单位依照本法第四十一条第一款规定解除劳动合同的；

　　（五）除用人单位维持或者提高劳动合同约定条件续订劳动合同，劳动者不同意续订的情形外，依照本法第四十四条第一项规定终止固定期限劳动合同的；

　　（六）依照本法第四十四条第四项、第五项规定终止劳动合同的；

　　（七）法律、行政法规规定的其他情形。

　　第四十七条　经济补偿按劳动者在本单位工作的年限，每满一年支付一个月工资的标准向劳动者支付。六个月以上不满一年的，按一年计算；不满六个月的，向劳动者支付半个月工资的经济补偿。

　　劳动者月工资高于用人单位所在直辖市、设区的市级人民政府公布的本地区上年度职工月平均工资三倍的，向其支付经济补偿的标准按职工月平均工资三倍的数额支付，向其支付经济补偿的年限最高不超过十二年。

本条所称月工资是指劳动者在劳动合同解除或者终止前十二个月的平均工资。

第四十八条 用人单位违反本法规定解除或者终止劳动合同，劳动者要求继续履行劳动合同的，用人单位应当继续履行；劳动者不要求继续履行劳动合同或者劳动合同已经不能继续履行的，用人单位应当依照本法第八十七条规定支付赔偿金。

第四十九条 国家采取措施，建立健全劳动者社会保险关系跨地区转移接续制度。

第五十条 用人单位应当在解除或者终止劳动合同时出具解除或者终止劳动合同的证明，并在十五日内为劳动者办理档案和社会保险关系转移手续。

劳动者应当按照双方约定，办理工作交接。用人单位依照本法有关规定应当向劳动者支付经济补偿的，在办结工作交接时支付。

用人单位对已经解除或者终止的劳动合同的文本，至少保存二年备查。

第五章 特别规定

第一节 集体合同

第五十一条 企业职工一方与用人单位通过平等协商，可以就劳动报酬、工作时间、休息休假、劳动安全卫生、保险福利等事项订立集体合同。集体合同草案应当提交职工代表大会或者全体职工讨论通过。

集体合同由工会代表企业职工一方与用人单位订立；尚未建立工会的用人单位，由上级工会指导劳动者推举的代表与用人单位订立。

第五十二条 企业职工一方与用人单位可以订立劳动安全卫生、女职工权益保护、工资调整机制等专项集体合同。

第五十三条 在县级以下区域内，建筑业、采矿业、餐饮服务业等行业可以由工会与企业方面代表订立行业性集体合同，或者订立区域性集体合同。

第五十四条 集体合同订立后，应当报送劳动行政部门；劳动行政部门自收到集体合同文本之日起十五日内未提出异议的，集体合同即行生效。

依法订立的集体合同对用人单位和劳动者具有约束力。行业性、区域性集体合同对当地本行业、本区域的用人单位和劳动者具有约束力。

第五十五条 集体合同中劳动报酬和劳动条件等标准不得低于当地人民政府规定的最低标准；用人单位与劳动者订立的劳动合同中劳动报酬和劳动条件等标准不得低于集体合同规定的标准。

第五十六条 用人单位违反集体合同，侵犯职工劳动权益的，工会可以依法要求用人单位承担责任；因履行集体合同发生争议，经协商解决不成的，工会可以依法申请仲裁、提起诉讼。

第二节 劳务派遣

第五十七条 劳务派遣单位应当依照公司法的有关规定设立，注册资本不得少于五十万元。

第五十八条 劳务派遣单位是本法所称用人单位，应当履行用人单位对劳动者的义务。劳务派遣单位与被派遣劳动者订立的劳动合同，除应当载明本法第十七条规定的事项外，还应当载明被派遣劳动者的用工单位以及派遣期限、工作岗位等情况。

劳务派遣单位应当与被派遣劳动者订立二年以上的固定期限劳动合同，按月支付劳动报酬；被派遣劳动者在无工作期间，劳务派遣单位应当按照所在地人民政府规定的最低工资标准，向其按月支付报酬。

第五十九条　劳务派遣单位派遣劳动者应当与接受以劳务派遣形式用工的单位（以下称用工单位）订立劳务派遣协议。劳务派遣协议应当约定派遣岗位和人员数量、派遣期限、劳动报酬和社会保险费的数额与支付方式以及违反协议的责任。

用工单位应当根据工作岗位的实际需要与劳务派遣单位确定派遣期限，不得将连续用工期限分割订立数个短期劳务派遣协议。

第六十条　劳务派遣单位应当将劳务派遣协议的内容告知被派遣劳动者。

劳务派遣单位不得克扣用工单位按照劳务派遣协议支付给被派遣劳动者的劳动报酬。

劳务派遣单位和用工单位不得向被派遣劳动者收取费用。

第六十一条　劳务派遣单位跨地区派遣劳动者的，被派遣劳动者享有的劳动报酬和劳动条件，按照用工单位所在地的标准执行。

第六十二条　用工单位应当履行下列义务：

（一）执行国家劳动标准，提供相应的劳动条件和劳动保护；

（二）告知被派遣劳动者的工作要求和劳动报酬；

（三）支付加班费、绩效奖金，提供与工作岗位相关的福利待遇；

（四）对在岗被派遣劳动者进行工作岗位所必需的培训；

（五）连续用工的，实行正常的工资调整机制。

用工单位不得将被派遣劳动者再派遣到其他用人单位。

第六十三条　被派遣劳动者享有与用工单位的劳动者同工同酬的权利。用工单位无同类岗位劳动者的，参照用工单位所在地相同或者相近岗位劳动者的劳动报酬确定。

第六十四条　被派遣劳动者有权在劳务派遣单位或者用工单位依法参加或者组织工会，维护自身的合法权益。

第六十五条　被派遣劳动者可以依照本法第三十六条、第三十八条的规定与劳务派遣单位解除劳动合同。

被派遣劳动者有本法第三十九条和第四十条第一项、第二项规定情形的，用工单位可以将劳动者退回劳务派遣单位，劳务派遣单位依照本法有关规定，可以与劳动者解除劳动合同。

第六十六条　劳务派遣一般在临时性、辅助性或者替代性的工作岗位上实施。

第六十七条　用人单位不得设立劳务派遣单位向本单位或者所属单位派遣劳动者。

第三节　非全日制用工

第六十八条　非全日制用工，是指以小时计酬为主，劳动者在同一用人单位一般平均每日工作时间不超过四小时，每周工作时间累计不超过二十四小时的用工形式。

第六十九条　非全日制用工双方当事人可以订立口头协议。

从事非全日制用工的劳动者可以与一个或者一个以上用人单位订立劳动合同；但是，后订立的劳动合同不得影响先订立的劳动合同的履行。

第七十条 非全日制用工双方当事人不得约定试用期。

第七十一条 非全日制用工双方当事人任何一方都可以随时通知对方终止用工。终止用工，用人单位不向劳动者支付经济补偿。

第七十二条 非全日制用工小时计酬标准不得低于用人单位所在地人民政府规定的最低小时工资标准。

非全日制用工劳动报酬结算支付周期最长不得超过十五日。

第六章 监 督 检 查

第七十三条 国务院劳动行政部门负责全国劳动合同制度实施的监督管理。

县级以上地方人民政府劳动行政部门负责本行政区域内劳动合同制度实施的监督管理。

县级以上各级人民政府劳动行政部门在劳动合同制度实施的监督管理工作中，应当听取工会、企业方面代表以及有关行业主管部门的意见。

第七十四条 县级以上地方人民政府劳动行政部门依法对下列实施劳动合同制度的情况进行监督检查：

（一）用人单位制定直接涉及劳动者切身利益的规章制度及其执行的情况；

（二）用人单位与劳动者订立和解除劳动合同的情况；

（三）劳务派遣单位和用工单位遵守劳务派遣有关规定的情况；

（四）用人单位遵守国家关于劳动者工作时间和休息休假规定的情况；

（五）用人单位支付劳动合同约定的劳动报酬和执行最低工资标准的情况；

（六）用人单位参加各项社会保险和缴纳社会保险费的情况；

（七）法律、法规规定的其他劳动监察事项。

第七十五条 县级以上地方人民政府劳动行政部门实施监督检查时，有权查阅与劳动合同、集体合同有关的材料，有权对劳动场所进行实地检查，用人单位和劳动者都应当如实提供有关情况和材料。

劳动行政部门的工作人员进行监督检查，应当出示证件，依法行使职权，文明执法。

第七十六条 县级以上人民政府建设、卫生、安全生产监督管理等有关主管部门在各自职责范围内，对用人单位执行劳动合同制度的情况进行监督管理。

第七十七条 劳动者合法权益受到侵害的，有权要求有关部门依法处理，或者依法申请仲裁、提起诉讼。

第七十八条 工会依法维护劳动者的合法权益，对用人单位履行劳动合同、集体合同的情况进行监督。用人单位违反劳动法律、法规和劳动合同、集体合同的，工会有权提出意见或者要求纠正；劳动者申请仲裁、提起诉讼的，工会依法给予支持和帮助。

第七十九条 任何组织或者个人对违反本法的行为都有权举报，县级以上人民政府劳动行政部门应当及时核实、处理，并对举报有功人员给予奖励。

第七章 法 律 责 任

第八十条 用人单位直接涉及劳动者切身利益的规章制度违反法律、法规规定的，由劳动行政部门责令改正，给予警告；给劳动者造成损害的，应当承担赔偿责任。

第八十一条　用人单位提供的劳动合同文本未载明本法规定的劳动合同必备条款或者用人单位未将劳动合同文本交付劳动者的，由劳动行政部门责令改正；给劳动者造成损害的，应当承担赔偿责任。

第八十二条　用人单位自用工之日起超过一个月不满一年未与劳动者订立书面劳动合同的，应当向劳动者每月支付二倍的工资。

用人单位违反本法规定不与劳动者订立无固定期限劳动合同的，自应当订立无固定期限劳动合同之日起向劳动者每月支付二倍的工资。

第八十三条　用人单位违反本法规定与劳动者约定试用期的，由劳动行政部门责令改正；违法约定的试用期已经履行的，由用人单位以劳动者试用期满月工资为标准，按已经履行的超过法定试用期的期间向劳动者支付赔偿金。

第八十四条　用人单位违反本法规定，扣押劳动者居民身份证等证件的，由劳动行政部门责令限期退还劳动者本人，并依照有关法律规定给予处罚。

用人单位违反本法规定，以担保或者其他名义向劳动者收取财物的，由劳动行政部门责令限期退还劳动者本人，并以每人五百元以上二千元以下的标准处以罚款；给劳动者造成损害的，应当承担赔偿责任。

劳动者依法解除或者终止劳动合同，用人单位扣押劳动者档案或者其他物品的，依照前款规定处罚。

第八十五条　用人单位有下列情形之一的，由劳动行政部门责令限期支付劳动报酬、加班费或者经济补偿；劳动报酬低于当地最低工资标准的，应当支付其差额部分；逾期不支付的，责令用人单位按应付金额百分之五十以上百分之一百以下的标准向劳动者加付赔偿金：

（一）未按照劳动合同的约定或者国家规定及时足额支付劳动者劳动报酬的；

（二）低于当地最低工资标准支付劳动者工资的；

（三）安排加班不支付加班费的；

（四）解除或者终止劳动合同，未依照本法规定向劳动者支付经济补偿的。

第八十六条　劳动合同依照本法第二十六条规定被确认无效，给对方造成损害的，有过错的一方应当承担赔偿责任。

第八十七条　用人单位违反本法规定解除或者终止劳动合同的，应当依照本法第四十七条规定的经济补偿标准的二倍向劳动者支付赔偿金。

第八十八条　用人单位有下列情形之一的，依法给予行政处罚；构成犯罪的，依法追究刑事责任；给劳动者造成损害的，应当承担赔偿责任：

（一）以暴力、威胁或者非法限制人身自由的手段强迫劳动的；

（二）违章指挥或者强令冒险作业危及劳动者人身安全的；

（三）侮辱、体罚、殴打、非法搜查或者拘禁劳动者的；

（四）劳动条件恶劣、环境污染严重，给劳动者身心健康造成严重损害的。

第八十九条　用人单位违反本法规定未向劳动者出具解除或者终止劳动合同的书面证明，由劳动行政部门责令改正；给劳动者造成损害的，应当承担赔偿责任。

第九十条　劳动者违反本法规定解除劳动合同，或者违反劳动合同中约定的保密义务或者竞业限制，给用人单位造成损失的，应当承担赔偿责任。

第九十一条　用人单位招用与其他用人单位尚未解除或者终止劳动合同的劳动者，给其他用人单位造成损失的，应当承担连带赔偿责任。

第九十二条 劳务派遣单位违反本法规定的，由劳动行政部门和其他有关主管部门责令改正；情节严重的，以每人一千元以上五千元以下的标准处以罚款，并由工商行政管理部门吊销营业执照；给被派遣劳动者造成损害的，劳务派遣单位与用工单位承担连带赔偿责任。

第九十三条 对不具备合法经营资格的用人单位的违法犯罪行为，依法追究法律责任；劳动者已经付出劳动的，该单位或者其出资人应当依照本法有关规定向劳动者支付劳动报酬、经济补偿、赔偿金；给劳动者造成损害的，应当承担赔偿责任。

第九十四条 个人承包经营违反本法规定招用劳动者，给劳动者造成损害的，发包的组织与个人承包经营者承担连带赔偿责任。

第九十五条 劳动行政部门和其他有关主管部门及其工作人员玩忽职守、不履行法定职责，或者违法行使职权，给劳动者或者用人单位造成损害的，应当承担赔偿责任；对直接负责的主管人员和其他直接责任人员，依法给予行政处分；构成犯罪的，依法追究刑事责任。

二、中华人民共和国产品质量法

(1993 年 2 月 22 日第七届全国人民代表大会常务委员会第三十次会议通过，根据 2000 年 7 月 8 日第九届全国人民代表大会常务委员会第十六次会议《关于修改〈中华人民共和国产品质量法〉的决定》修正)

第一章 总 则

第一条 为了加强对产品质量的监督管理，提高产品质量水平，明确产品质量责任，保护消费者的合法权益，维护社会经济秩序，制定本法。

第二条 在中华人民共和国境内从事产品生产、销售活动，必须遵守本法。

本法所称产品是指经过加工、制作，用于销售的产品。

建设工程不适用本法规定；但是，建设工程使用的建筑材料、建筑构配件和设备，属于前款规定的产品范围的，适用本法规定。

第三条 生产者、销售者应当建立健全内部产品质量管理制度，严格实施岗位质量规范、质量责任以及相应的考核办法。

第四条 生产者、销售者依照本法规定承担产品质量责任。

第五条 禁止伪造或者冒用认证标志等质量标志；禁止伪造产品的产地，伪造或者冒用他人的厂名、厂址；禁止在生产、销售的产品中掺杂、掺假，以假充真，以次充好。

第六条 国家鼓励推行科学的质量管理方法，采用先进的科学技术，鼓励企业产品质量达到并且超过行业标准、国家标准和国际标准。

对产品质量管理先进和产品质量达到国际先进水平、成绩显著的单位和个人，给予奖励。

第七条 各级人民政府应当把提高产品质量纳入国民经济和社会发展规划，加强对产品质量工作的统筹规划和组织领导，引导、督促生产者、销售者加强产品质量管理，提高产品质量，组织各有关部门依法采取措施，制止产品生产、销售中违反本法规定的行为，保障本法的施行。

第八条 国务院产品质量监督部门主管全国产品质量监督工作。国务院有关部门在各自的职责范围内负责产品质量监督工作。

县级以上地方产品质量监督部门主管本行政区域内的产品质量监督工作。县级以上地方人民政府有关部门在各自的职责范围内负责产品质量监督工作。

法律对产品质量的监督部门另有规定的，依照有关法律的规定执行。

第九条　各级人民政府工作人员和其他国家机关工作人员不得滥用职权、玩忽职守或者徇私舞弊，包庇、放纵本地区、本系统发生的产品生产、销售中违反本法规定的行为，或者阻挠、干预依法对产品生产、销售中违反本法规定的行为进行查处。

各级地方人民政府和其他国家机关有包庇、放纵产品生产、销售中违反本法规定的行为的，依法追究其主要负责人的法律责任。

第十条　任何单位和个人有权对违反本法规定的行为，向产品质量监督部门或者其他有关部门检举。

产品质量监督部门和有关部门应当为检举人保密，并按照省、自治区、直辖市人民政府的规定给予奖励。

第十一条　任何单位和个人不得排斥非本地区或者非本系统企业生产的质量合格产品进入本地区、本系统。

第二章　产品质量的监督

第十二条　产品质量应当检验合格，不得以不合格产品冒充合格产品。

第十三条　可能危及人体健康和人身、财产安全的工业产品，必须符合保障人体健康和人身、财产安全的国家标准、行业标准；未制定国家标准、行业标准的，必须符合保障人体健康和人身、财产安全的要求。

禁止生产、销售不符合保障人体健康和人身、财产安全的标准和要求的工业产品。具体管理办法由国务院规定。

第十四条　国家根据国际通用的质量管理标准，推行企业质量体系认证制度。企业根据自愿原则可以向国务院产品质量监督部门认可的或者国务院产品质量监督部门授权的部门认可的认证机构申请企业质量体系认证。经认证合格的，由认证机构颁发企业质量体系认证证书。

国家参照国际先进的产品标准和技术要求，推行产品质量认证制度。企业根据自愿原则可以向国务院产品质量监督部门认可的或者国务院产品质量监督部门授权的部门认可的认证机构申请产品质量认证。经认证合格的，由认证机构颁发产品质量认证证书，准许企业在产品或者其包装上使用产品质量认证标志。

第十五条　国家对产品质量实行以抽查为主要方式的监督检查制度，对可能危及人体健康和人身、财产安全的产品，影响国计民生的重要工业产品以及消费者、有关组织反映有质量问题的产品进行抽查。抽查的样品应当在市场上或者企业成品仓库内的待销产品中随机抽取。监督抽查工作由国务院产品质量监督部门规划和组织。县级以上地方产品质量监督部门在本行政区域内也可以组织监督抽查。法律对产品质量的监督检查另有规定的，依照有关法律的规定执行。

国家监督抽查的产品，地方不得另行重复抽查；上级监督抽查的产品，下级不得另行重复抽查。

根据监督抽查的需要，可以对产品进行检验。检验抽取样品的数量不得超过检验的合理需要，并不得向被检查人收取检验费用。监督抽查所需检验费用按照国务院规定列支。

生产者、销售者对抽查检验的结果有异议的，可以自收到检验结果之日起十五日内向实施监督抽查的产品质量监督部门或者其上级产品质量监督部门申请复检，由受理复检的产品质量监督部门作出复检结论。

第十六条 对依法进行的产品质量监督检查，生产者、销售者不得拒绝。

第十七条 依照本法规定进行监督抽查的产品质量不合格的，由实施监督抽查的产品质量监督部门责令其生产者、销售者限期改正。逾期不改正的，由省级以上人民政府产品质量监督部门予以公告；公告后经复查仍不合格的，责令停业，限期整顿；整顿期满后经复查产品质量仍不合格的，吊销营业执照。

监督抽查的产品有严重质量问题的，依照本法第五章的有关规定处罚。

第十八条 县级以上产品质量监督部门根据已经取得的违法嫌疑证据或者举报，对涉嫌违反本法规定的行为进行查处时，可以行使下列职权：

（一）对当事人涉嫌从事违反本法的生产、销售活动的场所实施现场检查；

（二）向当事人的法定代表人、主要负责人和其他有关人员调查、了解与涉嫌从事违反本法的生产、销售活动有关的情况；

（三）查阅、复制当事人有关的合同、发票、账簿以及其他有关资料；

（四）对有根据认为不符合保障人体健康和人身、财产安全的国家标准、行业标准的产品或者有其他严重质量问题的产品，以及直接用于生产、销售该项产品的原辅材料、包装物、生产工具，予以查封或者扣押。

县级以上工商行政管理部门按照国务院规定的职责范围，对涉嫌违反本法规定的行为进行查处时，可以行使前款规定的职权。

第十九条 产品质量检验机构必须具备相应的检测条件和能力，经省级以上人民政府产品质量监督部门或者其授权的部门考核合格后，方可承担产品质量检验工作。法律、行政法规对产品质量检验机构另有规定的，依照有关法律、行政法规的规定执行。

第二十条 从事产品质量检验、认证的社会中介机构必须依法设立，不得与行政机关和其他国家机关存在隶属关系或者其他利益关系。

第二十一条 产品质量检验机构、认证机构必须依法按照有关标准，客观、公正地出具检验结果或者认证证明。

产品质量认证机构应当依照国家规定对准许使用认证标志的产品进行认证后的跟踪检查；对不符合认证标准而使用认证标志的，要求其改正；情节严重的，取消其使用认证标志的资格。

第二十二条 消费者有权就产品质量问题，向产品的生产者、销售者查询；向产品质量监督部门、工商行政管理部门及有关部门申诉，接受申诉的部门应当负责处理。

第二十三条 保护消费者权益的社会组织可以就消费者反映的产品质量问题建议有关部门负责处理，支持消费者对因产品质量造成的损害向人民法院起诉。

第二十四条 国务院和省、自治区、直辖市人民政府的产品质量监督部门应当定期发布其监督抽查的产品的质量状况公告。

第二十五条 产品质量监督部门或者其他国家机关以及产品质量检验机构不得向社会

推荐生产者的产品；不得以对产品进行监制、监销等方式参与产品经营活动。

第三章　生产者、销售者的产品质量责任和义务

第一节　生产者的产品质量责任和义务

第二十六条　生产者应当对其生产的产品质量负责。

产品质量应当符合下列要求：

（一）不存在危及人身、财产安全的不合理的危险，有保障人体健康和人身、财产安全的国家标准、行业标准的，应当符合该标准；

（二）具备产品应当具备的使用性能，但是，对产品存在使用性能的瑕疵作出说明的除外；

（三）符合在产品或者其包装上注明采用的产品标准，符合以产品说明、实物样品等方式表明的质量状况。

第二十七条　产品或者其包装上的标识必须真实，并符合下列要求：

（一）有产品质量检验合格证明；

（二）有中文标明的产品名称、生产厂厂名和厂址；

（三）根据产品的特点和使用要求，需要标明产品规格、等级、所含主要成分的名称和含量的，用中文相应予以标明；需要事先让消费者知晓的，应当在外包装上标明，或者预先向消费者提供有关资料；

（四）限期使用的产品，应当在显著位置清晰地标明生产日期和安全使用期或者失效日期；

（五）使用不当，容易造成产品本身损坏或者可能危及人身、财产安全的产品，应当有警示标志或者中文警示说明。

裸装的食品和其他根据产品的特点难以附加标识的裸装产品，可以不附加产品标识。

第二十八条　易碎、易燃、易爆、有毒、有腐蚀性、有放射性等危险物品以及储运中不能倒置和其他有特殊要求的产品，其包装质量必须符合相应要求，依照国家有关规定作出警示标志或者中文警示说明，标明储运注意事项。

第二十九条　生产者不得生产国家明令淘汰的产品。

第三十条　生产者不得伪造产地，不得伪造或者冒用他人的厂名、厂址。

第三十一条　生产者不得伪造或者冒用认证标志等质量标志。

第三十二条　生产者生产产品，不得掺杂、掺假，不得以假充真、以次充好，不得以不合格产品冒充合格产品。

第二节　销售者的产品质量责任和义务

第三十三条　销售者应当建立并执行进货检查验收制度，验明产品合格证明和其他标识。

第三十四条　销售者应当采取措施，保持销售产品的质量。

第三十五条　销售者不得销售国家明令淘汰并停止销售的产品和失效、变质的产品。

第三十六条　销售者销售的产品的标识应当符合本法第二十七条的规定。

第三十七条 销售者不得伪造产地，不得伪造或者冒用他人的厂名、厂址。

第三十八条 销售者不得伪造或者冒用认证标志等质量标志。

第三十九条 销售者销售产品，不得掺杂、掺假，不得以假充真、以次充好，不得以不合格产品冒充合格产品。

第四章 损害赔偿

第四十条 售出的产品有下列情形之一的，销售者应当负责修理、更换、退货；给购买产品的消费者造成损失的，销售者应当赔偿损失：

（一）不具备产品应当具备的使用性能而事先未作说明的；

（二）不符合在产品或者其包装上注明采用的产品标准的；

（三）不符合以产品说明、实物样品等方式表明的质量状况的。

销售者依照前款规定负责修理、更换、退货、赔偿损失后，属于生产者的责任或者属于向销售者提供产品的其他销售者（以下简称供货者）的责任的，销售者有权向生产者、供货者追偿。

销售者未按照第一款规定给予修理、更换、退货或者赔偿损失的，由产品质量监督部门或者工商行政管理部门责令改正。

生产者之间，销售者之间，生产者与销售者之间订立的买卖合同、承揽合同有不同约定的，合同当事人按照合同约定执行。

第四十一条 因产品存在缺陷造成人身、缺陷产品以外的其他财产（以下简称他人财产）损害的，生产者应当承担赔偿责任。

生产者能够证明有下列情形之一的，不承担赔偿责任：

（一）未将产品投入流通的；

（二）产品投入流通时，引起损害的缺陷尚不存在的；

（三）将产品投入流通时的科学技术水平尚不能发现缺陷的存在的。

第四十二条 由于销售者的过错使产品存在缺陷，造成人身、他人财产损害的，销售者应当承担赔偿责任。

销售者不能指明缺陷产品的生产者也不能指明缺陷产品的供货者的，销售者应当承担赔偿责任。

第四十三条 因产品存在缺陷造成人身、他人财产损害的，受害人可以向产品的生产者要求赔偿，也可以向产品的销售者要求赔偿。属于产品的生产者的责任，产品的销售者赔偿的，产品的销售者有权向产品的生产者追偿。属于产品的销售者的责任，产品的生产者赔偿的，产品的生产者有权向产品的销售者追偿。

第四十四条 因产品存在缺陷造成受害人人身伤害的，侵害人应当赔偿医疗费、治疗期间的护理费、因误工减少的收入等费用；造成残疾的，还应当支付残疾者生活自助具费、生活补助费、残疾赔偿金以及由其扶养的人所必需的生活费等费用；造成受害人死亡的，并应当支付丧葬费、死亡赔偿金以及由死者生前扶养的人所必需的生活费等费用。

因产品存在缺陷造成受害人财产损失的，侵害人应当恢复原状或者折价赔偿。受害人因此遭受其他重大损失的，侵害人应当赔偿损失。

第四十五条 因产品存在缺陷造成损害要求赔偿的诉讼时效期间为二年，自当事人知道或者应当知道其权益受到损害时起计算。

因产品存在缺陷造成损害要求赔偿的请求权，在造成损害的缺陷产品交付最初消费者满十年丧失；但是，尚未超过明示的安全使用期的除外。

第四十六条　本法所称缺陷，是指产品存在危及人身、他人财产安全的不合理的危险；产品有保障人体健康和人身、财产安全的国家标准、行业标准的，是指不符合该标准。

第四十七条　因产品质量发生民事纠纷时，当事人可以通过协商或者调解解决。当事人不愿通过协商、调解解决或者协商、调解不成的，可以根据当事人各方的协议向仲裁机构申请仲裁；当事人各方没有达成仲裁协议或者仲裁协议无效的，可以直接向人民法院起诉。

第四十八条　仲裁机构或者人民法院可以委托本法第十九条规定的产品质量检验机构，对有关产品质量进行检验。

第五章　罚　则

第四十九条　生产、销售不符合保障人体健康和人身、财产安全的国家标准、行业标准的产品的，责令停止生产、销售，没收违法生产、销售的产品，并处违法生产、销售产品（包括已售出和未售出的产品，下同）货值金额等值以上三倍以下的罚款；有违法所得的，并处没收违法所得；情节严重的，吊销营业执照；构成犯罪的，依法追究刑事责任。

第五十条　在产品中掺杂、掺假，以假充真，以次充好，或者以不合格产品冒充合格产品的，责令停止生产、销售，没收违法生产、销售的产品，并处违法生产、销售产品货值金额百分之五十以上三倍以下的罚款；有违法所得的，并处没收违法所得；情节严重的，吊销营业执照；构成犯罪的，依法追究刑事责任。

第五十一条　生产国家明令淘汰的产品的，销售国家明令淘汰并停止销售的产品的，责令停止生产、销售，没收违法生产、销售的产品，并处违法生产、销售产品货值金额等值以下的罚款；有违法所得的，并处没收违法所得；情节严重的，吊销营业执照。

第五十二条　销售失效、变质的产品的，责令停止销售，没收违法销售的产品，并处违法销售产品货值金额二倍以下的罚款；有违法所得的，并处没收违法所得；情节严重的，吊销营业执照；构成犯罪的，依法追究刑事责任。

第五十三条　伪造产品产地的，伪造或者冒用他人厂名、厂址的，伪造或者冒用认证标志等质量标志的，责令改正，没收违法生产、销售的产品，并处违法生产、销售产品货值金额等值以下的罚款；有违法所得的，并处没收违法所得；情节严重的，吊销营业执照。

第五十四条　产品标识不符合本法第二十七条规定的，责令改正；有包装的产品标识不符合本法第二十七条第（四）项、第（五）项规定，情节严重的，责令停止生产、销售，并处违法生产、销售产品货值金额百分之三十以下的罚款；有违法所得的，并处没收违法所得。

第五十五条　销售者销售本法第四十九条至第五十三条规定禁止销售的产品，有充分证据证明其不知道该产品为禁止销售的产品并如实说明其进货来源的，可以从轻或者减轻处罚。

第五十六条　拒绝接受依法进行的产品质量监督检查的，给予警告，责令改正；拒不改正的，责令停业整顿；情节特别严重的，吊销营业执照。

第五十七条　产品质量检验机构、认证机构伪造检验结果或者出具虚假证明的，责令改正，对单位处五万元以上十万元以下的罚款，对直接负责的主管人员和其他直接责任人员处一万元以上五万元以下的罚款；有违法所得的，并处没收违法所得；情节严重的，取消其检验资格、认证资格；构成犯罪的，依法追究刑事责任。

产品质量检验机构、认证机构出具的检验结果或者证明不实，造成损失的，应当承担相应的赔偿责任；造成重大损失的，撤销其检验资格、认证资格。

产品质量认证机构违反本法第二十一条第二款的规定，对不符合认证标准而使用认证标志的产品，未依法要求其改正或者取消其使用认证标志资格的，对因产品不符合认证标准给消费者造成的损失，与产品的生产者、销售者承担连带责任；情节严重的，撤销其认证资格。

第五十八条 社会团体、社会中介机构对产品质量作出承诺、保证，而该产品又不符合其承诺、保证的质量要求，给消费者造成损失的，与产品的生产者、销售者承担连带责任。

第五十九条 在广告中对产品质量作虚假宣传，欺骗和误导消费者的，依照《中华人民共和国广告法》的规定追究法律责任。

第六十条 对生产者专门用于生产本法第四十九条、第五十一条所列的产品或者以假充真的产品的原辅材料、包装物、生产工具，应当予以没收。

第六十一条 知道或者应当知道属于本法规定禁止生产、销售的产品而为其提供运输、保管、仓储等便利条件的，或者为以假充真的产品提供制假生产技术的，没收全部运输、保管、仓储或者提供制假生产技术的收入，并处违法收入百分之五十以上三倍以下的罚款；构成犯罪的，依法追究刑事责任。

第六十二条 服务业的经营者将本法第四十九条至第五十二条规定禁止销售的产品用于经营性服务的，责令停止使用；对知道或者应当知道所使用的产品属于本法规定禁止销售的产品的，按照违法使用的产品（包括已使用和尚未使用的产品）的货值金额，依照本法对销售者的处罚规定处罚。

第六十三条 隐匿、转移、变卖、损毁被产品质量监督部门或者工商行政管理部门查封、扣押的物品的，处被隐匿、转移、变卖、损毁物品货值金额等值以上三倍以下的罚款；有违法所得的，并处没收违法所得。

第六十四条 违反本法规定，应当承担民事赔偿责任和缴纳罚款、罚金，其财产不足以同时支付时，先承担民事赔偿责任。

第六十五条 各级人民政府工作人员和其他国家机关工作人员有下列情形之一的，依法给予行政处分；构成犯罪的，依法追究刑事责任：

（一）包庇、放纵产品生产、销售中违反本法规定行为的；

（二）向从事违反本法规定的生产、销售活动的当事人通风报信，帮助其逃避查处的；

（三）阻挠、干预产品质量监督部门或者工商行政管理部门依法对产品生产、销售中违反本法规定的行为进行查处，造成严重后果的。

第六十六条 产品质量监督部门在产品质量监督抽查中超过规定的数量索取样品或者向被检查人收取检验费用的，由上级产品质量监督部门或者监察机关责令退还；情节严重的，对直接负责的主管人员和其他直接责任人员依法给予行政处分。

第六十七条 产品质量监督部门或者其他国家机关违反本法第二十五条的规定，向社会推荐生产者的产品或者以监制、监销等方式参与产品经营活动的，由其上级机关或者监察机关责令改正，消除影响，有违法收入的予以没收；情节严重的，对直接负责的主管人员和其他直接责任人员依法给予行政处分。

产品质量检验机构有前款所列违法行为的，由产品质量监督部门责令改正，消除影响，有违法收入的予以没收，可以并处违法收入一倍以下的罚款；情节严重的，撤销其质量检验资格。

第六十八条　产品质量监督部门或者工商行政管理部门的工作人员滥用职权、玩忽职守、徇私舞弊，构成犯罪的，依法追究刑事责任；尚不构成犯罪的，依法给予行政处分。

第六十九条　以暴力、威胁方法阻碍产品质量监督部门或者工商行政管理部门的工作人员依法执行职务的，依法追究刑事责任；拒绝、阻碍未使用暴力、威胁方法的，由公安机关依照治安管理处罚条例的规定处罚。

第七十条　本法规定的吊销营业执照的行政处罚由工商行政管理部门决定，本法第四十九条至第五十七条、第六十条至第六十三条规定的行政处罚由产品质量监督部门或者工商行政管理部门按照国务院规定的职权范围决定。法律、行政法规对行使行政处罚权的机关另有规定的，依照有关法律、行政法规的规定执行。

第七十一条　对依照本法规定没收的产品，依照国家有关规定进行销毁或者采取其他方式处理。

第七十二条　本法第四十九条至第五十四条、第六十二条、第六十三条所规定的货值金额以违法生产、销售产品的标价计算；没有标价的，按照同类产品的市场价格计算。

三、中华人民共和国食品安全法

（2009 年 2 月 28 日第十一届全国人民代表大会常务委员会第七次会议通过，自 2009 年 6 月 1 日起施行。）

第一章　总　　则

第一条　为保证食品安全，保障公众身体健康和生命安全，制定本法。

第二条　在中华人民共和国境内从事下列活动，应当遵守本法：

（一）食品生产和加工（以下称食品生产），食品流通和餐饮服务（以下称食品经营）；

（二）食品添加剂的生产经营；

（三）用于食品的包装材料、容器、洗涤剂、消毒剂和用于食品生产经营的工具、设备（以下称食品相关产品）的生产经营；

（四）食品生产经营者使用食品添加剂、食品相关产品；

（五）对食品、食品添加剂和食品相关产品的安全管理。

供食用的源于农业的初级产品（以下称食用农产品）的质量安全管理，遵守《中华人民共和国农产品质量安全法》的规定。但是，制定有关食用农产品的质量安全标准、公布食用农产品安全有关信息，应当遵守本法的有关规定。

第三条　食品生产经营者应当依照法律、法规和食品安全标准从事生产经营活动，对社会和公众负责，保证食品安全，接受社会监督，承担社会责任。

第四条　国务院设立食品安全委员会，其工作职责由国务院规定。

国务院卫生行政部门承担食品安全综合协调职责，负责食品安全风险评估、食品安全标准制定、食品安全信息公布、食品检验机构的资质认定条件和检验规范的制定，组织查处食品安全重大事故。

国务院质量监督、工商行政管理和国家食品药品监督管理部门依照本法和国务院规定的职责，分别对食品生产、食品流通、餐饮服务活动实施监督管理。

第五条 县级以上地方人民政府统一负责、领导、组织、协调本行政区域的食品安全监督管理工作，建立健全食品安全全程监督管理的工作机制；统一领导、指挥食品安全突发事件应对工作；完善、落实食品安全监督管理责任制，对食品安全监督管理部门进行评议、考核。

县级以上地方人民政府依照本法和国务院的规定确定本级卫生行政、农业行政、质量监督、工商行政管理、食品药品监督管理部门的食品安全监督管理职责。有关部门在各自职责范围内负责本行政区域的食品安全监督管理工作。

上级人民政府所属部门在下级行政区域设置的机构应当在所在地人民政府的统一组织、协调下，依法做好食品安全监督管理工作。

第六条 县级以上卫生行政、农业行政、质量监督、工商行政管理、食品药品监督管理部门应当加强沟通、密切配合，按照各自职责分工，依法行使职权，承担责任。

第七条 食品行业协会应当加强行业自律，引导食品生产经营者依法生产经营，推动行业诚信建设，宣传、普及食品安全知识。

第八条 国家鼓励社会团体、基层群众性自治组织开展食品安全法律、法规以及食品安全标准和知识的普及工作，倡导健康的饮食方式，增强消费者食品安全意识和自我保护能力。

新闻媒体应当开展食品安全法律、法规以及食品安全标准和知识的公益宣传，并对违反本法的行为进行舆论监督。

第九条 国家鼓励和支持开展与食品安全有关的基础研究和应用研究，鼓励和支持食品生产经营者为提高食品安全水平采用先进技术和先进管理规范。

第十条 任何组织或者个人有权举报食品生产经营中违反本法的行为，有权向有关部门了解食品安全信息，对食品安全监督管理工作提出意见和建议。

第二章 食品安全风险监测和评估

第十一条 国家建立食品安全风险监测制度，对食源性疾病、食品污染以及食品中的有害因素进行监测。

国务院卫生行政部门会同国务院有关部门制定、实施国家食品安全风险监测计划。省、自治区、直辖市人民政府卫生行政部门根据国家食品安全风险监测计划，结合本行政区域的具体情况，组织制定、实施本行政区域的食品安全风险监测方案。

第十二条 国务院农业行政、质量监督、工商行政管理和国家食品药品监督管理等有关部门获知有关食品安全风险信息后，应当立即向国务院卫生行政部门通报。国务院卫生行政部门会同有关部门对信息核实后，应当及时调整食品安全风险监测计划。

第十三条 国家建立食品安全风险评估制度，对食品、食品添加剂中生物性、化学性和物理性危害进行风险评估。

国务院卫生行政部门负责组织食品安全风险评估工作，成立由医学、农业、食品、营养等方面的专家组成的食品安全风险评估专家委员会进行食品安全风险评估。

对农药、肥料、生长调节剂、兽药、饲料和饲料添加剂等的安全性评估，应当有食品安全风险评估专家委员会的专家参加。

食品安全风险评估应当运用科学方法，根据食品安全风险监测信息、科学数据以及其他有关信息进行。

第十四条　国务院卫生行政部门通过食品安全风险监测或者接到举报发现食品可能存在安全隐患的，应当立即组织进行检验和食品安全风险评估。

第十五条　国务院农业行政、质量监督、工商行政管理和国家食品药品监督管理等有关部门应当向国务院卫生行政部门提出食品安全风险评估的建议，并提供有关信息和资料。

国务院卫生行政部门应当及时向国务院有关部门通报食品安全风险评估的结果。

第十六条　食品安全风险评估结果是制定、修订食品安全标准和对食品安全实施监督管理的科学依据。

食品安全风险评估结果得出食品不安全结论的，国务院质量监督、工商行政管理和国家食品药品监督管理部门应当依据各自职责立即采取相应措施，确保该食品停止生产经营，并告知消费者停止食用；需要制定、修订相关食品安全国家标准的，国务院卫生行政部门应当立即制定、修订。

第十七条　国务院卫生行政部门应当会同国务院有关部门，根据食品安全风险评估结果、食品安全监督管理信息，对食品安全状况进行综合分析。对经综合分析表明可能具有较高程度安全风险的食品，国务院卫生行政部门应当及时提出食品安全风险警示，并予以公布。

第三章　食品安全标准

第十八条　制定食品安全标准，应当以保障公众身体健康为宗旨，做到科学合理、安全可靠。

第十九条　食品安全标准是强制执行的标准。除食品安全标准外，不得制定其他的食品强制性标准。

第二十条　食品安全标准应当包括下列内容：

（一）食品、食品相关产品中的致病性微生物、农药残留、兽药残留、重金属、污染物质以及其他危害人体健康物质的限量规定；

（二）食品添加剂的品种、使用范围、用量；

（三）专供婴幼儿和其他特定人群的主辅食品的营养成分要求；

（四）对与食品安全、营养有关的标签、标识、说明书的要求；

（五）食品生产经营过程的卫生要求；

（六）与食品安全有关的质量要求；

（七）食品检验方法与规程；

（八）其他需要制定为食品安全标准的内容。

第二十一条　食品安全国家标准由国务院卫生行政部门负责制定、公布，国务院标准化行政部门提供国家标准编号。

食品中农药残留、兽药残留的限量规定及其检验方法与规程由国务院卫生行政部门、国务院农业行政部门制定。

屠宰畜、禽的检验规程由国务院有关主管部门会同国务院卫生行政部门制定。

有关产品国家标准涉及食品安全国家标准规定内容的，应当与食品安全国家标准相一致。

第二十二条　国务院卫生行政部门应当对现行的食用农产品质量安全标准、食品卫生标准、食品质量标准和有关食品的行业标准中强制执行的标准予以整合，统一公布为食品安全国家标准。

本法规定的食品安全国家标准公布前，食品生产经营者应当按照现行食用农产品质量安全标准、食品卫生标准、食品质量标准和有关食品的行业标准生产经营食品。

第二十三条　食品安全国家标准应当经食品安全国家标准审评委员会审查通过。食品安全国家标准审评委员会由医学、农业、食品、营养等方面的专家以及国务院有关部门的代表组成。

制定食品安全国家标准，应当依据食品安全风险评估结果并充分考虑食用农产品质量安全风险评估结果，参照相关的国际标准和国际食品安全风险评估结果，并广泛听取食品生产经营者和消费者的意见。

第二十四条　没有食品安全国家标准的，可以制定食品安全地方标准。

省、自治区、直辖市人民政府卫生行政部门组织制定食品安全地方标准，应当参照执行本法有关食品安全国家标准制定的规定，并报国务院卫生行政部门备案。

第二十五条　企业生产的食品没有食品安全国家标准或者地方标准的，应当制定企业标准，作为组织生产的依据。国家鼓励食品生产企业制定严于食品安全国家标准或者地方标准的企业标准。企业标准应当报省级卫生行政部门备案，在本企业内部适用。

第二十六条　食品安全标准应当供公众免费查阅。

第四章　食品生产经营

第二十七条　食品生产经营应当符合食品安全标准，并符合下列要求：

（一）具有与生产经营的食品品种、数量相适应的食品原料处理和食品加工、包装、贮存等场所，保持该场所环境整洁，并与有毒、有害场所以及其他污染源保持规定的距离；

（二）具有与生产经营的食品品种、数量相适应的生产经营设备或者设施，有相应的消毒、更衣、盥洗、采光、照明、通风、防腐、防尘、防蝇、防鼠、防虫、洗涤以及处理废水、存放垃圾和废弃物的设备或者设施；

（三）有食品安全专业技术人员、管理人员和保证食品安全的规章制度；

（四）具有合理的设备布局和工艺流程，防止待加工食品与直接入口食品、原料与成品交叉污染，避免食品接触有毒物、不洁物；

（五）餐具、饮具和盛放直接入口食品的容器，使用前应当洗净、消毒，炊具、用具用后应当洗净，保持清洁；

（六）贮存、运输和装卸食品的容器、工具和设备应当安全、无害，保持清洁，防止食品污染，并符合保证食品安全所需的温度等特殊要求，不得将食品与有毒、有害物品一同运输；

（七）直接入口的食品应当有小包装或者使用无毒、清洁的包装材料、餐具；

（八）食品生产经营人员应当保持个人卫生，生产经营食品时，应当将手洗净，穿戴清洁的工作衣、帽；销售无包装的直接入口食品时，应当使用无毒、清洁的售货工具；

（九）用水应当符合国家规定的生活饮用水卫生标准；

（十）使用的洗涤剂、消毒剂应当对人体安全、无害；

（十一）法律、法规规定的其他要求。

第二十八条 禁止生产经营下列食品：

（一）用非食品原料生产的食品或者添加食品添加剂以外的化学物质和其他可能危害人体健康物质的食品，或者用回收食品作为原料生产的食品；

（二）致病性微生物、农药残留、兽药残留、重金属、污染物质以及其他危害人体健康的物质含量超过食品安全标准限量的食品；

（三）营养成分不符合食品安全标准的专供婴幼儿和其他特定人群的主辅食品；

（四）腐败变质、油脂酸败、霉变生虫、污秽不洁、混有异物、掺假掺杂或者感官性状异常的食品；

（五）病死、毒死或者死因不明的禽、畜、兽、水产动物肉类及其制品；

（六）未经动物卫生监督机构检疫或者检疫不合格的肉类，或者未经检验或者检验不合格的肉类制品；

（七）被包装材料、容器、运输工具等污染的食品；

（八）超过保质期的食品；

（九）无标签的预包装食品；

（十）国家为防病等特殊需要明令禁止生产经营的食品；

（十一）其他不符合食品安全标准或者要求的食品。

第二十九条 国家对食品生产经营实行许可制度。从事食品生产、食品流通、餐饮服务，应当依法取得食品生产许可、食品流通许可、餐饮服务许可。

取得食品生产许可的食品生产者在其生产场所销售其生产的食品，不需要取得食品流通的许可；取得餐饮服务许可的餐饮服务提供者在其餐饮服务场所出售其制作加工的食品，不需要取得食品生产和流通的许可；农民个人销售其自产的食用农产品，不需要取得食品流通的许可。

食品生产加工小作坊和食品摊贩从事食品生产经营活动，应当符合本法规定的与其生产经营规模、条件相适应的食品安全要求，保证所生产经营的食品卫生、无毒、无害，有关部门应当对其加强监督管理，具体管理办法由省、自治区、直辖市人民代表大会常务委员会依照本法制定。

第三十条 县级以上地方人民政府鼓励食品生产加工小作坊改进生产条件；鼓励食品摊贩进入集中交易市场、店铺等固定场所经营。

第三十一条 县级以上质量监督、工商行政管理、食品药品监督管理部门应当依照《中华人民共和国行政许可法》的规定，审核申请人提交的本法第二十七条第一项至第四项规定要求的相关资料，必要时对申请人的生产经营场所进行现场核查；对符合规定条件的，决定准予许可；对不符合规定条件的，决定不予许可并书面说明理由。

第三十二条 食品生产经营企业应当建立健全本单位的食品安全管理制度，加强对职工食品安全知识的培训，配备专职或者兼职食品安全管理人员，做好对所生产经营食品的检验工作，依法从事食品生产经营活动。

第三十三条 国家鼓励食品生产经营企业符合良好生产规范要求，实施危害分析与关键控制点体系，提高食品安全管理水平。

对通过良好生产规范、危害分析与关键控制点体系认证的食品生产经营企业，认证机构应当依法实施跟踪调查；对不再符合认证要求的企业，应当依法撤销认证，及时向有关质量监督、工商行政管理、食品药品监督管理部门通报，并向社会公布。认证机构实施跟踪调查不收取任何费用。

第三十四条 食品生产经营者应当建立并执行从业人员健康管理制度。患有痢疾、伤寒、病毒性肝炎等消化道传染病的人员，以及患有活动性肺结核、化脓性或者渗出性皮肤病等有碍食品安全的疾病的人员，不得从事接触直接入口食品的工作。

食品生产经营人员每年应当进行健康检查，取得健康证明后方可参加工作。

第三十五条 食用农产品生产者应当依照食品安全标准和国家有关规定使用农药、肥料、生长调节剂、兽药、饲料和饲料添加剂等农业投入品。食用农产品的生产企业和农民专业合作经济组织应当建立食用农产品生产记录制度。

县级以上农业行政部门应当加强对农业投入品使用的管理和指导，建立健全农业投入品的安全使用制度。

第三十六条 食品生产者采购食品原料、食品添加剂、食品相关产品，应当查验供货者的许可证和产品合格证明文件；对无法提供合格证明文件的食品原料，应当依照食品安全标准进行检验；不得采购或者使用不符合食品安全标准的食品原料、食品添加剂、食品相关产品。

食品生产企业应当建立食品原料、食品添加剂、食品相关产品进货查验记录制度，如实记录食品原料、食品添加剂、食品相关产品的名称、规格、数量、供货者名称及联系方式、进货日期等内容。

食品原料、食品添加剂、食品相关产品进货查验记录应当真实，保存期限不得少于二年。

第三十七条 食品生产企业应当建立食品出厂检验记录制度，查验出厂食品的检验合格证和安全状况，并如实记录食品的名称、规格、数量、生产日期、生产批号、检验合格证号、购货者名称及联系方式、销售日期等内容。

食品出厂检验记录应当真实，保存期限不得少于二年。

第三十八条 食品、食品添加剂和食品相关产品的生产者，应当依照食品安全标准对所生产的食品、食品添加剂和食品相关产品进行检验，检验合格后方可出厂或者销售。

第三十九条 食品经营者采购食品，应当查验供货者的许可证和食品合格的证明文件。

食品经营企业应当建立食品进货查验记录制度，如实记录食品的名称、规格、数量、生产批号、保质期、供货者名称及联系方式、进货日期等内容。

食品进货查验记录应当真实，保存期限不得少于二年。

实行统一配送经营方式的食品经营企业，可以由企业总部统一查验供货者的许可证和食品合格的证明文件，进行食品进货查验记录。

第四十条 食品经营者应当按照保证食品安全的要求贮存食品，定期检查库存食品，及时清理变质或者超过保质期的食品。

第四十一条 食品经营者贮存散装食品，应当在贮存位置标明食品的名称、生产日期、保质期、生产者名称及联系方式等内容。

食品经营者销售散装食品，应当在散装食品的容器、外包装上标明食品的名称、生产日期、保质期、生产经营者名称及联系方式等内容。

第四十二条 预包装食品的包装上应当有标签。标签应当标明下列事项：

（一）名称、规格、净含量、生产日期；

（二）成分或者配料表；

（三）生产者的名称、地址、联系方式；

（四）保质期；

（五）产品标准代号；

（六）贮存条件；

（七）所使用的食品添加剂在国家标准中的通用名称；

（八）生产许可证编号；

（九）法律、法规或者食品安全标准规定必须标明的其他事项。

专供婴幼儿和其他特定人群的主辅食品，其标签还应当标明主要营养成分及其含量。

第四十三条 国家对食品添加剂的生产实行许可制度。申请食品添加剂生产许可的条件、程序，按照国家有关工业产品生产许可证管理的规定执行。

第四十四条 申请利用新的食品原料从事食品生产或者从事食品添加剂新品种、食品相关产品新品种生产活动的单位或者个人，应当向国务院卫生行政部门提交相关产品的安全性评估材料。国务院卫生行政部门应当自收到申请之日起六十日内组织对相关产品的安全性评估材料进行审查；对符合食品安全要求的，依法决定准予许可并予以公布；对不符合食品安全要求的，决定不予许可并书面说明理由。

第四十五条 食品添加剂应当在技术上确有必要且经过风险评估证明安全可靠，方可列入允许使用的范围。国务院卫生行政部门应当根据技术必要性和食品安全风险评估结果，及时对食品添加剂的品种、使用范围、用量的标准进行修订。

第四十六条 食品生产者应当依照食品安全标准关于食品添加剂的品种、使用范围、用量的规定使用食品添加剂；不得在食品生产中使用食品添加剂以外的化学物质和其他可能危害人体健康的物质。

第四十七条 食品添加剂应当有标签、说明书和包装。标签、说明书应当载明本法第四十二条第一款第一项至第六项、第八项、第九项规定的事项，以及食品添加剂的使用范围、用量、使用方法，并在标签上载明"食品添加剂"字样。

第四十八条 食品和食品添加剂的标签、说明书，不得含有虚假、夸大的内容，不得涉及疾病预防、治疗功能。生产者对标签、说明书上所载明的内容负责。

食品和食品添加剂的标签、说明书应当清楚、明显，容易辨识。

食品和食品添加剂与其标签、说明书所载明的内容不符的，不得上市销售。

第四十九条 食品经营者应当按照食品标签标示的警示标志、警示说明或者注意事项的要求，销售预包装食品。

第五十条　生产经营的食品中不得添加药品，但是可以添加按照传统既是食品又是中药材的物质。按照传统既是食品又是中药材的物质的目录由国务院卫生行政部门制定、公布。

第五十一条　国家对声称具有特定保健功能的食品实行严格监管。有关监督管理部门应当依法履职，承担责任。具体管理办法由国务院规定。

声称具有特定保健功能的食品不得对人体产生急性、亚急性或者慢性危害，其标签、说明书不得涉及疾病预防、治疗功能，内容必须真实，应当载明适宜人群、不适宜人群、功效成分或者标志性成分及其含量等；产品的功能和成分必须与标签、说明书相一致。

第五十二条　集中交易市场的开办者、柜台出租者和展销会举办者，应当审查入场食品经营者的许可证，明确入场食品经营者的食品安全管理责任，定期对入场食品经营者的经营环境和条件进行检查，发现食品经营者有违反本法规定的行为的，应当及时制止并立即报告所在地县级工商行政管理部门或者食品药品监督管理部门。

集中交易市场的开办者、柜台出租者和展销会举办者未履行前款规定义务，本市场发生食品安全事故的，应当承担连带责任。

第五十三条　国家建立食品召回制度。食品生产者发现其生产的食品不符合食品安全标准，应当立即停止生产，召回已经上市销售的食品，通知相关生产经营者和消费者，并记录召回和通知情况。

食品经营者发现其经营的食品不符合食品安全标准，应当立即停止经营，通知相关生产经营者和消费者，并记录停止经营和通知情况。食品生产者认为应当召回的，应当立即召回。

食品生产者应当对召回的食品采取补救、无害化处理、销毁等措施，并将食品召回和处理情况向县级以上质量监督部门报告。

食品生产经营者未依照本条规定召回或者停止经营不符合食品安全标准的食品的，县级以上质量监督、工商行政管理、食品药品监督管理部门可以责令其召回或者停止经营。

第五十四条　食品广告的内容应当真实合法，不得含有虚假、夸大的内容，不得涉及疾病预防、治疗功能。

食品安全监督管理部门或者承担食品检验职责的机构、食品行业协会、消费者协会不得以广告或者其他形式向消费者推荐食品。

第五十五条　社会团体或者其他组织、个人在虚假广告中向消费者推荐食品，使消费者的合法权益受到损害的，与食品生产经营者承担连带责任。

第五十六条　地方各级人民政府鼓励食品规模化生产和连锁经营、配送。

第五章　食品检验

第五十七条　食品检验机构按照国家有关认证认可的规定取得资质认定后，方可从事食品检验活动。但是，法律另有规定的除外。

食品检验机构的资质认定条件和检验规范，由国务院卫生行政部门规定。

本法施行前经国务院有关主管部门批准设立或者经依法认定的食品检验机构，可以依照本法继续从事食品检验活动。

第五十八条　食品检验由食品检验机构指定的检验人独立进行。

检验人应当依照有关法律、法规的规定，并依照食品安全标准和检验规范对食品进行检验，尊重科学，恪守职业道德，保证出具的检验数据和结论客观、公正，不得出具虚假的检验报告。

第五十九条 食品检验实行食品检验机构与检验人负责制。食品检验报告应当加盖食品检验机构公章，并有检验人的签名或者盖章。食品检验机构和检验人对出具的食品检验报告负责。

第六十条 食品安全监督管理部门对食品不得实施免检。

县级以上质量监督、工商行政管理、食品药品监督管理部门应当对食品进行定期或者不定期的抽样检验。进行抽样检验，应当购买抽取的样品，不收取检验费和其他任何费用。

县级以上质量监督、工商行政管理、食品药品监督管理部门在执法工作中需要对食品进行检验的，应当委托符合本法规定的食品检验机构进行，并支付相关费用。对检验结论有异议的，可以依法进行复检。

第六十一条 食品生产经营企业可以自行对所生产的食品进行检验，也可以委托符合本法规定的食品检验机构进行检验。

食品行业协会等组织、消费者需要委托食品检验机构对食品进行检验的，应当委托符合本法规定的食品检验机构进行。

第六章　食品进出口

第六十二条 进口的食品、食品添加剂以及食品相关产品应当符合我国食品安全国家标准。

进口的食品应当经出入境检验检疫机构检验合格后，海关凭出入境检验检疫机构签发的通关证明放行。

第六十三条 进口尚无食品安全国家标准的食品，或者首次进口食品添加剂新品种、食品相关产品新品种，进口商应当向国务院卫生行政部门提出申请并提交相关的安全性评估材料。国务院卫生行政部门依照本法第四十四条的规定作出是否准予许可的决定，并及时制定相应的食品安全国家标准。

第六十四条 境外发生的食品安全事件可能对我国境内造成影响，或者在进口食品中发现严重食品安全问题的，国家出入境检验检疫部门应当及时采取风险预警或者控制措施，并向国务院卫生行政、农业行政、工商行政管理和国家食品药品监督管理部门通报。接到通报的部门应当及时采取相应措施。

第六十五条 向我国境内出口食品的出口商或者代理商应当向国家出入境检验检疫部门备案。向我国境内出口食品的境外食品生产企业应当经国家出入境检验检疫部门注册。

国家出入境检验检疫部门应当定期公布已经备案的出口商、代理商和已经注册的境外食品生产企业名单。

第六十六条 进口的预包装食品应当有中文标签、中文说明书。标签、说明书应当符合本法以及我国其他有关法律、行政法规的规定和食品安全国家标准的要求，载明食品的原产地以及境内代理商的名称、地址、联系方式。预包装食品没有中文标签、中文说明书或者标签、说明书不符合本条规定的，不得进口。

第六十七条 进口商应当建立食品进口和销售记录制度，如实记录食品的名称、规格、数量、生产日期、生产或者进口批号、保质期、出口商和购货者名称及联系方式、交货日期等内容。

食品进口和销售记录应当真实，保存期限不得少于二年。

第六十八条 出口的食品由出入境检验检疫机构进行监督、抽检，海关凭出入境检验检疫机构签发的通关证明放行。

出口食品生产企业和出口食品原料种植、养殖场应当向国家出入境检验检疫部门备案。

第六十九条 国家出入境检验检疫部门应当收集、汇总进出口食品安全信息，并及时通报相关部门、机构和企业。

国家出入境检验检疫部门应当建立进出口食品的进口商、出口商和出口食品生产企业的信誉记录，并予以公布。对有不良记录的进口商、出口商和出口食品生产企业，应当加强对其进出口食品的检验检疫。

第七章　食品安全事故处置

第七十条 国务院组织制定国家食品安全事故应急预案。

县级以上地方人民政府应当根据有关法律、法规的规定和上级人民政府的食品安全事故应急预案以及本地区的实际情况，制定本行政区域的食品安全事故应急预案，并报上一级人民政府备案。

食品生产经营企业应当制定食品安全事故处置方案，定期检查本企业各项食品安全防范措施的落实情况，及时消除食品安全事故隐患。

第七十一条 发生食品安全事故的单位应当立即予以处置，防止事故扩大。事故发生单位和接收病人进行治疗的单位应当及时向事故发生地县级卫生行政部门报告。

农业行政、质量监督、工商行政管理、食品药品监督管理部门在日常监督管理中发现食品安全事故，或者接到有关食品安全事故的举报，应当立即向卫生行政部门通报。

发生重大食品安全事故的，接到报告的县级卫生行政部门应当按照规定向本级人民政府和上级人民政府卫生行政部门报告。县级人民政府和上级人民政府卫生行政部门应当按照规定上报。

任何单位或者个人不得对食品安全事故隐瞒、谎报、缓报，不得毁灭有关证据。

第七十二条 县级以上卫生行政部门接到食品安全事故的报告后，应当立即会同有关农业行政、质量监督、工商行政管理、食品药品监督管理部门进行调查处理，并采取下列措施，防止或者减轻社会危害：

（一）开展应急救援工作，对因食品安全事故导致人身伤害的人员，卫生行政部门应当立即组织救治；

（二）封存可能导致食品安全事故的食品及其原料，并立即进行检验；对确认属于被污染的食品及其原料，责令食品生产经营者依照本法第五十三条的规定予以召回、停止经营并销毁；

（三）封存被污染的食品用工具及用具，并责令进行清洗消毒；

（四）做好信息发布工作，依法对食品安全事故及其处理情况进行发布，并对可能产生的危害加以解释、说明。

发生重大食品安全事故的,县级以上人民政府应当立即成立食品安全事故处置指挥机构,启动应急预案,依照前款规定进行处置。

第七十三条　发生重大食品安全事故,设区的市级以上人民政府卫生行政部门应当立即会同有关部门进行事故责任调查,督促有关部门履行职责,向本级人民政府提出事故责任调查处理报告。

重大食品安全事故涉及两个以上省、自治区、直辖市的,由国务院卫生行政部门依照前款规定组织事故责任调查。

第七十四条　发生食品安全事故,县级以上疾病预防控制机构应当协助卫生行政部门和有关部门对事故现场进行卫生处理,并对与食品安全事故有关的因素开展流行病学调查。

第七十五条　调查食品安全事故,除了查明事故单位的责任,还应当查明负有监督管理和认证职责的监督管理部门、认证机构的工作人员失职、渎职情况。

第八章　监督管理

第七十六条　县级以上地方人民政府组织本级卫生行政、农业行政、质量监督、工商行政管理、食品药品监督管理部门制定本行政区域的食品安全年度监督管理计划,并按照年度计划组织开展工作。

第七十七条　县级以上质量监督、工商行政管理、食品药品监督管理部门履行各自食品安全监督管理职责,有权采取下列措施:

(一) 进入生产经营场所实施现场检查;

(二) 对生产经营的食品进行抽样检验;

(三) 查阅、复制有关合同、票据、账簿以及其他有关资料;

(四) 查封、扣押有证据证明不符合食品安全标准的食品,违法使用的食品原料、食品添加剂、食品相关产品,以及用于违法生产经营或者被污染的工具、设备;

(五) 查封违法从事食品生产经营活动的场所。

县级以上农业行政部门应当依照《中华人民共和国农产品质量安全法》规定的职责,对食用农产品进行监督管理。

第七十八条　县级以上质量监督、工商行政管理、食品药品监督管理部门对食品生产经营者进行监督检查,应当记录监督检查的情况和处理结果。监督检查记录经监督检查人员和食品生产经营者签字后归档。

第七十九条　县级以上质量监督、工商行政管理、食品药品监督管理部门应当建立食品生产经营者食品安全信用档案,记录许可颁发、日常监督检查结果、违法行为查处等情况;根据食品安全信用档案的记录,对有不良信用记录的食品生产经营者增加监督检查频次。

第八十条　县级以上卫生行政、质量监督、工商行政管理、食品药品监督管理部门接到咨询、投诉、举报,对属于本部门职责的,应当受理,并及时进行答复、核实、处理;对不属于本部门职责的,应当书面通知并移交有权处理的部门处理。有权处理的部门应当及时处理,不得推诿;属于食品安全事故的,依照本法第七章有关规定进行处置。

第八十一条 县级以上卫生行政、质量监督、工商行政管理、食品药品监督管理部门应当按照法定权限和程序履行食品安全监督管理职责；对生产经营者的同一违法行为，不得给予二次以上罚款的行政处罚；涉嫌犯罪的，应当依法向公安机关移送。

第八十二条 国家建立食品安全信息统一公布制度。下列信息由国务院卫生行政部门统一公布：

（一）国家食品安全总体情况；

（二）食品安全风险评估信息和食品安全风险警示信息；

（三）重大食品安全事故及其处理信息；

（四）其他重要的食品安全信息和国务院确定的需要统一公布的信息。

前款第二项、第三项规定的信息，其影响限于特定区域的，也可以由有关省、自治区、直辖市人民政府卫生行政部门公布。县级以上农业行政、质量监督、工商行政管理、食品药品监督管理部门依据各自职责公布食品安全日常监督管理信息。

食品安全监督管理部门公布信息，应当做到准确、及时、客观。

第八十三条 县级以上地方卫生行政、农业行政、质量监督、工商行政管理、食品药品监督管理部门获知本法第八十二条第一款规定的需要统一公布的信息，应当向上级主管部门报告，由上级主管部门立即报告国务院卫生行政部门；必要时，可以直接向国务院卫生行政部门报告。

县级以上卫生行政、农业行政、质量监督、工商行政管理、食品药品监督管理部门应当相互通报获知的食品安全信息。

第九章　法　律　责　任

第八十四条 违反本法规定，未经许可从事食品生产经营活动，或者未经许可生产食品添加剂的，由有关主管部门按照各自职责分工，没收违法所得、违法生产经营的食品、食品添加剂和用于违法生产经营的工具、设备、原料等物品；违法生产经营的食品、食品添加剂货值金额不足一万元的，并处二千元以上五万元以下罚款；货值金额一万元以上的，并处货值金额五倍以上十倍以下罚款。

第八十五条 违反本法规定，有下列情形之一的，由有关主管部门按照各自职责分工，没收违法所得、违法生产经营的食品和用于违法生产经营的工具、设备、原料等物品；违法生产经营的食品货值金额不足一万元的，并处二千元以上五万元以下罚款；货值金额一万元以上的，并处货值金额五倍以上十倍以下罚款；情节严重的，吊销许可证：

（一）用非食品原料生产食品或者在食品中添加食品添加剂以外的化学物质和其他可能危害人体健康的物质，或者用回收食品作为原料生产食品；

（二）生产经营致病性微生物、农药残留、兽药残留、重金属、污染物质以及其他危害人体健康的物质含量超过食品安全标准限量的食品；

（三）生产经营营养成分不符合食品安全标准的专供婴幼儿和其他特定人群的主辅食品；

（四）经营腐败变质、油脂酸败、霉变生虫、污秽不洁、混有异物、掺假掺杂或者感官性状异常的食品；

（五）经营病死、毒死或者死因不明的禽、畜、兽、水产动物肉类，或者生产经营病死、毒死或者死因不明的禽、畜、兽、水产动物肉类的制品；

（六）经营未经动物卫生监督机构检疫或者检疫不合格的肉类，或者生产经营未经检验或者检验不合格的肉类制品；

（七）经营超过保质期的食品；

（八）生产经营国家为防病等特殊需要明令禁止生产经营的食品；

（九）利用新的食品原料从事食品生产或者从事食品添加剂新品种、食品相关产品新品种生产，未经过安全性评估；

（十）食品生产经营者在有关主管部门责令其召回或者停止经营不符合食品安全标准的食品后，仍拒不召回或者停止经营的。

第八十六条　违反本法规定，有下列情形之一的，由有关主管部门按照各自职责分工，没收违法所得、违法生产经营的食品和用于违法生产经营的工具、设备、原料等物品；违法生产经营的食品货值金额不足一万元的，并处二千元以上五万元以下罚款；货值金额一万元以上的，并处货值金额二倍以上五倍以下罚款；情节严重的，责令停产停业，直至吊销许可证：

（一）经营被包装材料、容器、运输工具等污染的食品；

（二）生产经营无标签的预包装食品、食品添加剂或者标签、说明书不符合本法规定的食品、食品添加剂；

（三）食品生产者采购、使用不符合食品安全标准的食品原料、食品添加剂、食品相关产品；

（四）食品生产经营者在食品中添加药品。

第八十七条　违反本法规定，有下列情形之一的，由有关主管部门按照各自职责分工，责令改正，给予警告；拒不改正的，处二千元以上二万元以下罚款；情节严重的，责令停产停业，直至吊销许可证：

（一）未对采购的食品原料和生产的食品、食品添加剂、食品相关产品进行检验；

（二）未建立并遵守查验记录制度、出厂检验记录制度；

（三）制定食品安全企业标准未依照本法规定备案；

（四）未按规定要求贮存、销售食品或者清理库存食品；

（五）进货时未查验许可证和相关证明文件；

（六）生产的食品、食品添加剂的标签、说明书涉及疾病预防、治疗功能；

（七）安排患有本法第三十四条所列疾病的人员从事接触直接入口食品的工作。

第八十八条　违反本法规定，事故单位在发生食品安全事故后未进行处置、报告的，由有关主管部门按照各自职责分工，责令改正，给予警告；毁灭有关证据的，责令停产停业，并处二千元以上十万元以下罚款；造成严重后果的，由原发证部门吊销许可证。

第八十九条　违反本法规定，有下列情形之一的，依照本法第八十五条的规定给予处罚：

（一）进口不符合我国食品安全国家标准的食品；

（二）进口尚无食品安全国家标准的食品，或者首次进口食品添加剂新品种、食品相关产品新品种，未经过安全性评估；

（三）出口商未遵守本法的规定出口食品。

违反本法规定，进口商未建立并遵守食品进口和销售记录制度的，依照本法第八十七条的规定给予处罚。

第九十条　违反本法规定，集中交易市场的开办者、柜台出租者、展销会的举办者允许未取得许可的食品经营者进入市场销售食品，或者未履行检查、报告等义务的，由有关主管部门按照各自职责分工，处二千元以上五万元以下罚款；造成严重后果的，责令停业，由原发证部门吊销许可证。

第九十一条　违反本法规定，未按照要求进行食品运输的，由有关主管部门按照各自职责分工，责令改正，给予警告；拒不改正的，责令停产停业，并处二千元以上五万元以下罚款；情节严重的，由原发证部门吊销许可证。

第九十二条　被吊销食品生产、流通或者餐饮服务许可证的单位，其直接负责的主管人员自处罚决定作出之日起五年内不得从事食品生产经营管理工作。

食品生产经营者聘用不得从事食品生产经营管理工作的人员从事管理工作的，由原发证部门吊销许可证。

第九十三条　违反本法规定，食品检验机构、食品检验人员出具虚假检验报告的，由授予其资质的主管部门或者机构撤销该检验机构的检验资格；依法对检验机构直接负责的主管人员和食品检验人员给予撤职或者开除的处分。

违反本法规定，受到刑事处罚或者开除处分的食品检验机构人员，自刑罚执行完毕或者处分决定作出之日起十年内不得从事食品检验工作。食品检验机构聘用不得从事食品检验工作的人员的，由授予其资质的主管部门或者机构撤销该检验机构的检验资格。

第九十四条　违反本法规定，在广告中对食品质量作虚假宣传，欺骗消费者的，依照《中华人民共和国广告法》的规定给予处罚。

违反本法规定，食品安全监督管理部门或者承担食品检验职责的机构、食品行业协会、消费者协会以广告或者其他形式向消费者推荐食品的，由有关主管部门没收违法所得，依法对直接负责的主管人员和其他直接责任人员给予记大过、降级或者撤职的处分。

第九十五条　违反本法规定，县级以上地方人民政府在食品安全监督管理中未履行职责，本行政区域出现重大食品安全事故、造成严重社会影响的，依法对直接负责的主管人员和其他直接责任人员给予记大过、降级、撤职或者开除的处分。

违反本法规定，县级以上卫生行政、农业行政、质量监督、工商行政管理、食品药品监督管理部门或者其他有关行政部门不履行本法规定的职责或者滥用职权、玩忽职守、徇私舞弊的，依法对直接负责的主管人员和其他直接责任人员给予记大过或者降级的处分；造成严重后果的，给予撤职或者开除的处分；其主要负责人应当引咎辞职。

第九十六条　违反本法规定，造成人身、财产或者其他损害的，依法承担赔偿责任。

生产不符合食品安全标准的食品或者销售明知是不符合食品安全标准的食品，消费者除要求赔偿损失外，还可以向生产者或者销售者要求支付价款十倍的赔偿金。

第九十七条　违反本法规定，应当承担民事赔偿责任和缴纳罚款、罚金，其财产不足以同时支付时，先承担民事赔偿责任。

第九十八条　违反本法规定，构成犯罪的，依法追究刑事责任。

四、中华人民共和国商标法

(1982 年 8 月 23 日第五届全国人民代表大会常务委员会第二十四次会议通过根据 1993 年 2 月 22 日第七届全国人民代表大会常务委员会第三十次会议《关于修改〈中华人民共和国商标法〉的决定》第一次修正根据 2001 年 10 月 27 日第九届全国人民代表大会常务委员会第二十四次会议《关于修改〈中华人民共和国商标法〉的决定》第二次修正)

第一章 总 则

第一条 为了加强商标管理,保护商标专用权,促使生产、经营者保证商品和服务质量,维护商标信誉,以保障消费者和生产、经营者的利益,促进社会主义市场经济的发展,特制定本法。

第二条 国务院工商行政管理部门商标局主管全国商标注册和管理的工作。

国务院工商行政管理部门设立商标评审委员会,负责处理商标争议事宜。

第三条 经商标局核准注册的商标为注册商标,包括商品商标、服务商标和集体商标、证明商标;商标注册人享有商标专用权,受法律保护。

本法所称集体商标,是指以团体、协会或者其他组织名义注册,供该组织成员在商事活动中使用,以表明使用者在该组织中的成员资格的标志。

本法所称证明商标,是指由对某种商品或者服务具有监督能力的组织所控制,而由该组织以外的单位或者个人使用于其商品或者服务,用以证明该商品或者服务的原产地、原料、制造方法、质量或者其他特定品质的标志。

集体商标、证明商标注册和管理的特殊事项,由国务院工商行政管理部门规定。

第四条 自然人、法人或者其他组织对其生产、制造、加工、拣选或者经销的商品,需要取得商标专用权的,应当向商标局申请商品商标注册。

自然人、法人或者其他组织对其提供的服务项目,需要取得商标专用权的,应当向商标局申请服务商标注册。

本法有关商品商标的规定,适用于服务商标。

第五条 两个以上的自然人、法人或者其他组织可以共同向商标局申请注册同一商标,共同享有和行使该商标专用权。

第六条 国家规定必须使用注册商标的商品,必须申请商标注册,未经核准注册的,不得在市场销售。

第七条 商标使用人应当对其使用商标的商品质量负责。各级工商行政管理部门应当通过商标管理,制止欺骗消费者的行为。

第八条 任何能够将自然人、法人或者其他组织的商品与他人的商品区别开的可视性标志,包括文字、图形、字母、数字、三维标志和颜色组合,以及上述要素的组合,均可以作为商标申请注册。

第九条 申请注册的商标,应当有显著特征,便于识别,并不得与他人在先取得的合法权利相冲突。

商标注册人有权标明"注册商标"或者注册标记。

第十条 下列标志不得作为商标使用:

（一）同中华人民共和国的国家名称、国旗、国徽、军旗、勋章相同或者近似的，以及同中央国家机关所在地特定地点的名称或者标志性建筑物的名称、图形相同的；

（二）同外国的国家名称、国旗、国徽、军旗相同或者近似的，但该国政府同意的除外；

（三）同政府间国际组织的名称、旗帜、徽记相同或者近似的，但经该组织同意或者不易误导公众的除外；

（四）与表明实施控制、予以保证的官方标志、检验印记相同或者近似的，但经授权的除外；

（五）同"红十字"、"红新月"的名称、标志相同或者近似的；

（六）带有民族歧视性的；

（七）夸大宣传并带有欺骗性的；

（八）有害于社会主义道德风尚或者有其他不良影响的。

县级以上行政区划的地名或者公众知晓的外国地名，不得作为商标。但是，地名具有其他含义或者作为集体商标、证明商标组成部分的除外；已经注册的使用地名的商标继续有效。

第十一条 下列标志不得作为商标注册：

（一）仅有本商品的通用名称、图形、型号的；

（二）仅仅直接表示商品的质量、主要原料、功能、用途、重量、数量及其他特点的；

（三）缺乏显著特征的。

前款所列标志经过使用取得显著特征，并便于识别的，可以作为商标注册。

第十二条 以三维标志申请注册商标的，仅由商品自身的性质产生的形状、为获得技术效果而需有的商品形状或者使商品具有实质性价值的形状，不得注册。

第十三条 就相同或者类似商品申请注册的商标是复制、摹仿或者翻译他人未在中国注册的驰名商标，容易导致混淆的，不予注册并禁止使用。

就不相同或者不相类似商品申请注册的商标是复制、摹仿或者翻译他人已经在中国注册的驰名商标，误导公众，致使该驰名商标注册人的利益可能受到损害的，不予注册并禁止使用。

第十四条 认定驰名商标应当考虑下列因素：

（一）相关公众对该商标的知晓程度；

（二）该商标使用的持续时间；

（三）该商标的任何宣传工作的持续时间、程度和地理范围；

（四）该商标作为驰名商标受保护的记录；

（五）该商标驰名的其他因素。

第十五条 未经授权，代理人或者代表人以自己的名义将被代理人或者被代表人的商标进行注册，被代理人或者被代表人提出异议的，不予注册并禁止使用。

第十六条 商标中有商品的地理标志，而该商品并非来源于该标志所标示的地区，误导公众的，不予注册并禁止使用；但是，已经善意取得注册的继续有效。

前款所称地理标志，是指标示某商品来源于某地区，该商品的特定质量、信誉或者其他特征，主要由该地区的自然因素或者人文因素所决定的标志。

第十七条 外国人或者外国企业在中国申请商标注册的，应当按其所属国和中华人民共和国签订的协议或者共同参加的国际条约办理，或者按对等原则办理。

第十八条 外国人或者外国企业在中国申请商标注册和办理其他商标事宜的，应当委托国家认可的具有商标代理资格的组织代理。

第二章　商标注册的申请

第十九条 申请商标注册的，应当按规定的商品分类表填报使用商标的商品类别和商品名称。

第二十条 商标注册申请人在不同类别的商品上申请注册同一商标的，应当按商品分类表提出注册申请。

第二十一条 注册商标需要在同一类的其他商品上使用的，应当另行提出注册申请。

第二十二条 注册商标需要改变其标志的，应当重新提出注册申请。

第二十三条 注册商标需要变更注册人的名义、地址或者其他注册事项的，应当提出变更申请。

第二十四条 商标注册申请人自其商标在外国第一次提出商标注册申请之日起六个月内，又在中国就相同商品以同一商标提出商标注册申请的，依照该外国同中国签订的协议或者共同参加的国际条约，或者按照相互承认优先权的原则，可以享有优先权。

依照前款要求优先权的，应当在提出商标注册申请的时候提出书面声明，并且在三个月内提交第一次提出的商标注册申请文件的副本；未提出书面声明或者逾期未提交商标注册申请文件副本的，视为未要求优先权。

第二十五条 商标在中国政府主办的或者承认的国际展览会展出的商品上首次使用的，自该商品展出之日起六个月内，该商标的注册申请人可以享有优先权。

依照前款要求优先权的，应当在提出商标注册申请的时候提出书面声明，并且在三个月内提交展出其商品的展览会名称、在展出商品上使用该商标的证据、展出日期等证明文件；未提出书面声明或者逾期未提交证明文件的，视为未要求优先权。

第二十六条 为申请商标注册所申报的事项和所提供的材料应当真实、准确、完整。

第三章　商标注册的审查和核准

第二十七条 申请注册的商标，凡符合本法有关规定的，由商标局初步审定，予以公告。

第二十八条 申请注册的商标，凡不符合本法有关规定或者同他人在同一种商品或者类似商品上已经注册的或者初步审定的商标相同或者近似的，由商标局驳回申请，不予公告。

第二十九条 两个或者两个以上的商标注册申请人，在同一种商品或者类似商品上，以相同或者近似的商标申请注册的，初步审定并公告申请在先的商标；同一天申请的，初步审定并公告使用在先的商标，驳回其他人的申请，不予公告。

第三十条 对初步审定的商标，自公告之日起三个月内，任何人均可以提出异议。公告期满无异议的，予以核准注册，发给商标注册证，并予公告。

第三十一条 申请商标注册不得损害他人现有的在先权利，也不得以不正当手段抢先注册他人已经使用并有一定影响的商标。

第三十二条 对驳回申请、不予公告的商标，商标局应当书面通知商标注册申请人。商标注册申请人不服的，可以自收到通知之日起十五日内向商标评审委员会申请复审，由商标评审委员会做出决定，并书面通知申请人。

当事人对商标评审委员会的决定不服的，可以自收到通知之日起三十日内向人民法院起诉。

第三十三条 对初步审定、予以公告的商标提出异议的，商标局应当听取异议人和被异议人陈述事实和理由，经调查核实后，做出裁定。当事人不服的，可以自收到通知之日起十五日内向商标评审委员会申请复审，由商标评审委员会做出裁定，并书面通知异议人和被异议人。

当事人对商标评审委员会的裁定不服的，可以自收到通知之日起三十日内向人民法院起诉。人民法院应当通知商标复审程序的对方当事人作为第三人参加诉讼。

第三十四条 当事人在法定期限内对商标局做出的裁定不申请复审或者对商标评审委员会做出的裁定不向人民法院起诉的，裁定生效。

经裁定异议不能成立的，予以核准注册，发给商标注册证，并予公告；经裁定异议成立的，不予核准注册。

经裁定异议不能成立而核准注册的，商标注册申请人取得商标专用权的时间自初审公告三个月期满之日起计算。

第三十五条 对商标注册申请和商标复审申请应当及时进行审查。

第三十六条 商标注册申请人或者注册人发现商标申请文件或者注册文件有明显错误的，可以申请更正。商标局依法在其职权范围内作出更正，并通知当事人。

前款所称更正错误不涉及商标申请文件或者注册文件的实质性内容。

第四章 注册商标的续展、转让和使用许可

第三十七条 注册商标的有效期为十年，自核准注册之日起计算。

第三十八条 注册商标有效期满，需要继续使用的，应当在期满前六个月内申请续展注册；在此期间未能提出申请的，可以给予六个月的宽展期。宽展期满仍未提出申请的，注销其注册商标。

每次续展注册的有效期为十年。

续展注册经核准后，予以公告。

第三十九条 转让注册商标的，转让人和受让人应当签订转让协议，并共同向商标局提出申请。受让人应当保证使用该注册商标的商品质量。

转让注册商标经核准后，予以公告。受让人自公告之日起享有商标专用权。

第四十条 商标注册人可以通过签订商标使用许可合同，许可他人使用其注册商标。许可人应当监督被许可人使用其注册商标的商品质量。被许可人应当保证使用该注册商标的商品质量。

经许可使用他人注册商标的，必须在使用该注册商标的商品上标明被许可人的名称和商品产地。

商标使用许可合同应当报商标局备案。

第五章　注册商标争议的裁定

第四十一条　已经注册的商标，违反本法第十条、第十一条、第十二条规定的，或者是以欺骗手段或者其他不正当手段取得注册的，由商标局撤销该注册商标；其他单位或者个人可以请求商标评审委员会裁定撤销该注册商标。

已经注册的商标，违反本法第十三条、第十五条、第十六条、第三十一条规定的，自商标注册之日起五年内，商标所有人或者利害关系人可以请求商标评审委员会裁定撤销该注册商标。对恶意注册的，驰名商标所有人不受五年的时间限制。

除前两款规定的情形外，对已经注册的商标有争议的，可以自该商标经核准注册之日起五年内，向商标评审委员会申请裁定。

商标评审委员会收到裁定申请后，应当通知有关当事人，并限期提出答辩。

第四十二条　对核准注册前已经提出异议并经裁定的商标，不得再以相同的事实和理由申请裁定。

第四十三条　商标评审委员会做出维持或者撤销注册商标的裁定后，应当书面通知有关当事人。

当事人对商标评审委员会的裁定不服的，可以自收到通知之日起三十日内向人民法院起诉。人民法院应当通知商标裁定程序的对方当事人作为第三人参加诉讼。

第六章　商标使用的管理

第四十四条　使用注册商标，有下列行为之一的，由商标局责令限期改正或者撤销其注册商标：

（一）自行改变注册商标的；

（二）自行改变注册商标的注册人名义、地址或者其他注册事项的；

（三）自行转让注册商标的；

（四）连续三年停止使用的。

第四十五条　使用注册商标，其商品粗制滥造，以次充好，欺骗消费者的，由各级工商行政管理部门分别不同情况，责令限期改正，并可以予以通报或者处以罚款，或者由商标局撤销其注册商标。

第四十六条　注册商标被撤销的或者期满不再续展的，自撤销或者注销之日起一年内，商标局对与该商标相同或者近似的商标注册申请，不予核准。

第四十七条　违反本法第六条规定的，由地方工商行政管理部门责令限期申请注册，可以并处罚款。

第四十八条　使用未注册商标，有下列行为之一的，由地方工商行政管理部门予以制止，限期改正，并可以予以通报或者处以罚款：

（一）冒充注册商标的；

（二）违反本法第十条规定的；

（三）粗制滥造，以次充好，欺骗消费者的。

第四十九条　对商标局撤销注册商标的决定，当事人不服的，可以自收到通知之日起十五日内向商标评审委员会申请复审，由商标评审委员会做出决定，并书面通知申请人。

当事人对商标评审委员会的决定不服的，可以自收到通知之日起三十日内向人民法院起诉。

第五十条 对工商行政管理部门根据本法第四十五条、第四十七条、第四十八条的规定做出的罚款决定，当事人不服的，可以自收到通知之日起十五日内，向人民法院起诉；期满不起诉又不履行的，由有关工商行政管理部门申请人民法院强制执行。

第七章 注册商标专用权的保护

第五十一条 注册商标的专用权，以核准注册的商标和核定使用的商品为限。

第五十二条 有下列行为之一的，均属侵犯注册商标专用权：

（一）未经商标注册人的许可，在同一种商品或者类似商品上使用与其注册商标相同或者近似的商标的；

（二）销售侵犯注册商标专用权的商品的；

（三）伪造、擅自制造他人注册商标标识或者销售伪造、擅自制造的注册商标标识的；

（四）未经商标注册人同意，更换其注册商标并将该更换商标的商品又投入市场的；

（五）给他人的注册商标专用权造成其他损害的。

第五十三条 有本法第五十二条所列侵犯注册商标专用权行为之一，引起纠纷的，由当事人协商解决；不愿协商或者协商不成的，商标注册人或者利害关系人可以向人民法院起诉，也可以请求工商行政管理部门处理。工商行政管理部门处理时，认定侵权行为成立的，责令立即停止侵权行为，没收、销毁侵权商品和专门用于制造侵权商品、伪造注册商标标识的工具，并可处以罚款。当事人对处理决定不服的，可以自收到处理通知之日起十五日内依照《中华人民共和国行政诉讼法》向人民法院起诉；侵权人期满不起诉又不履行的，工商行政管理部门可以申请人民法院强制执行。进行处理的工商行政管理部门根据当事人的请求，可以就侵犯商标专用权的赔偿数额进行调解；调解不成的，当事人可以依照《中华人民共和国民事诉讼法》向人民法院起诉。

第五十四条 对侵犯注册商标专用权的行为，工商行政管理部门有权依法查处；涉嫌犯罪的，应当及时移送司法机关依法处理。

第五十五条 县级以上工商行政管理部门根据已经取得的违法嫌疑证据或者举报，对涉嫌侵犯他人注册商标专用权的行为进行查处时，可以行使下列职权：

（一）询问有关当事人，调查与侵犯他人注册商标专用权有关的情况；

（二）查阅、复制当事人与侵权活动有关的合同、发票、账簿以及其他有关资料；

（三）对当事人涉嫌从事侵犯他人注册商标专用权活动的场所实施现场检查；

（四）检查与侵权活动有关的物品；对有证据证明是侵犯他人注册商标专用权的物品，可以查封或者扣押。

工商行政管理部门依法行使前款规定的职权时，当事人应当予以协助、配合，不得拒绝、阻挠。

第五十六条 侵犯商标专用权的赔偿数额，为侵权人在侵权期间因侵权所获得的利益，或者被侵权人在被侵权期间因被侵权所受到的损失，包括被侵权人为制止侵权行为所支付的合理开支。

前款所称侵权人因侵权所得利益，或者被侵权人因被侵权所受损失难以确定的，由人

866

民法院根据侵权行为的情节判决给予五十万元以下的赔偿。

销售不知道是侵犯注册商标专用权的商品，能证明该商品是自己合法取得的并说明提供者的，不承担赔偿责任。

第五十七条　商标注册人或者利害关系人有证据证明他人正在实施或者即将实施侵犯其注册商标专用权的行为，如不及时制止，将会使其合法权益受到难以弥补的损害的，可以在起诉前向人民法院申请采取责令停止有关行为和财产保全的措施。

人民法院处理前款申请，适用《中华人民共和国民事诉讼法》第九十三条至第九十六条和第九十九条的规定。

第五十八条　为制止侵权行为，在证据可能灭失或者以后难以取得的情况下，商标注册人或者利害关系人可以在起诉前向人民法院申请保全证据。

人民法院接受申请后，必须在四十八小时内做出裁定；裁定采取保全措施的，应当立即开始执行。

人民法院可以责令申请人提供担保，申请人不提供担保的，驳回申请。

申请人在人民法院采取保全措施后十五日内不起诉的，人民法院应当解除保全措施。

第五十九条　未经商标注册人许可，在同一种商品上使用与其注册商标相同的商标，构成犯罪的，除赔偿被侵权人的损失外，依法追究刑事责任。

伪造、擅自制造他人注册商标标识或者销售伪造、擅自制造的注册商标标识，构成犯罪的，除赔偿被侵权人的损失外，依法追究刑事责任。

销售明知是假冒注册商标的商品，构成犯罪的，除赔偿被侵权人的损失外，依法追究刑事责任。

第六十条　从事商标注册、管理和复审工作的国家机关工作人员必须秉公执法，廉洁自律，忠于职守，文明服务。

商标局、商标评审委员会以及从事商标注册、管理和复审工作的国家机关工作人员不得从事商标代理业务和商品生产经营活动。

第六十一条　工商行政管理部门应当建立健全内部监督制度，对负责商标注册、管理和复审工作的国家机关工作人员执行法律、行政法规和遵守纪律的情况，进行监督检查。

第六十二条　从事商标注册、管理和复审工作的国家机关工作人员玩忽职守、滥用职权、徇私舞弊，违法办理商标注册、管理和复审事项，收受当事人财物，牟取不正当利益，构成犯罪的，依法追究刑事责任；尚不构成犯罪的，依法给予行政处分。

五、中华人民共和国标准化法

《中华人民共和国标准化法》已由中华人民共和国第七届全国人民代表大会常务委员会第五次会议于1988年12月29日通过，现予公布，自1989年4月1日起施行。

第一章　总　　则

第一条　为了发展社会主义商品经济，促进技术进步，改进产品质量，提高社会经济效益，维护国家和人民的利益，使标准化工作适应社会主义现代化建设和发展对外经济关系的需要，制定本法。

第二条　以下列需要统一技术要求，应当制定标准：

（一）工业产品的品种、规格、质量、等级或者安全、卫生要求。

（二）工业产品的设计、生产、检验、包装、储存、运输、使用的方法或者生产、储存、运输过程中的安全、卫生要求。

（三）有关环境保护的各项技术要求和检验方法。

（四）建设工程的设计、施工方法和安全要求。

（五）有关工业生产、工程建设和环境保护的技术术语、符号、代号和制图方法。重要农产品和其他需要制定标准的项目，由国务院规定。

第三条 标准化工作的任务是制定标准、组织实施标准和对标准的实施进行监督。标准化工作应当纳入国民经济和社会发展计划。

第四条 国家鼓励积极采用国际标准。

第五条 国务院标准化行政主管部门统一管理全国标准化工作。国务院有关行政主管部门分工管理本部门、本行业的标准化工作。省、自治区、直辖市标准化行政主管部门统一管理本行政区域的标准化工作。省、自治区、直辖市政府有关行政主管部门分工管理本行政区域内本部门、本行业的标准化工作。市、县标准化行政主管部门和有关行政主管部门，按照省、自治区、直辖市政府规定的各自的职责，管理本行政区域内的标准化工作。

第二章 制 定

第六条 对需要在全国范围内统一的技术要求，应当制定国家标准。国家标准由国务院标准化行政主管部门制定。对没有国家标准而又需要在全国某个行业范围内统一的技术要求，可以制定行业标准。行业标准由国务院有关行政主管部门，并报国务院标准化行政主管部门备案，在公布国家标准之后，该项行业标准即行废止。对没有国家标准和行业标准而又需要在省、自治区、直辖市范围内统一的工业产品的安全、卫生要求，可以制定地方标准。地方标准由省、自治区、直辖市标准化行政主管部门制定，并报国务院标准化行政主管部门和国务院有关行政主管部门备案，在公布国家标准或者行业标准之后，该项地方标准即行废止。

企业生产的产品没有国家标准和行业标准的，应当制定企业标准，作为组织生产的依据。企业的产品标准须报当地政府标准化行政主管部门和有关行政主管部门备案。已有国家标准或者行业标准的，国家鼓励企业制定严于国家标准或者行业标准的企业标准，在企业内部适用。

法律对标准的制定另有规定的，依照法律的规定执行。

第七条 国家标准、行业标准分为强制性标准和推荐性标准。保障人体健康，人身、财产安全的标准和法律、行政法规规定强制执行的标准是强制性标准，其他标准是推荐性标准。省、自治区、直辖市标准化行政主管部门制定的工业产品的安全、卫生要求的地方标准，在本行政区域内是强制性标准。

第八条 制定标准应当有利于保障安全和人民的身体健康，保护消费者的利益，保护环境。

第九条 制定标准应当有利于合理利用国家资源，推广科学技术成果，提高经济效益，并符合使用要求，有利于产品的通用互换，做到技术上先进，经济上合理。

第十条 制定标准应当做到有关标准的协调配套。

第十一条　制定标准应当有利于促进对外经济技术合作和对外贸易。

第十二条　制定标准应当发挥行业协会、科学研究机构和学术团体的作用。制定标准的部门应当组织由专家组成的标准化技术委员会，负责标准的草拟，参加标准草案的审查工作。

第十三条　标准实施后，制定标准的部门应当根据科学技术的发展和经济建设的需要适时进行复审，以确认现行标准继续有效或者予以修订、废止。

第三章　实　　施

第十四条　强制性标准，必须执行。不符合强制性标准的产品，禁止生产、销售和进口。推荐性标准，国家鼓励企业自愿采用。

第十五条　企业以有国家标准或者行业标准的产品，可以向国务院标准化行政主管部门或者国务院标准化行政主管部门授权的部门申请产品质量认证。认证合格的，由认证部门授予认证证书，准许在产品或者其包装上使用规定的认证标志。已经取得认证证书的产品不符合国家标准或者行业标准的，以及产品未经认证或者认证不合格的，不得使用认证标志出厂销售。

第十六条　出口产品的技术要求，依照合同的约定执行。

第十七条　企业研制新产品，改进产品，进行技术改造，应当符合标准化要求。

第十八条　县级以上政府标准化行政主管部门负责以标准的实施进行监督检查。

第十九条　县级以上政府标准化行政主管部门，可以根据需要设置检验机构，或者授权其他单位的检验机构，对产品是否符合标准进行检验。法律、行政法规对检验机构另有规定的，依照法律、行政法规的规定执行。处理有关产品是否符合标准的争议，以前款规定的检验机构的检验数据为准。

第四章　责　　任

第二十条　生产、销售、进口不符合强制性标准的产品的，由法律、行政法规规定的行政主管部门依法处理，法律、行政法规未作规定的，由工商行政管理部门没收产品和违法所得，并处罚款；造成严重后果构成犯罪的，对直接责任人员依法追究刑事责任。

第二十一条　已经授予认证证书的产品不符合国家标准或者行业标准而使用认证标志出厂销售的，由标准化行政主管部门责令停止销售，并处罚款；情节严重的，由认证部门撤销其认证证书。

第二十二条　产品未经认证或者认证不合格而擅自使用认证标志出厂销售的，由标准化行政主管部门责令停止销售，并处罚款。

第二十三条　当事人对没收产品、没收违法所得和罚款的处罚不服的，可以在接到处罚通知之日起十五日内，向作出处罚决定的机关的上一级机关申请复议；对复议决定不服的，可以在接到复议决定之日起十五日内，向人民法院起诉。当事人也可以在接到处罚通知之日起十五日内，直接向人民法院起诉。当事人逾期不申请复议或者不向人民法院起诉又不履行处罚决定的，由作出处罚决定的机关申请人民法院强制执行。

第二十四条　标准化工作的监督、检验、管理人员违法失职、徇私舞弊的，给予行政处分；构成犯罪的，依法追究刑事责任。

第五章 附 则

第二十五条 本法实施条例由国务院制定。

第二十六条 本法自 1989 年 4 月 1 日起施行。

六、中华人民共和国计量法

《中华人民共和国计量法》已由中华人民共和国第六届全国人民代表大会常务委员会第十二次会议于 1985 年 9 月 6 日通过，现予公布，自 1986 年 7 月 1 日起施行。

第一章 总 则

第一条 为了加强计量监督管理，保障国家计量单位制的统一和量值的准确可靠，有利于生产、贸易和科学技术的发展，适应社会主义现代化建设的需要，维护国家、人民的利益，制定本法。

第二条 在中华人民共和国境内，建立计量基准器具、计量标准器具，进行计量检定，制造、修理、销售、使用计量器具，必须遵守本法。

第三条 国家采用国际单位制。国际单位制计量单位和国家选定的其他计量单位，为国家法定计量单位。国家法定计量单位的名称、符号由国务院公布。非国家法定计量单位应当废除。废除的办法由国务院制定。

第四条 国务院计量行政部门对全国计量工作实施统一监督管理。县级以上地方人民政府计量行政部门对本行政区域内的计量工作实施监督管理。

第二章 计量基准器具、计量标准器具和计量检定

第五条 国务院计量行政部门负责建立各种计量基准器具，作为统一全国量值的最高依据。

第六条 县级以上地方人民政府计量行政部门根据本地区的需要，建立社会公用计量标准器具，经上级人民政府计量行政部门主持考核合格后使用。

第七条 国务院有关主管部门和省、自治区、直辖市人民政府有关主管部门，根据本部门的特殊需要，可以建立本部门使用的计量标准器具，其各项最高计量标准器具经同级人民政府计量行政部门主持考核合格后使用。

第八条 企业、事业单位根据需要，可以建立本单位使用的计量标准器具，其各项最高计量标准器具经有关人民政府计量行政部门主持考核合格后使用。

第九条 县级以上人民政府计量行政部门对社会公用计量标准器具，部门和企业、事业单位使用的最高计量标准器具，以及用于贸易结算、安全防护、医疗卫生、环境监测方面的列入强制检定目录的工作计量器具，实行强制检定。未按照规定申请检定或者检定不合格的，不得使用。实行强制检定的工作计量器具的目录和管理办法，由国务院制定。

对前款规定以外的其他计量标准器具和工作计量器具，使用单位应当自行定期检定或者送其他计量检定机构检定，县级以上人民政府计量行政部门应当进行监督检查。

第十条 计量检定必须按照国家计量检定系统表进行。国家计量检定系统表由国务院计量行政部门制定。计量检定必须执行计量检定规程。国家计量检定规程由国务院计量行

政部门制定。没有国家计量检定规程的，由国务院有关主管部门和省、自治区、直辖市人民政府计量行政部门分别制定部门计量检定规程和地方计量检定规程，并向国务院计量行政部门备案。

第十一条　计量检定工作应当按照经济合理的原则，就地就近进行。

第三章　计量器具管理

第十二条　制造、修理计量器具的企业、事业单位，必须具备与所制造、修理的计量器具相适应的设施、人员和检定仪器设备，经县级以上人民政府计量行政部门考核合格，取得《制造计量器具许可证》或者《修理计量器具许可证》。制造、修理计量器具的企业未取得《制造计量器具许可证》或者《修理计量器具许可证》的，工商行政管理部门不予办理营业执照。

第十三条　制造计量器具的企业、事业单位生产本单位未生产过的计量器具新产品，必须经省级以上人民政府计量行政部门对其样品的计量性能考核合格，方可投入生产。

第十四条　未经国务院计量行政部门批准，不得制造、销售和进口国务院规定废除的非法定计量单位的计量器具和国务院禁止使用的其他计量器具。

第十五条　制造、修理计量器具的企业、事业单位必须对制造、修理的计量器具进行检定，保证产品计量性能合格，并对合格产品出具产品合格证。县级以上人民政府计量行政部门应当对制造、修理的计量器具的质量进行监督检查。

第十六条　进口的计量器具，必须经省级以上人民政府计量行政部门检定合格后，方可销售。

第十七条　使用计量器具不得破坏其准确度，损害国家和消费者的利益。

第十八条　个体工商户可以制造、修理简易的计量器具。制造、修理计量器具的个体工商户，必须经县级人民政府计量行政部门考核合格，发给《制造计量器具许可证》或者《修理计量器具许可证》后，方可向工商行政管理部门申请营业执照。个体工商户制造、修理计量器具的范围和管理办法，由国务院计量行政部门制定。

第四章　计量监督

第十九条　县级以上人民政府计量行政部门，根据需要设置计量监督员。计量监督员管理办法，由国务院计量行政部门制定。

第二十条　县级以上人民政府计量行政部门可以根据需要设置计量检定机构，或者授权其他单位的计量检定机构，执行强制检定和其他检定、测试任务。执行前款规定的检定、测试任务的人员，必须经考核合格。

第二十一条　处理因计量器具准确度所引起的纠纷，以国家计量基准器具或者社会公用计量标准器具检定的数据为准。

第二十二条　为社会提供公证数据的产品质量检验机构，必须经省级以上人民政府计量行政部门对其计量检定、测试的能力和可靠性考核合格。

第五章　法律责任

第二十三条　未取得《制造计量器具许可证》、《修理计量器具许可证》制造或者修理计量器具的，责令停止生产、停止营业，没收违法所得，可以并处罚款。

第二十四条 制造、销售未经考核合格的计量器具新产品的，责令停止制造、销售该种新产品，没收违法所得，可以并处罚款。

第二十五条 制造、修理、销售的计量器具不合格的，没收违法所得，可以并处罚款。

第二十六条 属于强制检定范围的计量器具，未按照规定申请检定或者检定不合格继续使用的，责令停止使用，可以并处罚款。

第二十七条 使用不合格的计量器具或者破坏计量器具准确度，给国家和消费者造成损失的，责令赔偿损失，没收计量器具和违法所得，可以并处罚款。

第二十八条 制造、销售、使用以欺骗消费者为目的的计量器具的，没收计量器具和违法所得，处以罚款；情节严重的，并对个人或者单位直接责任人员按诈骗罪或者投机倒把罪追究刑事责任。

第二十九条 违反本法规定，制造、修理、销售的计量器具不合格，造成人身伤亡或者重大财产损失的，比照《刑法》第一百八十七条的规定，对个人或者单位直接责任人员追究刑事责任。

第三十条 计量监督人员违法失职，情节严重的，依照《刑法》有关规定追究刑事责任；情节轻微的，给予行政处分。

第三十一条 本法规定的行政处罚，由县级以上地方人民政府计量行政部门决定。本法第二十七条规定的行政处罚，也可以由工商行政管理部门决定。

第三十二条 当事人对行政处罚决定不服的，可以在接到处罚通知之日起十五日内向人民法院起诉；对罚款、没收违法所得的行政处罚决定期满不起诉又不履行的，由作出行政处罚决定的机关申请人民法院强制执行。

第六章 附 则

第三十三条 中国人民解放军和国防科技工业系统计量工作的监督管理办法，由国务、中央军事委员会依据本法另行制定。

第三十四条 国务院计量行政部门根据本法制定实施细则，报国务院批准施行。

第三十五条 本法自 1986 年 7 月 1 日起施行。

七、国家职业标准比重表

1. 白酒酿造工

白酒酿造工理论知识见附表1。

附表1 理论知识

项　　目			初级/%	中级/%	高级/%	技师/%
基本要求		职业道德	5	5	5	5
		基本知识	25	20	15	10
相关知识	生产准备	接收物料	5	5	5	—
		清理现场	8	5	4	—
		检查设备、能源	9	5	5	—

续表

	项 目		初级/%	中级/%	高级/%	技师/%
相关知识	配料	润料（糁）	8	5	5	—
		拌料（糁）	5	3	3	—
	蒸煮	上甑（锅）	—	6	8	—
		蒸煮（饭）	9	6	6	—
	糖化发酵	出甑（锅）、加浆、晾茬	9	6	—	—
		加糖化发酵剂	9	3	—	—
		入窖（缸、罐）	—	7	8	17
		封窖（口）	8	5	7	15
	蒸馏	上甑	—	7	10	18
		蒸馏接酒	—	9	14	20
	质量控制	记录工艺参数	—	3	5	10
	培训与指导		—	—	—	5
合 计			100	100	100	100

白酒酿造工技能操作见附表2。

附表2　　　　　　　　　　　技能操作

	项 目		初级/%	中级/%	高级/%	技师/%
技能要求	生产准备	接收物料	7	5	5	—
		清理现场	5	3	4	—
		检查设备	10	7	8	—
	配料	润料（糁）	15	8	10	—
		拌料（糁）	10	4	5	—
	蒸煮	上甑（锅）	—	8	9	—
		蒸煮（饭）	12	8	10	—
	糖化发酵	出甑（锅）、加浆、晾茬	11	9	—	—
		加糖化发酵剂	15	9	—	—
		入窖（缸、罐）	—	7	8	15
		封窖（口）	15	12	13	13
	蒸馏	上甑	—	8	10	25
		蒸馏接酒	—	10	15	30
	质量控制	记录工艺参数	—	2	3	7
	培训与指导		—	—	—	10
合 计			100	100	100	100

2. 培菌制曲工

培菌制曲工理论知识见附表3。

附表3 理论知识

	项 目		初级/%	中级/%	高级/%	技师/%
基本要求	职业道德		5	5	5	5
	基本知识		25	20	15	10
相关知识	生产准备	接收物料	5	5	4	—
		清洁卫生	10	8	6	—
		检查设备、能源	4	5	5	—
	培养基制备	曲坯制作	5	5	5	
		斜面、扩大培菌、种曲、通风法制曲	10	10	8	
		灭菌（蒸料）、接种	10	8	8	
	培养	控制温度、湿度	8	7	7	12
		培菌	12	10	8	15
		储存、保藏	6	4	6	10
	质量控制	记录工艺参数	—	4	5	10
		分析问题	—	5	9	14
		解决问题	—	5	9	14
	培训与指导		—	—	—	10
合 计			100	100	100	100

培菌制曲工技能操作见附表4。

附表4 技能操作

	项目		初级/%	中级/%	高级/%	技师/%
技能要求	生产准备	接收物料	8	8	8	—
		清洁卫生	12	12	12	—
		检查设备、能源	10	7	8	—
	培养基制备	曲坯制作	8	6	6	—
		斜面、扩大培菌、种曲、通风法制曲	12	9	9	—
		灭菌（蒸料）、接种	8	7	7	—
	培养	控制温度、湿度	12	10	8	15
		培菌	20	15	15	20
		储存、保藏	10	6	5	13
	质量控制	记录工艺参数	—	2	4	10
		分析问题		8	8	10
		解决问题		10	10	20
	培训与指导		—	—	—	12
合 计			100	100	100	100

3. 储存勾调工

储存勾调工理论知识见附表5。

附表5　　　　　　　　　　　　　　理论知识

项　目		初级/%	中级/%	高级/%	技师/%
基本要求	职业道德	5	5	5	5
	基本知识	25	20	15	10
相关知识	生产准备　接收物料	14	7	9	10
	生产准备　清理现场	8	—	—	—
	生产准备　检查设备、能源	8	7	9	10
	储存入库　储酒管理	8	7	8	10
	储存入库　验收原酒	8	9	8	12
	储存入库　分级入库	8	7	8	11
	勾调　组合酒	8	9	8	11
	勾调　品评	—	9	8	—
	过滤　过滤酒	8	7	8	—
	质量控制	13	14	21	
合　计		100	100	100	100

储存勾调工技能操作见附表6。

附表6　　　　　　　　　　　　　　技能操作

项　目		初级/%	中级/%	高级/%	技师/%
技能要求	生产准备　接收物料	20	10	5	5
	生产准备　清理现场	15	—	—	—
	生产准备　检查设备、能源	10	10	10	5
	储存入库　储酒管理	10	5	10	10
	储存入库　验收原酒	10	10	10	15
	储存入库　分级入库	10	10	10	10
	勾调　组合酒	10	10	10	15
	勾调　品评	—	10	10	—
	过滤　过滤酒	15	10	5	—
	质量控制	—	25	30	40
合　计		100	100	100	100

4. 白酒包装工

白酒包装工理论知识见附表7。

附表7 理论知识

项 目		初级/%	中级/%	高级/%
基本要求	职业道德	5	5	5
	基本知识	25	20	15
相关知识	生产准备　生产准备	14	16	9
	洗瓶　洗瓶	15	12	15
	灌装验质　灌装成品酒	5	—	—
	检验酒质	5	—	—
	灌装验质	—	12	14
	上盖验质　洗盖	5	4	4
	加盖瓶盖	5	—	—
	检验外观质量	5	—	—
	上盖、验质	—	10	13
	贴标　贴商标	5	5	6
	装箱　装箱	11	12	14
	质量控制	—	4	5
合 计		100	100	100

白酒包装工技能操作见附表8。

附表8 技能操作

项 目		初级/%	中级/%	高级/%
技能要求	生产准备　生产准备	14	16	10
	洗瓶　洗瓶	15	12	10
	灌装验质　灌装成品酒	10	—	—
	检验酒质	10	—	—
	灌装验质	—	15	20
	上盖验质　洗盖	10	8	6
	加盖瓶盖	10	—	—
	检验外观质量	10	—	—
	上盖、验质	—	16	20
	贴标　贴商标	10	8	6
	装箱　装箱	11	15	13
	质量控制	—	10	15
合 计		100	100	100

5. 技师（白酒包装工）

技师（白酒包装工）理论知识见附表9。

附表9　　　　　　　　　　　　　理论知识

项　目		技师/%
基本要求	职业道德	5
	基本知识	5
相关知识	生产准备　　生产准备	15
	白酒酿造　　控制工艺条件	12
	协调工艺操作	10
	指挥生产	8
	设备管理　　管理设备	14
	生产和质量管理　　质量指标分析	5
	处理质量问题	5
	经济核算	5
	安全生产	4
	管理	12
合　计		100

技师（白酒包装工）技能操作见附表10。

附表10　　　　　　　　　　　　　技能操作

项　目		技师/%
技能要求	生产准备　　生产准备	15
	白酒酿造　　控制工艺条件	7
	协调工艺操作	8
	指挥生产	10
	设备管理　　管理设备	25
	生产和质量管理　　质量指标分析	10
	处理质量问题	6
	经济核算	4
	安全生产	5
	管理	10
合　计		100

6. 高级技师（白酒酿造工、培菌制曲工、储存勾调工、白酒包装工）

高级技师（白酒酿造工、培菌制曲工、储存勾调工、白酒包装工）理论知识见附表11。

附表 11   理论知识

	项　目		高级技师（%）
基本要求	职业道德		5
	基本知识		20
相关知识	生产准备	投产前技术准备	7
		检查设备	8
	白酒酿造	控制工艺条件	10
		协调工艺操作	8
		指挥生产	7
	设备管理	管理设备	10
	生产和质量管理	质量指标分析	4
		处理质量问题	4
		经济核算	4
		安全生产	3
	管理和其他	管理	5
		其他	5
合　计			100

高级技师（白酒酿造工、培菌制曲工、储存勾调工、白酒包装工）技能操作见附表 12。

附表 12   技能操作

	项　目		高级技师/%
技能要求	生产准备	投产前技术准备	7
		检查设备	8
	白酒酿造	控制工艺条件	7
		协调工艺操作	8
		指挥生产	10
	设备管理	管理设备	25
	生产和质量管理	质量指标分析	7
		处理质量问题	6
		经济核算	4
		安全生产	3
	管理和其他	管理	4
		其他	6
合　计			100

7. 品酒师（白酒）

品酒师（白酒）理论知识见附表 13。

附表 13　　　　　　　　　　　　　理论知识

项　目		三级品酒师/%	二级品酒师/%	一级品酒师/%
基本要求	职业道德	5	5	5
	基础知识	20	15	5
相关知识	原酒管理	25	10	10
	基酒管理	20	20	25
	酒体设计	20	20	25
	成品酒管理	10	20	20
	培训与指导	—	10	10
合　计		100	100	100

品酒师（白酒）专业能力见附表 14。

附表 14　　　　　　　　　　　　　专业能力

项　目	三级品酒师（%）	二级品酒师（%）	一级品酒师（%）
	原酒管理	35	20	15
	基酒管理	35	30	25
能力要求	酒体设计	15	20	25
	成品酒管理	15	20	25
	培训与指导	—	10	10
合　计		100	100	100

8. 酿酒师（白酒）

酿酒师（白酒）理论知识见附表 15。

附表 15　　　　　　　　　　　　　理论知识

项　目		助理酿酒师/%	酿酒师/%	高级酿酒师/%
基本要求	职业道德	5	5	5
	基础知识	25	15	10
相关知识	酿酒原辅材料备料	25	10	5
	糖化和发酵	15	26	30
	蒸煮和蒸馏	15	19	20
	贮存和灌装	15	15	20
	培训与指导	—	10	10
合　计		100	100	100

酿酒师（白酒）技能操作见附表 16。

附表 16 技能操作

项 目		助理酿酒师/%	酿酒师/%	高级酿酒师/%
技能要求	酿酒原辅材料备料	40	15	10
	糖化和发酵	35	30	30
	蒸煮和蒸馏	15	25	25
	贮存和灌装	10	20	25
	培训与指导	—	10	10
合 计		100	100	100

参考文献

［1］李大和．白酒酿造工教程（上、中、下）．北京：中国轻工业出版社，2006.

［2］沈怡方等．白酒生产技术全书．北京：中国轻工业出版社，1998.

［3］黄平．中国酒曲．北京：中国轻工业出版社，2000.

［4］李大和．大曲酒生产技术．北京：中国轻工业出版社，1993.

［5］李大和．浓香型曲酒生产技术（修订版）．北京：中国轻工业出版社，1997.

［6］劳动和社会保障部等．国家职业资格培训教程．北京：中国轻工业出版社，2001.

［7］劳动和社会保障部．白酒酿造工、品酒师、酿酒师国家职业标准，北京：中国劳动和社会保障出版社，2008.

［8］徐占成．白酒风味设计学．北京：新华出版社，2003.

［9］李大和．新型白酒生产及勾调技术问答．北京：中国轻工业出版社，2001.

［10］丁卫民．电工学与工业电子学．北京：机械工业出版社，2003.

［11］李大和．建国50年来白酒生产技术的伟大成就．酿酒，1999，1—6：13～24.

［12］胡承，应鸿等．窖泥微生物群落的研究及其应用．酿酒科技，2005，3：34～36.

［13］陈翔，王亚庆．L－乳球菌延缓窖池老化的技术．酿酒科技，2007，3：58～60.

［14］王葳，赵辉等．浓香型白酒窖泥中乳酸菌的分离与初步鉴定．酿酒科技，2008，4：29～32.

［15］崔如生，徐岩．应用R92华根霉生产调味酒提高新型白酒质量．酿酒，2007，1：27～30.

［16］胡桂林等．用微生物自动分析系统鉴定大曲中地衣芽孢杆菌的研究．酿酒，2007，6：32～36.

［17］杨涛，刘光烨等．太空酒曲中功能菌的生物酶活性研究．酿酒，2003，6：35～37.

［18］黄丹，刘清斌等．一株产己酸乙酯酯化酶霉菌的分离鉴定及产酶条件研究．酿酒科技，2008，2：27～30.

［19］王海燕，张晓君等．浓香型和芝麻香型白酒酒醅中微生物菌群的研究．酿酒科技，2008，2：86～89.

［20］张文学，向文良等．浓香型白酒窖池糟醅原核微生物区系的分类研究．酿酒科技，2005，7：22～26.

［21］吴衍庸．白酒工业微生物资源的发掘与应用．酿酒科技，2006，11：111～113.

［22］沈才洪，张良等．大曲质量标准体系设置的探讨．酿酒科技，2005，11：19～24.

［23］徐占成，王加辉．代谢指纹技术在曲药分析中的应用．酿酒科技，2002，6：17～21.

［24］沈才洪，许德富，沈才萍．对传统大曲功用的再解释．酿酒，2006，2：85～88.

［25］何峥，何静，刘一茂．固态发酵蒸馏酒甑桶支撑板的结构分析．酿酒科技，2007，1：38～40.

［26］张雷，高传强．二元冷却系统中甑盖形状对蒸馏效果的影响．酿酒科技，1997，3：42～45.

［27］陈昌贵，陈咏欣．新型顶冷式蒸馏甑的应用．酿酒科技，1997，6，7：33～37.

［28］李大和等．中国白酒香型融合创新的思考．酿酒科技，2006，11：116～118..

［29］李大和．白酒香型融合的典型范例．酿酒，2008，3：17～19.

［30］陈泽军，周瑞平等．高温堆积发酵在多粮浓香型酒厂的应用．酿酒科技，2008，11：80～82.

［31］罗惠波，张宿义等．蒸馏酒胶体特征及其在生产中的应用研究．酿酒科技，2007，1.17：2007.2.20.

［32］范文来，徐岩．中国白酒风味物质研究的现状与展望．酿酒，2007，4：31～36.

［33］刘炳光，袁辉．白酒指纹图谱．酿酒，2003，3：19～22.

［34］吴士业．扫描探针显微镜对浓香型成品酒的微观形态探讨．酿酒科技，2008，2：45～47.

［36］汤秀华等．基于微观形态的白酒鉴定方法研究．酿酒科技，2008，4：34～36.

[36] 张宿义，张良等. 泸型酒贮存过程中微量成分变化规律. 酿酒科技，2008，8：61～63.

[37] 李大和. 浓香型曲酒生产技术. 中国轻工业出版社，1997.

[38] 任成民，武金华. 不同容器贮酒老熟期的探讨. 酿酒科技，2005，9：40～42.

[39] 李大和. 科学饮酒，有益健康. 酿酒科技，2008，10：133～135.

[40] 李大和. 三个香型白酒新老国标的比较. 酿酒科技，2007，7：146～148.

[41] 赖登燡. 中国十大香型白酒工艺特点、香味特征及品评要点. 酿酒，2005，6：1～3.

[42] 李大和. 试论中国白酒的甜味. 酿酒科技，2004，6：26～28.

[43] 李大和. 中国蒸馏酒传统酿造技艺浅释. 酿酒，2008，1：106～108.

[44] 张吉焕，张荣贵，刘义刚. 白酒与健康初探. 酿酒科技，2006，7：115～117.

[45] 崔利. 中国白酒的营养成分及对人体健康的作用. 酿酒，2008，1：15～18.

[46] 周华，黄永光. 饮酒与健康. 酿酒科技，2001，2：79～81.

[47] 李大和. 浓香型大曲酒酿造过程中酯化菌研究的现状与展望. 酿酒科技，2008，2：105～109.

[48] 徐占成等. 中国名酒剑南春香味物质生成途径与作用的探讨. 酿酒，2005，2：1～3.

[49] 李大和. 提高原酒质量的技术措施. 酿酒科技，2008，7：50～53.

[50] 李大和. "辨证施治"在浓香型白酒生产中的应用. 酿酒科技，2009，5：51～54.

[51] 李大和. 贯彻"固液法白酒"国标的思考. 酿酒科技，2009，8：64～66.

[52] 李大和. 浓香型曲酒酿造中合理润料、蒸粮时间的试验. 酿酒科技，2010，4：59～61.

[53] 李大和. 不同等级食用酒精对固液法白酒质量的影响. 酿酒科技，2011，3：45～47.

[54] 李大和. 中国白酒机械化思考. 酿酒科技，2011，4：52～54.

[55] 李大和，王超凯，李国红. 食品白酒生产相关的食品. 酿酒科技，2012，12：123～125.

[56] 李大和. 泸酒酿造过程中己酸乙酯生成条件的研究. 酿酒，1988，5：34～38.

[57] 李大和. "清中带酱"曲酒的研制. 酿酒，1996，5：20～22.

[58] 李大和. 从新型白酒的发展浅议白酒国标. 酿酒，1997，5：3～5.

[59] 李大和. 浅谈浓香型大曲酒入窖发酵条件与产质量的关系. 酿酒，2002，5.20～22.

[60] 李大和. 学习《食品安全国家标准，蒸馏酒及其配制酒》的体会. 酿酒，2013，1：3～6.